Berl-Lunge

Chemisch-technische Untersuchungsmethoden

Unter Mitwirkung von

J. D'Ans, D. Aufhäuser, P. Aulich, W. Bachmann, O. Bauer, A. Bene-detti-Pichler, E. Berl, W. Bertelsmann, W. Bleyberg, W. Böttger, G. Darius, G. Dorfmüller, A. Fausten, B. Fetkenheuer †, H. E. Fierz-David, H. Fischer, F. Frank, W. Frost, E. Gildemeister, G. Goßrau, Ed. Graefe, A. Graumann, Ad. Grün, R. Grün, H. von Haasy, A. Hand, E. Haselhoff, A. Havas, Fr. Heinrich, C. Hermann, W. Herzberg, A. Herzog, C. Hiege, D. Holde, W. Klapproth, K. B. Lehmann, H. Lieb, E. von Lippmann, Fr. Löwe, F. Lohse, H. Ludwig, H. Lüers, F. Mach, H. Mallison, H. Mark, K. Mayer, K. Memmler, J. Meßner †, G. Meyerheim, W. Moldenhauer, Fr. Muth, Ph. Naoum, Wa. Ost-wald, F. Petzold, O. Pfeiffer, M. Popp, G. Rienäcker, E. Ristenpart, M. Rüdiger, J. F. Sacher, F. Schuster, C. G. Schwalbe, A. Splittgerber, L. Springer, F. Stadlmayr, H. Staudinger, E. Stiasny, A. Tanzen, J. Tillmans, H. Toussaint, K. Wagenmann, A. Weihe, E. Zintl,

herausgegeben von

Ing.-Chem. Dr. phil. Ernst Berl

Professor der Technischen Chemie und Elektrochemie
an der Technischen Hochschule zu Darmstadt

Zweiter Band / Zweiter Teil

Achte, vollständig umgearbeitete und vermehrte Auflage

Mit 86 in den Text gedruckten Abbildungen

Springer-Verlag Berlin Heidelberg GmbH 1932

Copyright 1932 by Springer-Verlag Berlin Heidelberg
Ursprünglich erschienen bei Julius Springer in Berlin 1932.
Softcover reprint of the hardcover 8th edition 1932
ISBN 978-3-662-37504-4   ISBN 978-3-662-38271-4 (eBook)
DOI 10.1007/978-3-662-38271-4

Inhaltsübersicht zum zweiten Band, 2. Teil.

(Das ausführliche Inhaltsverzeichnis befindet sich im 1. Teil.)

Druckfehlerverzeichnis.

Seite 1083, Zeile 1 von oben ist zu lesen: „zerlegbar" statt verlegbar.
Seite 1089, Zeile 20 von unten ist zu lesen: „20%" Palladium statt 10% Palladium.
Seite 1215, Absatz 6 von oben letzte Zeile (Achtung Nickel, Kobalt): gehört an
    den Schluß des Absatzes 5 von oben.
Seite 1231 und 1246, Überschrift ist zu lesen: „Selen und Tellur" statt Telur.
Seite 1250, Zeile 12 von oben: „nach H. Blumenthal" fällt weg.
Seite 1360, Zeile 1 von oben ist zu lesen: „Seite 1359" statt unter 6.
Seite 1531, Zeile 13 von unten ist zu lesen: Seite „1529" statt 1559.
Seite 1538, Zeile 20 von oben ist zu lesen: Seite „1529" statt 1549.
Seite 1570, bei den Überschriften 1 und 2 sind die Worte „Bestimmung als" zu
    streichen.

Bemusterung von Erzen, Metallen, Zwischenprodukten und Rückständen.

(Probenahme und Herrichten des Analysenmusters.)

Von

Dr.-Ing. K. Wagenmann, Eisleben.

Die Untersuchungen des Metallanalytikers erstrecken sich in vielen Fällen auf besonders wertvolle Bestandteile aller natürlichen und künstlichen Produkte des Bergbaues, der Hüttenbetriebe und der Metallwerke, unter denen, abgesehen von den Edelmetallen, im besonderen Zinn, Nickel, Kobalt, Kupfer und Wolfram zu nennen sind, die meist in ausgesprochen heterogenen Materialen unterschiedlichster Korngröße auftreten; man denke an Erze, Krätzen, Aschen, Flugstaube u. dgl. m. Dazu handelt es sich häufig um außerordentliche Posten bis zur Größe von Schiffsladungen. Nur zu natürlich, daß der Bemusterung ganz besondere Sorgfalt geschenkt werden muß, wobei von ihr im nachfolgenden selbstverständlich nur mit dem Ziel gesprochen werden kann, welches jede Bemusterung anstreben soll: Dem Analytiker ein Muster zu liefern, das dem wahren Inhalt des bemusterten Haufwerkes praktisch möglichst nahe kommt. Die mit größter Genauigkeit und Zuverlässigkeit ausgeführte Analyse ist praktisch wertlos, wenn jene Voraussetzung nicht erfüllt ist. Oder: Eine peinlichst sorgfältige Bemusterung ist ebenso wichtig, wie die analytische Untersuchung des Musters. Unbeschadet des in Bd. I, S. 33 unter „Allgemeine Operationen" über Probenahme Gesagten, bzw. als Ergänzung desselben, soll nachstehend Grundsätzliches besonders betont und, soweit möglich, Einzelnes erörtert werden.

I. Allgemeines.

Unter Bemusterung eines Haufwerks versteht man alle jene Maßnahmen, die zur Herstellung der für den analytischen Chemiker zur Untersuchung bestimmten, mechanisch vollständig fertigen Probe, des analysenfertigen Musters dienen. Die Bemusterung setzt sich also zusammen aus der eigentlichen Probenahme aus dem Haufwerk und dem Herrichten des Analysenmusters; mit letzterer Maßnahme ist häufig zweckmäßig, unter Umständen notwendig die Bestimmung der Feuchtigkeit zu verbinden. Die Anfertigung

des Analysenmusters kann man dem untersuchenden Chemiker überlassen, wenn nur er allein die Untersuchung vorzunehmen hat,
wie es bei den Feststellungen zur Betriebsüberwachung, zur Aufstellung
des Haushalts usw. der Fall ist. Soll aber eine Bemusterung von ein
und demselben „Los" mehrere Muster liefern, wie beim Verkauf von
Produkten, wo also entgegengesetzt gerichtete parteiliche Interessen
mitspielen, müssen diese Muster auf alle Fälle gleichartig und
homogen sein. Dann muß jeder der untersuchenden Chemiker ein
vollständig analysenfertiges Muster ausgehändigt bekommen,
dessen Herstellung ausschließlich Sache der mit der Bemusterung
beauftragten Personen ist, der Vertreter der beiden Parteien oder des
von ihnen auf Vereinbarung bestellten Probenehmers.

Leider wird nur allzu häufig in der Praxis gegen diesen selbstverständ-
lichen Grundsatz verstoßen insofern, als die Parteien Muster ausgehändigt
bekommen, die keineswegs analysenfertig sind, die u. a. zu grobkörnig
sind, als daß der Analytiker mit den kleinen Einwaagen, zu denen ihn seine
Untersuchungsmethoden zwingen, eine Durchschnittsgehaltsbestimmung
seines Musters vornehmen kann. Macht er in solchen Fällen sein Muster
selbst analysenfertig, indem er es durch weiteres Zerkleinern, erforderlichenfalls unter Trennen in „Gröbe" und „Feine" durch Absieben
für seine Zwecke ausreichend homogenisiert, dann kann er zwar eine
sehr genaue Gehaltsbestimmung seines Musters vornehmen; da aber
die bezeichneten Maßnahmen stets mit Verlusten unterschiedlichsten
Grades verbunden sind, muß er durchweg zu Differenzen mit den
anderweitigen Untersuchungsstellen kommen, auch wenn oder weil diese
das Fertigmachen des Musters ebenfalls vorgenommen haben. Dem
Verfasser sind aus der Praxis reichlich Fälle einer derartigen unvollständigen Bemusterung bekannt, bei denen ganz außerordentlich
abweichende Analysenergebnisse für sehr einfach und genau zu be-
stimmende Metalle auftraten. In manchen Fällen war das eingelieferte
Muster zu grobkörnig, enthielt Metallisches und war nicht in Gröbe
und Feine getrennt. Jeder Untersuchende der beiden Parteien (einschließlich Schiedsanalytiker) mußte die entsprechende Nachbehandlung
des Musters selbst mehr oder weniger vornehmen; da das Material sehr
spröde Bestandteile aufwies, hatte der mit dieser Eigenschaft nicht
genügend Vertraute beim Aufreiben besonders große Verluste, und nur
so kamen die Differenzen zustande.

Eine Bemusterung kann daher nur dann als abgeschlossen angesehen werden, wenn sie analysenfertiges Material liefert.

Wenn mit einer Bemusterung das eingangs als oberster Grundsatz
aufgestellte Ziel erreicht werden soll, ist es unbedingt erforderlich, daß
die mit der Bemusterung beauftragten Personen mit den besonderen
Eigenschaften des Materials aufs genaueste vertraut sind. Vielfach
findet man daher, daß Probenehmer spezialisiert sind, oder daß ihre
Auftraggeber sie immer wieder für die Bemusterung nur für ein und
dieselbe Art von Produkten heranziehen. Ebenso zahlreich sind aber
die Fälle, in denen man vom Probenehmer unmöglich die Kenntnis aller
einschlägigen besonderen Eigenschaften des Materials erwarten darf.

Dann empfiehlt sich die genaue Festlegung des Vorgehens bei der Bemusterung durch Übereinkunft beider Parteien, dem Probenehmer entsprechende Anweisungen zu geben, oder die Bemusterung durch sachverständige Angehörige der beiden Parteien vornehmen zu lassen.

Zur Vornahme des zweiten Teils der Bemusterung, der Anfertigung des Analysenmusters, wird zweckmäßig ein erfahrener Chemiker einer der Parteien hinzugezogen, was in der Praxis leider meist nur dann geschieht, wenn die Einrichtung für das Fertigmachen des Analysenmusters räumlich mit einem Laboratorium des Bemusterungsortes verbunden ist. Der fachmännisch ausgebildete Chemiker weiß am besten zu beurteilen, ob ein Analysenmuster für ihn brauchbare Form hat. Nur um so besser, wenn der Probenehmer selbst praktischer Chemiker ist.

Das Gebiet der Bemusterung aller Produkte der Nichteisenmetalle ist infolge ihrer Vielgestaltigkeit so außerordentlich umfangreich, daß es unmöglich ist, eine alle umfassende Vorschrift aufzustellen. Vereinzelt sind in der Literatur bezügliche Angaben über Sondergebiete anzutreffen, wie die recht gute Abhandlung von F. S. über die „Bemusterung metallhaltiger Industrieabfälle" in Metall u. Erz **15**, 179 (1918). Im übrigen muß man sich mit der Aufstellung von Richtlinien begnügen, denen jeder einzelne Fall bestmöglichst angepaßt werden muß. So enthalten die Mitt. d. Chemiker-Fachausschusses der Gesellschaft Deutscher Metallhütten- und Bergleute, Berlin (Bd. 2, S. 121) ein ausführliches Referat über „Richtlinien für die Probenahme von Metallen und metallischen Rückständen", das auf Grund eines Entwurfs des Vereins Deutscher Metallhändler, Berlin, in gemeinsamer Beratung und unter Mitwirkung der Vereinigung beeidigter Metallprobenehmer e. V., Berlin, zustande gekommen ist. Für die Praxis des Probenehmers kann dasselbe nur bestens empfohlen werden, ebenso wie die Abhandlung über „Allgemeine Richtlinien für die Ausführung von Probenahme an Erzen" (Mitt. d. Fachausschusses, Bd. 1, S. 2).

Die Probenahme selbst ist gemäß dem oben Gesagten sehr schwierig und verantwortungsvoll. Schwierig, weil es sich in sehr vielen Fällen um äußerst heterogene Materialien teils in allergrößten Mengen handelt, verantwortungsvoll, weil durchweg die Werte hoch sind.

Ist die Menge des zu bemusternden Materials unverhältnismäßig groß oder sein Wert besonders hoch, unterteilt man den Posten in dem Gewicht nach festzustellende Partien, „Lose", die jedes für sich bemustert werden, so daß für jedes Los eine analytische Gehaltsermittlung erfolgen kann. Die Probenahme selbst erfolgt bei Haufwerken in geeigneter Weise in gewissen Mengen- oder Zeitabständen (systematische Probenahme) derart, daß die entnommene Menge jeweils dem Durchschnitt des bemusterten Materialteiles entspricht. Diese Art der Bemusterung läßt sich bei größeren Posten praktisch nur genau durchführen, wenn die Probenahme mit dem Ver- oder Umladen verbunden wird. Vereinzelt sind für solche Fälle Einrichtungen vorgesehen, welche die systematische Probenahme mechanisch bewirken. Die jeweilig zu entnehmende Menge, letzten Endes also das erforderliche Gesamtgewicht der Rohprobe, hängt nur von der Beschaffenheit des Materials, seiner Stückigkeit und dem Grad seiner Inhomogenität ab. Anhaltspunkte dafür sollen spezialisierte Angaben in den erwähnten „Richtlinien für die Probenahme von Metallen und metallischen Rückständen" geben; aber gerade hier haben sich Schwierigkeiten in der praktischen Handhabung ergeben, indem die geforderten Prozentsätze sich in besonderen Fällen als noch zu klein erwiesen. Letzten Endes kommt es also doch darauf an, daß der mit der Probenahme Beauftragte den beim Entnehmen der Rohprobe erforderlichen, also ausreichend großen Prozentsatz anwendet.

Nach beendeter Bemusterung ist ein Protokoll aufzunehmen, welches derart abgefaßt sein muß, daß es in übersichtlicher Form eine sachverständige, unbeteiligt gewesene Person alle bei der Bemusterung getroffenen Maßnahmen erkennen läßt. Die eingangs erwähnten „Richtlinien für die Probenahme von Metallen und metallischen Rückständen" enthalten in Bd. II, S. 131 ein ausführliches „Protokollmuster" (vgl. auch S. 894), das alle erforderlichen Angaben vorschreibt und welches mit Recht auch großen Wert auf ausführliche Angaben bezüglich der Herrichtung des Analysenmusters legt (s. u.).

II. Besonderes.

A. Die Probenahme.

Die Bemusterung von Erzen gestaltet sich häufig besonders schwierig, vornehmlich dann, wenn sie ausgesprochen grob-heterogen sind. Nur Unterteilen in kleinere Lose und Entnahme großer Rohproben führt dann zum Ziel. Zum Zerkleinern größerer Mengen gezogenen Probeguts bedient man sich irgendeiner Zerkleinerungseinrichtung, wie sie im Großbetrieb (Aufbereitungen) üblich sind, der Steinbrecher, Pochwerke, der Walzen-, Scheiben- oder Kugelmühlen, maschinell oder von Hand angetrieben (vgl. Abb. 1—5). Es ist darauf zu achten, daß die betreffenden Maschinen vor der Benutzung gesäubert werden und daß beim Zerkleinern keine Probeteile verspritzen.

Unter den nichtmetallischen Hüttenprodukten sind des öfteren solche, die mehr oder weniger pulverförmig sind, deren Bemusterung sich verhältnismäßig einfach gestaltet, wie trockene Flugstaube, nasse, in Form von Schlämmen, verhältnismäßig reine Oxyde, Metallsalze u. ä. m. Kann die Probenahme gar aus dem verflüssigten Material, Rohsteinen, Speisen, Schlacken u. dgl. m. erfolgen, dann führt die systematische Probenahme geringer Mengen beim Abstich in kurzen Intervallen sehr gut zum Ziel; handelt es sich aber um dieselben Produkte in erstarrter Form, in Stücken, Platten, so muß die durchweg eingetretene Seigerung sorgfältig berücksichtigt werden; lassen sie sich bohren oder sägen, so verfährt man wie bei den Metallen angegeben, andernfalls bemustert man sie wie die Erze unter Zuhilfenahme derselben Zerkleinerungsvorrichtungen.

Bei metallhaltigen Krätzen und Aschen, die das Metall in verhältnismäßig groben Stücken enthalten, muß reichlich Rohprobe genommen und zweckmäßig frühzeitig — beim Verjüngen der Rohprobe — in Gröbe und Feine getrennt werden, besonders wenn das Metallische, wie u. a.

Abb. 1. Steinbrecher. (Krupp, Grusonwerk, Magdeburg.)   Abb. 2. Walzenmühle. (Krupp, Grusonwerk, Magdeburg.)

bei Bleiprodukten, sich beim Zertrümmern plattiert. Beide Teile sind dann nach Gewichtsfeststellung getrennt zu behandeln, wobei durchweg wiederum in jeder Probe Gröbe (= Metallisches) und Feines (= Oxydisches) anfallen. Die beiden Gröbemuster können am Ende gemäß Gewichtsverhältnis vereinigt werden; das gleiche gilt für die Feinemuster.

Bei den Metallen finden alle Arten der Probenahme Anwendung, die Bohr-, Säge-, Feil- oder Aushiebprobe, wenn eben möglich die leichteste und beste, die Schöpfprobe aus dem insgesamt verflüssigten Metall. In den erstgenannten Fällen geht man bei nennenswerten Posten stets systematisch vor, indem die Menge des zu bemusternden Gutes grundsätzlich von dessen Ungleichartigkeit abhängig zu machen ist. Anhaltspunkte dafür geben die genannten Richtlinien (Mitt. d. Fachausschusses, Bd. 2). Den besten Durchschnitt bei stärker seigernden Metallen erreicht man verständlicherweise mit der gleichzeitig feine Späne liefernden

Abb. 3. Scheibenmühle für Handantrieb (Krupp, Grusonwerk, Magdeburg.)

Sägeprobe, so daß sie, wie bei Blöcken, Barren, Stangen, Röhren u. ä. m. sehr zu empfehlen ist. Wenn sie nicht ausführbar ist, kann die meist angewandte Bohrprobe vorgenommen werden. Bei geseigerten Metallen, Blöcken, Platten, Barren muß systematisch

gebohrt werden, wozu man sich häufig geeigneter Schablonen bedient, welche die am Stück anzubohrenden, wechselnden Stellen

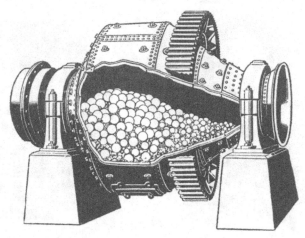

Abb. 4. Konische Rohrmühle, Originalbauart „Hardinge". (Fr. Gröppel, Bochum.)

angeben. Daß man bei stark seigernden Metallen auch bei sorg-
fältigster Probenahme in dieser Weise noch erhebliche Abweichungen
vom wahren Inhalt bekommt, besonders dann, wenn das Los aus
mehreren Hüttenchargen
besteht, geht aus einer
sehr sorgfältigen, einschlägigen Untersuchung von
A. Graumann an Hand
von Börsenrohkupfer her-
vor, die in Metall u. Erz 21,
533 (1929) vom Chemiker-
Fachausschuß der Ges.
Deutscher Metallhüt-
ten - u. Bergleute ver-
öffentlicht worden ist. Die
gewonnenen Erkenntnisse
sind bei der Aufstellung
von „Neue Richtlinien
für die Bemusterung und
Analysen von Börsenroh-
kupfer" verwertet worden.   Unter anderem ist darin die Forderung
aufgestellt, daß die, entsprechendes Rohkupfer herstellenden Werke, die
Platten oder Barren mit einer dauerhaften Kennzeichnung der Chargen
versehen, von denen sie herstammen, so daß der Probenehmer die
Bemusterung entsprechend vornehmen kann.

Abb. 5. Kugelmühle für Hand- oder Maschinenantrieb.
(Krupp, Grusonwerk, Magdeburg.)

Besonders sorgsam verfährt man mit der Bohrprobe bei Planschen -
oder Barrenformen der Edelmetalle, deren Legierungen und

Scheidegut, sofern man die Schöpfprobe aus dem verflüssigten Metall nicht anwenden kann. Angesichts der hohen Werte ist der Einfluß von Seigerungen im erstarrten Block besonders schwerwiegend. Man bohrt dann den Block an zwei verschiedenen Stellen an, und zwar von unten und oben je etwas tiefer als die Mitte, etwa wie Abb. 6 zeigt (Näheres hierüber s. Mitt. d. Fachausschusses, Bd. 1, S. 120: „Probenahme von edelmetallhaltigen Materialien in Form von Scheidegut, Gekrätzen, Schlämmen usw.").

Die Sägeprobe kann bei kleinen Querschnitten von Hand

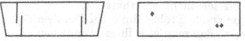

Abb. 6. Bohrschema bei Planschenformen.

Abb. 7.
Hohlmeißel.

ausgeführt werden, bei größeren bedient man sich maschinell angetriebener Sägen.

Die Aushiebprobe wird mit einem gekrümmten Meißel oder einem Hohlmeißel (vgl. Abb. 7) vorgenommen und setzt natürlich geeignete Materialbeschaffenheit voraus.

Der Feilprobe bedient man sich nur bei unbedingt homogenen Materialien, meist kleineren Stücken.

Von reinen Metallen und homogenen Legierungen (Kupfer, Silber, Messing, Bronzen u. ä. m.) erhält man gelegentlich Proben, die aus kleinen abgeschnittenen, abgesägten oder mit dem Meißel abgetrennten Stücken bestehen. Das Analysenmuster entnimmt man dann zweckmäßig durch Abfeilen von jedem Stück oder durch Abschlagen kleiner Splitter von jedem Stück mit dem Stahlmeißel auf einer Unterlage von Eisen, Kupfer oder Bronze, die ihrerseits auf einem Amboß ruht. Ist

Abb. 8. Kleines Walzwerk für Handantrieb.
(Krupp, Grusonwerk, Magdeburg.)

das Metall gut dehnbar, so können diese Splitter mit dem Hammer zu Blättchen ausgeschlagen werden, von denen vermittels Blechschere wiederum Probe genommen werden kann. Kalt gut walzbare Metalle

oder Edelmetalle und ein Teil ihrer Legierungen, die sich durch Ausglühen nicht verändern, können in kleineren Walzwerken (s. Abb. 8)
zu schmalen Bändern ausgestreckt werden, aus denen ebenfalls mit der
Blechschere Schnitzel herausgeschnitten werden.

Die vorstehend genannten Arten der Probenahme an Metallen bedingen eine metallisch reine Oberfläche; erforderlichenfalls wird dieselbe durch Abbürsten mit der Drahtbürste oder durch Abschleifen
von anhaftendem Sand, von Schlackenteilchen oder einer
Oxydhaut befreit. Bei der Bohrprobe kann man auch
die ersten Bohrspäne — solange der Bohrer noch nicht
ganz gefaßt hat — unberücksichtigt lassen, was natürlich bei sehr dünnen Platten nicht statthaft ist.

Die sauberste und genaueste Probenahme bei Metallen
ist die Schöpfprobe, so daß man sich ihrer, wenn eben
möglich, bedient, wie es sonderlich bei den Edelmetallen

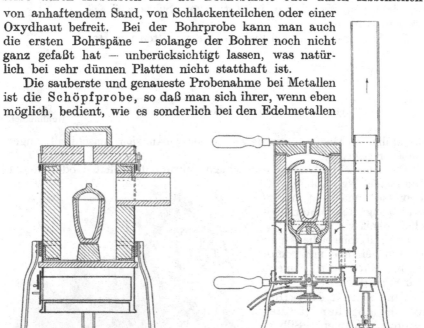

Abb. 9. Kokswindofen der Deutschen
Gold- und Silber-Scheide-
anstalt Frankfurt a. M.

Abb. 10. Rößlers Gasschmelzofen mit
Luftvorwärmung.

stets angestrebt wird. Tiegelschmelzen werden durch gründliches
Umrühren kurz vor dem Schöpfen homogenisiert und die geschöpfte Probe zu kleinen Barren, Zainen oder dünnen Platten
in Sand- oder besser Metallformen ausgegossen, von denen nach einer
der voranstehenden Methoden das Analysenmuster genommen wird. Ist
das fragliche Metall geeignet, kann an Stelle dessen auch die Grana-
lienprobe angewandt werden: Die geschöpfte, flüssige Probe läßt man
in dünnem Strahl in Wasser einfließen, welches mit einem Reisigbesen
kräftig bewegt wird, oder der Strahl fällt auf ein Sieb oder einen Rost,
die knapp unter der Wasseroberfläche hin und herbewegt werden. Ist
das Metallbad im Ofen nicht zugänglich oder schlecht zu homogenisieren
(in Schacht- oder größeren Flammöfen), kann die Schöpfprobe auch gut
systematisch beim Abstich oder Vergießen des Metalls gezogen werden.

Handelt es sich um eine Probenahme von besonders grob-
stückigem Metall sehr ungleicher Zusammensetzung, wie es bei

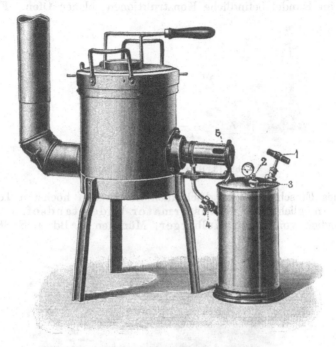

Abb. 11. Tiegelofen mit Benzingebläse.

Altmetallen häufig der Fall ist, muß eine entsprechend große Rohprobe gezogen werden, die dann einzuschmelzen ist, so daß man davon
die Schöpfprobe nehmen
kann. Selbstverständlich
muß dieses Einschmelzen
praktisch verlustlos vor-
genommen werden, d. h.
unter Vermeidung
eines nennenswerten
Abbrandes. Zum Ein-
schmelzen größerer
Mengen Probegut ver-
wendet man mit Koks
gefeuerte Tiegelöfen. Die
einzusetzenden, gut mit
Deckel (evtl. unter Ver-

Abb. 12. Hoskins' Muffelofen und Tiegelofen.

schmieren mit Lehm) verschließbaren Graphit- oder Schamottetiegel
werden mit dem einzuschmelzenden Probegut unter Zugabe von
Reduktionsmitteln, vornehmlich ausgeglühter Holzkohle, beschickt. Zum
Einschmelzen kleinerer Metallmengen stehen eine ganze Reihe von

Laboratoriumsöfen zur Verfügung, die mit Koks, Leuchtgas, Gasolin, Petroleum, Teeröl oder elektrisch beheizt werden. Die Abb. 9—13 zeigen im Handel befindliche Konstruktionen solcher Öfen. Ein sehr

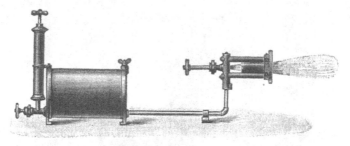

Abb. 13. Hoskins' Benzinbrenner.

reinliches Einschmelzen, zugleich auch bis zu den höchsten Temperaturen, ermöglicht der Transformator-Widerstandsofen, wie er ursprünglich von Hugo Helberger, München (s. Bd. I, S. 86), aus-

Abb. 14. Hochfrequenzofen. System Ajax-Northrup-Hirsch-Kupfer (Hirsch, Kupfer- und Messingwerke, Eberswalde.) Gesamte Einrichtung der 35 KVA-Type.

geführt wurde, und der in Graphit- oder Kohletiegeln mit und ohne neutralem Futter Einsätze bis zu 50 kg bei Ein- oder Mehrphasenstrom bewältigt. Diesem Ofen ist in den letzten Jahren eine starke Konkurrenz in den Hochfrequenzöfen erwachsen. Die Abb. 14—16, die ein System Ajax-Northrup-Hirsch-Kupfer in äußerer Gestalt, Konstruktion und Wirkungsweise wiedergeben, sind einer Abhandlung

der Hirsch, Kupfer- und Messingwerke, A.-G., Abt. Elektroofen-
bau, Messingwerk Eberswalde, entnommen. Der Ofen wird von der
genannten Firma in zwei Typen (3 KVA und 35 KVA) gebaut, für
Einsätze u. a. von 0,7—55,0 kg Kupfer, bei Leistungen bis zu 34,0 kg
Kupfer in der Stunde.

Für Legierungen mit leicht verdampfenden Metallen, wie Zink
und Cadmium ist das Einschmelzverfahren nicht anwendbar, es sei denn,
das Ausgangsmaterial wäre so weit frei von verbrennlichen anderen
Bestandteilen, daß man den gesamten Metallverlust als Abbrand aus dem
Gewichtsverlust genau genug feststellen kann.

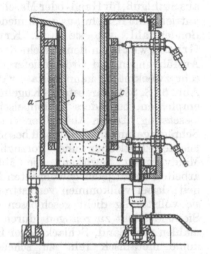

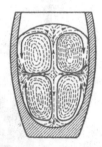

Abb. 15. Schematischer Schnitt durch den Ofen:
a Primärspule, b Tiegel, c Schutzrohr,
d Wärmeisolierung.

Abb. 16. Wirkung der
Kraftlinien im Metallbad.

B. Das Herrichten des Analysenmusters.

Wie oben schon erwähnt, wird die Rohprobe verjüngt durch
abwechselndes Zerkleinern und Auskreuzen bei Erzen und nichtmetallischen Hüttenprodukten, bei Metallen durch Auskreuzen des an
sich feinen Probeguts (Späne, Granalien, Pulver) oder durch Zusammenschmelzen der Rohprobe mit anschließend nochmaliger Probenahme.

Mit zunehmender Gewichtsabnahme der Rohprobe verwendet man
zur Zerkleinerung besonders gut zu reinigende und vor Verlusten weitmöglichst schützende Einrichtungen [1], unter denen auf folgende aufmerksam gemacht werde:

1. **Mörser aus Schalenhartguß** in allen Größen (Krupp, Grusonwerk) mit Handstößel oder gemäß Abb. 17 mit an einer Feder

---

[1] Praktisch genügend homogenes Probegut (Flugstaube, Schlämme) ist bei
den in Frage stehenden metallurgischen Probematerialien nicht häufig und bedarf
natürlich der besonderen Berücksichtigung nicht.

aufgehängtem Stößel. Unter Stoß spritzendes oder stark stäubendes
Probematerial wird zweckmäßig in Vorrichtung 3 (s. unten) zerkleinert,
obschon auch der Mörser durch einen weit übergreifenden, in der Mitte
zum Durchgang des Stößels mit Loch versehenen Holzdeckel in vielen
Fällen genügend abgedichtet werden kann.

2. **Reibeplatte oder -schale** aus Hartguß bzw. Gußeisen gemäß den
Abb. 18 und 19, mit denen aber nur Materialien zerkleinert werden können,
die in keiner Weise verspritzen
oder stäuben.

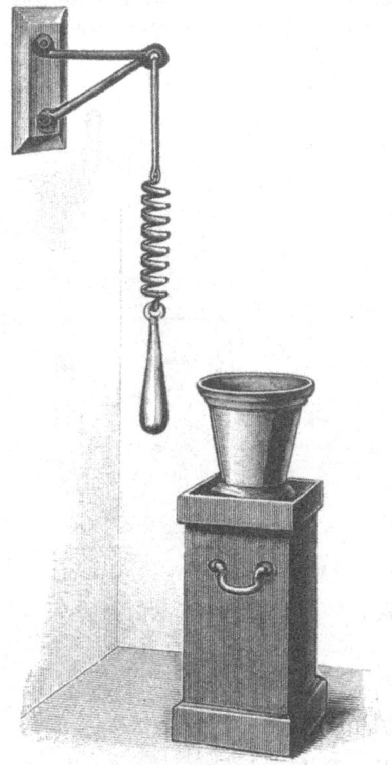

3. **Kugelmühlen** ans Gußeisen, besser
aus Stahlguß, für Hand- oder Maschinenantrieb, mit Kugeln aus geschmiedetem
Sonderstahl, wie sie u. a. Krupp,
Grusonwerk, in den verschiedensten
Ausführungen und Größen liefert. Als
sehr zweckmäßig kann Verfasser die in
Abb. 5 (S. 884) dargestellte Kugelmühle
empfehlen, besonders in doppelseitiger
Besetzung. Die in Abb. 20 ersichtliche
Schräglagerung der Welle soll besonders
leichtes Entleeren und vorzüglichen
Mahlvorgang bewirken; die Mühlen
arbeiten bis zu jeder gewünschten Feinheit, dabei vollkommen verlustfrei, da
sie vollständig dicht geschlossen sind.
Sie sind leicht zu reinigen (durch Ver-
mahlen von Sand, Schlacke oder Holzkohle metallisch rein zu scheuern),
äußerst betriebssicher und haltbar.

Für das Auskreuzen nicht allzu
großer Mengen zerkleinerten Probeguts
eignet sich sehr gut der Probenteiler
von Jones[1] (s. Bd. I, S. 37).

Man erhält mit den vorgenannten
Einrichtungen zunächst die verjüngte
Rohprobe, je nach Menge und Art des
bemusterten Materials im Gewicht von einigen Hundert Gramm bis
zu einigen Kilogramm. Richtiges Probenehmen vorausgesetzt, entspricht dann diese Probe im ganzen dem Durchschnitt des Haufwerks.

Normalerweise schließt sich hier bei Erzen und Hüttenprodukten die
Nässebestimmung an, sofern nicht absonderliche Höhe des Wasser-
gehalts oder Eigenart des Materials eine solche schon vorher — beim
Verjüngen — erforderlich machten. Da das Verjüngen der Rohprobe
so gut wie immer einen Feuchtigkeitsverlust bringt, so ist die
Wasserbestimmung grundsätzlich so früh wie möglich anzusetzen;

Abb. 17. Hartgußmörser.

---

[1] Die Einrichtung ist von P. Altmann, Berlin NW 6, in zwei Größen zu
beziehen.

jedenfalls hat der Probenehmer bei der Arbeit des Herrichtens der Rohprobe auf die Witterungsverhältnisse Rücksicht zu nehmen, indem sehr
trockene oder Feuchtigkeit an-
ziehende Produkte vor dem Zutritt zu feuchter Luft geschützt
werden und umgekehrt. Schnelle
Arbeit ist daher dabei angebracht. Zur Bestimmung der
Nässe verwendet man reichlich Material, 500 g, 1000 g oder
mehr. Man trocknet in tarierten
Blechschalen, solchen aus Porzellan oder auf Uhrgläsern, am
besten im Trockenschrank bei
105—120° C bis zum konstanten
Gewicht. Die Gewichtsdifferenz

Abb. 18. Hartgußreibeplatte.

zwischen Ein- und Auswaage entspricht dem Wassergehalt des Materials.

Von der Trockenprobe bzw. dem möglichst ebenfalls vorher zu
trocknenden Rest der Rohprobe
wird nun das endgültige Analysenmuster hergestellt, indem
unter Absieben auf Analysenfeinheit zerrieben wird. Dabei
sind Verluste ebenfalls zu vermeiden. Zum Zerkleinern bedient
man sich der voranstehenden Einrichtungen bzw. der Reibschalen

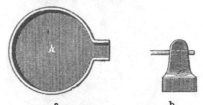

a   b
Abb. 19. Gußeiserne Reibschale mit Reiber.

aus Eisen, Porzellan oder Achat.
Ein praktisch verlustloses Absieben
ermöglichen die in Abb. 21 abgebildeten Siebsätze, die beim
Sieben vollständig geschlossen
sind[1]. Die Körper bestehen aus
emailliertem Eisenblech; die in
Drahtring gefaßten Siebscheiben
sind auswechselbar, in jeder Maschenweite und aus jedem Material
zu beziehen.

Manche Hüttenprodukte (vereinzelt auch Erze), die meisten
Metallkrätzen oder -aschen enthalten metallische Bestandteile. Solche u. a. aus Kupfer,

Abb. 20. Kugelmühle.
(Krupp, Grusonwerk, Magdeburg.)

Blei, Zinn, also den besonders dehnbaren Metallen, plattieren beim
Zerkleinern und bilden absiebbare gröbere Metallflitter oder -schuppen,
die sich nur schwer weiter zerkleinern lassen. Ihr Anteil an der ganzen

[1] In drei Größen (20, 31 und 40 cm Siebdurchmesser) zu beziehen u. a. durch
Herm. Preunel, Friedersdorf, Schwarzburg-Rudolstadt.

Probe wird gewichtsmäßig festgestellt, und sie stellen dann die „Gröbe" des Analysenmusters dar, welches außerdem noch aus der davon abgetrennten „Feine" besteht. Manche derartige Produkte werden zweckmäßig sogar in drei Teile getrennt: grob — mittel — fein.

Auch mit den besten Einrichtungen kann aber das Verjüngen der Rohprobe bis zum fertigen Analysenmuster nicht vollständig verlustlos geschehen. Die Verluste werden um so größer ausfallen, je häufiger zerkleinert, abgesiebt, ausgekreuzt usw. werden muß. Stets augenfällig wird der Verlust an Probematerial, wenn nach zuvorigem Abwiegen der

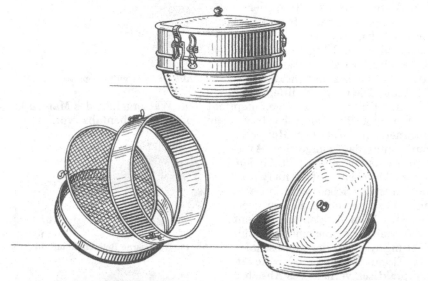

Abb. 21. Universal-Siebsatz, vollständig geschlossene Form.

getrockneten Rohprobe jenes Trennen in verschiedene Korngrößen vorgenommen werden muß; addiert man die festgestellten Einzelgewichte der Siebklassen, so wird man gegenüber dem Gesamtgewicht der Rohprobe stets einen Fehlbetrag feststellen, der je nach Material und Einrichtungen einige Prozente erreichen kann. Da es sich in solchen Fällen immer um heterogenes Probegut handelt, bei dem die Bestandteile unterschiedliche physikalische Eigenschaften (bezüglich Härte, spez. Gewicht usw.) haben, kann vom Verlustteil nicht angenommen werden, daß sein Metallinhalt prozentuell der gleiche ist wie der Durchschnitt des aufgefangenen Probematerials, oder mit anderen Worten, das Analysenmuster (in seiner Gesamtheit) entspricht nicht mehr genau der Rohprobe. Ob dann der vom Analytiker in den Siebklassen insgesamt festgestellte Metallinhalt auf deren Gesamtgewicht bezogen wird oder auf das Ausgangsgewicht der Rohprobe (also Gewicht der Siebklassen + Probeverlust), in keinem Falle wird man den Inhalt der Rohprobe genau feststellen. Im Handel ist nun — größtenteils auch berechtigterweise — die Gepflogenheit entstanden, für den Fall, daß das Ausgangsgewicht der getrockneten Rohprobe im Bemusterungsprotokoll oder auf den Probepackungen angegeben ist, das Analysenergebnis vom Gesamtgewicht der Siebklassen auf das Gewicht der Rohprobe umzurechnen. Der Probeverlust beim Herrichten wird also als leer eingerechnet und der wahre Metallinhalt zu niedrig gefunden. Unterbleibt aber die Feststellung des Probeverlustes — was praktisch häufig der Fall ist —, dann wird z. B. bei Produkten der Schwermetalle, wo durchweg eine Anreicherung im Analysenmuster eintritt, der Metallinhalt entsprechend zu hoch festgestellt werden. Das Verlangen nach Angabe des Gewichts der getrockneten Rohprobe bei klassierten Mustern ist aber auch deshalb gerechtfertigt und zweckmäßig, weil dadurch u. a. erkennbar wird, ob das Herrichten mit genügender Sorgfalt ausgeführt wurde.

Verunreinigung des Probematerials. Bei Altmetallen und Metallabfällen, Metallspänen, Metallrückständen des Kupfers, Zinns, Zinks, Antimons und Aluminiums kommen organische Verunreinigungen in der Probe vor, die durch vollständiges Verbrennen auf einer bis zu schwacher Rotglut erhitzten Eisenplatte oder über dem Bunsenbrenner in einer Eisenpfanne entfernt werden. Der auftretende Glühverlust, der nach der Nässebestimmung vorzunehmen ist, wird gewichtsmäßig festgestellt; davon darf selbstverständlich nur Gebrauch gemacht werden, wenn chemische Veränderungen des Probeguts durch das Glühen nicht eintreten können. Die genannten Materialien enthalten häufig metallisches Eisen, das mit einem kräftigen Magneten herausgezogen und dem Gewicht nach festgestellt wird.

Das Eisen, welches infolge Verschleißes der Zerkleinerungseinrichtungen bzw. der entsprechenden Werkzeuge in Pulver- oder Splitterform ins Probegut gelangt, wird mit dem Magneten entfernt, worauf vornehmlich bei der Bohr-, Säge- und Feilprobe zu achten ist.

Wenn auch bei der Probenahme die Anwendung schmierender Mittel, wie Öl, Fett oder Seifenwasser vermieden werden muß, ist es nie völlig ausgeschlossen, daß z. B. Metallspäne unbeabsichtigter Weise damit in Berührung gekommen sind. Deshalb sollen Muster von Metallspänen, wenn sie bei schwachem Erhitzen im Reagensrohr den charakteristischen Geruch von Öldämpfen ergeben, von jenen Bestandteilen gereinigt werden. Man übergießt die Probespäne in einem kleinen Becherglas mit einem der bekannten fettlösenden Mittel, Benzin, Benzol, Äther, am besten mit Chloroform, läßt kurze Zeit unter mehrfachem Schütteln und Umrühren stehen, gießt die Lösung ab, behandelt die Probe in derselben Weise nochmals, gießt wiederum ab, wäscht mehrfach mit hochprozentigem Alkohol nach und trocknet die Späne so schnell wie möglich. Entfettungsmittel, welche das zu reinigende Metall angreifen, dürfen natürlich nicht angewandt werden.

Das analysenfertig hergerichtete Probematerial wird nach sorgfältigem Durchmischen gleichmäßig in geeignete Verpackungen gebracht. Bei Verkaufsproben kommen mindestens drei Muster (von denen jedes evtl. aus Gröbe und Feine usw. getrennt bestehen kann) in Frage, je eins für die beiden Parteien, ein drittes für eine evtl. Schiedsanalyse. Meistens wird noch ein viertes Reservemuster angefertigt. Als geeignete Verpackungen sind diejenigen anzusehen, in denen das Muster über unbegrenzte Zeit unverändert haltbar und unter Siegel einwandfrei verschlossen ist. Am besten eignen sich daher Pulverflaschen mit papierumhüllten, dichten Korkstopfen, die ganz versiegelt werden, oder dichtschließende Blechgefäße. (Ein Verlöten der letzteren ist nicht anzuraten, da leicht Löttröpfchen oder Lötwasser bzw. Lötfett ins Muster gelangen können.) Für viele Materialien eignen sich auch Papierbeutel oder solche aus Gaze und Papier. Die Packung soll mit einer genauen Kennzeichnung des Musters, eventuell den Verhältnisgewichten, versehen werden.

In allen Fällen gebe man reichlich Probematerial, so daß also nicht nur die Menge des vom Chemiker Einzuwiegenden berücksichtigt wird, sondern eine mehrfache Ausführung jeder Untersuchung. Für arme Produkte gebe man mindestens 500 g Probematerial; bei Legierungen genügen meist etwa 50 g-Muster.

Entweder siegelt der Probenehmer oder die Vertreter der beiden Parteien. Das Schiedsmuster (und Reservemuster) wird am vereinbarten Ort aufbewahrt; die beiden anderen Muster sind den Parteien zur Untersuchung auszuhändigen.

Die Bemusterung wird zu Protokoll gegeben, welches alle wesentlichen, getroffenen Maßnahmen anzugeben hat. Dieses ist von ganz besonderer Bedeutung, falls sich nach Abschluß der Untersuchung Unstimmigkeiten ergeben; dann muß nachgeprüft werden können, ob dieselben etwa auf unzweckmäßige Maßnahmen bei der Probenahme zurückzuführen sind. Der besonderen Wichtigkeit halber sei daher ein solches vollständiges Protokollmuster nachstehend wiedergegeben, wie es in den anfangs erwähnten Richtlinien für die Probenahme von Metallen und metallischen Rückständen (das Protokollmuster ist wörtlich entnommen den Mitt. d. Fachausschusses, Bd. 2, S. 131) aufgestellt ist. Dieses Muster ist ohne weiteres auch für Erze und Hüttenprodukte zu verwenden.

Protokoll-Muster.

In meiner Eigenschaft als beeidigter Probenehmer mache ich folgende Angaben über die Probenahme am .... bei ....
....

1. Feststellung der Identität der Lieferung.
    Ware ....
    eingetroffen beim Empfänger lt. Begleitpapier am .... 19....
    ausgeladen am......................19.. (Stunde) ...... in meinem
    Beisein — in Beisein des .... — Bezeichnung
    und Nummer des Waggons.............., offen* — gedeckt* oder
    Schiffs.
    Anzahl der Stücke, Art der Verpackung und Signatur ....
    ....
    Die Beschaffenheit der Ware: gleichmäßig* — ungleichmäßig — grob* —
    mittel* — fein* — naß* — trocken*.

---

* Nichtzutreffendes streichen.

2. Feststellung des Gewichts.
Gewichte:

a) Lt. Begleitpapier . . . . Brutto . . . . .
　　　　　　　　　　　　　　　　　 Tara . . . .
　　　　　　　　　　　　　　　　　 Netto . . . . . .

b) Festgestellt durch (Name): . . . .
　　Art der Verwiegung . . . . Brutto . . . . .
　　Bahnamtlich . . . . Tara . . . .
　　*Dezimal . . . . Netto . . . . . .
　　Centesimal . . . .
　　*lose oder in *Karren usw. . . . .

　　　　(Bemerkung: Es ist anzugeben, ob das Gewicht des leeren Waggons bahnamtlich festgestellt wurde, oder ob das angeschriebene Gewicht zugrunde gelegt ist.)

3. Ausführung der Probenahme.
　　Witterung vor und während der Probenahme . . . .
　　　　　　Nach Gruppe . . . . Klasse . . . .

4. Entnahme einer Durchschnittsprobe und ihre Herrichtung.
　　Das Probegut wurde durch mich selbst — durch Herrn . . . .
　　. . . . . entnommen und wog . . . .
　　Es wurde getrocknet — geglüht — gepocht — gemahlen — geschmolzen*.

　　I. Nässebestimmung.
　　　　Gewicht der Originalprobe . . . . kg . . . .
　　　　Gewicht der getrockneten Probe . . . . kg . . . .
　　　　Nässegehalt der Originalprobe . . . . . kg . . . .

　　II. Ermittlung des Glühverlustes.
　　　　Gewicht der Originalprobe . . . . kg . . . .
　　　　Gewicht der geglühten Probe . . . . . kg . . . .
　　　　Glühverlust der Originalprobe . . . . kg . . . .

　　III. Herrichtungsergebnis der Probe.
　　　　Von der hergerichteten Probe gelangte zur Bearbeitung:
　　　　Originalprobe im Gewicht von . . . . kg . . . .
　　　　Getrocknete Probe im Gewicht von . . kg . . . .
　　　　Geglühte Probe im Gewicht von . . . kg . . . .

　　IV. Nach der Herrichtung ergab die Probe:
　　　　1. Poch- oder Mahlgröbe . . . . . . kg . . . .
　　　　2. Metall im Feinen . . . . kg . . . .
　　　　3. Staub im Feinen . . . . kg . . . .
　　　　4. Eisen . . . . kg . . . .
　　　　　　(Nur beim Schmelzen auszufüllen.)
　　　　1. Metall . . . . kg . . . . -
　　　　2. Krätze . . . . kg . . . .
　　　　　　davon a) Metallgröbe . . . . . . kg . . . .
　　　　　　　　　b) Staub . . . . kg . . . .
　　　　　　　　　c) Eisen . . . . kg . . . .
　　　　3. Verlust . . . . kg . . . .
　　Anzahl der Muster . . . . und deren Gewicht . . . . . kg
　　　　davon a) für Parteianalysen . . . .
　　　　　　　b) für Schiedsverfahren . . . .
　　Die Siegel lauten　　　　　　　　　　　　　.
　　je . . . . Muster empfing per . . . .
　　Firmen . . . .
　　Schiedsmuster empfing . . . .
　　　　Bemerkungen: . . . .
Ort: . . . . 19 . . . .
　　　　　　　　　　　　　　　　　　　Unterschrift:

---

* Nichtzutreffendes streichen,

C. Behandlung der Analysenprobe durch den untersuchenden Chemiker[1].

Die einzigen Maßnahmen, die der untersuchende Chemiker nach Entsiegeln des Musters außer der Analysierung an oder mit diesem vornehmen muß, sollen folgende sein:

1. Nochmaliges Homogenisieren des Musters durch Ausbreiten der ganzen Menge auf Glanzpapier oder flaches Uhrglas und gründliches Mischen, da infolge der Erschütterungen beim Transport eine Entmischung eingetreten sein kann.

2. Nachtrocknen[2] einer für die Untersuchung vorauszusehenden Menge im Trockenschrank je nach Art des Materials bei 105—120° C bis zur Gewichtskonstanz.

3. Sorgfältiges **Aufbewahren des Musterrestes** nach der Untersuchung, so daß jederzeit darauf zurückgegriffen werden kann, mindestens auf die Dauer von einem halben Jahr.

Muster, die zur Untersuchung schlecht geeignet, u. a. nicht analysenfertig sind, weise der Chemiker auf alle Fälle zurück.

---

[1] Das hierunter folgende bezieht sich natürlich nur zum Teil auf Betriebsuntersuchungen, ist aber für solche, an denen Parteien interessiert sind, von größter Bedeutung.

[2] Sofern nicht anders ausdrücklich bestimmt.

Das Wägen.

Von

Dr.-Ing. K. Wagenmann, Eisleben.

Für den quantitativ arbeitenden Analytiker ist die Waage immer Grundlage seiner Messungen. Nur zu häufig wird diesem bedeutungsvollen Umstand in der Praxis der Metallanalyse, deren Anforderungen hinsichtlich Genauigkeit in letzter Zeit teilweise geradezu ungeheuerlich gestiegen sind, recht wenig Beachtung geschenkt, sei es, daß Aufstellung und Behandlung der Waagen falsch oder die Waagen selbst gar unzureichend sind. An dieser Stelle kann nur das wesentlichste dazu gesagt werden, im übrigen aber auf die bekannten chemischen oder physikalischen Lehrbücher sowie auf Bd. I, S. 52 verwiesen werden.

Die Waagen müssen in einem eigens für sie bestimmten Raume (Wägezimmer) aufgestellt werden, der auf alle Fälle frei von korrodierend wirkenden Gasen und Dämpfen, frei von Staub und Zugluft bleibt, keinen schroffen Temperaturschwankungen unterliegt, hell sein kann, aber zweckmäßig kein unmittelbares Sonnenlicht erhält (Nordseite). Hier müssen alle Waagen, insonderheit die höher empfindlichen, vollständig erschütterungsfrei und geschützt vor unmittelbarer Bestrahlung durch Sonnenlicht aufgestellt werden, am besten auf kräftigen Steinkonsolen, die möglichst an Kernmauern des Gebäudes befestigt sind, keinesfalls auf schwachen Holzkonsolen. Nur so können die heute zahlreich angebotenen, meist recht guten, hochempfindlichen Waagen lang erhalten bleiben und ein schnelles und sicheres Arbeiten gewährleisten. Abb. 1 zeigt eine entsprechende Aufstellung, wie sie Verfasser im Zentrallaboratorium der Mansfeld A.G., Eisleben, für 15 analytische Waagen einführte; sie hat sich nunmehr seit einer Reihe von Jahren ausgezeichnet bewährt. In Fällen, wo ein völlig erschütterungsfreies Aufstellen nicht möglich ist, können Gummiunterlegplatten gute Dienste tun (s. Abb. 2).

Künstliche Beleuchtung, bei der man sich fast ausnahmslos der Einzelbeleuchtung bedient, erfolgt zweckmäßig von oben, etwa mit Zugpendel, genau mitten über der Waage hängend, so daß die Skalen auf ihrer Vorderseite gut beleuchtet sind, aber hoch genug, um eine nennenswerte Erwärmung der Waage zu vermeiden. Den gleichen Zweck erfüllt auch eine Soffittenlampe mit darunter angebrachter Mattscheibe. Sehr zweckmäßig sind die auf den Waagenkasten aufzusetzenden elektrischen Kastenbeleuchtungen; der darin angebrachte Glassatz schwächt die direkte Wärmestrahlung praktisch vollständig ab und verursacht durch seine Anordnung einen kühlenden Luftzug im Lampengehäuse nach oben.

Ein Lufttrockenhalten des Waagengehäuses ist für vorliegende Zwecke nicht unbedingt erforderlich; keinesfalls darf dazu konzentrierte

Abb. 1. Bewährte Aufstellung von Analysenwaagen. (Zentrallaboratorium der Mansfeld'A.G., Eisleben.)

Schwefelsäure verwandt werden, sondern neutrales Chlorcalcium in den bekannten Gläschen mit eingesetztem Trichter.

Abb. 2. Gummi-unterlegplatten für Analysenwaagen. (P. Bunge, Hamburg.)

Es spricht sehr wesentlich für die Güte einer heutigen empfindlichen Waage, wenn sie, Aufstellung nach obigem und sachgemäße Behandlung vorausgesetzt, den Nullpunkt praktisch nicht verändert, so daß man nur zeitweilig eine Nachprüfung bzw. Einstellung desselben vorzunehmen braucht. Die Einstellung einer Waage auf den Nullpunkt soll grundsätzlich nur an der dafür vorgesehenen Einrichtung vorgenommen werden, keinesfalls durch das immer wieder anzutreffende Verstellen der Fußschrauben, wodurch die Waage immer mehr aus dem Lot gerät.

Bei sehr vielen chemisch-technischen Untersuchungen — insbesondere bei Betriebsanalysen — wird nicht die analytisch höchst erreichbare Genauigkeit gefordert, sei es, weil die anzuwendende Schnellmethode sie nicht erreichen läßt, sei es, weil sie aus irgendwelchen Gründen überflüssig wäre. Durch ganz erhebliche Kürzung der Balkenlänge, bei leichtester Ausbildung der schwingenden Teile hochempfindlicher Waagen und Anwendung besonderer Hilfsmittel (s. unten) ist es zwar gelungen, die Schwingungsdauer bei gleicher Empfindlichkeit und damit die gesamte Wägedauer ganz außerordentlich abzukürzen; und doch wäre es zumindest ein grundsätzlicher Fehler, würde der Analytiker selbst bei hohen Anforderungen bezüglich Genauigkeit in allen Fällen sich etwa zur Einwaage ausschließlich der sogenannten Analysenwaage bedienen. Folgendes Beispiel möge dies beleuchten:

Der 3,00% betragende Kupfergehalt eines Erzes sei auf zwei Dezimalen, also sehr genau, zu bestimmen. Sorgt man für eine Auswaage in 4 Dezimalen (Analysenwaage mit 0,1 mg Empfindlichkeit), wozu also eine Einwaage von mindestens 3,5 g erforderlich wäre, so erreicht man mit der Auswaage auf alle Fälle den gewünschten Genauigkeitsgrad, d. h. die zweite Dezimale ist noch sicher.

Anders bei der Einwaage:

1. Bei 3,500 g Einwaage erfolgen 0,1050 g Auswaage,
2. „   3,501 g   „   „ $0,1050_3$ g   „
3. „   3,502 g   „   „ $0,1050_6$ g   „   .

Also erst im Falle 3 würde die Analysenwaage eine Erhöhung der 4. Dezimale bei der Auswaage anzeigen, die 0,1051 werden würde, woraus aber immer noch $3,00_3$% erfolgen; erst bei 0,1052 g Auswaage ergibt sich $3,00_6$% oder 3,01%. Im vorliegenden Fall genügt also zur Einwaage eine Waagenempfindlichkeit von 1 mg vollauf. Auf einer solchen Waage, die ja erheblich einfacher gebaut ist — meist auch für geringere Höchstbelastungen —, ist aber gerade das Einwiegen einer Probesubstanz erheblich leichter und schneller vorzunehmen als auf einer hochempfindlichen Waage, besonders wenn das in der Praxis aus verschiedenen Gründen häufig angewandte Einwiegen in ganzen Grammen verlangt wird, sodaß also auch eine erhebliche Zeitverkürzung eintritt. Ein gut eingerichtetes einschlägiges Laboratorium braucht demnach, abgesehen von Waagen verschiedener Höchstbelastung auch einige verschiedener Empfindlichkeit. Letztere Bezeichnung, über die vielfach recht große Unklarheit besteht, sollte zweckmäßig folgendermaßen definiert werden: Unter der Empfindlichkeit einer Waage ist das Übergewicht zu verstehen, welches bei mittlerer Belastung und Schwingungsweite einen auf der Skala ablesbaren (nicht abschätzbaren) Mehrausschlag von einem Teilstrich hervorruft. Eine Waage von 0,1 mg Empfindlichkeit und 200 g Höchstbelastung soll also bei 100 g Belastung auf 0,1 mg Übergewicht einen Mehrausschlag von einem ganzen Teilstrich haben, was natürlich zweckmäßig etwa mit 1 mg auf 10 Teilstriche nachgeprüft wird.

Es empfiehlt sich, gelegentlich auch die Richtigkeit einer Waage nachzuprüfen, wozu man sich der Methoden bedient, wie sie in den meisten physikalischen und chemischen Lehrbüchern beschrieben sind (s. a. Bd. I, S. 53); dazu ist aber der praktische Metallanalytiker hauptsächlich nur in den selteneren Fällen gezwungen, wo er das Gewicht absolut und mit hoher Genauigkeit feststellen muß. Und dies setzt dann wiederum voraus, daß der angewandte Gewichtssatz auch absolut sehr genau ist, während für das rein analytische Arbeiten — von verschiedenen Ausnahmen abgesehen — im Satz nur die Abweichungen der Gewichte unter sich festgestellt bzw. auf das zulässige Maß korrigiert werden müssen, was bei Gewichten mit abschraubbaren Köpfen bekanntlich leicht ist.

Das Einwiegen von Substanzen mit während der Wägedauer merklich veränderlichem Gewicht muß in dem bekannten geschlossenen

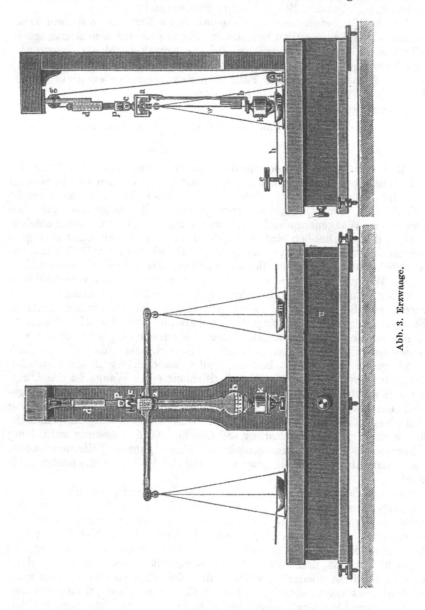

Abb. 3. Erzwaage.

Wägegläschen vorgenommen werden; andernfalls bedient man sich dazu
kleiner Uhrgläschen, Glasschiffchen oder Metallschälchen, eventuell mit
tariertem Gegengewicht.

Unter Berücksichtigung des oben Gesagten kann zum Einwiegen von Erzen und Hüttenprodukten vorteilhaft die aus den sogenannten Probierlaboratorien stammende Schlieg- oder Erzwaage benutzt werden, von der eine Ausführung aus Abb. 3 ersichtlich ist. Diese Waagen sind sehr dauerhaft und bei einer Empfindlichkeit von 1 mg bei 20 bis 50 g Höchstbelastung sehr handlich, gestatten ein verläßliches Wägen im offenen, natürlich zugfreien Raum.

Für besonders große, mehrere hundert Gramm betragende Einwaagen, die auch entsprechend geringere Genauigkeit benötigen, wie u. a. bei den Edelmetallbestimmungen in Erzen und Hüttenprodukten, bei Nässe-

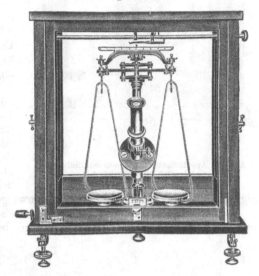

bestimmungen u. dgl. m. genügen die bekannten sogenannten Präzisionswaagen mit 1—2 kg Höchstbelastung.

Die Zahl der den Metallanalytikern heute zur Wahl stehenden hochempfindlichen Waagen ist sehr groß; es ist die Analysenwaage des Chemikers mit 0,2—0,1 mg Empfindlichkeit. Es sind kurzarmige Waagen mit verschiedenartig konstruiertem Gebälk, das aber, um die Schwingungsdauer nach Möglichkeit abzukürzen, in allen Fällen so leicht ausgeführt ist, als es die mit zunehmender Belastung immer stärker werdende Durchbiegung, derzufolge die Empfindlichkeit abnimmt, zuläßt. Das Ziel einer mög-

Abb. 4. Schnellanalysenwaage. Schwingungsdauer 4—5 Sek. bei 0,1 mg Empfindlichkeit. (P. Bunge, Hamburg.)

lichst kurzen Schwingungsdauer ist besonders eifrig verfolgt worden, wobei man zu den Konstruktionen der Waagen mit Spiegel- oder Mikroskopablesung kam; die Abb. 4 zeigt eine analytische Schnellwaage mit Mikroskopablesung, deren Schwingungsdauer nur 4 bis 5 Sekunden beträgt. Diese Hilfsmittel, Spiegel oder Mikroskop, gestatten es, die Empfindlichkeit der Waage selber wesentlich herabzusetzen, also auch dadurch ihre Schwingungsdauer entsprechend zu verkürzen; mit den angeführten Hilfsmitteln wird nur die Ablesemöglichkeit so weit gesteigert, daß das Abwägen auf 0,1 bzw. 0,2 mg möglich ist. Trotz des etwas höheren Preises sind diese Waagen sehr zu empfehlen. Auf Wunsch werden sie auch mit Bergkrystallschalen ausgerüstet an Stelle der üblichen Messing- oder Neusilberschalen, was zwar unbegrenzte Haltbarkeit bedeutet, aber unverhältnismäßig teuer ist. Zur Schonung der Metallschalen liefern heute die großen Firmen genau auf gleiches Gewicht gebrachte runde Glasscheiben, die dauernd auf die Schalen aufgelegt werden.

Eine bedeutsame Neuerung der letzten Jahre ist die ursprünglich von Curie konstruierte aperiodische Dämpfungswaage. Sie ist eine Analysenwaage mit besonders stark gedrückter Empfindlichkeit, und ihre Schalen sind mit je einer Luftdämpfung (s. Abb. 5) versehen, vermittels derer die Waage nach höchstens zwei Schwingungen schon zur Ruhe kommt. Das Prinzip der Luftdämpfung, die hier unter den Waageschalen angebracht ist, zeigt Abb. 6. Je nach Einstellung der Waage können die letzten 2 und 3 Dezimalen bzw. die 3. und 4. Dezimale durch Mikroskop oder Fernrohr unmittelbar auf der Skala abgelesen werden. Diese Waagen sind verständlicherweise Schnellwaagen und

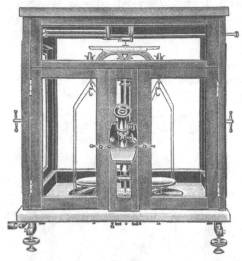

Abb. 5. Aperiodische Analysen-Schnellwaage.
(P. Bunge, Hamburg.)

eignen sich u. a. ausgezeichnet zum Einwiegen auf bestimmte Gewichte.

In besonderen Fällen, wie beispielsweise zur Auswaage der Edelmetalle, meist in kleinen Metallkörnern, benutzt der Metallanalytiker

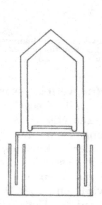

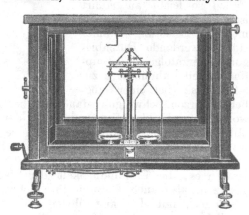

Abb. 6. Prinzip der Luftdämpfung
nach Curie.

Abb. 7. Probierwaage für Edelmetalle.
(P. Bunge, Hamburg.)

die für ihn höchstempfindlichen Waagen — Korn- oder Probierwaagen —, wie sie Abb. 7 in einer guten Ausführung zeigt. Sie sind vollständig in Anlehnung an die Analysenwaage gebaut, nur viel kleiner und besonders leicht, nehmen eine Höchstbelastung von 5—20 g auf und zeigen eine Empfindlichkeit von 0,02—0,01 mg. Auch sie können mit Spiegelablesung oder Mikroskop ausgerüstet werden. Sehr zweckmäßig ist bei ihnen eine am Reiterschieber angebrachte Ableselupe für die Reiterstellung, wie sie u. a. die Waage von Pregl hat.

Zum Schlusse sei noch darauf hingewiesen, daß der Metallanalytiker heute, infolge der immer mehr gesteigerten Anforderungen an die Genauigkeit seiner Untersuchungen (s. u. a. Kapitel „Kupfer"), gezwungen ist, auch größere Gewichte sehr genau zu bestimmen. So z. B. in den Fällen, wo für die geforderte Genauigkeit seiner Bestimmungen ein Auspipettieren aus dem Meßkolben nicht mehr ausreicht und er zum Auswiegen des aliquoten Teils übergehen muß. Für solche Zwecke benutzt man vorteilhaft Waagen mit einer Höchstbelastung von etwa 2 kg bei einer Empfindlichkeit von 0,5—1 mg. Bezüglich Konstruktion und Äußerem sind solche Waagen genau die gleichen wie die zur Analyse angewandten, nur sind sie entsprechend größer gebaut.

Elektroanalytische Bestimmungsmethoden.

Von

Dr. Ing. **K. Wagenmann**, Eisleben.

I. Einleitung.

Entsprechend den Absichten des Herausgebers dieses Werkes, nur technisch brauchbare Untersuchungsmethoden aufzunehmen, mußte unter den zahlreichen in Sammelwerken oder Einzelveröffentlichungen bekanntgegebenen elektroanalytischen Bestimmungsmethoden eine Auswahl für jedes praktisch in Frage kommende Metall getroffen werden. Dabei mußten die in Band I erörterten allgemeinen Gesichtspunkte leitend sein. Zuverlässigkeit, unter besonderer Berücksichtigung der in technischen Produkten fast immer auftretenden größeren Zahl anderer Elemente, steht dabei an der Spitze. Wenn außerdem gelegentlich Wert auf besonders hohe Genauigkeit gelegt wurde, entspricht dies nur den heute immer mehr steigenden Anforderungen der Technik, die teilweise soweit gehen, daß sich eine technische Analyse hinsichtlich geforderten Genauigkeitsgrades in nichts mehr von der wissenschaftlichen unterscheidet. Aber gerade die elektroanalytischen Methoden lassen diese Ansprüche unter Vereinigung mit den sonst in der Praxis zu stellenden, wie Schnelligkeit, Einfachheit usw., besonders gut verwirklichen, welchem Umstand die stetig zunehmende Verbreitung der Elektroanalyse für die technische Analyse hauptsächlich zuzuschreiben ist. Unter sonst gleichwertigen Methoden müssen hier die den Vorzug haben, welche die größere Zahl von Trennungen ermöglichen. Diesem Gesichtspunkt wurde besondere Beachtung geschenkt und für jede Methode die Trennungsmöglichkeit von anderen technisch zu berücksichtigenden Elementen angegeben, soweit sie verläßlich festgestellt ist; leider ist letzteres heute nicht bei allen Metallen in solchem Umfang der Fall wie etwa beim Kupfer. Ein bedeutsames, allgemein anwendbares Hilfsmittel, das unter anderem Sicherheit und Zahl der Trennungen für jede Methode erheblich steigert, die Metallabscheidung unter Kontrolle des Kathodenpotentials, hat bis jetzt nur vereinzelt in der Praxis Anwendung gefunden, was wohl weniger an der Scheu des Praktikers vor der erforderlichen Apparatur gelegen als in dem Umstand begründet ist, daß die Methode dauernder Beaufsichtigung bedarf und gleichzeitige Bestimmungen in größerer Zahl kaum durchführbar sind. Daher fanden die entsprechenden Methoden, die in neuester Zeit wissenschaftlich besonders zahlreich ausgebaut worden sind, im nachstehenden keine Berücksichtigung. An Stelle dessen sind Methoden aufgenommen worden, welche eine verläßliche Trennungsmöglichkeit bei einer nach oben begrenzten Klemmenspannung gewährleisten, wobei aber aus den im allgemeinen Teil (Bd. I, S. 389) erörterten Gründen die jeweils vorgeschriebenen Bedingungen, unter anderem besonders die Zusammensetzung der Elektrolyte, meist sorgfältig innezuhalten sind.

Eine weitere, bei manchen Metallen erreichbare Sicherung für den Analytiker hinsichtlich Reinheit des elektrolytisch abgeschiedenen Niederschlages und damit der Zuverlässigkeit der Bestimmung, besteht in Umfällungen entweder aus einem frischen Elektrolyten gleicher Art oder einer frischen Lösung, die weitere Trennungsmöglichkeiten gestattet.

Für die mit vollem Recht seit dem Vorschlag Vortmanns [Monatshefte f. Chemie 14, 550 (1893)] als erstem, zunehmend in Anwendung kommenden Elektroanalysen in Gegenwart eines im Elektrolyten suspendierten, praktisch unlöslichen Niederschlages, sind die Umfällungen größtenteils erforderlich. Aber auch für genaue Bestimmungen bei Niederschlägen, die nur Zweifel hinsichtlich Reinheit aufkommen lassen, kann den Umfällungen nicht genügend das Wort geredet werden. Man kann die Umfällungen aus einer frischen Lösung gleicher Art, aber auch aus einer anderen vornehmen, sofern damit besondere Trennungsmöglichkeiten geboten werden. In diesem Zusammenhang haben die schnellelektrolytischen Methoden, die denen aus ruhendem Elektrolyt sonst, bis auf Ausnahmen, grundsätzlich mindestens gleichwertig sind, nicht allein den Vorteil besonders erheblicher Zeitersparnis, sondern werden in vielen dringlichen Fällen eine zweite Fällung überhaupt ermöglichen.

Auch die gelegentlich vorteilhafte Verwendungsmöglichkeit der Quecksilberkathode hat in der praktischen Metallanalyse wenig Beachtung gefunden, was größtenteils auf die auch heute noch nicht genügend festgestellten Trennungsmöglichkeiten bei Gegenwart anderer Metalle und nicht zuletzt auf die für praktische Zwecke wenig annehmliche Apparatur zurückzuführen ist. Es ist daher zu begrüßen, daß W. Moldenhauer [Ztschr. f. angew. Ch. 12, 331 (1929)] neuerdings eine sehr zweckmäßig erscheinende leichte Löffelkathode konstruiert hat, die es ermöglicht, in normalen Glasgefäßen, also auch bei größeren Flüssigkeitsmengen zu elektrolysieren. (Siehe auch „Allgemeine elektroanalytische Bestimmungsmethoden", Bd. I, S. 397.)

Die nachstehend empfohlenen Methoden sind zum Teil Originalmethoden, sofern die Autoren angegeben sind; zum anderen sind sie zusammengestellt unter kritischer Würdigung der in der Spezialliteratur und in Einzelveröffentlichungen bis in Einzelheiten gemachten Angaben und unter Benutzung eigener Erfahrungen. Bei den Methoden für die Platinmetalle berücksichtige man, daß nur sehr wenige Veröffentlichungen erschienen sind, so daß in bezug auf Trennungsmöglichkeiten von anderen Metallen nicht in allen Fällen unbedingte Sicherheit vorliegt. Auf die Wiedergabe einer elektrolytischen Bestimmungsweise für Eisen, Chrom und Mangan ist verzichtet worden, da die Praxis davon keinen Gebrauch macht.

Wenn Verfasser im übrigen überzeugt ist, daß die Methoden bei Innehaltung der gestellten Bedingungen technisch sehr gut brauchbare

Resultate liefern, müssen zwei Voraussetzungen erfüllt werden, denen in der Praxis erfahrungsgemäß leider nicht immer genügende Beachtung geschenkt wird:

1. Die angewandten Einrichtungen müssen in Ordnung sein und gehalten werden, vor allem die Strom-Meßapparate, Volt- und Amperemeter; letztere müssen unter Umständen absolut richtige Ablesungen ermöglichen (Spannungsmethoden). Man verwende daher nur die besten im Handel erhältlichen Einrichtungen.

2. Man achte auf genügende Reinheit aller angewandten Reagenzien (insbesonders der Schwefel- und Salpetersäure, der Alkalilaugen, des Ammoniaks, des Cyankaliums usw.), auch wenn keine diesbezüglichen Anforderungen gestellt sind. Unreine oder schlecht haftende Niederschläge sind häufig die Folge einer Verwendung unreiner Chemikalien.

Die in den Überschriften, den einzelnen Metallen zukommenden elektrolytischen, auf die Wasserstoffelektrode bezogenen Potentiale EP_{Me} sind in der Zählung nach Nernst [Ztschr. f. Elektrochem. 11, 777 u. 780 (1905)] entnommen. Die jeweiligen Angaben über die zulässigen Stromdichten beziehen sich, wenn nicht anders bemerkt, auf 100 qcm Kathodenoberfläche (ND_{100}). Die Metalle sind geordnet in der alphabetischen Reihenfolge ihrer Atombezeichnungen, da nur in dieser Weise ein schnelles Aufschlagen für jeden ermöglicht wird, andererseits alle anderen Gruppierungen und Anordnungen etwas Gekünsteltes und Gezwungenes haben. Auch die Reihenfolge der unter den Trennungen aufgeführten Elemente ist in gleicher Weise alphabetisch. Unter den einzelnen Metallen sind jeweilig nur diejenigen Trennungen beschrieben, bei denen das zuerst genannte niedergeschlagen wird, während umgekehrten Falles auf das entsprechende Metall verwiesen ist.

II. Spezielle Arbeitsmethoden.

(Die Metalle sind alphabetisch nach den Anfangsbuchstaben ihrer Symbole geordnet.)

Silber.

(Ag = 107,88.)

Elektrochemisches Äquivalent, 1 Amp./Sek. = 1,118 mg Ag˙.

Elektrolytisches Potential $EP_{Ag˙} = -0,771$ Volt.

Mit der Fällung des Silbers als Chlorid steht dem analytisch arbeitenden Chemiker eine gravimetrische Bestimmungsmethode für Silber zur Verfügung, die in bezug auf Genauigkeit[1], Einfachheit und hinsichtlich Abtrennungsmöglichkeit von anderen Metallen nichts zu wünschen

---

[1] Im Zentral-Laboratorium der Mansfeld A.G., Eisleben, werden monatlich zahlreiche Silberbestimmungen in Feinsilber von 999 (999,0—999,7) Feingehalt vermittelst der Chlorsilberfällung ausgeführt. Bei betriebsmäßiger Handhabung betragen die größten Differenzen bei Doppelproben (gelegentlich auch dreifacher Ausführung) 0,3 Tausendteile (= 0,03%), bleiben aber meist unter 0,2 Tausendteilen, bei 5—10 g Einwaage.

übrig läßt; sie ist sowohl für große wie kleine Silbergehalte anzuwenden. Für sehr kleine Silberkonzentrationen ist die bei richtiger Handhabung sehr genaue dokimastische Probe allgemein in Gebrauch (S. 1007). Auch die für laufende Bestimmungen sehr einfache und schnelle, maßanalytische Bestimmungsweise, in Form der Gay-Lussac-Probe, erreicht bei Legierungen Genauigkeitsgrade, die der Chlorsilber-Methode kaum nachstehen (s. S. 991). Angesichts dessen lag von jeher für den Praktiker wenig Bedürfnis nach anderen Methoden vor, sofern sie hinsichtlich Zuverlässigkeit, Einfachheit oder Schnelligkeit gegenüber jenen nicht besondere Vorteile bieten. Dies trifft aber für die nachstehend aufgeführten elektroanalytischen Methoden unter den jeweils gekennzeichneten Voraussetzungen und Bedingungen zu, so daß sie in technischen Produkten und Silberlegierungen durchaus zu empfehlen sind (s. auch unter „Bemerkung", S. 912). In bezug auf Schnelligkeit kommt ihnen nur die Gay-Lussac-Probe nahe. Die besthaftenden Niederschläge liefert der Cyankaliumelektrolyt; der salpetersaure neigt zu stark grobkristalliner Metallabscheidung, bietet aber eine große Zahl von Trennungsmöglichkeiten.

A. Bestimmungsmethoden.

1. Fällung des Silbers aus schwefelsaurer Lösung.

Die von O. Brunck [Ztschr. f. Elektrochem. 18, 809 (1912) und Ztschr. f. angew. Ch. 42, 1993 (1911)] zuerst in Vorschlag gebrachte Methode ist unter folgenden Bedingungen die genaueste elektroanalytische: die fraglichen Produkte, meist Legierungen, löst man in Mengen von 0,3—0,5 g Silberinhalt — wegen der beschränkten Löslichkeit des Silbersulfats kann mehr als 1 g nicht angewandt werden — in Salpetersäure (spez. Gew. 1,2 bis 1,3), setzt 5—10 ccm verdünnte Schwefelsäure (1 : 1) hinzu und dampft bis zum Rauchen der Schwefelsäure ab. Auch die Halogenverbindungen des Silbers können durch Abrauchen mit reichlich konzentrierter Schwefelsäure in Sulfat übergeführt werden. Man nimmt mit 100—150 ccm heißem Wasser auf, kocht erforderlichenfalls bis alles Silbersulfat gelöst ist und elektrolysiert bei 80—90° C ruhend; die Badspannung darf 1,37 Volt nicht überschreiten, wenn das Silber in festhaftender, feinkrystalliner Form fallen soll; zweckmäßig hält man die Klemmenspannung auf höchstens 1,2 Volt. Diese Bedingungen erfüllt der Edison-Akkumulator, wenn er nach frischer Ladung kurze Zeit gebraucht ist. Für die größeren Silbermengen fällt das Metall grobkrystallin, wenn 0,2 Ampere überschritten werden. Vorteilhaft sind Netzelektroden (nach Winkler oder Fischer); 0,1 g Silber fallen mit dem Edison-Akkumulator in etwa 1 Stunde.

Nach A. Fischer (A. Classen: Quantitative Analyse durch Elektrolyse, S. 140. Berlin 1920) verläuft die Schnellfällung sehr gut auf Doppelnetzen bei starker Rührung mit Glasrührer innerhalb 4 Minuten, wenn die Lösung 4 ccm konzentrierte freie Schwefelsäure auf 100 ccm Volumen enthält, 80° C hat und mit 1,4 Volt bei 0,8 Ampere elektrolysiert wird.

2. Fällung des Silbers aus salpetersaurer Lösung.

Nach F. W. Küster und H. von Steinwehr.

[Ztschr. f. Elektrochem. 4, 451 (1898).]

Die zu untersuchende Lösung soll nur mäßigen Überschuß an freier Salpetersäure haben, auf etwa 150 ccm 1—2 ccm Salpetersäure (spez. Gew. 1,4); man setzt 5 ccm Alkohol hinzu und fällt auf die mattierte Schale oder das Netz

ruhend, bei 55—60⁰ C, mit höchstens 1,35 Volt, 6—8 Stunden für 0,3—1 g Ag,

schnellelektrolytisch, bei 55—60⁰, mit höchstens 1,35 Volt, 45 Minuten für 0,5 g Ag.

Aus salpetersaurem Elektrolyt fallen Niederschläge, die nicht besonders gut haften, sodaß sie bei allen Manipulationen zwecks Auswaage sehr vorsichtig behandelt werden müssen. Überschreitet die Klemmenspannung 1,38 Volt, so scheidet sich das Silber derartig schwammig ab, daß eine einwandfreie Gewichtsfeststellung unmöglich wird. A. Classen (Quantitative Analyse durch Elektrolyse, S. 139. Berlin 1920) empfiehlt als Stromquelle eine Gülchersche Thermosäule, die man so anzapft, daß die Klemmenspannung gerade der verlangten entspricht. Der Alkoholzusatz verhindert die Abscheidung von Silbersuperoxyd an der Anode. Es muß ohne Stromunterbrechung ausgewaschen werden, möglichst mit warmer Waschflüssigkeit.

3. Fällung des Silbers aus cyankalischer Lösung.

Die von Luckow angegebene, also älteste Methode kann auf reine Nitrat- oder Sulfatlösungen des Silbers angewandt werden, ebensogut auf die in Cyankalium löslichen Silberverbindungen wie Chlorid, Bromid, Jodid oder Oxalat. Aus beim Lösen von Probematerialien anfallenden sauren Lösungen entfernt man die überschüssige Säure durch Abdampfen bzw. Abrauchen. Die neutrale Probelösung versetzt man mit soviel reinster Cyankaliumlösung, bis der anfangs entstandene Niederschlag sich wieder vollständig gelöst hat, gibt weitere 2—3 g reinstes Cyankalium hinzu und verdünnt auf 100—125 ccm Volumen. Man fällt auf Netzelektroden oder in der mattierten Schale

α) 0,5 g Ag ruhend bei 20—30⁰ C mit 0,2—0,5 Ampere, 3,7—4,8 Volt in 5 bzw. 1¹/₂ Stunden,

β) 0,2—0,3 g Ag ruhend bei 60⁰ C mit 0,03 Ampere, 2,5—2,7 Volt in 3—4 Stunden,

γ) 0,5 g Ag bewegt, bei 20—30⁰ C mit 0,5 Ampere in 20 Minuten[1].

Einzelangaben über die in bestimmten Zeiten ausfallenden Silbermengen macht E. F. Smith (Quantitative Elektroanalyse, S. 108—110. Leipzig 1908), wonach bei Anwendung starker Elektrolytbewegung und hoher Stromdichten (wie sie natürlich nur bei reinen Silberlösungen

---

[1] Auf mattierter Schale bei schnellrotierender Scheibenanode (A. Classen, Quantitative Analyse durch Elektrolyse, S. 141. Berlin 1920.)

statthaft sind) ganz außerordentlich schnelle Fällung möglich ist. Man wäscht auf alle Fälle ohne Stromunterbrechung aus. Es ist unbedingt reines Cyankalium zu verwenden, da Verunreinigungen desselben, wie etwa Cyanat, pulveriges Ausfallen besonders der letzten Metallmengen bewirken. Die Genauigkeit ist nicht so groß wie die der Methode 1 oder 4; die Metallmenge fällt durchweg etwas zu niedrig aus, und die Elektroden gehen, wenn auch wenig, im Gewicht zurück.

4. Fällung des Silbers aus ammoniakalischer Lösung.

Die ältere Ausführungsweise, bei ruhendem Elektrolyt, führt zu schwammiger Metallabscheidung und Übergewichten. Bei starker Elektrolytbewegung und Fällung unterhalb 1,3 (besser 1,2) Volt, erhält man aber gut haftende Niederschläge. Silberlösungen — sofern sie keinen übermäßig hohen Betrag an freier Säure enthalten, die man andernfalls durch Eindampfen entfernt — neutralisiert man kalt und schnell mit Ammoniak bis der bei größeren Silbermengen ausfallende Niederschlag sich eben wieder gelöst hat, setzt 10—15 ccm konzentriertes Ammoniak hinzu, verdünnt auf 100 ccm und fällt auf Drahtnetzelektroden bei annähernd Siedehitze unter starker Flüssigkeitsbewegung mit einer Höchstklemmenspannung von 1,2 Volt. Ein Zusatz von einigen Gramm Ammonnitrat ist für die Erzielung guter Niederschläge nur günstig. 0,5 g Metall sind in 8 Minuten quantitativ abgeschieden. Für dunkelgraue Metallniederschläge ist schwammige Abscheidung der letzten Anteile die Ursache und geringe Übergewichte die Folge; für genaue Bestimmungen fällt man solche Niederschläge unter obigen Bedingungen um, indem man zuerst in heißem, salpetersäurehaltigem Wasser, eventuell unter Umpolen, ablöst und dann den Elektrolyten mit Ammoniak, wie oben angegeben, einstellt. Da die Anwesenheit der Halogene nicht stört, kann man auch die entsprechenden Silberverbindungen in Ammoniak gelöst der Elektrolyse unterwerfen (s. unter „Bemerkung" S. 912). Die Methode hat also sehr oft unmittelbare Anwendungsmöglichkeit.

5. Fällung des Silbers an der Quecksilberkathode.

Nach W. Moldenhauer.
[Ztschr. f. angew. Ch. 42, 333 (1929).]

Man bedient sich der von W. Moldenhauer empfohlenen Quecksilber-Löffelkathode (s. „Allgemeine elektroanalytische Bestimmungsmethoden", Bd. I, S. 397).

α) **Ammoniakalischer Elektrolyt:** Aus etwa 50 ccm Nitratlösung, die man mit 10 ccm konzentriertem Ammoniak und 6 g Ammonnitrat versetzt, fällt man bei rotierender Anode mit anfangs 0,5 Ampere (3,5—4 Volt), 0,1 g Silber in 2 Stunden. Die Flüssigkeitsmenge kann bis zu 100 ccm betragen. Man wäscht zuerst unter Stromdurchgang mit Wasser aus, gibt dann zur Zerstörung etwa gebildeten Ammoniumamalgams etwas verdünnte Schwefelsäure in den Löffel, elektrolysiert mit etwa 0,5 Ampere ungefähr 10 Minuten weiter und wäscht dann endgültig mit Wasser aus. Die Quecksilberkathode wird im Exsiccator unter Vakuum 1—1$^1/_2$ Stunden getrocknet und ausgewogen. — Sind Chlorionen zugegen, arbeitet man stets mit frischem Quecksilber.

β) **Cyankalischer Elektrolyt:** Die etwa 50 ccm (bis 100 ccm) betragende Lösung des Silbers versetzt man tropfenweise mit soviel reinster Cyankaliumlösung, bis der zuerst ausfallende Niederschlag sich eben wieder gelöst hat; man fügt noch 1 g reinstes Cyankalium und etwas Kalilauge hinzu und elektrolysiert mit rotierender Anode bei nicht über 3 Volt (anfänglich 0,3—0,4 Ampere) 2—2$^1/_4$ Stunden für 0,1 g Silber. Das ohne Stromunterbrechung vorzunehmende Auswaschen und Trocknen erfolgt genau wie unter a). — Sind Chlorionen zugegen, verwendet man stets eine Elektrode mit frischem Quecksilber.

6. Versilbern von Platinelektroden.

Das Versilbern wird zweckmäßig aus cyankalischer Lösung vorgenommen, etwa nach den Bedingungen der vorstehenden Methode 3, weil dieser Elektrolyt die besthaftenden Niederschläge liefert. Sehr gute Metallabscheidung erhält man, wenn man gefälltes Chlorsilber in Cyankalium auflöst und mit 0,2—0,3 Ampere einige Minuten elektrolysiert, eventuell unter mäßiger Elektrolytbewegung. Besonders starke Niederschläge erzielt man nach A. Fischer (Elektroanalytische Schnellmethoden, S. 118. Stuttgart 1908) mit Stromstärken von 1—2 Ampere (bei 5 Volt), wobei erforderlichenfalls konzentrierte Kalium-Silbercyanidlösung nachgesetzt wird.

B. Trennungen.

a) **Der schwefelsaure Elektrolyt** (1) ermöglicht bei Innehaltung der Klemmenspannung von höchstens 1,2 Volt eine sichere Trennung des Silbers von beliebigen Mengen Kupfer[1], Wismut, Cadmium, Nickel, Kobalt, Zink, Aluminium, Magnesium, Erdalkalien und Alkalien. Größere Mengen Eisen und Chrom können die vollständige Silberfällung verhindern (s. auch W. D. Treadwell: Elektroanalytische Methoden, S. 175. Berlin 1915).

Kleine Mengen Zinn, fünfwertigen Antimons und drei- oder fünfwertigen Arsens stören nicht, sofern die beiden ersteren in Lösung bleiben, was man, wie bei größeren Mengen auf alle Fälle, durch Zusatz einer entsprechenden Menge Weinsäure vor dem Verdünnen der Lösung erreicht. Mehr als 0,5 g dreiwertiges Arsen sollen jedoch (nach Treadwell: Elektroanalytische Methoden, S. 176. Berlin 1915) nicht vorhanden sein [s. unter d)].

Kleine Mengen Blei kann man als Sulfat durch Abdampfen der schwefelsauren Lösung bis zum beginnenden Rauchen vorher abscheiden und nach dem Aufnehmen abfiltrieren. Das Auswaschen nennenswerter Bleisulfatmengen, so, daß sie vollständig silberfrei sind, ist

---

[1] Die Zersetzungsspannung liegt für Kupfer im Elektrolyt (1) bei 1,49 Volt.

aber praktisch nicht möglich. Man kann dann nach Brunck [s. Ztschr. f. angew. Ch. 42, 1996 (1911)] in Gegenwart des Bleisulfats elektrolysieren, wobei man der Lösung 5—10% freie Schwefelsäure zusetzt. Treadwell nimmt in gleicher Weise die Trennung bei lebhafter Elektrolytbewegung vor, sodaß 0,1 g Silber in 15 Minuten abgeschieden sind.

b) Aus salpetersaurer Lösung gemäß Methode 2 (unter Beachtung der Höchstklemmenspannung von 1,35 Volt) läßt sich das Silber rein abscheiden in Gegenwart von Alkalien und Erdalkalien, Magnesium, Eisen (in kleinen Mengen), Aluminium, Chrom, Arsen, Antimon (Zusatz von Weinsäure zum Elektrolyt), Kupfer, Wismut und Phosphor. Bei Anwesenheit von Zink, Cadmium, Nickel und Kobalt wählt man die höchstzulässige Konzentration an freier Salpetersäure und wäscht das erstemal entsprechend salpetersauer aus. Blei darf nicht zugegen sein, da sein anodisch ausfallendes Superoxyd Silber mitreißt (s. „Blei" S. 965).

c) Aus cyankalischer Lösung, gemäß 5 β, läßt sich Silber gut trennen von: Arsen und Antimon (bei 2,3—2,4 Volt), wenn beide in fünfwertiger Form vorliegen und für Antimon ein Weinsäurezusatz gemacht wird, sodaß es vollständig in Lösung bleibt, von Kobalt, Molybdän und Wolfram bei 2 Volt Klemmenspannung, von Magnesium und den Alkalien.

Ebenfalls aus cyankalischer Lösung (nach E. F. Smith: Quantitative Elektroanalyse, S. 232—241. Berlin 1908):

Silber-Cadmium. Man fügt 2 g reines Cyankalium zu der neutralen Lösung, die je 0,1—0,2 g der Metalle enthalten kann, verdünnt auf 125 ccm und elektrolysiert ruhend bei 65—75° C mit (0,02—0,025 Ampère) 2,1 Volt innerhalb 4—5 Stunden.

Silber-Kupfer (E. F. Smith und L. K. Frankel). Man versetzt die neutrale Lösung der beiden Metalle (je etwa 0,1—0,2 g) mit 2 g reinem Cyankalium und elektrolysiert bei 65° C in 125 ccm Volumen, ruhend, mit (0,03—0,06 Ampere) 1,1—1,6 Volt 4—5 Stunden. Bei größeren Kupfermengen, etwa 0,5 g, ist die Cyankaliummenge zu vergrößern, etwa zu verdoppeln; man fällt dann mit (0,02—0,03 Ampere) 1,2 Volt.

Arbeitet man bei bewegtem Elektrolyt und bei annähernd Siedehitze, kann man mit (0,4—0,1 Ampere) 2,5 Volt in 15 Minuten quantitativ fällen.

Silber-Eisen. Das Eisen soll als Ferrosalz vorliegen; nach Zusatz von 5 g Cyankalium verdünnt man auf 100 ccm und elektrolysiert bei 65° C mit (0,04 Ampere) 2,7 Volt 3—4 Stunden.

Silber-Nickel. Die Trennung ist ähnlich der des Kobalts: Enthält die Lösung die Metalle zu etwa gleichen Teilen (0,1—0,2 g), gibt man 1,5 g reines Cyankalium hinzu, bringt auf 125 ccm und fällt bei 60—65° C mit (0,02—0,03 Ampere) 1,6—2,0 Volt in 3 Stunden.

Silber-Platin. Zu einer Lösung beider Metalle setzt man für je 0,2 g Metallinhalt 1,25 g reines Cyankalium hinzu und fällt aus 125 ccm Volumen ruhend, bei 70⁰ C, mit 0,04 Ampere (2,5 Volt), 3 Stunden, schnellelektrolytisch, bei 70⁰ C, mit 0,25 auf 0,05 Ampere (3 Volt), 20 Minuten.

Silber-Zink. Zu der je etwa 0,1 g Metall enthaltenden Lösung setzt man 1 g reines Cyankalium hinzu, verdünnt auf 125 ccm und scheidet das Silber bei 70⁰ C mit (0,03—0,04 Ampere) 2,75 Volt in 3 Stunden ab. Bei der Schnellfällung (rotierende Anode) setzt man 2,5 g Cyankalium hinzu und fällt mit (0,3—0,08 Ampere) 3,0 Volt in 20 Minuten.

d) Der ammoniakalische Elektrolyt (4) ist der beste für die Abtrennung beliebiger Mengen Arsen und Antimon, wenn beide fünfwertig sind.

Bemerkung.

Wie aus obigem ersichtlich ist, bietet der ammoniakalische Elektrolyt die Möglichkeit, Silber z. B. in Chlorsilber unmittelbar und genau bestimmen zu können. Chlorsilberfällungen können damit sehr viel schneller zur Auswaage gebracht werden, als dies durch Trocknen und eventuell Einschmelzen der Fall ist; für eine Silberbestimmung erhält man die unmittelbare Auswaage, Chlorbestimmungen erfolgen so indirekt, aber nicht weniger genau als durch Auswaage des AgCl. K. Wagenmann hat diese Bestimmungsweise oft nicht nur betriebsanalytisch, sondern auch für sehr genaue Chlorbestimmungen angewandt: Man fällt aus der Lösung der Probesubstanz das Chlorion quantitativ in bekannter Weise mit Silbernitrat, filtriert das Chlorsilber in einem Glasfiltergerät (am besten in einer kleinen Nutsche) ab, wäscht aus und löst den Niederschlag auf dem Filter in etwa 50 ccm heißem, verdünntem Ammoniak (10—15 ccm konzentriertes Ammoniak + 35—40 ccm Wasser), wäscht das Filter mit heißem, schwach ammoniakalischem Wasser vollständig aus und elektrolysiert das 100—125 ccm betragende Filtrat gemäß Methode 4 (Ag × 0,3287 = Cl; log = 0,51680 — 1). Enthält der Chlorsilberniederschlag zu beachtende, infolge Zersetzung am Licht entstandene Mengen metallischen Silbers, die beim Lösen im Filter zurückbleiben, so kann man sie mit wenigen Tropfen heißer konzentrierter Salpetersäure in Lösung bringen und dem Filtrat zugeben.

C. Beispiele für die elektrolytische Silberbestimmung.

In hochwertigen Produkten, deren Silbergehalt oberhalb einiger Prozente liegt, läßt sich das Silber nach den vorstehenden Methoden sehr genau und schnell bestimmen.

Je niedriger aber der Silbergehalt im Ausgangsmaterial ist, desto ungenauer muß die unmittelbare Anwendung der Elektroanalyse auf die Probelösung werden: Will man innerhalb praktisch brauchbarer Zeitdauer fällen, bleibt das Elektrolytvolumen und somit die Einwaage verhältnismäßig beschränkt, und die Auswaage wird zu klein. Wird aber in solchen Fällen das Silber zunächst z. B. als Chlorsilber aus genügend großer Einwaage quantitativ gefällt und abgetrennt, so kann die elektrolytische Bestimmung des Silbers im Niederschlag angewandt werden. Da sie schneller erfolgt als die Auswaage in Form von Chlorsilber, ist sie für betriebsanalytische Untersuchungen als Schnellmethode von großer Genauigkeit zu empfehlen.

1. Bestimmung des Silbers in Kupfersilberlegierungen
(Silbermünzen und -geräte; s. a. S. 1283).

Etwa 0,5 g Probematerial löst man in möglichst wenig verdünnter Salpetersäure (spez. Gew. 1,2—1,3), verjagt die überschüssige Säure durch Abdampfen, nimmt den Rückstand mit Wasser auf und bestimmt das Silber gemäß den unter Silber-Kupfer-Trennung an Bb) (S. 911) angegebenen Bedingungen. Für die Schnellbestimmung verwendet man mattierte Schale und rotierende Anode. Im Elektrolysat kann das Kupfer schnellelektrolytisch mit 5—6 Ampere (bei 10 Volt) in 10 Minuten gefällt werden.

J. Langneß (E. F. Smith: Quantitative Elektroanalyse, S. 237—238. Leipzig 1908) verfährt zur schnellsten Silber- und Kupferbestimmung folgendermaßen: Man löst 0,7 g Probematerial in möglichst wenig Salpetersäure, dampft zur Trockne, nimmt den Salzrückstand mit Wasser auf, füllt im 100 ccm-Meßkolben auf und entnimmt demselben zweimal je 25 ccm Lösung, die mit je 0,5 g reinem Cyankalium versetzt werden. In der einen Lösung elektrolysiert man in der Schale bei rotierender Anode das Silber mit 3—2,5 Volt (0,4—0,06 Ampere) in 35—45 Minuten; gleichzeitig werden aus der zweiten Lösung in der Schale mit rotierender Anode mit 2 Ampere (7 Volt) Kupfer und Silber zusammen gefällt innerhalb 18 Minuten. Aus der Differenz beider Fällungen ergibt sich das Kupfer. Die gesamte Analyse für Silber und Kupfer ist in 1¹/₂ Stunden auszuführen.

Kommt es nicht auf so kurze Fällungsdauer an, dann ist die Anwendung der Methode 1 nach O. Brunck ebenso gut brauchbar. Man dampft die Probelösung mit Schwefelsäure bis zum beginnenden Rauchen ab. Auch hier kann das Kupfer aus dem Elektrolysat abgeschieden, eventuell unmittelbar auf den zuvor abgeschiedenen Silberniederschlag nach dessen Gewichtsfeststellung gefällt werden. Für Legierungen, die merkliche Mengen Blei enthalten, findet dann ein vorheriges Abtrennen desselben als Sulfat ohne weiteres statt.

2. Bestimmung des Silbers in Krätzen.

Aus diesen, das Silber häufig in recht erheblichen Konzentrationen enthaltenden Produkten, im übrigen sehr unterschiedlicher Zusammensetzung, kann vielfach das Silber ebenfalls unmittelbar elektrolytisch gefällt werden, sofern nicht Bestandteile vorliegen, die eine vorhergehende Abtrennung des Silbers als Silberchlorid unbedingt erforderlich machen. Hier ist die Methode 1 (S. 907) angebracht. Man löst (je nach Silbergehalt) 2—5 g fein pulverisiertes Probematerial in 10—20 ccm konzen-

trierter Salpetersäure; einen etwa bleibenden Rückstand — sofern er
nicht reines Bleisulfat ist —˙ filtriert man nach mäßigem Verdünnen ab
und schließt ihn nach vorsichtigem Veraschen des Filters im Porzellantiegel mit wenig entwässertem Bisulfat auf. Die in wenig salpetersäurehaltigem Wasser gelöste Schmelze gibt man der Hauptlösung zu,
die man dann auf Zusatz von 2—5 ccm konzentrierter Schwefelsäure
bis zum Rauchen abdampft. Blei wird hierbei quantitativ als Sulfat
abgeschieden. Man nimmt den Rückstand mit heißem, schwach schwefelsaurem Wasser auf und kocht, um das Silbersulfat vollständig in Lösung
zu bringen. Sind größere Mengen Bleisulfat abgeschieden, kocht man
besonders gründlich. Man bestimmt dann in der Lösung das Silber in
der unter „Trennungen" a) (S. 911) angegebenen Weise nach O. Brunck
oder Treadwell. Im letzteren Fall, und wenn die Bleisulfatmengen sehr
groß sind, oder wenn Unlösliches (Kieselsäure, Tonsubstanz, Graphit
u. dgl.) im Bodenkörper vorhanden sind, sorge man für nicht zu starke
Elektrolytbewegung und fälle den ersten Silberniederschlag in frischer
Lösung um. Sind Arsen oder Antimon zugegen, nimmt man für genaue
Bestimmungen auf alle Fälle eine Umfällung vor, und zwar in ammonia-
lischer Lösung gemäß Methode 4, nachdem man den Silberniederschlag
in wenig Salpetersäure zurückgelöst hat.

3. Bestimmung des Silbers in Rohkupfer.

(Schwarzkupfer, Bessemerkupfer, Anodenkupfer[1].)

25—50 g homogenes Probematerial löst man in einem geräumigen
Becherglas in 200—400 g verdünnter Salpetersäure (spez. Gew. 1,2)
und vertreibt die nitrosen Gase durch Kochen. Man filtriere die Lösung
auf alle Fälle, am besten durch ein Glasfiltergerät (Porenweite 4) (s. Bd. I,
S. 67 u. 74), da unlösliche Rückstände, die neben Bleisulfat und Gold
auch noch schwer zersetzliches Selensilber enthalten können, in der
dunkeln Lösung meist kaum zu erkennen sind. Bleibt im Filter ein Rückstand, wäscht man nicht aus, sondern behandelt den Rückstand längere
Zeit mit wenig heißer, konzentrierter Salpetersäure und filtriert dann
unter Auswaschen mit heißem, salpetersaurem Wasser zum Hauptfiltrat. In diesem fälle man, nach Abstumpfen der Hauptsäuremenge
mit Ammoniak und Verdünnen auf 500—750 ccm, das Silber bei 70° C
mit wenig mehr als der erforderlichen Menge verdünnter Salzsäure
unter Schütteln in verschlossener Literflasche in bekannter Weise. Das abfiltrierte und ausgewaschene Silberchlorid kann dann nach den Methoden 3
oder 4 quantitativ zu Silber reduziert werden. Enthält das Rohkupfer
Blei und gleichzeitig merkliche Mengen Sulfidschwefel (der beim Lösen
in Salpetersäure teilweise zu Sulfat oxydiert wird), dann kann das
Chlorsilber einen geringen Bleisulfatgehalt zeigen. Man raucht das
Chlorsilber mit konzentrierter Schwefelsäure ab und fällt elektrolytisch

---

[1] Die Bestimmung des Silbers in Kupfer-Roh- oder Konzentrationsstein kann
ganz analog vorgenommen werden, wobei man die salpetersaure Auflösung aber
so lange kocht, bis ausgeschiedener Schwefel sich geballt hat, der auf Silberrückhalt
zu prüfen ist, falls man es nicht vorzieht die Lösung mit Schwefelsäure abzurauchen.

nach Methode 1 (S. 907) bzw. in der unter „Trennungen" a) (S. 911) angegebenen Weise nach O. Brunck oder W. D. Treadwell.

4. Bestimmung des Silbers in technischem Blei.

25 g Blei löst man in 100 ccm Salpetersäure (spez. Gew. 1,2). Nach Verjagen der nitrosen Gase durch Kochen verdünnt man mit heißem Wasser auf etwa 250 ccm und fällt das Silber vollständig auf Zusatz von möglichst wenig überschüssiger Salzsäure, wie vorstehend bei Rohkupfer angegeben. Man filtriert das Silberchlorid und wäscht mit heißem Wasser, dem man einige Tropfen Salpetersäure zugesetzt hat, aus, bis das Filtrat keine Chlorionreaktion mehr zeigt (Bleichlorid beim Chlorsilber!). Das Chlorsilber löst man in Cyankalium und fällt nach Methode 3 oder in konzentrierter Schwefelsäure unter Abrauchen mit anschließender Fällung nach Methode 1.

Hollard und Bertiaux (Metall-Analyse auf elektrochemischem Wege, S. 88. Berlin 1906) wiegen das aus cyankalischer Lösung elektrolytisch ausgeschiedene Silber, da es noch bleihaltig sein kann, nicht aus, sondern lösen es in Salpetersäure und bestimmen das Silber mit Rhodanlösung maßanalytisch.

Gold.

(Au = 197,2).

Elektrochemisches Äquivalent, 1 Amp./Sek. = 0,682 mg Au$\cdots$.

Elektrolytisches Potential $EP_{Au\cdots} = - (< 1,083$ Volt).

Die rein chemischen und dokimastischen Methoden zur Bestimmung des Goldes lassen an Einfachheit, Schnelligkeit und Genauigkeit nichts zu wünschen übrig, weshalb die an sich sehr guten elektrolytischen Methoden in der praktischen Analyse nur in Sonderfällen Anwendung finden, wie etwa zur Gehaltsbestimmung von Goldsalzen, elektrolytischen Bädern und Speziallegierungen. Gold läßt sich aus sauren Lösungen nicht festhaftend abscheiden. Die beiden nachstehend aufgeführten Methoden sind bezüglich Genauigkeit einander gleichwertig.

Die Metallniederschläge fallen gleich gut auf Netzelektroden oder Schalenkathoden aus Platin. Will man die geringe Gewichtsabnahme, welche dieselben beim Ablösen des Goldbelages erfahren, sicher vermeiden, versilbert man sie vorher (s. unter „Silber" S. 910).

Nach A. Fischer (Elektroanalytische Schnellmethoden, S. 125, Fußnote. Stuttgart 1908) lassen sich Goldbeschläge, die oberhalb 60° C unmittelbar auf Platin hergestellt wurden, nur unter Platinverlusten ablösen, gleichgültig, welche Methode dazu benutzt wird. K. Wagenmann empfiehlt ein verlustloses, anodisches Ablösen in kalter Salzsäure, die man zuvor durch Elektrolyse etwas mit Chlor angereichert hat. Perkin und Prebble verwenden schwach warme 2—3%ige Cyankaliumlösung, der man einige Kubikzentimeter Wasserstoffsuperoxyd oder etwas Ammoniumpersulfat zugesetzt hat, wodurch das Ablösen sehr schnell vor sich geht.

Das Ende der Fällung kann man gut in der Weise feststellen, daß man etwas Wasser nachfüllt oder Netzelektroden etwas tiefer eintaucht, einige Minuten weiter elektrolysiert und beobachtet, ob an der frisch benetzten Kathodenstelle noch Gold abgeschieden wird.

A. Bestimmungsmethoden.

1. Fällung des Goldes aus Cyankaliumlösung.

Die zu fällende Goldlösung macht man mit reiner Kalilauge schwach alkalisch, gibt für 0,1—0,2 g Gold 1—2 g reines Cyankalium hinzu und fällt aus 80—125 ccm Volumen

ruhend, bei gewöhnlicher Temperatur, mit 0,3—0,8 Ampere, 10 bis 14 Stunden, für 0,05—0,1 g Au,

ruhend, bei 50° C, mit 0,3—0,8 Ampere, 2—3 Stunden, für ∼ 0,1 g Au,

schnellelektrolytisch, 40—50° C, mit 0,5 Ampere, 30 Minuten, für 0,1 g Au,

schnellelektrolytisch, 40—50° C, mit ∼ 4 Ampere, 10 Minuten, für 0,1 bis 0,15 g Au.

Man wäscht den rein gelben Metallniederschlag auf alle Fälle ohne Stromunterbrechung und gründlich aus. Die Anode (auch Platin-Iridium) kann eine Gewichtsverminderung um einige Zehntel Milligramm erfahren, ohne daß unter den angegebenen Bedingungen ein entsprechendes Übergewicht an der Kathode festzustellen ist.

2. Fällung des Goldes aus Schwefelnatriumlösung.

Eine reine Abscheidung des Goldes aus der Sulfosalzlösung ist nur aus ruhendem Elektrolyt möglich. Man setzt zur Goldlösung soviel kaltgesättigte Schwefelnatriumlösung hinzu, bis der anfangs entstandene Niederschlag sich wieder vollständig aufgelöst hat. Man fällt aus etwa 125 ccm Volumen:

ruhend, bei gewöhnlicher Temperatur, mit 0,1—0,25 Ampere, 5—6 Stunden, für ∼ 0,1 g Au.

B. Trennungen[1].

a) Der Cyankalium-Elektrolyt ist von E. F. Smith auf eine größere Zahl von Trennungsmöglichkeiten des Goldes von anderen Metallen untersucht worden. Dazu empfiehlt es sich, den Cyankaliumzusatz auf 3—4 g zu erhöhen, wobei aber nach den Angaben des Autors für einige Trennungen die jeweilig angeführten etwas abweichenden Bedingungen für Elektrolytvolumen, Stromstärke und Spannung sorgfältig innegehalten werden müssen (näheres s. E. F. Smith). Gold kann danach

---

[1] Siehe E. F. Smith (Quantitative Elektroanalyse, S. 241—245. Stuttgart 1908): Die Trennung Gold-Silber ist auf elektroanalytischem Wege bis jetzt nicht möglich.

abgeschieden werden in Gegenwart von Kobalt[1], Eisen[1] (als Ferrosalz), Nickel[1], Antimon und Zink[1]. Weitere Trennungen aus cyankalischer Lösung siehe unten.

b) Der Schwefelnatrium-Elektrolyt scheidet als solcher alle Schwermetalle außer den Sulfosalzbildnern aus. Von diesen ist eine Abscheidung des Goldes möglich in Gegenwart von Arsen, Molybdän und Wolfram.

Gold-Cadmium. Zur erforderlichenfalls mit Natronlauge genau neutralisierten Lösung der Metalle setzt man 40 ccm Dinatriumphosphatlösung (spez. Gew. 1,028) und 10 ccm Phosphorsäure (spez. Gew. 1,35) hinzu, bringt auf 125 ccm Volumen und elektrolysiert

ruhend, bei 60° C, mit 0,03 Ampere (1—2 Volt), 4 Stunden.

Gold-Kupfer. Der Cyankalium-Elektrolyt enthält 4 g Cyankalium. Man fällt aus 250 ccm Volumen,

ruhend, bei 40° C, mit 1,7—1,9 Volt (0,05—0,08 Ampere), $2^1/_2$ Stunden für 0,15 g Au.

Über die Abscheidung des Kupfers aus dem Elektrolysat siehe „Kupfer" S. 934.

Gold-Molybdän. Aus Cyankalium-Elektrolyt wie bei „Gold-Kupfer" oder aus Schwefelnatriumlösung gemäß Methode 2.

Gold-Osmium. Wie bei „Gold-Kupfer".

Gold-Palladium. Man fügt zur Lösung der beiden Metalle 2 g reines Cyankalium und fällt aus 150 ccm Flüssigkeitsvolumen,

ruhend, bei 65° C, mit 0,03—0,06 Ampere, 5 Stunden für ∼ 0,1 g Au,
schnellelektrolytisch, bei 65° C, mit 2 Ampere (6 Volt), 10 Minuten für ∼ 0,1 g Au.

Gold-Platin. Man setzt 1,5 g reines Cyankalium zur Lösung beider Metalle hinzu, verdünnt auf 250 ccm und fällt

ruhend, bei 70° C, mit 0,01 Ampere (2,7 Volt), 3 Stunden,
schnellelektrolytisch, bei 70° C, mit 2,5 Ampere (6 Volt), 15 Minuten.

Gold-Antimon. Zur Lösung beider Metalle setzt man 0,5—1 g Weinsäure und 3—4 g reines Cyankalium und fällt unter den Bedingungen zur „Gold-Kupfer"-Trennung.

Gold-Wolfram. Aus Cyankaliumlösung wie bei „Gold-Kupfer" oder aus der Schwefelnatriumlösung gemäß Methode 2.

Wismut.

(Bi = 209,0.)

Elektrochemisches Äquivalent, 1 Amp./Sek. = 0,718 mg Bi```.
Elektrolytisches Potential $EP_{Bi}```$ = — (< 0,393 Volt).

Der Metallanalytiker hat es im allgemeinen beim Wismut mit nur sehr niedrigen Konzentrationen zu tun. Eine größere Zahl technischer Metalle, deren Erze und Hüttenprodukte, enthalten teilweise Wismut

---

[1] Von diesen Metallen ist nach demselben Autor Gold auch aus phosphorsaurer Lösung abzutrennen, wie für Gold-Cadmium-Trennung angegeben, wobei zur Abtrennung von Eisen und Zink bis zu 2,7 Volt Klemmenspannung angewandt werden kann.

als für die Endprodukte durchweg schädliche Verunreinigung. In solchen Fällen bedient man sich zur Bestimmung ausschließlich der gravimetrischen, bei sehr kleinen Mengen der colorimetrischen Bestimmungsmethoden. Elektroanalytisch wird man Wismut nur dann bestimmen, wenn es in größeren Gehalten im Ausgangsmaterial auftritt, wie in Wismuterzen, in Zwischenprodukten bei der Gewinnung des Metalls, in einigen Wismutlegierungen (leicht schmelzende Metalle und einige Klischeemetalle) und in medizinischen Präparaten.

Mehr als bei allen anderen Metallen wird die Beschaffenheit des kathodisch abgeschiedenen Wismuts von einer gleichzeitigen Wasserstoffentladung beeinflußt, derart, daß der Niederschlag dann schwammig, nur lose haftend fällt und nicht mehr sicher verlustlos ausgewogen werden kann. Eine einwandfreie, für sehr genaue Untersuchungen brauchbare Metallabscheidung ist daher nur unter Kontrolle des Kathodenpotentials zu erzielen. Da sich die Praxis bis heute — aus nur zum Teil verständlichen Gründen — selten zur Anwendung dieses Hilfsmittels versteht, hat es nicht an Bemühungen gefehlt, ohne dieses durch geeignete Elektrolytzusammensetzung, Temperatur, begrenzte Klemmenspannung u. dgl. m. zu brauchbaren Metallabscheidungen zu kommen. Für die beiden nachstehenden Methoden trifft dies so weit zu, daß für technische Zwecke ausreichende Genauigkeit erzielt wird, aber auch nur, wenn die angegebenen Bedingungen für die Elektroanalyse sehr sorgfältig innegehalten werden. Für Betriebsanalysen kann man sich dann der nachstehenden Methoden bedienen, ohne Kontrolle des Kathodenpotentials, behandle dann aber insbesondere den aus salpetersaurer Lösung abgeschiedenen Metallniederschlag beim Waschen und Trocknen sehr behutsam. Man wäscht stets ohne Stromunterbrechung aus, wobei ein Abhebern der Flüssigkeit unter Verdünnen nicht nötig ist, wenn das Elektrolysat schnell genug gegen Waschwasser von möglichst derselben Temperatur vertauscht werden kann. Man spült vorsichtig mit hochprozentigem Alkohol und Äther und trocknet nicht zu lang, um Oxydation zu vermeiden. Starke Elektrolytbewegung liefert verständlicherweise besser haftendes Metall; rotierende Kathoden (Tiegel- oder Scheiben) sind aus gleichem Grunde zu empfehlen.

Zur Analyse reiner Wismutsalze ist die Quecksilberkathode sehr gut brauchbar.

A. Bestimmungsmethoden.
(S. a. S. 1109.)
1. Fällung des Wismuts aus salpetersaurer Lösung.
Nach O. Brunck.
[Ber. Dtsch. Chem. Ges. **35**, 1871 (1902).]

Die zu untersuchende Wismutnitrat- oder -sulfatlösung soll nur so viel freie Salpetersäure enthalten, daß im Elektrolyt keine basischen Salze ausfallen, keinesfalls mehr als $2^0/_0$, sonst haftet das Metall schlecht, besonders beim Auswaschen, und es kann anodisch Superoxyd abgeschieden werden. Man fällt auf Netzelektroden aus 100 ccm Lösung

ruhend, fast siedend angesetzt, mit max. 2 Volt (anfangs 0,5 Ampere[1]),
2—3 Stunden für 0,2 g Bi,
schnellelektrolytisch, fast siedend angesetzt, mit max. 2 Volt (anfangs
0,5 Ampere), $1/_2$ Stunde für 0,2 g Bi.

2. Fällung des Wismuts aus salpetersaurer Lösung an der Quecksilberkathode.

Nach E. F. Smith.
(Quantitative Elektroanalyse, S. 98. Leipzig 1908.)

Die Wismutnitrat- oder sulfatlösung soll nicht mehr als 12 ccm
Volumen haben; man setzt 0,5 ccm konzentrierte Salpetersäure hinzu
und elektrolysiert vermittels glatter schnell rotierender Anode
mit 4 Ampere (bei 5 Volt), 12 Minuten für 0,2 g Bi.

3. Fällung des Wismuts aus essigsaurer Lösung.

Nach Metzger und Beans.
[Journ. Amer. Chem. Soc. 30, 589 (1908) oder Chem. Zentralblatt
1908 I, 1797 oder Chem.-Ztg. 32, 361 (1908).]

Die Wismutnitrat- oder -sulfatlösung versetzt man bei Gegenwart
von Phenolphthalein als Indicator tropfenweise mit Natronlauge bis
zur schwach alkalischen Reaktion. Den dabei auftretenden Niederschlag
basischer Wismutsalze löst man mit Essigsäure zurück, fügt weitere
20—30 ccm 50%ige Essigsäure und 2 g Borsäure hinzu und elektrolysiert — am besten auf schnell rotierender Kathode (Tiegel) — aus
250 ccm Volumen, auf ND_{40}
bei 70—80° C, mit 1,7 Volt, $3/_4$—$3^1/_2$ Stunden für 0,04—0,4 g Bi.

Die Spannung steigt gegen Ende der Fällung plötzlich bis auf 2,8 Volt,
von wo ab man die Elektrolyse zur Fällung der letzten Spuren Wismut
noch 5—10 Minuten weitergehen läßt. Man wäscht schnellstens aus
und trocknet wie oben angegeben. Die größere Essigsäuremenge nimmt
man für die höchsten Wismutgehalte von 0,4 g Metall.

Halogene müssen durch Abdampfen mit Salpeter- oder Schwefelsäure zuvor entfernt werden.

B. Trennungen[2].

Bei den Methoden 1 und 3 können Erdalkalien und Magnesium
sowie Alkalien zugegen sein. Zur Abscheidung des Wismuts in Gegenwart von Nickel, Kobalt, Chrom, Aluminium, Mangan, Zink,

---

[1] Für mehr als 0,1 g Bi kann man zu Beginn der Elektrolyse 0,5 Ampere anwenden; bei weniger als 0,05 g Bi gehe man nicht über 0,1 Ampere hinaus. Man
setzt die Lösung fast siedend an, erhitzt aber nicht weiter, sondern sorgt nur
für langsame Abkühlung. Absetzen, Auswaschen und Trocknen wie oben angegeben.

[2] Siehe das zu Anfang über niedrige Wismutkonzentrationen Gesagte.

Cadmium und mäßigen Mengen Eisen verwendet man Methode 1. Die anodische Abscheidung von Mangansuperoxyd muß durch zeitweiligen Zusatz von etwas Hydrazinsulfat zum Elektrolyt verhindert werden (weil jenes Wismut als Superoxyd mitreißt). Größere Eisenmengen verhindern (als Ferrisalz) wie beim Kupfer die quantitative Wismutfällung; man trennt dann das Wismut zuvor mit Schwefelwasserstoff ab, löst das Wismutsulfid in Salpetersäure und elektrolysiert nach Methode 1.

Für die folgenden Trennungen muß das Wismut in vergleichsweise größerer Menge vorliegen:

Wismut-Arsen. Von fünfwertigem Arsen trennt E. F. Smith (Quantitative Elektroanalyse, S. 220. Leipzig 1908) aus ammoniakalischer Tartratlösung: Zur Probelösung setzt man 5 g Weinsäure und 15 ccm konzentriertes Ammoniak hinzu, bringt auf 175 ccm Volumen und elektrolysiert ruhend, bei 1,8 Volt Klemmenspannung, 8—12 Stunden.

Wismut-Kupfer. Größere Wismutmengen kann man nach E. F. Smith (Quantitative Elektroanalyse, S. 224. Leipzig 1908) aus Cyanidlösung abscheiden, der man Citronensäure zusetzt, um das Wismut als Komplexsalz in Lösung zu bringen. Zur Probelösung setzt man 3—4 g Citronensäure, macht mit Natronlauge in Gegenwart von Phenolphthalein alkalisch, löst den entstandenen Niederschlag in Cyankaliumlösung in geringem Überschuß und elektrolysiert bei gewöhnlicher Temperatur mit 0,05 Ampere bei 2,7 Volt. In 9 Stunden ist die Wismutfällung quantitativ.

Kleine Mengen Wismut trennt man vom Kupfer gemäß „Kupfer-Wismut"-Trennung, S. 937.

Wismut-Blei. Die Trennung ist schnellelektrolytisch in salpetersaurer Lösung durchführbar, wenn die anodische Abscheidung von Bleisuperoxyd, welches Wismut mitreißt, verhindert wird. Dies ist durch Zusatz von Weinsäure oder Glucose zum Elektrolyt möglich. Sicher haftendes Wismutmetall erhält man aber nur unter Beobachtung des Kathodenpotentials. Die 1—2% freie Salpetersäure enthaltende Lösung der beiden Metalle versetzt man mit 15—20 g Weinsäure oder Glucose und elektrolysiert bei 60° C aus etwa 85 ccm Volumen auf schnell rotierende Netzkathoden. Bis 0,3 g Wismut können in 10—15 Minuten quantitativ abgeschieden werden.

K. Seel [Ztschr. f. angew. Ch. **37**, 541 (1924) oder Ztschr. f. anal. Ch. **65**, 269 (1924) oder Chem. Zentralblatt **1924 III**, 1248] nimmt die Trennung in bis 4,5% freie Salpetersäure enthaltender Lösung auf Zusatz von 5 g Traubenzucker fast bei Siedehitze aus 180—200 ccm Volumen vor, ebenfalls unter Kontrolle des Kathodenpotentials. Geringe Einschlüsse im Wismutmetall zieht er stets zu 0,1% vom Gewicht ab. Seel benutzt die Methode zur Bestimmung des Wismuts in Erzen, indem er zunächst die Schwefelwasserstoffgruppe fällt, aus dem Sulfidniederschlag mit Schwefelnatriumlösung die Sulfosalzbildner auslöst und Wismut und Blei von den meist begleitenden Metallen Kupfer und Silber aus dem in Salpetersäure wieder aufgelösten Sulfidniederschlag durch eventuelle doppelte Fällung mit Ammoncarbonat abtrennt. Der

Wismut-Bleiniederschlag wird in Salpetersäure gelöst und wie oben elektrolysiert (s. auch Mitt. d. Fachausschusses, Teil II, S. 91. Berlin 1926.

Wismut-Antimon. Von fünfwertigem Antimon trennt man nach E. F. Smith (Quantitative Elektroanalyse, S. 220. Leipzig 1908) aus dem bei der „Wismut-Arsen"-Trennung angegebenen Elektrolyten bei 50° C in etwa 6 Stunden.

Wismut-Zinn. E. F. Smith fällt das Wismut aus ammoniakalischer Tartratlösung, die vierwertiges Zinn enthält, wie oben beim Arsen angegeben

ruhend, bei gewöhnlicher Temperatur aus 175 ccm Volumen (mit 0,02 Ampere) bei 1,8 Volt 10—14 Stunden.

Cadmium.

(Cd = 112,4.)

Elektrochemisches Äquivalent, 1 Amp./Sek. = 0,528 mg $Cd^{..}$.

Elektrolytisches Potential $EP_{Cd^{..}} = + 0,420$ Volt.

Die nachstehend empfohlenen elektrolytischen Bestimmungsmethoden für Cadmium sind den besten rein chemischen Fällungsmethoden bezüglich Genauigkeit gleichwertig, arbeiten aber schneller und erfordern weniger Arbeit. In manchen technischen Produkten hat die Elektroanalyse den Vorteil, daß Trennungen ohne weiteres möglich sind, die sonst sehr umständlich und wenig verläßlich sind (insbesonders die Cadmium-Zink-Trennung). — Obschon sich Cadmium verhältnismäßig leicht mit Platin legiert, können die Metallabscheidungen doch unmittelbar auf Platinelektroden (Ausnahme s. unter Methode 1), auf Schalen oder am besten auf Netze vorgenommen werden, wenn man beim Trocknen ein Erhitzen nennenswert über 100° C vermeidet, oder besser vor dem „Fön" trocknet. Will man das Platin aber vorsichtshalber auf alle Fälle schützen, so kann man die Platinkathode elektrolytisch mit einem Überzug von Kupfer (s. S. 934) oder Silber (s. S. 910) versehen; auch Kupfer- oder Silberkathoden haben sich praktisch gut bewährt. Geringe Cadmiummengen fällt man zweckmäßig auf Elektroden, die zuvor mit einem Cadmiumüberzug versehen wurden (s. S. 922).

A. Bestimmungsmethoden.

1. Fällung des Cadmiums aus schwefelsaurer Alkalisulfatlösung[1].

(S. a. S. 1125.)

Die zu fällende Lösung darf nur Sulfate enthalten. Freie Schwefelsäure neutralisiert man möglichst genau mit reiner Natron- oder Kalilauge und fügt auf 100 ccm Volumen 2 bis höchstens 3 ccm konzentrierte Schwefelsäure hinzu. Die Gegenwart von 5—10 g Alkalisulfat in 100 ccm Lösung ist für gute Metallabscheidung günstig. Man fällt

---

[1] Siehe auch Mitt. d. Fachausschusses, Teil II, S. 36. Berlin 1926; es ist grundsätzlich gleichgültig, ob man Natrium- oder Kalisalze zusetzt.

ruhend, bei gewöhnlicher Temperatur [1], mit 0,5 Ampere, 2—3 Stunden
für 0,2 g Cd,

schnellelektrolytisch, bei gewöhnlicher Temperatur [1], mit 2—2,5 Ampere,
45 Minuten für 0,2 g Cd.

Die aus 100 ccm Lösung abzuscheidende Metallmenge soll nicht
mehr als etwa 0,2 g betragen. Metallmengen unter 0,1 g fällt man auf
Kupfer- oder Silberkathoden, bzw. man versieht Platinkathoden mit einem
entsprechenden Überzug, eventuell auch aus Cadmium. Man wäscht
ohne Stromunterbrechung aus. Der rein gefällte Metallbelag ist meist
von grauer Farbe. Nitrate oder Chloride dürfen nicht zugegen sein.

2. Fällung des Cadmiums aus Cyankaliumlösung.
(S. a. S. 1124.)

Die neutrale Cadmiumlösung — saure neutralisiert man sehr genau
mit reiner Kalilauge — versetzt man mit so viel reinster Cyankaliumlösung, bis sich der anfangs entstandene Niederschlag eben wieder
aufgelöst hat. Ein nennenswerter Überschuß ist zu vermeiden. Man fällt
aus etwa 125 ccm Volumen

ruhend, bei gewöhnlicher Temperatur, mit 0,2 Ampere [2], 12—14 Stunden
für 0,3 g Cd;

ruhend, bei etwa 50⁰ C, mit 0,5 Ampere [2], 2—3 Stunden für 0,3 g Cd,

schnellelektrolytisch, bei 40—50⁰ C, mit 1 Ampere, 1 Stunde für 0,2 g Cd,

schnellelektrolytisch, heiß, mit 3—5 Ampere, 20—30 Minuten für 0,3 g Cd.

Man wäscht ohne Stromunterbrechung aus. Das Metall ist dicht
und von silberweißer Farbe. Die Platinelektroden verlieren etwas an
Gewicht. Nitrate oder Chloride dürfen in nur niedrigen Konzentrationen zugegen sein.

3. Fällung des Cadmiums auf der Quecksilberkathode.
Nach E. F. Smith.
(Quantitative Elektroanalyse, S. 87. Leipzig 1908.)

Geht man von einer Sulfatlösung aus, soll dieselbe nicht mehr als
$1/2$ ccm konzentrierte freie Schwefelsäure enthalten; man elektrolysiert
mit 1—3,5 Ampere (7—10 Volt) und kann bei rotierender Anode
0,9 g Cadmium in 15 Minuten abscheiden. Bei Gegenwart von Halo-
genen überschichtet man den Elektrolyten mit Toluol oder Xylol und
fällt mit 2 Ampere (5 Volt) 0,2 g Cadmium in 10 Minuten.

4. Herstellung von Cadmium-Niederschlägen auf Kathoden.

Hollard [Bull. Soc. Chim. Paris 29, 217 (1903)] fällt auf Drahtnetzelektroden in einer Lösung von Cadmiumsulfat, der 8 g Cyankalium
und 4 g Natriumhydroxyd zugesetzt sind, mit 0,4 Ampere einen silber-
weißen, dichten Cadmiumbelag, der auch zur Fällung sehr kleiner Cadmiummengen besonders geeignet ist.

---

[1] Der Elektrolyt darf nicht merklich warm werden!

[2] Gegen Ende der Fällung erhöht man die Stromstärke kurze Zeit auf etwa
1 Ampere.

B. Trennungen.

a) Der schwefelsaure Elektrolyt 1 bietet unmittelbare Trennungsmöglichkeit des Cadmiums von Nickel, Chrom, Eisen, Aluminium,
Magnesium und Alkalien, von Kobalt nur aus ruhender Lösung,
von Mangan, wenn man die Anodenfläche sehr groß macht, z. B. die
Schale als Anode anschließt (E. F. Smith: Quantitative Elektroanalyse,
S. 204. Leipzig 1908) oder wenn man die Mangansuperoxydbildung
durch Zusatz von etwas reinem Hydrazinsulfat zur Lösung verhindert.

b) Aus cyankalischer Lösung kann Cadmium von Kobalt,
Molybdän und Wolfram aus ruhendem Elektrolyt, Arsen (fünfwertig, s. unten) und Eisen (zweiwertig) unmittelbar getrennt werden.

Cadmium-Silber. Siehe „Silber" S. 911.

Cadmium-Arsen. Die Trennung ist nur von fünfwertigem Arsen
möglich:

α) Im Elektrolyt 2 [H. Freudenberg: Ztschr. f. physik. Ch. 12,
122 (1893)].

β) Nach Treadwell (Elektroanalytische Methoden, S. 191. Berlin
1915) im ammoniakalischen Elektrolyt, der je 100 ccm Lösung 20 ccm
konzentriertes Ammoniak und 3—4 g Ammonsulfat enthält; man fällt
bei 60° C mit 2,4—2,6 Volt unter starker Elektrolytbewegung.

Cadmium-Gold. Siehe „Gold" S. 917.

Cadmium-Wismut. Siehe „Wismut" S. 920.

Cadmium-Kupfer. Siehe „Kupfer" S. 935.

Cadmium-Quecksilber. Siehe „Quecksilber" S. 950 (B a).

Cadmium-Blei. Siehe auch „Blei" S. 965. Aus einem Elektrolyten,
der 15—20% freie Salpetersäure enthält, ist eine reine Abscheidung des
Bleisuperoxyds in Gegenwart jeglicher Cadmiummenge durchführbar.
Nach der Bleifällung kann der Elektrolyt mit Schwefelsäure abgeraucht
werden; aus dem aufgenommenen Salzrückstand kann dann gemäß
Methode 1 Cadmium elektrolysiert werden. Die Bestimmung beider
Metalle wird aber genauer, wenn man die Probelösung auf Bleisulfat
abraucht, in dieser Form das Blei gravimetrisch und aus dem Filtrat
das Cadmium nach Methode 1 elektrolytisch bestimmt.

Cadmium-Platin. Siehe „Platin" S. 968.

Cadmium-Antimon. Die Trennung ist nach Schmucker (Journ. Amer.
Chem. Soc. 15, 195) im ammoniakalischen Elektrolyt vorzunehmen
wie bei der „Kupfer-Antimon"-Trennung S. 940 (B α) angegeben.

Cadmium-Zink. Ist Cadmium im Verhältnis zum Zink in gleicher
oder größerer Menge anwesend, kann man die Trennung, bzw. die Abscheidung des Cadmiums gemäß Methode 1 in ruhendem Elektrolyt, bei
Zimmertemperatur, aber bei der Höchst-Klemmenspannung von
2,6 Volt (∼ 0,08 Ampere) auf Netzkathoden vornehmen. 0,1 g Cadmium
sind dann in etwa 6 Stunden abgeschieden. Überwiegt der Zinkgehalt
den Cadmiumgehalt, fällt man in gleicher Weise aber aus bewegtem
Elektrolyt. Kleine Mengen Cadmium in Gegenwart von sehr viel Zink

trennt man zweckmäßig chemisch analytisch ab (s. Kapitel „Cadmium" S. 1123 und Mitt. d. Fachausschusses, Teil II, S. 38. Berlin 1926).

C. Beispiele zur elektrolytischen Cadmiumbestimmung.

Allgemeines. Die technischen Cadmiumprodukte enthalten zumeist Bestandteile, die eine Anwendung der elektrolytischen Cadmiumbestimmungsmethoden unmittelbar auf die Lösung der Probesubstanz ausschließen. Die erforderlichen chemischen Abtrennungsmethoden führen durchweg zum Cadmiumsulfid, häufig vermittels doppelter Fällungen, wonach das Cadmium gewöhnlich als Sulfat bestimmt wird. Wenn die Art der bei erster Cadmiumfällung mitgerissenen Verunreinigungen derart ist, daß gemäß obigem eine elektrolytische Abtrennung zu erreichen ist, kann die Elektrolyse schneller und mit wenig Arbeit zum Ziele führen. Man löst zu dem Zweck das Schwefelcadmium in heißer, verdünnter Schwefelsäure, nach Zusatz von Wasserstoffsuperoxyd, verkocht den Überschuß des Oxydationsmittels, filtriert etwa ausgeschiedene geringe Mengen Schwefel ab, neutralisiert mit Alkalilauge und elektrolysiert nach Methode 1 oder 2.

1. Bestimmung des Cadmiums in Rohmaterialien.
(S. Mitt. d. Fachausschusses, Teil II, S. 38. Berlin 1926.)

Von den meist einige Prozente Cadmium enthaltenden Produkten löst man 10 g in 50 ccm Königswasser, raucht mit überschüssiger Schwefelsäure annähernd vollständig ab, nimmt mit heißem Wasser auf, filtriert das Unlösliche (dabei alles Blei als $PbSO_4$) und wäscht mit schwefelsäurehaltigem Wasser aus. Das im Meßkolben aufgefangene Filtrat versetzt man mit so viel Schwefelsäure, daß die Lösung nach dem Auffüllen zur Marke 5—6 Vol.-$\%$ freie Säure enthält. Einen aliquoten Teil der Lösung fällt man heiß mit Schwefelwasserstoff bis zum Erkalten, leitet eine weitere halbe Stunde Schwefelwasserstoff ein, filtriert das Schwefelcadmium über Papierpülpe und wäscht zuerst mit 5—6 Vol.-$\%$ schwefelsäurehaltigem, zuletzt mit schwach schwefelsaurem Schwefelwasserstoffwasser aus. Man digeriert den Niederschlag zur Abtrennung der Sulfosalzgruppe mit Alkalisulfidlösung, filtriert und wäscht mit dem Lösungsmittel aus. Man löst das Cadmiumsulfid in heißer Salzsäure (1 : 3), dampft die Lösung mit Schwefelsäure ein und raucht ab. Enthält das Cadmiumsulfid nur Verunreinigungen, von denen es nach den vorstehenden Methoden abgetrennt werden kann, so löst man es in Schwefelsäure-Wasserstoffsuperoxyd und elektrolysiert nach Methode 1 oder 2. Bei Gegenwart anderer Verunreinigungen muß man das Schwefelcadmium nach Auflösen in heißer Salzsäure (1 : 3), Abdampfen auf Zusatz von Schwefelsäure und Abrauchen nochmals mit Schwefelwasserstoff fällen.

Enthält das Schwefelcadmium Schwefelkupfer, dann ist die Abtrennung elektroanalytisch sehr einfach dadurch zu erreichen, daß man zunächst das Kupfer aus schwefelsaurer Lösung ruhend mit einer Höchstklemmenspannung von 1,8 Volt (0,07—0,05 Ampere) abtrennt und dann im Elektrolysat das Cadmium nach Methode 1 elektrolytisch auf das zuvor ausgewogene Kupfer abscheidet; verfährt man dabei gemäß „Cadmium-Zink"-Trennung, dann können auch Verunreinigungen des ursprünglichen Cadmiumsulfids durch Zinksulfid [und die unter „Trennungen" a) (S. 923) aufgeführten Metalle] praktisch genügend vollständig abgetrennt werden.

2. Bestimmung des Cadmiums in Cadmium-Metall.

Auch dazu ist die elektroanalytische Methode sehr geeignet. Man löst 2 g Metall in Salpetersäure, raucht mit Schwefelsäure ab, nimmt auf, filtriert kalt vom Bleisulfat in einen 500 cm-Meßkolben, wäscht mit schwach schwefelsäurehaltigem Wasser nach und verfährt zur Cadmiumsulfidfällung aus einem aliquoten Teil (bis etwa 0,4 g Metall) wie für Rohmaterialien angegeben. Das Schwefelcadmium löst man für sehr genaue Bestimmungen — um die Schwefelabscheidung zu vermeiden — in heißer Salzsäure (1 : 3), dampft auf Schwefelsäurezusatz ab, raucht vollständig ab und elektrolysiert nach Methode 1.

3. Bestimmung des Cadmiums in Zink.

Je nach Reinheit des Zinks löst man 10—50 g in Salpetersäure (spez. Gew. 1,2) und versetzt die Lösung mit so viel Ammoniak, bis alles Zinkhydroxyd wieder in Lösung ist. Man fällt nun die Lösung mit 2%iger Schwefelnatriumlösung tropfenweise so weit, bis ein weiterer Zusatz eine rein weiße Schwefelzinkfällung hervorruft. Die ausgewaschenen, gefällten Sulfide löst man in heißer Salzsäure (1 : 3), wobei schon ein Teil des Schwefelkupfers ungelöst zurückbleibt, raucht die Lösung mit Schwefelsäure ab, nimmt mit Wasser auf, filtriert vom Bleisulfat, bringt das Filtrat auf 5—6 Vol.-% freie Schwefelsäure und fällt mit Schwefelwasserstoff doppelt, wie für Cadmium-Rohmaterialien angegeben. Sind Metalle der Sulfosalzgruppe zugegen, dann zieht man das erstmals gefällte Schwefelcadmium mit Schwefelnatriumlösung aus.

Zur elektrolytischen Bestimmung des Cadmiums verfährt man weiterhin wie für die vorstehenden beiden Beispiele angegeben.

Kobalt.

(Co = 58,97.)

Elektrochemisches Äquivalent, 1 Amp./Sek. = 0,306 mg Co¨.
Elektrolytisches Potential $EP_{Co¨}$ = + 0,232 Volt.

A. Bestimmungsmethoden.

Für die elektrolytische Bestimmungsweise des Kobalts werden die gleichen Bedingungen gewählt wie bei der des Nickels (s. S. 952). Die beim

Nickel gelegentlich unverkennbare Neigung zu Oxydbildung ist aber beim Kobalt stärker, um so mehr, je weniger rein der Elektrolyt ist, so daß unter anderem nur unbedingt reines Ammoniak zur Anwendung kommen darf. Vereinzelt ist eine geringe Oxydabscheidung an der Anode zu beobachten, die aber nicht durch Zufügen von Ammoniak allein in Lösung zu bringen ist. Nach Treadwell (Elektroanalytische Methoden, S. 145. 1915) gelingt dies aber sofort durch Zusatz geringster Mengen Hydrazinsalze zum Elektrolyt. Nach K. Wagenmann (Metall u. Erz 1921, 447) wirkt ein solcher Hydrazinsalzzusatz in Mengen bis zu 1 g Hydrazinsulfat aber auch auf besonders gute Metallabscheidung hin; die gleichzeitige Anwesenheit von einigen Gramm Chlorammonium im Elektrolyt ist ebenfalls förderlich. Alkalisalze beeinträchtigen die Metallabscheidung, wenn sie in Mengen von mehr als etwa 5 g KCl oder NaCl oder mehr als 10 g Kaliumsulfat auf 120—150 ccm Elektrolytvolumen zugegen sind.

Ein Zusatz von Natriumsulfit zur Lösung wirkt, wie beim Nickel, auf Abscheidung schwefelhaltigen Metalls hin.

B. Trennungen.

Es sind die für Nickel angegebenen Verfahren anzuwenden. Das für die Nickel-Zink-Trennung angegebene Verfahren nach Treadwell ist jedoch auf Kobalt nicht anwendbar.

Kobalt-Nickel. Nach den Methoden 1 und 2 unter „Nickel" (S. 953 u. 954) fallen die beiden Metalle stets quantitativ zusammen, sofern man bei nennenswerten Kobaltmengen die anodische Abscheidung des Kobalts durch Zusatz von wenig Hydrazinsalz verhindert. Analytisch verfährt man weiterhin so, daß man in der Lösung beider Metalle das Nickel mit Dimethylglyoxim besonders bestimmt, wenn es zum kleineren Teil vorliegt, so daß man das Kobalt aus der Differenz erhält. Überwiegt aber das Nickel, wie es, abgesehen von speziellen Kobaltprodukten, meist der Fall ist, dann ist es genauer, das Kobalt zu bestimmen. Man bedient sich dazu der Nitrit- oder Nitroso-β-Naphtholmethode. Letztere, für kleine Kobaltmengen ganz besonders zu empfehlende Fällungsmethode, ist sehr genau und schnell.

Da das Verglühen des Kobalt-Nitroso-β-Naphthols zu Kobaltoxyd bis zur völligen Gewichtskonstanz sehr langwierig ist, andererseits der sehr voluminöse Niederschlag bei unmittelbaren Fällungen aus Lösungen, die noch andere Metalle enthalten, diese leicht als Verunreinigungen (wie unter anderem Eisen) mitreißen kann, die dann mit ausgewogen werden, hat K. Wagenmann (Metall u. Erz 1921, 447) die Auswaage des Kobalts in elektrolytisch aus dem Niederschlag abgeschiedener Form vorgeschlagen: Der nach Ilinskï und Knorre (s. unter anderem A. Classen: Quantitative Analyse, S. 54. Stuttgart 1912) quantitativ gefällte Kobalt-Nitroso-β-Naphtholniederschlag wird feucht verascht und ausgeglüht bis der Kohlenstoff verglimmt ist. Den Rückstand verreibt man etwas, gibt 2—5 g entwässertes Kaliumbisulfat hinzu und schmilzt im Platin- oder Porzellantiegel bei aufgelegtem Uhrglas. Nach 3—5 Minuten ist alles Kobalt aufgeschlossen. Enthält die Lösung der Schmelze noch Kohlenstoffteilchen, so filtriert man, setzt einige Gramm Chlorammonium oder Salzsäure zum Filtrat, neutralisiert mit reinstem Ammoniak, verdünnt auf 100—120 ccm und fügt 30 ccm reinstes Ammoniak (spez. Gew. 0,91) hinzu; man elektrolysiert auf Doppelnetzen nach A. Fischer wie bei „Nickel" unter Methode 1 angegeben, am besten bei bewegtem Elektrolyt unter zeitweiligem Zusatz von insgesamt etwa 1 g Hydrazinsulfat. Das Verfahren liefert gemäß jahrelangen Erfahrungen sehr genaue Werte und bietet eine Sicherung, insofern es z. B. die Abtrennung geringer Eisen- oder Aluminiummengen aus dem Naphtholniederschlag ermöglicht. Fand die Nitroso-β-Naphtholfällung in Gegenwart von Kupfer statt, so enthält der Niederschlag geringe Mengen, die mit dem Kobalt kathodisch fallen. Sie können nachträglich elektrolytisch (s. „Kupfer" S. 936) bestimmt und vom Gesamtgewicht in Abzug gebracht werden.

Kupfer.

(Cu = 63,6.)

Elektrochemisches Äquivalent: 1 Amp./Sek. = 0,328 mg Cu".

Elektrolytisches Potential $EP_{Cu..}$ = —0,329 Volt.

Für die Begründer der quantitativen elektroanalytischen Metall-Bestimmungsmethoden, W. Gibbs (1864) und C. Luckow (1865) war im besonderen Kupfer erstes Untersuchungsobjekt. Auf ein Preisausschreiben der Mansfeldschen Kupferschiefer bauenden Gewerkschaft, Eisleben, vom Jahre 1867, welches eine genaue Methode zur Bestimmung des Kupfergehaltes in Erzen (Kupferschiefern) und Hüttenprodukten verlangte, reichte C. Luckow sein später prämiertes Verfahren als' „Elektro-Metall-Analyse" ein [Ztschr. f. anal. Ch. 8, 23 (1869)]. Die von ihm empfohlenen Elektrodenformen (s. a. Bd. I, S. 391), Cylinder und Konus als Kathoden, Drahtspiralen als Anoden, sind bis heute im Zentrallaboratorium der Mansfeld A. G., Eisleben, teilweise im Gebrauch, während der größte Teil der seinerzeit gelieferten Arbeitseinrichtungen von K. Wagenmann durch die bewährten Arbeitstische und Rührstative der Firma Gebr. Raacke, Aachen, größtenteils ersetzt bzw. ergänzt worden sind.

Kupfer gehört zu den Metallen, deren elektroanalytische Bestimmungsweisen bei richtiger Wahl und Innehaltung der Bedingungen die genauesten sind, wobei die in ruhender oder bewegter Lösung grundsätzlich gleichwertig sind[1]. In den allermeisten Fällen übertreffen sie die sonstigen gravimetrischen Methoden an Schnelligkeit und Einfachheit der Ausführung. Die Fällung ist in saurer (schwefel- oder

---

[1] Dementsprechend verlangt der Chemiker-Fachausschuß der Ges. Deutscher Metallhütten- und Bergleute (in seinen „Mitteilungen", Bd. 1, S. 47. Berlin: Selbstverlag 1924) von der elektroanalytischen Fällung des Kupfers: „Sie soll für schieds- und kontradiktorische Analysen grundsätzlich angewandt werden."

salpetersaurer), sowie in alkalischer (ammoniakalischer bzw. cyankalischer) Lösung durchführbar, die Wahl von der Art der Anionen der Ausgangslösung und der begleitenden Elemente abhängig. In bezug auf Form der (Platin-Iridium-) Elektroden sind keine besonderen Anforderungen zu stellen. Für auszuwiegende normale Kupfermengen wird in der Praxis heute den Drahtnetzelektroden (nach A. Fischer oder Winkler) der Vorzug gegeben; kleine Kupfermengen fällt man zweckmäßig auf kleine Platin-Blech-Zylinder (mit Spiraldraht als Anode), besonders große Mengen (bei den elektrolytischen Abtrennungsverfahren) auf entsprechend oberflächengroße Bleche oder Zylinder. Mikrokrystalline Kupferniederschläge haften gleich gut an glatten wie mattierten Elektroden. Die Feststellung der Vollständigkeit der Fällung wird häufig in folgender Weise vorgenommen: Nach mutmaßlicher Beendigung der Metallabscheidung setzt man die Kathode etwas tiefer in die Flüssigkeit ein oder erhöht deren Niveau durch Zumischen von etwas Wasser, wodurch in beiden Fällen frisches Platin der Kathode oder ihres Anschlußdrahtes eintauchen; schlägt sich auf diesem innerhalb einiger Minuten kein Kupfer nieder, ist die Fällung quantitativ. Die sicherste Prüfung ist jedoch die eines Teiles schwach saurer Lösung mit Ferrocyankalium.

Da Kupfer verhältnismäßig leicht oxydiert, behandelt man den gut ausgewaschenen Metallniederschlag mit hochprozentigem Alkohol und trocknet dann erst nur wenige Minuten bei mäßiger Wärme. K. Wagenmann trocknet das ausgewaschene Kupfer nach Abschleudern der Hauptwassermenge unmittelbar im warmen Luftstrom („Fön").

A. Bestimmungsmethoden.

1. Fällung des Kupfers aus salpetersaurer Lösung.

In vielen Fällen werden kupferhaltige Produkte, metallisches Kupfer und seine Legierungen fast ausschließlich, in Salpetersäure gelöst. Man vertreibt durch Kochen die nitrosen Gase möglichst vollständig. Die meist vorhandene überschüssige Säure stumpft man mit Ammoniak im Überschuß ab, geht mit verdünnter (NO_2-freier!) Salpetersäure bis eben zum Verschwinden der Kupferkomplexsalzfärbung zurück — die Menge des hierbei gebildeten Ammonnitrats soll mindestens etwa 5% betragen — und setzt auf 125 ccm Fällungsvolumen bei ruhender Elektrolyse 5 Vol.-$\%$ und bei bewegter Elektrolyse 2 Vol.-$\%$ NO_2-freie Salpetersäure (spez. Gew. 1,2) hinzu.

Bei ruhender Flüssigkeit elektrolysiert man je nach Kupfermenge und beabsichtigter Dauer mit Stromdichten von 0,1—0,5 Ampere (äußersten Falles bis 1,0 Ampere); bei bewegter fällt man mit 2—6 Ampere, eventuell bei mäßiger Wärme. Noch höhere Stromstärken bei normaler Kathodenoberfläche anzuwenden, empfiehlt sich in salpetersaurer Lösung nicht, da sich die letztere zu sehr erwärmt, womit der Rücklösungsvorgang im Anfang zu stark wird (was zum mindesten Verzögerung der Fällung bedeutet; andererseits kann die Aciditätsverminderung bis zur Neutralisation verlaufen). Als Dauer für die quantitative Abscheidung des Kupfers können die für Methode 3 (S. 931) angegebenen Zeiten angenommen werden.

Enthält die Lösung freie Stickoxyde, dann kann die Metallreduktion ganz ausbleiben; man übersättigt dann stark mit Ammoniak und stellt die Lösung durch Ansäuern mit reiner verdünnter Salpetersäure, wie oben angegeben, wieder ein. Bei der schnellelektrolytischen Fällung empfiehlt sich allgemein als Gegenmittel ein zeitweiser Zusatz einiger Körnchen Hydrazinsulfat oder einiger Gramm Harnstoff[1]. Diese verhindern gleichzeitig das gelegentlich schwammige Ausfallen der letzten Kupfermengen (s. nachstehend).

Entsprechend der Fällung des Kupfers wird Salpetersäure frei. Andererseits wird an der verkupferten Kathode Salpetersäure zu Ammoniak reduziert, so daß bei übermäßig langer Dauer der Stromeinwirkung die Lösung neutral werden kann (besonders zu beachten bei der ruhenden Elektrolyse!). Tritt dies vorzeitig ein, so ist schwammige Metallabscheidung die Folge und eventuell das Mitfallen anderer Metalle möglich (s. unten).

Eisen liegt in der Lösung immer als Ferrinitrat vor und wirkt wie alle Ferrisalze stark lösend auf metallisches Kupfer. Sein Einfluß wird also mindestens ein die Fällung verzögernder sein. Je größer die Eisenmenge ist, je geringer muß die Acidität der Lösung gehalten werden. Sehr zweckmäßig ist dann bei der schnellelektrolytischen Methode ein zeitweiser Zusatz von Hydrazinsulfat zur Lösung, die dann auch kalt angesetzt wird, während bei ruhender Flüssigkeit sich ein Zusatz einiger Gramm Oxalsäure oder Weinsäure bewährt hat.

Da sich Kupfer in Salpetersäure verhältnismäßig leicht löst (schwammiges Kupfer verständlicherweise leichter als gut krystallines), muß das Ausheben der Elektroden so schnell wie eben möglich vorgenommen werden[2]. Heißes Elektrolysat hebere man für genaue Bestimmungen unter Nachfüllen kalter Waschflüssigkeit ohne Stromunterbrechung ab (s. Bd. I, S. 393), sofern man nicht Elektrolysiergefäße verwendet, aus denen man die Flüssigkeit am Boden durch Hahn ablassen kann (s. A. Fischer, Elektroanalytische Schnellmethoden S. 79, Stuttgart 1908.)

Die Methode gestattet eine unmittelbare Trennung von den bei der Methode 3 (S. 932) angegebenen Elementen. Ein geringer Chloridgehalt in der Lösung verhindert zwar nicht die quantitative Fällung des Kupfers, wirkt aber auf stärker schwammige Abscheidung hin. Phosphorsäure, Oxalsäure, Weinsäure und Essigsäure stören nicht.

Die elektroanalytische Abscheidung des Kupfers aus rein salpetersaurer Lösung wendet man angesichts obiger Mängel nur an, wenn

---

[1] Nach E. Gilchrist u. A. Gumming: Chem. News **107**, 217; s. auch A. Classen: Quantitative Analyse durch Elektrolyse, S. 115. Berlin 1920.

[2] Nur einige im Handel befindliche Stative oder Elektrodenhalter berücksichtigen diese bei den meisten Metallen erforderliche Maßnahme durch geeignete Konstruktion, so z. B. u. a. die von Siemens & Halske, Berlin, und die Rührstative (Bd. I, S. 395) von Gebr. Raacke, Aachen, in der Weise, daß nicht die Elektroden ausgehoben werden müssen, sondern das Elektrolysiergefäß gegen ein solches mit Waschflüssigkeit schnellstens ausgewechselt werden kann.

die Fällungsmöglichkeit nach Methode 3, also ein Zusatz von Schwefelsäure zum Elektrolyt nicht möglich ist (unter anderem z. B. bei der unmittelbaren Trennung Cu-Pb). Zweifelhafte Niederschläge kann man in einer frischen Lösung, bestehend aus 5% Ammonnitrat mit 2—5% freier Salpetersäure (spez. Gew. 1,2) in bekannter Weise umfällen.

2. Fällung des Kupfers aus rein schwefelsaurer Lösung.

Liegt keine Sulfatlösung des Kupfers von vornherein vor, so ist sie stets durch Eindampfen mit Schwefelsäure bis zum beginnenden Rauchen zu erhalten (Blei scheidet sich dabei als Sulfat quantitativ ab!). Aus reinen Sulfatlösungen fallen die letzten Anteile, besonders wenn keine Elektrolytbewegung stattfindet, wenn Klemmenspannungen über 2 Volt angewandt werden, infolge starker Wasserstoffentladung an der Kathode in pulveriger Form aus. Wird diese verhindert, etwa durch Potentialbeobachtung oder durch Innehalten einer Höchstklemmenspannung von 2 Volt — unbekümmert um das Abfallen der Stromstärke im Verlauf der Metallfällung — so erhält man gut krystalline, festhaftende Kupferabscheidung. Auf Grund dieser Beobachtung hat F. Foerster [Ztschr. f. angew. Ch. 19, 1890 (1906) oder Ber. Dtsch. Chem. Ges. 9, 3029 (1906)] die einfachste Ausführungsform angegeben, indem er die Anwendung einer Stromquelle empfiehlt, die höchstens 2 Volt Klemmenspannung abgibt. Am besten eignet sich dazu der Bleiakkumulator, der im normal geladenen Zustand lange Zeit eine Klemmenspannung zwischen 1,8 und 2,0 Volt liefert [1].

Die zu fällende Lösung soll auf 100 ccm Volumen ungefähr 10 ccm 10%ige freie Schwefelsäure enthalten; ein beachtenswerter, der Größe nach nicht bekannter Gehalt der Ausgangslösung an freier Schwefelsäure, wird zuvor durch Abrauchen entfernt.

Klemmenspannung: Höchstens 2 Volt, ruhende Flüssigkeit

bis 0,25 g Kupfer fallen $\left\{\begin{array}{l}\text{bei Zimmertemperatur in 8 Stunden}\\\text{bei 70—80° C in 60—80 Minuten.}\end{array}\right.$

Bei der Fällung aus heißer Lösung hebere man, wenn man nicht ohne Stromunterbrechung auswaschen kann, die Elektroden sehr schnell aus, da Kupfer in Berührung mit Luft von warmer Schwefelsäure schnell angegriffen wird. Technisch noch völlig brauchbare Werte gibt aber auch die Fällung aus rein schwefelsaurem, bewegtem Elektrolyt bei Spannungen bis 3 Volt, wenn man unter starkem Rühren arbeitet, zweckmäßig auf Drahtnetzelektroden:

Bis 0,35 g Kupfer	110 ccm Volumen	1 ccm H_2SO_4 konz.	8—9 Ampere	80° C	~10 Minuten
,,	,,	bis 20 ccm 10%ige H_2SO_4	5 Ampere	kalt angesetzt	30 Minuten

[1] Die Anfangsspannung von etwa 2,4 Volt im ganz frisch geladenen Zustand fällt in kurzer Zeit (schon durch Selbstentladung) auf 2,0 Volt herab.

Aus rein schwefelsaurem Elektrolyt erfolgt eine unmittelbare Trennung von: Eisen (bei nicht zu großen Mengen), Mangan, Aluminium, Chrom, den Erdalkalien, Magnesium und den Alkalien.

Phosphorsäure, Weinsäure, Essigsäure und Oxalsäure stören nicht. Halogene sind vorher durch Abdampfen zu entfernen.

Für Cadmium, Nickel, Kobalt und Zink ist die Trennung nicht zu erreichen bzw. unsicher.

Arsen und Antimon hinterlassen auf dem vollends abgeschiedenen Metall schwarze Flecken und Streifen, die auf Flächenelektroden besonders deutlich zu erkennen sind.

3. Fällung des Kupfers aus schwefelsaurer-salpetersaurer, ammonsalzhaltiger Lösung.

Eine Kupfersalzlösung, welche die bezeichneten Bestandteile hat, läßt die bestbeschaffene Metallabscheidung erfolgen, gibt auch die sicherste und weitestgehende Trennungsmöglichkeit von anderen Elementen. Ihre Bedingungen werden daher nach Möglichkeit angestrebt. Die zu fällende Lösung, die das Kupfer als Sulfat oder Nitrat enthalten kann, stelle man auf mindestens 5% Ammonnitrat, $2—5\%$ freie (NO_2-freie!) Salpetersäure und $1—2\%$ Schwefelsäure (verdünnt, etwa 1:1). Besteht die Ausgangslösung nur aus Nitraten, so verfährt man wie unter 1. angegeben und fügt zuletzt $1—2\%$ Schwefelsäure (verdünnt, etwa 1:1) hinzu. Sulfatlösungen übersättigt man mit so viel Ammoniak, daß mindestens etwa 5% Ammonnitrat entstehen, wenn man Salpetersäure bis eben zum Verschwinden der Kupferkomplexsalzfärbung zusetzt; dann gibt man weitere $2—5\%$ Salpetersäure (spez. Gew. 1,2) hinzu. Die höhere Säurekonzentration wähle man bei ruhendem Elektrolyt, der kalt angesetzt wird, die niedrigere bei der Schnellfällung, die bestens ebenfalls kalt angesetzt wird. Kommt es im letzteren Fall auf besondere Beschleunigung an, kann die Elektrolyse auch bei etwa 60^0 C eingeleitet werden.

K. Wagenmann hat auf Grund zahlreicher Feststellungen (im Zentrallaboratorium der Mansfeld A. G., Eisleben) in den Mitt. d. Fachausschusses (Teil I, S. 48. Berlin 1924) zahlenmäßige Angaben über die einzuhaltenden genaueren Bedingungen für unbedingt sicheres Arbeiten gemacht, die nachstehend übernommen sind.

Für die ruhende Elektrolyse wählt man folgende Bedingungen:

Auswaage Cu g	Elektrolyt- menge ccm	Strom- stärke Ampere	Dauer Stunden	Durchschnittliche Kathodenoberfläche qcm	
unter 0,1	200	0,1	8	etwa 70	
0,2	200	0,15	8	,, 70	
0,5	200—400	0,2—0,25	8—10	,, 70	5% HNO_3
0,8	200—400	0,3	10	100—120	(spez. Gew. 1,2)
1,5	300—400	0,4	10	100—120	im Elektrolyt
2	300—400	0,5	10—12	100—120	

Die vorstehend angeführten Stromstärken können annähernd verdoppelt werden, wodurch eine Zeitverkürzung um etwa ein Viertel
eintritt. Das gleiche ist der Fall, wenn eine Volumverminderung gegenüber der angegebenen vorliegt. Bei dem größeren Elektrolytvolumen,
300—400 ccm, verwendet man tunlichst große Kathodenoberfläche.

Für die Schnellelektrolyse gelten etwa folgende Bedingungen:

Auswaage Cu g	Elektrolyt- menge ccm	Strom- stärke Ampere	Dauer Minuten	Durchschnittliche Kathodenoberfläche qcm	
unter 0,1	bis 200	3	20	100	
0,2	„ 200	5	20	100	2% HNO₃
0,5	„ 200	6	30	100	(spez. Gew. 1,2)
0,8	„ 200	6	45	100	im Elektrolyt

Selbstredend können vorstehende Bedingungen bei anderen Elektrolytvolumen, eventuell verkürzter Fällungsdauer oder anderer Kathodenoberfläche sinngemäß abgeändert werden.

Das Ergebnis der Fällung (bei Schwefelsäurezusatz) ist durchweg
ein sehr fein krystalliner, glänzender Metallniederschlag. Dies und die
hellrosa Färbung sind ein zuverlässiges Merkmal für die Reinheit des
gefällten Metalls; geringe Mengen Arsen, Antimon, Selen und Tellur,
Spuren von Sulfidschwefel und Molybdän veranlassen mißfarbige oder
fleckige Kupferniederschläge, weil sie unter gewissen Bedingungen
(s. unten) hauptsächlich erst mit den letzten Kupfermengen fallen.

Phosphorsäure, Oxalsäure, Weinsäure und Essigsäure stören nicht.

Aus Tabelle 1, S. 935, ist ersichtlich, von welchen Elementen eine
unmittelbare, quantitative Trennung unter den oben bezeichneten
Bedingungen gewährleistet ist, andererseits welche Bestandteile in der
Lösung störend wirken bzw. kathodisch mitausfallen können. Eine
sichere Abtrennung des Kupfers von Cadmium und Zink ist nur bei
den angegebenen Salpetersäurekonzentrationen gewährleistet; ähnliches
gilt von Nickel und Kobalt, denen gegenüber auch das Ammonnitrat
ähnlich wirkt. Bei Gegenwart dieser vier Metalle muß das erste Auswaschen mit schwach salpetersaurem Wasser vorgenommen werden,
wenn es ohne Stromunterbrechung geschieht. Für Eisen gilt das unter
Methode 1 (S. 928) angegebene. Über Wismut, Arsen und Antimon
siehe näheres unter Trennungen des Kupfers (S. 935).

Bezüglich der schädlich wirkenden Bestandteile sei folgendes besonders gesagt: Wismut in größeren Mengen fällt kathodisch mit aus,
über kleine Mengen siehe unter Trennungen. Das gleiche gilt vom
Antimon. Arsen fällt in sehr geringen Mengen mit aus, wenn Klemmenspannungen über 1,9 Volt angewandt werden. Molybdän fällt aus und
muß auf chemisch-analytischem Wege zuvor abgetrennt werden. Selen
und Tellur fallen hauptsächlich mit den letzten Kupfermengen und
verfärben den Kupferniederschlag; handelt es sich um beachtenswerte
Mengen im zu untersuchenden Probematerial, ist ihre vorhergehende

Abtrennung für genaue Kupferbestimmungen unerläßlich (s. Kapitel „Kupfer" S. 1231). Spuren (!) von Sulfidschwefel, wie sie z. B. in Lösungen eingebracht werden können, die aus nicht vollständig ausgeglühtem Kupferoxyd (aus Sulfid oder Sulfür geröstet) hergestellt wurden, lassen grauschwarz gefärbte Kupferniederschläge entstehen. Die einzige Abhilfe besteht im Abdampfen der Lösungen zur Trockne oder besser Abrauchen vor der Elektrolyse. Für genaue Kupferbestimmungen darf die Lösung kein suspendiertes Bleisulfat enthalten, am allerwenigsten die bewegte Flüssigkeit, da sich Bleisulfatteilchen am Kupfer festsetzen und inkludiert werden können.

Auch die schwefel-salpetersaure Lösung muß frei von nitrosen Gasen sein (s. unter Methode 1, S. 928). Sehr geringe Mengen Chlor können nur ein pulveriges Ausfallen der letzten Anteile Kupfer bewirken; unter Umständen ist Umfällung angebracht, die in frischer Lösung mit 5% Ammonnitrat, 2—5% Salpetersäure (spez. Gew. 1,2) und 1—2% Schwefelsäure (verdünnt, etwa 1:1) vorgenommen wird.

4. Fällung des Kupfers aus ammoniakalischer Lösung.

Die Ausgangslösung darf Sulfat, Nitrat, Chlorid oder Phosphorsäure (auch Rhodanid oder Ferrocyankalium) enthalten. Die Methode kann also unter Berücksichtigung der kathodisch gleichfalls reduzierbaren Metalle (siehe Tabelle 1) mit Vorteil dann angewandt werden, wenn die Anwendung der Fällungsmethoden 1—3 ohne Eindampfen nicht möglich ist, bzw. letzteres umgangen werden soll. Zudem ist sie die beste Trennungsmethode des Kupfers vom Arsen (in 3- oder 5-wertiger Form) und vom Antimon, selbst von größeren Mengen.

Die zu fällende Lösung versetzt man auf je 100 ccm Volumen mit 2 g Ammonsulfat, 3—4 g Ammonnitrat[1] und 10 ccm konzentriertem Ammoniak (für je 0,2 g Cu) und elektrolysiert bei ruhender Lösung mit maximal 2 Ampere 4—5 Stunden. Bei stark bewegter Flüssigkeit, unter Anwendung von Schale oder Netzelektroden, fälle man kalt angesetzt mit 3—5 Ampere (2,5—3,5 Volt), 1/2—1 Stunde für 0,2 g Cu.

Das Ausheben der Elektroden muß sehr schnell geschehen; wenn eben möglich, hebere man unter Strom ab.

F. Foerster schlägt für die Abscheidung des Kupfers in ammoniakalischer Lösung die Anwendung einer Akkumulatorenzelle (2 Volt) vor: 0,2—0,3 g Kupfer in 100 ccm versetzt man mit 2 g Ammonsulfat und 10 ccm Ammoniak (spez. Gew. 0,96) und elektrolysiert ruhend in 4 Stunden.

Auch bei reichlichem Zusatz von Ammonnitrat fällt das Kupfer selten in so guter Beschaffenheit wie aus der Lösung 3. Läßt der Niederschlag zu wünschen übrig, so fällt man zweckmäßig schnellelektrolytisch in frischer Lösung 3 um. Letzteres ist auch das beste und einfachste

---

[1] A. Classen: Quantitative Analyse durch Elektrolyse, S. 119. Berlin 1920. Der Zusatz von Ammonnitrat ist besonders bei Gegenwart von Arsen und Antimon angebracht (K. Wagenmann).

Hilfsmittel, wenn geringe Mengen Blei, Cadmium, Nickel, Kobalt (Eisen, Aluminium), Zink oder Mangan in ammoniakalischer Lösung anwesend waren und mitgefallen sein können; sie werden durch die Umfällung in Lösung 3 vollständig abgetrennt.

5. Fällung des Kupfers aus cyankalischer Lösung.

Die neutrale bzw. mit Natronlauge oder Ammoniak neutralisierte Kupferlösung versetzt man mit so viel Cyankaliumlösung, bis das zuerst ausfallende Kupfercyanür sich eben wieder vollständig auflöst, fügt 1 g Kaliumhydroxyd oder 10 ccm konzentriertes Ammoniak hinzu und elektrolysiert in der Schale oder im Tiegel ruhend mit 0,5—1 Ampere bei etwa 5 Volt, oder bei 60° C mit etwa 4 Volt. Die Fällung von 0,25 bis 0,3 g Kupfer ist in $1^{1}/_{2}$—2 Stunden beendet. Eine Schnellfällung bei starker Flüssigkeitsbewegung, zweckmäßig in der Schale ausgeführt, benötigt bei ebenfalls 60° C für 0,30 g Kupfer mit 2,5 Ampere, 25 Minuten (A. Fischer: Elektroanalytische Schnellmethoden, S. 111. Stuttgart 1908). Da Kupfer sich in Cyankalium äußerst leicht löst, ist Auswaschen ohne Stromunterbrechung unbedingt notwendig.

Nach E. F. Smith (Quantitative Elektroanalyse, deutsch von A. Stähler, S. 69. Leipzig 1908) findet ein Angriff der Platinanode durch die Cyankaliumlösung nicht statt, wenn kein Cyankalium im Überschuß angewandt wird und genügend Ammoniak zugegen ist.

Die Fällungsweise wird gelegentlich angewandt, vornehmlich für besondere Trennungen, bei denen die anderen Elektrolyte versagen (s. unter Trennungen). Moore (E. F. Smith, S. 68) hat die unmittelbare elektrolytische Bestimmung frisch gefällten Schwefelkupfers (aus dem gewöhnlichen Analysengang) vorgeschlagen. Letzteres löst sich leicht in Cyankalium. Man führt die Elektrolyse unter Anwendung möglichst begrenzter Cyankaliummengen gemäß obigen Bedingungen durch.

6. Verkupferung von Platinelektroden.

(S. A. Classen: Quantitative Analyse durch Elektrolyse. S. 179. Berlin 1920 oder A. Fischer: Elektroanalytische Schnellmethoden, S. 112. Stuttgart 1908.)

Sollen Metalle, wie Zinn, Zink, die sich leicht mit Platin legieren, auf solchen Elektroden niedergeschlagen werden, dann nimmt man zum Schutz derselben zunächst eine Verkupferung vor. Dazu eignet sich besonders gut eine saure Ammoniumoxalatlösung des Kupfers: Eine heiße Lösung von 4 g Kupfersulfat in 200 ccm Wasser versetzt man mit 20—30 g krystallinem Ammoniumoxalat und fügt von einer heiß gesättigten Oxalsäurelösung so viel hinzu, bis die Ausscheidung von Kupferoxalat beginnt; letzteres bringt man mit möglichst wenig Ammoniak wieder in Lösung. Man verkupfert in der 80—90° C heißen Lösung bei 1—2 Ampere $^{1}/_{2}$—1 Minute lang. Aus älteren Lösungen fällt das Kupfer fleckig; sie müssen durch Zusatz von wenig Oxalsäure regeneriert werden.

B. Trennungen.

Die Trennungsmöglichkeit des Kupfers von den in der Praxis in Frage kommenden, begleitenden Elementen nach den Fällungsmethoden 1—3, 4 und 5 ist aus Tabelle 1 zu entnehmen.

Tabelle 1.

Elektroanalytische Fällung, Elektrolyt		
a) schwefel-salpetersauer	b) ammoniakalisch	c) cyankalisch

Es fallen mit aus, wirken störend bzw. werden zweckmäßig vorher abgetrennt:

Pb (wenn als Sulfat suspendiert)	Pb	Pb
Ag	Ag	Ag
Hg	Hg	Hg
Bi (in größeren Mengen bzw. in Abwesenheit von PbSO₄)	Bi	Bi
	Cd	Cd
Sb (in größeren Mengen bzw. in Abwesenheit von PbSO₄)	Ni	Ni
	Co	Co
As (über 1,9 Volt)	Fe (bei nennenswerten Mengen)	Fe
Sn (wenn in Lösung)		Al
Mo	Al (bei nennenswerten Mengen)	Zn
Se (bei nennenswerten Mengen)		Mn
Te („ „ „)	Zn	Cr
Fe (bei absonderlich großen Mengen)	Mn	Se-Te
	Cr	
Zn (wenn nicht genügend salpetersauer)	Se-Te	
Chloride		
S (als Sulfidschwefel)		

Unmittelbare, quantitative Trennungsmöglichkeit von:

Pb	As (3- oder 5-wertig)	As (5-wertig)
Cd (genügend HNO₃!)	Sb (5-wertig) + Wein-	Sb (5-wertig)
Bi (bei kleinen Mengen in Gegen-	säure	Mo (Wo)
wart von PbSO₄)	Sn (4-wertig) + Wein-	Mg
Sb (5-wertig und bei kleinen	säure	Alkalien
Mengen in Gegenwart von	Mo (+ Sulfit)	
PbSO₄)	Mg	
As (unter 1,9 Volt, 3- bzw.	Alkalien	
5-wertig)	P	
Ni		
Co		
Fe (bei nicht allzu großen Mengen)		
Zn (genügend salpetersauer!)		
Mn (+ Hydrazinsulfat)		
Cr (3-wertig)		
Erdalkalien (eventuell H₂SO₄- freie Lösung)		
Mg		
Alkalien		
P		

Daraus, wie aus den beiden einzelnen Methoden angegebenen, geht hervor:

a) Unter den Fällungen in mineralsauren Lösungen (1—3) bietet die in salpetersaurer bzw. schwefel-salpetersaurer, ammonsalzhaltiger Lösung die größte Zahl von Trennungsmöglichkeiten, wobei der Methode 3 der Vorzug zu geben ist, weil die Kupferniederschläge hinsichtlich Struktur besonders sauber ausfallen. Cadmium, Nickel, Kobalt, Zink und Chrom (3-wertig) fallen nicht aus, gleichgültig in welchen Mengen sie anwesend sind. Chromate können vor der Elektrolyse mit schwefliger Säure oder Hydrazinsulfat reduziert werden; von letzterem setzt man zweckmäßig während der Elektrolyse von Zeit zu Zeit einige Körnchen zu. Über Wismut, Antimon und Arsen siehe unten die einzelnen Trennungen. Der störende Einfluß geringer Eisenmengen kann durch Zusatz von Oxal- oder Weinsäure bei der ruhenden, durch zeitweisen Zusatz von etwas Hydrazinsulfat oder Harnstoff bei der Schnellelektrolyse kompensiert werden. Bei größeren Eisenmengen ist die zu fällende Lösung kalt zu halten und bei ruhender Flüssigkeit nach Zusatz von Oxal- oder Weinsäure zu elektrolysieren. Mangan scheidet sich in geringen Mengen anodisch ab, bei größeren Gehalten treten Flocken von Mangansuperoxyd in der Lösung auf, deren Zurückhalten von Kupferlösung durch Zusatz von Hydrazinsulfat verhindert werden kann; gleichzeitige, starke Flüssigkeitsbewegung und mäßige Wärme wirken dabei ebenfalls günstig. Nennenswerte Mengen an Chloriden (Bromiden und Fluoriden) sind durch Abrauchen der Probelösung mit Schwefelsäure zu entfernen. Nur sehr geringe Beträge an Chlorion, wie sie etwa infolge einer zuvorigen, sorgfältigen quantitativen Abscheidung von Silber aus der Kupferlösung vorliegen können, beeinträchtigen die Vollständigkeit der Kupferfällung nicht, können aber bewirken, daß die letzten Metallanteile weniger gut krystallin fallen.

b) Unter den alkalischen Lösungen dient die ammoniakalische hauptsächlich zur unmittelbaren Kupferfällung aus chloridhaltigen Lösungen und zur Trennung von viel Arsen und Antimon (s. unten). Der cyankalische Elektrolyt kommt hauptsächlich für besondere Trennungen in Frage.

Kupfer-Silber. In der technischen Analyse nimmt man im allgemeinen — bei niedrigen Silbergehalten auf alle Fälle — die Abscheidung des Silbers auf rein chemischem Wege (AgCl-Fällung) vor und fällt im Filtrat das Kupfer, wenn elektrolytisch, nach einer der Methoden 1—4. Bei hochwertigen Kupfer-Silberlegierungen können Kupfer und Silber aber auch auf ausschließlich elektroanalytischem Wege bestimmt werden. Man fällt zunächst das Silber quantitativ aus schwefelsaurer oder cyankalischer Lösung, wobei das Überschreiten der bezeichneten Höchstspannung sorgfältig vermieden wird, zweckmäßig unter Verwendung einer Stromquelle, die nicht mehr Spannung abgibt (näheres s. „Silber" S. 907). Aus dem Elektrolysat kann das Kupfer nach einer der Methoden 1 bis 5 (S. 928 bis 934) unmittelbar auf die tarierte versilberte Kathode gefällt werden.

Kupfer-Arsen. α) Fällt man Kupfer ohne weiteres aus arsenhaltigen, mineralsauren Lösungen, empfiehlt es sich, um das Mitfallen von Arsen vollständig zu verhindern, eine Höchstklemmenspannung von 1,9 Volt nicht zu überschreiten.

Freudenberg [Ztschr. f. physik. Ch. **12**, 117 (1893)] trennt in 10 bis 20 ccm verdünnte freie Schwefelsäure enthaltender Lösung (ruhend) bis zu 0,3 g Kupfer neben ebensoviel Arsen unterhalb 1,9 Volt arsenfrei ab, wobei das Arsen 3- oder 5-wertig vorliegen kann.

Perkin fällt aus salpetersaurer Lösung, ebenfalls unterhalb 1,9 Volt Klemmenspannung, das Kupfer arsenfrei: Die Lösung enthält 5% freie Salpetersäure und wird auf 50—60° C erwärmt.

Arbeitet man bei höherer Spannung, muß das Arsen in 5-wertiger Form[1] in der Lösung erhalten werden, da aus 3-wertigem Zustand kathodische Reduktion eintritt. Daher empfehlen Hollard und Bertiaux [Bull. Soc. Chim. Paris **31**, 900 (1904)] einen Zusatz von 0,1 g Ferrisulfat zur Lösung, wodurch also Arsen in der 5-wertigen Form erhalten bleibt.

Für die technische Analyse nur kleine Arsenmengen (5-wertig) enthaltender Produkte braucht man im übrigen bezüglich der Genauigkeit der Kupferbestimmung nicht zu ängstlich zu sein, wenn man auch die häufig etwas höheren Spannungen als 1,9 Volt in saurer Lösung anwendet. Vom insgesamt vorhandenen Arsen fällt ungünstigsten Falles nur ein kleiner Teil, wenn man die Elektrolyse nicht unnötig lang vornimmt, kalt ansetzt und bei möglichst stark bewegter Flüssigkeit arbeitet. Daraus geht andererseits hervor, daß man Kupfer auch von größeren Beträgen an Arsen praktisch genügend rein abscheiden kann, wenn man eine Umfällung des erstmals gefällten Metalls in frischer Lösung (3) vornimmt.

β) Vollständige und sicherste Trennungsmöglichkeit vom Arsen gewährleistet die Fällung des Kupfers aus ammoniakalischer Lösung (4), wenn es als Arsenat vorliegt. Es ist dann nicht erforderlich, nach Vorschlag Freudenbergs [Ztschr. f. physik. Ch. **12**, 118 (1893)] die Höchstspannung von 1,9 Volt einzuhalten.

Nach E. F. Smith (Quantitative Elektroanalyse, S. 182. Leipzig 1908) eignet sich auch die Cyankaliumlösung; man setzt zu der neutralen Kupferlösung so viel Cyankalium hinzu, bis der zuerst ausgefallene Niederschlag sich wieder vollständig gelöst hat und elektrolysiert in 150 ccm Volumen bei 60° C mit 0,25 Ampere (bei 2,4—3,6 Volt) 3 Stunden.

Kupfer-Gold. Man fällt zuerst das Gold quantitativ aus cyankalischem Elektrolyt mit 1,7—1,9 Volt (s. unter „Gold", S. 917) und scheidet aus dem Elektrolysat das Kupfer gemäß Methode 5 (S. 934) ab.

Kupfer-Wismut. Kleine Mengen Wismut, wie sie als gefürchteter Bestandteil beim Kupfer und seinen technischen Produkten gelegentlich auftreten, können bei Anwendung der Methoden 1—3 nach A. Hollard und L. Bertiaux durch Zusatz von etwas fein pulverisiertem Bleisulfat (am besten beim Auflösen der Probesubstanz, wie bei der Kupfer-Antimon-Trennung angegeben [s. S. 941]) aus dem Kupferniederschlag ferngehalten werden.

Liegen größere Wismutmengen vor (gewisse Zementkupfersorten oder Wismuterze), fällt man erst das Wismut elektroanalytisch wie auf S. 920 angegeben. Im Filtrat kann man das Kupfer bestimmen.

---

[1] Man erhält Arsen als Pentoxyd, z. B. beim Lösen der Probesubstanzen in Salpetersäure, vollständig jedoch nur durch nachfolgendes Abdampfen zur Trockne.

W. Moldenhauer [Ztschr. f. angew. Ch. 14, 454 (1926)] fällt das Kupfer aus phosphorsaurer Lösung in Gegenwart des Wismutphosphats als Bodenkörper: Die neutrale Sulfat- oder Nitratlösung der beiden Metalle versetzt man bei Siedehitze mit 20—25 ccm Phosphorsäure (spez. Gew. 1,14), läßt den Wismutniederschlag warm vollständig absitzen und setzt die Elektroden im Abstand von einigen Zentimeter vom Boden vorsichtig ein. Man erwärmt, um ein Aufwirbeln des Bodenkörpers zu vermeiden, indirekt, indem man das Elektrolysiergefäß in ein Becherglas mit Wasser einstellt. Man elektrolysiert

ruhend, bei 60° C, mit 1,8—2,0 Volt, $3^1/_2$—4 Stunden, für 0,2 g Cu.

Kupfer-Eisen. Bezüglich des Einflusses des Eisens auf die Kupferfällung ist unter den einzelnen Methoden genaueres mitgeteilt.

Treadwell (Elektroanalytische Methoden, S. 163. Berlin 1915) nimmt die Trennung Kupfer-Eisen in Gegenwart von Chloriden in ammoniakalischer Lösung vor. K. Wagenmann hat (1911) diese Fällung für Kupfer und Nickel bei bewegter Flüssigkeit (in Gegenwart von sehr viel Eisen und Tonerde) mit bestem Erfolg angewandt (s. näheres unter „Nickel" S. 961), mußte aber feststellen, daß größere Kupfermengen durchweg schwammig und nur lose haftend ausfielen.

Auch W. Moldenhauer und Böcher[1] fällen das Kupfer aus ammoniakalischer Eisenlösung in Gegenwart des Eisenhydroxydniederschlages bei guter Durchrührung der 60° warmen Lösung. Etwa 200 ccm Elektrolyt enthalten zusätzlich je 15 g Ammonsulfat und -nitrat und 20 ccm 25%iges Ammoniak im Überschuß. Die Stromdichte beträgt 2 Ampere. (Näheres s. S. 943.)

Kupfer-Quecksilber. Siehe „Quecksilber" S. 950.

Kupfer-Molybdän (Wolfram). Molybdän kommt gelegentlich (Wolfram seltener) in Kupferhüttenprodukten vor. Nach A. Classen (Quantitative Analyse durch Elektrolyse, S. 241. Berlin 1920; siehe auch E. F. Smith: Quantitative Elektroanalyse, S. 192. Leipzig 1908) ist die Abscheidung des Kupfers von den beiden Metallen in cyankalischer Lösung unter folgenden Bedingungen möglich: Die 150 ccm betragende Probelösung versetzt man mit 1,5 g Cyankalium, erwärmt auf 60° C und elektrolysiert bei 0,28 Ampere und 4 Volt. Die Fällung ist in 5 bis 6 Stunden vollständig.

Liegen nur mäßige Molybdän-Gehalte vor und ist die Abscheidung aus cyankalischer Lösung nicht anwendbar, fälle man zuerst nach einer der Methoden 1—3, also aus saurem Elektrolyt; den mit Molybdän verunreinigten Kupferniederschlag löse man in wenig verdünnter, warmer Salpetersäure wieder auf, neutralisiere und fälle wie oben angegeben in cyankalischer Lösung. Bei Verwendung von Doppelnetzpaaren kann man auch das Kupfer (in saurer Lösung) zuerst quantitativ auf das Innennetz fällen, das Elektrolysat unter Auswaschen der Elektroden gegen cyankalische Lösung vertauschen, umpolen und somit auf das tarierte Außennetz fällen.

---

[1] Nach einer durch den Herausgeber übermittelten privaten Mitteilung.

Nach W. D. Treadwell (Elektroanalytische Methoden, S. 172. Berlin 1915) läßt sich Kupfer von Molybdän aus ammoniakalischer Lösung gut trennen, wenn man Natriumsulfit als Depolarisator dem Elektrolyten zusetzt und mit rotierenden Elektroden bei einer Klemmenspannung von 0,9 Volt arbeitet.

Kupfer-Blei. Zur reinen Abscheidung des Kupfers in Gegenwart von Blei eignet sich nur die salpetersaure Lösung (1) (sulfat- und chlorid-frei!). In sulfathaltiger Lösung (3) darf für genaue Kupferbestimmungen nur so viel Blei zugegen sein, daß das vorhandene Bleisulfat gelöst bleibt; dies gilt insbesondere für die Fällung bei bewegter Flüssigkeit (s. unter Methode 3, S. 931)[1]. Andernfalls behilft man sich in der Praxis mit einer Umfällung des ersten Kupferniederschlages in frischer Lösung.

Obschon die Gegenwart von Kupfer die anodische Abscheidung des Bleis begünstigt, ist genügend hohe Konzentration an freier Salpetersäure unbedingt erforderlich, wenn ein gleichzeitig kathodisches Abscheiden von Blei in metallischer Form beim Kupfer sicher verhindert werden soll.

Nun wirkt aber gerade das kathodisch abgeschiedene Kupfer in dem Maße, wie die Elektrolyse weitergeht, auf Ammoniakbildung hin aus der Salpetersäure (unter Bildung von Ammonnitrat), wodurch also die Lösung an Acidität immer mehr verliert. Aus diesen Gründen soll man zur einwandfreien Kupferfällung in Gegenwart von Blei die in salpetersaurer Lösung höchst zulässige Menge freie Salpetersäure anwenden (5% Salpetersäure, spez. Gew. 1,2). Diese Säuremenge reicht für Bleimengen von einigen Hundertstel Gramm sicher aus, wobei auch das Bleisuperoxyd noch genügend haftet. Größere Bleimengen erfordern jedoch höheren Säurezusatz, wodurch das quantitative Ausfallen des Kupfers verhindert werden kann. Man verfährt dann zur sicheren Abtrennung des Bleis folgendermaßen: Die zu elektrolysierende Lösung versetzt man mit 15 ccm konzentrierter Salpetersäure (spez. Gew. 1,4) auf 100 ccm Flüssigkeitsvolumen und fällt bei 60° C

ruhend, mit 1,5—1,7 Ampere auf mattierte Anode — 1 Stunde,
bewegt, mit 3—4 Ampere auf mattierte Anode — 15 Minuten.

Unbekümmert darum, ob die Fällung auf Blei in der angegebenen Zeit noch nicht ganz vollständig ist — es fallen etwa 0,4 g — hebt man die Anode schnell aus der Lösung, spült mit Wasser ab, neutralisiert die Lösung so weit mit Ammoniak, daß sie zum Weiterelektrolysieren mit frischer Anode 5% freie Salpetersäure (spez. Gew. 1,2) hat. Bei dieser Säurekonzentration fällt dann das Kupfer (gemäß 1) quantitativ, während die eventuell noch vorhandenen letzten kleinen Bleimengen anodisch abgeschieden werden. Bei Anwendung der Schale als Anode verfährt man sinngemäß.

---

[1] Andererseits können aus stark bewegter Flüssigkeit erhebliche Mengen Bleisulfat, da sie dauernd in Lösung gehen, anodisch als Superoxyd niedergeschlagen werden. Der Vorgang verläuft um so schneller, je heißer die Lösung ist und je mehr freie Salpetersäure sie enthält.

Kupfer-Palladium. Palladium ist ein verhältnismäßig häufiger Bestandteil in Kupfererzen. Trennungsmöglichkeit besteht nach A. Classen (Quantitative Analyse durch Elektrolyse, S. 241. Berlin 1920) und E. F. Smith (Quantitative Elektroanalyse, S. 194. Leipzig 1908) in cyankalischer Lösung: Man versetzt die neutrale Probelösung mit 1,5 g Cyankalium und 5 g Ammoncarbonat, bringt auf etwa 125 ccm Volumen und elektrolysiert bei 70° C mit 0,2 Ampere, bei 2—2,5 Volt; nach 5—6 Stunden ist die Kupferfällung quantitativ.

Kupfer-Platin. Wie vorstehend unter Kupfer-Palladium. Nach Langness [Journ. Amer. Chem. Soc. 29, 471 (1907)] ist mit Flüssigkeitsbewegung eine Schnelltrennung möglich: Man fügt zur neutralen Probelösung 3 g Cyankalium und 10 ccm Ammoniak hinzu und elektrolysiert heiß mit 3—3,5 Ampere bei 5 Volt Spannung; in 30—35 Minuten sind 0,13 g Kupfer platinfrei gefällt.

Kupfer-Antimon. Die Trennung ist vollständig nur möglich, wenn Antimon in 5-wertiger Form in Lösung vorliegt.

α) Bei hohen Antimongehalten ist die Abtrennung des Kupfers in ammoniakalischer Lösung die zuverlässigste und vollständigste. Um das Antimon in Lösung zu halten, setzt man 5 g Weinsäure, dann 10—15 ccm konzentriertes Ammoniak zu und elektrolysiert bei 60° C mit einer Höchstklemmenspannung von 1,8—2 Volt. Bei ruhender Flüssigkeit fallen dabei 0,1 g Kupfer in etwa 5 Stunden quantitativ und antimonfrei.

Für praktische Zwecke ist ein Verfahren von E. Schürmann und H. Arnold[1] [Chem.-Ztg. 75, 886 (1908) oder K. Memmler: Das Materialprüfungswesen, S. 212. Stuttgart 1924] zur Trennung Kupfer-Antimon sehr geeignet, da es gleichzeitig auch eine Trennung von dem meist begleitenden Zinn (in Bronzen, Weißmetallen) ermöglicht: Man fügt zu 2 g Probesubstanz (Bronze) 4 g Weinsäure in gesättigter Lösung und setzt die zum Auflösen ungefähr erforderliche Menge Salpetersäure (je 1 g Kupfer 4 ccm Salpetersäure, spez. Gew. 1,4) tropfenweise unter beständigem Umschütteln zu. Nach vollständigem Lösen verdünnt man auf 100 ccm, fügt weitere 5 ccm Salpetersäure (spez. Gew. 1,4) hinzu und elektrolysiert das Kupfer auf Netzelektroden bei 1,5 Ampere und 4 Volt im Frary-Apparat, bei Anwesenheit von Zinn unter Kühlung der Lösung etwa vermittels eines eingesetzten, von Kühlwasser durchflossenen Reagensrohres. 2 g Kupfer sind in 1 Stunde abgeschieden; das gesamte Antimon befindet sich im Elektrolysat. Das Verfahren hat sich für Kupfer-Antimon-Zinn-Legierungen mit bis zu 5—10% Antimon als gut brauchbar erwiesen.

β) In saurer Lösung (besonders gemäß Methode 3) fällt Antimon nur zu einem kleinsten Teil mit dem Kupfer aus, so daß es in vielen praktischen Fällen, bei der Kupferbestimmung allein, vernachlässigt werden kann, sofern die Probelösung an sich nur geringe Mengen enthält. Schließlich genügt in den allermeisten Fällen ein Umfällen des ersten Kupferniederschlages in frischer Lösung.

---

[1] Nachgeprüft von Foerster: Ztschr. f. Elektrochem. 27, 10 (1921).

In Gegenwart von anodisch ausfallendem Blei treten nicht unerhebliche Mengen Antimon in den Bleisuperoxydniederschlag über. Hollard und Bertiaux (Metallanalyse auf elektrochemischem Wege, deutsch von F. Warschauer, Berlin 1907) machen von diesem Verhalten des Antimons in der Weise Gebrauch, daß sie dem zu untersuchenden Metall (wenn es bleifrei ist) vor dem Auflösen mit Schwefelsäure-Salpetersäure etwas sehr fein pulverisiertes Bleisulfat zusetzen und in Gegenwart des in der Lösung suspendierten Bleisulfats elektrolysieren. — Für sehr genaue Kupferbestimmungen ist zu berücksichtigen, daß sonderlich bei bewegter Flüssigkeit der Kupferniederschlag Bleisulfat mechanisch einhüllen kann; man fällt daher den ersten Kupferniederschlag in frischer Lösung um, wobei die kleinen Mengen Bleisulfat in Lösung gehen (K. Wagenmann).

Kupfer-Zinn. α) Das für die Kupfer-Antimon-Trennung (S. 940) angegebene Verfahren von E. Schürmann und H. Arnold ist für eine einwandfreie Kupfer-Zinn-Trennung nicht zu empfehlen; die Autoren geben an, daß Zinn in den weitaus meisten Fällen nur in Spuren fällt, zuweilen überhaupt nicht[1].

Zwecks Trennung in salpetersaurem Elektrolyt kann man aber auch für die technische Analyse in Gegenwart der mit Salpetersäure ausgeschiedenen Metazinnsäure (als Bodenkörper) fällen. Letztere ist bei dem für die fraglichen Produkte (Legierungen, Erze) meist angewandten Lösen in Salpetersäure (s. Kapitel „Kupfer", Legierungen S. 1263) leicht quantitativ zu fällen. Für die elektrolytische Kupferbestimmung braucht man nun die Zinnsäure nicht abzufiltrieren, sondern läßt sie in der gemäß Methode 1 hinsichtlich freier Säure eingestellten Lösung vollständig absitzen. Man fällt dann das Kupfer aus der Lösung vollständig auf eine Drahtnetzelektrode gemäß den Bedingungen unter Methode 1 bei ruhender Flüssigkeit. Die Anode — am besten eine Drahtspirale — soll nicht ganz auf den Boden des Elektrolysiergefäßes hinabreichen, damit der Bodenkörper nicht aufgerührt wird. Da der letztere noch Kupferlösung zurückhält, hebt man die Kathode aus, rührt die Zinnsäure in der Lösung auf, läßt vollständig absitzen, setzt die Kathode wieder ein und elektrolysiert die in Lösung befindlichen letzten Anteile Kupfer.

Die Fällung des Kupfers in Gegenwart der ausgeschiedenen Zinnsäure gemäß den Bedingungen der Methode 1 bei **bewegtem Elektrolyt** gibt ungenaue Werte, da der äußerst feine Zinnsäureniederschlag in nennenswerten Mengen am Kupfer haftet, um so mehr, je weniger gut krystallin letzteres fällt. Für betriebsanalytische Zwecke (Schnellmethode) erzielt man aber noch genügende Genauigkeit, wenn man eine Umfällung des Kupfers vornimmt.

β) Nach Schmucker (Journ. Amer. Chem. Soc. **15**, 195) ist Kupfer von **vierwertigem Zinn** in **ammoniakalischer Lösung** zu trennen: Man löst die Probesubstanz in möglichst wenig Königswasser, versetzt mit 8 g Weinsäure, verdünnt auf etwa 125 ccm, neutralisiert die überschüssige Säure mit Ammoniak und gibt davon weitere 30 ccm (spez.

---

[1] Nach A. Fischer [Ztschr. f. Elektrochem. **15**, 591 (1909)] ist die Trennung in salpeter-weinsaurem Elektrolyt, dem einige Gramm Natriumhydroxyd zugesetzt werden, unter Kontrolle des Kathodenpotentials eine vollständige.

Gew. 0,91) hinzu. Man elektrolysiert bei 50° C (mit 0,04 Ampere) bei
1,8 Volt; 0,1 g Kupfer werden in 5 Stunden abgeschieden.

Bemerkungen.

Die voranstehenden Methoden zur elektroanalytischen Bestimmung
des Kupfers arbeiten bei Innehaltung der bezeichneten Bedingungen
einwandfrei und verläßlich; dasselbe gilt auch von den Trennungen,
wenn sie aus reinen Lösungen vollzogen werden. Die meisten natürlichen und künstlichen Kupferprodukte zeigen aber reichlich (bezüglich
Zahl und Menge) fremde Bestandteile, so daß die Lösungen nichts weniger
als rein sind. Es kann daher häufig zu Komplikationen kommen, bei
denen keine der obigen Methoden für den einen oder anderen Bestandteil
eine genügend sichere bzw. vollständige Abtrennung gewährleistet.
Auch spielen die Mengenverhältnisse der Begleitmetalle gegenüber
Kupfer eine wesentliche Rolle. Liegt Kupfer z. B. im Verhältnis zu
Eisen, Arsen, Antimon, Mangan u. a. in nur sehr geringen Mengen vor,
wird man zunächst auf die chemischen Fällungsmethoden zurückgreifen, d. h. Kupfer z. B. mit Schwefelwasserstoff als Sulfid, mit Thiosulfat als Sulfür, mit Rhodansalzen als Rhodanür fällen, Kupfer als
Sulfid mit Schwefelnatrium von größeren Mengen Arsen, Zinn und Antimon trennen u. dgl. m. Aus technischen Produkten fallen diese Niederschläge aber selten völlig rein. An Stelle der weiterhin anzusetzenden
chemischen Trennungsmethoden kann hier nun sehr oft die elektroanalytische Bestimmungsweise des Kupfers mit Vorteil angewandt
werden, wenn der betreffende Niederschlag in geeigneter Weise in Lösung
gebracht wird. Die Auswahl unter den Methoden 1—5 hängt dann
lediglich von der Art (und Menge) der durch den Kupferniederschlag
in die Lösung eingebrachten Nebenbestandteile ab. Hat man z. B. Kupfer
von sehr viel Eisen, Nickel oder Zink zu trennen, dann wird eine einmalige
Fällung der Probelösung mit Schwefelwasserstoff — auch wenn sie die
höchst zulässige Säuremenge enthält — kein vollständig reines Schwefelkupfer liefern. Statt der Umfällung des rückgelösten Kupfers in gleicher
Weise, erfolgt die Bestimmung einfacher und (bei Anwendung des
bewegten Elektrolyten) schneller, wenn man den Schwefelkupferieder-
schlag etwa in schwefelsaure-salpetersaure Lösung bringt und aus dieser
das Kupfer elektroanalytisch fällt, wobei gleichzeitig eine Trennung von
einem großen Teil der Metalle der Schwefelwasserstoffgruppe eintritt.
Näheres siehe Kapitel „Kupfer"; in diesem Sinne sind dort auch die
Auswaagen des Kupfers als elektrolytisch reduziertes Metall aus Niederschlägen empfohlen, die an sich als Verbindungen genau bekannter
stöchiometrischer Zusammensetzung ausgewogen werden können.

C. Beispiele zur elektrolytischen Kupferbestimmung.

1. Kupferbestimmung in Erzen.

Unter den Kupfererzen sind viele, in denen das Kupfer unmittelbar
elektrolytisch bestimmt werden kann. Man schließt die fein pulverisierte

Erzprobe — je nach Kupfergehalt 1 bis 5 g — in einer genügend großen
Menge Schwefelsäure-Salpetersäure-Mischung (1:1; je spez. Gew. 1,2)
unter Erwärmen auf und dampft auf dem Sandbad ab bis zum Rauchen
der Schwefelsäure. Kieselsäure, Bleisulfat (Bariumsulfat) bleiben als
Unlösliches zurück (der Rückstand ist auf Kupferrückhalt zu prüfen,
sofern er bei dem betreffenden Erz nicht erfahrungsgemäß kupferfrei ist!).
Den Rückstand nimmt man mit wenig Wasser, welches 5 ccm Salpetersäure (spez. Gew. 1,2) und 1—2 ccm verdünnter Schwefelsäure enthält,
auf, rührt gut um und verdünnt auf 100—150 ccm. Bei ruhender
Elektrolyse gemäß Methode 3 kann man das Unlösliche vollständig
absitzen lassen und in Gegenwart des Bodenkörpers elektrolysieren.
Bei Anwesenheit nennenswerter Mengen Eisen setzt man etwas Oxalsäure
hinzu. Zur Fällung in bewegtem Elektrolyt empfiehlt es sich — für
genaue Bestimmungen auf alle Fälle — das Unlösliche vorher abzufiltrieren. Der Einfluß mäßiger Eisenmengen läßt sich durch zeitweisen
Zusatz einiger Körnchen Hydrazinsulfat kompensieren. Enthält das
Probematerial beachtenswerte Mengen Arsen, in der eingewogenen Menge
aber weniger als 0,1 g Eisen, dann gibt man dem Elektrolyten einen
entsprechenden Zusatz in Form von Ferrisulfat.

In wismut- oder antimonhaltigen Erzen elektrolysiert man das Kupfer
zweckmäßig aus bewegter Flüssigkeit, wobei man ihr etwas fein verteiltes
Bleisulfat zusetzt. Für genaue Bestimmungen ist dann der Kupferniederschlag umzufällen. Benutzt man etwa Doppelnetze nach A. Fischer,
fällt man das erstemal auf das Innennetz, wäscht die Elektroden schnell
ohne Stromunterbrechung einmal mit Wasser nach und fällt in frischem
Elektrolyt (Schwefelsäure-Salpetersäure-Ammonnitrat gemäß Methode 3)
unter Umpolen auf das tarierte Außennetz.

Aus sehr stark eisenhaltigen Erzen (Kiesen, Schlacken) trennt man
das Kupfer zunächst durch Schwefelwasserstoff, Natriumthiosulfat oder
durch Zementation mit Aluminium oder Zink (Cadmium) ab (s. „Kupfer"
S. 1194). Den Schwefelkupferniederschlag kann man unmittelbar in
möglichst wenig Cyankaliumlösung auflösen und gemäß Methode 5 (S. 934)
fällen. Besser ist es, weil eine größere Zahl von Fremdbestandteilen
abgetrennt werden kann, das Schwefelkupfer durch zunächst langsames
Rösten im Porzellantiegel, zuletzt durch starkes Glühen in (vollständig
sulfidschwefelfreies!) Kupferoxyd umzuwandeln, dieses im Elektrolyt 3
zu lösen und daraus das Kupfer gemäß Methode 3 zu fällen. Metallisch
zementiertes Kupfer löst man ebenfalls im Elektrolyt 3.

W. Moldenhauer und Böcher bestimmen Kupfer in Kupferkies,
kupferhaltigem Pyrit u. dgl. auf ausschließlich elektroanalytischem Wege
folgendermaßen:

„Man übergießt das feinst gepulverte Erz (Einwaage bei Kupfer-
kiesen etwa 1,5 g, bei kupferhaltigen Pyriten 4—5 g) in einem Erlenmeyerkolben mit 30—40 ccm Königswasser und erhitzt, sobald die
erste Einwirkung nachgelassen hat, auf einem Drahtnetz 10—15 Minuten
lang bis zur völligen Lösung aller löslichen Bestandteile, spült die Lösung
samt dem Unlöslichen in das Elektrolysiergefäß (Becherglas von etwa
300 ccm Inhalt), verdünnt auf etwa 150 ccm, fügt 15 Ammonnitrat

und 15 g Ammonsulfat hinzu, neutralisiert mit 25%igem Ammoniak (etwa 20 ccm) und fügt weitere 20 ccm 25%igen Ammoniaks hinzu. Nun erhitzt man auf 60°, bringt die Elektroden in die Flüssigkeit (Kathode: Winklersches Platindrahtnetz, Anode: S-förmiges Platinblech) und elektrolysiert bei 60° unter guter Rührung bei einer kathodischen Stromdichte von 2 Amp./qdcm. Den erhaltenen Kupferniederschlag nimmt man aus dem Elektrolyten ohne Stromunterbrechung und unter gleichzeitigem Abspritzen des anhaftenden Eisenhydroxydes heraus, löst ihn in einem kleinen Becherglas mit möglichst wenig Salpetersäure von der Kathode, fügt 20 ccm doppeltnormaler Schwefelsäure hinzu, verdünnt auf etwa 100 ccm und scheidet das Kupfer in üblicher Weise in der Wärme durch Schnellelektrolyse nochmals ab."

Auf Grund mehrfacher Nachprüfung der Methode mit einer Lösung genau bekannten Kupferinhaltes, kann K. Wagenmann bestätigen, daß die Kupferfällung unter den angegebenen Bedingungen bei etwa 1½stündiger Dauer für die erste Metallfällung auch auf Doppelnetzpaaren nach A. Fischer so gut wie quantitativ ist; im Elektrolysat nebst Eisenhydroxydniederschlag ist nur ein Hauch von Kupfer nachzuweisen. Der Metallbelag haftet auch gut, allem nach infolge der reichlichen Mengen an zugesetztem Ammonsulfat und -nitrat. Das Eisenhydroxyd wird aber unverhältnismäßig schwer säurelöslich. Da bei hoch eisenhaltigen Probematerialien ziemlich viel nicht abwaschbarer Niederschlag auf dem zuerst gefällten Kupferbelag haftet, würde bei dem zur Umfällung meist üblichen Umpolen in frischem, saurem Elektrolyt sehr fein verteiltes Eisenhydroxyd ungelöst, zum Teil in der Flüssigkeit suspendiert, zum Teil auf der Elektrode haften bleiben. Dann erfolgen geringe Übergewichte beim umgefällten Kupfer. Daher löst man zwecks Umfällung den ersten Kupferniederschlag in einigen Kubikzentimeter starker Salpetersäure unter Erwärmen, so daß sich das Eisenhydroxyd löst, fügt Ammoniak im mäßigen Überschuß zur Lösung und bringt dieselbe auf die Elektrolytzusammensetzung gemäß Methode 3. Auffallend ist, daß selbst eine 20% iridiumhaltige Platinanode im Gewicht stärker zurückgeht (zwischen 1,5—2,0 mg und mehr!), als dies sonst (bei Abwesenheit von Eisenhydroxyd) in Chlorionen enthaltenden Lösungen der Fall ist. Es ist nicht ausgeschlossen, daß ein kleiner Teil des von der Anode in Lösung tretenden Platins in den Kupferniederschlag übergeht und sich auch an der Umfällung des Kupfers beteiligt, denn K. Wagenmann konnte stets geringe Übergewichte beim Kupfer feststellen, die nicht auf Eisenhydroxyd zurückzuführen sind.

Gemäß vorstehendem erscheint es daher sehr zweckmäßig (s. auch unter „Nickel", S. 961), bei Verwendung der vielseitig brauchbaren Doppelnetzpaare die erste Kupferfällung auf das Innennetz vorzunehmen, die Elektroden auszuheben, abzuspülen, sowie das Außennetz nochmals mit heißer, verdünnter Salpetersäure zu reinigen, zu tarieren und dann auf dieses Netz die Umfällung, wie oben angegeben, vorzunehmen. Die Methode, die auf alle Kupfererze anwendbar ist, gibt für die technische Analyse vorzügliche Werte, verursacht sehr wenig Arbeitsaufwand und ermöglicht ohne weiteres infolge der Anwendung der beiden unterschiedlichen Elektrolyte [gemäß den vorstehenden Methoden 3 (S. 931) und 4 (S. 933)] die Abtrennung einer sehr großen Zahl von in Kupfererzen und kupferhaltigen Pyriten meist vorhandenen Nebenbestandteilen, unter denen hier nur genannt seien: Arsen, Antimon, Eisen, Aluminium, bei Verwendung des Elektrolyten nach Methode 3 (S. 931) zur Umfällung auch Cadmium, Nickel, Kobalt, Zink, Mangan und Blei.

2. Kupferbestimmung in Kiesabbränden.

Siehe S. 1212.

3. Kupferbestimmung in Kupfersteinen.

a) Konzentrations- oder Spurstein
enthält normalerweise nur einige Prozente Eisen. 1 g des pulverisierten Materials löst man in 15 ccm Salpetersäure und 10 ccm Schwefelsäure (je spez. Gew. 1,2) unter Erwärmen, dampft bis zum Rauchen der Schwefelsäure ab, nimmt mit wenig Wasser, das 5 ccm Salpetersäure (spez. Gew. 1,2) und 1—2 ccm verdünnter Schwefelsäure (etwa 1:1) enthält, auf, verdünnt auf 100—150 ccm und elektrolysiert gemäß Methode 3 (S. 931). Durch das Abrauchen mit Schwefelsäure wird Blei als Sulfat quantitativ abgeschieden; ist die Menge nur gering, braucht es nicht abfiltriert zu werden. Für betriebsanalytische Untersuchungen können auch größere Bleisulfatmengen im Elektrolyt vorliegen; das zuerst niedergeschlagene Kupfer kann dann eventuell umgefällt werden. Sind Wismut und Antimon zugegen, läßt man das Bleisulfat im Elektrolyten. Bei nennenswertem Antimongehalt verfährt man wie oben bei den Erzen angegeben.

Ist das Probematerial silberhaltig, so fällt man das Silber nach dem Aufnehmen des Eindampfrückstandes mit wenigen Tropfen stark verdünnter Salzsäure (nur wenig mehr als erforderlich) zum Bleisulfat (bzw. Unlöslichen), filtriert den Bodenkörper ab und elektrolysiert gemäß Methode 3 (S. 931). Wird das Silber nicht abgeschieden, so fällt es quantitativ mit dem Kupfer und kann im wiederaufgelösten Kathodenniederschlag oder aus besonderer Einwaage bestimmt und in Abzug gebracht werden.

b) Für Kupfer-Rohstein
ist ein 20—40%iger Eisengehalt zu berücksichtigen, dessen Einfluß bei ruhender Lösung durch Zusatz von etwas Oxalsäure, bei der Schnellfällung durch Hydrazinsulfat behoben werden kann. Man halte die Lösung bei der Fällung kalt. Im übrigen gilt das für Konzentrationsstein Gesagte.

c) Bei Kupfer-Bleistein
scheide man vor der Elektrolyse des Kupfers das Blei als Sulfat ab und filtriere.

4. Kupferbestimmung im Handelskupfer.

Angesichts des hohen Kupfergehaltes ist auf homogenes[1], reines Probematerial zu achten. Das stets spänige Material wird mit Äther oder

---

[1] Siehe diesbezüglich unter „Probenahme" und „Handelskupfer" im Kapitel „Kupfer" S. 1221 u. 1232.

Chloroform gut entfettet und mit dem Magnet sorgfältig von Eisenteilchen befreit, die durchweg vom Bohren herrühren. Man löst 10 g Probematerial in einem geräumigen Becherglas in 100 ccm Salpetersäure (spez. Gew. 1,2), die man allmählich zusetzt, unter Vermeidung jeglichen Verlustes durch die auftretende Gasentwicklung, auf, kocht gelinde bis die nitrosen Gase verjagt sind und filtriert einen etwaigen unlöslichen Rückstand ab, den man mit wenig Bisulfat aufschließt und dessen Lösung man dem Filtrat zusetzt. Letzteres bringt man kalt in einen 500-ccm-Kolben, füllt zur Marke auf und entnimmt dem Meßkolben 50 ccm = 1 g Einwaage. Das Entnehmen des aliquoten Teils muß sehr genau erfolgen, entweder vermittels genau geeichter Meßgeräte oder am zuverlässigsten durch Auswiegen. Bei Kupfersorten mit nennenswertem Bleigehalt setzt man vor dem Auffüllen des Kolbens etwas Schwefelsäure zu, wodurch der größte Teil des Bleis als Sulfat fällt, welches man im aufgefüllten, gut gemischten Kolben absitzen läßt, so daß es beim Entnehmen des aliquoten Teils durch Ausmessen unberücksichtigt bleibt, jedenfalls nicht zur Elektrolyse gelangt. Soll der aliquote Teil ausgewogen werden, muß das Bleisulfat abfiltriert und dann erst die Lösung im Kolben aufgefüllt werden. Die Kupferbestimmung im dem Kolben entnommenen Teil nimmt man nach Methode 3 vor. Gegen den schädlichen Einfluß etwa vorhandenen Arsens setzt man dem Elektrolyt 0,1 g Eisen als Ferrisulfat zu; liegen Wismut oder Antimon vor, so elektrolysiert man bei bewegter Lösung unter Zusatz von etwas Bleinitrat zur sulfathaltigen Lösung. Für genaue Bestimmungen ist es dann unerläßlich, den Kupferniederschlag im frischen Elektrolyt (3) umzufällen. Mit dem Kupfer fällt etwa vorhandenes Silber, dessen Menge im Handelskupfer aber so gering ist, daß es — sofern es überhaupt berücksichtigt zu werden braucht — in besonderer Einwaage bestimmt und in Abzug gebracht wird (s. auch Kapitel „Kupfer", Handelskupfer, S. 1233).

5. Bestimmung des Kupfers in Gußeisen, Stahl und legierten Stählen.

Nach W. B. Price.

[Journ. Ind. and Engin. Chem. 6, 170 (1914) oder Chem. Zentralblatt 1914 I, 1116.]

3—5 g Probematerial löst man in etwa 60 ccm 20%iger Schwefelsäure. Müssen bei einzelnen legierten Stählen andere Lösungsmittel, wie Salpetersäure, Königswasser, Brom u. a. zu Hilfe gezogen werden, dampft man die Lösung mit Schwefelsäure ab. Aus der Sulfatlösung zementiert man das Kupfer quantitativ (nach Low, siehe „Kupfer", Methode 1 b, S. 1181) mit kupferfreiem Aluminium in Blechform unter 25 Minuten langem Erhitzen. Man filtriert das Kupfer neben dem Unlöslichen (Graphit, Kieselsäure) ab, kocht den Rückstand nebst Filter und Aluminiumblech mit 8 ccm konzentrierter Salpetersäure + 15 ccm Wasser bis das Filter ganz zerfallen ist, verdünnt mäßig und filtriert. Das Filtrat enthält alles Kupfer, das gemäß Methode 3 elektrolytisch bestimmt wird.

Quecksilber.

(Hg = 200,6.)

Elektrochemisches Äquivalent, 1 Amp./Sek. = 2,072 mg Hg$^{..}$.

Elektrolytisches Potential $EP_{Hg^{..}}$ = — 0,750 Volt.

Quecksilber ist elektrolytisch genau und schnell aus sauren oder alkalischen Lösungen abzuscheiden; die nachstehenden Methoden haben gegenüber den rein chemischen auch den Vorteil einfacherer Trennungsmöglichkeit von anderen Metallen. Der bei anderen Metallen unter Umständen störende Einfluß des Elektrolyten auf die Beschaffenheit des Niederschlages kommt beim Quecksilber, als einziges, flüssig sich abscheidendes Metall in Fortfall. Auf mattiertem Platin scheidet es sich, normale Auswaagen vorausgesetzt, gleichmäßig in äußerst feinen Tröpfchen ab, aus salpetersauren Lösungen bei höheren Stromdichten als Spiegel, bei niederen als lockere Tropfen.

Als Elektroden eignen sich Netze, Schalen oder Tiegel aus Platin (mattiert), erstere auch aus Kupfer oder Messing. Quecksilber legiert sich oberflächlich mit Platin. Beim Ablösen des Metallbelags mit Salpetersäure geht etwas Platin in Lösung, andererseits bleibt auf der Platinkathode ein dunkler Beschlag, der ein wenig Quecksilber enthaltendes Platinamalgam ist und entweder mechanisch oder durch Schmelzen mit Kaliumbisulfat entfernt wird. Die Elektrode verliert dabei entsprechend an Gewicht. Nicht zu große Quecksilbermengen entfernt man besser durch Ausglühen der Platinelektrode über dem Bunsenbrenner. Andererseits kann man Platinkathoden vorher auch verkupfern oder versilbern, soweit der Quecksilberelektrolyt dies zuläßt. Für reine Salze ist die Quecksilberkathode sehr gut brauchbar. (Näheres s. E. F. Smith: Quantitative Elektroanalyse, S. 93. Leipzig 1908.)

Während der Elektrolyse muß der gefällte Metallbelag vom Elektrolyt dauernd bedeckt sein, andernfalls treten Verluste durch Verdunsten des Metalls an der Luft ein; aus dem gleichen Grunde sind die Elektrolysiergefäße mit Uhrgläsern gut abgedeckt zu halten. Chloridhaltige Lösungen erhitzt man, um Verluste zu vermeiden, nicht über 45° C. Man wäscht stets ohne Stromunterbrechung aus, läßt das Wasser möglichst abtropfen, behandelt kurz mit absolutem Alkohol und dann mit Äther, den man abdunsten läßt. In einem kleinen Exsiccator (für sehr genaue Bestimmungen nicht evakuieren!) erreicht man nach 20 Minuten Gewichtskonstanz und wiegt sofort aus. Ungleichmäßige oder besonders große Niederschlagsmengen behandelt man sehr vorsichtig, um mechanische Verluste zu vermeiden.

Bemerkung.

Über die Frage, wie der Quecksilberbelag angesichts der Flüchtigkeit des Metalls getrocknet werden muß, ohne daß analytisch zu berücksichtigende Mengen verloren gehen, stehen die Meinungen einander entgegen. K. Wagenmann hat das bezügliche Verhalten des Quecksilbers gelegentlich sehr sorgfältig nachgeprüft, an Hand eines auf einer

Platinnetzelektrode (nach A. Fischer) gemäß Methode A 1 abgeschiedenen Metallbelages (0,22 g) von einwandfreier Beschaffenheit, durch Gewichtskontrolle in Zeitabständen von 2—17 Stunden bei Zimmertemperatur, und zwar nach Aufbewahren in reichlich großen Gefäßen unter den verschiedensten Bedingungen. Das Ergebnis war, daß in annähernd konstantem Vakuum der Gewichtsverlust durch Verflüchtigung nach 17 Stunden erst 0,2 mg ausmachte; bei Gegenwart eines Trocknungsmittels (konzentrierte Schwefelsäure) ist er nur unbedeutend größer. Im geschlossenen Gefäß, bei Luftdruck, mit oder ohne konzentrierte Schwefelsäure ist die Gewichtsabnahme wenig größer, für analytische Zwecke in 2—3 Stunden eben nachweisbar. An freier Luft ist die Verdunstung des Quecksilbers sehr erheblich, betrug beim benutzten Probekörper nach 10 Stunden 3 mg (!).

Daraus geht hervor, daß man das Trocknen in nicht allzu großen Gefäßen und nicht länger vornimmt als erforderlich ist. Die Dauer von 20—30 Minuten ist für einen mit hochprozentigem Alkohol und dann mit Äther abgespülten Quecksilberniederschlag völlig ausreichend. Für sehr genaue Bestimmungen, besonders bei kleinen Quecksilbermengen, ist ein Trocknen im (dichten) Vakuumexsiccator unter einmaligem Evakuieren vorzuziehen. Für normale Bestimmungen genügt ein Trocknen im geschlossenen Exsiccator in Gegenwart konzentrierter Schwefelsäure.

Diese Feststellungen sind in Übereinstimmung u. a. mit der Angabe von W. Moldenhauer [Ztschr. f. angew. Ch. **13**, 332 (1929)], der die „Quecksilberkathode" ohne nachweislichen Verlust 1—1$\frac{1}{2}$ Stunden im Vakuum trocknet.

A. Bestimmungsmethoden.

1. Fällung des Quecksilbers aus salpetersaurer Lösung.

Die zu fällende Mercuro- oder Mercurinitratlösung enthalte 1—2 Vol.-$^0/_0$ freie Salpetersäure; man fällt aus 100—125 ccm Volumen

ruhend, bei gewöhnlicher Temperatur, mit 0,05—0,1 Ampere (bei $\sim$ 2 Volt), 12—14 Stunden, für 0,2—0,3 g Hg,

ruhend, bei gewöhnlicher Temperatur, mit 0,5—1 Ampere (bei 2,4 Volt), 2—3 Stunden, für 0,2—0,3 g Hg,

schnellelektrolytisch, bei 40—45^0 C, mit 4—5 Ampere (bei 5—6 Volt), 20—30 Minuten für 0,2—0,3 g Hg.

Bei der Schnellelektrolyse können Stromstärke und Fällungsdauer in weiten Grenzen gewählt werden; auch die Acidität kann bis auf 5 ccm Salpetersäure (spez. Gew. 1,4) je 100 ccm Lösung erhöht werden, wovon man zur Abtrennung von anderen Metallen zweckmäßigerweise Gebrauch macht.

Sulfate und geringe Mengen Chloride stören nicht. Nach A. Fischer (Elektroanalytische Schnellmethoden, S. 119. Stuttgart 1908) und Boddaert darf bei Anwesenheit von Chloriden die Elektrolyttemperatur

45° C nicht übersteigen, da sonst Verluste durch Verflüchtigung von Quecksilberchlorid eintreten.

2. Fällung des Quecksilbers aus ammoniakalischer Lösung.

Die Mercurinitrat-, -sulfat- oder -chloridlösung wird erforderlichenfalls mit Ammoniak neutralisiert, mit weiteren 20 ccm konzentriertem Ammoniak und einigen Gramm Ammonsulfat versetzt und gefällt

ruhend, bei gewöhnlicher Temperatur, mit 2 Volt, 12—14 Stunden,

ruhend, bei gewöhnlicher Temperatur, mit 4 Volt, 2—3 Stunden,

oder unter starker Bewegung der Flüssigkeit, der man 10 ccm Salpetersäure (spez. Gew. 1,4) und 20 ccm konzentriertes Ammoniak zugesetzt hat, schnellelektrolytisch, bei 40—45° C, mit 2,4 Volt, etwa 20 Minuten, für 0,3 g Hg.

Allzu große Mengen Chloride wirken störend.

3. Fällung des Quecksilbers aus Schwefelnatriumlösung.

Die Methode ist besonders empfehlenswert, weil sie Zeit- und Arbeitsersparnis bringt, wenn Quecksilber im Gang der chemischen Analyse als Sulfid anfällt. Man löst das Quecksilbersulfid für je 0,2 g Hg-Inhalt in einer Schwefelnatriumlösung, die 7—10 g krystallisiertes Schwefelnatrium enthält, gibt 5 g krystallisiertes Natriumsulfit zur Flüssigkeit, füllt auf etwa 100 ccm auf und fällt

ruhend, bei 30—40° C, mit 2,4 Volt, 2—3 Stunden, für 0,2 Hg,

schnellelektrolytisch, bei 30—40° C, mit 2,4 Volt, 20 Minuten, für 0,3 g Hg.

Das Auswaschen ohne Stromunterbrechung muß so lange vorgenommen werden, bis das Amperemeter auf Null herabgegangen ist.

4. Amalgamieren von Elektroden.

Man verfährt nach Paweck [Ztschr. f. Elektrochem. 5, 221 (1898)] folgendermaßen: Auf das blanke Metall (Kupfer, Messing) fällt man elektrolytisch aus einer Lösung, die etwa 0,6 g Mercurichlorid, 5 ccm konzentrierte Salpetersäure in 200 ccm Wasser enthält, unter Anwendung eines Platindrahtes als Anode mit 0,1—0,2 Ampere in $^3/_4$—1 Stunde den Quecksilberbelag, der dann die richtige Stärke zeigt. Man hebt die Elektrode schnell aus, wäscht mit verdünnter Salzsäure, dann mit Wasser und zuletzt mit Alkohol. Das Trocknen ist bei nur gelinder Wärme vorzunehmen.

B. Trennungen.

a) Die meisten Trennungsmöglichkeiten bietet der salpetersaure Elektrolyt. Die Amalgambildung vieler Metalle erschwert aber eine saubere Trennung bzw. macht sie teilweise unmöglich, wenn man in zu schwach salpetersauren Lösungen und mit zu hohen Stromdichten (und entsprechenden Spannungen) arbeitet. Eine Temperatursteigerung der Lösung fördert die Sicherheit der Trennung. Erhöht man die Konzentration an freier Salpetersäure auf 3—5 ccm HNO_3 (spez. Gew. 1,4) in 100—150 ccm Lösung und fällt bei 60—70° C mit nur etwa 0,06 Ampere (2 Volt) etwa 2—3 Stunden für 0,2—0,3 g Hg, dann gelingt die Abtrennung des Quecksilbers ohne weiteres von den Alkalien, von Magnesium, Calcium, Barium, Strontium, Aluminium, Eisen, Chrom, Nickel, Kobalt, Zink, Cadmium und von kleinen Mengen (unter 0,05 g) Mangan. Bei Gegenwart größerer Manganmengen verhindert man deren anodische Abscheidung nach Treadwell (Elektroanalytische Methoden, S. 178. Berlin 1915) durch zeitweiligen Zusatz einiger Tropfen Hydrazinsulfatlösung zum Elektrolyten.

b) Die ammoniakalische Lösung dient hauptsächlich zur Abscheidung des Quecksilbers in Gegenwart von Arsen, Zinn und Antimon (s. unten näheres).

c) Die Natriumsulfidlösung schließt von vornherein die Gegenwart aller Metalle außer den Sulfosalzbildnern aus; unter diesen ist nur die Abtrennungsmöglichkeit von Arsen und Zinn festgestellt (s. unten).

Quecksilber-Silber. Eine elektrolytische Trennung besteht nicht.

Quecksilber-Arsen. Von fünfwertigem Arsen kann das Quecksilber in salpetersaurer oder ammoniakalischer Lösung abgetrennt werden, wenn man bei gewöhnlicher Temperatur mit höchstens 1,7 Volt (0,05 Ampere) oder aus der Sulfosalzlösung gemäß Methode 3 bei 70° C aus 125 ccm mit 0,1 Ampere (bei 2,5 Volt) fällt (E. F. Smith: Quantitative Elektroanalyse, S. 211. Leipzig 1908). Derselbe Autor nimmt die Trennung von drei- oder fünfwertigem Arsen in Cyankaliumlösung vor, wie für „Quecksilber-Molybdän" angegeben.

Quecksilber-Wismut. Siehe unter „Quecksilber-Kupfer".

Quecksilber-Kupfer. Freudenberg [Ztschr. f. physik. Ch. 12, 111 (1893)] versetzt die Lösung der Nitrate mit einigen Kubikzentimetern Salpetersäure (spez. Gew. 1,2) und 2—4 g Ammonnitrat und fällt mit 1,3 Volt ruhend auf die Platinschale.

Quecksilber-Molybdän. E. F. Smith (Quantitative Elektroanalyse, S. 215. Leipzig 1908) trennt in Alkalicyanidlösung: Man fügt 3 g reines Cyankalium zur Lösung der beiden Metalle, verdünnt auf 200 ccm und elektrolysiert bei 65° C mit 0,015 Ampere (bei 2,3—2,5 Volt) 5 Stunden (für 0,2—0,3 g Hg).

Quecksilber-Blei. Nach Heidenreich [Ber. Dtsch. Chem. Ges. 29, 1586 (1896)] fällt man ruhend aus 120 ccm Flüssigkeit, die 20—30 ccm Salpetersäure (spez. Gew. 1,3—1,4) enthält, mit 0,2—0,5 Ampere auf Platinschale und Platinscheibe als Anode. Unter diesen Bedingungen fällt das Blei anodisch als Superoxyd, haftend, wenn für die Scheibe nicht allzu große Bleimengen vorliegen.

Quecksilber-Palladium. Nach E. F. Smith [Quantitative Elektroanalyse, S. 215. Stuttgart 1908) ist die Trennung aus cyankalischer Lösung möglich, aus der das Palladium nicht fällt. Man versetzt die

Lösung der Metallsalze mit 3 g Cyankalium, verdünnt auf 125 ccm und fällt

bei 65—75° C, mit 0,05 Ampere (2,1 Volt) 4 Stunden für ∼ 0,15 g Hg.

Quecksilber-Platin. Genau wie vorstehend bei Palladium.

Quecksilber-Antimon. In Gegenwart von fünfwertigem Antimon trennt Freudenberg [Ztschr. f. physik. Ch. 12, 112 (1893)] aus ammoniakalischem Elektrolyt ab, der in 175 ccm .Volumen 15—20 ccm 10%iges Ammoniak und 5 g Weinsäure enthält[1]. Man elektrolysiert bei 60° C mit 1,7 Volt (∼ 0,05 Ampere) 6 Stunden für 0,1 g Hg.

Quecksilber-Selen. α) Man fällt das Quecksilber aus salpetersaurer Lösung, die etwa 1 Vol.-%$_0$ freie Säure enthält, bei 60° C mit 0,015 Ampere (1,25—2 Volt) in 3 Stunden, für 0,2—0,25 g Hg.

β) Aus cyankalischem Elektrolyt, der 1 g überschüssiges Cyankalium auf 150 ccm Volumen enthält, kann die Trennung ebenfalls vorgenommen werden. Man elektrolysiert bei 60° C, mit 0,03 Ampere (und etwa 3 Volt), 5 Stunden, für 0,25 g Hg [α) und β) nach E. F. Smith: Quantitative Elektroanalyse, S. 216. Leipzig 1908].

Quecksilber-Zinn. Für vierwertiges Zinn eignet sich die Methode 3 oder der ammoniakalische Elektrolyt, wie oben bei der „Quecksilber-Antimon"-Trennung angegeben.

Quecksilber-Tellur. Nach E. F. Smith (Quantitative Elektroanalyse, S. 216. Leipzig 1908) ist die Trennung des Quecksilbers vom Tellur aus cyankalischem Elektrolyt nicht möglich, wohl aber aus salpetersaurer Lösung (die das Tellur als Tellurat enthält). Die Nitratlösung enthält auf 150 ccm 3 ccm freie konzentrierte Salpetersäure; man fällt das Quecksilber bei 60° C mit 0,04—0,05 Ampere, 2—2,5 Volt, 5 Stunden für 0,12 g Hg.

Quecksilber-Wolfram. Siehe oben „Quecksilber-Molybdän"-Trennung.

C. Beispiele für die elektrolytische Quecksilberbestimmung.

1. Allgemeines.

Ein gut Teil technischer Fertigprodukte des Quecksilbers kann durch Behandeln mit Salpetersäure in eine Nitratlösung übergeführt und unmittelbar gemäß Methode 1 elektrolysiert werden. Trennt man das Quecksilber zuerst durch eine Destillation im Kohlendioxyd- oder Chlorstrom ab, dann ist die anschließende elektrolytische Bestimmung die einfachste, schnellste und genaueste. Salze können häufig unmittelbar in die Schwefelnatriumlösung gemäß Methode 3 gebracht werden, wenn außer Arsen oder Zinn keine anderen Sulfosalzbildner zu berücksichtigen sind. Fällt bei der chemischen Analyse Quecksilber als Sulfid an, dann ist die elektrolytische Bestimmung nach Methode 3 unter der vorgenannten Bedingung sehr zu empfehlen.

---

[1] Sind Arsen, Antimon und Zinn zugegen, erhöht man die Ammoniakmenge auf 30 ccm (10%iges) und setzt der Lösung 8 g Weinsäure hinzu.

2. Bestimmung des Quecksilbers im Zinnober.

α) Für sehr genaue Bestimmungen destilliert man das Quecksilber aus der eingewogenen Probe etwa $1/_2$ Stunde im Chlorgasstrom bei 500⁰ als Mercurichlorid in ein oberflächengroßes Absorptionsgefäß, das mit schwach salpetersaurem Wasser beschickt ist. Zuletzt leitet man einen Luftstrom durch die Apparatur, um das Chlor — auch aus der Absorptionsflüssigkeit — zu verjagen. Destillationsrückstand und Absorptionsflüssigkeit vereinigt man und fällt aus der Lösung das Quecksilber nach Methode 1 schnellelektrolytisch.

β) Rising und Lenher [Journ. Amer. Chem. Soc. 18, 96 (1896)] lösen Zinnober in Bromwasserstoffsäure, neutralisieren mit Kalilauge und geben Cyankaliumlösung hinzu, bis der entstandene Niederschlag eben wieder gelöst ist. Man fällt, wie unter Quecksilber-Selen-Trennung für den cyankalischen Elektrolyt angegeben ist.

γ) W. D. Treadwell (Elektroanalytische Methoden. S. 212. Berlin 1915) löst feingepulverten Zinnober in möglichst wenig Königswasser oder 20⁰/₀iger Bromwasserstoffsäure, filtriert das Unlösliche ab, neutralisiert das Filtrat mit Natronlauge, setzt gemäß Methode 3 Schwefelnatrium hinzu, filtriert von gefällten Sulfiden und elektrolysiert nach Methode 3.

Nickel.

(Ni = 58,68.)
Elektrochemisches Äquivalent, 1 Amp./Sek. = 0,304 mg Ni··.
Elektrolytisches Potential $EP_{Ni··}$ = — 0,228 Volt.

Der ursprünglich von H. Fresenius und Bergmann [Ztschr. f. anal. Ch. 19, 320 (1880)] angegebenen elektrolytischen Bestimmung des Nickels in ammoniakalischer Lösung kommt bei Innehaltung der unten gekennzeichneten Bedingungen hinsichtlich Genauigkeit und Zuverlässigkeit nur die Dimethylglyoximfällung nach O. Brunck gleich. Die von A. Classen [Quantitative Analyse durch Elektrolyse, S. 116. 1897 und A. Classen: Ztschr. f. Elektrochem. 14, 33 (1908)] herrührende Nickelfällung in Ammoniumoxalatlösung liefert durchweg zu hohe Werte, ist aber als Trennungsmethode mit nachfolgender Umfällung geeignet.

An Stelle von Platinkathoden können sehr gut die siebartig gelochten Tantalelektroden[1] (auch Netzelektroden) nach O. Brunck [Chem.-Ztg. 36, 1233 (1922)], für technische Zwecke auch Nickelelektroden angewandt werden.

---

[1] Die Tantalelektroden, die sich auch gut zur Fällung des Silbers, Kupfers, Cadmiums aus schwefelsauren Lösungen, des Zinks aus alkalischer Lösung und des Antimons und Zinns aus Sulfosalzlösung eignen, bedürfen — worauf O. Brunck [Chem.-Ztg. 38, 565 (1914)] ausdrücklich hingewiesen hat — verständlicherweise in manchem einer anderen Behandlung als Platinelektroden; man beachte genau die bezüglichen Vorschriften (s. auch A. Classen: Quantitative Analyse durch Elektrolyse, S. 61. Berlin 1920).

Das aus Nickeldimethylglyoxim elektrolytisch abgeschiedene Nickel (s. unter „Bemerkungen") löst sich auffallend leicht in verdünnter Salpetersäure. Andere Nickelniederschläge, besonders solche aus ammoniakalischem Elektrolyt, lösen sich aber gelegentlich unverhältmäßig schwer von der Platinkathode ab. Man kocht dann die Elektrode längere Zeit in Salpetersäure (spez. Gew. 1,2), oder besser, man löst anodisch in verdünnter, heißer Schwefelsäure, eventuell unter Anwendung eines Nickeldrahtes als Kathode, trocknet nach dem Waschen und stellt das Gewicht fest (nicht ausglühen!). Bei Gegenwart von etwas Kupfersalz in der Salpetersäure soll das Ablösen des Nickels sehr rasch erfolgen (F. P. Treadwell, Lehrbuch der analytischen Chemie, S. 115. 1917).

A. Bestimmungsmethoden.

1. Fällung des Nickels aus ammoniakalischer Lösung.

(S. a. S. 1469.)

Die zu untersuchende Nickelsulfat- oder -chloridlösung neutralisiert man erforderlichen Falles mit reinem Ammoniak, gibt zu je 100 ccm Volumen 15—20 ccm reines Ammoniak (spez. Gew. 0,91) und etwa 5 g Ammonsulfat hinzu. Für bis 0,2 g Nickel genügen 100 ccm, für größere Mengen, bis etwa 1 g, gehe man bis zu 300 ccm Volumen.

In ruhendem Elektrolyt fälle man

bis 0,5 g Ni	mit 2 Ampere	in 4—5 Stunden
„ 1 „ „	„ 0,5—1 Ampere	in 12—16 Sunden.

Bei bewegtem Elektrolyt fälle man

bis 0,5 g Ni	mit 3—5 Ampere	in 45—60 Minuten, bei 125 bis 150 ccm Volumen.

Da die Stromdichten in sehr weiten Grenzen verändert werden dürfen, kann auch die Fällungsdauer bequem gewählt werden. Die besten Niederschläge erzielt man auf Drahtnetzelektroden. Das Ende der Fällung stellt man am besten in einer kleinen Probe des Elektrolysats auf Zusatz einiger Tropfen alkoholischer Dimethylglyoximlösung fest, die bei Anwesenheit von Spuren Nickel nach einigen Minuten noch eine deutliche Rotfärbung geben.

Es ist grundsätzlich gleichgültig, ob man aus reiner Sulfatlösung fällt oder auch Chloride zugegen sind. Im letzteren Fall lassen allerdings die aus ruhendem Elektrolyt abgeschiedenen Nickelniederschläge hinsichtlich Beschaffenheit gelegentlich zu wünschen übrig[1], während dies bei der Schnellelektrolyse nicht der Fall ist. Man fälle nie unnötig lang und verwende vor allen Dingen nur reines, jedenfalls pyridinfreies Ammoniak; bei Gegenwart von Pyridin fällt kohlenstoffhaltiges Nickel, was beim Ablösen des Metallniederschlages in reiner, verdünnter Salpetersäure als tiefe Braunfärbung der Lösung erkennbar wird; es verursacht auch anodisches Lösen nachweisbarer Platinmengen, die in den Kathodenniederschlag übertreten.

[1] Nach O. v. Großmann (Mitt. d. Fachausschusses, Teil I, S. 43. Berlin 1926) bewirkt die Anwesenheit von Chloriden größere anodische Löslichkeit des Platins, das in entsprechenden Mengen ins Nickel übertreten soll.

In gleicher Weise wirken störend Nitrate oder Nitrite in der zu fällenden Lösung, so daß man, zum mindesten für genaue Bestimmungen, nitrathaltige Lösungen zuvor mit Schwefelsäure abdampft (s. unten).

Unter den gleichen Bedingungen können kathodisch mitfallen: Silber, Kupfer, Blei, Cadmium und Zink. Kobalt wird quantitativ mit abgeschieden. Eisen, Aluminium und Mangan, die sich in der Lösung ausscheiden, schaden in nur kleinen Mengen nicht. Im Zweifelsfall kann das abgeschiedene Nickel nach dem Ablösen von der Kathode mit Ammoniak geprüft werden. (Über größere Eisen-Tonerdemengen s. S. 961.)

Soll zwecks Zeitersparnis das Abdampfen nitrathaltiger Lösungen mit Schwefelsäure unterbleiben, kann man für betriebsanalytische Zwecke Nitrite durch Kochen der sauren Lösung verjagen und zu der zu elektrolysierenden Lösung etwas Harnstoff zusetzen, oder bei stärker nitrathaltigen Lösungen nach Thiel [Ztschr. f. Elektrochem. 14, 201 (1908)] folgendermaßen verfahren: Nitrithaltige Lösungen werden ausgekocht und nach dem Erkalten mit Ammoniak neutralisiert; man füge weiter so viel Ammoniak hinzu, daß in 200 ccm Elektrolyt etwa 80 ccm freies Ammoniak (spez. Gew. 0,91) enthalten sind. Mit 5 Ampere (bei anfangs 14 Volt, später — wenn die Lösung durch den starken Strom auf etwa 70⁰ C gekommen ist — etwa 10 Volt) fälle man auf Platin-Drahtnetzelektroden unter Verwendung eines in konzentrierter Salpetersäure passivierten Eisenstiftes (von 1,5 mm Dicke) als Anode; 0,1—0,3 g Nickel sind dann in 45—50 Minuten abgeschieden.

2. Fällung des Nickels aus Oxalatlösung.

Nach A. Classen.

(Quantitative Analyse durch Elektrolyse, S. 184. Berlin 1920.)

Die nötigenfalls zuvor mit Ammoniak zu neutralisierende Lösung des Nickelsulfats oder -chlorids (nicht Nitrat) versetzt man mit 4—5 g Ammoniumoxalat und erwärmt zum vollständigen Lösen, bringt auf 100—120 ccm Volumen und elektrolysiert

ruhend, bei 60—70⁰ C, mit 1 Ampere, 0,3 g Ni in etwa 3 Stunden oder aus bewegtem Elektrolyt, bei etwa 60⁰ C, mit 7—8 Ampere, 0,3 g Ni in etwa 40—50 Minuten.

Die besten Niederschläge sind in der Schale zu erhalten. Da das Nickel aber stets kohlenstoffhaltig ausfällt, benutzt man die Methode nur zur Trennung von anderen Metallen, im wesentlichen von Chrom, Aluminium und kleinen Mengen Mangan, von denen eine Trennung in ammoniakalischer Lösung nicht möglich ist, und nimmt eine Umfällung vor. Man löst den Nickelniederschlag in der Schale nach dem Auswaschen sofort in Salpetersäure auf, dampft auf Zusatz von wenig Schwefelsäure ab bis zum starken Rauchen und verfährt nach Methode 1.

B. Trennungen.

Nach den Methoden 1 und 2 fällt Kobalt quantitativ mit dem Nickel. Da unter den Bedingungen auch Kupfer, Blei, Zink, Cad-

mium und Silber, unter denen die drei erstgenannten besonders häufige
Begleiter der praktisch vorkommenden Nickelprodukte sind, kathodisch
mitfallen, ist die unmittelbare Anwendung der elektrolytischen Nickelbestimmung selten möglich. Die bezeichneten Metalle, dazu diejenigen,
die in den Elektrolyten unter Bildung schwer löslicher Verbindungen
ausfallen, müssen daher zuvor abgetrennt werden, bis das Nickel in
einer Lösung vorliegt, aus der es gemäß den Methoden 1 oder 2 rein
abgeschieden werden kann.

In der Praxis werden meist die Metalle der I. Gruppe durch Schwefel-
wasserstoff abgetrennt, wobei man aus Lösungen mit höchst zulässiger
Acidität fällt, größere Sulfidniederschlagsmengen (CuS) für genaue Nickel-
bestimmungen wieder in Lösung bringt, nochmals fällt und die Filtrate
vereinigt. Da die Abtrennung des Nickels von Magnesium und den
Alkalien nach 1 und 2 eine vollständige ist, erübrigt sich nur die
Trennung von den Metallen der II. Gruppe (s. nachstehend) und den
Erdalkalien (s. u. a. F. P. Treadwell: Kurzes Lehrbuch der analytischen
Chemie, Bd. 2, S. 123. Leipzig 1927).

Nickel-Silber. Siehe „Silber" S. 911.

Nickel-Arsen. Arsen ist häufiger Begleiter des Nickels. Meist sind
aber noch andere Metalle der I. Gruppe anwesend, wie Kupfer und Blei,
so daß man dann zunächst die Abtrennung derselben mit Schwefelwasserstoff vornimmt (Arsen zuerst aus stark salzsaurer, heißer Lösung,
dann aus kalter, verdünnter Lösung die anderen) und im Filtrat das
Nickel bestimmt. Eine unmittelbare elektrolytische Trennung des
Nickels vom Arsen allein ist durchführbar, wenn das Arsen in fünfwertiger Form vorliegt, in ammoniakalischer Lösung gemäß Methode 1.
Bei Gegenwart kleiner Arsenmengen fällt man ruhend mit 2,5 Volt, bei
größeren elektrolysiert man in bewegter Flüssigkeit bei 2,4 Volt und
stellt die Elektrolyse ab, sobald die Metallreduktion vollständig ist
(W. D. Treadwell: Elektroanalytische Methoden, S. 196. Berlin 1915).

Nickel-Gold. Siehe „Gold" S. 917.

Nickel-Wismut. Siehe „Wismut" S. 919.

Nickel-Cadmium. Siehe „Cadmium" S. 923.

Nickel-Kobalt. Eine sichere elektroanalytische Trennung ist nicht
bekannt. Im allgemeinen fällt man die beiden Metalle elektrolytisch
zusammen und wiegt den nach Methode 1 erhaltenen Niederschlag aus.
Bei nur kleinen Mengen Kobalt, im Verhältnis zum Nickel, fällt man
für genaue Bestimmungen das Kobalt nach Wiederauflösen mit Nitrit
oder Nitroso-β-Naphthol (s. K. Wagenmann: Metall u. Erz 1921, 447).
Kleinere Nickelmengen in der Gesamtsumme der Metalle bestimmt
man in ihrer Lösung mit Dimethylglyoxim (s. unter „Bemerkungen"
S. 957). Nickel bzw. Kobalt ergeben sich aus der Differenz.

Nickel-Chrom (und Aluminium). Unmittelbare sichere Trennung
nach Methode 2 unter Verwendung der Schale als Kathode.

Nickel-Kupfer. Siehe „Kupfer" S. 935.

Nickel-Eisen (und Aluminium). Nur sehr geringe Mengen Eisen
und Aluminium, im Elektrolyten nach Methode 1 suspendiert, stören
nicht; für sehr genaue Bestimmungen nehme man eine Umfällung vor.

Aber auch bei Gegenwart unverhältnismäßig großer Mengen Eisen und Tonerde ist eine unmittelbare Nickel- (+ Kobalt) Bestimmung möglich (s. S. 961).

Nickel-Quecksilber. Siehe „Quecksilber" S. 950.

Nickel-Mangan. Geringe Mengen Mangan lassen sich nach Methode 1 abtrennen. Von größeren Mangangehalten trennt man das Nickel nach Methode 2, wobei man das anodische Ausfallen von Mangansuperoxyd durch zeitweise Zugabe von etwas Hydrazinsulfat genügend verhindern kann. (Andernfalls muß es vor der Elektrolyse als Superoxyd mit Brom abgeschieden werden. Näheres s. Mitt. d. Fachausschusses. Teil II, S. 50. Berlin 1926.)

Nickel-Blei. Blei muß zuvor abgetrennt werden, größere Mengen stets als Sulfat, kleinere Bleimengen elektrolytisch als PbO_2 (s. „Blei").

Nickel-Platin. Siehe „Platin" S. 968.

Nickel-Zinn. Siehe „Zinn" S. 979.

Nickel-Zink. Zink ist ein recht häufiger Bestandteil praktisch vorkommender Nickelprodukte, so daß es verständlich ist, wenn das Problem einer sauberen elektrolytischen Trennungsmöglichkeit reichlich bearbeitet worden ist (s. A. Classen: Quantitative Analyse durch Elektrolyse, S. 289 f. Berlin 1920).

A. Hollard und L. Bertiaux [Bull. Soc. Chim. Paris **31**, 102 (1904) u. Chem. Zentralblatt **1904 I,** 121] haben festgestellt, daß die Elektrolyse in ammoniakalischer Lösung bei 90° C unter Zusatz von Sulfit das Nickel quantitativ und zinkfrei ergibt. Nach Foerster führt man die Trennung folgendermaßen aus: Man verfährt zur Herstellung des Elektrolyten genau wie bei Methode 1 angegeben, nur daß man in 250 bis 300 ccm Volumen (bei 30—35 ccm überschüssigem Ammoniak, spez. Gew. 0,91) arbeitet und der Lösung 0,5—1 g krystallisiertes Natriumsulfit zusetzt. Man elektrolysiert bei 90° C auf Drahtnetzelektroden mit 0,1 Ampere, so daß 0,15 g Nickel in etwa 2 Stunden gefällt werden. Das Metall ist aber stets beträchtlich schwefelhaltig, so daß es auf alle Fälle umgefällt werden muß (s. unter „Bemerkungen" S. 957).

W. D. Treadwell (Elektroanalytische Methoden, S. 195. Berlin 1915) nimmt die Trennung in ammoniakalischer Lösung gemäß Methode 1 vor, indem er in Siedehitze mit 0,1—0,2 Ampere fällt und dem Elektrolyten 3—4 g Hydrazinsulfat zusetzt. 0,45 g Nickel fallen in 3 Stunden quantitativ. Kobalt darf nicht zugegen sein.

Das sicherste ist heute jedoch immer noch die zuvorige Abtrennung des Zinks vom Nickel (und Kobalt) mit Schwefelwasserstoff in schwach schwefelsaurer Lösung (nach Schneider-Finkener), wobei man bei sehr großen Mengen Zink den Schwefelzink-Niederschlag umfällt und die Filtrate vereinigt.

Bemerkungen.

Soll das nach den Methoden 1 oder 2 S. 953 u. 954) abgeschiedene Nickel umgefällt werden, so kann man, wie im Anfang unter Nickel angegeben, in halbverdünnter Salpetersäure lösen, Niederschläge aus dem Elektrolyt 1 nötigenfalls unter Sieden, und die Nitratlösung mit Schwefelsäure abdampfen. Nickelmetall aus Elektrolyt 2 behandle man für genaue Bestimmungen jedenfalls so, um den mitabgeschiedenen Kohlenstoff zu verbrennen. Für das mitunter sehr schwer lösliche Nickel aus Lösung 1 kommt man jedoch sicherer, schneller und einfacher zum Ziel, wenn man zunächst in siedend heißer, 5—10%iger Schwefelsäure mit 3—5 Ampere anodisch ablöst, was in 1—2 Minuten vor sich geht, die Lösung abkühlt, mit reinem Ammoniak neutralisiert, den erforderlichen Überschuß zufügt und erneut fällt[1]. Ist die Notwendigkeit des Umfällens vorauszusehen, verfährt man bei Verwendung von Doppelnetzen (nach Fischer) zweckmäßig in der Weise, daß man die erste Fällung auf das Innennetz vornimmt, dann das Außennetz tariert, die Elektroden zusammen in die heiße Schwefelsäure einführt, das unreine Nickel wie oben angegeben anodisch ablöst und erneut auf das Außennetz fällt. Es ist belanglos, daß schon beim anodischen Ablösen des Nickels geringe Mengen auf das Außennetz kathodisch ausfallen.

Eine heute sehr viel angewandte gravimetrische Bestimmungsmethode für Nickel, die außerordentlich genau ist und wertvolle Abtrennungsmöglichkeiten bietet, ist die mit Dimethylglyoxim nach O. Brunck (Ztschr. f. angew. Ch. 1907, 1844) (s. S. 1472), wobei das Nickel nach dem Verfasser als Nickeldimethylglyoxim ausgewogen wird. Da die elektroanalytische Bestimmungsweise des Nickels nach Methode 1 (S. 953) der Dimethylglyoximmethode hinsichtlich Genauigkeit nicht nachsteht, hat K. Wagenmann [Ferrum 12, 126; Ztschr. f. anal. Ch. 55, 348 (1916)] die elektrolytische Bestimmung des Nickels im Nickeldimethylglyoxim empfohlen, weil bei entsprechendem Verfahren das Ergebnis schneller, unter Umständen angesichts gewisser weiterer Trennungsmöglichkeiten genauer und verläßlicher wird und nicht zuletzt gewisse Ersparnisse zu erzielen sind. Man fälle nicht mit alkoholischer Dimethylglyoximlösung, sondern koche die erforderliche Menge Reagens (8—10fache Menge gegenüber Nickel) in Wasser auf und gebe die siedend heiße Lösung, unbekümmert um noch ungelöste Anteile, in die zu fällende Nickellösung. Die weiteren Bedingungen für die Fällung in ammoniakalischer oder essigsaurer Lösung sind dieselben wie bei Brunck (nur bleibt der Alkohol erspart!). Den Nickelniederschlag wäscht man nur so weit aus, daß alle Metallsalze entfernt werden, die nachher im ammoniakalischen Elektrolyt stören bzw. ebenfalls kathodisch ausfallen können. Den Niederschlag löst man sofort in bekannter Weise mit etwa 20 ccm verdünnter, heißer Schwefelsäure, der man einige Tropfen Salzsäure (evtl. auch Wasserstoffsuperoxyd) zugesetzt hat, vollständig auf und wäscht das Filter quantitativ nach. Im Filtrat zersetzt man das Dimethylglyoxim auf Zusatz von etwas Wasserstoffsuperoxyd durch etwa 5—10 Minuten langes Sieden, jedenfalls so lange, bis nur noch Essigsäuredämpfe entweichen. Man kühlt ab, neutralisiert mit reinem Ammoniak, gibt den nach Methode 1 erforderlichen Überschuß zu und elektrolysiert bei bewegter Flüssigkeit in gleicher Weise. Das ausfallende Nickel ist besonders schön, in Farbe kaum vom Platin (-Iridium) zu unterscheiden und löst sich stets leicht von der Kathode ab. Die Methode ist unter anderem sehr zu empfehlen,

---

[1] Ist der Nickelniederschlag eisenhaltig, setzt man nach dem Auflösen zwecks Oxydation des Eisens einen Tropfen Wasserstoffsuperoxyd zur Lösung hinzu.

wenn Nickel mit Dimethylglyoxim in Gegenwart von Mangan, nach Rothschild [Chem.-Ztg. 41, 29 (1917)] auch aus stark tartrathaltiger Lösung bei Gegenwart von Eisen, gefällt wurde.

C. Beispiele für die elektrolytische Nickel- (+ Kobalt) Bestimmung.

Auf Produkte der Praxis ist eine unmittelbare Anwendung der elektrolytischen Nickelbestimmung selten möglich. Man hat fast immer Bestandteile vorher abzuscheiden, wenn man das Nickel einwandfrei bestimmen will.

1. Bestimmung des Nickels (+ Kobalts) in Kupfer-Nickellegierungen.

Es sind dies die meist etwas Eisen und Mangan enthaltenden Legierungen: Kupfernickel, Geschoßnickel, Monellmetall, Münzlegierung, Nickelin, Konstantan u. a.

Etwa 1 g Probe löst man in 20 ccm Salpetersäure (spez. Gew. 1,2), vertreibt die nitrosen Gase durch Sieden, verdünnt mit kaltem Wasser auf 100 ccm, neutralisiert mit Ammoniak und fällt das Kupfer elektrolytisch gemäß Methode 3 unter „Kupfer". Das quantitativ aufgefangene Elektrolysat dampft man mit Schwefelsäure bis zum starken Rauchen ab, um die Nitrate zu beseitigen, nimmt mit Wasser auf und stellt die Lösung für die Nickelelektrolyse gemäß Methode 1 ein. Hierbei im Elektrolyten sich ausscheidende **geringe Mengen Eisen und Mangan** sind praktisch ohne Einfluß auf die Genauigkeit der Nickelbestimmung. Bei **beachtenswerten Mengen** dieser Verunreinigungen fälle man das Nickel um, gemäß Angabe unter „Bemerkungen" (S. 957). Im letzteren Falle kann man Eisen und Mangan in den vereinigten Elektrolysaten bestimmen, muß aber berücksichtigen, daß auf der Anode bei den Nickelfällungen etwas Mangan abgeschieden wird, das durch Ablösen den Elektrolysaten wieder zugeführt wird.

2. Bestimmung des Nickels (+ Kobalts) in Nickel-Kupfer-Zinklegierungen.

Unter dem Sammelnamen Neusilber sind eine größere Zahl von Legierungen bekannt, die außer obigen Grundbestandteilen Blei, Eisen, Mangan, gelegentlich auch etwas Zinn enthalten können. Alpaka, Alfenide, Christofle u. a. sind versilberte Neusilberlegierungen.

Einwaage und Lösen wie bei den Kupfer-Nickellegierungen. Ist Silber zugegen, trennt man es in bekannter Weise mit der eben erforderlichen Menge Salzsäure quantitativ ab (so daß der Salzsäureüberschuß praktisch Null ist) und stellt die Lösung zur elektrolytischen Abscheidung des Kupfers (und Bleis) gemäß Methode 3 (s. „Kupfer" S. 931) ein. Das Elektrolysat vom Kupfer dampft man mit Schwefelsäure zur völligen Entfernung der Salpetersäure bis zum Rauchen ab. In der durch Aufnehmen des Salzrückstandes mit Wasser erhaltenen Lösung fällt. man das Nickel gemäß den unter Nickel-Zink-Trennung angegebenen Verfahren von Foerster oder W. D. Treadwell, im Elektrolysat des Nickels das Zink. Für sehr genaue Bestimmungen wird man das Filtrat der Silberfällung mit Schwefelsäure abrauchen und das Bleisulfat quantitativ abscheiden, dann das Kupfer elektrolytisch nach Methode 3 (s. unter „Kupfer" S. 931) fällen. Das Elektrolysat dampft man wieder mit Schwefelsäure vollständig ab und fällt das Zink nach Schneider-Finkener mit Schwefelwasserstoff. Im Filtrat vom Schwefelzink bestimmt man nach Zerstören des Schwefelwasserstoffs das Nickel nach Methode 1, Eisen und Mangan im Elektrolysat. Zinn scheidet sich quantitativ als Zinnsäure beim Lösen des Probematerials in Salpetersäure ab, wenn man konzentrierte Säure anwendet (s. Kapitel „Kupfer" unter Bronzen).

3. Bestimmung des Nickels (+ Kobalts) in technischem Nickel[1].

Nach W. Moldenhauer.
(Dieses Werk, 7. Aufl., Bd. II, S. 77.)

5 g Metallspäne löst man in einem hohen Becherglas mit 50 ccm 30%iger Salpetersäure, vertreibt durch Sieden die nitrosen Gase und dampft auf Zusatz von 10 ccm Schwefelsäure ab, zuletzt auf dem Sandbad bis zur reichlichen Entwicklung von Schwefelsäuredämpfen. Nach dem Erkalten nimmt man mit Wasser auf, setzt Ammoniak in geringem Überschuß zu, kocht kurze Zeit auf, um das Eisen vollständig zu fällen, gibt weitere 25 ccm konzentriertes Ammoniak und einige Kubikzentimeter reines Wasserstoffsuperoxyd hinzu und verdünnt auf 300 ccm. Moldenhauer empfiehlt, Nickel, Kobalt und Kupfer zunächst auf einem Platindrahtnetz, das nicht gewogen zu sein braucht, niederzuschlagen, dann das Drahtnetz ohne Stromunterbrechung unter gutem Abspülen aus dem Elektrolyten zu heben und direkt in einen zweiten, verdünnte Schwefelsäure enthaltenden Elektrolysierbecher einzuhängen. In diesen taucht man ein zweites (etwas kleineres) gewogenes Platindrahtnetz ein, das nunmehr zur Kathode gemacht wird. Man löst den Niederschlag unter Einschalten von 0,3—0,5 Ampere, reguliert nach völliger Lösung des anodischen Niederschlags die Spannung auf 2 Volt und scheidet das Kupfer, am besten in der Wärme und unter starker Bewegung des Elektrolyten ab. Aus der kupferfreien, eventuell Spuren von Eisen enthaltenden Lösung wird schließlich Nickel und Kobalt bestimmt, gemäß Methode 1.

4. Bestimmung des Nickels (+ Kobalts) in Nickelstahl (chromfrei!).

Nach W. Moldenhauer.
[Ztschr. f. angew. Ch. 39, 640—642 (1926).]

Man löst die Späne in verdünnter Schwefelsäure, oxydiert mit Wasserstoffsuperoxyd, übersättigt mit Ammoniak und elektrolysiert gemäß

---

[1] Der Kobaltgehalt in technischem (Würfel-) Nickel ist durchweg sehr niedrig, so daß das Nickel nach der Summe beider Metalle bewertet wird; Mond-Nickel enthält kein Kobalt.

Methode 1. Den mit Wasser gewaschenen, zunächst noch eisenhaltigen Metallniederschlag löst man in verdünnter Schwefelsäure anodisch wieder auf, hebt die Kathode zweckmäßig aus der Lösung heraus, oxydiert das Eisen mit wenig Wasserstoffsuperoxyd unter Erwärmen und fällt es mit Ammoniak, gibt dieses im Überschuß zu und elektrolysiert das Nickel nochmals. — Chrom verzögert die Abscheidung des Nickels zu stark, als daß sie vollständig wird. Nach W. Moldenhauer muß etwa anwesendes Kupfer vor der Nickelelektrolyse aus schwefelsaurem Elektrolyt abgeschieden werden. (S. auch K. Wagenmann, S. 962; ebenda über gleichzeitig anwesendes Kobalt.)

5. Bestimmung des Nickels [1] in Nickel- und Chromnickelstahl.

Nach Brunck-Wagenmann (vgl. a. S. 1394).

Man löst 0,5—0,6 g Stahlspäne in 10 ccm mäßig konzentrierter Salzsäure, setzt etwas Salpetersäure hinzu und zersetzt etwa zurückbleibende Kieselsäure mit einigen Tropfen Flußsäure. Nach Zusatz von 2—3 g Weinsäure verdünnt man auf 300 ccm und gibt Ammoniak in geringem Überschuß zu, wobei kein Niederschlag fallen darf, sonst fehlt es an Weinsäure. Man säuert mit Salzsäure wieder schwach an, erhitzt bis nahezu zum Sieden, gibt eine siedend heiße Lösung von Dimethylglyoxim (in Form von Salz, die etwa 8 fache Menge vom Nickel) hinzu, macht schwach ammoniakalisch, filtriert nach dem Absitzen des Niederschlags, wäscht mit heißem, sehr schwach ammoniakalischem Wasser aus, löst den Niederschlag in 20 ccm heißer, verdünnter Schwefelsäure, der man einige Tropfen Salzsäure zugesetzt hat, wieder auf und zersetzt das Dimethylglyoxim durch Sieden. Die abgekühlte Lösung macht man ammoniakalisch und elektrolysiert gemäß Methode 1, S. 953 (s. auch unter „Bemerkungen" S. 957).

6. Bestimmung des Nickels (+ Kobalts) in Nickelerzen, -steinen und -schlacken.

Die Methode ist auf jeden Fall angebracht, wenn es auf eine Bestimmung von viel Nickel neben wenig Kobalt insgesamt ankommt.

Vortmann [Monatshefte f. Chemie 14, 550 (1893)] hat als erster auf die Möglichkeit hingewiesen, Metalle in Gegenwart von Bodenkörpern oder unlöslichen Niederschlägen elektroanalytisch abscheiden zu können. Neumann [Chem.-Ztg. 22, 731 (1898)] und später Thiel [Ztschr. f. Elektrochem. 14, 205 (1908)] weisen nach, daß Nickel, in Gegenwart von Ferrihydroxyd abgeschieden, kathodisch reduziertes Eisen enthält, und zwar um so mehr, je größer die Eisenniederschlagsmenge ist. Hollard und Bertiaux (Metallanalyse auf elektrochemischem Wege, S. 44. Berlin

---

[1] Kobalt wird nach dieser Methode nicht mitbestimmt.

1906) geben eine entsprechend modifizierte Methode zur Nickelbestimmung in Gegenwart von Ferrihydroxyd an. W. Moldenhauer [Ztschr. f. angew. Ch. **39**, 640 (1926)] hat zur entsprechenden Nickelbestimmung im Nickelstahl (s. S. 960) die einschlägigen Bedingungen sehr genau untersucht und weist darauf hin, daß in Gegenwart von Ferrihydroxyd elektrolytisch abgeschiedenes Nickel wegen seines Eisengehalts umgefällt werden muß.

Im Jahre 1911, und späterhin noch des öfteren, hatte K. Wagenmann im Aachener Institut für Metallhüttenwesen und Elektrometallurgie eine größere Zahl von Nickel- (+ Kobalt) Bestimmungen in armen, schwach kupferhaltigen Nickelerzen, die Eisen und besonders viel Tonerde enthielten, möglichst schnell, aber bei größten Ansprüchen an Genauigkeit vorzunehmen. Da diesen Forderungen, wie sich des öfteren durch nachträgliche Gegenüberstellung mit anderweitig vorgenommenen Analysen derselben Proben zeigte, vollauf Genüge geleistet wurde, sei die dazu ausgearbeitete Methode (Verfasser hatte seinerzeit keine Kenntnis von den oben genannten, vorher erfolgten Veröffentlichungen) hier angegeben, um so mehr, als sie die bei den oben angeführten Methoden noch möglichen Fehlerquellen praktisch vollständig beseitigt.

Die alles Nickel (+ Kobalt) als Sulfat oder Chlorid enthaltende, von der I. Gruppe mit Schwefelwasserstoff befreite Lösung wird durch Kochen auf etwa 200 ccm eingeengt, mit Wasserstoffsuperoxyd oxydiert, in einem 500 ccm Becherglas mit etwa 5 g Ammonsulfat versetzt und schwach erwärmt; man setzt so viel Ammoniak hinzu, bis Eisen und Tonerde vollständig ausgefällt sind und gibt weitere 30 ccm Ammoniak (spez. Gew. 0,91) hinzu. Man elektrolysiert auf Doppelnetze nach Fischer, schwach warm unter Verwendung eines besonders energisch wirkenden Glasrührers mit 3—5 Ampere, wobei das Innennetz als Kathode angelegt ist. Nach halbstündiger Stromwirkung wird der Elektrolyt ohne Stromunterbrechung schnell gegen ein kleines Elektrolysiergefäß ausgewechselt, welches schwach ammoniakalisches, ammonsulfathaltiges Wasser enthält. Das ursprüngliche Elektrolysat kühlt man ab, bringt Eisen und Tonerde mit möglichst wenig Schwefelsäure wieder in Lösung, fällt wieder mit Ammoniak, gibt weitere 40 ccm davon (spez. Gew. 0,91) zu, setzt die Elektrolyse auf den ersten Niederschlag weitere 20 Minuten fort (wodurch die letzten Ni + Co-Mengen fallen) und wäscht die Elektroden mit lauwarmem Wasser kurz aus. Das mit Säure gewaschene Außennetz tariert man dann und fällt darauf Ni (+ Co) nach der Angabe unter „Bemerkungen" S. 957 (dortige Fußnote berücksichtigen!) um. Bei 5 g Erzeinwaage ergaben sich Auswaagen von etwa 0,1 g Ni (+ Co). Ein Vergleich mit einer Reihe anderweitig nach anderen Methoden ausgeführten Bestimmungen ergab Differenzen, die höchstens 0,01 % betrugen (bei etwa 2 % Ni-Gehalt).

Etwas weniger genau fallen die Befunde aus, wenn man Ni (+ Co) + Cu zuerst gemeinsam in gleicher Weise elektrolytisch abscheidet, umfällt, die Summe ausswiegt und Kupfer in schwefelsauerem-salpetersaurem Elektrolyt für sich bestimmt, so daß sich Ni + Co aus der Differenz ergeben, was lediglich darauf zurückzuführen ist, daß das Kupfer um so schwammiger und daher um so unvollständiger fällt (weil es dann vom Niederschlag im Elektrolyt abgerieben werden kann), je größer seine Menge im Verhältnis zum Nickel ist. Auch verhältnismäßig größere Mengen Kobalt werden die Genauigkeit für das Resultat Nickel + Kobalt beeinträchtigen, da Kobalt in Gegenwart von Eisenhydroxyd nur schwer vollständig zu fällen ist. Ist Chrom in nennenswerten Mengen zugegen, verzögert es die Nickelfällung derart, daß sie unvollständig bleibt.

Blei.

(Pb = 207,2.)
Elektrochemisches Äquivalent, 1 Amp./Sek. = 1,072 mg $Pb^{\cdot\cdot}$.
Elektrolytisches Potential $EP_{Pb^{\cdot\cdot}}$ = + 0,148 Volt.

Blei läßt sich aus schwach salpetersauren oder ammoniakalischen Lösungen auf Zusatz organischer Reduktionsmittel, wie Glucose, Alkohol, Weinsäure u. a. m. kathodisch als Metall abscheiden. Sei es, weil die Trennungsmöglichkeit von anderen Metallen verhältnismäßig beschränkt ist, sei es, daß der Metallniederschlag gemäß Feststellungen einiger Autoren nur schwer genau wägbar ist, jedenfalls haben jene Methoden praktisch kaum Anwendung gefunden.

Verwendet man aber statt der festen Kathode die Quecksilberkathode, dann ist eine genaue Bestimmung des Bleis als Metall sehr gut möglich.

Bei der anodischen Fällung des Bleis als· Superoxyd ist aber für genaue Bestimmungen sorgfältig zu berücksichtigen, daß einige, unten bezeichnete Metalle vom Bleisuperoxyd teilweise mitgerissen werden, auch wenn sie allein keine Neigung zu anodischer Abscheidung zeigen. Man fälle auf möglichst großer Kathodenfläche, auf mattierten Platinelektroden (Schale oder Netz), wobei die Schale für besonders große Mengen vorzuziehen ist. Das Ende der Fällung kann einigermaßen in der Weise festgestellt werden, daß man etwas unbelegte Anodenfläche dem Elektrolyten aussetzt und beobachtet, ob dort eine Bräunung auftritt. Der Superoxydbelag löst sich leicht in warmer, verdünnter Salpetersäure, wenn ihr geringe Mengen Reduktionsmittel zugesetzt werden, wie Oxalsäure, Alkohol, Zucker, Wasserstoffsuperoxyd, Natriumnitrit u. ä. m. Das aus dem Superoxyd durch Erhitzen erhaltene Bleioxyd löst sich leicht in verdünnter Salpetersäure.

A. Bestimmungsmethoden.

1. Fällung des Bleis als Superoxyd
(vgl. a. S. 1508).

Aus reinen Nitratlösungen, wie sie zur quantitativen Abscheidung größerer Mengen Blei zwecks Auswaage unbedingt erforderlich sind, fällt man aus etwa 100 ccm Flüssigkeitsvolumen:

ruhend, bei gewöhnlicher Temperatur, bei 10 Vol.-$^0/_0$ HNO$_3$ konzentriert, mit etwa 0,1 Ampere, 12—14 Stunden,

ruhend, bei 50—65^0 C, bei 20 Vol.-$^0/_0$ HNO$_3$ konzentriert, mit 0,5 bis 1,5 Ampere, 1—1$^1/_2$ Stunden (für 0,5 g Pb),

schnellelektrolytisch [1], bei 60^0 C, bei 15 Vol.-$^0/_0$ HNO$_3$ konzentriert, mit 2 Ampere, 10—15 Minuten (für 0,15 g Pb),

schnellelektrolytisch [1], bei 95^0 C, bei 15 Vol.-$^0/_0$ HNO$_3$ konzentriert, mit 10 Ampere, 15 Minuten (für 0,5 g Pb).

Es ist ersichtlich, daß für die Wahl einer beabsichtigten Fällungsdauer sehr weites Spiel gelassen ist, daß die schnellelektrolytischen Fällungen, die mit höherem Gehalt an freier Salpetersäure angesetzt werden, sehr hohe Stromdichten bei stark verkürzter Dauer zulassen.

Für Bleimengen, die mehr als einige Hundertstel Gramm ausmachen, müssen die angegebenen Säurekonzentrationen mindestens angewandt werden, sonst besteht — abgesehen davon, daß größere Niederschlagsmengen bei geringerer Acidität weniger gut haften — die Möglichkeit, daß gleichzeitig geringe Bleimengen kathodisch zu Metall reduziert werden. Ein sehr wirksames und allgemein gebräuchlich gewordenes Mittel gegen diesen Vorgang ist ein Zusatz von Kupfernitrat zum Elektrolyt — sofern Kupfer nicht schon aus der Probesubstanz her vorliegt — in einer der Bleikonzentration entsprechenden Menge von einigen Zehnteln bis einigen Gramm. Die Wirkung des kathodisch sich abscheidenden Kupfers ist so stark, daß man in seiner Gegenwart die angegebenen Säuremengen auf etwa die Hälfte herabsetzen darf und kleine Bleimengen schon bei einigen Vol.-$^0/_0$ freier Salpetersäure quantitativ anodisch und haftend abscheiden kann. In gleicher Richtung wirkt höhere Temperatur des Elektrolyten.

a) Auswaage als Superoxyd.

Der theoretische Bleigehalt für PbO$_2$ beträgt 86,6$^0/_0$. Es gelingt aber nicht, durch Trocknen das elektrolytisch abgeschiedene Bleisuperoxyd genau auf diesen Wert zu bringen. Nach den empirischen Feststellungen von A. Fischer und A. Vossen (A. Fischer: Elektroanalytische Schnellmethoden, S. 174. Stuttgart 1908) nimmt der Bleigehalt mit steigender Niederschlagsmenge etwas ab. Man trocknet im Trockenschrank bei 200—230^0 C und berechnet den Bleigehalt

Für Bleisuperoxyd	mit Faktor	log =
bis 0,1 g	0,8660	0,93752 — 1
0,1 g	0,8658	0,93742 — 1
von 0,1—0,3 g	0,8652	0,93712 — 1
0,5 g	0,8629	0,93596 — 1
1,0 g	0,8610	0,93500 — 1

[1] Nach A. Fischer: Elektroanalytischen Schnellmethoden, S. 175. Stuttgart 1908.

b) Auswaage als Oxyd.

Schneller und für größere Bleimengen auf alle Fälle genauer, ist die Auswaage als Bleioxyd, was allerdings nur dann gut ausführbar ist, wenn in einem Platingefäß gefällt wurde. Den nur oberflächlich getrockneten Niederschlag erhitzt man vorsichtig unter Fächeln mit der Bunsenflamme, besser im elektrisch beheizten Schalen- bzw. Tiegelofen, bis das braune Superoxyd vollständig in gelbliches Bleioxyd übergegangen ist. PbO hat 92,82% Pb (log = 1,96764).

c) Störende Einflüsse bei der Abscheidung des Bleis als Bleisuperoxyd.

Schwefelsäure im Elektrolyt. Aus Lösungen mit Schwefelsäure gefälltes Bleisulfat besitzt so viel Löslichkeit im salpetersauren Elektrolyt, daß eine vollständige anodische Abscheidung bei der Schnellelektrolyse als Superoxyd bei nicht allzu großen Mengen möglich ist. Durch Abrauchen unlöslich gemachtes Bleisulfat wird durch Digerieren mit verdünntem Ammoniak in verdünnter Salpetersäure (etwa 1 : 1) löslich. Aus derartigen Lösungen abgeschiedenes Bleisuperoxyd fällt aber schwefelsäurehaltig aus [G. Vortmann: Liebigs Ann. **351**, 283 (1907)] und kann daher weder nach a) noch nach b) zur Auswaage gebracht werden. Ein Umfällen solchen Superoxydniederschlages nach Auflösen in verdünnter Salpetersäure auf Zusatz von etwas Oxalsäure liefert praktisch reines Bleisuperoxyd.

Halogene, die man durch wiederholtes Eindampfen mit Salpetersäure zuvor entfernt.

Phosphorsäure, welche die Superoxydabscheidung sehr erschwert und **Chromsäure,** die zu hohe Auswaagen verursacht. In solchen Fällen trennt man das Blei aus der Probelösung zunächst chemischanalytisch ab.

2. Fällung des Bleis als Metall an der Quecksilberkathode.

Nach W. Moldenhauer.

[Ztschr. f. angew. Ch. **13**, 332 (1929).]

Die etwa 50 ccm (bis 100 ccm) betragende Nitratlösung versetzt man mit 2 ccm (4 ccm) konzentrierter Salpetersäure, fügt 0,5 ccm (1 ccm) gesättigte Hydrazinsulfatlösung hinzu, um Bleisuperoxydabscheidung an der Anode zu verhindern (W. D. Treadwell: Elektroanalytische Methoden, S. 152. Berlin 1915) und elektrolysiert bei rotierender Anode mit 1 Ampere, 1 Stunde, für 0,1 g Blei.

Man wäscht ohne Stromunterbrechung aus und trocknet die Quecksilberkathode im Exsiccator unter Vakuum 1—1½ Stunden. (Über das Apparative s. „Allgemeine elektroanalytische Bestimmungsmethoden" Bd. I, S. 397.)

B. Trennungen.

Für Kupfer (s. unten), Cadmium und Magnesium ist eine reine Trennung unmittelbar möglich.

Bei Gegenwart von Silber, Quecksilber, Kobalt, Eisen, Aluminium, Mangan, Zink, Calcium oder Alkalisalzen ist zu berücksichtigen, daß kleine Mengen dieser Metalle ins Bleisuperoxyd übertreten. Für genaue Bestimmungen des Bleis verfährt man dann wie unter 1. Schwefelsäure angegeben, d. h. man reinigt den zuerst quantitativ gefällten Niederschlag durch wiederholte Fällung. Für normale Ansprüche an Genauigkeit ist der Fehler verursachende Einfluß von Kobalt, Eisen, Aluminium, Zink, Calcium und Alkalisalzen zu vernachlässigen. Kleine Mengen Wismut und Antimon gehen praktisch vollständig ins Bleisuperoxyd über, so daß eine elektrolytische Trennung von diesen Elementen nicht möglich ist. Sind Arsen oder Selen zugegen, wird die Fällung des Bleis verzögert, bzw. man erhält zu niedrige Auswaagen.

Blei-Silber. Die Trennung des Silbers von kleinen Mengen Blei ist unter „Silber" (S. 910) beschrieben.

Blei-Kupfer. Kleine Bleimengen — im Verhältnis zum Kupfer — können ohne weiteres bei niedrigerer Konzentration an freier Salpetersäure abgeschieden werden, wie dies zur Trennung Kupfer-Blei, S. 939 angegeben ist. Bei Gegenwart großer Bleigehalte im Ausgangsmaterial fällt man zunächst das Blei nach obiger Methode 1, S. 963 also bei 15—20 % freier Salpetersäure im Elektrolyt. Im quantitativ aufgefangenen Elektrolysat neutralisiert man die Salpetersäure mit Ammoniak so weit, daß die vollständige Abscheidung des Kupfers (s. Methode 3, S. 931) möglich ist. Für mäßige Bleimengen kann man zunächst, wie für die quantitative Bleifällung angegeben, elektrolysieren; ist dieselbe vollständig, hebt man die Anode unter Abspritzen mit Wasser aus und ersetzt sie durch eine frische. Mit Ammoniak stumpft man dann die überschüssige Salpetersäure so weit ab, wie dies zur quantitativen Abscheidung des Kupfers erforderlich ist und elektrolysiert dieses.

Blei-Mangan. Bei Gegenwart von nur Bruchteilen eines Prozents an Mangan ist die anodische Abscheidung des Bleisuperoxyds nach B. Neumann [Chem.-Ztg. **20**, 381 (1896)] brauchbar, wenn man mit 30 ccm freier Salpetersäure, bei etwa 70° C und mit größeren Stromstärken (2 Ampere), also möglichst schnell fällt.

Blei-Zinn. Hollard und Bertiaux (Metallanalyse auf elektrochemischem Wege, S. 54. Berlin 1906) scheiden die Zinnsäure aus Legierungen durch Lösen des feinspänigen Probematerials in konzentrierter Salpetersäure in bekannter Weise quantitativ ab, stellen die Lösung in bezug auf Säure wie oben ein, fügen etwas Kupfernitrat hinzu, erwärmen auf dem Wasserbad bis sich alle Zinnsäure abgesetzt hat und elektrolysieren das Blei in der überstehenden Flüssigkeit bei gewöhnlicher Temperatur.

Palladium.

(Pd = 106,7.)

Elektrochemisches Äquivalent, 1 Amp./Sek. = 0,552 mg Pd$^{\cdot\cdot}$.

Elektrolytisches Potential $EP_{Pd^{\cdot\cdot}} = -\,(<0,793)$ Volt.

Palladium läßt sich sowohl aus saurer als auch ammoniakalischer Lösung quantitativ abscheiden. Die besten Niederschläge erzielt man aus schwefelsaurem Elektrolyt, wenn Wasserstoffentwicklung verhindert wird; dies ist praktisch mit ausreichender Sicherheit möglich, wenn eine Höchstklemmenspannung nicht überschritten wird. Diese Bestimmungsweise des Palladiums ist außerordentlich genau, wenn aus bewegter Flüssigkeit gefällt wird. Palladium kann unmittelbar auf Platin, am besten die mattierte Schale, gefällt werden, da ein Ablösen des Metalls ohne merklichen Angriff der Kathode in folgender Weise möglich ist: Man erwärmt eine kalt gesättigte Chlorkaliumlösung auf 70—80° C, fügt etwas Chromsäure hinzu und hält Schale und Flüssigkeit derart in Bewegung, daß der Metallbelag immer wieder mit Luft in Berührung kommt. Bezüglich des Verhaltens der Anode in chloridhaltigem Elektrolyt siehe beim Platin, S. 967.

Die Vollständigkeit der Fällung kann mit Jodkalium, das mit Palladium eine Braunfärbung (die auf Zusatz von schwefliger Säure nicht verschwindet!) hervorruft, oder mit Dimethylglyoximlösung nachgeprüft werden, die aus schwach saurer, heißer Lösung einen flockigen gelben Niederschlag fällt.

A. Bestimmungsmethoden.

1. Fällung des Palladiums aus schwefelsaurer Lösung.

Nach R. Amberg.

[Ztschr. f. Elektrochem. 10, 386, 853 (1904); Dissertation, Aachen 1905; s. auch A. Classen: Quantitative Analyse durch Elektrolyse, S. 160. Berlin 1920.]

Die Palladiumsalzlösung versetzt man mit so viel Schwefelsäure, daß die zu fällende Lösung etwa 30 Gew.-%$_0$ enthält. Man fällt aus etwa 120 ccm Lösung unter Verwendung von mattierter Schale und Scheibenanode

schnellelektrolytisch, bei max. 65° C, mit (anfangs 0,75 Volt, 0,20 Ampere, zuletzt 1,15 Volt, 0,05 Ampere) 4—6 Stunden für 0,3 g Pd.

Die Temperatur von 65° C und die Klemmenspannung von 1,15 Volt sollen nicht überschritten werden; der Anode erteilt man 600—1000 Umdrehungen in der Minute. Die Abscheidung des Palladiums aus ruhendem Elektrolyt dauert sehr lang und liefert nicht so genaue Resultate, da sich unter anderem eine Palladiumoxydverbindung anodisch abscheidet.

2. Fällung des Palladiums aus ammoniakalischer Lösung.

Nach E. F. Smith.
(Quantitative Elektroanalyse, S. 154. Leipzig 1908.)

Eine Palladochloridlösung versetzt man mit Ammoniak, bis der erst auftretende Niederschlag gelöst ist, fällt ihn wieder mit wenig Salzsäure, so daß Palladosamminchlorid, $Pd (NH_3)_2Cl_2$ entsteht, gibt weitere 20—30 ccm Ammoniak (spez. Gew. 0,935) hinzu, verdünnt auf etwa 150 ccm und fällt

ruhend, bei gewöhnlicher Temperatur, mit 0,07—0,1 Ampere, 12 bis 14 Stunden, für 0,2 g Pd.

B. Trennungen.

Angesichts der niedrigen, zwecks haftender Metallabscheidung nicht zu überschreitenden Klemmenspannung von 1,15 Volt, erscheint eine Trennung des Palladiums ohne weiteres möglich von Cadmium, Zink, Eisen, Nickel, Kobalt und Alkalien (entsprechende Belege konnten nicht ausfindig gemacht werden). Calcium, Barium, Strontium und Blei, die als Sulfate ausfallen, kommen natürlich nicht in Betracht.

Palladium-Silber. Eine elektroanalytische Trennung scheint nicht gefunden zu sein.

Palladium-Gold. Siehe „Gold" S. 917.

Palladium-Kupfer. Siehe „Kupfer" S. 940.

Palladium-Quecksilber. Siehe „Quecksilber" S. 950.

Platin.

(Pt = 195,2.)

Elektrochemisches Äquivalent, 1 Amp./Sek. = 0,504 mg $Pt^{....}$.
Elektrolytisches Potential $EP_{Pt^{....}} = - (< 0{,}863 \text{ Volt})$.

Platin kann festhaltend mit sehr großer Genauigkeit aus sauren Lösungen abgeschieden werden. Man kann dazu die üblichen Platinelektroden, Schalen oder Netze unmittelbar verwenden, muß dann aber auf ein Ablösen des Niederschlags verzichten, den Metallbelag vielmehr durch Ausglühen auf der Elektrode anfritten, wie es A. Classen, Halberstade und Göbbels vorgeschlagen haben. Man erreicht damit gleichzeitig, daß adsorbierter Wasserstoff ausgetrieben wird. Sind viele Bestimmungen auszuführen, dann wird die Oberfläche der Elektroden dabei aber immer mehr leiden, so daß es dann zweckmäßiger ist, die Kathode vorher zu verkupfern oder zu versilbern. Im letzteren Falle erhält man nach A. Classen (Quantitative Analyse durch Elektrolyse, S. 159. Berlin 1920) Mehrgewichte durch Chlorsilberbildung. Meist enthält der Elektrolyt etwas Salzsäure, sodaß einfache Platinanoden im Gewicht um ein geringes abnehmen; es empfiehlt sich dann die Anwendung (polierter) Anoden aus Platin mit 10—15% Iridium.

A. Bestimmungsmethode.

In den meisten Fällen wird Platin als Platinchlorwasserstoffsäure (oder in Form ihrer Salze) vorliegen. Man fügt zur Lösung etwa 2 Vol.-$^0/_0$ Schwefelsäure (1:5) hinzu und fällt aus 60—80 ccm Volumen ruhend, bei $\sim$ 60⁰ C, mit 0,01—0,05 Ampere, 4—5 Stunden für 0,3 g Pt, schnellelektrolytisch, warm, mit 5,0 Ampere (10,5—11 Volt) 6 bis 10 Minuten[1].
Alkali- und Ammonsalze stören nicht.

Die Prüfung auf Vollständigkeit der Fällung kann je nach den Bestandteilen des Elektrolyten mit Zinnchlorür geschehen, das mit Platinsalz eine Gelbfärbung gibt, oder mit Schwefelwasserstoffwasser, welches bei selbst geringen Mengen Platin nach kurzer Zeit eine Braunfärbung hervorruft. Ist beides nicht möglich, wiegt man die Kathode aus und stellt durch halbstündiges Nachelektrolysieren und nochmaliges Auswiegen fest, ob eine weitere Fällung stattfindet.

B. Trennungen[2].

Der obige, schwach schwefelsaure Elektrolyt gestattet nach E. F. Smith (Quantitative Elektroanalyse, S. 245. Leipzig 1908) eine reine Abscheidung des Platins in Gegenwart von Cadmium, Nickel, Kobalt und Zink, bei einer Spannung von 1,8—2,0 Volt (0,07—0,08 Ampere).

A. Classen (Quantitative Analyse durch Elektrolyse, S. 270. Berlin 1920) trennt Platin im gleichen Elektrolyt von Iridium bei einer Höchstklemmenspannung von 1,2 Volt.

Nach E. F. Smith (Quantitative Elektroanalyse. Leipzig 1908) sind aus Cyankaliumlösung folgende Trennungen — wobei Platin in Lösung bleibt — durchführbar:

Platin-Silber. Siehe „Silber" S. 911.
Platin-Gold. Siehe „Gold" S. 917.
Platin-Kupfer. Siehe „Kupfer" S. 940.
Platin-Quecksilber. Siehe „Quecksilber" S. 951.

C. Indirekte Bestimmung von Kalium und Ammonium.

Sehr genau wird die indirekte Bestimmung des Kaliums und Ammoniums (Stickstoff), wenn man in den entsprechenden Platinniederschlägen das Platin elektrolytisch bestimmt und jene berechnet. Man löst die quantitativ gefällten Niederschläge in heißem Wasser auf, setzt 2 Vol.-$^0/_0$ Schwefelsäure (1 : 5) hinzu und elektrolysiert wie oben angegeben. Bei Anwendung der Schnellelektrolyse kommt man schneller zur Auswaage als durch Trocknen der Niederschläge.

---

[1] Nach A. Fischer (A. Classen: Quantitative Analyse durch Elektrolyse, S. 159. Berlin 1920).
[2] Über die elektroanalytische Trennung der Platinmetalle voneinander ist noch nichts Sicheres bekannt.

Rhodium.

(Rh = 102,9.)

Elektrochemisches Äquivalent, 1 Amp./Sek. = 0,356 mg Rh$\cdots$.

Über die Elektroanalyse des Rhodiums ist nur sehr wenig bekannt-gegeben. E. F. Smith (Quantitative Elektroanalyse, S. 155. Stuttgart 1908) fällt aus saurer Phosphatlösung auf verkupferte Schale mit 0,18 Ampere, bis die anfangs purpurne Lösung völlig farblos geworden ist. Die Elektrolyse verläuft sehr schnell und vollständig und liefert schwarzes Metall, das aber festhaftend sein soll. Man wäscht mit heißem Wasser aus.

Derselbe Autor gibt auch die Schnellfällung auf versilberter Schale bei rotierender Spiralanode an. [J. Langness, Dissertation. Philadelphia 1906; Journ. Amer. Chem. Soc. 29, 469 (1907) oder Chem. Zentralblatt 1907 II, 93.]

Bestimmungsmethode.

Die Lösung enthält Rhodiumnatriumchlorid, wird mit 2,5 ccm Schwefelsäure (1:10) versetzt und bei einem Volumen von 100—120 ccm gefällt

schnellelektrolytisch, heiß angesetzt, mit 8—9 Ampere (7—8 Volt),
   10—15 Minuten für 0,06 g Rh,
schnellelektrolytisch, heiß angesetzt, mit 11—15 Ampere ($\sim$ 8 Volt)
   4 Minuten für 0,06 g Rh.

Der Metallbelag ist schwarz aber festhaftend.

Antimon.

(Sb = 120,2.)

Elektrochemisches Äquivalent, 1 Amp./Sek. = 0,415 mg Sb$\cdots$.

Elektrolytisches Potential $EP_{Sb\cdots} = -$ ($<$ 0,463) Volt.

Zur elektrolytischen Bestimmung des Antimons eignet sich nur die ursprünglich von A. Classen empfohlene alkalische Sulfosalzlösung. In der später von A. Fischer [Ber. Dtsch. Chem. Ges. 36, 2048 (1903) und Ztschr. f. anorg. u. allg. Ch. 42, 363 (1904)] und F. Henz [Ztschr. f. anorg. u. allg. Ch. 37, 2 (1903)] ausgearbeiteten Form gibt die Methode bei genauer Innehaltung der unten gekennzeichneten Bedingungen für technische Zwecke sehr gute Resultate. Als Kathodenmaterial dient Platin, und zwar für Metallmengen bis etwa 0,06 g schwach mattierte (etwa durch Königswasser geätzte) Platinbleche in Zylinder- oder Konusform, für größere Mengen, bis höchstens 0,3 g, die schwach mattierte Platinschale. Andere Bedingungen ergeben Übergewichte. Der Antimonbelag löst sich gut in heißer, weinsäurehaltiger Salpetersäure.

A. Bestimmungsmethode.

Fällung des Antimons aus Schwefelnatriumlösung.

Nach A. Fischer.

(Elektroanalytische Schnellmethoden, S. 134. Stuttgart 1908.)

Die zu untersuchende, möglichst neutrale Antimonsalzlösung, welche das Antimon in drei- oder fünfwertigem Zustand enthalten kann, versetzt man mit 15 g reinem, krystallisiertem Schwefelnatrium. Das im gewöhnlichen Analysengang erhaltene Antimontri- oder -pentasulfid löst man unmittelbar in 80 ccm kalt gesättigter reiner Schwefelnatriumlösung (spez. Gew. 1,14). Ist die Sulfosalzlösung gelb gefärbt, erwärmt man auf etwa 60° C und versetzt so lange mit kleinen Mengen einer frisch bereiteten reinen Cyankaliumlösung, bis völlige Entfärbung eingetreten ist; man gibt dann 6 g reinstes Cyankalium hinzu, verdünnt auf 125—150 ccm und fällt auf schwach mattierte Elektrode (s. oben), ruhend, bei 60° C, mit 1,2—1,3 Ampere (maximal 1,7 Volt), 1½ bis 2 Stunden für 0,2—0,3 g Sb.

Aus bewegtem Elektrolyt erfolgen zu große Übergewichte.

Nach den Mitt. d. Fachausschusses (Teil I, S. 98. Berlin 1924) zeigen Metallmengen über 0,08 g für genaue Bestimmungen in Betracht kommende, steigende Übergewichte, die bei Auswaagen zwischen 0,08 g und etwa 0,5 g Antimon 0,2—2,7 mg betragen; diese Mehrgewichte können beim Arbeiten unter stets gleichen Bedingungen (einschließlich denselben Elektroden) empirisch festgestellt und entsprechend in Abzug gebracht werden. Rein abgeschiedenes Antimon ist hellgrau und dicht; dunkelgraue Stellen deuten auf nennenswertes Übergewicht hin.

Für Bestimmungen des Antimons bei Auswaagen von einigen hundertstel Gramm ist die Methode den genauesten chemischen Bestimmungsweisen gleichwertig.

B. Trennungen.

Die Metalle, welche mit Schwefelnatrium eine Fällung geben, müssen vor der Elektrolyse abgetrennt bzw. abfiltriert werden. In Lösung können also nur die Metalle sein, welche Sulfosalze zu bilden vermögen (über Kupfer siehe unten). Für Quecksilber, Gold, Palladium und Wismut ist eine einwandfreie Trennungsmöglichkeit im Alkalisulfidelektrolyt noch nicht geklärt. Platin ist in der cyankaliumhaltigen Sulfosalzlösung so stark komplex, daß die Trennung bei mäßigen Stromstärken durchzuführen ist (A. Fischer: Elektroanalytische Schnellmethoden, S. 230. Stuttgart 1908). Für nicht zu große Antimonmengen ist eine allgemein anwendbare vorzuschaltende chemische Trennungsmethode die Destillation des Antimons als Trichlorid aus stark salzsaurer Lösung bei Gegenwart von Ferrosulfat und unter Zusatz von Zinkchlorid und Durchleiten von Chlorwasserstoff (s. auch „Kupfer" S. 1231), sodaß das Antimon im Destillat mit Schwefelwasserstoff gefällt und das Schwefelantimon dann elektrolytisch bestimmt werden kann.

Antimon-Silber. Siehe „Silber" S. 910 u. 911.

Antimon-Arsen. Die Trennung des Antimons aus der Sulfosalzlösung von kleinen Mengen Arsen ist vollständig, wenn das Arsen in
fünfwertiger Form vorliegt, wozu man die Lösung der Probesubstanz
(oder arsenhaltigen Sulfidniederschlag) mit konzentrierter Salpetersäure
oder Königswasser abdampft. Liegt Arsen neben Antimon im Gang
der chemischen Analyse etwa aus den Sulfosalzlösungen als Trisulfid
vor, so löst man den Niederschlag in wenig Wasser, dem man 2 g Natriumhydroxyd zusetzt, auf, oxydiert mit Wasserstoffsuperoxyd, zersetzt den
Überschuß an letzterem durch Kochen und stellt den Elektrolyten mit
Schwefelnatrium und Cyankalium ein.

Nach A. Classen (Quantitative Analyse durch Elektrolyse, S. 265
bis 266. Berlin 1920) fällt das Antimon sicher arsenfrei — fünfwertiges
Arsen vorausgesetzt —, wenn man dem Sulfosalzelektrolyten neben
Cyankalium noch 2 g reines Natriumhydroxyd zusetzt, im übrigen wie
bei der Antimon-Zinn-Trennung (s. unten) verfährt. Erfahrungsgemäß
fällt aber Antimon bei größeren Mengen Arsen nicht festhaftend aus,
sodaß es in solchen Fällen für genauere Bestimmungen zweckmäßig
ist, das Arsen zuvor wenigstens größtenteils als Trichlorid zu verflüchtigen.

Antimon-Gold. Siehe „Gold" S. 917.

Antimon-Wismut. Siehe „Wismut" S. 921.

Antimon-Kupfer. Nur geringe Kupfermengen, etwa wie sie bei
der Abtrennung des Kupfers von den Sulfosalzbildnern mit sulfhydrat-
haltiger Schwefelnatriumlösung in letzterer enthalten sind, fallen auf
Grund des Cyankaliumzusatzes unter den oben bezeichneten Elektro-
lysenbedingungen nicht mit aus. Über die Trennung des Antimons von
großen Kupfermengen siehe „Kupfer" S. 940.

Antimon-Quecksilber. Siehe „Quecksilber" S. 951.

Antimon-Zinn. Nach den eingehenden Untersuchungen von A. Fischer [Ztschr. f. anorg. u. allg. Ch. 42, 363 (1904)] ist die Trennung sowohl für drei- wie fünfwertiges Antimon durchführbar unter folgenden Bedingungen: Der Elektrolyt muß bei 30 ° C mit Schwefelnatrium gesättigt
sein, der Cyankaliumzusatz muß bei fünfwertigem Antimon auf alle
Fälle gegeben werden, die Temperatur darf 30 ° C, die Klemmenspannung
1,1 Volt nicht überschreiten. Bei Gegenwart von dreiwertigem Antimon kann der Cyankaliumzusatz unterbleiben, jedoch muß dann der
Elektrolyt mit Schwefelnatrium bei 50 ° C gesättigt sein, und die Klemmenspannung darf höchstens 0,9 Volt betragen. Für praktische Fälle
verfährt man daher immer folgendermaßen: Der zu untersuchenden
Lösung setzt man so viel reines krystallisiertes Schwefelnatrium hinzu,
als dem Volumen zur Sättigung bei 30 ° C entspricht und füllt mit bei
30 ° C gesättigter Schwefelnatriumlösung auf 125—150 ccm auf. Antimon-
Zinnsulfidniederschläge löst man unmittelbar in 125—150 ccm der
bezeichneten Schwefelnatriumlösung auf. Ist die Lösung polysulfid-
haltig, dann entfärbt man bei etwa 60 ° C mit Cyankaliumlösung. Hierauf fügt man 4—6 g reinstes Cyankalium und 2 g Natriumhydroxyd
hinzu und fällt auf schwach mattiertes Platin (s. oben)

ruhend, bei höchstens 30° C, mit höchstens 1,1 Volt (etwa 0,6 Ampere),
8 Stunden für 0,2 g Sb,
schnellelektrolytisch, bei höchstens 30° C, mit höchstens 1,1 Volt (etwa
0,6 Ampere), 3—4 Stunden für 0,2 g Sb.

Es ist zweckmäßig, mit der Flüssigkeitsbewegung erst zu beginnen,
wenn die ersten Metallmengen ruhend abgeschieden sind. Bis 0,05 g
Antimon scheiden sich in dieser Weise rein ab; größere Antimonmengen,
bis 0,2 g, zeigen erhebliches Übergewicht, so daß man den Metallniederschlag umfällt (s. unter „Bemerkung"). Letzteren Weg schlage man
immer ein, wenn der Zinngehalt den des Antimons überwiegt. Für sehr
genaue Antimonbestimmungen nehme man die Umfällung schon vor,
wenn der Zinngehalt einige Prozente des Antimongehalts beträgt. Zur
Zinnbestimmung säuert man unter dem Abzug das Elektrolysat mit
Essigsäure schwach an, verjagt Cyanwasserstoff und Schwefelwasserstoff durch gelindes Sieden, filtriert das Zinnsulfid und bestimmt
darin das Zinn nach den für Zinn angegebenen Methoden 1 a) oder 1 b)
S. 976 u. 977.

In antimonhaltigen Zinnprodukten, bei denen also der Zinngehalt
den an Antimon weit überwiegt, wird man das Antimon nach rein
chemischen Methoden zunächst von der Hauptmenge Zinn abtrennen
und dann erst die elektrolytische Antimon-Zinn-Trennung vornehmen.

Bemerkung.

Eine Umfällung unreiner Antimonniederschläge kann in der Weise
vorgenommen werden, daß man den Metallbelag in polysulfidhaltiger
Schwefelnatriumlösung auflöst, die Flüssigkeit mit Cyankalium bei etwa
60° C entfärbt, den Elektrolyten wie erforderlich einstellt und elektrolysiert.

C. Beispiele für die elektrolytische Antimonbestimmung.

1. Allgemeines.

Die elektrolytische Abscheidung des Antimons unmittelbar aus den
Lösungen technischer antimonhaltiger Produkte kommt so gut wie
nicht in Frage, da die Probesubstanzen stets Bestandteile aufweisen,
die zunächst abgetrennt werden müssen. Zumeist erhält man dabei
das Antimon als Tri- oder Pentasulfid oder deren Sulfosalzlösung.
Wie es in Gegenwart anderer Sulfosalzbildner abgeschieden werden
kann, ist unter vorstehenden Antimon-Trennungen angegeben.

Ein einfaches Verfahren, um Antimon besonders in kleineren Mengen
(als Verunreinigung) von anderen Metallen abzutrennen, ist die Destillation der stark salzsauren Probelösung nach Zusatz von Ferrosulfat
und Zinkchlorid. Im Destillat, das alles Antimon als Trichlorid enthält,
kann das Antimon mit Schwefelwasserstoff gefällt und im abfiltrierten
Schwefelantimon elektroanalytisch bestimmt werden (Hollard und

Bertiaux: Metallanalyse auf elektrochemischem Wege, S. 67. Berlin 1906). Sind größere Mengen Arsen im Probematerial enthalten, destilliert man sie zweckmäßig zuerst in der bekannten Weise ab (jedoch ohne Zusatz von Zinkchlorid). Wird die Destillation auf Arsen vollständig zu Ende geführt, dann können bekanntlich kleine Mengen Antimon mit übergehen. Man unterbricht die Arsendestillation daher rechtzeitig und nimmt die Antimondestillation vor. Die hierbei mit übergehenden kleinen Mengen Arsen schaden bei der Elektrolyse auf Antimon nicht. Bei wismuthaltigen Produkten etwa mit dem Antimon überdestillierendes Wismut fällt aus der Sulfosalzlösung vollständig aus nnd wird vor der Elektrolyse abfiltriert.

2. Bestimmung des Antimons in Antimonerzen.

(Antimonit, Antimonium crudum, Antimonocker, Antimonrückstände.)

Die Einwaage hat sich nach dem Antimongehalt zu richten, derart, daß nicht mehr als 0,2 g Antimonmetall zur Auswaage gelangen. Nötigenfalls ist von der Lösung ein aliquoter Teil zu entnehmen. Die sehr fein pulverisierte Probe löst man in Bromsalzsäure oder konzentrierter Schwefelsäure unter Erwärmen. Substanzen, die einen antimonhaltigen Rückstand hinterlassen, schließt man im Eisentiegel mit Natriumsuperoxyd auf, löst die Schmelze in Wasser auf, säuert mit Salzsäure an und verjagt das Chlor durch Kochen. Aus der mäßig sauren Lösung fällt man mit Schwefelwasserstoff die erste Gruppe aus, filtriert den Sulfidniederschlag ab, wäscht mit Schwefelwasserstoffwasser nach und digeriert ihn mehrfach mit gesättigter Schwefelnatriumlösung, die man über ein Jenaer Glasfilter dekantiert. Zuletzt wäscht man mit heißer Schwefelnatriumlösung auf dem Filter aus. In der aufgefangenen Sulfosalzlösung kann das Antimon wie oben angegeben elektrolytisch bestimmt werden, wobei man in Gegenwart mäßiger Mengen Zinn oder Arsen in der für die entsprechende Trennung angegebenen Weise verfährt. Bleibt beim Behandeln des ersten Sulfidniederschlages mit Schwefelnatrium verhältnismäßig viel unlöslicher Rückstand (Blei-, Kupfersulfid usw.), so unterzieht man denselben bei sehr genauen Antimonbestimmungen nach dem Trocknen und Ablösen vom Filter einem Schwefelaufschluß, dessen wässerigen Auszug man der Hauptlösung zufügt.

3. Schnelle Bestimmung des Antimons in Hartblei.

Nach H. Nissenson und B. Neumann.

[Chem.-Ztg. 19, 1141 (1895).]

2,5 g Metallspäne übergießt man mit 15 ccm Wasser, setzt 10 g Weinsäure, dann 4 ccm Salpetersäure (spez. Gew. 1,4) hinzu und löst unter Erwärmen. Zur klaren Lösung fügt man nach dem Erkalten 4 ccm konzentrierte Schwefelsäure hinzu, verdünnt mit Wasser und füllt in einem Meßkolben auf 250 ccm auf. 100 ccm der durch ein trockenes Filter gegossenen Lösung macht man mit Natronlauge eben alkalisch, setzt 100 ccm einer kalt gesättigten Schwefelnatriumlösung hinzu und kocht auf. Die Lösung (einschließlich Niederschlag) führt man in einen 250 ccm-Meßkolben über und füllt zur Marke auf. Man entnimmt 100 ccm der durch ein trockenes Filter gegossenen Lösung und elektrolysiert das Antimon wie oben angegeben. Kupfer und Eisen können in bekannter Weise gleichzeitig bestimmt werden.

4. Schnelle Bestimmung des Antimons in technischem Kupfer.

(Schwarzkupfer, Handelskupfer.)

a) Nach Hollard und Bertiaux [Bull. Soc. Chim. Paris **31**, 1124 (1904) oder Chem. Zentralblatt **1905** I, 120 und Metallanalyse auf elektrochemischem Wege, S. 97. Berlin 1906] löst man 5—10 g Kupfer in Salpetersäure, raucht mit Schwefelsäure ab und destilliert mit Salzsäure unter Zusatz von Ferrosulfat zunächst das Arsen ab, gibt dann Chlorzink in den Destillierkolben und destilliert das Antimon für sich über. Im Destillat fällt man das Antimon als Sulfid, filtriert, löst den Niederschlag in Schwefelnatrium und elektrolysiert wie oben unter Antimon-Zinn-Trennung angegeben, eventuell nach Filtration der Sulfostannatlösung von geringen Mengen bei der Destillation mit übergegangenem Wismut. Spuren von etwa überdestilliertem Zinn trennt die Elektroanalyse von Antimon ab.

Ebenso verfahren die beiden Autoren zur Bestimmung des Antimons in technischem Blei, indem sie das Probematerial in Form von sehr feinen Spänen unmittelbar im Destillierkolben mit konzentrierter Schwefelsäure zersetzen.

Die Destillation, unmittelbar mit dem Ausgangsmaterial vorgenommen, ist natürlich nur mit begrenzten Einwaagen möglich, sodaß antimonarme Produkte nicht oder nur noch ungenau untersucht werden können; außerdem ist die Antimondestillation praktisch sehr wenig erfreulich und nur sehr schwer quantitativ zu erreichen, weshalb die nachstehende Methode b) mehr zu empfehlen ist.

b) Man trennt zunächst das Antimon neben Wismut, Zinn (s. unten) und Arsen quantitativ von der Hauptmenge Kupfer in unreinem Zustand ab, entweder nach der im Kapitel „Kupfer" angegebenen Methode, S. 1231 oder besser nach der Methode von H. Blumenthal, S. 1240. Die alles Antimon enthaltenden Eisen- bzw. Manganniederschläge löst man in starker Salzsäure, verjagt das freiwerdende Chlor durch Kochen und destilliert in bekannter Weise nach Zusatz von Ferrosulfat oder einem anderen Reduktionsmittel die Hauptmenge Arsen ab. Man unterbricht die Destillation rechtzeitig, um die gegen Ende auftretenden Antimonverluste zu vermeiden; kleine Mengen Arsen schaden nachher bei der elektroanalytischen Methode nicht, wenn das Arsen in die fünfwertige Form übergeführt wird. Aus der im Destillationskolben verbleibenden Lösung fällt man die Metalle der Schwefelwasserstoffgruppe bei niedriger Salzsäurekonzentration quantitativ aus, filtriert und wäscht den Sulfidniederschlag mit natriumsulfat- oder natriumacetathaltigem Wasser vollständig aus. Man löst die Sulfide in etwa 50 ccm Wasser, in welchem man 2 g reines Natriumhydroxyd aufgelöst hat, oxydiert mit Wasserstoffsuperoxyd und verkocht den Überschuß desselben; dann setzt man 15 g reines, krystallisiertes Schwefelnatrium hinzu, erwärmt kurze Zeit auf dem Wasserbad und filtriert den Sulfidniederschlag ab. Das Filtrat enthält alles Antimon, den Rest des Arsens als Pentasulfid, geringe Mengen Zinn und äußersten Falles Spuren von Kupfer. Man entfärbt bei 60—70° C die polysulfidhaltige Lösung durch allmählichen Zusatz von konzentrierter, reinster Cyankaliumlösung, setzt weitere 6 g reines Cyankalium hinzu, verdünnt auf 125—150 ccm und elektrolysiert das Antimon wie unter Antimon-, Arsen- bzw. Antimon-Zinn-Trennungen angegeben.

Enthält das zu untersuchende Probematerial Zinnmengen, die beim Lösen in Salpetersäure nicht wahrnehmbar ausfallen, dann kann ohne weiteres wie oben angegeben verfahren werden. Scheidet sich aber beim Lösen Zinn als Zinnsäure aus, so kann es aus der Lösung des Mangansuperoxydniederschlages als Zinnsäure abfiltriert werden. Da der Niederschlag noch antimonhaltig sein kann, verascht man ihn, schmelzt mit wenig Natriumsuperoxyd im Eisen- oder Nickeltiegel, löst die Schmelze in Wasser, säuert mit Salzsäure schwach an, verkocht das Chlor und gibt die Lösung zum Destillationsrückstand vom Arsen.

Man beachte, daß in gewissen Kupfersorten, besonders nickelhaltigen Schwarzkupfern, schwer lösliche Antimonverbindungen auftreten können, die sich dem Aufschluß mit Salpetersäure entziehen (s. Kapitel „Kupfer" S. 1249).

Bemerkung.

Da die Methode von H. Blumenthal auch auf schwach saure Bleinitratlösung anwendbar ist, wenn man an Stelle des Mangansulfats Mangannitrat verwendet, so kann die Bestimmung des Antimons in technischem Blei ganz analog vorstehendem Verfahren b) ausgeführt werden.

5. Bestimmung des Antimons in technischem Zinn.

Man löst 5—20 g Zinn in 40—150 ccm Salzsäure (1:1) unter zeitweiligem Zusatz einiger Körnchen Kaliumchlorat unter mäßigem Erwärmen vollständig auf und verjagt das Chlor durch gelindes Sieden. Das Antimon, neben Kupfer, Blei usw., trennt man dann in der auf 300—900 ccm verdünnten Lösung nach der Clarkschen Methode (S. 1598) vom Zinn ab, nachdem man die freie Salzsäure durch Zusatz von 30 bis 100 g Ammoniumoxalat abgebunden hat. Den Sulfidniederschlag digeriert man mit Schwefelnatrium, filtriert nötigenfalls und elektrolysiert das Antimon.

Zinn.

(Sn = 118,7.)

Elektrochemisches Äquivalent, 1 Amp./Sek. = 0,616 mg $Sn^{..}$.
Elektrolytisches Potential $EP_{Sn^{..}} = +$ ($> 0,192$) Volt.

Die elektrolytische Bestimmung des Zinns ist in der Praxis für viele
Zinnprodukte in Anwendung, weil einige Methoden sehr genaue Resultate geben, andererseits die im Verlauf der chemischen Analyse anfallenden Zinnverbindungen, wie Metazinnsäure und Zinnsulfid leicht in
die für die Elektroanalyse erforderlichen Lösungen übergeführt werden
können. Die Methoden bieten Trennungsmöglichkeit von einer Anzahl
anderer Elemente, sodaß auch die Anwendung der Zinnelektrolyse
unmittelbar auf eine Reihe technisch zur Untersuchung kommender
Produkte möglich ist. — Zinn und Platin legieren sich bekanntlich leicht,
sodaß allgemein empfohlen wird, Platinelektroden — meist kommen
Netze zur Anwendung — zuvor elektrolytisch mit einem Schutzüberzug
zu versehen. Für Fällungen aus Oxalatlösungen kann dazu Kupfer dienen,
wozu man zweckmäßig nach S. 934 verfährt. Wird aber die Abscheidung
des Zinns aus Sulfosalzlösungen auf Kupfer vorgenommen, dann kann
eine Aufnahme nachweisbarer Schwefelmengen an der Kathode nicht
verhindert werden. A. Fischer (Elektroanalytische Schnellmethoden,
S. 138. Stuttgart 1908) verkupfert daher zuerst die Platinkathode gemäß
S. 934 und verzinnt dann den Kupferniederschlag in der unten
angegebenen Weise. An Stelle des Kupfers schlägt A. Classen (Quantitative Analyse durch Elektrolyse, S. 154. Berlin 1920) vor, die
Platinkathode zuerst mit einem Cadmiumüberzug zu versehen, gemäß
S. 922 und diesen eventuell zu verzinnen; letzteres soll nicht unbedingt
erforderlich sein, da sich in den Sulfosalzlösungen Cadmiumsulfid nur
in Spuren bildet. Zinnabscheidungen aus salz-oxalsaurem Elektrolyt
dürfen nach den Mitt. d. Fachausschusses (Teil I, S. 82. Berlin
1924) unmittelbar auf Platin erfolgen, da „an den Elektroden nach der
Elektrolyse bei richtiger Behandlung keine Gewichts- oder andere Veränderungen festgestellt werden können" (s. auch unten 1c, Bemerkung
S. 978). Die Zinniederschläge sind besonders leicht mit heißer, oxalsäurehaltiger Salzsäure abzulösen; bleiben schwarze Stellen am Rande
des Schutzüberzuges, so schmilzt man leicht mit etwas Kaliumbisulfat.

A. Bestimmungsmethoden.

1. Fällung des Zinns aus Oxalatlösungen [1].

a) Oxalsaure Ammoniumoxalatlösung nach A. Classen
(Quantitative Analyse durch Elektrolyse, S. 151. Berlin 1920).

Zu einer neutralen Lösung des Stanno- oder Stannisalzes setzt man
auf je 0,1 g Zinn 3,6 g normales Ammoniumoxalat und die gleiche Menge
Oxalsäure hinzu. Das Volumen betrage 100 ccm für je 0,1 g Zinn. Enthält die Ausgangslösung freie Salzsäure, so stumpft man dieselbe zunächst

---

[1] Bei den Methoden unter 1 ist zu beachten, daß Oxalsäure gelegentlich bleihaltig im Handel vorkommt.

mit Ammoniak ab, bis eine bleibende schwache Trübung entsteht, fügt dann wie oben Oxalat und Oxalsäure hinzu und erwärmt. Aus Sulfosalzlösungen des Zinns fällt man das Zinnsulfid zunächst quantitativ durch Ansäuern der Lösung mit Essigsäure und Abdunsten des Schwefelwasserstoffs. Das abfiltrierte Zinnsulfid übergießt man mit dem oben angegebenen siedend heißen Elektrolyt (je 100 ccm für 0,1 g Zinn), wodurch es leicht in Lösung geht. Eine dabei bleibende Trübung der Lösung, infolge ausgeschiedenen Schwefels, ist auf die Metallabscheidung von keinem Einfluß. Man elektrolysiert auf verkupferte Schale oder Netze — letztere bei größeren Flüssigkeitsmengen auf alle Fälle —
ruhend, bei gewöhnlicher Temperatur, mit 0,2—0,6 Ampere, 8—10 Stun
    den für 0,3 g Sn,
ruhend, bei 60—65° C, mit 1,0—1,5 Ampere, 4—4½ Stunden für 0,3 g Sn.
Nach A. Fischer (Elektroanalytische Schnellmethoden, S. 137. Stuttgart 1908) eignet sich dieser Elektrolyt nicht zur Fällung aus bewegtem Bad bei höherer Stromstärke, weil die Zersetzung des Ammoniumoxalats zu schnell verläuft und infolgedessen Zinnsäure ausfällt.

Das Ammoniumoxalat wird im Verlaufe der Elektrolyse anodisch zu Ammoniumcarbonat oxydiert, sodaß der Gehalt der Lösung an freier Oxalsäure abnimmt. Ein Alkalischwerden muß aber verhindert werden, weil dadurch die Elektroanalyse unvollständig bleiben würde. Man setzt daher dem Elektrolyten mehrmals etwas Oxalsäure oder etwas verdünnte Schwefelsäure (1 : 1) hinzu; im letzteren Fall entsteht Ammoniumsulfat, das für die Metallabscheidung günstig ist [F. Henz: Ztschr. f. anorg. u. allg. Ch. 37, 39 (1903)]. Aus heißen Lösungen wäscht man ohne Stromunterbrechung aus. Der Elektrolyt liefert glänzendes, sehr fest haftendes Metall, weshalb er auch im besonderen zur Verzinnung geeignet ist.

b) Alkalische Alkalioxalatlösung nach E. Schürmann und
                              H. Arnold
[Mitt. Materialprüfungs-Amt Groß-Lichterfelde West 27, 470 (1909)].

Man elektrolysiert aus alkalischer, chlor- und ammonsalzfreier Oxalatlösung. Liegt Zinn in Alkalisulfosalzlösung unbekannten Alkaligehalts vor, dann stellt man den Elektrolyten in folgender Weise ein: Man säuert die Lösung mit Essigsäure schwach an, verkocht den Schwefelwasserstoff, fügt für je 0,1 g Zinn 10 g Ätzkali hinzu, wodurch das gefällte Zinnsulfid wieder in Lösung geht, versetzt mit Wasserstoffsuperoxyd bis zur völligen Entfärbung der gelben Lösung, zersetzt das überschüssige Wasserstoffsuperoxyd durch Kochen, kühlt ab und gibt unter gutem Umrühren etwa 15 g Oxalsäure hinzu. Chlor- oder ammonsalzhaltige Zinnlösungen führt man zunächst in Sulfostannatlösungen über, scheidet aus diesen das Zinn mit Essigsäure als Sulfid ab, filtriert und löst den ausgewaschenen Niederschlag in Kalilauge, oxydiert mit Wasserstoffsuperoxyd und verfährt weiter wie oben. Gefälltes, feuchtes Zinnphosphat löst man ebenfalls in der oben angegebenen Menge Kalilauge und setzt die Oxalsäure hinzu. Man fällt aus etwa 150 ccm Lösung, die erforderlichenfalls zu kühlen ist, ruhend, bei 60—70° C, mit 1,5—2 Ampere (3,5—4 Volt), 3—6 Stunden, für 0,2—0,5 g Sn,

schnellelektrolytisch[1], kalt angesetzt, mit 2—2,5 Ampere (4—5 Volt), 2—2$\frac{1}{2}$ Stunden, für 0,5—0,9 g Sn.

Nitrate, Acetate, Phosphate und Tartrate sind von keinem Einfluß auf das Resultat. Chloride und Ammonsalze dürfen nicht anwesend sein.

Das Zinn fällt sehr rein und vollständig aus, demzufolge die Bestimmungen sehr genau sind, so daß E. Schürmann [Chem.-Ztg. 34, 1117 (1910)] die Methode zur unmittelbaren Bestimmung des Zinns in Elektrolytzinn mit über 99% Feingehalt anwendet, wobei zur Abtrennung der I. Gruppe die Clarksche Methode vorgeschaltet wird.

c) Salzsäure-Oxalsäurelösung[2].

Die das Zinn als Chlorid oder Chlorür enthaltende Lösung versetzt man für je 0,3 g Zinn mit 25 g Oxalsäure und 20 ccm Salzsäure (1 : 1), bringt auf 250—280 ccm Volumen und elektrolysiert unmittelbar auf Platinnetz ruhend, bei etwa 80° C, mit 0,3—0,4 Ampere, in 12—14 Stunden.

Die Stromdichte soll nicht höher sein, weil sonst der Metallniederschlag nicht mehr festhaftet. Für größere· Zinnmengen, bis etwa 1 g, erhöht man bei gleichbleibender Oxalsäuremenge den Salzsäurezusatz bis auf etwa 60 ccm (1 : 1), um alles Zinn in Lösung zu halten. Man vertauscht den Elektrolyt ohne Stromunterbrechung schnellstens gegen ein Becherglas heißen Wassers und läßt die Elektrolyse in diesem Waschwasser noch 10 Minuten weitergehen, um rückgelöste Spuren Zinn praktisch vollständig wieder zu fällen, wäscht dann mit heißem Wasser aus, spült die Kathode mit Alkohol und trocknet bei etwa 80° C.

Bemerkung.

Die auffallende Tatsache, daß Platinanoden im salzsauren-oxalsauren Elektrolyt keine Abnahme erfahren, findet ihre Erklärung in der Anwesenheit der Oxalsäure. K. Wagenmann und H. Triebel (Zentrallaboratorium der Mansfeld A. G., Eisleben) konnten feststellen, daß freies Chlor im salzsauren-oxalsauren Elektrolyt in nur sehr kleinen Mengen auftreten kann, da es sich mit Oxalsäure schnell und so gut wie vollständig unter Bildung von Salzsäure umsetzt.

2. Fällung des Zinns aus Schwefelammoniumlösung.

Nach A. Classen[3].

Die nötigenfalls mit Ammoniak annähernd neutralisierte Stanno- oder Stannisalzlösung versetzt man mit 16 ccm Schwefelammonium,

[1] Schürmann verwendet zur Elektrolytbewegung einen Frary-Apparat mit 6—8 Ampere Belastung bei 4—5 Volt.

[2] Siehe E. Eckert: Metall u. Erz 21, 202 (1924) u. Mitt. d. Fachausschusses, Teil I, S. 81. Berlin 1924.

[3] A. Classen: Quantitative Analyse durch Elektrolyse, S. 153. Berlin 1920. Siehe näheres A. Fischer u. Boddaerz: Ztschr. f. Elektrochem. 10, 945 (1904) und L. F. Witmer: Journ. Amer. Chem. Soc. 27, 1527 (1905). — W. D. Treadwell (Elektroanalytische Methoden, S. 118. Berlin 1915) elektrolysiert unter etwa den gleichen Bedingungen in Alkalisulfid-Lösung.

das aus Ammoniak vom spez. Gew. 0,91 bereitet wurde, — Zinnsulfid kann natürlich unmittelbar darin gelöst werden — fügt 20 ccm 40%ige Natriumsulfitlösung hinzu, bringt auf 120 ccm Volumen und fällt auf elektrolytisch verzinnte (s. unten unter 3.) Schalen- oder Netzkathode ruhend, bei 50—60° C, mit 1—1,2 Ampere (3—4 Volt), 3—4 Stunden für 0,2 g Sn,

schnellelektrolytisch, bei 60° C, mit 5,5 Ampere (3—4 Volt), 25 Minuten für 0,2 g Sn.

Die Fällung in bewegtem Elektrolyt ist vorzuziehen. Man wäscht schnell mit Wasser ohne Stromunterbrechung gut aus, spült mit Alkohol, dann mit Schwefelkohlenstoff und nochmals mit Alkohol ab. Man erhält besonders auf Netzen mit Cadmium-Zinn-Überzug ein sehr reines Metall.

3. Verzinnen von Elektroden.

Nach A. Fischer.

(Elektroanalytische Schnellmethoden, S. 140. Stuttgart 1908.)

Die elektrolytisch mit einem Kupfer- oder Cadmiumbelag versehene Elektrode, Schale oder Netz, verzinnt man in folgender Lösung: 3—4 g Zinnammoniumchlorid löst man in 150 ccm kaltem Wasser und fügt 150 ccm einer kalt gesättigten Ammoniumbioxalatlösung hinzu. Man elektrolysiert bei schwacher Flüssigkeitsbewegung mit 0,2—0,3 Ampere, 5—10 Minuten.

B. Trennungen.

Die Trennung des Zinns von den Alkalien ist in allen oben angegebenen Elektrolyten durchführbar. Methode 1 c ermöglicht die Abscheidung des Zinns in Gegenwart der Erdalkalien. Für die Trennung von Magnesium sind 1 a und 1 c gut geeignet. Nickel, Kobalt, Eisen, Chrom, Aluminium und Mangan sind nach den Methoden 1 a und 1 c abzutrennen, wobei in oxalsaurer Lösung Nickel, Kobalt und Eisen (zweiwertig!) zum Teil als Niederschläge ausfallen, am Boden absitzen und bei Verwendung von Netzelektroden nicht stören; die Zinnabscheidung wird bei Gegenwart von Eisen und Chrom durch Zusatz organischer Reduktionsmittel, wie Hydrazinsalze, begünstigt. Liegt reichlich Eisen vor, wählt man bei Methode 1 c die größte Salzsäurekonzentration. (Blei, Kupfer und Antimon fallen aus den Oxalatelektrolyten mindestens teilweise mit aus.) Zink bleibt bei Methode 1 c vollständig in Lösung, wenn genügend freie Salzsäure zugegen ist. Von Arsen läßt sich Zinn nach Hollard und Bertiaux (Metallanalyse auf elektrochemischem Wege, S. 50. Berlin 1906) nach Methode 1 a abtrennen.

Zinn-Silber. Siehe „Silber" S. 910.
Zinn-Wismut. Siehe „Wismut" S. 921.
Zinn-Kupfer. Siehe „Kupfer" S. 941.
Zinn-Quecksilber. Siehe „Quecksilber" S. 951.

Zinn-Molybdän. Siehe unten „Zinn-Wolfram".
Zinn-Blei. Siehe „Blei" S. 965.
Zinn-Antimon. Siehe „Antimon" S. 971.
Zinn-Wolfram. α) Nach W. D. Treadwell [Ztschr. f. Elektrochem. 19, 381 (1913)] ist die Zinnabscheidung in Gegenwart von Wolfram aus der Sulfosalzlösung möglich, wobei dem Alkalisulfidelektrolyten der Vorzug zu geben ist, da in ihm das Zinn weniger zur Schwefelaufnahme neigt. Die Lösung enthält 6 g reinstes Schwefelnatrium, 5 g Natriumhydroxyd und 10 ccm kalt gesättigte Natriumbisulfitlösung. Man elektrolysiert

ruhend, bei etwa 60° C, mit 1,0—0,4 Ampere, 4 Stunden, für 0,1 g Sn,
in bewegtem Elektrolyt, bei etwa 60° C, mit 1,7—0,7 Ampere, 1 Stunde,
    für 0,1 g Sn.

(Treadwell fällt unmittelbar auf Platin, löst den Zinniederschlag mit Salzsäure ab und glüht die noch dunkel gefärbte Elektrode mit der Gebläseflamme aus.)

β) A. Jilek und Jan Lukas [Chemické Listy 18, 205 (1924) und Chem. Zentralblatt 1925 I, 134] nehmen die Zinn-Wolfram-Trennung im alkalischen Elektrolyt unter Zusatz von Seignettesalz vor, wobei höchstens 0,5 g Zinn neben 0,15 g Wolframsäure vorliegen sollen: Die (Na- oder K-) alkalische Sulfosalzlösung von Zinn und Wolfram versetzt man mit 2—4 g Seignettesalz, in wenig Wasser gelöst, gibt 5 ccm 20%ige Kalilauge hinzu und oxydiert vollständig mit 30%igem Wasserstoffsuperoxyd, dessen Überschuß man verkocht. Bei mehr als 0,1 g Zinn kann eine Trübung entstehen, die durch vermehrten Zusatz von Seignettesalz beseitigt wird. Man bringt auf 150 ccm Volumen, setzt 1 g Dikaliumphosphat hinzu und fällt in der Platinschale schnellelektrolytisch, bei 60—70° C, mit 3 Ampere (8—10 Volt) 3 Stunden und erhält reines Zinn in silberglänzender Form. Bei Gegenwart von **Molybdän** fällt das Zinn nicht ganz molybdänfrei. Von **Vanadium** ist die Trennung nicht möglich.

Bemerkung.

Die Methode 1 c (S. 978) eignet sich sehr gut zu Umfällungen des erstmals abgeschiedenen Zinniederschlages in allen Fällen, in denen Zinn unmittelbar auf Platin gefällt wird, da sich das Zinn in heißer oxalsäurehaltiger Salzsäure (gemäß Elektrolyt 1c) leicht löst; auch anodische Stromwirkung kann dabei zu Hilfe genommen werden.

C. Beispiele für die elektrolytische Zinnbestimmung.

1. Allgemeines.

Fällt Zinn im Verlaufe einer chemischen Analyse als Sulfid an, dann kann die elektrolytische Bestimmung nach den vorstehend beschriebenen Methoden sehr zweckmäßig sein. Enthält der Zinnsulfidniederschlag aber gleichzeitig Antimon (und Arsen), so trennt man dieses zweckmäßig zuvor nach der Clarkschen Methode (s. S. 1598) ab und wendet dann auf das aus dem Filtrat gefällte Zinnsulfid die Methoden 1b (S. 977) oder 1c (S. 978) an. Eine Trennung von Arsen allein kann nach Hollard und Bertiaux (s. oben) nach Methode 1a (S. 976) vollzogen werden.

2. Bestimmung des Zinns in Weißmetallen.

Nach E. Schürmann[1].

In einem etwa 1000 ccm fassenden Becherglas übergießt man I g Probematerial mit 10—15 ccm 50%iger Weinsäurelösung und fügt unter fortwährendem Umschütteln und anfänglicher Kühlung nach und nach 10—15 ccm konzentrierte Salpetersäure hinzu. Man verdünnt auf etwa 300 ccm, erhitzt nahezu zum Sieden und fällt das Zinn mit 10 ccm einer schwach salpetersauren 25%igen Dinatriumphosphatlösung ($Na_2HPO_4 + 12 H_2O$). Man verdünnt mit 200—300 ccm heißem Wasser, läßt den Zinnphosphatniederschlag auf dem Wasserbad absitzen und hebert dann die überstehende Flüssigkeit in ein Becherglas ab. Zum Niederschlag setzt man nochmals etwa 900 ccm heißes, schwach salpetersaures Wasser, das etwa 1% Kaliumnitrat enthält, läßt wieder auf dem Wasserbad absitzen und hebert die überstehende Flüssigkeit ebenfalls in ein Becherglas ab. Die geringen Mengen Zinnphosphat in den beiden abgeheberten Flüssigkeitsmengen läßt man zweckmäßig auf dem Wasserbad absitzen, gießt die überstehende Flüssigkeit über ein Filter, auf welches man zuletzt den Hauptniederschlag bringt. Sind die letzten Flüssigkeitsmengen abgelaufen, bringt man den noch feuchten Niederschlag vermittels eines Spatels weitmöglichst in das Fällgefäß zurück, löst dazu das am Filter Haftende mit 25 ccm warmer, normaler Kalilauge und wäscht das Filter gründlich mit schwach kalilaugehaltigem Wasser aus. Erwärmt man das Filtrat, dann löst sich der gesamte Zinnphosphatniederschlag auf. Man neutralisiert mit Oxalsäure, setzt weitere 5 g Oxalsäure hinzu und leitet in die etwa 300 ccm betragende Lösung bei Siedehitze einen kräftigen Schwefelwasserstoffstrom ein, um geringe Mengen Antimon und Kupfer zu fällen. Das Filtrat engt man auf 150 ccm ein, neutralisiert die freie Oxalsäure mit 80%iger Kalilauge, fügt weitere 5 ccm Lauge hinzu und elektrolysiert gemäß Methode 1b.

Zink.

(Zn = 65,37.)

Elektrochemisches Äquivalent, 1 Amp./Sek. = 0,339 mg Zn
Elektrolytisches Potential EP_{Zn}·· = + 0,770 Volt.

Die gravimetrischen Methoden zur Zinkbestimmung sind sehr genau, aber zeitraubend; die volumetrischen Methoden sind zwar schneller,

---

[1] E. Schürmann: Chem.-Ztg. **34**, 1117 (1910); Chem. Zentralblatt **1910 II**, 1632 und A. Rüdisüle: Nachweis, Bestimmung und Trennung der chemischen Elemente, Bd. 1, S. 531. Bern 1913.

benötigen aber für genaue Bestimmungen ziemlichen Arbeitsaufwand. Es hat daher nicht an Bemühungen gefehlt, die Methoden durch eine genaue und schnelle elektroanalytische zu ersetzen. Die Zahl der dazu in Vorschlag gebrachten Elektrolyte ist ungewöhnlich groß. Wenn aber bis heute für Zink nur sehr wenige Elektrolysenmethoden in die Praxis Eingang gefunden haben, mag dies unter anderen Ursachen hauptsächlich die haben, daß der größte Teil jener vorgeschlagenen Methoden mit Elektrolyten arbeiten, die gegenüber unter Umständen geringfügigen Verunreinigungen, mit denen man in praktischen Fällen durchweg zu rechnen hat, sehr empfindlich sind, d. h. dann unvollständige Fällungen, sowie schlecht haftende oder verunreinigte Niederschläge liefern; wobei unter Verunreinigungen in diesem Fall auch unterschiedliche Anionen oder Alkali- und Ammonsalze zu verstehen sind. Diese Bestandteile treten aber in den Ausgangslösungen für die Zinkbestimmung sehr häufig zusammen auf, weil in technischen Produkten so gut wie immer Verunreinigungen vorliegen, die vor der Zinkfällung abgeschieden werden müssen, sodaß also die Zinkbestimmung nur in Ausnahmefällen unmittelbar auf die Lösung der Probesubstanz angewandt werden kann. Dieser Umstand muß aber auch für die nachstehend ausgewählten Methoden derart berücksichtigt werden, daß man die bezüglichen Bedingungen sorgfältig innehält; andernfalls bleiben die Metallfällungen unvollständig, oder die Niederschläge zeigen unbrauchbare Beschaffenheit [1].

Zink läßt sich aus alkalischen und sauren Lösungen quantitativ elektrolytisch abscheiden. Die besten Metallniederschläge liefert der natronalkalische Elektrolyt. Netzelektroden sind vorteilhaft. Da Zink sich mit Platin schon bei schwachem Erwärmen leicht legiert, schützt man Platinkathoden durch zuvoriges elektrolytisches Verkupfern (s. S. 934) oder Versilbern (s. S. 910). Im übrigen können mehrere Metallniederschläge aufeinander gefällt werden, sofern der alte Zinkbelag von einwandfreier Beschaffenheit und nicht durch längeres Liegen an der Luft oxydiert ist. Das Ablösen des Zinks nimmt man mit Salzsäure (spez. Gew. 1,12) vor. Statt der Platinkathoden haben sich solche aus Nickel, Messing (auch amalgamiert) [2], Kupfer oder Silber, für die Abscheidung aus natronalkalischer Lösung auch solche aus Tantal, sehr gut bewährt. Sehr genaue Zinkbestimmungen ermöglicht die Quecksilberkathode.

A. Bestimmungsmethoden.

(S. a. S. 1710.)

1. Fällung des Zinks aus natronalkalischer [3] Lösung.

Die das Zink (0,1—0,3 g) als Sulfat enthaltende Lösung neutralisiert man erforderlichen Falles mit reiner Natronlauge, versetzt mit so viel

---

[1] Über den störenden Einfluß der bezeichneten Bestandteile stehen auch für die hierunter aufgeführten Methoden die Ansichten der verschiedenen Autoren sich teilweise gegenüber, demzufolge die fraglichen Bedingungen hier schärfer gefaßt wurden als es möglicherweise nötig ist.

[2] Über das Amalgamieren der Elektroden s. S. 949.

[3] Selbstverständlich kann auch Kalilauge angewandt werden.

Natronlauge, bis das Zink vollständig als Zinkat in Lösung ist und gibt einen Überschuß von 3—5 g Natriumhydroxyd. Man fällt bei 100—125 ccm Volumen

ruhend, bei gewöhnlicher Temperatur, mit 0,5—3 Ampere, in 2 bis 3 Stunden (für 0,3 g Zn),

schnellelektrolytisch (bei kräftiger Rührung), bei etwa 60° C, mit 3 bis 5 Ampere, in 15—20 Minuten (für 0,3 g Zn).

Stromstärke und Fällungsdauer — auch die Alkalimengen — können in weiten Grenzen verändert werden. Chloride und kleine Mengen Nitrate verhindern in bewegter Lösung die Vollständigkeit der Fällung zwar nicht, beeinträchtigen aber die Beschaffenheit des Metallniederschlages. Man entferne sie zuvor — bei der ruhenden Elektrolyse auf alle Fälle — durch Abdampfen mit Schwefelsäure. Bei Gegenwart von Ammonsalzen bzw. Ammoniak bleibt die Fällung unvollständig; man verjage daher vor der Elektrolyse alles Ammoniak durch Kochen der natronalkalischen Lösung. Das Ausheben der Elektroden aus heißem Elektrolyt nehme man schnell vor. Das Auswaschen muß gründlich geschehen, um die letzten Alkalimengen zu entfernen.

2. Fällung des Zinks aus weinsaurer Lösung.

Vgl. H. Nissenson.

(Die Untersuchungsmethoden des Zinks, S. 68. Stuttgart 1907.)

Die zu fällende Zinklösung (0,2—0,3 g Zn) soll ausschließlich Sulfat enthalten; schwefelsaure Lösungen neutralisiere man vollständig mit reiner Natronlauge. Aus ammoniakalischen Lösungen vertreibt man das überschüssige Ammoniak durch Kochen. Dann säuert man mit Weinsäure an und fällt

bei 70—80° C, mit 2 Ampere, in 1$^{1}/_{2}$—2 Stunden für 0,2—0,3 g Zn.

Die Metalle der I. Gruppe und Eisen und Mangan müssen zuvor abgeschieden sein.

3. Fällung des Zinks aus essigsaurer Lösung.

Die nötigenfalls mit Natronlauge möglichst genau zu neutralisierende Sulfatlösung versetze man mit 5 g Natriumacetat und 0,3, höchstens 0,5 ccm Eisessig, verdünne auf 100—125 ccm und elektrolysiere

ruhend: 0,15 g Zn, kalt, mit 0,5 Ampere, in 2—2$^{1}/_{2}$ Stunden,

bei bewegtem Elektrolyt: 0,5 g Zn, kalt, mit 3 Ampere, in 30 Minuten.

Bei der Schnellelektrolyse sorge man für starke Flüssigkeitsbewegung.

Die Lösung muß während der ganzen Fällungsdauer kalt (unterhalb 30° C) bleiben. Man muß bei der Schnellelektrolyse nötigenfalls kühlen, sonst bleibt die Metallabscheidung unvollständig. Aus demselben Grunde darf der Gehalt an freier Essigsäure das angegebene Maß nicht überschreiten; bei größeren Zinkmengen ist zu berücksichtigen, daß zwar die Schwefelsäure aus dem Zinksulfat an Natrium abgebunden wird, dafür aber, im Maße wie Zink sich ausscheidet, Essigsäure frei wird; man wähle in solchen Fällen zu Anfang die niedrigste Konzentration an freier Essigsäure, wenn man nicht — bei der Schnellelektrolyse — während der Fällung eine entsprechende Menge stark verdünnter Natronlauge langsam zufügen oder mit kaltem Wasser entsprechend verdünnen will (wodurch im letzteren Falle allerdings die Elektrolysendauer verlängert wird). Die zu fällende Lösung muß frei von Nitraten und Chloriden. sein. Bei Anwesenheit von Ammonsalzen elektrolysiere man auf amalgamierte (verkupferte) Platin- oder Messingkathode. Die besten Metallabscheidungen erzielt man auf Netzelektroden.

4. Fällung des Zinks mit der Quecksilberkathode.
(S. a. S. 1711.)

α) Nach E. F. Smith (Quantitative Elektroanalyse, S. 121. Stuttgart 1908): Die schwach schwefelsaure Zinksulfatlösung elektrolysiert man unter Verwendung einer rotierenden Anode bei mittlerer Geschwindigkeit

mit 1—2 Ampere (5—7 Volt), kalt, für 0,2—0,4 g Zn etwa 30 Minuten. Zink soll sich in Quecksilber nicht zu stark anreichern, und das Elektrolytvolumen muß möglichst klein sein.

β) Nach W. Moldenhauer [Ztschr. f. angew. Ch. 13, 333 (1929)]: Die Zinksulfatlösung versetzt man mit einigen Gramm Ammonnitrat und überschüssigem, konzentriertem Ammoniak. Man elektrolysiert

bei rotierender Anode, mit 0,4—0,8 Ampere (bei ∼ 6 Volt), 1½ Stunden für 0,2 g Zn.

Man wäscht ohne Stromunterbrechung mit Wasser, gibt dann etwas verdünnte Schwefelsäure in den Löffel der Kathode, elektrolysiert mit etwa 0,5 Ampere ungefähr 10 Minuten weiter, um entstandenes Ammoniumamalgam vollständig zu zerstören, und wäscht dann mit Wasser vollständig aus. Die im Exsiccator unter Vakuum 1—1½ Stunden getrocknete Kathode wird dann ausgewogen. (Über die erforderliche Einrichtung siehe „Allgemeine elektroanalytische Bestimmungsmethoden" Bd. I, S. 397.)

B. Trennungen.

Die vorstehenden Methoden gestatten eine unmittelbare Trennung des Zinks von Magnesium und den Alkalien, die essigsaure Lösung von den Erdalkalien.

Zink-Silber. Siehe „Silber" S. 910 und 912.

Zink-Aluminium. Dazu sind die Elektrolyte 1 und 2 brauchbar. Nach A. Sturm (Dissertation, Aachen 1904) fällt Zink aus natronalkalischer, aluminathaltiger Lösung besonders glänzend aus, obgleich sich kein Aluminium im Metallniederschlag nachweisen läßt.

Zink-Arsen. Die Trennung setzt fünfwertiges Arsen voraus; da die Fällung nur aus natronalkalischer Lösung vorgenommen werden kann, oxydiert man zweckmäßig etwa vorliegendes dreiwertiges Arsen nach A. K. Balls und C. C. Mc Donell [Chem. Zentralblatt **1915** I, 1020] vor der Elektrolyse mit Natriumsuperoxyd und stellt dann die Lösung nach Methode 1 ein. W. D. Treadwell (Elektroanalytische Methoden, S. 192. Berlin 1915) fällt schnellelektrolytisch nach Methode 1 mit 1 Ampere bei 3,2—3,4 Volt, womit 0,2 g Metall in 30 Minuten abgeschieden werden.

Zink-Gold. Siehe „Gold" S. 917.

Zink-Wismut. Siehe „Wismut" S. 919.

Zink-Cadmium. Siehe „Cadmium" S. 923.

Zink-Kupfer. Siehe „Kupfer" S. 935 und 936.

Zink-Eisen. α) G. Vortmann [Monatshefte f. Chemie **14**, 536 (1893)] führt das Eisen zwecks Verhinderung seiner Abscheidung in komplexes Ferrocyanid über. — Da das Eisen zunächst meist als Ferrisalz vorliegt, reduziert man die Lösung zuvor mit schwefliger Säure, versetzt die möglichst neutrale Sulfatlösung mit so viel reiner Cyankaliumlösung, bis der zuerst entstehende Niederschlag sich wieder auflöst, gibt gemäß Methode 1 Natriumhydroxyd hinzu und fällt mit 0,3—0,6 Ampere. — Bei Gegenwart größerer Mengen Eisen dürfte es zweckmäßig sein, auf versilberte Elektroden zu fällen und das mit etwas Eisen verunreinigte Zink nach Methode 1 in frischem Elektrolyt bei Gegenwart der kleinen Menge Eisenhydroxydniederschlag umzufällen.

β) Nach Jene [Chem.-Ztg. **29**, 803 (1905)] ist die Zink-Eisentrennung in natronalkalischer Lösung in Gegenwart des ausgeschiedenen Eisenhydroxydniederschlages vorzunehmen. Bei bewegtem Elektrolyt, unter Verwendung von Drahtnetzelektroden, eventuell unter Nachfällen der Lösung nach Wiederauflösen des Eisenniederschlages (s. unter Nickel, „Beispiele" S. 961), dürfte die Methode für betriebsanalytische Zwecke völlig ausreichend sein, führt auch selbst bei anschließender Umfällung des ersten Zinkniederschlages (gemäß α) schneller zum Ziel als die doppelte Eisenfällung mit Ammoniak, bei der obendrein noch geringe Mengen Zink im Eisenniederschlag zurückgehalten werden.

Zink-Quecksilber. Siehe „Quecksilber" S. 950.

Zink-Mangan. Unter den dazu in Vorschlag gebrachten Elektrolyten eignet sich für die Trennung in beliebigen Mengen nur der essigsaure gemäß Methode 3, dem nach W. D. Treadwell (Elektroanalytische Methoden, S. 192. Berlin 1915) zur Verhinderung der anodischen Abscheidung von Mangansuperoxyd 0,5—1,0 g Hydrazinsulfat zugesetzt wird.

Zur Abscheidung des Zinks in Gegenwart der normalerweise in Zinkprodukten geringen Manganmengen kann man für betriebsanalytische Zwecke nach Jene verfahren, wie vorstehend unter Zink-Eisen (β) angegeben.

Zink-Nickel. Siehe „Nickel" S. 956.

Zink-Blei. Siehe „Blei" S. 965.

Zink-Platin. Siehe „Platin" S. 968.

C. Beispiele für die elektrolytische Zinkbestimmung.

In Zinkprodukten, wie sie für technische Untersuchungen in Frage kommen, sind stets Bestandteile enthalten, die eine unmittelbare elektroanalytische Abscheidung des Zinks aus der Probelösung ausschließen. Man wird daher so gut wie immer genötigt sein, wie bei allen rein chemisch-analytischen Untersuchungsmethoden, die Elemente der Schwefelwasserstoffgruppe, Nickel und Kobalt, für genaue, verläßliche Bestimmungen auch Eisen, vorher vollständig abzutrennen. Praktisch sind in erster Linie zu berücksichtigen: Kupfer, Blei, Cadmium, Arsen, Antimon, Nickel und Eisen. Als Abtrennungsmethode für die I. Gruppe ist die Fällung mit Schwefelwasserstoff aus genügend saurer (am besten salzsaurer) Lösung allgemein anwendbar. Im Filtrat werden nach Zerstören des Schwefelwasserstoffs Eisen, Tonerde und Mangan mit Ammoniak und etwas Wasserstoffsuperoxyd zusammen gefällt (evtl. doppelt), und im Filtrat das Zink elektrolytisch bestimmt. Liegt Nickel vor, kann es gemäß „Nickel-Zink-"Trennung S. 956 nach Treadwell vor dem Zink elektrolytisch abgeschieden werden. In Fällen, wo beispielsweise von der I. Gruppe nur Kupfer und Blei vorliegen, wie dies bei vielen Messingsorten der Fall ist, können diese gemeinsam elektrolytisch abgetrennt werden, etwa nach Methode 3 unter „Kupfer" S. 931. Das nachstehend beschriebene Verfahren für Zinkerze ist daher auf die meisten Zinkprodukte zur Zinkbestimmung anwendbar.

1. Bestimmung des Zinks in Zinkerzen, Röstblenden, Zinkaschen und -krätzen.

0,5—1 g des bei Erzen besonders fein gepulverten Probematerials schließt man mit Königswasser unter Erwärmen auf und dampft nach Zusatz von 5—10 ccm konzentrierter Schwefelsäure ab bis reichlich Schwefelsäure abraucht. Den breiigen Rückstand nimmt man nach dem Erkalten mit 100—150 ccm Wasser auf, erwärmt und leitet Schwefelwasserstoff ein. Die gefällten Metalle der I. Gruppe filtriert man ab und wäscht mit Schwefelwasserstoffwasser vollständig aus. Aus dem Filtrat verjagt man die Hauptmenge Schwefelwasserstoff durch Kochen, oxydiert die Lösung mit Wasserstoffsuperoxyd oder Bromwasser und fällt Eisen, Tonerde und Mangan mit Ammoniak und einigen Tropfen Wasserstoffsuperoxyd. Der abfiltrierte Niederschlag muß umgefällt werden.

a) Will man in den vereinigten Filtraten das Zink nach Methode 1 abscheiden, so versetzt man mit so viel Natronlauge, daß das Ammonsulfat als Ammoniak praktisch vollständig durch Kochen entfernt wird. Man stellt dann den Elektrolyt gemäß Methode 1 ein und elektrolysiert.

b) Für Methode 2 ist nur das Verkochen des überschüssigen Ammoniaks erforderlich, wonach man mit Weinsäure schwach ansäuert und elektrolysiert.

Für viele betriebsanalytische Zwecke kann die zeitraubende, doppelte Eisenfällung erspart bleiben, wenn man nach Jene (s. Zink-Eisen-

Trennung) in natronalkalischem Elektrolyt in Gegenwart des Eisenniederschlages fällt (Tonerde bleibt im natronalkalischen Elektrolyt gelöst!).

2. Bestimmung des Zinks in Messing.

In den recht häufig vorkommenden Messingsorten, die außer Kupfer und Zink nur geringe Gehalte an Blei, Eisen oder Aluminium zeigen, werden praktisch meist Kupfer (elektroanalytisch) und die Nebenbestandteile bestimmt, das Zink dann als Rest angenommen. Wird Zink verlangt, so ist seine Bestimmung genau erforderlich. Zu dem Zweck löst man 0,5 g Probematerial in einem 150—200 ccm Becherglas in 5 ccm Salpetersäure (spez. Gew. 1,2), verdünnt etwas, vertreibt die nitrosen Gase durch kurzes Sieden und fällt Kupfer und Blei elektrolytisch gemäß Methode 3 unter „Kupfer" S. 931. Das quantitativ aufgefangene Elektrolysat macht man schwach ammoniakalisch, fügt einige Tropfen Wasserstoffsuperoxyd hinzu, erwärmt schwach und filtriert Eisen und Tonerde (und Mangan) ab. Ist die Niederschlagsmenge verhältnismäßig reichlich, so fällt man um. Im Filtrat kann Zink nach Methode 1, 2 oder 3 (S. 982 u. 983) unmittelbar auf obigen Kupferniederschlag elektrolytisch abgeschieden werden. Bei Anwendung der Methode 1 verkoche man das überschüssige Ammoniak (von der Eisenfällung) und zersetze die Ammonsalze durch Kochen mit Natronlauge; bei Methode 3 fälle man auf den zuvor amalgamierten Kupferniederschlag oder auf amalgamierte Messingkathode. (Über die genaue Bestimmung der oben bezeichneten Nebenbestandteile s. Kapitel „Kupfer", S. 1266 und 1270.)

Silber.

Von

Direktor Dr.-Ing. **A. Graumann,** Hamburg.

Einleitung.

Vorkommen. Silber kommt in der Natur stellenweise als gediegenes Metall vor, jedoch ist es meistens in Erzen an die Bestandteile Schwefel, Arsen und Antimon gebunden. Eigentliche Silbererze haben heute für die technische Gewinnung des Silbers nur noch untergeordnete Bedeutung. Die weitaus größten Silbermengen werden bei der Verarbeitung von Kupfer- und Bleierzen gewonnen, die fast immer silberhaltig sind. Für chemisch-technische Untersuchungen kommen daher die zuletzt erwähnten Erze, deren Hüttenerzeugnisse, sowie Erzeugnisse der silberverarbeitenden Industrie in Betracht. Es gehören dazu u. a. Werkblei, Abfälle von der Bleiraffination, Steine, Speisen, Schwarzkupfer, Blicksilber, Rückstände von der Kupferelektrolyse (Anodenschlämme), Produkte von Laugeprozessen (Zementkupfer, Cyanidlaugen), Silberlegierungen (Gold-Silber, Silber-Kupfer), Abfälle von der Verarbeitung derartiger Legierungen, versilberte und dublierte Gegenstände, Versilberungsbäder, Erzeugnisse der photographischen Industrie (Silbersalze, Filme, Papiere).

Physikalische und chemische Eigenschaften. Silber schmilzt bei 962° C. Es hat die Eigenschaft, beim Schmelzen etwa das 22fache seines Volumens an Sauerstoff aufzunehmen, der beim Erstarren des Silbers wieder entweicht, wobei Teile des noch flüssigen Silbers mit großer Gewalt fortgeschleudert werden. Diese, bei der Ausführung der Feuerproben auf Silber häufig störende Eigenschaft nennt man „Spratzen".

Silber ist in heißer Salpetersäure leicht löslich. In verdünnter Schwefelsäure löst sich Silber nur in Gegenwart von Oxydationsmitteln, ist jedoch in heißer, konzentrierter Schwefelsäure gut löslich.

Schmelzende Alkalien greifen das Silber etwas an.

Alkalichloride oder **Salzsäure** geben in salpetersauren oder schwefelsauren Silberlösungen einen weißen, flockigen Niederschlag, der dem Licht ausgesetzt, violett, braun und dann schwarz wird. Die Empfindlichkeit der Reaktion ist sehr groß; man kann noch 0,1 mg Silber in einem Volumen von 200 ccm nachweisen. Silberchlorid ist in Ammoniak, Natriumthiosulfat und Kaliumcyanid leicht löslich.

Alkalirhodanide geben in salpetersauren Silberlösungen einen weißen Niederschlag von Silberrhodanid, der in Ammoniak löslich ist. Heiße konzentrierte Salpetersäure löst den Niederschlag ebenfalls langsam auf.

Schwefelwasserstoff fällt schwarzes Silbersulfid, unlöslich in Ammoniumsulfid.

Kaliumcyanid fällt weißes Silbercyanid, das im Überschuß des Fällungsmittels löslich ist.

Alkalibromid und -jodid geben Silberhalogenverbindungen, die schwerer löslich sind als das Silberchlorid.

Phosphorige und unterphosphorige Säure reduzieren aus neutralen Silberlösungen metallisches Silber.

Hydroxylamin reduziert aus alkalischen Silberlösungen metallisches Silber [Lainer: Ztschr. f. anal. Ch. 41, 305 (1902)]. Auch Silberchlorid wird in Gegenwart von Alkali zu Metall reduziert.

Formaldehyd scheidet ebenfalls aus alkalischen Lösungen metallisches Silber ab.

Zink, Aluminium, Eisen fällen aus sauren Lösungen metallisches Silber.

Wasserstoff reduziert Silberchlorid zu Metall.

Silbernachweis. Versetzt man nach Whitby [Ztschr. f. anorg. u. allg. Ch. 67, 62 (1910)] 50 ccm einer verdünnten Silberlösung mit einigen Tropfen einer konzentrierten Rohrzuckerlösung, erwärmt 2 Minuten im kochenden Wasserbade und fügt 6 Tropfen n-Natronlauge hinzu, so bildet sich bei nochmaligem Erwärmen eine braune bis gelbe Färbung, die durch kolloidales Silber hervorgerufen wird. Ammoniak darf nicht zugegen sein. Empfindlichkeit: 0,000002 g Silber in 50 ccm Lösung.

Versetzt man nach Gregory [Chem. Soc. Proc. 24, 125 (1908); Chem. Zentralblatt 1909 I, 105)] eine verdünnte Silberlösung mit 20 ccm Ammoniumsalicylat (20 g Salicylsäure mit Ammoniak neutralisiert und auf 1 l verdünnt) und 20 ccm einer $5^0/_0$igen Ammoniumpersulfatlösung, so entsteht eine kräftige braune Färbung. Blei stört nicht. Empfindlichkeit: 0,01 mg Silber.

I. Gewichtsanalytische Methoden zur Bestimmung des Silbers.

A. Bestimmung des Silbers durch die Feuerprobe.

Für die Ermittelung des Silbergehaltes einer Probe empfiehlt sich in den weitaus meisten Fällen, namentlich wenn es sich um die Feststellung des Silbers in Erzen und Hüttenerzeugnissen handelt, die Anwendung der Feuerprobe oder des sog. trockenen Weges im Gegensatz zum nassen oder chemisch-analytischen Wege.

Die Beschreibung der Feuerprobe auf Silber findet sich in dem Abschnitt „Die Feuerprobe auf Silber und Gold" (s. S. 1007), weil beide Metalle sehr häufig zusammen vorkommen und die Prozesse für die Ausführung der Proben in beiden Fällen gleich sind.

B. Bestimmung des Silbers als Silberchlorid.

Soweit es sich nicht um wasserlösliche Silbersalze handelt, bringt man das Probegut mit verdünnter Salpetersäure in Lösung. Silberhalogenverbindungen, die sich nicht in Säuren lösen, schmilzt man mit Alkalicarbonat, filtriert den in Wasser unlöslichen Rückstand der Schmelze, das Silbercarbonat, ab und löst ihn in verdünnter Salpetersäure. Reiche Silbererze kann man ebenso behandeln. Für ärmere Erze empfiehlt sich dagegen die Anwendung der Feuerprobe.

Die verdünnte Silbernitratlösung erhitzt man zum Sieden, gibt tropfenweise verdünnte Salzsäure zu, rührt unter weiterem Erhitzen kräftig um und läßt den Niederschlag nach Klärung der Flüssigkeit im Dunkeln absitzen. 1 ccm Salzsäure (spez. Gew. 1,035 hergestellt aus 1 Teil Salzsäure spez. Gew. 1,19 und 5 Teilen Wasser) fällt 0,219 g Silber.

Hat sich der Niederschlag abgesetzt, so filtriert man durch einen Filtertiegel (s. Bd. I, S. 67), wäscht mit salpetersäurehaltigem Wasser (1 ccm HNO_3 in 100 ccm Wasser) gut aus, trocknet den Tiegel bei 110° C und wägt.

Bei Anwendung eines Papierfilters muß man den Niederschlag trocknen, dann soweit als möglich vom Papierfilter entfernen, das Filter für sich im gewogenen Porzellantiegel veraschen, die Asche mit einigen Tropfen verdünnter Salpetersäure anfeuchten, um etwa reduziertes Silber aufzulösen, das Silber mit einem Tropfen Salzsäure wieder als Silberchlorid fällen und zur Trockne dampfen. Dann gibt man die Hauptmenge des Silberchlorids in den Tiegel, glüht bei gelinder Temperatur bis zum beginnenden Schmelzen des Silberchlorids, läßt erkalten und wägt.

Kleine Mengen von Silberchlorid von einigen 100 Milligramm kann man unmittelbar mit dem Filter im Rosetiegel veraschen und im Wasserstoff- oder Leuchtgasstrom zu metallischem Silber reduzieren. Antimon, Blei und Quecksilber dürfen bei Silberbestimmungen nach der Chloridmethode nicht zugegen sein, weil diese Metalle ebenfalls schwerlösliche Chloride bilden.

Quecksilberchlorür kann man durch Behandeln mit Bromwasser in leicht lösliches Quecksilberbromid umwandeln; Bleichlorid löst sich in heißem Wasser.

C. Elektrolytische Methoden zur Bestimmung des Silbers.

Elektrolytische Methoden bieten im allgemeinen für die Bestimmung des Silbers in den am häufigsten zur Untersuchung vorliegenden Erzen und Hüttenerzeugnissen keinen Vorteil, weil doch fast immer eine vorhergehende Abtrennung des Silbers von anderen Metallen erforderlich ist.

Im übrigen wird auf den Abschnitt „Elektroanalytische Bestimmungsmethoden", S. 906, verwiesen und im besonderen auf die Bestimmung des Silbers aus cyankalischer Lösung.

II. Maßanalytische Methoden zur Bestimmung des Silbers.

A. Die Methode von Gay-Lussac.

a) Allgemeines.

Bei dieser Methode wird eine kalte, salpetersaure Silberlösung, welche etwas über 1000 mg Silber enthalten soll, zunächst mit einer zur vollständigen Fällung des Silbers nicht ganz ausreichenden Menge Natriumchloridlösung versetzt. Alsdann wird die Flüssigkeit durch Schütteln und Ausflocken des Silberchlorids geklärt und nunmehr das noch in Lösung befindliche Silber durch aufeinanderfolgende Zusätze einer verdünnten Natriumchloridlösung und jedesmal wiederholtem Schütteln ausgefällt. Ergibt der letzte Zusatz von Natriumchloridlösung in der Silberlösung nach Ablauf von 1—2 Minuten keine wahrnehmbare Trübung mehr, so ist die Fällung beendet.

$$AgNO_3 + NaCl = AgCl + NaNO_3.$$

Zur Ausführung der Untersuchung sind drei Lösungen erforderlich.

1. Eine „Normalnatriumchlorid"-Lösung, die durch Auflösen von 5,4190 g chemisch reinen Natriumchlorids in destilliertem Wasser und Auffüllen der Lösung zu 1000 ccm hergestellt wird. 100 ccm dieser Lösung fällen dann etwa 1 g Silber. Es handelt sich also nicht um eine Normallösung im chemischen Sinne.

2. Eine „Zehntelnatriumchlorid"-Lösung, die durch Verdünnen von 100 ccm Normallösung auf 1 l hergestellt wird.

3. Eine „Zehntelsilbernitrat"-Lösung, die durch Auflösen von 1 g Silber in 6 ccm Salpetersäure (spez. Gew. 1,2) und Verdünnen auf 1 l hergestellt wird.

Die Zehntellösungen werden in Glasstöpselflaschen aufbewahrt.

Bei größerem Bedarf stellt man sich von der Normallösung gleich 50 Liter in einem Glasballon her. Die für den laufenden Gebrauch bestimmte Normallösung bewahrt man in einer mit seitlichem Tubus am Boden versehenen, erhöht aufgestellten Glasflasche auf, die oben Luftzutritt hat, aber gegen Eindringen von Staub geschützt ist. Durch einen Schlauch mit Quetschhahn ist der Tubus mit einer Pipette verbunden, die 100 ccm enthält. Am zweckmäßigsten wählt man die Pipettenform nach Sire, die aus Abb. 1 ersichtlich ist.

Bei der Pipette kommt es hauptsächlich darauf an, daß sie ihr Flüssigkeitsvolumen stets gleichmäßig abgibt, und zwar soll der Fehler zwischen den einzelnen Abgaben nicht mehr als ± 0,005 ccm Normallösung betragen. Außerdem benötigt man 10 ccm-Pipetten oder 10 ccm-Büretten mit Glashahn zum Abmessen der Zehntellösungen. Ferner zum Lösen der Proben runde Flaschen mit Glasstopfen von 200 ccm Inhalt. Sie müssen aus gutem, klaren Glase hergestellt sein, das auch ein Erwärmen im kochenden Wasserbad ohne Schaden ertragen kann.

Damit die Probe nicht übermäßige Zeit in Anspruch nimmt, ist es erforderlich, daß der Silbergehalt der zu untersuchenden Probe entweder annähernd bekannt oder vorher ungefähr ermittelt worden ist. Hierzu verwendet man entweder die Feuerprobe (s. S. 1029) oder die Methode von Volhard (s. S. 995). Bei Münzsilberlegierungen ist der Feingehalt bereits durch das Verschmelzen der Legierungsbestandteile bekannt und es handelt sich nur um die Nachprüfung, ob bei der Herstellung der Legierung die gesetzlich zulässigen Fehlergrenzen eingehalten worden sind.

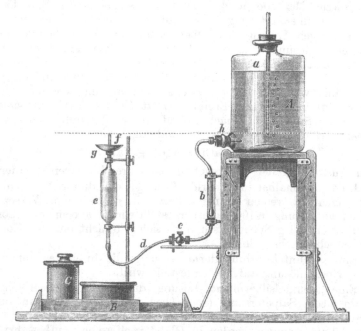

Abb. 1. Titriereinrichtung.

b) Ermittelung des Wirkungswertes der Normal-Natrium-chloridlösung.

Man wägt von ganz reinem Silber zweimal genau 1 g ein, bringt die Metallschnitzel in je eine Glasstöpselflasche (Schüttelflasche) von 200 ccm, setzt 10 ccm Salpetersäure (spez. Gew. 1,2) zu und stellt die Flasche in ein Wasserbad, das man allmählich zum Sieden bringt. Nach beendigter Lösung bläst man die Stickoxyde mit Hilfe eines Glasrohres aus der Flasche und stellt diese in eine passende Blechhülse, um das Licht abzuhalten. Aus der Pipette, die man durch einen Schlauch aus der Vorratsflasche mit Normallösung gefüllt hat und durch Aufdrücken der Fingerspitze auf die obere Öffnung geschlossen hält, läßt man nunmehr den Inhalt in die Schüttelflasche fließen. Die Flasche wird ein wenig geschwenkt, um den Inhalt zu mischen, mit dem Glasstöpsel verschlossen und jetzt 5 Minuten lang geschüttelt. Das Silberchlorid flockt alsbald aus und setzt sich beim Unterbrechen des Schüttelns schnell zu Boden. Zu der vollkommen geklärten Flüssigkeit läßt man dann 1 ccm der Zehntellösung aus einer 10 ccm-Pipette oder -Bürette zufließen, und zwar derart, daß die Lösung an der Wandung der Flasche herabfließt und auf der Flüssigkeit in der Flasche eine Schicht bildet. War in der Flüssigkeit noch Silber enthalten, so bemerkt man im durchfallenden Lichte, am besten gegen einen schwarzen Hintergrund, unterhalb der Oberfläche eine milchige Trübung, die sich bei vorsichtigem Schwenken durch die ganze Flüssigkeit ausbreitet. Man schüttelt dann gründlich durch und wiederholt den Zusatz von 1 ccm Zehntellösung so oft, bis nach dem Zusatz des letzten Kubikzentimeters keine Trübung mehr auftritt. Der letzte überschüssige Kubikzentimeter wird nicht mehr gerechnet und der vorletzte nur halb.

Hatte z. B. der dritte Zusatz keine Trübung mehr ergeben, so waren zur Ausfällung von 1 g = 1000 mg Silber erforderlich:

100 ccm Normallösung = 1000 ccm Zehntellösung + 1,5 ccm Zehntellösung = 1001,5 ccm Zehntellösung. 100 ccm Normallösung entsprechen also 998,5 mg Silber.

c) Ausführung der Probe.

Hat sich nun bei einer zu untersuchenden Legierung durch die Feuerprobe unter Zurechnung des Treibverlustes ein Feingehalt von 816 Tausendstel Silber ergeben, so berechnet man die Einwaage für die Gay-Lussac-Probe wie folgt:

816 mg Silber sind in 1000 mg der Legierung enthalten,
1000 „ „ „ „ x „ „ „ „

$$x = \frac{1000 \cdot 1000}{816} = 1225 \text{ mg.}$$

Man wägt statt dessen mindestens 1226 mg Legierung ein, löst in 10 ccm Salpetersäure (spez. Gew. 1,2) und behandelt die Lösung in der Schüttelflasche wie beschrieben.

Angenommen, der vierte Kubikzentimeter Zehntellösung habe keine Trübung mehr ergeben, so wäre der dritte halb zu rechnen. Der tatsächliche Verbrauch beträgt demnach 1000 ccm + 2,5 ccm = 1002,5 Zehntellösung. Da bei der Einstellung der Normallösung 1001,5 ccm für 1000 mg Silber gebraucht wurden, so weisen 1002,5 ccm also 1001 mg Silber nach. Auf die Einwaage von 1226 mg berechnet, ergibt sich ein Feingehalt von 816 Tausendteilen.

Bei Legierungen mit sehr niedrigem Silbergehalt muß man, um 1 g Silber in der Einwaage zu haben, sehr große Einwaagen wählen, wobei das anwesende Kupfer die Erkennung des Endpunktes erschweren würde. In diesem Falle ist es vorteilhafter, eine geringere Einwaage zu nehmen und das an 1 g fehlende Silber zuzusetzen.

Der Wirkungswert der hochprozentigen Normallösung verändert sich nicht unwesentlich mit der Temperatur; ein Temperaturunterschied von 5° C gibt einen Unterschied von 0,1 ccm auf 100 ccm. Wenn an einem Tage viele Proben zu machen sind, so empfiehlt es sich, bei jedem Satz Proben den Titer der Lösung nachzuprüfen.

d) Anmerkungen.

α) **Genauigkeit der Probe.** Bei der üblichen Ausführung rechnet man höchstens mit einer Genauigkeit von 0,1 auf 1000, doch bei Beobachtung besonderer Vorsichtsmaßregeln und Aufwand der erforderlichen Zeit ist es möglich, die Genauigkeit auf 0,01 auf 1000 zu steigern [Dewey: Journ. Ind. and Engin. Chem. 5, 209 (1913) und Rose: Precious Metals, p. 212. 1909]. Ebenso ist eine sorgfältige Probenahme, namentlich, wenn es sich um die Feststellung des Feingehaltes von Münzen handelt, von wesentlicher Bedeutung. Hiermit hat sich, im Zusammenhang mit der Gay-Lussac-Probe, Hoitsema [Ztschr. f. anal. Ch. 45, 1 (1906)] eingehend befaßt.

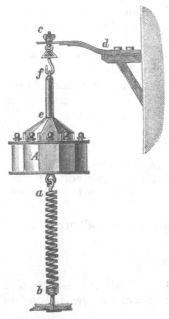

Abb. 2. Schüttelapparat.

β) **Einfluß anderer Metalle.** Zinn wirkt schon in kleinen Mengen, von 0,5% an, störend und macht sich dadurch bemerkbar, daß die Metazinnsäure die Flüssigkeit trübt und die Erkennung des Endpunktes verhindert. Ebenso wirkt Antimon. Man kann nach Salas durch Zusatz von 2 g Weinsäure das Zinn und Antimon in Lösung halten (Smith, A.: Sampling and assay of the precious metals, S. 302. 1913). Sind größere Mengen Zinn vorhanden, wie sie manchmal in mexikanischen oder bolivianischen Silberbarren vorkommen, so wendet man besser die Feuerprobe (S. 1029) oder die Methode von Volhard (S. 995) an.

Quecksilber stört ebenfalls, weil es als Mercurochlorid gefällt wird (Fulton: Fire Assaying, p. 180. 1911). Man kann die Fällung durch Zusatz von Natriumacetat und Essigsäure verhindern.

γ) **Der Endpunkt bei der Gay-Lussac-Probe.** Bringt man genau berechnete Mengen Natriumchlorid und Silbernitrat in einer Lösung zusammen, so läßt sich nach den Feststellungen von Mulder beobachten, daß sowohl ein weiterer Zusatz von Natriumchlorid als auch ein solcher von Silbernitrat eine Trübung der klaren Flüssigkeit hervorruft. Dies ist der sog. „neutrale Punkt", der auf einem Gleichgewicht zwischen freiem Silbernitrat und Natriumchlorid beruht. Man soll es deshalb auch vermeiden, eine Analyse, bei der aus irgendeinem Grunde weniger als 1000 mg Silber in der Einwaage enthalten sind, mit der Zehntelsilbernitratlösung fertig zu titrieren, sondern man soll gleich einen Überschuß an Silbernitrat zusetzen und die Analyse in der angegebenen

Weise mit $^1/_{10}$ n-Natriumchloridlösung beendigen. Im übrigen empfiehlt es sich in solchen Fällen immer, die Probe nochmals an einer berichtigten Einwaage durchzuführen. Hoitsema [Ztschr. f. physik. Ch. 20, 272 (1896)] hat den Mulderschen neutralen Punkt mit der Löslichkeit des Silberchlorids in Natriumnitrat zu erklären versucht. Bei Anwendung von Natriumbromid ist kein neutraler Punkt festzustellen.

d) **Apparatur.** Zur Erzielung stets gleichbleibender Pipettenabgaben muß auf besondere Sauberkeit des Innern der Pipette geachtet werden. Man reinigt sie deshalb von Zeit zu Zeit mit warmer alkalischer Seifenlösung oder mit Schwefelsäure und Kaliumbichromat.

Hat man laufend eine größere Anzahl von Silberproben zu untersuchen, so empfiehlt sich die Verwendung einer mechanischen Schüttelvorrichtung (Abb. 2).

Schütteleinrichtungen mit Motorantrieb sowie sonstige Einrichtungen zur Ausführung der Gay-Lussac-Probe werden von A. Smith in seinem Buche: The sampling and assay of the precious metals, S. 291f., 1913 beschrieben; s. a. Berl u. Schmidt [Chem. Fabrik 3, 302 (1930)].

B. Die Methode von Volhard.

a) Allgemeines.

Diese Methode beruht auf der Fällung des Silbers in kalter, salpetersaurer Lösung durch Ammonium- oder Kaliumrhodanid.

Silber hat zu den Rhodanionen eine größere Affinität als Eisen und aus diesem Grunde kann man Ferrisulfat als Indicator für den Endpunkt der Titration verwenden. Ist alles Silber als Rhodanid ausgefällt, so entsteht die charakteristische blutrote Färbung des Eisenrhodanids.

$$AgNO_3 + KCNS = AgCNS + KNO_3.$$

Die Genauigkeit der Volhard-Methode ist nicht so groß wie die der Gay-Lussac-Methode, aber in manchen Laboratorien gibt man der Volhardschen Methode den Vorzug, weil sie nicht an eine bestimmte Apparatur gebunden ist.

Die Rhodanlösung. Man kann hierzu sowohl das Ammoniumrhodanid als auch das Kaliumrhodanid wählen. Beide müssen chemisch rein und vor allem chloridfrei sein.

Von Ammoniumrhodanid wägt man 7,6—8 g, von Kaliumrhodanid 9—10 g ein und löst die Einwaage in 1000 ccm destilliertem Wasser auf. Der Wirkungswert der Rhodanlösung wird mit einer Silbernitratlösung entsprechender Stärke ermittelt.

Die Silberlösung. Man löst 10 g reines Silber in 100 ccm verdünnter Salpetersäure (spez. Gew. 1,2) auf, treibt die Stickoxyde aus und verdünnt mit destilliertem Wasser auf 1000 ccm.

Die Indicatorlösung. Man stellt eine kaltgesättigte Lösung von Eisenalaun (Ferriammoniumsulfat) her.

b) Einstellung der Rhodanlösung.

Man mißt von der Silberlösung 50 ccm in einen Erlenmeyerkolben ab, gibt 10 ccm verdünnte Salpetersäure hinzu, ferner 2 ccm von der Indicatorlösung und verdünnt mit 100 ccm Wasser.

Aus einer Bürette läßt man die Rhodanlösung zufließen. Bei jedem einfallenden Tropfen erscheint zunächst die rote Farbe des Eisenrhodanids, die beim Umschütteln des Kolbens wieder verschwindet. Man gibt so lange Rhodanlösung zu, bis eine bleibende Rotfärbung zu sehen ist. Diese Färbung muß nach dem Umschütteln und Absitzen des Silberrhodanids in der überstehenden Flüssigkeit deutlich erkennbar sein.

100 ccm Rhodanlösung sollen ungefähr 100 ccm Silberlösung entsprechen.

c) Ausführung der Probe

Von einer Silberlegierung unbekannten Feingehalts wägt man 0,25 g ein, löst in 5 ccm verdünnter Salpetersäure (spez. Gew. 1,2), erwärmt bis zur Austreibung der Stickoxyde, kühlt dann wieder ab, gibt 2 ccm Indicatorlösung und 100 ccm destilliertes Wasser zu. Man titriert wie bei der Einstellung der Rhodanlösung.

Weil nach den Untersuchungen von Beringer die Menge des in einer Probe vorhandenen Silbers einen Einfluß auf die Genauigkeit der Bestimmung ausübt, so stellt man jedesmal den Titer mit einer der Probe entsprechenden Silbermenge ein, möglichst unter Zusatz der übrigen Legierungsbestandteile.

Es ist in manchen Laboratorien gebräuchlich, mit der starken Rhodanlösung die Hauptmenge des Silbers auszufällen und die Titration mit einer auf ein Zehntel der normalen Stärke verdünnten Rhodanlösung ähnlich wie bei der Gay-Lussac-Probe zu Ende zu führen. Es ist aber stets zweckmäßig, zum Vergleich des Farbenumschlags eine Kontrollprobe mit reinem Silber nebenher auszuführen. Es empfiehlt sich aber nicht, den mit der Normal-Rhodanlösung gefällten Niederschlag abzufiltrieren und in dem Filtrat die Titration mit der Zehntellösung zu beendigen, weil hierbei nach Hoitsema [Ztschr. f. angew. Ch. 17, 647 (1904)] Fehler entstehen.

d) Anmerkungen.

α) **Genauigkeit der Probe.** Bei der üblichen Ausführung kann man mit einer Genauigkeit von 1—2 Tausendteilen rechnen. Arbeitet man nach dem Grundsatz der Gay-Lussac-Probe mit verdünnter Rhodanlösung, so läßt sich die Genauigkeit erhöhen. Beide Methoden lassen sich miteinander vereinigen, indem man die Hauptmenge des Silbers mit Natriumchlorid ausfällt, das Silberchlorid abfiltriert und das Filtrat mit Zehntel-Rhodanlösung fertig titriert (Beringer: A textbook of assaying, 13. Aufl., p. 123).

Eine weitere Steigerung der Genauigkeit, bis auf 0,2 Tausendteile, erzielt man nach Smith (The sampling and assay of the precious metals, p. 305. 1913) dadurch, daß man den Endpunkt der Titration auf einen besonderen Farbton einstellt. Es wird eine Rhodanlösung benutzt, von der 100 ccm etwa 1,0003—1,0005 g Silber entsprechen. Gibt man 100 ccm dieser Lösung zu einer genau 1 g Silber enthaltenden Silbernitratlösung bei Gegenwart von Eisenalaun, schüttelt dann 2 Minuten, so zeigt die über dem Niederschlag stehende Flüssigkeit eine deutliche Rotfärbung, die auf Zusatz von 0,5 ccm einer $^1/_{10}$n-Silberlösung verschwinden muß. Bei Legierungen mit unbekanntem Feingehalt macht man eine Vorprobe und wählt danach die Einwaage. Man sorgt zweckmäßig für einen kleinen Silberüberschuß und titriert mit einer $^1/_{10}$n-Rhodanlösung auf den Farbton einer Vergleichsprobe von reinem Silber, der man tunlichst auch die übrigen, in der untersuchten Probe enthaltenen Legierungsbestandteile zufügt.

In gleicher Weise kann man auch bei der zuerst erwähnten kombinierten Gay-Lussac-Volhard-Methode verfahren, indem man die vom Silberchlorid oder Silberbromid abfiltrierte und noch geringe ungefällte Silbermengen enthaltende Lösung mit einer $^1/_{10}$n-Rhodanlösung zu Ende titriert, und zwar auf den Farbton einer mit Probesilber ausgeführten Vergleichsprobe (Scott, W. W.: Standard methods of chemical analysis, p. 462. 1926). Auf die Erfahrungen, die Dewey [Journ. Ind. and Engin. Chem. 6, 728 (1914)] bei der Ausführung der Volhard-Methode gesammelt hat, sei hier verwiesen.

β) **Einfluß anderer Metalle.** Chloride und salpetrige Säure dürfen nicht vorhanden sein. Ein Goldgehalt der Silberlegierungen, z. B. bei Blicksilber, gibt sich als unlöslicher Rückstand zu erkennen, der aber nicht stört. Kupfer darf nur bis zu einem Betrage von höchstens 60% in der Legierung vorhanden sein. Andernfalls muß eine bestimmte, genau abgewogene Menge Feinsilber zugesetzt werden, um den Überschuß an Kupfer auszugleichen. Quecksilber muß durch Glühen entfernt werden.

Palladium läßt den Silbergehalt zu hoch finden.

Arsen, Antimon, Zinn, Zink, Cadmium, Blei und Wismut stören nicht. Nickel und Kobalt stören nur wie Kupfer durch die Färbung der Lösung.

γ) **Apparatur.** Die zur Ausführung der Probe erforderlichen Meßkolben, Pipetten und Büretten müssen sorgfältig auf ihre Richtigkeit geprüft sein (s. Bd. I, S. 237).

C. Die Methode von Denigès.

[C. r. d. l'Acad. des sciences 117, 1078 (1893).]

Die maßanalytische Methode von Denigès beruht auf der Bildung eines löslichen Doppelsalzes, welches entsteht, wenn man eine Silbernitratlösung mit überschüssigem Cyankalium versetzt.

$$AgNO_3 + 2 KCN = KAg(CN)_2 + KNO_3.$$

In ammoniakalischer Lösung läßt sich die Bildung des Doppelsalzes analytisch verwerten, wenn man Kaliumjodid zusetzt, das sofort schwerlösliches Silberjodid bildet, sobald die Bildung des Doppelsalzes beendet ist.

Die Einwaage eines in Wasser löslichen Silbersalzes versetzt man mit Ammoniak und einer abgemessenen, überschüssigen Menge einer Cyankaliumlösung, etwa $1/10$ n-, deren Wirkungswert man ermittelt hat. Dann gibt man etwas Kaliumjodid hinzu und titriert den Überschuß des Cyankaliums mit $1/10$ n-AgNO$_3$-Lösung zurück, bis zum Auftreten einer bleibenden Silberjodidabscheidung.

Die Methode ist für alle Silbersalze anwendbar. Phosphat, Arseniat, Chromat und Sulfid löst man durch Erwärmen mit verdünnter Salpetersäure (spez. Gew. 1,2) und gibt dann Ammoniak in geringem Überschuß hinzu. Zur Lösung des Chlorids, Bromids, Jodids und Ferrocyanids verwendet man Ammoniak, jedoch vollzieht sich die Lösung schneller, wenn man gleichzeitig mit dem Ammoniak die abgemessene Cyankaliumlösung zusetzt.

Alkalien, Carbonate und Phosphate stören den maßanalytischen Vorgang nicht.

III. Spezielle Untersuchungsmethoden zur Bestimmung des Silbers.

A. Bestimmung des Silbers in Erzen und Hüttenerzeugnissen.

Die chemisch-analytischen (nassen) Bestimmungsmethoden finden, wie schon erwähnt, auf Silbererze oder silberhaltige Erze (Blei-, Kupfer-, Zink-, Nickelerze) und deren Zwischenerzeugnisse keine Anwendung. Vielmehr stellt man deren Silbergehalt grundsätzlich auf trockenem Wege, durch die Feuerprobe, fest (s. den Abschnitt: „Die Feuerprobe auf Silber und Gold" S. 1007). Nur in vereinzelten Fällen hat es sich zur Erzielung einer größeren Genauigkeit als zweckmäßig erwiesen, der Feuerprobe eine chemische Behandlung durch Aufschluß mit Säuren vorauszuschicken, um störende Bestandteile zu entfernen (s. Spezielle Methoden der Feuerprobe S. 1022 u. f. S.). Wegen der Ermittelung der in silberhaltigen Erzen [Stahl: Metallbörse 13, 1470 u. 1519 (1923)] oder Hüttenerzeugnissen [Stahl: Metallbörse 13, 702, 750 u. 797 (1923)] enthaltenen Nebenbestandteile wird auf die Untersuchungsmethoden für diejenigen Erze hingewiesen, in denen das Silber selbst als Nebenbestandteil auftritt (s. auch Fresenius: Quantitative Analyse, 6. Aufl., Bd. 1, S. 614 u. 626; Bd. 2, S. 493).

B. Bestimmung des Silbers im Handelssilber und in industriellen Silberlegierungen.

In Rohsilber und sonstigen Silberprodukten, die noch der Edelmetallscheidung unterworfen werden, pflegt man das Silber auch auf trockenem Wege zu bestimmen. Dagegen wird der Silbergehalt des Feinsilbers (Brandsilber, Elektrolytsilber), sowie der industriellen Legierungen (Münzlegierungen, Gerätesilber) heute vielfach nach den maßanalytischen Methoden ermittelt. In den Münzstätten werden z. B. die Münzlegierungen durchweg nach dem Verfahren von Gay-Lussac untersucht. Als Nebenbestandteile eines Rohsilbers (Blicksilber, Zement-silber) kommen die Metalle Gold, Platin, Palladium usw. in Betracht, über deren Ermittelung Näheres in den entsprechenden Abschnitten zu finden ist. Im Rohsilber, sowie in geringerem Umfange im Fein-silber, können ferner die Metalle Selen, Tellur, Kupfer, Blei, Eisen, Wismut vorkommen.

C. Bestimmung der Nebenbestandteile im Feinsilber.

1. Bestimmung des Selens und Tellurs[1].

Man löst 100 g Feinsilber in einer eben hinreichenden Menge ver-dünnter HNO_3, kocht auf und dekantiert von einem etwa vorhandenen Rückstand (Au, Ag_2S, Se, Au-Te) ab. Dann behandelt man diesen nochmals mit warmer, starker HNO_3 und wäscht durch mehrmaliges Dekantieren aus. Zuletzt bringt man den getrockneten Rückstand in einen Nickeltiegel und schließt ihn mit wenig Na_2O_2 auf. Die Schmelze laugt man mit Wasser aus, filtriert vom Ungelösten ab, säuert mit HNO_3 schwach an und vereinigt diese Lösung mit der Hauptlösung. Hieraus fällt man das Ag mit der berechneten Menge HCl in einer gut verschlossenen Flasche bei etwa 60—70° C unter Schütteln aus, filtriert ab, engt das Filtrat auf dem Wasserbad auf etwa 300 ccm ein, filtriert ausgeschiedenes AgCl nochmals ab, macht mit NH_4OH schwach alkalisch und säuert in Gegenwart eines Indicators mit HCl an. Man setzt Hydrazinsulfat in kleinen Anteilen zu, erhitzt längere Zeit zum Sieden, bis sich Se und Te zu einem Niederschlag zusammen-geballt haben. Das durch einen Filtertiegel abfiltrierte Se + Te wird mit heißem, salzsäurehaltigem Wasser, dann mit reinem Wasser und zu-letzt mit etwas Alkohol ausgewaschen. Der Niederschlag wird 2 Stunden bei 105° C getrocknet.

Das Filtrat der Hydrazinfällung kann noch Te enthalten. Man raucht mit H_2SO_4 ab, um die Nitrate zu entfernen. Den Salzrückstand nimmt man dann mit 200 ccm Wasser auf, setzt so viel Salzsäure hinzu, daß die Lösung 7% freie Säure enthält und fällt mit Hydrazinsulfat den Rest des Tellurs. Sämtliche Filtrate prüft man nochmals mit Hydrazin-sulfat auf Vollständigkeit der Fällung. Das im Filtertiegel befindliche Se und Te kann noch Au, Pt und etwas AgCl enthalten. Te läßt sich nicht wie Se durch Erhitzen verflüchtigen. Man löst deshalb den Tiegelinhalt in warmer HNO_3 und wägt entweder einen etwa vorhandenen Rückstand zurück oder man wiederholt die Fällung in der filtrierten Lösung.

---

[1] Privatmitteilung von K. Wagenmann. Über das charakteristische Ver-halten von Selen und Tellur siehe den Abschnitt „Kupfer".

Soll Se und Te getrennt werden, so empfiehlt es sich, dafür die Methode von Lenher und Smith [Ind. and Engin. Chem. 16, 837 (1924); Ztschr. f. anal. Ch. 67, 116 (1925/26)] anzuwenden, s. S. 506.

2. Bestimmung von Kupfer, Blei und Eisen [1].

10 g Feinsilber löst man in verdünnter HNO_3, kocht etwa vorhandenes Au nochmals mit stärkerer HNO_3 aus, filtriert ab, fällt das Ag mit wenig mehr als der berechneten Menge HCl aus und dampft das Filtrat mehrfach mit HNO_3 ein. Man nimmt mit HNO_3-haltigem Wasser auf, fügt 10 ccm einer Kupfernitratlösung zu, die genau 1 g Kupfer im Liter enthält und elektrolysiert Cu und Pb in bekannter Weise. Man verwendet kleine Platinelektroden.

Der kupferfreie Elektrolyt enthält das Eisen, das man mit NH_4OH fällt und als Fe_2O_3 bestimmt.

3. Colorimetrische Bestimmung des Wismuts im Silber.

Nach der von Pufahl (Mitt. d. Chem.-Fachausschusses d. G.D.M.B. 2. Aufl., S. 132; s. a. Beringer: A textbook of assaying, 13. Aufl., S. 208 u. 223) angegebenen Methode löst man 5—10 g Silber in Salpetersäure, filtriert vom abgeschiedenen Golde ab, übersättigt die auf 200 bis 250 ccm verdünnte und mit 10 g Ammoniumnitrat versetzte Lösung mit Ammoniak, erwärmt bis zum Zusammenballen der Fällung, kühlt ab, filtriert und wäscht den Niederschlag silberfrei. Danach löst man ihn in heißer verdünnter Salzsäure, versetzt mit einer konzentrierten Lösung von 2,5 g Kaliumjodid, gibt einige Kubikzentimeter auf das Hundertfache verdünnte, schweflige Säure zu, verdünnt alles bis auf 250 ccm und vergleicht die Gelbfärbung mit einer ebenso, frisch bereiteten Wismutlösung von bekanntem Gehalte.

Blei darf nicht in größeren Mengen vorhanden sein. 5 mg Blei lösen sich ohne Abscheidung von Bleijodid in 2,5 g Kaliumjodid auf. Bei 10 mg Blei muß die Kaliumjodidmenge verdoppelt und die Gesamtlösung auf 500 ccm verdünnt werden. Ist reichlich Blei vorhanden, wie z. B. in Blicksilber, so löst man den silberfrei gewaschenen Hydroxydniederschlag in heißer, verdünnter Salpetersäure und scheidet das Blei mit Schwefelsäure ab (s. auch die Wismutbestimmung im Kupfer auf S. 1227 u. 1241).

D. Bestimmung des Silbers im Wismutmetall.

Nach Jakobsen [Eng. Min. J. Press 114, 636 (1922)] löst man 5—10 g Wismutmetall in 60—110 ccm konzentrierter Schwefelsäure, läßt 5 Minuten abrauchen und verdünnt heiß unter Umrühren mit 500 ccm Schwefelsäure (1:1). Etwa ausgeschiedenes Wismutoxysulfat wird durch nochmaliges Abrauchen mit Schwefelsäure in Lösung gebracht.

---

[1] Privatmitteilung von K. Wagenmann.

Man vereinigt beide Lösungen, verdünnt stark und fällt das Silber mit Natriumchlorid. Den Niederschlag reinigt man durch Umfällen oder man bestimmt das Silber durch die Feuerprobe.

In gleicher Weise kann man bei der Blei- und Zinnraffination fallende, silberhaltige Wismutprodukte mit Schwefelsäure in Lösung bringen und das Silber mit Natriumchlorid fällen.

E. Bestimmung von geringen Mengen Silber neben viel Blei.

Das von Benedikt und Gans [Chem.-Ztg. 16, 4 u. 12 (1892)] angegebene Verfahren eignet sich zur Bestimmung geringer Mengen Silber in armen Werkbleien, in Probierblei, Bleiglätte und Bleiweiß, wenn man keine Gelegenheit zur Ausführung einer Feuerprobe hat. Das Verfahren ist von Hampe [Chem.-Ztg. 18, 1899 (1894)] sorgfältig geprüft und für gut befunden worden.

Man löst eine dem Silbergehalt des Bleies angemessene Menge von 10 g bis mehreren hundert Gramm in verdünnter Salpetersäure [1 Teil Salpetersäure (spez. Gew. 1,4) und 4 Teile Wasser], gegebenenfalls unter Zusatz von Weinsäure, wenn viel Antimon in dem Blei enthalten ist. Die stark, auf 300 ccm bis zu mehreren Litern, verdünnte Lösung wird mit einer Kaliumjodidlösung (etwa 0,5 g Kaliumjodid für 1 mg Silber) versetzt und erhitzt. Das Bleijodid löst sich auf und wird dann durch die Salpetersäure zersetzt. Man erhitzt so lange, bis alles Jod entwichen ist. Das Silberjodid filtriert man ab, führt es in Silberchlorid über und wägt es.

Hampe fand 1 mg Silber in 320 g Bleinitrat und 2 l Wasser mit einem Verlust von 0,02 mg wieder.

Nach einem von Donath [Chem.-Ztg. 50, 222 (1926)] angegebenen Verfahren kann man geringe Mengen Silber neben viel Blei auch sehr genau als metallisches Silber abscheiden, und zwar durch Reduktion des Silbers mit Glycerin in alkalisch-ammoniakalischer Lösung. Man gibt zu der meistens salpetersauren Bleilösung 5 ccm Glycerin, sodann Ammoniak im Überschuß und 10—15 ccm konzentrierte Alkalilauge. Man bringt die Lösung unter ständigem Umrühren zum Kochen, filtriert das metallische Silber ab, wäscht mit heißem Wasser aus, zuerst unter Zusatz von Essigsäure, verascht das Filter und wägt.

F. Bestimmung von geringen Mengen Silber in stark goldhaltigen Legierungen.

Dewey [Journ. Ind. and Engin. Chem. 6, 728 (1914); Ztschr. f. anal. Ch. 61, 185 (1922)] bestimmt geringe Silbermengen in Goldlegierungen, die sich nicht in Salpetersäure auflösen, durch Legieren der Probe mit Cadmium. Man bringt reines Kaliumcyanid in einem Scherben vorn im Muffelofen zum Schmelzen, setzt die Probe und 5 g Cadmium in Bleifolie gewickelt zu, laugt nach dem Erkalten die Schmelze aus, löst das Metallkorn in Salpetersäure und titriert nach dem Verkochen der Stickoxyde das Silber in kalter Lösung nach Volhard.

G. Bestimmung des Silbers in Versilberungsflüssigkeiten (Silberbädern).

Die zu galvanischen Versilberungen verwendeten Bäder enthalten Kaliumsilbercyanid, freies Kaliumcyanid, Kaliumcarbonat, Kaliumchlorid, Kupfer, Zink, Nickel und auch häufig Cadmiumsalze. Für die Bestimmung des Silbers [Baker, J.: Chem. News **76**, 167 (1897); Ztschr. f. anal. Ch. **41**, 315 (1902)] macht man von der Eigenschaft des Kaliumsilbercyanids Gebrauch, sich bei Gegenwart einer Säure unter Abscheidung von Silbercyanid zu zerlegen. Man entnimmt dem Silberbad eine angemessene Menge Lösung, säuert mit verdünnter Salpetersäure schwach an, kocht auf und filtriert das Silbercyanid ab. Da der Niederschlag meistens mit Kupfercyanür verunreinigt ist, prüft man den Niederschlag durch die Feuerprobe auf Reinheit.

Die auf S. 990 erwähnte elektrolytische Methode (Abscheidung des Silbers aus cyankalischer Lösung) ist im vorliegenden Fall ebenfalls verwendbar.

Aus Silberbädern kann man das Silber auch durch Zink ausfällen.

H. Bestimmung des Silbers im Quecksilber.

Zur Bestimmung des Silbers im Quecksilber ist die Fällungsmethode als Silbercyanid ebenfalls geeignet. Man neutralisiert die salpetersaure Lösung mit Natriumcarbonat und gibt Kaliumcyanid bis zur Auflösung des entstehenden Niederschlags zu. Unter dem Abzug gibt man dann Salpetersäure in geringem Überschuß zu, rührt kräftig um und filtriert das ausgefallene Silbercyanid durch einen Filtertiegel ab. Der Niederschlag wird mit verdünnter Salpetersäure ausgewaschen und bei 100° C getrocknet.

J. Bestimmung des Silbers in Silberlot.

Silberlot besteht je nach dem Verwendungszweck aus wechselnden Mengen Silber, Kupfer und Zink (normale Zusammensetzung: 65 Teile Silber, 22 Teile Kupfer, 13 Teile Zink). Man löst 10 g mit Salpetersäure, füllt auf 1000 ccm auf und entnimmt 50 ccm. Nach hinreichender Verdünnung fällt man das Silber als Chlorid aus, filtriert durch einen Filtertiegel ab und trocknet bei 110° C. Das Filtrat wird mit Schwefelsäure eingedampft und darin nacheinander Kupfer und Zink bestimmt. Silberlote pflegen häufig auch Cadmium zu enthalten.

K. Bestimmung des Silbers in photographischen Erzeugnissen.

Die Schwierigkeiten bestehen sowohl in der Loslösung der die Silberhalogenide enthaltenden Schichten von dem Schichtträger, als auch in der Isolierung der Silberverbindungen aus den Bindemitteln. Bei den meisten Plattensorten gelingt das Loslösen der Schicht verhältnismäßig leicht durch Behandeln mit 5%iger Salzsäure und nachfolgender Einwirkung von kaltgesättigter Sodalösung. Sonst muß man Teile der Schicht abschaben. Die Schicht wird mit Salpetersäure zerstört, das Silber mit Hydroxylamin ausgefällt, abfiltriert, in Salpetersäure gelöst und nach Volhard titriert. Bei jodsilberhaltigen Schichten setzt man etwas NaCl zu, um Silberverluste zu vermeiden.

Papiere entwickelt man mit 5%igem Hydroxylamin und zerkocht sie mit Salpetersäure. Etwa aus vorhandener Stärke entstehende Oxalsäure wird mit Kaliumpermanganat zerstört, bevor man den Papierbrei nach Volhard titriert [Lehmann: Ztschr. f. angew. Ch. 35, 373 (1922)].

Für die Betriebskontrolle bei der Fabrikation photographischer Papiere, Platten und Filme empfiehlt Kieser [Chem.-Ztg. 46, 555 (1922)] die Behandlung einer ausgemessenen Fläche des zu prüfenden Materials mit einer 15%igen, neutralen Natriumthiosulfatlösung. Man fällt das gelöste Silber mit Natriumsulfid, filtriert, wäscht aus, löst das Silbersulfid in Salpetersäure und titriert nach Volhard. Es ist üblich, das Ergebnis in Gramm $AgNO_3$ auf 1 qm anzugeben.

Aus gebrauchten Fixierbädern fällt man das Silber mit Zink oder Eisen und bestimmt es durch die Feuerprobe.

Filme verbrennt man und ermittelt das Silber in der Asche durch die Feuerprobe (S. 1011).

L. Prüfung von Silberlegierungen auf dem Probierstein und Unterscheidung des Silbers von silberähnlichen Legierungen.

Die sog. Strichprobe auf dem Probierstein, der aus schwarzem Kieselschiefer besteht, gestattet bei ausreichender Übung die Unterscheidung des Feingehaltes von Silberlegierungen. Man macht mit der zu prüfenden Legierung einen Strich auf dem Stein und daneben Vergleichsstriche mit Legierungen (Probiernadeln) von bekanntem Feingehalt. Aus einer Übereinstimmung der metallischen Färbung zweier Striche kann man dann auf eine annähernde Gleichheit im Feingehalt schließen. Durch anwesendes Zink und Cadmium in einer Silberkupferlegierung fällt die Schätzung zu hoch aus (Silberlote).

Den „Strich" kann man auch dazu benutzen, um festzustellen, ob eine zu untersuchende Legierung überhaupt Silber enthält. Man bringt auf den Strich einen Tropfen Salpetersäure. Löst sich der metallische Strich ohne Trübung auf, so setzt man ein kleines Tröpfchen Salzsäure zu, das entweder einen Niederschlag von Silberchlorid oder bei geringem Silbergehalt eine opalisierende Trübung erzeugt.

Silberähnliche Legierungen, verdächtige Münzen, prüft man auf einer gesäuberten und angefeuchteten Stelle mit einem Silbernitratstift, der auf unedlen Legierungen sofort einen schwarzen Fleck gibt.

Silberne oder stark versilberte Gegenstände kann man auch mit einer Mischung von kaltgesättigter Kaliumbichromatlösung und verdünnter Salpetersäure (spez. Gew. 1,2) betupfen. Es bildet sich dann ein Flecken von rotem Silberchromat. War der Gegenstand nur versilbert, so schabt man die Versilberung ab und wiederholt die Probe. Neusilber, Tombak, Messing usw. geben keine rote Fleckenbildung.

Nach Munkert [Ztschr. f. angew. Ch. 14, 810 (1900)] ist dieses Verfahren für schwache Versilberung nicht zuverlässig. Man löst zweckmäßig die ganze Versilberung mit einem Säuregemisch, bestehend aus 10 ccm konzentrierter Schwefelsäure und 5 Tropfen konzentrierter Salpetersäure, ohne Erwärmen ab. Die Probe auf Silber macht man mit einem Tropfen Salzsäure. Die Methode ist auch zur Feststellung der Versilberung bei gefälschten Münzen geeignet.

M. Wiedergewinnung des Silbers aus Silberchlorid und Silberrhodanid. Herstellung von reinem Probesilber.

In Probierlaboratorien sammeln sich von den maßanalytischen Bestimmungen des Silbers die Silberniederschläge und von den Feuerproben Silbernitratlösungen an, aus denen man zweckmäßig das für den Betrieb des Laboratoriums erforderliche reine Probesilber herstellt.

Aus Silbernitratlösungen fällt man das Silber durch Zusatz von ausreichenden Mengen Natriumchlorid, rührt gut durch, läßt das Silberchlorid absitzen und hebert die überstehende Lösung ab. Das Silberchlorid wird sehr sorgfältig unter kräftigem Umrühren mit heißem, salzsaurem Wasser ausgewaschen. Nach T. K. Rose (The precious metals, p. 131. 1909) bringt man das Silberchlorid in eine poröse Tonzelle, die man vorher mit Salzsäure ausgezogen und gründlich mit Wasser ausgewaschen hat. Die Tonzelle bringt man in ein größeres Gefäß, in welchem sich Wasser befindet, steckt eine aus Feinsilber bestehende Kathode in das Silberchlorid und stellt einen Zylinder aus Schmiedeeisen als Anode in das Wasser des großen Gefäßes. Dann setzt man etwas Salzsäure zu und leitet aus einer Batterie einen elektrischen Strom durch. Das meiste Silberchlorid verwandelt sich in einigen Tagen in graues metallisches Silber. Das Silber wird sorgfältig ausgewaschen bis es vollkommen von dem durch die Elektrolyse entstandenen Eisenchlorid frei ist, getrocknet und im Graphit- oder glasierten Tontiegel mit etwas Soda unter einer Kohlendecke eingeschmolzen. Die Glasur stellt man

mit Borax her. Das flüssige Silber wird in eine mit Graphit aus-
gestrichene Eisenform ausgegossen und unter Beobachtung der größten
Sauberkeit ausgewalzt. Der gewalzte Streifen wird durch Bürsten von
allen Verunreinigungen an der Oberfläche gesäubert.

Will man das Eisen bei der elektrolytischen Reduktion ganz vermeiden, so muß man Kohlestäbe als Anode nehmen. Dieses Verfahren
wird von der Londoner Münze angewendet. Ein anderes Verfahren zur
Reduktion von Silberchlorid besteht darin, daß man das Silberchlorid
mit einem Streifen reinen Aluminiumblechs und mit Salzsäure in Berührung bringt.

Ein weiteres Verfahren (Priwoznik:
Österr. Ztschr. f. Berg- u. Hüttenwes.
1879, 418), das in vielen Münzstätten zur
Wiedergewinnung des Silbers benutzt
wird, beruht auf der Reduktion des
Silberchlorids durch Zink. Man bringt
das ausgewaschene Silberchlorid in ein
geräumiges Batterieglas, stellt in die
Mitte einen porösen Tonzylinder, der
eine Zinkplatte mit einer Polklemme
enthält. In das Silberchlorid steckt man
zwei Platten aus Feinsilber und übergießt das Silberchlorid mit verdünnter
Schwefelsäure (1 : 10). Nachdem man auch
die Tonzelle mit angesäuertem Wasser
gefüllt hat, verbindet man das Zink mit
den Silberplatten. Es entsteht ein
schwacher galvanischer Strom, der das
Silberchlorid innerhalb einiger Tage zu
Metall reduziert (Abb. 3); s. a. Zech-
meister u. Toth [Ber. Dtsch. Chem.
Ges. **64**, 860 (1931)].

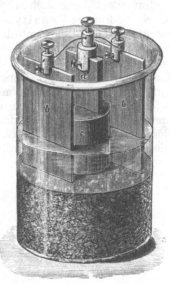

Abb. 3.
Silberwiedergewinnungsapparat.

Silberrhodanid glüht man nach Pufahl mit dem gleichen Gewicht
einer Mischung von 1 Teil calcinierter Soda und 1 Teil Salpeter 10 Minuten lang bei mäßiger Temperatur im Tiegel und laugt das Salzgemisch
mit Wasser aus.

Nach Donath [Ztschr. f. angew. Ch. **39**, 90 (1926)] läßt sich reines
Silber aus alkalischer Lösung mit Glycerin abscheiden, selbst in Gegenwart größerer Mengen von Kupfer. Man macht die salpetersaure
Silberlösung ammoniakalisch, filtriert etwa ausgeschiedene Hydroxyde
ab, setzt auf 1 Teil Legierung 30—40 Teile Glycerin sowie einige
Kubikzentimeter konzentrierter Natronlauge zu und erhitzt annähernd
zum Sieden.

N. Silbersalze.

Für die Bestimmung des Silbergehaltes in Silbersalzen eignen sich
die maßanalytischen Methoden von Denigés (s. S. 997) und von Volhard (s. S. 995).

Die Gehaltsbestimmung in Silbernitrat führt man nach Merck (Prüfung der chemischen Reagenzien auf Reinheit, 3. Aufl., S. 334) wie folgt aus: Man löst 1 g Silbernitrat in 100 ccm Wasser; 50 ccm dieser Lösung verdünnt man mit Wasser, setzt 10 ccm Salpetersäure (spez. Gew. 1,15) und 5 ccm einer kaltgesättigten Ferriammoniumsulfatlösung zu und titriert mit $\frac{1}{10}$ n-Ammoniumrhodanidlösung. 1 ccm $\frac{1}{10}$ n-Rhodanlösung = 0,016989 g (log = 0,23016—2) $AgNO_3$. Das für chirurgische Zwecke in Stäbchen (Ätzstifte) in den Handel kommende Salz ist von dem für den gleichen Zweck durch Zusammenschmelzen mit Kaliumnitrat hergestellten Salz durch das Aussehen nicht zu unterscheiden. Für die Gehaltsbestimmung dieses salpeterhaltigen Silbernitrats schreibt das Deutsche Arzneibuch folgende Methode vor: Man löst 1 g salpeterhaltiges Silbernitrat in 10 ccm Wasser; die Lösung versetzt man mit 20 ccm $\frac{1}{10}$ n-Natriumchloridlösung und einigen Tropfen Kaliumchromatlösung. Dann titriert man mit $\frac{1}{10}$ n-Silbernitratlösung auf Rotfärbung. Hierzu müssen 0,5—1 ccm $\frac{1}{10}$ n-Silbernitratlösung erforderlich sein, was einem Gehalt von 32,3—33,1 $^0/_0$ Silbernitrat entspricht. Man kann auch das Silber als Silberchlorid ausfällen und in dem Abdampfrückstande des Filtrats das Kaliumchlorid bestimmen und diesen Gehalt auf Kaliumnitrat umrechnen.

Die Feuerprobe auf Silber und Gold[1].

Von

Direktor Dr.-Ing. **A. Graumann,** Hamburg.

I. Die Arbeitsmethoden für die Ausführung von Feuerproben.

A. Begriff der Feuerprobe.

Unter dem Begriff der Feuerprobe versteht man die quantitative Trennung und Bestimmung von Metallen in Erzen und Hüttenerzeugnissen, die durch die Einwirkung geeigneter Reagenzien bei höheren Temperaturen erzielt wird. Grundsätzlich betrachtet sind die für die verschiedenen Metalle angewendeten Feuerproben eine im kleinsten Maßstab durchgeführte Nachahmung der technischen Hüttenprozesse.

Während man sich früher in den Anfängen der analytischen Chemie fast ausschließlich des trockenen Weges zur Bestimmung des Metallgehaltes einer Probe bediente, wendet man heute die Feuerprobe im wesentlichen nur noch bei den Metallen Silber, Gold und Platin an. Für die Bestimmung der Metalle Silber und Gold entsprechen die trockenen Proben auch heute noch den schärfsten Anforderungen in bezug auf Genauigkeit, die von keiner anderen chemischen Methode erreicht wird, namentlich wenn es sich darum handelt, sehr geringe Gehalte der beiden Metalle in Erzen oder Hüttenerzeugnissen zu ermitteln.

Unter einem Erz versteht man ein Mineral, aus welchem sich verwertbare Metalle gewinnen lassen. Die Bestandteile eines Erzes lassen sich also in zwei Gruppen scheiden:

1. Die verwertbaren Metalle,

2. die wertlosen Nebenbestandteile.

Zu den Hüttenerzeugnissen gehört schlechthin alles, was im Verlauf von Hüttenprozessen entsteht, z. B. Zwischenerzeugnisse (Steine, Speisen,

---

[1] Es wird auf folgende Werke über Edelmetall-Probierkunde hingewiesen: Beringer, J.: A textbook of assaying. London 1913. — Bugbee, E.: A textbook of fire assaying. New York 1926. — Fulton, C.: A manual of fire assaying. New York 1911. — Kerl, B.: Metallurgische Probierkunst. — Krug, L.: Kerls Probierbuch. Leipzig 1924. — Lodge, R. W.: Notes on assaying. New York 1911. — Park, J.: A textbook of practical assaying. London 1918. — Rose, T. K.: Metallurgy of gold. London 1906. — Schiffner, C.: Einführung in die Probierkunde. Halle a. d. S. 1925. — Smith, E. A.: The sampling and assay of the precious metals. London 1913. — Wraight, E. A.: Assaying in theory and practice. London 1914.

Schlacken), Metalle, in denen sich Edelmetalle angesammelt haben (Werkblei, Rohkupfer), angereicherte Edelmetalle (Rohgold, Rohsilber), in denen noch verhältnismäßig geringe Mengen unedler Metalle als Nebenbestandteile enthalten sind, ferner die raffinierten Edelmetalle.

B. Allgemeines.

Die Trennung und Bestimmung der Edelmetalle durch die Feuerprobe beruht auf den edlen Eigenschaften der Metalle und ihrer großen Neigung, mit Blei Legierungen zu bilden.

Das Bestreben des Edelmetallprobierers muß also dahin gehen, den Schmelzprozeß so zu führen, daß sich zwei schmelzflüssige Schichten bilden:

1. Eine Bleischicht, in der sich die Edelmetalle sammeln,
2. eine Schlackenschicht, in der alle übrigen Bestandteile enthalten sind.

Infolge des verschiedenen spezifischen Gewichtes trennen sich die beiden Schichten und die Edelmetalle lassen sich dann ferner auf Grund ihrer edlen Eigenschaften vom Blei trennen. Die Schlacke darf keine Edelmetalle mehr enthalten, so daß sie verworfen werden kann.

C. Probierreagenzien.

Ein Flußmittel ist ein Reagens, welches bei einer gewissen Temperatur eine unschmelzbare Verbindung auflöst oder umwandelt, sodaß sich dadurch eine neue, leicht schmelzbare Verbindung bildet.

Ein Reduktionsmittel hat die Eigenschaft, (meistens durch die Abscheidung von Kohlenstoff) den Sauerstoff eines Oxyds (an den Kohlenstoff) zu binden.

Ein Oxydationsmittel hat die Eigenschaft, seinen Sauerstoff leicht abzugeben.

Kieselsäure, d. h. feingemahlener Quarzsand, ist ein kräftiges, saures Flußmittel. Es verbindet sich mit Metalloxyden zu leichtflüssigen Silicaten. An Stelle von Kieselsäure wird auch mitunter fein gemahlenes Glas genommen, das aber nicht die kräftige Wirkung wie Quarzsand hat, weil die Säure schon an Kalk und Alkalien gebunden ist.

Borax, in wasserfreiem Zustande, ist ein saures Flußmittel mit niedrigem Schmelzpunkt. Es hat die Eigenschaft, sowohl basische als auch saure Bestandteile der Gangart eines Erzes unter Bildung von Boraten aufzulösen. Borax verbindet sich auch leicht mit Metalloxyden.

Natriumcarbonat (Soda) ist ein kräftiges basisches Flußmittel, das sich mit Kieselsäure und Tonerde zu Silicaten und Aluminaten verbindet. Da es auch sehr leicht Alkalisulfide und Sulfate bildet, so wirkt es gleichzeitig als Entschwefelungs- und Oxydationsmittel. Das Kaliumsalz, die Pottasche, kommt weniger zur Anwendung, weil es teurer ist.

Bleioxyd (Bleiglätte) ist ein leicht schmelzbares, basisches Flußmittel. Gleichzeitig wirkt es als Oxydations- und Entschwefelungsmittel. In Gegenwart eines Reduktionsmittels (Kohlenstoff) scheidet es sehr leicht Blei ab und bringt somit das zur Ansammlung der Edelmetalle erforderliche Blei in den Schmelzfluß. Außerdem verbindet es sich bereitwillig mit Kieselsäure zu einem leicht schmelzbaren Bleisilicat. Bleiglätte des Handels enthält meistens etwas Silber, häufig auch Wismut. Bevor man daher eine Bleiglätte als Fluß- und Lösungsmittel zu einer

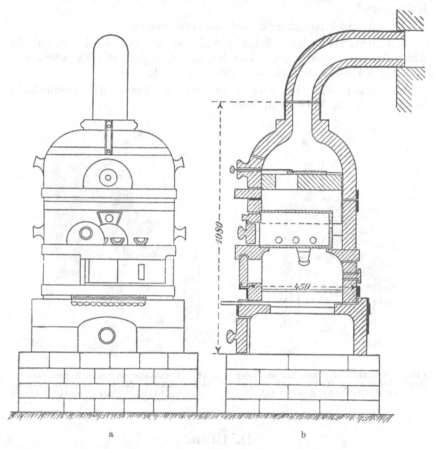

Abb. 1. Transportabler Muffelofen für Steinkohlen- und Koksfeuerung der Staatl. Sächs. Tonwarenfabrik in Muldenhütten bei Freiberg (Sa.).

Feuerprobe auf Edelmetalle verwendet, muß man den Silbergehalt bestimmen und auf Wismut prüfen.

Blei in granulierter Form, sog. Kornblei, wird beim Ansiedeverfahren (s. S. 1011) verwendet, wo es unter dem Einfluß des Luftsauerstoffes in Bleioxyd übergeht und zum basischen Flußmittel wird.

Blei, als Bleifolie oder Bleiblech, wird u. a. bei der Feuerprobe des Goldes in Legierungen oder im Barrengolde benutzt. Es muß, ebenso wie das Kornblei, frei von Silber und von Wismut sein.

Mehl wirkt wie Holzkohlenpulver als Reduktionsmittel. Es dient zur Reduktion des Bleies aus der dem Schmelzfluß zugesetzten Bleiglätte.

Weinstein oder saures weinsaures Kalium wird als Reduktionsmittel benutzt. Es zerfällt beim Erhitzen in Kohlenstoff, Kohlenmonoxyd und Kaliumoxyd.

Eisen wirkt reduzierend und schwefelbindend.

Kaliumnitrat oder Salpeter wirkt stark oxydierend auf Sulfide, Arsenide, Antimonide usw. Das bei der Zerlegung des Salpeters sich bildende Kaliumoxyd wirkt als basisches Flußmittel.

Kochsalz wird bei Tiegelschmelzen als Decke der Beschickung benutzt, um die Luft abzuhalten.

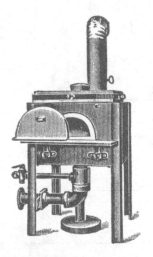

Abb. 2. Gasmuffelofen mit Bunsen- oder Gebläsebrenner der Deutschen Gold- und Silberscheideanstalt.

Abb. 3. Gastiegelofen mit Bunsen- oder Gebläsebrenner der Deutschen Gold- und Silberscheideanstalt.

D. Öfen.

Die Mehrzahl der mit der Ausführung einer Feuerprobe verbundenen Arbeiten werden in Muffelöfen (Abb. 1 und Abb. 2) ausgeführt.

Die Muffel ist ein aus feuerfestem Material (Schamotte) bestehender, einem Backofen ähnlicher halbzylindrischer Hohlkörper, der im Innern des Ofens liegt und von allen Seiten von den Flammengasen umspült und erhitzt wird. Die Heizung mit Leuchtgas ist sehr zu empfehlen, sie ist zwar etwas teurer als mit Koks- oder Steinkohlen, gestattet aber dafür eine sehr genaue Temperaturregelung.

Für Schmelzen in Tiegeln verwendet man Tiegelöfen, die entweder mit Koks oder auch mit Gas (Abb. 3) geheizt werden.

E. Probenahme.

(S. a. Bd. I, S. 33 und dieser Band S. 879.)

Bei edelmetallhaltigen Erzen ist eine sorgfältige Probenahme von besonderer Bedeutung, damit man die Gewißheit hat, daß die kleine Probe Erz der durchschnittlichen Zusammensetzung der ganzen Erzpartie, aus der die Probe gezogen ist, möglichst genau entspricht. Mit fortschreitender Verjüngung der aus einer Erzpartie gezogenen Rohprobe muß man bei Edelmetallerzen ganz besonders auf weitgehendes Zerkleinern und namentlich auf sorgfältiges Mischen achten, wenn man gröbere, auf dem Siebe verbliebene Anteile zerrieben und der Probe wieder beigefügt hat. Von metallischen Bestandteilen stellt man das Gewicht im Verhältnis zur Hauptprobe fest. Die endgültigen Proben sollen so fein gemahlen sein, daß sich aus der Korngröße kein Anlaß zu Gehaltsunterschieden mehr ergeben kann. Vor der Einwaage empfiehlt es sich, die Probe nochmals gut durchzumischen.

F. Waagen.

(S. a. Bd. I, S. 52 und 1142 sowie diesen Band S. 897.)

Für die Einwaage der Proben kommen je nach der anzuwendenden Methode Mengen von etwa 1—50 g in Betracht, die man auf einer der im Laboratorium gebräuchlichen Analysenwaagen einwägt. Für das Auswägen der oft sehr geringen Edelmetallmengen braucht man jedoch Waagen von besonderer Genauigkeit. Eine gute, für das Auswägen kleinster Edelmetallmengen geeignete Waage braucht nur eine ganz geringe Tragfähigkeit von höchstens 5 g zu haben. Sie sollte aber eine unveränderliche Empfindlichkeit von $1/_{100}$ mg aufweisen.

G. Die Aufschlußmethoden.

Je nach der Zusammensetzung der zu untersuchenden Probe kann man das in jedem Falle zu erstrebende Ziel, nämlich die Edelmetalle im Blei anzusammeln und die Nebenbestandteile in eine leichtflüssige Schlacke überzuführen, nach zwei grundsätzlich verschiedenen Aufschluß- oder Verbleiungsmethoden erreichen. Diese Methoden tragen folgende Bezeichnungen:

1. Die Ansiedeprobe,
2. die Tiegelprobe.

1. Die Ansiedeprobe.

a) Allgemeines.

Die Ansiedeprobe ist zwar von allgemeiner Anwendbarkeit, hat aber andererseits den Nachteil, etwas zeitraubend in der Ausführung zu sein, weil man stets nur verhältnismäßig kleine Einwaagen verarbeiten kann. Das Prinzip der Methode besteht darin, daß man die zu untersuchende Probe in der Muffel unter Luftzutritt mit Blei und Borax schmilzt. Das sich bildende

Bleioxyd verbindet sich mit der Kieselsäure und den vorhandenen Metalloxyden. Der Borax verbindet sich mit der basischen Gangart und verschlackt die im Bleioxyd schwer löslichen Metalloxyde. Das Blei legiert sich mit den Edelmetallen.

Der Prozeß des Ansiedens wird in flachen, dickwandigen Schamotteschalen (Ansiedescherben, Abb. 4) ausgeführt.

Abb. 4. Ansiedescherben.

Ansiedescherben müssen unempfindlich gegen schroffen Temperaturwechsel und widerstandsfähig gegen die Einwirkung des Bleioxyds sein. Bevor man sie verwendet, muß man sie sorgfältig austrocknen, weil sonst der sich entwickelnde Wasserdampf Teile der Schmelze herausschleudern kann. Die Schamotte darf auch keine Carbonate enthalten, weil die CO_2-Entwicklung ebenfalls zu Verlusten Anlaß geben kann. Vielfach wird auch ein vorheriges Glasieren der Scherben mit Soda und Borax als Schutz gegen mechanische Verluste vorgeschrieben. Carbonate oder sonstige flüchtige Bestandteile enthaltende Erze darf man aus denselben Gründen nicht der Ansiedeprobe unterwerfen.

b) Ausführung einer Probe.

Von der feingepulverten Durchschnittsprobe eines Erzes bringt man eine angemessene Einwaage, die von dem Edelmetallgehalt der Erze abhängt, auf die Ansiedescherben, in welchen sich bereits die Hälfte des in Betracht kommenden Probierbleies befindet, mischt sorgfältig durch, gibt die andere Hälfte des Probierbleies darauf und etwa 1—2 g gepulvertes Boraxglas. Bei hochschwefelhaltigen Erzen kann man den Borax auch nach der Röstperiode zusetzen.

Die Menge des anzuwendenden Bleies hängt von der Zusammensetzung des Erzes ab. Für reine Bleierze genügt z. B. das sechsfache der Einwaage, bei Anwesenheit größerer Mengen von Eisen oder Zink verwendet man das 10 bis 15fache, bei hohem Gehalt an Kupfer, Nickel oder Zinn das 20—30fache Gewicht an Blei.

α) **Schmelzperiode.** Die Ansiedescherben setzt man mit der Gabelkluft (Abb. 5) in die heiße Muffel und schließt die Öffnung der Muffel mit dem Vorsetzstein.

Abb. 5.
Gabelkluft.

β) **Röstperiode.** Sobald alles im Scherben glatt geschmolzen ist, öffnet man die Muffel, um der Luft Zutritt zu gewähren. Enthält das Erz Sulfide, so sieht man sie an der Oberfläche des Bleibades schwimmen, wo sie von der Luft oxydiert werden. Die Metalloxyde werden von dem sich gleichzeitig bildenden Bleioxyd aufgelöst oder verschlackt. Die Edelmetalle dagegen legieren sich mit dem Blei. An dem Rauch, der aus dem Bleibad entweicht, kann man erkennen, welche Bestandteile oder Metalle im Erz enthalten sind (Schwefel, Arsen, Antimon, Zink). Die Temperatur muß während dieser Periode, besonders zu Anfang, niedrig gehalten werden, weil hohe

Reaktionswärmen auftreten, die teils zu mechanischen Verlusten (Heraus-schleudern), teils zur Verflüchtigung von Edelmetallen Veranlassung geben können.

γ) **Verschlackungsperiode.** Mit fortschreitender Oxydation bildet sich auf der Oberfläche am Rande des Scherbens ein Ring von Schlacke, der sich mehr und mehr vergrößert, bis die ganze Oberfläche damit bedeckt ist. Da die Temperatur in der Muffel durch die eingetretene kalte Luft erheblich gesunken ist, schließt man jetzt die Muffelöffnung, wartet etwa 10 Minuten, um den Inhalt der Ansiedescherben recht dünn-flüssig zu machen, nimmt die Scherben mit der Gabelkluft heraus und gießt den Inhalt entweder in die Vertiefung eines mit aufgeschlämmtem Eisenoxyd ausgestrichenen Buckelblechs (Abb. 6) oder läßt die Scherben mit dem Inhalt erkalten.

Die erkalteten Scherben zerschlägt man, trennt die Bleikönige von der Schlacke und bringt sie durch Hämmern in die Form eines Würfels. Zeigt sich das Blei dabei brüchig infolge eines zu großen Ge-haltes an Arsen, Antimon oder Kupfer, so darf es nicht unmittelbar abge-trieben werden. Man verschlackt den Bleikönig vielmehr nochmals mit der gleichen oder doppelten Menge Probierblei. Ein Bleikönig soll durch-schnittlich 18—20 g wiegen. Zu schwere Könige werden noch einmal verschlackt, weil die Edelmetallverluste beim Verschlacken geringer sind als beim Treiben.

Abb. 6. Buckelblech.

Ist das zu untersuchende Erz sehr edelmetallarm, so daß aus einem Ansiedescherben nur ein winziges, kaum wägbares Edelmetallkorn zu erwarten ist, so vereinigt man die Bleikönige von mehreren Einwaagen und konzentriert sie durch Verschlacken auf einem größeren Scherben, bis man die Edelmetalle aus einer großen Einwaage, 50 oder 100 g, in zwei Bleikönigen von etwa je 20 g Gewicht angesammelt hat. Erze und Hüttenerzeugnisse, die bereits aus Oxyden bestehen, soll man nicht nach der Ansiedemethode behandeln, auch keine Erze mit ausschließlich basischer Gangart, weil man nur geringe Mengen saurer Reagenzien zu-setzen kann. Carbonathaltige Erze und Mineralien mit Krystallwasser geben auf den Scherben zu Verlusten Anlaß.

2. Die Tiegelprobe.

a) Allgemeines.

Die Tiegelprobe hat gegenüber der Ansiedeprobe den Vorteil, daß sich nach dieser Methode die Edelmetalle aus einer größeren Menge Probegut durch eine Schmelze in einen Bleikönig überführen lassen. Eine wesentliche Voraussetzung für den richtigen Verlauf der Schmelze ist jedoch die, daß man den Charakter des zu untersuchenden Materials kennt, um die richtigen Flußmittel wählen zu können. Man muß von vornherein wissen, ob man es mit einem oxydischen oder sulfidischen, mit einem basischen, sauren oder neutralen Erze zu tun hat. Bei stückigen Erzen kann man im allgemeinen die Art der Zusammensetzung schon genau erkennen. Liegt aber das Erz bereits in fein gemahlenem Zustand vor, wie es bei Analysenproben stets der Fall ist, so führt man eine mechanische Vorprobe durch Schlämmen mit Wasser aus, wozu sich am besten der bekannte hölzerne Sichertrog (Abb. 7) oder auch ein flacher Porzellanteller eignet. Man rührt das fein gemahlene Material auf dem Sichertrog oder auf dem Porzellanteller mit Wasser an, so daß sich ein dünner Schlamm bildet. Man läßt einen Augenblick stehen, gießt noch überflüssiges Wasser ab und gibt dem Sichertroge seitliche Stöße, wodurch sich die Bestandteile des Erzes nach ihrem spezifischen Gewichte in Streifen nebeneinander absondern. Von Zeit zu Zeit läßt man in ein und derselben Richtung etwas Wasser über das aufbereitete Erz fließen, um das oben aufliegende, spezifisch leichtere Material weiter zu befördern. Verschiedene, in dem Material vorhandene Erze ordnen sich z. B. wie folgt: Bleiglanz, Schwefelkies, Zinkblende, Quarz.

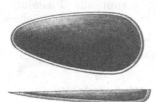

Abb. 7. Sichertrog.

Um die zum Schmelzen eines Gold- oder Silbererzes passenden Schmelzmittel richtig beurteilen zu können, kann man folgende Einteilung der Erze vornehmen:

1. Erze, die Oxyde oder Carbonate, aber keine oder nur ganz wenige Sulfide, Arsenide usw., außerdem aber Quarz als Gangart enthalten.

2. Erze, die nur basische Bestandteile wie Metalloxyde, Tonerde, Kalk, Magnesia, Baryt usw. enthalten.

3. Erze, die hauptsächlich Metallsulfide (Pyrit), Arsenide, Antimonide und Telluride enthalten.

α) **Erze mit quarziger Gangart.** Zur Verschlackung des Quarzes müssen basische Flußmittel, Soda und Bleiglätte zugesetzt werden. Man rechnet auf 10 g SiO_2 etwa 37 g PbO und 18 g Na_2CO_3, wobei man aber die vorhandenen Metalloxyde auch noch als kieselsäurebindend ansehen muß. Die Silicate müssen durch Zusatz von Borax leichtflüssig gemacht werden. Ein für den praktischen Gebrauch geeigneter Schmelzfluß kann nach A. Smith folgende Zusammensetzung haben:

20—25 g Erz,
30—40 g Bleiglätte,
30 g Soda,
2,5 g Mehl.

1 g Mehl reduziert aus Bleiglätte 10—12 g Blei.

β) **Erze mit basischer Gangart.** Bei basischen Erzen muß man saure Flußmittel zusetzen, wie Kieselsäure und Borax. Um einen leichteren Fluß zu bekommen, gibt man außerdem Soda und überschüssige Bleiglätte zu.

Beispiel eines Schmelzflusses nach A. Smith:

20—25 g Erz,
40 g Bleiglätte,
20 g Soda,
2,5 g Mehl,
10 g Borax,
0—10 g gemahlener Quarzsand.

γ) **Sulfidische und pyritische Erze.** Im Gegensatz zu den (sauren oder basischen) oxydischen Erzen haben sulfidische Erze die Eigenschaft, auf Bleioxyd reduzierend zu wirken. Damit der Schwefel aber nicht in das Blei geht oder mit Eisensulfid zusammen einen Bleistein bildet, muß er oxydiert werden. Hierfür gibt es verschiedene Methoden:

1. Oxydation durch Abrösten,

Abb. 8. Röstscherben.

2. Entschwefelung durch Eisen,

3. Oxydation mit Salpeter,

4. Oxydation auf nassem Wege (kombinierte naß-trockene Methoden).

1. **Oxydation durch Abrösten.** Man bringt das abgewogene Erz auf einen mit Schlemmkreide ausgestrichenen Röstscherben (Abb. 8) oder Röstkasten (Abb. 9) und stellt den Scherben oder Kasten in die ganz schwach auf dunkle Rotglut geheizte Muffel. Sobald sich Dämpfe entwickeln, rührt man das Erz fleißig um und steigert die Temperatur gegen Ende des Röstens. Das geröstete Produkt kann dann wie ein oxydisches Erz geschmolzen werden. Beim Rösten sind Gold- und Silberverluste, namentlich letztere, zu befürchten.

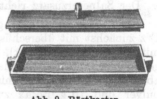

Abb. 9. Röstkasten.

2. **Entschwefelung mit Eisen.** Setzt man metallisches Eisen zum Schmelzfluß eines sulfidischen Erzes, so bildet sich Eisensulfid, das sich in beträchtlichen Mengen in der Schlacke aufzulösen vermag. Die Ausführung der Methode kann verschieden gehandhabt werden. Man kann die Schmelze im Tontiegel vornehmen und Eisen in Form großer Nägel oder als Eisenpulver zusetzen, oder man schmilzt unmittelbar in einem eisernen Tiegel (s. Bleiproben S. 1503). Im übrigen eignet sich die Methode nur für Erze, die möglichst frei von Antimon, Arsen und Kupfer sind. Auch darf der Pyritgehalt nicht allzu groß sein, weil sonst Silberverluste auftreten. Eine geeignete Flußmittel-Beschickung ist nach A. Smith etwa folgende:

20—25 g Erz,
40 g Bleiglätte,
30—40 g Soda,
10 g Borax,
ferner Eisen als Metall.

3. Oxydation durch Salpeter. Wenn ein Erz sehr viel Metall-sulfide enthält, so entsteht durch die reduzierende Einwirkung des Schwefels auf das Bleioxyd ein zu großer Bleikönig und nebenbei noch eine gewisse Menge von Bleistein. Durch einen angemessenen Zusatz von Salpeter soll die Reduktion so weit eingeschränkt werden, daß nur die gewünschte Menge Blei oder ein Bleikönig von 20—25 g entsteht. Erfahrungsgemäß bewirkt der Zusatz von 1 g Salpeter e'ne Gewichts-verminderung des Bleikönigs um etwa 4 g. Man bestimmt zunächst die reduzierende Wirkung der sulfidischen Bestandteile des Erzes durch eine Vorprobe, indem man z. B. 5 g pyritisches Erz mit 100 g Bleiglätte, 10 g Soda und 10 g Borax für sich im Tontiegel schmelzt. Hätte man dadurch einen Bleikönig von 40 g erhalten, so müßte man das Gewicht des gewünschten Bleikönigs = 25 g hiervon abziehen und den Rest des Bleigewichts = 15 g durch 4 teilen, um die Mengen Salpeter festzustellen, die erforderlich sind, um den überschüssigen Schwefel zu oxydieren. Im übrigen gibt man einen geringen Überschuß an Bleiglätte zu, um die Reduktion anderer Metalle zu verhindern und um die Schmelze dünn-flüssig zu erhalten. Eine geeignete Beschickung ist nach A. Smith die folgende:

10—20 g Erz,
60—80 g Bleiglätte,
10—20 g Soda,
3—5 g Borax,
bis zu 10 g Quarzsand,

wenn keine Kieselsäure im Erz vorhanden ist.

Der Salpeterzusatz richtet sich nach der Vorprobe.

Nach einer von Balling angegebenen Methode wird das sulfidische Erz zunächst mit überschüssigem Salpeter und den erforderlichen Fluß-mitteln (Soda und Borax), aber ohne Zusatz von Bleiglätte oxydierend geschmolzen. Ist die Oxydation beendet, so läßt man den Tiegel etwas abkühlen, gibt eine Flußmischung von 40 g Bleiglätte, 2 g Holzkohlen-pulver und 10 g Borax zu und bringt den Tiegelinhalt wieder zum Schmelzen.

4. Oxydation auf nassem Wege. Der kombinierte naß-trockene Weg wird zur Bestimmung von Silber und Gold in komplexen Erzen, in Kupferstein, Rohkupfer usw. benutzt. Die Beschreibung findet sich in dem Abschnitt „Spezielle Methoden der Feuerprobe" (s. S. 1022 u. f. S.).

b) Ausführung einer Tiegelprobe.

Das Mischen der Erzeinwaage mit den Flußmitteln nimmt man in der Regel gleich im Schmelztiegel, einem möglichst glattwandigen Ton-tiegel vor. Man bringt die erforderlichen Flußmittel auf Grund der für ein Erz von besonderer Zusammensetzung angestellten Überlegungen in den Tiegel, schüttet die Erzeinwaage darauf, mischt mit einem Eisen-spatel gut durch und bedeckt die Mischung mit einer Schicht von ab-geknistertem Kochsalz. In manchen Probierlaboratorien hat man sich für Tiegelproben eine Einheitsflußmittelmischung von etwa folgender Zusammensetzung hergestellt:

20—25 g Erz, 30—40 g Pottasche, 40—60 g Soda, 40 g Bleiglätte,
5—7 g Weinstein, 10—15 g Borax, Kochsalz als Decke.

Die beschickten Tiegel bringt man dann in einen mit Koks oder Gas geheizten Ofen (S. 1009 u. 1010) und läßt den Inhalt bei zunächst mäßiger Temperatur zum Fluß kommen. Dann steigert man die Temperatur und beobachtet den Verlauf der chemischen Um-setzungen in der Schmelze, die unter reichlicher Entwicklung von Gasen, wie Kohlenmonoxyd, Kohlendioxyd, Schwefeldioxyd usw. vor sich gehen. Allmählich tritt ein ruhiges Fließen der Schmelze ein, etwa nach 30—40 Minuten. Diesen Prozeß des ruhigen Fließens, während dessen sich das Blei vollständig von der dünnflüssigen Schlacke trennen soll, unterhält man noch etwa 10—25 Minuten und nimmt dann die Tiegel aus dem Ofen heraus. Man kann den schmelzflüssigen Inhalt der Tiegel in einen Einguß (Abb. 10) entleeren oder ihn auch im Tiegel erkalten lassen.

Abb. 10. Einguß.

Die Tiegel zerschlägt man, trennt den Bleikönig von der Schlacke, indem man ihn zu einem Würfel hämmert. Wenn man passende Tiegel hat, kann man die Schmelzen auch in der Muffel ausführen. Un-reine Bleikönige, oder Bleikönige, die zu schwer geraten sind, verschlackt man noch einmal auf dem Ansiedescherben.

H. Das Abtreiben oder Kupellieren.

Unter dem Begriff „Abtreiben" versteht man den Vorgang der Trennung des Goldes und Silbers vom Blei und von den anderen unedlen Metallen, mit denen sich die Edelmetalle beim Ansieden oder bei der Tiegelprobe legiert hatten. Das Abtreiben ist ein oxydierendes Schmelzen, das in einem porösen, feuerbeständigen Gefäße, der Kapelle (Abb. 11), ausgeführt wird. Eine Kapelle wird aus reiner Knochen-asche oder aus anderen geeigneten Materialien (Magnesit, Zement) hergestellt und muß die Eigenschaft haben, die beim oxy-dierenden Schmelzen entstehenden Oxyde, in der Hauptsache Bleioxyd, in sich aufzusaugen. Da Gold und Silber nicht oxydiert werden, so bleiben sie schließlich als ein glänzendes Metallkorn auf der Kapelle zurück. Eine gute Kapelle nimmt ihr eigenes Gewicht an Bleioxyd in sich auf. Es ist daher zweckmäßig, sie etwas schwerer als den abzu-treibenden Bleikönig zu wählen.

Abb. 11. Kapelle.

Bevor man Kapellen zum Abtreiben benutzt, müssen sie eine Viertel-stunde in der heißen Muffel ausgeglüht werden, um alle Feuchtigkeit und Kohlensäure daraus zu vertreiben. Andernfalls würden Teile des Bleies infolge der eintretenden Gasentwicklung beim Einschmelzen herausgeschleudert werden. Man zieht die ausgeglühten Kapellen mit der Kluft (Abb. 12) nach vorn, beschickt sie mit den Bleikönigen und schließt die Muffelöffnung mit dem Vorsetzstein. Das Blei schmilzt und bedeckt sich zunächst mit einer dunklen Oxydhaut. Ist diese verschwunden, so beginnt das mit konvexer Oberfläche in der Kapelle schmelzende Blei stark zu rauchen. Man entfernt nunmehr den Vorsetzstein und läßt damit die Luft in die Muffel treten. Die Oxydation des Bleies geht jetzt schnell vor sich. Es bilden sich auf der Oberfläche des Bleies Perlen von flüssiger Glätte, die sich hin und her bewegen und von der Kapellenmasse aufgesogen werden. Bei richtig geführter Treibtemperatur wirbelt der Bleirauch und es bildet sich nach und nach am inneren vorderen Rande der Kapellen etwas krystallinische, dunkelrot erscheinende Federglätte. Die richtige Treibtemperatur ist von wesentlicher Bedeutung, weil eine zu hohe Temperatur den Verlust an Gold und Silber steigert. Die Ursache dieses Verlustes besteht einmal in einem Aufsaugen durch die Kapellenmasse und zum anderen in der Flüchtigkeit der Edelmetalle bei hohen Temperaturen. Sinkt dagegen die Temperatur beim Treiben zu stark, so friert die Bleiglätte, welche bei 883^0 C schmilzt, auf der Oberfläche des Bleies ein und der Treibprozeß kommt zum Stillstand. In Wirklichkeit ist es aber nicht erforderlich, eine Temperatur von 883^0 C einzuhalten. Es genügt vielmehr eine bedeutend geringere Temperatur in der Muffel, weil die Oxydation des Bleies mit einer erheblichen Wärmebildung verbunden ist und somit das geschmolzene und sich oxydierende Blei eine viel höhere Eigentemperatur hat als der Muffelraum. Bei goldhaltigen Bleikönigen muß die Temperatur gegen Ende des Treibens etwas höher gehalten werden als bei Silber. Im Blei anwesende unedle Metalle tragen ebenfalls zu Edelmetallverlusten bei und dürfen überhaupt nicht in zu großen Mengen anwesend sein, weil sie sonst nicht mehr von der schmelzenden Bleiglätte aufgelöst und in die Kapelle übergeführt werden können. Schließlich bewirken sie ein Einfrieren des Bleikönigs.

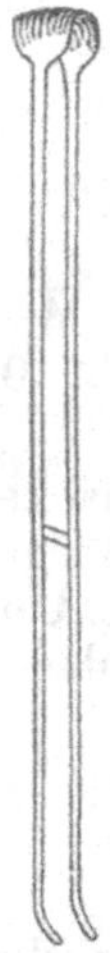

Abb. 12.
Kluft.

Im Verlaufe des Treibens werden die Glätteaugen allmählich größer und die Bleisilbergoldlegierung wird mit abnehmendem Bleigehalt immer strengflüssiger. Da auch die Temperatur der Muffel durch die eingetretene kalte Luft inzwischen stark abgenommen hat, so muß man gegen Ende des Treibens den Kapellen mehr Wärme zuführen, indem man sie etwas in den heißeren Teil der Muffel zurückschiebt oder indem man die Muffelöffnung teilweise schließt. Zuletzt verschwinden die Glätteaugen auf dem immer kleiner werdenden Metallkönig und es zeigen sich bei größeren Körnern schleierähnliche und in den Regenbogenfarben spielende Oxydhäutchen. Plötzlich wird das Korn blank und leuchtet vor dem Erstarren noch einmal auf. Man nennt diesen Vorgang das „Blicken" des Korns. Kapellen mit kleinen Silberkörnern von einigen Milligramm Gewicht kann man sofort aus der Muffel nehmen. Größere Silberkörner muß man zur Vermeidung des „Spratzens" (s. S. 988) vorsichtig im Ofen abkühlen lassen, indem man z. B. die Kapelle mit einer heißen, umgedrehten Kapelle bedeckt und einige Minuten stehen läßt. Güldische Körner neigen nicht zum Spratzen. Nach dem vollständigen Erkalten werden die Edelmetallkörner mit einer Kornzange aus der Kapelle ausgehoben, seitlich etwas zusammengedrückt und abgebürstet, um anhängende Kapellenmasse zu entfernen. Gut abgetriebene Körner sollen oben glänzend und unten matt sein. War die Treibtemperatur zu niedrig, so ist die Oberfläche matt und durch ein Glättehäutchen gelblich. An der unteren Seite befindet sich häufig ein sog. Bleisack, der durch ungenügende Entfernung des Bleies entstanden ist. Die Körner sind nie vollkommen rein, sondern enthalten immer noch Spuren von Blei, auch von Kupfer oder Wismut. Liegt die Vermutung nahe, daß die Verunreinigungen eines Edelmetallkorns das übliche Maß übersteigen, so muß das Korn nachgetrieben werden. Gleichzeitig treibt man als Kontrolle für den hierbei entstehenden neuen Treibverlust eine genau abgewogene, dem Gewichte des Korns entsprechende Menge reinen Probesilbers unter den gleichen Bedingungen mit ab. Über die Ursachen des Treibverlustes siehe das Nähere auf S. 1021.

In dem beim Abtreiben zurückbleibenden Edelmetallkorn sind auch die etwa in der Probe vorhandenen Platinmetalle enthalten.

J. Das Scheiden.

Das Ergebnis des Treibprozesses ist ein Silber- oder Gold-Silberkorn. Im letzteren Falle muß es zur Bestimmung des Goldes einer Behandlung mit Salpetersäure unterworfen werden. Dabei soll einerseits das Silber vollständig in Lösung gehen, andererseits das Gold, selbst beim Kochen mit starker Salpetersäure (spez. Gew. 1,2 oder 1,3), nicht zerfallen, weil die Bildung von staubförmigem Gold zu Verlusten Anlaß geben kann. Die ältere Probierkunst hatte daher den Erfahrungssatz aufgestellt, daß eine zum Scheiden geeignete Gold-Silberlegierung aus 1 Teil Gold und 3 Teilen Silber bestehen müsse. Dieses Legierungsverhältnis nennt man die „Quartation" des Goldes. In neuerer Zeit wendet man aber bei der Bestimmung des Goldes in Barren- und Münzgold auch andere Legierungsverhältnisse an (s. S. 1030). Bei der Bestimmung des Goldes und Silbers in Erzen und Hüttenerzeugnissen wird man in den weitaus meisten Fällen ein Gold-Silberkorn erhalten, in welchem erheblich mehr Silber vorhanden ist, als dem Quartationsverhältnis entspricht. In solchen Fällen muß man damit rechnen, daß das Gold beim Scheiden zu feinstem schwarz-braunen Staub zerfällt. Da aber der Zerfall des Goldes nicht allein durch das Quartationsverhältnis bedingt ist, sondern auch von der Konzentration der einwirkenden Salpetersäure abhängt, so kann man den Zerfall zu Staub in weitgehendem Maße verhindern, wenn man die Scheidung mit einer verdünnten Salpetersäure vom spez. Gewicht 1,06—1,09 ausführt. Außerdem ist es von wesentlicher Bedeutung, daß man das zu scheidende Korn in die heiße, annähernd siedende Salpetersäure einbringt.

Das auf diesen Grundsätzen aufgebaute und nachstehend beschriebene Scheideverfahren ist erprobt und sehr zu empfehlen (s. a. Bugbee: A textbook of fire assaying, p. 118. 1926).

Da man den Goldgehalt einer Gold-Silberlegierung nicht nach der Farbe abschätzen kann (eine Gold-Silberlegierung mit etwa 50% Gold ist erst schwach messinggelb gefärbt), so muß man ein auf Gold zu untersuchendes Korn einer Vorprobe unterziehen. Man plattet das Korn auf einem polierten Amboß aus, übergießt es in einem geräumigen Porzellanglühschälchen mit einigen Kubikzentimetern chlorfreier Salpetersäure (spez. Gew. 1,2) und kocht.

1. Fall. Zerfällt das Korn bei dieser Behandlung, unter Abscheidung des Goldes als schwarz-braunes Pulver, so ist mehr Silber vorhanden als dem Quartationsverhältnis 1 : 3 entspricht.

2. Fall. Wird das Korn dagegen nur oberflächlich angegriffen und braun gefärbt, so enthält es nicht die zur Scheidung ausreichende Menge Silber.

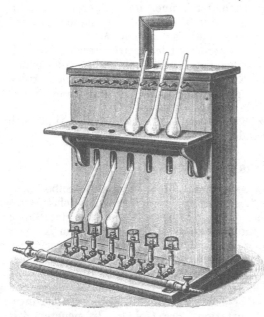

Abb. 13. Goldscheidestativ.

Ausführung.

1. Fall: Liegt die Zusammensetzung der Gold-Silberlegierung bereits nahe dem Verhältnis 1 : 4 oder 1 : 3, so muß man das Korn auf einem polierten Amboß ganz flach ausplatten. Bei einem höheren Silbergehalt kann man das Gold-Silberkorn aber ohne weiteres in ein Glühschälchen bringen, in welchem sich einige Kubikzentimeter heißer Salpetersäure befinden (spez. Gew. 1,06). Die Säure läßt man unter Erwärmen, aber ohne zu sieden, so lange einwirken, bis keine Reaktion mehr zu beobachten ist. Dann gießt man die Lösung vorsichtig ab, gibt neue Säure, aber vom spez. Gewicht 1,26 zu und erhitzt 10 Minuten lang nahezu zum Sieden. Man gießt die Säure ab, wäscht dreimal mit heißem Wasser aus und sammelt durch Schwenken etwa abgesonderte Goldteilchen in der Mitte des Schälchens. Man trocknet das Schälchen vorsichtig und bringt es in die Muffel. Durch das Glühen wird das Gold metallisch glänzend, die einzelnen Teilchen haften aneinander und lassen sich leicht auf die Waagschale bringen. Das im Korn vorhanden gewesene Silber ergibt sich aus der Differenz zwischen der ersten Wägung (Gold + Silber) und der zweiten Wägung (Gold):

2. Fall. Enthält das Korn weniger Silber als dem Verhältnis 1 : 3 entspricht, so muß das erforderliche Silber hinzu legiert werden. Bei

kleineren Goldmengen im Korn, unter 10 mg, ist es unbedenklich, die Menge des zuzusetzenden Silbers größer zu wählen, als dem Verhältnis 1 : 3 entspricht. Zur Ausführung der Quartation wickelt man das Korn mit der erforderlichen Menge Silber in ein Stück Bleifolie von 4—5 g ein, setzt es in eine heiße Kapelle und treibt ab. Das neue Gold-Silberkorn wird dann nach der gegebenen Vorschrift geschieden. Um in diesem Falle den Silbergehalt der Probe zu finden, muß man das zur Quartation zugesetzte, genau abgewogene Silber in Abzug bringen. Der bei der Ausführung der Quartation auftretende Silbertreibverlust muß durch Ausführung einer Kontrollprobe mit reinem Probesilber ausgeglichen werden (s. S. 1029). An Stelle der Glühschälchen benutzt man vielfach auch Scheidekolben aus Glas. Dies sind langgestreckte Kolben aus gut gekühltem Glas von etwa 200—250 mm Länge. Der Bauch hat einen Durchmesser von etwa 50 mm und der langgestreckte Hals hat eine Weite von etwa 16—18 mm. Zur bequemen Benutzung verwendet man ein besonders dafür eingerichtetes Stativ, bei dem die Kolben unmittelbar auf Kranzbrennern stehen, während der Hals in Schlitzen ruht, um die Säuredämpfe in die Esse entweichen zu lassen (Abb. 13).

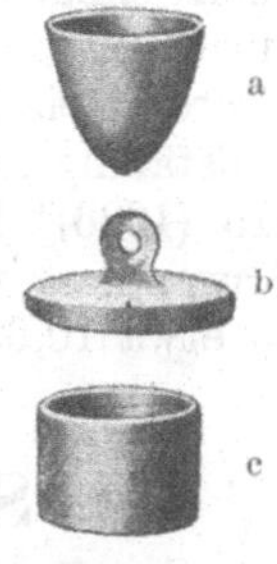

Abb. 14.
a Goldglühtiegel aus Porzellan, b Deckel dazu aus Porzellan, c Untersatz aus Ton.

Aus den Scheidekolben muß man das nach der Scheidung zurückbleibende Gold mit Hilfe eines kleinen Kunstgriffes (s. S. 1033) in besondere Goldglühtiegel überführen (Abb. 14).

In dem Tiegel wird das Gold vorsichtig getrocknet, mit dem Untersatz in die Muffel gebracht und vorsichtig geglüht. Scheidekolben haben den Vorzug, daß man größere Mengen Säure verwenden und sie auch darin zum Kochen bringen kann.

K. Treibverluste und Kapellenmaterial.

Bei jeder Kupellation tritt ein Verlust an Silber und Gold ein, der bei Silber prozentual am größten ist. Die Verluste haben ihre Ursache in einer gewissen Verflüchtigung der Edelmetalle und in einem Aufsaugen der Edelmetalle durch das Kapellenmaterial. Im übrigen wird die Höhe der Verluste bedingt durch die Treibtemperatur, die Menge des Bleies, die im Bleikönig vorhandenen Verunreinigungen und durch die Beschaffenheit des Kapellenmaterials.

Hält man die Treibtemperatur so genau wie möglich bei der für den Prozeß unbedingt erforderlichen Temperatur, so soll der Treibverlust (Kapellenzug) für reines Silber in der Regel nicht wesentlich 1% und der für reines Gold in der Regel nicht wesentlich 0,2—0,4% übersteigen.

Absolut maßgebend sind diese Zahlen keineswegs, denn der Treibverlust wird nach einer von Fulton (A manual of fire assaying, p. 163. 1911. — Bugbee: A textbook of fire assaying, p. 99. 1926. — Lodge: Notes on assaying, p. 62. 1911) aufgestellten Kurve auch bedingt durch die Menge der vorhandenen Edelmetalle.

Bei ganz genauen Untersuchungen kann man die in die Kapelle übergegangenen Edelmetalle durch Probieren des Kapellenmaterials wieder gewinnen und als Korrektur anbringen. Für Knochenasche-kapellen eignet sich folgender Schmelzfluß: 60 g Kapellenmaterial (30 g Knochenasche, 30 g Bleioxyd), 45 g Soda, 20 g Borax, 10 g Quarz-sand, 15 g Flußspat, 4 g Mehl. Kapellen aus anderen Stoffen, wie Zement oder Magnesit, haben neuerdings auch Eingang in die Praxis gefunden. Sie sollen einen geringeren Kapellenzug als die aus Knochenasche her-gestellten haben. Ihr Wert ist aber noch etwas umstritten und wenn auch einige Sorten wirklich einen geringeren Treibverlust für Silber aufweisen, so ist andererseits das Edelmetallkorn meistens unrein und erfordert ein Nachtreiben, um die noch darin enthaltenen unedlen Metalle vollständig zu entfernen. Truthe [Ztschr. f. anorg. u. allg. Ch. 154, 415 (1926)] hat z. B. auf der Kapellensorte Aurora (s. S. 1034) bei Anwendung von 3 g Probierblei den Treibverlust von 500 mg Feinsilber zu etwa 10,6 mg, den von 250 mg Feingold zu etwa 1,52 mg festgestellt.

II. Spezielle Methoden der Feuerprobe.

1. Die Bestimmung von Silber und Gold in Erzen.

Die Wahl der Aufschlußmethode hängt von der Zusammensetzung des zu untersuchenden Erzes ab.

a) Silbererze.

Für reine Silbererze wählt man die Ansiedeprobe und bringt bei einem Silbergehalt von unter $1\,^0/_0$ 5 g, bei mehr als $1\,^0/_0$ 3 g und bei noch reicherem 0,5—1 g auf einen eventuell vorher mit Soda und Borax glasierten Ansiedescherben. In der Regel wägt man mehrfach ein, um einen Durch-schnitt aus 5—50 g zu erhalten.

b) Golderze.

Für reine Golderze kommt die Ansiedeprobe meistens nicht in Frage, weil der Goldgehalt durchweg gering ist und man nur verhältnismäßig kleine Einwaagen auf einem Scherben verarbeiten kann. Die Beschickung für die Tiegelprobe richtet sich danach, ob man es mit einem quarzigen oder pyritischen Erz zu tun hat. Ist in dem Erz kein Silber enthalten, so pflegt man beim Schmelzen etwas Silber zuzusetzen.

c) Bleierze.

In Bleierzen sind meistens nur geringe Silbermengen enthalten. Man schmilzt von reinen Bleierzen eine größere Einwaage, 25 g, im eisernen Tiegel unter Zusatz von Bleiglätte und Flußmitteln auf Blei und treibt den Bleikönig unmittelbar auf Silber ab (s. Bleiproben S. 1510). Genauer und für alle Bleierze verwendbar ist aber die Ansiedeprobe.

d) Kupfererze.

Die Tiegelprobe ist für Kupfererze wenig geeignet und wird nur angewendet, wenn es sich um Erze mit geringem Kupfergehalt handelt. Hochprozentige Kupfererze kann man nach der Ansiedeprobe behandeln, indem man 2—3 g Erz auf dem Scherben mit der 20fachen Menge Probierblei und 1—2 g Borax verschlackt. Ist der Bleikönig infolge eines zu hohen Kupfergehalts spröde, so muß er noch einmal mit Blei verschlackt werden.

Für hochprozentige Kupfererze eignet sich auch die Anwendung einer kombinierten naß-trockenen Methode, und zwar kann man, wenn es sich nur um die Bestimmung des Silbers handelt, die Salpetersäuremethode anwenden. Man gibt zu 25 g Erz 100 ccm Wasser und 50 ccm Salpetersäure (spez. Gew. 1,42) und läßt zunächst die Säure ohne Erwärmen einwirken. Dann gibt man weitere 50 ccm Salpetersäure zu und kocht, bis die Säure nahezu vertrieben ist. Nun verdünnt man mit Wasser auf 500 ccm, gibt Kochsalzlösung in nicht zu großem Überschuß, 5 ccm Schwefelsäure und 10 ccm Bleiacetatlösung hinzu. Der Niederschlag einschließlich des Rückstands wird durch ein doppeltes Filter abfiltriert und bei nicht zu großer Menge auf einem glasierten Scherben vorsichtig verglüht und mit Probierblei verschlackt. Meistens wird jedoch ein Niederschmelzen des Rückstandes im Tiegel erforderlich sein. Man beschickt einen Tiegel mit der Hälfte des erforderlichen Bleioxyds, bringt den trockenen Rückstand vom Filter auf die Bleiglätte, verascht das Filter im Tiegel, gibt die sonstigen Flußmittel hinzu, mischt gut durch und setzt den Tiegel in den Schmelzofen.

Soll in Kupfererzen außer dem Silber auch das Gold bestimmt werden, so führt der Aufschluß mit Salpetersäure zu Goldverlusten. Um diese zu vermeiden, schließt man die Erze mit Schwefelsäure auf (s. die Schwefelsäuremethode für Kupfer auf S. 1027).

e) Nickel-Kobalterze.
(Bugbee, E. E.: A textbook of fire assaying, p. 196. 1926.)

Kanadische Nickel-Kobalterze enthalten viel Arsen, Schwefel und Silber. Man behandelt 15—20 g Erz so lange mit Salpetersäure (s. 1d), bis die Stickoxyde verschwunden sind, verdünnt mit Wasser, läßt abkühlen und filtriert. Bei manchen Erzen scheiden sich weiße, am Glase fest haftende Verbindungen von Arsen, Antimon und Kalk aus, die etwas Silber einschließen. Man löst sie in etwas heißer Natronlauge und säuert die Lösung wieder mit Salpetersäure an. Dann wird der Rückstand, die Gangart des Erzes, die noch etwas Silber enthalten kann, entweder im Tiegel mit Flußmitteln niedergeschmolzen oder auf dem Ansiedescherben verschlackt.

Im Filtrat der Gangart fällt man das Silber mit Kochsalzlösung, rührt gut durch, bis die Lösung klar wird, filtriert durch ein doppeltes Filter ab, trocknet das Filter auf einem Stück Bleifolie, das man auf einen mit Bleioxyd glasierten Ansiedescherben gelegt hat und verascht es bei möglichst niedriger Temperatur. Dann setzt man noch die

erforderliche Menge Probierblei zu und verschlackt. Die beiden Bleikönige vereinigt man auf einer Kapelle und treibt ab.

f) Arsenhaltige Erze.

Arsen bildet beim Schmelzen im Tiegel sog. Speisen (Verbindungen
von Arsen mit Kupfer oder Nickel-Kobalt oder anderen Metallen), wodurch
Verluste an Edelmetallen entstehen.

Man muß daher das Arsen zuvor entfernen. Dies erreicht man
am zweckmäßigsten durch Behandeln des Erzes mit Schwefelsäure. Der
Rückstand enthält das Gold, während das Silber in Lösung geht und
aus der verdünnten Lösung mit Kochsalzlösung ausgefällt wird (s. die
Schwefelsäuremethode für Kupfer auf S. 1027).

Ein älteres Verfahren zur Entfernung des Arsens beruht auf der
Verflüchtigung des Arsens als arsenige Säure durch Erhitzen des Erzes
unter Luftzutritt (Abrösten s. S. 1015). Dabei können aber sehr leicht
Edelmetallverluste entstehen. Die Rösttemperatur muß deshalb tunlichst
niedrig gehalten werden. Die Bildung schwerflüchtiger Arsensäure verhindert man durch Einmischen von Holzkohlenpulver in das Röstgut.
Beim Schmelzen des meistens stark eisenoxydhaltigen Erzrückstandes
ist ein erhöhter Zusatz von Reduktionsmittel erforderlich.

g) Zinnerze.

Obwohl die Ansiedemethode den Nachteil hat, daß man von Zinnerzen nur kleine Einwaagen von etwa 1 g auf dem Scherben verarbeiten
kann, so wird sie doch häufiger angewendet als die Tiegelprobe. Eine
Beschickung für die Tiegelprobe ist folgende: 25 g Zinnstein, 60 g Bleiglätte, 1,5 g Holzkohlenpulver, 40 g Soda und 10 g Borax. Der Bleikönig
muß nochmals verschlackt werden.

h) Antimonerze.

Auch Antimon läßt sich schwer verschlacken. Man darf deshalb
die Einwaage für einen Ansiedescherben nicht größer als 2 g wählen.
Kieselsäurehaltige Antimonite kann man mit folgender Beschickung
im Tiegel schmelzen: 20 g Antimonit, 80 g Bleiglätte, 60 g Soda, 10
bis 20 g Borax und 10—20 g Salpeter. Antimonite lassen sich auch
leicht mit Schwefelsäure aufschließen (s. S. 1027). Blahetek empfiehlt
Antimonite in konzentrierter Salzsäure zu lösen, das Antimontrichlorid
durch Eindampfen zu verflüchtigen und den Rückstand mit Blei anzu-
sieden [Chem.-Ztg. 53, 995 (1929)].

i) Zinkerze.

Zinkblenden schließt man zweckmäßig mit Schwefelsäure auf, wenn
man Gold und Silber bestimmen will (s. die Schwefelsäuremethode für
Kupfer auf S. 1027).

Will man Zinkblende im Tiegel schmelzen, so muß man Salpeter zusetzen: 20 g Erz, 50 g Bleiglätte, 20 g Soda, 15 g Borax, 20 g Salpeter, 5 g Quarzsand.

k) Tellurhaltige Erze.

Siehe die Fachliteratur (Smith, E. A.: The sampling and assay of the precious metals, p. 225. — Bugbee, E. E.: A textbook of fire assaying, p. 198. — Fulton, Ch. H.: A manual of fire assaying, p. 131).

2. Die Bestimmung von Silber und Gold in Hüttenerzeugnissen.

a) Oxydische bleihaltige Hüttenerzeugnisse.

Bleiglätte, Abzug, Abstrich schmelzt man reduzierend im Tiegel. 20 g Probegut, 50 g Soda, 10 g Borax, 20 g Bleiglätte, 1,5 g Weinstein.

b) Bleischlacken.

Bleischlacken schmelzt man mit einem Gemisch von Pottasche, Soda, Weinstein, Borax und Bleiglätte (s. S. 1015).

c) Halogen- und Schwefelsilber.

Halogen- und Schwefelsilber aus Laugeprozessen gewonnen, siedet man in kleinen Einwaagen auf dem Scherben an. Kupferhaltiges Schwefelsilber muß zweimal verschlackt werden.

d) Goldamalgam.

Aus Goldamalgamen destilliert man das Quecksilber ab und siedet das zurückgebliebene Gold mit Probierblei an, weil sich das Quecksilber nicht vollkommen durch Erhitzen entfernen läßt. Man kann auch das Amalgam mit heißer Salpetersäure behandeln, wobei Gold in schwammiger Form zurückbleibt.

e) Silberbestimmung in Räumaschen.

Die bei der Zinkgewinnung in den Muffeln verbleibenden Rückstände oder Räumaschen bestehen aus Koks (etwa $25—30\%$), Aluminaten, Silicaten, Oxyden des Zinks, Bleis und Eisens. Wegen der großen Menge reduzierender Bestandteile muß oxydierend geschmolzen werden, entweder unter Zusatz von Salpeter (s. S. 1016) oder nach dem Vorschlag von Haßreidter (Metall u. Erz 1925, 403) unter Zusatz von Bleidioxyd. 1 Teil $KNO_3 = 0,15$ g $C = 3$ g PbO_2. Man bringt in einen Tontiegel von etwa 14 cm Höhe ein Gemisch von 15 g feingepulverter Räumasche und 75 g Bleidioxyd, darauf ein Gemisch von 10 g Quarzpulver und 45 g wasserfreier Soda. Das Ganze bedeckt man mit 15 g Boraxglas und erhitzt den Tiegel etwa $^3/_4$ bis $^5/_4$ Stunde im Ofen. Der Bleikönig wird verschlackt und abgetrieben. Das Probegut wird

zweckmäßig durch ein Sieb von 1600 Maschen auf den Quadratzentimeter (DIN 40) getrieben, wobei auf etwa vorhandene Metallblättchen
(Blei) zu achten ist, weil sie silberreicher als das Siebfeine sind.

f) Gold- und Silberbestimmung im Kupferstein.

Im allgemeinen pflegt man den Goldgehalt durch die Ansiedeprobe
zu bestimmen. Für die Bestimmung des Silbers wählt man dagegen vielfach den kombinierten naß-trockenen Weg. Zu diesem Zweck behandelt
man viermal 25 g Probegut mit Salpetersäure, so wie es auf S. 1027 für
die Untersuchung von Rohkupfer (Methode a nach van Liew) angegeben
ist. Soll auch Gold bestimmt werden, so muß die Schwefelsäuremethode β
angewendet werden.

g) Gold- und Silberbestimmung im Anodenschlamm.

Anodenschlämme entstehen bei der elektrolytischen Raffination des
Kupfers. Sie enthalten außer Arsen, Antimon, Zinn, Nickel, Blei
und Kupfer je nach der Herkunft des verarbeiteten Materials wechselnde
Mengen Gold und Silber, vielfach auch Platinmetalle.

Im allgemeinen ist die Ansiedeprobe für die Bestimmung der Edelmetalle gut geeignet, jedoch kann man auch mit Vorteil den naß-trockenen
Weg einschlagen (Privatmitteilung von V. Haßreidter).

Man schlämmt 5—10 Einwaagen von je 10 g gut getrockneten Probegutes mit etwas Wasser auf, versetzt mit 50 ccm konzentrierter Schwefelsäure und erhitzt längere Zeit (1—3 Stunden) bis nahe zum Sieden der
Säure. Die erkaltete Salzmasse nimmt man mit 200—400 ccm Wasser
auf, kocht auf, versetzt die Lösung mit einem geringen Überschuß von
Kaliumbromid, gibt einige Kubikzentimeter gesättigte Bleiacetatlösung
hinzu und läßt 12 Stunden stehen. Dann filtriert man durch ein doppeltes
Filter ab und wäscht mit schwefelsäurehaltigem Wasser aus. Das Filter
mit Inhalt wird im eisernen Tiegel mit Bleiglätte und Flußmitteln
(s. Bleiproben, S. 1504 u. 1510) eingeschmolzen und die entstandene
Schlacke noch ein- oder zweimal mit 10—20 g Bleiglätte nachgeschmolzen.
Die dabei entstehenden Bleikönige werden auf dem Ansiedescherben
unter Zusatz von Kornblei durch Verschlacken gereinigt und konzentriert.
Der übrigbleibende Bleikönig wird abgetrieben und das Edelmetallkorn
(Au, Ag, Pt) nach den dafür angegebenen Vorschriften geschieden. Wegen
der Bestimmung des Platins siehe den Abschnitt „Platin" S. 1542.

3. Die Bestimmung von Silber und Gold in Metallen und Legierungen.

Hierunter sind alle Metalle oder Legierungen zu verstehen, die verwertbare Mengen von Edelmetallen enthalten. Es gehören hierzu sowohl
alle unedlen Metalle, wie Blei, Kupfer, Zink usw. (Werkblei, Rohkupfer, Zinkschaum), als auch die Silber- und Goldlegierungen mit den
verschiedensten Feingehalten (Blicksilber, silberhaltiges Rohgold, Feingold, Münzgold, industrielle Goldlegierungen).

Der Edelmetallgehalt der unedlen Metalle wird in Gramm pro 100 kg oder pro Tonne angegeben; bei den reinen Edelmetallen und Edelmetalllegierungen jedoch als **Feingehalt** in Tausendteilen.

a) Werkblei.

Von reinem Werkblei treibt man je nach dem Silbergehalt 20—100 g unmittelbar auf Kapellen ab und scheidet die Edelmetalle. Antimon- und kupferhaltiges Werkblei wird vorher mit der doppelten Menge Probierblei auf dem Scherben verschlackt. In der Regel arbeitet man mit 4 Einwaagen zu 20—25 g, wägt die Körner für sich aus und scheidet je 2 Stück zusammen. Von raffiniertem Weichblei wägt man mindestens einige 100 g ein und konzentriert die Einwaage durch Verschlacken.

b) Rohkupfer, Blisterkupfer, Anodenkupfer.

Edelmetallhaltige Kupfer wurden früher allgemein nach der Ansiedeprobe untersucht. Da jedoch die Verluste, namentlich an Silber, beträchtlich sind, wendet man heute nur noch kombinierte naß-trockene Methoden an.

α) **Salpetersäuremethode nach van Liew** (Fulton: A manual of fire assaying, p. 125. 1911). Der Nachteil des Aufschlusses mit Salpetersäure liegt in einer merkbaren Löslichkeit des Goldes. Um diesen Verlust möglichst niedrig zu halten, löst van Liew 30 g Kupferspäne mit 350 ccm Wasser und 100 ccm Salpetersäure (spez. Gew. 1,42) ohne zu erwärmen auf. Man rührt häufig um und setzt, wenn nötig, zur vollständigen Lösung noch etwas Salpetersäure zu. Die Stickoxyde entfernt man durch Einblasen von Luft. Das Silber fällt man mit der üblichen Normalkochsalzlösung (1 ccm fällt 10 mg Silber) und gibt nur einen mäßigen Überschuß zu. Bei geringem Silbergehalt im Kupfer (unter 150 g Silber in 100 kg Kupfer) gibt man, wie bei der Untersuchung der Kupfererze beschrieben (s. S. 1023), noch Bleiacetat und Schwefelsäure zu. Der abfiltrierte Rückstand einschließlich des Silberchlorids wird vorsichtig auf einem glasierten Ansiedescherben verglüht (Bleifolie unter das Filter legen) und dann mit Probierblei verschlackt.

β) **Schwefelsäuremethode.** · Diese Methode ist der Salpetersäuremethode überlegen und wird heute allgemein für die Goldbestimmung in Kupfer angewendet, weil keine Goldverluste dabei auftreten. Man muß nur darauf achten, daß das Kupfer möglichst vollständig aufgelöst wird, weil sonst Kupfer in den Bleikönig übergeht und beim Abtreiben im Gold-Silberkorn verbleibt. In diesem Falle empfiehlt sich ein Nachtreiben des Korns, jedoch unter Kontrolle des dabei auftretenden Treibverlustes (s. S. 1030 unter Silber).

Man wägt bei geringen Goldgehalten im Kupfer 4mal 50 g in 2-Literbechergläsern ein, gibt auf jede Einwaage 100 ccm Wasser und 200 ccm Schwefelsäure, setzt die Gläser auf ein Sandbad oder auf je einen mit Drahtnetz bedeckten Dreifuß und erhitzt zum Sieden. Nach mehrstündigem Erhitzen läßt man abkühlen, gibt 100 ccm kaltes Wasser unter Umrühren hinzu und dann noch 1 Liter kochendes Wasser. Dann gießt man die Kupfersulfatlösung vom Rückstand ab, erhitzt den Rückstand nochmals mit 100 ccm Schwefelsäure (1 : 1) und vereinigt die Lösungen. Das Silber wird wie unter a) angegeben gefällt und die Fällung nebst Rückstand durch ein dichtes doppeltes Filter abfiltriert.

Die Lösung des Kupfers mit Schwefelsäure wird erheblich beschleunigt, wenn man das Kupfer durch Zusatz einer Quecksilbernitratlösung amalgamiert. Von einer Lösung, die 32,5 g Quecksilbernitrat im Liter enthält, gibt man auf 50 g Kupfereinwaage etwa 15 ccm zu. Die Fällung des Silbers erfolgt in derselben Weise wie beschrieben. Wegen des mitgefällten Quecksilbers muß man das Filter mit dem Chlorsilberniederschlag zunächst bei ganz besonders niedriger Temperatur verkohlen lassen und dann erst zum Veraschen stärker erhitzen.

c) Zink.

Zur Bestimmung des Silbers im Handelszink sowie auch in den silberreichen Zinkbleilegierungen von der Zinkentsilberung des Werkbleies, eignet sich das von Friedrich [Ztschr. f. angew. Ch. 17, 1636 (1904)] ausgearbeitete naß-trockene Verfahren.

Je nach der Menge des im Zink vorhandenen Silbers wägt man von Handelszink 100—1000 g in ein oder mehrere Bechergläser ein und gibt Salzsäure in unzureichender Menge zu. Sobald sich die Säure mit Zink gesättigt hat, gießt man die Zinkchloridlösung durch ein Filter ab und gibt neue Salzsäure zu. Dies wiederholt man so oft, bis nur noch ein kleiner Teil Zink ungelöst ist. Nun unterbricht man den Löseprozeß, bringt den Rückstand einschließlich des ungelösten Zinks auf das bereits benutzte Filter und wäscht es chloridfrei. Danach bringt man es auf einen mit Bleioxyd glasierten Ansiedescherben, trocknet und verascht es und verschlackt den Rückstand mit Probierblei und Borax. Den Bleikönig treibt man auf der Kapelle ab, möglichst mit einer Kontrollprobe aus reinem Silber, um den Treibverlust zu ermitteln.

Bei silberreichem Zinkschaum wählt man eine geringere Einwaage, etwa 5—10 g.

An Stelle der Salzsäure kann man auch Schwefelsäure (1:5) verwenden.

d) Antimon.

Will man gold-silberhaltiges Antimon mit Blei ansieden, so darf man nur kleine Einwaagen für einen Scherben in Arbeit nehmen (s. Antimonerze, S. 1024).

Nach A. Smith kann man Antimon mit folgendem Fluß im Tiegel schmelzen: 25 g feingepulvertes Antimon, 50 g Bleiglätte, 25 g Soda und 10 g Salpeter. Handelt es sich nur um die Bestimmung des Silbers, so löst man eine größere Einwaage des Metalls (s. die Bestimmungen von Pb, Cu, Bi usw. in Antimonerzen auf S. 1576) in verdünntem Königswasser. Aus der nach Vorschrift mit Weinsäure und Ammoniak versetzten Lösung fällt man dann das Silber mit 2%iger Na_2S-Lösung.

Das Filter mit den Sulfiden verglüht man auf einem mit Probierblei beschickten Scherben, siedet an und treibt den Bleikönig auf Silber ab.

Soll in einer Probe neben dem Silber auch das Gold bestimmt werden, so sind die auf S. 1024 erwähnten Säureaufschlüsse geeignet. Man löst z. B. 10 g Antimon in 100 ccm H_2SO_4, verdünnt mit ungefähr 200—300 ccm Wasser und gibt eine Lösung von 30 g Weinsäure zu, die mit $(NH_4)OH$ neutralisiert ist. Dann übersättigt man eben mit $(NH_4)OH$ und verfährt nun so, wie es bei der Königswassermethode angedeutet worden ist. Man kann aber auch die mit Weinsäure versetzte Antimonsulfatlösung schwach sauer lassen und das Silber als Chlorid fällen, wie auf S. 1023 angegeben.

e) Zinn.

Silberhaltiges Zinn darf man nur in ganz kleinen Einwaagen von 0,5 g auf dem Scherben ansieden. Es wird auch empfohlen, etwas Soda zuzusetzen. Auf jeden Fall muß der entstandene Bleikönig noch ein- oder zweimal verschlackt werden.

Es ist deshalb vorteilhafter, das Zinn mit Säuren aufzuschließen.

Soll nur Silber bestimmt werden, so löst man 20—40 g Zinn nach der im Abschnitt „Zinn" für die Untersuchung von Zinnlegierungen (S. 1597) angegebenen Methode in Königswasser und fällt das Silber in Gegenwart von Weinsäure und Ammoniak mit 2%iger Na_2S-Lösung (s. Antimon). Ist die Bestimmung des Goldes erforderlich, so löst man das Zinn, am besten als Feilspäne, in Schwefelsäure, behandelt die Lösung nach der bei Antimon gegebenen Vorschrift weiter und fällt schließlich das Silber mit verdünnter Na_2S-Lösung.

f) Wismut.

Wismut kann unmittelbar auf der Kapelle abgetrieben werden, doch empfiehlt sich ein Nachtreiben mit 1 oder 2 g Blei, um alles Wismut zu entfernen. Der Treibverlust ist höher als bei Blei und muß bei genauen Bestimmungen durch Kontrollproben ausgeglichen werden.

g) Silber.

Die Feuerprobe auf Silber in mehr oder weniger feinen Silberlegierungen (Blicksilber, industriellen Silber-Kupferlegierungen, Abfällen von der Verarbeitung von Silber- und Goldlegierungen, Münzsilber) ist zwar heute vielfach durch die nassen Methoden ersetzt worden (s. S. 998), wird aber trotzdem noch in vielen Probierlaboratorien angewendet. Bei Beobachtung der nötigen Vorsichtsmaßregeln lassen sich auch durch die Feuerprobe Ergebnisse erzielen, die bei nahezu reinem Silber bis auf 0,5 Tausendstel genau sind.

Bekanntlich treten bei der Kupellation von Silber infolge des Kapellenzuges und der Verflüchtigung des Silbers nicht unerhebliche Verluste auf, die man zur Erlangung richtiger Resultate auf Grund von Erfahrungswerten an Hand einer Tabelle zu korrigieren suchte. Da aber die Silberverluste von der Größe des Bleizusatzes, der Treibtemperatur und der Beschaffenheit der Kapellen abhängig sind, so treffen die Angaben der Tabelle nicht immer zu.

Sicherer ist es daher, die jeweiligen Verluste durch Kontrollproben festzustellen, die man sich an Hand einer Vorprobe aus reinem Probesilber und der ermittelten Menge Kupfer oder der sonstigen Metalle zusammenwägt. Jedenfalls soll die Zusammensetzung der Kontrollprobe möglichst genau mit der der zu untersuchenden Probe übereinstimmen. Zur Ausführung der Vorprobe wägt man 0,5 g der Legierung ab, wickelt sie in 6—8 g Bleifolie und treibt ab. Das Silberkorn wird gewogen und der Gewichtsverlust gegenüber der Einwaage gibt die Menge der vorhandenen unedlen Metalle an. In der Regel bestehen diese aus Kupfer, das man auch an der Färbung der Kapelle erkennen kann. Sollten außer Kupfer noch erhebliche Mengen von Ni, Sb oder Zn in der Legierung vorhanden sein, so kann man die Legierung nicht unmittelbar abtreiben, sondern muß sie vorher auf dem Ansiedescherben verschlacken. Die für die endgültige Probe anzuwendende Bleimenge richtet sich nach den Ergebnissen der Vorprobe.

Feingehalt der Ag-Cu-Legierung	Bleimenge auf 1 Teil Legierung	Feingehalt der Ag-Cu-Legierung	Bleimenge auf 1 Teil Legierung
bis 950	6	600	14
900	8	500	16
800	10	darunter	20
700	12	—	—

Auf je 3 Untersuchungsproben wägt man 2 Kontrollproben ein und setzt sie zusammen in einer Reihe in die Muffel zum Abtreiben. Die Treibtemperatur muß möglichst niedrig gehalten und nach dem Blicken besonders darauf geachtet werden, daß die Silberkörner nicht spratzen. Nach dem Auswägen stellt man die Verluste fest, die das Silber in den Kontrollproben erlitten hat und addiert den Verlust zu dem Silbergehalt der untersuchten Proben. Die gefundenen Zahlen werden auf das nächste halbe Tausendstel abgerundet.

h) Gold.

Die Bestimmung des Goldes in Barrengold, Münzgold oder industriellen Goldlegierungen beruht auf denselben Grundsätzen, die im Abschnitt „Das Scheiden" auf S. 1019 dargestellt worden sind. Es ist dort schon darauf hingewiesen worden, daß man, um eine möglichst vollkommene Scheidung zwischen Gold und Silber zu erzielen, ein bestimmtes Verhältnis zwischen Gold und Silber einhalten muß (Quartation). Die Erfahrung hat gezeigt, daß die günstigsten Bedingungen zur Erzielung gleichmäßiger Ergebnisse bei einem Verhältnis von Gold : Silber = 1 : 2,5[1]

---

[1] In den amerikanischen Münzstätten nimmt man auf 1 Teil Gold nur 2 Teile Silber.

liegen. Bei diesem Legierungsverhältnis beträgt der Silberrückhalt im geschiedenen Golde im Durchschnitt etwa $0,1\%$. Dieser regelmäßige Silberrückhalt im geschiedenen Gold wird zum Teil durch die Goldverluste, veranlaßt durch Kapellenzug und Verflüchtigung, ausgeglichen.

Um die richtigen Mengen Quartiersilbers zu einer Goldlegierung unbekannter Zusammensetzung hinzufügen zu können, muß man den annähernden Goldgehalt der Legierung durch Vorproben ermitteln, und zwar richtet sich die Ausführung der Vorproben danach, ob das Gold mit Silber oder mit Kupfer legiert ist.

α) **Vorproben.** 1. **Kupferfreie Legierungen.** Man vergleicht den Strich der Legierung auf dem Probierstein mit dem der Strichnadeln von bekanntem Gold-Silbergehalt (s. S. 1092). Oder man vergleicht die Farbe des aus der ursprünglichen Legierung durch Abtreiben mit Probierblei erhaltenen Gold-Silberkorns (s. unter 2), Kupferhaltige Legierungen) mit der von Musterkörnern aus Gold-Silberlegierungen von 600, 700, 800, 900 und 1000 Tausendteilen Goldgehalt, die in einem weißen Karton eingebettet und von einem schwarzen Rande umzogen sind.

In einer Legierung mit 56% Silber ist der Goldgehalt nicht mehr an der Farbe zu erkennen, weil die Legierung weiß ist. Bereits ein Zusatz von 2% Silber zu reinem Golde verändert die tiefgelbe Goldfarbe in messinggelb.

Tiefgelbe Legierungen erfordern das 2,5fache, hellgelbe das doppelte und weiße das gleiche Gewicht als Silberzusatz. Schätzt man z. B. durch den Vergleich mit den Musterkörnern den Goldgehalt der Legierung als zwischen 700 und 800 Tausendstel liegend, so rechnet man es zu 700 Tausendstel. 500 mg der Legierung enthalten demnach 350 mg Gold und 150 mg Silber. Die dreifache Menge des Goldes als Quartiersilber gerechnet, ergibt 1050 mg Silber, wovon die vorhandenen 150 mg Silber abzuziehen sind. Es müssen demnach 900 mg Silber zugesetzt werden. Sollte die Schätzung zu niedrig ausgefallen sein und die Legierung genau 800 Tausendstel Gold enthalten, so würde bei dieser Schätzungsmethode das Quartiersilber noch vollkommen ausreichen, da Gold und Silber dann im Verhältnis $400 : 1000 = 1 : 2,5$ stehen würden.

Aus weißen Legierungen mit nicht erkennbarem Goldgehalt, die man mit dem gleichen Gewicht Silber legiert hat, erhält man nur dann zusammenhängendes Gold bei der Scheidung, wenn der Goldgehalt der Legierung nicht erheblich unter 500 Tausendstel liegt. Andernfalls bleibt unzusammenhängendes, pulveriges Gold zurück, das mehr Sorgfalt beim Abgießen der Säuren und Waschwässer erfordert. Gold-Silberlegierungen, in denen das Verhältnis von Silber zu Gold bereits größer als $3 : 1$ ist, muß man nach den auf S. 1020 angegebenen Vorschriften scheiden.

2. **Kupferhaltige Legierungen.** Für silberfreie Gold-Kupferlegierungen kann man ebenfalls die vergleichende Strichprobe auf dem Probierstein anwenden. Jedoch können geringe Gehalte von Zink, Silber, Nickel usw. die Farbe der Legierung erheblich beeinflussen.

Die übliche Vorprobe besteht in einem Abtreiben von 100 oder 250 mg der Legierung mit Probierblei auf der Kapelle, und zwar bei etwas höherer

Temperatur als bei Silber, weil sich Kupfer in Gegenwart von Gold schwerer oxydieren läßt. Aus dem Gewichtsverlust ergibt sich der Gehalt an Kupfer und sonstigen unedlen Metallen und durch Vergleichen des Korns mit den unter 1) erwähnten Musterkörnern ermittelt man die Menge des Quartiersilbers, die man bei der endgültigen Probe zuzusetzen hat.

β) **Hauptprobe.** Von den abgeplatteten Granalien oder Aushieben wägt man 2mal 0,5 g ein, gibt das ermittelte Quartiersilber hinzu und wickelt beides nebst der zur Entfernung der Nebenbestandteile (Kupfer usw.) erforderlichen Bleimenge in ein Stück Bleifolie oder in ein Stück Papier ein. Die Menge des zum Abtreiben erforderlichen Bleies richtet sich nach dem durch die Vorprobe ermittelten Kupfergehalte.

Feingehalt der Au-Cu-Legierung in Tausendstel	Bleimenge auf 1 Teil Legierung	Feingehalt der Au-Cu-Legierung in Tausendstel	Bleimenge auf 1 Teil Legierung
bis 950	8 Teile	600	24 Teile
„ 900	12 „	500	28 „
„ 800	16 „	darunter	32 „
„ 700	20 „	—	—

Gleichzeitig wägt man Kontrollproben von Probegold (s. S. 1093) ein unter Zusatz des Quartiersilbers und des in der Goldlegierung vorhandenen Kupfers oder der sonst darin enthaltenden Nebenbestandteile. Proben und Kontrollen bringt man mit der erforderlichen Menge Probierblei auf die in der Muffel stehenden ausgeglühten Kapellen, entweder in einer Reihe oder bei einer größeren Anzahl von Kapellen in mehreren Reihen hintereinander. Im letzteren Falle braucht man jedoch einen Muffelofen, der eine gute Regelung der in die Muffel eintretenden Oxydationsluft erlaubt. In der Londoner (Rose, T. K.: Metallurgy of gold, S. 474. 1906) und in der Utrechter (Haagen Smit, I. W. A.: La détermination quantitative de l'or par coupellation et l'examen de grandes quantités d'or destiné à la fabrication des monnaies. Utrecht: Monnaie de l'Etat, Juli 1920) Münzstätte steht der Muffelraum unmittelbar mit dem Essenzug in Verbindung und die Oxydationsluft kann sowohl am Vorsetzstein als auch in der mit der Esse in Verbindung stehenden Muffelentlüftungsleitung reguliert werden.

Die abgeblickten Proben läßt man im Ofen erstarren, wobei ein schwaches Einsinken der Wölbung des Kornes auftritt. Man sticht die Körner mit der Kornzange aus, bürstet sie ab und wiederholt dies unter abwechselndem starken seitlichen Drücken der Körner mit der Zange, bis die Unterseite vollständig von der Kapellenmasse befreit ist.

Dann plattet man die Körner auf einem polierten Amboß und mit einem polierten Stahlhammer aus, glüht sie auf einem Tonscherben bei dunkler Rotglut und streckt sie in einem kleinen Walzwerk unter polierten Walzen, bis der dabei entstehende Streifen eine Länge von etwa 50 mm hat. Beim Auswalzen dürfen keine Kantenrisse auftreten. Sobald sich Sprödigkeit bemerkbar macht, muß wieder ausgeglüht werden.

Für das Endergebnis ist es von Bedeutung, daß die Streifen bei allen Proben gleichmäßig dick ausgewalzt werden. Die Streifen werden zum Schluß nochmals ausgeglüht, mit einer kennzeichnenden Nummer gestempelt und über einem Glasstab zu einer Spirale oder Rolle so aufgewickelt, daß zwischen den einzelnen Windungen ein gleichmäßiger Zwischenraum bleibt (Abb. 15).

Hat man nur wenige Proben in Arbeit, so kann man die Rollen einzeln im Glaskolben scheiden. Zur Erzielung größter Genauigkeit ist es aber zu empfehlen, die Scheidung aller Proben gleichzeitig und unter genau denselben Bedingungen durchzuführen, indem man die Rollen in kleine Hütchen aus Platinblech bringt, die ihrerseits in kleinen Abteilungen eines aus Platindrahtgewebe hergestell-

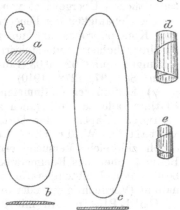

ten Körbchens stehen. Statt des Platin-körbchens kann man sich auch Geräte aus reinem Gold oder aus Quarzglas anfertigen lassen. Das Gerät taucht man in ein Glasgefäß, in der sich die Scheidesäure befindet (Smith, A.: The sampling and assay of the precious metals, S. 263. 1913). Für die Scheidung in Glaskolben bringt man 1 oder 2 Rollen zusammen in einen Kolben, gibt 20 ccm chlorfreie Salpetersäure (spez. Gew. 1,2) hinzu und kocht nach dem Entweichen der Stickoxyde noch 10 Minuten. Dann gießt man die Säure vorsichtig ab, wäscht einmal mit heißem Wasser nach, gibt 20 ccm Salpetersäure (spez. Gew. 1,3) zu und kocht nochmals

Abb. 15. a Korn; b ausgeplattetes Korn; c gewalzter Streifen; d Rolle; e geglühte Goldrolle.

15—20 Minuten. Die Kochzeiten werden stets gleichmäßig eingehalten und mit der Uhr kontrolliert. Zur Vermeidung des Siedeverzugs gibt man ein Stück Holzkohle in den Kolben. Die Säure gießt man nach beendigtem Kochen ab, wäscht dreimal mit heißem Wasser nach und führt die Rollen in einen Goldglühtiegel aus Porzellan über (s. Abb. 14). Zu diesem Zweck füllt man den Kolben vollständig mit Wasser, stülpt einen Goldglühtiegel darüber und kippt langsam um. Die Rollen sinken dann durch das Wasser in den Tiegel. Man lüftet den Kolben allmählich, wobei Luftblasen für das ausfließende Wasser in den Kolben treten, zieht ihn, wenn der Tiegel mit Wasser gefüllt ist, nach der Seite fort und läßt das Wasser aus dem Kolben ausfließen. Aus dem Tiegel entfernt man die Hauptmenge des Wassers und läßt den Rest durch vorsichtiges Erwärmen verdampfen. Der Tiegel wird dann mit seinem Untersatz in der Muffel vorsichtig geglüht, wodurch die Goldrollen zusammenfritten und metallisch glänzend werden.

Nach dem Erkalten wägt man die Rollen, und zwar zuerst die Kontrollproben. Die daran beobachteten Gewichtsveränderungen des eingewogenen Probegoldes, meistens Gewichtszunahmen, zieht man von den Goldauswaagen der untersuchten Proben ab.

Die Gewichtsveränderung einer bekannten Menge Probegoldes in einer Kontrollprobe stellt die algebraische Summe aller positiven und negativen Fehler dar, die bei der Durchführung des ganzen Prozesses entstanden sind. Eine Gewichtszunahme entsteht durch den bereits erwähnten Rückhalt an Silber und eine Gewichtsabnahme durch die Goldverluste, die beim Treibprozeß und bei der Scheidung eintreten.

Im allgemeinen tritt eine gewisse Kompensation der positiven und negativen Fehler ein, jedoch überwiegt bei höheren Feingehalten die Gewichtszunahme infolge des Silberrückhaltes. In der Londoner Münzstätte rechnet man bei der regelmäßigen Prüfung der im Münzbetrieb erzeugten 916,6 Tausendstel feinen Goldmünzlegierung mit einem durchschnittlichen Übergewicht von 0,4—0,8 Tausendstel.

Die Genauigkeit der Feuerprobe auf Gold läßt sich unter Verwendung von Kontrollproben und unter Beobachtung aller Vorsichtsmaßregeln zu einem hohen Grade steigern und wird unter den genannten Voraussetzungen auf 0,02—0,03 Tausendstel angegeben [Phelps, J.: Trans. chem. Soc. 97, 1272 (1910)].

γ) **Einfluß der Platinmetalle auf die Goldprobe.** Das Verhalten der Platinmetalle zu Gold (auch zu Silber) während der Kupellation auf „Aurora"-Kapellen der Deutschen Gold- und Silberscheideanstalt hat W. Truthe [Ztschr. f. anorg. u. allg. Ch. 154, 413 (1926)] durch zahlreiche Versuche ermittelt, sowohl hinsichtlich der äußeren Beschaffenheit des Edelmetallkorns, als auch hinsichtlich der bei einer bestimmten Treibtemperatur auftretenden Gewichtsabnahme oder -zunahme (Verflüchtigung oder Bleirückhalt).

Gold-Platin. Au mit 0,01% Pt zeigt ein hochglänzendes Korn mit einem charakteristischen matten Fleck, der bei steigendem Pt-Gehalt schließlich das ganze Korn überzieht und in eine krystalline Struktur übergeht. Bei etwa 2,9% Pt hört das „Blicken" auf.

Gold-Palladium. Bei 0—1% Pd matte Flecken von gelb-rosa Farbe; darüber hinaus ändern sich die Farbtöne in rötlichgrau, dunkelrot, dann grau in verschiedenen Tönungen. Die Körner blicken noch bis etwa 50% Pd.

Gold-Iridium. Bis 0,2% Ir haben die Körner Glanz, hochrunde Form, glatte Oberfläche. Nachher schwarze Flecken. Die Körner blicken nur bis 0,01% Ir.

Gold-Rhodium. Farbe und Glanz des Goldes geht bereits bei 0,1% Rh verloren; rotviolette Farbtöne. Mehr als etwa 4% Rh scheint sich nicht zu legieren; bis dahin treten schwarze Flecken auf; über 0,05% Rh kein Blicken mehr.

Gold-Ruthenium. Ru wird nur in geringen Mengen aufgenommen. Das nicht gelöste oder nicht zu RuO_4 oxydierte Ru wird als rußartiges Pulver auf der Kapelle abgesondert. Blicken tritt überhaupt nicht auf. Über 2% treten dunkle, nachher schwarze, rußartige Flecken auf.

Gold-Osmium. Os wird als OsO_4 verdampft. Der Dampf reißt das Korn auseinander. An der Unterseite des Korns seigert etwas Os aus. Kein Blicken.

Aluminium.

Von

Privatdozent Dr. **Fr. Heinrich** und Chefchemiker **F. Petzold,** Dortmund.

Einleitung.

Als Ausgangsmaterial für die Herstellung des Aluminiums dient der Bauxit und der Laterit, die chemisch nach dem Bayer-Verfahren oder elektrothermisch nach Haglund zu Tonerde aufgearbeitet werden.

Aus dieser wird durch Elektrolyse eines bei 700—800⁰ schmelzenden Gemisches mit Alkali-Aluminiumfluorid (Kryolith) Rohaluminium gewonnen, das in Flammöfen oder elektrisch geheizten Öfen umgeschmolzen und in Barren, Masseln oder Platten in den Handel gebracht wird.

Aluminium findet Verwendung bei der Stahlherstellung als Desoxydationsmittel, in der Aluminothermie für Schweißzwecke oder zur Herstellung von Legierungen, ferner für Aluminiumteile aller Art, dann in Form von Al-Pulver für lithographische Zwecke, als Bronzen, als Zusatzmaterial zu Explosivstoffen und in der Feuerwerkerei, ferner für Überzüge gegen Korrosion, Hitze und Feuer (Alitieren, Alumetieren usw.).

I. Methoden der Aluminiumbestimmung.

Bestimmungsformen des Al sind Al_2O_3, $AlPO_4$ und Aluminium-Oxychinolat $Al(C_9H_6ON)_3$. Durch Fällen von Aluminium-Salzlösungen mit NH_3 entsteht Hydroxyd [vgl. Ztschr. f. anorg. u. allg. Ch. **131**, 266 (1923); Ztschr. f. anal. Ch. **65**, 80 (1924)], das in bekannter Weise durch Glühen in Al_2O_3 übergeführt wird. Da Tonerde hartnäckig, namentlich Sulfate zurückhält, bedient man sich in diesen Fällen auch der Methode von Chancel [C. r. d. l'Acad. sciences **46**, 987 (1858); Ztschr. f. anal. Ch. **3**, 391 (1864)], der durch Zusatz von Thiosulfat zwecks Entfernung der Mineralsäure und Verkochen der entstandenen SO_2 das Aluminiumhydroxyd hydrolytisch ausfällt, oder der Methode nach Stock [Ber. Dtsch. Chem. Ges. **33**, 548 (1900)], die ebenfalls auf der Hydrolyse der Al-Salze beruht, wobei aber die entstehende freie Säure durch ein Gemisch von Kaliumjodid und Kaliumjodat zerstört wird unter gleichzeitiger Beseitigung des gebildeten Jods durch Thiosulfat. Als Phosphat wird Al nach der Methode von Fr. Wöhler-Chancel [C. r. d. l'Acad. des sciences **46**, 987 (1858) in Gegenwart von Phosphaten hydrolytisch gefällt durch Wegnahme der entstehenden freien Mineralsäure mit Thiosulfat. Einzelheiten der Methode siehe S. 1312.

Nach Berg [Ztschr. f. anal. Ch. **70**, 341 (1927); **71**, 23, 171, 321, 369 (1927); **72**, 177 (1928); **76**, 191 (1929)], F. L. Hahn und Vieweg [Ztschr. f. anal. Ch. **71**, 122 (1927)], Robitshek [Journ. Amer. Ceramic Soc. **11**, 587 (1928)], sowie Lundell und Knowles [Bureau Standards Journ. Res. **3**, 91 (1929); Chem. Zentralblatt **1929** II, 2079] fällt 8-Oxychinolin (Oxin) Aluminium vollständig aus ammoniakalischer und schwach saurer Lösung. Der Niederschlag von $Al(C_9H_6ON)_3$ kann nach dem Trocknen als solcher gewogen oder maßanalytisch (vgl. S. 1068) bestimmt oder besonders bei geringen Mengen nach M. Teitelbaum [Ztschr. f. anal. Ch. **82**, 373 (1930)] colorimetriert werden, indem man die Einwirkung des Oxins auf Phosphor-Molybdän-Wolframsäure [Folin-Reagens, Folin u. Denis: Journ. Biol. Chem. **12**, 239 (1912); Ztschr. f. anal. Ch. **53**, 533 (1914)] benutzt und die erhaltenen Färbungen vergleicht.

Ferner kann die Unlöslichkeit des Aluminiumchlorids in einer Mischung von konzentrierter Salzsäure und Äther unter Absättigung mit HCl-Gas [Gooch, F. A. and F. S. Havens: Amer. Journ. Science, Silliman (4), **11**, 416 (1901) nach W. W. Scott: Standard Methods of Chemical Analysis, S. 10] zur Abscheidung des Aluminiums dienen. (Die Chloride des Eisens, Berylliums, Zinks, Kupfers, Quecksilbers und Wismuts sind unter gleichen Bedingungen löslich.) Man versetzt in einer Platin-schale die konzentrierte Salzlösung mit 25 ccm konzentrierter Salzsäure und 25 ccm Äther und leitet unter stetigem Kühlen und Umrühren HCl-Gas ein. Nach Filtration durch einen Glasfiltertiegel und Aus-waschen mit Salzsäuregas, gesättigter Salzsäure und Äther wird der Niederschlag bei 150° getrocknet und dann mit einer Schicht (etwa 1 g) Quecksilberoxyd bedeckt und zunächst langsam über kleiner Flamme, dann kräftiger bis zur Gewichtskonstanz geglüht und als Al_2O_3 gewogen.

II. Trennung des Aluminiums von anderen Metallen.

Von den Metallen der H_2S-Gruppe trennt man Al durch Ausfällen derselben in saurer Lösung mit H_2S. Im Filtrat muß von den anderen Gruppen getrennt werden, indem man die durch Kochen vom H_2S befreite und mit HNO_3 oder H_2O_2 oxydierte Lösung nach Zusatz von Br in der Hitze mit NaOH fällt, wobei Al in Lösung bleibt. Nach Neutralisation des Hydroxylions mit Schwefelsäure wird Al in der Siede-hitze unter Indizierung mit Methylrot als $Al(OH)_3$ ausgefällt.

Einzelheiten des Verfahrens siehe bei der technischen Aluminium-analyse S. 1054, bezüglich der Trennung des Al von einzelnen Begleit-metallen vergleiche man bei den betreffenden Legierungen (S. 1057).

III. Spezielle Methoden.

A. Aluminiummineralien und sonstige Naturprodukte.

(Siehe Bd. III, Abschnitt „Tonerdepräparate".)

B. Hütten-, Zwischen- und Nebenprodukte.

Hierher gehört die Untersuchung der Aluminium-Badschmelzen auf Al_2O_3-, Na- und F-Gehalt, die nach den Methoden der Kryolithanalyse erfolgt (s. Bd. III, Abschnitt „Tonerdepräparate").

Als Nebenprodukt der Aluminiumerzeugung fällt der sog. Rotschlamm (Luxmasse, Lautamasse) an, der zur Gasreinigung dient. Siehe Bd. IV, Abschnitt „Gasfabrikation".

In Aluminiumaschen und sonstigen Abfällen interessiert unter Umständen der Gehalt an metallischem Aluminium, der auf gasanalytischem Wege unter Berücksichtigung etwa sonst vorhandener, Wasserstoff entwickelnder Metalle bestimmt werden kann (vgl. Ztschr. f. anal. Ch. 76, 233 (1929)].

Die Analyse von Thermitschlacken erfolgt ähnlich wie die Analyse der Aluminiummineralien.

C. Korund.

Der Korund findet sich in der Natur teils in schönen Krystallen oder derb und in feinkörnigen Massen

1. als edler Korund in höchster Reinheit in verschieden gefärbten Varietäten als Saphir durch Eisen und Titan blau, und als Rubin durch Chrom rot gefärbt, und dient zur Verarbeitung zu Schmucksteinen,

2. als gemeiner Korund in rauhflächigen Krystallen und körnigen Massen (Dementspat), und

3. in feinkörniger Form als Schmirgel, der durch Eisenoxyd undurchsichtig und nicht selten durch Quarz verunreinigt ist. Der natürliche Korund hat 93—98% Al_2O_3; die billigeren Formen des Naturkorunds mit 55—80% Al_2O_3 bezeichnet man als Schmirgel. Sie werden auf Naxos und in Kleinasien bergmännisch gewonnen.

Als Rohprodukt für künstlichen Korund dient der Bauxit, der auf Walnußgröße zerkleinert und mit Reduktionsmitteln gemischt im elektrischen Ofen bei 6000 Ampere und 90—120 Volt auf über 2000° erhitzt wird. Bei unrichtiger Dosierung der Reduktionsmittel oder durch Überhitzung bilden sich leicht Carbide.

Ferner wird künstlicher Korund bei der Herstellung von Metallen aus ihren Oxyden nach dem Goldschmidtschen Thermitverfahren in Form einer Schlacke erhalten, die völlig wasserfrei ist im Gegensatz zu den natürlich vorkommenden Varietäten, wobei die Tonerde zum Teil als Hydrat vorliegt. Er kommt unter dem Namen Corubin in den Handel und wird infolge seiner Härte zu Schleifscheiben oder zu Poliermitteln, wegen seines hohen Schmelzpunktes zu Ofenauskleidungen und zu Tiegeln und feuerfesten Gefäßen verarbeitet. Normale Handelsware enthält 95—99% Al_2O_3. Ferner gehören hierher die Kunstprodukte Alundum, Abrasit, Elektrorubin usw.

Die Untersuchung des Korunds bietet große Schwierigkeiten, da derselbe praktisch säureunlöslich ist und auch den üblichen Aufschlußmitteln großen Widerstand entgegensetzt. Am geeignesten ist wohl der Aufschluß mit Borax [Hilles, H.: Ztschr. f. angew. Ch. **37**, 255 (1924); Chem. Zentralblatt 1924 II, 90], von dem nach eigenen Versuchen bei einer Temperatur von etwa 1000° 10 g auf eine Einwaage von 1 g Korund bereits nach etwa 20 Minuten zum völligen Aufschluß führen. Versuche mit anderen Aufschlußmitteln zeigten, daß neben Borax noch Kaliumbisulfat oder ein Gemisch von 8 Teilen NaOH + 2 Teilen Na_2O_2 in Betracht kommt.

Die Ausführung geschieht nach den Mitteilungen des Chemiker-Fachausschusses der Gesellschaft Deutscher Metallhütten- und Bergleute (Bd. 2, S. 114. 1924) wie folgt:

a) Aufschluß mit Borax.

Von der in einem Diamantmörser äußerst fein gepulverten und völlig durch ein Seidengazesieb getriebenen Probe wird nach dem Trocknen bei 100° 1 g mit ungefähr der 10fachen Menge entwässertem Borax innigst gemischt und im bedeckten Platintiegel zunächst mit kleiner, sodann allmählich mit immer größerer Flamme erhitzt, bis eine ruhig fließende Schmelze erzielt ist. Diese wird in 100 ccm heißem Wasser aufgenommen und im bedeckten Becherglas mit verdünnter Salzsäure vorsichtig angesäuert, wobei eine vollständige Lösung der Schmelze erreicht werden muß. Sollten noch unzersetzte Reste von Korund vorhanden sein, so muß von der Lösung abfiltriert und der Rest nochmals aufgeschlossen werden. Bei hohem Feinheitsgrad der Probe und genügend langem Schmelzen gelingt es jedoch leicht, durch eine Schmelze einen vollständigen Aufschluß zu erzielen.

Die Lösung der Schmelze wird in eine Porzellanschale überführt und auf dem Wasserbade zur Trockne gedampft[1]. Während des Eindampfens rührt man öfters mit einem Glasspatel um, damit eine feinpulvrige, staubtrockene Masse erzielt wird. Diese wird mit Salzsäure befeuchtet und in der gleichen Weise wie vorher nochmals zur Staubtrockne eingedampft. Man fügt nunmehr 25 ccm Salzsäure (spez. Gew. 1,19) hinzu und läßt diese etwa 30 Minuten bei ganz gelinder Wärme auf den Abdampfrückstand einwirken, verdünnt sodann mit 100 ccm kochend heißem Wasser und erhitzt etwa 15 Minuten bis nahe zum Kochen. Sodann läßt man die ausgeschiedene Kieselsäure sich absetzen, gießt die überstehende Flüssigkeit durch ein Filter ab, wäscht den Rückstand 3—4mal durch Dekantieren in der Schale mit schwach salzsäurehaltigem Wasser und bringt ihn schließlich auf das Filter, auf dem er mit heißem Wasser noch 3mal gründlich ausgewaschen wird. Das Filter wird verascht und die Kieselsäure durch Glühen über der

---

[1] Nach eigenen Versuchen stört die Anwesenheit von Borax im weiteren Analysengang nicht, so daß eine etwaige Zugabe von Alkohol bei der Kieselsäureabscheidung zwecks Verflüchtigung als Borsäureester nicht erforderlich erscheint.

vollen Flamme des Teclubrenners entwässert und gewogen. Zur Prüfung auf Reinheit wird der gewogene Niederschlag mit einigen Kubikzentimetern Wasser, einigen Tropfen konzentrierter Schwefelsäure und etwa 5 ccm Flußsäure versetzt und auf dem Wasserbade zur Trockne verdampft. Um die Schwefelsäure vollständig zu entfernen, wird mit der vollen Flamme des Teclubrenners geglüht. Der hiernach verbleibende Rückstand wird vom Gewicht der rohen Kieselsäure in Abzug gebracht und der Rest als SiO_2 in Rechnung gestellt.

Der nach dem Abrauchen mit Flußsäure verbliebene Rückstand, der hauptsächlich aus Tonerde besteht, wird wiederum mit etwas Borax geschmolzen, in verdünnter Salzsäure gelöst, und dem Filtrat von der rohen Kieselsäure hinzugefügt. Diese Lösung wird nunmehr nach dem Oxydieren mit etwa 3 ccm Salpetersäure (spez. Gew. 1,4) in einen Meßkolben von 250 ccm übergeführt. Man entnimmt 100 ccm = 0,4 g und fällt in der Siedehitze nach Zusatz von 10 g Ammoniumchlorid durch Hinzufügen von Ammoniak in schwachem Überschuß Tonerde, Eisenoxyd und Titansäure. Nach kurzem Aufkochen läßt man den Niederschlag absitzen, gießt die überstehende Flüssigkeit durch ein Filter, wäscht den Niederschlag im Becherglas 3—4mal durch Dekantieren mit heißem Wasser, bringt ihn auf das Filter und verascht ihn nach sorgfältigem Auswaschen. Der Filterrückstand wird sodann über dem Gebläse oder in der elektrischen Muffel bis zur Gewichtskonstanz geglüht und als $Al_2O_3 + Fe_2O_3 + TiO_2$ gewogen.

Zur Bestimmung des Eisenoxydgehaltes schmilzt man den ausgewogenen Rückstand am besten mit der zehnfachen Menge Kaliumpyrosulfat im Platintiegel und löst die Schmelze in kaltem Wasser unter Hinzufügen von etwas konzentrierter Schwefelsäure. In der auf diese Weise gelösten Schmelze bestimmt man das Eisen titrimetrisch in bekannter Weise nach Reinhardt (S. 1303) oder auf jodometrischem Wege und berechnet daraus den Gehalt an Fe_2O_3.

In weiteren 100 ccm des Filtrates von der rohen Kieselsäure bestimmt man den Gehalt an Titansäure entweder colorimetrisch mit Wasserstoffsuperoxyd nach S. 1052, oder bei größeren Mengen gewichtsanalytisch. Hierzu neutralisiert man die Flüssigkeit zunächst mit Sodalösung 1:10, bis eine kleine bleibende Trübung entsteht, säuert hierauf mit verdünnter Schwefelsäure 1:50 unter Hinzufügen einiger Tropfen Methylorangelösung bis zur eben sauren Reaktion an, wobei der Niederschlag vollkommen gelöst sein muß, verdünnt auf 1,5 l, fügt 30 ccm wäßrige schweflige Säure hinzu und erhitzt 2 Stunden bis nahe zum Sieden unter öfters erneuter Zugabe von 30 ccm schwefliger Säure und Ersatz des verdampfenden Wassers. Man läßt die abgeschiedene Titansäure eine halbe Stunde bei etwa 40^0 absitzen, gießt die überstehende Flüssigkeit durch ein Filter, bringt schließlich den Niederschlag auf das Filter, um ihn nach sorgfältigem Auswaschen zu veraschen, über dem Teclubrenner zu glühen und als TiO_2 zur Auswaage zu bringen. Das Gewicht der TiO_2, ebenso das Gewicht des vorher ermittelten Fe_2O_3 werden von dem Hauptniederschlag $Al_2O_3 + Fe_2O_3 + TiO_2$ in Abzug gebracht. Der Rest ist als Al_2O_3 in Rechnung zu stellen.

Die Bestimmung von Kalk und Magnesia erfolgt im Filtrate des Niederschlages von $Al_2O_3 + Fe_2O_3 + TiO_2$ aus der ammoniakalischen Lösung in bekannter Weise (vgl. S. 1324).

Sollte der Korund größere Mengen Magnesia enthalten, so empfiehlt sich die Trennung mittels Ammoniak nicht, da Magnesiumhydroxyd im Aluminiumhydroxydniederschlag hartnäckig festgehalten wird. Für diese Fälle eignet sich das Natronlaugeverfahren. Die Lösung des von der Kieselsäure befreiten Aufschlusses wird mit Sodalösung oder Natronlauge annähernd neutralisiert und dann in heiße überschüssige Natronlauge, die sich in einer Platinschale befindet, eingetragen; man rührt dabei ständig mit einem Platinspatel und wartet mit jedem neuen Zusatz so lange, bis das zuerst ausfallende Aluminiumhydroxyd sich wieder gelöst hat. Zugleich verdünnt man die letzten Anteile der zuzusetzenden magnesiumhaltigen Lösung mehr und mehr mit Wasser, gibt zum Schluß, nachdem alles eingetragen ist, noch heißes Wasser hinzu und rührt gut um. Den entstandenen Niederschlag läßt man auf dem Wasserbad absitzen; er wird dann abfiltriert, mit stark verdünnter Natronlauge ausgewaschen, und dann mit Salzsäure wieder in Lösung gebracht. Die salzsaure Lösung wird mit Ammoniak übersättigt, etwaiger Kalk mit Ammoniumoxalatlösung gefällt, abfiltriert und im Filtrat schließlich das Magnesium in bekannter Weise mit Ammoniumphosphatlösung gefällt und in Form von Pyrophosphat gewogen.

b) Aufschluß mit Kaliumpyrosulfat.

1 g Korund wird mit ungefähr der 10fachen Menge entwässertem Kaliumpyrosulfat im geräumigen Platintiegel mit zunächst kleiner, dann allmählich gesteigerter Flamme erhitzt, bis eine ruhig fließende Schmelze erzielt ist. Es empfiehlt sich, während des Schmelzens öfters mit einem dicken Platindraht oder einem Platinspatel das zu Boden sinkende ungeschmolzene Material in der Schmelze zu verteilen. Zuletzt erhitzt man mit der Flamme eines guten Teclubrenners. Zur Erzielung eines vollständigen Aufschlusses ist eine Schmelzdauer von mindestens einer Stunde erforderlich. Nach dem Erkalten der Schmelze erhitzt man den Platintiegel nochmals bis die an der Tiegelwand befindliche Schmelze in Fluß gekommen ist und gibt sodann den Platintiegel in 100 ccm Wasser, dem vorher 10 ccm konzentrierter Schwefelsäure hinzugefügt wurden. Man dampft nunmehr ab, bis Schwefelsäuredämpfe entweichen, um die Abscheidung der Kieselsäure zu vervollständigen, verdünnt sodann nach dem Erkalten den Abdampfrückstand mit etwa 150 ccm Wasser, erwärmt gelinde bis zur Lösung der Salze, filtriert, nachdem die ausgeschiedene Kieselsäure sich abgesetzt hat, in einen 250-ccm-Meßkolben und wäscht mit heißem, schwach schwefelsäurehaltigem Wasser aus. Der Rückstand wird verascht und als rohe Kieselsäure gewogen. Die Reinigung der Kieselsäure sowie die weitere Analyse des Filtrats erfolgt genau in gleicher Weise, wie S. 1039 angegeben.

Enthält die Probe auch noch Chromoxyd, so besteht die nach dem Aufschluß von der SiO_2 befreite mit Ammoniak erhaltene Fällung aus

Fe_2O_3, Cr_2O_3, TiO_2 + Al_2O_3. Die Trennung kann dann nach der S. 1160 beschriebenen Methode erfolgen.

Zur schnellen Bestimmung des Ferrosiliciums im Kunstkorund schlägt B. A. Heindl [Journ. Amer. Ceram. Soc. 8, Nr. 10, 671—676 (1925). — Sprechsaal 59, 380 (1926). — Chem. Zentralbl. 1926 I, 734] nachstehendes Verfahren vor:

1. Bestimmung des Gesamteisengehalts, d. h. des als Eisenoxyd und als Ferrosilicium vorhandenen, durch Erhitzen von 2 g Substanz mit 20 ccm eines Gemisches von konzentrierter Salpetersäure und Flußsäure (3:1) im Platintiegel bis zum Eindampfen, worauf der Rückstand mit 15 g Kaliumbisulfat bis zur völligem Lösung geschmolzen und das Eisen nach der Reduktion mit H_2S titrimetrisch mit Kaliumpermanganat bestimmt wird.

2. Ermittlung des als Eisenoxyd vorhandenen Eisens durch direktes Schmelzen mit Kaliumbisulfat.

3. Subtraktion des bei 2. bestimmten Eisenoxyds von dem bei 1. gefundenen Werte. Die Differenz ergibt die Menge des im Korund in Form von Ferrosilicium vorhandenen Eisens.

D. Aluminiummetall.

Das Handelsaluminium ist stets durch Silicium, Eisen und wenig Kupfer verunreinigt und schwankt im Aluminiumgehalt zwischen 98 und 99,5%. Für Reinaluminium begrenzt Normblatt DIN 1712[1] die zugelassenen Verunreinigungen folgendermaßen:

Benennung	Kurzzeichen	Zulässige Verunreinigungen
Reinaluminium 99,5	Al 99,5	Fe + Si + Cu + Zn $\leq$ 0,5%, davon Cu + Zn $<$ 0,05%, sonstige Verunreinigungen nur in handelsüblichen Grenzen.
Reinaluminium 99	Al 99	Gesamtverunreinigung $\leq$ 1%, Cu + Zn $<$ 0,10%, sonstige Verunreinigungen außer Fe und Si nur in handelsüblichen Grenzen.
Reinaluminium 98/99	Al 98/99	Gesamtverunreinigung $\leq$ 2%, davon Fe $<$ 1% und Cu + Zn $\leq$ 0,10%, weitere Verunreinigungen·außer Si nur in handelsüblichen Grenzen.

Nach den amerikanischen Normen B 24—29 in A.S.T.M. Standards 1930 I, 606) sind an Kupfer zulässig bis 0,1% in Al 99,5, bis 0,25% in Al 99 und bis 0,45% in Al 98/99. Die Gegenwart von Mangan, Magnesium, Zink, Calcium oder ähnlicher für Leichtmetallegierungen gebrauchter Metalle in mehr als Spuren ist unzulässig.

Besonders schädlich für die Verwendung des Aluminiums zu Kochgefäßen, Feldflaschen, sowie für mit Seewasser in Berührung kommende Gegenstände usw. ist ein etwaiger höherer Natriumgehalt, der nach

---

[1] Abdruck erfolgt mit Genehmigung des Deutschen Normenausschusses. Verbindlich ist nur die neueste Ausgabe dieses Normblattes im A 4-Format, die durch den Beuth-Verlag G.m.b.H., Berlin S 14, Dresdner Straße 97, zu beziehen ist.

Moissan zwischen 0,1 und $0,4\%$ schwanken soll, vereinzelt jedoch (von Meissonnier) bis zu 4% konstatiert worden ist.

Zur Bestimmung des Reingehaltes von Aluminium werden meist die Verunreinigungen desselben bestimmt und der Gehalt an Aluminium aus der Differenz errechnet. Außer den in den deutschen Normalien berücksichtigten Verunreinigungen, Silicium, Eisen, Kupfer, Zink können noch Blei, Zinn, Mangan, Calcium, Magnesium, Natrium, Kohlenstoff, Titan, Schwefel, Phosphor, Sauerstoff (Al_2O_3) und Stickstoff vorhanden sein. Für die gewöhnliche Analyse genügt die Bestimmung von Si, Fe und Cu. Im nachstehenden sind aber für genauere Untersuchungen die Bestimmungsmethoden auch für Aluminium direkt und die übrigen Beimengungen im einzelnen ausgeführt. Es läßt sich jedoch oft die Ausführung mehrerer Bestimmungen in einen Gang zusammenfassen, so Silicium mit Kupfer und Titan, Eisen mit Zink, Kupfer, Blei, Zinn, Mangan, Calcium und Magnesium. Es sind deshalb für Aluminiumlegierungen auf S. 1057 geschlossene Analysengänge gegeben, die auch für Aluminiummetall verwendbar sind, ebenso wie die folgenden Einzelbestimmungsmethoden auch für Legierungen verwendbar sind.

Der Chemiker-Fachausschuß der Gesellschaft Deutscher Metallhütten- und Bergleute (Ausgewählte Methoden, Bd. 1, S. 103 bis 104) weist noch besonders darauf hin, daß es bei der Bestimmung der in sehr geringen Mengen im Aluminium enthaltenden Verunreinigungen vorteilhaft ist, durch selektives Lösen eine Anreicherung desselben zu bewirken.

1. Aluminium.

1—5 g einer Durchschnittsprobe werden in einem großen Kolben in stark verdünnter Salzsäure (1 : 5), zuletzt unter Erwärmen gelöst, Schwefelwasserstoff eingeleitet, die Lösung nach dem Abkühlen in einen Meßkolben filtriert und das Filter mit schwach salzsaurem und schwefelwasserstoffhaltigem Wasser ausgewaschen. Einen 0,2 g Einwaage entsprechenden, aliquoten Teil des Filtrats bringt man in eine geräumige Platinschale, treibt den Schwefelwasserstoff durch Erhitzen aus, oxydiert Eisen durch Bromwasser, verdünnt auf 200—300 ccm, übersättigt mit Ammoniak, kocht in bedeckter Schale bis zur vollständigen Verflüchtigung des Ammoniaks, filtriert, wäscht mit kochendem Wasser bis zum Verschwinden der Chlorreaktion, trocknet, glüht bei 1200—1300⁰ [Miehr, Koch u. Kratzert: Ztschr. f. anal. Ch. 43, 250 (1930)] und wägt. In dieser Auswaage sind sämtliche mit NH_3 ausfallende Metalle als Oxyde mitenthalten, von denen zum mindesten das nach S. 1044 bestimmte Eisen nach Umrechnung auf Fe_2O_3 abgezogen werden muß.

$$Al_2O_3 \times 0,5291 \; (\log = 0,72357 - 1) = Al.$$

2. Arsen.

wird gemeinsam mit Phosphor und Schwefel bestimmt (s. S. 1050).

3. Blei.

Man löst nach dem Chemiker-Fachausschuß der Gesellschaft Deutscher Metallhütten- und Bergleute (Ausgewählte Methoden,

Bd. 1, S. 108. 1924) etwa 10 g Späne in Natronlauge, setzt etwas Na_2S-Lösung hinzu, läßt ungefähr 12 Stunden kalt stehen, filtriert ab, löst den Rückstand in Salpetersäure und bestimmt das Blei in bekannter Weise als Bleisulfat (S. 1505). Da dieses nicht frei von Kieselsäure ist, muß man es mit Natriumacetat ausziehen und im Filtrat die Fällung wiederholen. Im Filtrat vom Bleisulfat kann das Zink bestimmt werden.

Sind größere Mengen Blei vorhanden, so kann man dasselbe bei der elektrolytischen Kupferbestimmung (S. 1047) gleichzeitig anodisch mitabscheiden (vgl. auch S. 939).

4. Calcium.

Nach dem Chemiker-Fachausschuß der Gesellschaft Deutscher Metallhütten- und Bergleute (Ausgewählte Methoden, Bd. 1, S. 109. 1924) werden 2—5 g Aluminium in Natronlauge gelöst (reine, nicht carbonathaltige Natronlauge verwenden!) und etwas Oxalsäurelösung hinzugefügt. Man läßt 12 Stunden stehen, filtriert, löst den Rückstand in HNO_3, verdampft mit HCl zur Trockne zur Abscheidung von SiO_2, nimmt mit schwach salzsaurer Lösung auf, entfernt durch Schwefelwasserstoff Kupfer und Blei, vertreibt aus dem Filtrat den Schwefelwasserstoff durch Kochen, oxydiert, fällt Eisen und Tonerde mit Ammoniak und bestimmt im Filtrat wie üblich das Calcium. Das Filtrat dient zur Bestimmung des Magnesiums (S. 1047).

Die amerikanischen Normen [B 40—28 T. Amer. Soc. Test. Mater. Proc. 28 I, 791 (1928)] empfehlen dagegen 2 g der Probe in 35 ccm einer Natronlauge zu lösen, die 250 g NaOH pro Liter enthält und 0,5 g Natrium-Carbonat hinzuzufügen. Nach dem Lösen verdünnt man mit 250 ccm heißem Wasser, filtriert und wäscht 5mal mit einer heißen Natrium-Carbonatlösung, die 10 g im Liter enthält, aus. Der erhaltene Rückstand wird in 40 ccm heißer Salzsäure (1:1) und einigen Tropfen Salpetersäure gelöst, in das Becherglas zurückgebracht und das Filter gut ausgewaschen. Hierauf neutralisiert man die Lösung mit Ammoniak und fügt 2—5 ccm davon im Überschuß hinzu und leitet während 2—3 Minuten Schwefelwasserstoff ein. Nun filtriert man die Sulfide ab und wäscht einige Male mit Ammoniumsulfidwasser (10 ccm Ammoniak [spez. Gew. 0,9] werden auf 500 ccm verdünnt, mit 10 g Chlorammoniumsalz versetzt und mit Schwefelwasserstoff gesättigt) aus. Hierauf kocht man das Filtrat kräftig zur Vertreibung des Schwefelammons durch. Wenn der Schwefel ausgefallen ist, fügt man etwas Bromwasser zu und erhält im Kochen bis zum Klarwerden der Lösung und Verschwinden des Broms. Hierauf fügt man 1 oder 2 Tropfen Methylrot hinzu, dann sorgfältig Ammoniak bis zum Auftreten einer gelben Färbung. Man kocht 1 Minute, filtriert ab und wäscht aus. Nach Zusatz von einigen Tropfen Ammoniak und 10 ccm gesättigter Ammonoxalatlösung kocht man 30 Minuten lang, wobei die Lösung ammoniakalisch bleiben muß. Wenn der Niederschlag entstanden ist, filtriert man durch ein kleines gehärtetes Filter und wäscht 8mal mit kleinen Mengen heißen Wassers aus. Das Filtrat wird zur Magnesiumbestimmung weiter verwendet (vgl. S. 1048). Der Kalkniederschlag wird in das Becherglas zurückgegeben, 130 ccm heißes Wasser und 20 ccm 25%iger Schwefelsäure zugesetzt und wie üblich mit Kaliumpermanganatlösung titriert.

5. Eisen.

Zum Lösen verwendet man (Ausgewählte Methoden der Gesellschaft der Metallhütten- und Bergleute, Bd. 1, S. 105) 10%ige reinste Natronlauge, die aus metallischem Natrium hergestellt oder in der Hildebrandzelle gereinigt ist [1]. Man bringt 2 g Späne in ein hohes Becherglas, bedeckt mit etwas Wasser, fügt nach und nach, um die Reaktion nicht zu stürmisch werden zu lassen, 50 ccm Natronlauge hinzu, erwärmt schließlich schwach, bis alles gelöst ist, oxydiert mit einigen Kubikzentimeter 3%iger Wasserstoffsuperoxydlösung, kocht auf, verdünnt unter kräftigem Durchrühren mit 300 ccm Salzsäure (1 : 60), wobei man von einer ziemlich konzentrierten Salzsäure mit einem spezifischen Gewicht von 1,175 ausgeht. Nach dem Filtrieren löst man den tonerdehaltigen Eisenniederschlag in heißer, verdünnter Salzsäure, leitet Schwefelwasserstoff ein, filtriert, verkocht den Schwefelwasserstoff, oxydiert mit Salpetersäure und verfährt im übrigen entweder nach der von Zimmermann-Reinhardt angegebenen (S. 1303) oder nach der von K. Mohr empfohlenen jodometrischen Methode. Letztere eignet sich besonders zur Bestimmung kleiner Mengen Eisen. Bei ersterer Methode ist die Titration mit Permanganat in der Kälte auszuführen. Dem zum Verdünnen der Lösung zu verwendenden Wasser setzt man praktisch vorher Permanganatlösung bis zur Rosafärbung zu. Die Titration erfolgt zweckmäßig in einer Porzellanschale.

Die amerikanischen Normen [Proc. Amer. Soc. Test. Mater. 28 I, 784 (1928)] empfehlen ein Verfahren in Anlehnung an die Siliciumbestimmung nach Otis-Handy (vgl. S. 1051): Man löse 1 g der gut gemischten Probe in 35 ccm einer Säuremischung bestehend aus 1200 ccm Schwefelsäure 25%ig, 600 ccm Salzsäure (spez. Gew. 1,2) und 200 ccm Salpetersäure (spez. Gew. 1,42), dampft zur Abscheidung der Kieselsäure bis zum Abrauchen der Schwefelsäure ein, läßt erkalten, nimmt den Rückstand mit 10 ccm 25%iger Schwefelsäure und 100 ccm Wasser auf und erwärmt bis zur Lösung der Sulfate. Die ausgeschiedene Kieselsäure wird durch Filtration und Auswaschen nach S. 1052 getrennt, geglüht und mit Flußsäure und Schwefelsäure abgeraucht. Der nicht flüchtige Rückstand wird mit Kaliumpyrosulfat geschmolzen, in wenig 5%iger Schwefelsäure gelöst und zu dem Filtrat der Kieselsäure zugesetzt. Nun sättigt man die Lösung mit Schwefelwasserstoff ab und filtriert. Zu dem Filtrat setzt man 25 ccm Weinsäurelösung zu (20 g in 100 ccm destilliertem Wasser) und hierauf unter konstantem Rühren Ammoniak (spez. Gew. 0,9), zuletzt tropfenweise bis zu einem geringen Überschuß. Der Zusatz der Weinsäure bezweckt eine Komplexbildung mit Aluminium, Vanadium, Chrom, Titan usw. und verhindert eine Ausfällung der Hydroxyde.

---

[1] Über die Hildebrandzelle s. Bd. I, S. 398; vgl. ferner A. Fischer: Elektroanalytische Schnellmethoden, Stuttgart 1908 und Classen, A.: Analyse durch Elektrolyse. Berlin 1920.

Dann leitet man einige Zeit Schwefelwasserstoff ein, erwärmt etwas und läßt die Lösung absitzen. Hierauf filtriert man und wäscht den Sulfidniederschlag mit einer frisch hergestellten Ammonium-Sulfidlösung aus, bis alle Weinsäure entfernt ist. Diese Waschflüssigkeit stellt man her durch Hinzufügen von 15 ccm Ammoniak (spez. Gew. 0,9) zu 15 ccm destilliertem Wasser und Absättigen mit H_2S. Das Ganze wird auf 200 ccm mit destilliertem Wasser aufgefüllt.

Nun löst man den Sulfidniederschlag auf dem Filter mit heißer, verdünnter Schwefelsäure (1:10), wäscht zunächst mit heißem Wasser aus und dann mit 5%iger Schwefelsäure, von der nicht mehr als 100 ccm verbraucht werden sollen. Aus der erhaltenen Lösung verkocht man den Schwefelwasserstoff und setzt in der Hitze einige Tropfen konzentrierter Kaliumpermanganatlösung hinzu bis eine deutliche Färbung bestehen bleibt. Dann kocht man wieder, kühlt ab und gibt die Lösung durch den J o n e s - Reduktor (vgl. S. 1644), wäscht Becherglas und Reduktor mit 150 ccm verdünnter Schwefelsäure, dann mit 100 ccm destilliertem Wasser und titriert den Durchlauf mit einer normalen Kaliumpermanganatlösung.

Zur Herstellung der Kaliumpermanganatlösung löse man 1 g Permanganat in 1000 ccm Wasser und stellt die Lösung einige Tage in einer mit Glasstopfen versehenen Flasche in einen dunklen Raum. Hierauf filtriert man die Lösung durch ein Asbestfilter und stellt gegen 0,1 g reines oxalsaures Natrium ein. Jeder Kubikzentimeter entspricht dann 0,00177 g Eisen. Ein Blindversuch wird in gleicher Weise wie der Versuch mit der Probe selbst durchgeführt. Dabei soll der Reduktorhals immer eine kleine Menge Flüssigkeit enthalten, um den Inhalt des Reduktors vor Oxydation zu schützen.

Bei sehr geringen Eisengehalten zieht man die gravimetrische Eisenbestimmung vor. Durch doppelte Ausfällung der Sulfide erreicht man eine völlige Trennung von Aluminium. Der 2. Sulfidniederschlag wird in heißer, verdünnter Schwefelsäure (1:1) gelöst, durchgekocht und mit Wasserstoffsuperoxyd oxydiert. Nach Zugabe von 3—4 g Ammoniumchlorid wird mit Ammoniak (spez. Gew. 0,9) im beträchtlichen Überschuß unter Umrühren gefällt. Man filtriert schnell ab, trocknet, glüht den Niederschlag und wägt schließlich als Eisenoxyd aus. Bei einer sehr genauen Eisenbestimmung ist es noch nötig, die geringe Menge Kieselsäure durch nochmaliges Abrauchen mit Schwefelsäure und Flußsäure zu entfernen. Bei der Zugabe der konzentrierten Permanganatlösung für die Oxydation des Eisens darf nur ein kleiner Überschuß angewendet werden, da sonst kleine Mengen Manganoxyd mitgerissen werden, die aber beim Durchgang durch den Reduktor meist wieder in Lösung gehen.

6. Kohlenstoff.

Zur Kohlenstoffbestimmung im Aluminium läßt sich nach den Feststellungen des Chemiker-Fachausschusses der Gesellschaft Deutscher Metallhütten- und Bergleute (Ausgewählte Methoden der Gesellschaft der Metallhütten- und Bergleute, Bd. 1, S. 112) das für die Eisenuntersuchung seit langem bewährte Chromsäure-Schwefelsäureverfahren in folgender Form in Anwendung bringen.

Man füllt den Zersetzungskolben (Corleiskolben, S. 1366) mit einem Gemisch von 200 g konzentrierter Schwefelsäure, 85 g reinem trockenem Chromtrioxyd und destilliertem Wasser zu 400 ccm. Diese Lösung wird im Corleiskolben ausgekocht und erkalten gelassen. Vor den Corleiskolben schaltet man eine Gaswaschflasche mit konzentrierter Schwefelsäure und ein U-Rohr mit Natronkalk. Hinter den Corleiskolben schaltet man eine mit ausgeglühtem Kupferoxyd beschickte Verbrennungsröhre und 2 Gasabsorptionsgefäße mit je 20 ccm $1/_{25}$ n-Ba(OH)$_2$-Lauge. Durch die Apparatur schickt man $1/_4$ Stunde lang einen mäßigen Strom von Stickstoff und erhitzt das Kupferoxyd in der Verbrennungsröhre zur Rotglut. Jetzt wirft man in die erkaltete Chromsäure-Schwefelsäurelösung im Corleiskolben 3 g Aluminium in Form von groben Feilspänen, die von anhaftendem Staub, Fett, Öl u. dgl. befreit sein müssen, und verschließt den Kolben so rasch wie möglich durch Aufsetzen des eingeschliffenen Kühlers. Durch anfangs vorsichtiges, später stärkeres Erhitzen bringt man dann das Metall völlig in Lösung. Diese erhält man im mäßigen Sieden, bis alles Aluminium gelöst ist. In den mit $1/_{25}$ n-Barytlauge beschickten Gasauffanggefäßen wird das überschüssige Ba(OH)$_2$ mit $1/_{25}$ n-Salzsäure langsam titriert unter Verwendung von Phenolphthalein als Indicator. Ein Teil der Ba(OH)$_2$ kann durch mit dem Kohlendioxyd übergehende Schwefelsäure gebunden worden sein. Man gibt deshalb nach dem Titrieren des nicht gebundenen Ba(OH)$_2$ einen geringen Überschuß von $1/_{25}$ n-Salzsäure zu und bestimmt unter Verwendung von Methylorange als Indicator das Bariumcarbonat. indem man den Überschuß an Salzsäure durch $1/_{25}$ n-Natronlauge zurücktitriert.

Vor der Bestimmung des Kohlenstoffs im Mars-Ofen wird gewarnt. Die Verbrennung des Kohlenstoffs müßte bei Gegenwart von Kupferoxyd erfolgen: verwendet man weniger als die fünffache Menge, so besteht die Gefahr einer Explosion durch Eintreten der Thermitreaktion. Bei mehr als der fünffachen Menge aber wird die Einwaage zu gering und das Resultat dadurch ungenau; vgl. aber R. Hahn [Ztschr. f. Metallkunde 16, 59 (1924)].

Nach H. M. Moissan kann man 10 g Aluminium mit konzentrierter Kalilauge behandeln, den kohlenstoffhaltigen Rückstand auf einem Asbestfilter gut auswaschen, auf einem Porzellanschiffchen trocknen und im Sauerstoffstrom verbrennen. Hahn (Lit. s. oben) erhielt bei dieser Arbeitsweise jedoch zu niedrige Werte.

7. Kupfer.

a) Elektrolytische Bestimmung

(Ausgewählte Methoden der Gesellschaft Deutscher Metallhütten und Bergleute, Bd. 1, S. 106/107. 1924).

Die elektrolytische Bestimmung kann sowohl im Aufschluß nach Otis-Handy, wie bei der Siliciumbestimmung (S. 1051) beschrieben, als auch im alkalischen Aufschluß (ohne Wasserstoffsuperoxyd) wie zur Bestimmung des Eisens (S. 1044) ausgeführt werden. Einwaage 10 g.

Bei dem Aufschluß mittels des Säuregemisches neutralisiert man das Filtrat der Kieselsäure, engt auf 100 ccm ein, fügt 20 ccm doppelt normale Schwefelsäure und einige Tropfen Salpetersäure hinzu und elektrolysiert 1 Stunde bei 2 Volt und 70—80° (S. 931). Wegen des geringen Kupfergehaltes verwendet man eine Elektrode von geringer Oberfläche (Drahtkathode).

Die amerikanischen Normen (Proc. Amer. Soc. Test. Mater. 28 I, 797 (1930)] empfehlen hier vorher die Einschaltung einer Fällung mit Schwefelwasserstoff.

Will man den Rückstand des alkalischen Aufschlusses verwenden, so löst man denselben in wenig Salpetersäure, dampft mit Schwefelsäure zur Trockne, nimmt mit 10 ccm doppelt normaler Schwefelsäure und 100 ccm Wasser auf und verfährt wie oben. (Bei Fällung aus salpetersaurer Lösung geht beim Herausnehmen der Kathode aus dem Bade leicht Kupfer wieder in Lösung.)

b) Colorimetrische Bestimmung.

Bei den im allgemeinen nur sehr geringen Mengen an Kupfer arbeitet man mit Vorteil colorimetrisch durch Vergleichen mit einer ammoniakalischen Kupferlösung. Man löst 12,5 g Aluminium in Natronlauge (1 : 3), verdünnt, läßt absitzen und filtriert, löst den Niederschlag in warmer verdünnter Salpetersäure, raucht nach Zusatz von 10 ccm Schwefelsäure (1 : 1) ab, nimmt mit Wasser auf, macht ammoniakalisch und filtriert in eine Colorimeterflasche oder in ein etwa 3 cm weites Reagensglas mit flachem Boden und Marke bei 100 ccm. Bei Anwesenheit von Kupfer entsteht eine Blaufärbung. Man füllt mit Ammoniak (1 : 6) auf 200 ccm auf. Zur Herstellung der Vergleichslösung löst man 2,5 g Elektrolytkupfer in verdünnter Salpetersäure, raucht mit Schwefelsäure ab bis Schwefelsäuredämpfe entweichen, nimmt nach dem Erkalten mit Wasser auf, macht ammoniakalisch und füllt auf 1000 ccm mit Ammoniaklösung auf:

1 ccm Vergleichslösung = 0,0025 g Kupfer.

Beim Colorimetrieren ist sorgfältig darauf zu achten, daß organische Substanzen (vom Filter herrührend) der Lösung fern gehalten werden. Dieselben verursachen einen grünlichen Farbton, der die Bestimmung unmöglich macht.

c) Trennung mit verdünnter Schwefelsäure.

Nach J. Ch. Ghosh [Journ. Ind. Chem. Soc. 7, 125 (1930). — Chem. Zentralblatt 1930 II, 773] kann man bis 5% Kupfer von Aluminium auch durch Lösen in verdünnter Schwefelsäure (1 Teil Säure 1,84 auf 5 Teile Wasser) trennen, wobei das Kupfer vollkommen ungelöst zurückbleibt und nach bekannten Methoden bestimmt werden kann.

8. Magnesium.

Im Filtrat von der Calciumbestimmung (S. 1043) wird Magnesium wie üblich bestimmt (S. 1324). Bei viel Magnesium muß Kalk und Magnesia durch wiederholte Fällung getrennt werden.

Bei Ausführung der Kalkbestimmung nach den amerikanischen Normen (S. 1043) empfehlen diese [Proc. Amer. Soc. Test. Mater. 28 I, 792 (1928)] für die Magnesiumbestimmung, das Filtrat von der Kalkfällung eben mit Salzsäure anzusäuern und mit 20—30 ccm gesättigter Ammonium-Natrium-Phosphatlösung zu versetzen. Nun kühlt man ab, setzt tropfenweise Ammoniak unter gutem Durchrühren zu bis ein krystalliner Niederschlag entsteht. Nun setzt man langsam Ammoniak weiter hinzu unter stetem Umrühren bis kein weiterer Niederschlag mehr entsteht und gibt dann noch $^1/_{10}$ des Volumens an Ammoniak (spez. Gew. 0,9) zu und läßt mindestens 3 Stunden stehen. Dann filtriert man ab und wäscht mit einer kalten Ammoniumnitratlösung, die durch Mischen von 80 ccm Salpetersäure (1:1) und 100 ccm Ammoniak hergestellt wird und verdünnt auf ein Liter.

Das Filter mit Niederschlag gibt man in einen gewogenen Porzellan- oder Quarztiegel und glüht bei ungefähr 1000° bis der Niederschlag vollkommen weiß ist. Das erhaltene Gewicht $\times$ 0,2184 (log=0,33925—1) stellt den Magnesiuminhalt dar. Bei Gegenwart von mehr als 1% Magnesia kann es mit den Sulfiden (vgl. S. 1043) niedergerissen werden. In diesem Falle wiederholt man die Sulfidfällung. Enthält die Legierung auch Mangan, so muß das mitausgefallene Mangan-Phosphat wieder gelöst werden und das Mangan nach der Permanganatmethode bestimmt und entsprechend in Abzug gebracht werden.

9. Mangan.

a) Bestimmung nach Volhard-Wolff.

Man verwendet den nach dem Lösen mit Natronlauge und Behandeln mit Wasserstoffsuperoxyd verbleibenden Rückstand, vgl. Eisen (S. 1044). Für die weitere Ausführung vgl. S. 1383 u. 1449.

b) Colorimetrische Bestimmung
(Ausgewählte Methoden der Gesellschaft Deutscher Metallhütten- und Bergleute, Bd. 1, S. 109. 1924).

Man wiegt 1 g Späne in ein Becherglas ein, fügt 40 ccm Wasser und 20 ccm einer Säuremischung (100 ccm konzentrierte Salpetersäure, 100 ccm konzentrierte Schwefelsäure und 50 ccm Wasser) hinzu, löst und kocht, bis alle Stickoxyde entfernt sind. Man verdünnt mit 50 ccm Wasser, erhitzt zum Sieden und gibt zur Bildung von Permangansäure 0,5 g manganfreies Bleisuperoxyd zu. Man erhält etwa zwei Minuten im Sieden, filtriert bei schwachem Vakuum durch ein Asbestfilter, füllt auf 200 ccm mit Wasser, das man vorher mit etwas Salpetersäure angesäuert, mit Bleisuperoxyd gekocht und filtriert hat, auf und vergleicht die Farbe der erhaltenen Lösung mit Permanganatlösung von bekanntem Gehalt. Man verwendet reinen, geglühten Asbest, der mit Kaliumpermanganat und Wasser ausgewaschen ist. Die untere Grenze der Sichtbarkeit ist 0,0125 mg Mangan in 100 ccm.

c) Persulfatmethode.

Die amerikanischen Normen [Proc. Amer. Soc. Test. Mater. 28 I, 787 u. 798 (1928)] empfehlen die Bestimmung des Mangans in Aluminium nach der Persulfatmethode (vgl. Abschnitt Eisen S. 1387) und nach der Wismutatmethode (vgl. Abschnitt Mangan S. 1452).

10. Natrium.

a) Das Natrium wird nach der Methode von Moissan [Chem.-Ztg. 30, 6 (1906)] bestimmt. 5 g Substanz werden in heißer verdünnter Salpetersäure (1:2) gelöst, die Lösung in einer Platinschale eingedampft und der Rückstand auf eine Temperatur erhitzt, die unter der Schmelztemperatur des Natriumnitrats liegt, wobei das Aluminiumnitrat völlig zersetzt wird. Aus dem Glührückstand wird das Natriumnitrat mit heißem Wasser ausgezogen, die Lösung in einer Porzellanschale eingedampft, der Rückstand durch 2maliges Behandeln mit Salzsäure in NaCl verwandelt und schließlich im scharf getrockneten Rückstande das Chlorid mit Silbernitrat gefällt oder titriert.

Anmerkung: Da leicht etwas Al als Natriumaluminat in Lösung gehen kann, dürfte es sich empfehlen, die $NaNO_3$-Lösung mit einem kleinen Überschuß von Schwefelsäure abzudampfen, die Lösung mit etwas Ammoncarbonatlösung zu digerieren, zu filtrieren und durch Eindampfen des Filtrats und Glühen des Rückstandes im Platintiegel das Na in gewöhnlicher Weise als Na_2SO_4 zu bestimmen. Will man den Na-Gehalt auf dem gewöhnlichen analytischem Wege (Lösen des Al in verdünnter Salzsäure, Einleiten von Schwefelwasserstoff, Filtrieren, Wegkochen des Schwefelwasserstoffes, Oxydieren, Übersättigen der Lösung mit Ammoniak, Kochen, Eindampfen des Filtrates mit einigen Tropfen Schwefelsäure usw.) bestimmen, so muß man natürlich mit ganz reinem Wasser und ebensolchem Ammoniak möglichst nur in Platingefäßen arbeiten.

β) Man ätzt (Ausgewählte Methoden der Gesellschaft Deutscher Metallhütten- und Bergleute, Bd. 1, S. 110. 1924) 5 g feine Aluminiumspäne $^1/_2$ Minute lang mit 25 ccm 5%iger Salzsäure in einer Porzellanschale und spült sorgfältig mit Wasser ab. Hierauf behandelt man die Späne 3 Minuten lang mit 25 ccm 1%iger kalter Quecksilberchloridlösung. Man spült die Lösung wieder sorgfältig ab und bringt die so behandelten Späne in einen Meßkolben von 1 l, übergießt mit 200—300 ccm Wasser und etwa 10 Tropfen reinem konzentriertem Ammoniak und läßt an einem warmen Ort über Nacht stehen. Das Metall wird dann vollkommen in Aluminiumhydroxyd übergeführt. Man füllt auf 1000 ccm auf, filtriert einen Teil (möglichst viel) ab und dampft in einer Platinschale auf ein geringes Volumen ein. Zur Fällung von etwa vorhandenem Aluminium oder Calcium fügt man einige Tropfen Ammonoxalat oder Ammoncarbonat und Ammoniak zu, filtriert nötigenfalls ab, verdampft nach Zusatz einiger Tropfen Schwefelsäure zur Trockne, verraucht die Ammonsalze, glüht und wägt als Natriumsulfat.

Werden die oben angeführten Mengenverhältnisse und Zeiten genau eingehalten, so ergibt sich ein Verlust von nur etwa 1—2%, der ohne

Einfluß auf das Ergebnis ist. Zur genauen Kontrolle versetzt man die vom Anätzen herrührenden Waschwässer mit etwa 20 ccm Natronlauge, kocht einige Zeit, filtriert von dem ausgeschiedenen Quecksilberoxyd ab und fällt das Aluminium nach einer bekannten Methode (Lösung in Salzsäure und Fällung mit Ammoniak).

γ) Nach Schürmann [Chem.-Ztg. 48, 97 (1924). — Ztschr. f. anal. Ch. 66, 117 (1925)] leitet man in die salzsaure, stark gekühlte Lösung von 10—50 g Aluminiumspänen Salzsäuregas, wodurch sich die größte Menge des Aluminiums als Chlorid ausscheidet. Ein aliquoter Teil der Lösung wird nach dem Abscheiden der Kieselsäure mit H_2S, dann HN_3 + $(NH_4)_2CO_3$ gefällt und Na als Sulfat bestimmt.

δ) Nach R. Geith [Chem.-Ztg. 46, 745 (1922)] kann man Natrium auch auf elektrolytischem Wege über das Amalgan bestimmen.

ε) K. L. Maljarow schlug eine Trennung der Alkalien von den Sesquioxyden mittels Oxalsäure bzw. mittels Hydrazinhydrat vor (U.S.S.R. Scient. techn. Dpt. Supreme Council National Economy Nr. 202. Trans. State Petroleum Res. Inst. 1927, Nr. 1, 32—34. — Chem. Zentralblatt 1930 II, 1408).

11. Nickel.

Ein Nickelgehalt wird nach den amerikanischen Normen (Proc. Amer. Soc. Test. Mater. 28 I, 795 (1928)] wie folgt ermittelt: Man löst 1 g der Probe in 25 ccm Schwefelsäure 1:1 unter Erwärmen und Zugabe von 1—2 Tropfen Salpetersäure (spez. Gew. 1,42) bis zur vollständigen Lösung auf. Hierauf werden die nitrosen Gase verkocht und 14 ccm Ammoniak (spez. Gew. 0,9) zugegeben, um den Säuregehalt auf ungefähr 5 ccm Schwefelsäure (spez. Gew. 1,84) je 100 ccm Lösung herabzudrücken. Hierauf fällt man mit Schwefelwasserstoff, filtriert die Sulfide ab, wäscht mit schwefelwasserstoffhaltigem Wasser aus und kocht das Filtrat zur Vertreibung des Schwefelwasserstoffs. Nun fügt man einige Krystalle Ammoniumpersulfat zu und kocht, um ausgeschiedenen Schwefel und das Ferro-Eisen zu oxydieren. Nach weiterer Zugabe von 20 ccm 20 %iger Weinsäurelösung macht man schwach ammoniakalisch. Wenn kein Niederschlag entsteht, fügt man Salzsäure (spez. Gew. 1,19) im geringen Überschuß zu. Entsteht aber durch Ammoniak ein Niederschlag, so löst man denselben in Salzsäure, gibt abermals 10 ccm Weinsäure zu, macht wieder ammoniakalisch und wiederholt den Vorgang, wenn nötig, bis beim weiteren Zusatz von Ammoniak eine klare Lösung bestehen bleibt. Zu der schwachsauren Lösung fügt man eine 1 %ige Dimethylglyoximlösung in solchen Mengen zu, daß der Anteil des Reagenses zum Nickel im Verhältnis 4:1 steht und verfährt weiter nach S. 1472.

12. Phosphor

bestimmt man nach M. Jean (Campredon, Guide pratique du Chimiste Métallurgiste, S. 271) durch Auflösen von 10 g Substanz in stark verdünnter Salzsäure und Einleiten des unreinen Wasserstoffs in Bromwasser (s. Schwefelbestimmung im Eisen, S. 1420). Man teilt die

Flüssigkeit aus der Vorlage in 2 Teile, bestimmt den Schwefel als BaSO₄, das Arsen durch Ausfällen mittels Schwefelwasserstoff usw. (vgl. S. 1079) und in dem Filtrate vom Schwefelarsen die Phosphorsäure mittels Molybdänsäurelösung (s. S. 1329).

Nach Steinhäuser [Ztschr. f. anal. Ch. 81, 433 (1930). — Chem. Zentralblatt 1931 I, 489] soll diese Jeansche Methode nicht einwandfrei sein, da der Niederschlag stark durch (aus Siliciumwasserstoff stammende) Kieselsäure verunreinigt wird. Steinhäuser empfiehlt deshalb, die beim Auflösen in Salzsäure entstehenden, auch den Phosphorwasserstoff enthaltenden Gase zu verbrennen, die Verbrennungsgase durch Lauge durchzusaugen und darin die Phosphorverbindungen mit Molybdän zu fällen.

13. Sauerstoff (Aluminiumoxyd)

läßt sich nach Chlorieren bei 550° durch Aufschluß des Chlorierungsrückstandes mit NaKCO₃ und Fällen des angesäuerten Filtrates mit NH₃ bestimmen [vgl. Withey u. Millar: Journ. Soc. Chem. Ind. 45 170 (1926). — Ztschr. f. anal. Ch. 71, 135 (1927)]. Nach den Mitteilungen des Chemiker-Fachausschusses der Gesellschaft Deutscher Metallhütten- und Bergleute (Bd. 1, S. 114) können freilich alle bisher bekanntgewordenen Methoden auf Zuverlässigkeit keinen Anspruch erheben. Vgl. auch A. M. Schauderow: Chem. Zentralblatt 1930 II, 1407.

14. Schwefel

wird im Aluminium genau wie in Eisen nach Schulte-Frank durch Lösen in Salzsäure und Auffangen des entweichenden Schwefelwasserstoffs in Cd-Zn-Acetatlösung bestimmt, vgl. S. 1415, vgl. hierzu auch m. H. Gouthière [Ann. Chim. analyt. appl. 1, 265 (1896). — Chem.-Ztg. 20, Repert. 228 (1896)] bestimmt den Schwefelgehalt durch Glühen einiger Gramm des zerkleinerten Metalls in einem Strom von reinem Wasserstoff, Hindurchleiten durch eine ammoniakalische Silberlösung, Abfiltrieren des entstandenen Ag₂S, Auswaschen, Trocknen, Glühen bei Luftzutritt und Wägen desselben als metallisches Silber.

$$Ag \times 0{,}1486 \ (\log = 0{,}17199 - 1) = \text{Schwefel.}$$

15. Silicium

bestimmt man nach dem Chemiker-Fachausschuß der Gesellschaft Deutscher Metallhütten- und Bergleute (Ausgewählte Methoden, Bd. 1, S. 104) zweckmäßig nach der Methode von Otis-Handy [Berg- u. Hüttenm. Ztg. 56, 54 (1897), vgl. auch Ztschr. f. anal. Ch. 45, 244 (1906)] in folgender Abänderung: Man übergießt 2 g Metallspäne in einer bedeckten Porzellanschale oder in einem hohen Becherglase mit einem Gemisch von 40 ccm Schwefelsäure (1:1), 10 ccm Salpetersäure (spez. Gew. 1,42) und 20 ccm Salzsäure (konzentriert), erwärmt zunächst gelinde bis zur vollständigen Zersetzung des Metalls, dampft ab und erhitzt stärker bis zur Entwicklung von Schwefelsäuredämpfen. Das Erhitzen muß aber mit Vorsicht geschehen, da bei allzu hohen Temperaturen unter Umständen Siliciumwasserstoff verflüchtigt wird und so Verluste entstehen. Den erkalteten Rückstand nimmt man mit 200 ccm kochendem Wasser auf, kocht bis zur vollständigen Lösung der Sulfate, läßt abkühlen, filtriert das Gemisch von Kieselsäure und Silicium ab, verascht das Filter im Platintiegel, schmilzt den Rückstand mit etwa 2 g Natriumkaliumcarbonat, löst die Schmelze mit Wasser und verdampft zweimal mit Salzsäure zur Trockne. Dann nimmt man mit Salzsäure und Wasser auf, filtriert die Kieselsäure ab, verascht, glüht im Platintiegel und wägt. Zur Kontrolle raucht man mit Flußsäure und einigen Tropfen Schwefelsäure ab und wägt wieder. Die Differenz der beiden Wägungen ergibt die vorhanden gewesene Menge Kieselsäure, aus der man den Siliciumgehalt berechnet.

16. Stickstoff.

Man bringt nach Moissan 10 g Späne in einen etwa 500 ccm fassenden Erlenmeyerkolben, der mit Tropftrichter und Kühler mit Tropfenfänger versehen ist, übergießt mit Wasser, läßt 10%ige Natronlauge nach und nach zufließen und erhitzt. Der in den Spänen enthaltene Stickstoff wird als Ammoniak abgetrieben, in einem Peligotrohr mit Salzsäure absorbiert und nach einer der bekannten Methoden bestimmt, am besten colorimetrisch nach Neßler (S. 197 u. 248).

17. Titan

wird nach den ausgewählten Methoden der Gesellschaft Deutscher Metallhütten- und Bergleute (Bd. 1, S. 111) im Filtrat der Siliciumbestimmung auf colorimetrischem Wege nach Weller [Ber. Dtsch. Chem. Ges. 15, 25 u. 92 (1882)] bestimmt (vgl. Bd. III, Abschnitt „Tonerdepräparate").

Die amerikanischen Normen [Proc. Amer. Soc. Test. Mater. 28 I, 784 (1928)] empfehlen, den nach der Abscheidung von Silicium durch Flußsäure und Schwefelsäure verbleibenden, nicht flüchtigen Rückstand mit einer kleinen Menge Kaliumpyrosulfat zu schmelzen, mit wenig 5%iger Schwefelsäure aufzunehmen und mit den Filtraten und Waschwässern der Kieselsäurebestimmung zu vereinigen. Hierauf dampft man die Lösung ungefähr auf 100 ccm ein und versetzt mit 5 ccm Schwefelsäure (spez. Gew. 1,84) und 3 g eisenfreiem Zink. Nun erhitzt man, bis das Zink fast ganz gelöst und die Reduktion des Kupfers beendet ist. Dann bringt man die Lösung durch Dekantieren in ein anderes Becherglas, wäscht Zink und Kupfer mit heißem Wasser aus und dampft die Flüssigkeit weiter bis auf ungefähr 75 ccm ein. Hierauf kühlt man ab und führt in ein 100 ccm Neßler-Vergleichsrohr über, fügt 5 ccm 3%iges Wasserstoffsuperoxyd zu und verdünnt bis zur Marke auf 100 ccm. Ein anderes Vergleichsrohr beschickt man mit 88 ccm Wasser und 5 ccm Schwefelsäure (spez. Gew. 1,84) und kühlt ab. Nach Zufügung von 5 ccm 3%igem Wasserstoffsuperoxyd läßt man aus einer Bürette Titan-Standardlösung zufließen bis zur Übereinstimmung der Färbung. Die verbrauchten Kubikzentimeter der Standardlösung multipliziert mit dem 100fachen ihres Titers geben den Prozentgehalt Titan in

der Probe an. Die Filtrate und Waschwässer von der Kieselsäurebestimmung sind gewöhnlich farblos. Sind sie infolge eines Eisengehaltes
schwach gelb gefärbt, so ist der Vergleichslösung etwas Ferrisulfatlösung
vor der Zugabe von Wasserstoffsuperoxyd hinzuzusetzen. Bei hohen
Gehalten von Titan ist es zweckmäßig mit aliquoten Teilen zu arbeiten.

18. Zink

bestimmt man nach W. Böhm [Ztschr. f. anal. Ch. 71, 244 (1927)] wie
folgt: 5—10 g Aluminiumspäne werden in einem Becherglase durch
allmählichen Zusatz von zinkfreier Natronlauge (1:3) gelöst; die Lösung
wird nach dem Verdünnen mit Wasser von dem unlöslichen Anteil
abfiltriert. Das alkalische Filtrat wird sodann mit Schwefelnatrium
versetzt, wodurch die in Lösung befindlichen Metalle wie Zink, Spuren
von Kupfer und Eisen als Sulfide gefällt werden. Nach dem Absetzen
wird filtriert, der Niederschlag mit schwefelnatriumhaltigem Schwefelwasserstoffwasser ausgewaschen und mit heißer Salzsäure behandelt.
Zur Fällung des Zinks engt man die Lösung auf ein kleines Volumen
ein, neutralisiert unter Zugabe von Methylorange mit Ammoniak und
säuert mit Ameisensäure schwach an. In die Lösung leitet man bis
zur Sättigung Schwefelwasserstoff ein; das hierbei ausgefällte Zink
hat meist etwas dunkle Färbung, die durch Spuren mitgefällten Eisens
hervorgerufen wird. Der Niederschlag wird unter Zugeben von etwas
Filterbrei filtriert, in einem gewogenen Tiegel zunächst vorsichtig,
später mit kräftiger Flamme geglüht und dann gewogen. Dieses unreine
Oxyd wird sodann in Salzsäure gelöst und mit Ammoniak von den Spuren
Eisen befreit, das nach seiner Bestimmung als Eisenoxyd in Abzug
gebracht wird. Man erhält so die Zinkmengen, die in Natronlauge in
Lösung gegangen waren.

Der beim Behandeln mit Natronlauge verbleibende Rückstand wird
in Bromsalzsäure gelöst. Nach dem Vertreiben des Broms wird das
Kupfer mit Schwefelwasserstoff gefällt und abfiltriert. Das Filtrat wird
eingedampft, und das Zink in gleicher Weise, wie vorher beschrieben,
als Zinkoxyd bestimmt; auch hier ist das gewogene Zinkoxyd auf seine
Reinheit zu prüfen. Dieser Wert bildet dann den in Lauge unlöslichen
Anteil des Gesamtzinkgehaltes.

Die erhaltenen, meist nur wenige Milligramme betragenden Zink-
oxydmengen werden sämtlich durch die Rhodanquecksilberreaktion
identifiziert [vgl. Behrens, H.: Anleitung zur mikrochemischen Analyse,
2. Aufl., S. 52. 1899. — Ztschr. f. anal. Ch. 30, 142 (1891)]. Zu dem
Zwecke wird der Oxydniederschlag in Salzsäure gelöst und die Lösung
auf einem Uhrglase zur Trockne verdampft; nach Zusatz von etwas
Essigsäure und einigen Tropfen der Rhodanquecksilberlösung entsteht
beim Reiben mit einem Glasstabe ein weißer krystallinischer Niederschlag von Zink-Mercurisulfocyanat.

Nach den amerikanischen Normen [Proc. Amer. Soc. Test. Mater.
28 I, 793 (1928)] löst man in Salzsäure und fällt Zink nach Zusatz von
Citronensäure und Ammonformiat mit Schwefelwasserstoff als Zinksulfid.

19. Zinn.

10 g Späne (Ausgewählte Methoden der Gesellschaft Deutscher Metallhütten- und Bergleute, Bd. 1, S. 108. 1924) werden in Schwefelsäure (1:1) teilweise gelöst. Der zinnhaltige Metallschwamm wird abfiltriert, in Bromsalzsäure gelöst und nach Vertreiben (nicht kochen!) des Broms das Zinn mit Schwefelwasserstoff gefällt, der Niederschlag mit Na_2S behandelt und das Zinn in üblicher Weise gewichtsanalytisch bestimmt (S. 1265).

E. Technische Aluminiumanalyse.

Die gewöhnliche Untersuchung beschränkt sich auf die Bestimmung des Gehalts an Si, Fe und Cu.

Zur Silicium- (Gesamt-Si-) Bestimmung arbeitet man entweder nach Otis-Handy (S. 1051) oder man bringt [Regelsberger: Wertbestimmung des Aluminiums und seiner Legierungen. Ztschr. f. angew. Ch. 4, 360 (1891)] zu 1—3 g Metallspäne in einer geräumigen bedeckten Platinschale das 5—6fache Gewicht von chemisch reinem Ätznatron (aus metallischem Natrium hergestellt) und 25—75 ccm Wasser, erwärmt nach der ersten stürmischen Einwirkung gelinde, spritzt dann das Uhrglas (besser ist ein Platindeckel) ab, übersättigt mit Salzsäure, dampft ab, macht die SiO_2 in gewöhnlicher Weise durch Abrauchen mit H_2SO_4 unlöslich, bringt den Rückstand durch Erwärmen mit Salzsäure unter Zusatz von Wasser in Lösung, kühlt ab, sammelt die SiO_2 auf einem Filter und glüht im Platintiegel. Nach dem Wägen wird sie zur Kontrolle mit einigen Kubikzentimetern reiner Flußsäure und 1 Tropfen Schwefelsäure auf dem Wasserbade behandelt, die Lösung eingedampft, die Schwefelsäure vorsichtig verjagt, der Rückstand stark geglüht und gewogen.

Die Differenz beider Wägungen ist SiO_2.

$$SiO_2 \times 0{,}4672 \; (\log = 0{,}66950 - 1) = Si.$$

[Aus dem Filtrate von der SiO_2 kann man das Kupfer durch Einleiten von Schwefelwasserstoff als CuS fällen, dieses abfiltrieren, in wenig heißer Salpetersäure lösen und das Cu in der Lösung entweder nach der Cyankaliummethode von Parkes (S. 1196) titrieren oder colorimetrisch bestimmen (s. S. 1047 u. 1200). Im Filtrate von CuS kann das Eisen nach dem Beseitigen des Schwefelwasserstoffs durch halbstündiges Kochen durch Titration mit Kaliumpermanganatlösung bestimmt werden (S. 1299), wenn man die abgekühlte Al-Fe-Lösung stark verdünnt, mit einigen Kubikzentimetern Schwefelsäure und etwa 5—10 g krystallisiertem Na_2SO_4 versetzt.]

Anmerkung: Aluminium mit mehr als 1—1,5% Si-Gehalt pflegt auch stark eisenhaltig zu sein. Es findet sich dann etwas unzersetztes Ferrosilicium in dem Gemisch von Si und SiO_2, das jedoch beim Schmelzen mit Soda zerlegt wird. Das beim Behandeln der Schmelze mit Wasser auf dem Filter verbleibende Eisenoxyd wird in wenig Salzsäure gelöst, durch KJ-Zusatz zu der Lösung Jod frei gemacht und dies mit Thiosulfat titriert. (Mitteilung der Direktion der Aluminiumfabrik in Neuhausen an den Herausgeber.)

Zur Bestimmung des Gehalts an graphitischem (krystallinischen) Silicium wird das wie vorstehend erhaltene Gemisch von SiO_2 und Si aus einer zweiten Einwaage im Platintiegel mit einigen Kubikzentimetern Flußsäure und 1 Tropfen Schwefelsäure behandelt, die Lösung abgedampft, die Schwefelsäure verjagt, der braune Rückstand (Si) stark geglüht und nach $1/_2$ Stunde gewogen. Die Differenz gegen das Gewicht des durch die vorhergehende Bestimmung ermittelten Gesamtsiliciums ergibt den Gehalt an gebundenem Silicium [vgl. hierzu Prettner: Chem.-Ztg. **51**, 261 (1927). — Ztschr. f. anal. Ch. **74**, 121 (1928)].

Anmerkung: Gewöhnliches Ätzkali oder -natron darf wegen seines ständigen Gehalts an SiO_2 nicht für die Bestimmung des Si-Gehaltes im Aluminium verwendet werden.

Zur Eisenbestimmung löst man nach Otis-Handy (S. 1051) 1 g Substanz in 20—30 ccm des angegebenen Säuregemisches, dampft die Lösung bis zur reichlichen Entwicklung von H_2SO_4-Dämpfen ein, nimmt den Rückstand mit verdünnter Schwefelsäure unter Erwärmen auf, reduziert das Ferrisulfat in der Lösung durch 1 g reines Zink und titriert die abgekühlte und verdünnte Lösung mit Kaliumpermanganatlösung.

Für die Kupferbestimmung (siehe S. 1046).

Betriebsanalyse des Laboratoriums der Aluminiumindustrie, Aktiengesellschaft, Neuhausen (Mitteilung an den Herausgeber). 3 g Bohrspäne werden in einem Glaskolben von 500—550 ccm Inhalt am Rückflußkühler in 100 ccm bleifreier Schwefelsäure (spez. Gew. 1,6) durch schwaches Kochen in Lösung gebracht. Kieselsäure und Silicium sind in Schwefelsäure der angegebenen Dichte praktisch unlöslich. Nimmt man weniger als 100 ccm dieser Schwefelsäure, so scheidet sich leicht wasserfreies Al-Sulfat aus, das dann nur schwer wieder in Lösung zu bringen ist, und auch durch Umhüllung noch nicht angegriffenes Metall der Lösung entzieht. Nach vollständiger Auflösung läßt man einige Minuten stehen, verdünnt mit Wasser auf 350—400 ccm und filtriert von der ausgeschiedenen Kieselsäure ab. Um während des Filtrierens eine Oxydation des Eisens zu vermeiden, verwende man ein sehr rasch filtrierendes Filtrierpapier. Nachdem die Lösung vollständig durchgelaufen ist, wird der Kolben noch mit etwas Wasser nachgespült, worauf man sicher ist, alles Eisen im Filtrate zu haben. Dasselbe wird nun nach fast vollständigem Erkalten mit Permanganatlösung titriert. Dabei kann man zur Vorsorge einige Tropfen des Filtrates mit KCNS-Lösung auf Eisenoxyd prüfen. (Man muß aber sicher sein, daß die Lösung kupferfrei ist, da Cuprisalze mit KCNS Braunfärbung verursachen.) Nach dieser Methode lassen sich Silicium und Eisen innerhalb 2 Stunden bequem bestimmen.

Die Permanganatlösung wird so eingestellt, daß je 1 ccm derselben 3 mg Eisen entspricht, d. h. bei 3 g Einwaage zeigt 1 ccm Permanganat $0,1\%$ Fe an. Nachdem das Filtrat mit Permanganat titriert ist, wird zur qualitativen Prüfung auf Cu mit einigen Tropfen Na_2S-Lösung versetzt und umgeschüttelt. Ein geringer Cu-Gehalt zeigt sich dabei deutlich, eventuell nach einigem Stehen durch eine hell- bis dunkelbraune Färbung. Sobald der Cu-Gehalt erheblich ist, vielleicht $0,2\%$ oder mehr, wird man praktisch schon beim Auflösen des Metalls in Schwefelsäure am auftretenden H_2S-Geruch und sogar Schwefelabscheidung im Rückflußkühler den Kupfergehalt erkennen.

Für die Siliciumbestimmung wird die Kieselsäure bis zum Verschwinden der H_2SO_4-Reaktion mit heißem Wasser ausgewaschen. Da das Aluminium gewöhnlich nur wenig Eisen enthält, läßt man das Waschwasser nicht zum Filtrat laufen. Liegt stark Cu-haltiges Metall vor, so wird die Kieselsäure auf dem Filter vor dem Auswaschen mit 5—10 ccm heißer, verdünnter Salpetersäure befeuchtet, um nicht in Lösung gegangenes Kupfer zu entfernen. Die SiO_2 wird mit dem Filter im Platintiegel verascht und nach starkem Glühen gewogen.

Bei der genauen Analyse wird Lösung des Aluminiums, Filtration und Titrieren des Eisengehaltes wie vorstehend ausgeführt. Zur genauen Siliciumbestimmung wird die rohe, stets Si enthaltende SiO_2 mit dem fünffachen Gewicht $NaKCO_3$ geschmolzen; der Aufschluß wird in einer geräumigen Platinschale mit heißem Wasser gelöst, mit H_2SO_4 bis zum Abrauchen erhitzt, nach der Abkühlung mit Wasser aufgenommen und von der nun Si-freien SiO_2 abfiltriert und diese sorgsam ausgewaschen. Nach dem Wägen wird die SiO_2 mit einem Tropfen H_2SO_4 und einigen Kubikzentimetern reiner Flußsäure abgedampft, abgeraucht, stark geglüht und der Tiegel mit der minimalen Menge Alkalisulfat wieder gewogen. Aus der Gewichtsdifferenz ergibt sich das Gewicht der reinen Kieselsäure. Aus den beiden Wägungen (rohe SiO_2 und reine SiO_2) kann man den Gehalt an graphitischem Silicium nach der Methode der indirekten Analyse berechnen. Fast alle Aluminiumblechsorten enthalten graphitisches Silicium, und zwar in der Regel um so mehr, je höher der Gehalt an Si und Fe ist. Dieses graphitische Silicium geht beim Lösen und Verdünnen der Probe leicht durch das Filter. Zusatz von Filterbrei, sowie Anwendung von H_2SO_4-haltigem Waschwasser lassen diesen Übelstand vermeiden.

Hat sich das Metall als kupferhaltig erwiesen, so wird das Kupfer in einer besonderen Einwaage nach der S. 1063 für Aluminiumlegierungen angegebenen Methode bestimmt. Ein auf der Verflüchtigung des Aluminiums im Chlorwasserstoffstrome beruhendes Verfahren zur Analyse von Rein- usw. -Aluminium haben Jander und Mitarbeiter [Ztschr. f. angew. Ch. **35**, 244 (1922); **36**, 586 (1923). — Ztschr. f. anal. Ch. **63**, 444—450 (1923). — Ztschr. f. anorg. u. allg. Ch. **40**, 488 (1927). — Ztschr. f. anal. Ch. **67**, 67 (1926); **72**, 446 (1927)] entwickelt, das nach den mitgeteilten Beleganalysen zuverlässig erscheint.

F. Aluminiumplattierte Bleche.

Zur Schnellbestimmung der Aluminiumauflage von aluminiumplattierten Blechen hat sich nach Fr. Heinrich und F. Petzold (nicht veröffentlicht) folgendes technische Schnellverfahren, wobei allerdings der größte Teil der Verunreinigungen des Aluminiums mit bestimmt wird, gut bewährt. Zwecks Erlangung eines richtigen Durchschnittes werden an mehreren Stellen Stanzproben von 70,71 × 70,71 mm Seitenlänge = 2 × 50 = 100 qcm (beiderseitig) genommen, mit Alkohol und

Äther gut abgewaschen, bei 100° getrocknet und im Exsiccator 1 Stunde erkalten gelassen. Das Trocknen kann schneller durch Blasen mittels Warmluftfön geschehen. Nach dem Erkalten werden die Proben ausgewogen, in ein mit 3 Liter 16%iger Natronlauge beschicktes Becherglas gebracht und 2 Stunden in der Kälte darin gelassen. Ist keine Gasentwicklung mehr wahrzunehmen, so nimmt man die Bleche heraus, spült mit destilliertem Wasser, hierauf mit Alkohol und Äther ab, trocknet und wägt zurück. Der Gewichtsverlust multipliziert mit 10 ergibt die Aluminiumauflage in Milligramm je Quadratzentimeter.

G. Aluminiumlegierungen.

Die im Handel vorkommenden Aluminiumlegierungen enthalten neben den üblichen Verunreinigungen des Handelsaluminiums — Silicium, Kupfer und Eisen — in wechselnden Mengen hauptsächlich folgende absichtliche Zusätze:

Eisen,	Nickel,
Kupfer,	Silicium,
Magnesium,	Zink,
Mangan,	Zinn,

ferner auch noch

Antimon,	Chrom,
Bor,	Lithium,
Cadmium,	Titan,
Cer,	

und als Verunreinigung des verwendeten Zinks oft nicht unbeträchtliche Mengen Blei.

Die Analyse dieser Aluminiumlegierungen kann in der gleichen Weise durch sauren Aufschluß und Trennung der einzelnen Elemente durch Schwefelwasserstofffällungen usw. vorgenommen werden, wie bei der Analyse von Reinaluminium (S. 1042). Als viel zweckmäßiger hat sich jedoch der Aufschluß durch starke Ätznatronlauge erwiesen, da sich hierbei schon eine quantitative Trennung fast aller Metalle von Aluminium vollzieht, nur Zink geht mit in die alkalische Lösung über. Die analytische Ermittlung des Zinks in alkalischer Lösung bietet jedoch keinerlei Schwierigkeiten.

Zur Ausführung der Analyse verwendet man (nach den ausgewählten Methoden des Chemiker-Fachausschusses der Gesellschaft Deutscher Metallhütten- und Bergleute, Bd. 1, S. 114f. 1924) eine Einwaage von 2,5 g der Legierung, fügt 100 ccm Wasser und 12 g festes Ätznatron hinzu, erhitzt nach der ersten stürmischen Entwicklung etwa 5 Minuten bis nahezu zum Sieden, fügt 5 ccm 3%iges Wasserstoffsuperoxyd hinzu, um Eisen und Mangan vollkommen abzuscheiden, filtriert den verbleibenden Rückstand ab und wäscht gut aus. Das Filtrat verwendet man zur Zinkbestimmung nach einer der unten angegebenen Methoden, den Rückstand zur Bestimmung von Blei, Kupfer, Eisen, Magnesium, Nickel, gleichfalls nach den nachstehend näher ausgeführten Trennungmethoden.

Die Bestimmung des Zinks aus der stark alkalischen Lösung kann erfolgen:

1. Durch Elektrolyse des Metalls direkt aus der alkalischen Lösung auf verkupferten Kathoden nach S. 982.

2. Durch Fällung des Zinks als Schwefelzink und Abrösten zu ZnO. Wenn es auch möglich ist, aus dem beim Zersetzen der Legierung mit Alkalilauge gewonnenen Filtrat nach dem Ansäuern mit verdünnter Schwefelsäure und genauem Neutralisieren das Zink direkt als Schwefelzink zu fällen, so ist es doch empfehlenswerter die alkalische Lösung zunächst mit 10 ccm gesättigter, farbloser Schwefelnatriumlösung fast bei Siedehitze zu fällen, das abgeschiedene Schwefelzink abzufiltrieren, nach dem Auswaschen auf dem Filter bei aufgelegtem Uhrglas in etwa 20 ccm verdünnter, heißer Salzsäure zu lösen, gut auszuwaschen, und im Filtrat nach dem Verkochen des Schwefelwasserstoffs, genauem Neutralisieren mit verdünnter Natronlauge (Methylorange als Indicator) in eben angesäuerter Lösung das Zink durch Schwefelwasserstoff zu fällen und entweder als ZnS oder als ZnO zur Wägung zu bringen. Auf diese Weise ist es mit Leichtigkeit möglich, die geringsten wie auch größere Mengen Zink durch eine Schwefelwasserstoffällung aluminiumfrei zu erhalten. Immerhin empfiehlt es sich, das ausgewogene ZnS oder ZnO durch Lösen in Salzsäure und Übersättigen mit Ammoniak auf vollkommene Abwesenheit von Al und Fe zu prüfen, eventuell vorhandene Verunreinigungen aber in Abzug zu bringen.

Da sich bei der Fällung des alkalischen Filtrats mit Na_2S sofort zeigt, ob Zink vorhanden ist, und fernerhin auch, ob geringere oder größere Mengen, so kann man die zur Zinkfällung zu verwendende Menge des alkalischen Filtrats nach der Stärke des entstehenden Niederschlages bemessen. Ergibt der Zusatz von Na_2S auch nach längerem Stehenlassen keinen Niederschlag, so ist die Legierung sicherlich zinkfrei, da sich auch die geringsten Spuren Zink bei dieser Fällung erkenen lassen. Entsteht eine geringere Fällung, so verwendet man die alkalische Lösung von 5 g Legierung, entsteht eine starke Fällung, so verwendet man die Lösung von 1 g (stärkere Zinkgehalte als 15% sind selten). Bei Zinkgehalten von über 10% empfiehlt es sich, den beim Lösen in Natronlauge erhaltenen Rückstand auf einen eventuellen Zinkrückhalt zu prüfen.

Die Trennung von Kupfer, Blei, Eisen, Nickel, Magnesium kann in einer Probe vorgenommen werden. Man löst den bei der Zersetzung mit Alkalilauge verbleibenden Rückstand in 15 ccm verdünnter Salpetersäure (spez. Gew. 1,20) filtriert von ausgeschiedener Zinnsäure und Kieselsäure ab, bestimmt im Filtrat (etwa 100 ccm) Blei und Kupfer gemeinsam elektrolytisch, neutralisiert nach Beendigung der Elektrolyse fast genau, fügt 5 g festes Chlorammonium hinzu, um das Magnesium in Lösung zu erhalten, erhitzt und fällt Eisen durch Zusatz von Ammoniak als Eisenhydroxyd, filtriert und bestimmt das Eisen nach dem Lösen des Niederschlages in Salzsäure titrimetrisch nach Reinhardt (s. S. 1303).

Das Filtrat vom Eisenhydroxyd neutralisiert man zur Fällung des Magnesiums genau, fügt 10 ccm Natriumammonphosphatlösung (1:10) hinzu, rührt einige Minuten, versetzt mit Ammoniak im Überschuß und filtriert nach genügend langem Stehen das abgeschiedene Magnesium-ammoniumphosphat ab und glüht stark zu $Mg_2P_2O_7$. Aus dem Filtrat verkocht man das überschüssige Ammoniak bis zur ganz schwach ammoniakalischen Reaktion, fällt das Nickel mit Dimethylglyoxim und bestimmt es wie üblich gewichtsanalytisch.

Zinn wird in einer gesonderten Einwaage bestimmt, und zwar durch Lösen von 2,5 g Spänen in verdünnter Salzsäure, oxydieren mit $3^0/_0$igem Wasserstoffsuperoxyd, Verkochen des Oxydationsmittels, Reduktion durch Eisenpulver und Titration des reduzierten Zinns nach der Filtration mit Eisenchlorid- oder Jodlösung nach einem der bekannten Verfahren (S. 1583).

Mangan wird in einer gesonderten Einwaage bestimmt, und zwar durch Zersetzen von 2,5 g Legierung mit Ätznatron, wie oben angegeben, Abfiltrieren des unlöslichen Rückstandes, der in etwa 15 ccm verdünnter HNO_3 (spez. Gew. 1,2) gelöst wird. Man filtriert von ausgeschiedener Zinnsäure und Kieselsäure ab, neutralisiert mit Zinkoxyd und titriert das Mangan nach Volhard (S. 1312 u. 1383). Gewisse Aluminium-legierungen enthalten bis über $2^0/_0$ Mangan.)

Silicium wird in einer gesonderten Einwaage bestimmt, und zwar durch Lösen von 2 g in Otis-Handyscher Säure (vgl. S. 1051). Die Weiterverarbeitung ist die gleiche, wie bei Reinaluminium. Wenn die Legierung Zinn enthält, ist das Schmelzen der unreinen Kieselsäure mit Soda und Pottasche unerläßlich, da die Kieselsäure nach dem Lösen in Otis-Handyscher Säure in diesem Falle fast immer zinnhaltig ist.

Zweckmäßig wird das Verfahren zur Beschleunigung des Ana-lysenganges derart modifiziert, daß getrennte Einwaagen vorgenommen werden:

1. Für Zn, Pb, Cu, Ni: 2,5 g. a) Lösung für Zn; b) Rückstand für Pb, Cu (elektrol.), Ni (direkt aus dem Elektrolyten nach Zusatz von Weinsäure mit Dimethylglyoxim gefällt).

2. Für Mg, Fe: 2,5 g. Rückstand in HCl gelöst, mit wenig H_2SO_4 abgeraucht, $PbSO_4$, SiO_2 abfiltriert, Lösung mit 5 g Chlorammon versetzt, Fe mit Ammoniak gefällt, abfiltriert, in HCl gelöst, nach Reinhardt titriert, Filtrat von Eisenhydroxyd neutralisiert, Magnesium mit Phosphat-lösung gefällt.

3. Für Mn: 2,5 g. Rückstand in verdünnter HNO_3 gelöst, mit Zink-oxyd neutralisiert, nach Volhard titriert.

4. Für Sn: 2,5 g in HCl gelöst und Zinn nach der Reduktion mit Eisen-pulver mit Jodlösung titriert.

5. Für Si: 2,0 g nach Otis-Handy usw.

Bei 1,2 und 3 wird die Zersetzung, wie vorher angegeben, mit wäßriger Natronlauge vorgenommen.

Dieser Analysengang ist für alle handelsüblichen Aluminiumlegie-rungen mit Gehalten:

an Cu	bis	$15^0/_0$	an Ni	bis	$2^0/_0$
„ Zn	„	$15^0/_0$	„ Pb	„	$1^0/_0$
„ Sn	„	$6^0/_0$	„ Mg	„	$1^0/_0$
„ Mn	„	$2^0/_0$			

verwendbar, ebenso für Rein-, Roh- und umgeschmolzenes Aluminium. Bei Gehalten von über 1% Magnesium empfiehlt sich doppelte Eisenfällung, da der Eisen- (Aluminium-) Hydroxydniederschlag dann leicht Magnesiumverbindungen zurückhält. Bei Gehalten von über 10% Magnesium ist der Analysengang nicht verwendbar, da dann keine völlige Zersetzung der Legierung durch Alkalilauge eintritt. Für Sauerstoff vgl. S. 1051.

Für einige Legierungen seien im folgenden noch Sondervorschriften gegeben:

1. Aluminium-Beryllium.
(s. a. S. 1107).

Nach Berg und Kolthoff [Journ. Amer. Chem. Soc. 50, 1900 (1928). — Chem. Zentralblatt 1928 II, 1130. — Vgl. auch Bureau Standard Journ. Res. 3, 92 (1929) und Ztschr. f. anal. Ch. 83, 299 (1931)] trennt man Al und Be unter Verwendung von o-Oxychinolin, auch Oxin genannt. Aus schwach saurer Lösung fällt Al nach Hinzufügen einer essigsauren Lösung von Oxin (bezogen von E. Merck, Amsterdamsche Superphosphaatfabrieken oder Eastman Kodak Co.) — alkoholische Lösung ergibt etwas zu niedrige Werte! — bei Zugabe eines Überschusses von Ammonacetat; im Filtrat wird $Be(OH)_2$ — vermischt mit Oxin — mit NH_3 gefällt (s. a. S. 1100).

Zur Ausführung wird die Lösung von Al und Be-Salz (nicht mehr als je 100 mg Oxyd/100 ccm), die nur schwach sauer ist, auf 50—60° erwärmt, mit einem Überschuß einer 5%igen Oxinlösung in 2 n-Essigsäure versetzt, langsam 2 n-Ammonacetat zugegeben, bis ein Niederschlag entsteht, und dann 20—25 ccm Ammonacetatlösung zugegeben. Nach dem Absetzen durch einen Filtertiegel filtrieren, mit kaltem Wasser waschen und bei 120—140° trocknen; $Al(C_9H_6ON)_3$ enthält $11,10\%$ Al_2O_3. Bei viel Be neben wenig Al großen Überschuß (50%) an Oxin nehmen, sonst nur 10—20$\%$ mehr. Das Filtrat wird kochend vorsichtig mit NH_3 versetzt, bis es schwach danach riecht; der Niederschlag ist hell oder braun; er wird mit einer heißen Lösung von Ammonacetat, die einige Tropfen NH_3 enthält, gewaschen, naß verascht und im Platintiegel über dem Gebläse verglüht; schnell wägen, da etwas hygroskopischer als sonst; bei kleinen Be-Mengen in Sulfat überführen und bei 350—400° auf konstantes Gewicht bringen. Ferrieisen fällt mit dem Al.

Eine wegen des geringeren Oxinverbrauches wesentlich billigere Methode, bei der das beschriebene Oxinverfahren mit der Äthertrennung nach Havens (vgl. S. 1036) verbunden wird, empfehlen Churchill, Bridges und Lee [Ind. and Engin. Chem. Analyt. Ed. 2, 405 (1930). — Chem. Zentralblatt 1930 II, 3818].

2. Aluminium-Bor.

Die Bestimmung von Bor in Aluminiumlegierungen kann nach der üblichen Destillationsmethode nach Rosenbladt-Gooch [Ztschr. f. anal. Ch. 26, 18 u. 364 (1887)] nicht ohne weiteres durchgeführt werden, da nach K. Arndt [Chem.-Ztg. 33, 725 (1909)] bei Gegenwart von größeren Aluminiummengen Bor zurückgehalten wird.

Außerdem bietet das Verfahren beim Eindampfen der sauren Al-Lösungen infolge Stoßens große Schwierigkeiten, so daß oft Zertrümmerung der Retorte .erfolgt. Folgende Arbeitsweise, die sich auch bei Gegenwart von Begleitmetallen des Al durchführen läßt, hat sich gut bewährt.

5 g Späne werden in einem 500 ccm fassenden Erlenmeyerkolben unter stetem Kühlen in 60 ccm HCl (1: 1), zuletzt vollends auf der Dampfplatte gelöst. Nach dem Lösen wird die Probe in ein 600 ccm fassendes Becherglas gespült, mit heißem Wasser verdünnt und die Metalle der Schwefelwasserstoffgruppe durch H_2S ausgefällt. Das Filtrat der Sulfide wird in einen 500 ccm fassenden Meßkolben gebracht, mit NH_4OH eben alkalisch gemacht, mit 30 ccm $(NH_4)_2S_2$ versetzt, kräftig durchgeschüttelt und auf der Dampfplatte etwa $^1/_2$ Stunde erwärmt. Hierauf wird abgekühlt und der Kolben bis zur Marke aufgefüllt, durchgeschüttelt und durch ein Faltenfilter abfiltriert. 100 ccm des Filtrats = 1 g werden mit HCl eben angesäuert und in den Borsäureesterdestillierapparat (s. Bd. III, Abschnitte „Glas" und „Email", vgl. Treadwell: Quantitative Analyse, S. 363. 1927) gebracht, worauf derselbe in einem Ölbad auf 140° C erhitzt wird. Das Destillat wird in einem mit 30 ccm 20%iger NaOH beschickten 500 ccm fassenden Erlenmeyerkolben aufgefangen. Die Destillation geschieht im übrigen genau nach Vorschrift. Das Destillat wird nun in einen 1 l fassenden Erlenmeyerkolben gespült und über Nacht durch Erwärmen auf der Dampfplatte von Alkohol befreit, mit etwa 500 ccm kaltem Wasser verdünnt und mit HCl (1: 5) eben angesäuert. Nach Zusatz von 20 ccm gesättigter KJO_3-Lösung und 25 ccm 25%iger KJ-Lösung läßt man etwa $^1/_2$ Stunde in der Kälte einwirken und entfärbt hierauf das ausgeschiedene Jod mit $Na_2S_2O_3$. Der ausgeschiedene Schwefel wird abfiltriert, das klare Filtrat in einen 1 l Erlenmeyerkolben gegeben und $^1/_2$ Stunde unter ständigem Durchleiten von Stickstoff auf dem Wasserbad gekocht. Nach Abkühlen wird mit 20 ccm 10%iger wäßriger Mannitlösung versetzt und mit $^1/_{10}$ n-NaOH in bekannter Weise auf rosa titriert. Die vorhandene Färbung muß bei nochmaligen Zusatz von Mannit bestehen bleiben.

$$1 \text{ ccm } ^1/_{10} \text{ n-NaOH} = 0,11\% \text{ Bor.}$$

A. Vollmer [Laboratoriumspraxis 15, 174 (1926)] empfiehlt Bromthymolblau statt Phenolphthalein zu verwenden. Der Farbenumschlag erfolgt in kornblumenblau, Alkalichloride stören hierbei nicht.

Bei reinen Bor-Aluminiumlegierungen empfiehlt sich folgendes vereinfachtes Verfahren:

1 g Späne werden in einem mit schräg stehendem Rückflußkühler versehenen Kolben [Abel: Laboratoriumspraxis 3, 41 (1928)] mit 50 ccm destilliertem Wasser und hierauf vorsichtig portionsweise mit HCl bis zur vollständigen Lösung versetzt. Hierauf gibt man durch das Kühlrohr der Reihe nach 65 g Bariumchlorid und etwa 30 g Na_2CO_3 in Lösung zu, wobei SiO_2 und Al restlos ausgefällt werden, während Borsäure als Alkaliborat in Lösung bleibt. Die Flüssigkeit wird nun bis auf 300 ccm verdünnt und vorsichtig $^1/_2$ Stunde gekocht. Nach dem Erkalten wird der Kolben vom Kühler getrennt und die Flüssigkeit

in einen 1-l-Meßkolben übergespült, bis zur Marke ausgefüllt und durchgeschüttelt. Nach etwa 1 Stunde filtriert man die Hälfte $= \frac{1}{2}$ g ab und versetzt das Filtrat mit 1 Tropfen Methylorange und 2 n-HCl bis zur Rosafärbung und kocht zur Vertreibung der Kohlensäure unter aufgesetztem Rückflußkühler etwa $\frac{1}{2}$ Stunde durch und läßt nach Verbindung des Kühlers mit einem Natronkalkrohr erkalten. Nun fügt man der Reihe nach zu: $\frac{1}{10}$ n-Ba(OH)$_2$-Lösung bis die mit Methylorange versetzte Lösung Gelbfärbung zeigt, hierauf Mannitlösung im Überschuß und 5—6 Tropfen Phenolphthalein, und titriert weiter bis zur bleibenden Rotfärbung. Man prüft durch weitere Mannitzugabe wie üblich, ob die Titration beendet ist. Der Titer wird eingestellt mit reiner Boraxlösung.

Ebenso läßt sich für reine Bor-Aluminiumlegierungen folgender Gang verwenden:

1 g des Materials wird in einem 1-l-Erlenmeyerkolben mit 50 ccm 5%iger NaOH auf der Dampfplatte gelöst und mit kaltem H$_2$O auf etwa 500 ccm verdünnt. Hierauf säuert man mit HCl (1:5) an und fügt 15 ccm gesättigte KJO$_3$-Lösung und 20 ccm 25%ige KJ-Lösung zu und schüttelt durch. Nach einer halben Stunde wird das ausgeschiedene Jod mit 50%iger Na$_2$S$_2$O$_3$-Lösung entfernt und auf dem Wasserbade unter ständigem Durchleiten von Stickstoff etwa $\frac{1}{2}$ Stunde erhitzt. Die starke, hierbei auftretende Jodabscheidung muß während des Kochens bestehen bleiben (das Jod darf nicht verkocht werden, da sonst zu hohe Werte gefunden werden), und wird dann mit Na$_2$S$_2$O$_3$ entfärbt. Entsteht bei nochmaligem Zusatz von KJO$_3$ + KJ und Erwärmen Jodausscheidung, so ist nicht alles Al gefällt worden. Es muß deshalb die Manipulation: Rücktitration mit Na$_2$S$_2$O$_3$ usw. wie beschrieben wiederholt werden. Nun wird die Probe in einen 1-l-Meßkolben gespült, abgekühlt, aufgefüllt, gut durchgeschüttelt und ein Teil durch ein Faltenfilter abfiltriert. 500 ccm dieses Filtrates $= 0,5$ g gibt man in einem $1\frac{1}{2}$-l-Erlenmeyerkolben, versetzt mit 50 ccm, bei größeren Borgehalten mit mehr Glycerin und titriert nach Zusatz von Phenolphthalein mit $\frac{1}{10}$ n-NaOH auf rosa. Die vorhandene Färbung muß durch weiteren Zusatz von Glycerin auf ihre Beständigkeit geprüft werden.

1 ccm $\frac{1}{10}$ n-NaOH $= 0,11\%$ Bor bei 1 g Einwaage.

3. Aluminium-Chrom.

Zur Bestimmung von Chrom wird die salzsaure Lösung von 5 g Substanz mit einem Überschuß von Schwefelsäure (18 ccm) bis zur vollständigen Austreibung der Salzsäure eingekocht, mit 100 ccm Wasser verdünnt, der größte Teil der freien Säure mit Natronlauge neutralisiert, 5—10 ccm Kaliumpermanganatlösung [Petersen, H.: Österr. Ztschr. f. Berg- u. Hüttenwes. **32**, 465 (1884)] (von welcher 1 ccm 5 mg Fe entspricht) zugesetzt, 5 Minuten gekocht, durch ein dichtes Filter filtriert und mit kochendem Wasser ausgewaschen. In der gelb gefärbten Lösung ist alles Chrom aus der Legierung als Chromsäure enthalten. Man säuert einen aliquoten Teil der abgekühlten

Lösung mit verdünnter Schwefelsäure an, setzt eine abgewogene Menge Mohrschen Salzes (im Überschuß) hinzu, rührt um und titriert den Überschuß von Ferrosulfat in der farblos gewordenen Flüssigkeit mit Permanganatlösung zurück (s. S. 1160). 335,04 Teile Fe zeigen 104,0 Teile Cr an, Mohrsches Salz enthält in 100 Teilen 14,24 Teile Eisen.

Aluminium wird in einem weiteren Teil der Lösung mit Ammoniak gefällt, wobei auf das Mitreißen von Chrom in chromathaltiger Lösung Rücksicht genommen werden muß. Die Fällung wird deshalb mindestens einmal wiederholt, gegebenenfalls das Chrom nach Philips [Stahl u. Eisen **27**, 1164 (1907)] im aufgeschlossenen Niederschlag bestimmt (S. 1160) und in Abzug gebracht [vgl. Charrion, A.: C. r. d. l'Acad. des sciences **176**, 679 (1923). — Chem. Zentralblatt **1923 II**, 1098. — Ztschr. f. anal. Ch. **69**, 293 (1926)].

4. Aluminium-Eisen.

Siehe Abschnitt „Eisen" S. 1396.

5. Aluminium-Kupfer.

a) Kupferreiohe Legieruugen (Aluminiumbronzen).

1 g Späne werden in einer bedeckten Porzellanschale in 10 ccm Salpetersäure (spez. Gew. 1,2) unter Erwärmen gelöst, die Lösung mit 10 ccm $50^0/_0$ iger Schwefelsäure abgedampft und bis zum Entweichen von Schwefelsäuredämpfen erhitzt. Der erkaltete Rückstand wird mit 30 ccm Wasser einige Zeit erwärmt, die Lösung abgekühlt und die SiO_2 abfiltriert. Etwa vorhandenes Blei bleibt als $PbSO_4$ in der SiO_2; es wird durch heiße Ammonacetatlösung daraus entfernt, das Blei durch Schwefelwasserstoff gefällt und als $PbSO_4$ bestimmt. Die ausgewaschene Kieselsäure wird getrocknet, geglüht und gewogen.

$$SiO_2 \times 0{,}4672 \ (\log = 0{,}66950 - 1) = Si.$$

Aus dem Filtrate von der Kieselsäure wird das Cu nach Zusatz einer kleinen Menge (0,5 ccm) Salpetersäure elektrolytisch gefällt, die entkupferte Lösung wird stark verdünnt, mit Ammoniak übersättigt, gekocht und die eisenhaltige Tonerde (wie unter 1, S. 1042 angegeben) abgeschieden und bestimmt. Man schließt sie durch Schmelzen mit dem 6fachen Gewichte Kaliumbisulfat auf, löst die erkaltete Schmelze in heißer, verdünnter Schwefelsäure, reduziert mit Zink, titriert das Eisen mit Permanganatlösung und bringt es als Fe_2O_3 von der unreinen Tonerde in Abzug.

b) Aluminiumreiche Legierungen (Vormetalle).
Kupferbestimmung (s. S. 1046).

Der ausgewaschene Rückstand von der Behandlung der Späne mit Natronlauge oder $33^0/_0$ iger Sodalösung wird in heißer, schwacher Salpetersäure gelöst und das Kupfer aus der Lösung elektrolytisch gefällt.

6. Aluminium-Kupfer-Nickel.

1—5 g Späne werden wie unter 5 b mit Natronlauge zerlegt, aus der Nitratlösung des Rückstandes wird das Cu elektrolytisch gefällt, die entkupferte Lösung mit überschüssiger Schwefelsäure bis zum beginnenden Fortrauchen derselben abgedampft, der erkaltete Rückstand in 20 bis 50 ccm Wasser gelöst, die Lösung mit Ammoniak stark übersättigt und Nickel elektrolytisch abgeschieden. Geringe Mengen bestimmt man besser mit Dimethylglyoxim (S. 1472).

7. Aluminium-Kupfer-Zink (Aluminiummessing).
Siehe „Messinganalyse" S. 1270.

8. Aluminium-Lithium (Skleron).
Nach Deiß (Werkstoffhandbuch Nichteisenmetalle, Bd. 3, S. 2—3, 1927) bietet die Analyse dieser Legierung insofern erhebliche Schwierigkeiten, als die Entfernung des Aluminiums zum Zwecke der Lithiumbestimmung nach dem üblichen Verfahren durch Fällen mit Ammoniak nicht möglich ist, weil dabei auch erhebliche Mengen der übrigen Bestandteile samt der kleinen Lithiummenge mit in den Aluminiumhydroxydniederschlag gehen würden. Die Hauptmenge des Aluminiums wird daher am besten aus der salzsauren Auflösung des Metalls durch Einleiten von Salzsäuregas abgeschieden. Dabei fällt Aluminiumchlorid als feines Krystallpulver aus, das in stark salzsaurer Lösung sehr schwer löslich ist, während die übrigen Metallbestandteile in der Lösung zurückbleiben. Bevor die Lithiumbestimmung selbst ausgeführt werden kann, müssen alle übrigen Bestandteile der Legierung vollständig entfernt werden, ohne daß Lithiumverluste dabei entstehen.

a) Lithiumbestimmung.
20 g Skleronmetall werden in Salzsäure und Wasserstoffsuperoxyd gelöst; die erhaltene Lösung wird zur Abscheidung des Aluminiumchlorides mit Salzsäuregas gesättigt. Das ausgefallene Aluminiumchlorid wird durch eine Glasfilternutsche abfiltriert. Das Filtrat wird eingedampft, der Rückstand mit Wasser gelöst und die Lösung in der Wärme mit aufgeschlämmtem, frisch bereitetem Silbercarbonat behandelt. Hierbei setzen sich die Schwermetalle, Kupfer, Zink, Mangan, Eisen zu unlöslichen Carbonaten um, während Lithium und die übrigen Alkalien in Lösung bleiben. Der Niederschlag wird abfiltriert und die klare Lösung mit Salzsäure eingedampft. Die vorhandenen Alkalien werden nach dem Verfahren von Gooch[1] getrennt und das Lithium in Form von Lithiumsulfat gewogen.

b) Bestimmung der übrigen Stoffe.
Für die Bestimmung der übrigen Bestandteile, Kupfer, Zink, Eisen, Mangan, Silicium, dient eine besondere Einwaage von etwa 2 g. Die Späne werden mit Natronlauge zersetzt, die erhaltene Lösung wird nach dem Hinzufügen von Wasserstoffsuperoxyd erhitzt und filtriert. In Lösung gehen Aluminium und Zink, während sich der Rückstand aus Kupfer,

---

[1] Das Verfahren basiert auf der Lösungsfähigkeit von wasserfreiem Amylalkohol oder Pyridin- oder Isobutylalkohol gegen wasserfreiem Lithiumchlorid. KCl und NaCl sind darin schwer löslich (s. hierzu Treadwell: Quantitative Analyse, S. 47. 1927).

Eisen, Mangan und Spuren Zink zusammensetzt. Zur Abscheidung des Zinks wird das alkalische Filtrat mit Schwefelnatrium versetzt; das ausgefällte Schwefelzink wird abfiltriert und nach dem Wiederauflösen mit Salzsäure aus schwach schwefelsaurer Lösung nochmals mit Schwefelwasserstoff gefällt. Das abfiltrierte reine Schwefelzink wird verascht und als Zinkoxyd gewogen. Der in der Lauge unlöslich gebliebene Rückstand wird mit Salpetersäure gelöst und die Lösung elektrolysiert, wobei das Kupfer niedergeschlagen wird. Aus der kupferfreien Lösung wird Eisen durch Ammoniakzusatz gefällt, der Eisenniederschlag wird zur Reinigung nochmals gelöst und gefällt und danach maßanalytisch bestimmt, während das Mangan in den Filtraten der Eisenfällung durch Brom und Ammoniak als Mangandioxyd abgeschieden wird. Aus dem Filtrat werden die geringen Reste des noch in Lösung befindlichen Zinks durch Schwefelwasserstoff ausgefällt und als Zinkoxyd gewogen.

Für die Bestimmung des Siliciums werden gleichfalls 2 g Späne mit einem Säuregemisch, bestehend aus Schwefelsäure, Salpetersäure und Salzsäure, gelöst; die erhaltene Lösung wird eingedampft. Nach Wiederaufnehmen des Rückstandes mit Wasser wird das Gemisch, bestehend aus metallischem Silicium und SiO_2, filtriert, der Rückstand samt Filter verascht und die Asche mit Natriumcarbonat im Platintiegel aufgeschlossen. Die Schmelze wird mit Wasser gelöst und mit Salzsäure zersetzt; das Ganze wird eingedampft und einige Zeit bei etwa 135° erhitzt. Dabei wird Kieselsäure unlöslich, die nach dem Lösen des Rückstandes mit Salzsäure beim Abfiltrieren der Lösung auf dem Filter bleibt. Die Menge der Kieselsäure wird durch Veraschen der Kieselsäure samt Filter im Platintiegel bestimmt.

9. Aluminium-Magnesium.

Magnesium in Aluminiumlegierungen läßt sich nach W. H. Withey [Chem. News 126, 17 (1923). — Chem. Zentralblatt 1923 II, 944. — Ztschr. f. anal. Ch. 66, 118 (1925)] mit Hilfe von Weinsäure schnell bestimmen: Aus einer Lösung, die Aluminium, Eisen, Zink, Kupfer, Nickel neben Magnesium enthält, wird in Gegenwart von genügend Weinsäure durch Natriumphosphat nur das Magnesium abgeschieden. Versuche ergaben, daß die Fällung des Magnesiums in einer genügend reinen Form erhalten wird, sofern Sorge getragen wird, die Lösung stark ammoniakalisch zu halten. Für die Bestimmung der übrigen Stoffe verfährt man nach S. 1042.

Eine vollständige Methode zur Analyse von Aluminium-Magnesiumlegierungen gibt S. S. Singer [Ind. and Engin. Chem. Anal. Ed. 2, 288 (1930). — Chem. Zentralblatt 1930 II, 1887]. Man löst 1 g der Drehspäne in einem 300 ccm fassenden Becherglase in ungefähr 50 ccm 10%iger Ätznatronlösung, und zwar portionsweise in Zusätzen von 1—2 ccm. Dann erhitzt man zum Kochen bis zur vollständigen Lösung, fügt 100 ccm Wasser zu und läßt den schwarzen Rückstand absetzen. Hierauf saugt man durch einen Goochtiegel ab und wäscht mehrmals mit warmen Wasser aus. Das Filtrat wird verworfen. Der Rückstand, der Kupfer, Nickel, Magnesium, Eisen und eingeschlossenes Aluminium enthält, wird auf dem Filter tropfenweise mit 20 ccm heißer Salpetersäure (1:1) behandelt, wobei ein Spritzen zu vermeiden ist. Ist die Reaktion vorbei, so saugt man ab und wäscht mit warmen Wasser aus, wobei man Sorge tragen muß, das Asbestfilter nicht aufzurühren und das Filtrat nicht mit Asbest zu verunreinigen. In dem Filtrat bestimmt man das Kupfer elektrolytisch nach Zugabe von 5 ccm Schwefelsäure (1:1). Man elektrolysiert 1 Stunde unter Anwendung einer Platinnetzkathode mit einer Stromstärke von 2,5 Ampere und 12,5 Volt. Nachdem das Kupfer ausgeschieden ist, werden die Elektroden in bekannter Weise nach Waschen mit Wasser und Alkohol getrocknet und gewogen. Die Gewichtszunahme gibt den Cu-Gehalt der Probe. Dem Elektrolyten setzt man die Waschwässer zu und macht nach Zugabe von 3—4 g Weinsäure schwach, aber deutlich ammoniakalisch, kühlt auf Raumtemperatur ab und titriert Nickel in folgender Weise:

Die kalte Lösung versetzt man mit 2 ccm einer 20%igen Jodkaliumlösung, ferner mit 5 ccm einer Silbernitratlösung, die 5,8 g Silber im Liter enthält und erzeugt so einen Niederschlag von Silberjodid. Nun fügt man soviel einer Cyankaliumlösung zu, die im Liter 5 g KCN enthält, bis unter gutem Umrühren die Trübung von Silberjodid eben verschwindet. Man stellt den Verbrauch der Cyankaliumlösung durch einen Blindversuch fest. Die Zahl der verbrauchten Kubikzentimeter Kaliumcyanid minus der des Blindversuches multipliziert mit dem Faktor gibt die Menge Nickel an. (Siehe Johnson: Chemical Analysis of Special Steels, Alloys and Graphite).

Nun stellt man die Lösung in Eiswasser, fügt 15 ccm einer gesättigten Lösung von Natrium-Ammonium-Phosphat zu, hierauf 50 ccm konzentriertes Ammoniak und rührt die Lösung, bis das Magnesium-Ammonium-Phosphat krystallin auszufällen beginnt. Man läßt den Niederschlag zum Absetzen über Nacht stehen. Nun filtriert man die überstehende Flüssigkeit durch einen gewogenen und geglühten Porzellanfiltertiegel, wäscht den Niederschlag zweimal durch Dekantieren aus und bringt ihn schließlich unter Anwendung von 20%igem Ammoniak in den Tiegel, wäscht den Niederschlag einige Male mit Ammoniakwasser und endlich mit 95%igem Alkohol aus. Dann trocknet man den Tiegel und glüht ihn eine Stunde im Muffelofen, wobei das Ammonium-Magnesium-Phosphat in das Pyrophosphat übergeht, läßt im Exsiccator erkalten und wiegt zurück. Die Auswaage × 0,2184 (log = 0,33846 − 1) ergibt den Gehalt an Magnesium.

Eine neue Probe löst man in 30 ccm eines Säuregemisches, bestehend aus 300 ccm Salpetersäure, 450 ccm Schwefelsäure, 900 ccm Salzsäure und 700 ccm Wasser, in einer mit einem Uhrglas bedeckten kleinen Kasserole. Die Lösung dampft man zur Trockne ein und bestimmt den Si-Gehalt nach bekanntem Verfahren. Das Filtrat der Kieselsäure wird in einem 300 ccm fassenden Becherglase durch Elektrolyse nach obiger Methode vom Kupfer befreit, auf Raumtemperatur abgekühlt und durch einen Jones-Reduktor (vgl. S. 1644) reduziert. Das so reduzierte Eisen wird schließlich mit einer $^1/_3$ n-Kaliumpermanganatlösung titriert.

10. Aluminium-Mangan.

5 g Späne werden in einem großen Kolben mit 50 ccm Wasser übergossen und kleine Mengen von Salzsäure bis zur vollständigen Lösung hinzugefügt. Man setzt dann zu der Lösung 1 ccm Salpetersäure (spez. Gew. 1,4) und 5 ccm Schwefelsäure, kocht ein, nimmt den dickflüssigen Rückstand mit Wasser auf, neutralisiert die Lösung annähernd mit Natronlauge, spült sie in einen Literkolben, setzt aufgeschlämmtes Zinkoxyd in kleinem Überschuß zu, füllt zur Marke auf, schüttelt einige Zeit und bestimmt das Mangan in einem Teile der durch ein trockenes Filter abfiltrierten Lösung nach der Methode von Volhard (s. ,,Eisen" S. 1383) oder nach der Hampeschen Chloratmethode (s. ,,Eisen" S. 1386).

11. Aluminium-Sicilium.

Diese Legierungen (Silumin usw.) enthalten neben Aluminium bis zu 15% Silicium und etwas Eisen. Man bestimmt Si nach S. 1051, wobei der Rückstand gegebenenfalls mit Natriumkaliumcarbonat aufzuschließen und nach Abscheidung der SiO_2 mit dem Filtrat zu vereinigen ist. Jander und Weber [Ztschr. f. angew. Ch. 36, 586 (1923). — Ztschr. f. anal. Ch. 63, 449 (1923)] empfehlen Aufschluß im HCl-Strom.

Fr. L. Hahn [Ztschr. f. anal. Ch. 80, 192 (1930). — Chem. Zentralbl. 1930 I, 3700] beschreibt ein Verfahren, wobei durch Erhitzen im Chlorstrom die Legierung in 3 Anteile zerlegt wird, einen nicht flüchtigen Rückstand, ein Sublimat und ein Destillat. Der geringe Rückstand besteht aus reinem Al_2O_3; im Sublimat ist das Eisen, der Rest des Aluminiums und ganz wenig Titan (dieses könnte vermutlich auch noch ins Destillat getrieben werden, wenn man den Teil des Chlorierungsrohres, in dem sich das Sublimat niederschlägt, gelinde, z. B. durch einen Dampfmantel erwärmte; der dadurch erreichbare Vorteil scheint aber die umständlichere Apparatur nicht zu lohnen). Im Destillat ist das gesamte Silicium und die Hauptmenge des Titans.

Für die Auffangung des Destillats dient am besten in der Vorlage befindlicher käuflicher Isopropylalkohol. Verzichtet man auf die Bestimmung von C und O, so kann man die Verflüchtigung der Oxyde dadurch erleichtern, daß man den Chlorstrom mit etwas CCl_4-Dampf belädt, und unter diesen Bedingungen bei heller Rotglut chloriert. Man erhält so einen ganz losen, von fein verteiltem Kohlenstoff völlig schwarz gefärbten Rückstand, der bei kurzem Erhitzen an der Luft rein weiß wird.

Zur Ausführung werden etwa 0,5 g Legierung eingewogen. Das Sublimat wird mit stark verdünnter Salzsäure aus dem Rohr herausgespült [Reste von entstandenem, fest haftendem Hexachloräthan (C_2Cl_6) mit etwas warmem, schwach salzsäurehaltigem Alkohol nachspülen]; eine Trübung der Lösung ist stets restlos flüchtig (C_2Cl_6). Die Lösung wird mit 10 g Weinsäure versetzt, dann wird Schwefelwasserstoff bis zur völligen Entfärbung eingeleitet und nun das Eisen mit Ammoniak gefällt; da es sich nur um kleine Mengen handelt, kann das Sulfid unbedenklich abgeröstet und das Eisen als Oxyd gewogen werden. Aus dem Filtrat wird der Schwefelwasserstoff verkocht und nach Zugabe von Essigsäure das Titan durch Nitrosophenylhydroxylamin (C u p f e r r o n) gefällt (vgl. S. 1073); der Niederschlag wird verglüht und als TiO_2 gewogen. Das Filtrat hiervon wird auf 500 ccm gebracht; aus 20—25 ccm wird das Aluminium mit 8-Oxychinolin gefällt [1] und bromometrisch titriert.

Die maßanalytische Bestimmung des Aluminiums durch Fällung in essigsaurer Lösung mit Oxychinolinacetat nach B e r g [Ztschr. f. anal. Ch. 71, 374 (1927)] erfolgt nach dem Auflösen des isolierten und mit möglichst wenig warmem Wasser bis zur Farblosigkeit des Waschwassers gewaschenen Niederschlages in 10—15%iger chlorfreier Salzsäure. Das Aluminiumoxychinolat zeigt selbst gegen konzentrierte Salzsäure eine bemerkenswerte Stabilität. Erst bei längerer Einwirkung von kalter konzentrierter Salzsäure geht das Komplexsalz in Lösung. W a r m e, 10—15%ige S a l z s ä u r e löst es bereits in wenigen Minuten.

M a n titriert mittels $^1/_{10}$ n-K a l i u m b r o m a t b r o m i d l ö s u n g.

1 ccm $^1/_{10}$ n-Bromat-Bromidlösung = 0,000225 (log = 0,35218 — 4) g Aluminium.

Das Destillat wird in einer mit etwa 10 ccm Isopropylalkohol beschickten, eisgekühlten Vorlage aufgefangen (vgl. Abb. 1 und die Beschreibung der Chlorierung S. 1070), mit Isopropylalkohol in einen gewogenen Platintiegel übergespült, mit ungefähr dem gleichen Volumen Wasser versetzt und zunächst vorsichtig, dann bei voll siedendem Wasserbad verdunstet; erwärmt man schließlich den auf einem Tondreieck schräg liegenden Tiegel am Rande mit kleiner Flamme, so brennt der noch in den Poren der Kieselsäure zurückgehaltene Alkohol ruhig ab. Nach dem Erlöschen der Flamme kann der Tiegel geglüht werden. Man wägt die Summe der Oxyde und nach dem Abrauchen mit Flußsäure-Schwefelsäure das TiO_2. Seine Reinheit kann durch colorimetrische Prüfung oder nach dem beim Sublimat beschriebenen Trennungsgang bestätigt werden; Aluminium ist im allgemeinen nicht zu finden.

Zur Bestimmung von Calcium, Magnesium und Alkalien wird etwa 1 g· Legierung durch Kochen mit Salzsäure soweit wie möglich aufgeschlossen und vom Rückstand (Kieselsäure, Korund, Siloxikon, Titaneisen) abfiltriert; die Lösung wird auf 30 ccm eingedampft und unter Eiskühlung mit HCl-Gas gesättigt. Der Niederschlag von $AlCl_3 \cdot 6 H_2O$ wird abgesaugt, mit etwas starker Salzsäure ausgewaschen und nochmals mit HCl-Gas umgefällt. Die vereinigten Filtrate der ersten und zweiten Fällung werden gemeinsam zur Trockne gedunstet; aus der Lösung des Trockenrückstandes werden mit 8-Oxychinolin und Natriumacetat die letzten Reste Fe und Al entfernt und nun Calcium als Oxalat abgeschieden; Magnesium im Filtrat wird sich mit Ammoniak als Fällung von Magnesium-Oxinat zeigen. Das Filtrat wird zur Trockne verdunstet,

---

[1] Man wasche, auch bei Gegenwart von Magnesium, den Niederschlag von Aluminiumoxinat (s. S. 1036) nicht mit Essigsäure, sondern mit Wasser aus, vermeide auch bei der Fällung größere Mengen von freier Essigsäure, da Aluminiumoxinat in stärkerer Essigsäure immerhin merklich löslich ist. Magnesiumoxinat bleibt selbst bei ganz schwach saurer Reaktion völlig gelöst.

verglüht, mit Wasser ausgezogen, filtriert, die Lösung verdunstet und der Trockenrückstand als NaCl in Rechnung gestellt.

Die Vorzüge des vorstehend geschilderten Analysenganges sind offenkundig. Die Chlorierung ermöglicht eine Abtrennung der Kieselsäure, wie sie ähnlich glatt und rasch bisher in keiner Weise zu erzielen war; die Fällung und Wägung der kleinen Mengen Eisen und Titan geht, gerade weil es sich um kleine Mengen handelt, ebenfalls rasch und erfordert nicht mehr Arbeitszeit, als die colorimetrische Bestimmung. Sie bringt den Vorteil mit sich, daß Fehler in der Bestimmung von

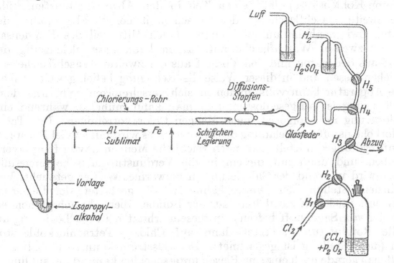

Abb. 1. Verflüchtigungsapparatur im Chlorstrom.

Eisen und Titan nicht ins Aluminium eingehen. Wo man auf Mikroanalysen eingerichtet ist, kann man die Einwaage entsprechend verkleinern, Eisen und Titan mikroanalytisch, Aluminium dann in der Gesamtmenge oder einem größeren Bruchteil davon bestimmen; die Genauigkeit der Aluminiumbestimmung würde dadurch noch etwas steigen.

Im zweiten Teil des Ganges ist die Entfernung von Eisen, Aluminium, Titan aus schwach saurer Lösung ein Vorteil, der durch die Anwendung des Oxychinolins ermöglicht wird; hier wird das mehrfache Umfällen mit Ammoniak vermieden. Daß und wie hier auf Kupfer, Zink usw. geprüft werden könnte, ist ohne weiteres klar; bezüglich Ermittlung kleinster Mengen von Magnesium vgl. Hahn (Pregl-Festschrift der „Mikrochemie", S. 127. 1929).

Apparatur und Arbeitsgang der Chlorierung (Abb. 1). Ein Chlorierungsrohr aus Pyrexglas dürfte über 20 Aufschlüsse aushalten; für dauernden Gebrauch wird man Rohr, Schiffchen und Diffusionsstopfen (der das Rückwärtsgehen von Sublimat verhütet) am besten aus Quarzglas nehmen. Die Vorlage aus Geräteglas sei von genau

gleicher Weite, wie das untere Ende des Chlorierungsrohres, und mit
einem kurzen Gummischlauch Rand an Rand angesetzt. Das Chlor
wird einer Bombe entnommen und vor Eintritt in die Apparatur nur
durch einen kleinen Blasenzähler mit konzentrierter Schwefelsäure
geleitet. Zur Gewinnung von völlig reinem Chlor wäre Fraktionierung
von Bombenchlor der einfachste Weg; man schaltet eine Reihe von
Waschflaschen mit Dreiweghähnen wie H_1—H_5 hintereinander und
leitet die dritten, freien Rohre in den Abzug. Nun kondensiert man in
der ersten Waschflasche eine genügende Menge Chlor (Kühlung mit
Aceton-Kohlensäure), läßt einen Teil in den Abzug abdunsten, kühlt
die zweite Waschflasche in der Zwischenzeit bereits ab, schaltet den
ersten Zwischenhahn um und fängt so den Mittelteil des Kondensats
in der zweiten Waschflasche auf. Dann kann man gleichzeitig den
Rest aus der ersten und den Vorlauf aus der zweiten Waschflasche entweichen lassen und in dieser Weise die Reinigung beliebig weit treiben.
Die Apparatur kann vollkommen in sich verschmolzen sein, irgendeine
Belästigung ist ausgeschlossen, und man kann mühelos, während eine
Chlorierung im Gange ist, neue Mengen Chlor vorreinigen. Der Tetrachlorkohlenstoff zur Beladung des Chlorstromes wird mit so viel Phosphorpentoxyd angeschüttelt, daß noch reichliche Mengen davon feinpulverig
bleiben, und dann mit diesem in die Verdunstungsflasche eingefüllt;
diese wird während der Chlorierung in lauwarmes Wasser getaucht. Verschiedene Stellung der Dreiweghähne H_1—H_5 gestattet, der Legierung
zunächst Stickstoff zuzuleiten (aus der Bombe, über schwach glühendem
Kupfer von Sauerstoff befreit); in diesem erhitzt man die Legierung auf
helle Rotglut und schaltet dann auf Chlor + Tetrachlorkohlenstoff
um (diese Stellung ist gezeichnet). Der Gasstrom kann so lebhaft sein,
daß man gerade noch einzelne Blasen unterscheiden kann; dann sublimiert
das Aluminiumchlorid ruhig in den kälteren Teil des Rohres, so daß
noch ein kleines Stück vor der Umbiegung frei bleibt, und es geht kaum
freies Chlor über das Schiffchen hinaus. Erst zuletzt erscheint dicht an
dem hocherhitzten Rohrteil ein braunes Sublimat von Eisenchlorid,
zugleich beginnen merkliche Mengen Chlor bis zur Vorlage vorzudringen,
so daß infolge der stärker einsetzenden Chlorierung der Isopyropylalkohol
zu rauchen und stechend zu riechen beginnt; vorher ist an der Vorlage
höchstens eine schwache Salzsäureabgabe bemerkbar. Dies kann als
Zeichen der beendeten Reaktion gelten; man schaltet wieder auf Stickstoff um, entfernt nach etwa 5 Minuten die Vorlage und brennt nun den
im Schiffchen verbliebenen Rückstand im Luftstrom weiß. An der
Vorlage ist am weiten Teil ein Ausguß angebracht; durch den engen
spült man aus einer kleinen Spritzflasche mit Isopropylalkohol nach.
Die drei Teile arbeitet man auf, wie oben beschrieben. Zeitdauer: Für
das Anheizen etwa 15 Minuten [1], für die eigentliche Chlorierung eine
Stunde, Durchleiten, Weißbrennen, Abkühlen $^1/_2$ Stunde, alles reichlich
gerechnet, so daß nach $1^1/_2$—2 Stunden der Apparat für die nächste
Analyse frei ist.

---

[1] Bei Verwendung eines Glasrohres und eines elektrischen Ofens; mit Quarzrohr und Teclubrenner (Schnittaufsatz) dürften 5 Minuten reichlich genügen.

Diesen von Fr. L. Hahn vorgeschlagenen Analysengang haben Mitglieder des Chemiker-Fachausschusses der Gesellschaft Deutscher Metallhütten- und Bergleute nachgeprüft mit dem Ergebnis, daß dasselbe für Kupfer, Mangan, Eisen und Calcium anwendbar sei, nicht aber für Zink und Magnesium [Metall u. Erz 27, 435 (1930)].

12. Aluminium-Sicilium-Eisen eventuell mit Mangan bzw. Magnesium bzw. Kupfer.

Hierher gehören Desoxydationsmetalle für die Stahlindustrie (Alsimin, Sialman), die neben Aluminium bis zu etwa 40% Si bzw. 20% Mn mit wechselnden Mengen Eisen enthalten. Die Legierungen Aludur und Aldrey enthalten neben Al, Si und Fe bis zu 6% Mg + Cu bzw. bis zu $0,6\%$ Mg. Während die Untersuchung der letztgenannten Legierungen nach einer der üblichen Aluminiummethoden (S. 1057) erfolgen kann, empfiehlt sich für die hochprozentigen Legierungen folgender Analysengang:

1 g der fein gepulverten Legierung wird in einem etwa 600 ccm fassenden Becherglase mit Königswasser behandelt, eingedampft, mit Salzsäure und heißem Wasser aufgenommen, abfiltriert und säurefrei gewaschen. Bei Anwesenheit von viel Titan empfiehlt sich zum Auswaschen die Anwendung von nur verdünnter Salzsäure. Der Rückstand wird getrocknet und im Platintiegel über kleiner Flamme eben verascht, mit Kaliumnatriumcarbonat aufgeschlossen und in verdünnter Salzsäure gelöst, mit dem zuerst erhaltenen Filtrat vereinigt, eingedampft und die Kieselsäure nach bekanntem Verfahren abgeschieden. Das erhaltene Filtrat wird nunmehr auf ein bestimmtes Volumen aufgefüllt.

Sollte bei dem Abrauchen der Kieselsäure mit Flußsäure-Schwefelsäure ein merklicher körniger Rückstand hinterbleiben, so ist derselbe nach Aufschluß mit Bisulfat dem vereinigten Filtrate zuzugeben.

In einem aliquoten Teil wird das Eisen (gegebenenfalls nach vorheriger Ausfällung in Lösung gegangenen Platins mit Schwefelwasserstoff) mit Ammoniak ausgefällt, mit Salzsäure wieder in Lösung gebracht und in bekannter Weise mit Kaliumpermanganat titriert.

Ein anderer Teil wird vorsichtig in einem Meßkolben mit Zinkoxyd versetzt bis alles Eisen ausgeflockt, mit Wasser aufgefüllt, gut durchgeschüttelt und in einem aliquoten, abfiltrierten Teil nach geringem Zinkoxydzusatz das Mangan durch Titration mit Kaliumpermanganat nach Volhard-Wolff bestimmt (S. 1383).

In einem dritten Teile werden mit Natronlauge und Wasserstoffsuperoxyd die Hydroxyde von Eisen, Titan, Mangan in einem Meßkolben gefällt, aufgefüllt und gut durchgeschüttelt. Ein aliquoter Teil hiervon wird mit Schwefelsäure angesäuert und mit Ammoniak unter Indizierung mit Methylrot die Tonerde nach bekanntem Verfahren bestimmt.

Endlich wird ein vierter Teil nach Zusatz von Chlorammonium mit Ammoniak gefällt, der ausgewaschene Hydroxydniederschlag getrocknet. im Platintiegel verascht und mit Kaliumbisulfat aufgeschlossen. Das Titan wird hierin nach den Verfahren von Weller unter Zusatz von

Phosphorsäure zur Hintanhaltung der Eisenoxydfärbung colorimetrisch bestimmt (S. 1052; ferner Bd. III, Absohnitt „Tonerdepräparate").

Nach einer anderen Vorschrift erfolgt der Aufschluß von 1 g der Legierung mit 15 g Natriumsuperoxyd im Eisentiegel. Die Kieselsäure wird dann in üblicher Weise unlöslich gemacht, aufgenommen und abfiltriert. In einem aliquoten Teil des klaren zu 1000 ccm ergänzten Filtrats wird Mangan nach Volhard-Wolff (S. 1383) bestimmt. Für die Aluminiumbestimmung werden weitere 250 ccm des Filtrats (= 0,25 g Einwaage) mit 30 ccm Natriumphosphatlösung (1:10) und hierauf zur Reduktion des Eisens mit einigen Kubikzentimeter 20%igen Natrium-hyposulfit versetzt. Man neutralisiert nun mit Ammoniak bis zum Auftreten eben einer Fällung und fügt dann so viel Salzsäure hinzu, daß 1—2 ccm freie Säure in der Lösung sind. Nach Zusatz von 50 ccm Natriumhyposulfit und 20 ccm 50%iger Essigsäure läßt man 10 Minuten kochen, filtriert den Niederschlag ab, und löst denselben dann durch Kochen mit verdünnter Salzsäure vom Filter. In der so erhaltenen klaren Lösung wiederholt man die Fällung in gleicher Weise. Das Alu-miniumphosphat wird nur mit heißem Wasser ausgewaschen, verascht und ausgewogen. Der Niederschlag, der noch etwas Eisen und Titan enthalten kann, wird im Platintiegel mit Natriumcarbonat aufgeschlossen, die Schmelze mit Natriumcarbonatlösung ausgelaugt; die unlöslichen Verunreinigungen werden abfiltriert, verascht, und ihr Gewicht von dem des Niederschlags in Abzug gebracht.

$$AlPO_4 \times 0,2211 \ (\log = 0,34456 - 1) = g \ Al$$

Die Bestimmung von Kohlenstoff geschieht durch Verbrennen im Sauerstoffstrome im Mars-Ofen (s. S. 1368).

13. Aluminium-Wolfram.

Der Gehalt an Wolfram beträgt meist unter 2%. 5 g der Legierung werden in verdünnter Salzsäure (1:2) gelöst und 20 ccm starke Salpeter-säure zugesetzt. Die Lösung wird eingekocht, der Rückstand mit 50 ccm Salzsäure und 100 ccm Wasser aufgenommen, 1—2 Stunden gekocht, das Gemisch von Si, SiO_2 und WO_3 abfiltriert, ausgewaschen und wie bei Wolfram S. 1673 beschrieben, weiter verarbeitet.

$$WO_3 \times 0,7931 \ (\log = 0,89933 - 1) = W.$$

14. Aluminium-Zink.

Zink bestimmt man nach Böhm (S. 1053). Enthält die Legierung auch Zinn, so kann solches durch Ansäuern des Filtrats vom ZnS mit verdünnter H_2SO_4 als Sulfid niedergeschlagen, abfiltriert und durch vorsichtiges Rösten in SnO_2 umgewandelt werden.

Nach Privatmitteilung an den Herausgeber werden im Laboratorium des Aluminiumwerkes Neuhausen von Aluminiumlegierungen mit geringem spezifischen Gewicht 2—5 g Bohrspäne oder Blechschnitzel mit der fünffachen Menge Ätzkali und 250—350 ccm Wasser behandelt. Hierbei bleiben die meisten Schwermetalle (Cu, Fe, etwa vorhandenes Ni usw.) ungelöst, während Zink und Zinn (s. o.) vollständig oder doch zum größten Teil mit dem Aluminium in die stark alkalische Lösung gehen und in dieser bestimmt werden. Der ausgewaschene, metallische Rückstand wird nach dem gewöhnlichen Gange analysiert.

15. Aluminium-Zirkon.

Nach Lessnig [Ztschr. f. anal. Ch. **67**, 348 (1926)] trennt man Aluminium (Eisen) von Zirkon mit Hilfe von Ammoniak und Ammoncarbonat. In Anlehnung an die Trennung von Zirkon und Titan im Eisen durch Cupferronfällung nach Lundell und Knowles [Journ. Amer. Chem. Soc. **41**, 1801 (1920). — Chem. Zentralblatt **1920 IV**, 375] wird zur Analyse von Aluminium-Zirkon-Legierungen zweckmäßig wie folgt verfahren:

1 g fein gepulvertes Material wird mit 250 ccm Königswasser unter schwachem Erwärmen längere Zeit behandelt und nach dem Erkalten mit 25 ccm Schwefelsäure (spez. Gew. 1,84) versetzt. Hierauf dampft man bis zum Auftreten von Schwefelsäuredämpfen auf der Heizplatte ein, läßt erkalten, verdünnt mit 100 ccm destilliertem Wasser, filtriert ab und wäscht den verbleibenden Rückstand mit Salzsäure (1:10) aus.

Der Rückstand der rohen Kieselsäure wird im Platintiegel verascht und wegen der Flüchtigkeit von Zirkonfluorid mit einer Mischung von 1 Teil Flußsäure und 1 Teil Schwefelsäure (1:4) versetzt, zur Trockne verdampft und geglüht. Die Differenz der beiden Auswaagen ist SiO_2.

Der verbleibende Rückstand wird mit Kaliumnatriumcarbonat aufgeschlossen und die salzsaure Lösung des Schmelzflusses mit dem Filtrat von Königswasser-Schwefelsäureaufschluß vereinigt und auf 80° erwärmt. Hierauf leitet man Schwefelwasserstoff ein, bis die Flüssigkeit erkaltet ist und trennt sie von den gefällten Sulfiden durch Filtration. Die weitere Trennung der Schwefelmetalle erfolgt nach dem üblichen Verfahren.

Das Filtrat der Schwefelwasserstoffällung wird durch Kochen vom Schwefelwasserstoff befreit, mit einigen Kubikzentimetern konzentrierter Salpetersäure oxydiert und auf ein bestimmtes Volumen gebracht.

In einem aliquoten Teile werden mit Natronlauge unter Zusatz von Wasserstoffsuperoxyd die Hydroxyde von Eisen, Mangan, Titan und Zirkon gefällt, während Aluminium und Chrom in Lösung bleiben. Der Rückstand wird gut ausgewaschen, der erhaltene Niederschlag nochmals in Salzsäure gelöst und die Fällung wiederholt.

Zur Bestimmung von Eisen und Mangan wird der Hydroxydniederschlag in Salzsäure gelöst und auf etwa 250 ccm verdünnt, mit Ammoniak neutralisiert und mit 20 ccm 50%iger Weinsäure und Ammonsulfid versetzt, wobei die Sulfide von Eisen und Mangan ausfallen und nach bekanntem Verfahren getrennt und bestimmt werden.

Das Filtrat, das alles Titan und Zirkon enthält, wird mit Schwefelsäure (1:4) eben angesäuert, mit weiteren 30 ccm Schwefelsäure im Überschuß versetzt und auf etwa 300 ccm verdünnt. Nach Austreibung des Schwefelwasserstoffs und Abfiltrieren des zusammengeballten elementaren Schwefels wird auf etwa 7° abgekühlt. Dieser Lösung setzt man 75 ccm einer 6%igen wäßrigen kalten Cupferronlösung zu, wobei Zirkon und Titan ausgefällt werden. 1 ccm dieser Lösung = 0,01 g Zr.

Nach etwa 5 Minuten filtriert man den käsigen Niederschlag ab und wäscht etwa 15mal mit 10%iger Salzsäure aus. Die Filtrate müssen hierbei völlig klar und weder wolkig noch opalescierend sein. Ist das Filtrat nicht klar, so engt man auf ein kleines Volumen ein und prüft nochmals durch Zusatz von Cupferron in der Kälte, ob alles ausgefällt ist. Der Cupferronniederschlag wird nun in einem Platintiegel vorsichtig verascht und durch Glühen in Zirkon- und Titanoxyd überführt.

Zur Bestimmung des Titans werden nun die erhaltenen Oxyde mit Kaliumbisulfat geschmolzen und die Schmelzen in 10%iger Schwefelsäure gelöst. Das Titan wird dann colorimetrisch bestimmt und als TiO_2 von dem Oxydgemisch in Abzug gebracht.

Zur Bestimmung von Aluminium und Chrom wird das schwefelsauer gemachte Filtrat mit Ammoniak im geringen Überschuß gefällt. Das ausfallende Aluminiumhydroxyd wird abfiltriert, verascht und in Al_2O_3 überführt. In einem zweiten Teile wird das Chrom nach bekanntem Verfahren jodometrisch bestimmt. Hierbei ist zu bemerken, daß der Schwefelwasserstoffniederschlag häufig durch Zirkon verunreinigt ist und dann nochmals einer Reinigung unterzogen werden muß.

16. Aluminium-Lote.

Als „Lote" werden zahlreiche Legierungen verwendet, so z. B. eine Legierung von Silber und Aluminium, die leichter als Al schmilzt; ferner eine Legierung von 10 Teilen Al mit 10 Teilen 10%igem Phosphorzinn, 80 Teilen Zink und 200 Teilen Zinn. Außerdem: Legierungen von Sn und Al, von Sn, Zn, Al, Cu, Ag, von Zn, Al, Cu usw. Cadmium kommt häufig in Aluminiumloten vor. Der Gang der Analyse hängt deshalb ganz von dem Ergebnisse der qualitativen Analyse ab.

17. Alt-Aluminium.

Bei der Analyse von altem Aluminium wird man gewöhnlich Bestandteile der Lote auffinden und berücksichtigen müssen. In sog. Aluminiumlagerguß wurden z. B. $20,19\%$ Al, $22,74\%$ Sn, $54,96\%$ Zn, $1,25\%$ Pb, $0,51\%$ Cu, $0,25\%$ Fe und $0,19\%$ Si gefunden.

Klüß empfiehlt für Alt-Aluminium des Handels folgendes Verfahren:

Zur Siliciumbestimmung werden 1—2 g der Späne in schwacher Salzsäure, schließlich unter Zugabe kleiner Mengen chlorsauren Kalis gelöst, zur Abscheidung der SiO_2 abgedampft, der Rückstand mit Salzsäure und Wasser aufgenommen, SiO_2 und Si abfiltriert und in das Filtrat Schwefelwasserstoff eingeleitet. Die dadurch gefällten Sulfide werden auf einem Filter gesammelt, ausgewaschen, vom Filter in das Fällungsglas gespritzt, das auf dem Filter Haftende in verdünnter heißer Salpetersäure dazu gelöst, die Sulfide nach dem Zusatze von Salpetersäure gekocht, mit heißem Wasser verdünnt und wieder gekocht. Nach dem Absetzen wird durch das vorher benutzte Filter abfiltriert, die darauf verbliebene unreine Zinnsäure gewogen, mit Soda und Schwefel (oder mit entwässertem Natriumthiosulfat) geschmolzen, das beim Lösen der Schmelze in heißem Wasser neben CuS zurückbleibende PbS als PbSO$_4$ gewogen und dessen Gewicht von dem der unreinen Zinnsäure in Abzug gebracht. Aus dem stark schwefelsauren Filtrate vom PbSO$_4$ fällt man das Cu im Platintiegel elektrolytisch. Die entkupferte Lösung kann dann noch Cadmium enthalten, das man durch Schwefelwasserstoff fällt und schließlich als CdSO$_4$ wägt (s. S. 1124).

Aus dem Filtrate von den zuerst durch Schwefelwasserstoff gefällten Sulfiden wird der Schwefelwasserstoff ausgekocht, nach dem Abkühlen einige Tropfen Kongorotlösung zugesetzt und nun tropfenweise so lange Ammoniak zugegeben, bis die blaue Färbung der Lösung eben in eine rote übergeht. Dann fügt man 2 g Ammonsulfat hinzu, leitet 1 Stunde lang Schwefelwasserstoff ein und bestimmt das ausgefallene ZnS als solches (s. S. 1701) oder als ZnO (s. S. 1703). Aus dem Filtrate vom ZnS kocht man den Schwefelwasserstoff fort, zuletzt unter Zusatz einiger Tropfen Bromwasser, kühlt ab, bringt auf 500 ccm, verwendet davon einen Teil zur gemeinsamen Bestimmung von Aluminium und Eisen, während man in einem anderen Anteil nach dem Abdampfen mit Salzsäure, Aufnehmen mit wenig Salzsäure und Wasser durch Jodkalium Jod freimacht, dies mit gestellter Natriumthiosulfatlösung titriert und so den Eisengehalt ermittelt.

H. Aluminiumsalze.

Siehe Bd. III, Abschnitt „Tonerdepräparate".

J. Sonstiges.

Bezüglich Ultramarin siehe Bd. V, Abschnitt „Anorganische Farbstoffe". Bei Wasserkläranlagen, die mit Aluminiumsulfat arbeiten, empfiehlt W. D. Hatfield [Ztschr. f. anal. Ch. 7, 156 (1927). — Ind. and Engin. Chem. 16, 233 (1924)] zur Bestimmung des löslichen Al die Hämatoxylinprobe: 50 ccm Wasser versetzt man im Neßlerrohr mit 1 ccm gesättigter Ammoniumcarbonatlösung und 1 ccm Hämatoxylinlösung (0,1 g krystallisiertes Hämatoxylin in 100 ccm siedendem Wasser gelöst), schüttelt und säuert nach $^1/_4$ Stunde mit 1 ccm 30°/$_0$iger Essigsäure an. Als Vergleichsfarblösung dient eine gleichbehandelte Ammoniakalaunlösung von 0,0 bis 1,0°/$_{00}$ Al.

IV. Analysenbeispiele.

1. Mineralien.

Bauxit 55—65°/$_0$ Al$_2$O$_3$, bis 24°/$_0$ Fe$_2$O$_3$, bis 4°/$_0$ SiO$_2$, bis 3°/$_0$ TiO$_2$, bis 0,5°/$_0$ MnO.

Kaolin: 28—42°/$_0$ Al$_2$O$_3$, 40—53°/$_0$ SiO$_2$, 0,3—2,5°/$_0$ Fe$_2$O$_3$, 0—2°/$_0$ CaO, 0—2°/$_0$ K$_2$O, 0—1,5°/$_0$ MgO, 0—1,5°/$_0$ Na$_2$O, 0—0,9°/$_0$ TiO$_2$.

Leucit: 22—25°/$_0$ Al$_2$O$_3$, 55—56°/$_0$ SiO$_2$, 15—23°/$_0$ Alkalien, 0—2°/$_0$ CaO, 0—1,8°/$_0$ Fe$_2$O$_3$, 0—0,3°/$_0$ MgO.

2. Legierungen.

Acieral: 96,7% Al, 1,5% Ag, 1,0% Ni, 0,3% Cu, 0,2% Co, 0,1% W, 0,1% Cr, 0,1% Sn.

Aeral: rd. 4% Cu, 1,6% Cd, 1% Mg, 0,3% Mn, etwas Si, Fe und W, Rest Al.

Aeroinin: 6,2 Mg, 0,8 Fe, 0,3 Si, Rest Al.

Alclad = mit Rein-Al plattierte duraluminähnliche Legierung mit meist 97% Al, 2,5% Cu, 0,3% Mg.

Alcumit (sehr widerstandsfähig gegen H_2SO_4) mit Cu als Grundmetall und wechselnden Mengen Al, Fe, Ni und Mn.

Aldal (duraluminähnlich): 95—96% Al, 3,4% Cu, 0,4% Mn, 0,4% Mg.

Aldrey (ähnlich Aludur): 0,3—0,5% Mg, 0,2—0,3% Fe, 0,4 bis 0,7% Si, Rest Al.

Alferium (duraluminähnlich): 92% Al, 5,7% Cu, 0,7% Mn, 0,65% Mg, 0,5% Fe, 0,5% Si, 0,002% Ni.

Allautal: ähnlich Alclad.

Almelec: 97—98% Al, 0,6—0,8% Mg, 0,6% Si, 0,5% Fe.

Alneon: 75—90% Al, 22—7% Zn, 2—3% Cu, 0,5—1,0% Sonstige.

Alpax: 5—20% Si und < 2% anderen Metallen (einschließlich Fe und B): Rest Al.

Alsimin: 37—38% Al, 46—47% Si, 14—15% Fe, 0,3% C, Rest Ti mit Spuren Mn und P.

Aludur: 0,7—2% Si, 0,3—0,5% Fe, 0,2—1,0% Mg, 0—5,5% Cu, Rest Al.

Alufent: ähnlich der deutschen Aluminiumlegierung (s. d.).

Aluminiumbronze: Bis 8% Aluminium, Spuren Pb und Fe, Rest Cu.

Aluminiumeisenbronze: 7—10% Al, 85—95% Cu, 1—4% Fe.

Aluminium-Kolbenlegierung: 12—16% Cu, 0,4% Si, 0,3% Fe, < 1% Ni, < 0,4% Mg, Rest Al.

Aluminium-Kupfer-Vorlegierung: 50% Al und 50% Cu.

Aluminium-Nickel-Bronze: 7—10% Al, 78—89% Cu, < 6% Ni, < 6% Fe, < 2% Mn.

Aluminium-Legierung (amerikanisch): 7—9% Cu, Rest Al.

Aluminium-Legierung (deutsch): 8—12% Zn, 2—5% Cu, Rest Al.

Aluminium-Legierung K. S. (seewasserbeständig): 2,5% Mn, 2,25% Mg, 0,2% Sb, Rest Al.

Aluminiumlote: a) 70—95% Al, Rest Cu, Ni, Ag, Mn, Sn, Zn, Cd, Sb, Si, Ce usw. b) 0—20% Al, Sn oder Zn, + Cd, Pb, Bi.

Aluminium-Zink-Eisen-Legierung: 86—65% Al 12—30% Zn, 2 bis 5% Fe.

Alusil: 21—25% Si, bis 1% Cu, 0,3—1% Fe, Rest Al.

Ampco-Metall: 7—10% Al, 80—88% Cu, 5—10% Fe.

Argental: etwa 60% Al, 20% Zn, 16,5% Ag, 5% Cu.

Argilite: 90% Al, 6% Cu, 2% Si, 2% Bi.

Bleifolie: 5,5% Al, 85,6% Pb, 6,9% Fe, 2% Sn.

Chromaxbronze: 3% Al, 66—67% Cu, 15% Ni, 12% Zn, 3% Cr.

Constructal: 5,9% Zn, 1,4% Mg, 1,35% Mn, 0,3% Fe, 0,2% Si, Rest Al.

Cupror: 5,8% Al, 94,2% Cu.

Diamantbronze: 10% Al, 88% Cu, 2% Si.

Duralplat: ähnlich Alclad (s. d.)

Duralumin: $3—4\%$ Cu, $0,5\%$ Mg, $0,3—1\%$ Mn, $0,4\%$ Fe, $0,4\%$ Si, Rest Al.

Duranametall: $1,5\%$ Al, 65% Cu, 30% Zn, 2% Sn oder Sb, $1,5\%$ Fe.

Elektron: $6—10\%$ Al, $92—87\%$ Mg, $2—3\%$ Si, Spuren Cu und Fe.

Ferro-Aluminium: $24—25\%$ Al, $\sim 73\%$ Fe, $1—2\%$ Si, $< 0,8\%$ C, $< 0,1\%$ Mn, $< 0,03\%$ S, $< 0,03\%$ P.

Glycometall: 2% Al, $85,5\%$ Zn, 5% Sn, $4,7\%$ Pb, $2,4\%$ Cu.

Herkules-Bronze: $5—15\%$ Al, $85—95\%$ Cu, $< 1,5\%$ Mn.

Hiduminium: $0,2—15\%$ Ni, $0,5—5\%$ Cu, $0,04—5\%$ Mg, $0,2—5\%$ Si, $0,5—1,8\%$ Fe, $< 0,04—0,6\%$ Ti, Rest Al.

Ilium: $1—2\%$ Al, $60—67\%$ Ni, $18—21\%$ Cr, $6—8\%$ Cu, $< 5\%$ Mo, $2—3\%$ Wo, $< 1,2\%$ Si, 1% Mn, $< 0,8\%$ Fe, $< 0,3\%$ Ti, $< 0,3\%$ B.

Kaisermessing: $1,5—20\%$ Al, $60—68\%$ Cu, $20—32\%$ Zn.

Kriegsbronze: $2—3\%$ Al, $4—8\%$ Cu, $1—2\%$ Pb, Rest Zn.

Koltschug-Aluminium: $93,5\%$ Al, $4,5\%$ Cu, $0,6\%$ Mn, $0,5\%$ Mg, $0,3\%$ Ni, $0,2—0,4\%$ Si, $0,3—1\%$ Fe.

Lautal: 4% Cu, 2% Si, Rest Al $+$ übliche Verunreinigungen.

Legal: $0,52\%$ Si, $0,38\%$ Mg, $0,24\%$ Fe, Rest Al.

Magnalite: 10% Mg, 2% Cu, $1,5\%$ Ni, $0,6\%$ Si, Rest Al.

Magnalium: $2—10\%$ Mg wenig Sb, Rest Al.

Montanium: $2,5—3,5\%$ Cu, $0,5\%$ Mg, Rest Al.

Neonalium: $86—94\%$ Al, $14—6\%$ Cu, $0,4—1\%$ Sonstiges.

Nürnberger-Gold: $2—7,5\%$ Al, $90—97,8\%$ Cu, $0,2—2,5\%$ Au.

Ruazal: 15% Cu, 6% Mn, $0,5\%$ Si, Rest Al.

Reichsbronze: 7% Al, 85% Cu, 7% Fe, $0,5\%$ Mn.

Rübelbronze: Bis 30% Al, $40—80\%$ Cu, bis 40% Zn, bis 35% Fe, bis 32% Ni, bis $7,5\%$ Mn.

Scleron: 12% Zn, 3% Cu, $0,6\%$ Mn, $0,5\%$ Si, $0,4\%$ Fe, $0,1\%$ Li, Rest Al.

Sialman: $17—20\%$ Al, $35—38\%$ Fe, $20—22\%$ Si, $18—20\%$ Mn, 2% C, $1—2\%$ Ti.

S-A-M-Legierung: 10% Si, 13% Mn, 6% Al, 71% Fe.

Silumin: $12,8—13,2\%$ Si, $0,4—0,6\%$ Fe, Rest Al.

Sonnenbronze: $5—15\%$ Al, $30—95\%$ Cu, $< 50\%$ Co, $< 1,5\%$ Mn.

Stahlbronze: $8,5\%$ Al, Rest Cu.

Titanal: $12,3\%$ Cu, $4,3\%$ Si, $0,8\%$ Mg, $0,7\%$ Fe, $0,3\%$ Zn, Rest Al.

Y-Legierung: $4,0\%$ Cu, $2,0\%$ Ni, $1,5\%$ Mg, $0,75\%$ Si, $0,5\%$ Mn, Rest Al.

Zimalium: $9—1\%$ Mg, $1—16\%$ Zn, Rest Al.

Zinkalium: $0,8—8,3\%$ Mg, $0,8—8,3\%$ Zn, Rest Al.

Zirkonal: 15% Cu, 8% Mn, $0,5\%$ Si, Rest Al.

Ziskon: $20—25\%$ Al, $75—80\%$ Zn.

3. Sonstiges.

Rotschlamm (Luxmasse, Lautamasse): $12,7\%$ Al_2O_3, $46,0\%$ Fe_2O_3, $17,6\%$ CaO, $7,7\%$ TiO_2, $7,6\%$ SiO_2, $6,4\%$ Na_2O, $0,9\%$ SO_3, $0,7\%$ MgO.

Arsen.

Von

Dr. H. Toussaint, Essen.

Die hauptsächlich in Frage kommenden Erze sind: Arsenkies (Mispickel) FeAsS; Arsenikalkies (Arseneisen) $FeAs_2$; Realgar AsS; Auripigment As_2S_3.

I. Bestimmungsmethoden für Arsen.

1. Gewichtsanalytische Methoden.

a) Bestimmung als Magnesiumpyroarseniat nach Levol (Treadwell: Quantitative Analyse, S. 168. 1927).

Die Arsenatlösung, welche für je 0,1 g As nicht mehr als 100 ccm betragen soll, wird tropfenweise unter beständigem Umrühren mit 5 ccm starker Salzsäure versetzt; dann werden für je 0,1 g As 7—10 ccm Magnesiamixtur[1] und 1 Tropfen Phenolphthaleinlösung hinzugefügt. Nun läßt man aus einer Bürette unter ständigem Umrühren $2^1/_2\,^0/_0$iges Ammoniak hinzutröpfeln bis zur bleibenden Rötung und fügt $^1/_3$ des Volumens Ammoniak (spez. Gew. 0,96) hinzu. Nach 12stündigem Stehen gießt man die Flüssigkeit durch einen Goochtiegel bzw. einen Berliner Porzellanfiltertiegel A 2 (Bd. I, S. 67), bringt den Niederschlag mit Teilen des Filtrates vollständig in den Tiegel und wäscht mit $2^1/_2\,^0/_0$igem Ammoniak, dem 2—3$^0/_0$ Ammonnitrat beigefügt sind. Der Tiegel wird bei 100^0 getrocknet, im elektrischen Tiegelofen allmählich auf 400—500^0 erhitzt bis kein Geruch nach Ammoniak mehr wahrnehmbar ist und zum Schluß etwa 10 Minuten bei 800—900^0 geglüht.

$Mg_2As_2O_7 \times 0,4827$ (log $= 0,68372 - 1) = $ As.

Für den Fall, daß ein geeigneter Tiegelofen nicht zur Verfügung steht, wird der Goochtiegel mit Hilfe eines aus Asbestpappe geschnittenen Ringes so in einen größeren gewöhnlichen Porzellantiegel eingehängt, daß sein Boden 2—3 mm von demjenigen des äußeren Tiegels entfernt bleibt. Jetzt wird mit einem Brenner zunächst gelinde erhitzt und dann die Temperatur allmählich gesteigert bis zur hellen Rotglut des Schutztiegels. Es dürfen keine reduzierenden Gase Zutritt zu dem Goochtiegel haben.

Eine etwas abweichende Methode der Fällung von $MgNH_4AsO_4$ gibt L. W. Winkler [Ztschr. f. angew. Ch. 32, 122 (1919)] an.

---

[1] 55 g kryst. Magnesiumchlorid und 70 g Ammoniumchlorid in 650 ccm Wasser gelöst und mit Ammoniak (spez. Gew. 0,96) zu 1000 ccm aufgefüllt. Falls sich nach einigem Stehen der Lösung eine Trübung zeigt, muß filtriert werden. Die Lösung wird am besten in einem Kolben aus Jenaer Glas aufbewahrt, da sie das gewöhnliche Flaschenglas bei längerem Stehen angreift.

Bei Gegenwart von geringen Mengen Zinn oder Antimon wird zu der Lösung vor dem Fällen so viel Weinsäure gegeben, daß durch Ammoniak keine Trübung mehr entsteht. Gegenwart von geringen Mengen Kupfer und Nickel stört nicht; bei größeren Mengen Kupfer wird nach Gooch und Phelps [Ztschr. anorg. u. allg. Ch. 52, 292 (1907)] der Niederschlag gelöst und die Fällung wiederholt.

Falls durch ein Papierfilter filtriert wurde, löst man den Niederschlag am besten mit dünner Salpetersäure in einen gewogenen Porzellantiegel hinein, dampft auf dem Wasserbad ein, trocknet bei 100° und verfährt im übrigen wie oben angegeben.

Arsensulfid wird mit ammoniakalischer Wasserstoffsuperoxydlösung (Perhydrol Merck) gelöst, H_2O_2 durch Erhitzen zerstört und die Arsensäure gefällt wie oben.

b) Bestimmung als Silberarsenat.

Die salpetersaure Lösung der Arsensäure wird mit Ammoniak versetzt, bis Phenolphthalein eben rote Färbung zeigt, die mit wenig verdünnter Essigsäure fortgenommen wird; dann wird unter Umrühren neutrale Silbernitratlösung hinzugefügt und noch kurze Zeit kräftig gerührt. Nach dem Absetzen wird filtriert, der Niederschlag zweimal mit kaltem Wasser digeriert, dann auf das Filter gebracht und gewaschen. Der Niederschlag wird mit verdünnter Salpetersäure vom Filter heruntergelöst, wobei etwa mitgefallene geringe Mengen AgCl zurückbleiben; die Lösung wird nach dem Verdünnen auf etwa 100 ccm und Hinzufügen von 2—3 ccm kalt gesättigter Ferriammonsulfatlösung mit $^1/_{10}$ n-Rhodanammonlösung nach Volhard titriert.

1 ccm $^1/_{10}$ n-NH_4CNS = 0,0025 (log = 0,39794 — 3) g As.

Das Ag_3AsO_4 kann auch nach dem Trocknen bei 105° gewogen werden; in diesem Falle muß etwa vorhandenes Chlor vorher aus der sauren Lösung durch Silbernitrat entfernt werden, was sich auch bei Anwesenheit von größeren Mengen empfiehlt, wenn das Silber später titriert wird.

$Ag_3AsO_4 \times 0{,}1621$ (log = 0,20962 — 1) = As.

c) Bestimmung als Arsentrisulfid.

In die kalte, stark salzsaure Lösung, welche dreiwertiges Arsen enthält, wird Schwefelwasserstoff eingeleitet, möglichst schnell durch einen Goochtiegel oder einen Jenaer Filtertiegel filtriert, mit kaltem H_2S-haltigem Wasser gewaschen und nach dem Trocknen bei 105° gewogen.

$As_2S_3 \times 0{,}6092$ (log = 0,78475 — 1) = As.

Zu dieser Bestimmung eignet sich besonders die bei der Destillationsmethode erhaltene Lösung. Falls das Destillat neben As noch Sb enthält, wird es vor dem Einleiten von H_2S mit so viel Salzsäure versetzt, daß auf 1 Teil Wasser 2 Teile Salzsäure (spez. Gew. 1,19) kommen.

2. Maßanalytische Bestimmungen.

Jodometrisch nach Mohr wie bei Antimon (S. 1574) angegeben.

Mit Kaliumbromat nach Györy wie bei Antimon (s. S. 1328 u. 1574);

es empfiehlt sich nicht bei höherer Temperatur als 50° zu titrieren, um sicher zu sein, daß kein AsCl$_3$ entweicht.

1 ccm $^1/_{10}$ n-J oder KBrO$_3$ = 0,003748 (log = 0,57380 — 3) g As.

II. Untersuchung von Erzen, Speisen usw.

Methode von Reich und Richter in Verbindung mit der Methode Bennett-Pearce (z. T. nach Wilfred W. Scott: Standard Methods of Ore Analysis, p. 45. Crosby Lockwood and Son 1925. Ausführlich, in etwas abweichender Form beschrieben in den Mitt. d. Fachausschusses, Teil I, S. 100) brauchbar für alle Erze, auch geröstete, mit nennenswertem Arsengehalt: 0,5 g der fein gepulverten Substanz werden in einem geräumigen, mit Uhrglas bedeckten Porzellantiegel mit Salpetersäure unter Erwärmen auf dem Sandbad behandelt; nachdem die Zersetzung beendigt ist wird das Uhrglas entfernt und vorsichtig zur Trockne gedampft; jetzt werden 3—5 g von einem Gemisch aus gleichen Teilen Soda und Salpeter hinzugefügt und bis zum ruhigen Schmelzen erhitzt. Die erkaltete Schmelze wird mit heißem Wasser ausgezogen, filtriert und mit heißem, sodahaltigem Wasser gewaschen. Das Filtrat wird mit Essigsäure stark angesäuert, zum Verjagen der Kohlensäure gekocht; nach dem Erkalten wird 1 Tropfen Phenolphthaleinlösung hinzugegeben und mit Natronlauge eben alkalisch gemacht. Die Rotfärbung wird mit Essigsäure fortgenommen, unter lebhaftem Rühren ein geringer Überschuß von neutraler Silbernitratlösung hinzugefügt und weiter verfahren nach S. 1079.

Bestimmung in Erzen, Abbränden, Rückständen usw., besonders geeignet bei geringerem Gehalt von Arsen: 1—5 g des fein gepulverten Materials werden mit Salpetersäure aufgeschlossen, mit Schwefelsäure bis zum Entweichen starker Schwefelsäuredämpfe eingedampft; nach dem Erkalten wird noch einmal mit Wasser eingedampft; der jetzt bleibende Rückstand wird mit Wasser aufgenommen, etwas Ferrosulfat hinzugefügt und einige Zeit im Sieden erhalten, um die letzten etwa noch vorhandenen Spuren Salpetersäure zu vertreiben. Die erkaltete Lösung wird in einen Destillierkolben (s. S. 1327 u. 1591) gegeben, mit Salzsäure (spez. Gew. 1,19) nachgespült und nach Hinzufügen von 5 g arsenfreiem Eisenchlorür [1] und Salzsäure destilliert und weiter verfahren, wie dort angegeben. Bestimmung des As nach einer der unter I. (S. 1078) angegebenen Methoden.

Diese Methode ist auch anwendbar für die Bestimmung des Arsengehaltes in vielen Metallen, Legierungen und sonstigen Substanzen, soweit dieselben sich mit Salpeter-Schwefelsäure zersetzen lassen.

Materialien, welche keine die Titration störenden Bestandteile enthalten, können in der gleichen Weise mit Salpetersäure und Schwefel-

---

[1] Jannasch u. Seidel [Ber. Dtsch. Chem. Ges. 43, 1218 (1910)] empfehlen Hydrazinsulfat zur Reduktion; nach Fenner [Chem.-Ztg. 41, 794 (1917)] genügen 50 ccm einer Hydrazinlösung, welche im Liter 10 g technisches Hydrazinsulfat und 20 g Natriumbromid enthält, sicher für 0,02 g As.

säure behandelt werden. Nach dem Abrauchen wird der Rückstand mit Wasser aufgenommen, wäßrige schweflige Säure oder Natriumbisulfit hinzugefügt, zunächst zur Reduktion des As······ einige Zeit gelinde erwärmt, die schweflige Säure durch längeres Kochen restlos verjagt und dann, gegebenenfalls in einem aliquoten Teil der Lösung, titriert.

Enthält die Substanz andere, mit Schwefelwasserstoff fällbare und nicht fällbare, bei der Bestimmung störende Bestandteile, so wird in Königswasser oder Salpetersäure-Weinsäure gelöst, die Lösung stark verdünnt und mit Schwefelwasserstoff gefällt; die Sulfide werden mit Schwefelnatriumlösung behandelt (S. 1598) und die aus der so erhaltenen Sulfosalzlösung durch Ansäuern mit Essigsäure oder dünner Schwefelsäure ausgefällten Sulfide von As (Sn, Sb) mit Salzsäure und Kaliumchlorat oder mit Ammoniak und Perhydrol (S. 1079) gelöst und As als $Mg_2As_2O_7$ bestimmt. Diese Art des Arbeitens ermöglicht gleichzeitig die Bestimmung anderer Bestandteile nach Methoden, die sich aus den Abschnitten „Zinnlegierungen" (S. 1596) bzw. „Zinnhaltige Rückstände" (S. 1602) ergeben.

Zum Aufschließen von arsenhaltigen Materialien darf, sobald die Bestimmung des As-Gehaltes beabsichtigt ist, Bromsalzsäure nicht als Lösungsmittel angewandt werden, da sich hierbei, falls nicht mit einem gut wirkenden Rückflußkühler gearbeitet wird, Arsen verflüchtigt.

Zur Schwefelbestimmung werden die fein gepulverten Materialien mit Königswasser behandelt und die Lösung nach mehrmaligem Eindampfen mit Salzsäure in der üblichen Weise mit Bariumchlorid gefällt.

Arsenige Säure wird mit Kalilauge oder Sodalösung gekocht, bis die Lösung beendigt ist, und nach einer der unter Abschnitt I, 2 angegebenen Methoden titriert.

1 ccm $^1/_{10}$ n-J bzw. $KBrO_3 = 0{,}004948$ (log $= 0{,}69443{-}3$) g As_2O_3.

Gold.

Von

Direktor Dr.-Ing. A. Graumann, Hamburg.

Einleitung.

Vorkommen. Gold kommt in der Natur meistens in gediegenem Zustande vor, z. B. in Flußsanden und Quarzgängen. In vererztem Zustand ist es sehr häufig an Tellur gebunden, außerdem kommt es in geringen Mengen auch in zahlreichen geschwefelten Erzen vor. Für Gebrauchsgegenstände ist das Gold in der Regel mit Silber oder Kupfer legiert, jedoch kommen auch Legierungen mit Platinmetallen und mit Nickel vor (Weißgold). Goldmünzen bestehen durchweg aus Gold und Kupfer.

Für chemisch-technische Untersuchungen kommen in Betracht: goldführende Erze, Hüttenerzeugnisse von der Verarbeitung goldhaltiger sulfidischer Erze (Werkblei, Schwarzkupfer, Blicksilber), Rückstände von der Kupferelektrolyse (Anodenschlämme), Cyanidlaugen, Gold-Kupfermünzlegierungen, Erzeugnisse der Goldwarenindustrie sowie die dabei entstehenden Abfälle, dublierte und vergoldete Waren usw.

Physikalische und chemische Eigenschaften. Gold schmilzt bei 1064⁰ C. Es hat die Eigenschaft, sich beim Schmelzen erheblich auszudehnen und beim Erstarren wieder zusammenzuziehen. Gold legiert sich mit nahezu allen Metallen, jedoch hat die Gold-Kupferlegierung in der Praxis die größte Bedeutung und Anwendung gefunden.

Gold löst sich in kompaktem Zustand praktisch nicht in Salpetersäure, Schwefelsäure oder Salzsäure. Ist dagegen ein Oxydationsmittel anwesend, so wird es von Salzsäure sehr lebhaft gelöst. Zum Auflösen von Gold verwendet man zweckmäßig ein Salpetersäure-Salzsäuregemisch, in welchem erheblich mehr Salzsäure enthalten ist, als dem gebräuchlichen Königswasser (3 Teile HCl : 1 Teil HNO_3) entspricht.

Es wird empfohlen (Österr. Ztschr. f. Berg- u. Hüttenwes. 58, 549):
200 Teile HCl (spez. Gew. 1,18), 45 Teile HNO_3 (spez. Gew. 1,4),
245 Teile H_2O.

Gold ist ferner in Brom-Bromwasserstoffsäure löslich. Ätherische Bromlösung wirkt beschleunigend auf die Auflösung des Goldes.

Für die Gewinnung des fein verteilten, metallischen Goldes aus quarzigen Erzen ist die Löslichkeit des Goldes in Cyankalium von Bedeutung. Ebenso wird die Eigenschaft des Goldes, sich mit Quecksilber zu amalgamieren, bei der technischen Goldgewinnung benützt.

I. Analytische Bestimmung des Goldes.

A. Qualitativer Nachweis.

Alle Goldsalze sind in ihren Lösungen leicht verlegbar. Aus einer schwach sauren Goldlösung, die frei von Oxydationsmitteln ist, fällen Ferrosulfat, Oxalsäure, schweflige Säure, Hydrazin, Acetylen und zahlreiche andere Reduktionsmittel metallisches Gold aus. Die Reduktion mit Ferrosulfat oder Oxalsäure ermöglicht die Trennung des Goldes vom Platin.

In alkalischer Lösung läßt sich Gold durch Wasserstoffsuperoxyd [Vanino u. Seemann: Ber. Dtsch. Chem. Ges. 32, 1968 (1899)] oder Formaldehyd [Vanino: Ber. Dtsch. Chem. Ges. 31, 1763 (1898)] metallisch niederschlagen.

Hydroxylamin fällt Gold sowohl aus salzsaurer als auch aus alkalischer Lösung aus [Lainer: Ztschr. f. anal. Ch. 41, 305 (1902)].

Tellur [Brukl u. Maxymowicz: Ztschr. f. anal. Ch. 68, 20 (1926)] läßt sich von Gold mit Natriumsulfit in sulfalkalischer Lösung trennen.

Unterphosphorige Säure reduziert Goldsalze in schwach salzsauren Lösungen zu metallischem Gold. Platinsalze werden hierbei nicht reduziert [Moser u. Nießner: Ztschr. f. anal. Ch. 63, 240 (1923)].

Zink, Aluminium, Magnesium fällen metallisches Gold.

Zinnchlorür ist ein spezifisches Reagens auf Gold. Gießt man eine sehr stark verdünnte, heiße Lösung mit geringem Goldgehalt zu 10 ccm einer gesättigten Zinnchlorürlösung, so entsteht nach T. K. Rose (Metallurgy of gold, 5. Aufl., S. 27) noch bei einer Verdünnung von 1 : 1 000 000 fast augenblicklich eine hellrosafarbene Fällung von Cassiusschem Goldpurpur. Eine Erkennung ist noch bei einer Verdünnung von 1 : 5 000 000 möglich. Sind in einer zu prüfenden Lösung andere störende Metalle vorhanden, so macht man die Lösung mit Natronlauge alkalisch, setzt Wasserstoffsuperoxyd zu, kocht auf und filtriert den Niederschlag ab. Man löst den Niederschlag mit verdünnter Salzsäure, wobei das metallische Gold auf dem Filter bleibt. Dieses bringt man mit Königswasser in Lösung, entfernt die Salpetersäure durch Eindampfen und prüft nun mit Zinnchlorür.

Benzidinacetat (1 g Benzidin in 10 ccm Essigsäure und 50 ccm Wasser gelöst) gibt nach Malatesta und Di Nola [Boll. Chim. Farm. 52, 461; Ztschr. f. anal. Ch. 61, 184 (1922)] in verdünnten Goldlösungen eine blaue Färbung, die allmählich in Violett übergeht. Platin gibt einen blauen, flockigen Niederschlag, der beim Erwärmen leichter ausfällt. Freie Mineralsäuren stören nicht, jedoch dürfen Eisensalze und Chlor nicht zugegen sein. Empfindlichkeit der Reaktion: 35 Teile Gold bzw. 125 Teile Platin auf 10 000 000 Teile [s. auch den Goldnachweis mit Benzidin von Wichers: Ind. and Engin. Chem. 19, 96 (1927)].

Phenylhydrazinacetat gibt in verdünnten Goldlösungen nach Pozzi-Escot [Ann. Chim. analyt. appl. 12, 92 (1907); Chem. Zentralblatt 1907 I, 1460] bei Anwesenheit von Ameisen- oder Citronensäure eine violette Färbung.

Zinkreaktion nach Carnot [C. r. d. l'Acad. des sciences **97**, 105 (1883); Ztschr. f. anal. Ch. **25**, 220 (1886)]. Zu einer verdünnten Goldlösung setzt man einige Tropfen Arsensäure, 2—3 Tropfen Eisenchlorid, 2—3 Tropfen Salzsäure, verdünnt mit Wasser auf 100 ccm und setzt ein Stück Zink zu. Die Flüssigkeit wird im Umkreis des Zinks purpurfarben.

Nachweis geringer Mengen Gold in Erzen. Döring [Berg- u. Hüttenm. Ztg. **59**, 49 (1900); Ztschr. f. anal. Ch. **41**, 303 (1902)] benützt zum Nachweis geringer Goldmengen die von Ohly [Engin. Mining Journ. **67**, 419 (1898)] beobachtete Tatsache, daß eine weiße, glühbeständige Asche von Filtrierpapier die Goldpurpurfarbe zeigt, wenn sich fein verteiltes Gold darauf ablagert.

Man behandelt 25—100 g des sehr fein gemahlenen, auf Gold zu prüfenden Erzes mit einer 10—15%igen Jod-Kaliumjodidlösung oder noch besser mit einer ätherischen Bromlösung. Ebensogut wirkt eine Mischung von gleichen Raumteilen Brom und Bromwasserstoffsäure vom spez. Gewicht 1,49. Für die Prüfung der Lösung nimmt man ein Stück Filtrierpapier, das mit einer etwa 0,1% Magnesiumoxyd enthaltenden Magnesiumnitratlösung getränkt ist und das man den Dämpfen von Ammoniumcarbonat ausgesetzt hatte. Papierstreifen von 10 cm Länge und 2 cm Breite taucht man 6mal in die auf Gold zu prüfende Lösung und verascht sie. Die Reaktion weist noch 0,000047% Gold in der Flüssigkeit nach. Das Verfahren eignet sich allerdings nur für goldhaltige Quarze oder für sonstige reine Goldlösungen. Andere Stoffe, besonders Eisen und Platin, stören.

Ein zweiter, von Döring verbesserter Goldnachweis in Erzen beruht auf der Anwendung der Zinngoldpurpur-Reaktion. Man versetzt 100 g des feingepulverten Erzes in einer Glasstöpselflasche mit 1—2 ccm eines Gemisches aus gleichen Teilen Brom und Äther, läßt 2 Stunden unter häufigem Durchschütteln einwirken, gibt 50 ccm Wasser hinzu, läßt wieder 2 Stunden stehen und filtriert ab. Das Filtrat wird auf 10 ccm eingedampft, mit etwas Bromwasser und Zinnchlorür versetzt, worauf noch bei 0,5 g Gold in der Tonne Erz die Goldpurpurreaktion eintritt. Die Probe ist auch bei unreinen, eisenhaltigen Erzen anwendbar. Sulfidische Erze, besonders arsen- und antimonhaltige Erze, müssen vorher abgeröstet werden. Tellur stört die Reaktion durch eine schwarze Fällung. Wird die Goldpurpurreaktion wegen der zahlreichen Nebenbestandteile doch überdeckt, so verfährt man wie bei der Ausführung der Goldpurpurreaktion auf S. 1083 angegeben, indem man das Gold zuvor aus alkalischer Lösung mit Wasserstoffsuperoxyd fällt.

B. Gewichtsanalytische Bestimmungsmethoden.

1. Bestimmung des Goldes durch die Feuerprobe.

Wegen der Umständlichkeit und Unsicherheit, Gold quantitativ auf nassem Wege von den begleitenden Metallen zu trennen, kommen Fällungsmethoden für die Bestimmung des Goldes nicht in Betracht, es sei denn, daß sich das Gold bereits in Lösung befindet, wie z. B. in Vergoldungsbädern und Cyanidlaugen.

Darum wendet man bei Erzen, Hütten- und Fertigerzeugnissen grundsätzlich den trockenen Weg der Feuerprobe an, der allen chemisch-analytischen Methoden an Schnelligkeit der Ausführung und auch an Genauigkeit überlegen ist.

Die Beschreibung der Feuerprobe auf Gold findet sich zusammen mit derjenigen für Silber in dem Abschnitt: „Die Feuerprobe auf Silber und Gold" (S. 1007), weil die Vorbedingungen für die Ausführung der Feuerprobe bei beiden Metallen gleich sind.

2. Bestimmung des Goldes durch Fällung als Metall.

Gewichtsanalytische Methoden auf nassem Wege wird man nur dann anwenden, wenn neben dem Golde die übrigen Bestandteile ermittelt werden sollen, oder wenn sich das Gold bereits in einer zur Fällung geeigneten verdünnten, schwach salzsauren und salpetersäurefreien Lösung vorfindet. Für die Fällung des Goldes kommen nur Reduktionsmittel in Betracht, und zwar sind diejenigen vorzuziehen, die keine störenden Metalle einführen, namentlich, wenn gleichzeitig Nebenbestandteile ermittelt werden sollen. Die Fällung des Goldes mit Formaldehyd oder Wasserstoffsuperoxyd in alkalischer Lösung wird man nur in vereinzelten Fällen anwenden können.

a) Fällung des Goldes mit Oxalsäure.

Am meisten werden Oxalsäure und ihre neutralen Salze zur Fällung des Goldes empfohlen. Man erwärmt die schwach salzsaure Goldlösung längere Zeit mit Oxalsäure, wobei das Gold als Metall ausfällt und die Oxalsäure sich unter lebhafter Gasentwicklung (Kohlendioxyd) zersetzt. Größere Mengen von Salzsäure verhindern die vollständige Fällung des Goldes. Der Vorteil der Oxalsäure liegt darin, daß Platin nicht mitgefällt wird.

b) Fällung des Goldes mit schwefliger Säure.

Die Fällung des Goldes mit schwefliger Säure geht bedeutend schneller vor sich. Sie ist auch in der Ausführung angenehmer, weil mit der Reduktion keine Gasentwicklung verbunden ist. Es besteht auch bei diesem Fällungsmittel eine gewisse Empfindlichkeit gegen zu hohe Säurekonzentrationen, so daß die Fällung des Goldes leicht unvollständig bleibt. Platinmetalle, Selen und Tellur werden von schwefliger Säure mitgefällt. Blei kann durch die Oxydation der schwefligen Säure zu Schwefelsäure mit dem Gold zusammen als Sulfat ausfallen.

c) Fällung des Goldes mit Hydroxylamin- und Hydrazinsalzen.

Diese sind ebenfalls angenehme Fällungsmittel für Gold, jedoch wirken sie so kräftig, daß sie eine Trennung von den Platinmetallen nicht gestatten.

3. Goldanalyse nach F. Mylius.

Ein vorzügliches Verfahren, in Goldlegierungen (Handelsgold, Münzgold usw.) nicht nur den Goldgehalt, sondern auch die begleitenden
Metalle zu ermitteln, ist von Mylius [Ztschr. f. anorg. u. allg. Ch. 70, 203 f.
(1911)] auf der Grundlage der Rothe schen Äthermethode aufgebaut
worden. Da alle bekannten Fällungsmittel für Gold stets geringe Mengen der
Nebenbestandteile mitzureißen pflegen, bietet die Eigenschaft des Gold-
chlorids sich in Äther quantitativ zu lösen, einen geeigneten Weg zur
Trennung des Goldes von den übrigen Metallchloriden. Ebenso wie die
Chloride der Eisengruppe lassen sich auch die Chloride von Silber, Blei,
Wismut, Arsen, Antimon, Zinn, Tellur und der Platinmetalle durch Äther
abtrennen. Im Gegensatz zur Eisenanalyse von Rothe bietet die
Methode von Mylius den Vorteil, daß sie gegen einen Überschuß von
Salzsäure unempfindlich ist. Ein Überschuß ist sogar erforderlich, weil
sonst die Trennung von Kupfer nicht gelingt. Anwesende Salpetersäure
stört ebenfalls nicht, verhindert vielmehr eine Reduktion des Goldes
durch den Äther.

Ausführung. Die Legierung wird in einer ausreichenden Menge
Königswasser gelöst und etwa nach dem Verdünnen abgeschiedenes
Silberchlorid abfiltriert. Für die Ausschüttelung mit Äther ist es zweck-
mäßig, daß die Lösung 5—10% Metall und 5—10% Gesamtsäure ent-
hält. Das Ausschütteln wird 4—5mal wiederholt. Auf 1 g Metall in 20 ccm
Lösung würde man also etwa $20 + 10 + 10 + 10 = 50$ ccm Äther benutzen.
Aus den vereinigten Ätherauszügen wird nach Zusatz von 10 ccm Wasser der
Äther abdestilliert. Die Goldlösung wird mit schwefliger Säure erwärmt.
Man erzielt dadurch eine weitere Trennung von den noch spuren-
weise in den Äther übergegangenen Metallchloriden. Das Gold kann man
mit einem Fehler von durchschnittlich — 0,10% unmittelbar bestimmen.
In den vereinigten Chloridlösungen, von der Äthertrennung und von der
Fällung mit schwefliger Säure, bestimmt man die Nebenbestandteile
der Legierung. Bei einer Goldeinwaage von 3,9266 g unter Zusatz von je
0,1 g Blei, Zink, Cadmium, Arsen, Antimon, Thallium, Eisen, Nickel
und Kobalt (zusammen 0,9 g Metalle) wurde mit einem Fehler von
— 0,07% das Gold zu 3,9236 g wiedergefunden. Die Einwaage an Gold
oder Goldlegierung kann beliebig groß gewählt werden, bis zu 100 g
und mehr.

Wegen der Einzelheiten über die Bestimmung der Nebenbestandteile,
einschließlich der Platinmetalle, sei auf die Originalarbeit verwiesen.

4. Bestimmung des Goldes durch Elektrolyse.

Elektrolytische Methoden zur Bestimmung des Goldes bieten keine
Vorteile, wenn das Gold zuvor von anderen begleitenden Metallen abgetrennt werden muß.

Es wird auf den Abschnitt: „Elektroanalytische Bestimmungsmethoden" S. 915 hingewiesen.

C. Maßanalytische Bestimmungsmethoden.

1. Permanganatmethode.

(Scott, W. W.: Standard methods of chemical analysis, p. 231. 1926. — Smith, E. A.: The sampling and assay of the precious metals, p. 284. 1913.)

Diese Methode beruht auf der Ausfällung des Goldes in heißer, schwach salzsaurer Lösung mit einer abgemessenen Menge eines Reduktionsmittels von bekanntem Goldwirkungswerte. Der Überschuß des Reduktionsmittels wird mit einer eingestellten Permanganatlösung zurücktitriert. Organische Bestandteile, Salpetersäure, freies Chlor oder Brom und überschüssige Salzsäure dürfen nicht zugegen sein. Als Reduktionsmittel kann man Ferrosulfat oder Ferroammoniumsulfat, aber auch Ammonium- oder Kaliumoxalat verwenden. Ein Teil Gold erfordert zur Fällung 4,22 Teile Ferrosulfat, 5,96 Teile Ferroammoniumsulfat, 1,08 Teile Ammoniumoxalat, 1,40 Teile Kaliumoxalat. Am besten arbeitet man mit den Eisensalzen. Diese sollen in ihren Lösungen etwa 0,1 % Schwefelsäure enthalten.

Ein Teil Gold hat einen Oxydationswert, der 0,4808 Teilen $KMnO_4$ äquivalent ist. Der Wirkungswert der $KMnO_4$-Lösung läßt sich am einfachsten mit Natriumoxalat nach Sörensen ermitteln. 0,2548 g Natriumoxalat fällen 0,250 g Gold. Man kann aber den Wirkungswert des Fällungsmittels auch unmittelbar an einer Goldlösung feststellen, indem man das ausgefällte Gold wägt.

Ausführung. Zu einer Goldlösung gibt man eine gewogene oder abgemessene Menge des Fällungsmittels in geringem Überschuß zu und erwärmt die Flüssigkeit auf dem Wasserbade, bis sich das Gold abgesetzt hat. Dann gibt man einige Tropfen Schwefelsäure hinzu und titriert den Überschuß des Fällungsmittels mit $KMnO_4$ zurück.

Am besten hat sich in der Praxis (Goldelektrolyse) das Ferroammoniumsulfat bewährt. Man löst 153,5 g Salz unter Zugabe von 1 ccm Schwefelsäure in 1 l Wasser auf; 1 ccm dieser Lösung entspricht dann etwa 25 mg Gold. Die $KMnO_4$-Lösung enthält entsprechend 12,3 g Salz im Liter.

2. Kaliumjodidmethode.

[Gooch u. Morley: Ztschr. anorg. u. allg. Ch. 22, 200 (1899).]

Diese Methode eignet sich zur Bestimmung des Goldes in salzsauren Lösungen, die weniger als 1 g Gold im Liter enthalten. 10 ccm einer Goldlösung mit nicht mehr als 0,01 g Goldgehalt verdünnt man auf 200 ccm, gibt 0,02 g Kaliumjodid hinzu und titriert das freigewordene Jod mit $^1/_{1000}$ n-$Na_2S_2O_3$-Lösung (= 0,17012 g im Liter) und Stärkelösung als Indicator. Es ist zweckmäßig, einen kleinen Überschuß zu geben und dann mit $^1/_{1000}$ n-Jodlösung zurückzutitrieren, weil sich dann der Farbenumschlag besser erkennen läßt. Den Wirkungswert der $Na_2S_2O_3$-Lösung ermittelt man an einer Goldlösung von bekanntem Gehalte.

II. Spezielle Untersuchungsmethoden zur Bestimmung des Goldes.

1. Bestimmung des Goldes in Erzen und Hüttenerzeugnissen.

Für die Bestimmung des Goldes in seinen Erzen, sowie in den Erzen mit einem ganz geringen Goldgehalte (Kupferkies, Schwefelkies, Arsenkies) kommt nur der trockene Weg der Feuerprobe in Betracht (s. S. 1022).

Wegen der Ermittelung der Nebenbestandteile in goldhaltigen Erzen oder Hüttenerzeugnissen wird auf die Untersuchungsmethoden für diejenigen Erze verwiesen, in denen das Gold als Begleitbestandteil auftritt.

2. Bestimmung des Goldes in Barrengold und in industriellen Legierungen.

Auch für die Untersuchung dieser Erzeugnisse kommt nur die Anwendung der Feuerprobe in Frage (s. S. 1030). Wegen der Bestimmung der mit Gold häufig zusammen vorkommenden Platinmetalle wird auf den betreffenden Abschnitt verwiesen (s. S. 1559).

Für die Ermittelung der in einem Handelsgold oder in einer Goldlegierung vorkommenden Nebenbestandteile wird die Anwendung der Methode von Mylius empfohlen (s. S. 1086).

3. Technische Schnellbestimmung des Goldes in Barrengold.

Von Barrengold, welches nicht mehr als $10^0/_0$ Silber enthalten darf, löst man 0,5 g feine Späne in 15 ccm Königswasser (aus schwachen Säuren hergestellt) unter gelindem Erwärmen. Die Lösung wird auf dem Wasserbade zurEntfernung der Salpetersäure mehrfach mit Salzsäure eingedampft, der Rückstand mit wenig Salzsäure aufgenommen und das Silberchlorid abfiltriert. Das Silberchlorid wird nach sorgfältigem Auswaschen auf dem Filter mit Ammoniak gelöst und das Filter auf Gold geprüft. In die schwach salzsaure Goldlösung leitet man schweflige Säure ein, erwärmt mäßig, filtriert das Gold ab, wäscht mit heißem Wasser aus, glüht und wägt.

4. Bestimmung des Goldes in Goldlegierungen nach der Methode von Balling.

(Österr. Ztschr. f. Berg- u. Hüttenwes. 1879, 597.)

In einem Porzellantiegel schmilzt man 3—4 g Kaliumcyanid oder -cyanat ein und bringt 250 mg Goldlegierung zusammen mit dem $2^1/_2$-fachen Gewicht von reinem Cadmium in die Salzschmelze. Man läßt erkalten, laugt das Salz mit Wasser aus, bringt die Gold-Cadmiumlegierung in einen Goldscheidekolben (s. S. 1020) und übergießt sie mit Salpetersäure (spez. Gew. 1,2). Die Säure läßt man bei annähernder Siedetemperatur längere Zeit, bei Feingold bis zu einer Stunde einwirken.

Alsdann wird die Säure abgegossen, einmal mit heißem Wasser nachgewaschen und das Goldkorn 10 Minuten mit stärkerer Säure (spez. Gew. 1,3) erhitzt. Je nach der Höhe des Goldgehaltes ist es erforderlich, die Behandlung mit der stärkeren Säure nochmals zu wiederholen.

Nach der letzten Säurebehandlung wird das Gold mit Wasser 5 Minuten lang ausgekocht, in einen Goldglühtiegel (s. S. 1021) übergeführt, getrocknet, geglüht und gewogen.

Es empfiehlt sich, eine Vorprobe zu machen, um die richtigen Legierungsverhältnisse für das Cadmium zu treffen und ein Zerfallen des Goldes zu vermeiden. Außerdem wägt man eine Vergleichsprobe mit der entsprechenden Menge Probegold ein, um etwaige Fehler feststellen zu können. Die Cadmiumlegierung ist spröde und läßt sich nicht ausplatten.

5. Analyse von Zahngoldlegierungen und von Weißgold.

(Swanger, W. H.: Analysis of dental gold alloys. Scientific papers of the Bureau of Standards 1926, Nr. 532.)

Derartige Legierungen bestehen hauptsächlich aus Gold, Silber, Platin und Kupfer. Außerdem kommen darin Palladium, Rhodium, Iridium, Zinn, Nickel, Eisen, Mangan und Zink vor. Sie werden für zahntechnische Zwecke und als Weißgold zur Fassung von Edelsteinen, zur Herstellung von feinen Ketten usw. benutzt. Gold-Palladiumlegierungen unter den Namen ,,Palau'' ($80^0/_0$ Gold, $10^0/_0$ Palladium) und ,,Rothanium C'' ($73^0/_0$ Gold, $27^0/_0$ Palladium) werden als Ersatzmetalle für Platingerätschaften benutzt.

Man löst 2 g in verdünntem Königswasser (4 Teile Salzsäure, spez. Gew. 1,18; 1 Teil Salpetersäure, spez. Gew. 1,4; 6 Teile Wasser), wobei sich Silberchlorid an der Oberfläche der Blechschnitzel abscheiden kann, das man mit einem Glasstab zerdrücken muß. Man verdünnt nach erfolgter Lösung auf 150 ccm und läßt das Silberchlorid absitzen. Ist Platin und Palladium in der Legierung vorhanden, so muß das Silberchlorid gereinigt werden. Nach dem Abfiltrieren löst man es auf dem Filter mit warmem Ammoniak, wobei vorhandenes Iridium als schwarzer Rückstand auf dem Filter bleibt und als solches zur Auswaage gebracht wird.

Das ammoniakalische Filtrat säuert man mit Salpetersäure an und fällt das Silber wieder unter Zusatz von einigen Tropfen Salzsäure als Chlorid. Das Silberchlorid wird auf einem Filtertiegel gesammelt, getrocknet und gewogen.

Das ammoniakalische Filtrat der zweiten Silberfällung dampft man mit Salzsäure in einer Porzellanschale zur Trockne, schmilzt den Rückstand mit etwas Kaliumbisulfat, löst die Schmelze mit Wasser auf, leitet Schwefelwasserstoff unter Erwärmen der Lösung ein, filtriert die Sulfide von Platin und Palladium ab, verglüht sie und löst die Metalle in verdünntem Königswasser. Diese Lösung vereinigt man mit der Hauptlösung. In der Regel ist Iridium nur als Verunreinigung mit dem Platin in die Legierung gelangt und der Gehalt beträgt nicht mehr als höchstens 0,2%. Es kommen aber auch Iridiumgehalte bis zu 2% vor. In solchen Fällen muß das Iridium auf Platin geprüft werden (s. die Trennung des Iridiums von Platin auf S. 1549).

Zinn kommt nur gelegentlich und in geringen Mengen vor. Es läßt sich am zweckmäßigsten hydrolytisch abscheiden, indem man für jedes Kubikzentimeter verwendeten Königswassers 0,6 g Natriumacetat zusetzt. Man erwärmt, filtriert und löst den Niederschlag in Schwefelsäure. Mitgefälltes Gold scheidet sich metallisch ab. Das Zinn wird jetzt mit Ammoniumacetat gefällt, mit 1%iger Ammoniumsulfatlösung ausgewaschen, geglüht und gewogen.

Das Filtrat der ersten Zinnfällung wird zur Zerstörung der Acetate mit Schwefelsäure abgeraucht und mit verdünntem Königswasser behandelt, um etwa ausgeschiedene Edelmetalle wieder aufzulösen.

Das Filtrat der zweiten Zinnfällung kann außer Gold auch noch einige andere Metalle enthalten (Platin, Palladium, Kupfer, Nickel). Man scheidet sie mit Schwefelwasserstoff ab und löst die Sulfide in Königswasser. Auf Nickel muß im Filtrat der Sulfide geprüft werden.

Gold fällt man nach Entfernung der Salpetersäure mit schwefliger Säure, wobei noch Anteile von Platin und Palladium mitgefällt werden können. Man löst das Gold wieder auf, vertreibt durch mehrfaches Eindampfen mit Salzsäure die Salpetersäure und fällt das Gold mit Oxalsäure. Die im Filtrat enthaltenen geringen Mengen von Platinmetallen gewinnt man wie im vorhergehenden Absatz beschrieben.

In den vereinigten königswasserhaltigen Filtraten wird das Palladium mit Dimethylglyoxim gefällt. Man fügt zur kalten Lösung (unter 15° C) eine 1%ige alkoholische Lösung des Fällungsmittels und verdünnt stark (s. S. 1541). Freies Königswasser verhindert die Reduktion des Platins durch den Alkohol zu Oxydul und somit eine Fällung des Platins mit Dimethylglyoxim.

Man filtriert das gelbe Palladiumglyoxim durch einen Filtertiegel oder durch ein Papierfilter ab und wäscht mit heißem Wasser aus. Den Filtertiegel trocknet man bei 110° C. Das Filter verascht man und glüht den Rückstand im Wasserstoffstrom.

Das Filtrat wird mit Salpetersäure eingedampft, um das Dimethylglyoxim zu zerstören. Der Rückstand wird mit wenig Salzsäure wieder aufgenommen. Man setzt schweflige Säure zu und fällt das Kupfer mit Ammoniumrhodanid (s. S. 1530). Das Kupferrhodanür wird auf einem Filtertiegel abfiltriert, bei 110° C getrocknet und dann gewogen. Zur Bestimmung des Platins dampft man das Filtrat der Kupferfällung zur Trockne, zerstört den Überschuß an Rhodan durch Salpetersäure und dampft mit Schwefelsäure ab. Man verdünnt, gibt etwas Salzsäure hinzu, leitet Schwefelwasserstoff ein und fällt Platin und Rhodium aus warmer Lösung als Sulfide. Zu beachten ist, daß man in Lösungen, in denen man Platin fällen will, niemals Ammoniak verwenden darf (s. S. 1526). Das Filter mit den Sulfiden wird verascht und der Glührückstand im Wasserstoffstrom zu Metall reduziert (Pt + Rh) (s. die Trennung von Rhodium und Platin auf S. 1565). Die Trennung und Bestimmung der übrigen, etwa noch vorhandenen Nebenbestandteile wie Zink, Mangan, Nickel erfolgt nach bekannten Methoden.

6. Bestimmung des Goldgehaltes von Goldplattierungen (Dublée).

Von der Goldwarenindustrie werden in großem Umfang Schmuck- und Gebrauchsgegenstände hergestellt, bei denen Edelmetalle auf einer Unterlage aus unedlem Metall in dünner Schicht aufplattiert werden. Nach Sauerland [Chem.-Ztg. 49, 1078 (1925)] kommt am meisten die Goldauflage auf Tombak vor, dann aber auch Goldauflagen auf Silber, Silberauflage auf Kupfer, Tombak oder Eisen, Platin auf Gold oder Weißgold. Der Edelmetallüberzug ist entweder durch Feuerschweißung oder durch Elektrolyse aufgetragen und muß für die Feststellung des Feingehaltes durch geeignete Lösungsmittel von der Unterlage abgetrennt werden.

Für Golddublee benutzt man als Lösungsmittel für je 1 g fein geschnitzelte Bleche oder Drähte eine Mischung von 5 ccm Salpetersäure (spez. Gew. 1,4) 20 ccm Wasser und 15 ccm Weinsäure. Man behandelt die Schnitzel unter Erwärmen (bei 40° C), bis keine sichtbare Lösung mehr eintritt und erneuert dann die Säure. Die übrig gebliebenen Goldhäutchen werden gewaschen, getrocknet und gewogen. Der Feingehalt wird durch die Feuerprobe bestimmt.

Bei silberplattiertem Eisen löst man die Unterlage durch Kochen in verdünnter Schwefelsäure oder Salzsäure fort. Bei Dublee von Silber oder legiertem Silber auf Kupfer, Tombak oder Neusilber kann man die Unterlage durch Elektrolyse abtrennen. Man bringt die abgewogene Menge in ein Körbchen aus Platindrahtnetz, verbindet letzteres mit dem positiven Pol einer Stromquelle und elektrolysiert mit 3—3,5 Volt in verdünnter Schwefelsäure (1:5). In ähnlicher Weise kann man Goldunterlage von Platindublee mit einem Elektrolyten abtrennen, der 5% Kaliumcyanid enthält.

In einer längeren Abhandlung gibt auch Gilchrist [Ind. and Engin. Chem. 19, 827 (1927)] Vorschriften für die Trennung des Dublées von der Unterlage. Er verwendet eine verdünnte Salpetersäure (spez. Gew. 1,07) und läßt die Säure bei Zimmertemperatur bis zur vollständigen Lösung der unedlen Metalle einwirken.

Wegen näherer Einzelheiten sei auf die beiden Originalarbeiten verwiesen.

7. Bestimmung des Goldes in Goldelektrolyten und Cyanidlaugen.

Für die Bestimmung des Goldgehaltes im Elektrolyten vom Wohlwillprozeß eignet sich die maßanalytische Permanganatmethode auf S. 1087.

Handelt es sich um die Feststellung des Goldgehaltes von Vergoldungsbädern, so kann man, wenn die Bäder mit Kaliumcyanid angesetzt sind, das Gold unmittelbar aus der cyankalischen Lösung durch Elektrolyse bestimmen. Das Bad darf aber kein Kaliumferrocyanid enthalten. In diesem Falle dampft man eine entsprechende Menge in einem Porzellantiegel vorsichtig ein, gibt 10 g Bleiglätte zu und dampft zur Trockne, jedoch ohne zu überhitzen, um ein Anbacken am Tiegel zu vermeiden. Man entfernt den trockenen Rückstand aus dem Tiegel und schmilzt ihn im Tontiegel mit 30 g Flußmittel, das aus 100 Teilen Bleiglätte, 25 Teilen Sand und 3 Teilen Kohle besteht. Der Bleikönig wird auf der Kapelle abgetrieben und das Edelmetallkorn geschieden (s. S. 1019). Einfacher und schneller ist die Bleiacetatmethode von Chiddey [Engin. Mining Journ. 75, 473 (1903)], die sich im praktischen Betriebe für die Prüfung und Überwachung des Goldgehaltes der Cyanidlaugen bewährt hat. Man erhitzt eine Probe von 500—600 ccm zum Sieden, fügt 30 ccm gesättigte Bleiacetatlösung und 3 g Zinkstaub zu. Dann setzt man 25 ccm Salzsäure zu und erhitzt zum Sieden, bis alles Zink gelöst ist. Der ausgeschiedene Bleischwamm enthält das Gold, das durch die Feuerprobe bestimmt wird.

Zur Bestimmung ganz geringer Mengen Gold in entgoldeten Cyanidlaugen wendet Dixon [Engin. Mining Journ. 111, 629 (1921)] ein colorimetrisches Verfahren unter Benutzung der Zinngoldpurpurreaktion an. 750 ccm Lauge versetzt man mit 20 ccm gesättigter Kaliumcyanidlösung, 2—4 Tropfen gesättigter Bleiacetatlösung und schüttelt nach Zugabe von 0,5 g Zinkstaub kräftig durch. Den Bleischwamm filtriert man ab, löst ihn in 10 ccm eines Gemisches von 7 Teilen Salpetersäure und 3 Teilen Salzsäure, dampft zur Sirupdicke ein, nimmt mit 5 ccm Salzsäure auf, dampft nochmals ein und bringt die Lösung in ein Reagensrohr. Sobald sich das Bleichlorid abgesetzt hat, gibt man 2—4 Tropfen einer gesättigten Zinnchlorürlösung zu. Man stellt sich Vergleichslösungen von bekanntem Goldgehalt her.

8. Prüfung von Goldlegierungen auf dem Probierstein und Unterscheidung des Goldes von goldähnlichen Legierungen.

Die sog. Strichprobe, die älteste Methode zur Schätzung des Feingehaltes von Goldlegierungen, besteht wie beim Silber darin, daß man mit der zu prüfenden Legierung einen Strich auf dem schwarzen Probierstein macht und daneben zum Vergleich andere Striche mit „Strichnadeln", die aus Goldlegierungen von bekanntem Goldgehalt bestehen. Es müssen aber verschiedene Sätze von Strichnadeln vorrätig gehalten werden, je nachdem ob es sich bei der Prüfung um Gold-Kupfer-, Gold-Silber- oder um Gold-Kupfer-Silberlegierungen handelt. Neben dem Vergleich der metallischen Färbung der Striche wendet man auch eine Prüfung mit einem Tropfen verdünnter Salpetersäure oder verdünntem Königswasser an. Der Strich der weniger goldhaltigen Legierung verschwindet schneller und hinterläßt eine von Kupfer stärker grünlich gefärbte Lösung.

Als Probiersäuren werden von Michel (Edelmetall-Probierkunde. Pforzheim 1922) folgende Konzentrationen oder Mischungen empfohlen:

1. HNO$_3$ spez. Gewicht 1,2 für Goldlegierungen bis 380 Tausendstel,
2. „   „   „   1,3 „   „   „ 460 „
3. „   „   „   1,4 „   „   „ 560 „
4. „   „   „   1,2 „   „   „ 669 „
5. „   „   „   1,3 „   „   „ 720 „
6. „   „   „   1,4 „   „   „ 780 „

Zu den Säuren 4, 5 und 6 setzt man auf 1 Liter etwa 25—30 ccm Salzsäure.

An Strichnadeln muß man von jedem Karatgehalt zwischen 6 und 18 (250—750 Tausendstel, 1 Karat = 41,6 Tausendstel) möglichst viele Nadeln mit verschiedenen Kupfer- und Silbergehalten zur Verfügung haben, z. B. für 18 Karat = 750 Tausendstel:

$$\begin{aligned}
&750 \text{ Au } \quad 0 \text{ Ag } 250 \text{ Cu,}\\
&750 \text{ „ } \quad 100 \text{ „ } 150 \text{ „}\\
&750 \text{ „ } \quad 200 \text{ „ } \quad 50 \text{ „}\\
&750 \text{ „ } \quad 250 \text{ „ } \quad 0 \text{ „}
\end{aligned}$$

Bei der Ausführung der Strichprobe ist darauf zu achten, daß die Farbe der Striche von Probe und Nadel gut übereinstimmt, und daß diejenige Probiersäure als maßgebend angesehen wird, die den Probestrich noch eben angreift.

Lotstellen dürfen nicht mitgestrichen werden, da Goldlote von geringerem Feingehalt sind und sogar meistens noch Zusätze von Cadmium enthalten.

Die Strichprobe wird auch dazu benutzt, um festzustellen, ob eine zu untersuchende Legierung überhaupt Gold enthält. Bei unedlen Metallen verschwindet der Strich auf dem Probierstein vollständig beim Betupfen mit Salpetersäure. Goldähnliche Legierungen geben auf der gereinigten und entfetteten Oberfläche beim Betupfen mit einer konzentrierten Kupferchloridlösung einen schwarzen Fleck. Goldlegierungen und selbst schwach vergoldete Metalle zeigen diese Reaktion nicht.

Sehr schwache Vergoldung kann man nach Finkener noch erkennen, wenn man ein 0,1—1,5 g wiegendes, mit Alkohol und Äther gereinigtes Probestück mit Salpetersäure (spez. Gew. 1,3) übergießt. Die Goldflitterchen lassen sich nach der Auflösung der unedlen Metalle in der Flüssigkeit deutlich erkennen. War der Gegenstand nicht galvanisch, sondern im Feuer vergoldet, so sind die Goldflitter an ihrer Unterseite rauh und dunkel gefärbt.

9. Herstellung von reinem Probegold.

Gold von höchster Reinheit braucht man für die Untersuchung von Handelsgold und Goldlegierungen auf trockenem Wege, um damit die bei der Ausführung der Feuerprobe entstehenden Fehler auszugleichen.

Ein zweckmäßiges Verfahren, um sich ganz reines Gold für den Laboratoriumsbedarf selbst herzustellen, wird von T. K. Rose (Metallurgy of gold, 5. Aufl., p. 488) angegeben. Das Verfahren steht schon seit vielen Jahren bei der Londoner Münze in Anwendung und ist das Ergebnis langjähriger eingehender Versuche.

Man löst von reinstem Handelsgolde oder von Goldröllchen, die man bei der Ausführung der Goldprobe (s. S. 1033) erhalten hat, eine angemessene Menge in Königswasser und dampft auf dem Wasserbade unter mehrmaligem Zusatz von Salzsäure ein, bis die Salpetersäure entfernt ist. Die schließlich zur Sirupdicke eingedampfte dunkelrote Goldlösung gießt man in dünnem Strahle in ein großes Gefäß mit destilliertem Wasser, so daß in 20 ccm Wasser 1 g Gold enthalten ist. Nach sorgfältigem Umrühren läßt man mehrere Tage stehen, damit sich das Silberchlorid absetzen kann. Die klare Flüssigkeit wird abgehebert und weiter verdünnt, so daß 1 g Gold in 150 ccm Flüssigkeit enthalten ist. Ist kein Platin in der Goldlösung vorhanden, so kann man an Stelle der in solchem Falle eine zuverlässigere Trennung von Platin bewirkenden Oxalsäure die schweflige Säure als Fällungsmittel für das Gold benützen. Tellur, das durch schweflige Säure unbedingt mitgefällt würde, kann unter den gegebenen Umständen nicht mehr vorhanden sein.

Nachdem sich das gefällte Gold abgesetzt hat, hebert man die überstehende Flüssigkeit ab, bringt das Gold in einen Kolben und schüttelt es darin mehrmals mit kaltem, destilliertem Wasser aus. Das Gold wird dann in Anteilen von etwa 200—300 g in einem Soxhlet-Apparat mehrere Tage lang mit Wasser extrahiert. Man bringt es in einen kleinen, langgestreckten Beutel aus Musselin, der seinerseits wieder in ein Stück Glasrohr mit Öffnungen am Boden paßt. Beides wird in den Soxhlet-Apparat gebracht und das Wasser im Kolben zum Sieden erhitzt.

Das Gold wird dann in eine Porzellanschale gebracht, getrocknet und in einem Tontiegel geschmolzen. Das geschmolzene Gold gießt man in eine saubere Eisenform aus, die kein Fett enthalten darf, sondern nur mit Graphitstaub ausgebürstet ist. Der Barren wird durch Bürsten gereinigt, mit Salzsäure ausgekocht, getrocknet und ausgewalzt. Die Walzen müssen sauber und fettfrei sein. Die Oberfläche des ausgewalzten Streifens wird mit feinem Sand und Ammoniak und dann noch mit Salzsäure gescheuert und an allen Stellen, die noch etwas dunkler erscheinen, mit einem Messer geschabt.

Das Probegold Nr. 8 der Londoner Münze wurde z. B. im Jahre 1914 mit einem Feingehalt von 999,997 Tausendteilen angegeben.

Mylius hat durch die Goldanalyse mit Äther (s. S. 1086) ebenfalls einen Weg angegeben, ein Gold von höchster Reinheit herzustellen. Er trennt alle sonstigen Metallchloride mit Äther ab und fällt dann aus der ätherischen Goldlösung nach Entfernung des Äthers das Gold mit schwefliger Säure.

10. Goldsalze.

Goldchlorid $AuCl_3$ bildet eine gelbbraune, zerfließliche Masse, die sich leicht und mit gelbroter Farbe in Wasser, Alkohol und Äther löst.

Goldchlorwasserstoffsäure $HAuCl_4 + 4H_2O$ bildet lange, gelbe Krystallnadeln. Beim vorsichtigen Erhitzen im bedeckten Porzellantiegel bis zum starken Glühen hinterlassen beide Salze reines Gold, das reine $AuCl_3$ 64,96 %, die salzsaure Verbindung 47,85 %.

Natriumgoldchlorid, $NaAuCl_4 + 2H_2O$. Das Salz krystallisiert in goldgelben, rhombischen Prismen, die leicht verwittern. Es ist in Wasser leicht löslich. Der Goldgehalt beträgt 49,5 %. Auch das Kalium- und Ammoniumdoppelsalz des Goldchlorids wird in der Industrie verwendet.

Gehaltsbestimmung. Zur Goldbestimmung erhitzt man eine Einwaage von 250 mg (oder bei dem hygroskopischen Goldchlorid eine ungefähr gleich große, im Wägeglas genau abgewogene Menge) mit Soda gemischt im Porzellantiegel allmählich zum Glühen und laugt die Schmelze mit Wasser aus. Das zurückbleibende Gold filtriert man ab, verascht das Filter und wägt das metallische Gold (s. auch Rüdisüle: Nachweis, Bestimmung und Trennung der chemischen Elemente. Wertbestimmung des Goldsalzes der Photographen, Bd. 2, S. 59. 1913). Man kann Silber- und Goldsalze auch auf trockenem Wege auf ihren Gehalt an Edelmetall untersuchen. Zu diesem Zwecke wägt man eine gewisse Menge Salz, etwa 250 mg, auf einem tarierten Pergamentpapierblättchen ab und bringt die Einwaage in einen kleinen, glattwandigen Tontiegel, der mit einem Schmelzfluß aus Bleioxyd, Soda, Pottasche, Borax und Weinstein (s. S. 1017) beschickt ist. Man gibt noch eine kleine Decke von Flußmitteln darauf, schmilzt den Tiegelinhalt im Tiegel- oder Muffelofen nieder und treibt den entstandenen Bleikönig auf der Kapelle ab. Die weitere Behandlung siehe im Abschnitt „Die Feuerprobe auf Silber und Gold" S. 1007.

Beryllium.

Von

Dr. H. Fischer, Abt. f. Elektrochemie der Siemens & Halske A.-G.,
Berlin-Siemensstadt.

Einleitung.

Das Element Beryllium gewinnt von Jahr zu Jahr steigendes technisches Interesse. Vermöge der hervorragenden Eigenschaften, welche es
Schwermetallen wie Kupfer, Nickel, Eisen, sowie Mehrstofflegierungen
dieser Metalle erteilt, ist es heute ein wertvoller Legierungsbestandteil
geworden. Bekannt ist auch die vorzügliche Desoxydationswirkung des
Berylliums, insbesondere beim Kupfersandguß. Von den Verbindungen
des Berylliums scheint neuerdings das Berylliumoxyd als Zusatzstoff
in der keramischen und Glasindustrie in Anwendung zu kommen.

Die Herstellung und Verwendung des Berylliums im technischen
Betriebe verlangt naturgemäß eine ausreichende analytische Kontrolle
mittels geeigneter Methoden zur quantitativen Bestimmung des Berylliums in Mineralien, Präparaten und in Legierungen. Angesichts dieser
Notwendigkeit ist man in den letzten Jahren an eine genauere Prüfung
der bisher hierfür in Betracht kommenden Analysenverfahren herangegangen. Hierbei erwies sich jedoch die Unzulänglichkeit des größeren
Teils der älteren Methoden. Erfreulicherweise sind in letzter Zeit einige
relativ zuverlässige Arbeitsvorschriften geschaffen worden, die im
folgenden neben erprobten älteren Methoden beschrieben werden sollen.

Für den qualitativen Nachweis des Berylliums kommt die
von H. Fischer [Ztschr. f. anal. Ch. **73**, 54 (1928); Wiss. Veröff.
a. d. Siemenskonzern 5, H. 2, 116 (1926)] beschriebene empfindliche
Farbreaktion des Berylliums mit Chinalizarin in Betracht. Chinalizarin reagiert mit Berylliumverbindungen in alkalischer Lösung unter
Bildung einer tiefblauen Färbung. Die Empfindlichkeit der Reaktion
beträgt 1 : 2 000 000. Über die Ausführung des Nachweises siehe Abschnitt 5, S. 1098. Die Reaktion läßt sich direkt in Gegenwart der Verbindungen der Alkalimetalle und des Aluminiums durchführen. Über
eine modifizierte Ausführungsweise des Nachweises neben Kupfer und
Nickel vgl. auch S. 1106.

I. Bestimmungsmethoden.

1. Bestimmung als Berylliumoxyd nach vorausgehender Fällung als Hydroxyd mittels Ammoniak

[vgl. B. Bleyer u. K. Boshart: Ztschr. f. anal. Ch. **51**, 748 (1912)].

Diese, am häufigsten angewandte Methode liefert im Durchschnitt ein
wenig zu niedrige Werte [L. Moser u. J. Singer: Monatshefte f. Chemie

48, 673 (1927)]. Sieht man von einer Verwendung für schiedsanalytische Zwecke ab, so dürfte ihre Genauigkeit jedoch im allgemeinen ausreichen.

Man versetzt die Be-haltige Lösung mit 1—2 g Ammoniumnitrat und stumpft sie, falls notwendig, mit NH_3 ab. Das Hydroxyd wird in der Kälte durch tropfenweisen Zusatz von NH_3 gefällt. Ein Überschuß an NH_3 ist tunlichst zu vermeiden. Der entstandene Niederschlag wird zweckmäßig auf einem Porzellanfiltertiegel (s. Bd. I, S. 67) abfiltriert und mit kaltem Ammoniumnitrat enthaltendem Wasser ausgewaschen. Nach dem Trocknen wird anfangs vorsichtig erhitzt, später stark geglüht (zweckmäßig im elektrischen Ofen bei etwa 1200—1300°). Die Verwendung von Papierfiltern zur Filtration des Hydroxydes empfiehlt sich nicht, weil eine vollständige Verbrennung des Filters in Gegenwart von BeO oft trotz starkem Glühen kaum gelingt. Das erhaltene BeO wird gewogen, wobei man den Tiegel (falls nicht bei einer Temperatur über 1200° geglüht wurde) in ein verschlossenes Wägeglas stellt, da auf der Gas- oder Gebläseflamme geglühtes BeO stets etwas hygroskopisch ist.

2. Bestimmung als Berylliumoxyd nach vorausgehender Fällung als Hydroxyd mittels Hydrolyse von Ammoniumnitrit.

Dieses von L. Moser und J. Singer (l. c.) angegebene Verfahren liefert zuverlässige Resultate. Hervorzuheben ist die gute Filtrierbarkeit des Hydroxydes. Die Verwendung dieser Methode ist bei Schiedsanalysen zu empfehlen.

Zur Bestimmung des Be verdünnt man die schwach saure Be-Salzlösung für je 0,1 g BeO auf etwa 100 ccm und neutralisiert vorsichtig mit Na_2CO_3. Eine etwa entstandene geringe Trübung wird in einigen Tropfen verdünnter Säure wieder gelöst. Die nur schwach saure Lösung wird unter Durchleiten von Luft auf etwa 70° erhitzt und für je 0,1 g BeO mit 50 ccm 6%iger Ammoniumnitritlösung und 20 ccm Methylalkohol unter Umrühren versetzt. Die Lösung trübt sich nach einigen Minuten. Nach etwa halbstündigem Kochen hat sich das gesamte Hydroxyd in dichter Form abgeschieden. Nach erneuter Zugabe von 10 ccm Methylalkohol läßt man etwa 10 Minuten absitzen und filtriert durch einen Porzellanfiltertiegel, wobei das Luftzuleitungsrohr als Glasstab benutzt wird. Es wird mit heißem Wasser gut nachgewaschen und im übrigen, wie unter 1 angegeben wurde, verfahren.

3. Bestimmung als Berylliumoxyd nach voraufgehender Fällung mit Ammoniak und Tannin
(Verfahren von L. Moser und J. Singer [l. c.]).

Die nachstehend beschriebene Methode beruht auf der Eigenschaft des Berylliumhydroxydes mit Gerbsäure eine Adsorptionsverbindung einzugehen. Infolge ihres sehr großen Volumens eignet sich diese mit Gerbsäure entstehende Fällung besonders gut zur Bestimmung kleiner Be-Mengen.

Man verfährt auf folgende Weise: Die schwach saure Berylliumsalzlösung, die höchstens noch Alkaliion enthalten darf, wird mit Wasser auf 300—400 ccm verdünnt, mit 20—30 g Ammoniumnitrat versetzt und zum Sieden erhitzt. Es erfolgt nun der Zusatz einer $10^0/_0$igen Gerbsäurelösung im ungefähr 10fachen Überschuß (auf BeO bezogen). Anschließend wird zur siedenden Flüssigkeit tropfenweise unter Rühren so viel Ammoniak zugefügt, bis nichts mehr ausfällt. Der sehr voluminöse Niederschlag wird durch ein großes Papierfilter filtriert und mit heißem Wasser vollständig ausgewaschen. Waren Alkalisalze zugegen, so löst man den Niederschlag auf dem Filter in wenig Salz- oder Schwefelsäure, spült mit heißem Wasser nach, macht ammoniakalisch und verfährt weiter wie oben. Nach dem Trocknen bei 110—130° wird der Niederschlag samt dem Filter in einen größeren Platin- oder Quarztiegel gebracht, mit einigen Tropfen HNO_3 zwecks Oxydation der organischen Substanz abgeraucht, zuletzt stark geglüht und als BeO gewogen (vgl. das unter 1, S. 1097 über das Glühen Gesagte).

4. Bestimmung als Berylliumpyrophosphat nach voraufgehender Fällung als Berylliumammoniumphosphat.

Nach L. Moser und J. Singer [Monatshefte f. Chemie 48, 673 (1927)] wird die schwach saure Berylliumsalzlösung (Sulfat, Nitrat) im Erlenmeyerkolben mit 5 g $(NH_4)_2HPO_4$, 20 g NH_4NO_3 und mit 30 ccm einer kalt gesättigten Lösung von Ammoniumacetat versetzt. Man erhitzt zum Sieden und löst den Niederschlag in der hierzu nötigen Menge HNO_3 (1: 2) (mit der Pipette zugeben!), wobei der mit Gummiwischer versehene Glasstab im Kolben bleibt, um Siedeverzüge zu vermeiden. Hierauf werden aus einer Bürette 5—6 Tropfen von $2,5^0/_0$igem NH_3 je Minute zugegeben, wodurch die langsame Bildung von feinkrystallinischem $BeNH_4PO_4$ erfolgt. Erst dann, wenn durch die zutropfende wäßrige NH_3-Flüssigkeit keine Trübung mehr entsteht, fügt man so viel Ammoniak rascher hinzu, bis die Lösung deutlich danach riecht. Nach dem Abkühlen verdünnt man mit etwas kaltem H_2O und setzt noch so viel starkes Ammoniak zu, bis Phenolphthalein rosenrot gefärbt wird. Nach dem vollständigen Absitzen des Niederschlages[1] filtriert man durch Asbest, oder besser durch einen Porzellanfiltertiegel und wäscht mit $5^0/_0$iger heißer NH_4NO_3-Lösung PO_4'''-Ionen-frei aus. Man glüht im elektrischen Ofen bis zur Gewichtskonstanz und wägt als reinweißes $Be_2P_2O_7$.

5. Bestimmung geringer Mengen Beryllium durch colorimetrische Titration mittels Chinalizarin.

Die von H. Fischer [Ztschr. f. anal. Ch. 73, 54 (1928); Wiss. Veröff. a. d. Siemenskonzern 5, H. 2, 116 (1926)] angegebene Methode eignet sich vor allem zur quantitativen Erfassung kleiner Be-Mengen. Es wird hierbei von der blauen Färbung Gebrauch gemacht, die in alkali-

---

[1] Bei Vorhandensein von sehr geringen Be-Mengen läßt man am besten über Nacht stehen.

scher Be-Salzlösung auf Zusatz einer alkalischen Lösung von Chinalizarin entsteht (vgl. S. 1096). Da die Chinalizarinlösung selbst rot-
violett gefärbt ist, kann die blaue Be-Färbung nicht direkt colorimetriert
werden. Die Ermittlung des Be-Gehaltes läßt sich jedoch mittels sog.
colorimetrischer Titration ermöglichen. Die alkalische Be-Salzlösung
wird hierbei mit einem Überschuß an alkalischer Chinalizarinlösung
versetzt und dieser Überschuß mit einer alkalischen Be-Salzlösung bekannten Titers zurücktitriert. Die Ermittlung des Endpunktes geschieht
im Colorimeter durch fortgesetzten Vergleich der Farbtonänderung der
Lösung mit dem Farbton einer Vergleichlösung, welche Be im Überschuß enthält. Der Endpunkt der Titration ist bei Farbgleichheit erreicht,
was sich im Colorimeter unschwer feststellen läßt.

Zur Ausführung der Bestimmung benötigt man eine $0{,}05^0/_0$ige, vor
Verwendung frisch zu bereitende Lösung von Chinalizarin in $^1/_4$ n-
Natronlauge, sowie eine Be-Salzlösung bestimmten Gehaltes, gleichfalls
in $^1/_4$ n-NaOH (der BeO-Gehalt beträgt zweckmäßig etwa $0{,}01^0/_0$).
Vor Durchführung der Analyse wird der „Berylliumwert" der Chinalizarinlösung kontrolliert. Dieses geschieht durch Einstellen gegen die
Be-Salzlösung bekannten Gehaltes. Theoretisch entspricht ein Kubikzentimeter der $0{,}05^0/_0$igen Lösung einer Menge von 0,0332 mg Be. In
der Praxis kann man infolge Unreinheit des verwendeten Chinalizarins
möglicherweise etwas niedrigere Be-Werte finden.

Zur Ermittlung des Be-Wertes verdünnt man 10 ccm der $^1/_4$ n-
alkalischen Chinalizarinlösung mit so viel $^1/_4$ n-NaOH-Lösung, daß ein
guter colorimetrischer Farbvergleich möglich wird. (Bei Verwendung
des Keilcolorimeters nach Hellige [s. Bd. I, S. 898] verdünnt man z. B.
mit 125 ccm Lauge.) Man fügt nun die $^1/_4$ n-alkalische Be-Salzlösung
bekannten Titers in kleinen Portionen hinzu und vergleicht eine Probe
der Lösung nach jedem Zusatz bezüglich ihres Farbtones mit einer Be
im Überschuß enthaltenden Vergleichslösung. (Bei Verwendung obigen
Colorimeters kann diese z. B. aus 7 ccm der Chinalizarinlösung, 10 ccm
der Be-Salzlösung und 80—85 ccm $^1/_4$ n-NaOH bestehen.) Solange man
den Endpunkt noch nicht erreicht hat, ist der Farbton der zu untersuchenden Lösung noch rötlicher als der der Vergleichslösung. Nach
Erreichung der Farbgleichheit ist die Einstellung beendet.

Die auf ihren Be-Gehalt zu untersuchende Be-Salzlösung wird gleichfalls mit so viel NaOH versetzt, bis die $^1/_4$ n-NaOH-Konzentration
erreicht wird. Eventuell vorhandene Säure wird vorher durch vorsichtiges Neutralisieren mit NaOH oder besser Verdampfen zur Trockne
beseitigt. Merkliche Mengen von Ammoniumsalzen stören die Reaktion.

Die Ausführung der Titration geschieht ganz analog der Bestimmung
des Be-Wertes. Man legt eine überschüssige Menge Chinalizarinlösung
vor, verdünnt mit $^1/_4$ n-NaOH so weit, daß man etwa die gleiche Farb-
stoffkonzentration wie bei der Be-Wertbestimmung erhält und versetzt
die Lösung unter ständiger Kontrolle des Farbtones mit so viel der
Be-Salzlösung bekannten Gehaltes, bis der vorher rötliche Farbton der
Lösung mit dem der Vergleichslösung übereinstimmt. Der gesuchte
Be-Gehalt ergibt sich aus der Differenz des Be-Wertes der Chinalizarin-

lösung und der bei der Titration verbrauchten Menge der Be-Salzlösung bekannten Titers.

Es ist zu beachten, daß bei allen Vergleichen die $1/4$ n-NaOH-Konzentration eingehalten und auch die Konzentration des Chinalizarins in den zu untersuchenden Lösungen möglichst gleich gehalten werden muß, da sich der Farbton sowohl bei merklicher Änderung des NaOH-, wie auch des Chinalizaringehaltes ein wenig ändern kann.

II. Trennungsmethoden.

1. Trennung des Aluminiums vom Beryllium.

Für die analytische Trennung der beiden nahe verwandten Elemente Beryllium und Aluminium sind eine große Zahl von Methoden vorgeschlagen worden. Gegenüber einer eingehenden Prüfung hält jedoch nur ein recht kleiner Teil derselben stand. Relativ gut haben sich das Trennungsverfahren mittels o-Oxychinolin (Oxin) und die Trennung der Chloride in ätherischer Salzsäure bewährt, worauf im folgenden eingegangen wird. Die in vielen Laboratorien übliche Scheidung mit Hilfe von Natriumbicarbonat nach Parsons und Barnes [Journ. Amer. Chem. Soc. 28, 1589 (1906); Ztschr. f. anal. Ch. 46, 292 (1907)] liefert hingegen keine einwandfreien Werte. Es fallen die für Beryllium nach dieser Methode gefundenen Zahlen in der Regel erheblich zu hoch aus [vgl. H. Fischer: Wiss. Veröff. a. d. Siemenskonzern. 8, H. 1, 15 (1929), 10, H. 2, 1 (1931)].

a) Trennung des Aluminiums vom Beryllium mittels o-Oxychinolin.

α) **Verfahren nach Nießner** [Ztschr. f. anal. Ch. 76, 135 (1929)]. Die Al und Be enthaltende Lösung wird, falls nötig, mit NH_3 abgestumpft und auf etwa 200 ccm verdünnt. Man erhitzt bis auf 60—70° und fügt allmählich unter gutem Rühren ein Gemisch aus gleichen Teilen einer 2%igen Lösung von o-Oxychinolin in Äthylalkohol und einer kalt gesättigten, wäßrigen Ammoniumacetatlösung hinzu. Für je 0,05 g Al reichen etwa 110—125 ccm aus, ein Überschuß ist an der Gelbfärbung der überstehenden Lösung zu erkennen. Die krystalline, grünlich gelbe Fällung wird nach kurzem Absitzen durch einen Porzellanfiltertiegel filtriert und mit wenig heißem Wasser so lange nachgewaschen, bis das Filtrat farblos abläuft. Nach dem Trocknen bei 110° bis zur Gewichtskonstanz wird der Rückstand als $Al(C_9H_6ON)_3$ gewogen und hieraus Al unter Benutzung des Faktors 0,0587 (log = 0,76864 — 2) berechnet.

Das Aluminiumoxychinolat ist in der Lösung ein wenig löslich. Zur Korrektur wird daher zu dem gefundenen Al-Wert je 100 ccm Endvolumen (Fällungsflüssigkeit + Waschwasser) etwa 0,3 mg hinzugerechnet (Privatmitteilung aus dem Laboratorium der Siemens & Halske A.-G., Abt. f. Elektrochemie).

Das im Filtrat befindliche Be wird nach einer der unter I gegebenen Vorschriften (vgl. S. 1096) als BeO bestimmt. Es ist besonders starkes

Glühen unter Luftzutritt nötig, um den vom mitgerissenen Oxychinolin stammenden Kohlenstoff völlig zu verbrennen. Eventuell wiederholt man das Glühen nach vorheriger Anfeuchtung des stark geglühten Oxydes mit Salpetersäure.

β) **Verfahren nach Kolthoff und Sandell** [Journ. Amer. Chem. Soc. **50**, 1900 (1928)]. Die Kolthoffsche Methode unterscheidet sich von dem vorerwähnten Verfahren im wesentlichen dadurch, daß eine Verwendung von Alkohol wegen der darin merklichen Löslichkeit des Aluminiumoxinats vermieden wird. Statt dessen, wird das Oxinreagens in 2 n-Essigsäure gelöst verwendet. Die Fällungstemperatur liegt bei 50—60°. Man fügt eine ausreichende Menge der Reagenzlösung (10 ccm Reagenz [5% Oxin] entsprechen einem Millimol Aluminium oder Eisen) zu der annähernd neutralen, Beryllium, Aluminium und Eisen enthaltenden Lösung und setzt dann so viel Kubikzentimeter einer 2 n-Ammoniumacetatlösung hinzu, bis ein bleibender Niederschlag entsteht. Hierauf gibt man noch weitere 20—25 ccm dieser Lösung nach. In diesem Fällungsmittel erweist sich das Aluminiumoxinat im Gegensatz zu der alkoholischen Lösung als praktisch unlöslich.

Nach der Abtrennung des Aluminiumoxinats wird das im Filtrat befindliche Beryllium in der unter 1. (S. 1096) beschriebenen Weise als BeO bestimmt.

b) **Trennung von Aluminium und Beryllium mit Hilfe des Chloridverfahrens nach Havens** [Ztschr. f. anorg. u. allg. Ch. **16**, 15 (1898); Ztschr. f. anal. Ch. **41**, 115 (1902)].

Der Verfahren ist besonders dann geeignet, wenn sich Al gegenüber dem Be im Überschuß befindet. Man geht von einer Lösung der Chloride beider Metalle aus, engt sie wenn nötig auf 50 ccm ein und versetzt sie mit 50 ccm eines Gemisches aus gleichen Teilen Äther und konzentrierter Salzsäure. Unter Kühlung (mit Wasser) leitet man in die Lösung Chlorwasserstoff bis zur vollständigen Sättigung ein. Man gibt weiter 50 ccm Äther hinzu und sättigt die Lösung wiederum mit Chlorwasserstoffgas. Hierbei fällt $AlCl_3 \cdot 6 H_2O$ als krystallinischer Niederschlag aus. Die Fällung wird durch einen Glas- oder Porzellanfiltertiegel filtriert. Als Waschwasser dient eine mit HCl-Gas gesättigte Mischung aus gleichen Teilen Äther und konzentrierter Salzsäure. Der Niederschlag wird in warmem Wasser gelöst und aus der Lösung das Aluminium in bekannter Weise als Hydroxyd gefällt und als Al_2O_3 bestimmt. Die Lösung kann auch unter Zusatz von HNO_3 in einem Porzellantiegel zur Trockne verdampft und der Rückstand zu Al_2O_3 verglüht werden.

Das im Filtrat von der Chloridfällung befindliche Be wird nach einer der oben unter A angeführten Bestimmungsmethoden bestimmt.

c) **Direkte Bestimmung kleiner Mengen Beryllium neben Aluminium nach dem Chinalizarinverfahren** (vgl. S. 1098).

Die Al im Überschuß enthaltende Lösung wird in der Kälte mit so viel NaOH-Lösung versetzt, bis sich das anfangs entstandene Hydroxyd unter Bildung von Aluminat gerade wieder aufgelöst hat. Man füllt die Lösung unter Zugabe der zur Einhaltung der $^1/_4$ n-Konzentration notwendigen Menge NaOH im Meßkolben auf und bestimmt in einem aliquoten Teil derselben das Beryllium nach der unter 5., S. 1098, gegebenen Vorschrift.

2. Trennung des Eisens vom Beryllium.

a) Trennung mittels o-Oxychinolin.

α) **Verfahren nach Nießner** [Ztschr. f. anal. Ch. **76**, 135 (1929)]. Die Arbeitsweise ist im wesentlichen die gleiche wie bei der analogen Trennung des Aluminiums von Beryllium (s. S. 1100).

Die vorher mit NH_3 abgestumpfte und auf etwa 200 ccm verdünnte Lösung wird mit etwa $^1/_2$ g Oxalsäure[1] versetzt. Man erhitzt auf 60 bis 70° und fügt allmählich die S. 1100 angegebene Reagenzlösung (auf je 0,1 g etwa 110—125 ccm) unter gutem Umrühren hinzu. Es fällt ein dunkler, sehr feiner Niederschlag aus. Die Fällung wird nach einigen Minuten Stehen durch einen Ultrafiltertiegel (der **Staatlichen Porzellanmanufaktur, Berlin**) filtriert und durch Waschen mit wenig heißem Wasser vom mitgerissenen o-Oxychinolin befreit. Nach dem Trocknen zur Gewichtskonstanz bei 110° wägt man den Rückstand als $Fe(C_9H_6ON)_3$ und berechnet hieraus das Fe mit Hilfe des Faktors 0,1144 (log = 0,05843 − 1).

Das Eisenoxychinolat ist ebenso wie die analoge Aluminiumverbindung (vgl. S. 1100) in der Lösung etwas löslich (Mitteilung aus dem Laboratorium der **Siemens & Halske A.-G.**, Abt. f. Elektrochemie). Zum Ausgleich zählt man daher zu dem gefundenen Fe-Wert je 100 ccm Endvolumen (Fällungsflüssigkeit + Waschwasser) etwa 0,3—0,4 mg hinzu.

Das im Filtrat befindliche Beryllium wird als BeO bestimmt. Man arbeitet nach einer der unter I (S. 1096) angeführten Vorschriften. Zur völligen Entfernung des von organischen Stoffen stammenden Kohlenstoffs muß das stark geglühte Oxyd eventuell wiederholt nach vorherigem Anfeuchten mit Salpetersäure geglüht werden.

β) **Verfahren nach Kolthoff und Sandell** [Journ. Amer. Chem. Soc. **50**, 1900 (1928)]. Die Trennung des Berylliums vom Eisen geschieht in ganz entsprechender Weise, wie dies bei der Scheidung des Aluminiums vom Beryllium auf S. 1101 beschrieben ist.

b) **Elektrolytische Trennung des Eisens vom Beryllium nach Classen** [Quantitative Analyse durch Elektrolyse, 6. Aufl., S. 282. Berlin 1920; Ber. Dtsch. Chem. Ges. **14**, 2771 (1881)].

Bei Gegenwart eines Überschusses von Ammoniumoxalat läßt sich aus der wäßrigen Lösung eines Gemisches von Verbindungen beider

---

[1] **Nießner** gibt statt dessen 2 g Weinsäure an. Eine Verwendung der oben genannten Menge Oxalsäure ist zweckmäßiger, weil Tartrate unter Umständen die spätere quantitative Ausfällung des Berylliumhydroxydes beeinträchtigen können (Privatmitteilung a. d. Laboratorium d. **Siemens & Halske A.-G.**, Abt. f. Elektrochemie).

Metalle das Eisen elektrolytisch abscheiden, während das Beryllium in Lösung bleibt. Starke Ströme sowie überhaupt Temperaturerhöhungen sind zu vermeiden, da sich sonst infolge Zersetzung des durch die Elektrolyse gebildeten Ammoniumhydrocarbonates Berylliumhydroxyd abscheidet.

Zur Ausführung versetzt man die, wenn nötig mit NH_3 annähernd neutralisierte wäßrige Lösung der Sulfate (Chloride sind weniger geeignet) mit etwa 8 g Ammoniumoxalat. Wenn die Lösung nicht wärmer ist als etwa 40°, kann sofort elektrolysiert werden, da sie sich im Laufe der Elektrolyse genügend abkühlt. Man benutzt eine Platinschale als Kathode und wendet einen Strom von etwa 0,5—1 Amp./100 cm² Kathodenoberfläche bei 2,75—3,8 Volt an, durch welchen 0,1 g Eisen in etwa 5—6 Stunden niedergeschlagen wird.

Zur Bestimmung des Berylliums in der vom Eisen abgegossenen Flüssigkeit zersetzt man das gesamte Oxalat durch den Strom zu Hydrocarbonat, kocht die Lösung zu dessen Zerstörung und setzt die Erhitzung so lange fort, bis die Flüssigkeit nur noch schwach nach Ammoniak riecht. Das hierbei ausgeschiedene Berylliumhydroxyd wird abfiltriert und in der oben bei der Bestimmung als BeO angegebenen Weise (s. S. 1096) weiterbehandelt.

III. Spezielle Verfahren.

1. Bestimmung von Verunreinigungen im metallischen Beryllium.

Das handelsübliche Berylliummetall enthält geringe Mengen Eisen und Aluminium. Insgesamt sind im Beryllium etwa 0,5—2⁰/₀ dieser Verunreinigungen enthalten. In den meisten Fällen herrscht hierbei Eisen vor.

a) Colorimetrische Bestimmung des Eisens.

Man löst eine kleine Probe des Metalles (0,05—0,1 g) in verdünnter Salzsäure, setzt zur Oxydation des vorhandenen Eisens etwas Salpetersäure hinzu und raucht die Lösung mit 10 ccm konzentrierter Schwefelsäure bis zur gerade beginnenden Entwicklung von SO_3-Dämpfen ab. Man verdünnt die Lösung mit Wasser und füllt sie im Meßkolben bis zur Marke auf. In einem aliquoten Teil dieser Lösung ermittelt man das Eisen nach Zusatz einer ausreichenden Menge von Kaliumrhodanidlösung durch colorimetrischen Vergleich mit einer schwefelsauren, gleichfalls mit Kaliumrhodanid versetzten Eisensalzlösung bekannten Titers.

b) Colorimetrische Bestimmung des Aluminiums nach Stock, Praetorius und Prieß [Ber. Dtsch. Chem. Ges. 58, 1577 (1925)].

Aluminium bildet mit alizarin-sulfonsaurem Natrium einen gelbroten Farblack, der sich (bei Abwesenheit von Eisen) gut zur colorimetrischen Bestimmung geringer Mengen Aluminium neben Beryllium eignet.

Man bereitet das erforderliche Alizarinreagens durch Vermischen der unfiltrierten Lösungen von 100 g NH_4NO_3 und von 4 g alizarinsulfonsaurem Natrium (Kahlbaum) in wenig Wasser. Nach dem Verdünnen auf etwa 350 ccm setzt man 50 ccm Eisessig und unter guter Rührung langsam 50 ccm 2 n-NH_3-Lösung hinzu. Ein örtliches Alkalischwerden ist zu vermeiden, da die einmal entstandenen gallertartigen Niederschläge sich nur schwer wieder in Essigsäure lösen. Die Lösung wird auf 500 ccm aufgefüllt und nach frühestens 24 Stunden filtriert. Man filtriert vor Gebrauch durch ein Faltenfilter.

Zur Ausführung der Bestimmung löst man eine abgewogene Menge Beryllium in verdünnter Salzsäure, verdampft die Lösung auf dem Wasserbade zur Trockne, nimmt wieder mit Wasser auf und füllt die Lösung im Meßkolben zur Marke auf. Zu einem aliquoten Teil der Lösung (z. B. 10 ccm) setzt man im Zentrifugenglas 10 ccm Alizarinreagens und läßt 48 Stunden stehen. Der Zusatz von 10 ccm der Reagenslösung genügt für 2 mg Al.

Die Lösung wird dann (mindestens 5 Minuten) zentrifugiert, wobei sich der Al-Lack gut absetzt. Man filtriert die überstehende Lösung durch ein Glaswollefilter und wirbelt den zurückgebliebenen Niederschlag zwecks Auswaschen in hinzugesetzter 5%iger NH_4NO_3-Lösung bis zur feinen Verteilung auf. Zentrifugieren und Auswaschen werden wiederholt, bis die Waschflüssigkeit fast farblos geworden ist. Man löst nun die Niederschläge im Glas und auf dem Glaswollefilter in verdünnter Natronlauge und vereinigt beide Lösungen. Es wird so weit verdünnt, daß die Lösung zum Schluß auf 100 ccm Gesamtvolumen etwa 5 ccm 2 n-NaOH enthält. Die Einhaltung dieser NaOH-Konzentration erscheint geboten, weil sich der Farbton der Lösung bei Veränderung der NaOH-Konzentration gleichfalls etwas ändert. Die so erhaltene Lösung wird gegen eine analog zusammengesetzte Vergleichslösung bekannten Al-Gehaltes colorimetrisch verglichen.

2. Bestimmung des Berylliums im Beryll.

Das Mineral Beryll 3 BeO · Al_2O_3 · 6 SiO_2 kommt praktisch allein als Ausgangsmaterial für die Herstellung von Beryllium und seinen Verbindungen in Betracht. Erschwerend für die Analyse des Berylls ist die gleichzeitige Anwesenheit von Aluminium und geringen Mengen Eisen neben Beryllium, weshalb nur wenige Verfahren einwandfreie Ergebnisse liefern. Zur hinreichend genauen Ermittlung des Berylliumgehaltes dienen die oben bei der Trennung des Berylliums vom Aluminium und vom Eisen angegebenen Methoden in etwas modifizierter Form [vgl. H. Fischer und G. Leopoldi: Wiss. Veröff. a. d. Siemenskonzern 10, H. 2, 1 (1931)].

a) Bestimmung des Berylliums im Beryll unter Anwendung des o-Oxychinolinverfahrens von Nießner oder besser von Kolthoff und Sandell (vgl. S. 1100 u. 1101).

Man schließt ½ g des feinstgepulverten Minerals mit 5—6 g Natriumcarbonat im Platintiegel auf. Der Schmelzrückstand wird mit Wasser ausgelaugt, mit einem Überschuß von Salzsäure versetzt und die Mischung zur Trockne verdampft. Man nimmt den Rückstand mit verdünnter Salzsäure auf, filtriert die ungelöst zurückbleibende Kieselsäure und wäscht auf dem Filter mit warmer verdünnter Salzsäure nach. Zur Entfernung der letzten Spuren Kieselsäure wird das Filtrat mit Schwefelsäure bis zum Auftreten der SO_3-Dämpfe erhitzt. Man vereinigt nach dem Filtrieren und Waschen beide Filtrate. Die Kieselsäure wird im Platintiegel geglüht und mit Schwefelsäure und Flußsäure abgeraucht. Einen etwa verbleibenden Rückstand schmilzt man mit Kaliumbisulfat, löst den Rückstand in warmem Wasser und fügt die eventuell filtrierte Lösung zu dem Filtrat von der Kieselsäure.

Aus der nunmehr die Chloride der drei Metalle Eisen, Aluminium und Beryllium enthaltenden Lösung wird mit NH_3 in der Kälte ein Gemisch der entsprechenden drei Hydroxyde gefällt, filtriert und mit ammoniumnitrathaltigem Wasser gewaschen. Man löst die Hydroxydfällung in einer gerade ausreichenden Menge Salzsäure, verdünnt auf etwa 200 ccm, fügt etwa $1/_2$ g Oxalsäure hinzu und stumpft eventuell mit etwas NH_3 ab.

Die weitere Behandlung ist die gleiche, wie sie bei den Trennungsverfahren des Aluminiums bzw. des Eisens vom Beryllium mittels o-Oxychinolin angegeben wurde (vgl. S. 1100 u. 1101).

Man erhält als Fällung ein Gemisch von Eisen- und Aluminiumoxychinolat. Im Filtrat wird das Beryllium in der oben angegebenen Weise bestimmt.

b) Bestimmung des Beryllium im Beryll unter Anwendung des Chloridverfahrens von Havens (vgl. S. 1101).

Man schließt 1 g Beryll in der oben (unter a) angegebenen Weise auf. Das Chloridverfahren gelangt zur Anwendung, nachdem das gut ausgewaschene Gemisch der drei Hydroxyde des Eisens, Aluminiums und Berylliums in Salzsäure gelöst wurde (vgl. oben). Die salzsaure Lösung wird im Meßkolben aufgefüllt. Für die Trennung nach Havens wird die eine Hälfte der aufgefüllten Lösung verwendet. Zur Ausführung derselben arbeitet man nach der unter b S. 1101 gegebenen Vorschrift. Man trennt auf diese Weise das Aluminium vom Eisen und Beryllium. Aus dem Filtrat der Chloridfällung werden beide Elemente zusammen mit NH_3 als Hydroxyde gefällt und nach dem Glühen gemeinsam als Oxyde gewogen. In der zweiten Hälfte der aufgefüllten salzsauren Lösung bestimmt man das Eisen in bekannter Weise maßanalytisch. Man rechnet den gefundenen Wert auf Fe_2O_3 um und bringt ihn von der gravimetrisch ermittelten Summe $BeO + Fe_2O_3$ in Abzug.

c) Bestimmung des Berylliums im Beryll unter Anwendung des Chinalizarinverfahrens (vgl. S. 1098 u. 1101).

Die Ermittlung des Berylliumgehaltes gelingt bei diesem Verfahren wesentlich rascher als bei den oben angeführten Methoden. Die erreichbare Genauigkeit ist zwar etwas geringer, genügt aber für die Zwecke der technischen Betriebskontrolle.

Man führt den unter 1 angegebenen Aufschluß mit $^1/_2$ g Beryll durch. Die Weiterverarbeitung ist einschließlich der gemeinsamen Ausfällung der Hydroxyde des Eisens, Aluminiums und Berylliums ebenfalls die gleiche wie oben. Man löst den gewaschenen Niederschlag in einer gerade ausreichenden Menge Salzsäure und füllt im Meßkolben auf. Ein aliquoter Teil der Lösung (z. B. entsprechend 0,05 g Einwaage) wird zur Entfernung überschüssiger Säure auf dem Wasserbade eingedampft, mit kaltem Wasser aufgenommen und unter Zusatz von so viel NaOH, als zur Erreichung einer $^1/_4$ n-NaOH-Konzentration notwendig ist, im Meßkolben aufgefüllt. Man ermittelt das Beryllium in einem aliquoten Teil der Lösung in der auf S. 1101 angegebenen Weise. Eine geringfügige Ausscheidung von Fe(OH)$_3$ stört die Bestimmung nicht.

3. Bestimmung des Berylliums in Legierungen.

Die wichtigsten, praktisch Verwendung findenden Berylliumlegierungen sind Zwei- oder Mehrstofflegierungen des Kupfers, des Nickels, des Eisens und (seltener) des Aluminiums.

a) Bestimmung des Berylliums in Kupfer- bzw. Nickellegierungen.

Sehr einfach ist die Bestimmung des Berylliums in binären Kupferlegierungen. Sie geschieht nach elektrolytischer Abtrennung des Kupfers aus salpetersaurer Lösung mit Hilfe eines unter I, S. 1096 angegebenen gravimetrischen Verfahren. Bei der entsprechenden Analyse von Nickellegierungen wird das Beryllium vom Nickel in Gegenwart von Ammoniumsalz durch Fällung mit NH$_3$ als Hydroxyd abgetrennt. Die Trennung wird zur Befreiung des Berylliumhydroxydes von mitgerissenem Ni ein- bis zweimal wiederholt. Das Beryllium wird dann in bekannter Weise als BeO bestimmt.

Zur raschen Ermittlung, insbesondere geringer Berylliumgehalte in Kupfer- oder Nickellegierungen, kann folgende Schnellmethode dienen, bei der das Chinalizarinverfahren (vgl. S. 1098) Anwendung findet [vgl. H. Fischer: Ztschr. f. anal. Ch. 73, 54 (1928); Wiss. Veröff. a. d. Siemenskonzern. 8, H. 1, 15 (1929)]: Man löst die Legierung in kalter Salzsäure unter Zusatz von einigen Kubikzentimeter Perhydrol und verdampft die Lösung auf dem Wasserbade zur Trockne. Man nimmt dann mit wenig Wasser auf und fügt so viel Kaliumcyanidlösung hinzu, daß das zuerst ausfallende Kupfer- bzw. Nickelcyanid wieder völlig gelöst wird und nur ein geringfügiger Niederschlag von Be(OH)$_2$ zurückbleibt. Hierauf füllt man im Meßkolben unter Zusatz von so viel NaOH, als zur Erreichung einer $^1/_4$ n-NaOH-Konzentration erforderlich ist, zu einer klaren Lösung auf und bestimmt das Beryllium im aliquoten Teil durch colorimetrische Titration mit Chinalizarin (vgl. S. 1098).

b) Bestimmung des Berylliums in Eisenlegierungen.

Es können hierfür die unter der Trennung des Eisens von Beryllium angeführten Methoden von Nießner bzw. von Classen ohne weiteres benutzt werden. Das letztere Verfahren ist besonders dann anzuwenden, wenn ein bedeutender Eisenüberschuß im Verhältnis zum Beryllium vorliegt.

c) Bestimmung des Berylliums in Aluminiumlegierungen.

Für die Bestimmung des Berylliums in Aluminiumlegierungen mit mittlerem oder hohem Berylliumgehalt eignet sich das o-Oxychinolinverfahren von Kolthoff u. Sandell (s. S. 1101). Die Ermittlung geringer Berylliumgehalte im Aluminium kann nach der Chinalizarinmethode von H. Fischer (s. S. 1098) geschehen (s. a. S. 1060).

4. Bestimmung des Berylliums in Beryllium-Sonderstählen.

Durch die Arbeiten von Kroll [Wiss. Veröff. a. d. Siemenskonzern 8, H. 1, 220 (1929)] sind vor einiger Zeit eine Reihe von berylliumhaltigen Spezialstählen bekanntgeworden, welche sich durch große Korrosionsbeständigkeit und vor allem hohe Härte- und Festigkeitsziffern auszeichnen. Ähnlich wie die bekannten Beryllium-Kupfer- und Beryllium-Nickellegierungen enthalten auch diese Stähle nur geringe Mengen Beryllium. In der Hauptsache handelt es sich um berylliumhaltige Chromnickelstähle, welche etwa 5—11% Nickel, etwa 12—30% Chrom und etwa 0,6—1,2% Beryllium enthalten. Außer diesen Legierungen kommt bisher noch der sogenannte berylliumhaltige Invarstahl in Betracht, der 35% Nickel und etwa 1% Beryllium aufweist.

Nach einem von H. Fischer vorgeschlagenen Analysengang [Wiss. Veröff. a. d. Siemenskonzern 10, H. 2, 1 (1931)] wird das Beryllium in diesen Stählen auf folgende Weise bestimmt:

1 g Späne der Legierung werden in einer Porzellanschale mit etwa 20 ccm warmer konzentrierter Salzsäure versetzt; bei allzu langsamer Auflösung werden etwa 5 ccm konzentrierter Salpetersäure hinzugegeben. Ein verbleibender Rückstand wird nach dem Filtrieren, Waschen und Trocknen mit Natriumperoxyd im Eisentiegel in bekannter Weise aufgeschlossen und der Schmelzkuchen mit verdünnter Salzsäure versetzt. Ein hier eventuell ungelöst bleibender, aus Kieselsäure bestehender Rückstand wird filtriert, mit verdünnter Salzsäure gewaschen und das Waschwasser zum Filtrat gefügt. Die ursprüngliche Lösung wird zur Ausscheidung der Hauptmenge Kieselsäure und zur Entfernung der überschüssigen Salpetersäure zweimal unter Zusatz von verdünnter Salzsäure auf dem Wasserbade zur Trockne verdampft und die abgeschiedene Kieselsäure in der üblichen Weise entfernt. Das Filtrat von der Kieselsäure wird mit dem Filtrat vom Natriumperoxydaufschluß vereinigt und die Mischung auf dem Wasserbade bis zur Sirupdicke eingedampft.

Nunmehr erfolgt die Ausätherung des Eisenchlorids in bekannter Weise nach dem Verfahren von Rothe (s. S. 1309) und Bauer-Deiß (Probenahme und Analyse für Eisen und Stahl, S. 166. Berlin: Julius Springer 1922). Zweckmäßig ist die Verwendung eines Rotheschen Scheidetrichters. Die nach der Abtrennung der Äthersalzsäure fast eisenfreie Lösung wird durch Eindunsten in einer Porzellanschale vom Äther befreit und dann mit Schwefelsäure bis zum Auftreten von SO_3-Dämpfen abgeraucht. Nach dem Wiederaufnehmen mit Wasser setzt man in der Wärme einige Gramm festes Ammoniumpersulfat, sowie einige Kubikzentimeter einer 10%igen Silbernitratlösung hinzu und erhitzt zum Sieden bis zur völligen Oxydation des Chroms zu Bichromat. Man macht die Lösung schwach ammoniakalisch und filtriert den ausgeschiedenen, in der Hauptsache aus Berylliumhydroxyd bestehenden Niederschlag ab. Er wird sorgfältig mit Ammoniumnitrat enthaltendem kalten Wasser gewaschen, wieder in Schwefelsäure gelöst, und der ganze Prozeß von der Oxydation mit Ammoniumpersulfat an bis zum Auswaschen des gefällten Berylliumhydroxyds einschließlich wiederholt.

Der Niederschlag wird nunmehr in wenig verdünnter Salzsäure gelöst, die Lösung mit Ammoniak annähernd neutralisiert und hierauf zur Abscheidung der letzten Menge Eisen das Oxin-Trennungsverfahren von Kolthoff und Sandell ausgeführt (vgl. S. 1101). Die Oxintrennung besitzt hierbei noch den Vorteil, daß auch Nickel, welches etwa noch in der Lösung verblieben war, mit dem Eisen gleichzeitig als Oxinat abgetrennt werden kann. Im Filtrat der Oxinfällung wird das Beryllium nach Vereinigung mit den Waschwässern in der üblichen Weise mit Ammoniak abgeschieden, die Fällung filtriert und mit kaltem Ammoniumnitrat enthaltenen Wasser bis zum Verschwinden der Chlorionreaktion im Filtrat ausgewaschen. Nach dem Trocknen und Veraschen des Niederschlages im Platintiegel wird der Rückstand bei 1200° gewichtskonstant geglüht und dann als Berylliumoxyd gewogen.

Wismut.

Von

Dr.-Ing. G. **Darius**, Frankfurt a. M.

Einleitung.

Wismut, Bi, Atomgewicht 209,00 kommt gediegen vereinzelt in Kobalt- und Silbererzgängen vor. Als Mineralien sind Wismutglanz, Bismutin Bi_2S_3 mit 81,2 % Bi und Wismutocker, Bismit Bi_2O_3 mit 89,66 % Bi als für die Gewinnung in Betracht kommend zu erwähnen. Die vielen anderen wismuthaltigen Mineralien, z. B. Klaprothit $Bi_4S_9Cu_6$, Wittichenit Cu_3BiS_3, Guanajuatit Bi_2Se_3, Titradymit Bi_2Te_2S und Wismutspat $5\,Bi_2O_3 \cdot CO_2 \cdot H_2O$ kommen für die Gewinnung des Wismuts nicht in Frage. Dagegen werden viele Hüttenprodukte, besonders aus dem Bleisilberhüttenbetrieb, zur Herstellung des Wismuts herangezogen.

I. Quantitative Bestimmungsformen des Wismuts.

A. 1—6. Gewichtsanalytisch als Oxyd, Oxychlorid, Phosphat, Sulfid und Metall.
B. Colorimetrisch.
C. Maßanalytisch.

A. Gewichtsanalytische Bestimmungen.

1. Bestimmung als Oxyd.

Zur Bestimmung als Oxyd wird das Wismut aus der Wismutlösung zunächst entweder als basisches Nitrat oder basisches Carbonat gefällt und dieses dann in Oxyd übergeführt. Im ersten Falle wird die salpetersaure Wismutlösung, welche außer Essigsäure keine freie Säure enthalten darf, auf dem Wasserbade fast bis zur Trockne eingedampft, mit Wasser aufgenommen, erneut eingedampft und dieses so oft wiederholt, bis keine sauren Dämpfe mehr entweichen. Der letzte Rückstand wird mit 2 %iger Ammoniumnitratlösung aufgenommen, das ausgefallene basische Wismutnitrat durch ein kleines Filter filtriert und mit 2 % Ammonnitratlösung ausgewaschen. Das Filter wird getrocknet, die Hauptmenge des Niederschlages abgetrennt, das Filter für sich allein verascht und die Asche mit etwas Salpetersäure oxydiert. Dann gibt man die Hauptmenge des Niederschlages in den Tiegel und glüht mäßig unter Vermeidung einer Reduktion bis zur Gewichtskonstanz.

$$Bi_2O_3 \times 0,8970 \ (\log = 0,95279 - 1) = Bi.$$

Man kann auch die saure Wismutlösung neutralisieren und entweder mit festem Ammoncarbonat oder einer gesättigten Lösung davon versetzen. Dann kocht man die Lösung, bis der Geruch nach Ammoniak verschwunden ist, läßt einige Stunden in der Wärme stehen und filtriert das basische Carbonat durch ein möglichst kleines Filter ab. Man wäscht gut aus und löst den Niederschlag mit möglichst wenig heißer verdünnter Salpetersäure (Auftropfenlassen aus einer Pipette) durch das Filter in einen gewogenen Tiegel, wäscht mit salpetersaurem Wasser nach und dampft den Tiegelinhalt vorsichtig zur Trockne. Den trocknen Tiegel glüht man bis zur Gewichtskonstanz, wobei eine Reduktion und auch das Schmelzen möglichst vermieden werden soll.

In jedem Falle ist das ausgewogene Oxyd auf Reinheit zu prüfen. Es muß vor allen Dingen frei von Blei und Schwefelsäure sein und sich in verdünnter Salpetersäure klar lösen.

2. Bestimmung als Oxychlorid.

Die salzsaure Wismutlösung wird mit Ammoniak fast neutralisiert und dann in viel Wasser (mindestens die fünffache Menge) gegossen. Den sich hierbei bildenden Niederschlag läßt man absitzen und prüft durch Zugabe von mehr Wasser, ob die überstehende Lösung klar bleibt. Dann filtriert man durch einen porösen Porzellanfiltertiegel, wäscht gut mit heißem Wasser aus und trocknet das Oxychlorid bei 100—105° C. Falls die ursprüngliche Wismutlösung salpeter- oder schwefelsauer war, nimmt man an Stelle des Wassers eine verdünnte Ammoniumchloridlösung.

$$\text{BiOCl} \times 0{,}8024 \ (\log = 0{,}90441 - 1) = \text{Bi}.$$

3. Bestimmung als Phosphat.

Nach Moser (Die Bestimmungsmethoden des Wismuts und seine Trennungen von den anderen Elementen. 1919) ist das Wismutphosphat die beste Wägungsform. Die verdünnte salpetersaure Lösung wird mit 5 ccm einer 25%igen Phosphorsäure in der Siedehitze unter Umrühren versetzt, der Niederschlag aus der heißen Lösung durch einen porösen Porzellantiegel abfiltriert, mit 3 vol.-%iger Salpetersäure, welche 3% Ammonnitrat enthält, ausgewaschen, getrocknet, geglüht und als Wismutphosphat ausgewogen.

$$\text{BiPO}_4 \times 0{,}6875 \ (\log = 0{,}83728 - 1) = \text{Bi}.$$

Es ist zu beachten, daß bei dieser Fällungsart keine Chlorionen vorhanden sein dürfen. Falls man jedoch zur Fällung 10%ige Natriumphosphatlösung im Überschuß anwendet, stören die Chlorionen nicht.

4. Bestimmung als Sulfid.

W. W. Scott (Standard methods of chemical analysis, p. 75) gibt hierzu folgende Bedingungen an.

In eine reine schwach saure Wismutlösung leitet man, am besten unter Druck, Schwefelwasserstoffgas ein. Der Niederschlag wird durch einen porösen gewogenen Porzellanfiltertiegel abfiltriert, zunächst mit Schwefelwasserstoffwasser, dann mit Alkohol, Schwefelkohlenstoff, Alkohol und Äther ausgewaschen und 20 Minuten bei 100° C getrocknet.

$$Bi_2S_3 \times 0,8130 \; (\log = 0,9170 - 1) = Bi.$$

5. Bestimmung als metallisches Wismut durch reduzierendes Schmelzen.

Wismutoxyd, -oxychlorid, -carbonat und -sulfid lassen sich durch Schmelzen mit der 4—5fachen Menge Kaliumcyanid (pro analysi) im bedeckten Tiegel zu Metall reduzieren, wobei man durch geringes Umschwenken leicht erreicht, daß sich nur ein Metallkorn bildet. Die Schmelze wird nach dem Erkalten mit Wasser ausgelaugt und das Metallkorn nebst den etwa vorhandenen Metallflittern abfiltriert. Das Filter mit der geringen Menge Metallstaub wird verascht und mit dem Metallkorn zusammen ausgewogen. Den Fehler, der durch den geringen Anteil an Oxyd, herrührend von der Oxydation der Metallflitter, entsteht, kann man vernachlässigen. Das Metallkorn muß jedoch auf Reinheit geprüft werden. Es wird in Salpetersäure gelöst (klare Lösung sonst Zinn), mit verdünnter Schwefelsäure (1 : 2) ist das etwa vorhandene Blei festzustellen. Das Filtrat wird mit Salzsäure auf Silber und durch Übersättigen mit Ammoniak auf Kupfer geprüft. Hierbei ist natürlich notwendig zu prüfen, ob das angewandte Kaliumcyanid ohne Rückstand wasserlöslich ist.

6. Bestimmung als Metall durch Elektrolyse.

(S. a. S. 917).

Die elektrolytische Fällung des Wismuts wurde erst durch Einführung der Beobachtung des Kathodenpotentials möglich. Die Apparatur und Ausführung dieser Bestimmung sind bei A. Fischer (Elektrolytische Schnellmethoden, S. 98. 1908) genau beschrieben. Man benötigt einen Fischerschen Kompensationsapparat, eine Sandsche Mercurosulfat-Hilfselektrode, Platindoppelnetze und ein Rührstativ mit Glasrührer (Bd. I, S. 400). Der Elektrolyt muß stark bewegt und zu Beginn der Elektrolyse ungefähr 10 Minuten lang auf 60—70° erwärmt werden. Die Fällung wird aus salpetersaurer Lösung, die bis 4,5 Vol.-%/0 freie Salpetersäure enthalten kann und nach K. Seel [Ztschr. f. angew. Ch. 37, 541 (1924)] 2,5%/0 Traubenzucker enthält, bei einem Kathodenpotential von 0,5 Volt ausgeführt. Gegen Ende der Elektrolyse kann das Potential bis 0,75 Volt gesteigert werden. Die Ausführung geht in der Art vor sich, daß, nachdem die Elektroden in die heiße Lösung eingetaucht worden sind, der Kompensationsstrom eingeschaltet und der Widerstand so reguliert wird, daß die Spannung auf 0,5 Volt kommt. Dann bringt man den Rührer auf eine möglichst hohe Tourenzahl und stellt den Analysenstrom so ein, daß das Galvanometer in Nullstellung bleibt. Unter Beobachtung des Galvanometers wird jetzt der Analysenstrom derart reguliert, daß der Nullpunkt am Galvanometer immer erhalten bleibt. Sobald hierbei die Analysenstromstärke auf 0,1 Ampere gesunken ist, wird das Potential langsam auf 0,75 Volt erhöht, wobei der Analysenstrom zunächst wieder erhöht werden muß. Sobald auch bei diesem Kathodenpotential der Analysenstrom auf 0,1 Ampere gesunken ist, ist die Analyse beendigt. Die Elektroden werden jetzt ohne Stromunterbrechung ausgewaschen und der Wismutniederschlag mit Alkohol getrocknet und gewogen. Bei einiger Übung gelingt es auch durch schnellen Wechsel der Elektrolysengefäße, nachdem die Nebenapparatur beseitigt ist, die Elektroden von der anhaftenden Säure zu befreien.

B. Colorimetrische Bestimmung.

Die colorimetrische Wismutbestimmung (s. a. Bd. I, S. 885) beruht auf der intensiven gelben Farbe einer Lösung von Wismutjodid in Kaliumjodid. Diese Färbung ist so stark, daß ein hundertstel Milligramm Wismut noch mit Sicherheit erkannt werden kann. Diese Methode wird deshalb zur Bestimmung kleiner Mengen Wismut in Erzen und Metallen angewandt. Die Bestimmung geht von einer schwefelsauren Wismutlösung aus, die man durch Abrauchen des Oxychlorides oder basischen Carbonates mit Schwefelsäure erhalten hat. Man benötigt als Vergleichslösung eine Wismutlösung, die 0,1 g Wismut im Liter enthält, eine frisch bereitete Lösung von $10^0/_0$iger schwefliger Säure oder $10^0/_0$-igem Natriumsulfit, festes Kaliumjodid und einige Vergleichsgefäße aus weißem Glas, bei welchen darauf zu achten ist, daß innerer Durchmesser und Wandstärke des Glases gleich sind. Man füllt die zu untersuchende Lösung in einem Meßkolben auf und verwendet zum Vergleich einen aliquoten Teil, der sich nach dem Wismutgehalt des Materials richtet. Es ist zweckmäßig, dafür zu sorgen, daß in der zu vergleichenden Lösung nicht mehr als 0,2 mg je 100 ccm sind. Falls der Wismutgehalt hoch ist, liegt hierin ein Nachteil der Methode, denn entweder werden die abzuschätzenden Flüssigkeitsmengen zu groß oder die abzuschätzende Erzmenge wird so klein, daß durch die notwendige Multiplikation der geringste Fehler zu großen Schwankungen des Ergebnisses führt. Der zur Abschätzung verwendete Anteil der Wismutlösung wird auf etwa 50 ccm verdünnt, dann gibt man 3—5 Tropfen der $10^0/_0$igen schwefligen Säure und etwa 1 g Kaliumjodid zu. Hierauf füllt man die Vergleichsflasche auf und schüttelt gut um. In eine weitere Vergleichsflasche füllt man jetzt dieselbe Menge Kaliumjodid mit derselben Menge Wasser und gibt aus einer Meßpipette so viel von der bekannten Wismutlösung hinzu, bis der Farbton der beiden Vergleichsgefäße gleich ist. Es ist hierbei zweckmäßig, durch einen Vorversuch den ungefähren Endpunkt der Reaktion zu ermitteln. Weiterhin ist es empfehlenswert, die Vergleichsflaschen gegen eine Mattscheibe zu halten, damit die Beleuchtung möglichst indirekt ist. Es ist darauf zu achten, daß man bei der Analysenlösung das Kaliumjodid nicht zu der stark sauren Wismutlösung gibt, es würde dadurch eine Jodausscheidung erfolgen,

welche infolge der Lösung des Jods in Kaliumjodid den gelben Wismut-
farbton verstärken und zu Fehlern führen würde. Keine Standard-
vergleichslösungen bereit halten, da der Farbton sich verändert!
Zu jeder Abschätzung gehört eine neue Vergleichslösung!

C. Maßanalytische Bestimmung.

In Deutschland hat sich keine der vielen vorgeschlagenen Methoden,
welche alle indirekt sind, durchsetzen können. Nach Scott (Standard
methods of chemical analysis, p. 76) kann man eine für Betriebsanalysen
brauchbare Schnellbestimmung folgendermaßen ausführen. Die 5 Vol.-$^0/_0$
Salpetersäure enthaltende Wismutlösung wird mit ungefähr 5 g Ammonoxalat oder Oxalsäure versetzt und 5 Minuten lang gekocht. Man läßt
den Niederschlag absitzen und gießt die geklärte Flüssigkeit durch ein
Filter. Der Niederschlag wird zweimal mit je 50 ccm Wasser aufgekocht
und die Waschwässer durch dasselbe Filter filtriert. Der Niederschlag
wird auf dem Filter so lange ausgewaschen, bis das Waschwasser neutral
ist. Die Hauptmenge des Niederschlages wird in ein Becherglas gegeben
und der auf dem Filter verbleibende Rest wird mit 2—5 ccm verdünnter
Salzsäure (1 : 1) durch das Filter in das Becherglas gelöst. Man erwärmt
bis alles in Lösung gegangen ist und verdünnt mit heißem Wasser
auf 250 ccm. Jetzt gibt man zur Neutralisation der freien Säure verdünnten Ammoniak hinzu. Der entstehende Niederschlag wird durch
tropfenweise Zugabe von verdünnter Schwefelsäure (1 : 4) weggenommen
und bei 70° C mit $^1/_{10}$ n-Kaliumpermanganatlösung titriert.

1 ccm $^1/_{10}$ n-Kaliumpermanganatlösung = 0,0104 (log = 0,01703 — 2) g
Wismut.

II. Wismuterze.

Da in vielen Fällen die Wismuterze sehr viele Nebenbestandteile
enthalten, ist die Analyse, falls sie alles erfassen soll, recht schwierig
und zeitraubend. In den Wismuterzen muß Rücksicht genommen werden
auf Wismut, Blei, Kupfer, Silber, Gold, Arsen, Antimon, Zinn, Eisen,
Kobalt, Nickel, Zink und Schwefel. Falls man jedoch die Eigenart
des zu untersuchenden Materials kennt, kann man den Analysengang
beträchtlich vereinfachen. Nach Fresenius (Quantitative Analyse,
6. Aufl., Bd. 2, S. 534) löst man 2—5 g des Analysenmaterials in verdünnter Salpetersäure (1 : 1) zunächst in der Kälte, dann bei gelinder
Wärme nötigenfalls unter Zugabe von starker Säure. Den unlöslichen
Rückstand behandelt man nach dem Abfiltrieren und Auswaschen in
der Wärme mit Salzsäure und Weinsäure, filtriert zum ersten Filtrat
und bestimmt unter Umständen in der verbleibenden Gangart das Gold.
Die Lösung verdünnt man mit Schwefelwasserstoffwasser und leitet
Schwefelwasserstoff in der Kälte ein. Der Niederschlag wird abfiltriert,
mit saurem schwefelwasserstoffhaltigem Wasser ausgewaschen und mit
Alkalipolysulfid in der Wärme behandelt. Die ungelösten Sulfide werden
abfiltriert, das Filtrat kann in bekannter Weise zur Bestimmung von

Arsen, Antimon, Zinn verwandt werden. Die Sulfide werden in Salpetersäure gelöst, mit Natriumcarbonat versetzt, bis ein bleibender Niederschlag entsteht, dann wird Kaliumcyanid zugegeben und 1 Stunde in gelinder Wärme stehengelassen. Silber und Kupfer gehen so in Lösung. Man filtriert den Niederschlag ab, löst ihn in Salpetersäure und dampft mit einem großen Überschuß von Schwefelsäure ein bis weiße Dämpfe entstehen, verdünnt die noch heiße Lösung zunächst mit verdünnter Schwefelsäure (1:1), dann mit verdünnter Schwefelsäure (1:10), filtriert ab, wäscht mit 10%igem schwefelsaurem Wasser gut nach. Das Bleisulfat wird nun erneut mit Schwefelsäure-Salpetersäure bis zur Bildung weißer Dämpfe abgeraucht, wie vorher angegebenen, verdünnt und abfiltriert. Auf diese Weise erreicht man glatt die Trennung des Bleies vom Wismut, so daß es nicht mehr nötig ist, das jetzt verbleibende Bleisulfat auf einenetwaigen Rückhalt an basischem Wismutsulfat zu prüfen. Die vereinigten schwefelsauren Filtrate werden neutralisiert, schwach mit Schwefelsäure angesäuert, mit Schwefelwasserstoff in der Hitze gefällt, die Sulfide abfiltriert und in verdünnter Salpetersäure gelöst. (Der abgeschiedene Schwefel muß gelb sein!) Die salpetersaure Lösung wird klar filtriert, mit salpetersaurem Wasser ausgewaschen und das Wismut als Hydroxyd oder Phosphat bestimmt. In dem cyankalischen Filtrat wird mit Alkalisulfid das Silber als Sulfid gefällt und als Chlorsilber bestimmt. In dem Filtrat des Silbersulfids bestimmt man dann das Kupfer, indem man mit Salpeterschwefelsäure erhitzt bis der Geruch nach Blausäure verschwunden ist (Abzug!) und die saure Lösung in bekannter Weise entweder mit Schwefelwasserstoff fällt oder direkt elektrolysiert. In dem Filtrat des Schwefelwasserstoffniederschlages kann neben dem gesamten Eisen, Nickel, Kobalt, Zink auch noch Arsen enthalten sein, da die Fällung in der Kälte geschah. Man muß darum das Filtrat zur Verjagung der Salpetersäure abdampfen, mit salzsaurem Wasser aufnehmen und bei ungefähr 70^0 Schwefelwasserstoff einleiten. Den Niederschlag filtriert man ab und fügt ihn zu dem aus dem Alkalisulfidauszug durch Ansäuern gewonnenen Niederschlag. Im Filtrat der zweiten Arsenfällung wird nach Verkochen des Schwefelwasserstoffs und Oxydieren mit Bromwasser durch Ammoniak das Eisen und etwa vorhandenes Aluminium und Mangan gefällt und in bekannter Weise durch Auswägen der geglühten Oxyde und Titration des darin enthaltenen Eisens bestimmt. Je nach den Verhältnissen ist eine doppelte Fällung mit Ammoniak nicht zu umgehen. Das ammoniakalische Filtrat wird zunächst neutralisiert, dann ganz schwach angesäuert und das Zink mit Schwefelwasserstoff gefällt, nachdem man etwas Natriumacetat zugegeben hatte. Das Zinksulfid wird nach 12stündigem Stehen abfiltriert und nach einer der unter Zink (S. 1701) angegebenen Methoden weiterbehandelt. Im Filtrat wird die Summe von Nickel + Kobalt elektrolytisch abgeschieden (S. 953 u. 1469) und dann die Trennung mit Dimethylglyoxim (S. 1471) durchgeführt.

Falls jedoch der Aufschluß mit Säure allein nicht zum Ziel führen sollte, namentlich wenn die Erze Zinnstein, Wolframit und Molybdänit enthalten, muß man durch Schmelzen mit Natriumsuperoxyd aufschließen. Dieser Analysengang ist in den Mitteilungen des Chemiker-Fachausschusses (Bd. 2, S. 83. 1926) folgendermaßen festgelegt worden: Man schmilzt 1,25 g im Eisentiegel mit Natriumsuperoxyd bis zum ruhigen Fluß der Schmelze, laugt die erkaltete Schmelze mit Wasser aus, spült den Tiegel gut mit Wasser ab. Die gelöste Schmelze wird auf 500 ccm verdünnt und über Nacht stehengelassen, abfiltriert und mit sodahaltigem Wasser ausgewaschen. Im Filtrat befindet sich die Hauptmenge des vorhandenen Arsen, Antimon, Zinn, Wolfram, Molybdän. Den Rückstand löst man unter Erwärmen quantitativ in Salzsäure, wobei man auch den Schmelztiegel mit Salzsäure behandelt. Nachdem alles gelöst ist, füllt man in einen $1/4$-Liter-Meßkolben über, kühlt ab, füllt zur Marke auf und mißt zur Wismutbestimmung 100 oder 200 ccm ab, je nach dem zu erwartenden Wismutgehalt. Man dampft zur Trockne, nimmt mit Salzsäure auf, verdünnt auf 300 ccm und leitet in die saure Lösung Schwefelwasserstoff ein. Die Sulfide werden abfiltriert, gut mit schwefelwasserstoffhaltigem saurem Wasser bis zur Eisenfreiheit ausgewaschen. Der vom Filter abgespritzte Rückstand wird mit 50 %iger Alkalipolysulfidlösung ausgezogen und durch das zuerst benutzte Filter abfiltriert und mit ammonsulfidhaltigem Wasser ausgewaschen. Die verbleibenden Sulfide werden mit Bromsalzsäure gelöst und mit 30 ccm Schwefelsäure eingedampft bis zum Auftreten von schwefelsauren Dämpfen. In die noch heiße Lösung gibt man 20 ccm kalte Schwefelsäure (1 : 1) und etwa 75 ccm schwefelsaures Wasser (5%) und läßt über Nacht stehen. Dann hat sich das Bleisulfat ohne basisches Wismutsulfat abgeschieden. Falls viel Bleisulfat vorhanden ist, dekantiert man die klare Flüssigkeit und raucht das Bleisulfat zur Sicherheit nochmals mit etwas Schwefelsäure ab, filtriert durch ein hartes Filter und leitet in die vereinigte wismuthaltige Lösung, nachdem man sie verdünnt und die Hauptmenge der Säure abgestumpft hat, Schwefelwasserstoff ein. Man löst die Sulfide in Salpetersäure und kocht bis der abgeschiedene Schwefel rein gelb geworden ist. Man filtriert, macht ammoniakalisch, setzt gesättigte Ammoncarbonatlösung hinzu und kocht bis die Lösung noch eben nach Ammoniak riecht. Man läßt absitzen, filtriert, löst den Niederschlag in Salpetersäure und fällt das Wismut aus dieser Lösung in derselben Weise wie vorher. Das jetzt abgeschiedene basische Carbonat kann nach einer der unter I. beschriebenen Methoden weiter behandelt werden.

Heintorf (Berg- u. Hüttenm. Ztg. 1894, 151) hat für die Untersuchung von wismuthaltigen Hüttenprodukten eine schnell auszuführende Methode angegeben, bei der man aus der salpetersauren Lösung zunächst etwa vorhandenes Blei als Sulfat und Silber als Chlorid entfernt, bevor man das Wismut als basisches Carbonat fällt. Den Wismutniederschlag löst man dann in verdünnter Salzsäure und schlägt das Wismut durch metallisches Eisen als Metall nieder. Man dekantiert mehrmals mit heißem Wasser durch ein gewogenes Filter, entfernt das Wismut von den Eisenstiften, sammelt das gesamte Metall auf dem Filter, wäscht gut mit Wasser und dann mit Alkohol aus, trocknet im Luftbad und bringt Wismut und Filter in ein Wägegläschen zur Auswaage.

Wenn es sich um die Bestimmung von geringen Mengen Wismut in Erzen oder Hüttenprodukten handelt, geht man zweckmäßig von größeren Einwaagen (25 oder 50 g) aus und schmilzt sie im eisernen Tiegel (s. trockne Bleibestimmung S. 1504) mit weißem Fluß herunter. Falls das Material bleiarm ist, gibt man 15—20 g wismutfreie oder in ihrem Wismutgehalt bekannte Bleiglätte zu. Für diesen Fall muß man bei der Ausrechnung des Wismutgehaltes der Probe diesen Wismutgehalt berücksichtigen. Der Bleikönig wird ausgewalzt und zerschnitten. Wenn das Analysenmaterial in seinen sonstigen Bestandteilen unbekannt ist, ist es zweckmäßig in einer Vorprobe zu ermitteln, ob sich der Bleikönig klar oder nur mit geringer Trübung in Salpetersäure (1:2) löst. Ist dieses der Fall, dann löst man die anderen Proben ebenfalls in 120 ccm Salpetersäure (1:2), gibt nach erfolgter Auflösung in die siedend heiße Lösung vorsichtig 30 ccm heiße Schwefelsäure (1:1) und 1 ccm konzentrierter Salzsäure, schwenkt gut um, filtriert die erkaltete Lösung durch ein dichtes Filter ab und wäscht mit schwach schwefelsaurem Wasser aus. Der Niederschlag wird erneut im eisernen Tiegel eingeschmolzen und der Bleikönig wie vorher gelöst und gefällt. Die vereinigten Filtrate werden schwach ammoniakalisch gemacht, mit ungefähr 10 g festem Ammoncarbonat versetzt und sodann so lange gekocht, bis der Geruch nach freiem Ammoniak verschwunden ist. Dann läßt man einige Stunden absitzen, filtriert den basischen Wismutcarbonatniederschlag ab und wäscht ihn gut mit warmem Wasser aus. Den gut ausgewaschenen Fällungskolben spült man mit 100 ccm warmer Schwefelsäure 1 : 5 aus, gießt diese Lösung in einen $^1/_2$-Liter-Meßkolben, gibt den Niederschlag mit dem Filter in denselben Meßkolben und erwärmt schwach, bis sich das Filter gut gelöst hat. Von der Anwendung stärkerer Säure, und von längerem Kochen muß abgeraten werden, da dann die Flüssigkeit leicht eine braune Färbung annimmt, welche bei der nachfolgenden colorimetrischen Bestimmung stören kann. Nachdem sich das Filter gut gelöst hat, wird der Meßkolben gekühlt, mit Schwefelsäure (1:20) zur Marke aufgefüllt und durchgeschüttelt. Man filtriert jetzt in ein trockenes Gefäß, nimmt die einem Gramm entsprechende Menge der Lösung ab und bestimmt den Wismutgehalt wie auf S. 1112 angegeben.

Falls bei der Lösungsvorprobe des Bleikönigs eine größere Trübung festgestellt worden ist, ist der oben geschilderte Analysengang nicht brauchbar, da bei ihm etwa vorhandene Wismut-Antimonverbindungen nicht aufgeschlossen werden. Man löst in diesem Fall den Bleikönig in 150 ccm Salpetersäure 1:2, welcher man 25 g Weinsäure zugesetzt hatte, fällt das Blei als Sulfat mit 30 ccm Schwefelsäure (1 : 1) aus, filtriert es ab, schmilzt wie oben das Bleisulfat nochmals im Eisentiegel ein und löst den König erneut in Salpetersäure, fällt das Blei mit Schwefelsäure aus und filtriert zum ersten Filtrat. Die vereinigten Filtrate werden mit Ätznatron alkalisch gemacht, mit Natriumpolysulfid gefällt und längere Zeit in der Wärme absitzengelassen. Man filtriert die Sulfide ab, wäscht gut aus und löst den Niederschlag nebst dem Filter in Salpeter-schwefelsäure. Um die Bildung von basischem Wismutsulfat zu ver-hüten, muß man reichlich Schwefelsäure nehmen und stark einrauchen. Die noch heiße Lösung verdünnt man zunächst mit Schwefelsäure (1:1), dann mit Schwefelsäure (1:10), kocht auf, läßt das Bleisulfat absitzen und filtriert es ab. Dieses Bleisulfat raucht man erneut mit Salpeterschwefel-säure ein und verfährt wie vorhin. Die vereinigten Filtrate werden schwach ammoniakalisch gemacht und mit Ammoncarbonat das Wismut, wie oben beschrieben, gefällt und bestimmt.

In Fällen, wo der Wismutgehalt nur zur Orientierung und vor allem schnell ermittelt werden soll, schmilzt man 25 g im eisernen Tiegel herunter, bei unreinen Erzen verschlackt man den König, nachdem man vorher 15—20 g wismutfreies Kornblei zugegeben hatte, auf 20 g herunter, plattet ihn aus und löst ihn im $^1/_2$-Liter-Meßkolben mit 200 ccm Salpetersäure (1:1). In der Siedehitze wird diese Bleilösung mit 60 ccm verdünnter Schwefelsäure (1:1) gefällt, dann kühlt man ab und füllt mit Schwefelsäure (1:20) zur Marke auf, nachdem man durch etwas Natrium-chlorid das Silber gefällt hat, filtriert 400 ccm = $^4/_5$ der Einwaage durch ein trockenes Faltenfilter ab, neutralisiert mit Ammoniak und fällt das Wismut als basisches Carbonat. Man filtriert ab, wäscht gut aus und löst den Niederschlag nebst dem Filter in 100 ccm Schwefelsäure (1:4) in einen 500-ccm-Meßkolben, füllt zur Marke mit Schwefelsäure (1:20) auf und filtriert durch ein trocknes Filter in einen trockenen Erlenmeyer-kolben ab. Diese schwefelsaure Lösung kann dann zur colorimetrischen Bestimmung (S. 1112) gebraucht werden. Bei dieser Methode ist es not-wendig, die Bleifällung in der stark salpetersauren Lösung vorzunehmen, da sonst ein Teil des Wismuts (bis 20% des Wismutgehaltes) vom Bleisulfat niedergerissen wird. Aus demselben Grunde ist es notwendig, das Bleisulfat in der Siedehitze zu fällen, damit es recht grobkörnig ausfällt. Man braucht nicht zu befürchten, daß beim Verschlacken nennenswerte Verluste an Wismut auftreten. Bei besonderen Materialien, z. B. Wismutglätte oder Blicksilber kann man sofort in Salpetersäure lösen und wie oben beschrieben weiterverfahren.

III. Wismutmetall.

Da das metallische Wismut in großer Reinheit auf den Markt kommt, denn die aus ihm hergestellten pharmazeutischen Präparate müssen den Vorschriften der verschiedenen Pharmakopöen genügen, ist es zweck-mäßig, das Metall zunächst qualitativ zu untersuchen. Man löst zu diesem Zwecke etwa 5 g des Metalls in 50 ccm Salpetersäure (spez. Gew. 1,2). Eine etwa hierbei auftretende Trübung deutet auf Antimon und Zinn hin. Man verdünnt dann auf 100 ccm, kocht auf und filtriert den Niederschlag ab. Zu dem Filtrat gibt man etwas Natriumchlorid und filtriert das gefällte Silberchlorid ab. Dieses Filtrat dampft man auf dem Wasserbad bis auf etwa 5 ccm ein, gibt 10 ccm Salzsäure (spez. Gew. 1,19) und 30 ccm absoluten Alkohol hinzu, läßt eine Viertelstunde

stehen und filtriert das abgeschiedene Bleichlorid ab. Im Filtrat wird der
Alkohol verdampft und die Restlösung mit 200 ccm Wasser verdünnt.
Das gefällte Wismutylchlorid wird abfiltriert und das Filtrat auf etwa
25 ccm eingedampft. Die Hälfte dieses Filtrats wird mit Ammoniak
übersättigt, wobei Eisen als Hydroxyd ausfällt und Kupfer eine blaue
Lösung ergibt. In der anderen Hälfte des Filtrats löst man auf Zusatz
von Salzsäure die Hauptmenge des vorhin gefällten Oxychlorids auf
und prüft im vereinfachten Marshschen Apparat (S. 630) auf Arsen.

Bei einer quantitativen Gesamtanalyse werden meist nur die
Verunreinigungen bestimmt und der Wismutgehalt aus der Differenz
ermittelt. Dabei kann man Blei, Kupfer, Silber, Arsen, Antimon, Zinn
und Eisen in einer Einwaage von 5—10 g bestimmen, während für Schwefel
und für Selen und Tellur Sondereinwaagen zu machen sind. Bei der Analyse
von metallischem Wismut ist darauf zu achten, ob sich auf der Metalloberfläche Wülste vorfinden. Da diese Wülste stark verunreinigte
Legierungen sind, muß man bei der Bemusterung Wert darauf legen,
daß auch von diesen Wülsten, die man zweckmäßig mit einem scharfen
Meißel entfernt, eine ihrem Anteil an der Gesamtmasse entsprechenden
Menge zur Probe beigefügt wird. Von dem feingepulverten Metallpulver
werden 5 g in 25 ccm Salpetersäure (spez. Gew. 1,4) unter Zusatz von
2—3 g Weinsäure gelöst. Man kocht die nitrosen Dämpfe fort, verdünnt
auf 300 ccm und leitet in der Kälte Schwefelwasserstoff ein. Man läßt
einige Stunden absitzen und filtriert dann die Sulfide ab. Man wäscht
in bekannter Weise aus und fällt im Filtrat das Eisen durch Zusatz
von Ammonsulfid, nachdem man vorher ammoniakalisch gemacht
hat, als Eisensulfid aus. Man läßt längere Zeit in der Wärme stehen,
filtriert, löst in Salzsäure, oxydiert mit Bromwasser und fällt das Eisen
als Hydroxyd mit Ammoniak aus, welches man als Eisenoxyd auswiegt.
Die Sulfide werden mit einer polysulfidhaltigen Natriumsulfidlösung
ausgezogen. Es ist möglich, daß hierbei geringe Mengen von Wismut
mit in Lösung gehen. Da das Wismut aus der Differenz errechnet wird,
so ist das ohne Bedeutung. Die Sulfosalzlösung wird mit verdünnter
Schwefelsäure angesäuert, der Schwefelwasserstoff verkocht, die Sulfide
abfiltriert, mit Salzsäure und etwas Kaliumchlorat gelöst und nach
Zugabe von etwas verdünnter Schwefelsäure so lange erwärmt, bis der
Geruch nach Chlor verschwunden ist. Man nimmt die Lösung mit 250 ccm
Salzsäure (spez. Gew. 1,12) auf, füllt sie in einen Arsendestillierapparat
über und destilliert das Arsen nach Zugabe von 50 ccm Hydrazinsulfatlösung, welche im Liter 20 g Hydrazinsulfat und 30 g Natriumbromid enthält, ab. Nachdem etwa 200 ccm abdestilliert sind, unterbricht man
die Destillation. Im Destillat wird das Arsen durch Zugabe von 100 ccm
Schwefelwasserstoffwasser gefällt. Man schüttelt gut um, damit sich
das Arsentrisulfid gut zusammenballt, läßt 12 Stunden stehen und
filtriert den Niederschlag durch einen porösen Glas- oder Porzellantiegel,
wäscht gut mit ganz verdünnter Salzsäure aus (1:50), trocknet
$2^1/_2$ Stunden bei 105° C und wägt das Arsentrisulfid direkt aus. Man
löst den Tiegelinhalt mit ammoniakalischem Ammoncarbonat, Schwefel
bleibt ungelöst zurück, wäscht mit Wasser gut aus und trocknet den

leeren Tiegel ebenfalls $2^1/_2$ Stunden bei 105° C. Aus der Gewichtsdifferenz ergibt sich der Arsengehalt.

$$As_2S_3 \times 0,6092 \ (log = 0,78475 - 1) = As \ .$$

Im Destillationsrückstand kann man in bekannter Weise das Antimon und Zinn bestimmen, indem man ihn verdünnt, das Antimon
durch zinnfreies Eisenpulver niederschlägt, abfiltriert und für sich
bestimmt. Im Filtrat ist dann das im Wismut nur selten enthaltene
Zinn durch Aluminiumdraht niederzuschlagen und zu bestimmen. Die
in Natriumsulfid unlöslichen Sulfide werden in einer Porzellanschale
mit wenig Wasser und einigen Grammen festem Kaliumcyanid versetzt
und $1/_2$ Stunde auf dem Wasserbade erwärmt. Hierbei gehen Kupfer
und Silber in Lösung. Man filtriert die ungelösten Sulfide ab, wäscht
sie gut aus, zuerst mit kaliumcyanidhaltigem Wasser, dann mit Schwefelwasserstoffwasser. Man löst sie in verdünnter Salpetersäure, filtriert
den Schwefel ab, dampft bis auf etwa 5 ccm ein, gibt 20 ccm rauchende
Salzsäure und einige Tropfen verdünnte Schwefelsäure hinzu und läßt
unter mehrmaligem Umrühren stehen. Darauf setzt man 60 ccm Alkohol
(spez. Gew. 0,8) zu und filtriert nach 3 Stunden das gut abgesetzte
Bleisulfat ab, wäscht es mit Alkohol, dann mit reinem Wasser aus und
wägt das Blei als Sulfat. Die cyankalische Lösung säuert man mit
3—5% Salpetersäure an (Abzug!), erwärmt, bis das anfänglich ausgeschiedene Kupfercyanid sich gelöst hat, filtriert das Silbercyanid ab und
bestimmt das Silber (s. a. S. 1000) entweder durch Glühen im Chlorstrom als Silberchlorid oder durch Verglühen des Cyanids als metallisches
Silber. Die kupferhaltige Lösung wird mit Schwefelsäure abgeraucht,
bis die Blausäure vollständig vertrieben ist. Man nimmt mit Wasser
auf und bestimmt das Kupfer entweder elektrolytisch oder nachdem
man es mit Schwefelwasserstoff gefällt hat als Kupferoxyd.

Den Schwefel bestimmt man durch Auflösen von 10 g in 40 ccm
Königswasser, gibt noch 30 ccm konzentrierte Salzsäure und 200 ccm
heißes Wasser hinzu und fällt die Schwefelsäure mit verdünnter heißer
Bariumchloridlösung. Nach 24 Stunden filtriert man den aus Bariumsulfat und Silberchlorid bestehenden Niederschlag ab, wäscht zunächst
mit verdünnter Salzsäure, dann mit Wasser bis zur Chloridfreiheit und
zuletzt mit Ammoniak zur Lösung des Silberchlorids aus. Aus dem ausgewogenen Bariumsulfat errechnet man dann den Schwefelgehalt. Den
Tellurgehalt bestimmt man aus 10—20 g Metall, welches man mit
Salpetersäure in geringem Überschuß gelöst und nach dem Erkalten
so weit verdünnt hat, daß kein basisches Nitrat ausfällt. In diese
Lösung leitet man $2^1/_2$ Stunden Schwefeldioxydgas ein. Man filtriert
nach mehreren Stunden ab, wäscht mit Salzsäure und schwefliger Säure
enthaltendem Wasser gut aus. Der Niederschlag enthält das Tellur
und etwa vorhandenes Gold und Silber. Zur Trennung löst man mit
Salpetersäure, filtriert das ungelöste Gold ab, dampft mit Salzsäure ab,
nachdem man 3 g Kochsalz zugegeben hatte, nimmt mit verdünnter
Salzsäure auf, filtriert das Silberchlorid ab und leitet in das erwärmte
Filtrat erneut schweflige Säure ein. Das ausgefällte Tellur wird durch
ein Jenaer Glasfilter (1G4) abfiltriert, zuerst mit saurem, dann mit reinem

Wasser und zuletzt mit etwas Alkohol nachgewaschen. Das Tellur wird bei 100° ungefähr $2^1/_2$ Stunden getrocknet und als solches ausgewogen.

IV. Wismutlegierungen.

Die Wismutlegierungen bestehen zum größten Teil aus Wismut, Cadmium, Blei, Zinn. Sie sind bedeutsam wegen ihres tiefen Schmelzpunktes und finden darum Anwendung in Dampfkesselsicherungsapparaten, bei Feuerschutzanlagen und auch als Klischeemetall.

Die bekanntesten leichtschmelzbaren Legierungen sind nach Schnabel (Metallhüttenkunde, Bd. 2, S. 366):

Namen	Zusammensetzung				Schmelzpunkt °C
	Bi	Pb	Sn	Cd	
Newton-Metall	2	5	3	—	94,5
Rose-Metall	2	1	1	—	93,75
Lichtenberg-Metall	5	3	1	—	91,60
Wood-Metall	4	2	1	1	71,0
Lipowitz-Metall	15	8	4	3	60,0

Zur Untersuchung löst man 1 g des feingepulverten Materials vorsichtig in einem Becherglas mit 20 ccm verdünnter Salpetersäure (1:1) und dampft langsam zur Trockne ab. Den Rückstand kocht man mit Wasser, das mit wenig Salpetersäure angesäuert ist, auf, läßt absitzen und filtriert die Zinnsäure, welche immer noch etwas Blei und Wismut enthält, ab, wäscht sie aus und glüht sie. Die unreine Zinnsäure schmilzt man mit Soda und Schwefel, laugt die Schmelze aus, filtriert das unlösliche Blei- und Wismutsulfid ab und bestimmt aus der Sulfolösung das Zinn entweder elektrolytisch (s. S. 978) oder man fällt durch Ansäuern das Zinnsulfid aus und bestimmt es gewichtsanalytisch als Zinnsäure. Der unlösliche Rückstand der Schmelze wird mit heißer verdünnter Salpetersäure durch das Filter zu dem ersten salpetersauren Filtrat der Zinnsäure gelöst. Die vereinigten Lösungen werden zweimal mit Salzsäure abgedampft, um die Nitrate in Chloride überzuführen. Die Chloride kann man jetzt nach dem Verfahren von Rose trennen. Das Blei wird hierbei aus alkoholischer Lösung als Bleichlorid gefällt und als solches bestimmt, das Wismut wird als Oxychlorid aus dem Filtrat des Bleichlorids bestimmt und das Cadmium durch Eindampfen des Filtrates vom Wismutoxychlorid mit wenig Schwefelsäure im gewogenen Porzellantiegel. Man kann aber auch das Filtrat der Zinnsäure abstumpfen und Schwefelwasserstoff einleiten. Die Sulfide werden abfiltriert und zusammen mit dem Filter in Salpetersäure gelöst, mit viel Schwefelsäure bis zum Auftreten der weißen Nebel abgeraucht und je nach dem Verhältnis Blei zum Wismut noch einmal abgeraucht. Das Bleisulfat bestimmt man als solches, das Wismut durch Verdünnen mit Ammoniumchlorid als basisches Chlorid und das Cadmium durch Schwefelwasserstoffällung und Überführen des Cadmiumsulfids in Cadmiumsulfat.

Calcium.

Von

Dr. G. Goßrau, Bitterfeld.

Einleitung.

Handelsübliche Formen. ,,Rohcalcium in Knüppeln", ,,Calcium umgeschmolzen in Stangen" und ,,Calcium in Spänen".

Verunreinigungen. Si, Fe, Al, Mg, Cl, N und C. Das Rohcalcium enthält stellenweise in Hohlräumen Chlorid und Oxyd.

Probenahme. Die Empfindlichkeit des Calciums gegen die Atmosphärilien erfordert besondere Vorsicht bei der Probenahme. Larsen [Mitt. Techn. Gewerbe-Mus. Wien (2) **15**, 244 (1905)] empfiehlt, auf einem Amboß rasch kleine Stücke abzuschlagen und sofort unter Steinöl zu bringen. Für die Analyse werden dann die Stücke mit wasserfreiem Äther entfettet und der Äther in einem Wägegläschen mit Gaszuund -abführungsrohr durch Durchleiten scharf getrockneter Luft verjagt.

Für die technische Untersuchung verzichtet man auf das Einbringen in Steinöl, wenn dieselbe sofort vorgenommen wird. Man bohrt mit einem gut trockenen, ölfreien Bohrer den zu prüfenden Barren an und bringt die Bohrspäne sofort in ein scharf getrocknetes und dicht schließendes Glasgefäß. Bei der Probenahme von Rohcalcium ist auf die oben genannten Einschlüsse Rücksicht zu nehmen. Man bohrt hier am besten an einer Reihe von Stellen an und mischt die Späne gut durch.

Betriebsanalyse

nach Vorschrift der I. G. Farbenindustrie Aktiengesellschaft.

1. Trennung und Bestimmung von Silicium, Eisen, Aluminium, Calcium und Magnesium.

Etwa 5 g der Bohrspäne werden in einem gut trockenen, dicht schließenden Wägegläschen abgewogen und durch allmähliches Eintragen in 100 ccm Salpetersäure (spez. Gew. 1,2) gelöst. Die Lösung wird in einer Porzellanschale unter Zusatz von Salzsäure eingedampft, die Kieselsäure durch längeres Erhitzen auf 150° C unlöslich gemacht und nach dem Aufnehmen in Salzsäure und Wasser auf einem Filter gesammelt, gewaschen, gelüht und gewogen.

Aus dem salzsauren Filtrat wird nach Zusatz von Ammoniumchlorid und Erhitzen bis zum Sieden Eisen und Aluminium mit Ammoniak gefällt. Der Niederschlag wird in Salzsäure gelöst und die Fällung wiederholt. Eisen und Aluminium werden summarisch als Oxyde bestimmt.

Die vereinigten Filtrate von den Eisen- und Tonerdeniederschlägen werden in einem Meßkolben auf 1000 ccm aufgefüllt. 50 ccm davon werden für die Bestimmung des Calciums verwandt. Man fällt Ca als Oxalat und titriert das Calciumoxalat mit $^1/_{10}$ n-Kaliumpermanganat (s. S. 694; ferner Bd. I, S. 357).

Für die Bestimmung des Magnesiums werden 200 ccm des Filtrats von Eisen und Tonerde wie oben vom Calcium befreit und aus dem Filtrat das Magnesium als Magnesiumammoniumphosphat abgeschieden, geglüht und als $Mg_2P_2O_7$ gewogen (nach S. 694).

2. Chloridbestimmung.

Etwa 2 g Calciumspäne werden in verdünnter Salpetersäure gelöst und das Chlorid mit Silberlösung titriert (s. Bd. I, S. 382).

3. Stickstoffbestimmung.

Etwa 2 g Calciumspäne werden in verdünnter Salzsäure gelöst. Man bestimmt das gebildete Ammoniumchlorid durch Zersetzen mit Natronlauge, Abdestillieren des Ammoniaks und Aufnehmen desselben in vorgelegter gemessener $^1/_4$ n-Salzsäure (s. S. 550).

4. Kohlenstoffbestimmung.

Auf Kohlenstoff, der in geringen Mengen als Calciumcarbid vorliegt, wird nicht untersucht. Larsen (s. S. 1121) hat ihn als Acetylenkupfer bestimmt.

Cadmium.

Von

Dr.-Ing. G. Darius, Frankfurt a. M.

Einleitung.

Vorkommen. Cadmium, Cd, Atomgewicht 112,41, findet sich in der Natur in geringen Mengen weit verbreitet in fast allen Zinkerzen, 0,01 bis 0,2 %. Die Cadmiummineralien Greenockit (Cadmiumsulfid mit 77,7 % Cd), Cadmiumoxyd (CdO) mit 87,5 % Cd und Otavit (basisches Cadmium-carbonat mit 61,5 % Cd) kommen zur Cadmiumgewinnung für die Technik nicht in Frage, da ihr Vorkommen zu selten ist. Cadmium wird ausschließlich aus den Nebenprodukten der Zinkfabrikation gewonnen. Es findet sich hier infolge seiner Flüchtigkeit in dem zuerst sich niederschlagenden Zinkstaub, in welchem es sich unter günstigen Umständen bis zu 12 % anreichern kann. Auch in dem Flugstaub der Zinkreduktionsöfen kann es bis zu 3 % ausmachen. Das beim Rösten der Zinkblende als Cadmiumsulfat in den Röstöfenflugstaub übergehende Cadmium, welches nach Jensch bis 60 % des Cadmiumgehaltes ausmachen kann, ist nur noch durch nasse Darstellungsverfahren zu gewinnen und darum in der Hauptsache verloren, da die Hauptmenge des Cadmiums auf thermischem Wege gewonnen wird.

I. Quantitative Bestimmungsformen des Cadmiums.

A. Gewichtsanalytisch als Sulfid, Oxyd, Sulfat und als Metall.
B. Maßanalytisch als Sulfid.
C. Jodometrisch.

A. Gewichtsanalytische Bestimmung.

1. Bestimmung als Sulfid.

Bei der Fällung des Cadmiums als Sulfid ist darauf zu achten, daß die Fällung nicht in zu saurer Lösung vorgenommen wird, da sie dann nicht quantitativ erfolgt. Treadwell (Quantitative Analyse, 11. Aufl., S. 158) gibt die Grenze der Acidität auf 8,6 Vol.-% konzentrierte Schwefelsäure oder 7,6 Vol.-% konzentrierte Salzsäure in der Kälte und 3,4 Vol.-% konzentrierte Schwefelsäure oder 3,0 Vol.-% konzentrierte Salzsäure in der Wärme an. Bei der Fällung in der Hitze wird der Niederschlag leicht

filtrierbar, wenn auch je nach der Temperatur die Farbe zwischen hellgelb und dunkelbraun schwanken kann. Das erhaltene Sulfid wird durch
einen porösen Porzellantiegel abfiltriert, ausgewaschen und bei 100° C
getrocknet. Etwa vorhandener Schwefel muß vorher durch Waschen
mit Alkohol, Schwefelkohlenstoff und Alkohol entfernt werden.

$$CdS \times 0{,}7779 \;(\log = 0{,}89090 - 1) = Cd.$$

Da der Niederschlag jedoch immer durch basische Salze (Cd_2Cl_2S,
Cd_2SO_4S usw.) verunreinigt ist, ist diese Bestimmungsform nur für
Analysen von geringer Genauigkeit anzuwenden.

2. Bestimmung als Oxyd.

Die cadmiumhaltige Lösung wird, falls sie sauer ist, mit Kaliumhydroxyd abgestumpft und in der Siedehitze mit Kaliumcarbonat in
geringem Überschuß versetzt. Das Cadmium fällt als Carbonat. Man
läßt den Niederschlag in der Wärme sich absetzen und filtriert durch
einen porösen Porzellantiegel. Der Niederschlag wird mit heißem Wasser
gut ausgewaschen und der offene Tiegel auf einer kleinen Flamme getrocknet. Dann wird vorsichtig weiter erhitzt, bis die Masse gleichmäßig
braun geworden ist. Hierbei ist es zweckmäßig, den Filtriertiegel in
einen größeren Porzellantiegel zu stellen. Zur restlosen Zersetzung des
Carbonats wird die Temperatur auf 500° C gesteigert, wobei zu vermeiden
ist, daß reduzierende Gase an den Tiegelinhalt gelangen. Man nimmt
daher zweckmäßig die Erhitzung im elektrischen Ofen vor. Es ist unerläßlich, daß zur Fällung Kaliumcarbonat angewandt wird, da sich nur
die Kalisalze aus dem Niederschlag leicht auswaschen lassen. Die Fällung
mit Natriumcarbonat ergibt infolge unauswaschbarer Natriumsalze einen
unreinen Niederschlag und dadurch zu hohe Resultate.

$$CdO \times 0{,}8754 \;(\log = 0{,}94220 - 1) = Cd.$$

3. Bestimmung als Sulfat.

Die Bestimmung des Cadmiums als Sulfat ist immer zu empfehlen,
da sie genaue Resultate ergibt. Ihre Ausführung ist am einfachsten, wenn
das Cadmium zunächst in der unter A 1 beschriebenen Weise als Sulfid
gefällt wird. Der Niederschlag wird durch ein möglichst kleines Filter
abfiltriert, ausgewaschen und dann entweder mit wenig heißer verdünnter Salpetersäure oder Salzsäure (1 : 3) durch das Filter in einen
gewogenen Tiegel gelöst. Die Lösung wird vorsichtig eingeengt und mit
einem geringen Überschuß von Schwefelsäure vorsichtig abgedampft.
Der Rückstand wird mäßig geglüht. Er muß reinweiß sein.

$$CdSO_4 \times 0{,}5392 \;(\log = 0{,}73176 - 1) = Cd.$$

4. Bestimmung als Metall.

a) Elektrolytische Fällung aus cyankalischer Lösung
(s. a. S. 922).

Die cadmiumhaltige saure Lösung wird mit Natronlauge bis zur
beginnenden Trübung neutralisiert. Das gebildete Hydroxyd wird durch

Kaliumcyanid gelöst und die auf etwa 150 ccm verdünnte Lösung noch mit einem geringen Überschuß von Kaliumcyanid versetzt. Die Elektrolyse wird bei 1 Ampere Stromstärke und ungefähr 4 Volt Klemmenspannung unter Bewegung des Elektrolyten mit Doppelnetzelektroden durchgeführt. Nach 1 Stunde sind bis 0,2 g Cadmium niedergeschlagen. Bei ruhendem Elektrolyten ist bei 0,5 Ampere Stromstärke die Zeitdauer 6—7 Stunden, dabei ist es zweckmäßig nach 6 Stunden die Stromstärke auf 1 Ampere zu erhöhen (Scott: Standard methods of chemical analysis, S. 102). Die bei der Elektrolyse bräunlich gewordenen Elektrolyte müssen mit einem geringen Überschuß an verdünnter Schwefelsäure zersetzt (Vorsicht — Abzug!) und dann mit Schwefelwasserstoff auf Cadmiumfreiheit geprüft werden. Hierbei darf keine Gelbfärbung von kolloidalem Cadmiumsulfid auftreten. Das abgeschiedene Metall ist dicht und silberweiß. Es wird bei 100° C getrocknet. Ein Nachteil dieser Methode ist eine nicht zu vermeidende Gewichtsabnahme beider Elektroden.

b) **Elektrolytische Fällung aus schwach schwefelsaurer Lösung** (s. a. S. 921).

Nach W. W. Scott (Standard methods of chemical analysis, S. 103) soll der Elektrolyt in 150 ccm 3 ccm verdünnte Schwefelsäure (1 : 10) enthalten. Die zum Kochen erhitzte Lösung wird bei einer Stromstärke von 5 Ampere/100 qcm und 8—9 Volt Spannung bei rotierender Anode (600 Touren pro Minute) elektrolysiert. In 20 Minuten soll bis 0,5 g Cadmium niedergeschlagen werden.

Eine andere Vorschrift verwendet saure Sulfatlösungen, ein Weg, den Förster [Ztschr. f. angew. Ch. **19**, 1842 (1906)] angegeben hat. Sie ist enthalten in den Mitteilungen des Chemiker-Fachausschusses der Gesellschaft deutscher Metallhütten- und Bergleute, Berlin (Ausgewählte Methoden für Schiedsanalysen, Teil II, S. 36. 1926.). Nach ihr wird die schwefelsaure Lösung mit Natronlauge abgestumpft. Etwa ausgeschiedenes Hydroxyd wird durch Zusatz von Kaliumbisulfat in Lösung gebracht und die Lösung mit 6 g Kaliumbisulfat im Überschuß versetzt. Die Elektrolyse wird bei gewöhnlicher Temperatur bei 2,5 Ampere Stromstärke und 3,5—4,0 Volt Spannung bei bewegtem Elektrolyten mit Doppelnetzelektroden ausgeführt. Die Abscheidungsdauer beträgt für je 0,2 g Cadmium ungefähr $^3/_4$ Stunden. Der große Vorteil dieser Methode besteht in der direkten Prüfungsmöglichkeit des Elektrolyten auf Cadmiumfreiheit zum Schluß der Elektrolyse und in der Gewichtskonstanz der Elektroden.

Bei geringen Cadmiummengen ist es zweckmäßig, die Kathode vor der Elektrolyse mit Kupfer oder Cadmium zu überziehen. Dies ist zwar mit etwas mehr Arbeit verbunden, die Niederschläge werden aber wesentlich besser. Den Cadmiumüberzug stellt man nach A. Classen (Quantitative Analyse durch Elektrolyse, 6. Aufl., S. 125) aus einer Lösung von Cadmiumsulfat, welche 8 g Kaliumcyanid und 4 g Natriumhydroxyd enthält, bei einer Stromstärke von 0,4 Ampere her. Das Verkupfern geschieht nach A. Fischer (Elektrolytische Schnellmethoden, S. 113. 1908) am besten aus einer 2%igen Kupfersulfatlösung, die auf je 100 ccm mit 15 g festem Ammonoxalat und einer heißgesättigten Lösung von Oxalsäure bis zur beginnenden Ausscheidung von Kupferoxalat versetzt wird. Das ausgeschiedene Oxalat wird durch wenig Ammoniak in Lösung gebracht. Die Verkupferung geschieht bei wenig bewegtem Elektrolyten bei 80—90° C und einer Stromstärke von 1,5 Ampere in 1 Minute.

B. Maßanalytische Bestimmung.

1. Titration mit Natriumsulfid.

Diese Methode stammt von Minor (Chem.-Ztg. 1890, 439) und lehnt sich eng an die Schaffnersche Zinkbestimmungsmethode (s. S. 1711) an. Da es sich bei der Cadmiumbestimmung meist um geringe Gehalte handelt, ist es zweckmäßig in einer größeren Einwaage, 5—10 g, das Cadmium zunächst als Sulfid zu isolieren und dieses dann mit heißer verdünnter Salzsäure zu lösen. Die salzsaure Lösung wird mit Ammoniak neutralisiert und so viel Ammoniak (spez. Gew. 0,91) zugegeben, daß 1—2 Vol.-% im Überschuß vorhanden sind. Man titriert dann mit Natriumsulfidlösung unter Verwendung von Bleipapier als Indicator. Es ist auch hier nötig, jedesmal einen Titer mit metallischem Cadmium in der dem Gehalt der Probe entsprechenden Höhe zu stellen. Diese Methode hat alle Mängel der Schaffnerschen Zinkbestimmungsmethode und sollte darum nur bei schnell auszuführenden Betriebsproben Anwendung finden. Bei höheren Cadmiumgehalten genügt dann eine Einwaage von 1—2 g.

2. Indirekte maßanalytische Bestimmung mit Jodlösung.

(Scott: Standard methods of chemical analysis, p. 103.)

Bei dieser Bestimmung wird der beim Lösen des Sulfides in Säure entstehende Schwefelwasserstoff durch Jod zu Schwefel oxydiert.

$$H_2S + J_2 = S + 2 HJ.$$

Nach Kolthoff (Die Maßanalyse, Bd. 2, S. 383. 1928) ist es nun zweckmäßig, die Sulfidlösung in eine bekannte Jodlösung zu pipettieren und dann das überschüssige Jod mit Natriumthiosulfat zurückzutitrieren:

1 ccm $^1/_{10}$ n-Jodlösung = 0,00562 g (log = 0,74974 — 3) Cd.

Da aber der bei der Schwefelwasserstoffällung entstehende Cadmiumsulfidniederschlag immer verunreinigt ist (s. S. 1124), so ergibt auch diese Methode nur für die Betriebskontrolle brauchbare Resultate.

II. Bestimmung des Cadmiums in Erzen und Hüttenprodukten.

Von dem feingepulverten und getrocknetem Erz werden je nach dem Cadmiuminhalt 1—10 g mit Königswasser aufgeschlossen und mit

Schwefelsäure abgeraucht. Der Abdampfrückstand wird mit Wasser aufgenommen, der unlösliche Rückstand abfiltriert und gut ausgewachsen. Dem Filtrat setzt man jetzt so viel konzentrierte Schwefelsäure zu, daß 3,4 Vol.-$^0/_0$ vorhanden sind und leitet in der Siedehitze Schwefelwasserstoff ein. Unter Einleiten läßt man erkalten und leitet dann noch ungefähr $^1/_2$ Stunde lang ein. Die Sulfide werden abfiltriert, mit schwach schwefelsaurem Wasser, welches etwas Schwefelwasserstoff enthält, ausgewaschen, dann mit Natriumsulfid ausgezogen und die unlöslichen Sulfide abfiltriert. Diese werden in heißer verdünnter Salpetersäure gelöst, abgedampft, etwa vorhandenes Silber als Chlorid und Wismut als Oxychlorid abgeschieden. Bei Gegenwart von wenig Kupfer kann man die Trennung von Kupfer-Cadmium in der Weise durchführen, daß das Filtrat des Wismutoxychlorides mit Natronlauge alkalisch gemacht und mit Kaliumcyanid im Überschuß versetzt wird. Aus dieser Lösung fällt man dann das Cadmium durch Ammonsulfid als Sulfid. Bei Gegenwart von viel Kupfer kann man die Trennung auch in einer über 5 Vol.-$^0/_0$ schwefelsauren Lösung durch Elektrolyse vornehmen. Falls in dem mit Alkalisulfid behandelten Sulfidniederschlag nur von Kupfer zu trennen ist, kann man auch die Trennung durch Auskochen mit verdünnter Schwefelsäure (1 : 5) erreichen, da das Cadmiumsulfid dann in Lösung geht. Nachdem der verbleibende Kupferniederschlag abfiltriert worden ist, kann das Cadmium erneut mit Schwefelwasserstoff gefällt werden, nachdem man die Lösung auf 7 Vol.-$^0/_0$ Schwefelsäure verdünnt hat. Bei der Cadmiumbestimmung in zinkreichen Materialien ist es notwendig, diese Fällung in 7 Vol.-$^0/_0$ Schwefelsäure noch 1- oder 2mal zu wiederholen, nachdem man durch eine abgemessene Menge verdünnter Schwefelsäure die Sulfide gelöst hat. In dem so erhaltenen Cadmiumsulfid wird dann endgültig nach einer der Methoden 2, 3 oder 4 (S. 1124) das Cadmium bestimmt.

III. Untersuchung von Cadmiummetall.

Cadmiummetall hat mindestens einen Reinheitsgrad von 99,5$^0/_0$ Cd. Als Verunreinigungen kommen hauptsächlich Blei, Kupfer, Eisen, Zink in Frage. Zur Analyse löst man 2 g Metallspäne in Salpetersäure, raucht mit Schwefelsäure ab, kocht mit Wasser auf und filtriert das Bleisulfat ab, welches man für sich bestimmt (s. S. 1505). Das Filtrat verdünnt man ungefähr auf 100 ccm und bestimmt das Kupfer aus der schwefelsauren Lösung elektrolytisch. Die entkupferte Lösung wird auf ungefähr $^1/_2$ Liter verdünnt, mit 50 ccm Salzsäure (spez. Gew. 1,13) versetzt und mit Schwefelwasserstoffgas gefällt. Der Niederschlag wird abfiltriert, mit schwach salzsaurem Wasser, dem etwas Schwefelwasserstoffwasser zugesetzt worden ist, ausgewaschen, mit heißer 1 : 3 verdünnter Salzsäure durch das Filter gelöst und dann nach den oben angegebenen Bedingungen erneut mit Schwefelwasserstoffgas gefällt. Dieses Cadmiumsulfid kann dann nach einer der vorstehend angegebenen Methoden 2, 3 oder 4 (S. 1124) endgültig bestimmt werden. In den Filtraten der Cadmiumfällung kann jetzt das Zink in ganz schwach mineralsaurer Lösung, der man etwas Natriumacetat zugefügt hat, mit Schwefelwasserstoff gefällt und als Zinkoxyd (s. S. 1703) bestimmt werden. Das im Filtrat enthaltene Eisen wird durch Übersättigen der Lösung mit Ammoniak als Ferrosulfid abgeschieden. Man läßt längere Zeit in der Wärme absitzen, filtriert den Niederschlag ab, löst mit verdünnter heißer Salpetersäure und bestimmt das Eisen gewichtsanalytisch als Eisenoxyd, indem man die salpetersaure Lösung mit Ammoniak übersättigt und erwärmt, den Niederschlag abfiltriert, verascht und glüht.

IV. Untersuchung von Cadmiumlegierungen.

Cadmiumamalgam mit 25% Cd und 75% Hg wird in der Zahnheilkunde als Zahnkitt verwendet. Die analytische Trennung der beiden Metalle ist wegen der Flüchtigkeit des Cadmiums nicht durch Abdestillieren des Quecksilbers möglich. Man löst vielmehr in Salpetersäure, dampft zur Trockne, nimmt mit Salzsäure auf und fällt das Quecksilber nach Classen (Quantitative Analyse, 7. Aufl. S. 341. 1920) als Kalomel durch Zusatz von 20% phosphoriger Lösung, filtriert ab und bestimmt im Filtrat das Cadmium über Cadmiumsulfid nach einer der angeführten Methoden. Die Bestimmung des Cadmiums im Rohzink und Zinkstaub ist bei Zink angegeben (s. S. 1726). Die leichtschmelzenden Cadmiumlegierungen wie z. B. Woodsches Metall, Newtonsches Metall usw. sind mit ihrem Analysengang unter Wismut (s. S. 1120) angegeben.

Cer und andere seltene Erden.

Siehe S. 1627.

Kobalt.

Von

Privatdozent Dr. **Fr. Heinrich** und Chefchemiker **F. Petzold**, Dortmund.

Einleitung.

Kobalt gehört zu den weniger häufig vorkommenden Metallen und findet sich selten in größeren Mengen. Es ist ein steter Begleiter des Nickels und findet sich immer in Nickelmineralien genau so wie sich das Nickel immer in Kobaltmineralien findet.

Für die technische Verwertung kommen folgende Kobalterze in Betracht:

Speiskobalt (Smaltin) $CoAs_2$ mit etwa 23—28 $^0/_0$ Kobalt; im reinsten Zustande $CoAs_2$ mit 28,1 $^0/_0$ Kobalt, 71,9 $^0/_0$ Arsen. Meist enthält es nur bis 23 $^0/_0$ Kobalt, dagegen bis zu 19 $^0/_0$ Eisen und Nickel.

Glanzkobalt, Kobaltit mit 35,4 $^0/_0$ Co, 19,3 $^0/_0$ S, 45,3 $^0/_0$ As, stets verunreinigt durch Nickel und Eisen bis zu 12 $^0/_0$.

Kobalt-Nickelkies $2\,RS$, $3\,R_2S_3$, wobei R = Nickel, Kobalt und Eisen, mit 11—40,7 $^0/_0$ Co und 14,6—42,6 $^0/_0$ Nickel.

Schwarzer Erdkobalt, ein Kobalt-Manganerz $(CoMn)OMnO_2 + 4\,H_2O$, enthält bis zu 15 $^0/_0$ Kobalt.

Ferner findet sich Kobalt in technisch ausnutzbaren Mengen in gewissen Zwischen- und Nebenprodukten beim Blei- und Kupferhüttenprozeß als Speisen, Krätzen, Schlacken usw.

Die Gewinnung des Kobalts aus Erzen und Hüttenprodukten beschränkt sich im allgemeinen auf die Darstellung von reinem Kobaltsesquioxyd oder reinen Salzen, die dann auf Metall weiter verarbeitet werden.

Das metallische Kobalt hat bislang wenig technische Verwendung gefunden. Erst neuerdings ist man auf Grund seiner Härte zur Legierung mit metallischem Kobalt übergegangen und stellt Magnetstahl, säurefeste Legierungen (Konel) und die sog. Hartschneidmetalle (Stellit, Acrit usw.) her. Ferner dient Kobalt wie Nickel zum Plattieren von Eisen und Stahl, zur galvanischen Verkobaltung, und findet Verwendung in der Lackindustrie (Trockenstoffe) und zur Herstellung keramischer Farben und Glasuren.

I. Methoden der Kobaltbestimmung.

Da Kobalt fast ausschließlich mit Nickel vergemeinschaftlicht ist, geschieht die Trennung von den anderen Metallen zuerst gemeinsam mit dem Nickel, worauf erst Co vom Ni getrennt wird.

A. Bestimmung von Kobalt und Nickel gemeinsam.

Siehe „Nickel" S. 1469—1471.

B. Trennung des Kobalts vom Nickel und Bestimmung des Kobalts.

1. Kobaltbestimmung nach der Kaliumnitritmethode.

Vor der Fällung des Kobalts als Kaliumkobaltinitrit werden nach Brunck [Ztschr. f. angew. Ch. 21, 1847 (1907)] die Metalle der Schwefelwasserstoffgruppe abgeschieden; außerdem entfernt man von den Metallen der Schwefelammoniumgruppe bei größeren Eisengehalten meist auch dieses durch wiederholte Fällung nach der Acetatmethode (S. 1474). Enthält die Lösung Calcium, so kann die Trennung des Kobalts vom Nickel mittels der Nitritmethode erst nach vorausgegangener elektrolytischer Abscheidung beider Metalle vorgenommen werden. Ist Calcium abwesend, so fällt man Kobalt und Nickel mit Kalilauge und Bromwasser. Der Niederschlag wird abfiltriert, in Salzsäure gelöst und eingedampft, mit einigen Tropfen Salzsäure und wenig Wasser aufgenommen. Hierauf versetzt man mit starker Kalilauge in geringem Überschuß, bringt den entstandenen Niederschlag mit wenig Eisessig wieder in Lösung, so daß das Volumen etwa 10 ccm nicht übersteigt und gibt etwa 8 ccm 50%ige, sorgfältig mit Essigsäure neutralisierte Kaliumnitritlösung und 10 Tropfen Essigsäure zu, worauf das Kobalt als gelbes Kaliumkobaltinitrit fällt. Man läßt über Nacht in der Wärme stehen und prüft im Filtrat durch nochmaligen Nitritzusatz. Vorbedingung für die quantitative Abscheidung des Kobalts ist Einhaltung der vorgeschriebenen Konzentration. Der gelbe Kobaltniederschlag wird auf dem Filter mit wenig 10%iger Kaliumacetatlösung, die außerdem 1% neutrales Kaliumnitrit enthält, ausgewaschen und vom Filter in eine Elektrolysierzelle gespritzt. Auf dem Filter haftende Reste werden mit heißer, verdünnter Schwefelsäure gelöst. Vorsichtshalber verascht man noch das getrocknete Filter und gibt die Asche der Lösung zu. Hierauf wird der Inhalt des Becherglases mit konzentrierter Schwefelsäure bis zum Abrauchen derselben eingedampft, nach dem Erkalten mit Wasser aufgenommen, mit Ammoniak übersättigt und elektrolysiert (S. 1469).

Die Trennung des Nickels nach der beschriebenen Methode gelingt nach den ausgewählten Methoden des Chemiker-Fachausschusses der Gesellschaft Deutscher Metallhütten- und Bergleute (Bd. 2, S. 73) nicht, wenn gleichzeitig alkalische Erden und Blei vorhanden sind und wenn außerdem das verwendete Kaliumnitrit Kaliumhydroxyd und Pottasche enthält. In diesem Falle scheidet sich das Kaliumkobaltnitrit stets nickelhaltig ab. Daher ist das verwendete Kaliumnitrit einerseits auf Kalk und Blei zu prüfen und andererseits sorgfältig mit Essigsäure zu neutralisieren. Da man ferner in starker Konzentration das Kobalt fällt, so wird meist schon deshalb auch etwas Nickel mit niedergerissen, welches bei der Elektrolyse gleichzeitig mit dem Kobalt an die Kathode geht. Es muß daher stets das abgeschiedene Kobalt in Salpetersäure gelöst und in essigsaurer Lösung mit Dimethylglyoxim auf Nickel geprüft werden. Das mitgefällte Nickel bringt man in Abzug. Wenn insbesondere das Nickel gegenüber dem Kobalt vorwaltet, so wiederholt man besser die Nitritfällung, bestimmt das Kobalt elektrolytisch und fällt im nickelhaltigen, nitritfreien Filtrat in bekannter Weise mittels Dimethylglyoxim (Prüfung des Kobalts auf Nickel). Bei größeren Mengen von Mangan muß die Nitritfällung wiederholt werden, da das sonst eingeschlossene Mangan bei der Elektrolyse in geringen Mengen mit dem Kobalt abgeschieden werden kann. Auch von viel Chrom läßt sich das Kobalt durch die Nitritmethode nur bei doppelter Fällung gut trennen.

Nach N. W. Fischer und Stromeyer [Poggendorffs Ann. **71**, 545 (1847). — Vgl. auch Brunck: Ztschr. f. angew. Ch. **20**, 1847 (1907). — Ztschr. f. anal. Ch. **47**, 165 (1908)] löst man das elektrolytisch abgeschiedene Gemisch beider Metalle von der Elektrode durch kochende, verdünnte Salpetersäure (1 Volumen Säure vom spez. Gew. 1,2 : 3 Volumen Wasser), kocht 15 Minuten lang und dampft die Lösung in einer Porzellanschale auf dem Wasserbade ab. Den Rückstand nimmt man mit wenigen Kubikzentimetern Wasser auf, setzt 3—5 g Kaliumnitrit (in kaltgesättigter wäßriger Lösung) und so viel Essigsäure hinzu, bis salpetrige Säure entweicht. Das Kobalt scheidet sich innerhalb 24 Stunden als bräunlichgelbes Kobalti-Kaliumnitrit ab. (L. L. de Koninck fällt durch Ansäuern mit HNO_3; der Niederschlag scheidet sich dann rascher und rein gelb ab.) Man filtriert alsdann und wäscht die Kobaltverbindung mit reiner kaltgesättigten Lösung von Kaliumsulfat aus, löst sie in heißer, verdünnter Schwefelsäure, dampft die rosenrote Lösung auf dem Wasserbade ab, spült in ein Becherglas, übersättigt stark mit Ammoniak, setzt reichlich Ammonsulfat hinzu, fällt das Kobalt elektrolytisch und ermittelt den Nickelgehalt der Substanz aus der Differenz.

Zur maßanalytischen Bestimmung des Kobalts im Kaliumkobaltinitrit wird nach A. A. Wassilieff [Ztschr. f. anal. Ch. **78**, 441 (1929)] der Niederschlag auf einen Glasfiltertiegel N 1 G 3/ <7 (Bd. I. S. 68) abgesaugt, das an den Wänden zurückgebliebene mit Mutterlauge übergespült und der Niederschlag einigemal mit einer gesättigten Lösung von K_2SO_4 ausgewaschen. Der Glasfiltertiegel mit dem ausgewaschenen Niederschlag wird in einen breithalsigen konischen Kolben von 600 ccm gebracht; nun werden 250 ccm Wasser, 50 ccm 0,1 n-$KMnO_4$-Lösung und 35 ccm 50%ige Schwefelsäure unter Einhaltung der angegebenen Reihenfolge zugegeben. Indem man den Inhalt des Kolbens mit einem Glasstäbchen mischt, wird derselbe auf 50—60° erwärmt und unter zeitweiligem Umrühren 30—40 Minuten bei dieser Temperatur erhalten bis zur völligen Zersetzung des Kalium-Kobaltinitrits, die am Verschwinden des gelben Niederschlages im Kolben und an der gelben Färbung in den Poren des Filters erkannt wird. Zum Zwecke der Beobachtung wird der Filtertiegel mit Hilfe eines Glasstäbchens für kurze Zeit aus der Flüssigkeit herausgenommen.

Danach wird der Inhalt des Kolbens in kaltem Wasser auf Zimmertemperatur abgekühlt und nach dem Abkühlen mit 2—3 g KJ versetzt; der Kolben wird mit dem eingeschliffenen Glasstöpsel verschlossen und die Flüssigkeit bis zur vollständigen Auflösung des bei der ersten Reaktion ausgefallenen MnO_2-Niederschlags gemischt [1].

Das ausgeschiedene Jod wird mit einer 0,1 n-$Na_2S_2O_3$-Lösung titriert unter Zugabe von etwas Stärkelösung gegen Ende der Titration.

H. Yagoda und H. M. Partridge ziehen die Fällung des Kobalts als Caesiumkobaltinitrit der als Kalisalz vor [Journ. Amer. Chem. Soc. 52, 4857 (1930)].

2. Kobaltbestimmung mit α-Nitroso-β-Naphthol.

Diese Methode nach Ilinski und v. Knorre [Ber. Dtsch. Chem. Ges. 18, 699 (1885). — Ztschr. f. anal. Ch. 24, 595 (1885). — Ztschr. f. angew. Ch. 6, 267 (1893)] ist nur da zu empfehlen, wo es sich um die Bestimmung sehr geringer Kobaltmengen neben sehr viel Nickel handelt. Das nach S. 1469 auf elektrolytischem Wege abgeschiedene Ni + (Co)-Metall löst man mit Salpetersäure von der Kathode und dampft mit Salzsäure zur Trockne. Der Rückstand wird mit wenig Salzsäure und heißem Wasser aufgenommen und mit einer heißen Lösung von α-Nitroso-β-Naphthol in 50 %iger Essigsäure versetzt. Die über dem roten Niederschlag befindliche Lösung prüft man nach dem Erkalten durch erneuten Zusatz des Fällungsmittels auf Vollständigkeit der Fällung. Nach mehrstündigem Stehen wird der abfiltrierte Niederschlag zunächst mit kalter, dann mit warmer 12 %iger Salzsäure zwecks völliger Entfernung des Nickels ausgezogen und mit heißem Wasser nachgewaschen. Um Verpuffungen beim Verglühen zu vermeiden, wird der feuchte Niederschlag sorgfältig in das Filter eingeschlossen, worauf er ohne weiteres im gewogenen Platintiegel bei aufgelegtem Deckel mit voller Flamme erhitzt wird (Vorsicht wegen der ätzenden Wirkung des Nitroso-β-Naphthols und seiner Verbrennungsgase!). Hat die Entwicklung brennbarer Gase aufgehört, so wird die gebildete Kohle durch Erhitzen unter Luftzutritt vollständig verbrannt. Bei sehr geringen Mengen Kobalt kann man den gewichtskonstanten Glührückstand ausnahmsweise als Co_3O_4 zur Wägung bringen; bei etwas mehr Kobalt muß jedoch das meist auch CoO-haltige Oxyduloxyd in Kobaltsulfat übergeführt und das Kobalt elektrolytisch bestimmt werden.

K. Wagenmann [Metall u. Erz 18, 447 (1921)]. — Ztschr. f. anal. Ch. 65, 67 (1924). — Chem. Zentralblatt 1921 IV, 1298] fällt das Kobalt aus dem mit α-Nitroso-β-Naphthol erhaltenen Niederschlag elektrolytisch in ammoniakkalischer Lösung. Während sonst hierbei Einhaltung des Kathodenpotentials erforderlich ist, gelingt es bei Gegenwart einer genügenden Menge von Ammoniumsalzen (noch besser wirkt Hydrazin-

---

[1] Falls der Niederschlag von Kalium-Kobaltinitrit nicht sehr klein ist und die Arbeit ohne Unterbrechung durchgeführt wird, kann der konische Kolben mit eingeschliffenem Glasstöpsel durch ein einfaches Becherglas von entsprechender Größe ersetzt werden.

sulfat) bei beliebigem Potential zu fällen. Der Niederschlag wird verascht, mit Kaliumbisulfat geschmolzen, die Schmelze in salz- oder schwefelsäurehaltigem Wasser gelöst, mit 5 g Ammoniumchlorid versetzt, die Lösung mit Ammoniak neutralisiert und nach Zusatz von 30 ccm Ammoniak und zeitweisem Zufügen von Hydrazinsulfat elektrolysiert (s. S. 925). Eine geringe Eisen- oder Tonerdemenge stört die Abscheidung nicht. In Lösung befindliches Kupfer wird mit dem Kobalt zusammen niedergeschlagen und kann durch Umpolen aus einer Lösung, die 5 % Ammoniumnitrat und 2 % Salpetersäure enthält, abgelöst, allein abgeschieden und gewogen werden.

3. Colorimetrische Kobaltbestimmung.

Für die colorimetrische Bestimmung des Kobalts sind zahlreiche Wege vorgeschlagen [Freund, H.: Leitfaden der colorimetrischen Methoden, S. 210. Wetzlar 1928. — Heinz, W.: Ztschr. f. anal. Ch. 78 427 (1929). — Lieberson, A.: Journ. Amer. Chem. Soc. 52, 464 (1930)], doch bedürfen diese entwicklungsfähigen Methoden offenbar noch weiterer Ausgestaltung. Vgl. auch besonders E. S. Tomula [Ztschr. f. anal. Ch. 83, 6 (1931).

II. Trennung des Kobalts und Nickels von anderen Metallen.

Gruppenweise geschieht diese Trennung genau wie beim Nickel zunächst von den Metallen der H_2S-Gruppe durch Schwefelwasserstoff und später nach der Acetat- bzw. Bariumcarbonat- bzw. Äthermethode.

Die Trennung des Kobalts von einzelnen Begleitmetallen ähnelt in vielen Fällen der des Nickels. Im einzelnen sei genannt:

1. Eisen (und Aluminium).

Größere Mengen entfernt man nach den ausgewählten Methoden des Chemiker-Fachausschusses der Gesellschaft Deutscher Metallhütten- und Bergleute (a. a. O. Bd. 2, S. 70) in der Regel entweder durch das Acetatverfahren (S. 1477) oder durch Ausschütteln mit Äther (S. 1309); hat der Eisenabscheidung auch die Fällung des Zinks zu folgen, so wendet man zweckmäßiger das Formiatverfahren [Funk, W.: Ztschr. f. anal. Ch. 45, 489f. (1906)] an. Beim Eindampfen und Abrauchen der kobalt- (Ni-) haltigen Lösung mit Schwefelsäure läßt sich die Ameisensäure, die dabei nur Kohlensäure gibt, viel leichter zerstören als die Essigsäure. Die Eisenfällung ist stets zu wiederholen, um im Eisenniederschlag eingeschlossenes Kobalt (Ni) zu entfernen. Enthält die Kobalt- (Ni-) Lösung nur geringe Mengen Eisen, wie z. B. in Kobaltoxyden, Kobaltmetall und Kobaltsalzen, so kann es in der Lösung verbleiben. Das aus dem ammoniakalischen Elektrolyten ausgeschiedene Eisenhydroxyd schließt jedoch leicht Kobalt (Ni) ein. Es muß daher abfiltriert mit Schwefelsäure gelöst, wiederum mit Ammoniak im Überschuß gefällt dem Elektrolyten zugesetzt werden, worauf man neuerdings elektrolysiert. Verblieb das Eisenhydroxyd im Elektrolyten, so ist das abgeschiedene Kobalt (Ni) auf Eisen zu prüfen. Zu diesem Zwecke löst man das Kobalt (Ni) von der Kathode mit Salpetersäure ab, übersättigt mit Ammoniak und bestimmt das Eisen colorimetrisch (S. 192, 303 und 646).

2. Nickel.

Vorbedingung ist die Abwesenheit von Fe, Al, Zn, Mn und Cr. Liegt die kobalt- (Ni-) haltige Lösung frei von den genannten Metallen vor, so wird dieselbe zunächst mit konzentrierter Schwefelsäure eingedampft. Nach dem Aufnehmen mit Wasser versetzt man mit Ammoniak im Überschuß, verfährt zur elektrolytischen Fällung des Kobalts und Nickels genau wie S. 1469 angegeben und bringt die Summe Co + Ni zur Auswaage. Hierauf löst man die Metalle mit starker Salpetersäure von der Kathode, macht die verdünnte Lösung ammoniakalisch, säuert wiederum mit Essigsäure an und fällt das Nickel in der Lösung mittels Dimethylglyoxim und genügendem Natriumacetatzusatz. Die Fällung und Bestimmung erfolgt nach S. 1474. Aus der Summe Co + Ni abzüglich Nickel ergibt sich der Kobaltgehalt. Geringe Mengen Nickel werden neben viel Kobalt nur vollständig gefällt, wenn man einen reichlichen Überschuß von Dimethylglyoxim anwendet, ferner etwa 3 g Natriumacetat zusetzt und ungefähr 1 Stunde warm stehen läßt. Das Gesamtvolumen der Lösung betrage etwa 400—400 ccm. Das kobalthaltige Filtrat ist auf alle Fälle auf etwaigen Nickelgehalt zu prüfen.

III. Spezielle Methoden.

A. Erze und sonstige Naturprodukte.

Siehe bei „Nickel" (S. 1483).

B. Hütten-, Zwischen- und Nebenprodukte.

1. Speisen, Rückstände und Schlacken.

Siehe bei „Nickel" (S. 1485).

2. Kobaltoxyde.

Es handelt sich hierbei um hochprozentige, meist nur wenig durch Eisen, Nickel, Kupfer und Arsen verunreinigte Produkte für keramische Zwecke. Nach den ausgewählten Methoden des Chemiker-Fachausschusses der Gesellschaft Deutscher Metallhütten- und Bergleute (a. a .O. Bd. 2, S. 76) werden 0,5 g einer guten Durchschnittsprobe in konzentrierter Salzsäure gelöst; bleibt ein unlöslicher schwarzer Rückstand, so kann er mit Kaliumpyrosulfat oder Borax im Platintiegel aufgeschlossen werden. Die Lösung der Schmelze wird der Hauptlösung zugegeben. Vorteilhaft reduziert man auch das eingewogene Oxyd zu Metall durch Glühen im Wasserstoff- oder Leuchtgasstrom, löst dann mit Königswasser und führt in Chloride über. Aus der Lösung entfernt man die Metalle der Schwefelwasserstoffgruppe, dampft mit etwa 10 ccm konzentrierter Schwefelsäure bis zum Abrauchen ein, unterwirft die ammoniakalisch gemachte Lösung nach S. 1469 mit einem Volumen von 250 ccm der Elektrolyse und bestimmt die Summe (Co+Ni).

Zur Bestimmung des eventuell im Elektrolyten im abgeschiedenen Eisenniederschlag befindlichen Kobalts wird der Niederschlag abfiltriert, ausgewaschen, in Salzsäure gelöst und das Eisen je nach Gehalt nach dem Acetatverfahren oder nach dem Ätherverfahren getrennt. Im Filtrat bestimmt man dann in ammoniakalischer Sulfatlösung das Kobalt, das dann der Summe von Kobalt und Nickel zuzuzählen ist. Enthält auch noch das elektrolytisch ausgeschiedene Ni und Co Eisen, so werden die Metalle von der Elektrode abgelöst und nach der Acetatmethode das Eisen ausgeschieden, das dann colorimetrisch bestimmt und von der Summe Co + Ni in Abzug gebracht wird.

Der Kobaltgehalt ergibt sich dann nach der Bestimmung des Nickels aus der Differenz. Bei Schiedsanalysen, insbesondere sehr nickelarmer Kobaltoxyde, ist so zu verfahren, daß zunächst gleichfalls die Summe (Co + Ni) elektrolytisch ermittelt wird. Die Metalle löst man dann mit Salpetersäure von der Kathode, entfernt mittels der Nitritmethode in verdünnterer Lösung die Hauptmengen Kobalt und bestimmt nun in dem kobaltarmen Filtrat nach dem Zerstören des Nitrits mit Salzsäure das Nickel als Nickeldimethylglyoxim. Auf diese Weise ist man sicher, daß das Nickel restlos erhalten wird. Der Kobaltgehalt ergibt sich dann aus der Summe Co + Ni abzüglich des Nickelgehaltes.

Auf Zink ist meist nicht zu achten; ist es vorhanden, so scheidet man dasselbe nach S. 1483 ab.

Als Verunreinigungen der Oxyde kommen insbesondere Nickel, Eisen, Kupfer, Arsen und Kalk in Frage. Nickel wird nach der angegebenen Methode ohnehin bestimmt. Für die Eisenbestimmung verwendet man ohne weiteres das im Elektrolyten ausgeschiedene Eisenhydroxyd, das man abfiltriert und in das Oxyd überführt. Für Kupfer werden 5 g in Salzsäure gelöst und in das Sulfat übergeführt; nach Zusatz von Ammoniumnitrat wird das Kupfer elektrolytisch abgeschieden. Zur Arsenbestimmung löst man 5 g in Salzsäure, setzt Ferrosulfat zu und destilliert das Arsen ab, worauf es mit Jodlösung titriert wird (S. 1079). Für die Calciumbestimmung werden 5 g in Salzsäure gelöst, in ammoniakalischer Lösung der Elektrolyse unterworfen und auf den Calciumgehalt nach S. 1490 untersucht.

3. Smalte.

1 g des feinen Pulvers wird in der Platinschale mit 5 ccm 50%iger Schwefelsäure verrührt, etwa 20 ccm Flußsäure zugesetzt, 1 Stunde gelinde auf dem Wasserbade erwärmt, dann abgedampft und bis zum Entweichen von H_2SO_4-Dämpfen auf dem Finkener-Turme (S. 1242)

erhitzt. Der erkaltete Rückstand wird mit Wasser aufgenommen, etwa abgeschiedenes PbSO$_4$ abfiltriert und in das Filtrat Schwefelwasserstoff eingeleitet, wobei As, Cu, Bi ausfallen können. Nach dem Fortkochen des Schwefelwasserstoffes wird das Fe im Filtrate durch Salpetersäure oxydiert und späterhin als basisches Acetat zusammen mit der Tonerde abgeschieden, aus dem Filtrate hiervon Co (Ni und Mn) durch Natronlauge und Bromwasser gefällt, die Oxyde ausgewaschen, in verdünnter Schwefelsäure und schwefliger Säure gelöst, nach dem Abdampfen usw. Co und Ni elektrolytisch gefällt, die Flocken von MnO$_2$-Hydrat auf einem Filter gesammelt, getrocknet, das Filter verascht und das stark geglühte Mn$_3$O$_4$ gewogen. Co und Ni werden von der Elektrode gelöst und nach S. 1130 mittels Kaliumnitrit getrennt usw.

Schwefel bestimmt man in Erzen, Steinen und Speisen nach dem Verfahren von Hampe (s. S. 1216).

C. Kobaltmetall.

Zur Bestimmung des Reingehaltes von metallischem Kobalt (Würfelkobalt, Kobaltgranalien, Kobaltanoden und Kobaltblech) werden (Ausgewählte Methoden des Chemiker-Fachausschusses der Gesellschaft Deutscher Metallhütten- und Bergleute, Bd. 2, S. 78) 10 g einer Durchschnittsprobe in starker Salpetersäure gelöst und in einer Porzellanschale mit konzentrierter Schwefelsäure bis zum Abrauchen eingedampft. Nach dem Erkalten wird mit Wasser verdünnt und im tarierten Meßkolben auf 1 l aufgefüllt. Für die Analyse wägt man etwa 50 ccm Lösung = ungefähr 0,5 g Metall aus, entfernt aus der verdünnten Lösung die Metalle der Schwefelwasserstoffgruppe und ermittelt zunächst Co + Ni nach S. 1469 elektrolytisch. Nun bestimmt man das Nickel analog wie bei den hochprozentigen Kobaltoxyden in der Weise, daß man mittels der Nitritmethode die Hauptmenge Kobalt entfernt und in der kobaltarmen Lösung Nickel als Oxim fällt. Die Differenz ergibt den Kobaltgehalt. Die übrigen Verunreinigungen des metallischen Kobalts wie Kupfer, Eisen, Arsen, Kohlenstoff, Schwefel, Silicium und Kalk werden in der gleichen Weise, wie bei Nickel (S. 1486 bis 1491) ermittelt. Nach einem Vorschlag des Chemikerausschusses (Bericht Nr. 49 vom 18. 5. 20) des Vereins Deutscher Eisenhüttenleute erfolgt die Bestimmung des Kobalts in Kobaltmetall durch Errechnung aus der Summe der Nebenbestandteile, die Bestimmung des Mangans durch Titration nach vorheriger Abscheidung als Superoxyd, die Bestimmung des Eisens durch Titration nach Abscheidung mit Acetat und Umfällung mit Ammoniak, die Bestimmung des Nickels gewichtsanalytisch nach Fällen mit Dimethylglyoxim aus essigsaurer Lösung in Gegenwart reichlicher Mengen von Ammoniumacetat, oder cyanometrisch nach Fällung mit Brom aus cyankalischer Lösung; die Bestimmung der übrigen Nebenbestandteile nach den bei der Stahlanalyse üblichen Verfahren (S. 1353).

Bei Schiedsanalysen hat aber auf jeden Fall sowohl die Bestimmung des Kobalts, wie die des Nickels in folgender Weise (Ausgewählte Methoden des Chemiker-Fachausschusses der Gesellschaft Deutscher Metallhütten- und Bergleute, S. 72) zu geschehen. Das elektrolytisch abgeschiedene Co + Ni löst man mit wenig Salpetersäure von der Kathode, fällt nach der Nitritmethode das Kobalt als Kaliumkobaltinitrit, wobei man, wenn Nickel überwiegt, die Fällung wiederholt, und bestimmt das Kobalt für sich elektrolytisch. Dieses muß dann noch auf etwaigen Nickelgehalt geprüft werden. Aus dem kobaltfreien Filtrate wird das Nickel nach dem Zersetzen des Nitrits mit Salzsäure und Verkochen der nitrosen Gase mit Dimethylglyoxim bestimmt. Die Summe beider Einzelbestimmungen muß mit der elektrolytisch bestimmten Summe Co + Ni übereinstimmen.

D. Legierungen.

1. Kobalt-Eisenlegierungen.

Siehe Abschnitt „Eisen" S. 1394 u. 1411.

2. Hartschneidmetalle (Stellit, Akrit, Caedit, Caesit, Celsit usw.)

(s. a. S. 1411).

Diese enthalten in der ursprünglich in Amerika entwickelten Zusammensetzung bis 55% Co, 15—33% Cr und 10—17% W neben nur wenig Eisen. In den neueren deutschen Hartschneidmetallen ist Kobalt zum Teil durch Nickel und Mangan, Wolfram zum Teil durch Molybdän und Vanadin ersetzt, so daß für die Bestimmung Co, Ni. Cr, Mo, V, Mn und Fe in Frage kommen. Da die Legierungen selbst in heißer Salzsäure meist unlöslich sind, können die für legierte Stähle üblichen Trennungsverfahren nicht ohne weiteres Verwendung finden. Auch macht die Zerkleinerung auf Analysenfeinheit häufig große Schwierigkeiten. Das Zerkleinern kann nur in Mörsern aus zähem Hartstahl (Mn-Stahl, Cr-Ni-Stahl oder hochprozentigem W-Stahl) erfolgen. Als Untersuchungsgang für die Bestimmung aller Legierungsbestandteile aus einer Einwaage ist der von E. Deiß zu nennen, während die Bestimmung der Einzelmetalle in verschiedenen Einwaagen nach G. Schiffer erfolgt. Die Verfahren sind verschieden, je nachdem es sich um Legierungen handelt, die sich in kurzer Zeit (2—3 Stunden) in Salzsäure, gegebenenfalls unter Zusatz von etwas H_2O_2, lösen, oder um schwer bis unlösliche Legierungen.

a) Analyse der Hartschneidmetalle nach E. Deiß.
[Metall u. Erz 24, 537 (1927).]

α) Untersuchungsgang für durch HCl zersetzbare Legierungen. Ein Gramm der aufs feinste gepulverten Probe wird mit 25 ccm konzentrierter Salzsäure in einem 250 ccm fassenden Becherglas auf dem Asbestdrahtnetz längere Zeit erwärmt. Das Metall löst sich allmählich mit dunkelgrüner Farbe unter Wasserstoffentwicklung und Abscheidung eines feinen, amorph erscheinenden, grauschwarzen Metallpulvers. Wenn nach etwa einer Stunde die Einwirkung der Säure nachgelassen hat, wird die trübe Lösung in ein frisches Becherglas von 250 ccm Inhalt abgegossen und das zurückbleibende Metallpulver mit frischer Säure behandelt, solange noch Wasserstoffentwicklung und Grünfärbung der Säure eintritt. Sollte nach 2stündiger Behandlung mit HCl in der Wärme noch ein merklicher Rückstand bleiben, so wird die Lösung vom Ungelösten wieder abgegossen und der Rückstand erneut mit Salzsäure unter Zusatz von etwas Wasserstoffsuperoxyd erhitzt. Hierbei geht der Rückstand nach kurzer Zeit in Lösung, die mit der Hauptmenge der Lösung vereinigt wird. Das später unter β) beschriebene Verfahren wird erst dann angewendet, wenn nach etwa 3stündiger Behandlung mit Salzsäure (und etwas H_2O_2) noch unangegriffenes Metall vorhanden ist.

Zur Wolframbestimmung wird die Lösung samt Niederschlag zum Kochen erhitzt, durch Zugabe von 10 ccm konzentrierter Salpetersäure (spez. Gew. 1,40) oxydiert und eine Zeitlang weiter gekocht; dann wird heißes Wasser zugesetzt und noch etwa 20 Minuten im Sieden erhalten. Die nun rein gelbe Wolframsäure wird nach Klärung und Abkühlung der Lösung abfiltriert und mit heißem salzsäurehaltigem Wasser ausgewaschen. Die so erhaltene Wolframsäure ist ziemlich rein, fast immer frei von Kieselsäure und Vanadin; enthält dagegen meist noch geringe Mengen Chrom, Eisen, Nickel, Kobalt und Molybdän.

Das Filtrat von der Wolframsäure wird auf dem Wasserbad mehrmals mit Salzsäure zur Trockne verdampft, um Reste von Wolframsäure, sowie die Kieselsäure aus der Lösung abzuscheiden, die abfiltriert und der Hauptmenge Wolframsäure zugefügt werden. Wolframsäure- und Kieselsäureabscheidung werden vorsichtig im Platintiegel verascht und gewogen. Nun gibt man zur rohen Wolframsäure im Platintiegel etwa 1 ccm Flußsäure und ebensoviel verdünnte Schwefelsäure, oder besser noch raucht man, um alles sicher in Oxyde zu verwandeln, zunächst mit etwas Schwefelsäure (ohne HF) ab und gibt danach erst etwa 1 ccm Flußsäure und ebensoviel verdünnte Schwefelsäure zu, dampft zur Trockne und raucht die Schwefelsäure entweder im Doppeltiegel (S. 1459) oder auf dem Finkenerturm (S. 1242) ab. Der Rückstand wird gewogen; die Gewichtsabnahme ergibt nach Umrechnung den Siliciumgehalt der Legierung.

Da beim Abscheiden der Kieselsäure aus der salzsauren Lösung ein höheres Erhitzen über Wasserbadtemperatur hinaus vermieden werden muß, weil sonst leicht flüchtige Chloride von Vanadium und Molybdän verlorengehen können, so kann ein Rest Kieselsäure unter Umständen nicht mit abgeschieden werden, der bei der nachfolgenden Molybdänfällung mit Molybdänsulfid zusammen ausfällt. Daher muß letzteres auf Kieselsäure geprüft und die sich hier ergebende Menge der zuerst gefundenen zugerechnet werden.

Zur weiteren Reinigung der rohen Wolframsäure schließt man diese durch Schmelzen mit Natriumkaliumcarbonat auf. Die Schmelze wird mit Wasser gelöst, der Tiegel mit heißem Wasser gut ausgespült und die Lösung der Schmelze filtriert. Auf dem Filter verbleiben kleine Mengen von Oxyden (von Eisen, Nickel, Kobalt); diese werden mit dem Filter in dem nicht mit Säure gereinigten Platintiegel, der soeben zum Aufschließen diente, verascht und gewogen. Das Gewicht dieser Oxyde ist von der Menge der rohen Wolframsäure in Abrechnung zu bringen. Die Oxyde werden zur Weiterverarbeitung verwahrt. Die filtrierte Lösung des Wolframsäureaufschlusses wird in einem Meßkolben auf 250 ccm verdünnt. 100 ccm der Lösung werden mit Salzsäure angesäuert und nach Zugabe von $^1/_2$ g Jodkalium mit $^1/_{10}$ n-Thiosulfatlösung bis zum Verschwinden der durch geringe Mengen Chromat verursachten Gelbfärbung titriert. Der Thiosulfatverbrauch für die Gesamtmenge Lösung wird auf Chromoxyd berechnet und dessen Menge ebenfalls von dem Gewicht der rohen Wolframsäure abgezogen. Weitere 100 ccm der Wolframatlösung werden nach Zugabe von Weinsäure zur Bestimmung des Molybdäns benutzt. Man fällt im Becherglas durch Schwefelwasserstoff und vorsichtigem Ansäuern mit Salzsäure, wobei man durch kräftiges Rühren der schwach sauren Lösung ein Zusammenballen der Molybdänsulfidabscheidung bewirkt. Man filtriert ab, verascht vorsichtig und wägt. Auch die Menge dieses Niederschlages wird auf die gesamte Lösung berechnet und von der verbliebenen Menge roher Wolframsäure in Abzug gebracht. Die Menge der reinen Wolframsäure ergibt sich dann aus der rohen Wolframsäure nach Abzug von Kieselsäure + Oxyden + Chromoxyd + Molybdänsäure. Das Filtrat von der Molybdänsulfidabscheidung wird mit etwas Schwefelsäure eingedampft, um den Schwefelwasserstoff zu zerstören; zur Prüfung auf Vanadin verdünnt man den Rückstand mit etwas Wasser und versetzt mit etwas Wasserstoffsuperoxyd. Sollten geringe Vanadiummengen zugegen sein, so bestimmt man diese am besten colorimetrisch mit Hilfe einer Vergleichslösung bekannten Gehaltes (vgl. S. 1653).

Zur Molybdänbestimmung wird das, die Hauptmenge des Molybdäns enthaltende Filtrat von der Wolframsäure- und Kieselsäureabscheidung zwecks Entfernung überschüssiger Säure eingedampft, mit Wasser aufgenommen und durch Einleiten von Schwefelwasserstoff das Molybdän als Sulfid gefällt. Mit dem Molybdän fällt Kupfer. Der Sulfidniederschlag wird abfiltriert, mit schwach salzsaurem Wasser ausgewaschen und vorsichtig im Porzellantiegel, der wie bei der Bestimmung des Mangans als Sulfat in einen größeren Porzellantiegel eingehängt ist, verascht und gewogen. Da die Molybdänsäure gewöhnlich nicht als reine, weiße Krystallmasse erhalten wird, sondern als mehr oder weniger verunreinigter Rückstand, bedarf dieser einer Reinigung, wobei auf Kieselsäure, Kupferoxyd und Eisenoxyd (eventuell auch Nickel- und Kobaltoxyd) Rücksicht zu nehmen ist.

Man behandelt die unreine Molybdänsäure im Tiegel mit Salzsäure in der Wärme, wobei Eisen, Molybdän und Kupfer in Lösung gehen; vom ungelöst bleibenden Teil filtriert man ab, wäscht gut aus und verascht im gewogenen Platintiegel. Die weiße Asche wird mit Flußsäure-Schwefelsäure abgeraucht und aus dem Gewichtsverlust der etwaige Rest Kieselsäure ermittelt, der mit der Kieselsäure aus der Wolframsäureabscheidung zusammen zur Berechnung des vorhandenen Gesamtsiliciums dient. Aus der salzsauren Lösung der unreinen Molybdänsäure werden in folgender Weise Kupfer und Molybdän nacheinander gefällt. Die Lösung wird mit Ammoniak abgestumpft, schwach ammoniakalisch gemacht und das Kupfer durch tropfenweisen Zusatz einer etwa 2%igen Lösung von Natriumsulfid ausgefällt; man hört mit dem Zusatz von Natriumsulfid auf, sobald ein einfallender Tropfen in der Lösung keine braunen Schlieren mehr erzeugt. Durch Umrühren und Erwärmen bringt man das Kupfersulfid zum Zusammenballen. Es wird abfiltriert, mit stark verdünnter (farbloser) Ammoniumsulfidlösung ausgewaschen, verascht und gewogen. Das ammoniakalische Filtrat wird mit Schwefelwasserstoff gesättigt und durch Zusatz von Salzsäure in geringem Überschuß das Molybdän als Sulfid zur Ausscheidung gebracht. Das dabei erhaltene Filtrat vom Molybdänsulfid, das noch geringe Mengen von Eisen enthalten kann, wird eingedampft, mit Salpetersäure oxydiert, mit Salzsäure aufgenommen und daraus durch Ammoniak das Eisen gefällt, der Niederschlag verascht und mit dem Hauptfiltrat von der Molybdänfällung weiter verarbeitet. Das Molybdänsulfid wird unter den bekannten Vorsichtsmaßnahmen (S. 1459) verascht und als MoO_3 gewogen.

Zur Bestimmung von Chrom, Nickel, Kobalt, Vanadin, Eisen, Mangan usw. wird das Filtrat von der Molybdänfällung zusammen mit den vorher aus der rohen Wolframsäure und aus dem Molybdänniederschlag ausgeschiedenen Oxyden (bzw. deren Lösung in Salzsäure) in einer Platinschale unter Zusatz von etwas verdünnter Schwefelsäure eingedampft, die Schwefelsäure zum Schluß durch Erhitzen auf dem Finkenerturm und schließlich über freier Flamme vollständig verjagt. Die Oxyde läßt man erkalten, befeuchtet sie sodann mit wenig Wasser, gibt ein Stückchen (etwa 5 g) Ätznatron hinzu und bringt dieses durch vorsichtiges Erwärmen in Lösung; die Lösung wird rasch eingedampft, über freier Flamme geschwenkt, bis das Ganze wasserfrei geworden und geschmolzen ist, und nach Zugabe einer Messerspitze voll Natriumsuperoxyd nochmals durchgeschmolzen. Die erkaltete Schmelze wird mit Wasser gelöst und das Ganze in ein Becherglas (von 250 ccm) gespült, in dem sich der Niederschlag in kurzer Zeit klar absetzt. In der filtrierten Lösung befinden sich jetzt Chrom, Vanadin und Aluminium, während Nickel, Kobalt, Eisen und Mangan den Niederschlag bilden.

Zur Bestimmung von Chrom und Vanadium wird ein aliquoter Teil dieser Lösung mit Salzsäure angesäuert, mit schwefliger Säure reduziert und der Überschuß an schwefliger Säure weggekocht. Nach Zugabe von wenig Mangansulfatlösung werden beide, Chrom und Vanadin, durch Ammoniak ausgefällt; der Niederschlag wird abfiltriert und im Nickeltiegel verascht. Der Rückstand wird mit Natriumkaliumcarbonat im Rosetiegel gemischt und unter Einleiten von Leuchtgas während einer halben Stunde im Schmelzfluß reduziert und danach im Leuchtgasstrom erkalten gelassen. Unter diesen Arbeitsbedingungen wird sämtliches Chrom in Oxyd übergeführt, während alles Vanadin in Vanadat übergeht, so daß sich beide Elemente quantitativ voneinander trennen lassen. Zum Auswaschen des Vanadats aus dem Filter mit dem Chromoxyd darf aber nur sodahaltiges Wasser verwendet werden, da Chrom sonst leicht kolloidal durchs Filter geht. Weiteres über dieses Trennungsverfahren siehe Abschnitt „Chrom" S. 1154.

Aluminium wird in einem weiteren aliquoten Teil der alkalischen Lösung bestimmt nach Ansäuern mit Schwefelsäure und Zusatz von Ammoniumchlorid mit Ammoniak. Der beim Erhitzen der Lösung ausfallende Niederschlag wird abfiltriert, mit Salzsäure vom Filter gelöst, nochmals mit wenig Ammoniak gefällt und verascht. Sollte der Tonerdeniederschlag noch durch Chrom gefärbt sein, so empfiehlt sich ein nochmaliger Aufschluß im Eisentiegel mit Natriumsuperoxyd. Das Chrom wird titriert und als Oxyd vom Gewicht des unreinen Tonerdeniederschlages in Abzug gebracht.

Eisen, Nickel, Kobalt und Mangan lassen sich wie folgt trennen und bestimmen: Der Niederschlag aus der alkalischen Schmelze wird mit starker Salzsäure vom Filter gelöst und aus der Lösung alles freie Chlor fortgekocht. Eine unter Umständen in der Lösung vorhandene geringe Menge Kupfer wird durch Einleiten von Schwefelwasserstoff in die schwach saure Lösung als Kupfersulfid ausgefällt, das abfiltriert und verglüht wird. Die Menge des so erhaltenen Kupferoxyds wird zur aus der Molybdänfällung (S. 1140) erhaltenen Hauptmenge hinzugerechnet.

Aus dem Filtrat wird der Schwefelwasserstoff verkocht; dann neutralisiert man mit Ammoniak, gibt Ammonacetat und wenige Tropfen verdünnte Essigsäure zu und kocht kurz auf. Das dadurch ausgeflockte Eisenhydroxyd wird abfiltriert, ausgewaschen, in ein frisches Becherglas mit Salzsäure gelöst und nochmals gefällt. Das Eisenhydroxyd ist jetzt in der Regel rein; es wird entweder im Porzellantiegel verascht und, wenn es sich nur um kleine Mengen handelt, als Oxyd gewogen; bei größeren Mengen empfiehlt sich Lösen des Eisenhydroxyds mit Salzsäure und titrimetrische Bestimmung nach einem der bekannten Verfahren.

Für die Bestimmung von Nickel und Kobalt werden die schwach essigsauren Filtrate vom Eisenhydroxyd etwas eingeengt; man fügt der Lösung noch etwas festes Ammoniumacetat hinzu und fällt Nickel und Kobalt aus der erwärmten Lösung durch Einleiten von Schwefelwasserstoff aus. Die Sulfide werden abfiltriert, Filtrat und Waschwässer nochmals mit Schwefelwasserstoff geprüft. Das Filtrat von den Sulfiden dient dann zur Manganbestimmung. Die Sulfide werden im Porzellantiegel verascht, mit Salzsäure und etwas Salpetersäure im bedeckten Tiegel in Lösung gebracht und nunmehr das Nickel aus der neutralisierten und wieder mit Essigsäure schwach angesäuerten Lösung mit einem reichlichen Überschuß von Dimethylglyoxim bestimmt. Das Filtrat wird auf Reste Nickel geprüft und sobald es nickelfrei ist, in einer Porzellanschale eingedampft; der Abdampfrückstand wird zur Zerstörung des Dimethylglyoxims mit konzentrierter Salpetersäure zur Trockne gebracht Nach Verdünnen mit Wasser wird das Kobalt als Sulfid aus schwach essigsaurer Lösung gefällt; der Niederschlag wird abfiltriert, im gewogenen Porzellantiegel mit Salzsäure und Salpetersäure abgeraucht und das Kobalt schließlich als Sulfat gewogen.

Das Mangan wird aus den gesammelten Filtraten der Kobalt- und Nickelfällung mit Brom und Ammoniak abgeschieden. Der abfiltrierte Niederschlag wird im gewogenen Porzellantiegel verascht, die Manganoxyde mit Salzsäure in Lösung gebracht und das Mangan nach Abrauchen der Lösung mit Schwefelsäure in bekannter Weise in Sulfat übergeführt.

Die Bestimmung des Kohlenstoffgehaltes der fein gepulverten Legierungen durch Verbrennen mit Sauerstoff in elektrisch geheizten Öfen und Wägung des entstandenen Kohlendioxyds ergibt in jedem Falle brauchbare Werte, gleichgültig, ob die Verbrennung mit oder ohne Zuschlag vorgenommen wird. Während der Verbrennung muß allerdings die Temperatur etwa 20 Minuten lang auf 1200° gehalten werden (s. a. Abschnitt „Eisen" S. 1368).

β) **Untersuchungsgang für in HCl nicht lösliche Legierungen.** Man schließt zweckmäßig mehrere Proben von je 1 g im Eisen- bzw. Nickeltiegel mit Natriumsuperoxyd und Natriumcarbonat auf und wiederholt nach Auslaugen der Schmelzen den Aufschluß am abfiltrierten Rückstand nochmals in gleicher Weise im gleichen Tiegel, um sicher zu gehen, daß alles aufgeschlossen ist. Man erhält dabei in den vereinigten, alkalischen Filtraten eine Lösung zur Bestimmung von Si, Cr, W, V, Mo (Cu) und Al, während die auf dem Filter bleibenden Rückstände von den Eisentiegelaufschlüssen zur Bestimmung von Nickel und Kobalt und die von den Nickeltiegelaufschlüssen kommenden zur Bestimmung von Eisen und Mangan verwandt werden.

Die Trennung und Bestimmung der Metalle Fe, Mn, Ni, Co und Cu im Rückstand kann in der gleichen Weise geschehen wie beim Verfahren α). Für die Trennung und Bestimmung der im alkalischen Filtrat vorhandenen Metallsäuren und Metalle muß aber wegen der Anwesenheit von Wolfram nach folgendem Verfahren gearbeitet werden:

Das alkalische Filtrat wird in heiße Salzsäure (spez. Gew. 1,12) eingetragen, die in einem geräumigen Becherglas (von 800 ccm) zum Kochen erhitzt wird (nicht umgekehrt). Die Wolframsäure scheidet sich dabei als gelber Niederschlag aus. Man verdünnt die Lösung und hält sie bei aufgedecktem Uhrglas etwa 20 Minuten im Kochen. Nach dem Abkühlen und Absitzen der Wolframsäure wird filtriert. Die Wolframsäure enthält kaum nennenswerte Mengen Kieselsäure, Chrom und Vanadin, jedoch leicht etwas Molybdän. Im Filtrat sind meist noch kleine Mengen Wolframsäure, die beim Eindampfen und Eintrocknen der Lösung bei etwa 120° zusammen mit der Kieselsäure abgeschieden werden. Nötigenfalls wird das Filtrat in gleicher Weise nochmals auf Wolframsäure geprüft.

Man verascht die Hauptmenge der Wolframsäure im Platintiegel, fügt den Rest Wolframsäure mit der Kieselsäure hinzu und verascht ebenfalls; dann wird mit Flußsäure-Schwefelsäure abgeraucht und aus der Gewichtsabnahme die Menge der Kieselsäure ermittelt. Der Wolframrückstand wird weiter auf seine Verunreinigungen untersucht wie S. 1138 angegeben.

Die Bestimmung der übrigen Bestandteile kann dann in gleicher Weise durchgeführt werden wie bei säurelöslichen Legierungen (Verfahren S. 1137).

b) Analyse der Hartschneidmetalle nach der Methode des Chemikerausschusses des Vereins Deutscher Eisenhüttenleute.

[Berichte des Fachausschusses des Vereins Deutscher Eisenhüttenleute, Chemikerausschuß Nr. 51 (1927), erstattet von
E. Schiffer; s. a. S. 1411.]

Durch Aufschluß mit Natriumsuperoxyd kann eine gruppenweise Trennung von Co, Ni, Fe, Mn einerseits, von Cr, V, Mo andererseits erzielt werden. Das Tiegelmaterial muß sich dabei natürlicherweise nach den zu bestimmenden Stoffen richten: Zur Bestimmung von Co, Ni, Mn, Fe und Cr kann im Porzellantiegel, von Si, W, Mo und Fe im Nickeltiegel, von Cr, W und Mo im Eisentiegel aufgeschlossen werden. Kaliumbisulfataufschlüsse bieten keine gruppenweise Trennung. Säuren und Säuregemische greifen die meisten Hartschneidmetalle erst bei tagelanger Einwirkung an. Salzsäure und Schwefelsäure unter Zusatz von $KClO_3$ soll die Lösungsgeschwindigkeit auf 3 Stunden herabdrücken.

Es wird empfohlen: die Bestimmung des Kobalts elektrolytisch zusammen mit Nickel aus dem Rückstande eines Natriumsuperoxydaufschlusses im Porzellantiegel;

die Bestimmung des Nickels: gewichtsanalytisch nach Fällung mit Dimethylglyoxim aus der Lösung der Kathodenausscheidung;

die Bestimmung des Mangans: titrimetrisch aus der Lösung der Anodenausscheidung und dem Elektrat;

die Bestimmung des Chroms: jodometrisch aus der filtrierten wäßrigen Lösung eines Natriumsuperoxydaufschlusses im Porzellan- oder Eisentiegel;

die Bestimmung des Siliciums: gewichtsanalytisch durch Ausscheidung nach besonderem Lösungsverfahren;

die Bestimmung des Wolframs: gewichtsanalytisch durch Ausscheiden aus schwefelsaurer Lösung nach besonderem Verfahren und nachfolgender Reinigung von Molybdän; oder: gewichtsanalytisch durch Mercuronitratfällung aus der neutralisierten filtrierten Lösung eines mit Kohle reduzierten Natriumsuperoxydaufschlusses im Eisentiegel mit nachfolgender Reinigung von Molybdän und Vanadin;

die Bestimmung des Molybdäns: gewichtsanalytisch durch Verglühen des Sulfids nach Fällung aus phosphorsäurehaltiger schwefelsaurer Lösung; oder: aus mit Weinsäure versetzter, filtrierter schwefelsaurer Lösung eines reduzierten Natriumsuperoxydaufschlusses;

die Bestimmung des Vanadins: colorimetrisch oder titrimetrisch aus dem angesäuerten und oxydierten Filtrat einer Schwefel-Alkalicarbonatschmelzelösung;

die Bestimmung des Eisens: titrimetrisch aus einer Ammoniak-Wasserstoffsuperoxydfällung;

die Bestimmung des Kohlenstoffs: gewichtsanalytisch durch Verbrennung im Sauerstoffstrom.

Im einzelnen erfolgen die genannten Bestimmungen nach folgenden Arbeitsgängen:

α) **Bestimmung von Co, Ni, Cr, Mn und Fe durch oxydierenden Aufschluß im Porzellantiegel.** 0,5 g der feinst gepulverten Probe werden mit 8 g Na_2O_2 unter öfterem Umschwenken im Porzellantiegel aufgeschlossen. Die erkaltete Schmelze wird unter Erhitzen in Wasser gelöst und durch Abfiltrieren und Auswaschen mit heißem Wasser vom unlöslichen Rückstande getrennt. Der Rückstand wird dann in H_2SO_4 gelöst, mit H_2O_2 versetzt und in NaOH eingegossen, um die letzten Spuren Cr herauszulösen. Der nun abermals filtrierte und gut ausgewaschene Niederschlag von den Hydroxyden des Co, Ni, Fe und Mn wird mit heißer H_2SO_4 gelöst. Nach Neutralisation mit NH_3 setzt man 35 ccm NH_3 im Überschuß zu und scheidet Co und Ni elektrolytisch ab. Die erhaltenen Metalle werden nochmals in HNO_3 gelöst, und die Lösung mit Br und NH_3 gekocht und so Fe und Mn bestimmt und in Abzug gebracht. Aus dem ammoniakalischen Filtrat wird nun in essigsaurer Lösung mit Dimethylglyoxim das Nickel gefällt und von Co + Ni abgezogen. Kobalt kann man auch mit α-Nitroso-β-Naphthol bestimmen.

Zur Bestimmung von Eisen und Mangan dient der nach der elektrolytischen Abscheidung des Nickels und Kobalts schwefelsaurer gemachte Elektrolyt, dem das während der Elektrolyse anodisch als Mangandioxydhydrat abgeschiedene Mangan nach Ablösen von der Anode mit Schwefelsäure zugefügt wird. Aus dieser Lösung fällt man mit Ammoniak und Brom Eisen und Mangan zusammen als Hydroxyde aus, die in bekannter Weise zu trennen sind (S. 1318). Den Mangan- und Eisenwerten sind die durch Bromammoniakabscheidung aus den kathodisch abgeschiedenen Metallen erhaltenen Mangan- und Eisenmengen zuzurechnen.

Zur Bestimmung des Chroms werden die vereinigten Alkalichromatlösungen zur Entfernung des überschüssigen Sauerstoffes 10 Minuten lang gekocht, unter Abkühlen neutralisiert und nach Zugabe von KJ und HCl in der Kälte [1] mit Thiosulfat titriert.

β) **Bestimmung des Siliciums.** 0,5 g der feinst gepulverten Probe werden in 20 ccm Salzsäure (spez. Gew. 1,19), 10 ccm konzentrierter Schwefelsäure und 60 ccm Wasser gelöst und bis zum Abrauchen erwärmt. Nach Erkalten werden 10—15 ccm H_2O und 2 g $KClO_3$ zugesetzt, dann mit 60 ccm H_2O verdünnt, aufgekocht, nach Absitzenlassen der ausgeschiedenen WO_3 filtriert, ausgewaschen, geglüht und gewogen, mit HF und H_2SO_4 abgeraucht und zurückgewogen.

γ) **Bestimmung des Wolframs.** 0,5 g der Probe werden mit rund 8 g Na_2O_2 im Eisentiegel aufgeschlossen. Die Schmelze wird mit einigen Löffelchen reiner Holzkohle bis zur vollständigen Reduktion des Chromats im bedeckten Tiegel erhitzt, in Wasser gelöst, und die Lösung von 500 ccm auf 400 ccm partiell filtriert. Sodann wird mit HNO_3 neutralisiert, aufgekocht und die WO_3, MoO_3 und V_2O_5 gemeinsam mit neutraler Mercuronitratlösung und etwa 1 g Quecksilberoxyd in der Hitze gefällt,

---

[1] Da in der Wärme auch Molybdate durch KJ in saurer Lösung reduziert werden!

nach mehrstündigem Stehen abfiltriert, mit heißem Wasser gewaschen und in einem Porzellantiegel geglüht. Das Oxydgemisch wird dann in einer Porzellanschale mit 25 ccm H_2SO_4 (1:1) erwärmt und von der WO_3 abfiltriert. Etwaige SiO_2 wird durch HF abgeraucht.

d) **Bestimmung des Molybdäns.** 1 g der feinst gepulverten Probe werden in 15 ccm konzentrierter H_2SO_4, 20 ccm H_3PO_4 (spez. Gew. 1,7) und 60 ccm H_2O gelöst und mit 0,5 g $KClO_3$ oxydiert. Nach Abfiltrieren und Auswaschen der SiO_2 wird in das Filtrat H_2S eingeleitet mit anschließender $^1/_2$stündiger Erhitzung auf 80^0 in der Druckflasche. Das MoS wird dann wie üblich in MoO_3 überführt (S. 1459).

ε) **Bestimmung des Vanadiums.** 0,5—1 g der feinst zerkleinerten Probe werden mit 4 g S und 6 g Soda in einem bedeckten Porzellantiegel 1 Stunde lang bei kleiner und 10 Minuten bei großer Flamme aufgeschlossen. Die Schmelze wird in H_2O gelöst, und die Lösung von 500 ccm auf 400 ccm partiell filtriert. Das Filtrat wird in eine große Porzellanschale gegeben, 20 ccm konzentrierte H_2SO_4 zugesetzt und bis zum Abrauchen eingeengt. Hierauf gibt man 100 ccm rauchender HNO_3 zu und engt auf 50 ccm ein; darauf verdünnt man mit 50 ccm H_2O und filtriert die WO_3 und S ab, erhitzt zum Verbrennen des Schwefels in einem Porzellantiegel, glüht und erwärmt mit 15 ccm H_2SO_4 (1:1). Diese Lösung vereinigt man mit dem Filtrat, das bis zum Abrauchen eingeengt wird. Nun wird abkühlen gelassen, mit Wasser verdünnt, mit H_2O_2 versetzt, auf 200 ccm aufgefüllt und die nun rote Lösung nach 1stündigem Stehenlassen und abermaliger Filtration mit einer Vanadinlösung von bekanntem Gehalt (enthaltend 0,01 g Vanadin in 100 ccm) colorimetriert. Soll das Vanadin titrimetrisch bestimmt werden, so sind vor dem Abrauchen etwa 5 ccm schweflige Säure zuzugeben. Man verdünnt dann nach dem Abrauchen mit heißem Wasser und titriert heiß mit auf Vanadinsäure eingestellter Permanganatlösung.

ζ) **Bestimmung des Kohlenstoffs.** Dieselbe geschieht gewichtsanalytisch durch Verbrennung im O_2-Strom wie beim Eisen (s. S. 1368).

c) **Analyse stellitähnlicher Legierungen nach E. Cremer und B. Fetkenheuer.**
[Wiss. Veröff. a. d. Siemenskonzern 5, Nr. 3, 19 (1927). — Chem. Zentralblatt 1927 II, 467.]

Die Legierung wird mit Kaliumbisulfat oder Soda-Salpetermischung aufgeschlossen. Beim Kaliumbisulfataufschluß wird das Metallpulver bei möglichst niedriger Temperatur abgeröstet und dann mit der 25fachen Menge Kaliumbisulfat aufgeschlossen, wobei während einer Stunde die Temperatur der Schmelze langsam gesteigert wird. Die durch Lösen in kaltem Wasser erhaltene, durch kolloidale Wolframsäure getrübte Lösung, wird mit 1 ccm Brom und unter ständigem Rühren in dünnem Strahl mit 5%iger NaOH versetzt, bis die Fällung von Co, Ni, Fe und Mn beendet ist. Der Niederschlag wird abfiltriert, gewaschen, in H_2O_2 und H_2SO_4 gelöst und nochmals gefällt. Die vereinigten Filtrate von Co, Ni, Fe und Mn werden mit HCl angesäuert und schwach ammoniakalisch gemacht, worauf $Al(OH)_3$ und

SiO_2 ausfallen. Nach dem Verglühen bestimmt man die SiO_2 wie üblich durch Abrauchen mit HF und H_2SO_4. Der Rückstand wird zur Bestimmung der darin enthaltenen geringen Menge Cr mit Na_2O_2 aufgeschlossen und nach dem Filtrieren das Cr unter Zusatz von $FeSO_4$ mit Permanganat titriert. Die wäßrige Lösung wird zur Abscheidung des W mit HCl angesäuert, einige Zeit gekocht, wobei die Hauptmenge des W ausfällt, und der Rest wird nach dem Filtrieren wie üblich durch wiederholtes Eindampfen des Filtrates mit HCl bis zur Trockne, Erhitzen des Rückstandes auf 120^0 und Abfiltrieren gewonnen. Die Wolframsäure wird verascht und das stets darin vorhandene Molybdän nach Bauer und Deiß (S. 1139) ermittelt. Die Hauptmenge des Molybdäns erhält man aus dem HCl-Filtrat von der Wolframsäure durch H_2S und anschließendes Erhitzen unter Druck; es wird als MoO_3 bestimmt. Nach dem Verkochen der H_2S wird die Lösung mit NaOH fast neutralisiert und Cr durch Zusatz von $5^0/_0$iger NaOH gefällt. Um die Bildung von Chromiten zu verhindern, ist ein größerer Überschuß des Fällungsmittels möglichst zu vermeiden. Das im Cr etwa vorhandene V wird aus dem veraschten Cr-Niederschlag nach Deiß (S. 1153) mit Soda im Leuchtgasstrom und darauffolgendem Lösen in Wasser gewonnen. Die vereinigten Filtrate werden mit HCl schwach angesäuert und nach Pozzi-Escot [Bull. Soc. Chim. de France (4) **7**, 160 (1910)] mit Manganchlorür und einigen Tropfen H_2O_2 versetzt, durch Zufügen von verdünntem NH_3 Manganvanadat und -superoxyd gefällt, nach dem Aufkochen und mehrstündigem Absitzen in der Wärme filtriert und mit heißem Wasser ausgewaschen. Hierauf wird der Niederschlag in einem Porzellantiegel verascht, in HCl gelöst, mit H_2SO_4 abgeraucht, nach dem Erkalten mit Wasser auf 100 ccm verdünnt und schließlich das entstandene V_2O_4 mit Kaliumpermanganat titriert. Das beim Aufschluß nach Deiß zurückgebliebene Chromoxyd wird verascht, mit Na_2O_2 aufgeschlossen, zur Zerstörung des überschüssigen Superoxyds gekocht, mit H_2SO_4 angesäuert und zum Schluß das Cr mit eingestellter $FeSO_4$-Lösung reduziert und das überschüssige $FeSO_4$ mit $^1/_{10}$ n-$KMnO_4$ titriert.

Für Legierungen, die sich mit Kaliumbisulfat nicht aufschließen lassen, empfiehlt sich das Schmelzen mit einem Gemisch von 12 Teilen Na_2CO_3, 7 Teilen K_2CO_3 und 1 Teil KNO_3.

Von Seel [Chem.-Ztg. **35**, 643 (1922)] sind für diesen Aufschluß Silbertiegel empfohlen worden, was aber von Fetkenheuer nicht als nötig erachtet wird, zumal die von ihm verwendeten Platintiegel pro Schmelze nur 3 mg abgenommen haben. Zunächst schmilzt man einen Teil des Aufschlußmittels im Tiegel ein, bringt auf die Unterlage 1 g der feinst pulverisierten Substanz und zum Schluß den Rest der Soda-Salpetermischung. Nach 20 Minuten ist der Aufschluß beendet. Man löst die Schmelze in Wasser und schließt die zurückbleibenden Oxyde von Co, Ni, Fe und Mn nochmals auf und erhält sie so chromfrei. Die wäßrige Lösung wird durch H_2S von den geringen Mengen Platin befreit und mit dem $KHSO_4$-Aufschluß der zurückbleibenden Oxyde vereinigt und wie eben beschrieben, bestimmt.

d) Analyse der Hartschneidmetalle durch Flußsäure-Salpeter säureaufschluß nach dem Verfahren des Staatshütten laboratoriums in Hamburg.

Nach Graumann[1] wird 1 g der fein gepulverten Probe in einer Platinschale mit Salpetersäure (spez. Gew. 1,2) überschichtet und durch vorsichtige und portionsweise Zugabe von Flußsäure in Lösung gebracht. Man engt sodann auf dem Wasserbade ein, bis sich Salze ausscheiden, die man durch Behandeln mit verdünnter Salpetersäure in der Wärme wieder in Lösung bringt. Nun spült man den Schalen- inhalt in eine Porzellanschale, gibt Schwefelsäure (1:1) zu und dampft ein bis zum starken Rauchen der Schwefelsäure. Nach dem Erkalten verdünnt man mit Wasser, kocht auf, läßt den Niederschlag gut absitzen und gießt die überstehende, klare Lösung in ein Becherglas ab. Der Rückstand in der Porzellanschale wird nun mit Königswasser behandelt, um das Chrom weitgehend daraus zu entfernen. Man raucht wieder mit Schwefelsäure ab, nimmt mit Wasser auf, kocht, filtriert danach zur ersten Lösung im Becherglas und wäscht mit heißem, schwefel- säurehaltigen Wasser aus (Filtrat A).

Das Filter wird im Platintiegel verascht und der Rückstand geglüht. Die so erhaltene, unreine Wolframsäure schmilzt man im Leuchtgas- strom mit Soda-Pottasche. Man läßt die Schmelze unter weiterem Einleiten von Leuchtgas erkalten, laugt sie mit Wasser aus, spült den Tiegel ab und läßt am besten über Nacht stehen. Dann filtriert man ab und wäscht mit sodahaltigem Wasser gut aus. Auf dem Filter bleiben Eisen und der allergrößte Teil des Chroms als Oxyde zurück, während sich das gesamte Wolfram als Wolframat im Filtrat befindet. Die Oxyde des Chroms und Eisens schmilzt man mit Bisulfat, läßt die Schmelze in Wasser und wenig Schwefelsäure und gibt diese Lösung zum Filtrat A.

Aus der Wolframatlösung wird nun das Wolfram und der Rest des Chroms nach dem Neutralisieren mit Salpetersäure in üblicher Weise mit Quecksilberoxydulnitratlösung abgeschieden und der Niederschlag abfiltriert. Man verglüht ihn vorsichtig unter dem Abzug und wiegt die zurückbleibende Wolframsäure. Zur Bestimmung der noch vor- handenen Verunreinigungen schmilzt man mit Soda-Pottasche, laugt die Schmelze gut mit Wasser aus und filtriert einen etwaigen Rückstand ab, dessen Gewicht dann von dem der Wolframsäure abgezogen werden muß. Ist die Wolframatlösung infolge eines geringen Chromgehaltes gelblich gefärbt, so gibt man zum Filtrat Natriumphosphat, säuert mit Schwefelsäure an und bestimmt das Chromat nach Zusatz einer gemes- senen Menge Ferrosulfatlösung durch Titration des Ferrosulfatüber- schusses mit eingestellter Kaliumpermanganatlösung. Das so gefundene Chrom ist als Cr_2O_3 von der Wolframsäureauswaage in Abzug zu bringen.

Im Filtrat A befinden sich Molybdän, Kupfer, Chrom, Vanadin, Kobalt, Nickel, Eisen und Mangan. Zur Fällung von Molybdän und

---

[1] Privatmitteilung.

Kupfer wird die nötigenfalls eingeengte und mit Natronlauge abgestumpfte, schwefelsaure Lösung ·in einer Druckflasche kalt mit Schwefelwasserstoff gesättigt. Dann verschließt man die Flasche und erhitzt sie 1—2 Stunden im Wasserbad. Nach vollständigem Erkalten und guten Absitzenlassen spült man den Inhalt der Druckflasche in ein Becherglas über, filtriert die Sulfide ab und wäscht sie mit schwach schwefelwasserstoff- und schwefelsäurehaltigem Wasser gut aus (Filtrat B).

Das kupferhaltige Molybdänsulfid wird alsdann vorsichtig abgeröstet und nach mäßigem Glühen als Trioxyd gewogen. Zur Reinigung bringt man es in einen Platintiegel, schmilzt mit Natrium-Kaliumcarbonat und laugt die Schmelze mit heißem Wasser aus. Der Rückstand wird abfiltriert, geglüht und gewogen. Sein Gewicht muß von dem des Trioxyds abgezogen werden. In dem alkalischen Filtrat befindet sich die reine Molybdänsäure, die daraus, falls erforderlich, nochmals bestimmt werden kann. Im Rückstand ist alles Kupfer, dessen Gehalt entweder elektroanalytisch (S. 927) oder, wenn es sich nur um ganz geringe Mengen handelt, colorimetrisch (S. 1200) ermittelt werden kann.

Das Filtrat B der Schwefelwasserstoffällung enthält Kobalt, Nickel, Eisen, Mangan, Chrom und Vanadin. Zur Abtrennung dieser beiden zuletzt genannten Elemente, deren Bestimmung in besonderen Einwaagen erfolgt, verfährt man folgendermaßen. Man verkocht zunächst den Schwefelwasserstoff und engt die Lösung weitgehend ein. Zu der in einem 1 l fassenden Becherglas befindlichen Lösung gibt man Bromwasser und einige Kubikzentimeter Brom hinzu. Dann läßt man langsam 10%ige Natronlauge zufließen, bis die Lösung stark alkalisch ist. Man kocht auf und läßt längere Zeit absitzen. Nach mehrmaligem Dekantieren bringt man schließlich den Niederschlag aufs Filter, löst ihn wiederum mit Schwefelsäure unter Zusatz von wenig Wasserstoffsuperoxyd und wiederholt die eben beschriebene Behandlung mit Brom und Natronlauge noch zweimal, um alles Chrom und Vanadin zu entfernen. Der zuletzt erhaltene, chrom- und vanadinfreie Niederschlag wird danach wieder in Schwefelsäure unter Zusatz von wenig Wasserstoffsuperoxyd gelöst. Die Lösung enthält nun noch Kobalt, Nickel, Eisen und Mangan, deren Trennung und Bestimmung in üblicher Weise vorgenommen wird.

E. Kobaltsalze.

Quantitativ bestimmt man Kobalt in seinen Verbindungen, indem man es aus seiner Lösung mit Alkalilauge und Wasserstoffsuperoxyd (oder Bromwasser) in Form von Oxyden fällt und diese im Wasserstoffstrom zu Metall reduziert, oder indem man das Metall elektrolytisch niederschlägt [s. S. 925; ferner Wagenmann: Metall u. Erz 18, 447 (1921). — Chem. Zentralblatt 1921 IV, 1]. Zu letzterem Zweck muß man der Lösung Ammoniumoxalat oder besser Hydrazinsulfat zusetzen und bei 60—70° mit 1 Ampere und 3—4 Volt elektrolysieren.

F. Sonstiges.

Zur Bestimmung des Kobalts in Trockenmitteln, Lacken usw. bei Gegenwart einer größeren Anzahl Metalle macht Heim [Journ. Oil Colour Chemists Assoc. 12, 175 (1929). — Analyst 54, 464 (1929). — Chem. Zentralblatt 1929 II, 2350] die qualitative Probe von Vogel zu einer quantitativen. Er oxydiert die veraschte Substanz mit H_2SO_4 und 30%iger H_2O_2, vertreibt nach Hellwerden der Flüssigkeit die Hauptmenge der H_2SO_4, setzt Ammoniak, dann HCl zu, fügt zur schwach salzsauren Lösung ZnO bei $50°$, filtriert vom Niederschlag, der keine Reaktion nach Vogel geben soll, ab, konzentriert das Filtrat, gibt Ammoniumrhodanat zu und schüttelt mit einem Gemisch von Äther und Amylalkohol (9:1) aus, bis die blaue Farbe des NH_4-Co-Rhodanats verschwunden ist. Die blaue Lösung schüttelt man mit 10%iger H_2SO_4, dann mit Wasser, und scheidet hierauf Co ab, entweder durch Neutralisieren mit NH_3 und Elektrolyse oder durch Zugabe von Alkali und Überführung in Kobaltoxyd.

Ist Co das einzige Metall, so kann man es in der mittels NaOH auf ganz schwache Acidität gebrachten Lösung mittels 2%iger 3,5-Dimethylpyrazollösung und Alkali fällen. Der entstehende purpurne Niederschlag, der dem Ni-Dimethylglyoxim entspricht, enthält $23,88\%$ Co.

IV. Analysenbeispiele.

a) Erze:

Kobaltglanz: $30,03\%$ Co, $47,15\%$ As, $19,6\%$ S, $2,56\%$ Fe, $0,64\%$ Ni, $0,59\%$ Pb, $0,01\%$ Cu.

Kobaltnickelkies: $39,35\%$ Co, $42,76\%$ S, $14,09\%$ Ni, $1,67\%$ Cu, $1,06\%$ Fe.

Speiskobalt: $7,31\%$ Co, $76,55\%$ As, $7,84\%$ Fe, $4,37\%$ Ni, $4,11\%$ Zn, $0,75\%$ S, $0,32\%$ Sb, $0,22\%$ Cu.

b) Metall und Legierungen.

Borchers Legierung nach DRP. 256123 (korrosionsfest): $>50\%$ Co, 1% Ag, Rest: Ni.

Kobalt-Metall: $97—98\%$ Co, $1,5—1\%$ Ni, $0,6—0,3\%$ Fe, $0,1—0,05\%$ Cu.

Maschinenteil-Legierung (für bei hoher Temperatur hochbeanspruchte Teile): $67—80\%$ Co, $33—20\%$ Cr.

Stellit: bis 38% Co, $32—26\%$ Cr, $<14,5\%$ Fe, $8—15\%$ W, $2,5—4,5$ Mo, $1,5—18,5\%$ Ni, $<1,5\%$ V, $1—4\%$ C, $<1\%$ Si, $<0,6\%$ Al, $<0,2\%$ Mn.

c) Sonstiges.

Smalte: 9% CoO, $66—72\%$ SiO_2, $16—21\%$ K + Na, $<9\%$ Al_2O_3, $0,2—2\%$ Fe.

Chrom.

Von

Privatdozent Dr. **Fr. Heinrich** und Chefchemiker **F. Petzold**, Dortmund.

Einleitung.

Das wichtigste natürlich vorkommende Chromerz ist der Chromeisenstein oder Chromit $Cr_2O_3 \cdot FeO$, wobei FeO häufig teilweise durch MgO, Cr_2O_3 durch Al_2O_3 oder Fe_2O_3 ersetzt ist, mit bis zu $62\,^0/_0$ Cr_2O_3. Weniger wichtig sind die Vorkommen des Chroms als Oxyd in kalihaltigen Mineralien als Fuchsit und Chromglimmer, mit Kalk zusammen im Chromgranat, mit Magnesia im Pyrop, Spinell, Kämmererit, Pyrosklerit, Serpentin, mit Tonerde im Chromocker, mit Beryll im Smaragd und Chrysoberyll, als Aluminiumchromkaliumsilicat in Avalit, als Chromsäure im Rotbleierz und als Kupferbleichromat im Vauquelinit. Die Herstellung vom metallischen Chrom nach rein chemischen Verfahren hat heute nur noch historisches Interesse. Ebenso hat die Herstellung des Chroms mittels des elektrischen Stromes oder Reduzierung von Chromoxyd im elektrischen Ofen an Bedeutung verloren. Fast ausschließlich wird heute nach dem Goldschmidtschen aluminothermischen Verfahren gearbeitet, wobei man ein fast $99\,^0/_0$iges Metall erhält, mit nur geringen Mengen Verunreinigungen, insbesondere Eisen, Schwefel, Silicium, Aluminium und Kohlenstoff. Infolge seiner Kohlefreiheit und leichten Legierbarkeit hat das aluminothermisch erzeugte Chrom bei der Herstellung von Stählen mit hohem Chrom- und geringem Kohlenstoffgehalt besondere Bedeutung.

Ferner findet Chrom heute Verwendung in reiner Form als schützender Überzug für unedlere Metalle. Besondere Wichtigkeit für die chemische Industrie haben die hochchromlegierten nichtrostenden Stähle vom Typ der Kruppschen VA-Stähle. Chromnickellegierungen finden Verwendung als Widerstandsmaterial für elektrische Öfen.

I. Methoden der Chrombestimmung.

A. Gewichtsanalytische Bestimmung.

Die wichtigste gravimetrische Bestimmungsform des Chroms ist das Chromoxyd, Cr_2O_3, das man erhält:

1. durch Fällen des Ammonsalzes in der Siedehitze mit NH_3 nach Rothaug [Ztschr. f. angew. Ch. 84, 165 (1914)];

2. mit Jodid-Jodatlösung nach A. Stock und C. Massaciu [Ber. Dtschr. Chem. Ges. 34, 467 (1901)];

3. mit KCNO-Lösung nach Ripan (Chem. Zentralblatt **1928 I**, 2973);

4. mit Ammonnitrit;

5. mit Anilin [Journ. Amer. Chem. Soc. **25**, 421 (1903). — Schöller u. Schrauth: Chem.-Ztg. **33**, 1237 (1909)] oder

6. wenn es in der Form von Chromat vorliegt, durch Mercuronitrat und Überführen des Mercurochromats durch Glühen in Oxyd oder endlich

7. als Bariumchromat.

B. Maßanalytische Bestimmung.

Als technische Methode und wegen des in geglühtem Cr_2O_3 stets in nachweisbarer Menge vorhandenen Chromats [vgl. Britton: Analyst **49**, 130 (1924). — Chem. Zentralblatt **1924 I**, 2722] dürfte jedoch ausschließlich nur die maßanalytische Methode, in gewissen Fällen nach vorheriger Abscheidung als Mercurochromat und oxydierendem Schmelzaufschluß des durch Glühen erhaltenen Cr_2O_3 in Betracht kommen. Das Prinzip der Methode beruht auf der Überführung des Cr in Chromat am einfachsten durch Brom oder Wasserstoffsuperoxyd, eventuell nach Erich Müller und Messe in alkalischer Lösung mit PbO_2 [Ztschr. f. anal. Ch. **69**, 165 (1926). — Chem. Zentralblatt **1926 II**, 2933] oder nach Philips in saurer Lösung mit Ammonpersulfat bei Gegenwart von Silberion [Stahl u. Eisen **27**, 1164 (1907). — Chem. Zentralblatt **1907 II**, 945] oder nach J. J. Lich tin [Ind. and Engin.Chem. Anal. Ed. 2, 126 (1930). — Chem. Zentralblatt **1930 II**, 2161) und Reduktion des gebildeten Chromats in schwefelsaurer Lösung durch eine gemessene Menge Ferrosulfat oder Mohrschen Salzes und Rücktitration des nicht verbrauchten Ferroeisens mit $KMnO_4$ (Ausführung S. 1160) oder auf jodometrischem Wege durch Zusatz einer Jodkaliumlösung, Ansäuern mit Salzsäure und Titration der bei der Reduktion der Chromsäure freigemachten aquivalenten Menge Jod mit Thiosulfat (Ausführung S. 1156).

Nach Feigl, Klanfer und Weidenfeld [Ztschr. f. anal. Ch. **80**, 5 (1930)]. — Chem. Zentralblatt **1930 I**, 2927) ist die für die jodometrische Titration nötige Entfernung des überschüssigen Oxydationsmittels bei Gegenwart organischer Substanz (hauptsächlich Eiweiß) besonders bei Wasserstoffsuperoxyd schwierig. Sie geben nun 2 Methoden an, nach denen dies leicht und schnell möglich ist:

1. Die Lösung, welche 0,02—0,03 g Cr enthält, wird mit 20 ccm 2 n-NaOH-Lösung alkalisch gemacht und mit etwa 30 ccm 3%iger H_2O_2-Lösung versetzt. Es wird nun gekocht, bis die Lösung rein gelb ist, was bei dem großen Peroxydüberschuß schnell erfolgt. Dann fügt man zwecks Zerstörung des überschüssigen H_2O_2 5 ccm 5%ige $Ni(NO_3)_2$-Lösung langsam hinzu, wobei darauf geachtet werden muß, daß die Lösung nicht allzu stark schäumt. Nachdem die Heftigkeit der Zersetzung von H_2O_2 sich gemildert hat, wird noch 3 Minuten gekocht, abgekühlt und mit 2 ccm n-KJ-Lösung versetzt. Nach Zusatz von 10 ccm konzentrierter HCl wird das ausgeschiedene Jod mit 0,1 n-Thiosulfatlösung zurücktitriert. Dabei darf der Zusatz der Salzsäure erst nach dem Versetzen mit der KJ-Lösung

erfolgen, weil sonst die Jodabscheidung nur langsam verläuft und kein scharfer Endpunkt der Titration beobachtet werden kann.

2. Die Lösung wird mit 20 ccm 2 n-KOH-Lösung alkalisch gemacht, mit etwa 10 ccm gesättigtem Bromwasser versetzt und bis zur vollständigen Gelbfärbung gekocht. Dann werden zur Unschädlichmachung überschüssigen Broms 3 ccm etwa 0,1 n-KCNS-Lösung hinzugefügt, worauf man die Lösung abkühlen läßt. Zur erkalteten Lösung gibt man 2 ccm n-KJ-Lösung und säuert mit etwa 60 ccm 2 n-H_2SO_4 an.

Neuerdings dürfte die potentiometrische Cr-Bestimmung namentlich zur Bestimmung neben anderen Metallen wie Mangan und Vanadium Eingang in die Analyse finden (s. Bd. I, „Abschnitt Potentiometrische Methoden" S. 470).

C. Colorimetrische Bestimmung.

Colorimetrisch läßt sich Cr nach Freund (Leitfaden der colorimetrischen Methoden, S. 196—198. 1928) durch Vergleich der Permanganat-Lösungen oder nach W. W. Scott (Standard methods of chemical analysis, p. 163) mit Diphenylkarbazid bestimmen.

II. Trennung des Chroms von anderen Metallen.

Für die Trennung kommen folgende Verfahren in Betracht:

1. Das Ätherverfahren nach Rothe (s. S. 1309) mit anschließender Oxydation des Eindampfrückstandes durch Brom oder Wasserstoffsuperoxyd in alkalischer Lösung bzw. oxydierender Schmelzung desselben mit NaOH und Na_2O_2 nach Deiß (Bauer-Deiß: Probenahme und Analyse, 2. Aufl., S. 169. 1922) (vgl. S. 1156).

2. Das Bariumcarbonatverfahren, wobei der $BaCO_3$-enthaltende Rückstand nach Lösen in Salzsäure durch Fällen mit H_2SO_4 vom Ba befreit wird [vgl. hierzu Reinitzer u. Conrath: Ztschr. f. anal. Ch. 68, 110 (1926)] und, falls kein Vanadium zugegen, direkt unter Ferrosulfatzusatz mit $KMnO_4$ oder jodometrisch titriert werden kann bzw. bei Anwesenheit von Vanadin nach einem kombinierten Verfahren zur Bestimmung von Cr und V in einer Einwaage nach Kolthoff und Sandell [Ind. and Engin. Chem. Anal. Ed. 2, 140 (1930). — Chem. Zentralblatt 1930 II, 590] direkt titriert werden kann.

3. Das Kaliumcyanatverfahren nach Ripan (Chem. Zentralblatt 1928 I, 2973) zur Trennung von Al, Cr, Fe einerseits, von Zn, Mn, Ni, Co andererseits. Nach Ausfällung der Metalle der 3. Analysengruppe (Al, Zn, Mn, Cr, Fe, Ni und Co) mit $(NH_4)_2S$ löst man den Niederschlag in 10%iger HCl, versetzt mit einigen Kubikzentimetern Perhydrol, kocht auf und filtriert vom Schwefel ab; dann stumpft man das Filtrat mit Na_2CO_3 bis zur schwachsauren Reaktion ab, fügt 1—2 g NH_4NO_3 hinzu, kocht von neuem auf und fügt nun in kleinen Portionen unter Umrühren eine 2%ige KCNO-Lösung hinzu; hierbei fallen Al, Cr und Fe aus, während die übrigen Metalle in Lösung bleiben. Man filtriert heiß

und wäscht mit heißem Wasser nach. Al wird aus dem Niederschlag mit heißer, normaler NaOH ausgezogen und nach Neutralisation der Lösung von neuem mit KCNO gefällt. Chrom wird durch heiße Bromlauge in Chromat übergeführt und Fe mit KSCN nachgewiesen. Im Filtrat können noch Mn, Zn, Co und Ni vorhanden sein; das Mn wird durch Kochen des Filtrats mit Bromlauge abgeschieden und filtriert. Das neue Filtrat wird nunmehr eingeengt und das Zn bei Gegenwart von Pyridin und KBr als $(ZnPy_2)Br_2$ gefällt. Kobalt und Nickel lassen sich wie üblich nachweisen. Die gruppenweise Trennung des Chroms gehört, allgemein gesehen, zu den schwierigsten Aufgaben der analytischen Chemie und gegen die verschiedenen Methoden liegen von verschiedensten Seiten beachtliche Einwände vor [1]. Weiteres hierüber siehe bei der Analyse des Chromeisensteins (S. 1155).

Zur Trennung des Chroms von Vanadium wird in den Mitteilungen des Staatlichen Materialprüfungsamtes zu Berlin-Dahlem [41, 64 (1923)] ausgeführt: Die Trennung von Chrom und Vanadium soll möglich sein, wenn man das Chrom, das als Chromisalz vorliegen muß, mit Ammoniak unter Zusatz von wenig Ammoniumphosphat in der Wärme fällt. Dabei soll alles Chrom ausfallen, während alles Vanadin als Vanadat in Lösung bleiben soll. Eine Nachprüfung dieses Verfahren ergab jedoch, daß bei keinem Ammoniumphosphatzusatz die Fällung eines vanadinfreien Chromniederschlages möglich war. Die mit dem Chromniederschlag ausfallende Vanadinmenge wurde zwar bei steigendem Ammoniumphosphatzusatz immer kleiner, aber bevor die mitgefällte Vanadinmenge den Wert Null erreichte, verhinderten die in der Lösung mittlerweile entstandenen Komplexverbindungen jegliche Fällung des Chroms durch Ammoniak.

Von Campbell und Woodhams [Journ. Amer. Chem. Soc. 30, 1233 (1908)] ist ein anderer Weg zur Trennung der beiden Metalle angegeben worden. Danach soll beim Schmelzen eines Gemisches von Chromoxyd und Vanadinpentoxyd (wie man sie beim Verglühen der Quecksilbersalze erhält) mit Natriumcarbonat und Holzkohlenpulver nur das Chrom zu Oxyd reduziert werden, während das Vanadium als wasserlösliches Vanadat mit Wasser ausgelaugt werden kann. Das Verfahren scheint in der Praxis keine Anwendung gefunden zu haben; es gelingt auch bei reichlichem Zusatz von Kohle nicht, die Oxydation des Chromoxydes zu Chromat sicher zu verhindern. Ein ähnlicher Vorschlag von Deiß [Bauer u. Deiß: Probenahme, 2. Aufl., S. 241 (1922)], der das Schmelzen mit einer Weinstein-Sodamischung im bedeckten Tiegel empfahl, führte nicht immer zu brauchbaren Ergebnissen. Gleichwohl ließ dieses Verfahren deutlich die Bedingungen erkennen, unter welchen sich die Trennung durchführen lassen mußte.

Deiß hat nunmehr in einem neuen Verfahren folgende Bedingungen mit Erfolg berücksichtigt:

---

[1] Vgl. Järvinen [Ztschr. f. anal. Ch. 66, 81 (1925), 68, 57 (1926) und 75, 1 (1928); ferner die Ausführungen van Royens im Chemiker-Ausschuß des Vereins Deutscher Eisenhüttenleute am 1.5.30 [Arch. Eisenh. 4, 17 (1930/31)].

1. Die Schmelze muß während der ganzen Dauer des Erhitzens, bis zum Erkalten des Aufschlusses vor dem Zutritt von Luftsauerstoff geschützt werden.

2. Die Temperatur während des Schmelzens muß genügend hoch gehalten werden. Diese Bedingungen werden am sichersten erfüllt, wenn man die beiden Stoffe Chromoxyd und Vanadinpentoxyd im Leuchtgasstrom mit Natriumkaliumcarbonat kräftig erhitzt und die Schmelze im Leuchtgasstrom abkühlen läßt. Werden hiernach Mischungen von Chrom und Vanadin, in den verschiedensten Mengenverhältnissen, im Nickeltiegel (mit passendem, durchbohrtem Deckel zum Einleiten des Leuchtgases) aufgeschlossen, so ergibt sich eine völlige Trennung beider Elemente. Der wäßrige Auszug der Schmelzen stellt in allen Fällen eine wasserklare Lösung dar, die alles Vanadin enthält, während alles Chrom als Oxyd im Rückstand verbleibt. Zu beachten ist dabei, daß das Auswaschen des Chromoxyds mit verdünnter Natriumcarbonatlösung erfolgen muß, und daß die wasserklare Vanadinlösung nicht ohne weiteres zur Vanadinbestimmung (z. B. mit Permanganatlösung) verwendet werden kann, da sie geringe Mengen von ameisensaurem Natron enthält, die von der Einwirkung des Leuchtgases auf schmelzende Soda herrühren[1]. (Ähnliche Stoffe entstehen vermutlich auch bei dem Weinsteinsodaaufschluß; die bei diesem Verfahren beobachtete Mißerfolge dürften zum Teil hierauf zurückzuführen sein.) Man zerstört diese Verbindung durch Ansäuern mit Schwefelsäure und Kochen mit einem geringen Überschuß an Permanganat. Danach kann die Lösung in üblicher Weise mit schwefliger Säure reduziert und mit Permanganatlösung titriert werden. Zur Chrombestimmung wird das ausgewaschene Chromoxyd im Nickel- oder Eisentiegel mit Natriumsuperoxyd geschmolzen und das Chromat in bekannter Weise titriert.

Nach W. W. Scott (Standard methods of chemical analysis, S. 587) kann man auch zur Trennung von Chrom und Vanadin 100 ccm der neutralisierten Lösung des Chromats und Vanadats mit 15 ccm Eisessig versetzen und hierauf Wasserstoffsuperoxyd zufügen. Die Lösung wird einige Minuten durchgekocht, wodurch das gesamte Chrom zu Cr_2O_3 reduziert wird, während das Vanadin unangegriffen in Lösung bleibt. Das Vanadin wird nun mittels Bleiacetat als Bleivanadat ausgefällt und durch Filtration von dem reduzierten Chrom getrennt. Das Bleivanadat wird dann durch Kochen mit starker Schwefelsäure zersetzt, mit Wasser verdünnt und vom ausgeschiedenen Bleisulfat getrennt. Die Lösung enthält dann das Vanadin.

Zink kann nach R. Berg [Ztschr. f. anal. Ch. 71, 181 (1927)] mit Oxychinolin von Eisen, Chrom und Aluminium getrennt werden.

Für die Trennung von metallischem Chrom und Chromcarbid von Chromoxyd bietet nach Wasmuht [Arch. f. Eisenhüttenw. 4, 155 (1930). —

---

[1] Man kann die Bildung des ameisensauren Salzes in der Schmelze wahrscheinlich umgehen, wenn man die Schmelze statt im Leuchtgasstrom im Wasserstoffstrom vornimmt. Das Arbeiten mit Leuchtgas ist aber bequemer und billiger; dem Leuchtgasverfahren ist aus diesem Grunde der Vorzug gegeben worden.

Chem. Zentralblatt **1930** II, 2807] der Chloraufschluß eine brauchbare
Grundlage, da Chrom und Chromcarbid durch den Clorstrom bereits
bei niedrigeren Temperaturen angegriffen werden als Chromoxyd.

III. Spezielle Methoden.
A. Chromerze.
1. Chrombestimmung.
a) Aufschluß.

Nach H. u. W. Biltz (Ausführung quantitativer Analysen, S. 216)
ist es nicht möglich, Chromerze, insbesondere Chromeisenstein mit Soda
und Salpeter in annehmbarer Zeit aufzuschließen. Ein vortreffliches Aufschlußmittel ist Natriumsuperoxyd; allerdings ist auch hier ein sehr
feines Pulverisieren des aufzuschließenden Gutes nötig; und der Aufschluß
ist mit dem Rückstande der ersten Schmelze zu wiederholen. Weil durch
Natriumsuperoxyd auch das Porzellan des Tiegels sehr stark angegriffen
wird, hat man eine Verdünnung des Aufschlußmittels mit Alkalicarbonat, $3(Na_2CO_3 + K_2CO_3): 5 Na_2O_2$, empfohlen. Verwendet man reines
Natriumsuperoxyd, so ist der Aufschluß bei so tiefer Temperatur, wie
möglich, auszuführen und am besten ein Eisentiegel zu verwenden.

In der alkalischen Lösung des Aufschlusses liegt Chrom als Chromat und
Aluminium als Aluminat vor; Eisen befindet sich im Ungelösten. Um die
Hauptmenge von Aluminium und eventuell Kieselsäure abzuscheiden,
sättigt man die Lösung vor dem Fällen des Chroms mit Kohlensäure.

Zur Bestimmung des Chroms eignet sich die sehr glatt durchführbare
Fällung als Mercurochromat; sie empfiehlt sich, wenn, wie hier, Salzsäure
und Schwefelsäure ganz oder fast ganz fehlen.

Zur Ausführung werden in einem mittelgroßen Eisenblechtiegel
etwa 0,2 g Chromeisenstein, der äußerst fein gepulvert und am besten
durch feine Müllergaze gesiebt ist, mit etwa 3 g Natriumsuperoxyd
gemischt und unter sehr gelindem Erwärmen zunächst zum Zusammen-
sintern, und erst dann bei langsamer Temperatursteigerung zum
Schmelzen gebracht. Mehrfach wird der Tiegel dabei umgeschwenkt.
Dieser Aufschluß dauert 15—20 Minuten.

Die Schmelze wird in einem mit einem Uhrglase bedeckten, 400 ccm
fassenden Becherglase mit 150 ccm heißem Wasser aus dem Tiegel
gelöst. (Um dabei eine Reduktion von Chromat durch das Eisen des
Tiegels zu verhindern, wird ein wenig Kaliumpermanganat hinzugesetzt,
und die violette Farbe nach Beendigung des Kochens durch einige
Tropfen Alkohol entfernt.) Die Lösung wird kurze Zeit gekocht, dann
bei Zimmertemperatur mit Kohlendioxyd gesättigt und filtriert. Das
Filter mit dem ausgewaschenen Niederschlage wird in dem benutzten
Eisentiegel naß verascht, und der geringe Rückstand mit etwa 1—2 g
Natriumsuperoxyd wieder verschmolzen. Man behandelt die zweite
Schmelze, wie die erste, neutralisiert die vereinigten Lösungen annähernd
mit Salpetersäure, kocht sie in einer Porzellankasserolle stark ein, wobei
ein Rest Aluminium ausfällt, und filtriert nochmals.

b) Gravimetrische Bestimmung.

Die Lösung wird nun mit Salpetersäure auf ganz schwach saure Reaktion gebracht und mit einer Lösung von reinem Mercuronitrat [1] ausgefällt. Beim Aufkochen geht das zunächst ausgefallene, braunrote, basische Salz in hochrotes Mercurochromat über, das sich gut absetzt, so daß sich leicht erkennen läßt, ob die darüber stehende Flüssigkeit farblos, also chromfrei ist. Nach Abkühlen der Lösung sammelt man den Niederschlag in einem Porzellanfiltertiegel, wäscht mit mercuronitrathaltigem Wasser und prüft das Filtrat durch Abstumpfen der freien Säure mittels einiger Tropfen Sodalösung bis fast zur Neutralisation, ob noch etwas Mercurochromat nachfällt. Den Gesamtniederschlag verglüht man im Filtertiegel unter dem Abzuge (giftiger Quecksilberdampf!) bei zuletzt stark gesteigerter Temperatur (Winklersche Tonesse oder elektrischer Ofen) zu Cr_2O_3.

c) Maßanalytische Bestimmung.

Zur maßanalytischen Chrombestimmung [vgl. Chemiker-Ausschuß des Vereins Deutscher Eisenhüttenleute: Stahl u. Eisen **42**, 226 (1922). — Ztschr. f. anal. Ch. **63**, 413 (1923); ferner A. Franke u. R. Dvorzak: Ztschr. f. angew. Ch. **39**, 642 (1926)] wird das carbonathaltige Rohfiltrat vom Aufschlusse in einer Porzellankasserolle fast völlig eingekocht, dann weiter eingedampft und zuletzt auf dem Wasserbade zur Trockne gebracht, wobei ein Rest Eisen unlöslich wird. Der Rückstand wird mit wenig Wasser aufgenommen, und die filtrierte Lösung mit Salzsäure angesäuert, mit 1—2 g Kaliumjodid versetzt, nach $^{1}/_{4}$ Stunde auf etwa 400 ccm verdünnt und mit $^{1}/_{10}$ n-Thiosulfat titriert.

Die Natriumthiosulfatlösung wird eingestellt auf eine Kaliumbichromatlösung, die in 25 ccm 0,1 g Chrom enthält, wobei in der gleichen Weise verfahren werden muß wie bei der Titration. Dabei muß das Kaliumbichromat mit besonderer Sorgfalt behandelt werden. Bei nicht völliger Trocknung oder wenn etwa während des Trocknens eine teilweise Reduktion erfolgte, ergaben sich zu hohe Werte für den Chromtiter.

Im Laboratorium der I. G. Farbenindustrie A.G., Werk Leverkusen, schließt man in ähnlicher Weise das Erz in Mischung mit Na_2O_2 allein im bedeckten Porzellantiegel auf, der bei vorsichtigem Arbeiten mehrmals benutzt werden kann. Von der sehr fein gepulverten Probe wird 1 g mit etwa 6 g Na_2O_2 im Tiegel gut gemischt, mit etwas Na_2O_2 überschichtet und nach dem Auflegen des Deckels ganz allmählich bis eben zum Schmelzen erhitzt. Nach dem Erkalten wird der ganze Tiegel in gut bedeckter Porzellanhenkelschale mit Wasser ausgekocht. Durch den katalytischen Einfluß des vorhandenen Eisenhydroxyds zersetzt sich alles Na_2O_2 vollkommen. Man läßt abkühlen, übersättigt mit H_2SO_4,

---

[1] Man prüft das Mercuronitrat, ob es sich ohne Rückstand verflüchtigen läßt. Es löst sich in schwach salpetersäurehaltigem Wasser. Soll die Lösung aufbewahrt werden, so wird ein Tropfen Quecksilber hinzugegeben.

wobei sich kein schweres, unaufgeschlossenes Erz zeigen darf, und titriert das quantitativ als Chromsäure vorhandene Chrom mit Ferrosulfatlösung. Zur Kontrolle kann man die austitrierte Lösung nach Marshall (Chem. News 83, 76) und Philips [Stahl u. Eisen 27, 1164 (1907)] durch Kochen mit Ammonpersulfat unter Zusatz von einigen Tropfen $^1/_{10}$ n-AgNO$_3$-Lösung wieder quantitativ zu Chromat aufoxydieren. Vorhandenes Mangan zeigt sich hierbei durch rötliche, nicht rein gelbe Färbung der Lösung an. Man zerstört die Übermangansäure durch überschüssiges Persulfat, indem man nach Zusatz von etwa 10 ccm Salzsäure (1:1) auf je 200 cmm Flüssigkeit bis zum Verschwinden des Chlorgeruchs weiter kocht. Chromat wird bei diesen Konzentrationsverhältnissen durch Salzsäure nicht reduziert. Die so vorbereitete Lösung kann man dann kalt erneut mit Ferrosulfat titrieren.

Die letzt beschriebene Operation bietet ein bequemes Mittel, um Chromat neben Chromoxyd (in anderen Lösungen) zu bestimmen, was häufig zur Betriebskontrolle notwendig ist. Man titriert einmal unmittelbar das vorhandene Chromat, oxydiert dann die Analysenlösung wie beschrieben und titriert erneut. Der Mehrbefund entspricht dem vorhanden gewesenen Chromoxyd.

Duparc und Leuba [Chem.-Ztg. 28, 518 (1904)] verwerfen die Aufschließung mit Natriumsuperoxyd, weil Metalltiegel dabei stark angegriffen werden, ebenso diejenige mit Kaliumbisulfat, weil sie schlecht und nie quantitativ verläuft. Sie verwenden Soda in folgender, genau einzuhaltender Weise. Man pulverisiert das Mineral in einem Achatmörser äußerst fein, beutelt durch Seidengaze, trocknet, mischt 0,2 bis 0,3 g (nicht mehr!) mit 5—6 g reiner Soda und erhitzt in einem mit Deckel verschlossenen Platintiegel 8 Stunden lang. Zuletzt verstärkt man die Hitze und läßt den Tiegel halb offen. Nach Beendigung der Aufschließung taucht man den Tiegel in eine 100 ccm kaltes Wasser enthaltende Porzellanschale, worin er einige Stunden verbleibt. Der mit Wasser herausgewaschene Tiegelinhalt wird mit Salzsäure im Wasserbade erwärmt, um das suspendierte Eisenoxyd vollständig zu lösen, dann wird in bekannter Weise die Kieselsäure abgeschieden. Das Filtrat wird mit Ammoniak im gelinden Überschuß versetzt und im Wasserbade bis zum Verschwinden des Ammoniakgeruches erwärmt. Der Niederschlag enthält die Oxyde des Chroms, Eisens und Aluminiums; man filtriert, wäscht, trocknet, glüht im Platintiegel und wägt das Gemenge der drei Oxyde. Im Filtrat bestimmt man Kalk und Magnesia wie gewöhnlich. Zur Trennung der drei Metalloxyde pulverisiert man das Gemenge sehr fein, wägt einen Teil davon ab und schließt von neuem mit Soda in einem Platintiegel auf. Eisen hinterbleibt als in Wasser unlösl ches Oxyd, Chrom geht quantitativ in Lösung, Aluminium als Natriumaluminat. Man neutralisiert die Lösung ganz genau mit Salpetersäure, unter Vermeidung jedes Überschusses, setzt Ammoniak in geringem Überschuß zu, verjagt den Überschuß, löst das gefällte Hydrat in Salzsäure auf, wiederholt die Fällung und Auflösung und bekommt schließlich nach dem Filtrieren des Niederschlages, Auswaschen (zuerst mit natriumcarbonathaltigem, dann mit reinem Wasser) und

Glühen vollkommen weiße Tonerde. Im Filtrat reduziert man das Chromat zu Chromoxydsalz und fällt mit Ammoniak das Chromhydroxyd aus. Wenn man bei dem Neutralisieren der Lösung auch nur den geringsten Überschuß an Salpetersäure anwendet, so wirkt diese auf das Natriumchromat in der Art, daß durch Ammoniak daraus ein grünes Hydrat gefällt, also eine chromhaltige Tonerde niedergeschlagen wird. Ganz ebenso wirkt Essigsäure (Salzsäure ist wegen ihrer reduzierenden Wirkung auf das Chromat nicht zu verwenden).

E. Dittler [Ztschr. f. angew. Ch. 41, 132 (1928). — Ztschr. f. anal. Ch. 84, 447 (1931)] bemängelt den Aufschluß mit Soda nach Dupare und Leuba (S. 1157), da dieser nur unvollständig erfolge und dabei beträchtliche Mengen Platin in Lösung gingen; er empfiehlt dagegen, die feinst pulverisierte Probe im Silbertiegel mit der zehnfachen Menge Na_2O_2 aufzuschließen.

E. Dittler [Ztschr. f. angew. Ch. 39, 279 (1926). — Ztschr. f. anal. Ch. 84, 447 (1931)] weist ferner darauf hin, daß bei der Bestimmung des Chroms in Chromeisenstein durch Titration mit Ferrosulfat und Permanganat es zweckmäßig erscheint, mit dem theoretischen Faktor 0,3105 (log = 0,49206 — 1) oder mit dem etwas höheren Freseniusschen Faktor von 0,3109 (log = 0,49262 — 1) zu arbeiten, wenn der Gehalt an Cr_2O_3 nicht mehr als 60—65 % beträgt; der Faktor 0,3165 (log = 0,50037 — 1) darf dagegen für die Analyse von Chromerzen nicht angewendet werden. Für schiedsanalytische Arbeiten wird es sich empfehlen, ausschließlich das jodometrische Verfahren zu benutzen (vgl. S. 1151).

In einer umfangreichen Untersuchung nimmt der Chemiker-Ausschuß des Vereins Deutscher Eisenhüttenleute (Arch. f. Eisenhüttenw. 4, 17 (1930/31) zu den verschiedenen Methoden der Chromerzuntersuchung Stellung und empfiehlt folgende Arbeitsweise:

Probezubereitung. Ein Teil der durch das 100-Maschensieb getriebenen Probe wird im Achatmörser so weit zerrieben, bis eine zwischen den Fingerspitzen zerdrückte Probe zu einem nicht mehr fühlbaren Pulver geworden ist.

Trocknen. 5 g der Probe werden im Wägegläschen im Trockenschrank bei 110° bis zur Gewichtskonstanz getrocknet.

Glühverlust. 1 g der getrockneten Probe wird in einem Porzellantiegel zunächst in der Muffel und dann über einem Gebläse bis zur Gewichtskonstanz geglüht.

e) Einzelbestimmung des Chromoxydgehaltes.

Soll nur der Chromoxydgehalt bestimmt werden, so werden 0,5 g der getrockneten Probe in einem dickwandigen Porzellantiegel mit Natriumsuperoxyd aufgeschlossen, und die Schmelze wird nach dem Richtverfahren des Chemikerausschusses für die Chrombestimmung in Ferrochrom [Stahl u. Eisen 42, 227 (1922)] weiter verarbeitet (s. Abschnitt Eisen, S. 1396).

2. Gesamtanalyse.

a) Kieselsäure.

1 g der getrockneten Probe wird mit 8 g Natriumcarbonat im Platintiegel gut gemischt, mit etwas Natriumcarbonat überschichtet und dann
über einem Teclubrenner oder einem Gebläse erhitzt und etwa 3 Stunden
im Schmelzfluß gehalten. Die Schmelze wird in einer Porzellanschale
in stark verdünnter Salzsäure gelöst, die salzsaure Lösung eingedampft,
der Rückstand im Trockenschrank bei 130° 1 Stunde erhitzt, mit Salzsäure aufgenommen und filtriert. Das Filtrat wird zusammen mit dem
Waschwasser nochmals eingedampft. Die Filter mit der Kieselsäure
der ersten Abscheidung und des Filtrates werden dann zusammen in
einen Platintiegel gebracht und die Kieselsäure in der normalen Weise
durch Abrauchen mit Flußsäure und Schwefelsäure bestimmt [Ber.
Chemiker-Ausschuß des Vereins Deutscher Eisenhüttenleute
Nr. 48, 1 (1927)].

Platinabscheidung. Der beim Abrauchen der Kieselsäure hinter-
bliebene Rückstand wird mit etwas Natriumkaliumcarbonat aufgeschlossen, in verdünnter Salzsäure gelöst und die Lösung zur Hauptlösung gegeben. Durch Einleiten von Schwefelwasserstoff in die siedende
Lösung wird das Platin als Sulfid ausgefällt und abfiltriert.

b) Trennung der Erdalkalien von den Metallen der Schwefel-ammoniumgruppe.

Fällung mit Ammoniumsulfid. Die vom Platinsulfid befreite
Lösung wird bis zur Vertreibung des Schwefelwasserstoffs gekocht,
mit Salpetersäure (spez. Gew. 1,4) oxydiert, in einem Erlenmeyerkolben
gespült und mit 10 g Ammoniumchlorid (reinst) versetzt. Hierauf wird
die Lösung zuerst mit kohlensäurefreiem Ammoniak abgestumpft;
alsdann werden Tonerde, Chrom, Eisen und Mangan mit kohlensäurefreiem Schwefelammonium heiß gefällt. Man läßt dann die Lösung
kurz aufkochen. Darauf verschließt man den Kolben mit einem Korkstopfen, läßt über Nacht stehen, filtriert durch ein Blaubandfilter und
wäscht den Niederschlag mit schwefelammoniumhaltigem Wasser aus.
Der Niederschlag auf dem Filter wird in Salzsäure gelöst und die Fällung
in der gleichen Weise wiederholt. Oder: Fällung mit Ammoniak.
Man fügt zu der durch Kochen und Oxydieren mit Salpertersäure
von H_2S befreiten Lösung 10 g Ammoniumchlorid (reinst) und dann allmählich, fast tropfenweise möglichst kohlensäurefreies Ammoniak
in mäßigem Überschuß hinzu, erhitzt zu gelindem Sieden und erhält
darin, bis freies Ammoniak fast nicht mehr zu bemerken ist. Bekanntlich
fällt unter diesen Umständen anfangs leicht etwas Magnesia, auch wohl
eine kleine Menge von kohlensaurem Kalk mit der Tonerde nieder;
durch das Kochen mit Ammoniumchlorid lösen sich aber die mitgefällten
alkalischen Erden wieder (vgl. Fresenius: Anleitung zur quantitativ-
chemischen Analyse, Bd. I, 6. Aufl., S. 559. Braunschweig 1903).

Der Niederschlag wird nach dem Absitzen einmal mit ammoniumnitrathaltigem siedendem Wasser dekantiert und, da er sehr voluminös

ist, auf zwei Weißbandfilter gebracht. Nach dreimaligem Auswaschen mit heißem ammoniumnitrathaltigem Wasser wird er mit heißer, verdünnter Salzsäure auf den Filtern gelöst. Die durch die Filter laufende salzsaure Lösung wird im gleichen Becherglase aufgefangen, in dem die erste Fällung vorgenommen wurde. Aus den Filtern wird mit verdünnter Salzsäure und siedendem Wasser jede Spur der Metallsalze ausgewaschen.

Die Fällung mit Ammoniak wird dann unter erneuter Zugabe von 10 g Ammoniumchlorid in gleicher Weise wiederholt. Das Filtrat, das Mangan enthalten kann, wird mit 5 ccm Bromwasser versetzt und gekocht, wobei das vorhandene Mangan sich als Mangansuperoxydhydrat abscheidet. Nach kurzem Absitzen wird der Niederschlag abfiltriert, mit heißem Wasser ausgewaschen und zusammen mit dem Niederschlag der Hydroxyde verascht.

$Cr_2O_3 + Fe_2O_3 + Al_2O_3 + Mn_3O_4$. Der Niederschlag der Schwefelammoniumfällung wird mit heißer Salzsäure (1:2) vom Filter gelöst und die Lösung in einem 300-ccm-Meßkolben aufgefangen. Bleibt ein Teil des Niederschlages durch die Salzsäurebehandlung auf dem Filter ungelöst, so wird das Filter in einen Porzellantiegel gebracht, verascht, der Rückstand mit Salzsäure aufgenommen und zur Hauptlösung gegeben. Nach dem Auffüllen bis zur Marke entnimmt man 75 ccm, gibt diese in einen 500-ccm-Erlenmeyerkolben und fällt unter Zugabe von 5 g Ammoniumchlorid mit kohlensäurefreiem Schwefelammonium Eisen, Tonerde, Chrom und Mangan. Der Kolben wird mit einem Korkstopfen verschlossen; nach etwa vierstündigem Stehen filtriert man durch ein Blaubandfilter und wäscht mit warmem Wasser aus, dem man etwas Schwefelammonium zugesetzt hat. Der Niederschlag wird im Porzellantiegel in der Muffel verascht, auf dem Gebläse bis zur Gewichtskonstanz geglüht und gewogen.

c) Eisen.

Zur Bestimmung nimmt man weitere 75 ccm aus dem Meßkolben und bestimmt darin das Eisen nach dem Titantrichloridverfahren (s. bei Eisen S. 1304).

d) Chrom.

Die Chrombestimmung geschieht nach der Arbeitsweise von Philips [Stahl u. Eisen 27, 1164 (1907). — Chem. Zentralblatt 1907 II, 945]. 100 ccm der Lösung der Hydroxyde im Meßkolben werden in ein 400-ccm-Becherglas gebracht, mit Schwefelsäure-Phosphorsäure versetzt [320 ccm Schwefelsäure (1:1) + 80 ccm Phosphorsäure (85%) + 600 ccm Wasser], mit 10 ccm Salpetersäure (1:2) oxydiert, bis zum Abrauchen eingeengt und erkalten lassen. Dann nimmt man mit Wasser vorsichtig auf, verdünnt mit heißem Wasser auf etwa 300 ccm, versetzt mit 5 ccm Silbernitrat (1%) und erhitzt zum Sieden. Man gibt weiter 20 ccm 15%ige Ammoniumpersulfatlösung zu, nach Entstehen der Rotfärbung 5 ccm 5%ige Kochsalzlösung und kocht 10 Minuten lang. Nach dem Abkühlen wird die Lösung mit 50 ccm Ferrosulfatlösung

[50 g $FeSO_4$ + 800 ccm H_2O + 900 ccm H_2SO_4 (spez. Gew. 1,81)] versetzt, deren Überschuß mit Kaliumpermanganat zurücktitriert wird. Die Kaliumpermanganatlösung ist über Ferrosulfat auf eine Kaliumbichromatlösung eingestellt, die in 1 ccm 0,002 g Chrom enthält, d. h. 5,6569 g $K_2Cr_2O_4$ auf 1 l.

e) Mangan.

Zur Manganbestimmung wird 1 g der getrockneten Probe mit Flußsäure und Schwefelsäure abgeraucht, der Abrauchrückstand mit 8 g Natriumkaliumcarbonat aufgeschlossen und in Salzsäure gelöst. Die Bestimmung des Mangans geschieht dann in der üblichen Weise nach Volhard-Wolff (s. S. 1449).

f) Tonerde.

Die Tonerde ergibt sich aus der Differenz von Cr_2O_3 + Fe_2O_3 + Mn_3O_4 + Al_2O_3 und Cr_2O_3 + Fe_2O_3 + Mn_3O_4.

g) Kalk.

Die Filtrate der Schwefelammoniumfällungen bzw. der Ammoniakfällungen werden vereinigt und der Schwefelwasserstoff ausgekocht. In der schwach essigsauer gemachten Lösung wird der Kalk mit Ammoniumoxalat in der Siedehitze gefällt. Nach vierstündigem Stehen in der Wärme wird das Calciumoxalat abfiltriert, mit Schwefelsäure (1:4) gelöst und nach der S. 1122 beschriebenen Weise mit Kaliumpermanganat titriert [Ber. Chemiker-Ausschuß des Vereins Deutscher Eisenhüttenleute 48, 3 (1927)]. Vgl. Bd. III, Abschnitt „Tone" und „Tonwaren".

h) Magnesium.

Im Filtrat der Kalkfällung wird die Magnesia mit Ammoniumphosphat in ammoniakalischer Lösung gefällt (S. 694). Alle Befunde sind auf die geglühte Substanz umzurechnen.

3. Aufschluß des Chromeisensteins.

Für den Aufschluß des Chromeisensteins sind von verschiedenen Seiten weitere Vorschläge [vgl. auch Sabalitschka u. Bull: Ztschr. f. anal. Ch. 64, 322 (1924)] gemacht, die kurz erwähnt seien:

J. Rothe schmilzt 0,5 g des sehr fein gepulverten Erzes mit dem 4fachen Gewichte einer Mischung von gleichen Teilen Salpeter und vorher entwässertem Natriumhydroxyd im Platintiegel, erhitzt nicht über dunkle Rotglut und erreicht vollständige Zersetzung der Substanz.

C. Nydegger [Ztschr. f. angew. Ch. 24, 1163 (1911)] schmilzt 0,5 g Chromeisenstein 1—2 Stunden lang mit einem Gemisch von 2 Teilen Na_2CO_3 + 1 Teil Boraxglas im Platintiegel, wobei das Platin nicht angegriffen werden soll.

Cunningham und Mc Neill [Ind. and. Engin. Chem. Analyt. Edit. 1, 70 (1929). — Ztschr. f. anal. Ch. 79, 208 (1929). — Chem. Zentralblatt 1929 II, 197] empfehlen einen nassen Aufschluß mit Perchlorsäure und Schwefelsäure:

Die fein gepulverte Erzprobe (0,5 g) wird nach dem Trocknen in eine Schale eingewogen und in 50 ccm Schwefelsäure (1:4) unter Zusatz von 5 ccm Überchlorsäure gelöst. Die Lösung wird bis zum Auftreten von weißen Nebeln eingedampft. Sollte hierbei nicht völlige Lösung bis auf einen SiO_2-Rückstand stattfinden, wird die gleiche Erzmenge durch 5 g Natriumcarbonat und 2 g Borax im Platintiegel bei 1100° aufgeschlossen, die Schmelze in verdünnter Salzsäure gelöst und mit Schwefelsäure und Überchlorsäure abgeraucht. Die Lösung wird in 150 ccm Wasser aufgenommen, der Rückstand abfiltriert und mit Flußsäure abgeraucht. Den hierbei zurückbleibenden Anteil erhitzt man mit Kaliumpyrophosphat (0,5 g) bis zum Schmelzen, löst in verdünnter Salzsäure und fügt die Lösung zu dem Filtrat. Letzteres wird mit Salpetersäure angesäuert, schwach erwärmt und mit 5 g Ammoniumchlorid versetzt. Mit Ammoniumhydroxyd werden Eisen, Titan, Chrom und Aluminium ausgefällt. Man bestimmt Eisen nach Zimmermann-Reinhardt (S. 1303), Titan colorimetrisch (S. 1052), Aluminium und Chrom (S. 1150) ebenfalls nach bekannten Methoden. Bei einem Phosphorgehalt des Erzes werden Aluminium- und Chromoxyd gemeinsam als Phosphate gewogen; man bestimmt das Chrom colorimetrisch und die Phosphorsäure gewichtsanalytisch und berechnet die Tonerde aus der Differenz.

Das ammoniakalische Filtrat wird daraufhin auf Calcium und Magnesium aufgearbeitet, indem ersteres als Sulfat, letzteres als Pyrophosphat bestimmt und gewogen wird. Im Filtrat hiervon findet sich noch das Mangan, das mit Salpetersäure oxydiert und nach der Wismutmethode bestimmt wird.

Die amerikanischen Normen endlich schreiben für die Analyse von Chromerz (C. 18—21. — Amer. Soc. Test. Mat. Standards 1930 II, 220) einen Bisulfataufschluß vor, Abscheidung der Kieselsäure in üblicher Weise und Ausfällung von Eisen, Aluminium, Chrom und Titan mit einem äußerst geringen Überschuß von Ammoniak, um ein Wiederinlösunggehen von Chrom und Aluminium zu verhindern.

Jannasch und Harwood [Journ. f. prakt. Ch. N.F. 97, 93 (1918). — Ztschr. f. anal. Ch. 61, 254 (1922)] empfehlen den Aufschluß durch Verflüchtigen im CCl_4-Strom.

B. Chrommetall und Legierungen.

Hier sind die Legierungen des Chroms mit Eisen von überragender Bedeutung. Hierzu siehe Abschnitt Eisen S. 1396, ferner besonders Schiffer und Klinger [Arch. f. Eisenhüttenw. 4, 7 (1930/31)]. Für die Analyse von Chrom-Nickellegierungen siehe bei Nickel S. 1481.

Bei hochchromhaltigen Legierungen kann die Bestimmung des Chroms in dem fein gepulverten Material nach oxydierendem Aufschluß auf jodometrischem Wege erfolgen. Die Bestimmung durch Rücktitration einer zugesetzten Ferrosulfatlösung mit Permanganat ist nicht ohne weiteres anwendbar, da bei Cr-Gehalten von über 60 % die Werte zu niedrig ausfallen [Herwig: Stahl u. Eisen 36, 646 (1916), ferner Bauer-Deiß: Probenahme u. Analyse 2. Aufl., S. 239. 1922].

Die Kohlenstoffbestimmung bei hohen Chromgehalten bietet nach Kraiczek und Sauerwald [Ztschr. f. anorg. u. allg. Ch. 185, 195 (1929)] gewisse Schwierigkeiten, weil das als Sauerstoffüberträger hier zweckmäßig verwandte Kupfer häufig C-haltig ist. Völlig C-freies Kupfer wird erhalten durch Reduktion von Kupferoxydul mittels Wasserstoff.

C. Chromsalze.

1. Bestimmung des Chroms in Chromsalzen.

Gravimetrisch als Chromoxyd. Lösungen von Chrom(3)salzen-(Chromisalzen) werden nach reichlichem Zusatz von NH_4Cl oder NH_4NO_3 mit wenig Ammoniak übersättigt (besser mit frisch bereitetem $(NH_4)_2S$ versetzt) und das Chromhydroxyd durch Kochen ausgefällt, mit ammonitrathaltigem Wasser ausgewaschen, naß im Platintiegel verbrannt, stark geglüht und als Cr_2O_3 gewogen. War Phosphorsäure zugegen, so geht diese zum größten Teil in den Chromniederschlag. Dieser wird mit Soda und Salpeter geschmolzen, die jetzt alles Cr als Chromat enthaltende Schmelze in Wasser gelöst, die Lösung mit HNO_3 angesäuert, mit Ammoniak stark übersättigt und die Phosphorsäure mit Magnesiamixtur gefällt. Aus dem Filtrat wird das Chrom nach dem Ansäuern mit Essigsäure als Bariumchromat gefällt. Nach Heermann (Färberei und textilchemische Untersuchungen. S. 152. Berlin: Julius Springer 1918) fällt man das Chromoxyd am besten nach dem Verfahren von Schoeller und Schrauth [Chem.-Ztg. 33, 1237 (1909)] mittels Anilin: Die 0,1—0,2 g Cr enthaltende Lösung wird auf 300 ccm gebracht, zum Sieden erhitzt und in 3 Anteilen mit 1 ccm Anilin versetzt, nach jedem Zusatz gut durchgerührt und zuletzt 5 Minuten gekocht. Der so entstandene feinkörnige Niederschlag setzt sich sehr gut ab; er wird nach mehrmaligen Dekantieren heiß ausgewaschen und weiter wie oben angegeben behandelt. — Durch Schmelzen mit Na_2O_2 im Porzellantiegel können Chromisalze in Chromate übergeführt werden, in denen man den Cr- oder CrO_3-Gehalt durch Titration oder gewichtsanalytisch bestimmt. Diese Oxydation von Cr_2O_3 zu CrO_3 kann auch auf nassem Wege bewirkt werden, indem man zu der mit Natron- oder Kalilauge versetzten Chromsalzlösung Na_2O_2 in kleinen Anteilen zugibt, nach der Oxydation den Überschuß von Na_2O_2 durch Kochen unter Einleiten von CO_2 zerstört, abkühlt, mit H_2SO_4 stark ansäuert und die CrO_3 nach S. 1160 titriert.

2. Bestimmung des Chroms und der Chromsäure in Chromaten.

Gravimetrisch als Chromoxyd. Die Fällung der Chromsäure mit neutraler oder schwach salpetersaurer Mercuronitratlösung als Mercurochromat eignet sich besonders für solche Alkalichromate, die frei von Chloriden sind und nur wenig Sulfat enthalten. Es wird kalt durch einen Überschuß der Mercuronitratlösung gefällt, dann zum Sieden erhitzt, das aus dem braunen, basischen Chromat entstandene rote neutrale Salz ($Hg_2Cr_2O_4$) abfiltriert, mit mercuronitrathaltigem Wasser gewaschen, getrocknet, das Filter für sich verascht und der Niederschlag im Porzellantiegel unter gutwirkendem Abzug allmählich bis zum starken Glühen erhitzt und in Cr_2O_3 übergeführt.

$Cr_2O_3 \times 1,3157$ (log = 0,11917) = CrO_3.

$Cr_2O_3 \times 1,9355$ (log = 0,28680) = $K_2Cr_2O_7$.

$Cr_2O_3 \times 1,9605$ (log = 0,29237) = $Na_2Cr_2O_7 \cdot 2\ H_2O$.

Reduktion und Fällung. Man säuert die etwa 1 g Alkalichromat enthaltende Lösung mit 5 ccm Salzsäure an, setzt wäßrige schweflige Säure im Überschuß hinzu, kocht und fällt Chromhydroxyd wie oben, unter Chromisalz beschrieben.

Die Fällung mit Bariumsalz eignet sich bei Anwesenheit von Chloriden. Die neutrale oder schwach essigsaure Chromatlösung wird in der Siedehitze mit ganz allmählich zugesetzter Bariumacetatlösung gefällt, der Niederschlag nach einigem Stehen durch einen Filtertiegel abfiltriert, mit schwachem Alkohol gewaschen, getrocknet, allmählich zum Glühen erhitzt, schließlich stark geglüht und als $BaCrO_4$ gewogen.

$BaCrO_4 \times 0,3000$ (log = 0,47712 — 1) = Cr_2O_3.

$BaCrO_4 \times 0,3947$ (log = 0,59627 — 1) = CrO_3.

Maßanalytische Bestimmungen. Die beste und billigste Methode ist die von Schwarz (Fresenius: Quantitative Analyse. Bd. 1, S. 381), bestehend in der Reduktion von CrO_3 in der sehr verdünnten, wäßrigen und mit H_2SO_4 stark angesäuerten Lösung durch einen Überschuß von abgewogenem Mohrschen Salz und darauffolgende Bestimmung des Überschusses von Ferrosalz durch Titration mit Permanganatlösung. 1 g Mohrsches Salz beansprucht zur Oxydation 0,0851 (log=0,92993−2) g CrO_3 entsprechend 0,12513 (log = 0,097736−1) g $K_2Cr_2O_7$.

Heermann (Färberei- und textilchemische Untersuchungen. S. 153. Berlin: Julius Springer 1918) empfiehlt als sehr genau die jodometrische Methode, bei der nachstehende Umsetzung in der Kälte stattfindet:

$K_2Cr_2O_7 + 6\ KJ + 14\ HCl = 8\ KCl + 2\ CrCl_3 + 7\ H_2O + 3\ J_2$.

Nach Reduktion des Chromats (5 g Alkalichromat zu 1 l gelöst, 25 ccm davon zur Titration) mit einer sauren KJ-Lösung (4—5 g KJ in 20 ccm 50 %iger Schwefelsäure) wird auf 500—600 ccm verdünnt und mit $^1/_{10}$ n-Thiosulfatlösung und Stärkelösung titriert.

1 ccm $^1/_{10}$ n-Thiosulfatlösung = 3,33 mg CrO_3 = 4,903 (log 0,69046) mg $K_2Cr_2O_7$ = 4,467 (log 0,65002) mg $Na_2Cr_2O_7$.

3. Einzelvorschriften.

a) Kaliumchromat

(gelbes oder neutrales chromsaures Kalium) K_2CrO_4 mit 51,49 % CrO_3.

Das reine Salz krystallisiert in citronengelben, rhombischen Pyramiden, deren wäßrige Lösung auf Lackmus schwach alkalisch, auf Phenolphthalein neutral reagiert. In Alkohol ist es unlöslich. Es ist manchmal stark durch das isomorphe Kaliumsulfat verunreinigt und gibt dann in der stark salzsauren, wäßrigen Lösung mit $BaCl_2$-Lösung eine Fällung von $BaSO_4$. Zur quantitativen Bestimmung dieser Verunreinigung wird die schwach salzsaure Lösung mit Bariumchlorid gefällt, der Niederschlag durch Dekantieren ausgewaschen und zur Lösung des Bariumchromats mit Salzsäure und Alkohol digeriert. Den CrO_3-Gehalt bestimmt man, indem man die stark mit Schwefelsäure angesäuerte, wäßrige Lösung durch einen Überschuß von Mohrschem Salz reduziert und in der stark verdünnten Lösung das überschüssige Ferrosulfat durch Kaliumpermanganatlösung zurücktitriert (s. oben, Methode Schwarz S. 1163).

Nach E. Merck (Prüfung der chemischen Reagenzien auf Reinheit 4. Aufl., S. 154. 1931) löst man 3 g Kaliumchromat in 200 ccm Wasser. 20 ccm dieser Lösung werden in einer Glasstöpselflasche von etwa 400 ccm Inhalt mit 2 g Kaliumjodid und 10 ccm Schwefelsäure (1,120—1,114) versetzt und nach 10 Minuten mit 350 ccm Wasser verdünnt. Das ausgeschiedene Jod wird mit $^1/_{10}$ n-Natriumthiosulfatlösung unter Anwendung von Stärkelösung als Indicator titriert.

1 ccm $^1/_{10}$ n-Natriumthiosulfatlösung $= 0,006474$ (log $= 0,81117 - 3$) g K_2CrO_4.

Die spezifischen Gewichte wäßriger Lösungen bei $19,5^0$ sind nach Kremers, Schiff und Gerlach:

% K_2CrO_4	Spez. Gew.	% K_2CrO_4	Spez. Gew.	% K_2CrO_4	Spez. Gew.	% K_2CrO_4	Spez. Gew.
1	1,008	11	1,093	21	1,186	31	1,292
2	1,016	12	1,101	22	1,196	32	1,304
3	1,024	13	1,110	23	1,207	33	1,315
4	1,033	14	1,120	24	1,217	34	1,327
5	1,041	15	1,129	25	1,227	35	1,339
6	1,049	16	1,138	26	1,238	36	1,351
7	1,058	17	1,147	27	1,249	37	1,363
8	1,066	18	1,157	28	1,259	38	1,375
9	1,075	19	1,167	29	1,270	39	1,387
10	1,084	20	1,177	30	1,281	40	1,399

100 Teile Wasser lösen bei

0^0	58,90 Teile	40^0	66,98 Teile	80^0	75,06 Teile
10^0	60,92 ,,	50^0	69,00 ,,	90^0	77,08 ,,
20^0	62,94 ,,	60^0	71,02 ,,	100^0	79,10 ,,
30^0	64,96 ,,	70^0	73,04 ,,		

b) Natriumchromat ($Na_2CrO_4 \cdot 10 \, H_2O$).

Das sehr leicht in Wasser lösliche Salz krystallisiert aus der auf 52^0 Bé eingedampften Lösung beim Erkalten in gelben Nadeln aus, die durch Zentrifugieren von der anhaftenden Mutterlauge getrennt werden. Es zieht begierig Feuchtigkeit an und zerfließt. Als Verunreinigungen finden sich Alkalisulfate und Carbonate. Der CrO_3-Gehalt wird durch Titration nach S. 1164 bestimmt.

c) Kaliumbichromat

(rotes oder doppeltchromsaures Kalium $K_2Cr_2O_7$, Chromkali) mit 67,98 % CrO_3. Kommt in schön gelbroten, triklinen Krystallen in den Handel, die gewöhnlich durch etwas Kaliumsulfat verunreinigt sind, auch einen geringen Rückstand beim Auflösen in Wasser hinterlassen. Es ist (wie das neutrale Salz) in der Rotglut schmelzbar und wird bei sehr hoher Temperatur in neutrales Salz, Chromoxyd und Sauerstoff zerlegt. Das feste Salz und die wäßrige Lösung sind sehr giftig und ätzen stark. In Alkohol ist es unlöslich.

100 Teile Wasser lösen nach Alluard bei:

$K_2Cr_2O_7$	$K_2Cr_2O_7$	$K_2Cr_2O_7$
0° 4,6 Teile	40° 25,9 Teile	80° 68,6 Teile
10° 7,4 ,,	50° 35,0 ,,	90° 81,1 ,,
20° 12,4 ,,	60° 45,0 ,,	100° 94,1 ,,
30° 18,4 ,,	70° 56,7 ,,	

Die spezifischen Gewichte und Gehalte der Lösungen bei 19,5° C sind nach Kremers und Gerlach:

% $K_2Cr_2O_7$	Spez. Gew.	% $K_2Cr_2O_7$	Spez. Gew.	% $K_2Cr_2O_7$	Spez. Gew.
1	1,007	6	1,043	11	1,080
2	1,015	7	1,050	12	1,087
3	1,022	8	1,056	13	1,095
4	1,030	9	1,065	14	1,102
5	1,037	10	1,073	15	1,110

Für die Handelsware wird ein CrO_3-Gehalt von 67,5—68,0 % garantiert; man bestimmt die CrO_3 durch Titration und den SO_3-Gehalt gewichtsanalytisch.

Nach E. Merk (Prüfung der chemischen Reagenzien auf Reinheit, 4. Aufl., S. 142. 1931) löst man 1 g Kaliumbichromat in 100 ccm Wasser; 20 ccm dieser Lösung werden in einer Glasstöpselflasche von etwa 500 ccm Inhalt mit 2 g Kaliumjodid und 10 ccm Schwefelsäure (1,110—1,114) versetzt und nach 10 Minuten mit 350 ccm ausgekochtem Wasser verdünnt. Das ausgeschiedene Jod wird mit $1/10$ n-Natriumthiosulfatlösung unter Anwendung von Stärkelösung als Indicator titriert.

1 ccm $1/10$ n-Natriumthiosulfatlösung = 0,0049038 (log = 0,69053 — 3) g Kaliumbichromat.

Freie Chromsäure gibt sich durch die Blaufärbung der Ätherschicht beim Schütteln der wäßrigen Lösung (5 g in 50 ccm Wasser) mit 20 ccm Äther und 10 ccm säurefreiem Wasserstoffsuperoxyd zu erkennen.

d) Natriumbichromat. Chromnatron ($Na_2Cr_2O_7$, mit 76,34 % CrO_3).

Das reine Salz kommt in hyazinthroten, triklinen Prismen mit 2 H_2O krystallisiert (mit 67,11 % CrO_3-Gehalt) in den Handel; die Krystalle sind sehr hygroskopisch, zerfließen leicht, schmelzen etwas über 100^0 C und verlieren dabei das Krystallwasser. Hauptsächlich wird es indessen im entwässerten Zustande als eine bröckelige Masse bzw. in Platten und verunreinigt durch Natriumsulfat, unlösliche kohlige Substanzen usw. in den Verkehr gebracht, deren CrO_3-Gehalt 73—74$^0/_0$ betragen soll. Man bestimmt in der Regel nur den CrO_3-Gehalt durch Titration. Reine, wäßrige Lösungen haben folgende spezifische Gewichte und Gehalte:

$^0/_0$ $Na_2Cr_2O_7$	Spez. Gew.	$^0/_0$ $Na_2Cr_2O_7$	Spez. Gew.
1	1,007	30	1,208
5	1,035	35	1,245
10	1,071	40	1,280
15	1,105	45	1,313
20	1,141	50	1,343
25	1,171		

e) Chromfluorid ($CrF_3 + 4 H_2O$).

Das Fluorid und seine Doppelsalze dissoziieren leicht in wäßrigen Lösungen unter Abscheidung von Chromhydroxyd, $Cr(OH)_3$, und werden als Beizmittel in der Färberei und im Zeugdruck angewendet. Im Handel kommt das Fluorid als luftbeständiges dunkelgrünes Pulver vor, das in hölzernen oder kupfernen Gefäßen in Wasser gelöst wird.

Den Cr_2O_3-Gehalt bestimmt man nach S. 1164. Zur Fluorionbestimmung wird das sodahaltige Filtrat vom Chromhydroxyd in der Siedehitze mit überschüssigem $CaCl_2$ in Lösung gefällt, der ausgewaschene Niederschlag von $CaF_2 + CaCO_3$ im Platintiegel mäßig geglüht, mit verdünnter Essigsäure ausgekocht, das ungelöste CaF_2 nach dem Glühen gewogen oder durch Abrauchen mit H_2SO_4 in $CaSO_4$ übergeführt und als solches gewogen.

$$CaF_2 \times 0{,}4866 \ (\log = 0{,}68713 - 1) = F$$
$$CaSO_4 \times 0{,}2792 \ (\log = 0{,}44583 - 1) = F.$$

f) Chromacetat.

Chromchlorid, Chromisulfat, Chrombisulfit, Chromammonsulfit, Chromformiat, Chromnitrat usw. finden ebenfalls als Chrombeizen ausgedehnte Anwendung in der Färberei usw.

g) Chromalaun

($Cr_2(SO_4)_3 \cdot K_2SO_4 + 24 H_2O$, mit 15,24$^0/_0$ Cr_2O_3, 9,43$^0/_0$ K_2O, 32,06$^0/_0$ SO_3).

Das Präparat bildet große Oktaeder, die im auffallenden Lichte schwarz, im durchfallenden Lichte dunkelviolett gefärbt erscheinen. In 100 Teilen kaltem Wasser lösen sich etwa 20 Teile mit bläulich-violetter Farbe auf; durch Kochen wird die Lösung grün und gibt nach dem Eindampfen erst Krystalle, wenn sie längere Zeit in der Kälte gestanden hat. Der Chromalaun entsteht in großen Massen als Abfallprodukt aus der zu Oxydationszwecken, z. B. bei der Fabrikation von Anthrachinon usw., benutzten Mischung von Kaliumchromatlösungen und Schwefelsäure.

Den Cr_2O_3-Gehalt bestimmt man nach S. 1164 oder nach J. I. Lichtin [Ind. and Engin. Chem. Anal. Edit., 2, 126 (1930). — Ztschr. f. anal. Ch. 84, 448 (1931)] unter Verwendung von Perchlorsäure als Oxydationsmittel. Man löst 1 g Chromalaun in 15 ccm Wasser, versetzt mit 5 ccm $60^0/_0$iger Überchlorsäure und dampft auf das halbe Volumen ein. Sobald der Farbenumschlag von grün in orange eingetreten ist, erhitzt man noch weitere 5 Minuten, läßt dann abkühlen und kocht nach Zugabe von ungefähr 50 ccm Wasser das freie Chlor fort. Darauf versetzt man mit überschüssigem Ammoniak, kocht, filtriert und bestimmt im Filtrat nach dem Ansäuern das Chrom jodometrisch. Etwaige Verunreinigung des Alauns durch Kaliumsulfat ergibt sich aus der wie gewöhnlich ausgeführten SO_4-Bestimmung und der Ermittlung des Glühverlustes (Wasser) bei mäßiger Hitze.

Nach E. S. Han [Journ. Amer. Leather Chemists Assoc. 24, 124 (1929). — Chem. Zentralblatt 1929 I, 2559] werden bei der jodometrischen Bestimmung des Chromoxyds in Chromalaun (Oxydieren mit Natriumsuperoxyd, Kochen, Ansäuern, Titrieren) bei Gegenwart von Eisen und falls das verwendete Natriumsuperoxyd unlösliche Substanzen enthält, leicht zu niedrige Werte erhalten. Diese Fehler können vermieden werden, wenn die oxydierte Lösung vor dem Ansäuern filtriert wird. Das abfiltrierte Eisenhydroxyd kann colorimetrisch, oder nach Reduktion durch Titrieren mit $KMnO_4$ bestimmt werden. Der Fehler der durch unvollständige Zersetzung des H_2O_2 bei 30 Minuten Kochen entsteht, ist äußerst gering und kann durch Einstellung der $Na_2S_2O_3$-Lösung gegen eine $K_2Cr_2O_7$-Lösung, die in entsprechender Weise mit Na_2O_2 versetzt, angesäuert und 30 Minuten gekocht wurde, kompensiert werden.

h) Chromsäureanhydrid.

Nach E. Merck (Prüfung der chemischen Reagenzien auf Reinheit, 4. Aufl., S. 86. 1931) löst man 1 g Chromsäureanhydrid in 100 ccm Wasser. 10 ccm dieser Lösung werden in einer Glasstöpselflasche von etwa 500 ccm Inhalt mit 2 g Kaliumjodid und 10 ccm Schwefelsäure (1,106 bis 1,111) versetzt. Das ausgeschiedene Jod wird nach Zusatz von 350 ccm Wasser mit $^1/_{10}$ n-Natriumthiosulfatlösung unter Anwendung von Stärkelösung als Indicator titriert.

1 ccm $^1/_{10}$ n-Natriumthiosulfatlösung = 0,003333 (log = 0,52284 — 3) g Chromsäureanhydrid.

Für analytische Zwecke wird auf C-Gehalt geprüft unter Verwendung einer Lösung von 15 g Chromsäureanhydrid in 150 ccm Wasser und 200 ccm konzentrierter Schwefelsäure (spez. Gew. 1,84). Die Ausführung geschieht in der gleichen Weise wie S. 1364, bei der Bestimmung des Kohlenstoffs im Eisen durch Verbrennung auf nassem Wege beschrieben ist. Das Einschalten einer Waschflasche mit konzentrierter Schwefelsäure zwischen dem Verbrennungsrohr und dem mit glasiger Phosphorsäure gefülltem U-Rohr wird empfohlen.

D. Sonstiges.

Für die Untersuchung von Chrombrühen und Leder usw. siehe Bd. V, Abschnitt „Leder", für Chromfarben siehe Bd. V, Abschnitt „Anorganische Farbstoffe". Vgl. hierzu auch die Ausführungen nach Feigl (S. 1151).

IV. Analysenbeispiele.

a) Erze.

Chromeisenstein: 40—53% Cr_2O_3, 10—30% FeO, 10—20% Al_2O_3, 5—14% MgO, 3,8—6,9% SiO_2, 2—2,5% CaO, < 0,7% S, < 0,2% P.

Chromglimmer (Fuchsit): 2—4% Cr_2O_3, 42—48% SiO_2, 29—35,5% Al_2O_3, 9—11% Alk., 1,3—3,3% MgO, 1—3% Fe_2O_3, 0,5—1% FeO, < 0,8% Li_2O, 0,4—4,4% CaO, < 0,4% F, < 0,3% MnO.

Chromocker: 2—5,5% Cr_2O_3, 46—58,5% SiO_2, 22—30% Al_2O_3, 3—4% Alk., 3—3,5% Fe_2O_3.

Rotbleierz (Krokoit): 30—36% CrO_3, 64—69% PbO, $\sim$1% Fe_2O_3.

Vauquelinit: 12—28% CrO_3, 60—70% PbO, 8—9% P_2O_5, 5—11% CuO, < 2,8% Fe_2O_3.

b) Metall und Legierungen.

Borchers-Metall: 60—65% Cr, 30—35% Fe, 2—5% Mo, 0—1% Ag.

Chromaxbronze: 3% Cr, 66—67% Cu, 15% Ni, 12% Zn, 3% Al.

Chrommetall (aluminothermische): 99% Cr, < 0,6% Al, < 0,5% Fe, < 0,4% Si, < 0,1% C, < 0,03% S.

Chrom-Nickel-Widerstandsmaterial siehe bei Ni.

Chromstähle siehe bei Eisenlegierungen.

Ferrochrom: a) 60—70% Cr, 0,3—2% C, 0,1—0,2% Si, < 0,2% Mn, 0,01% S, 0,01% P. b) 55—75% Cr, 0,5—2% Al.

Ilium: 21,1% Cr, 60,6% Ni, 6,4% Cu, 4,7% Mo, 2,1% W, 1,1% Al, 1,0% Si, 1,0% Mn, $\sim$ 1% C, 0,8% Fe.

Kruppscher V_2A-Stahl: 20,9% Cr, 7,1% Ni, 0,7% Si, 0,3% C, 0,2% Mn, < 0,1% Co, < 0,02% P, < 0,02% S.

Nichrome: siehe bei Ni.

Pyrochrom: 20—15% Cr, 80—85% Ni.

Thermochrom: 15% Cr, 65% Ni, 20% Fe.

Kupfer[1].

Von

Dr. Ing. **K. Wagenmann,** Eisleben.

Einleitung.

Die ältesten Bestimmungsmethoden für Kupfer, „Kupferproben auf
trockenem Wege", in den Lehrbüchern der Probierkunde von Bruno
Kerl (Metallurgische Probierkunst. Leipzig 1866), Carl A. M. Balling
(Die Probierkunde, S. 241. Braunschweig 1879) u. a. ausführlich abgehandelt, haben sich, wie allgemein die ersten Verfahren der analytischen
Metallchemie, in engster Anlehnung an die damals üblichen metallurgischen Verfahren entwickelt. Sie sind zeitraubend, mit verhältnismäßig
großem Materialaufwand verknüpft und ungenau; Balling sagt: „Die
Kupferproben auf trockenem Wege gehören unter die ungenauesten,
welche die Docimasie aufzuweisen hat."

Günstiger gestaltet sich die trockene Probe, wenn Kupfer in metallischer Form im Ausgangsmaterial vorliegt, wie es bei den Vorkommen
mit gediegenem Kupfer am Oberen See und auf einigen Lagerstätten
Boliviens der Fall ist, und wenn gleichzeitig Serienbestimmungen zur
annähernden Gehaltsermittlung auszuführen sind. Im übrigen kommt
den docimastischen Kupferuntersuchungsmethoden heute keine Bedeutung mehr zu.

Die analytische Chemie hat eine sehr große Zahl von Bestimmungsmethoden für Kupfer aufzuweisen — natürlich ausschließlich auf nassem
Wege. Eine reichhaltige Zusammenstellung gibt A. Rüdisüle (Nachweis, Bestimmung und Trennung der chemischen Elemente, Bd. 3,
S. 3—307. Bern 1914 und Nachtrag S. 727—747); aber nur ein Teil
davon kommt für den Metallanalytiker in Frage, und von diesem ist

---

[1] In das Werk sind einige einschlägige Normblätter des Deutschen Normenausschusses aufgenommen worden, einige (als „Auszug" gekennzeichnet) in gekürzter Form, also in einem Umfang, wie der Inhalt der Originale hier von Interesse
ist. Es sei ausdrücklich darauf hingewiesen, daß die Angaben der Normblätter
nicht endgültige sein können und besonders zahlenmäßig abgeänderte oder erweiterte jederzeit erscheinen können. „Das Normblattverzeichnis" des Deutschen
Normenausschusses, e. V. (regelmäßig zu beziehen durch den Beuth-Verlag,
Berlin S 14) unterrichtet über den Stand der Normung in Deutschland durch
Angaben über neu erschienene Normblätter, Normblattänderungen und neue
Normungsvorschläge.

Die Wiedergabe erfolgt mit Genehmigung des Deutschen Normenausschusses. Verbindlich ist die jeweils neueste Ausgabe des Normblattes im Dinformat A 4, das durch den Beuth-Verlag G. m. b. H., Berlin S 14, zu beziehen ist.

wiederum nur ein Teil in praktischer Anwendung. Nur solche Methoden sollen nachstehend abgehandelt werden, wobei gewichts-, maßanalytische und colorimetrische zu unterscheiden sind. Die Wahl der unter diesen anzuwendenden Bestimmungsweise kann dem Fachanalytiker überlassen bleiben. Um etwa aus verschiedenen Untersuchungsmethoden resultierende größere oder kleinere Differenzen auf alle Fälle auszuscheiden (Austauschanalysen bei Verkaufsprodukten), ist es in der Praxis heute vielfach üblich geworden, die anzuwendende Methode festzulegen, entweder ausführlich oder unter Bezugnahme auf eine entsprechende Literaturquelle. Sehr genaue und verläßliche Methoden sollen im nachstehenden als solche besonders gekennzeichnet werden. Im allgemeinen darf gesagt werden, daß für Erze, Zwischen- und Rohprodukte alle jene drei Gruppen von Untersuchungsmethoden in Anwendung sind, während für die handelsfähigen metallischen Endprodukte und die Legierungen des Kupfers die gewichtsanalytischen Bestimmungsmethoden vorgezogen werden.

I. Einschlägige Untersuchungsobjekte.

1. Natürliche Produkte: Kupfererze.

Kupfer gediegen. In kleineren Mengen in vielen Lagerstätten verbreitet. Als solches abbauwürdig am Oberen See, in den Vereinigten Staaten Nordamerikas, in Bolivien und Chile. Entstanden durch Reduktion aus Kupferlösungen. Verhältnismäßig rein; als Verunreinigungen sind bekannt: Silber, Wismut, Antimon und Arsen. Das Kupfer vom Oberen See enthält ungebundenes metallisches Silber.

Oxydische Kupfererze. Rotkupfererz (Cuprit), Cu_2O, mit $88,8^0/_0$ Kupfer; im Ausgehenden sulfidischer Kupfererzlagerstätten häufig.

Malachit, $CuCO_3 \cdot Cu(OH)_2$, grünes basisches Kupfercarbonat mit $57,4^0/_0$ Kupfer, aus der Verwitterung sulfidischer Erze entstanden, ebenso wie Kupferlasur (Bergblau, Azurit), $2\,CuCO_3 \cdot Cu(OH)_2$, blaues basisches Kupfercarbonat mit $55,2^0/_0$ Kupfer.

Kieselkupfer (Chrysokolla und Dioptas), wasserhaltige Kupfersilikate mit schwankendem Kupfergehalt.

Atacamit, $CuCl_2 \cdot 3\,Cu(OH)_2$, basisches Kupferchlorid, mit $59,4^0/_0$ Kupfer. Bedeutende Lagerstätten in Chile, Peru und Australien (Adelaide).

Sulfidische Kupfererze. Kupferglanz (Chalkozit), Cu_2S, mit $79,8^0/_0$ Kupfer, wichtiges Kupfererz.

Kupferindig (Covellit), CuS, mit $66,4^0/_0$ Kupfer, nur in vereinzelten Lagerstätten vorkommend.

Buntkupfererz (Bornit), $3\,Cu_2S \cdot Fe_2S_3$, Sulfoferrit mit überwiegendem Cu_2S $(55,5^0/_0\,Cu)$. Wichtiges Kupfererz mit schwankendem Kupfergehalt $(40{-}60^0/_0)$.

Kupferkies (Chalkopyrit), $Cu_2S \cdot Fe_2S_3$ (oder $CuFeS_2$) mit $34,6^0/_0$ Kupfer; häufigstes Kupfererz.

Fahlerze. Sulfarsenide und -antimonide des Kupfers und Zinks, in denen das Kupfer zum Teil durch Silber, das Zink teilweise durch Eisen, Blei oder Quecksilber ersetzt sein kann. Auf den Kupfererz-lagerstätten vereinzelt eine große Rolle spielend, wie in Nord-, Mittel- und Südamerika. Reich an Kupfer und arm an Silber sind die Arsen-fahlerze, während die Antimonfahlerze oft einen hohen Silbergehalt aufweisen; Kupfergehalt: 15—43%, Silber: 0—32%, Quecksilber: 0—18%. Häufige Begleiter der vorstehend genannten Erze sind Schwefel-kies, Zink-, Blei- und Antimonerze u. a. m.

Das meiste Kupfer stammt aus Kupferkies. Deutschland hat im Erzgebirge und Harz Vorkommen, in denen insgesamt alle obigen Erze anzutreffen sind.

Etwa zwei Drittel des in Deutschland aus eigenen Erzen gewonnenen Kupfers stammt aus der Mansfelder Mulde, wo durch die Mansfeld A.G. für Bergbau und Hüttenbetrieb, Eisleben, jährlich rund 750 000 Tonnen „Minern" im Tiefbau gefördert und auf Kupfer, Silber, Blei, Zink u. a. Nebenbestandteile verhüttet werden. Die Minern sind Flöz bildende „bituminöse Schiefer" und „Dachberge" der Zechsteinformation, deren sulfidische Kupfermineralführung im wesentlichen aus Buntkupfer, Kupferglanz und -kies besteht; daneben treten die Sulfide des Zinks, Bleis und Nickels häufiger auf. In welcher Form das Silber im ganzen vorliegt, konnte bis heute noch nicht festgestellt werden. Die Metall-führung tritt der Hauptmenge nach in außerordentlich feiner Verteilung auf[1]. Der Durchschnittsgehalt für Kupfer beträgt 3,0 %, für Silber 160 g/Tonne. Es ist geologisch festgestellt, daß die Mansfelder Mulde nur ein kleiner Teil eines außerordentlich großen Kupferschieferflözes ist, das sich quer durch Mitteldeutschland erstreckt, bisher aber nur kupferärmer und mit nur sehr geringem Silbergehalt angetroffen wurde, so daß eine weitere wirtschaftliche Erschließung nicht abzusehen ist.

2. Metallurgische Produkte.

Kupferstein. Rohstein, mit etwa 20—60% Kupfer, Konzentra-tions- oder Spurstein mit 70—75% Kupfer (Matte oder White Metal mit 72—78% Cu[2]), theoretisch Cu_2S mit 79,8% Cu, sind Zwischenprodukte des Kupferhüttenbetriebs, zum Teil auch im Handel (zwecks Weiter-verarbeitung). Sie enthalten grundsätzlich alle im ursprünglichen Erz vorhanden gewesenen Verunreinigungen, wenn auch in meist niedrigerer Relation zum Kupfer, praktisch vollständig an Schwefel gebunden, hauptsächlich Eisen, daneben Blei, Zink, Nickel und Kobalt, vereinzelt auch Zinn und Antimon. Meist liegen auch Arsenide als Verunreinigung vor, im Mansfeldschen geringe Mengen von Seleniden, in amerikanischen Produkten häufig Selenide und Telluride.

---

[1] Wagenmann, K.: Methode zur annähernden Bestimmung des Anteils eines Minerals, der bei der Zerkleinerung eines Erzes auf bestimmte Korngrößen frei-gelegt wird. Metall u. Erz 3, 52 (1927).

[2] Amerikanische Bezeichnungen für verschiedene Kupferkonzentrationen sind: Blue Metal ungefähr 62% Cu, White Metal mit 72—78% Cu, Pimple Metal mit 83% Cu, Regule Metal mit 88% Cu und Blister Copper als Rohkupfer.

Kupferspeisen, Kupferarsenide- bzw. antimonide, die Eisen, Zink, Blei, Nickel enthalten, teilweise auch Edelmetalle (Ag).

Kupferschlacken, Silicate unterschiedlichster Art; Rohschlacken, arm an Kupfer, 0,1—0,5% Cu. Ein typisches Beispiel solch armer, dazu in großen Mengen anfallenden Schlacken' sind die Mansfeldschen Rohschlacken aus dem Rohhüttenbetrieb. Sie sind die ausgeschmolzene Gangart des Erzes und werden in Formen zu Pflastersteinen vergossen. Infolge langsamen Erstarrungsvorganges krystallisiert die Schlacke zu einem Material mit sehr hoher Druckfestigkeit (etwa 3000 kg/qcm). Jährliche Produktion etwa 20 Millionen Pflastersteine. Durchschnittliche Zusammensetzung der Schlacke:

$$
\begin{aligned}
SiO_2 &= 46\,00\% & K_2O &= 3,80\% \\
CaO &= 20,00\% & Fe &= 3,00\% \\
Al_2O_3 &= 17,00\% & Cu &= 0,25\% \\
MgO &= 8,50\% & Zn &= 0,40\%.
\end{aligned}
$$

Spurschlacken sowie Bessemerschlacken, 2—4% Cu (teils als Oxydul, teils als suspendiertes Sulfid); die Kupfer-Raffinierschlacken sind reicher an Kupfer.

Flugstaube, pulverförmige Kondensationsprodukte aus den Abgasen der Öfen (bei Naßreinigungen zunächst schlammförmig), bestehend aus den Oxyden (daneben eventuell auch Sulfiden und Sulfaten) der flüchtigen oder mitgerissenen Bestandteile der Ofenbeschickungen. Daher meist zink-bleiische Produkte schwankender Zusammensetzung mit so gut wie allen Bestandteilen der Beschickungen (Kupfer, Eisen, Silber, Arsen, Selen, Teer u. a. m.).

Schwarzkupfer. Das bei den thermischen Kupferhüttenprozessen zunächst anfallende unreine Kupfer, mit (70) 94—99% Cu; der Rest besteht aus den Verunreinigungen: stets Eisen, Schwefel und Sauerstoff (im wesentlichen als Cu_2O), häufig Blei, Zink, Arsen, Antimon, Silber, Mangan, seltener Gold, Platin (-metalle), Nickel, Kobalt, Zinn, Phosphor, Selen, Tellur.

Bessemerkupfer. 98—99,5% Cu, Verunreinigungen wie beim Schwarzkupfer.

Zementkupfer. Durch Eisen aus Kupferlaugen (Sulfat- oder Chloridlaugen) gefälltes Kupfer, häufig sehr stark verunreinigt durch eine große Zahl von Metallen und Metallsalzen: Eisen, Blei, Silber, Wismut, Antimon, Arsen, Zink, Nickel, Kobalt, Tonerde, Kalk, Magnesia, Kohlenstoff, Schwefel, Sauerstoff, Sulfate und Chloride der Alkalien.

Raffinad-Kupfer. Hütten-Raffinade mit 99,0—99,4% Cu, Mansfelder Raffinade mit 99,4% bzw. 99,7—99,8% Cu. Als Verunreinigungen treten die unter Schwarzkupfer genannten auf, häufig geringe Mengen Silber, Blei, Zink, Spuren Wismut, Antimon, Arsen, Schwefel, Selen, Tellur und Sauerstoff als Cu_2O, gelegentlich Nickel (Kobalt).

Elektrolytkupfer. Kathoden oder Barren (wire bars), das technisch reinste Kupfer mit Verunreinigungen in sehr niedrigen Konzentrationen, davon der größte Teil in Spuren (Silber, Antimon, Arsen, Wismut, Schwefel), 99,95—99,99% Cu.

Kupferlegierungen. Legierungen des Kupfers mit Zinn, Zink. Aluminium, Nickel, Blei usw., von denen die wichtigsten in dem nachstehenden Abschnitt behandelt sind [1] (S. 1257).

Kupferkrätzen. Kupferaschen, Fegsel, Glühspan (Walzsinter), oxydische Verunreinigungen unterschiedlichsten Kupfergehalts, die beim Schmelzen bzw. beim Schmieden und Walzen des Kupfers und seiner Legierungen anfallen.

Vitriollaugen und Verkupferungsbäder.

Kupferhaltige Kiesabbrände. Röstrückstände der Schwefelsäuregewinnung aus Pyriten; Hauptbestandteil ist Eisenoxyd.

II. Quantitative Bestimmung des Kupfers.

Über den qualitativen Nachweis des Kupfers s. Bd. I, S. 119 u. 145.

A. Auflösen der Probesubstanzen.

Man bedient sich dazu der Mineralsäuren, Schwefelsäure, Salpetersäure oder Gemische aus beiden, Salzsäure und Königswasser. Als Anhalt möge folgendes dienen: Die oxydischen Kupferverbindungen (die vorstehend genannten oxydischen Erze, Hammerschlag oder Walzsinter, Phosphate und Arsenate) lösen sich leicht in den verdünnten Säuren (in Schwefel- oder Salzsäure), zum mindesten beim Erhitzen. Die sulfidischen Kupferverbindungen (die vorerwähnten Erze, Kupfersteine) löst man in fein gepulvertem Zustand in starker Salpetersäure oder einem Gemisch aus 1 Volumen Schwefelsäure (spez. Gew. 1,2) und 1 Volumen Salpetersäure (spez. Gew. 1,2), nur wenn unbedingt erforderlich in Königswasser [2]. Bei Aufschlüssen mit Salzsäure soll bei erforderlichem Abrauchen mit Schwefelsäure zuerst bis zum Verschwinden der Salzsäure auf dem Wasserbad eingedampft und dann erst auf dem Sandbad abgeraucht werden. Bei Salpetersäureaufschlüssen ist diese Vorsichtsmaßnahme nicht erforderlich.

Kupferschlacken oder -silicate löst man in obigem Schwefelsäure-Salpetersäuregemisch unter Sieden und Abdampfen oder in der Platinschale mit Schwefelsäure unter mehrfachem Zusatz von Flußsäure (oder Fluorkalium) mit nachfolgendem Abrauchen zur restlosen Entfernung des Fluors.

Für Kupfer in metallischer Form und seine Legierungen ist Salpetersäure das beste und fast ausschließlich angewandte Aufschlußmittel (konzentrierte Schwefelsäure wird nur in Sonderfällen angewandt).

---

[1] Die außerordentlich große Zahl und übliche Zusammensetzung praktisch angewandter Kupferlegierungen läßt die umfangreiche Zusammenstellung der gebräuchlichen Metallegierungen von E. W. Kaiser erkennen [Metallurgie 9, 257 (1911) und 10, 296 (1911)].

[2] Beim Auflösen wird man verständlicherweise die Anwendung aller jener stark gasenden Säuren oder Säuregemische (konz. Salzsäure oder Königswasser) nach Möglichkeit vermeiden; besonders die nachhaltige Chlorentwicklung des Königswassers kann sehr leicht zu Verlusten führen.

In den Standardmethoden der American Society (A.S.T.M.-Standards, Philadelphia **1930 I**, 778 u. 779 wird zur Kupferbestimmung in Elektrolyt- und Handelskupfersorten als Lösungsmittel ein Säuregemisch empfohlen, das aus 300 ccm konzentrierter Schwefelsäure, 210 ccm konzentrierter Salpetersäure und 750 ccm Wasser besteht. Das Auflösen der Probespäne mit dem kalten Säuregemisch (in einem gut bedeckten Becherglas) geht ohne heftige Reaktion vor sich, so daß Kupferverluste mit den entwickelten Gasen nicht eintreten können, was bei derartigen Untersuchungen bekanntlich peinlichst vermieden werden muß. Aus demselben Grunde soll man, nachdem der Auflösungsvorgang ganz oder wenigstens zum größten Teil beendet ist, die Lösung nicht zum Sieden erhitzen, sondern nur auf einem Dampfbad (80—90° C), bis die roten Dämpfe verjagt sind.

Verluste bei einem mit Gasentwicklung verbundenen Auflösen lassen sich in folgender Weise vollständig vermeiden:

1. Soll nachträglich bis zum Schwefelsäureabrauchen auf dem Sandbad erhitzt werden, benutzt man Porzellanschalen (Halbkugelschalen) mit ausreichend großem Uhrglas abgedeckt.

2. Das Auflösen von Metallen kann in Glaskolben vorgenommen werden, die aber während des Lösevorganges schräg gestellt werden; sicherer ist das Auflösen in geräumigen, hohen, mit Uhrglas abgedeckten Bechergläsern.

3. Ein unbedingt verlustloses Auflösen — auch bei stärkstem Gasen — bewirkt K. Wagenmann in dem nebenstehend abgebildeten Glaskolben (Abb. 1), wie er zur colorimetrischen Schwefelbestimmung (Methode nach Wiborgh) in Eisensorten angewandt wird [1]. Säureaufgabe und Ausspülen des eingesetzten Reagensrohres sind außerordentlich einfach, da das Reagensrohr beim Abkühlen des Kolbens durch das eintretende Vakuum in den Kolben hinein leer gesaugt wird.

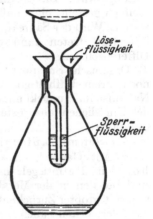

Abb. 1. Gerät zum verlustlosen Auflösen bei gasenden Aufschlüssen.

Eine quantitative Kupferbestimmung hat natürlich alles Kupfer der Probesubstanz zu erfassen. Bleibt bei einem Naßaufschluß ein unlöslicher Rückstand, so ist er in den wenigsten Fällen ganz kupferfrei. Da sein Kupferrückhalt äußerlich meist nicht zu erkennen, noch weniger abzuschätzen ist, wird er ordnungsmäßig durch Filtration abgetrennt und in bekannter Weise einem Schmelzaufschluß unterzogen, der dann das restliche Kupfer dem Filtrat des Naßaufschlusses zubringt. Wenn Betriebslaboratorien in vielen Fällen aus Gründen einer Zeit-, Arbeits- und Materialersparnis das Unlösliche unberücksichtigt lassen, so geschieht dies also durchweg auf Kosten der Genauigkeit der Kupferbestimmung, meist aber nur dann, wenn letzteres erfahrungs-

---

[1] In verschiedenen Größen zu beziehen durch Ludwig Mohren, Aachen.

mäßig tragbar ist und die untersuchten Produkte bezüglich des fraglichen Verhaltens reichlich bekannt sind. Aber gerade der Praktiker weiß, daß der Kupferrückhalt im Unlöslichen gelegentlich höher ausfällt als es der normalen Beobachtung entspricht, wozu unter Umständen nur geringfügige Änderungen bei der Erzeugung des Produktes und damit seiner Zusammensetzung genügen. Der außenstehende Chemiker tut angesichts der heute außerordentlich gestiegenen Anforderungen bezüglich Genauigkeit metallanalytischer Bestimmungen jedenfalls gut daran, beim Naßaufschluß bleibendes Unlösliches — und sei seine Menge noch so gering[1] — durch Schmelzaufschluß stets zu berücksichtigen, sofern nicht ausdrücklich Bestimmung des nur säurelöslichen Kupfers verlangt wird. Dieses Ansinnen wird im Handel bei Kupferrückständen vielfach gestellt, ohne daß dafür sachlich berechtigte Gründe ersichtlich wären. Wird der Säureaufschluß nicht in allen einzelnen Bedingungen festgelegt, treten dann verständlicherweise häufig genug untragbare Differenzen auf.

Organische Substanz enthaltende Probematerialien (bituminöse Erze, noch brennstoffhaltige Aschen, Kehrichte u. dgl. m.) sind vor dem Naßaufschluß, unbekümmert um einen nachträglichen Schmelzaufschluß des Unlöslichen, abzurösten. (Niedrigste Temperatur bei Gegenwart von Chloriden!)

Als Schmelzaufschlüsse sind in Anwendung:

1. Mit Gemisch aus entwässertem Kalium- und Natriumcarbonat im Platintiegel; unmittelbare Schmelzaufschlüsse im Platintiegel sind bei den in der Metallanalyse zu untersuchenden Produkten durchweg mit größter Zurückhaltung vorzunehmen, da die Probesubstanzen in den allermeisten Fällen Bestandteile enthalten, die das Platin angreifen[2].

Es empfiehlt sich — schon im Interesse der Erhaltung der teuren Tiegel — bei allen Probesubstanzen, die dem Analytiker in diesem Zusammenhang als nicht unbedingt unschädlich bekannt sind, zuerst einen geeigneten, energischen Naßaufschluß vorzunehmen und nur das Unlösliche, eventuell nach zuvorigem Ausglühen zuerst im Porzellantiegel, im Platintiegel aufzuschließen, wobei man sich auch dann noch einer gewissen Schutzmaßnahme bedienen kann, indem man das Aufzuschließende in das Schmelzgemisch so einbettet, daß es beim beginnenden Schmelzen die Tiegelwand noch nicht berührt.

2. Mit entwässertem Kaliumbisulfat im Platin- oder Porzellantiegel. Werden Schmelztemperaturen von etwa 800° C nicht überschritten, dann kann der Tiegel beim Erhitzen über freier Flamme mit einem den Tiegelrand nur wenig überragenden Uhrgläschen abgedeckt werden, sodaß die leicht überschäumende Schmelze dauernd beobachtet werden kann.

---

[1] Raffinade, wenn sie Nickel, Eisen oder Antimon enthalten, zeigen oft einen in Säuren so gut wie unlöslichen Rückstand aus den betreffenden Oxyden, der meist erst bei längerem Absitzen sichtbar wird und doch gut nachweisbare Mengen Kupfer enthält, die nicht immer belanglos sind.

[2] Siehe näheres darüber Bd. I, S. 78 und A. Classen: Handbuch der quantitativen chemischen Analyse, S. 25—26. Stuttgart 1912.

3. Mit Natriumsuperoxyd im Nickel- oder Eisentiegel; die Verunreinigungen des Tiegelmaterials müssen berücksichtigt werden (eventuell Leergang!). Es sind sowohl Nickel- wie Eisentiegel im Handel, die unter anderem für genaue Analysen zu berücksichtigende Mengen Kupfer enthalten.

4. Mit Schmelzgemisch nach 1 unter Salpeterzusatz im Eisentiegel.

5. Mit Natriumhydroxyd im Silbertiegel.

6. Mit Gemisch aus wasserfreiem Natriumcarbonat und Schwefelpulver (1 : 1), oder mit entwässertem Natriumthiosulfat im Porzellan-, Nickel- oder Eisentiegel.

Der Schmelzaufschluß nach 1 wird gewöhnlich über dem Gebläse vorgenommen, eventuell auch der nach 4. Für die anderen genügt die Bunsenbrennertemperatur. Sehr zweckmäßig ist das Schmelzen in elektrisch beheizten, regulierbaren kleinen Tiegelöfen (s. Bd. I, S. 84). Sie sind besonders bei Aufschlüssen für Schwefelbestimmungen am Platz, da in Gasflammen durchweg schwefelhaltige Verbrennungsprodukte entweichen, die von der Schmelze aufgenommen werden können.

B. Gewichtsanalytische Methoden.

Sie sind die allgemein anwendbaren Bestimmungsmethoden für Kupfer, die verläßlichsten und genauesten. Man soll sich ihrer auf alle Fälle bedienen, wenn nicht einwandfrei feststeht, daß die zu untersuchende Substanz frei von Bestandteilen ist, welche die maßanalytischen oder colorimetrischen Untersuchungsmethoden störend beeinflussen. Der außenstehende Analytiker wird also schon der Sicherheit halber die gewichtsanalytischen Methoden vorziehen, ganz abgesehen davon, daß unter ihnen beispielsweise die elektrolytischen Schnellmethoden bezüglich Zeit- und Arbeitsersparnis selten nennenswert zu übertreffen sind.

Von den zahlreichen, im Laufe der Jahrzehnte in Vorschlag gebrachten quantitativen Methoden (s. z. B. A. Rüdisüle: Nachweis, Bestimmung und Trennung der chemischen Elemente, Bd. 3. Bern 1914) haben in der Metallanalyse nur die nachstehend ausführlich beschriebenen beachtenswerte Anwendung gefunden.

1. Fällung des Kupfers als Metall.

a) Die elektrolytische Kupferbestimmung.

Sie ist die einfachste, genaueste und unter den schnellelektrolytischen Bedingungen eine in sehr kurzer Zeit durchführbare Methode, und da sie sehr wenig Arbeitsaufwand benötigt, sich also auch vorzüglich zu Serienbestimmungen eignet, ist sie zudem die bevorzugte und verbreitetste. Sie ist, entsprechend ihrer Bedeutung für die technische Analyse, ausführlich im Abschnitt „Elektroanalytische Bestimmungsmethoden" abgehandelt (S. 927).

Hier sei noch auf folgendes hingewiesen:

Die allgemeinste und beste Fällungsmethode, die auch unmittelbar eine Trennung von einer größeren Zahl anderer Metalle ermöglicht, ist die im schwefelsauren- bzw. schwefelsauersalpetersauren Elektrolyt (eventuell unter Zusatz von Ammonsalzen bzw. Ammoniumnitrat). Liegen nicht die entsprechenden Säureaufschlüsse der Probesubstanz, sondern salzsaure- oder chlorhaltige Lösungen vor, dann dampft man bis zum Rauchen der Schwefelsäure ab (zu beachten das unter „Auflösen der Probesubstanzen" S. 1174 Gesagte!), erhält damit rein schwefelsauren Elektrolyt, der dann wie erforderlich zusammengesetzt werden kann [1]. Ammoniakalischer Elektrolyt darf Chloride enthalten, weshalb man von dieser Fällungsmethode in Form der Schnellfällung auch dann Gebrauch machen kann — sofern sie natürlich an sich anwendbar ist —, wenn man, unter anderem aus Gründen der Zeitersparnis, das Abdampfen vermeiden will. Läßt die Beschaffenheit des Niederschlags zu wünschen übrig, kann er leicht in frischem, saurem Elektrolyt umgefällt werden.

Hinsichtlich Genauigkeit und Zuverlässigkeit sind Elektroanalysen bei ruhendem und bewegtem Elektrolyt vollständig gleichwertig. Die Schnellelektrolyse hat zwar den einen Nachteil, daß die zur Bewegung des Elektrolyten erforderliche Einrichtung gegenüber der ruhenden Elektrolyse ein geringes Mehr an Kosten durch Anschaffung und Unterhaltung erfordert, aber die zu erzielende ganz erhebliche Zeitverkürzung bringt eine Ersparnis am teuren Elektrodenmaterial, so daß der Unterschied praktisch ausgeglichen wird. In Betriebslaboratorien kann in sehr vielen Fällen allein schon die Zeitersparnis für die Annahme der Schnellmethode bestimmend sein. Sie hat aber unter anderem den nicht zu unterschätzenden Vorteil, daß sie es dem Analytiker leicht macht, ohne nennenswerten Zeit- und Arbeitsverlust eine Umfällung von Niederschlägen vornehmen zu können, bei denen die rein äußerliche Beschaffenheit zu wünschen übrig läßt oder Zweifel über die Reinheit bestehen.

In sehr vielen Fällen kann die elektrolytische Kupferbestimmung unmittelbar auf die Lösung der Probesubstanz angewandt werden. Welche Elemente hierbei störend wirken bzw. gleichfalls kathodisch abgeschieden werden, ist aus dem Abschnitt Kupfer im Kapitel „Elektroanalytische Methoden" (S. 927; s. auch die Tabelle S. 1204) ersichtlich. Liegen solche Fälle vor, dann ist Kupfer nach einer der hier folgenden Methoden zu bestimmen — die übrigens häufig mit einer zuletzt vorzunehmenden elektrolytischen Reduktion des Kupfers verbunden werden —, oder die beeinflussenden Elemente müssen nach (S. 1207) zuvor abgetrennt werden.

b) Zementation des Kupfers durch elektropositivere Metalle (Eisen, Zink, Aluminium und Cadmium).

Die Fällung des Kupfers als Metall durch Eisen gehört zu den ältesten „nassen Kupferproben" und wurde ursprünglich als „schwedische

---

[1] Über den Einfluß des Chlors in chloridhaltigem Elektrolyt s. Kapitel „Elektroanalytische Bestimmungsmethoden" unter Kupfer (S. 933).

Probe" bezeichnet. Bruno Kerl hat sie in abgeänderter Form den Oberharzer Hütten empfohlen (1854). Die elektrolytische Bestimmungsmethode hat sie sehr stark verdrängt, so daß die Zementationsmethoden als selbständige Bestimmungsmethoden heute nur noch wenig, häufiger als Trennungsmethoden von einer Reihe störender Elemente bei Erz- und Hüttenproduktenanalysen in Verbindung mit einer maßanalytischen oder colorimetrischen Bestimmungsweise in Anwendung sind.

Man fällt das Kupfer aus mäßig salz- oder schwefelsaurer Lösung (HNO_3-frei!) durch metallisches Eisen oder Aluminium (Zink oder Cadmium) in gelinder Wärme aus, sammelt das gefällte schwammige Kupfer, reinigt durch Auswaschen, trocknet und wiegt als Metall oder nach Ausglühen bei Luftzutritt als Kupferoxyd aus.

Für eine gewichtsanalytische Methode ist sie noch verhältnismäßig schnell durchführbar und für betriebstechnische Zwecke hinsichtlich Genauigkeit durchaus brauchbar, verständlicherweise aber nur anzuwenden, wenn keine gleichfalls zementierbaren Metalle zugegen sind, wie Silber, Blei, Wismut, Antimon, Arsen.

Die von Kerl modifizierte Ausführungsform möge an dem Beispiel einer Bestimmung des Kupfergehaltes eines Schwefelkies, Zinkblende und Bleiglanz führenden Kupferkieses mit quarzitischer Gangart dargelegt sein:

Da Schwefelkies durch Säuren verhältnismäßig schwer vollständig aufschließbar ist, muß das Probematerial besonders fein aufgerieben sein. 5 g des Erzpulvers werden in einer geräumigen Porzellanschale unter Uhrglas oder im schrägliegenden, etwa 250 ccm fassenden Glaskolben (Erlenmeyer) mit 40 ccm Königswasser übergossen und unter allmählichem Erhitzen gelöst. Man lasse erkalten, gebe 10 ccm konzentrierte Schwefelsäure zu und dampfe auf dem Sandbad soweit ein, bis weiße Schwefelsäuredämpfe auftreten. Der Salzrückstand muß nach dem Erkalten noch breiig sein, d. h. noch reichlich freie Schwefelsäure enthalten, andernfalls bleiben Metallsalze infolge Zersetzung zu basischen Salzen beim Aufnehmen mit Wasser ungelöst. Durch zu langes Erhitzen trocken gerauchter Salzrückstand muß kurze Zeit mit etwa 10 ccm $50^0/_0$iger Schwefelsäure angesiedet werden. Man verdünnt nach dem Erkalten mit 75 ccm Wasser, rührt oder schüttelt um und kocht einige Minuten. Die Lösung enthält die Sulfate des Kupfers (für technische Zwecke ausreichend quantitativ), Zinks und Eisens; das Unlösliche besteht aus Gangart (im wesentlichen SiO_2), Bleisulfat und etwas Schwefel. Ist letzterer nicht von rein gelber Farbe, so enthält er noch unzersetztes Erz eingeschlossen, und das Probematerial war nicht fein genug aufgerieben.

Man läßt den Aufschluß erkalten, eine Stunde abstehen und filtriert in einen Erlenmeyerkolben unter Auswaschen des Rückstandes mit schwach schwefelsäurehaltigem Wasser. Das Filtrat versetzt man mit einigen Kubikzentimeter konzentrierter Schwefelsäure, gibt zwei Stücke Eisendraht (2—3 mm stark und etwa 30 mm lang) in die Lösung, setzt einen kleinen Trichter in den Kolbenhals und erwärmt mäßig. Nach etwa 20 Minuten ist die Zementation des Kupfers normalerweise beendet (und das Ferrisalz praktisch vollständig zu Ferrosalz reduziert). Überzieht sich ein in die Lösung getauchter blanker Eisendraht innerhalb einer Minute nicht mehr mit Kupfer, so ist die Fällung vollständig. Man füllt dann den Kolben ganz mit Wasser, läßt zwei Minuten absitzen, dekantiert in ein großes Becherglas und wiederholt dies mit kaltem und zweimal mit ausgekochtem (luftfreiem) heißem Wasser und füllt dann nochmals ganz mit kaltem Wasser. Über die Kolbenöffnung stülpt man eine flache Schale, kippt schnell um, stellt auf eine Tischplatte und läßt durch Hin- und Herbewegen des etwas schräg gehaltenen Kolbens etwa 50 ccm Wasser zusammen mit dem schwammigen Kupfer und den Eisenstiftresten nach außen gelangen. Versetzt man das im Kolben enthaltene Wasser in rotierende Bewegung, dann treten auch an der Kolbenwand haftende Metallteilchen aus. Man füllt die Schale annähernd bis zum Rande mit Wasser, läßt absitzen und zieht den Kolben vorsichtig über den Schalenrand, so daß sein Wasserinhalt sich in das darunter gestellte Becherglas für die Waschwasser entleert. Von den in der Schale befindlichen Eisenstiften wird das anhaftende Kupfer mit einem Gummiwischer oder einer Federfahne entfernt, dann das den Kupferschlamm bedeckende Wasser vorsichtig abgegossen, mit wenig 95%igem Alkohol nachgewaschen und der Schaleninhalt im Trockenschrank bei wenig mehr als $100°$ C getrocknet. Nach dem Überführen des Kupferpulvers in ein tariertes Schälchen oder einen Porzellantiegel wiegt man aus. Durch nochmaliges viertelstündiges Trocknen überzeugt man sich von der Gewichtskonstanz.

Hat sich aus den gesammelten Waschwassern nach einiger Zeit noch ein feinster roter Kupferschlamm abgesetzt, so hebert man die Flüssigkeit ab und sammelt den Metallniederschlag auf einem Filter, das nach dem Trocknen im Porzellantiegel verascht wird. Durch Glühen geht das Kupfer in Oxyd über, aus dem nach dem Auswiegen das restliche Kupfer zu errechnen ist [CuO × 0,7989 (log = 0,90250 — 1) = Cu].

Trocknet man zu heiß, wie es etwa auf einem Sandbad leicht vorkommen kann, so geht der Kupferstaub zum Teil in Kupferoxyd über; in solchem Fall führt man das ganze Fällkupfer durch mäßiges Glühen bei reichlichem Luftzutritt im Glühschälchen oder Porzellantiegel über dem Bunsenbrenner oder in der offenen Muffel vollständig in Kupferoxyd über. Dabei wird auch die geringe aus dem Eisen stammende Menge Kohlenstoff entfernt.

Zweckmäßig prüft man das Fällkupfer auf Verunreinigung an Eisen: metallisches Kupfer löst man in Salpetersäure, Kupferoxyd in Salzsäure, verdünnt die Lösung, gibt Ammoniak in mäßigem Überschuß zu und erwärmt. Fällt beachtenswert viel Eisenhydroxyd aus, so wird der Niederschlag abfiltriert, mit schwach ammoniakalischem, warmem Wasser ausgewaschen, getrocknet, im Porzellantiegel verascht und geglüht. Das ausgewogene Eisenoxyd wird als solches vom festgestellten Gewicht des Fällkupfers oder seines Oxyds in Abzug gebracht. Da Eisen im Fällkupfer als basisches Ferrisulfat vorliegt, ist ersteres Verfahren bei stärkeren Eisenverunreinigungen zu fehlerhaft; dann wiegt man das Kupfer wie oben beschrieben als Oxyd aus.

So quantitativ die Zementation des Kupfers verläuft, in der Mitfällung wechselnder Mengen Eisen, die nie genau in Abzug zu bringen sind, beruht die Hauptfehlerquelle der Methode.

Mit der Kupferbestimmung nach dieser Methode läßt sich auch die Bleibestimmung verbinden, da infolge des Abdampfens bis zum Rauchen der Schwefelsäure das Blei vollständig in Bleisulfat übergeführt ist und quantitativ beim Filtrieren des Unlöslichen zurückbleibt. Man sammelt das Unlösliche vollständig im Filter und löst nach dem Auswaschen der anderen löslichen Metallsulfate, unter denen das Kupfer bestimmt wird, das Bleisulfat aus dem Filterrückstand quantitativ heraus durch Digerieren oder gar Auskochen desselben mit Ammonacetatlösung [1]. Aus dem Filtrat kann das Bleisulfat durch Übersättigen mit Schwefelsäure und Kochen in reiner Form wieder ausgeschieden, abfiltriert und in bekannter Weise bestimmt werden. Oder man bestimmt das Blei im Unlöslichen nach dem Trocknen und vorsichtigen Veraschen des Filters nach der „trocknen Bleiprobe" (s. S. 1503). Schnellstens und zu sehr genauen Werten führt die Titration des Bleis in obiger Bleisulfat-Ammonacetatlösung nach der Molybdatmethode von Alexander (s. S. 1507).

Statt mit Eisen kann die Zementation auch mit reinem Zink (Feinzink) oder besser mit Cadmium in Stäbchen- oder Blechform vorgenommen werden. Unreines Zink darf nicht verwandt werden, da es sich zu stürmisch löst und zu fein verteilten Kupferschlamm liefert. Im übrigen verfährt man wie für Eisen angegeben. Die Fällung in einer tarierten Platinschale hat den Vorteil, daß sich das Kupfer zum großen Teil in Form eines festen Überzugs am Platin ausscheidet, während der Rest sich zu schwammigen Massen ballt; Auswaschen und Gewichtsbestimmung sind damit vereinfacht und erleichtert.

In neuerer Zeit zieht man den vorgenannten Metallen kupferfreies Aluminium in Blechform vor [Low: Berg- u. Hüttenm. Ztg. 54, 174 (1895); Chem. Zentralblatt 1895 II, 64. — Perkins: Journ. Amer. Chem. Soc. 24, 478 (1902); Chem. Zentralblatt 1902, 478; 1902 I, 1423], wie es in Amerika (neben Zink) heute in Verbindung mit einer anschließenden Titrationsmethode noch vielfach üblich ist (s. Maßanalytische Methoden, S. 1194). Ein etwa $2,5 \times 14$ cm großer Blechstreifen, der zum Dreieck gebogen ist, wird in die neutrale oder schwachsaure Lösung eingeführt, deren Volumen tunlichst nicht mehr als 75 ccm betrage und höchstens $10^0/_0$ freie Schwefelsäure enthalte. Nach $7-10$ Minuten langem Kochen ist die Fällung beendet, wonach das Kupfer mechanisch vom Aluminium getrennt wird (Scott, W. W.: Standard methods of chemical analysis, p. 182a bzw. 184). Ebenfalls nach W. W. Scott wird zur Fällung Aluminium in Pulverform empfohlen zur Abtrennung des Kupfers von besonders großen Eisenmengen,

---

[1] Das erforderliche Lösungsvermögen zeigt schon das käufliche Ammonacetat; besser bewirkt dies, d. h. mit geringeren Mengen kommt man aus, wenn die Ammonacetatlösung, gemäß Mitt. d. Fachausschusses wie folgt bereitet wird: 250 ccm Essigsäure $(80^0/_0)$ + 150 ccm Wasser + 300 ccm Ammoniak (spez. Gew. 0,91).

wie bei Eisenerzen. Die Lösung eines Bisulfataufschlusses des Erzes wird bis fast zum Sieden erhitzt, Aluminiumpulver in kleinen Dosen von Zeit zu Zeit zugesetzt, bis das Eisen, an der Entfärbung der Lösung erkennbar, reduziert ist. Die Lösung wird dann bis zum vollständigen Auflösen des Aluminiums weiter erhitzt; dabei fällt das Kupfer. Es empfiehlt sich, 25 ccm gesättigtes Schwefelwasserstoffwasser zuzufügen, um die letzten Spuren gelösten Kupfers niederzuschlagen; die Lösung wird noch heiß durch ein dichtes Filter filtriert, tunlichst unter Vermeidung des Luftzutritts zum Niederschlag. Nach dem Lösen desselben in heißer verdünnter Salpetersäure wird das Kupfer nach der Jodkaliumtitrationsmethode (S. 1192) bestimmt.

Einfluß anderer Metalle.

Man prüfe die fällenden Metalle stets auf Reinheit bezüglich Kupfer!

Eingangs war schon darauf hingewiesen worden, daß die Zementation mit Eisen die Anwesenheit von Silber, Blei, Wismut, Antimon und Arsen berücksichtigen muß, weil sie mitgefällt werden. Zink fällt außerdem auch teilweise Nickel. Blei läßt sich stets als Sulfat vollständig abtrennen. Enthält die Probesubstanz zu berücksichtigende Mengen Silber, so wird dasselbe bei chlorhaltigem Aufschluß als Chlorsilber gefällt. Beim Abrauchen mit Schwefelsäure kann aber ein kleiner Teil desselben in Sulfat umgewandelt werden und beim Aufnehmen in Lösung gehen. Diese geringen Mengen können dann mit wenigen Tropfen Salzsäure wieder als AgCl gefällt werden. Beim Verdünnen fällt der größte Teil des Antimons aus. Häufig enthalten Erzlösungen oder solche aus Hüttenprodukten noch geringe Verunreinigungen an Antimon, Arsen, Wismut (seltener Zinn und Quecksilber); das daraus fallende Zementkupfer ist daher nicht rein kupferrot, sondern dunkel bis schwarz gefärbt. Solches Kupfer röstet man im Glühschälchen oder Porzellantiegel unter reichlichem Luftzutritt, wobei Quecksilber vollständig, Arsen und Antimon zu einem großen Teil verflüchtigt werden. In dem noch unreinen Kupferoxyd bestimmt man in solchen Fällen das Kupfer nach Wiederauflösen nach einer der maßanalytischen Methoden.

2. Die Fällung des Kupfers als Sulfid.

Vgl. H. Rose, Handbuch der analytischen Chemie. 6. Aufl. von R. Finkener. S. 173. — Fresenius, Quantitative Analyse, 6. Aufl. Bd. 1, S. 186—187. — Treadwell, F. P.: Analytische Chemie, Bd. 2, S. 152. Leipzig 1927.

Schwefelwasserstoff fällt aus Kupfersalzlösungen CuS aus; in gleicher Weise wirken Schwefelammonium oder die Schwefelalkalien. Da Kupfersulfid in Salpetersäure verhältnismäßig leicht löslich ist, darf eine quantitativ zu fällende, saure Lösung keine freie Salpetersäure oder Nitrate enthalten. Bezüglich der Fällung mit Schwefelammonium in neutraler oder basischer Lösung ist zu bemerken, daß sie nicht ganz quantitativ ist, da CuS im Fällungsmittel nicht ganz unlöslich ist; mit Schwefel-alkalien ist die Fällung quantitativ. Im Gegensatz zu Cu_2S ist feuchtes CuS durch Luftsauerstoff leicht zu Sulfat oxydierbar.

Die Fällung des Kupfers mit Schwefelwasserstoff in schwefel- oder salzsaurer Lösung ist unter den nachstehend noch genauer bezeichneten Bedingungen eine unbedingt quantitative. Sie ermöglicht die quanti-tative Abtrennung der Schwefelammoniumgruppe (Zink, Nickel, Kobalt, Eisen, Mangan usw.), der Erdalkalien, des Magnesiums und der Alkalien. Da aber gleichzeitig so gut wie alle Metalle der gesamten Schwefel-wasserstoffgruppe mitfallen, ist eine Trennung von diesen nachträglich vorzunehmen. Gegenüber den Sulfosalzbildnern ist dies in einfachster Weise durch Digerieren des durch Schwefelwasserstoff gefällten Metall-sulfidgemisches mit Schwefelnatriumlösung zu erreichen. Liegen nur Metalle der Schwefelwasserstoffgruppe vor, dann ist die unmittelbare Fällung mit Schwefelnatrium vorzuziehen, besonders wenn Sulfosalz-bildner in größeren Mengen vorhanden sind.

Die Methode ist also eine grundlegende, auf alle Fälle anwendbar und unbedingt sicher.

Die zu fällende Lösung ist schwefel- oder salzsauer; als höchste Grenze an freier Säure ist anzunehmen: 20 ccm Salzsäure (spez. Gew. 1,12) bzw. 40 ccm Schwefelsäure verdünnt (1 : 3) auf 100 ccm Fällungsvolumen. Man leitet das Schwefelwasserstoffgas in flottem Strom in die mäßig erwärmte[1] Lösung von 300—500 ccm Volumen bis zur vollständigen Sättigung ein, läßt den Niederschlag absitzen, filtriert und wäscht mit schwach schwefelsaurem Schwefelwasserstoffwasser aus, beides unter möglichster Vermeidung von Luftzutritt (Abdecken des Fällgefäßes und des Trichters). Filter und Niederschlag werden stets getrocknet. Bei Auswaage nach a) oder b) kann auch im Porzellanfiltertiegel filtriert werden.

Die Fällung mit Schwefelnatrium wird ebenfalls in mäßiger Wärme (aber in Abwesenheit von Ammonsalzen) vorgenommen. Die letzten Mengen Alkalisulfid sind durch Auswaschen sehr schwer zu entfernen, sodaß sich in solchen Fällen die Auswaage nach c) empfiehlt.

a) Auswaage des Kupfers als Sulfür (Cu_2S) (nach Heinrich Rose).

Man trennt den getrockneten Niederschlag möglichst vollständig vom Filter und verascht letzteres gesondert. Nach Vereinigung beider im Roseschen oder Quarztiegel mischt man mit Schwefelpulver[2] und glüht im reinen, trockenen Wasserstoffstrom bei mäßiger Rotglut etwa 10 Minuten lang. Man läßt dann im Wasserstoffstrom erkalten; für sehr genaue Bestimmungen und zur Verflüchtigung von viel Arsen wiederholt man das Schwefeln und Ausglühen. Das Glühprodukt muß

---

[1] In der Wärme fällt der Niederschlag gröber aus, ist also besser filtrierbar.
[2] Steht kein aus Schwefelkohlenstoff krystallisierter Schwefel zur Verfügung, dann empfiehlt es sich, den Schwefel auf Glührückstand zu prüfen, da der im Handel befindliche häufig Sand als Verunreinigung enthält.

braunschwarz bis schwarz aussehen und darf keine rotbraunen Flecke (Cu) zeigen. Auswaage ist Cu_2S mit 79,86 % Cu (log = 1,90231).

Nach Hampe [Ztschr. f. anal. Ch. 38, 465 (1894)] soll das Gewicht des auszuwiegenden Cu_2S nicht über 0,2—0,3 g betragen, da größere Mengen CuS sich nicht vollständig in Sulfür überführen lassen; bei zu starkem Glühen kann eine teilweise Reduktion zu Kupfer eintreten. Auch Glühen in einem Gasgemisch, bestehend aus Wasserstoff und Schwefelwasserstoff, hat sich bewährt. Die Methode ist sehr genau, aber für technische Zwecke etwas umständlich.

b) Auswaage des Kupfers als Oxyd (CuO).

Filter und Niederschlag brauchen nicht getrennt zu werden. Man verascht bei niedriger Temperatur und röstet bei solcher ab, so daß keinesfalls ein Schmelzen eintritt; dadurch wird der Schwefel schnell entfernt und kleine Mengen Antimon und Arsen verflüchtigen vollständig. Dann steigert man auf gute Rotglut; schließlich Ausglühen über dem Gebläse. Für sehr genaue Bestimmungen oxydiert man den Glührückstand mehrfach mit ein paar Tropfen konzentrierter Salpetersäure. Die Auswaage ist CuO mit 79,89 (log = 1,90250) % Cu.

Die Methode ist für betriebstechnische Zwecke sehr gut brauchbar, auch für sehr genaue Bestimmungen, wenn Gewähr besteht, daß das ausgefällte Schwefelkupfer frei von nichtflüchtigen, mitgerissenen Verunreinigungen war.

c) Auswaage des Kupfers als Metall.

Die unbedingte Verläßlichkeit und größte Genauigkeit der elektrolytischen Kupferbestimmung gestattet es, eine Vereinigung beider Methoden anzuwenden, derart, daß das gefällte Schwefelkupfer in eine sulfidfreie schwefel- oder salpetersaure Lösung übergeführt wird, aus der dann die elektrolytische Reduktion zu Metall vorgenommen wird [1]. Wählt man dazu die Bedingungen der Schnellelektrolyse, dann ist das Mehr an Zeit nicht nennenswert; ein Mehraufwand an Arbeit wird durch die erhöhte Sicherheit wettgemacht.

Ein unmittelbares Auflösen des im Papierfilter abfiltrierten Niederschlags in konzentrierter Salpetersäure ist schon aus bekannten Gründen wenig zu empfehlen; dazu kommt, daß dann die Lösung vor der Elektrolyse vollständig abgedampft werden müßte, um die letzten Spuren von Sulfidschwefel bzw. Schwefelwasserstoff (der einen unreinen Kupferniederschlag hervorruft) zu entfernen. Dies wird vermieden (bedeutet auch Zeit- und Arbeitsersparnis), wenn man zunächst nach b) verfährt, dann das Kupferoxyd in wenig konzentrierter Salpetersäure löst, in einen Elektrolysenbecher überspült und den Elektrolyten mit

---

[1] Eine derartige Kombination ist bei allen Metallen, die elektroanalytisch besonders genau zu bestimmen sind, in vielen Fällen zu empfehlen, wenn besonders hohe Ansprüche in bezug auf Genauigkeit und Zuverlässigkeit gestellt werden (K. Wagenmann).

Ammoniak und richtig Schwefelsäure einstellt, wie bei der elektrolytischen Kupferbestimmung (S. 927 u. 1177) angegeben.

Diese Art der Auswaage ist besonders dann zu empfehlen, wenn nicht unbedingte Gewähr dafür besteht, daß das gefällte Schwefelkupfer frei von nichtflüchtigen Verunreinigungen ist (Cadmium, Blei, Nickel, Zink, Eisen usw.).

Einfluß anderer Metalle.

Es ist schon darauf hingewiesen worden, daß die Fällung des Kupfers als Sulfid eine Trennung der Metalle der Schwefelwasserstoffgruppe von allen anderen bewirkt, daß eine weitere Trennungsmöglichkeit von den Sulfosalzbildnern der Gruppe durch Schwefelnatrium besteht.

Für den ersten Fall ist praktisch von Bedeutung die Abtrennung des Nickels, Kobalts, Eisens, Aluminiums und Zinks. Zink bleibt praktisch vollständig in Lösung, wenn bei der Fällung die angegebene höchste Säurekonzentration (Salzsäure ist dann vorzuziehen) gewählt, im übrigen möglichst warm (auch beim Filtrieren) und in stärkerer Verdünnung gearbeitet wird. Bei Anwesenheit größerer Nickelmengen fallen Spuren davon mit dem CuS aus. Da es in beiden Fällen umständlich ist, das unreine Schwefelkupfer nach derselben Methode umzufällen, empfiehlt sich hier ganz besonders die Auswaage nach 2c (S. 1184); die Elektrolyse bewirkt die erforderliche Trennung vollständig.

Unter den Sulfosalzbildnern spielen praktisch hier Arsen, Antimon, Zinn, Molybdän und Gold (Selen und Tellur s. S. 1208) eine Rolle. In größerer Menge treten nur die drei erstgenannten auf (Molybdän eventuell noch in Ofensauen). Zur Trennung ist die erwähnte Behandlung mit Alkalisulfid für technische Zwecke vollkommen ausreichend. In geeigneten Produkten kann auch der Schwefelschmelzaufschluß (S. 1208) unmittelbar angewandt werden.

Für die Trennung des Kupfers von den in Frage kommenden, in Schwefelalkalien unlöslichen Metallen der Schwefelwasserstoffgruppe mögen folgende Anhaltspunkte gegeben sein:

Quecksilber, soweit es nicht durch Rösten der Probesubstanz entfernt ist, verflüchtigt vollständig bei den Auswaagen a, b und c (S. 1183 u. 1184). Silber kann stets als AgCl vor der Kupferfällung abgeschieden werden. Blei in größeren Mengen wird immer zuvor als Sulfat entfernt, bei Auswaage a und b auf alle Fälle. Bei kleineren Mengen ist dies bei Auswaage c nicht erforderlich. Wismut muß entweder zuvor als basisches Salz oder mit Ammoniak abgeschieden, oder, wenn dies nicht angängig, in allen drei Auswägeformen nachträglich bestimmt und entsprechend in Abzug gebracht werden. Die sicherste Trennung von Cadmium erfolgt durch Auswaage c.

3. Die Fällung des Kupfers mit Acetylen.

Die Eigenschaft des Acetylens, in den wäßrigen Lösungen einiger Metallsalze unter geeigneten Bedingungen unlösliche Metallacetylenverbindungen auszufällen, ist zuerst von H. G. Söderbaum [Ber. Dtsch. Chem. Ges. **30**, 902 u. 3014 (1897)] für die quantitative Bestimmung des Kupfers aus seinen Cuprisalzen vorgeschlagen worden. H. Erdmann und O. Makowka [Ztschr. f. anal. Ch. **46**, 128 (1907)] haben die entsprechende quantitative Fällung aus den Cuprosalzen und die mögliche Trennung von anderen Metallen ausführlich bearbeitet. Sie soll gegenüber der ersteren im wesentlichen den Vorteil haben, daß das Cuproacetylen (in Alkalien und) in schwachen Säuren unlöslich, daher auch aus essig- oder weinsaurer Lösung fällbar, dagegen in Cyankalium löslich ist, so daß es daraus elektrolytisch reduzierbar ist. Praktisch hat sich die Anwendung des Acetylens an Stelle des Schwefelwasserstoffs nicht durchgesetzt, vornehmlich wohl deshalb, weil die vorliegenden literarischen Arbeiten für die Beurteilung des möglichen Einflusses anderer Metalle bzw. deren Verhaltens noch nicht ausreichend und nicht genügend nachgeprüft sind.

4. Die Fällung des Kupfers als Sulfür mit Natriumthiosulfat.

Aus einer kalten, sauren Kupfersulfat- oder -chloridlösung fällt Natriumthiosulfat ein Doppelsalz der Zusammensetzung $3\,Cu_2S_2O_3 + 2\,Na_2S_2O_3$. Beim Kochen der Lösung zersetzt sich der kupferhaltige Teil des Salzes zu Kupfersulfür und Schwefelsäure:

$$Cu_2S_2O_3 + H_2O = Cu_2S + H_2SO_4;$$

aus dem überschüssigen Natriumthiosulfat wird Schwefel frei, der anfänglich in der Lösung sehr fein verteilt ist, so daß eine milchige Trübung entsteht, die erst nach längerem Kochen verschwindet. Vortmann [Ztschr. f. anal. Ch. **20**, 416 (1881)] und Orlowski [Ztschr. f. anal. Ch. **21**, 215 (1882)] haben die Reaktion zuerst als Ersatz für Schwefelwasserstoff bei qualitativen Prüfungen benutzt, späterhin auch zur quantitativen Abscheidung des Kupfers empfohlen, das nach den Genannten als Cu_2S auszuwiegen war. Nissenson und Neumann [Chem.-Ztg. **19**, 1591 (1895)] haben die Methode dahin abgeändert, daß die Auswaage des Niederschlags als Kupferoxyd stattfindet gemäß dem vorstehenden Verfahren 2 b (S. 1184).

Die zu fällende Lösung soll salpetersäurefrei, schwefel- oder salzsauer sein, aber nicht zu starke Acidität zeigen, weil sonst zuviel Reagens zersetzt wird. Das ausfallende Kupfersulfür oxydiert im Gegensatz zu Kupfersulfid durch Luft nicht.

Die Ausführung der Methode ist grundsätzlich folgende:

Zu der zweckmäßigerweise auf etwa 500—800 ccm verdünnten, schwach schwefel- oder salzsauren Kupferlösung gebe man kalt soviel etwa 10%ige Natriumthiosulfatlösung, bis Entfärbung eingetreten ist; dann erhitzt man einige Minuten zum Sieden, wodurch der anfänglich gelbliche Niederschlag allmählich braunschwarz wird. Man prüfe, ob bei Zusatz von wenig Reagens noch schwarzer Niederschlag ausfällt (in der Siedehitze erscheint er sofort braunschwarz). Nach beendeter Fällung läßt man absitzen, kann sofort filtrieren und mit heißem Wasser gründlich auswaschen. Eine ins Filtrat durchtretende milchig-weiße

Trübung besteht aus reinem Schwefel und ist belanglos. Die Auswaage kann nach 2a, 2b oder 2c erfolgen; in Betriebslaboratorien wird meist von 2b Gebrauch gemacht (s. S. 1183 u. 1184).

Das ausgefällte Kupfersulfür kann leicht etwas Natriumsalz zurückhalten, besonders wenn in zu konzentrierter Lösung gefällt wurde. Dann ist die Auswaage nach 2c (S. 1184) angebracht, die auf alle Fälle die sicherste ist.

Weil die Methode sehr einfach und schnell zu handhaben ist, wendet man sie manchenorts gern in Verbindung mit der elektrolytischen Auswaage an, unter anderem z. B. bei besonders eisenreichen Kupfererzen oder -hüttenprodukten. Auch an Genauigkeit steht sie im übrigen der unmittelbar elektrolytischen nicht nach.

Einfluß anderer Metalle.

Schon Vortmann weist auf die in saurer Lösung vollständige Trennungsmöglichkeit vom Cadmium hin. Blei wird allgemein schon vorher (als Sulfat) abgeschieden. Wismut fällt mit aus, muß also vorher abgetrennt werden, oder wird in der Auswaage nachträglich bestimmt und entsprechend in Abzug gebracht. Arsen, Antimon und Zinn fallen zum Teil aus, besonders wenn reichlich lange gekocht wird, so daß die entstehende schweflige Säure verjagt wird. Bei Salpetersäureaufschlüssen der Probesubstanzen werden Zinn und Antimon zum weitaus größten Teil als unlösliche Oxyde abgeschieden, wobei man gerade beim Zinn auf quantitative Abscheidung hinwirken kann (s. Kupferlegierungen S. 1263). Kleinere Mengen von Arsen und Antimon werden beim Glühen des Kupfersulfürniederschlags nach 2a (S. 1183) oder 2b (S. 1184) verflüchtigt. Silber fällt ebenfalls aus, weshalb es stets zuvor als Chlorid entfernt wird. Bei Gegenwart von Nickel und Zink wähle man die Acidität etwas reichlicher.

5. Fällung des Kupfers mit Kaliumrhodanid.

Nach Rivot.

[C. r. d. l'Acad. des sciences **38**, 868 (1854). — Busse: Ztschr. f. anal. Ch. **17**, 53 (1878) und **30**, 122 (1902).]

Kalium- (oder Ammonium-) rhodanid fällen aus Cuprosalzen (Chloriden oder Sulfaten) Kupferrhodanür, einen fast weißen Niederschlag,

$$2\,CuSO_4 + 2\,KCNS + H_2SO_3 + H_2O = Cu_2\,(CNS)_2 + 2\,H_2SO_4 + K_2SO_4,$$

unter den nachstehend noch genauer gekennzeichneten Bedingungen quantitativ; an Stelle von Rhodankalium kann auch Rhodanammonium verwandt werden. Hampe [Chem.-Ztg. **17**, 1691 (1893)], der erkannte, daß bei der Fällung eine sehr große Zahl der das technische Kupfer begleitenden Metalle vollständig in Lösung bleibt, hat daraufhin eine Methode zur Untersuchung von Garkupfer ausgearbeitet, die auch heute noch vielfach angewandt wird.

Da die Fällung nur aus Cuprosalzen erfolgt, kommen ausschließlich schwefel- oder salzsaure Lösungen in Frage; oxydierend wirkende

Agenzien, wie freie Salpetersäure oder Chlor, dürfen nicht anwesend sein. Die Reduktion der normalerweise als Cuprisalze in die Analyse eintretenden Lösungen wird mit schwefliger Säure als wäßrige Lösung oder bei sehr viel Kupfer in Gasform, oder mit Natriumbisulfit (in nitrathaltigen Lösungen) vorgenommen. Kupferrhodanür, in größerem Überschuß des Fällungsmittels merklich löslich, ist in schwefligsäurehaltigem Wasser vollständig, in kaltem Wasser ausreichend unlöslich.

Die Handhabung des Verfahrens ist folgende: Die möglichst schwach saure, nur freie Schwefelsäure bzw. Salzsäure haltige Lösung wird mit schwefliger Säure im Überschuß versetzt und tropfenweise unter ständigem Rühren Rhodankalium oder Rhodanammoniumlösung [1] zugefügt, bis sich kein Niederschlag mehr bildet; der Reagensüberschuß soll möglichst gering sein. Die Innehaltung vorstehender Bedingungen wird erheblich erleichtert, wenn der ungefähre Kupfergehalt der Probesubstanz bekannt ist; dazu möge folgendes Anhalt bieten: 50 ccm frisch bereitete gesättigte schweflige Säure genügen für 0,5 g Kupfer [2]; von einer Reagenslösung, die 76,5 g KCNS im Liter enthält, genügt 1 ccm, um 0,05 g Kupfer zu fällen. Der Niederschlag sitzt in einigen Stunden in der Kälte ab. Man dekantiert dann über ein sehr dichtes Filter, im Gooch - Neubauer - Glas- oder Porzellanfiltertiegel (der Niederschlag klettert stark!), bringt den Niederschlag unter mehrfachem Dekantieren mit schwach schwefligsäurehaltigem Wasser aufs Filter und wäscht mit kaltem Wasser solange aus, bis Ferrichlorid im Waschwasser keine Rotfärbung mehr zeigt.

Fenner und Forschmann [Chem.-Ztg. 42, 205 (1916) u. Ztschr. f. anal. Ch. 58, 124 u. 163 (1919)] haben die Kupferrhodanürfällung einer sehr eingehenden und vielseitigen Nachprüfung unterzogen und haben die vorstehende Ausführungsform von Rivot wesentlich verbessert! Sie fällen das Kupferrhodanür in schwefelsaurer Sulfatlösung in der Siedehitze und führen den getrockneten Niederschlag in der Muffel zuerst unter schwachem Rösten in der Muffel bei reichlichem Luftzutritt und zuletzt durch Glühen bei 800—900° C in Kupferoxyd über, welches ausgewogen werden kann (s. unter c, S. 1189), und zwar in Mengen bis zu 1 g. Muß angenommen werden, daß das Kupferoxyd irgendwie verunreinigt ist, wird das Kupfer elektrolytisch ausgewogen (s. unter d, S. 1189). Sie fällen mit einer Rhodanammoniumlösung und weisen nach, daß selbst ein zwanzigfacher Überschuß von keinem Einfluß ist [3]. An schwefliger Säure oder Ammoniumsulfit oder -bisulfit wird kein großer Überschuß angewandt (was in der Siedehitze wohl auch nicht möglich ist!). Für sehr genaue Bestimmungen ist ein zweistündiges Absitzenlassen des

---

[1] Als gut haltbar erweisen sich Lösungen des Kalium- oder Ammoniumrhodanids mit gleichen Teilen der entsprechenden Sulfite.

[2] Sind noch andere durch schweflige Säure reduzierbare Metalle in Lösung, wie insbesondere Eisen, ist entsprechend mehr zu nehmen oder Schwefligsäuregas einzuleiten.

[3] Dies steht im Gegensatz zu den Mitteilungen aller anderen Autoren, mag aber in der Abweichung begründet sein, daß in der Siedehitze gefällt wird (K. Wagenmann).

Rhodanürniederschlages erforderlich; bei unmittelbarem Filtrieren ist der Verlust jedoch nur sehr gering und betrug z. B. bei Anwendung von 0,25 g Kupfer statt 5,000% berechnet 4,947 und gefunden 4,953%. Die Filtrate der Fällungen sind auf restliches Kupfer, der Niederschlag selber auf mitgerissene Verunreinigungen nachgeprüft worden.

a) Auswaage des Kupfers als Rhodanür.

Wird der Rhodanürniederschlag im zuvor tarierten Filter gesammelt, dann kann er durch Trocknen bei 105—110°C bis zum konstanten Gewicht auf die Zusammensetzung $Cu_2(CNS)_2$ (oder Cu CNS) mit 52,26 (log = 1,71817) % Cu gebracht werden. Nach F. P. Treadwell zersetzt sich die Verbindung erst oberhalb 180°C.

b) Auswaage des Kupfers als Sulfür.

Wird über Papierfilter oder im Porzellantiegel filtriert, dann kann der Niederschlag durch Glühen im reinen Wasserstoffstrom in Cu_2S übergeführt werden (s. 2a, S. 1183). Das Papierfilter muß vom Niederschlag getrennt verascht werden. Da die Auswaage nach 5a sehr lange dauert (bis 12 Stunden), wird das Überführen in Cu_2S vorgezogen.

c) Auswaage des Kupfers als Oxyd.

Fenner und Forschmann [Chem.-Ztg. 42, 205 (1918) u. Ztschr. f. anal. Ch. 58, 124 u. 163 (1919)] führen, wie oben angegeben, das Rhodanür in Kupferoxyd über; wenn dieses unrein sein kann, verwenden sie die elektrolytische Bestimmungsmethode.

d) Auswaage des Kupfers als Metall.

Aus den gleichen Gründen und mit demselben Erfolg, wie unter 2c (S. 1184) angeführt, kann auch der Kupferinhalt des Niederschlags elektrolytisch bestimmt werden, wozu er durch Glühen in Oxyd umgewandelt und in Salpetersäure gelöst wird. Man kann das Kupferrhodanür auch in warmer Salpetersäure unmittelbar lösen, mit wenig Schwefelsäure abrauchen (um die Rhodanwasserstoffsäure zu verjagen) und den Sulfatrückstand nach dem Aufnehmen mit Wasser in die erforderliche Elektrolytzusammensetzung bringen (s. „Elektroanalytische Methoden", Kupfer S. 931). Das völlige Verjagen des Rhodans ist erforderlich, da seine Gegenwart bei der Elektrolyse schwammiges Kupfer hervorruft.

Die Kupferrhodanürmethode wird als unmittelbare Bestimmungsmethode für Kupfer, abgesehen von besonderen Fällen (s. unten), in betriebstechnischen Laboratorien verhältnismäßig wenig angewandt. Hier ist sie neben der elektrolytischen, hauptsächlich Methode zur Abtrennung des Kupfers — auch in großen Mengen — von anderen Bestandteilen zur Bestimmung dieser. Aber auch als allgemeine Methode ist sie ausgezeichnet, wie als Trennungsmethode sehr beliebt, da sie als solche selbst für höchstprozentige Kupferprodukte bei großen Ansprüchen an Genauigkeit anwendbar ist, selbst in Gegenwart von Verunreinigungen, die auch bei der Elektrolyse störend wirken (Antimon, Zinn, unter Umständen Arsen). Auch als einzuschaltende Trennungsmethode für die colorimetrische Kupferbestimmung ist sie gut brauchbar.

Einfluß anderer Metalle.

Für die Rhodanürfällung des Kupfers zu dessen quantitativer Bestimmung, wie auch für die Anwendung der Methode als Abtrennungsmethode des Kupfers (meist in seinen hochprozentigen Produkten) von begleitenden Metallen zwecks deren Bestimmung ist folgendes zu berücksichtigen:

Die Edelmetalle fallen zum größten Teil aus; unter ihnen kommt in zu berücksichtigenden Mengen praktisch nur das Silber in Frage; es wird als Silberchlorid zuvor in bekannter Weise abgeschieden. Quecksilber muß ebenfalls vorher entfernt werden, was bei Erzen durch Rösten des Probematerials geschehen kann. Blei wird, da man in schwefelsaurer Lösung arbeitet, bei deren Herstellung als Sulfat zuvor abgeschieden. Selen und Tellur fallen durch die schweflige Säure teilweise mit aus. Nach W. W. Scott fällt Selen bei Anwesenheit größerer Mengen, zuweilen bei freier Schwefelsäure, immer wenn Salzsäure zugegen ist. Bei zu berücksichtigenden Gehalten trennt man Tellur zuvor auf alle Fälle ab. Bei gleichzeitiger Anwesenheit von Selen fällt auch dieses (s. Te- u. Se-Fällung, S. 1245 f.). Man prüfe die Niederschläge durch Veraschen auf Kupfer! Ist Selen allein anwesend, trennt K. Wagenmann nicht vorher ab, fällt den Niederschlag wie üblich und wiegt aus nach 5d (S. 1189), wobei das geglühte Kupferoxyd durch Schmelzen mit wenig entwässertem Kaliumbisulfat im Porzellantiegel bis zu mittlerer Rotglut von den letzten Spuren Selen befreit wird. Die Schmelze wird unmittelbar gelöst und nach Zusatz von Ammonnitrat elektrolysiert (s. S. 1208). Ebenfalls nach W. W. Scott soll bei Gegenwart von viel Arsen die Fällung in einer Lösung vorgenommen werden, die nur freie Salzsäure als freie Säure enthält.

Nach Fenner und Forschmann [Chem.-Ztg. 42, 205 (1918) u. Ztschr. f. anal. Ch. 58, 124 u. 163 (1919)] sind Antimon und Zinn nicht schädlich, wenn zugleich etwas Blei zugegen ist. Sollte Blei fehlen, setzt man etwas hinzu, wodurch Antimon und Zinn mit dem Bleisulfat ausfallen, oder man bestimmt das Kupfer im Kupferrhodanür elektrolytisch. Von den im übrigen technisch in Betracht kommenden Metallen, Wismut, Cadmium, Arsen, Antimon, Zinn, Nickel, Kobalt, Eisen, Mangan und Zink, ist eine unmittelbare Trennung gegeben.

D. J. Demorest [Journ. Ind. and Engin. Chem. 5, 216 (1915); Chem.-Ztg. Repert. 37, 308 (1913)] empfiehlt die Kupferrhodanürfällung als Ersatz für die langwierigere Trennung des Kupfersulfids von den mitgefällten Sulfiden des Wismuts, Arsens und Antimons aus Erzlösungen in schwach schwefelsaurer, ammonsulfat- und tartrathaltiger, mit Natriumsulfit versetzter Lösung. Der Niederschlag wird dann mit weinsäurehaltiger, 1%iger Rhodankaliumlösung ausgewaschen und zu Kupferoxyd verglüht; das Kupfer ist darin elektrolytisch zu bestimmen.

Die Rhodanürmethode als Abtrennungsmethode für Kupfer. Unter Berücksichtigung des vorangehenden Abschnittes ist die Methode als

Abtrennungsmethode von den bezeichneten Metallen sehr gut zu verwenden (vgl. auch S. 1190).

Man zerstört im Filtrat das überschüssige Rhodansalz durch Erhitzen mit Salpetersäure und Abrauchen mit Schwefelsäure; man läßt den Salzrückstand nicht vollständig trocken werden. Nach dem Aufnehmen mit Wasser können die Metalle nach geeigneten Methoden bestimmt werden. Dafür einige Beispiele:

Bei der Messinganalyse kann für betriebstechnische Zwecke das im Filtrat enthaltene Zink mit Natriumcarbonat gefällt und in bekannter Weise als Oxyd ausgewogen werden.

Bei reinen Kupfer-Nickellegierungen kann man im Filtrat Nickel und Kobalt durch Natronlauge unter Zusatz von Brom (Abwesenheit von Ammonsalzen!) als Sesquioxyde ausfällen; man wäscht aus, löst die Oxyde in heißer, verdünnter Schwefelsäure unter Zusatz von schwefliger Säure, dampft ein, übersättigt mit Ammoniak und fällt Nickel und Kobalt zusammen elektrolytisch (s. Kapitel „Elektroanalytische Methoden", Nickel S. 953).

Bei der Analyse des Neusilbers (Cu-Zn-Ni) kann man in der Weise verfahren, daß man aus der anfallenden Zink-Nickelsulfat-Lösung das Zink mit Schwefelwasserstoff nach Schneider-Finkener (s. Kapitel „Zink" S. 1701) fällt und als ZnS oder ZnO auswiegt, aus dem eingedampften Filtrat aber das Nickel (+ Kobalt) elektrolytisch bestimmt (s. S. 959).

C. Maßanalytische Methoden.

Von den etwa anderthalb Dutzend seither in der Literatur in Vorschlag gebrachten (vgl. u. a. A. Rüdisüle: „Nachweis, Bestimmung und Trennung der chemischen Elemente", Bd. 3, Kupfer. Bern 1914) maßanalytischen Bestimmungsweisen für Kupfer haben sich in der metallanalytischen Praxis nur die drei folgenden einbürgern können. Als maßanalytische Methoden sollen sie eine Vereinfachung und damit Arbeitsersparnis und besonders eine Beschleunigung gegenüber anderen Methoden bringen, wie es vornehmlich bei betriebstechnischen Untersuchungen allgemein erwünscht ist. In einer ansehnlichen Zahl von Fällen erfüllen sie auch tatsächlich diese Bedingungen, ohne daß die Genauigkeit für genannten Zweck auch nur im geringsten zu wünschen übrig läßt. In günstig gearteten Fällen kann die jodometrische Methode die Genauigkeit der elektrolytischen Bestimmungsmethoden erreichen. Sie seien daher dem einschlägigen Betriebschemiker empfohlen, soweit er Zusammensetzung und Verhalten seiner Produkte genau kennt, unter anderem insbesondere für schnell auszuführende Serienbestimmungen, wozu in großen Werkslaboratorien die für die entsprechende Zahl Elektrolysen erforderliche Menge an Platinelektroden nebst Stativen nicht aufzubringen oder lohnend ist [1].

---

[1] Der Chemiker-Fachausschuß der Gesellschaft Deutscher Metallhütten- und Bergleute hat die Anwendung einer maßanalytischen Kupferbestimmungsmethode für schiedsanalytische oder kontradiktorische Zwecke abgelehnt.

1. Die Jodidmethode.

Überschüssiges Alkalijodid fällt aus Cuprisalzlösungen Kupferjodür aus, wobei auf 1 Atom Kupfer 1 Atom Jod frei wird, das sich im überschüssigen Jodkalium löst:

$$2\,CuSO_4 + 4\,KJ = Cu_2J_2 + 2\,K_2SO_4 + J_2 \text{ bzw.}$$
$$2\,Cu(CH_3COO)_2 + 4\,KJ = Cu_2J_2 + 4\,CH_3COOK + J_2.$$

Kupferjodür ist in Jodkaliumlösung etwas löslich, in Gegenwart von Essigsäure dagegen unlöslich. Nach Gooch und Heath [Ztschr. f. anorg. u. allg. Ch. **55**, 129 (1907)] darf in 100 ccm zu titrierender Lösung bis zu 3 ccm konzentrierte Schwefelsäure, Salzsäure, stickoxydfreie Salpetersäure oder 25 ccm 50%ige Essigsäure enthalten sein. Es ist aber zweckmäßig, die Mineralsäuren an Alkalien zu binden und die Fällung nur bei freier Essigsäure vorzunehmen. Das freiwerdende Jod kann unmittelbar durch Titration mit Natriumthiosulfat bestimmt werden (Low, s. S. 1194).

Jodalkalien (unter Freiwerden von Jod) zersetzende Substanzen dürfen natürlich nicht zugegen sein (s. unten).

Grundsätzlich ist also in der Weise zu verfahren, daß die Kupferlösung mit einem geringen Überschuß von Jodkalium unmittelbar in Krystallform oder in 50%iger Lösung versetzt und das in der Lösung enthaltene freigewordene Jod mit Natriumthiosulfat titriert wird. Da bekanntlich das Verschwinden der Blaufärbung der Stärke nicht so genau festzustellen ist wie das Auftreten derselben, wird das Ergebnis genauer, wenn man zunächst mit einem Überschuß an Thiosulfat titriert und dann denselben mit einer gleichnormalen Jodlösung zurücktitriert. Dies ist auf alle Fälle notwendig, wenn außer Kupfer noch Metalljodide vorliegen, die infolge größerer oder geringerer Löslichkeit eine Gelbfärbung der zu titrierenden Lösung verursachen, wie insbesondere Wismut.

$^1/_{10}$ n-Natriumthiosulfatlösung enthält 24,82 g $Na_2S_2O_3 \cdot 5\,H_2O$, wovon 1 ccm 0,006357 g Kupfer entspricht; 19 g Natriumthiosulfat im Liter aufgelöst zeigen je 1 ccm rund 5 mg Kupfer. Für niedrige Kupferkonzentrationen kann man stärkere Verdünnung der Titerlösung wählen, wie etwa 3,92 g Thiosulfat im Liter, so daß 1 ccm davon 1 mg Kupfer zeigt. Die im Falle der Rücktitration erforderliche Jodlösung ist entsprechend einzustellen.

Zur Herstellung der Thiosulfatlösung werden die obigen Natriumthiosulfatmengen in Form reinen krystallisierten Salzes in destilliertem, durch zuvoriges Kochen von Luft und Kohlensäure befreitem Wasser kalt gelöst und zum Liter aufgefüllt. Sie kann sofort angewandt werden, doch ändert sich der Titer selbst beim Aufbewahren in gut verschlossener Flasche in den ersten Wochen um ein geringes, bleibt danach aber konstant (s. Bd. I, S. 379).

1 g Kupfer benötigt 5,22 g Jodkalium; für 1 g Einwaage an Probesubstanz genügen also bei Produkten bis 50% Kupfer 3 g, bei reicheren 5 g Jodkalium. Der Verbrauch an diesem teuren Reagens ist also ein

verhältnismäßig hoher, so daß man in Laboratorien, welche die Jodid-methode reichlich anwenden, aus den gesammelten titrierten Lösungen alles Jod durch Zusatz von Kupfersulfatlösung und schwefliger Säure als Kupferjodür ausfällt. Aus diesem kann das Jodkalium zurück-gewonnen werden (s. S. 1227 u. Bd. I, S. 372).

Die beste, weil unmittelbare Titerstellung geschieht durch Anwendung der Methode auf reines Kupfer, wozu man Elektrolyt-kupfer nimmt. Zur Titerstellung der Thiosulfat-Lösung löst man 0,2 g Kupferspäne in einem 200 ccm Erlenmeyerkolben in 5 ccm Salpetersäure (spez. Gew. 1,2) auf (s. Lösevorrichtung Abb. 1, S. 1175), verdünnt mit 25 ccm Wasser und kocht einige Minuten, um den größten Teil der Stickoxyde zu verjagen; ihre vollständige Zerstörung geschieht durch weiteres Aufkochen nach Zusatz von 5 ccm starkem Bromwasser. Zum Binden der freien Mineralsäure übersättigt man nach dem Ab-kühlen mit Ammoniak und verjagt den Überschuß größtenteils durch nochmaliges Kochen. Nun säuert man mit starker Essigsäure an und erhitzt zum Sieden, falls basische Salze sich nicht sofort lösen. Die kalte Lösung verdünnt man mit 40 ccm Wasser, setzt 3 g krystalli-siertes Jodkalium oder 6 ccm einer 50%igen Lösung zu, schüttelt gut um und titriert sofort mit obiger Thiosulfatlösung. Aus der verbrauchten Zahl Kubikzentimeter ergibt sich unmittelbar der Titer. Für sehr genaue Bestimmungen ist die Titerstellung der Titrationsweise der Probe bezüglich aller Bedingungen anzupassen, also auch hinsichtlich der oben erwähnten Rücktitration, bei der man bekanntlich erst die Natriumthiosulfatlösung bis zum Verschwinden der Jodfarbe, weiter-hin noch etwas mehr zugibt, den Gesamtverbrauch feststellt, dann erst die Stärkelösung zufügt und mit einer gegen die Titerlösung ein-gestellten Jodlösung bis zur auftretenden Blaufärbung zurücktitriert.

Die Stärkelösung muß einwandfrei sein; über deren Herstellung siehe Bd. I, S. 367.

Die älteste Form der Methode — Titration in neutraler oder schwefel-saurer Lösung — stammt von de Haën [Ann. Chem. u. Pharmaz. 91, 237 (1854); Journ. f. prakt. Ch. 64, 36 (1855)]. Sie wurde zuerst in den Vereinigten Staaten für den Erzhandel angewandt, und zwar in der von Low (Laboratorium von Schulz und Low in Denver: Technical Methods of Ore Analysis, p. 77. New York 1905[1]) angegebenen Ab-änderung: Titration in essigsaurer Lösung.

Die beiden Methoden erfordern die zuvorige Abtrennung des meist vorhandenen Eisens oder des Kupfers, weshalb es außerordentliche Ver-einfachung bedeutete, daß nach Fraser [Chem. Zentralblatt 1915 II, 245; Chem.-Ztg. 40, 818 (1916)] der störende Einfluß des Eisens durch Zusatz von Alkalifluorid kompensiert, nach Ley [Chem.-Ztg. 41, 763 (1917)]

---

[1] Die Veröffentlichung entspricht der endgültigen Fassung, also der heute üblichen Arbeitsweise nach Low; vorangehen andere Abhandlungen Lows, die das Grundsätzliche schon angeben [Berg- u. Hüttenm. Ztg. 54, 174 (1895) u. Chem. Zentralblatt 1895 II, 64; Journ. Amer. Chem. Soc. 18, 457 (1896) u. Chem. Zentral-blatt 1896 II, 64].

das Eisen als in Essigsäure unlösliches Ferriphosphat vor der Titration abgeschieden werden kann.

Einige Anwendungsbeispiele mögen die Unterschiedlichkeit der drei letztgenannten Methoden[1] noch deutlicher zeigen. Für Erze verfährt A. H. Low[2] folgendermaßen:

1 g der fein pulverisierten Probesubstanz wird mit geeignetem Lösungsmittel im 250-ccm-Erlenmeyerkolben aufgeschlossen und zuletzt mit 10 ccm konzentrierter Schwefelsäure bis zum Rauchen abgedampft. Den erkalteten breiigen Rückstand nimmt man mit etwa 30 ccm Wasser auf und erhitzt zum Sieden bis sich alles Ferrisulfat gelöst hat, so daß also auch alles Kupfer in Lösung ist. Man filtriert das Unlösliche (Gangart, Bleisulfat und wenig geballter, gelber Schwefel) in ein hohes aber schmales Becherglas (amerik. Form: 3 Zoll Durchmesser). Filtrat und Waschwasser sollen nicht mehr als 75 ccm ausmachen. Nun führt man einen zum Dreieck gebogenen Streifen kupferfreies Aluminiumblech (etwa 4—5″ × 1″) in die zu zementierende Lösung ein, deckt das Becherglas mit einem Uhrglas ab und siedet 7—10 Minuten. In verdünnteren Lösungen dauert die quantitative Fällung des Kupfers länger. Das nunmehr erforderliche Trennen des Kupfers von der Lösung und dem restlichen Aluminium ist möglichst schnell vorzunehmen, um Verluste durch Rücklösen praktisch völlig auszuschließen. Man gießt die Lösung mit möglichst viel des gefällten Kupfers in den zuerst benutzten Kolben unter Abspritzen des Aluminiumstreifens mit Wasser, dekantiert den Kolbeninhalt über ein kleines Filter, wäscht dreimal mit heißem Wasser, dem einige Kubikzentimeter Schwefelwasserstoff zugesetzt sind, nach, um eine Oxydation des Kupfers zu verhindern. Den Filterinhalt löst man mit 3—4 ccm starker, warmer Salpetersäure in das Becherglas zurück und wäscht mit wenig heißem Wasser nach. Die saure Lösung, die auch das am Aluminium noch haftende Kupfer gelöst hat, spült man in den Kolben zur Hauptmenge des Fällkupfers zurück. Nunmehr erhitzt man zum vollständigen Lösen des Kupfers und zum Verjagen der nitrosen Dämpfe, setzt 5 ccm starkes Bromwasser hinzu, um etwa ausgefälltes Arsen zu Arsensäure zu oxydieren und kocht bis auf 1—2 ccm ein, wobei sich jedoch keine basischen Kupfersalze ausscheiden dürfen (wenn doch, kocht man nochmals mit wenig Salpetersäure) und titriert dann mit Thiosulfat wie bei der Titerstellung angegeben.

Die außerordentliche Abkürzung, die A. Fraser [Chem. Zentralblatt **1915 II**, 245; Chem.-Ztg. **40**, 818 (1916)] vorschlägt, besteht darin, daß er das Kupfer nicht vom Eisen abtrennt, sondern die störende Wirkung der Ferrisalze aufhebt, indem er das Ferrisulfat durch Zusatz einer entsprechenden Menge Natriumfluorid in das entsprechende Doppelsalz umwandelt, wodurch keine Jodabscheidung mehr aus Alkalijodiden erfolgt (Komplexsalzbildung und -wirkung).

---

[1] Die de Haënsche Methode einschließlich anderer der hier genannten Abänderungsvorschläge ist heute nicht mehr in Anwendung.

[2] Siehe auch A. Classen: Theorie und Praxis der Maßanalyse S. 586 f. Leipzig 1912.

Man kann also folgendermaßen verfahren: Ein eisenhaltiges Kupfer-erz (Kupferkies, Buntkupfererz oder kupferhaltiger Pyrit) oder ein Kupferhüttenprodukt (Rohstein oder Schlacke) schließt man je nach Kupfergehalt in Mengen von 0,5—5 g im jeweils geeigneten Lösungsmittel vollständig auf und dampft zuletzt nach Zusatz von etwa 10 ccm konzentrierter Schwefelsäure bis zum kräftigen Rauchen ab. Nach dem Erkalten des nicht völlig trocken gewordenen Rück-standes verdünnt man mit 50 ccm Wasser und kocht bis zum vollständigen Lösen des Ferrisulfats. Man dekantiert über ein kleines Filter in einen Erlen-meyerkolben oder in ein Becherglas und wäscht dreimal mit möglichst wenig Wasser nach. (Etwa ausgeschiedener Schwefel muß zurück-gehalten werden.) Die im Filtrat enthaltene freie Schwefelsäure wird durch Zugabe einer entsprechenden Menge Natriumacetat gebunden, wonach unter Bewegen der Flüssigkeit soviel einer $5^0/_0$igen Natrium-fluoridlösung zugesetzt wird, bis die durch das Natriumacetat ver-ursachte blutrote Färbung der Lösung vollständig verschwunden ist. Die Lösung kann nach Zusatz von Jodkalium in der oben beschriebenen Weise mit Thiosulfat titriert werden.

Nach Pufahl (dieses Werk, 7. Aufl., Bd. II, S. 338) gibt diese „Schnellmethode vorzügliche Resultate, besonders im Vergleich mit den Methoden, bei denen das Eisen aus der Lösung vorerst durch Fällung mit Ammoniak beseitigt wird, da der Eisenhydroxydniederschlag, selbst bei Wiederholung der Fällung, Kupferhydroxyd einschließt. Sie eignet sich ferner für die Cu-Bestimmung in eisenhaltigen (Deltametall, Muntz-metall usw.) oder durch Eisen verunreinigten Legierungen".

Wie oben schon angedeutet, vermeidet H. Ley die immerhin ver-zögernde Kupferzementation mit Aluminium, indem er das Eisen als Ferriphosphat niederschlägt, welches in Essigsäure unlöslich ist. Diese Maßnahme ist begreiflicherweise nur dann möglich, wenn nicht zu hohe Eisengehalte in der Probesubstanz vorliegen, andernfalls nennenswerte Mengen Kupfer im Phosphatniederschlag zurückgehalten werden. Sie ist also nur für eisenarme Erze, Hüttenprodukte (Konzentrations-steine u. a.) und Legierungen zu gebrauchen.

Man verfährt bezüglich Auflösen genau wie oben, neutralisiert die etwa 100 ccm betragende Sulfatlösung mit Natronlauge und setzt 5 ccm einer $10^0/_0$igen Dinatriumphosphatlösung zu, wodurch Cupri- und Ferriphosphat gefällt werden. Ein Zusatz von 5—10 ccm $50^0/_0$iger Essigsäure bewirkt Auflösen des Cupriphosphats, während Ferriphosphat ungelöst bleibt. Danach wird die Lösung nach der Jodidmethode be-handelt.

Die Lowsche Methode ist inzwischen so reichlich mit bestem Erfolg angewandt — besonders in Amerika —, daß an ihrer Zuverlässigkeit und großen Genauigkeit nicht mehr zu zweifeln ist. Die Methode nach Fraser, die noch schneller durchführbar ist, wird von Pufahl als vorzüglich genau bezeichnet. Der Genauigkeitsgrad der Leyschen Methode ist noch nicht belegt, dürfte aber für normale rein betriebs-technische Untersuchungen ausreichen.

Einfluß anderer Metalle.

Allgemein ist Voraussetzung, daß die mit Jodkalium zu versetzende Lösung keine Bestandteile enthalten darf, die Jod aus Jodkalium abspalten.

Eisen muß bei der Lowschen Methode zuvor entfernt werden (was durch die Zementation des Kupfers erreicht wird); bei der Fraserschen Methode wird sein störender Einfluß durch Zugabe von Alkalifluorid aufgehoben; bei der Leyschen Methode darf nur wenig Eisen im Ausgangsmaterial sein. Arsen stört als Arsensäure nicht, weshalb Trioxyd durch Oxydation in solche übergeführt wird. Selen stört und muß bei Gegenwart zu berücksichtigender Mengen vorher abgetrennt werden; Quecksilber, Blei und Silber fallen als Jodide und verursachen entsprechend vermehrten Jodverbrauch, stören aber nur durch die Farbe ihrer Niederschläge; durchweg sind sie anderseits leicht in bekannter Weise vorher zu entfernen. Schon geringe Mengen Wismut bewirken eine Gelbfärbung der Lösung (als lösliches Wismut-Kaliumjodid); es stört aber nicht, wenn wie oben angegeben mit Jod zurücktitriert wird. Bezüglich des Einflusses des Antimons stehen sich die amerikanischen und europäischen Literaturangaben entgegen. Nach den ersteren stört Antimon.

Für die Methode nach Fraser ist amerikanischerseits (s. W. W. Scott: „Standard methods of chemical analysis", p. 193) festgestellt, daß Ag, As, Bi, Cd, Fe, Hg, Mn, Mo, Ni, Co, Pb, Sn, U und Zn nicht stören; Chrom bildet ein unlösliches Sulfat, das Kupfer zurückhält; Vanadium stört.

2. Cyankaliummethode.

Die von Parkes [Mining Journ. 1851. — Balling: Probierkunde 1798, 274; dort auch Tabellen zur Gehaltsberechnung. — Steinbeck: Ztschr. f. anal. Ch. 8, 8 (1869)] begründete Methode benutzt die Umsetzung des Cyankaliums mit ammoniakalischen Cuprisalzlösungen zu Kalium-Kupfercyanür, z. B.:

$$2\,[Cu(NH_3)_4](NO_3)_2 + 5\,KCN + H_2O = 2\,[CuCN \cdot KCN] + KCNO + \\ + 2\,KNO_3 + 2\,NH_4NO_3 + 6\,NH_3.$$

Da das entstehende Cyan-Komplexsalz farblos ist, ist das Ende der Reaktion am Verschwinden der intensiven Blaufärbung der Kupferoxyd-Ammoniaksalze zu erkennen. Die Reaktion verläuft aber unter von obiger Gleichung abweichenden Mengenverhältnissen, wenn Ammoniak-, hauptsächlich Ammonsalz-Konzentrationen oder Temperatur sich ändern. Für ein und dieselbe Kupfermenge wird der Cyankaliumverbrauch nur der gleiche, wenn die oben gekennzeichneten Bedingungen praktisch dieselben sind. Daraus folgt ohne weiteres, daß Titerstellung und Titrationen unter den gleichen Bedingungen vorzunehmen sind.

Grundsätzlich verfährt man also in der Weise, daß man das Kupfer der Probesubstanz in eine ammoniakalische Cuprisalzlösung überführt (zu berücksichtigende Verunreinigungen siehe am Schluß dieses Abschnittes, S. 1198) und mit Cyankaliumlösung bis zur Entfärbung titriert; der Kupfertiter muß unter genau gleichen Bedingungen festgestellt werden.

W. W. Scott („Standard methods of chemical analysis", p. 194) und W. G. Derby beziehen sich auf einige literarische Angaben (Sutton: Volumetric Analysis. J. J. und C. Beringer: Chem. News **49**, 3 u. a.), indem sie darauf hinweisen, daß das Erkennen des Endpunktes der Titration bei Gegenwart von Eisenhydroxyd, das wegen seines hartnäckigen Zurückhaltens von Kupfersalzen nicht abfiltriert werden soll, durch das Dunklerwerden des Niederschlages, der also gewissermaßen als Indicator wirkt, unterstützt wird; dann muß aber auch bei der Titerstellung Eisenlösung zugesetzt werden.

Die erforderliche Cyankaliumlösung stellt man sich durch Auflösen von 20 g reinem Cyankalium in 1 Liter Wasser her. Zur Titerstellung löst man 0,1—0,2 g reines (Elektrolyt-) Kupfer in einem kleinen Erlenmeyerkolben in 5 ccm Salpetersäure (spez. Gew. 1,2) unter Erwärmen auf, erwärmt bis die Stickoxyde ausgetrieben sind, neutralisiert mit Ammoniak, gibt weitere 10 ccm davon (spez. Gew. 0,9) zu, verdünnt mit 50 ccm Wasser, kühlt auf Zimmertemperatur ab und läßt unter gutem Bewegen der Flüssigkeit von obiger Cyankaliumlösung aus der Bürette soviel zufließen, bis die Lösung im Kolben nur noch ganz schwach violett erscheint; nach einer Minute Stehenlassen ist vollständige Entfärbung eingetreten. Da es sich empfiehlt, die Titerstellung auch der jeweilig in der Probe enthaltenen Kupfermenge anzupassen [vgl. Steinbeck: Ztschr. f. anal. Ch. **8**, 8 (1869)], stellt man sich eine größere Menge reiner Kupferlösung von etwa 1—2 g Cu im Liter her, die unter Verschluß aufbewahrt wird und der man zu den Titerstellungen vermittels Pipette ein annähernd erforderliches, abgemessenes Volumen entnimmt. Titrierte Kupfermenge dividiert durch die verbrauchte Anzahl Kubikzentimeter Cyankaliumlösung ergibt den Kupfertiter derselben unter den gewählten Bedingungen.

Folgendes Beispiel möge die Anwendung der Methode zeigen:

Den Kupferinhalt eines bezüglich seiner Bestandteile geeigneten Kupfererzes oder -hüttenproduktes bringt man, wie bei den voranstehenden Methoden beschrieben, quantitativ in schwefelsaure Lösung, und zwar mit einer Einwaage an Probematerial, aus der etwa 0,5—1 g Kupfer erfolgen. Die auf 200 ccm verdünnte Lösung wird mit 30 ccm Ammoniak (spez. Gew. 0,9) versetzt, bis zum Zusammenballen des Eisenhydroxydniederschlages erwärmt und in einen 500-ccm-Meßkolben unter Nachwaschen mit schwach ammoniakalischem Wasser filtriert. Das Eisenhydroxyd wird nach dem Auflösen in möglichst wenig heißer, verdünnter Schwefelsäure gelöst und in gleicher Weise nochmals gefällt. Die im Meßkolben vereinigten, mit weiteren 30 ccm Ammoniak versetzten Filtrate sind auf Zimmertemperatur abzukühlen; nach dem Auffüllen zur Marke und gründlichem Durchmischen des Kolbeninhaltes entnehme man 100 ccm in einen Erlenmeyerkolben oder eine geräumige Porzellanschale und titriere mit Cyankaliumlösung (wie unter Titerstellung, oben angegeben), deren Titer unter den gleichen Bedingungen — betreffend Kupfermenge (annähernd), Ammonsalz- und Ammoniakgehalt — gestellt wurde. Die Ausführungsweise hat den Nachteil, daß auch das ein zweites Mal gefällte Eisenhydroxyd noch nennenswerte Kupfermengen zurückhält[1], die natürlich um so beträchtlicher werden, je größer der Eisengehalt ist. Bei niedrigem Eisengehalt dürfte es daher zweckmäßig sein, das Eisen nicht abzutrennen — man hält damit auch die nur schwer genauer zu erfassenden Ammonsulfatmengen fern —, sondern nach amerikanischem Vorbild in Gegenwart des Eisenniederschlages zu titrieren. Bei größeren Eisengehalten muß man obigen Fehler (er ist nicht konstant!) in Kauf nehmen oder die Titration erst auf das zuvor quantitativ zementierte Kupfer (schwedische Probe oder nach Low) anwenden. Im letzteren Falle ist aber die jodometrische Bestimmungsmethode vorzuziehen, weil sie für jede Kupfermenge brauchbar, ebenso einfach, aber noch genauer ist und durch Verunreinigungen des Fällkupfers noch weniger beeinflußt wird.

A. H. Low (Technical Methods of Ore Analysis, Chem. Soc. **17**, 346; oder F. P. Treadwell: Analytische Chemie, Bd. 2, S. 630/631. Leipzig 1927) schaltet die Fällung des Kupfers als Metall gemäß der von ihm ausgearbeiteten Methode mit metallischem Aluminium vor (s. auch vorstehendes Beispiel bei der Jodidmethode).

Über Verläßlichkeit und Genauigkeit der Titration des Kupfers mit Cyankalium gehen die Ansichten im Schrifttum sehr auseinander. In amerikanischen Werken ist sie viel in Anwendung, weil sie außerordentlich einfach ist; bei Serienbestimmungen im dortigen Ausmaß wird auch sicherlich der gegenüber der Jodidmethode geringere Kostenaufwand mitsprechen. Bei Erzen von qualitativ besonders geeigneter und dem Analytiker bekannter Zusammensetzung ist die Methode für betriebstechnische Zwecke sicherlich völlig ausreichend; den Genauigkeitsgrad der jodometrischen Bestimmung kann sie kaum erreichen, was schon darin zum Ausdruck kommt, daß die Bedingungen bei Titration und Titerstellung in so vielen Punkten gleich gestaltet werden müssen mit Rücksicht auf den veränderlichen Ablauf der zugrunde liegenden Reaktion. Hinzu kommt, daß das Erkennen des Endpunktes der Titration einige Übung erfordert. Die blaue Farbe geht selbst bei den reinsten Kupferlösungen vor einigen letzten Zehnteln Kubikzentimeter Maßflüssigkeit ziemlich schnell in ein sehr zartes Violett über, dessen letzte Spuren noch einiges Cyankalium verbrauchen und auch nur langsam verschwinden. Besonders geeignet ist die Methode für Erze, Kupfersteine und unreines Fällkupfer.

Einfluß anderer Metalle.

Diesbezüglich sind viele Untersuchungen angestellt worden, die aber zu mehr voneinander abweichenden Ergebnissen führten als es sonst der Fall ist [s. u. a. Rüdisüle: „Nachweis Bestimmung und Trennung der chemischen Elemente", Bd. 3, S. 80. Bern 1914 und Thoms: Chem. News **33**, 152 (1876)]. Auch dies mag zum großen

---

[1] Unter anderem betont besonders Pufahl (dieses Werk, 7. Aufl., Bd. II, S. 340) den Kupferverlust durch die Eisenabtrennung mit Ammoniak, indem er die Befunde derartig ausgeführter Kupferbestimmungen mit elektrolytisch oder nach der schwedischen Probe festgestellten vergleicht.

Teil daran liegen, daß es schwer ist, den Fehler verursachenden Einfluß verhältnismäßig geringfügiger Änderungen der übrigen Bedingungen genügend vollständig ausschalten zu können.

Als sichergestellt kann heute folgendes gelten:

Silber, Blei und Quecksilber sind vorher abzutrennen; Cadmium, Nickel, Kobalt, Zink und Mangan stören und sind nach geeigneten Methoden abzutrennen. Über Eisen siehe oben, S. 1197. Arsen und Antimon dürfen in nur geringen Mengen (etwa bis 0,5%) im Probematerial enthalten sein. Chrom stört das Erkennen des Endpunktes der Titration. Fallen alkalische Erden infolge eines Carbonatgehaltes des Cyankaliums während der Titration als feine Trübung aus, so filtriert man zweckmäßig kurz vor dem Verschwinden der blauen Farbe und titriert dann das Filtrat zu Ende.

3. Titration mit Rhodanammonium.

Die von Volhard [Ann. Chem. 190, 251 (1877) u. Ztschr. f. anal. Ch. 18, 285 (1879)] angegebene Methode benutzt die unter I 5 gekennzeichnete quantitative Reaktion (S. 1187), der Kupferrhodanürfällung aus Cuprisalzlösungen in Gegenwart von schwefliger Säure durch eine abgemessene Menge Rhodanammonlösung bekannten Titers in der Hitze. Der aufzuwendende Überschuß an Fällungsmittel wird in der abgekühlten Lösung mit eingestellter Silbernitratlösung bei Gegenwart von Salpetersäure und Ferrisulfat als Indicator zurückgemessen.

Titerlösungen: 7,5—8 g reines Ammoniumrhodanid (oder 10 g des Kaliumsalzes) löse man in Wasser und fülle zum Liter auf. Zur Herstellung der erforderlichen Silberlösung löst man 10,8 g chemisch reines Silber (geschmolzenes Elektrolytsilber ist 999,5—999,8 fein) in 200 ccm verdünnter Salpetersäure (spez. Gew. 1,2), verjagt die nitrosen Dämpfe durch kurzes Sieden, kühlt ab, führt die Lösung in einen 1-Liter-kolben über und füllt mit Wasser zur Marke auf. Rhodanlösung und Silbernitratlösung werden gegeneinander eingestellt, wozu man 50 ccm Silbernitratlösung abmißt, auf etwa 150 ccm verdünnt und 5 ccm einer kalt gesättigten Eisenammoniakalaunlösung zusetzt. Man titriert nun mit der Rhodanlösung bis zur bleibenden Eisenrhodanidfärbung. Die wie oben hergestellte Rhodanlösung ist etwas stärker als $^1/_{10}$ n. Für Serienbestimmungen wird man sie nach Maßgabe der vorgenommenen Einstellung gegen die $^1/_{10}$ n-Silberlösung durch Verdünnen ebenfalls auf $^1/_{10}$ n bringen. Da 1 Atom Silber gemäß den zugrunde liegenden Reaktionen 1 Atom Kupfer entspricht, ergibt sich der Kupfertiter aus dem Silbertiter durch Multiplikation des letzteren mit $\frac{63,57}{107,8} = 0,589$ (log = 0,77012—1).

Die Methode wird folgendermaßen gehandhabt: Da die Kupferfällung in möglichst neutraler salpeter- oder schwefelsaurer Lösung vorzunehmen ist, sind aus den Probelösungen größere Mengen freie Säure abzudampfen; kleine Mengen kann man durch Natriumcarbonat bis zum Auftreten basischer Kupfersalze abstumpfen, die man mit etwas schwefliger Säure wieder in Lösung bringt. Auf etwa 0,5 g Kupfer gibt man weitere 50 ccm gesättigte, wäßrige schweflige Säure zu, verdünnt auf etwa 250 ccm Volumen, erhitzt zum Sieden und läßt von der eingestellten Rhodanlösung aus der Bürette einen mäßigen Überschuß zufließen. Nach dem Abkühlen auf Zimmertemperatur spült man die Probe samt Kupferniederschlag in einen 500-ccm-Meßkolben über, füllt zur Marke auf, schüttelt gut durch, läßt die Hauptmenge Niederschlag absitzen und filtriert mehr als 100 ccm durch ein trockenes Filter in ein trockenes Becherglas. 100 ccm des Filtrats versetzt man mit 5 ccm kalt gesättigter Eisenammoniakalaunlösung und nur wenigen Tropfen reiner Salpetersäure und titriert sofort den Überschuß an Rhodansalz mit obiger eingestellter Silbernitratlösung zurück, wobei das Verschwinden der Eisenrhodanidfärbung den Endpunkt anzeigt. Die Rhodanwasserstoffsäure wird bekanntlich durch Salpetersäure zerstört, weshalb von der letzteren nur sehr wenig zugesetzt werden soll, und die Rücktitration möglichst schnell, jedenfalls sofort vorzunehmen ist. Das Volumen des Kupferrhodanürniederschlages braucht nicht berücksichtigt zu werden.

Die Methode gibt für betriebstechnische Zwecke gute Werte und wird stellenweise für Erze, hochkupferhaltige Hüttenerzeugnisse und Legierungen angewandt. Die meisten technischen Produkte enthalten aber so viel Eisen, daß das Erkennen der erforderlichen Menge Rhodanlösung erschwert, bzw. die Methode umständlich wird (vgl. A. Classen: „Ausgewählte Methoden", Bd. 1, S. 87. Braunschweig 1901). Für den Gebrauch der Methode in der Praxis ist daher meist Voraussetzung, daß der Kupfergehalt der Probesubstanz annähernd bekannt ist, man also die ungefähr erforderliche Menge Rhodanlösung im voraus errechnen kann.

Einfluß anderer Metalle.

Halogene dürfen auch nicht in Spuren vorhanden sein und sind durch Abrauchen der Probelösung mit Schwefelsäure zu entfernen; dasselbe gilt vom Cyan und seinen Verbindungen. Silber und Quecksilber sind in bekannter Weise vorher vollständig abzutrennen.

D. Colorimetrische Methode.

Die unter 2 (S. 1196) angegebene Reaktion der Cuprisalze mit überschüssigem Ammoniak, die zu Komplexsalzlösungen von tiefblauer Farbe führt, ist Grundlage für die einzige colorimetrische Bestimmungsweise des Kupfers, die sich praktisch durchgesetzt hat[1]. Die Färbung

---

[1] Von Carnelly [Chem. News 32, 308 (1875)] u. Lucas [Bull. Soc. Chim. Paris (3) 19, 815 (1898)] ist die Färbung von Ferrocyankaliumlösungen mit geringen Kupfermengen vorgeschlagen worden; Budden u. Hardy [Analyst 19, 169 (1894)] benutzen die Schwefelwasserstoffällung in essigsaurer Lösung. Allgemeinere praktische Anwendung haben diese Methoden nicht gefunden [vgl. A. Rüdisüle: Nachweis, Bestimmung und Trennung der chemischen Elemente, Bd. 3, S. 158. Bern 1914 u. J. Milbauer u. v. Staněk: Ztschr. f. anal. Ch. 46, 644 (1907)].

ist schon bei sehr niedrigen Kupferkonzentrationen eine recht starke und nimmt an Stärke derartig schnell zu, daß oberhalb noch verhältnismäßig kleiner Kupfermengen die Vergleichsmöglichkeit zu ungenau wird bzw. ganz aufhört.

Die zuerst von Jaquelin, Hubert u. a. angewandten Verfahren wurden in der von Heine [Bergwerksfreund 1, 33 (1830) u. 17, 405 (1846)] veröffentlichten Form technisch angewandt. EinigeVerbesserungen hinzu genommen, die Heath [Journ. Amer. Chem. Soc. 19, 24 (1897)] vorgeschlagen hat, ergeben die heute manchenorts angewandte Ausführungsform.

Der Kupferinhalt einer Einwaage der zu untersuchenden Substanz wird durch geeigneten Aufschluß in Lösung gebracht, am besten in Sulfatlösung. Ein etwaiger Säureüberschuß wird durch Abrauchen möglichst beseitigt, die Sulfatlösung mit einer abgemessenen Menge Ammoniak versetzt und zu einem bestimmten Volumen aufgefüllt. Nach dem Absitzen, eventuell Filtrieren etwa auftretender Niederschläge (Eisen, Tonerde u. a.), führt man eine geeignete Menge der blau gefärbten Lösung in Vergleichsgefäße oder in ein Colorimeter (s. Bd. I, S. 888) über, wo die Intensität der Färbung mit einer ammoniakalischen Titerlösung bekannten Gehaltes verglichen wird.

Abb. 2.
Colorimeterflasche.

Der Vergleich kann auf zwei gegensätzlichen Grundlagen beruhen: Entweder man vergleicht bei derselben Dicke der Schicht der Lösungen unter Berücksichtigung der beiderseitigen Ausgangsvolumen, oder man bringt durch abzumessende Veränderung der Schichtdicke die der beiden Lösungen auf gleiche Farbintensität. Letzteres erfolgt durch Verwendung verschiedenster Colorimeterkonstruktionen, während das erstere, einfachere und billigere Verfahren mit gleichartigen Flaschen ausgeführt wird, von denen die Abb. 2 eine sehr geeignete und erprobte Form zeigt[1]. (Grundriß genau 60×40 mm, Inhalt etwa 110 ccm, gleichmäßige Wandstärke bei einwandfrei farblosem Glas und dicht schließendem Glasstopfen.)

Wo colorimetrische Kupferbestimmungen häufiger gemacht werden, empfiehlt es sich, über das in Frage kommende Konzentrationsintervall eine je nach gewünschtem Genauigkeitsgrad größere oder kleinere Zahl von Vergleichsflaschen mit abgestuftem, bekanntem Kupfergehalt anzufertigen. In dicht schließenden Flaschen und unter Ausschluß grellen Lichts aufbewahrt, sind die Vergleichslösungen — besonders nitratfreie Sulfatlösungen — lange haltbar (bis etwa 1 Jahr).

Voraussetzung für gute und zuverlässige Resultate ist, wie bei allen colorimetrischen Messungen, daß unter praktisch vollständig gleichen

---

[1] Zu beziehen durch Firma Vereinigte Lausitzer Glaswerke, Berlin.

Bedingungen verglichen wird. Abgesehen von den als bekannt voraus-
zusetzenden, rein äußerlichen Bedingungen ist für die Heinesche „Blau-
probe" noch folgendes zu berücksichtigen: Die Farbintensität hängt
— außer von der Kupferkonzentration und Schichtdicke — von der
Art der anwesenden Anionen, vom Ammonsalz- und Ammoniakgehalt
und von der Temperatur ab. Es sind also rein schwefelsaure Salze nur
mit Sulfatlösungen oder rein salpetersaure Lösungen nur mit Kupfer-
nitratlösungen zu vergleichen; der Ammonsalzgehalt soll beiderseits
praktisch der gleiche sein, weshalb man überschüssige freie Säure der
Probelösung durch Abdampfen entfernt. Vom Ammoniak wird gleiche
Menge angewandt und bei Zimmertemperatur verglichen; am besten
eignet sich zerstreutes Tageslicht. Daß die Lösungen keine Trübungen oder suspendierte Niederschläge und keine färbenden Metallsalze enthalten dürfen, ist selbstverständliche Voraussetzung (s. S. 1203
u. 1207).

J. D. Audley-Smith [Trans. amer. Inst. of Min., Canad. Meet **1900**
u. Chem.-Ztg. **24**, Rep. 291 (1900)] benutzt bei der Vergleichung nur
eine Kupferlösung, die in 1 ccm 2,5 mg Cu enthält. Die zu untersuchende
Lösung wird in eine 200-ccm-Flasche gebracht; in eine ebensolche gibt
man 150 ccm Wasser, den gleichen Betrag an HNO_3 und H_2SO_4, wie
in der anderen Probe enthalten, setzt 30 ccm Ammoniak (spez. Gew. 0,9)
hinzu und läßt aus einer Bürette solange unter Umschütteln von der
bekannten Kupferlösung hinzufließen, bis die Färbungen übereinstimmen.

Praktische Ausführung des Verfahrens und Anfertigung
der Vergleichslösungen seien an Hand eines praktischen Beispiels
ausführlicher dargelegt. Für die betriebstechnischen Untersuchungen
der bergbaulichen Produkte (Kupferschiefer) der Mansfeld A. G.
zu Eisleben wird mit sehr zufriedenstellendem Erfolg (s. unten) die
colorimetrische Kupferbestimmung folgendermaßen vorgenommen:

2 g Kupferschiefer werden in einem kleinen Porzellantiegel auf einem
mit Koks oder elektrisch beheizten Herd abgeröstet, mit dessen Abhitze
ein kleines Sandbad betrieben wird. Die abgeröstete, in ein 150-ccm-
Becherglas übergeführte Röstprobe schließt man auf dem Sandbad mit
20 ccm eines Gemisches aus gleichen Teilen Schwefelsäure und Salpetersäure (spez. Gew. je 1,2) auf und raucht ab. Den Rückstand nimmt
man mit 50 ccm Wasser auf, siedet, läßt abkühlen und führt die Lösung
samt dem Rückstand in starkwandige zylindrische Gefäße (6—7 cm
lichte Weite, bei 14 cm Höhe) über, die bei 250 ccm mit einer Marke
versehen sind. Nach Zusatz von 30 ccm Ammoniak wird mit Wasser
bis zur Marke aufgefüllt und mit einem Glasstab gründlich durchgerührt.
Den Niederschlag (Unlösliches und im wesentlichen gefälltes Eisen- und
Aluminiumhydroxyd) läßt man zum größten Teil absitzen und dekantiert
von der Lösung durch ein trockenes Filter in eine trockene Vergleichsflasche (Abb. 2, S. 1201) soviel, bis dieselbe voll ist. Die Intensität der
Färbung dieser Lösung wird nun mit folgender Skala aus Vergleichslösungen verglichen:

von 2 zu 2 kg bis zu   30 kg Kupfer/Tonne Erz
„ 3 „ 3 „ von   30— 45 „ „   „   „
„ 5 „ 5 „ „   45— 70 „ „   „   „
„ 10 ., 10 „ „   70—100 „ „   „   „*
„ 20 „ 20 „ „   100—140 „ „   „   „*

* Die beiden letzten Reihen kommen seltener vor.

Die Vergleichslösungen werden aus Elektrolytkupfer hergestellt: 5,0 g Elektrolytkupfer werden in Salpetersäure gelöst (Abb. 1, S. 1175) mit Schwefelsäure abgeraucht, mit sehr schwach schwefelsaurem Wasser aufgenommen und zum Liter aufgefüllt. Von dieser Lösung nimmt man durch Ausmessen vermittels Bürette die für jede Vergleichsflasche erforderliche Kupfermenge bezogen auf 250 ccm Verdünnung bzw. 2 g Erzeinwaage, wobei noch die Beeinflussung durch den verhältnismäßig großen Eisen- und Tonerdeniederschlag berücksichtigt wird.

Die colorimetrische Methode kann auch zur Bestimmung der geringen Mengen Kupfer in Bleiglätte angewandt werden: Man löst 10 g oder mehr in verdünnter Salpetersäure, dampft nach Zusatz von Schwefelsäure bis zum Rauchen ab, nimmt mit 50 ccm heißem Wasser auf, filtriert das Bleisulfat unter häufigem Dekantieren und Auswaschen mit schwach schwefelsaurem Wasser ab, neutralisiert das Filtrat mit Ammoniak, gibt davon den abzumessenden Überschuß zu, füllt in einem Meßkolben auf und vergleicht mit abgestuften Lösungen oder S. 1202 bei J. D. Audley-Smith angegeben.

Wie mit allen colorimetrischen Bestimmungen werden praktisch genügend genaue Resultate nur bei verhältnismäßig niedrigen Gehalten erzielt. Da bei dem obenstehenden Beispiel die colorimetrische Bestimmung des Kupfers im Mansfeldschen nur als Schnellmethode gehandhabt wird, der zu allermeist für die Stoffbilanz die elektrolytische Kupferbestimmung folgt, liegt über Genauigkeit und Zuverlässigkeit der colorimetrischen Messung sehr umfangreiches Belegmaterial vor. Von geübtem Personal werden die Bestimmungen bei Gehalten bis 30 kg Cu/t mit einer Genauigkeit von ± 1 kg Cu/t, darüber bis etwa 45 kg Cu/t mit ± 1,5 kg Cu/t ausgeführt. Dies entspricht in bezug auf den Kupferinhalt des Erzes — also in den Grenzen von 0—4,5% Cu — einem Meßfehler von etwa ± 3,5% — wie er übrigens in der gewählten Abstufung zum Ausdruck kommt — und dies bei einem Erz, das eine unverhältnismäßig große Zahl von Nebenbestandteilen [näheres darüber vgl. K. Wagenmann: Metall u. Erz 28, 149 (1926)] aufweist, darunter Nickel und Arsen. Für sehr niedrige Kupfergehalte wird der Fehler, absolut genommen, so klein, daß die colorimetrische Probe es gut mit den übrigen Methoden aufnehmen kann.

Einfluß anderer Metalle.

Daß die Probe keine Bestandteile enthalten darf, welche wäßriges Ammoniak irgendwie färben, ist selbstverständliche Voraussetzung. Nickel und Kobalt stören, sofern sie im Verhältnis zum Kupfer in nennenswerten Mengen vorliegen. In gleicher Weise wirkt Arsen als Eisenarsenat, das sich mit brauner Farbe in Ammoniak löst. Von diesem

76*

I. Gewichtsanalytische

1a. Elektroanalytische Fällung, Elektrolyt[1]		
a) schwefelsäure-salpetersauer	b) ammoniakalisch	c) cyankalisch

Es fallen mit aus, wirken störend bzw.

Pb (wenn als Sulfat suspendiert)	Pb	Pb
Ag	Ag	Ag
Hg	Hg	Hg
Bi (in größeren Mengen bzw. in Abwesenheit von PbSO₄)	Bi	Bi
	Cd	Cd
Sb (in größeren Mengen bzw. in Abwesenheit von PbSO₄)	Ni	Ni
	Co	Co
As (über 1,9 Volt)	Fe (bei nennenswerten	Fe
Sn (wenn in Lösung)	Mengen)	Al
Mo	Al (bei nennenswerten	Zn
Se (bei nennenswerten Mengen)	Mengen)	Mn
Te („ „ „)	Zn	Cr
Fe (bei absonderlich großen Mengen; s. Elektr. Methoden)	Mn	Se-Te
Zn (wenn nicht genügend salpetersauer)	Cr	
	Se-Te	
Chloride		
S (als Sulfidschwefel)		

Unmittelbare, quantitative

Pb	As (3- oder 5-wertig)	As (5-wertig)
Cd (genügend HNO₃!)	Sb (5-wertig) + Wein-	Sb (5-wertig)
Bi (bei kleinen Mengen in Gegenwart von PbSO₄)	säure	Mo (Wo)
	Sn (4-wertig) + Wein-	Mg
Sb (5-wertig und bei kleinen Mengen in Gegenwart von PbSO₄)	säure	Alkalien
	Mo (+ Sulfit)	
As (unter 1,9 Volt, 3- bzw. 5-wertig)	Mg	
	Alkalien	
Ni	P	
Co		
Fe (bei nicht allzu großen Mengen; s. Elektr. Methoden)		
Zn (genügend salpetersauer!)		
Mn (+ Hydrazinsulfat)		
Cr (3-wertig)		
Erdalkalien (eventuell H₂SO₄-freie Lösung)		
Mg		
Alkalien		
P		

[1] Siehe die bezüglichen Hauptmethoden im Kapitel: Elektroanalytische

Methoden.

1b. Zementation des Cu durch elektropositivere Metalle	2. Fällung des Cu als Sulfid	3. Fällung des Cu als Sulfür mit Thiosulfat	4. Fällung des Cu mit Rhodankalium

werden zweckmäßig vorher abgetrennt:

Hg	Hg	Pb	Hg
Ag (sämtliche Edelmetalle)	Ag (Edelmetalle	Bi	Ag (Edelmetalle)
Bi	Pb	As ⎱	Pb
Sb	Bi	Sb ⎰ fallen z. Teil	Se
As	Cd (s. Text)	Sn	Te
Ni (teilweise durch Zink)	As ⎫	Fe (in Spuren im Cu₂S)	As ⎱
Se	Sb ⎪ Abtrennung	Na-Salze (in Spuren im Cu₂S)	Sb ⎬ s. Text
Te	Sn ⎬ durch		Sn ⎰
	Mo ⎪ Schwefelnatrium		
HNO₃	Se ⎪ (s. auch IV.)	HNO₃	HNO₃ (in freiem Zustand)
	Te ⎭		
	und die anderen Sulfosalzbildner		
	HNO₃		

Trennungsmöglichkeit von:

Allen anderen Metallen	Ni	Cd	Bi
	Co	Ni ⎱ genügend	Cd
	Cr	Co ⎬ saure	As ⎱
	Fe	Zn ⎰ Lösung!	Sb ⎬ s. Text
	Al	Al	Sn ⎰
	Mn	Fe	Ni
	Zn	Erdalkalien	Co
	Erdalkalien	Mg	Fe
	Mg	Alkalien	Al
	Alkalien		Mn
			Zn
			Erdalkalien
			Mg
			Alkalien

Methoden.

II. Maßanalytische Methoden					III. Colori-metrische Methode
1. Jodidmethode nach Low | Fraser | Ley			2. Cyan-kalium-methode	3. Rhodan-ammonium-methode	mit Ammoniak

Es fallen mit aus, wirken störend bzw. werden zweckmäßig vorher abgetrennt:

Low	Fraser	Ley	2. Cyankalium-methode	3. Rhodanammonium-methode	mit Ammoniak
Hg Ag Pb Se As (3-w.) (Sb ?) Fe	As (3-w.) (Sb?) Cr V	wie bei Low, abgesehen vom Fe	Hg Ag Pb Cd As Sb Ni Co Cr Fe Mn Zn alkalische Erden (s. Text)	Hg Ag (Fe s. Text) Halogene (Spuren!) Cyan und seine Verbindungen	As aus Fe-arsenat Ni ⎫ bei beachtens- Co ⎬ werten ⎭ Mengen NH₃-Niederschläge u. a. Fe ⎫ s. Text Al ⎭ Organische Substanz. Säuren, wenn
Mineralsäuren in zu großen Mengen (s. Text)			Ammonsalze, Ammoniak (s. Text)	HNO₃-frei in größeren Mengen	verschiedene gleichzeitig anwesend sind

Unmittelbare, quantitative Trennungsmöglichkeit von:

Low	Fraser	Ley	2. Cyankalium-methode	3. Rhodanammonium-methode	mit Ammoniak
allen anderen Metallen	Hg Ag Pb Bi Cd As (5-w.) (Sb ?) Sn Mo Ni Fe Zn Mn U	Fe im übrigen wie bei Low	von allen anderen Metallen	von allen anderen Metallen	von allen anderen Metallen
Erdalkalien, Mg, Alkalien					

Metall ist also unter Umständen das Kupfer, etwa als Sulfid, vorher abzutrennen und gemäß obigem in Lösung zu bringen. Enthält die Probe reichlich Metalle, die mit Ammoniak Kupfer mitreißende Niederschläge geben (Eisen, Aluminium), muß in gleicher Weise verfahren werden, wenn man den auftretenden Fehler nicht auf Grund empirischer Feststellungen eliminieren kann. Organische Substanzen, die an und für sich ebenfalls braun färben, verleihen den Probelösungen infolgedessen einen grünlichen Schein; sie müssen vorher durch Rösten des Probematerials entfernt werden. Zellulose adsorbiert bekanntlich etwas Kupfer. Der beim etwaigen Filtrieren der Ammoniaklösung dadurch verursachte Fehler ist nur geringfügig, kann aber in der Weise eliminiert werden, daß man einen ersten Teil des Filtrats unberücksichtigt läßt, oder durch Asbest oder einen Jenaer Glasfiltertiegel (-nutsche) (s. Bd. I, S. 68) filtriert.

III. Trennung des Kupfers von anderen Metallen.

Abgesehen vom „Elektrolytkupfer", einigen besonders reinen Speziallegierungen und den reinen Kupfersalzen sind die natürlichen und technischen Kupferprodukte außerordentlich mannigfach und selbst bei Produkten gleicher Art, aber anderer Herkunft, unterschiedlichst verunreinigt. Es ist daher wesentlich, daß der Analytiker die qualitative Zusammensetzung des zu untersuchenden Materials kennt, möglichst auch Anhaltspunkte für die jeweiligen Mengenverhältnisse hat, was beim Betriebschemiker auf Grund der speziellen Erfahrung meist der Fall ist. Der außenstehende Analytiker ist zu qualitativen Prüfungen genötigt, sofern ihm die analytische Bestimmung selbst keine deutlichen Anhaltspunkte liefert. Diese Bedingung ist, wie überall in der analytischen Chemie, für die richtige Wahl der einzuschlagenden Methode auch beim Kupfer von grundlegender Bedeutung. Die Trennungsmöglichkeit des Kupfers von den erfahrungsmäßig technisch zu berücksichtigenden Verunreinigungen ist bei den vorstehenden Methoden am Schluß einer jeden als „Einfluß anderer Metalle" im Sinne einer schädlichen Wirkung gekennzeichnet. Die diesem Abschnitt beigefügte tabellarische Zusammenstellung möge eine Übersicht für die dargelegten Methoden hinsichtlich dieses Punktes geben und somit die oft recht schwierige Auswahl der geeigneten Methode für ein Produkt qualitativ bekannter Zusammensetzung erleichtern. Kritische Würdigung der dafür einschlägigen Literatur und eigene Erfahrungen dienten dabei als Unterlage. Für Elemente, die hier nicht aufgeführt sind, können verläßliche Angaben nicht gemacht werden, sei es, daß ihr Einfluß literarisch noch nicht festgelegt ist, oder aber unlösbare Widersprüche in den Abhandlungen vorliegen. Das die elektroanalytischen Kupferbestimmungsmethoden Betreffende ist hier der Vollständigkeit halber mit aufgenommen. Die Übersicht berücksichtigt die unmittelbare vollständige Trennungsmöglichkeit des Kupfers für jede vorstehend behandelte Methode.

Bei den gewichtsanalytischen Methoden besteht immer die Möglichkeit, festzustellen, ob und welche von den begleitenden Metallen sich an der Reaktion (Fällung) beteiligt haben, d. h. man kann den Niederschlag nachträglich auf Reinheit prüfen. Für sehr genaue und unbedingt verläßliche Kupferbestimmungen kann K. Wagenmann auch hier wiederum nur die elektroanalytische Auswaage des Kupfers für die Methoden S. 1182, 1186 u. 1187 empfehlen.

Bei den Methoden ist des öfteren angegeben worden, daß eine ganze Reihe von Metallen vor der Kupferbestimmung abzutrennen sind. Soweit dies nicht durch besondere analytische Methoden geschehen muß, sondern schon beim Aufschließen der Probesubstanz (oder gar noch vor demselben) erfolgen kann, sei folgendes bemerkt:

Organische Substanz entfernt man stets aus einer Probeeinwaage durch Rösten bei Luftzutritt, wobei im Falle der Anwesenheit von Chlorverbindungen die Möglichkeit einer Kupferverflüchtigung zu berücksichtigen ist.

Quecksilber entfernt man ebenfalls aus einer Probeeinwaage durch mäßiges Glühen bei Luftzutritt, jedenfalls oberhalb 360° C.

Silber läßt sich aus schwefelsauren oder salpetersauren Aufschlüssen stets durch eine wenig mehr als erforderliche Menge Salzsäure oder Alkalichloridlösung quantitativ als Chlorid abscheiden. Reagensüberschuß ist zu vermeiden, da AgCl in HCl oder in den Chloriden der Alkalien und Ammoniumchlorid merklich löslich ist (dasselbe gilt von H_2SO_4 konzentriert); Silberverbindungen mit Carbonat-Schmelzaufschluß ergeben metallisches Silber (Vorsicht bei Platintiegeln!).

Blei wird allgemein als Sulfat abgeschieden; quantitativ: Beim Einrauchen mit konzentrierter Schwefelsäure und beim Schmelzaufschluß mit Bisulfat, in Lösungen unter Zusatz von Alkohol oder Ammonsulfat. Das Sulfat ist löslich in Ammonacetatlösung oder starker Salzsäure. Abgerauchtes Bleisulfat hält leicht Wismut, Antimon, Selen und Tellur zurück. Bei der Elektrolyse des Kupfers in einer Lösung, die Bleisulfat in Suspension enthält, wird solches während der Fällung vom Kupfer in für genaue Bestimmungen beachtenswerten Mengen eingeschlossen.

Zinn läßt sich leicht durch Aufschluß mit konzentrierter Salpetersäure als Metazinnsäure abscheiden, fällt als solche unter den genannten Entstehungsbedingungen Antimon mit aus.

Barium und Strontium bilden schwer lösliche Sulfate.

Selen kann in vereinzelten Fällen durch Abrösten einer Probeeinwaage unter Luftzutritt entfernt werden, auf alle Fälle quantitativ nach K. Wagenmann durch Schmelzen der Probesubstanz mit Bisulfat bis zu mindestens 720° C (d. i. der Siedepunkt des Selens).

Tellur muß aus wäßriger Lösung mit schwefliger Säure abgeschieden werden (s. S. 1247).

Als quantitatives Gruppenreagens für Kupfer darf in gewissem Sinn der eigentümlicherweise viel zu wenig angewandte Schmelzaufschluß mit Soda-Schwefel oder Thiosulfat angesehen werden. Er gestattet die unmittelbare Abtrennung der für die meisten Kupferbestimmungen so lästigen Sulfosalzbildner (in Schwefelammonium lösliche Sulfide der Schwefelwasserstoffgruppe) und ist bei Gegenwart verhältnismäßig großer Mengen besonders zu empfehlen. Deshalb ist er bei ausgesprochen Arsen, Antimon, Zinn, Selen und Tellur enthaltenden Produkten (Erzen, gewissen Rohsteinen, Kupferspeisen u. a.) angebracht. Das entstehende Schwefelkupfer ist im wäßrigen Auszug der Schmelze (Na_2S-Lösung) unlöslich; die praktisch vollständige Entfernung der oben genannten Sulfosalzbildner kann durch Dekantieren und Auskochen des zunächst noch unreinen Sulfidniederschlages mit (gelber) polysulfidhaltiger Schwefelnatriumlösung erfolgen.

Man verfährt dazu folgendermaßen: Eine Einwaage der genannten, sehr fein gepulverten Produkte mischt man gründlich mit etwa dem sechsfachen Gewicht einer Mischung aus gleichen Teilen entwässertem Natriumcarbonat und Schwefel oder mit der sechsfachen Menge entwässertem Natriumthiosulfat im abgedeckten Porzellantiegel ganz allmählich über dem Bunsenbrenner bis auf höchstens eben beginnende Rotglut. Die Schmelze wird in kochendem Wasser gelöst; nach dem Absitzen des Niederschlages filtriert man (Filtertiegel oder -nutsche sehr vorteilhaft!) unter mehrfachem Dekantieren und Kochen des Niederschlages mit schwefelnatriumhaltigem (polysulfidhaltigem) Wasser. Zuletzt wäscht man mit der gleichen Lösung auf dem Filter aus. Der Sulfidniederschlag wird dann in der üblichen Weise einem Naßaufschluß unterzogen.

Als spezielle Abtrennungsreagenzien des Kupfers von sehr vielen Begleitmetallen, auch aus sehr großen Einwaagen, dienen Rhodankalium oder -ammonium (s. S. 1190 und Handelskupfer S. 1222).

IV. Spezielle Untersuchungsmethoden.

A. Kupfererze, -steine, -speisen und -schlacken[1].

1. Kupferbestimmung.

Die Probesubstanzen sind in sehr fein aufgeriebenem Zustand aufzuschließen, die meisten Erze (vornehmlich solche, die aus mehreren Mineralien bestehen oder starke Verwachsungen und hohen Dispersitätsgrad zeigen), Speisen, besonders alle Schlacken, da sie von Säuren meist verhältnismäßig schwer vollständig zersetzt werden; speziell pyrithaltige Erze sind naß schwer aufschließbar. Die Größe der Einwaage richtet sich in allen Fällen nach dem Kupfergehalt der Probe, ihrer Homogenität und dem verlangten Genauigkeitsgrad. Bituminöse Erze

---

[1] In Metall u. Erz **1917**, 271, gibt C. Offerhaus eine „Auswahl" aus ihm bekanntgewordenen Methoden der Praxis als „Analytische Schnellmethoden amerikanischer Hütten" bekannt. Sie berücksichtigt Schlacken, Steine und metallische Kupfersorten, wie sie zur Betriebskontrolle hinsichtlich der wesentlichen Bestandteile untersucht werden. Einige der Bestimmungsarten sind hier aufgenommen. Weitere empfehlenswerte amerikanische Literatur: Titus Ulke: Engin. Mining Journ. **68**, 728 (1899) u. Chem.-Ztg. **24**, Rep. 4, (1900): „Die gegenwärtig gebräuchlichen Methoden der Kupfer-Probe und -Analyse". Wilfred W. Scott: Standard Methods of Chemical Analysis, 4. Aufl. Grosby Lockwood & Son.

werden zur Zerstörung der organischen Substanz am besten in der
Muffel unter Luftzutritt in geeigneten Röstscherben, Glühschälchen aus
Porzellan oder stark konischen Porzellantiegeln geglüht; mäßige Rotglut genügt. Probesubstanzen mit nennenswerten Eisengehalten dürfen
keinesfalls oberhalb mittlerer Rotglut geglüht werden, da sonst das
entstehende Eisenoxyd in Säuren sehr schwer löslich, eventuell sogar
unlöslich wird und manchmal äußerst schwer zersetzliche Ferrite entstehen. Das Eisenoxyd hält in beiden Fällen Kupfer zurück. Beim
Rösten oxydieren mehr oder weniger auch Sulfide, Selenide und Telluride.
Arsen und Antimon verflüchtigen, wenn auch nicht vollständig. Das
dafür früher empfohlene chlorierende Rösten (Zusatz von Chloriden)
ist nicht zu empfehlen, da Kupferverluste eintreten können. Für die
Naßaufschlüsse kommen die im Abschnitt „Auflösen der Probesubstanzen"
S. 1174 genannten Säuren bzw. Säuregemische in Frage, wobei grundsätzlich denjenigen der Vorzug zu geben ist, die das Auflösen am vollständigsten bewirken. Wenn nicht ausdrücklich anders bestimmt, soll
die analytische Untersuchung den fraglichen Bestandteil quantitativ
erfassen; es muß also ein in sehr vielen Fällen vorhandener aber meist
äußerlich nicht erkennbarer Rückhalt im Unlöslichen stets berücksichtigt
werden, wozu der Säurerückstand einem geeigneten Schmelzaufschluß
unterworfen wird. Ausgenommen sind nur die fast ausschließlich betriebstechnischen Fälle, in denen die verlangte Genauigkeit dies erfahrungsmäßig nicht erforderlich macht, oder als konstant festgestellte Rückhalte
rein zahlenmäßig berücksichtigt werden können. Von den in der Überschrift genannten Materialien sind es hauptsächlich viele Erze und
Schlacken, bei denen das Vorstehende stets beachtet werden muß, besonders wenn das Unlösliche in der Menge reichlich ist und obendrein
tonige Beschaffenheit zeigt [1].

Als ein in den meisten Fällen anwendbares Verfahren zur
Kupferbestimmung in den in der Überschrift genannten Produkten
kann folgendes Verfahren empfohlen werden: Eine nach dem jeweiligen
Kupfergehalt zu wählende Einwaage der Probesubstanz schließt man
zunächst immer, zweckmäßig in einer geräumigen mit Uhrglas bedeckten
Porzellanschale, mit dem für das jeweilige Produkt besonders geeigneten
Lösungsmittel auf; das Gemisch Schwefelsäure-Salpetersäure (spez. Gew.
je 1,2; 1:1) ist durchweg gut brauchbar. Man erwärmt langsam und
dampft nach dem beendeten Lösen ab. Fand das Auflösen ohne Schwefelsäure statt, so gibt man dann 10—20 ccm 50%ige Schwefelsäure zu. Auf
alle Fälle erhitzt man zuletzt auf dem Sandbad bis reichlich Schwefelsäuredämpfe entweichen. Den möglichst nicht völlig trockenen Rückstand nimmt man nach dem Erkalten mit 30—50 ccm Wasser (+ etwa
10% Schwefelsäure) auf und siedet einige Minuten bei bedecktem Gefäß.
Aus sulfidschwefelhaltigen Produkten scheidet sich dabei meist ein Teil
des Schwefels als solcher ab. Damit er sich möglichst erst nach beendetem Lösen zu ballen beginnt, erwärmt man nur langsam. Der

---

[1] Anderseits ist selbstredend die Art des Aufschlusses der Probesubstanz
auch danach einzurichten, ob neben Kupfer noch andere Bestandteile derselben
aus der gleichen Einwaage zu bestimmen sind.

beim Abdampfen sich als Kugel ballende Schwefel, der von rein gelber Farbe sein soll — andernfalls hüllt er noch unzersetzte Probesubstanz ein —, wird dann am besten vermittels eines zur Öse gebogenen Platindrahtes aus der Lösung herausgenommen und in bromhaltiger Salpetersäure gelöst; nach dem Verjagen des Broms durch Kochen kann diese Lösung dem Aufschluß vor dem Abrauchen zugefügt werden. Ist Silber zugegen, kann dasselbe als AgCl mit der eben ausreichenden Menge verdünnter Salzsäure in der noch warmen Lösung zum Unlöslichen niedergeschlagen werden. Nach dem Erkalten des Aufschlusses filtriert man durch ein dichtes Filter und wäscht den Rückstand mit nur schwach schwefelsaurem Wasser aus. Letzterer enthält neben dem Unlöslichen der Gangart quantitativ das Blei als Sulfat (und Silber als Chlorid). Unter Umständen ist er auf Kupferrückhalt zu prüfen und bei positivem Ausfall einem Schmelzaufschluß zu unterziehen. Über die Bleibestimmung siehe S. 1213. Im Filtrat, welches alle Metalle als Sulfate enthält, wird das Kupfer nach einer der S. 1177, 1191 u. 1200 genauer beschriebenen Methoden bestimmt, wobei für die Auswahl — an Hand der Tabelle zu III (S. 1204f) — in erster Linie die eventuell vorliegenden anderen Metallsalze bestimmend sind. In sehr vielen Fällen wird die elektrolytische Kupferbestimmung anwendbar sein, wobei darauf hingewiesen sei, daß sehr geringe Mengen Salzsäure im Elektrolyt, wie sie von der oben angegebenen Silberfällung herrühren, keineswegs stören (vgl. auch Abschnitt „Elektroanalytische Methoden" unter Kupfer, S. 933).

Für oxydische Kupfererze ist der Schwefelsäure-Salpetersäure-Aufschluß der beste. Bei sulfidischen Kupfererzen genügt er in sehr vielen Fällen; für besonders schwer aufschließbare Erze verwendet man auch Königswasser, Salzsäure- oder Salpetersäure-Kaliumchlorat-Mischungen, wobei das unter „Auflösen der Probesubstanzen" Gesagte zu berücksichtigen ist. In Erzen mit beachtenswerten Mengen Arsen, Antimon und Zinn kann man das Kupfer nach Nissenson und Neumann bestimmen (s. unten bei „Kupfersteine", S. 1214). Für hoch antimonarsen- (oder zinn-) haltige Erze (Fahlerze, Bournonit u. a.) sei an die Möglichkeit eines unmittelbaren Schwefelaufschlusses erinnert (s. Abschnitt III, S. 1209).

Ein praktisches Beispiel häufiger Anwendbarkeit ist die Kupferbestimmung in einem außerordentlich vielseitig zusammengesetzten Erz, dem Mansfeldschen bituminösen Kupferschiefer[1], der im Durchschnitt 3% Kupfer enthält. Im Zentrallaboratorium der Mansfeld A.G., Eisleben, werden laufend Bestimmungen in großen Serien ausgeführt: 2 g des fein pulverisierten Erzes röstet man bei mäßiger Temperatur

---

[1] Wenn K. Wagenmann in diesem und den folgenden Abschnitten hie und da auf die für den Mansfelder Schiefer und die daraus anfallenden Hüttenprodukte näher eingeht, geschieht dies mit der Gewißheit, daß die seit Jahrzehnten entwickelten und immer genauer, schneller und verläßlicher gestalteten technischen Untersuchungsmethoden allgemeineres Interesse haben, weil insbesondere die Reichhaltigkeit des Erzes an Nebenbestandteilen allgemeinere Anwendungsmöglichkeit zuläßt; letzteres allerdings unter Berücksichtigung des Umstandes, daß Wismut und Zinn überhaupt nicht, Antimon in nur schwer nachzuweisenden Spuren in den Mansfelder Erzen auftreten.

in der Muffel im stark konischen Porzellantiegel zur Zerstörung des Bitumens, löst nach dem Erkalten den Röstrückstand in einem 150-ccm-(Jenaer) Becherglas mit 20 ccm Schwefelsäure-Salpetersäuremischung auf und dampft auf dem Sandbad unter Abrauchen ein. Den erkalteten Rückstand nimmt man mit verdünnter Salpetersäure (1 : 1) und einigen Tropfen Schwefelsäure auf, rührt gut um und läßt das Unlösliche vollständig absitzen. Die Sulfatlösung wird in Gegenwart des Bodenkörpers elektrolysiert unter Verwendung einer Platinspirale als Anode und eines kleinen Platinblechzylinders als Kathode mit einem Strom von 0,1 Ampere, selbstredend bei ruhendem Elektrolyt. Die Fällung des Kupfers ist nach 8—10 Stunden quantitativ. Dann werden die Elektroden schnell ausgehoben, sorgfältig abgespült und vor dem „Föhn" getrocknet. Zahlreiche Nachprüfungen haben ergeben, daß die Diffusion der zwischen den am Boden liegenden Rückstandteilchen befindlichen Kupfersalze in den Elektrolyten hinein, schnell genug ist bzw. von der, wenn auch nur schwachen Elektrolytbewegung, genügend gefördert wird, um das Kupfer der Probe praktisch vollständig zur Ausfällung kommen zu lassen. Für besondere Schnellbestimmungen kann das Unlösliche nach dem Aufschließen abfiltriert (eventuell im Filtertiegel) und das Kupfer unter Elektrolytbewegung in 15—20 Minuten gefällt werden.

W. Moldenhauer und Böcher [1] empfehlen zur Kupferschnellbestimmung in Kupferkies, kupferhaltigen Pyriten u. dgl. ein rein elektrolytisches Verfahren. Eine Auflösung des Probematerials in Königswasser wird nach Zusatz von Ammonnitrat und -sulfat mit Ammoniak im Überschuß versetzt und unter Flüssigkeitsbewegung bei 60° in Gegenwart des Eisenhydroxydniederschlages elektrolysiert. Den kathodisch abgeschiedenen, unreinen Kupferniederschlag fällt man in schwefelsaurer Lösung um. (Näheres s. „Elektroanalytische Bestimmungsmethoden", S. 943.)

In Pyriten und Kiesabbränden bestimmt Pufahl (dieses Werk, 7. Aufl., Bd. II, S. 345) Kupfer in folgender Weise:

Er „behandelt feinstgepulverte Kiese, Abbrände, Steine, Speisen usw. in Mengen von 1—10 g (je nach dem Cu-Gehalt) in einem geräumigen Jenaer Rundkolben mit konzentrierter Salpetersäure (bei Pyriten Zusatz der Salpetersäure unter Wasserkühlung!), erhitzt den auf einem Gabelstativ ruhenden Kolben, bis die Einwirkung der Säure fast beendet, kocht dann einige Minuten über der freien Flamme eines 3- oder 5-Brenners, setzt einen Überschuß von Schwefelsäure (auf 5 g Einwaage 10—15 ccm) hinzu und kocht unter ständigem Umschwenken des Kolbens bis zum starken Abrauchen von Schwefelsäure über freier Flamme ein. Nach der Abkühlung werden die Sulfate mit Wasser (100—300 ccm) unter Erwärmen, durch Eintauchen des Kolbens in siedendes Wasser und wiederholtes Umschwenken gelöst, der Kolben mit Inhalt unter der Wasserleitung abgekühlt, die Lösung in ein Becherglas gebracht und (zweckmäßig unter Zusatz von Filterbrei) in einen geräumigen Stehkolben filtriert; nach dem Zusatz einiger Kubikzentimeter Schwefel-

---

[1] Nach einer durch den Herausgeber übermittelten privaten Mitteilung.

säure wird auf dem Dreifuße über Asbestdrahtgeflecht erhitzt, festes Natriumthiosulfat zugesetzt und nach dem Bedecken des Kolbens mit einem leichten (vor der Lampe geblasenen) Trichter mit kurzem, weitem Rohr 5 Minuten flott gekocht. Darauf wird das Gemisch von CuS und reichlich S durch ein starkes Faltenfilter abfiltriert, mit ausgekochtem, heißem Wasser gut ausgewaschen, Filter mit Inhalt getrocknet und in einem geräumigen Porzellantiegel (50 ccm Inhalt oder mehr), am besten in der Muffel verascht und geröstet. (War genügend Zeit dazu, dann läßt man die Lösung der Sulfate mit dem Rückstand über Nacht in einem schlanken Becherglas stehen, dekantiert tags darauf in den Stehkolben, bringt den mit Filterbrei aufgerührten Bodensatz auf das Filter usw. — Lief das Filtrat trübe durch das Filter, verursacht durch sehr feinverteilte Kieselsäure [Quarz], so ist das ohne Belang.) Das stets etwas eisenhaltige und durch Filterasche und Kieselsäure verunreinigte CuO wird im Tiegel durch Abdampfen mit Salpetersäure (spez. Gew. 1,2) gelöst, die Lösung in ein Becherglas gespült, mit Ammoniak übersättigt, nach Zusatz von etwas Ammoncarbonat gelinde erwärmt und von der kleinen Menge Eisenhydroxyd, Filterasche, Kieselsäure und vielleicht auch etwas Bleicarbonat abfiltriert und mit ammoniakalischem Wasser ausgewaschen. Minimale Kupfermengen im Filtrat titriert man mit Cyankaliumlösung (S. 1196), größere fällt man, nach dem Ansäuern mit Schwefelsäure, heiß oder kalt als Rhodanür (S. 1187) oder elektrolytisch.

War Blei im Erz, Bleistein usw. zu bestimmen, dann wird der über Nacht aus der Lösung der Sulfate abgesetzte Rückstand ohne Zusatz von Filterbrei abfiltriert, mit 1%iger Schwefelsäure ausgewaschen, vom Filter in eine Schale gespült, mit Zusatz von 10—20 ccm konzentrierter und schwach essigsaurer Lösung von Ammonacetat aufgekocht, durch dasselbe Filter filtriert, mit dem stark verdünnten Lösungsmittel heiß ausgewaschen und das Blei in der Lösung nach der Molybdatmethode titriert (S. 1507), oder, wenn reichlich Blei vorhanden oder zu erwarten, mittels einiger Kubikzentimeter Schwefelsäure, Abkühlen und Stehenlassen reines $PbSO_4$ gefällt, das als solches gewogen wird".

Auf S. 498 bzw. S. 494 sind die Verfahren zur Kupferbestimmung in Pyriten und Kiesabbränden nach der Methode der Duisburger Kupferhütte und nach Nahnsen angegeben.

In Kupfersteinen (auch Kupfer-Bleisteinen), die keine beachtenswerten Gehalte an Wismut, Antimon (und Zinn) enthalten, bestimmt man im Mansfeldschen das Kupfer folgendermaßen: Der Aufschluß einer 2 g Einwaage mit 30 ccm Salpetersäure und 10 ccm Schwefelsäure (spez. Gew. 1,2) ist genau derselbe, wie er vorstehend bei den Schiefern angegeben wurde; das Silber wird wie oben bei dem allgemeinen Verfahren mit Salzsäure zum Unlöslichen abgetrennt. In der Sulfatlösung wird das Kupfer durch ruhende Elektrolyse oder bei bewegtem Elektrolyt auf Doppelnetzen (nach Fischer) abgeschieden. Der Kupferrohstein enthält hier 20—30% Fe, während der Konzentrationsstein (Spurstein) nur etwa 3—5% hat. Bei den ersteren Produkten wird der bei der schnellelektrolytischen Fällung störende Einfluß des Eisens durch zeitweisen Zusatz von wenig Hydrazinsulfat aufgehoben.

Für arsen-, antimon- und zinnhaltige, arme, also eisenreiche Kupfersteine und Kupferbleisteine ist das Verfahren nach Nissenson und Neumann [Chem.-Ztg. 19, 1591 (1895)] sehr geeignet. Eine Einwaage von 0,5—1 g des fein gepulverten Materials löst man im Erlenmeyerkolben auf dem Sandbad in 7—10 ccm Salpetersäure (spez. Gew. 1,4), fügt 10 ccm reine Schwefelsäure hinzu und dampft ab bis zum Rauchen. Der Rückstand wird mit wenig Wasser aufgenommen, in der Lösung das Silber mit einigen Tropfen Salzsäure warm gefällt, nach dem Abkühlen filtriert und das Filter mit 1% schwefelsäurehaltigem Wasser, zuletzt mit wenig reinem Wasser ausgewaschen (Bleibestimmung im Rückstand s. S. 1213). Im Filtrat fällt man das Kupfer mit 5 g Natriumthiosulfat (s. Methode S. 1186), filtriert das Kupfersulfür sofort und wäscht mit heißem Wasser schnell aus. Niederschlag nebst Filter werden im Porzellantiegel getrocknet und zunächst vor der glühenden Muffel langsam eingeäschert, um ein zu frühes Schmelzen oder Sintern des Cu_2S zu vermeiden. Das Cu_2S röstet allmählich aber vollständig zu CuO ab; soweit sich Kupfersulfat dabei bildet, geht dasselbe beim nachfolgenden Glühen bis etwa 900° C unter Abspalten von SO_3 ebenfalls vollständig in Oxyd über. Letztes starkes Glühen bis zur Gewichtskonstanz. Kleine Mengen ausgefallenes Arsen, Antimon und Zinn verflüchtigen nach Angabe der Autoren beim Rösten in der Muffel vollständig.

Wagenmann hält es für zweckmäßiger, die Auswaage des Kupfers als Metall vorzunehmen auf dem gemäß 2c (S. 1184) gekennzeichneten Wege, da hierdurch Arsen und Zinn auf alle Fälle quantitativ beseitigt werden und vom Antimon höchstens nur schwer nachweisbare Spuren zur Auswaage kommen. Außerdem wird dabei ohne weiteres das vom Kupfersulfürniederschlag stets mitgerissene Eisen abgetrennt, ohne daß es nötig wäre, den umständlichen und nicht sehr genauen Weg der nachträglichen Eisenbestimmung im ausgewogenen Kupferoxyd einschlagen und von diesem als Fe_2O_3 in Abzug bringen zu müssen.

Neben dem vorstehenden Verfahren ist für Kupfersteine naturgemäß auch die Zementation des Kupfers nach Low (S. 1181) anwendbar.

Für Kupferspeisen gilt das für Erze vorstehend Mitgeteilte. Nach Hampe [Chem.-Ztg. 15, 443 (1891)] kann man auch folgendermaßen verfahren: Man löst die Einwaage unter Erwärmen in Salpeterweinsäure (für 1 g Probematerial 30 ccm Salpetersäure, spez. Gew. 1,2 und 10 g Weinsäure), verdünnt mit Wasser und leitet bei etwa 60° C längere Zeit Schwefelwasserstoff ein, filtriert, digeriert den Sulfidniederschlag mit Schwefelkaliumlösung, filtriert, löst den Rückstand vom Filter mit Salpetersäure in eine Porzellanschale, dampft mit Schwefelsäure bis zum Rauchen ab und bestimmt das Kupfer in der Sulfatlösung unter Berücksichtigung der Gruppe Ia der Schwefelwasserstoffgruppe nach einer der Methoden S. 1177 u. 1191 (s. auch Methode S. 1183).

Für eine zuverlässige Kupferbestimmung in Schlacken ist ein praktisch vollständiger Aufschluß erste Voraussetzung. Als allgemeine Richtlinie möge folgendes dienen:

Schnell abgekühlte (abgeschreckte) Schlacken lösen sich erheblich leichter als langsam abgekühlte (getemperte). Im allgemeinen sind basische (kalkhaltige) Schlacken in Säuren oder Säuregemischen leicht löslich. Hochsaure oder ungewöhnlich hoch eisenhaltige Schlacken sind schwer löslich, so daß man Flußsäure zu Hilfe nimmt, erforderlichenfalls mit nachfolgendem Schmelzaufschluß.

Nach White (Chemist-Analyst Juli 1912) führt folgender Aufschluß zu sehr guten Ergebnissen: Eine Einwaage von 1 g der fein pulverisierten Schlacke wird im 250-ccm-Becherglas (Jenaer Glas) mit Wasser aufgeschwemmt und nach Zusatz von 3 ccm Schwefelsäure (spez. Gew. 1,5) unter starkem Schwenken des Glases 15 ccm Flußsäure langsam zugesetzt. Man erhitzt einige Minuten über der freien Flamme, gibt 1 ccm Salpetersäure und noch wenige Tropfen Flußsäure hinzu und dampft bis zum starken Rauchen der Schwefelsäure ein. Nach dem Erkalten nimmt man mit verdünnter Schwefelsäure auf.

In Platingefäßen kann man schwer zersetzliche Schlacken auch mit Fluorkalium und 50%iger Schwefelsäure unter Abrauchen aufschließen.

In der Lösung kann das Kupfer elektrolytisch bestimmt werden, wenn nicht allzuviel Eisen zugegen ist; ist dies aber der Fall, wendet man Methode 2 (S. 1182) oder 4 (S. 1186) an. Immer eignet sich vorzüglich die Jodidmethode nach Fraser (s. S. 1193).

Nach Heath (Berg- u. Hüttenm. Ztg. 1895, 236) werden in den Hüttenwerken am Oberen See die Kupferschlacken gewöhnlich colorimetrisch probiert: 2,5 g feinst pulverisierte Schlacke werden mit Salpetersäure (konz.) aufgeschlossen und mit Schwefelsäure abgedampft bis der Rückstand teigig ist. Nach dem Aufnehmen desselben mit Wasser fällt man mit Ammoniak im Überschuß unter Auswaschen mit schwach ammoniakalischem Wasser über einem Saugfilter [1]; anschließend Methode D (S. 1200).

Bei größerem Eisen- bzw. Tonerdegehalt besonders kupferarmer Schlacken wird bei der Fällung mit Ammoniak unverhältnismäßig viel Kupfer im Niederschlag zurückgehalten, weshalb man das Kupfer aus der Lösung am besten nach Methode 2 (S. 1182) oder 4 (S. 1186) zuvor abtrennt und dann eventuell Methode C (S. 1193) anschließt. (Achtung Nickel, Kobalt!)

In den aus den Hüttenbetrieben der Mansfeld A. G., Eisleben, anfallenden Schlacken wird das Kupfer elektrolytisch bestimmt, z. B.: 5 g fein pulverisierte Rohschlacke (vom Rohsteinschmelzen) löst man in 30 ccm Salpetersäure und 15 ccm Schwefelsäure (je 1,2 spez. Gew.) und dampft auf dem Sandbad zur Trockene. Der Rückstand wird mit etwa 100 ccm Wasser + 10 ccm Schwefelsäure (spez. Gew. 1,2) unter Erwärmen aufgenommen, die Lösung in ein Becherglas abfiltriert und der Filterinhalt mit schwefelsäurehaltigem Wasser ausgewaschen. Dem etwa 200 ccm einnehmenden Filtrat setzt man 20 ccm Salpetersäure

---

[1] Das Filtrieren unter Saugwirkung empfiehlt sich erfahrungsgemäß nur bei krystallinen Bodenkörpern, da tonige, schleimige oder gallertige dabei die Filterporen erst recht stark versetzen (K. Wagenmann).

(spez. Gew. 1,2) zu und elektrolysiert bei 0,1 Ampere über 6—8 Stunden. Auswägen als Cu. — Nur bei den glasig erstarrten Schlacken ist obiger Naßaufschluß anwendbar, während bei den langsam abgekühlten (getemperten, zum großen Teil zu Schlackenpflastersteinen vergossenen) entweder unter Verwendung von Flußsäure oder durch Schmelzen mit Alkalien aufgeschlossen wird. — Die stark eisenhaltige Spurschlacke (auch Bessemerschlacke) wird ebenso behandelt, nur setzt man bei der Elektrolyse etwas Oxalsäure zu, um den Einfluß des Eisens zu kompensieren.

2. Schwefelbestimmung
(s. a. S. 468 u. 518).

Zur Bestimmung des Schwefels in bleifreien Erzen und Kupfersteinen kann die Oxydation des Sulfidschwefels zu Sulfat mit rauchender Salpetersäure, umgekehrtem Königswasser oder mit Bromsalzsäure (bestes Aufschlußreagens) ausgeführt werden. In einem Glaskolben oder einer geräumigen, mit Uhrglas bedeckten Porzellanschale (Halbkugelschalen sind sehr zweckmäßig) gibt man zu einer je nach Schwefelgehalt gewählten Einwaage der sehr fein aufgeriebenen Probesubstanz das geeignetste der obigen Lösungsmittel zunächst in der Kälte in Mengen von 10—20 ccm zu und läßt etwa eine Stunde einwirken. Dann erhitzt man langsam einige Stunden bei bedecktem Gefäß auf dem Wasserbad und dampft schließlich ab. Sollte sich beim Einengen freier Schwefel zeigen, bringt man denselben durch Zufügen von Salpetersäure und Brom in Lösung. Ist Salpetersäure oder Königswasser angewandt worden, nimmt man den Salzrückstand mit wenig verdünnter Salzsäure auf, dampft ab und wiederholt dies bis zur völligen Zersetzung der Nitrate. Zuletzt nimmt man mit etwa 10 ccm verdünnter Salzsäure auf, verdünnt auf 30—40 ccm, filtriert und wäscht mit schwach salzsaurem, warmem Wasser aus. Das etwa 150—200 ccm betragende Filtrat erhitzt man zum Sieden und gibt Bariumchloridlösung (1 : 10) in mäßigem Überschuß zu. Das gefällte Bariumsulfat wird nach mehrstündigem Absitzen in der Wärme in bekannter Weise zur Auswaage gebracht; $BaSO_4$ enthält 13,73 (log = 1,13781) % S.

Die von C. Offerhaus (Metall u. Erz **1917**, 273) angegebene Schnellmethode zur Bestimmung des Schwefels in Erzen und Kupfersteinen, wie sie in amerikanischen Kupferhütten üblich ist, unterscheidet sich von der vorstehend beschriebenen Methode (Aufschluß mit Salpetersäure und Brom) nur durch Abkürzung der einzelnen Vorgänge hinsichtlich Zeit.

Für bleihaltige Produkte (Kiese, Fahlerze, Kupfersteine und -speisen) eignet sich der Schmelzaufschluß nach Hampe: Das eingewogene Probepulver wird mit der etwa 12fachen Gewichtsmenge eines Gemisches aus gleichen Teilen Kalisalpeter und entwässertem (sulfatfreiem!) Natriumcarbonat im Porzellantiegel gemischt, mit einer Schicht Kalisalpeter abgedeckt und langsam bis zum Schmelzen erhitzt (s. Abschnitt „Auflösen der Probesubstanzen", S. 1177). Die erkaltete Schmelze löst man mit heißem Wasser auf, leitet zur Fällung des Bleis Kohlendioxyd in die kalte Lösung ein, filtriert unter Auswaschen des Unlöslichen mit kaltem Wasser, säuert das Filtrat mit Salzsäure schwach an, dampft auf dem Wasserbad zur Trockne, scheidet die meist vorhandene Kieselsäure in bekannter Weise quantitativ ab, nimmt mit schwach salzsaurem Wasser auf, filtriert und bestimmt im Filtrat den Sulfatgehalt wie oben mit Bariumchlorid.

An Stelle des Salpeteraufschlusses kann auch der Schmelzaufschluß mit Natriumsuperoxyd im Eisen- oder besser Nickeltiegel angesetzt werden, wobei man im übrigen genau wie oben verfährt. (Die Lösung der Schmelze muß zur Abscheidung des Bleis mit Kohlensäure vollständig gesättigt werden!)

Der Schmelzaufschluß erfaßt natürlich den Gesamtschwefel, also auch den eventuell im Probematerial enthaltenen Sulfatschwefel. Soweit der letztere wasserlöslich ist, kann er vor dem Schmelzen durch Extrahieren einer Einwaage mit heißem Wasser entfernt werden, wenn eine Bestimmung des Sulfidschwefels allein stattfinden soll. Der Naßaufschluß läßt nur allen löslichen Schwefel bestimmen, unlöslichen Sulfatschwefel (z. B. als $BaSO_4$) nicht. Zur Sulfidschwefelbestimmung allein muß aus der Probe zuvor der lösliche Sulfatschwefel ausgezogen oder in einer besonderen Einwaage bestimmt und vom Gesamtschwefel abgezogen werden.

3. Bestimmung der Nebenbestandteile.

(S. unter Handelskupfer S. 1240.)

Sollen Wismut, Antimon oder Zinn nach der Methode von H. Blumenthal in sehr hoch eisenhaltigen Produkten, wie z. B. in einem Kupfer-Rohstein bestimmt werden, empfiehlt es sich, die Hauptmenge Eisen zunächst zu entfernen: Man behandelt eine Einwaage des feinpulverisierten Probematerials mit verdünnter Schwefelsäure unter Erwärmen bis die Schwefelwasserstoffentwicklung aufhört, siedet kurze Zeit auf, verdünnt mit heißem Wasser, leitet Schwefelwasserstoff bis zum Erkalten ein und filtriert den Bodenkörper ab. Den Rückstand im Filter löst man in Salpetersäure auf, dampft zur vollständigen Zersetzung der Sulfide ab, oxydiert etwa ausgeschiedenen Schwefel mit Salpetersäure und Brom und verfährt mit der Lösung, wie für Antimon beim Handelskupfer angegeben. Bei nennenswert bleihaltigen Rohsteinen fällt bei obigem Lösen der Sulfide in Salpetersäure mindestens ein Teil des Bleis als Sulfat aus. Soll dasselbe vor der Mangansuperoxydfällung abfiltriert werden, etwa weil die Bleisulfatmengen zu groß sind, ist zu berücksichtigen, daß Zinn so gut wie vollständig dabei ist, Antimon und Wismut in größeren Anteilen vom Bleisulfat zurückgehalten werden. Das Bleisulfat ist dann getrennt zu behandeln, für Antimon und Zinn etwa vermittels eines Schwefelaufschlusses.

Sind größere Mengen Blei in der zu fällenden Nitratlösung, verwendet man an Stelle des Mangansulfats äquivalente Mengen Mangannitratlösung, womit das Ausfallen von Bleisulfat vermieden wird.

Die hier in Frage kommenden Produkte enthalten häufig Nebenbestandteile, die Permanganat verbrauchen, so daß bei Anwendung der auf S. 1240 angegebenen Menge Permanganat die Mangansuperoxydfällung ausbleibt. In solchen Fällen versetzt man die zu fällende salpetersaure Lösung in der Siedehitze mit soviel gesättigter Permanganatlösung oder gar mit kleinen Mengen pulverisierten Salzes, bis ein mäßiger Überschuß am Bestehenbleiben einer entsprechenden Verfärbung der Lösung auch bei längerem Sieden erkennbar ist. Dann versetzt man mit den angegebenen Mengen Mangansalzlösungen.

4. Bestimmung oxydischen und metallischen Kupfers neben Kupfersulfiden.

Technisch interessiert gelegentlich bei Erzen oder Hüttenprodukten die analytische Feststellung des Verhältnisses, in welchem an Schwefel gebundenes Kupfer zu oxydischem bzw. metallischem Kupfer in ein und derselben Probe vorliegt. Dies gilt besonders für viele amerikanische Werke, deren Erze häufig Gemische der genannten Bestandteile zeigen, weshalb dort auch eine größere Zahl von geeigneten Bestimmungsmethoden praktisch in Anwendung ist (vgl. W. W. Scott: Standard Methods of Chemical Analysis, Kupfer S. 208—210, 4. Aufl. Grosby Lockwood & Son).

Bei den Verfahren benutzt man stets die erfahrungsmäßig praktisch so gut wie völlige Unlöslichkeit der Kupfersulfide (mineralischer Beschaffenheit oder des sich ähnlich verhaltenden geglühten oder geschmolzenen Schwefelkupfers) in gewissen Reagenzien, oder ihr Nichtreagieren mit solchen im Gegensatz zu Kupferoxyden oder metallischem Kupfer. In diesem Sinne erweisen sich z. B. als brauchbar: schweflige Säure, schwefelsaure Silbersulfatlösung, Phosphorsäure-Ammoniumchlorid-Lösung, alkalische Tartratlösung und Schwefelsäure-Quecksilber.

Als Beispiel diene die Schwefligsäuremethode in Anwendung auf Erze, die oxydische Kupfermineralien neben metallischem Kupfer (zusammen leicht und vollständig löslich in wäßriger schwefliger Säure) und sulfidische Kupfermineralien enthalten (entnommen der oben angegebenen Literatur).

Ausführung: 2 g der sehr fein pulverisierten Probe werden in einer Flasche mit 100 ccm 3%iger Schwefligsäurelösung aufgeschüttelt, erwärmt und $1/_2$—3 Stunden lang unter Rollen der Flasche gelaugt. Man filtriert dann und wäscht den Rückstand mit SO_2-haltigem Wasser aus. Das Filtrat enthält alle oxydischen Verbindungen des Kupfers (auch Carbonate und Kieselkupfer) und das metallische Kupfer in Lösung. Letztere wird mit 5—10 ccm Salpetersäure versetzt, auf 20 ccm eingeengt, mit destilliertem Wasser verdünnt und das Kupfer nach einer geeigneten Methode bestimmt. Der Filterrückstand enthält alles sulfidisch gebundene Kupfer.

Von einer entsprechenden Behandlung kupferhaltiger Produkte mit schwefelsaurer Silbersulfatlösung wird im Zentrallaboratorium der Mansfeld A. G., Eisleben, Gebrauch gemacht, unter anderem für die Differenzierung sulfidischen Kupfers vom Kupferoxydul in Schlacken.

B. Handelskupfer (Kupferraffinad, Garkupfer, Elektrolytkupfer) [1].

(Fresenius: Quantitative Analyse, 6. Aufl., Bd. 2, S. 509. — Post: Chemisch-technische Analyse, 3. Aufl., Bd. 1, S. 651. — Hollard, A.: Chem.-Ztg **24**, Rep. 146 (1900). — Scott, W. W.: Standard Methods of chemical Analysis. Kupfer S. 199 f., 4. Aufl. Grosby Lockwood & Son.)

Die meisten im Handel befindlichen Kupferraffinade oder Garkupfersorten zeigen einen Kupfergehalt, der etwa zwischen 99,0% und 99,5% liegt, wobei von nur wenigen Hüttenraffinaden die Grenze von 99,3% Cu überschritten wird. Das Mansfelder Raffinadkupfer (M. R. A.) zeigt einen Kupfergehalt, der zwischen 99,7% und 99,8% liegt (gelegentlich auch einige Hundertstel Prozente höher). Die Elektrolytkupfersorten liegen über 99,93% Kupfer, meist bei 99,95%. Die Verunreinigungen dieser Kupfersorten schwanken qualitativ außerordentlich, da sie von den Ausgangsmaterialien und dem gesamten Hüttenprozeß abhängig sind, wobei angenommen werden darf, daß fast alle eingebrachten Nebenbestandteile auch im Enderzeugnis auftreten, wenn auch zum größten Teil in niedrigeren Gehalten, zum andern nur in Spuren nachweisbar. Vom Elektrolytkupfer gilt letzteres im ganzen [1]. Die Verunreinigungen, je nach Art und Menge, wobei außerdem ihre Verbindungsform, ob metallisch legiert oder in oxydischen Verbindungen gelöst, eine Rolle spielt, beeinflussen das technologische Verhalten des Kupfers [2], insbesondere seine Walz- und Hämmerbarkeit, in welcher Beziehung speziell Antimon, Wismut, Schwefel, Selen, Tellur, Blei und Eisen schon bei sehr niedrigen Konzentrationen beeinträchtigend, während z. B. Nickel und Silber (auch Arsen) hinsichtlich Dichtigkeit und Zähigkeit begünstigend wirken. Abgesehen vom Silber drücken alle Verunreinigungen die elektrische Leitfähigkeit des Kupfers herab, was technisch eine um so größere Rolle spielt, als der größere Teil der Weltproduktion für elektrotechnische Zwecke Anwendung findet. Man kann die Reinheit ein und derselben Elektrolytsorte mit Hilfe der Leitfähigkeitsmessung qualitativ gut nachprüfen und hat damit an Stelle der sehr zeitraubenden analytischen Gesamtuntersuchung des Elektrolytkupfers eine einfache und schnell auszuführende technische Kontrolle. Bei Hüttenraffinaden begnügt man sich aus demselben Grunde im allgemeinen mit einer sehr genauen Bestimmung des Kupfergehaltes neben

---

[1] Borchers, W: Metallhüttenbetriebe. I. Kupfer. S. 353. Halle a. d. S.: Knapp 1915) gibt z. B. für ein Elektrolytkupfer (als Drahtbarren) der Boston and Montana Consolidated Copper and Silver Mining Co. folgende Zusammensetzung an: Cu — 99,9500%, As — 0,0016%, Sb — 0,0015%, Ni — 0,0006%, Bi — 0,0006%, Fe — 0,0006%, Ag — 0,0030%, Zn — 0,0001%, S — 0,0025%, Si — 0,0350%, Co, Au, Pb in Spuren. — Eine Zusammenstellung von einigen Kupfersorten des Handels aus verschiedenen Ländern enthält die im Verlag des Vereins Deutscher Ingenieure, Berlin 1926, von der Ges. d. Metallkunde herausgegebene Schrift „Kupfer", Gewinnung, Gefügebau usw. S. 8—9.

[2] Vgl. die grundlegenden Arbeiten von Hampe: Beiträge zur Metallurgie des Kupfers. Ztschr. Berg-, Hütten- u. Salinenwes. im preuß. Staate **21**, 218 u. **22**, 93; Ztschr. f. anal. Ch. **13**, 179 (1874).

Deutsche Normen

Kupfer			$\dfrac{\text{DIN}}{\text{1708}}$
Rohstoff		Werkstoffe	Blatt 1

Bezeichnung von Hüttenkupfer A:
A—Cu DIN 1708

Benennung	Kurz-zeichen	Cu mindestens %	Verwendungsbeispiele
Hüttenkupfer A (arsen- und nickelhaltig)	A—Cu	99,0	Feuerbüchsen und Stehbolzen
Hüttenkupfer B (arsenarm)	B—Cu	99,0	Legierungen für Gußerzeugnisse sowie Legierungen mit weniger als 60% Kupfergehalt für Walz-, Preß-, Schmiedeerzeugnisse
Hüttenkupfer C	C—Cu	99,4	Kupferrohre und Kupferbleche
Hüttenkupfer D	D—Cu	99,6	Legierungen mit mehr als 60% Kupfergehalt für Walz-, Preß-, Schmiedeerzeugnisse
Elektrolytkupfer E	E—Cu	—[1]	Elektrische Leitungen, hochwertige Legierungen

[1] Für die Beurteilung des Elektrolytkupfers für elektrische Leitungen ist lediglich die elektrische Leitfähigkeit maßgebend. Eine sachgemäß entnommene, bei etwa 600° C geglühte Elektrolytkupfer-Drahtprobe darf für 1 km Länge und 1 mm² Querschnitt bei 20° C keinen höheren Widerstand haben als 17,84 Ω. Im übrigen gelten die Kupfernormen in dem Vorschriftenbuch des VDE.

Güte und Leistungen siehe DIN 1708 Blatt 2 und DIN 1773

Lieferart: In Blöcken, Barren, Kathoden usw.

April 1925.　　Fachnormenausschuß für Nichteisen-Metalle

der laufenden Kontrolle der besonders schädlich wirkenden Verunreinigungen (s. oben).

Die höchsten Anforderungen bezüglich Abwesenheit aller oder besonderer schädlicher Verunreinigungen werden bei Kupfer für „besondere Verwendungszwecke" gestellt, wozu man daher fast ausschließlich auf „Marken" zurückgreift, für elektrische Leitungsmaterialien, für Walzfabrikate, für besondere oder besonders reine Legierungen. Die geringeren

Fabrikate finden meist für weniger anspruchsvolle Legierungen Verwendung.

Der „Fachnormenausschuß für Nichteisenmetalle" hat die Handelskupfersorten normiert, wie aus dem vorstehenden Normblatt (DIN 1708, Blatt 1) ersichtlich ist. Es werden Hüttenkupfersorten A, B, C und D unterschieden, für welche Mindestgehalte von 99,0—99,6% Cu gefordert werden, wenn die betreffenden Sorten für die bezeichneten Zwecke verwendet werden sollen. Angesichts der Zuverlässigkeit, mit welcher Elektrolytkupfer technisch mit außerordentlich hohem Reinheitsgrad (s. vorstehend, S. 1219, Fußnote) hergestellt wird, hat man bei ihm auf Angabe eines Mindestgehaltes an Kupfer verzichten können. Für seine Verwendung in der Elektrotechnik als Leitungsmaterial ist eine Mindestleitfähigkeit verlangt, die, wie oben schon erwähnt, ein scharfer Maßstab für den Reinheitsgrad ist.

Während also nach obigem, Elektrolytkupfer nahezu chemisch rein zu sein pflegt (Schwefel und in Drahtbarren dazu auch Silicium und Sauerstoff spielen die Hauptrolle), können in den anderen Handelssorten des Kupfers mehr oder weniger alle jene Bestandteile als Verunreinigungen vorkommen, die schon vorstehend bei den einzelnen Methoden berücksichtigt worden sind: Bi, Pb, Ag, (Au), As, Sb, Sn, (Mo), Ni, Co, Fe, Si, S, Se, Te, P, teils metallisch legiert, teils in (oxydischen) Verbindungen zusammen mit dem immer in gewissen Mengen (einige Hundertstel bis Zehntel Prozente) vorhandenen Sauerstoff in Form von Kupferoxydul. Besonders „schädliche" Verunreinigungen sind Bi, Sb und U, As[1] und Sn, die bei den analytischen Untersuchungen daher meist im Vordergrund des Interesses stehen.

1. Gesamtanalyse.

Die unverhältnismäßig niedrigen Konzentrationen der Verunreinigungen in den Handelskupfersorten machen ungewöhnlich große Einwaagen an Probesubstanz erforderlich. Heute nimmt man für Raffinadkupfer je nach Reinheit 10—50 g, für (das seltener zu untersuchende) Elektrolytkupfer 50—500 g Einwaage. Die früheren Bestrebungen bei der Ausarbeitung geeigneter Methoden zur Bestimmung der Verunreinigungen waren allgemein dahin gerichtet, solche ausfindig zu machen, die es ermöglichen, von einer einzigen Einwaage ausgehend, zuerst die große Menge Kupfer möglichst weitgehend in unbedingt reiner Form abzuscheiden, so daß in der verbleibenden Lösung eventuell neben nur noch geringen Mengen Kupfer zum mindesten alle rein metallischen Verunreinigungen einschließlich Arsen und Antimon nach dem Eindampfen in angereicherter Form vorliegen, somit nach den allgemein üblichen Methoden besser und genauer zu bestimmen sind. Das Ausgehen von möglichst einer Einwaage hat mehrere Nachteile, unter anderen den, daß bis nach der Kupferabtrennung etwa auftretende Verluste für die Bestimmung sämtlicher Verunreinigungen fehlbringend sind.

---

[1] Kupfer mit 0,3—0,5% As, wie es als Feuerbuchskupfer für Lokomotivkessel in verschiedenen Staaten zunehmende Verwendung gefunden hat, ist also Spezialkupfer und kann als Legierung aufgefaßt werden.

Da das hier einschlägige Probematerial so gut wie immer in reichlicher Menge zur Verfügung gestellt werden kann, zieht man es heute in der Praxis in steigendem Maße vor, allgemein in solchen Fällen Gruppenbestimmungen auszuführen, d. h. nur besonders geeignete Bestandteile zusammenzufassen und aus einer Einzeleinwaage zu bestimmen. Es muß zugegeben werden, daß bei dieser Art Vorgehen der fehlerbringende Einfluß einer Inhomogenität des Probematerials grundsätzlich sich geltend machen kann. Die Probenahme hat also möglichst feinspäniges Material zu liefern, ein übriges tun wesentlich die großen Einwaagen, sodaß diese Fehlerquelle praktisch völlig ausgeschaltet ist. Damit entfällt aber auch der Einwand, den man gegen die elektrolytische Kupferfällung als brauchbare Abtrennungsmethode im Gesamtanalysenverfahren in Gegenwart von Wismut, Arsen und Antimon (Selen und Tellur) erhob. Diese bequeme und saubere Methode kann zur Bestimmung aller Metalle außer den letztgenannten also angewandt und diese in anderer Einwaage nach besonderen Methoden bestimmt werden.

In der Praxis sind heute noch beide Prinzipien in Anwendung; amerikanischerseits schlägt man allgemein letzteren Weg ein. Es müssen daher hier beide berücksichtigt werden.

Bei der Einführung der elektrolytischen Bestimmungsweise des Kupfers hat Hampe diese Abtrennungsmöglichkeit (s. S. 1230) aus Lösungen von 25—50 g Einwaage unter teilweiser oder vollständiger Fällung empfohlen. Das mit dem Kupfer fallende Wismut wurde nach dem Auflösen des Kathodenniederschlages in Salpetersäure, Abdampfen der Lösung und Überführen der Nitrate in Chloride in bekannter Weise als basisches Chlorid vom Kupfer getrennt und bestimmt.

Als Hampe [Chem.-Ztg. 16, 417 (1892)] selbst feststellte, daß außer Wismut auch kleine Mengen von Antimon und Arsen kathodisch abgeschieden werden (in salpetersaurem Elektrolyt!), wurde die elektrolytische Abtrennungsmethode des Kupfers von vielen wieder aufgegeben. Hampe selbst konnte jene geringen Arsen- und Antimonmengen im Kathodenniederschlag nach dem Auflösen desselben durch Abtrennen des Kupfers als Rhodanür im Filtrat nachweisen und bestimmen, woraus er dann (1893) die auf S. 1227 ausführlich beschriebene, auch heute noch vielfach angewandte Rhodanürmethode für die Gesamtanalyse des Kupfers entwickelte.

In die bezeichnete Zeitspanne der Arbeiten Hampes fallen die gleichgerichteten Bemühungen Finkeners, auf dessen Veranlassung Jungfer (Berg- u. Hüttenm. Ztg. 1887, 490) die von Flajolot [Ann. des mines 1853, 641; Journ. f. prakt. Ch. 61, 105 (1854)] empfohlene Fällung des Kupfers als Jodür auf ihre Brauchbarkeit zur Abtrennung des Kupfers von Arsen und Antimon prüfte. Das Ergebnis war die Anwendbarkeit der Fällung für die Gesamtanalyse des Handelskupfers. Auch sie ist heute noch in Gebrauch.

Allgemein sehr wichtig für die Gesamtanalyse ist, daß das Probematerial homogen, sauber, frei von Schmutz, Ölen und trocken ist. Wert zu legen ist auf Reinheit der angewandten Reagenzien; unter Umständen sind vollständige Leergänge auszuführen.

Als Lösungsmittel dient stets Salpetersäure und in möglichst geringem Überschuß. Wenn nichts Bestimmtes darüber bekannt, ist sorgfältig darauf zu achten, ob sich die Probe vollständig gelöst hat. Gelegentlich treten geringe unlösliche Rückstände auf, die als Trübung nicht mehr erkannt werden und sich erst nach vielstündigem Stehen der Lösung absetzen. Es handelt sich häufig — sofern es kein Bleisulfat ist — um oxydische Doppelverbindungen des Kupfers mit Ni, As, Fe u. a., die zweckmäßig durch Filtrieren abgetrennt und einem Schmelzaufschluß unterzogen werden, nach dessen Lösen sie der Hauptmenge oder besser dem Filtrat der ersten Kupferfällung hinzugefügt werden.

I. Jodürmethode nach Jungfer.

Prinzip der Methode: Aus der schwach sauren Nitrat- oder Sulfatlösung fällt man die Hauptmenge des Kupfers als Jodür mit einer eben hinreichenden Menge Jodkalium bei Gegenwart von schwefliger Säure. Ist Antimon zugegen, setzt man vor der Fällung etwas Fluorkalium hinzu, welches leichtlösliches Antimonkaliumfluorid bildet. Das Filtrat des Kupferniederschlages enthält alle üblichen Verunreinigungen des Kupfers quantitativ, aber nur einen Teil des Wismuts, dessen größere Menge mit dem Kupferjodür fällt. Das Filtrat wird zum Verjagen der schwefligen Säure eingeengt und mit Schwefelwasserstoff die bezügliche Metallgruppe gefällt; im Filtrat können Nickel, Kobalt, Mangan und Eisen bestimmt werden. Aus der stark ammoniakalischen, weinsäurehaltigen Auflösung des Sulfidniederschlages der Schwefelwasserstoffällung schlägt man das restliche Kupfer und Wismut und das Blei mit Schwefelwasserstoffwasser nieder, während das Filtrat das Arsen und Antimon enthält. Wismut wird nach Jungfer in einer Sondereinwaage bestimmt (s. S. 1227). Silber bestimmt man ebenfalls aus besonderen Probeeinwaagen.

Ist die Kupfersorte ohne Rückstand in Salpetersäure löslich und sollen nur Arsen und Antimon bestimmt werden, dann kann unmittelbar aus der Nitratlösung gefällt werden; andernfalls dampft man die Kupferlösung zur Abscheidung des Bleis in bekannter Weise ein.

Ausführung: Für je 10 g Einwaage benutzt man zum Lösen 40 ccm reine Salpetersäure (spez. Gew. 1,4), die man in einer geräumigen, mit Uhrglas bedeckten Porzellanschale allmählich zugibt, setzt 20 ccm reine verdünnte Schwefelsäure (1 : 1) zu, dampft auf dem Wasserbad zur Trockne und erhitzt auf dem Sandbad weiter bis zum beginnenden Entweichen von Schwefelsäuredämpfen. Der erkaltete Rückstand wird mit 150 ccm Wasser unter Erwärmen aufgenommen, die Flüssigkeiten läßt man erkalten und einige Stunden stehen. Das quantitativ als Sulfat abgeschiedene Blei, das noch Antimon als Säure oder als Bleiantimonat enthält, wird durch ein kleines, dichtes Filter abfiltriert. Die Weiterbehandlung des unreinen Bleisulfats siehe unten.

Das Filtrat wird auf etwa 300 ccm verdünnt, 0,15 g reines (arsenfreies!) Fluorkalium darin aufgelöst und 50 ccm gesättigte Schwefligsäurelösung zugesetzt[1]. Das in berechneter Menge in wenig Wasser gelöste

---

[1] Selen und Tellur fallen dabei nur zum Teil aus; bezüglich Silber siehe nachstehend unter S. 1228.

Jodkalium gibt man dann unter Umrühren allmählich zu. Dabei etwa frei werdendes Jod entfernt man durch kleine Zusätze an Schwefligsäurelösung.

10 g Kupfer benötigen 26,2 g reines Jodkalium. Man nimmt, da nur die Hauptmenge gefällt werden soll, den Kupferinhalt des Probematerials zu 99% an und verwendet nur 26 g Jodkalium (Kupferjodür ist in überschüssiger Jodkaliumlösung merklich löslich).

Nach obigem erwärmt man auf dem Wasserbad, wodurch sich in kurzer Zeit der grauweiße Niederschlag verdichtet und absetzt. Die überstehende, meist farblose, seltener schwach grünlichgelbe Flüssigkeit wird möglichst vollständig dekantiert. Den Niederschlag wäscht man unter drei- bis viermaligem Auswaschen und Dekantieren über einem Filter mit je 100 ccm heißem, schwach schwefelsaurem Wasser aus, vereinigt die Filtrate, entfernt aus der Lösung die freie schweflige Säure eben durch Zusatz von Jodlösung und leitet längere Zeit Schwefelwasserstoff bei mäßiger Wärme ein.

Den ausgefallenen Sulfidniederschlag der anwesenden Metalle der Schwefelwasserstoffgruppe (Cu, Bi, As, Sb) sammelt man auf einem Filter, wäscht mit schwach schwefelsaurem, schwefelwasserstoffhaltigem Wasser aus, löst ihn mit Salzsäure und wenig Kaliumchlorat vom Filter, setzt zur Lösung einige Zehntel Gramm Weinsäure zu, verdünnt auf 50 ccm und macht stark ammoniakalisch. Nunmehr wird Kupfer (und Wismut) nach dem Verfahren von Finkener durch Zusatz kleiner Mengen von verdünntem Schwefelwasserstoffwasser unter gelindem Erwärmen (als CuS bzw. Bi_2S_3) abgeschieden, schnell abfiltriert, mit Wasser, dem 1 Tropfen Schwefelammonium zugesetzt wurde, ausgewaschen, das Filtrat mit verdünnter Schwefelsäure angesäuert, erwärmt und Arsen und Antimon mit Schwefelwasserstoff quantitativ gefällt.

a) Blei.

Das beim Aufschluß gefallene, unreine Bleisulfat unterwirft man einem Schwefelaufschluß: Filter und Niederschlag sind zu trocknen und möglichst vollständig zu trennen. Das Filter zerstört man in einem Porzellantiegel durch Eindampfen zur Trockne mit konzentrierter Salpetersäure. Den Rückstand verglüht man vorsichtig unter Zusatz von einigen Körnchen Ammonnitrat; dann gibt man den Bleisulfatniederschlag hinzu, mischt mit dem 3—6 fachen Gewicht an Natriumcarbonat-Schwefelmischung (oder bei 200° C entwässertem Natriumthiosulfat) und schmilzt bei bedecktem Tiegel bei mäßiger Temperatur. Die erkaltete Schmelze löst man in heißem Wasser auf, bringt das noch etwas Wismut und Kupfer enthaltende Schwefelblei auf ein Filter, wäscht zuerst mit schwefelalkalihaltigem, dann mit schwachem Schwefelwasserstoffwasser aus. Das unreine Schwefelblei löst man wieder mit Salpetersäure, dampft die Lösung mit Schwefelsäure bis zum Rauchen ab und bestimmt in bekannter Weise das nunmehr reine Bleisulfat (s. Blei, S. 1505). Aus dem schwefelsauren Filtrat kann die etwa vorhandene kleine Menge Wismut nach dem Neutralisieren mit reinem Ammoniak durch Zusatz von Ammoncarbonat und längeres Erwärmen gefällt werden; das so erhaltene schwefelsäurehaltige, basische Carbonat wird in wenig Salzsäure gelöst, die freie Säure zum größten Teil durch Abdampfen entfernt und dann das Wismut durch starkes Verdünnen der Lösung mit Wasser als Oxychlorid gefällt. (Diese Wismutbestimmung in dem unreinen Bleisulfate ist notwendig, wenn sie in der betreffenden Kupfersorte nach dem Jungferschen Verfahren ausgeführt werden soll.)

b) Arsen.

Aus der Sulfosalzlösung des Schwefelaufschlusses fällt man das Antimon durch Ansäuern mit Schwefelsäure und Erwärmen; hat sich der Schwefelantimon-Schwefelniederschlag geballt, wird er auf einem Filter gesammelt, ausgewaschen und in Salzsäure mit wenig Kaliumchlorat gelöst. In gleicher Weise löst man das oben erhaltene Arsen-Antimonsulfid-Gemisch von der Schwefelwasserstoffällung. Beide salzsauren Lösungen vereinigt man, setzt etwas Weinsäure hinzu, übersättigt stark mit Ammoniak, fügt Magnesiamischung und $1/_3$ Volumen Alkohol hinzu und läßt zur vollständigen Abscheidung des Ammonium-Magnesiumarseniats 48 Stunden bei bedecktem Gefäß absitzen. Dann wird filtriert, mit einer Mischung aus 1 Volumen starkem Ammoniak, 3 Volumen Wasser und 2 Volumen absolutem Alkohol ausgewaschen und der das Arsen quantitativ enthaltende Niederschlag in bekannter Weise als Magnesiumpyroarsenat zur Auswaage gebracht.

c) Antimon.

Aus dem Filtrat des Arsenniederschlages verjagt man den Alkohol und den größten Teil des Ammoniaks durch längeres gelindes Erwärmen, säuert mit Schwefelsäure an und fällt das Antimon durch Einleiten von H_2S. Den Niederschlag bringt man auf ein Filter und wäscht mit schwach H_2S-haltigem Wasser aus. Besteht der Niederschlag aus voraussichtlich nur wenigen Milligramm Antimon, so löst man ihn auf dem Filter in wenig gelbem Schwefelammonium in einen Porzellantiegel hinein, verdampft die Lösung zur Trockne, oxydiert den Rückstand mit Salpetersäure und wägt das Antimon als Sb_2O_4. Liegt Antimon in größeren Mengen vor, dann spritzt man den Niederschlag vom Filter in eine geräumige Porzellanschale, dampft auf dem Wasserbade zur Trockne, legt ein Uhrglas auf und läßt aus einer Pipette rauchende Salpetersäure zufließen; das Schwefelantimon wird augenblicklich und fast ohne Schwefelabscheidung zu Sb_2O_4 und H_2SO_4 oxydiert. Das am Filter anhaftende Schwefelantimon hat man inzwischen mit wenig Schwefelammonium in einen Porzellantiegel übergeführt und die Lösung auf dem Wasserbad abgedampft. In diesen Tiegel führt man den Inhalt der Schale über, fügt Salpetersäure hinzu, dampft ab, raucht zuletzt die Schwefelsäure ab, glüht den Rückstand im offenen Tiegel, zuletzt wenige Minuten über dem Gebläse, und wägt ihn als Sb_2O_4; es enthält 78,98 (log = 1,89749) $^0/_0$ Sb.

d) Nickel, Kobalt, Eisen, eventuell auch Mangan,

fällt man aus dem Filtrat des zuerst erhaltenen Schwefelwasserstoffniederschlages zunächst zusammen aus: Man erhitzt die Lösung in einer geräumigen Schale zum Sieden, entfernt den letzten Rest an H_2S durch Oxydation mit Bromwasser, fällt die Metalle mit reiner Natron- oder

Kalilauge, filtriert und wäscht mit kochendem Wasser aus. Das Gemisch der Hydroxyde löst man in heißer, verdünnter Schwefelsäure unter Zusatz von etwas Schwefligsäurelösung, dampft auf dem Wasserbad, zuletzt unter Zusatz einiger Tropfen Salpetersäure ab, nimmt den Rückstand mit Wasser auf, neutralisiert die kalte Lösung mit Natriumcarbonat, setzt festes Natriumacetat hinzu (etwa die sechsfache Menge des zu erwartenden Eisens) und erhitzt zum Sieden.

Eisen. Nach kurzem Abstehen des Niederschlages von basischem Eisenacetat bestimmt man in demselben das Eisen nach Auflösen in wenig Salzsäure, Verdünnen der fast vollständig abgedampften Lösung und Erwärmen unter Zusatz von Jodkalium auf etwa 70° C durch Titration mit Natriumthiosulfatlösung.

Nickel und Kobalt. Das Filtrat vom Eisen wird durch Eindampfen konzentriert, mit Ammonsulfat und einem Überschuß an Ammoniak versetzt und Nickel und Kobalt zusammen als Metalle elektrolytisch niedergeschlagen (s. Elektroanalytische Bestimmungsmethoden S. 953).

Mangan. Bei der Nickel-Kobalt-Elektrolyse fällt das Mangan als wasserhaltiges Superoxyd im Elektrolyt, zum Teil anodisch aus. Von der Anode läßt es sich mit Gummiwischer gut abreiben. Man sammelt den Niederschlag auf einem kleinen Filter, wäscht mit heißem Wasser aus, verascht Filter und Niederschlag im Tiegel, glüht schließlich stark bei Luftzutritt und wägt als Mn_3O_4; es enthält 72,03 (log = 1,85749) % Mn.

e) Zinn, Arsen, Antimon.

Enthält das zu untersuchende Kupfer Zinn (meist nur aus Altmetallen herrührend), so wird dieses beim Aufschluß mit Salpetersäure zusammen mit Antimonsäure und Bleiantimonat als Zinnsäure abgeschieden. In der abfiltrierten Lösung wird das Kupfer gefällt, dann bestimmt man die übrigen Metalle wie oben beschrieben.

Der getrocknete und eingeäscherte Niederschlag wird wie oben dem Schwefelschmelzaufschluß unterworfen, Arsen, Antimon und Zinn aus der Sulfosalzlösung mit Schwefelsäure als Sulfide abgeschieden, die letzteren in Salzsäure und wenig Kaliumchlorat gelöst, die Lösung zur Beseitigung des Chlors einige Zeit gelinde erwärmt, abgekühlt, mit viel reiner rauchender Salzsäure (spez. Gew. 1,19) versetzt und durch längeres Einleiten von Schwefelwasserstoff nur Arsen als As_2S_5 gefällt (Verfahren nach Finkener). Man filtriert durch ein Asbestfilter (Gooch- oder Glasfiltertiegel) und wäscht das Schwefelarsen zuerst mit rauchender, mit Schwefelwasserstoff gesättigter Salzsäure aus, zuletzt mit reinem Wasser. Man löst es vom Filter mit warmem Ammoniak, dunstet die Lösung in einer Porzellanschale ab, oxydiert den Rückstand in der mit Uhrglas bedeckten Schale mit rauchender Salpetersäure, dampft ab und bestimmt das Arsen wie oben angegeben als Magnesiumpyroarsenat.

Das stark salzsaure Filtrat vom Schwefelarsen verdünnt man mit reichlich Wasser, neutralisiert auch einen Teil der freien Säure mit Ammoniak und fällt Zinn und Antimon aus der sauren Lösung durch Einleiten von Schwefelwasserstoff als Sulfide. Ihre Trennung nimmt man mit Eisen in der salzsauren Auflösung vor, wobei das Antimon als Metall quantitativ abgeschieden wird, während das Zinn aus dem mit Ammoniak fast neutralisierten Filtrat durch Schwefelwasserstoff als SnS gefällt werden kann (s. „Zinn" S. 1580).

f) Wismut nach Jungfer (vgl. auch S. 1242 u. 1244).

Man löst 10 g Handelskupfer in der nötigen Menge (50 ccm) Salpetersäure vom spez. Gew. 1,4, verdünnt die klare Lösung mit 100 ccm kaltem Wasser und läßt unter flottem Umrühren solange von einer verdünnten Sodalösung einfließen, bis ein geringer, bleibender Niederschlag entsteht. Die Flüssigkeit wird dann wiederholt einige Minuten umgerührt und 1—2 Stunden stehengelassen. (Man erreicht dasselbe durch 10 Minuten langes Kochen.) Alles Wismut befindet sich nunmehr in dem meist gut abgesetzten Niederschlage, den man auf ein Filter bringt und auswäscht. Man löst ihn in wenig Salzsäure auf, verdampft die meiste freie Säure und fällt das Wismut durch Verdünnen der Lösung mit viel Wasser (etwa 1 Liter) als Oxychlorid, das nach 2—3 Tagen auf einem kleinen Filter gesammelt und nach dem Trocknen bei 110° C gewogen wird. (Die schnelle und sehr genaue colorimetrische Bestimmung des Wismuts [S. 1243] verdient den Vorzug!)

g) Edelmetalle.

Über die Bestimmung der Edelmetalle im Handelskupfer (einschließlich Schwarzkupfer) siehe nachstehend unter Einzelbestimmungen S. 1250.

h) Wiedergewinnung von Kaliumjodid.

Ein erheblicher Nachteil der Jodidmethode ist der verhältnismäßig große Verbrauch an teuerem Jodkalium, weshalb sie wahrscheinlich im Vergleich zur nachfolgend beschriebenen Rhodanürmethode weniger angewandt wird. Man kann aber das Reagens in genügend reinem Zustand aus den gesammelten Kupferjodürmengen in folgender Weise zurückgewinnen: Das Kupferjodür wird mit Wasser unter Dekantieren ausgewaschen; man verrührt zuletzt zu einem dünnen Brei und setzt mit reinen Eisenspänen in überschüssiger Menge unter Erwärmen, um zu Zementkupfer und farbloser Eisenjodürlösung, trennt die Reaktionsprodukte und fällt aus der stark verdünnten Eisenjodürlösung das Eisen unter Durchleiten von Luft mit einer ausreichenden Menge Kaliumcarbonat, filtriert vom Eisenniederschlag und dampft die Jodkaliumlösung zur Krystallisation ein.

II. Rhodanürmethode von Hampe.
[Chem.-Ztg. 17, 1678 (1893)].

Hampe erkannte die unter S. 1187 beschriebene Umsetzung der Cuprosalze mit Rhodanverbindungen zu Kupferrhodanür als sehr geeignet, um die Hauptmenge des Metalles abzutrennen. Soweit sich beim Salpetersäure-Schwefelsäure-Aufschluß des Probematerials Bleisulfat mit Antimonaten des Kupfers und Wismuts ausscheiden, werden sie zuvor abfiltriert und gesondert behandelt; aus der Lösung aber wird das Kupfer nach Zusatz von reichlich schwefliger Säure mit einer eben ausreichenden

Menge Rhodankalium fast vollständig in der Kälte gefällt. In Lösung bleiben neben einem kleinen Rest Kupfer alles Wismut, Arsen, Antimon, Zinn, Nickel, Kobalt, Eisen und Mangan, die nach der (S. 1225) beschriebenen Weise bestimmt werden können.

Ausführung: Da man die Fällung des Kupferrhodanürs zweckmäßig bei nicht zu großem Überschuß an freier Salpetersäure vornimmt, bemißt man die zum Aufschluß des Probematerials erforderliche Menge nur um weniges mehr als der Reaktion entspricht:

$$3\,Cu + 2\,HNO_3 + 3\,H_2SO_4 = 3\,CuSO_4 + 4\,H_2O + 2\,NO.$$

Für 25 g Einwaage verwendet man also ein Gemisch aus 200 ccm Wasser, 100 ccm reiner Schwefelsäure[1] und 45—46 ccm Salpetersäure (spez. Gew. 1,210). Man löst in einem geräumigen, hohen Becherglas unter langsamem Erwärmen, kocht kurz auf und verdünnt mit 200 ccm Wasser. Etwa abgeschiedenes, unreines Bleisulfat filtriert man ab und untersucht es wie (S. 1224) angegeben. In das Filtrat leitet man bei etwa 40° C zur praktisch vollständigen Entfernung der Salpetersäure solange Schwefligsäuregas ein, bis keine roten Dämpfe mehr entweichen. Dabei scheidet sich etwa vorhandenes Silber als Trübung schon zum Teil metallisch aus, den Rest fällt man, wenn es bestimmt werden soll, nach Verjagen der Hauptmenge schwefliger Säure durch Erhitzen mit wenigen Tropfen Salzsäure als Chlorsilber; Selen und Tellur fallen dabei fast vollständig aus (s. S. 1246). Nach etwa 24 stündigem Absitzen filtriert man den Niederschlag (Ag + AgCl) ab und bestimmt das Silber als AgCl, durch Reduktion mit Wasserstoff als Metall, oder am besten docimastisch.

Das Filtrat führt man in einen 2-Literkolben über, leitet reichlich Schwefligsäuregas ein, fügt nach und nach die zur Fällung des Kupferinhaltes nicht ganz ausreichende Menge einer wäßrigen Lösung von reinem Rhodankalium hinzu. Um die erforderliche Menge zuverlässig zu treffen, bedient man sich einer gegen Silber eingestellten Rhodanlösung, wie S. 1199 oder unter „Silber", Titration nach Volhard (S. 995) beschrieben. Für 25 g Kupfer genügen rund 500 ccm Rhodankaliumlösung. Das Einleiten der schwefligen Säure wird abgestellt wenn die Flüssigkeit nach dem Umschütteln deutlich danach riecht. Man spült das Einleitrohr in den Kolben ab, füllt bis zur Marke auf (schüttelt den Kolben nicht!), gießt den Inhalt in ein trockenes Becherglas und rührt hier gründlich um. Hat sich der Kupferniederschlag einigermaßen abgesetzt, filtriert man den größten Teil der Lösung durch ein trockenes Filter in ein trockenes Becherglas und entnimmt dem Filtrat zur Bestimmung der in Lösung befindlichen Nebenmetalle nach S. 1226 ein genau abgemessenes Volumen, z. B. 1800 ccm. Aus dieser Lösung verjagt man durch Erhitzen die schweflige Säure und leitet dann Schwefelwasserstoff längere Zeit ein, wodurch die Metalle der Schwefelwasserstoffgruppe fallen, darunter der Rest des Kupfers. Im Filtrat des Sulfidniederschlages ist die Menge an freier Schwefelsäure verhältnismäßig groß, sodaß es sich empfiehlt, vor der Fällung des Nickels, Kobalts, Eisens

---

[1] Die Schwefelsäuremenge ist reichlich bemessen, um das Ausfallen basischer Wismut- oder Antimonsalze zu verhindern; bei Abwesenheit dieser genügen 25 ccm Schwefelsäure auf 25 g Kupfer.

und Mangans mit Ammoniak und Schwefelammonium oder mit Natronlauge die Hauptmenge Säure durch vorsichtiges (stark salzhaltige Lösung!) Abdampfen, zuletzt auf dem Sandbad, zu entfernen. Nach dem Aufnehmen des nicht völlig trocknen Rückstandes mit Wasser können die genannten Metalle nach S. 1226 bestimmt werden.

Die Berechnung der Analyse hat das Volumen des Kupferrhodanürniederschlages zu berücksichtigen, da in seiner Gegenwart zu zwei Litern aufgefüllt wurde. 25 g Kupfer nehmen als Rhodanür einen Raum von 15,983 ccm ein, sodaß der 2-Liter-Meßkolben 2000—15,983 = 1984,02 ccm Flüssigkeit enthielt, in welcher die Verunreinigungen enthalten sind. Hat man wie oben 1800 ccm zur Untersuchung entnommen, so sind alle Auswaagen mit $\dfrac{1984,02}{1800}$ zu multiplizieren; oder bei 25 g Einwaage an Probematerial und a g Auswaage eines Bestandteiles ergibt sich dessen Gehalt zu

$$\frac{1984,02 \cdot a \cdot 100}{1800} \frac{}{25} = 4,409 \cdot a \, \%.$$

Die Methode nach Hampe führt zu sehr genauen Befunden und ist vielfach in Anwendung.

III. Bestimmung in Gruppen aus mehreren Einwaagen.

Wie zu Anfang des Abschnittes „Handelskupfer" (S. 1222) ausgeführt wurde, zieht man heute vielfach — besonders in Amerika — die Bestimmung der unter I (S. 1223) und II (S. 1227) berücksichtigten Verunreinigungen des Handelskupfers unter Benutzung verschiedener Einwaagen in mehreren Gruppen vor. Zu den bezeichneten Vorteilen kommt auch der einer mindestens betriebstechnisch nicht unwesentlichen Beschleunigung des Teiles der Gesamtanalyse, der sich auf die Gehaltsermittlungen für Bi, Pb, As, Sb, (Sn), Ni, Co, Fe, (Mn), Se und Te bezieht. Die übrigen in Betracht kommenden Verunreinigungen des Handelskupfers werden von den Methoden I (S. 1223) und II (S. 1227) auch nicht erfaßt.

Nach amerikanischem Vorschlag (Scott, W. W.: Standard Methods of Chemical Analysis, 4. Aufl., Kapitel „Kupfer" S. 199) unterteilt man die oben genannten Verunreinigungen in folgende Gruppen:

1. Wismut und Eisen,
2. Blei, Zink, Nickel und Kobalt,
3. Arsen, Antimon, Selen und Tellur [1],

wozu für die Gesamtanalyse noch die folgenden Einzelbestimmungen kommen:

4. Edelmetalle,
5. Schwefel,
6. Sauerstoff,
7. Phosphor.

Für 1—3 verfährt man folgendermaßen:

---

[1] Zinn berücksichtigen die Amerikaner nicht besonders, weil es in ihren eigenen Vorkommen selten ist.

a) Wismut und Eisen.

Die in Salpetersäure gelöste Probe (10—500 g Einwaage) wird nach Verjagen des größten Säureüberschusses mit 130 ccm Wasser auf je 10 g Einwaage verdünnt [1], mit Ammoniak versetzt bis alles zuerst ausgefallene Kupfer wieder in Lösung ist, 5 ccm einer gesättigten Ammoncarbonatlösung zugefügt und für je 10 g Einwaage auf 200 ccm verdünnt. Nach mehrstündigem Abstehen auf dem Wasserbad wird noch warm filtriert, wobei die ersten 100 ccm nochmals durchs Filter gegeben werden; das Filter wird dann mit sehr schwach ammoniakalischem Wasser ausgewaschen. Der Filterrückstand enthält das Wismut und Eisen. In der salzsauren Auflösung des Niederschlages trennt man Wismut und Eisen mit Schwefelwasserstoff. Im Filtrat des Schwefelwasserstoffniederschlages bestimmt man das Eisen nach Oxydation mit Wasserstoffsuperoxyd oder Kaliumchlorat und Abdampfen durch Titration mit Zinnchlorür. Zur Wismutbestimmung wird der im Filter befindliche Schwefelwasserstoffniederschlag in Salpetersäure gelöst, mit Schwefelsäure bis zum Rauchen eingedampft und nach dem Aufnehmen des Rückstandes mit Wasser das Bleisulfat abfiltriert. Aus dem Filtrat fällt man Wismut wie oben angegeben, filtriert, wäscht aus, löst in Säure zurück und bestimmt das Wismut colorimetrisch.

b) Blei, Zink, Nickel und Kobalt.

Aus einer salpetersauren Auflösung der Probe (25—250 g Einwaage, wobei je 25 g zunächst für sich behandelt werden), aus welcher der Säureüberschuß durch Einengen und Wiederauflösen der an der Oberfläche entstehenden basischen Salze mit wenig Salpetersäure weitgehend entfernt ist, wird bei einem Volumen von 300—700 ccm das Kupfer elektrolytisch, bei 1,5—2 Ampere in 36 Stunden mit Spiralanode und 160 qcm Kathodenoberfläche niedergeschlagen (s. S. 928). Der Elektrolyt muß während der ganzen Analysendauer leicht sauer bleiben, damit Nickel, Kobalt und Zink nicht ausfallen. Nach fast vollständiger Kupferfällung werden die Elektroden entfernt. Der Elektrolyt wird eingeengt, einige Krystalle Oxalsäure hinzugefügt und das eventuell an der Anode haftende PbO_2 in heißer Lösung abgelöst. Die Lösung wird auf ein kleines Volumen eingeengt, etwa 40 ccm verdünnte Schwefelsäure zugesetzt und bis zum Rauchen abgedampft, nach dem Verdünnen mit 100 ccm Wasser nochmals bis zum Rauchen eingedampft. Man nimmt den Rückstand mit 300 ccm Wasser auf und filtriert das $PbSO_4$; es wird in bekannter Weise in Ammoniumacetat gelöst und als Bleichromat bestimmt. Das Filtrat des Bleisulfats fällt man mit Schwefelwasserstoff und filtriert. Das Filtrat enthält Zink, Kobalt und Nickel. Da der Schwefelwasserstoffniederschlag Zink enthalten kann, wird er aufgelöst, erneut gefällt und die Filtrate vereinigt. Ist Eisen zugegen, zerstört man den Schwefelwasserstoff, oxydiert mit Wasserstoffsuperoxyd, gibt 5 g Ammonsulfat hinzu, macht stark ammoniakalisch und filtriert. Bei viel Eisen wird die Fällung wiederholt. Das Filtrat des Eisenniederschlages, auf 400 ccm gebracht, wird

---

[1] Bei sehr großen Einwaagen (bis zu 500 g bei Elektrolytkupfer) werden 50 g Einwaagen zunächst getrennt behandelt und erst die Niederschläge vereinigt.

in Gegenwart von Lackmus mit verdünnter Schwefelsäure vorsichtig neutral gemacht und mit einigen Tropfen Schwefelsäure im Überschuß versetzt. Zinkfällung mit Schwefelwasserstoff in bekannter Weise, bei längerem Abstehen des Niederschlages. Nach dem Abfiltrieren wird das ZnS in heißer Salzsäure (1 : 2) und etwas Kaliumchlorat gelöst. Nach dem Eindampfen zur Trockne nimmt man den Rückstand mit sehr schwach salzsaurem Wasser auf und filtriert die Lösung (SiO_2!). Im Filtrat bestimmt man das Zink in einem Qualitätsglas durch Fällung mit Natriumcarbonat; Auswaage als ZnO. Im Filtrat des Zinkniederschlages werden Nickel und Kobalt nach Entfernen des Schwefelwasserstoffs in ammoniakalischer Lösung elektrolytisch bestimmt: Salpetersäurefreier Elektrolyt, 0,5 Ampere.

c) Arsen, Antimon, Selen und Telur[1].

50—500 g Probematerial werden in Salpetersäure gelöst und solange eingedampft, bis ein leicht grüner Niederschlag an der Oberfläche erscheint. Je 50 (bis 100 g) Einwaage verdünnt man auf 500 ccm und fügt 5 ccm Ferrinitratlösung (mit $3^0/_0$ Fe) hinzu. Man erzeugt einen basischen Acetatniederschlag, nachdem man mit schwacher Natronlauge die freie Säure so weit abgestumpft hat, daß kein bleibender Niederschlag entsteht (evtl. Rücklösen mit einigen Tropfen Salpetersäure). Die auf 800 ccm verdünnte klare Lösung wird mit 20 ccm gesättigter Natriumacetatlösung versetzt, zum Sieden erhitzt und über ein Faltenfilter heiß filtriert, wobei das erste Filtrat zurückgegeben wird. Der Niederschlag wird zweimal mit heißem Wasser ausgewaschen. Im Filtrat wird nach Zusatz von 5 ccm Eisenlösung nochmals gefällt und durch ein zweites Faltenfilter filtriert. Die Niederschläge werden zusammen in möglichst wenig Salpetersäure gelöst, die Lösung auf 150 ccm gebracht, etwas Kaliumchlorat zugesetzt und die Lösung bis auf 30 ccm eingeengt. Salzsäure- und Kaliumchloratzusatz und Eindampfen sind zu wiederholen (Überhitzung des Gefäßes vermeiden!). Die Lösung wird in einen Destillierkolben übergeführt und das Arsen in Gegenwart von Eisenchlorür abdestilliert. Bestimmung des Arsens im Destillat volumetrisch (s. S. 1079). Nach beendeter Arsendestillation wird der Lösung im Kolben 25 ccm gesättigte Chlorzinklösung zugesetzt und das Antimon destilliert, indem starke Salzsäure durch einen seitlichen Stutzen tropfenweise in den Destillierkolben eingeführt wird, um das Destillat zu ergänzen, wobei das Volumen im Kolben so klein wie möglich gehalten wird, ohne daß Krystallisation eintritt. Nach beendeter Destillation des Antimons wird der Kolbeninhalt noch heiß in ein Becherglas entleert, ausgespült und die Lösung zur Selen- und Telurfällung zurückgestellt (s. unten). Im antimonhaltigen Destillat stumpft man die Hauptsäuremengen mit Ammoniak ab und fällt das Antimon mit Schwefelwasserstoff. Der Niederschlag

---

[1] Auf Veranlassung von K. Wagenmann hat H. Triebel im Zentrallaboratorium der Mansfeld A. G., Eisleben, die basische Eisenacetatfällung für Selen nachgeprüft und festgestellt, daß mit jeder Fällung ganz erhebliche Anteile des Seleninhaltes in Lösung bleiben. Für genaue Bestimmungen nennenswerter Mengen Selen und Telur — dieses verhält sich sicherlich ebenso — ist daher obige Methode nicht zu empfehlen. Es sei auf die Angaben für Selen und Telur S. 1247 verwiesen.

kann etwas Selen enthalten, das vom Schwefelantimon zu trennen ist. Man löst den Sulfidniederschlag in Salzsäure (1:2), die etwas Brom enthält, filtriert den Schwefel ab und wäscht mit wenig verdünnter Salzsäure aus. Aus dem etwa ein Drittel des Volumens starke Salzsäure enthaltenden Filtrat fällt man das Selen unter Einleiten von Schwefligsäuregas bis zur Sättigung unter Sieden. Nach mehrstündigem Absitzen wird das Selen in einem tarierten Goochtiegel filtriert (Fortsetzung unten). Aus dem Filtrat verjagt man die schweflige Säure durch Kochen, neutralisiert zuerst mit Ammoniak, macht schwach salzsauer, fällt das Antimon mit Schwefelwasserstoff, läßt absitzen, filtriert, wäscht aus, löst den Niederschlag in Schwefelnatrium, fügt 10 ccm 25%ige Cyankaliumlösung dem Filtrat zu und 2 ccm 25%ige Natronlauge. Elektrolyse, heiß (90° C), eine Stunde bei 0,5 Ampere. Der Antimonniederschlag wird schnell ausgehoben, abwechselnd mit kaltem und heißem Wasser mehrfach ausgewaschen, zuletzt mit 95%igem Alkohol. Nach Trocknen bei 100° C wird ausgewogen. Der Antimonniederschlag wird in kochender Salpetersäure — Weinsäure — abgelöst und die Kathode zurückgewogen; die Gewichtsdifferenz wird als Antimon angenommen. (Nachprüfung des Elektrolyten auf vollständige Fällung mit Oxalsäure.) Der oben erhaltene Destillationsrückstand vom Antimon enthält das Tellur und noch den größeren Teil des Selens. Beide werden in der mit Ammoniak fast neutralisierten Lösung mit Schwefelwasserstoff gefällt. Den abfiltrierten Niederschlag löst man wieder in einem Gemisch aus gleichen Teilen Salpetersäure (spez. Gew. 1,42) und Kaliumbromid-Brom-Lösung (20 ccm Br + gesättigte KBr-Lösung, verdünnt zu 200 ccm) und fällt nach dem Verdünnen auf 400 ccm Selen und Tellur auf Zusatz von 5 ccm Ferrinitratlösung (mit 3% Fe) mit Ammoniak in geringem Überschuß [1]. Der Niederschlag wird wiederum in Salzsäure gelöst und nochmals mit Schwefelwasserstoff gefällt; die gefällten Sulfide werden nochmals (wie oben) in Lösung gebracht und aus dieser Selen und Tellur mit Schwefligsäuregas gefällt. Das Fällungsprodukt ist reines Se und Te, die nach dem Abfiltrieren und Auswaschen in obigem Goochtiegel nach Trocknen bei 100° C ausgewogen werden können (auf Au zu prüfen!).

2. Einzelbestimmungen.

An den Erzeugungsstätten werden die immerhin langwierigen Gesamtanalysen des Kupfers nur in längeren Zeitabständen ausgeführt; man begnügt sich mit der öfteren Feststellung einiger zu beachtender Bestandteile, von denen die besonders schädlichen stets fortlaufend kontrolliert werden. Auch der Abnehmer verlangt bei Raffinaden meist nur Angaben über gewisse Verunreinigungen, soweit sie für den beabsichtigten Verwendungszweck von Interesse sind, gelegentlich auch Angabe des Kupfergehaltes. Von wenigen Sonderfällen abgesehen, gilt Elektrolytkupfer als praktisch vollständig rein.

---

[1] Die Fällung des Selens mit Ammoniak in Gegenwart von Eisenhydroxyd ist um so unvollständiger, je mehr freies Ammoniak vorliegt (K. Wagenmann).

a) Kupfer.

Das Probematerial muß sehr sauber (frei von Staub, Schmutz und Öl) und homogen sein[1]. Es besteht am besten aus kleinen Bohr-, Dreh- oder Hobelspänen, die mit dem Magneten von eventuell vorhandenen Eisenteilchen befreit sind. Die Einwaage hängt ganz von der Gleichartigkeit des Musters ab, wird aber allgemein nicht unter 10 g gewählt. Man löst sehr sorgfältig, unter Vermeidung auch geringster Verluste durch die Gasentwicklung, also in einem geräumigen, mit Uhrglas abgedeckten Becherglas (s. auch Abb. 1, S. 1175)[2], je 10 g Späne in 100 ccm Salpetersäure (spez. Gew. 1,2), die man allmählich zusetzt. Unlösliches ist für sehr genaue Bestimmungen zu berücksichtigen, nach dem Verdünnen abzufiltrieren, mit wenig Bisulfat aufzuschließen und der Hauptlösung zuzuführen. Die klare, kalte Lösung bringt man in einen genau geeichten 500-ccm-Kolben, füllt mit Wasser bis zur Marke auf und entnimmt dem Kolben 50 ccm vermittels genau geeichter Pipette. Für genaue Bestimmungen sind natürlich alle jene bekannten Bedingungen zu beachten, die für ein genaues Abmessen erforderlich sind (s. hierzu Bd. I, S. 229); das genaueste Verfahren ist das Auswiegen eines gewünschten Teils der Lösung. Hat man beim Auflösen der Probe schon etwas Schwefelsäure zugesetzt (oder die Lösung des eventuell ausgeführten Bisulfataufschlusses) und fällt dabei Bleisulfat aus, läßt man es im Kolben vollständig absitzen, oder filtriert die Lösung in den Kolben. Beim Auswiegen des aliquoten Teils muß letzteres geschehen. Das Kupfer wird heute fast ausnahmslos elektroanalytisch (häufig vorgeschrieben!) bestimmt. Die dem Kolben entnommene, in ein Elektrolysenglas gebrachte Lösung übersättigt man mit Ammoniak, geht mit Salpetersäure bis zum Wiederauflösen des ausfallenden Kupferniederschlages zurück, fügt 5 ccm Salpetersäure (spez. Gew. 1,4) und 5 ccm Schwefelsäure (spez. Gew. 1,2) hinzu und elektrolysiert in etwa 120 ccm Volumen ruhend oder bei bewegtem Elektrolyt (s. „Elektroanalytische Methoden", Kupfer, S. 931). Die Bestimmungsweise hat natürlich die in der Tabelle (S. 1204) aufgeführten beeinflussenden Verunreinigungen zu berücksichtigen. Bezüglich Silber und Blei s. S. 1208. Muß angenommen werden, daß der Kathodenniederschlag u. a. As, Sb oder Bi enthält, so fällt man mehrere 50 ccm Einwaagen, bestimmt in einer Auswaage Wismut colorimetrisch, die anderen löst man auf und verfährt nach Methode c, S. 1184. Im Zentrallaboratorium der Mansfeld A. G., Eisleben, bestimmt man betriebsmäßig das Kupfer im unverhältnismäßig reinen und homogenen Raffinad unmittelbar aus 2 g Einwaage, wie oben schnellelektrolytisch mit 2 Ampere in 2 Stunden; Silber wird mit ausgewogen und wenn erforderlich abgezogen auf Grund gesonderter Bestimmung. Im 99,8%igen Raffinad wird das Kupfer mit $\pm$ 0,015% Genauigkeit bestimmt[3].

---

[1] Siehe diesbezüglich unter „Probenahme" S. 884.

[2] Ein besonderes Lösegefäß für diesen Zweck ist abgebildet in W. W. Scott: Standard Methods of Chemical Analysis. Kapitel „Kupfer", S. 205, Abb. 32.

[3] Der gleiche Genauigkeitsgrad wird auch von der einschlägigen Industrie der Vereinigten Staaten von Nordamerika verlangt; siehe A.S.T.M.-Standards, Philadelphia **1930 I,** 779.

Die American Society gibt in ihren „Standards" (A.S.T.M.-Standards, Philadelphia 1930 I, 776f.) die elektroanalytische Bestimmungsmethode für Kupfer im Handelskupfer ausschließlich und sehr ausführlich an. Für „Low-Grade" oder „Casting Copper" sei dem Werk folgendes entnommen: Das Auflösen von jeweils 5 g Probematerial wird stets in 42 ccm Säuregemisch vorgenommen, wie es auf S. 1175 angegeben ist. Methode I: (Sie soll nur in Gegenwart kleiner Mengen an Verunreinigungen angewandt werden.) Man löst den elektrolytisch quantitativ gefällten Kupferniederschlag nochmals in 42 ccm Säuregemisch auf dem Wasserbad und wiederholt die Elektroanalyse unmittelbar in der Lösung. — Methode II: (Für stärker verunreinigtes Kupfer empfohlen.) Zu der durch Eindampfen von der Salpetersäure befreiten Probelösung setzt man (bei etwa 75 ccm Volumen) 3 ccm Ferrinitratlösung (1 ccm = 0,01 g Fe), fällt das Eisen und mit ihm eine größere Zahl von Verunreinigungen aus der heißen Lösung mit Ammoniak, filtriert über ein kleines Filter, wäscht den Niederschlag aus, löst ihn in verdünnter Schwefelsäure wieder auf und fällt ihn zweimal um. Die vereinigten Filtrate werden eingeengt, mit verdünnter Schwefelsäure angesäuert, 2 ccm konzentrierte Salpetersäure zugesetzt und elektrolysiert. — Methode III: (Für hocharsenhaltiges Kupfer empfohlen.) Zur Probelösung setzt man vor der Elektroanalyse 5 g Ammonnitrat hinzu, oder besser, man löst 5 g Probematerial in 60 ccm Säuregemisch (statt in 42 ccm) und elektrolysiert normal.

b) Sauerstoff.

Für diese Bestimmungen muß das Probematerial, in späniger Form, ganz besonders frei von mechanischen Verunreinigungen sein; die Späne dürfen beim Bohren nicht überhitzt werden. Für technische Zwecke eignet sich bei nur wenig arsen- und antimonhaltigem Kupfer die Reduktion einer etwa 10 g betragenden Einwaage in einem Porzellanschiffchen im elektrisch beheizten Röhrenofen bei mäßiger Rotglut mit sorgfältig getrocknetem, reinem Wasserstoff. Der Sauerstoff des Probematerials verbrennt hierbei zu Wasser; durch Rückwiegen der im Wasserstoffstrom erkalteten Probe bestimmt man den Gewichtsverlust, welcher praktisch als Sauerstoff angenommen wird. Das Ergebnis ist natürlich mit um so größeren Fehlern behaftet, je stärker das Probematerial durch Arsen, Antimon, Schwefel oder Selen verunreinigt ist, da diese Bestandteile zum mindesten teilweise flüchtig sind.

Genauer ist die unmittelbare Auswaage des beim Glühen im Wasserstoffstrom entstehenden Verbrennungswassers. Je nach dem Sauerstoffgehalt des zu untersuchenden Kupfers wählt man Einwaagen von 10—100 g. Das Probematerial wird im Porzellanschiffchen eingewogen, schwach erwärmt und im Exsiccator erkalten gelassen. Man bringt es dann sofort in den Verbrennungsröhrenofen. Die bezügliche Einrichtung besteht aus der Trockenvorrichtung — Chlorcalciumrohr, dann Phosphorpentoxydrohr — für den unbedingt sauerstofffreien Wasserstoff, der vor Einführen der Probe in den Ofen etwa eine halbe Stunde durch das Verbrennungsrohr (glasiertes Porzellanrohr oder durch-

sichtiges Quarzrohr) geleitet wird, mit dem angeschlossenen zur Auswaage des Verbrennungswassers bestimmten Phosphorpentoxydgefäß.
Die Probe erhitzt man im Rohr nicht über 900° C, im langsamen Wasserstoffstrom 2—3 Stunden. Die Gewichtszunahme des Phosphorpent-
oxydgefäßes ergibt das Verbrennungswasser, das $88,8\%$ Sauerstoff
enthält. Nach reichlichen Erfahrungen von K. Wagenmann ist diese
grundsätzlich sehr einfache Bestimmungsweise für niedrige Sauerstoffgehalte, etwa unter $0,1\%$, nicht sehr genau, da es praktisch nicht möglich
ist, das zur Auswaage bestimmte Absorptionsgefäß, zum Beispiel im
Leergang, über die Dauer von einigen Stunden im Gewicht konstant
zu erhalten. Wagenmann hat diese Feststellung an zahlreichen Untersuchungen gemacht, wobei alle nur denkbaren fehlerbringenden Möglichkeiten berücksichtigt worden sind.

Eine wesentliche Zeitkürzung schaltet diesen Fehler praktisch aus.
Daher hält Wagenmann es für durchaus wahrscheinlich, daß mit dem
ziemlich kompendiösen Apparat von Oberhoffer [Metall u. Erz 15,
33 (1918)] zur schnellen Ausführung der Sauerstoffbestimmung genauere
Resultate erzielt werden können. Der Wasserstoff wird in einer zu-
gehörigen, besonderen Apparatur aus Natronlauge elektrolytisch hergestellt; als Verbrennungsrohr dient ein Quarzglasrohr, in welches
die Probe eingeführt wird, das dann schnell geschlossen und evakuiert
wird, wonach man Wasserstoff eintreten läßt und das Quarzrohr in den
vorher elektrisch beheizten Röhrenofen einführt. Das Verbrennungswasser wird über Phosphorpentoxyd aufgefangen und ausgewogen.
Die Dauer einer Bestimmung beträgt insgesamt 45 Minuten.

Eine für niedrige Sauerstoffgehalte praktisch vielfach angewandte
und verhältnismäßig einfache Bestimmungsweise ist die metallographische, die auf den Feststellungen von E. Heyn (Mitt. Techn. Vers.-Anst.
Berlin **1930**, 315) aufgebaut ist, wonach der **gesamte** Sauerstoff
eines Kupfers in Form eines Eutektikums (mit $3,4\%$ Cu_2O) **stets quantitativ** ausgeschieden vorliegt. Im Anschliff einer Materialprobe
ist das Eutektikum unter dem Mikroskop an seiner graublauen Farbe
deutlich erkennbar. Durch Ausmessen der von ihm eingenommenen Fläche
im mikroskopischen Bild kann unter Berücksichtigung der spezifischen
Gewichte des reinen Kupfers und des Eutektikums der Prozentgehalt des
letzteren bzw. der Sauerstoffgehalt des Probematerials bestimmt werden.
(Näheres u. a. in E. Heyn und O. Bauer: Metallographie, Bd. 2, S. 30.
Sammlung Göschen. Leipzig 1909, sowie Bd. I, S. 777).

Untersuchungen von R. Vogel und W. Pocher [Ztschr. f. Metallkunde
10, 333 (1929)] weisen aber darauf hin, daß Kupfer bei genügend langem
Glühen (bei etwa 950° C) bis $0,8\%$ Cu_2O oder $\sim 0,08\%$ O in fester Lösung
aufzunehmen vermag. Werden diese Feststellungen bestätigt, müßten
für die metallographische Bestimmungsweise des Sauerstoffs in technischen Kupfersorten entsprechende Einschränkungen gemacht werden.

Über die Bestimmung des als Oxydul im Kupfer enthaltenen Sauerstoffs und die dadurch ermöglichte Bestimmung der „Verbindungs-
formen" der Verunreinigungen im Kupfer, siehe die Originalarbeiten

von Hampe (Fußnote 2, S. 1219) und Fresenius: Quantitative Analyse, 6. Aufl., Bd. 2, S. 522 f.).

c) Schwefel.

Sehr genau ist die von Lobry de Bruyn [Chem.-Ztg. 15, Rept. 354 (1891)] vorgeschlagene Methode. Man löst 5—10 g Probematerial in Form feiner Späne in einem geräumigen, mit Uhrglas abgedeckten Gefäß oder Kolben in reiner starker Salpetersäure, verdünnt, fällt das Kupfer elektrolytisch und dampft das quantitativ aufgefangene Elektrolysat auf dem Wasserbad ab. Der Salzrückstand besteht im wesentlichen aus Ammonnitrat, welches bei der Elektrolyse aus Salpetersäure entstanden ist. Man nimmt mit 50 ccm reiner Salzsäure auf, dampft ab, wiederholt den Salzsäurezusatz und das Abdampfen, um die Salpetersäure vollständig zu entfernen und nimmt mit schwach salzsaurem Wasser auf. Es empfiehlt sich, diese Lösung erst zu filtrieren, dann in etwa 200 ccm Volumen in der Siedehitze mit 10 ccm 10%iger Bariumchloridlösung zu fällen (vgl. S. 471). Die Auswaage ist $BaSO_4$ mit 13,73 (log = 1,13781) % S.

Selbstverständlich dürfen nur vollständig SO_3-freie Reagenzien zur Anwendung kommen. K. Wagenmann nimmt das Lösen der Probespäne im Kolben gemäß Abb. 1, S. 1175 vor.

Für Betriebszwecke kann das Bariumsulfat auch in Gegenwart des Kupfers gefällt werden. Man löst eine Einwaage in Bromsalzsäure, der man sofort etwas Brom und Kaliumchlorat hinzufügt, läßt längere Zeit einwirken und erwärmt allmählich auf dem Wasserbad. Nachdem Brom und Chlor verjagt sind, verdünnt man auf etwa 200 ccm und fällt in der Siedehitze mit Chlorbariumlösung. Man kann auch erst Bromsalzsäure-Brom-Chlorat-Gemisch eine Viertelstunde kalt einwirken lassen, dann starke Salpetersäure zusetzen und unter langsamen Erwärmen vollständig lösen. Dann ist aber die Salpetersäure durch mehrmaliges Abdampfen mit Salzsäure auf dem Wasserbade zu entfernen.

In Handelskupfer mit nicht mehr als 99,9% Cu kann der Schwefel sehr genau und verhältnismäßig schnell nach dem unter Kupfer-Zinn-Zink-Legierungen beschriebenen Entwicklungsverfahren von H. Leysaht bestimmt werden (s. unter m, S. 1276). Man verwende das Ausgangsmaterial in möglichst feinen Spänen.

d) Phosphor.

Kommt nur selten und in Spuren im Handelskupfer vor. Arsenfreies Kupfer (Einwaage 5—10 g) kann in konzentrierter, wenig freie Salpetersäure enthaltender Lösung zur Abscheidung der Phosphorsäure als Ammonphosphormolybdat direkt mit Molybdänsäurelösung unter Zusatz von festem Ammonnitrat in der Kälte gefällt werden; der Niederschlag wird nach 12 Stunden abfiltriert und wie bei „Phosphorkupfer" S. 1253 ausführlich beschrieben, weiter behandelt.

Da man meist mit der Anwesenheit von Arsen zu rechnen hat, verflüchtigt man dasselbe durch Eindampfen mit Bromwasserstoffsäure. Man löst etwa 5 g Probesubstanz mit Salpetersäure im Kolben auf, zinnhaltiges Kupfer in Königswasser, und verjagt die freie Säure vollständig: Man kocht zweimal auf Zusatz von je 20 ccm rauchender Bromwasserstoffsäure und dampft ab. Den Rückstand nimmt man mit 5 ccm verdünnter Salpetersäure auf, fügt 10 ccm kalt gesättigte Ammonnitratlösung hinzu, führt die Lösung in ein Becherglas über unter Nachspülen des Kolbens mit gesättigter Ammonnitratlösung und fällt die Phosphorsäure mit Molybdänlösung aus.

Sind größere (als 5 g) Einwaagen an Kupfer erforderlich, empfiehlt es sich, die bedeutende Kupfermenge nach Zusatz von Ferrinitratlösung zur gelösten Probe vermittels der basischen Acetatfällung vorher abzutrennen, wie dies auf S. 1231 beschrieben ist. Der Eisenniederschlag enthält nach zweimaliger Anwendung der Fällung alle Phosphorsäure (einschließlich Arsen und Antimon!). Man löst die Niederschläge der Acetatfällung in Salzsäure, übersättigt mit Ammoniak, leitet Schwefelwasserstoff ein und filtriert. Das arsen- (antimon-) und phosphorsäurehaltige Filtrat säuert man an, kocht auf, filtriert den gefällten Sulfidniederschlag und bestimmt im Filtrat nach Eindampfen, Aufnehmen und Übersättigen mit Ammoniak die Phosphorsäure in bekannter Weise mit Magnesiamixtur. Man kann auch aus der salzsauren Auflösung des Acetatniederschlages Arsen (Antimon) mit Schwefelwasserstoff abtrennen und im vom Schwefelwasserstoff befreiten Filtrat den Phosphor mit Molybdänlösung fällen, wie es beim Eisen üblich ist.

e) Arsen.

Die Untersuchung wird in Raffinaden am meisten verlangt. Zur genauen und verläßlichen Bestimmung trennt man zuerst das Arsen quantitativ, wenn auch in mehr oder weniger stark verunreinigter Form, von der Hauptmenge Kupfer.

1. Dazu kann die doppelte basische Acetatfällung auf Zusatz von Eisen angewandt werden (s. S. 1231).

2. Meist, weil nur einmal erforderlich, bedient man sich dazu der Fällung mit Natriumcarbonat in nur begrenzter Menge („Anfällen"), wobei das Arsen quantitativ als basisches Arsenat fällt; zweckmäßig setzt man etwas Ferrisalz zu:

Je nach Arsengehalt löst man 5—10 g Probematerial in möglichst wenig Salpetersäure auf, verkocht die salpetrige Säure, verdünnt auf 200—400 ccm und setzt solange Sodalösung (1:10) hinzu, bis eben eine bleibende Trübung entsteht. Nach Zugabe einiger Tropfen Eisenchloridlösung (1:10) fällt man unter gutem Umrühren mit wenig Sodalösung, sodaß ein bleibender, nicht allzu reichlicher Niederschlag von Carbonaten entsteht. Das erste Neutralisieren kann auch mit Ammoniak geschehen. Man kocht etwa 10 Minuten, läßt eine Stunde warm absitzen, filtriert über ein geräumiges Filter oder besser Glasfiltergerät [1]

---

[1] Die Anwendung der Glasfiltergeräte (s. Bd. I, S. 67) (Tiegel oder Nutschen) ist hier besonders zweckmäßig, weil beim Wiederauflösen der Niederschläge ausschließlich mit konzentrierter Salzsäure gearbeitet werden kann, was für die schnelle Destillation nur von Vorteil ist; man dekantiere möglichst weitgehend, bevor man den Niederschlag aufs Filter gibt und sauge nur schwach.

und wäscht den Niederschlag mehrmals mit heißem Wasser aus, um die Nitrate möglichst zu entfernen. Den Niederschlag löst man einschließlich der an den Wandungen des Fällgefäßes haftenden Teile in wenig starker Salzsäure zurück in den für die Arsendestillation bestimmten Kolben.

3. Bei den Kupferabtrennungsverfahren 1 und 2 fällt etwa vorhandenes Antimon mit aus, ist also bei der nachfolgenden Destillation des Arsens zugegen, wo es bekanntlich nicht ganz unbeteiligt bleibt. Diese Fehlerquelle schaltet das nachstehende Verfahren aus, welches für sehr genaue Arsenbestimmungen im Zentrallaboratorium der Mansfeld A. G., Eisleben, angewandt wird. Es hat sich als sehr zuverlässig erwiesen und schaltet die bekannten unangenehmen Seiten der vorstehenden Verfahren 1 und 2 aus, nimmt allerdings etwas mehr Zeit in Anspruch:

Man löst 5—10 g Kupfer in einer gut ausreichenden Menge Salpetersäure, verjagt die salpetrige Säure durch Sieden, verdünnt auf etwa 100 ccm, setzt etwas Natriumphosphat und (bei Gegenwart von Antimon) einige Gramm Weinsäure hinzu, übersättigt mit Ammoniak und fällt mit Magnesiamixtur. Der Natriumphosphatzusatz hat den Zweck, die Niederschlagsmenge zu vergrößern, wodurch beim Filtrieren auch die geringsten Verluste an Arsen vermieden werden. Nach 12 stündigem Absitzen wird der Niederschlag über eine Glasfilternutsche abfiltriert, mit ammoniakalischem Wasser ausgewaschen und mit konzentrierter Salzsäure in den Destillierkolben gelöst.

Die Destillation des Arsens (s. auch S. 1328 u. 1592) kann in jeder einschlägigen Vorrichtung stattfinden. Sehr zweckmäßig sind die Apparate, wie sie in den Mitt. d. Fachausschusses (Teil I, S. 66. Berlin 1924) abgebildet sind.

Verschiedene Reduktionsmittel sind bei der Destillation in Anwendung:

Unter den billigen, daher meist angewandten Ferrosalzen hat gegenüber Ferrosulfat das Eisenchlorür den Vorzug größerer Löslichkeit, so daß beim Destillieren weiter eingeengt werden kann, bevor das bekannte „Stoßen" auftritt. Neben Cuprochlorid werden auch von Jannasch Hydrazinbromid oder eine Mischung von 3 g Hydrazinsulfat und 1 g Kaliumbromid, von Rohmer [Ber. Dtsch. Chem. Ges. 34, 33 (1901)] Bromkalium oder Bromwasserstoffsäure empfohlen, welch letztere häufig in Anwendung gekommen sind. Die genannten Bromverbindungen sind zwar teurer, haben aber den Vorteil, daß man sehr viel geringere Mengen zuzusetzen braucht, weshalb man sehr weit abdestillieren kann und die Destillationsrückstände für sonstige Bestimmungen unmittelbar zu benutzen sind.

Man destilliert aus möglichst stark salzsaurer Lösung, von etwa 200 ccm Anfangsvolumen, unter Zusatz obiger Reduktionsmittel (30—50 g Eisenchlorür bzw. Ferrosulfat) bis der Kolbeninhalt zu spritzen beginnt. Für genaue Bestimmungen läßt man erkalten, führt etwa 50 ccm rauchende Salzsäure in den Kolben ein und destilliert nochmals wie oben. Das unter reichlich kaltem Wasser aufgefangene Destillat enthält das Arsen als $AsCl_3$, also in 3-wertiger Form.

Zur gewichtsanalytischen Bestimmung des Arsens in dem verdünnten Destillat erwärmt man dieses mäßig, fällt das Arsen als As_2S_3 durch einen raschen Strom von H_2S, filtriert durch ein gewogenes Filter (Glasfiltertiegel), trocknet 3 Stunden bei 105—110° C und wägt das reine Arsensulfür (s a. S. 1079). As_2S_3 enthält 60,91 (log = 1,78470) % As.

Schneller, aber ebenso genau, ist die maßanalytische Bestimmung des Arsens nach Mohr (s. a. S. 1574): Man neutralisiert das Destillat mit reinem Natriumcarbonat (NaOH verursacht leicht einen beträchtlichen Jodverbrauch), zuletzt vollständig mit Natriumbicarbonat, von dem man einen kleinen Überschuß zusetzt. Man titriert mit einer eingestellten Jodlösung (Bd. I, S. 365) auf Zusatz von etwas frischer Stärkelösung. Der Arsengehalt errechnet sich aus:

$$As_2O_3 + 4 J + 2 H_2O = As_2O_5 + 4 HJ.$$

Daß die angewandten Reagenzien alle auf Arsen zu prüfen sind, ist selbstverständlich. Da aber auch Natriumbicarbonat etwas Jod verbraucht, bestimmt man die Menge empirisch und bringt sie in Abzug. Die beste Sicherheit gibt ein Leergang unter genau den gleichen Bedingungen wie die eigentliche Messung, so daß man den entsprechenden Jodverbrauch bei jener in Abzug bringen kann.

Für betriebsanalytische Zwecke genügt auch in vielen Fällen die unmittelbare Destillation auf die in Lösung gebrachte Probe, also ohne zuvorige Abscheidung der Hauptkupfermenge. Man löst in der Porzellanschale oder gleich im Glasdestillierkolben (aus Qualitätsglas) mit Salpetersäure und dampft mit reiner Schwefelsäure in geringem Überschuß (1 ccm für 1 g Kupfer) auf dem Sandbad soweit ab, bis reichlich H_2SO_4-Dämpfe entweichen; eine Überhitzung der Gefäßwandungen ist zu vermeiden. Hat man in der Schale abgeraucht, so kann man nach dem Erkalten den aus entwässertem Kupfersulfat bestehenden, hellgrauen Salzrückstand mit dem Spatel zerdrücken, in den Destillierkolben überführen und den in der Schale haftenden Rest mit Salzsäure nachspülen. Dann erfolgt Destillation des mit rauchender Salzsäure versetzten Kolbeninhalts sofort nach Zusatz eines der oben angegebenen Reduktionsmittel.

Die schnellste Arsenbestimmung im Kupfer (auch in Bronze, Rotguß) für betriebsanalytische Zwecke ist folgende: Man schüttet im Destillierkolben zu der in Form von feinen Spänen eingewogenen (3 g) Probemenge (50 g) grob zerstoßenes Eisenchlorid (käuflich etwa 60%ig), setzt (120 ccm) 25%ige Salzsäure hinzu und schwenkt wiederholt um. Der Destillierkolben wird an die Vorlage angeschlossen und zunächst eine Viertelstunde mäßig erhitzt; dann destilliert man etwa die Hälfte des Volumens ab. Im Destillat bestimmt man das Arsen jodometrisch nach Mohr.

f) Antimon.

Es hat den größten schädigenden Einfluß auf die technologischen Eigenschaften der Handelskupfersorten, weshalb Werke, die es in ihren Ausgangsmaterialien haben, die metallurgischen Verfahren auf möglichst vollständige Entfernung des Antimons einstellen. Die Folge davon ist, daß die normalen Handelskupfersorten durchweg nur äußerst geringe Mengen dieser Verunreinigung zeigen.

Ein selektives Reagens für die Einzelbestimmung des Antimons im Kupfer gibt es bis heute nicht. Man ist auf Gruppenreagenzien angewiesen, die das Metall neben anderen Verunreinigungen zunächst von der Hauptmenge Kupfer abtrennen, woraus es nach an sich bekannten Methoden zu bestimmen ist. Die elektrolytische Kupferfällung ist für die Abtrennung der hier in Frage stehenden, sehr niedrigen Antimongehalte nicht zu empfehlen, da Spuren stets mit dem Kupfer fallen (vgl. „Elektroanalytische Methoden" S. 940); nur wiederholtes Umfällen des Elektrolytkupfers könnte praktisch zum Ziel führen, ist aber zum mindesten zeitraubender als die nachfolgenden chemischen Fällungsmethoden.

Bei den voranstehenden Methoden zur Gesamtanalyse des Handelskupfers nach Jungfer (S. 1225) und Hampe (S. 1227) ist die Möglichkeit der Antimonbestimmung erörtert; dabei wird die Hauptkupfermenge als Jodür bzw. Rhodanür abgeschieden und das Antimon in den Filtraten bestimmt.

Für Einzelbestimmungen zweckmäßiger, analytisch ansprechender und auch etwas schneller durchführbar sind die Methoden, die das Antimon, wenn auch zunächst in noch verunreinigter Form, in der Kupferlösung quantitativ zur Abscheidung bringen. Eine solche Methode ist die S. 1231 beschriebene Fällung des Antimons neben Arsen (Se u. Te) in Form der Acetatfällung des Eisens, wobei Ferriarsenat bzw. -antimonat entstehen[1].

Neuerdings hat H. Blumenthal [Ztschr. f. anal. Ch. 74, 33 (1925)] ein „Verfahren zur Bestimmung kleinster Antimonmengen im Kupfer" veröffentlicht, welches an Stelle des Eisens sich der Fällung mit Mangandioxyd in saurer Lösung bedient. Nach Blumenthal verfährt man folgendermaßen: Eine nach dem Antimongehalt einzurichtende Einwaage an Kupfer (25—100 g) wird in der eben ausreichenden Menge Salpetersäure aufgelöst und zum Verjagen der nitrosen Gase gekocht. Hierbei etwa auftretende Trübungen brauchen nicht berücksichtigt zu werden. Man bringt die Lösung durch Verdünnen auf ein Volumen von 250—600 ccm und neutralisiert in bekannter Weise mit Ammoniak, so daß die Lösung nur sehr schwach sauer ist. Man setzt 5 ccm Mangansulfatlösung (5 g $MnSO_4 \cdot 4aq$ in 100 ccm), dann 3 ccm einer etwa normalen Kaliumpermanganatlösung hinzu und erhitzt unter häufigem Schütteln zum Sieden. Nachdem sich das ausfallende Mangandioxyd gut geballt hat, gibt man nochmals 3 ccm Permanganatlösung hinzu, siedet wieder, filtriert den gut geballten Niederschlag und wäscht mit heißem Wasser aus. Zur Fällung der letzten Spuren Antimon im Filtrat wiederholt man die Mangandioxydfällung wie oben auf Zusatz von 2 ccm Mangansulfatlösung und 3 ccm Permanganat. Beide Niederschläge löst man in verdünnter Salzsäure, der etwas Wasserstoffsuperoxyd zugesetzt ist, unter Erwärmen auf, verkocht das Chlor und filtriert etwa

---

[1] E. E. Brownson [Bull. Amer. Inst. Mining Engineers 1913, 1489; Ztschr. f. angew. Ch. 27, 83 (1914)] hat eine Methode für die Bestimmung sehr geringer Mengen Arsen und Antimon in Elektrolytkupfer angegeben: er fällt das Eisen als Hydroxyd mit Ammoniak und entfernt das letzte Kupfer aus dem Niederschlag in saurer Lösung elektrolytisch; beides kann zu Antimonverlusten führen, weshalb die auf S. 1231 angegebene Methode besser ist.

auftretendes Unlösliches ab unter Auswaschen mit salzsaurem und zuletzt mit reinem Wasser. Nach dem Veraschen schmilzt man den Rückstand im Eisentiegel mit wenig Natriumsuperoxyd, löst die Schmelze in Wasser, säuert mit Salzsäure an und vereinigt diese Lösung mit obigem Filtrat vom Unlöslichen. Die Flüssigkeit enthält nun neben dem gesamten Antimon, Mangan und wenig Kupfer, außerdem Blei, Wismut, Arsen und Zinn, deren Trennung vom Antimon nach bekannten Methoden (vgl. Gesamtanalyse des Handelskupfers, S. 1226) vorzunehmen ist. Blumenthal empfiehlt folgendes Vorgehen: Die schwach saure Lösung fällt man mit Schwefelwasserstoff, filtriert, wäscht mit schwefelwasserstoffhaltigem Wasser aus und digeriert den Sulfidniederschlag mit Schwefelnatriumlösung (1 : 5; 20 ccm). Aus der abfiltrierten Sulfosalzlösung werden die Sulfide des Antimons, Zinns und Arsens mit verdünnter Schwefelsäure wie bekannt abgeschieden, abfiltriert, ausgewaschen und in Bromsalzsäure gelöst. Die Bestimmung des Antimons nach Györy [s. „Antimon", S. 1574 und Ztschr. f. anal. Ch. 32, 415 (1893)] führt am schnellsten zum Ziel, wozu aber das Arsen zuvor als Trichlorid in stark salzsaurer Lösung unter Zusatz von einigen Gramm Natriumsulfit verflüchtigt werden muß. Befürchtet man dabei Antimonverluste, so trennt man das Arsen als Magnesium-Ammoniumarsenat in ammoniakalischer, chlorammonium-weinsäurehaltiger Lösung ab und bestimmt im Filtrat das Antimon gewichtsanalytisch oder nach A. H. Low [Mitt. d. Fachausschusses, Teil I, S. 95. Berlin 1924 oder Ztschr. f. anal. Ch. 39, 193 (1900)].

H. Blumenthal konnte auf Grund seiner sehr sorgfältigen Untersuchungen feststellen, daß mit dem Antimon vom Mangandioxyd unter gleichen Bedingungen auch alles Zinn und Wismut gefällt wird.

Über eine schnelle Bestimmung des Antimons in technischem Kupfer siehe „Elektroanalytische Methoden", Antimon S. 947.

g) Wismut.

Es darf als die dem Kupfer schädlichste metallische Verunreinigung bezeichnet werden; schon wenige Hundertstel Prozente (als Metall, nicht als Antimonat oder Arsenat darin vorhanden) machen das Kupfer kaltbrüchig und stark rotbrüchig. Daher wird Kupfer besonders häufig auf Wismut untersucht, und zwar bei Gehalten, die durchweg erheblich unter obiger Grenze liegen[1].

Auch beim Wismut kann grundsätzlich in zwei Weisen vorgegangen werden: Man fällt das Kupfer und bestimmt im Filtrat das Wismut, oder was analytisch richtiger ist, man fällt das Wismut und trennt es von mitgefällten Bestandteilen. Die Wismutbestimmung selbst kann gewichtsanalytisch als Bi_2O_3 oder colorimetrisch erfolgen; die erstgenannte Form eignet sich für besonders beträchtliche Gehalte im Probegut (s. unten S. 1242).

Grundsätzlich eignen sich die unter Gesamtanalyse beschriebenen Kupferabtrennungsmethoden nach Jungfer (S. 1223) oder Hampe

---

[1] Ausnahmen bilden häufig Kupfersorten, die ausschließlich oder überwiegend aus gewissen Zementkupfersorten hergestellt wurden; so sind im Rio-Tinto-Zementkupfer bis 5% Wismut nachgewiesen worden!

(S. 1227); das dabei fallende Kupferjodür bzw. -rhodanür soll praktisch wismutfrei sein.

Für Einzelbestimmungen einfacher und daher auch schneller sind die Fällungsmethoden des Wismuts aus den Lösungen der Einwaage. Sehr zweckmäßig ist die unter a, (S. 1230) schon erörterte Fällung des Wismuts mit Ammoniak und Ammoncarbonat[1], wobei man zur Vergrößerung des Niederschlages auch etwas Ferrisalzlösung zusetzen kann (s. S. 1231).

Die bekannte Wismutoxychloridfällung (s. a. S. 1110) benutzt ein Verfahren, das beim Staatlichen Materialprüfungsamt in Anwendung ist: 10 g Probematerial werden in 60 ccm Salpetersäure (spez. Gew. 1,3) gelöst; Unlösliches filtriert man ab und schließt es durch Schwefelaufschluß auf (s. Gesamtanalyse unter a, S. 1224). Die klare Lösung wird mit reinem Natron so weit neutralisiert, daß Kongorotpapier nur noch ganz schwach gebläut wird. In einer Fünfliterflasche füllt man nach Zusatz von 5 g Chlornatrium (welches etwaiges AgCl in Lösung halten soll) zu 4 Liter auf und schüttelt gründlich. Nach dreitägigem Stehen hat sich alles BiOCl abgesetzt. Man hebert die Flüssigkeit über ein Filter ab, bringt den Niederschlag ins Filter, wäscht ihn aus, löst in wenig Salzsäure, macht die Lösung schwach ammoniakalisch, filtriert den Wismutniederschlag, der Eisen und gegebenenfalls Antimon enthält,

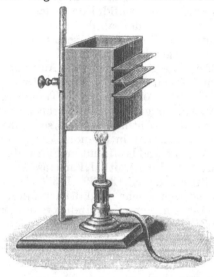

Abb. 3. Finkener Trockenturm.

ab, wäscht aus und löst den Niederschlag in wenig heißer Salpetersäure (spez. Gew. 1,2). In die verdünnte Lösung wird Schwefelwasserstoff eingeleitet und der Niederschlag auf dem Filter mit gelbem Schwefelammonium behandelt. Das zurückbleibende Bi_2S_3 wird in heißer Salpetersäure (spez. Gew. 1,2 !) gelöst, die Lösung schwach ammoniakalisch gemacht, der jetzt ganz schwefelsäurefreie Niederschlag von Wismuthydroxyd nach dem Auswaschen auf dem Filter in heißer Salpetersäure gelöst, die Lösung in einem geräumigen Porzellantiegel abgedampft, der Rückstand erst über dem Finkener-Turm (s. Abb. 3), dann über freier Flamme erhitzt und gelinde geglüht. Das so erhaltene Wismutoxyd Bi_2O_3 wird gewogen; es hat 89,65 (log = 1,95279) % Bi.

---

[1] Der häufig übliche Zusatz von Ammoncarbonat ist nicht erforderlich, nach Ansicht namhafter Analytiker eher schädlich; Wismut fällt mit Ammoniak allein (in nur geringem Überschuß) quantitativ, wenn unbedingt reines Ammoniak angewandt wird, das frei von organischen Verbindungen ist (Pyridin u. dgl.); das letztere gilt natürlich auch für die zu fällende Lösung. Zum Filtrieren sind ausschließlich extrahierte (quantitative) Filter zu benutzen, sofern man nicht (Glas-) Filtergeräte vorzieht (K. Wagenmann).

Bei nennenswert silberhaltigen Raffinaden (unter anderem das der Mansfeld A. G.) dürfte das Ausfallen von Silberchlorid berücksichtigt werden müssen; beim Wiederauflösen des ersten Wismutniederschlages kann es in salpetersaurer Lösung mit wenigen Tropfen verdünnter Salzsäure vollständig abgetrennt werden (K. Wagenmann).

Das Verfahren von Fernandez-Krug und Hampe beruht auf der von Fresenius und Haidlen (Quantitative Analyse, 6. Aufl., Bd. 2, S. 478) angegebenen Methode zur Trennung von Kupfer und Wismut mittels Cyankaliumlösung: 10 g des Kupfers werden in einer bedeckten Porzellanschale in 40 ccm Salpetersäure (spez. Gew. 1,4) gelöst, die Lösung mit 20 ccm verdünnter Schwefelsäure (1 Volumen Schwefelsäure : 1 Volumen Wasser) auf dem Wasserbade abgedampft und der Rückstand über dem Finkener Trockenturm bis zum beginnenden Abrauchen der H_2SO_4 erhitzt. Die erkaltete Masse wird mit 175 ccm einer Mischung von 25 ccm verdünnter Schwefelsäure von 50 Vol.-$^0/_0$ und 150 ccm Wasser durch Erwärmen in Lösung gebracht, die Lösung abgekühlt und das jetzt wismutfreie Bleisulfat abfiltriert. (Arsensaures Wismut, das in Salpetersäure unlöslich ist, konnte sich anfangs abgeschieden haben!) Zu der vom Bleisulfat abfiltrierten Lösung setzt man 25 ccm Salzsäure (spez. Gew. 1,125), verdünnt sie im Becherglase zu 750 ccm und leitet Schwefelwasserstoff in flottem Strom bis zur vollständigen Ausfällung des Kupfers ein. Alsdann erhitzt man das Becherglas im fast kochenden Wasserbade 1 Stunde, bringt den sehr voluminösen Niederschlag auf ein geräumiges (eisenfreies) Filter und wäscht mit kochendem Wasser gut aus. (Das hierbei erhaltene Filtrat wird mit Schwefelwasserstoffwasser auf etwa noch in Lösung befindliches Cu geprüft; es kann nach dem Konzentrieren durch Eindampfen zur Bestimmung von Eisen, Nickel und Kobalt dienen.) Den ausgewaschenen Niederschlag von CuS usw. bringt man mit einem Hornspatel und durch Abspritzen mit sehr wenig Wasser möglichst vollständig vom Filter herunter in das Becherglas, setzt festes Cyankalium hinzu, rührt um, bis sich alles CuS mit weingelber Farbe gelöst hat, erwärmt die Lösung gelinde und gießt sie durch das Filter, auf dem sich noch etwas CuS befindet. Nötigenfalls ist dieser Rest von CuS mit etwas heißer KCN-Lösung zu übergießen. Das auf dem Filter und im Becherglase zurückgebliebene Schwefelwismut (Bi_2S_3) wird mit heißem Wasser ausgewaschen, in verdünnter warmer Salpetersäure gelöst, die Lösung mit Ammoniak übersättigt, mit Schwefelammonium versetzt und 10 Minuten im kochenden Wasserbade erhitzt. Nach dem Auswaschen wird das Bi_2S_3 nochmals in verdünnter Salpetersäure gelöst, aus der Lösung durch tropfenweise zugesetztes Ammoniak im ganz geringen Überschuß das Wismut als Hydroxyd gefällt (wobei eine Spur Kupfer in Lösung bleibt), das $Bi(OH)_3$ in verdünnter Salpetersäure gelöst, die Lösung im gewogenen Porzellantiegel abgedampft und der Rückstand durch ganz allmähliches Erhitzen bis zum Glühen in Bi_2O_3 übergeführt, das gewogen wird.

Eine hervorragend bewährte und schnell auszuführende Methode zur Wismutbestimmung von unverhältnismäßig hohem Genauigkeitsgrad ist die colorimetrische Wismut-Kaliumjodidmethode (s. S. 1112) von C. und J. J. Beringer [A Text-Book of Assaying by C. & J. J. Beringer, 11. Ed., p. 208 u. 223. London 1908 (1. Ed. 1889, p. 168 u. 182)]. Das dunkelbraune Wismutjodid, BiJ_3, löst sich leicht in Jodkaliumlösung. Bei sehr starkem Verdünnen tritt noch eine intensive Gelbfärbung auf, die mit zunehmender Bi-Konzentration immer dunkler wird. Die Probe kann also durch Verdünnen auf ein abzumessendes Volumen mit einer Lösung bekannten Gehalts verglichen werden, oder, was meist einfacher ist, man bringt die Probelösung auf ein bestimmtes Volumen und vergleicht mit einer gleich großen Menge Jodkaliumlösung, der man nach und nach bis zum gleichen Farbton Wismutlösung bekannten Gehalts in abzumessender Menge zusetzt.

Im einzelnen verfährt man folgendermaßen: Man trennt das Wismut aus einer gelösten Einwaage an Probematerial nach einer der obigen Methoden ab, am besten mit Natriumcarbonat (s. Mitt. d. Fachausschusses, Teil I, S. 69. Berlin 1924): 10 g Kupfer in Salpetersäure lösen [1], die nitrosen Gase durch Kochen verjagen, auf etwa 500 ccm verdünnen, mit Sodalösung neutralisieren und mit etwa 1 g Natriumcarbonat im Überschuß unter viertelstündigem Sieden fällen. Den Niederschlag heiß filtrieren und mit heißem Wasser auswaschen, lösen in heißer verdünnter Schwefelsäure (1:10) in ein Becherglas und fällen des Kupfers als Jodür mit einer ausreichenden Menge starker KJ-Lösung unter Zusatz von Schwefligsäurelösung in geringem Überschuß. Nach viertelstündigem Abstehen unter häufigem Umrühren auf dem Wasserbad kühlt man ab, filtriert die Lösung in einen Meßkolben, wäscht mit schwefligsäurehaltigem Wasser aus und füllt zur Marke auf. Da Ferrisalze aus Jodkalium Jod freimachen, was ebenfalls zu einer Gelbfärbung führt, fügt man der Probelösung auf alle Fälle noch einige Tropfen stark verdünnter (1:100) Schwefligsäurelösung hinzu. Zuviel schweflige Säure muß andererseits vermieden werden, da sie bei höheren Konzentrationen ebenfalls eine Gelbfärbung hervorruft.

Die im Kolben befindliche, vom BiJ_3 gelb gefärbte Lösung vergleicht man nun mit einer in einem gleich dimensionierten Vergleichsgefäß befindlichen Jodkaliumlösung, der man Wismutlösung bekannten Gehaltes bis zum gleichen Farbton in abgemessener Menge zusetzt:

Titerlösung: Man löst 1 g reines Wismut in Salpetersäure auf, dampft mit Schwefelsäure mehrmals, aber nicht vollständig ab, gibt einige Kubikzentimeter heiße verdünnte H_2SO_4 hinzu und verdünnt schnell mit reichlich heißem Wasser, so daß sich das Sulfat vollständig löst; nach dem Erkalten führt man in einen Literkolben über und füllt zur Marke auf; 1 ccm = 1 mg Bi. Man kann auch die halbe Konzentration verwenden.

In dem der Probelösung gleichwertigen Vergleichsgefäß löst man wenig Jodkalium in reichlich Wasser auf, setzt einige Topfen der stark verdünnten Schwefligsäurelösung zu, füllt fast zur Marke auf und schüttelt gut durch. Man läßt nun aus der Bürette tropfenweise von obiger

---

[1] Falls Rückstand bleibt, der Wismutarsenat enthalten kann, raucht man mit überschüssiger Schwefelsäure ab, nimmt mit schwach schwefelsaurem Wasser zu 400 ccm auf und verfährt weiter wie oben.

Titerlösung in Abständen zufließen, schüttelt jedesmal um und vergleicht den Farbton mit dem der Probe. Man fährt solange fort, bis Übereinstimmung erreicht ist. Die verbrauchte Kubikzentimeterzahl Wismuttiterlösung entspricht dann dem Gehalt der Probe.

Es empfiehlt sich, vor Beendigung der Bestimmung der Probelösung nochmals ein oder zwei Tropfen der stark verdünnten Schwefligsäurelösung (1 : 100) zuzusetzen, durchzuschütteln und nochmals zu vergleichen; die Probelösung darf dann nicht heller werden, andernfalls hat es noch an schwefliger Säure gefehlt und man mißt von neuem.

Die Methode ist außerordentlich genau; man muß darauf achten, daß nur Sulfatlösungen oder nur Salpetersäurelösungen miteinander verglichen werden. Zum colorimetrischen Vergleich eignen sich neben Meßkolben gleichen Inhalts und Form besonders gut die Colorimeterflaschen (Abb. 2, S. 1201). Wismutkonzentrationen über etwa 2 mg in 125 ccm Volumen sollte man nicht anwenden, da die Genauigkeit dann nachläßt; in solchen Fällen kann man stärker auf bekanntes Volumen verdünnen oder von der ursprünglichen Wismutlösung nur einen aliquoten Teil nehmen. Man colorimetriert nur bei weißem, am besten Tageslicht, in bekannter Weise. Unter den bezeichneten Bedingungen beträgt der Fehler der Methode bei einem einigermaßen geübten Analytiker nicht über $\pm 2^0/_0$ des Wismutinhalts. Geringe Bleimengen stören nicht.

Gravimetrisch bestimmte Wismutniederschläge können mit der Methode sehr gut auf Reinheit nachgeprüft werden.

Wenn diese colorimetrische Bestimmungsweise für die im Handelskupfer als mittlere zu bezeichnende Wismutgehalte besonders zu empfehlen ist, eignet sich die Wismutbleijodidmethode für die niedrigsten Gehalte bzw. Spuren:

Das reine gelbe Bleijodid wird schon durch äußerst geringe Mengen BiJ_3 orange gefärbt, zunehmend gelbrot bis braunrot. Die Färbung ist noch bei 0,02 mg Bi erkennbar. Näheres siehe Mitt. d. Fachausschusses, Teil I, S. 67. Berlin 1924.

h) Zinn.

Als Verunreinigung im Handelskupfer ist Zinn allgemein nur in solchen Sorten zu berücksichtigen, die aus Altmaterialien (bronzen- oder rotgußhaltigen Altmetallabfällen, verzinnten Drähten, u. ä. m.) hergestellt wurden. Über besondere Methoden zur Einzelbestimmung liegen keine Veröffentlichungen vor. Wie es im Gang der Gesamtanalyse zu erfassen ist, wurde auf S. 1226 erörtert. Für die hier in Frage kommenden kleinen Zinngehalte eignet sich sehr gut die auf S. 1240 beschriebene Methode nach H. Blumenthal [Ztschr. f. anal. Ch. 74, 33 (1925)] zur Bestimmung des Antimons. Man verfährt wie dort angegeben und erhält das Zinn — unbekümmert um ein Ausfallen von Metazinnfäden schon beim Auflösen der Probesubstanz — quantitativ in den Mangansuperoxydniederschlägen, in denen das Zinn neben Arsen, Antimon und Wismut (Kupfer und Mangan) nach bekannten Methoden bestimmt sind.

i) Selen und Telur.

Die amerikanischen Kupfervorkommen enthalten häufig geringe Selen-
und Tellurgehalte. Seit einigen Jahren sind diese schädlichen Verunreinigungen, besonders Selen, aber auch in europäischen bzw. deutschen
Kupfersorten häufiger geworden. Die Bestimmung beider gewinnt daher
auch hier vermehrt an Interesse[1]. Die Bestimmung beider Elemente in
besonderer Einwaage ist zweckmäßiger, als die unter Gesamtanalyse,
S. 1231 beschriebene Bestimmung im Anschluß an Arsen und Antimon.

K. Wagenmann hatte besonders Anlaß, die Selen- und Tellur-
bestimmungsmethoden für Kupfer und seine wichtigsten technischen
Produkte einer sorgfältigen Nachprüfung zu unterziehen und hält es
— insbesondere angesichts der vielen Widersprüche in der unverhältnismäßig umfangreichen einschlägigen Literatur — für angebracht, auf
folgendes, allgemein analytisch Wichtiges hinzuweisen. Selen und Tellur
bilden zwei Reihen von Verbindungen

$SeO_2(H_2O)$ bzw. $TeO_2(H_2O)$, selenige und tellurige Säure und

$SeO_3(H_2O)$ bzw. $TeO_3(H_2O)$, Selen- und Tellursäure.

In wäßrigen, sauren Lösungen vermögen nur die energischsten Oxydationsmittel, wie Bichromat, Permanganat, Wasserstoffsuperoxyd, die
4-wertigen Verbindungen in 6-wertige überzuführen. Salpetersäure
kann dies nicht, weshalb man beim Lösen von Seleniden bzw. Telluriden
in Salpetersäure stets selenige bzw. tellurige Säure erhält. Mit kräftig
oxydierenden Schmelzaufschlüssen, wie Soda-Salpeter und Natriumsuperoxyd, erhält man unmittelbar und vollständig die Alkalisalze der
Selen- bzw. Tellursäure.

Durch Kochen mit Salzsäure werden die 6-wertigen Verbindungen
zu 4-wertigen reduziert.

Schwefelwasserstoff fällt aus schwach sauren Lösungen der
6-wertigen Verbindungen in der Kälte nicht (von tagelanger Einwirkung bei Gegenwart von anderen Metalloxyden abgesehen). Schweflige Säure fällt nur aus den 4-wertigen Verbindungen die Metalloide
aus, Selen nur bei Gegenwart von reichlich freier Salzsäure, Tellur auch
bei Anwesenheit von freier Schwefelsäure. Für die quantitativen Fällungen
sind bestimmte Konzentrationen an freier Salzsäure erforderlich:

---

[1] In guten Raffinaden übersteigen Se und Te selten 0,01%; 0,03% Te machen
das Kupfer schon rotbrüchig! Den qualitativen Nachweis im Kupfer (neben Schwefel) führt man nach O. Bauer folgendermaßen aus: „Hobel- oder Feilspäne der
Legierung werden mit einer Lösung von 10 g Cyankalium in 100 g Wasser im
Probierröhrchen übergossen und schwach erwärmt. Alsdann werden zunächst
einige Kubikzentimeter Alkohol und schließlich eine Lösung von Cadmiumacetat
(25 g Cadmiumacetat in 200 ccm konzentrierter Essigsäure, dann auf 1 Liter mit
H_2O verdünnt) hinzugefügt. War Schwefel im Kupfer vorhanden, so entsteht sofort
ein gelber Niederschlag von CdS. Bei Gegenwart von Selen im Kupfer entsteht
unter gleichen Verhältnissen ein orangerot gefärbter Niederschlag von Selen-
cadmium. Ist Tellur im Kupfer vorhanden, so bildet sich sofort beim Übergießen
der Späne mit Cyankaliumlösung eine rote Färbung, die ähnlich einer Permanganatlösung aussieht. Nach Zugabe von Alkohol und Cadmiumacetat entsteht ein grauschwarzer Niederschlag von Tellurcadmium. Es ist auf diese Weise möglich, selbst
sehr kleine Mengen der genannten Stoffe mit größter Sicherheit nachzuweisen"
(vgl. K. Memmler: Das Materialprüfungswesen, S. 158. Stuttgart 1924 und
F. W. Hinrichsen u. O. Bauer: Metallurgie 1907, 315).

Zur quantitativen Fällung des Se müssen einige Prozente HCl zugegen sein (auch bei Seleniten!). Selen fällt noch quantitativ, wenn mehr als 34% freies HCl vorliegen.

Die vollständige Fällung des Te mit SO_2 erfordert mindestens $6-7\%$ freies HCl; bei über etwa 15% freiem HCl ist sie nicht mehr vollständig und wird bei 34% freiem HCl ganz verhindert [vgl. Keller: Quantitative Trennung von Se und Te. Journ. Amer. Chem. Soc. 19, 771 (1897)]. Freie Salpetersäure stört bei der Fällung mit SO_2!

Hydrazinsalze (u. ä.) fällen auch bei nur geringem Säureüberschuß die Metalloide aus 4-wertiger Bindung, Tellur auch aus Telluraten [Gutbier: Ber. Dtsch. Chem. Ges. 34, 2724 (1901) u. Chem. Zentralblatt 1901 II, 953] quantitativ aus. Die Fällung des Tellurs aus salzsauren, nitrathaltigen Lösungen ist selbst bei sehr geringer Acidität und starker Verdünnung nur schwer ganz vollständig zu bewirken. Bei Selen stören geringe Mengen freie Salpetersäure nicht.

Gefälltes Selen ist in verdünnter Salpetersäure verhältnismäßig schwer löslich, Tellur leichter. Tellur löst sich in starker Schwefelsäure zu Tellursulfat; Selen löst sich nicht.

Besonders bei Gegenwart von freien Halogensäuren sind Selenverbindungen flüchtig, bei Schwefelsäuresiedehitze vollständig, weshalb man bei genauen Bestimmungen das Eindampfen saurer Lösungen vermeiden soll. Die Tellurverbindungen sind nicht flüchtig.

Die Filtrate müssen stets auf Vollständigkeit der Fällung nachgeprüft werden, indem man die Fällung wiederholt.

Die Fällung mit schwefliger Säure bedarf nach obigem eines beträchtlichen Überschusses an freier Salzsäure; Nitrate dürfen dann selbstredend nicht zugegen sein. Für Tellurbestimmungen allein kann man die salpetersaure Auflösung einer Einwaage an Kupfer mit Schwefelsäure eindampfen, bis alle Salpetersäure entfernt ist (eventuell Zusatz von wenig Salzsäure). Dann kann Tellur mit schwefliger Säure ebensogut wie mit Hydrazinsalzen in der Siedehitze gefällt werden, wobei die Lösung im ersteren Falle mindestens 7 Gew.-$\%$ freies HCl enthalten muß.

Für genaue Selenbestimmungen ist das Abdampfen der Nitratlösung nicht anzuraten, weshalb man am besten die quantitative Fällung (auch für Se und Te) in sehr schwach saurer Lösung mit Hydrazinsalzen vornimmt: Die Einwaage hat sich nach dem zu erwartenden Gehalt zu richten. 50 g löst man in einem geräumigen Becherglas mit möglichst wenig Salpetersäure vollständig [1] auf, verjagt die Stickoxyde, verdünnt etwas und versetzt mit Ammoniak, bis der gefällte Kupferniederschlag wieder gelöst ist. Dann säuert man mit verdünnter Salzsäure sehr schwach an, führt die Lösung in einen etwa Fünfliter-Kochkolben über, verdünnt auf 3—4 Liter, setzt 500 g Chlornatrium hinzu, um das Ausfallen basischer Kupfersalze zu verhindern und siedet unter dem aufgesetzten Rückflußkühler während 2—3 Stunden. Von Zeit zu Zeit gibt man durch das obere Ende des Rückflußkühlers einige Kubikzentimeter einer heißen,

---

[1] Ein eventueller Rückstand kann Se als schwer lösliches Ag_2Se enthalten. Es kann nach dem Abfiltrieren (Glasfiltertiegel) in wenig konzentrierter, heißer Salpetersäure gelöst und der Hauptlösung zugesetzt werden.

konzentrierten Hydrazinsulfatlösung zu, insgesamt etwa 20 g Salz. Nach dem letzten Zusatz an Reduktionsmittel läßt man erkalten und möglichst lange abstehen. Man filtriert dann über einen Glasfiltertiegel (Porenweite 4), wäscht den Kolben und Niederschlag mit heißem Wasser, dem man wenige Tropfen Salzsäure zugesetzt hat, aus, löst das im Kolben haftende Selen (+ Tellur) durch Digerieren mit wenig konzentrierter Salpetersäure und häufigem Umschwenken, löst gleichfalls den im Filtertiegel befindlichen Niederschlag vollständig (!), vereinigt die Lösungen in einem Becherglas, verdünnt auf 300 ccm, stumpft die Hauptsäuremenge mit Ammoniak ab und trennt das Silber in bekannter Weise quantitativ als Chlorid ab. Das Filtrat neutralisiert man bei Gegenwart von Methylorange als Indicator mit Ammoniak und säuert mit Salzsäure sehr schwach an. Aus der über etwa 1 Stunde zum gelinden Sieden erhitzten Lösung fällt auf zeitweisen Zusatz von einigen Kubikzentimeter einer heiß gesättigten Hydrazinsulfatlösung das Selen quantitativ und hat sich genügend geballt. Man läßt erkalten, einige Stunden absitzen, filtriert über einen tarierten Glasfiltertiegel (Porenweite 4) und wäscht mit schwach salzsaurem Wasser aus. Durch etwa zweistündiges Trocknen bei 105° C im Trockenschrank erzielt man Gewichtskonstanz. Der Tiegelinhalt ist Se. In den Filtraten ist stets durch nochmaliges gleiches Behandeln auf Vollständigkeit der Fällung zu prüfen!

Für eine Tellurbestimmung allein empfiehlt es sich, die in Salpetersäure gelöste Einwaage mit einer entsprechenden Menge Schwefelsäure zum Verjagen der Salpetersäure abzudampfen, zuletzt mit etwas Salzsäure. Man nimmt mit Wasser auf und behandelt die Lösung nach Zusatz von 6—7% freiem HCl wie unter Selen beschrieben.

Sind Selen und Tellur zu bestimmen, empfiehlt sich, zwecks Vollständigkeit der Tellurfällung, folgendes Verfahren: Man fällt zunächst genau wie beim Selen angegeben, einschließlich Nachfällung der Filtrate. Die letzteren werden dann vereinigt und, da sie noch Spuren von Tellur enthalten können, mit Schwefelsäure auf dem Wasserbad abgedampft, bis alle Nitrate zerstört sind. Nach dem Aufnehmen mit Wasser, Neutralisieren und Zugabe von 6—7% freiem HCl fällt man mit Hydrazinsulfat oder unter Durchleiten von Schwefligsäuregas die möglicherweise vorhandene letzte Menge Tellur; es wird mit den erst gefallenen Mengen vereinigt.

Eine Trennung von Selen und Tellur kommt selten in Frage, ist aber, wenn zuletzt im kleinen Asbeströhrchen oder -tiegel filtriert wurde (statt im Glasfiltertiegel), auch bei den kleinsten Auswaagen sehr gut nach der ausgezeichneten Methode von Lenher und Smith (s. S. 506) möglich, wozu man den Niederschlag samt Asbestfilter in den Destillierkolben überführt.

k) Edelmetalle.

Die Handelskupfersorten sind durchweg sehr arm an Edelmetallen; Mansfeldsches Raffinad enthält aber immerhin noch etwa 300 g Ag je Tonne. Elektrolytkupfer enthält nur Spuren. Da die Edelmetalle keine schädlichen Bestandteile sind, wird ihre Bestimmung im Handel nicht verlangt. Die Hüttenwerke nehmen jedoch zum mindesten von Zeit zu Zeit eine Feststellung vor. Man verfährt dabei wie unter Schwarzkupfer (S. 1250) angegeben ist.

3. Schwarzkupfer (Rohkupfer, Bessemerkupfer, Gelbkupfer).

Von wenigen Ausnahmen abgesehen, geht die Gewinnung der Handelskupfersorten über ein Rohkupfer. Der feuerflüssige Raffinierprozeß liefert aus dem Schwarzkupfer bzw. Bessemerkupfer die Raffinade, die elektrolytische Raffination aus dem Anodenkupfer das Elektrolytkupfer. Die Rohkupfersorten haben je nach Ausgangsmaterial und Herstellungsverfahren qualitativ und quantitativ unterschiedliche Zusammensetzung, die schon im abweichenden Kupfergehalt, mehr noch in der Zahl und Menge der Verunreinigungen zum Ausdruck kommt. Bezüglich der letzteren darf so gut wie immer angenommen werden, daß sie qualitativ vollzählig gemäß ihrem Einbringen mit dem Ausgangsmaterial vorliegen, wenn auch teilweise nur noch in sehr niedrigen Gehalten. Schwarzkupfer und Bessemerkupfer sind allgemein stärker verunreinigt im Vergleich zum Anodenkupfer, welches häufig schon einer teilweisen feuerflüssigen Raffination unterworfen worden ist.

Der Kupfergehalt schwankt sehr stark, etwa zwischen 94—99%. Charakteristische und stets vorkommende Verunreinigungen sind Schwefel und Sauerstoff, meist auch Eisen. Im übrigen sind zu berücksichtigen Blei, Wismut, Arsen, Antimon (Zinn), Nickel, Kobalt, Zink (Mangan), Silber, Gold (Platinmetalle), (Phosphor), Selen und Tellur.

Da Rohkupfer verhältnismäßig stark seigert, ist die Probenahme entsprechend sorgfältig vorzunehmen (s. Abschnitt Probenahme, S. 844)[1], wenn man nicht die systematische Schöpfprobe anwenden kann, wie dies im internen Betrieb geschieht. Das möglichst feinspänige Probematerial trennt man, wenn nur eben erforderlich, in Grobes und Feines; das Mengenverhältnis zwischen beiden muß sorgsam festgestellt werden, da das Zustandekommen auf sehr unterschiedliche Zusammensetzung zurückzuführen ist. Man kann Feines und Grobes getrennt untersuchen; in den meisten Fällen wird man aber zu einer Analyse nach Verhältnis einwiegen.

Unlösliche Rückstände beim Naßaufschluß sind stets zu berücksichtigen, da sie abgesehen von Gold (Platin), auch Silber, Nickel, Arsen, Antimon (Zinn), Blei und Wismut (Selen) enthalten können[2].

---

[1] Näheres über den Einfluß der Inhomogenität des Börsenrohkupfers auf die Bemusterung desselben siehe: „Neue Richtlinien für die Bemusterung und Analyse von Börsenrohkupfer". Metall u. Erz 21, 533 f. (1929).

[2] In stark durch Antimon und Nickel verunreinigten Schwarzkupfersorten findet sich nicht selten eine merkwürdige oxydische Verbindung, der Kupferglimmer, eingeschlossen, der, wenn wie im Glimmerkupfer in größerer Menge vorhanden, nicht nur eine blättrige Struktur des Kupfers verursacht, sondern es auch zur Herstellung von Raffinad (außer durch Elektrolyse) untauglich macht. Nach der Untersuchung von Hampe besteht der in kleinen, gelben Blättchen beim Auflösen von Glimmerkupfer in Salpetersäure zurückbleibende, von Bleisulfat und Antimonsäure befreite Kupferglimmer aus: $6 Cu_2O$, $Sb_2O_5 + 8 NiO$, Sb_2O_5. Die Verbindung kann durch Schmelzen mit Soda und Schwefel oder mit Kaliumbisulfat aufgeschlossen werden.

Zur Kupferbestimmung kann man das Silber (wie bei der Gesamtanalyse unter Handelskupfer, S. 1228 angegeben) als Chlorid vorher abtrennen; häufig fällt man es aber elektrolytisch mit dem Kupfer, bestimmt es aus dem Kathodenniederschlag zurück, oder aus besonderer Einwaage und bringt es in Abzug.

Zur Bestimmung der Verunreinigungen verfährt man wie unter Handelskupfer 1. Gesamtanalyse (S. 1221) oder 2. Einzelbestimmungen (S. 1232) angegeben.

Bei beachtenswerten Zinnmengen kann die Bestimmung derselben, wie bei den Bronzen beschrieben, vorgenommen werden unter Abdampfen des Salpetersäureaufschlusses und Reinigen der Zinnsäure (s. S. 1264); oder man verfährt nach H. Blumenthal, wie für Handelskupfer angegeben (s. S. 1226 bzw. S. 1245).

Man darf sagen, in allen aus Erzen hergestellten Rohkupfern treten Edelmetalle auf. Meist spielen sie sogar eine bedeutende Rolle bei der Bewertung (nicht bei Börsenrohkupfer). Man bestimmt sie auf trockenem Wege durch Ansieden mit Blei und Kupellation (s. Abschnitt „Feuerprobe auf Silber und Gold", S. 1027) oder besser auf kombiniert naßtrockenem Wege:

Man löst eine reichlich bemessene Einwaage an Rohkupfer in Salpetersäure (spez. Gew. 1,2) auf, verdünnt mäßig, filtriert, wenn Gold anwesend ist, das Unlösliche und fällt das Silber aus dem mit Ammoniak nicht ganz neutralisierten Filtrat in bekannter Weise quantitativ als Chlorid, wobei man der Lösung zweckmäßig etwas Bleiacetatlösung und ein paar Tropfen Schwefelsäure zugesetzt hat, um die Niederschlagsmenge zu vergrößern. Den abfiltrierten, getrockneten Niederschlag vereinigt man mit dem zuerst erhaltenen Unlöslichen, verascht sehr langsam (zur Vermeidung einer Reduktion von Blei, das im Tiegel leicht anschlackt) und behandelt den Rückstand durch Verbleien usw.

K. Wagenmann verfährt, um Verlustmöglichkeiten praktisch ganz auszuschließen, folgendermaßen: Unlösliches, sowie Silberchlorid-Bleisulfatniederschlag wird beim kurzen Nachwaschen möglichst in die Filterspitze niedergespült. Den Niederschlag befeuchtet man mit wenig photographischem Entwickler in der beim Entwickeln üblichen Konzentration, wodurch metallisches Silber entsteht, das sich mit metallischem Blei sehr schnell legiert, während Chlorsilber sich damit erst umsetzen muß, was bei höherer Temperatur vor sich geht, sodaß Silberverluste durch Verflüchtigung eintreten können. Den Entwickler läßt man einige Minuten einwirken und wäscht mit wenig kaltem Wasser nach. Die noch feuchten Filter nimmt man aus den Trichtern heraus und schneidet die unteren Spitzen kurz über den Niederschlägen ab. Man trocknet die letzteren auf dem für die Verbleiung bestimmten Ansiedescherben, verascht nach dem Trocknen die größeren Filterteile langsam in einem Porzellantiegel, die Filterspitzen zum größten Teil mit dem Rand einer Bunsenflamme über etwas Blei im Scherben, fügt die Asche aus dem Tiegel hinzu, deckt mit Kornblei ab und verbleit in der Muffel usw.

Zur genauesten Gold- (und Platin-) Bestimmung empfiehlt sich besonders folgende Methode [1]: Man zersetzt 50 g Rohkupfer mit 200 ccm konzentrierter Schwefelsäure + 50 ccm Wasser unter Erhitzen auf dem Sandbad in 3—4 Stunden. Die Lösung verdünnt man auf etwa 1500 ccm, setzt etwas Chlornatrium zwecks AgCl-Fällung und wenig Bleiacetat hinzu (PbSO$_4$-Fällung), erwärmt und rührt gut durch. Man filtriert und bestimmt im Rückstand das Au (+ Pt) docimastisch.

4. Zementkupfer.

Es fällt aus technischen Sulfat- oder Chloridlaugen durch Zementation mit Eisenabfällen in mannigfacher Zusammensetzung an. Es ist ein außerordentlich stark verunreinigtes Produkt, in welchem man neben metallischen Verunreinigungen auch Verbindungen derselben antrifft. Man berücksichtige: Blei, Wismut, Arsen, Antimon (Zinn), Zink, Eisen, Mangan, Nickel, Kobalt, Edelmetalle, Kohlenstoff, Schwefel, Sauerstoff, Tonerde, Kalk, Magnesia, Sulfate, Chloride und Alkalien.

Da Zementkupfer in vielen Fällen außerordentlich inhomogen ist, sind reichlich große Einwaagen für die Analyse zu empfehlen, 100—200 g, die man nach dem Auflösen in bekannter Weise unterteilt. Die Wasserbestimmung nimmt man durch Trocknen bei 105° C bis zur Gewichtskonstanz vor. Viele Zementkupfersorten enthalten geringe Mengen freie Schwefelsäure, so daß genaue Gewichtskonstanz nur sehr schwer zu erreichen ist. Daher sollen Muster vom untersuchenden Chemiker allgemein kurz vor der Einwaage nochmals eine Stunde bei 105° C getrocknet werden [2].

Wenn keine nennenswerten Edelmetallmengen vorliegen, erfolgt die Bewertung nur nach dem Kupfergehalt, weshalb dieser Bestimmung besondere Bedeutung beigelegt wird. Man verwendet daher nur die gewichtsanalytischen Methoden, wenn möglich die elektrolytische (unter Zusatz von etwas Weinsäure und mit Umfällung) [2].

Für betriebliche Zwecke sind häufig auch die „schädlichen" Verunreinigungen zu bestimmen, wie Blei, Wismut, Arsen, Antimon (und Eisen). Man verfährt dazu wie beim Handelskupfer (S. 1224 f.) beschrieben.

Ein meist auftretender Chlorgehalt benachteiligt die Weiterverarbeitung. Zur Bestimmung desselben in silberfreiem Zementkupfer löst man 50 g Einwaage in 300—400 ccm Salpetersäure (spez. Gew. 1,2) langsam unter Kühlen, filtriert in einen Meßkolben und fällt das Chlor aus $^1/_5$ des Volumens quantitativ mit Silbernitratlösung. Das abfiltrierte Chlorsilber wird wie beim Schwarzkupfer (s. dort) verbleit und das

---

[1] Private Mitteilung von O. Melzer, die Wagenmann auch dahingehend bestätigen kann, daß man somit stets etwas höhere Au- und Pt-Werte erhält als mit dem Salpetersäureaufschluß. Daraus ist zu schließen, daß bei letzterem etwas Gold und Platin in Lösung gehen (vgl. das entsprechende Verhalten von Ag-Pt).

[2] Angabe des Chem. Fachausschusses d. Ges. Deutscher Metallhütten- u. Bergleute. „Mitteilungen", Teil I, S. 59—60. Berlin 1924.

Silberkorn ausgewogen; Ag · 0,3287 (log = 0,51680 — 1) = Cl [vgl. Binder: Chem.-Ztg. 42, 14 (1918)].

Bei silberhaltigem Probematerial bestimmt man das als Chlorsilber schon niedergeschlagene Chlor im abfiltrierten Unlöslichen für sich durch Ansieden und Kupellieren und verfährt mit dem Filtrat wie oben.

E. Kupferaschen (Glühspan und Walzsinter), Krätzen und Fegsel.

Bei diesen Produkten ist vom Analytiker ein häufig auftretender Gehalt an organischer Substanz zu berücksichtigen, sofern dies bei der Anfertigung des Probemusters nicht schon geschehen ist (s. Abschnitt Probenahme, S. 893). Die Kupferasche der Walzwerke (Glühspan, Kupferhammerschlag, Walzsinter) besteht aus einem Gemisch von Kupferoxydul und -oxyd (durchschnittlich im Verhältnis 3:1). Für den Handel maßgebend ist der Kupfergehalt, der durch das Auf-lösen einer Einwaage von 5—10 g in Salpetersäure in einem aliquoten Teil von etwa 0,5—1 g nach einer der gewichtsanalytischen Methoden (S. 1177), meist elektroanalytisch festgestellt wird.

Krätzen enthalten sehr oft metallische Beimengungen, in welchem Falle die Bemusterung unter Trennen in Grobes und Feines zu erfolgen hat. Man entnimmt dem Muster eine Einwaage von etwa 50 g (Verhältnis-einwaage bei Grobem und Feinem), löst in einer mit Uhrglas bedeckten, möglichst großen Porzellanschale mit 300 ccm gewöhnlicher Salzsäure auf dem Wasserbad und fügt innerhalb 1 Stunde von Zeit zu Zeit insgesamt 30 ccm Salpetersäure (spez. Gew. 1,2) hinzu. Nachdem das Gasen auf-gehört hat, verdünnt man mit Wasser, läßt abkühlen, führt die Lösung in einen Literkolben über, füllt zur Marke auf, schüttelt gut durch und entnimmt sofort 50 ccm, die unter Zusatz von 5 ccm Schwefelsäure abgedampft werden. Man nimmt mit schwefelsaurem Wasser unter Erwärmen auf, filtriert einen etwaigen Rückstand und bestimmt im Filtrat, je nach den anwesenden Verunreinigungen, das Kupfer nach einer geeigneten Methode unter I. Es ist ersichtlich, daß man bei diesem Vorgehen nur das säurelösliche Kupfer erhält. Nicht selten sind Krätzen, die beim energischsten Säureaufschluß einen noch beachtens-wert kupferhaltigen Rückstand hinterlassen, aus dem das Kupfer nur durch Schmelzaufschluß der analytischen Feststellung zugänglich gemacht werden kann (s. auch S. 1176).

Kehrichtaschen, Fegsel enthalten stets organische Substanz, die vorher durch Glühen zu entfernen ist. Man behandelt sie im übrigen wie die Krätzen.

F. Phosphorkupfer, Siliciumkupfer, Mangankupfer.
(Als Zusatzmetalle zu Kupferlegierungen.)

Diese drei Speziallegierungen besitzen die Eigenschaft, in Schmelz-bädern von Kupfer und seinen Legierungen desoxydierend wirken zu können. Sieht man von den Silicium- oder Manganbronzen ab, wird dazu jedoch überwiegend Phosphorkupfer verwandt, sodaß also Silicium- und Mangankupfer hauptsächlich Zusatzmetalle zum Zweck des Legierens sind. Sie werden nach dem Phosphor-Silicium- bzw. Mangan-Gehalt bewertet, sodaß hauptsächlich deren Gehaltsfeststellung in Frage kommt; gelegentlich wird auch das Kupfer bestimmt. Da die Legierungen für Desoxydationszwecke in nur jeweilig sehr geringen Mengen und als Legierungsbestandteile in nur niedrigen Konzentrationen zur Anwendung kommen, erfahren etwaige Verunreinigungen eine so große Verdünnung, daß sie normalerweise nicht berücksichtigt zu werden brauchen.

Schon bei niedrigen Gehalten sind die Legierungen so spröde, daß sie sich verhältnismäßig leicht pulverisieren lassen und in dieser Form zur Analyse kommen.

1. Phosphorkupfer.

Es ist mit 5—15% Phosphor (ausnahmsweise bis 20%) im Handel.

Zur Phosphorbestimmung benutzt man zwei Methoden: Die unmittelbare Fällung der Phosphorsäure mit Magnesiamixtur ist sehr gut durchführbar, wenn man Eisen und Arsen unberücksichtigt lassen kann. Man löst in einer geräumigen, mit Uhrglas bedeckten Porzellanschale unter Kühlen 0,5 g feinst gepulvertes Probematerial in 10 ccm Salpetersäure (spez. Gew. 1,4). Hat der stürmische Auflösungsvorgang nachgelassen, erhitzt man über kleiner Flamme etwa eine halbe Stunde. Sollte der Aufschluß dann noch nicht vollständig sein, gibt man wenige Tropfen Salzsäure hinzu [1]. Bleibt Unlösliches, so dampft man auf Zusatz weiterer 10 ccm verdünnter Salpetersäure zur Trockne und scheidet die Kieselsäure in bekannter Weise quantitativ ab, wonach der Rückstand mit wenig Salpetersäure und Wasser aufgenommen wird. Das Filtrat der Kieselsäure übersättigt man mit Ammoniak und fällt die Phosphorsäure mit Magnesiamixtur. Ist zu berücksichtigen, daß der Niederschlag etwas Kupfer mitreißt, so löst man ihn in verdünnter warmer Salz- oder Salpetersäure auf und wiederholt die Fällung. Auswaage als $Mg_2P_2O_7$ mit 27,87 (log = 1,44519)% P. Der Niederschlag enthält alles Eisen, Arsen (und Blei) des Ausgangsmaterials. Blei und Arsen können vor der Phosphorfällung am besten aus schwefelsaurer Lösung mit Schwefelwasserstoff abgeschieden, geringe Eisenmengen als Fe_2O_3 von der Auswaage in Abzug gebracht werden, wenn man in dem aufgelösten $Mg_2P_2O_7$ das Eisen titrimetrisch bestimmt.

Durch die Fällung der Phosphorsäure mit Molybdänlösung [vgl. Finkener: Ber. Dtsch. Chem. Ges. 11, 163 (1878) u. Ztschr. f. anal. Ch. 21, 566 (1882)] werden die meisten Verunreinigungen (abgesehen vom Arsen!), so vor allen Dingen Eisen, in Lösung zurückbehalten. Der Molybdänniederschlag kann unmittelbar ausgewogen oder mit Magnesiamischung umgefällt werden. Da Arsen zum größten Teil als

---

[1] Das schneller lösende Königswasser kann nicht benutzt werden, da es zu Phosphorverlusten durch Verflüchtigung führt.

arsenmolybdänsaures Ammon mitfällt, auch Kieselsäure mitgerissen wird, empfiehlt sich die zuvorige Abtrennung beider (s. „Phosphor" S. 1236).

Das Auflösen von 0,5 g Probesubstanz geschieht wie oben angegeben. Man füllt die Lösung im Kolben auf und entnimmt zur Phosphorbestimmung $^1/_5$ des Volumens entsprechend 0,1 g Einwaage. Man engt diesen Teil auf 10 ccm Volumen, ein, setzt kalt 150 ccm Molybdänlösung (s. unten) und soviel Ammonnitrat zu, wie sich unter längerem Umrühren kalt löst. Nach etwa 12 stündigem Stehen ist der Ammoniumphosphormolybdatniederschlag quantitativ abgeschieden. Zur Beschleunigung der Fällung kann man auch eine Stunde bei höchstens 50° C absitzen lassen. (Höhere Temperatur ist zu vermeiden — wenn man den Niederschlag unmittelbar auswägen will — da sonst weitere Molybdänsäure ausfällt.) Man filtriert durch ein mit konzentrierter Ammonnitratlösung getränktes Filter, wäscht zuerst mit einer schwach salpetersauren, 20 %igen Ammonnitratlösung, dann mit wenig salpetersäurehaltigem Wasser (5 ccm Salpetersäure, spez. Gew. 1,2 auf 100 ccm Wasser) aus. Man spritzt den Niederschlag mit wenig Wasser in einen tarierten Porzellantiegel und dampft auf dem Wasserbade ab. Die an den Wandungen des Fällgefäßes noch haftenden Niederschlagsmengen löst man mit möglichst wenig verdünntem Ammoniak, gießt die Lösung über das abgespritzte Filter, so daß sich hier die anhaftenden Niederschlagsmengen ebenfalls lösen, fängt das Filtrat in einem zweiten Porzellantiegel auf und wäscht mit wenig ammoniakalischem Wasser nach. Der Inhalt des zweiten Tiegels wird auf dem Wasserbade so weit eingeengt, daß er nach Zusatz einiger Tropfen Ammoniak quantitativ in den ersten Tiegel übergeführt werden kann. Den letzteren dampft man auf Zusatz einiger Tropfen Salpetersäure vollständig zur Trockne. Der Rückstand besteht aus wasserhaltigem Ammoniumphosphormolybdat und Ammonnitrat. Man erhitzt im Finkener Trockenturm (S. 1242) in bekannter Weise sehr langsam so lange, bis alles Ammonnitrat verflüchtigt ist (ein aufgelegtes kaltes Uhrgläschen darf nicht mehr beschlagen). Sollte der Niederschlag infolge teilweiser Reduktion von MoO_3 sich etwas grünlich färben, fügt man bei größeren Genauigkeitsansprüchen ein Kryställchen Ammonnitrat und Ammoncarbonat hinzu und erhitzt wieder, wodurch der Niederschlag rein gelb wird. Man läßt im Exsiccator erkalten und wiegt bei bedecktem Tiegel aus. Nach Finkener enthält die Auswaage 1,639 (log = 0,21846 — 1) % P.

Die Feststellung der Niederschlagsmenge wird erheblich vereinfacht und beschleunigt durch Anwendung von Filtertiegeln (Bd. I, S. 67) (Porzellanfiltertiegel) an Stelle der Papierfilter. Die Molybdänlösung muß in reichlichem Überschuß zugesetzt werden, wenn die Fällung quantitativ sein soll. Nach Finkener muß mindestens 50 % mehr zugesetzt werden als die Phosphorsäure benötigt. Man stellt sich daher die Molybdänlösung genau her: 80 g Ammonmolybdat löst man kalt in einer Flasche unter Schütteln in 640 ccm Wasser und 160 ccm Ammoniak (spez. Gew. 0,925) vollständig auf und gibt die Lösung allmählich und unter Umrühren in eine kalte Mischung von

960 ccm Salpetersäure (spez. Gew. 1,18) und 240 ccm Wasser, eventuell unter Kühlen (damit sich keine Molybdänsäure ausscheidet). Die Lösung soll in nur leicht verschlossener Flasche aufbewahrt werden, damit sich kein Niederschlag absetzt. 1 ccm fällt 0,56 mg Phosphor.

Will man den Phosphor in der gewogenen Molybdänverbindung zur Kontrolle als $Mg_2P_2O_7$ bestimmen, so löst man den Tiegelinhalt auf dem Wasserbade in verdünntem Ammoniak unter Zusatz von wenig Wasserstoffsuperoxyd in wenigen Minuten zu einer farblosen Flüssigkeit auf, aus der man dann die Phosphorsäure mittels Magnesiamixtur in bekannter Weise fällt.

Eine Schnellmethode, die außerdem sehr gute Resultate gibt, ist die doppelte Fällung mit Molybdänlösung in der Siedehitze nach den Angaben von Woy [Chem.-Ztg. **21**, 442 u. 469 (1897)] mit anschließender Magnesiamixturfällung nach Schmitz (Ztschr. f. anal. Ch. **1906**, 512). Siehe Näheres F. P. Treadwell: Kurzes Lehrbuch der analytischen Chemie, Bd. 2, S. 374 f. Leipzig u. Wien 1927.

Kupferbestimmung: 0,5 g des feinen Pulvers werden in einer Mischung von 10 ccm Salpetersäure (spez. Gew. 1,2) und 5 ccm Salzsäure (spez. Gew. 1,12) unter Erwärmen gelöst. Man dampft auf Zusatz einiger Kubikzentimeter Schwefelsäure ab, nimmt mit 10 ccm Wasser auf, dampft ab bis zum Rauchen, nimmt den Rückstand mit Wasser auf und elektrolysiert das Kupfer in schwefel-salpetersaurem Elektrolyt (s. S. 1177).

2. Siliciumkupfer.

Auch Cupro-Silicium genannt, dient überwiegend als Legierungszusatz zur Herstellung von Kupfer-Zink- oder Kupfer-Zinn-Legierungen, den Siliciumbronzen. Auch Kupfer für Telephondrähte gibt man zur Härtung einen geringen Zusatz von Silicium. Es wird aus technischen Kupfersorten hergestellt und kann daher die bezüglichen Verunreinigungen enthalten.

Siliciumbestimmung: 0,5—1 g des sehr fein gepulverten Probematerials kocht man längere Zeit in einer mit Uhrglas abgedeckten Porzellanschale mit 20—40 ccm konzentrierter Salpetersäure, setzt dann einige Kubikzentimeter verdünnte Salzsäure hinzu und dampft, nachdem die Chlorentwicklung aufgehört hat, mit 2—4 ccm Schwefelsäure ab, zuletzt auf dem Sandbad bis zum Rauchen. Damit wird die Kieselsäure entwässert und unlöslich. Man nimmt den Rückstand mit Wasser auf, erwärmt, filtriert die Kieselsäure ab und wäscht mit heißem, schwach saurem Wasser aus. Das noch feuchte Filter verkohlt man langsam im abgedeckten Platintiegel und glüht dann stark bei offenem Tiegel, bis das Filter ganz verascht ist. Da die Kieselsäure meist verunreinigt ist, wägt man zuerst aus und raucht SiO_2 durch Zusatz einiger Kubikzentimeter reiner Flußsäure und eines Tropfens Schwefelsäure in bekannter Weise vorsichtig ab. Der bei Luftzutritt stark ausgeglühte Rückstand (im wesentlichen CuO) wird zurückgewogen. Die festgestellte Gewichtsdifferenz zwischen den beiden Wägungen ist:

$$SiO_2 \text{ mit } 46,93 \text{ (log} = 1,67147) \text{ } \% \text{ Si.}$$

Zur Kupferbestimmung benutzt man das Filtrat der Kieselsäure, dem man eventuell den in wenigen Kubikzentimeter Salpetersäure aufgelösten oder durch Schmelzen mit einigen Körnchen Kaliumbisulfat aufgeschlossenen Kupferrückstand vom Abrauchen der Kieselsäure zusetzt. Je nach Art der in Lösung befindlichen Verunreinigungen wendet man eine der Methoden S. 1177, 1182 oder 1186 an.

3. Mangankupfer.

Es ist auch als Cupromangan im Handel, mit Gehalten, die zwischen 10 und 40% schwanken. Ein Teil der Sorten ist praktisch eisenfrei, ein anderer hat 2—4% Fe. Es wird sowohl durch Legieren beider Bestandteile als auch durch Reduktion beider Oxyde gewonnen, sodaß an Verunreinigungen neben dem stets auftretenden Silicium die beim Kupfer üblichen zu berücksichtigen sind (auch Zink kann als Legierungsbestandteil auftreten). Es dient hauptsächlich zur Herstellung der Manganbronzen (Rübelbronze). Von 10% ab aufwärts ist Mangankupfer grau; bis zu 30% Mangangehalt wird es durch Bohren bemustert.

Silicium-, Kupfer-, Eisen- und Manganbestimmung: 1 g Probematerial löst man in einer mit Uhrglas bedeckten Porzellanschale in 10—15 ccm verdünnter Salpetersäure auf, dampft auf Zusatz von etwa 2 ccm Schwefelsäure ab, scheidet die Kieselsäure durch Erhitzen bis zum Rauchen, wie beim Siliciumkupfer (S. 1255) beschrieben, quantitativ ab und bestimmt das Silicium in gleicher Weise. Enthält das Ausgangsmaterial Blei (Vorsicht beim Einäschern im Platintiegel!), so findet man dieses quantitativ als Sulfat bei der Kieselsäure, von der es nach dem Abfiltrieren durch Ausziehen mit einer heißen Ammonacetatlösung getrennt werden kann. Aus dem Filtrat der Kieselsäure (Acetatauszug) kann das Blei mit Schwefelsäure oder Schwefelwasserstoff gefällt, abfiltriert und als Sulfat ausgewogen werden.

Aus dem ersten Filtrat der Kieselsäure fällt man nach Verdünnen auf 400—500 ccm und Zusatz einiger Kubikzentimeter Schwefelsäure das Kupfer quantitativ mit Schwefelwasserstoff und bestimmt es im abfiltrierten Niederschlag nach einer der unter 2 (S. 1182) angegebenen Methoden.

Das Filtrat des Kupfers wird zum Verjagen des Schwefelwasserstoffs gekocht[1], mit einigen Tropfen Bromwasser oxydiert und auf 200 ccm eingedampft. Man führt in einen Meßkolben über, bestimmt in $^1/_3$ der Lösung nach Reduktion mit Zink das Eisen durch Titration mit Permanganat und in $^2/_3$ der Lösung das Mangan durch Titration mit Permanganat nach Volhard (s. S. 1312 u. 1383).

Schnellmethode von Pufahl (dieses Werk, 7. Aufl., Bd. II, S. 368). „3 g Späne werden, wie oben beschrieben, in 30—40 ccm Salpetersäure (spez. Gew. 1,2) gelöst, die Lösung mit 5 ccm Schwefelsäure abgedampft, abgeraucht, aufgenommen, von der Kieselsäure abfiltriert und diese bestimmt. Von dem auf 300 ccm gebrachten Filtrat wird ein Drittel (1 g

---

[1] Ist Zink zu bestimmen, kann es an dieser Stelle aus schwach schwefelsaurer Lösung mit Schwefelwasserstoff nach Schneider-Finkener (S. 1701) gefällt werden.

Einwaage entsprechend) zu 200 ccm verdünnt, mit 5 ccm Schwefelsäure und 1 ccm Salpetersäure (spez. Gew. 1,2) versetzt und das **Kupfer** daraus durch Schnellelektrolyse (S. 932), zweckmäßig mit der **Wölbling**schen **Platin-Iridium-Kathode** abgeschieden. Ein weiteres Drittel (100 ccm) der Lösung wird in einem 1-Liter-Erlenmeyerkolben auf 400 ccm verdünnt, mit reiner Natronlauge annähernd neutralisiert, mit in Wasser aufgeschlämmtem Zinkoxyd versetzt, aufgekocht und das **Mangan** mit Kaliumpermanganatlösung nach **Volhard** (S. 1312 u. 1382) titriert, wobei die **Anwesenheit des Kupferhydroxyds** nicht stört. (Aus der vorher ausgeführten Kupferbestimmung berechnet man den annähernden Mangangehalt und den Verbrauch an Permanganatlösung.) Das letzte Drittel der ursprünglichen Lösung dient zur **Eisen**bestimmung. Man fällt das Kupfer aus der verdünnten und erwärmten Sulfatlösung durch einen flotten Strom von Schwefelwasserstoff, filtriert in einen Liter-Rundkolben, der dann schräg eingeklemmt wird, kocht zur Vertreibung des Schwefelwasserstoffs 15 Minuten, kühlt ab und titriert das Eisen mit einer Permanganatlösung, von der 1 ccm ungefähr 1 mg Eisen entspricht.

Dieses Verfahren eignet sich auch zur schnellen Bestimmung des Mangangehaltes in **Delta**metall und **Mangan-Messing**. Aus der Nitratlösung von Manganbronze scheidet man zunächst durch Zusatz von 100 ccm Wasser und 5 Minuten langes Kochen die **Zinn**säure ab und dampft das Filtrat hiervon mit Schwefelsäure ein usw. **Zink** bestimmt man aus der elektrolytisch entkupferten Lösung, indem man sie vom Mangandioxyd abfiltriert, fast vollständig mit Ammoniak neutralisiert, erwärmt und flott Schwefelwasserstoff einleitet. Die für die Elektrolyse zugesetzte kleine Menge Salpetersäure ist durch diese in Ammoniumsulfat umgewandelt. Natürlich kann auch das **Eisen** im Filtrat vom ZnS wie oben nach dem Fortkochen des Schwefelwasserstoffs mit Permanganat titriert werden. Zur Manganbestimmung (nach der Schnellmethode) dient eine besondere Einwaage von 3 g.''

G. Legierungen des Kupfers mit Zinn und Zink[1] und den Edelmetallen.

[Kupfer-Nickellegierungen und Neusilber siehe S. 1492, Weißmetalle (Antifriktionsmetalle) und Britanniametalle S. 1594, Aluminiumbronzen S. 1063.

1. Kupfer-Zinn- und Kupfer-Zinklegierungen.

Zur Erörterung stehen hier also nur die analytischen Untersuchungsmethoden für die in der Überschrift genannten Kupferlegierungen,

---

[1] Ausführliche Angaben über Zusammensetzung, Herstellung und Eigenschaften der technischen Kupferlegierungen findet man u. a. in A. Ledebur: Die Metallverarbeitung auf chemisch-physikalischem Wege. Braunschweig 1882. — Reinglaß, P.: Chemische Technologie der Legierungen, I. Teil. Leipzig 1919. — Ullmann: Enzyklopädie der technischen Chemie. Berlin-Wien 1916, s. Kupferlegierungen. — Kaiser, Ed. Wilh.: Zusammensetzung der gebräuchlichen Metalllegierungen. Halle a. S. 1911 bzw. Metallurgie 8, H. 9 u. 10.

Deutsche Normen

Bronze und Rotguß Benennung und Verwendung <div align="right">Werkstoffe</div>	$\dfrac{\text{DIN}}{\text{1705}}$ Blatt 1

Zinnbronze ist eine Legierung aus Kupfer und Zinn; ist sie mit Phosphor desoxydiert worden, so wird sie auch als Phosphorbronze bezeichnet.

Rotguß ist eine Legierung aus Kupfer, Zinn, Zink und gegebenenfalls Blei.

Sonderbronzen sind Legierungen, die in wesentlichen Merkmalen der Zusammensetzung von den beiden vorgenannten abweichen, aber mindestens 78% Kupfer und ein oder mehrere Zusatzmetalle, worunter jedoch nicht überwiegend Zink, enthalten. Nur aus Kupfer und Zink bestehende Legierungen sind Messing. Enthalten sie weniger als 78% Kupfer und mehrere Zusätze, so gelten sie als Sondermessing. (Vgl. DIN 1709 Blatt 1 und 2).

Bezeichnung von Gußbronze mit 90% Kupfer und 10% Zinn
GBz 10 DIN 1705

Gruppe	Benennung	Kurz-zeichen	Zusammen-setzung ungefähr [1] %				Richtlinien für die Verwendung
			Cu	Sn	Zn	Pb	
Zinn-bronzen (Phosphor-bronzen)	Guß-bronze 20	GBz 20	80	20	—	—	Teile mit starkem Reibungsdruck (z. B. Spurlager, Verschleißplatten, Schieberspiegel) sowie Glocken
	Guß-bronze 14	GBz 14	86	14	—	—	Teile mit starkem Verschleiß; hoch beanspruchte Lagerschalen, Räder, hydraulische Apparate für Hochdruck
	Guß-bronze 10	GBz 10	90	10	—	—	Allgemeine Verwendung im Maschinen-, Armaturen- und Apparatebau
	Walzbronze 6	WBz 6	94	6	—	—	Drähte, Bleche, Bänder
Rotguß	Rotguß 10 (Maschinen-bronze)	Rg 10	86	10	4	—	Allgemeine Verwendung im Maschinen-, Armaturen- und Apparatebau, für Rohrleitungsteile
	Rotguß 9	Rg 9	85	9	6	—	Lager für Eisenbahnzwecke, Armaturen
	Rotguß 8	Rg 8	82	8	7	3	Maschinenarmaturen } die blank
	Rotguß 5	Rg 5	85	5	7	3	Eisenbahn- und Maschinenarmaturen } bearbeitet werden
	Rotguß 4 (Flanschen-bronze)	Rg 4	93	4	2	1	Rohrflansche und andere hart zu lötende Teile
Sonder-bronzen	Bleizinn-bronze 10	Bl-Bz 10	86	10	—	4	Lager für Warmwalzwerke, elektrische Maschinen
	Bleizinn-bronze 8	Bl-Bz 8	80	8	—	12	Lager mit hohem Flächendruck (Kaltwalzwerke)

[1] Zulässige Abweichungen im Kupfer- und Zinngehalt sowie zulässige Beimengungen siehe Leistungsblatt DIN 1705 Blatt 2.

Leistungen und Güte vergleiche Leistungsblatt DIN 1705, Blatt 2, sowie insbesondere auch bezüglich Walzbronze 6, Halbzeugblätter.

April 1928   Fachnormenausschuß für Nichteisen-Metalle

Wiedergabe erfolgt mit Genehmigung des Deutschen Normenausschusses. Verbindlich ist die jeweils neueste Ausgabe des Normblattes im Dinformat A 4, das durch den Beuth-Verlag G. m. b. H., Berlin S 14, zu beziehen ist.

Deutsche Normen (Auszug)

Bronze und Rotguß Gußstücke Güte Werkstoffe												$\dfrac{\text{DIN}}{}$ 1705 Blatt 2

Gruppe	Be-nennung	Kurz-zeichen	Zusammensetzung ungefähr %				Zulässige Ab-weichungen %		Mindest-gehalt %	Zulässige Höchstmengen in % an:			
			Cu	Sn	Zn	Pb	Cu	Sn	Cu + Sn	Pb	Sb	Fe	Zn
Zinn-bronzen (Phos-phor-bronzen)	Guß-bronze 20	GBz 20	80	20	—	—	— 2,0	+ 2,0	99,0	1,0	0,2	0,3	
	Guß-bronze 14	GBz 14	86	14	—	—	± 1,0	± 1,0	99,0	1,0	0,2	0,2	Rest
	Guß-bronze 10	GBz 10	90	10	—	—	± 1,0	± 1,0	99,0	1,0	0,1	0,2	
Rotguß	Rotguß 10 (Maschinen-bronze)	Rg 10	86	10	4	—	± 1,0	± 1,0	95,0	1,5	0,3	0,3	
	Rotguß 9	Rg 9	85	9	6	—	± 0,5	± 0,5	93,0	2,0	0,3	0,2	
	Rotguß 8	Rg 8	82	8	7	3	± 1,0	± 1,0	88,0	4,0	0,5	0,5	Rest
	Rotguß 5	Rg 5	85	5	7	3	± 1,0	+ 1,5	90,0	5,0	0,3	0,2	
	Rotguß 4 (Flanschen-bronze)	Rg 4	93	4	2	1	± 1,0	± 1,0	97,0	2,0	0,1	0,2	
Sonder-bronzen	Bleizinn-bronze 10	Bl-Bz 10	86	10	—	4	± 1,0	± 1,0	Cu+Sn+Pb 98,8	6,0	0,1	0,1	1,0
	Bleizinn-bronze 8	Bl-Bz 8	80	8	—	12	± 1,0	± 1,0	98,5	14,0	0,3	0,2	1,0

Bei Rg 9 kann auf den Zinngehalt der Bleigehalt höchstens bis zur Hälfte angerechnet werden, so daß beim Bleihöchstgehalt von 2% der Zinngehalt bis auf 7,5% heruntergehen kann. Der Mindestgehalt Cu + Sn = 93,0 bleibt davon unberührt.

Wismut, Aluminium, Magnesium und Schwefel dürfen höchstens in Spuren vorhanden sein. (Als „Spur" werden Gehalte bezeichnet, die bei Anwendung der in den „Ausgewählten Methoden" des Chemiker-Fachausschusses der Gesellschaft Deutscher Metallhütten- und Bergleute vorgeschlagenen Verfahren und Einwägemengen nicht mehr quantitativ bestimmbar sind.) Arsengehalt in Bronze und Rotguß bis zu 0,02%.

Gehaltfeststellungen sind nach den „Ausgewählten Methoden" Teil I, Kapitel III Kupfer, C IV vorzunehmen.

Die für die Abnahme verbindliche chemische und mechanische Prüfung soll an angegossenen oder, wenn das Angießen Schwierigkeiten macht, nach vorheriger Vereinbarung mit dem Besteller an getrennt gegossenen Stäben vorgenommen werden.

Es darf nicht vorausgesetzt werden, daß das Gußstück an allen Stellen die an den Probekörpern ermittelten Eigenschaften aufweist.

Sind GBz 20, GBz 14, GBz 10 und Rg 10 infolge besonderer Liefervorschrift mit geringeren zulässigen Abweichungen nur aus Neumetallen herzustellen, so ist dem Kurzzeichen der Index „N" anzufügen, z. B. „Rg 10 N".

April 1928   Fachnormenausschuß für Nichteisen-Metalle

Deutsche Normen (Auszug)

| **Messing** Benennung und Verwendung   Werkstoffe | $\overline{\text{DIN}}$ 1709 Blatt 1 |

Bezeichnung von Gußmessing mit 67 % Kupfer:
GMs 67 DIN 1709
Die Bezeichnung ist einzugießen oder aufzuschlagen.

I. Gußmessing

Benennung	Kurz-zeichen	Zusammensetzung ungefähr %			Richtlinien für die Verwendung
		Cu	Zusätze	Zn	
Gußmessing 63	GMs 63	63	< 3 Pb	Rest	Gehäuse, Armaturen usw.
Gußmessing 67	GMs 67	67	< 3 Pb	Rest	Gehäuse, Armaturen usw.
Sondermessing A gegossen [1]	So — GMs A	54 bis 62	Mn + Al + Fe + Sn bis zu 7,5 % nach Wahl	Rest	Beschlagteile, Überwurfmuttern, Spannmuttern, Büchsen für weniger wichtige Lagerstellen, Gußteile mit mittlerer Festigkeit
Sondermessing B gegossen [1]	So — GMs B	54 bis 62	Mn + Al + Fe + Sn bis zu 7,5 % nach Wahl	Rest	Hoch beanspruchte Teile im Fahrzeug- und Maschinenbau, insbesondere für Druckwasserpressen, Pumpen usw., Schiffsschrauben, seewasserbeständige Gußteile

II. Walz- und Schmiedemessing

Benennung	Kurz-zeichen	Cu	Zusätze	Zn	Richtlinien für die Verwendung
Hartmessing (Schrauben-messing)	Ms 58	58	2 Pb	Rest	Stangen für Schrauben, Drehteile, Profile für Elektrotechnik, Instrumente, Schaufenster und sonstige Bauteile, Warmpreßstücke (Armaturen, Beschläge, Ersatz für Guß) zu den mannigfaltigsten Arbeiten, Bleche für Uhren, Harmonikas, Taschenmesser, Schloßteile
Schmiede-messing (Muntz-Metall)	Ms 60	60	—	Rest	Stangen, Drähte, Bleche und Rohre für mannigfaltige Zwecke, besonders für den Schiffbau zu Kondensatorrohrplatten, Beschläge, Vorwärmer- und Kühlerrohre
Druckmessing	Ms 63	63	—	Rest	Bleche, Bänder, Drähte, Stangen, Profile für Metallwarenherstellung und Apparatebau, Rohre
Halbtombak (Lötmessing)	Ms 67	67	—	Rest	Bleche (u. a. für Musikinstrumente), Rohre, Stangen, Profile, Drähte, Holzschrauben, Federn, Patronenhülsen
Gelbtombak (Schaufel-messing)	Ms 72	72	—	Rest	Drähte, Bleche, Profile für Turbinenschaufeln
Hellrottombak	Ms 80	80	—	Rest	Bleche, Metalltücher, Metallwaren
Mittelrottombak (Goldtombak)	Ms 85	85	—	Rest	
Rottombak	Ms 90	90	—	Rest	
Sondermessing gewalzt [1]	So — Ms	55 bis 60	Mn + Al + Fe + Sn bis zu 75 % nach Wahl, bezüglich Ni vgl. Halbzeugblätter	Rest	Kolbenstangen, Verschraubungen, Stangen zu Ventilspindeln, Profile, Dampfturbinenschaufeln für ND-Stufen, Bleche, Rohre, Warmpreßteile von hoher Festigkeit

[1] Zu beachten ist, daß innerhalb des Bereiches dieser Legierungsreihen gesetzlich geschützte Legierungen bestehen.

Güte und Leistungen siehe DIN 1709, Blatt 2 und Halbzeugblätter DIN 1774, 1775, 1776 und 1778.

Juli 1930.   Fachnormenausschuß für Nichteisen-Metalle
2. Ausgabe.

Deutsche Normen (Auszug)

Messing Gußstücke Güte					Werkstoffe								**DIN** 1709 Blatt 2

Benennung	Kurz-zeichen	Zusammensetzung ungefähr %/₀			Zu-lässige Abwei-chun-gen %/₀	Min-dest-gehalt %/₀	Zulässige Höchstmengen in %/₀ an							
		Cu	Zusätze	Zn	Cu	Cu+Zn	Mn	Al	Fe	Sn	Sb	As	P	Pb
Guß-messing 63	GMs 63	63	bis 3 Pb	Rest	$+2 \atop -1$	97,0	0,20	0,05	0,50	1,00	zusammen 0,10		0,05	3,0
Guß-messing 67	GMs 67	67	bis 3 Pb	Rest	$+2 \atop -1$	97,0	0,10	0,03	0,50	1,00	zusammen 0,10		0,05	3,0
Sonder-messing A gegossen [1]	So-GMsA	54 bis 62	Mn + Al + Fe + Sn bis zu 7,5% nach Wahl	Rest	—	92,5 [2]	Mn+Al+Fe+Sn bis zu 7,5% nach Wahl				0,03	0,05	0,05	1,0
Sonder-messing B gegossen [1,3]	So-GMsB [3]	54 bis 62	Mn + Al + Fe + Sn bis zu 7,5% nach Wahl	Rest	—	92,5 [2]	Mn+Al+Fe+Sn bis zu 7,5% nach Wahl				Spur [4]	0,01	Spur [4]	0,20

[1] Zu beachten ist, daß innerhalb des Bereiches dieser Legierungsreihen gesetzlich geschützte Legierungen bestehen.

[2] Bis zu 5% Cu können durch Ni ersetzt werden.

[3] Zur Bestellung von Sondermessing B ist die gewünschte Mindestzugfestigkeit, die innerhalb 35—60 kg/mm² gewählt werden kann, anzugeben.

[4] Als „Spur" werden Gehalte bezeichnet, die mit den Verfahren und Einwäge-mengen der „Ausgewählten Methoden" des Chemiker-Fachausschusses der Gesellschaft Deutscher Metallhütten- und Bergleute nicht mehr quantitativ bestimmbar sind.

Gehaltsfeststellungen sind nach den „Ausgewählten Methoden", Teil I, Kapitel III, Kupfer, C IV vorzunehmen.

Die für die Abnahme verbindliche chemische und mechanische Prüfung soll an angegossenen oder, wenn das Angießen Schwierigkeiten macht, nach vorheriger Verein-barung mit dem Besteller an getrennt gegossenen Stäben vorgenommen werden.

Daß das Gußstück an allen Stellen die an den Probekörpern ermittelten Eigen-schaften aufweist, darf nicht vorausgesetzt werden.

Juli 1930   Fachnormenausschuß für Nichteisen-Metalle

Wiedergabe erfolgt mit Genehmigung des Deutschen Normenausschusses. Verbindlich ist die jeweils neueste Ausgabe des Normblattes im Dinformat A 4, das durch den Beuth-Verlag G. m. b. H., Berlin S 14, zu beziehen ist.

unter denen die Typen Bronze und Messing, einschließlich der Kombi-nationen zwischen beiden, technisch besonders vielseitige und aus-gedehnte Verwendung finden.

In diesem Zusammenhang interessieren die vorstehenden, zum Teil gekürzten Normblätter DIN 1705/1, 1705/2 für „Bronze und Rotguß" und

Deutsche Industrie-Normen

Schlaglot (Hartlot) Werkstoffe	DIN 1711

Bezeichnung von Schlaglot mit 42% Kupfer:
MsL 42 DIN 1711

Benennung	Kurz-zeichen	Zusammen-setzung %		Schmelz-punkt °C	Verwendung
		Cu	Zn		
Schlaglot 42	MsL 42	42	Rest	820	Lötung von Messing mit mehr als 60% Cu
Schlaglot 45	MsL 45	45	Rest	835	2. und 3. Lötung von Messing mit 67% Cu aufwärts
Schlaglot 51	MsL 51	51	Rest	850	Lötung von Kupfer-legierungen mit 68% und mehr
Schlaglot 54	MsL 54	54	Rest	875	Wie MsL 51 und für Kupfer, Rotguß, Bronze, Eisen, Bandsägen

Für den Kupfer- und den Zinkgehalt ist eine Abweichung von ± 1% zulässig.

Lieferart: In Körnern

April 1925   Fachnormenausschuß für Nichteisen-Metalle

DIN 1709/1 und 1709/2 für „Messing". Zum letzteren gehören die „Schlag- oder Hartlote", wie sie mit DIN 1711 für besondere Zwecke genormt sind.

Die Kupfer-Zinn-Zinklegierungen bilden hinsichtlich Zusammen- setzung eine praktisch ununterbrochene Reihe, deren Enden einerseits aus den reinen Kupfer-Zinnlegierungen, den echten Bronzen[1], ander-

---

[1] Ursprünglich galt die Bezeichnung Bronze nur für Kupfer-Zinnlegierungen. Wenn späterhin der Begriff verallgemeinert worden ist, wie etwa für eine Legierung von 83% Cu, 16% Zn und 1% Sn (Maschinenbronze), bei der Kupfer-Zink Grund- typus ist, oder gar bei solchen, die überhaupt kein Zinn enthalten (u. a. Aluminium- bronzen: 90% Cu, 10% Al), hat man dadurch nur reichlich Unklarheit angerichtet, weshalb es sehr zu begrüßen ist, daß erneut Bestrebungen im Gang sind, den Begriff Bronze nur im ursprünglichen Sinn gelten zu lassen. (Siehe auch Normblatt DIN 1705/1).

seits den Kupfer-Zinklegierungen oder reinen Messingsorten bestehen. Das dazwischenliegende große Gebiet nehmen die Kupfer-Zinn-Zinklegierungen ein. Viele Glieder dieser Reihe geben die Grundlage für weitere Speziallegierungen ab, die durch Zulegieren von Blei, Eisen, Mangan, Aluminium, Nickel, Phosphor und Silicium entstehen, einzeln oder zu mehreren. Die analytische Untersuchung erstreckt sich außerdem auf die genannten Bestandteile einschließlich Arsen, Antimon und Schwefel, soweit sie als Verunreinigungen auftreten, zumeist wenn schädliche Beeinflussung der technologischen Eigenschaften zu gewärtigen ist.

Eine systematische Trennung oder Gruppierung dieser Legierungsreihe ist praktisch nicht möglich, für nachstehendes auch nicht erforderlich, da der Unterschied zwischen den analytischen Untersuchungen einer zinnfreien und einer zinnhaltigen Kupferzinklegierung nur darin besteht, daß bei letzterer gleich beim Auflösen der Probe das Zinn als Zinnsäure, eventuell unter Berücksichtigung mitgerissener Verunreinigungen, quantitativ abgeschieden wird.

Das Auflösen des Probematerials erfolgt, von Sonderfällen abgesehen, stets in Salpetersäure, wobei zur unmittelbaren quantitativen Abscheidung der Zinnsäure konzentrierte Säure angewandt wird.

Im folgenden sollen zunächst die speziell für die in Frage stehenden Legierungen gebräuchlichen bzw. empfehlenswerten Bestimmungsweisen der oben bezeichneten Bestandteile und einiger Verunreinigungen angegeben werden. Im darauffolgenden Abschnitt soll gezeigt werden, wie eine Gesamtanalyse durchzuführen ist, woraus ohne weiteres die Möglichkeit einer Bestimmung einzelner Gruppen abzuleiten ist. Der letzte Abschnitt enthält unter Verwendung der beiden voranstehenden Abschnitte Analysengänge in gekürzter Form und besondere Schnellmethoden für einige charakteristische Kupferlegierungen.

I. Gebräuchliche und allgemein anwendbare Bestimmungsweisen der praktisch zu berücksichtigenden Bestandteile [1].

(Sn, Pb, Cu, Ni, Fe, Al, Mn, Zn, As, Sb, Si, P, S.)

a) Zinn.

Aus den hier in Frage kommenden Legierungen wird Zinn meist gewichtsanalytisch bestimmt, als Metazinnsäure abgeschieden, wobei man für sehr niedrige Gehalte, für sehr genaue Bestimmungen auf alle Fälle, zur Trockne dampft [2]. Die Zinnsäure kann verunreinigt sein durch Antimon- und Phosphorsäure, Eisenoxyd, Bleioxyd, Arsensäure und wenig Kupferoxyd. Überwiegt im Ausgangsmaterial der Zinngehalt den Antimongehalt erheblich, dann wird das Antimon praktisch vollständig mitgefällt. Phosphor ist nur zum größeren Teil in der Zinnsäure. Je höher der Zinngehalt, desto feinspäniger gestaltet man das Muster.

---

[1] Soweit hierunter Einwaagen an Probematerial angeführt werden, sind sie für mittlere Gehalte angesetzt; sie sollen es hauptsächlich ermöglichen, Angaben über die Mengen der zuzusetzenden Reagenzien machen zu können.

[2] Über den Einfluß größerer Eisenmengen (über 0,25%) siehe S. 1266.

Für betriebstechnische Zwecke kann bei nennenswerten Zinngehalten das Abdampfen des Aufschlusses unterbleiben. Man löst in einer mit Uhrglas vollständig abgedeckten, geräumigen Porzellanschale (Halbkugelschale) 0,5—1 g Probesubstanz mit 6—12 ccm Salpetersäure (spez. Gew. 1,4!) auf, erhitzt nach beendeter Reaktion zum Sieden, bis die Stickoxyde verjagt sind, fügt 50 ccm siedendes Wasser und einige Gramm Ammonnitrat hinzu, kocht wenige Minuten weiter und läßt erkalten. Nach vollständigem Absitzen der Metazinnsäure filtriert man durch ein dichtes Filter, wäscht mit ammonnitrathaltigem, warmem Wasser aus, trocknet den Niederschlag und verascht ihn im Porzellantiegel, oxydiert etwa reduziertes Zinn durch mehrmaliges Befeuchten mit konzentrierter Salpetersäure und glüht zuletzt stark. Auswaage ist SnO_2 mit 78,77 (log $= 1,89634$) $\%$ Sn.

Für sehr geringe Zinngehalte dampft man den Salpetersäure-Aufschluß zur Trockne, nimmt den Salzrückstand mit 10 ccm verdünnter Salpetersäure auf, setzt einige Gramm Ammonnitrat hinzu, verdünnt mit kochendem Wasser, rührt gut um, läßt den Niederschlag unter Erkalten absitzen und verfährt weiter wie oben.

Sind beachtenswerte Mengen Antimon oder Phosphor im Ausgangsmaterial, ist die Zinnsäure zu reinigen (s. unten).

Die qualitative Prüfung auf Anwesenheit von Arsen und Antimon nimmt man zweckmäßig im Ausgangsmaterial vor: Man löst etwa 1 g Legierung in 20 ccm reiner Salzsäure unter Zusatz von etwas Kaliumchlorat, verjagt das Chlor, verdünnt auf etwa 50 ccm und prüft im Marshschen Apparat in bekannter Weise (s. S. 630).

Für genaue Bestimmungen dampft man den Salpetersäureaufschluß auf alle Fälle auf dem Wasserbad zur Trockne und verfährt weiterhin wie vorstehend beschrieben. Da die Zinnsäure stets verunreinigt ist, bestimmt man das Zinn in folgender Weise:

α) **Schwefel-Schmelzaufschluß.** Man schmilzt die eingeäscherte unreine Zinnsäure im bedeckten Porzellantiegel mit dem 6-fachen Gewicht einer Mischung gleicher Teile Soda und Schwefel (oder ebensoviel entwässertem Natriumthiosulfat), löst die Schmelze in heißem Wasser und filtriert die zurückbleibenden Schwefelmetalle (Kupfer, Eisen, Spuren von Blei) ab. Zinn, Antimon und Arsen gehen als Sulfosalze ins Filtrat. Dieses versetzt man mit reiner Natronlauge, erhitzt zum Sieden, fügt verdünntes Wasserstoffsuperoxyd in kleinen Mengen von Zeit zu Zeit hinzu [zur Oxydation des Polysulfidschwefels, nach Hiepe: Chem.-Ztg. 13, 1303 (1889)] bis zur nicht gänzlichen Entfärbung der Lösung [1] und fällt die Sulfosalze als Sulfide mit verdünnter Schwefelsäure. Hat sich bei obigem die Lösung vollständig entfärbt, gibt man wieder etwas reine Schwefelnatriumlösung hinzu. Aus der mit Schwefelsäure schwach angesäuerten Lösung läßt man den Schwefelwasserstoff auf dem Wasserbad abdunsten, filtriert die gefällten und geballten Sulfide (des Zinns, Antimons und Arsens) ab, wäscht mit

---

[1] Man vermeidet hiermit das Ausfallen größerer Schwefelmengen beim nachfolgenden Ansäuern.

heißem, schwach ammonacetat- und essigsäurehaltigem Wasser aus und löst den Niederschlag in Salzsäure und Kaliumchlorat auf. Aus der vom Chlor befreiten, mit rauchender Salzsäure versetzten Lösung trennt man das Arsen in der Kälte mit Schwefelwasserstoff ab, oxydiert im Filtrat den Schwefelwasserstoff unter Erwärmen mit etwas Bromwasser, verdünnt und fällt das Antimon mit reinem Eisenpulver (Ferrum reductum). (In dem abfiltrierten Zementationsniederschlag kann das Antimon bestimmt werden, quantitativ, wenn Zinn im Überschuß vorhanden war.) Im Filtrat des Antimons kann das Zinn bestimmt werden:

1. man fällt mit Schwefelwasserstoff; der Sulfidniederschlag ist dann abzufiltrieren, auszuwaschen und durch vorsichtiges Einäschern unter Oxydieren mit konzentrierter Salpetersäure in SnO_2 überzuführen (oder man löst den Zinnsulfidniederschlag in Schwefelammonium und elektrolysiert, s. ,,Elektroanalytische Methoden'', S. 978). Oder

2. man reduziert im Filtrat der Antimonzementation das Zinn mit Aluminium (-bohrspäne oder -gries) und bestimmt es durch Titration mit Jod- oder Eisenchloridlösung (s. Kapitel ,,Zinn'', S. 1584).

β) **Natriumsuperoxyd-Schmelzaufschluß.** Man schmilzt die eingeäscherte, unreine Zinnsäure mit Natriumsuperoxyd im Nickeltiegel, löst die Schmelze in Wasser auf, säuert mit Salzsäure an und verjagt das freiwerdende Chlor durch Kochen. Man versetzt in mäßiger Wärme mehrfach mit Ferrum reductum, filtriert nach etwa halbstündigem Stehen ab, wäscht mit schwach salzsäurehaltigem Wasser aus und bestimmt im Filtrat das Zinn wie unter α (S. 1264) angegeben.

Bemerkung.

Sollen Zinn und die Verunreinigungen der rohen Zinnsäure an Arsen und Antimon nicht, vielmehr alle anderen Verunreinigungen bestimmt bzw. abgetrennt werden, so kann man an Stelle der Schmelzaufschlüsse α und β auch mit Bromsalzsäure lösen: Die quantitativ abgeschiedene, unreine Zinnsäure filtriert man in einem feinporigen Glasfiltertiegel ab und wäscht gut aus. Dann spritzt man die Hauptniederschlagsmenge ins Fällgefäß zurück und löst die im Filtergerät noch haftenden Teile in starker Bromsalzsäure. Diese Lösung führt man ebenfalls ins Fällgefäß über, gibt dort noch etwas Salzsäure und Brom hinzu und löst den gesamten Niederschlag auf. Nach Zusatz von 5—10 ccm einer gesättigten Weinsäurelösung macht man mit reiner Natronlauge alkalisch und fällt die Sulfide der Verunreinigungen (Cu, Pb, Ni, Al, Mn, Zn) mit 5 ccm gesättigter Schwefelnatriumlösung. Man läßt warm absitzen, filtriert, wäscht mit schwefelnatriumhaltigem Wasser die Sulfosalzbildner vollständig fort und kann die Sulfide in Salpetersäure lösen, um sie mit dem Hauptfiltrat der rohen Zinnsäure zu vereinigen. (Fe fällt dabei erst nach tagelangem Stehen vollständig aus, sodaß es sich empfiehlt, hier von einer Bestimmung desselben abzusehen.)

Hat man es infolge hoher Zinngehalte im Probematerial oder aus größeren Einwaagen (bis 5 g) mit reichlichen Zinnmengen zu tun, so führt man die letzte Zinnlösung in einen Meßkolben über und entnimmt zur Bestimmung des Zinns einen aliquoten Teil.

Bei zinnhaltigen Legierungen, die beträchtliche Mengen Eisen enthalten, 0,25% und mehr (Legierungen aus stark verunreinigten Altmetallen oder Spezialbronzen, wie Manganbronzen) ist zu berücksichtigen, daß die Abscheidung des Zinns als Metazinnsäure in keiner Weise vollständig zu erreichen ist, also ein gewisser Betrag an Zinn in Lösung bleibt.

Zur Zinnbestimmung verfährt man nach den A.S.T.M.-Standards (Philadelphia 1930 I, 819) dann folgendermaßen: Man löst 2 g Probematerial in einer Säuremischung, bestehend aus 10 ccm konzentrierter Salzsäure und 5 ccm konzentrierter Salpetersäure; man verdünnt mit 25 ccm Wasser und fügt soviel Ammoniak (spez. Gew. 0,90) hinzu bis alles Kupfer komplex gelöst ist. Man kocht auf, läßt den entstandenen Niederschlag absitzen und filtriert ihn durch ein dichtes Filter. Den mit verdünntem Ammoniak und heißem Wasser ausgewaschenen Niederschlag löst man mit verdünnter, heißer Salzsäure wieder auf und fällt aus der etwa 100 ccm betragenden Lösung wieder mit Ammoniak in mäßigem Überschuß. Man erhitzt die Lösung zum Sieden, läßt absitzen, filtriert und wäscht wie oben angegeben. Den im Filter befindlichen Niederschlag löst man in kochend heißer, verdünnter Schwefelsäure wieder auf und wäscht das Filter mit der Säure vollständig aus. Zur Bleifällung neutralisiert man das Filtrat soweit mit Ammoniak, bis der erst entstehende Niederschlag sich nur noch langsam löst, läßt einige Stunden stehen und filtriert das Bleisulfat ab. Das etwa 200 ccm betragende Filtrat sättigt man mit Schwefelwasserstoff, filtriert das gefällte Schwefelzinn durch ein doppeltes Filter ab und wäscht es mit ammonacetathaltigem Wasser aus. Im Filtrat kann das Eisen bestimmt werden. Den getrockneten Schwefelzinniederschlag erhitzt man in bekannter Weise, vorsichtig in einem tarierten Porzellantiegel und glüht auf dem Bunsenbrenner, bei über 20 mg Niederschlagsmenge über dem Gebläse zu SnO_2. Doppelbestimmungen sollen innerhalb 0,06% Sn übereinstimmen.

Die Methode eignet sich auch gut zur genauen Bestimmung sehr kleiner Zinnmengen, wie sie gelegentlich etwa in Messing zu finden sind. Sie hat dann den Vorteil, daß man von fast beliebig großen Einwaagen an Probematerial ausgehen kann. Ist kein oder nur sehr wenig Eisen im Probematerial enthalten, empfiehlt sich ein geringer Zusatz von Eisenchlorid zur Probelösung. Außer Blei muß aber unter Umständen Antimon im Ammoniakniederschlag berücksichtigt werden. Letzteres kann im ausgewogenen Zinnoxydniederschlag nachträglich in bekannter Weise bestimmt und als Sb_2O_4 davon in Abzug gebracht werden.

b) Blei.

Aus zinnfreien Legierungen erhält man Blei als Nitrat in Lösung; da sie Schwefel in nur sehr geringen Mengen enthalten, genügt die daraus entstehende Schwefelsäure nicht, um Bleisulfat auszufällen. (Beim eventuellen Abdampfen zur Trockne kann sich etwas hiervon abscheiden.) Für Betriebsanalysen kann man bei mäßigem Bleigehalt (bis etwa $2\,^0/_0$) unmittelbar in salpetersaurer Lösung elektrolysieren, das Blei anodisch, geringere Mengen auf Netzelektroden, allgemein auf mattierten Platinelektroden, als Superoxyd niederschlagen (s. „Elektroanalytische Methoden“, Blei, S. 963). Hierbei ist zu beachten, daß Mangan ebenfalls teilweise anodisch ausfällt und der Niederschlag Silber, Wismut und Antimon aufnehmen kann, wogegen nennenswerte Arsenmengen die Fällung nicht ganz vollständig werden lassen.

Bei zinnhaltigen Legierungen ist die Zinnsäure vorher abzuscheiden; sie kann aber etwas Blei mitnehmen. Sollen diese kleinen Mengen auch berücksichtigt werden, erhält man sie gemäß α (S. 1264) beim Reinigen der Zinnsäure als Sulfid (neben Cu und Fe); man löst dann die Sulfide in Salpetersäure auf und fügt die Lösung dem abzudampfenden Filtrat der unreinen Zinnsäure wieder zu.

Allgemein anwendbar und auf alle Fälle genau ist die Bestimmung des Bleis als Sulfat durch Abrauchen der Lösung mit Schwefelsäure. Hierbei ist für genaue Bestimmungen zu beachten, daß Spuren von Zinn auch ins Bleisulfat übertreten können.

α) **Sulfatfällung.** Aus zinnhaltigen Legierungen ist zuerst das Zinn nach (S. 1263) quantitativ abzuscheiden. Das Filtrat versetzt man mit einem kleinen Überschuß an Schwefelsäure, dampft zuerst auf dem Wasserbad, zuletzt auf dem Sandbad bis zum Rauchen der Schwefelsäure ab. Man nimmt mit schwach schwefelsäurehaltigem Wasser auf, filtriert das Bleisulfat ab und wiegt es in bekannter Weise aus [$PbSO_4$ hat 68,32 (log = 1,83452) $^0/_0$ Pb]. Für sehr genaue Bestimmungen berücksichtigt man eventuell Spuren von Zinn: Man löst das $PbSO_4$ in Ammonacetatlösung und fällt es aus dieser erneut aus usw. (genaueres s. Kapitel „Blei“, S. 1506 u. 1510).

β) **Elektrolytische Fällung als Superoxyd.** Sie erfolgt in salpetersaurem, ruhendem oder bewegtem Elektrolyt (mit mindestens $5\,^0/_0$ freier Salpetersäure) auf Platin-Netzanode, -Schale oder -Tiegel in Gegenwart des Kupfers (das hierbei nur günstig wirkt!). Auswaage: a) Als Superoxyd durch Trocknen bei $200-230^0$ C (über den Faktor s. „Elektroanalytische Methoden“, Blei, S. 964). 2. Als Oxyd, wenn auf Schale oder Tiegel gefällt wurde, durch gelindes Erhitzen des Superoxydniederschlages bis zum rein gelben Bleioxyd [PbO hat 92,83 (log = 1,96770) $^0/_0$ Pb].

c) Kupfer.

Aus der vom Zinn befreiten salpetersauren Lösung kann Kupfer grundsätzlich nach irgendeiner der S. 1177 angegebenen gewichtsanalytischen Methoden bestimmt werden. Die Wahl hat natürlich in erster Linie unter Berücksichtigung sämtlicher in Lösung befindlicher Bestandteile zu erfolgen. Erfordert die Methode die Überführung der Nitratlösung in eine solche aus Sulfaten, dann ist mit Schwefelsäure abzudampfen, wobei etwa vorhandenes Blei als Sulfat abgeschieden wird. Die einfachste und genaueste Kupferbestimmung ermöglicht die unmittelbare Elektrolyse der ammonsalzhaltigen, salpetersauren Lösung bei ruhendem oder besser bei bewegtem Elektrolyt.

Für genaue Kupferbestimmungen ist zu beachten, daß etwas Kupfer mit der Zinnsäure fällt. Will man das Zurückführen dieser Anteile zur Hauptlösung durch die Schmelzaufschlüsse der unreinen Zinnsäure (CuS-Niederschlag; s. unter a S. 1264) umgehen, dann löst man die Probe in Königswasser, fällt mit Schwefelwasserstoff und extrahiert die Sulfosalzbildner (Zinn, Arsen, Antimon) mit Schwefelnatriumlösung. Im verbleibenden Sulfidniederschlag bestimmt man das Kupfer in bekannter Weise unter Berücksichtigung von Blei, Wismut und eines noch geringen Rückhalts an Sulfosalzbildnern.

a) **Elektrolytische Fällung.** Geht man von einer Nitratlösung aus, so übersättigt man mit Ammoniak, säuert mit reiner Salpetersäure wieder soweit an, bis die basischen Kupfersalze sich vollständig gelösthaben und gibt auf 100 ccm Elektrolyt weitere 2—5 ccm Salpetersäure (spez. Gew. 1,2) hinzu. Die größere Menge freie Salpetersäure wählt man bei ruhender Elektrolyse oder wenn Blei in erheblichen Mengen vorliegt und gleichzeitig als Superoxyd bestimmt werden soll. Ist Blei nicht zugegen, so fällt man zweckmäßig (weil der Kupferniederschlag dichter wird) aus sal-peter-schwefelsaurer Lösung und setzt — sofern noch keine Sulfate vorhanden sind — vor dem Übersättigen mit Ammoniak einige Kubikzentimeter verdünnte Schwefelsäure hinzu. Man elektrolysiert gemäß den Bedingungen im Kapitel „Elektroanalytische Methoden", S. 931.

Arsen und Antimon fallen zum geringen Teil mit dem Kupfer aus. Enthält das Ausgangsmaterial nur' wenig Arsen oder Antimon, dann sind die Gehalte im Kupferniederschlag so niedrig, daß bei Betriebsanalysen unmittelbar ausgewogen werden kann. Durch eine Umfällung in frischem Elektrolyt erhält man praktisch vollständig reines Kupfer, sodaß dann die Auswaage auch den Anforderungen für genaue Bestimmungen entspricht.

Enthält das Probematerial aber unverhältnismäßig viel Arsen oder Antimon, so elektrolysiert man wie oben, jedoch unter Zusatz von Bleisulfat zum (am besten bewegten) Elektrolyt (nach Hollard und Bertiaux s. Kapitel „Elektroanalytische Methoden", S. 941). In gleicher Weise verfährt man bei Anwesenheit geringer Wismutmengen: Bi geht dabei auch ins PbO_2 über (ebenso Spuren von Ag).

Für sehr genaue Bestimmungen ist das nach diesem Verfahren gefällte Kupfer wegen eines geringen $PbSO_4$-Gehaltes in frischem Elektrolyt umzufällen.

Außergewöhnlich hohe Antimongehalte trennt man im ammoniakalischen Elektrolyt ab (s. „Elektroanalytische Methoden", S. 940).

β) **Sulfidfällung des Kupfers.** Man löst 0,5—1 g Legierung in Königswasser oder Bromsalzsäure, verjagt die größte Menge Brom und freies Chlor durch Kochen, verdünnt mit heißem Wasser und leitet Schwefelwasserstoff ein. Den gefällten, abfiltrierten und mit schwach saurem Schwefelwasserstoffwasser ausgewaschenen Sulfidniederschlag digeriert man mit Schwefelnatriumlösung. Im abfiltrierten und mit schwefelnatriumhaltigem Wasser ausgewaschenen Sulfidrückstand bestimmt man das Kupfer nach Wiederauflösen unter Berücksichtigung der möglichen Anwesenheit von Blei, Wismut und eines geringen Restes noch zurückgehaltener Sulfosalzbildner (Zinn, Arsen, Antimon). Hierzu eignet sich am besten die Elektrolyse wie vorstehend (S. 1268) beschrieben: Man wäscht den mit Schwefelnatriumlösung ausgelaugten Sulfidrückstand zuletzt mit wenig, nur sehr schwach schwefelnatriumhaltigem Wasser nach (um möglichst wenig Na-Salze zurückzubehalten), trocknet, verascht im Porzellantiegel und röstet bei Luftzutritt und allmählich gesteigerter Temperatur bis zu mäßiger Rotglut. Das praktisch sulfidfreie, im übrigen noch unreine Kupferoxyd löst man in Salpetersäure und elektrolysiert nach S. 1268.

d) Nickel.

Die Bestimmung macht ein vorhergehendes Abtrennen des Kupfers (und des Bleis) erforderlich, bei zinnhaltigen Legierungen auch des Zinns (als Zinnsäure gemäß S. 1263 vor dem Kupfer). Man kann also, wie bei der Gesamtanalyse des Handelskupfers beschrieben, verfahren. Oder man trennt die gesamte Schwefelwasserstoffgruppe aus salz- oder schwefelsaurer Lösung ab (s. unter gewichtsanalytischen Methoden 2 [S. 1182] und unter β [S. 1268]), verjagt den Schwefelwasserstoff und bestimmt in der Lösung (Nickel, Eisen, Aluminium, Mangan und Zink) das Nickel wie nachstehend angegeben.

Die einfachste und beste Abtrennung des Kupfers ist die elektrolytische in salpetersaurem oder salpeter-schwefelsaurem Elektrolyt. Man verfährt genau wie vorstehend unter α (S. 1268) für die Kupferbestimmung beschrieben. Im Elektrolysat können sein: Nickel, Eisen, Aluminium, Mangan und Zink. Das Nickel kann aus dieser Lösung bestimmt werden durch:

α) **Fällung mit Natronlauge und Brom.** (Nur bei Gegenwart nicht allzu hoher Zinkgehalte zu empfehlen, oder wenn Zink nach Schneider-Finkener als ZnS abgetrennt wurde[1].) Man trennt aus der Lösung Eisen und Aluminium als basische Acetate in bekannter Weise ab; größere Niederschlagsmengen fällt man um. Das Filtrat macht man mit reiner Natronlauge alkalisch und dampft in einer Porzellanschale soweit ein, bis Ammoniak durch Geruch nicht mehr wahrnehmbar ist, versetzt mit Bromwasser, wodurch das inzwischen schon ausgefallene Nickelhydroxyd in schwarzes $Ni(OH)_3$ übergeht (dieses hält im Gegensatz zu ersterem so gut wie kein Zink zurück), filtriert warm und wäscht mit schwach alkalischem, zuletzt mit reinem Wasser vollständig aus. Nach dem Trocknen verglüht man den Niederschlag zu NiO, das 78,58 (log = 1,89529)% Ni enthält. Kobalt wird dabei als Co_2O_3 mit ausgewogen.

β) **Dimethylglyoximfällung** (nach Brunck, s. a. unter „Nickel", S. 1472). Sie ist die genaueste Nickelbestimmung (Kobalt bleibt in Lösung). Aus dem Elektrolysat des Kupfers trennt man Eisen, Aluminium und Mangan mit Ammoniak und etwas Wasserstoffsuperoxyd quantitativ ab. Ist die Niederschlagsmenge reichlich, so fällt man doppelt (für genaue Bestimmungen auf alle Fälle, s. auch unten) und vereinigt die Filtrate. Die Lösung kann außer dem Nickel noch Zink (und Kobalt) enthalten. Man säuert mit Schwefelsäure schwach an, fügt alkoholische

---

[1] Für genaue Nickelbestimmungen und bei größeren Nickelgehalten beachte man, daß das ZnS etwas Nickel mitreißt.

Dimethylglyoximlösung hinzu, macht sofort mit Ammoniak schwach alkalisch (aber genügend Ammoniak, damit alles Zink als Komplexsalz in Lösung gehalten wird!), erwärmt, läßt absitzen, filtriert und wäscht mit heißem, schwach ammoniakalischem Wasser vollständig aus.

Der rote Niederschlag kann getrocknet und als $NiC_8H_{14}N_4O_4$ mit 20,32 (log = 1,30786) % Ni ausgewogen werden. Filtration im Glasfiltertiegel ist dazu empfehlenswert.

Geringe Nickelniederschlagsmengen verascht man im zunächst bedeckten, dann offenen Porzellantiegel und glüht nach Oxydation mit einigen Tropfen konzentrierter Salpetersäure zu NiO mit 78,58 (log = 1,89529) % Ni aus.

Sind nennenswerte Nickelmengen zu bestimmen, empfiehlt es sich, nach K. Wagenmann [s. Ferrum 12, 126 (1915)] das Nickel im Nickel-Dimethylglyoxim durch Elektrolyse als Metall auszuwiegen, da die Dimethylglyoximfällung dadurch einfacher und billiger wird und schneller auszuführen ist.

Zum Elektrolysat des Kupfers setzt man unmittelbar einige Gramm Weinsäure (um Fe und Al in Lösung zu halten) hinzu, neutralisiert zunächst die Hauptsäuremenge mit Ammoniak, erhitzt fast zum Sieden, gibt eine ausreichende Menge von Dimethylglyoxim in siedendem Wasser gelöst hinzu (unbekümmert um noch nicht ganz gelöste Anteile des Reagens), macht sofort schwach ammoniakalisch, läßt eine halbe Stunde absitzen, filtriert den Niederschlag, wäscht mit schwach ammoniakalischem Wasser aus (bis alles Zink entfernt ist) und löst den noch feuchten Niederschlag in warmer verdünnter Schwefelsäure, der man einige Tropfen Salzsäure und Wasserstoffsuperoxyd zugesetzt hat. Die Lösung siedet man unter Zusatz von einigen Kubikzentimeter konzentrierter Salzsäure und Wasserstoffsuperoxyd 10 Minuten, um alles Dimethylglyoxim zu zerstören. Man kühlt ab, übersättigt mit Ammoniak und fällt das Nickel schnellelektrolytisch. Ein hierbei im Elektrolyt etwa auftretender Mangansuperoxydniederschlag bedingt keinen Fehler für die Auswaage an Nickel. (S. auch „Elektroanalytische Methoden", S. 957.)

Für sehr genaue Nickelbestimmungen in arsen- und antimonhaltigen und besonders bleireichen Legierungen dampfe man das Elektrolysat des Kupfers zum Verjagen der Salpetersäure mit Schwefelsäure ab, nehme mit einigen Kubikzentimeter Salzsäure und Wasser auf, fälle mit Schwefelwasserstoff, filtriere die geringe Menge Sulfide ab und wasche mit saurem Schwefelwasserstoffwasser aus. Aus dem Filtrat entfernt man den Schwefelwasserstoff und verfährt wie vorstehend unter b).

e) Eisen und Aluminium.

Zinn, Blei und Kupfer werden, wie beim Kupfer (S. 1267) beschrieben, zuerst abgetrennt. Es ist zu beachten, daß die rohe Zinnsäure durchweg Eisen mitreißt (Reinigung nach S. 1264).

α) Sind weder Phosphor noch Mangan zu berücksichtigen, fällt man das Elektrolysat des Kupfers mit Ammoniak in mäßigem Überschuß, wäscht aus (fällt bei viel Zink nach Auflösen den Niederschlag um) und glüht die Hydroxyde des Eisens und Aluminiums bei allmählich gesteigerter Temperatur über dem Bunsenbrenner aus zu $Fe_2O_3 + Al_2O_3$.

β) Ist nur Mangan aber kein Phosphor zu berücksichtigen, so fällt man aus dem Elektrolysat Eisen, Aluminium und Mangan zunächst mit Ammoniak und Wasserstoffsuperoxyd zusammen aus, filtriert, wäscht mit ammoniakalischem Wasser aus, löst die Hydroxyde in warmer Salzsäure (1: 1) und trennt Eisen und Aluminium durch die Acetatfällung ab: In der klaren Lösung stumpft man die Salzsäure in der Kälte mit Sodalösung soweit ab, bis eine eben bleibende schwache Trübung entsteht, die mit möglichst wenig Salzsäure wieder zum Verschwinden gebracht wird. Man gibt 1—2 g Natriumacetat [1] und 2 Tropfen Essigsäure hinzu, kocht kurz auf, filtriert sofort die basischen Acetate und wäscht mit heißem Wasser aus. (Mn-Ion ist im Filtrat.) Den Acetatniederschlag glüht man (wie unter 5a) zu $Fe_2O_3 + Al_2O_3$ und wiegt aus.

α) und β) Das Eisenoxyd-Tonerdegemisch erwärmt man im Becherglas mit rauchender Salzsäure bis alles Fe_2O_3 gelöst ist, reduziert mit Zinnchlorür und titriert das Eisen mit Permanganat (s. unter „Eisen", S. 1303). Die gefundene Eisenmenge rechnet man in Fe_2O_3 um, zieht diesen Betrag von der Gesamtauswaage $Fe_2O_3 + Al_2O_3$ ab und berechnet aus dem verbleibenden Al_2O_3 [mit 53,03 (log = 1,72455) % Al] das Aluminium.

γ) Sind Phosphor und Mangan zu berücksichtigen, so fällt man aus dem Elektrolysat Fe + Al + Mn zunächst mit Ammoniak und Wasserstoffsuperoxyd, löst die Hydroxyde in warmer Salzsäure (1: 1) und trennt aus der Lösung Eisen und Aluminium (+ P) als basische Acetate ab gemäß 5 (das Filtrat enthält dann alles Mn!). Den Acetatniederschlag löst man zunächst in verdünnter Schwefelsäure auf, dampft ein bis die Essigsäure verschwunden ist und führt die Lösung in einen 100-ccm-Meßkolben über, den man zur Marke auffüllt.

In einer Hälfte = 50 ccm bestimmt man das Eisen nach Reduktion titrimetrisch mit Permanganat.

In der zweiten Hälfte = 50 ccm fällt man das Aluminium als Phosphat [2]. Man neutralisiert auf Zusatz von Methylorange als Indicator fast genau mit Ammoniak, d. h. die Lösung bleibt noch etwas sauer, verdünnt auf 250 ccm und setzt nacheinander zu: 3 ccm Salzsäure (spez. Gew. 1,19), 10 ccm Dinatriumphosphat (1: 10), 25 ccm Natriumthiosulfat (1:5), 7,5 ccm Essigsäure (1:2), kocht etwa eine halbe Stunde unter Ergänzen des verdampfenden Wassers, filtriert sofort ab und wäscht mit heißem Wasser gründlich aus (Na-Salze). Den getrockneten Niederschlag verascht man im Porzellantiegel und glüht über dem Teclubrenner aus zu $AlPO_4$ mit 22,19 (log = 1,34625) % Al.

---

[1] Nicht zuviel Natriumacetat, da sonst Mangan mitfällt!

[2] Ursprüngliches Verfahren von Stead u. Carnet. Stead: Journ. Soc. Chem. Ind. 8, 966 (1889) und Stahl u. Eisen 10, 627 (1890). — Carnot: C. r. d. l'Acad. des sciences 111, 914 (1890). Siehe auch Mitt. d. Fachausschusses, Teil I, S. 64. Nach Jonny [Analyst 15, 61, 83 (1890)] ist Aluminiumphosphat in Essigsäure um so löslicher, je mehr Aluminium und Essigsäure anwesend sind. Die Löslichkeit wird außerdem begünstigt durch die Gegenwart von Ammoncetat und durch längeres Stehen nach dem Kochen (s. auch A. Classen: Ausgewählte Methoden, S. 499 u. 568. Braunschweig 1901).

Ist Mangan nicht zu berücksichtigen, braucht natürlich die Acetatfällung nicht vorgenommen zu werden.

δ) **Eisen allein** kann auch in folgender Weise bestimmt werden:
Man löst die Einwaage (5—10 g) in Königswasser unmittelbar in einem
Halblitermeßkolben auf, verdünnt mit Wasser, gibt Ammoniak im Überschuß zu, säuert mit Schwefelsäure schwach an und leitet bei etwa
400 ccm Volumen Schwefelwasserstoff bei mäßiger Wärme ein. Nach
beendeter Fällung läßt man erkalten, füllt zur Marke auf, schüttelt
durch und läßt absitzen. Man entnimmt dem Kolben einen aliquoten
Teil (100—400 ccm) über ein Filter. Im Filtrat zerstört man den Schwefelwasserstoff mit etwas Bromwasser unter Sieden und fällt mit Ammoniak
in mäßigem Überschuß. Den Niederschlag löst man nach dem Auswaschen in Säure auf und titriert das Eisen nach Reduktion mit
Permanganat.

f) Mangan.

Mangan fällt beim Abtrennen des Kupfers in salpetersaurem Elektrolyt
zu einem kleinen Teil, besonders in Gegenwart von Blei, anodisch aus.
Man löst den Niederschlag von der Anode mit etwas konzentrierter
Salpetersäure in einem Bechergläschen durch Erwärmen auf und trennt
etwa vorhandenes Blei durch Abdampfen unter Schwefelsäurezusatz bis
zum Rauchen ab. Das Filtrat vom $PbSO_4$ vereinigt man mit dem Elektrolysat vom Kupfer. Man fällt aus der Lösung zunächst mit Ammoniak
und Wasserstoffsuperoxyd Mangan, Eisen und Aluminium. Nach Wiederauflösen des Niederschlages kann das Mangan bei größeren Mengen
nach **Volhard** (s. „Eisen", S. 1312 u. 1382) bestimmt werden.

Kleine Mengen Mangan wiegt man als Mn_3O_4 oder $MnSO_4$ aus:
Man trennt nach voranstehender Ammoniak-Wasserstoffsuperoxyd-
Fällung (Mangan + Eisen + Aluminium) das Mangan nach der Acetatmethode ab, fällt im Filtrat Mangan wiederum mit Ammoniak + Wasserstoffsuperoxyd, wäscht gründlich mit heißem Wasser aus und verglüht
den Niederschlag stark zu Mn_3O_4 [72,03 (log = 1,85749) $^0/_0$ Mn]. Zur Kontrolle kann das Mn_3O_4 in H_2SO_4 (1:1) unter Zusatz einiger Tropfen
Wasserstoffsuperoxyd gelöst werden; man dampft und raucht ab und
glüht schwach zu $MnSO_4$ [36,38 (log = 1,56083) $^0/_0$ Mn] aus.

Für sehr genaue Bestimmungen kleiner Manganmengen auf
gewichtsanalytischem Wege ist es zweckmäßig (wegen Spuren von Zinn
und Antimon), das Elektrolysat nach Zuführen der salpetersauren
Lösung des Anodenniederschlages insgesamt mit Schwefelsäure auf
dem Wasserbade abzudampfen, mit wenig Salzsäure aufzunehmen und
in mäßiger Verdünnung und Wärme mit Schwefelwasserstoff zu fällen.
Das Filtrat behandelt man nach Zerstören des Schwefelwasserstoffs
wie oben weiter.

Für Einzelbestimmungen des Mangans in beliebigen Ge-
halten eignet sich auch der unter δ (s. oben) angegebene Aufschluß des
Probematerials mit Königswasser bei sinngemäßer Anwendung der vorstehenden Manganbestimmungsmethoden.

g) Zink.

Stets anwendbar und zugleich die genaueste Bestimmungsmethode ist die nach Schneider-Finkener (s. Kapitel „Zink", S. 1701), die Fällung mit Schwefelwasserstoff in schwach schwefelsaurer Lösung. Grundbedingungen sind an erster Stelle gänzliche Abwesenheit aller Metalle der Schwefelwasserstoffgruppe und ausschließlich Sulfatlösung.

Bei zinnhaltigen Legierungen scheidet man das Zinn nach a (S. 1263) quantitativ ab. Kupfer und Blei trennt man elektrolytisch nach S. 1268 ab; das Elektrolysat dampft man mit Schwefelsäure ab, um die Salpetersäure ganz zu entfernen. Sind noch Metalle der Schwefelwasserstoffgruppe in der Lösung vorhanden, nimmt man mit 200 ccm Wasser und 20 ccm konzentrierter Schwefelsäure auf, fällt mit Schwefelwasserstoff in der Wärme, filtriert und verjagt im Filtrat den Schwefelwasserstoff vollständig durch Sieden. (Selbstverständlich kann man die Schwefelwasserstoff-Fällung auch auf das Kupfer anwenden, also die Elektrolyse umgehen, wobei für sehr genaue Bestimmungen aber die Schwefelwasserstoff-Fällung auf den Sulfidniederschlag zu wiederholen ist und die Filtrate zu vereinigen sind.)

Die schwefelwasserstofffreie Lösung neutralisiert man in Anwesenheit eines Indicators (Methylorange oder Kongorotpapier) sorgfältigst, fügt auf 700—800 ccm Volumen 1 ccm Normalschwefelsäure hinzu und leitet kalt 1—2 Stunden Schwefelwasserstoff ein. Man läßt das ZnS vollständig absitzen, filtriert durch ein Filter und wäscht mit Schwefelwasserstoffwasser aus, das etwa 5 % Ammonsulfat enthält. Bei größeren Zinkmengen verdünnt man auf $^3/_4$ Liter und mehr, da zu berücksichtigen ist, daß entsprechend der Zinkfällung Schwefelsäure frei wird!

Das ZnS kann als solches nach dem Glühen im Wasserstoffstrom im Rosetiegel ausgewogen werden [ZnS hat 67,09 (log = 1,82664) % Zn]. Es ist heute allgemein üblich und ebenso genau, das ZnS in ZnO überzuführen: Man trocknet Filter und Niederschlag, verascht langsam, aber vollständig im offenen Porzellantiegel und glüht zuletzt oberhalb 950°C (zur vollständigen Zersetzung entstandenen Sulfats) am besten im Muffel- oder Tiegelofen aus. ZnO hat 80,34 (log = 1,90492) % Zn.

Das Ballen des schleimigen Zinksulfidniederschlages kann man begünstigen und damit die Filtration erleichtern und beschleunigen, wenn man nach K. Bornemann [Ztschr. f. anorg. u. allg. Ch. 82, 216 (1913)] in monochloressigsaurer Lösung unter Zusatz von schwefliger Säure fällt [1]. Man braucht dann nicht aus reiner Sulfatlösung zu fällen, stumpft vielmehr die Mineralsäure (des Elektrolysats) mit Natriumcarbonat vollständig ab, neutralisiert mit Monochloressigsäure und setzt auf 300 ccm Fällungsvolumen bis 20 ccm einer gesättigten Monochloressigsäurelösung und einige Kubikzentimeter Schwefligsäurelösung hinzu. Man fällt im lebhaften Schwefelwasserstoffstrom etwa eine halbe Stunde,

---

[1] Schweflige Säure reagiert mit Schwefelwasserstoff unter Bildung kolloiden Schwefels; er reißt das ebenfalls zuerst hoch dispers fallende ZnS unter Bildung grobdisperser Teilchen nieder; nur bei sehr großem Eisen- und Nickelgehalt treten diese als Verunreinigung in den Niederschlag über, aber auch dann nur in Mengen, die eine technische Bestimmung nicht beeinträchtigen.

läßt 10 Minuten absitzen und filtriert. Eine Trübung im Filtrat besteht ausschließlich aus überschüssigem Schwefel in kolloider Form. Zur Auswaage verfährt man wie oben.

Für genaue Bestimmungen prüft man das ZnO nach Wiederauflösen auf Eisen, Aluminium und Nickel.

Die sehr genaue elektrolytische Zinkbestimmung in natronalkalischer Lösung (s. Kapitel „Elektroanalytische Methoden", S. 982) erfordert Abwesenheit von Ammonsalzen und Chlorionen und Abtrennung des Eisens. Sie ist daher praktisch nur bei entsprechend reinen Legierungen zu gebrauchen. Man fällt dann das Kupfer aus rein schwefelsaurer[1] Lösung in Abwesenheit von Ammonsalzen (soweit dies möglich ist!), oder man dampft das Elektrolysat in der Porzellanschale auf Zusatz reiner Natronlauge soweit ab, bis alles Ammoniak verschwunden ist. In dieser Lösung bestimmt man das Zink in natronalkalischem Elektrolyt wie bei den „Elektroanalytischen Methoden" (S. 982) angegeben.

h) Arsen.

Unter den hier in Betracht kommenden Legierungen sind nur vereinzelte, die Arsen als gewollten Legierungsbestandteil enthalten (z. B. Arsenbronze mit bis 1,5% As). Im übrigen ist es, allerdings nicht selten, als Verunreinigung vorhanden und in diesem Sinne gehaltlich festzustellen.

Der technologisch für viele Verwendungszwecke noch nicht unbedingt schädliche Betrag ist verhältnismäßig hoch, sodaß man mitunter z. B. dünne Messingbleche mit 0,1% As antrifft.

In zinnfreien Legierungen bestimmt man das Arsen genau wie beim Kupfer (S. 1237) beschrieben ist. Bei zinnhaltigen Legierungen ist zu berücksichtigen, daß die mit Salpetersäure abgeschiedene unreine Zinnsäure etwas Arsen enthalten kann, obgleich der Betrag für technische Zwecke bei mäßigen Zinngehalten nicht erheblich ins Gewicht fällt, so daß man im allgemeinen im Filtrat wie beim Kupfer verfahren kann (Fällung unter Eisenzusatz mit Natriumcarbonat und Destillation des Arsens aus dem in Salzsäure gelösten Niederschlag). Den Fehlbetrag vermeidet man, wenn man die Einwaage unter Kühlen im Kolben mit Königswasser löst, unter mäßigem Verdünnen in ein Becherglas überführt, einige Gramm Weinsäure zugibt, mit Ammoniak übersättigt und das Arsen zunächst mit Magnesiamixtur ausfällt (s. As im Kupfer, S. 1238), wobei man zur Vergrößerung der Niederschlagsmenge etwas Natriumphosphat zusetzt. Der abfiltrierte unreine Arsenniederschlag wird in Salzsäure gelöst und der Destillation unterworfen.

i) Antimon.

Das Antimon ist für die in Frage stehenden Legierungen ein sehr schädlicher Bestandteil (es erzeugt Kaltbruch), weshalb z. B. manche Messingwerke zur Herstellung von Walzfabrikaten sogar Elektrolytkupfer ablehnen, wenn es auch nur geringste Mengen Antimon enthält.

---

[1] Bei der Elektrolyse des Kupfers aus salpetersauren Lösungen entsteht an der Kathode Ammonnitrat!

Es muß also unter Umständen als schädlicher Bestandteil quantitativ festgestellt werden.

Für zinnfreie Legierungen eignen sich die unter Kupfer für Antimon beschriebenen Abtrennungsverfahren, die basische Acetatmethode und besonders die Methode nach H. Blumenthal (s. S. 1240). Bei letzterer können auch noch mäßige Zinnmengen vorliegen.

Für ausgesprochen zinnhaltige Legierungen gilt, daß bei einem, den Antimongehalt stark überwiegenden Zinngehalt, die beim Aufschluß mit Salpetersäure sich ausscheidende Zinnsäure alles Antimon als Sb_2O_4 niederreißt.

In diesem Falle löst man etwa 5 g Legierung in konzentrierter Salpetersäure auf und scheidet die Zinnsäure gemäß S. 1263 quantitativ ab.

α) Filtration am besten auf feinstporigem Glasfiltertiegel; den noch feuchten $(SnO_2 + Sb_2O_4)$-Niederschlag löst man in ein Becherglas mit 20 ccm Bromsalzsäure zurück, setzt weitere 30 ccm Salzsäure hinzu, kocht zum Verjagen des Broms, setzt 2 g Natriumsulfit hinzu, kocht einige Minuten bis die schweflige Säure verschwunden ist und titriert das Antimon mit Kaliumbromat unter Zusatz von Indigo als Indicator (s. Kapitel „Antimon", S. 1574).

β) Man filtriert auf Papierfilter, verascht die Zinnsäure und schmilzt im Nickel- oder Eisentiegel mit Natriumsuperoxyd. Die in Wasser gelöste Schmelze säuert man mit Salzsäure schwach an, verkocht das Chlor und fällt das Antimon durch mehrfachen Zusatz kleiner Mengen Ferrum reductum bei schwacher Wärme. Nach etwa halbstündiger Zementation filtriert man ab, löst Eisen + Antimon in schwacher Bromsalzsäure vollständig auf und fällt aus der mäßig verdünnten, schwach warmen Lösung das Antimon durch längeres Einleiten von Schwefelwasserstoff aus. Man filtriert, wäscht mit Schwefelwasserstoffwasser, dem etwas Ammonsulfat zugesetzt wurde, aus, löst mit Schwefelnatriumlösung zurück und dampft die Sulfosalzlösung auf Zusatz von etwa 10 ccm konzentrierter Schwefelsäure bis zum Rauchen ab. Man nimmt mit Wasser auf, kocht auf Zusatz von einigen Kubikzentimeter Salzsäure, läßt abkühlen, verdünnt auf etwa $1/4$ Liter und titriert das Antimon mit $1/10$ n-Permanganat nach Low (s. Kapitel „Antimon", S. 1574). (Im Filtrat des Fe + Sb kann das Zinn titrimetrisch bestimmt werden; s. S. 1265.)

k) Silicium.

Es ist gelegentlich gewollter Legierungsbestandteil, im übrigen nicht häufige Verunreinigung.

In zinnfreien Legierungen bestimmt man das Silicium genau wie beim Siliciumkupfer angegeben wurde (S. 1255). Zinnhaltige Legierungen löst man in Königswasser, dampft mit Salzsäure zweimal zur Trockne, erwärmt etwa $1/2$ Stunde auf 120^0 C, nimmt mit salzsäurehaltigem Wasser auf, filtriert und wäscht aus. Die meist unreine Kieselsäure wird mit Flußsäure + Schwefelsäure abgeraucht und SiO_2 aus der Differenz bestimmt. Für sehr genaue Bestimmungen wiederholt man das Verfahren nochmals auf das Filtrat der Kieselsäure, da dieses noch geringe Mengen gelöst enthalten kann.

l) Phosphor.

Abgesehen von Phosphorbronzen (bis 1,0% P) enthalten nur wenige Legierungen Phosphor als gewollten Bestandteil. Da aber zur Desoxydation, soweit sie erforderlich ist, überwiegend Phosphorkupfer angewandt wird, enthalten die Legierungen fast durchweg sehr geringe Mengen Phosphor, meist allerdings nur in Spuren.

Nach den A.S.T.M.-Standards (Philadelphia 1930 I, 827) kann man Legierungen vom Typus des „Gun Metall" (gute Zinnbronzen), die praktisch arsen- und antimonfrei sind, sehr einfach qualitativ auf Phosphor prüfen: Man taucht ein Stückchen der Legierung ungefähr 10 Sekunden lang in einige Kubikzentimeter Eisenchloridlösung (25 g Eisenchlorid in 100 ccm Wasser gelöst und mit 25 ccm konzentrierter Salzsäure versetzt) und spült sofort unter fließendem Wasser ab. Phosphorhaltige Legierungen werden dadurch merklich dunkel gebeizt, solche mit mehr als 0,25% Phosphor werden fast geschwärzt. Arsen und Antimon reagieren ähnlich!

Die Phosphorbestimmung in zinnfreien Legierungen unterscheidet sich in nichts von der im Kupfer (s. S. 1236). Arsen ist zu berücksichtigen!

Zinnhaltige Legierungen löst man:

1. In Königswasser, dampft auf dem Wasserbad zur Trockne, wiederholt das Abdampfen zweimal nach jedesmaligem Zusatz von Salzsäure, nimmt dann mit wenig Salzsäure und Wasser auf und fällt mit Schwefelwasserstoff. Das Filtrat vom Sulfidniederschlag enthält dann allen Phosphor; man dampft auf dem Wasserbad ab, nimmt mit Wasser und einigen Tropfen Salzsäure auf, macht mit Ammoniak alkalisch und säuert mit Salpetersäure eben an. Nach Zusatz von einigen Gramm Ammonnitrat fällt man die Phosphorsäure wie unter Kupfer beschrieben (S. 1236 bzw. 1253).

2. In Salpetersäure (spez. Gew. 1,4); man dampft zur Trockne; dann zweimaliges Abdampfen mit starker Salzsäure und weiter wie unter 1 vorstehend.

m) Schwefel.

Er ist ausschließlich (schädliche) Verunreinigung, kommt aber in beachtenswerten Gehalten selten vor.

Zur Bestimmung löst man in starker Salpetersäure, scheidet bei zinnhaltigen Metallen die Zinnsäure nach S. 1263 quantitativ ab, entfernt aus dem Filtrat das Kupfer elektrolytisch im Salpetersäure- (Ammonnitrat-) Elektrolyt, setzt dem Elektrolysat etwas reines Natriumchlorid hinzu und dampft mit Salzsäure mehrmals zur Trockne. Die schwach salzsaure Auflösung des Salzrückstandes fällt man bei kleinem Volumen in der Siedehitze mit Chlorbarium. Das Bariumsulfat kommt in bekannter Weise zur Auswaage:

$$BaSO_4 \text{ hat } 13,73 \ (\log = 1,13781)\% \ S.$$

In Anwesenheit nennenswerter Eisenmengen fällt das Bariumsulfat eisenhaltig aus (nach dem Glühen rötlich gefärbt). In solchen Fällen entfernt man das Eisen aus der Lösung vor der $BaSO_4$-Fällung mit Ammoniak (doppelte Fällung!).

Eine sehr genaue und schnelle Bestimmung des Schwefels in Kupfer-Zinn-Zink-Legierungen, wobei obendrein von beliebig großen Einwaagen ausgegangen werden kann, bietet das Entwicklungsverfahren von H. Leysaht [Ztschr. f. anal. Ch. **75**, 169 (1928)]. Im Zersetzungskolben eines Schwefelbestimmungsapparates (wie er beim Eisen üblich ist) löst man 5—10 g späniges Probematerial mit 50—100 ccm reiner Bromwasserstoffsäure (spez. Gew. 1,49; etwa 50%ig) unter langsamem Erwärmen auf. Gelblich gefärbte Bromwasserstoffsäure enthält freies Brom, welches auf alle Fälle vor der Verwendung der Säure mit Zinnchlorür (bis zur vollständigen Entfärbung) unschädlich zu machen ist. Ein durch den Kolben geleiteter schwacher Kohlensäurestrom führt den entwickelten Schwefelwasserstoff in ein an den Zersetzungskolben angeschlossenes Zehnkugelrohr (oder eine Spiralwaschflasche), das mit Bromsalzsäure beschickt ist. Nach beendeter Zersetzung und vollständigem Ausspülen des Kolbens mit Kohlendioxyd ist aller Schwefel als Schwefelsäure in der Vorlage. Nach Abdampfen der Bromsalzsäure (unter Zusatz von etwas reinem Chlorkalium) fällt man den Schwefel als Bariumsulfat.

II. Gesamtanalyse und Gruppenbestimmungen.

Die Kupfer-Zinn- und Kupfer-Zink-Legierungen werden im allgemeinen bewertet und beurteilt nach den Gehalten ihrer Grundbestandteile. Je nach Verwendungszweck sind Nebenbestandteile oder Verunreinigungen zu berücksichtigen bzw. analytisch festzustellen. Das gleiche gilt für die große Zahl Zwischenglieder der Legierungsreihe, für die Kupfer-Zinn-Zink-Legierungen. Man wird also meist den Kupfer-, Zinn- und Zinkgehalt ermitteln, eventuell auf schädliche Bestandteile prüfen und für Sonderzwecke eins oder mehrere der auf S. 1263 bezeichneten gewollten Zusatzmetalle bestimmen.

Gesamtanalysen kommen somit gegenüber Bestimmungen nur gewisser Bestandteile verhältnismäßig wenig vor. Für die ersteren gilt das unter Kupfer (S. 1221) Gesagte, d. h. der Gesamtbestimmung aus einer einzigen Einwaage zieht man in der Praxis Einzel- bzw. Gruppenbestimmungen vor.

Die Gesamtbestimmung aus einer Einwaage kann grundsätzlich nach dem analytisch allgemein gültigen Gang erfolgen: Man löst die Einwaage restlos auf, trennt in schwach salz- oder schwefelsaurer Lösung mit Schwefelwasserstoff die Schwefelwasserstoffgruppe ab, aus welcher mit Schwefelnatrium die Sulfosalzbildner abgetrennt werden, während im Filtrat der Schwefelwasserstoffgruppe die restlichen Metalle der Schwefelammoniumgruppe bestimmt werden. Für die fraglichen Legierungen ist aber folgender Gang zweckmäßiger: Man löst in Salpetersäure bei Gegenwart von Zinn unter den Bedingungen gemäß S. 1263, reinigt die Zinnsäure gemäß α, S. 1264 und führt die in Lösung gebrachten Verunreinigungen dem Hauptfiltrat der Zinnsäure wieder zu. Durch Abdampfen desselben mit Schwefelsäure bis zum beginnenden Rauchen scheidet man das Blei als Sulfat quantitativ ab; bei größeren Bleigehalten zieht man das Bleisulfat mit Ammonacetatlösung aus, fällt das Blei

erneut und bringt es zur Auswaage. Die im Rückstand bzw. Filtrat
enthaltenen Verunreinigungen führt man dem Hauptfiltrat der Bleifällung
wieder zu, dampft dieses mit Schwefelsäure wieder ab und trennt aus
dem aufgenommenen Salzrückstand Kupfer in schwefel-salpetersaurer
Lösung elektrolytisch ab. Aus dem quantitativ aufgefangenen Elektrolysat entfernt man die Salpetersäure durch Abdampfen und fällt aus
der anfallenden Sulfatlösung Zink mit Schwefelwasserstoff nach Schneider-Finkener (S. 1701). In Gegenwart von viel Nickel (und Eisen) fällt
man das Zinksulfid um. Im Filtrat des Zinksulfidniederschlages bestimmt
man nach Verjagen des Schwefelwasserstoffs Nickel, Eisen, Aluminium
und Mangan nach den S. 1269, 1270 u. 1272 gekennzeichneten Spezial-
methoden.

Im Gang vorherstehender Gesamtbestimmung kann das gelegentlich
vorkommende Silicium bei der Zinnsäure bestimmt werden (s. S. 1275).
Phosphor befindet sich nach dem Reinigen der Zinnsäure quantitativ im
Elektrolysat bzw. im Filtrat der Zinksulfidfällung und kann hier gemäß
S. 1276 eventuell aus einem aliquoten Teil ermittelt werden. Bei sehr
geringen Gehalten an Silicium und Phosphor wie für Arsen, Antimon
und Schwefel wird man allgemein von Sondereinwaagen ausgehen.

Das gleiche gilt auch, wenn man die meist üblichen Gruppenbestimmungen für die übrigen Bestandteile anwendet. Bei den
Legierungen, deren Grundbestandteil das Messing ist, trifft man häufiger
folgende Gruppen:

a) Kupfer-Blei-Zink.

Allgemein üblich und für die allermeisten Zwecke genau genug, ist
die gleichzeitige elektrolytische Fällung des Kupfers an der Kathode
und des Bleis an der Anode aus rein salpetersaurem Elektrolyt (mit
Ammonnitratzusatz). Auswaage des Kupfers als Metall und des Bleis
als PbO_2 (Fehlerquelle: Sb, Bi, Mn, Ag im PbO_2). Sofern das Zink
nicht als Differenz angenommen werden soll, bestimmt man es nach
Abdampfen des Elektrolysats mit Schwefelsäure mit Schwefelwasserstoff
nach Schneider-Finkener; Auswaage als ZnO (Fehlerquelle: viel
Nickel und Eisen). Für besonders genaue Bestimmungen trennt man
das Blei vor der Elektrolyse als Sulfat quantitativ ab.

b) Eisen-Aluminium-Mangan.

Man fällt aus dem Elektrolysat des Kupfers (und Bleis) oder nach
Abtrennen der Schwefelwasserstoffgruppe mit Schwefelwasserstoff und
Verjagen des letzteren die drei Metalle mit Ammoniak und Wasser-
stoffsuperoxyd zunächst zusammen, bringt die Hydroxyde wieder in
Lösung und bestimmt (eventuell unter Berücksichtigung von Phosphor)
die Metalle gemäß S. 1270 u. 1272.

Für zinnhaltige Legierungen (Bronzen) sind häufiger die Gruppen:

c) Zinn-Blei-Kupfer-Zink.

Die Zinnsäure wird nach S. 1263 quantitativ abgeschieden; bei
nennenswerten Zinnmengen sind für genaue Bestimmungen die Verun-

reinigungen der Zinnsäure durch Sb, P, Fe, Pb und Cu gemäß α (S. 1264) oder β (S. 1265) zu berücksichtigen. Liegen keine beachtenswerten Mengen Antimon (und Phosphor) vor, dann braucht die Reinigung der Zinnsäure für betriebstechnische Zwecke nicht vorgenommen werden. Im Filtrat der Zinnsäure bestimmt man Blei, Kupfer und Zink wie S. 1266, 1267 u. 1273 beschrieben.

d) Nickel-Eisen-Aluminium-Mangan.

Aus dem Elektrolysat des Kupfers trennt man Eisen, Aluminium und Mangan durch Fällung mit Ammoniak und Wasserstoffsuperoxyd ab. Bei größerer Niederschlagsmenge wiederholt man die Fällung und bestimmt im Niederschlag die Metalle gemäß S. 1270 u. 1272. Nickel befindet sich im Filtrat und kann mit Dimethylglyoxim bestimmt werden gemäß S. 1269 (Fehlerquelle: Zn). Das Nickel kann auch aus einem aliquoten Teil des Elektrolysats unmittelbar mit Dimethylglyoxim gefällt werden, wenn der Lösung zuvor Weinsäure zugesetzt wurde.

e) Eisen-Nickel-Mangan.

Das Materialprüfungsamt, Berlin-Dahlem (K. Memmler: Das Materialprüfungswesen, S. 212. Stuttgart 1924) nimmt die Trennung in folgender Weise vor: Man engt das Filtrat vom Schwefelzink durch Eindampfen ein, macht ammoniakalisch, fügt Schwefelammonium hinzu und erwärmt auf dem Wasserbad. Man filtriert den geballten Niederschlag ab, löst ihn in Bromsalzsäure, neutralisiert mit Ammoniak, erhitzt die Lösung, gibt einige Kubikzentimeter Ammonacetatlösung hinzu und kocht eine Minute. Den basischen Eisenacetatniederschlag filtriert man ab und bestimmt das Eisen darin nach bekannten Methoden. Im schwach essigsauren Filtrat fällt man Nickel durch Einleiten von Schwefelwasserstoff und bestimmt das Nickel als Oxyd. Das Filtrat von Nickelsulfid verdampft man zur Trockne, nimmt mit Wasser auf, filtriert eventuell abgeschiedenen Schwefel ab und fällt das Mangan mit Ammoniak und Brom.

III. Beispiele.

Nach den unter I und II beschriebenen Bestimmungsweisen können grundsätzlich alle Zinn-Zink-Kupfer-Legierungen untersucht werden.

Darunter sind die bekanntesten:

Bronzen: Chinesische Bronze, Mosaikgold, Glocken-, Kanonen-, Statuen-, Medaillenbronzen, Mangan- und Phosphorbronzen, Spiegel- und Kolbenringmetall.

Messing (sehr rein): Aich-, Bath-, Muntzmetall, unechtes Blattgold, Glanzmessing, Kugel-, Japanmessing, Knopfmetalle, Chrysorin, Cuivre poli.

Mischmetalle: Gewöhnliches Messing, Aluminiummessing, Prinzmetall, Stereometall, Tomback (z. T. auch reines Messing), Rotguß, Kanonen-, Statuen-, Medaillenbronzen u. a. m.

Phosphorbronzen, bei denen also Phosphor gewollter Legierungsbestandteil ist, zeigen einen Phosphorgehalt, der etwa zwischen 0,05 und 0,75 % schwankt. Da man zur Bestimmung desselben stets

von besonderer Einwaage ausgeht, verfährt man wie unter den Einzelbestimmungen S. 1276 angegeben ist. Für die Bestimmung des
Eisens in manchen Phosphorbronzen ist eventuell zu berücksichtigen,
daß der Phosphor mit dem Eisen fällt (s. S. 1271). Diese Bronzen
enthalten selten Arsen, da man zur Herstellung durchweg von sehr
reinen Kupferhandelssorten ausgeht. Sofern es aber auftritt, ist es
für die Phosphorbestimmung zu berücksichtigen bzw. vorher zu entfernen. Man kann naturgemäß aus salzsaurer verdünnter Lösung mit
Schwefelwasserstoff fällen und im Filtrat nach Verjagen des Schwefelwasserstoffs die Phosphorfällung vornehmen. Zweckmäßiger ist es aber
und schneller, das Arsen durch Abdampfen mit Bromwasserstoffsäure
zu verflüchtigen: Man löst 1 g Legierung in 7 ccm Salpetersäure (spez.
Gew. 1,4), dampft ab, danach zweimal mit je 15 ccm Bromwasserstoffsäure (spez. Gew. 1,49; etwa 50%ig) zur Trockne. Man löst den Rückstand mit 10 ccm 10%iger Salpetersäure auf und fällt mit Molybdänlösung wie unter Phosphorkupfer beschrieben (s. S. 1253).

Phosphor-Bleibronzen[1], die zwischen einigen Zehnteln und 1%
Phosphor enthalten, zeigen Bleigehalte, die bis etwa 15% betragen
können. Zur Bestimmung des Phosphors kann man nach dem wie
S. 1276 angegebenen Lösen Blei einschließlich der Metalle der Schwefelwasserstoffgruppe mit Schwefelwasserstoff aus nur schwach saurer
Lösung abtrennen und den Phosphor im Filtrat fällen. Einfacher ist
aber folgendes Verfahren: Man löst 1 g wie S. 1276 beschrieben auf,
dampft zur Trockne und nimmt den Salzrückstand mit 20 ccm
5%iger Salpetersäure auf, kühlt möglichst tief ab, filtriert das auskrystallisierte Bleichlorid durch ein kleines Filter (Glasfiltergerät),
wäscht dreimal mit halb gesättigter Ammonnitratlösung nach und fällt
den Phosphor im Filtrat mit Molybdänlösung wie beim Phosphorkupfer
(S. 1253) angegeben.

Siliciumbronze, eine zur Herstellung von Telegraphen- und Tele-
phondrähten hoch kupferhaltige Legierung, die etwas Zinn und gelegentlich kleine Gehalte an Zink aufweist, während der Siliciumgehalt unter
0,1% bleibt.

Man scheidet zunächst die Zinnsäure gemäß S. 1263 ab, ohne einzudampfen, filtriert die kieselsäurehaltige Zinnsäure ab, wäscht gut
aus, trocknet und verascht zunächst im Porzellantiegel ganz allmählich,
aber vollständig. Dann führt man den Glührückstand in einen Platintiegel über, glüht stark, wägt aus und raucht die Kieselsäure auf Zusatz von 1 Tropfen konzentrierter Schwefelsäure und 2 ccm reiner Flußsäure ab, glüht wiederum stark und wägt zurück. Die Differenz beider
Wägungen ergibt das mit der Zinnsäure abgeschiedene SiO_2 [46,93 (log =

---

[1] Sie werden vielfach als Lagermetalle verwandt; z. B. Phosphor-Bleibronze
nach Lawroff: 70—90% Cu, 13—4% Sn, 16—5,5% Pb, 1,0—0,5% P; nach
Kühne: 78,01% Cu, 10,61% Sn, 9,5% Pb, 0,57% P (0,26% Ni, 0,09% Fe);
für Pennsylvania-Eisenbahn: 79,70% Cu, 10,0% Sn, 9,5% Pb, 0,80% P; nach
W. Kaiser: Zusammenstellung der gebräuchlichen Metallegierungen. Halle a. S.:
W. Knapp 1911.

1,67147)% Si]. Die im Filtrat noch gelöst enthaltene Kieselsäure
scheidet man unter Zusatz von 3 ccm Schwefelsäure in bekannter Weise
durch Eindampfen bis zum Rauchen ab. Man nimmt den Eindampfrückstand mit Wasser auf, filtriert die Kieselsäure ab und zieht
eventuell vorhandenes Blei mit heißer Ammonacetatlösung aus. Das
Blei kann aus dieser Lösung durch Zusatz einiger Tropfen Kaliumchromatlösung gefällt und als solches nach dem Trocknen bei 100° C
gewogen werden. Das die Kieselsäure enthaltende Filter wird verascht
und durch Abrauchen mit Flußsäure die Kieselsäure bestimmt.

Aus dem schwefelsauren Filtrat der letztabgeschiedenen Kieselsäure
kann Kupfer elektrolytisch bestimmt werden, während die im Elektrolysat vorhandenen geringen Mengen Eisen und Zink gemäß S. 1270
bzw. S. 1273 zu ermitteln sind.

Für die Siliciumbestimmung allein verfährt man nach S. 1275.

Reine Messingsorten werden in den Betriebslaboratorien der
Messingwerke und -gießereien meist folgendermaßen schnell untersucht:
Lösen von 0,5 g Späne in Salpetersäure, verkochen der nitrosen Gase,
verdünnen mit 20 ccm Wasser, übersättigen mit Ammoniak, neutralisieren mit verdünnter NO_2-freier Salpetersäure, Zusatz von weiteren
2—5 ccm Salpetersäure (spez. Gew. 1,4, NO_2-frei!), schnellelektrolytische Fällung des Kupfers und Bleis im schwach warmen 100 ccm
betragenden Elektrolyt mit 3—5 Amp. in 20—30 Minuten im Rührstativ auf Doppelnetz nach Fischer. Auswaage des Kupfers auf der
Kathode und des Bleis nach viertelstündigem Trocknen bei 200—230° C
als PbO_2 [86,6 (log = 1,93752) % Pb]. Im Elektrolysat fällt man das
Eisen mit Ammoniak, löst in starker Salzsäure zurück und titriert
mit Permanganat nach Reduktion mit Zinnchlorür (s. Eisen, S. 1303).
Der Zinkgehalt wird als Differenz angenommen. Bei durch Antimon
und Mangan verunreinigten Messingsorten wird das Bleisuperoxyd durch
diese verunreinigt, das Blei also zu hoch bestimmt (s. unter β, S. 1267).
Die genaue Bleibestimmung ist in solchen Fällen, wie immer, die Abscheidung als Sulfat (s. unter a, S. 1267).

Eine Schnellmethode für die Betriebskontrolle (in Gießereien) zur
Bestimmung des Kupfergehaltes in Bronze, Rotguß und Messing,
die sich in 10—15 Minuten ausführen läßt und es ermöglicht, den noch
im Schmelztiegel befindlichen Guß korrigieren zu können, ist folgende:
0,25 g der möglichst fein gebohrten Späne werden in einem 300 ccm
fassenden Erlenmeyerkolben in 5 ccm Salpetersäure (spez. Gew. 1,2)
gelöst, abgekühlt, mit 10 ccm 10%igem Ammoniak versetzt und umgeschwenkt, mit 6 ccm 80%iger Essigsäure angesäuert, stark abgekühlt,
mit 30 ccm Wasser verdünnt, 6 ccm 50%iger Jodkaliumlösung zugesetzt,
umgeschwenkt und mit Thiosulfatlösung titriert (s. Jodidmethode von
de Haën-Low, S. 1192). Bei Anwesenheit von mehr als 1% Fe + Mn
ist die Methode nicht anzuwenden. In diesem Falle wird (nach dem Verfahren von H. Ley, S. 1195) zur Nitratlösung etwas gelöstes Natriumphosphat gesetzt und dadurch in Essigsäure unlösliches Ferriphosphat
gefällt, das nicht auf Jodkalium einwirkt.

Sand [Journ. Chem. Soc. London **91**, 373 (1921)] beschreibt eine in
5 Min. durchführbare schnellelektrolytische Methode mit einer Stromdichte von 13,2 Amp/cm².

Tama [Ztschr. f. Metallkunde **21**, 342 (1929)] empfiehlt eine spek-
tralcolorimetrische Methode, welche mit dem Spektralcolorimeter nach
Herzfeld-Hoffmann ausgeführt wird.

Martos [Chem. Apparatur **18**, 133 (1931)] beschreibt eine in 6 Min.
ausführbare Schnellanalyse von Messing. Zink und Blei werden
im Hochvacuum vom Kupfer (Eisen) abdestilliert.

2. Kupfer-Gold- und Kupfer-Silber-Legierungen.

Über die Bestimmung der Edelmetallgehalte dieser Legierungen s.
S. 1027 u. 1031.

a) Kupfer-Goldlegierungen.

Zur Bestimmung des Kupfers löst man 0,2—0,5 g des Probematerials
in Form von Bohrspänen, Schnitzeln oder plattierten Stücken in 10
bis 20 ccm Königswasser, dampft auf dem Wasserbad nicht vollständig
ab, sondern entfernt die Salpetersäure durch mehrfaches Einengen
unter Zusatz von verdünnter Salzsäure, verdünnt zuletzt mit etwa
150 ccm Wasser, läßt das eventuell abgeschiedene Chlorsilber einige
Stunden absitzen, filtriert (am besten durch Glasfiltergeräte) und fällt
aus der Lösung das Gold quantitativ mit Oxalsäure [Fresenius: Ztschr.
f. anal. Ch. **9**, 127 (1870)]. Die etwa 250 ccm betragende heiße Lösung
versetzt man mit einem Überschuß an reiner Oxalsäure, erhitzt zum
Sieden solange, bis die Kohlensäureentwicklung aufhört, fügt soviel reine
Kalilauge hinzu, bis die Lösung (infolge Bildung des Kupfer-Kalium-
oxalats) dunkelblau ist und filtriert das gefällte Gold ab. Im Filtrat
kann das Kupfer durch Kochen auf Zusatz weiterer Kalilauge als Oxyd
gefällt, abfiltriert, getrocknet und nach Glühen als CuO ausgewogen
werden, oder man fällt es aus saurer Lösung mit Schwefelwasserstoff,
oder nach Zerstören der Oxalsäure und Abdampfen mit Schwefelsäure
elektrolytisch.

Zur Bestimmung der Verunreinigungen in derartigen Legierungen
verfährt man in bezug auf Lösen und Abscheiden des Chlorsilbers wie
oben, fällt aus dem salzsauren Filtrat das Gold bei mäßiger Wärme
quantitativ durch Einleiten von Schwefligsäuregas bis zur Sättigung,
filtriert das geballte Gold ab, engt das Filtrat auf dem Wasserbad ein,
bis der größte Teil schwefliger Säure verjagt ist, oxydiert mit Salpetersäure und dampft mit Schwefelsäure ab bis zum Rauchen. Hierbei
scheiden sich etwa vorhandene geringe Mengen Blei quantitativ als
Sulfat ab. Aus dem Filtrat des Bleisulfats fällt man das Kupfer elektrolytisch. Ist Wismut zugegen, dann fällt es mit dem Kupfer aus und
wird im wiederaufgelösten Kathodenniederschlag am besten colorimetrisch bestimmt (S. 1112 u. 1243). Das Elektrolysat des Kupfers
kann Nickel, Eisen (Zink) enthalten, die gemäß S. 1269, 1270 u.
1273 bestimmt werden können.

Deutsche Industrie-Normen

Silberlot Werkstoffe	DIN 1710

Bezeichnung von Silberlot mit 4% Silber in Körnern:
AgL 4 DIN 1710 Körner
Die Bezeichnung ist bei Streifenlot aufzuschlagen

Benennung	Kurz-zeichen	Zu-sammen-setzung %			Schmelz-punkt °C	Lieferart	Verwendung
		Cu	Zn	Ag			
Silberlot 4	AgL 4	50	46	4	855	Körner	Lötung von Messing mit 58% und mehr Cu; für feinere Arbeiten, wenn eine saubere Lötstelle ohne viel Nacharbeit erreicht werden soll, sowie für Lötung von Kupfer- und Bronzestücken.
Silberlot 9	AgL 9	43	48	9	820		
Silberlot 12	AgL 12	36	52	12	785		
Silberlot 8	AgL 8	50	42	8	830	Streifen (Stecklot)	
Silberlot 25	AgL 25	40	35	25	765		
Silberlot 45	AgL 45	30	25	45	720		

Für den Kupfer- und den Zinkgehalt ist eine Abweichung von ± 1% zulässig; der Silbergehalt darf dadurch keine Verringerung erfahren.

Bei Bestellung ist stets anzugeben, ob das Lot in Körnern oder in Streifen geliefert werden soll.

April 1925. Fachnormenausschuß für Nichteisen-Metalle.

Wiedergabe erfolgt mit Genehmigung des Deutschen Normenausschusses. Verbindlich ist die jeweils neueste Ausgabe des Normblattes im Dinformat A 4, das durch den Beuth-Verlag G. m. b. H., Berlin S 14, zu beziehen ist.

b) Kupfer-Silberlegierungen (s. a. S. 913).

Münzlegierungen, Legierungen für Silbergeräte (s. auch S. 1026); Silberlote mit Ag-, Cu-, Zn-(Cd-) (s. S. 1002) und Bronzepulver; Cu-, Ag-, Zn-, Ni-Scheidemünzen usw.

Die Kupfer-Silber-Zinklegierungen, als Silberlote, sind in die „Deutschen Industrie-Normen" aufgenommen worden, wie das vorstehende Normblatt DIN 1710 zeigt; demnach ist der Mindest-Silbergehalt zwischen 4 und 45% abgestuft, so daß bei entsprechend gewählten Kupfer- und Zinkgehalten die Schmelzpunkte zwischen 720° und 855° C liegen.

Man löst die Einwaage stets in verdünnter Salpetersäure [1], verjagt durch kurzes Aufkochen die nitrosen Gase, verdünnt reichlich mit heißem Wasser und fällt das Silber aus der etwa 60—70° C warmen Lösung mit Salzsäure in möglichst geringem Überschuß. Vollständiges Ausfallen und Ballen des Silberchlorids erreicht man am schnellsten, wenn man die Fällung in einer dicht schließenden, geräumigen Standflasche (mit Glasstopfen) unter kräftigem Schütteln (einige Minuten) vornimmt. Man filtriert das Chlorsilber (über ein Glasfiltergerät, s. Bd. I, S. 67), wäscht mit salpetersäurehaltigem Wasser vollständig aus und dampft das Filtrat ab. Für sehr genaue Bestimmungen ist zu beachten, daß sich dabei Spuren von Chlorsilber noch ausscheiden können. Hat man durch Abdampfen mit Schwefelsäure eine reine Sulfatlösung erhalten (wobei sich Blei als Sulfat quantitativ abscheiden läßt), so kann aus dieser das Kupfer elektrolytisch abgeschieden werden. Meist wird man dazu den schwefelsauren-salpetersauren Elektrolyt wählen, auf alle Fälle, wenn Cadmium, Nickel oder Zink zugegen sind. Eventuell vorhandenes Wismut kann im Kupferniederschlag colorimetrisch bestimmt werden. Zink, Nickel und Eisen analysiert man im Elektrolysat gemäß den Einzelbestimmungen nach S. 1269, 1270 u. 1273 oder gemäß den Gruppenbestimmungen nach S. 1278. Ist Cadmium zugegen, trennt man es aus dem Elektrolysat des Kupfers nach Abdampfen mit Schwefelsäure durch Fällung mit Schwefelwasserstoff aus mäßig saurer Lösung ab (s. Kapitel „Cadmium", S. 1124) und bestimmt es als Metall (elektrolytisch), als Oxyd oder Sulfat (s. S. 1125).

H. Kupferlaugen.

Derartige Laugen fallen in der Naßmetallurgie des Kupfers in unterschiedlichster Zusammensetzung an, als Sulfat- oder Chloridlaugen. Soweit es sich um Betriebslaugen aus den einzelnen Stufen der Verfahren handelt, können alle jene Verunreinigungen vorliegen, wie sie für Zementkupfer (s. S. 1251) aufgeführt sind. Allgemein läßt sich sagen, daß aus solchen stark verunreinigten Laugen das Kupfer am besten in der Weise bestimmt wird, daß man es zunächst nach einer Zementationsmethode quantitativ abtrennt und aus dem Fällkupfer unter Berücksichtigung mitzementierter Verunreinigungen das Kupfer endgültig bestimmt (s. S. 1178). In verhältnismäßig reinen Laugen kann das Kupfer auch elektrolytisch bestimmt werden, am besten im salpetersauren-schwefelsauren Elektrolyt (unter Berücksichtigung der hierbei mitfallenden Verunreinigungen gemäß Tabelle S. 1204). Chloridlaugen sind dann mit Schwefelsäure abzudampfen, sofern man nicht zuerst aus ammoniakalischem Elektrolyt fällen und nachher sauer umfällen kann. Größere Mengen Eisen können im sauren Elektrolyt durch zeitweisen Zusatz von Hydrazinsulfat unschädlich gemacht werden (s. Elektroanalytische Methoden, S. 929).

---

[1] Etwa vorhandenes Gold bleibt bei Verwendung chlorfreier Salpetersäure als solches praktisch quantitativ zurück und ist vor der Fällung des Silbers abzufiltrieren; bei Gegenwart von Chlorionen geht das Gold zum Teil in Lösung und fällt in entsprechender Menge mit dem Elektrolytkupfer aus!

I. Verkupferungsbäder.

Es sind Bäder verschiedenster Zusammensetzung in Anwendung, hauptsächlich cyanalkalische Bäder, daneben äthyl-schwefelsaure, milchsaure, Tartrat-, Oxalat- und Citratbäder wie einfache Sulfatbäder.

Zur Kupferbestimmung in cyanalkalischen Bädern, die meist Sulfit und Acetate enthalten, dampft man (unter Abzug!) 50 ccm mit Schwefelsäure ab bis zum starken Rauchen, nimmt den Rückstand mit Wasser auf und elektrolysiert das Kupfer in salpetersaurem-schwefelsaurem Elektrolyt (unter Zusatz von Ammonnitrat). Bei Proben von besonders stark (u. a. durch Eisen) verunreinigten Bädern fällt man das Kupfer nach dem Abrauchen mit Schwefelsäure nach einer der Zementationsmethoden (S. 1178). Zur Betriebsüberwachung sind auch die titrimetrischen Bestimmungsweisen für Kupfer (S. 1191), insbesondere die Cyankaliummethode in Anwendung und auf die mit Schwefelsäure zuvor abgerauchte Probe völlig ausreichend (störende Bestandteile s. S. 1198 und die Zusammenstellung S. 1206).

K. Kupfersalze [1].

Kupfersalze werden chemisch-technisch mannigfach angewandt. Bedeutende Mengen werden zur Schädlingsbekämpfung und zur Holzimprägnierung (Boucherisieren) verbraucht. Man bedient sich ihrer zur Metallfärbung, zum galvanischen Verkupfern und Vermessingen, zur Anfertigung von Tinten, Mineral- und Teerfarben. Auch von katalytischen Wirkungen wird Gebrauch gemacht.

Kupfersulfat, $CuSO_4 + 5 H_2O$ (Kupfervitriol, blauer oder cyprischer Vitriol), ist das technisch wichtigste Salz und dient häufig als Ausgangsprodukt zur Herstellung der anderen Kupferverbindungen. Er wird aus Kupfer oder seinen oxydischen Verbindungen hergestellt, ist aber auch bedeutsames Nebenprodukt bei einigen metallurgischen Verfahren, so z. B. bei der elektrolytischen Kupferraffination.

Das Salz kommt in großen, lasurblauen, durchsichtigen Krystallen in den Handel, die in trockener Luft oberflächlich verwittern. Für die krystallisierten Sorten technisch und technisch rein werden an Verunreinigungen zugelassen 2,0 bzw. 0,5%, davon höchstens 0,1 bzw. 0,005% Fe; beim entwässerten Kupfervitriol technisch und technisch rein 3,5 bzw. 1,3% Gesamtverunreinigungen, davon 0,16 bzw. 0,008% Fe.

Die Art der Verunreinigungen hängt vom Ausgangsmaterial bei der Herstellung und der Art dieser ab. Der Kupfervitriol ist am häufigsten

---

[1] Ausführlichere Angaben über Eigenschaften, Verwendungszweck usw. siehe Gmelin-Kraut-Meyer: Handbuch der anorganischen Chemie. — F. Ullmann: Enzyklopädie der technischen Chemie. — Landolt-Börnstein-Roth-Scheel: Physikalisch-chemische Tabellen, 5. Aufl. Berlin 1923. Betreffend „Was ist handelsüblich" siehe „Genormte Chemikalien", Zusammenstellung aus der Chemisch-metallurgischen Zeitschrift „Die Metallbörse" 1928.

durch Ferrosulfat verunreinigt, gelegentlich durch Nickel- und Zinksulfat. Spuren von Wismut, Arsen und Antimon sind fast stets vorhanden. Auf Eisen prüft man eine wäßrige Lösung von 5—10 g Salz nach Oxydation des Ferrosulfats mit einigen Kubikzentimeter Salpetersäure unter Erwärmen, durch Übersättigen mit Ammoniak. Zur Feststellung der Verunreinigungen können die unter Handelskupfer (S. 1221) aufgeführten Methoden der Gesamtanalyse oder der Einzelbestimmungen angewandt werden, insbesonders die Hampesche Methode, die elektrolytische Abscheidung des Kupfers auf Zusatz von Salpetersäure und Ammonnitrat für alle jene Bestandteile, die nicht mit dem Kupfer reduziert werden (s. Tabelle S. 1204). Eine qualitative Prüfung auf nennenswerte Mengen Arsen und Antimon ermöglicht die elektrolytische Fällung des Kupfers aus schwefelsaurem Elektrolyt (etwa 5 g Einwaage an Vitriol), da bei Anwesenheit jener das zuerst hellrote Kupfer gegen Ende der Fällung mehr oder weniger grau bzw. fleckig wird. Für die Bestimmung von Chlorion löst man 5 g Vitriol in 200 ccm Wasser, setzt 2 ccm reine Schwefelsäure (spez. Gew. 1,11) hinzu, erwärmt und leitet Schwefelwasserstoff ein. Im Filtrat vom Schwefelkupfer verjagt man auf dem Wasserbad den Schwefelwasserstoff vollständig, versetzt die Lösung mit 1 ccm reiner verdünnter Salpetersäure und fällt das Chlor auf Zusatz von einigen Kubikzentimeter Silbernitratlösung (5%ig) als AgCl in mäßiger Wärme aus. AgCl enthält 24,74 (log = 1,39337) %Cl.

Kupfervitriol (spez. Gew. 2,29) verliert das Krystallwasser vollständig bei 258° C (im Vakuum bei 250° C); das entwässerte Sulfat ist ein um so helleres weiß-graues (hygroskopisches) Pulver, je weniger Eisen es enthält.

In absolutem Äthylalkohol ist er praktisch unlöslich (4000 Teile Alkohol [spez. Gew. 0,905] lösen 1 Teil Salz).

100 g Lösung enthalten (Landolt-Börnstein-Roth-Scheel-Tabellen, 5. Aufl., S. 651. 1923):

bei	0°	15°	25°	40°	50°	60°	70°	80°	90°	100°	104°	C
	12,9	16,2	18,7	22,8	25,1	28,1	31,4	34,9	38,5	42,4	43,8	$\frac{g}{CuSO_4}$

oder 100 g Wasser lösen:

bei	0°	10°	20°	30°	40°	50°	60°	70°	80°	90°	100°	C
	18,2	20,9	25,6	26,6	30,3	34,1	38,8	45,1	53,2	64,2	75,4	$\frac{g}{CuSO_4}$
oder	31,6	37,0	42,3	48,8	56,9	65,8	77,4	94,6	118,0	156,4	203,3	$\frac{g}{CuSO_4}$ $+$ $5\,H_2O$

Gehalt und spezifisches Gewicht der Lösungen bei 18° C (Schiff).

% $CuSO_4 + 5 H_2O$	Spez. Gew.	% $CuSO_4 + 5 H_2O$	Spez. Gew.	% $CuSO_4 + 5 H_2O$	Spez. Gew.
1	1,0063	11	1,0716	21	1,1427
2	1,0126	12	1,0785	22	1,1501
3	1,0190	13	1,0854	23	1,1585
4	1,0254	14	1,0923	24	1,1699
5	1,0319	15	1,0993	25	1,1738
6	1,0384	16	1,1063	26	1,1817
7	1,0450	17	1,1135	27	1,1898
8	1,0516	18	1,1208	28	1,1980
9	1,0582	19	1,1281	29	1,2063
10	1,0649	20	1,1354	30	1,2146

	Berechnete Daten für	
	$CuSO_4 + 5 H_2O$ (krystallisiert	$CuSO_4$ (entwässert)
Kupfer (Cu)	25,92%	39,81%
Kupferoxyd (CuO)	31,81%	49,83%
Schwefelsäureanhydrid (SO₃)	31,11%	50,17%
Krystallwasser (H₂O)	36,08%	—

Kupferchlorid, (uCl$_2$, krystallisiert $CuCl_2 + 2 H_2O$ (Cuprichlorid). An erster Stelle ist ein Eisengehalt von Interesse, der wie beim Kupfervitriol bestimmt wird. Zur Ermittlung des Kupfergehalts löst man 1—2 g Salz (oder einen aliquoten Teil aus größerer Einwaage) in wenig Wasser auf und dampft in einer geräumigen Schale mit überschüssiger Schwefelsäure zunächst langsam auf dem Wasserbad zur Trockne und weiter auf dem Sandbad bis zum Rauchen. Den Rückstand nimmt man mit Wasser auf und bestimmt das Kupfer elektrolytisch nach Zusatz von Ammonnitrat und Salpetersäure. Zur Feststellung der Alkalisalze verfährt man in der üblichen Weise, daß man alle Metalle (eventuell unter Berücksichtigung von Kalk- und Magnesiumsalzen) abtrennt und im letzten Filtrat die Alkalien als Eindampfrückstand zur Auswaage bringt.

Das wasserfreie Chlorid ist eine dunkelbraune, zerfließliche, amorphe Substanz, während das krystallisierte Kupferchlorid himmelblaue, bei geringsten Spuren Feuchtigkeit (daher fast immer) grüne, an der Luft zerfließliche, prismatische Krystalle bildet. In Wasser ist es sehr leicht, in Äthyl- und Methylalkohol gut löslich.

In 100 g Lösung sind enthalten:

bei	0°	17°	31,5°	55°	68°	73°	91°	C
	41,4	43,1	44,7	46,5	47,9	48,6	51,0	g $CuCl_2$

(Siehe Landolt-Börnstein-Roth-Scheel-Tabellen, 5. Aufl. S. 650 und Gmelin-Krauts Handbuch.)

Gehalt und spezifisches Gewicht der Lösungen bei 17,5° C (nach Franz).

% $CuCl_2$	Spez. Gew.	% $CuCl_2$	Spez. Gew.	% $CuCl_2$	Spez. Gew.
2	1,0182	16	1,1696	30	1,3618
4	1,0364	18	1,1958	32	1,3950
6	1,0548	20	1,2223	34	1,4287
8	1,0734	22	1,2501	36	1,4615
10	1,0920	24	1,2779	38	1,4949
12	1,1178	26	1,3058	40	1,5284
14	1,1436	28	1,3338		

	Berechnete Daten für	
	$CuCl_2 + 2\,H_2O$	$CuCl_2$
Kupfer (Cu)	37,28%	47,27%
Kupferchlorid ($CuCl_2$)	78,87%	—
Chlor (Cl)	41,59%	52,73%
Krystallwasser (H_2O)	21,13%	—

Kupfernitrat, $Cu(NO_3)_2 + 6\,H_2O$ (Cuprinitrat), entsteht beim Krystallisieren aus Lösungen unterhalb 26° C in Form von blauen leicht zerfließlichen Tafeln, die bei 26° C im Krystallwasser schmelzen. Beim Krystallisieren oberhalb 26° C entsteht $Cu(NO_3)_2 + 3\,H_2O$, tiefblaue, an der Luft beständige Säulen, die bei 115° C schmelzen. (Außer diesen beiden besteht noch ein basisches Salz $4\,CuO \cdot N_2O_5 + 5\,H_2O$ mit theoretisch 49,26% Cu.) Die krystallisierten Salze sind in Wasser (und Alkohol) leicht löslich; sie gehen beim Erhitzen zuerst in basische Salze über, schließlich in Kupferoxyd.

Handelsüblich (s. Fußnote S. 1285) sind heute: technisch, krystallisiertes Salz (mit mindestens 22,0% Cu und höchstens 0,1% Fe) und technisch, rein, krystallisiertes Salz (mit mindestens 26,25% Cu und eisenfrei!).

Als technische Verunreinigungen kommen Blei, Eisen, Zink und Alkalien in Frage, teils als Sulfate. Die Bestimmung des Eisens nimmt man wie beim Kupfervitriol vor. Blei scheidet man durch Abdampfen einer Lösung des Salzes mit überschüssiger Schwefelsäure bis zum beginnenden Rauchen ab und wägt es in bekannter Weise aus. Im Filtrat des Bleisulfats kann Kupfer elektrolytisch bestimmt werden, im Elektrolysat das Zink durch Fällen mit Schwefelwasserstoff nach Schneider-Finkener. Das Filtrat des Schwefelzinks kann noch Calcium-, Magnesium- und Alkalisalze enthalten, die nach den allgemeineren chemisch-analytischen Methoden zu bestimmen sind. Zur SO_3-Bestimmung wird eine Einwaage von einigen Gramm Kupfernitrat gelöst, wiederholt mit reiner Salzsäure abgedampft und die verdünnte Lösung mit Bariumchlorid gefällt. Für genaue Bestimmungen geringer Sulfatmengen empfiehlt es sich, die Bariumsulfatfällung in der elektrolytisch entkupferten Lösung vorzunehmen (s. unter m, S. 1276).

	Berechnete Daten für	
	$Cu(NO_3)_2 + 6\,H_2O$	$Cu(NO_3)_2 + 3\,H_2O$
Kupfer (Cu)	$21,5\%$	$26,4\%$
Kupferoxyd (CuO)	$26,86\%$	$33,06\%$
Salpetersäureanhydrid (N_2O_5)	$36,57\%$	$44,63\%$
Krystallwasser (H_2O)	$36,57\%$	$22,31\%$

Kupferacetat ist in reiner, krystallisierter (destillierter) Form $Cu(C_2H_3O_2)_2 + H_2O$ (neutraler Grünspan) und bildet dunkelblaugrüne, säulenförmige Krystalle, die an der Luft oberflächlich verwittern; löslich in Wasser und Alkohol. Außerdem kommt Kupferacetat in zwei anderen Zusammensetzungen in den Handel:

Als **blauer, französischer Grünspan**, von der Zusammensetzung $Cu(C_2H_3O)OH + 2^1/_2\,H_2O$ oder $Cu(C_2H_3O_2)_2 \cdot Cu(OH)_2 + 5\,H_2O$. Er bildet kleine, in Wasser unlösliche, grünblaue Krystalle, die zu Kugeln oder Paketen gepreßt werden.

Als **grüner, schwedischer Grünspan**, $2\,Cu(C_2H_3O_2)_2 \cdot Cu(OH)_2 + 5\,H_2O$ oder $Cu(C_2H_3O_2)_2 \cdot 2\,Cu(OH)_2 + H_2O$, je nach Wassergehalt blau bis grün. Die Sorten sind gewöhnlich sehr rein, enthalten gelegentlich Eisen als Verunreinigung. Bestimmung eventuell der Verunreinigungen wie beim Kupfervitriol. Bei den handelsüblichen Sorten werden in erster Linie Anforderungen in bezug auf Löslichkeit in Wasser oder Essigsäure und an Kupfer- bzw. Essigsäuregehalt gestellt. (Näheres s. „Genormte Chemikalien", Fußnote S. 1285.)

Eisen.

Von

Prof. Dr. **P. Aulich**, Duisburg.

Einleitung.

Wenn wir von dem rein mechanischen Teil, welcher sich nur mit der Umformung der durch die metallurgischen Verfahren dargestellten Eisenarten beschäftigt, absehen, so zerfällt der Eisenhüttenbetrieb in zwei Hauptzweige, in die Darstellung des Roheisens (Hochofenschmelzen) und in die Umwandlung desselben in schmiedbares Eisen (Frischverfahren).

Die Rohstoffe für das erste Verfahren sind Eisen- und Manganerze, Zuschläge und Brennstoffe, seine Erzeugnisse Roheisen, Schlacken und Gichtgase, nebensächlich auch Gichtstaub, Gichtschwämme, Sauen usw. Zu den Frischverfahren wird als Rohstoff fast ausschließlich Roheisen verwendet, dem in einzelnen Fällen noch Zuschläge hinzutreten. Die Erzeugnisse sind schmiedbares Eisen der mannigfaltigsten Art und Schlacken.

Zu den Erzen rechnen wir außer den in der Natur vorkommenden eisen- bzw. manganreichen Mineralien, den Eisensteinen und Manganerzen, auch mancherlei Erzeugnisse anderer Verfahren, als Frischschlacken, Walzsinter, Rückstände von der Schwefelsäuredarstellung, der Anilinfarben- und der Kupfergewinnung (Kiesabbrände, Auslaugungsrückstände). Die Zuschläge sind fast ausschließlich Carbonate der alkalischen Erden. An den Brennstoffen ist neben ihrer Wärmeleistung hauptsächlich die Zusammensetzung der Asche wichtig. Die Schlacken sind stets Silicate, zum Teil gemischt mit viel Phosphaten und Eisenoxyduloxyd. Der Formsand wird für Gießereizwecke einer Prüfung unterzogen.

Die Erze, Zuschläge, Brennstoffaschen und Schlacken haben hinsichtlich der analytischen Behandlung so viel Übereinstimmendes, daß wir sie gemeinschaftlich besprechen können. Da ferner auch in den Eisensorten überall dieselben Bestandteile auftreten (einzelne seltene ausgenommen) und zu bestimmen sind, so zerfällt unser Gegenstand naturgemäß in die zwei Abschnitte: Untersuchung der Erze und Untersuchung des Eisens.

I. Untersuchung der Erze (Zuschläge, Schlacken).

A. Qualitative Untersuchung.

Die in der Natur vorkommenden Eisenerze sind entweder Oxyd bzw. Oxyduloxyd (Roteisenstein, Magneteisenerz), Oxydhydrat (Brauneisenstein) oder Eisencarbonat (Spat- und Toneisenstein); seltener sind die natürlichen Silicate (Chamosit, Knebelit) und der Chromeisenstein. Die als Erze verwerteten Rückstände anderer Verfahren sind entweder Oxyd (Kiesabbrände) oder Silicate mit großen Mengen Oxyduloxyd (Frischschlacken) oder letzteres allein (Walzsinter, Hammerschlag).

In allen diesen Stoffen bildet das Eisen den Hauptbestandteil; nach ihm wird man also nicht suchen, sondern höchstens nach dem Vorhandensein der einen oder der anderen Oxydationsstufe. Da die natürlichen Erze überdies nie vollkommen rein sind, sondern immer fremde Stoffe enthalten oder auch mit anderen Mineralien durchsetzt sind, so finden wir in ihnen fast jederzeit Kieselsäure, Tonerde, Kalk, Baryt, Magnesia, selten Alkalien, deren Nachweis hier übergangen werden kann. Ebenso verhält es sich mit Wasser und organischen Stoffen, welch letztere in Rasenerzen und Kohleneisensteinen stets enthalten sind.

Der Wert der Eisenerze hängt außer von ihrem Eisengehalt wesentlich auch von der An- und Abwesenheit gewisser Stoffe ab. Während ein Mangan- und Phosphorsäuregehalt einerseits den Wert des Erzes häufig erhöhen, drücken die Verunreinigungen, bestehend in Sulfaten, Sulfiden, Kupfer, Blei, Zink, Antimon, Arsen und Titan, ihn oft sehr bedeutend herab. Diese Stoffe sind es deshalb gewöhnlich in erster Linie, auf welche eine qualitative Prüfung notwendig wird. Zuweilen hat man Veranlassung, auch nach den mehr gleichgültigen oder seltener auftretenden Stoffen Kobalt, Nickel und Chrom zu suchen.

Der Gang der quantitativen Untersuchung wird durch das Vorhandensein oder Fehlen der genannten Stoffe vielfach erheblich beeinflußt. Es ist daher, namentlich bei unbekannten Erzen, unerläßlich, sich durch eine möglichst vollständige Voruntersuchung hierüber zu vergewissern; letztere erfolgt sowohl auf trockenem als auch auf nassem Wege.

Der Nachweis von **Wasser,** welches nicht nur als Feuchtigkeit, sondern oft als Bestandteil der Mineralverbindung vorhanden ist, kann ebenso wie der von organischen Stoffen und Kohlensäure zuweilen zur Kennzeichnung des Erzes dienen.

Mangan. Durch Schmelzen einer geringen Menge Erzpulver mit der sechsfachen Menge Soda und einer geringen Menge Salpeter auf dem Platinblech erhält man bei Gegenwart von Mangan eine mehr oder weniger stark grün gefärbte Schmelze. Die Reaktion ist außerordentlich empfindlich.

Phosphorsäure. Man stellt eine salpetersaure oder eine von überschüssiger Säure freie und mit Ammonnitrat versetzte salzsaure Lösung des Erzes her, erwärmt diese und ein gleiches Volumen Molybdänlösung [1] auf 40—50°, tropft erstere allmählich in die letztere ein und schüttelt dann 5—10 Minuten tüchtig durcheinander, wodurch sich der bekannte gelbe Niederschlag von phosphor-molybdänsaurem Ammon ausscheidet; ist der Gehalt an Phosphorsäure sehr gering, so erfolgt seine Ausscheidung

---

[1] 50 g Ammonmolybdat werden in 200 ccm Ammoniak (spez. Gew. 0,96) gelöst, die klare Lösung in dünnem Strahle unter Umschwenken in 750 ccm Salpetersäure (spez. Gew. 1,2) eingetragen, 24 Stunden bei 35° belassen und filtriert.

oft erst nach stundenlangem Stehen bei 40—50° (aber nicht darüber, weil man sonst durch niederfallende Molybdänsäure getäuscht werden kann). Falls zu vermuten ist, daß das zu untersuchende Erz sehr wenig Phosphorsäure enthält, wie z. B. die zur Bessemereisenerzeugung geeigneten Roteisensteine, die Eisenspate, viele Magneteisenerze, so ist es ratsam, mehrere Gramm zu verwenden und die Lösung möglichst einzuengen.

Bei gleichzeitiger Anwesenheit von Titansäure bildet sich ein weißer Niederschlag, der zu Täuschungen Veranlassung geben kann. In diesem Falle glüht man die Probe mit Natriumcarbonat im Platintiegel und laugt den Tiegelinhalt mit heißem Wasser aus; die Titansäure bleibt als unlösliches Natriumtitanat auf dem Filter, während die Phosphorsäure in der vorstehenden Weise nachgewiesen werden kann.

Schwefel. Gleichgültig, ob Sulfate oder Sulfide vorliegen, mengt man die Erzprobe mit schwefelfreier Soda und etwas Borax und schmilzt sie auf Holzkohle mit dem Lötrohre in der Reduktionsflamme einer Rüböllampe bis zum Aufhören der Gasentwicklung. Die auf einer blanken Silbermünze ausgebreitete, mit Wasser befeuchtete Schmelze erzeugt bei Gegenwart von Schwefel einen braunen Fleck von Schwefelsilber.

Kupfer. Die Probe wird mit so viel Salzsäure versetzt und schwach erwärmt, daß schließlich ein dicker Brei entsteht. Alsdann entnimmt man mittels eines ausgeglühten Platindrahtes ein wenig von dem Brei und bringt ihn in den Saum einer Bunsenflamme. Eine Blaufärbung zeigt Kupfer an. Sind nur Spuren davon vorhanden, so zeigt sich nur ein kurzes Aufleuchten der blauen Färbung.

Blei. Die salzsaure Lösung des Erzes wird nach Zusatz von verdünnter Schwefelsäure in einer Porzellanschale bis zum Auftreten von Schwefelsäuredämpfen eingedampft. Zu dem noch schwefelsäurehaltigen Rückstand fügt man eine genügende Menge Wasser, erwärmt bis die löslichen Sulfate in Lösung gegangen sind, filtriert ab, wäscht mit schwefelsäurehaltigem Wasser und löst den verbliebenen Rückstand in der Wärme mit ammoniakalischem Ammonacetat und fügt zur Lösung, welche mit Essigsäure angesäuert wird, einige Tropfen Kaliumchromatlösung; nach längerem Stehen in der Kälte zeigt sich ein Niederschlag von Bleichromat.

Zink. Selten enthalten Eisenerze so viel Zink, daß eine Probe vor dem Lötrohre mit Soda reduzierend behandelt, einen in der Hitze gelben, nach dem Erkalten weißen Beschlag gibt, der mit Kobaltlösung eine schöne gelblichgrüne, nach völligem Erkalten am deutlichsten auftretende Farbe annimmt. In den meisten Fällen muß eine Abscheidung als Schwefelzink erfolgen. Zu diesem Zwecke löst man die Probe (etwa 2 g) in konzentrierter Salzsäure, oxydiert mit einigen Tropfen Salpetersäure, fällt Eisen und Tonerde durch Ammoniak und filtriert. In dem mit Salzsäure schwach angesäuerten Filtrat wird zunächst etwa vorhandenes Kupfer gefällt, das Filtrat gekocht, mit Ammoniak übersättigt und mit Essigsäure versetzt, um Mangan in Lösung zu halten, hierauf leitet man längere Zeit Schwefelwasserstoff ein. Alles Zink, sowie Nickel und Kobalt fallen aus. Man filtriert und schmilzt den eingeäscherten

Rückstand mit Soda und Borax auf Holzkohle in der reduzierenden Flamme, worauf bei Anwesenheit von Zink der oben erwähnte Beschlag entsteht.

Antimon. Man löst eine Probe des feingepulverten Erzes in Salzsäure unter Zusatz von Kaliumchlorat, dampft wiederholt mit Salzsäure zur Trockne, löst den Rückstand in möglichst wenig Salzsäure und bringt die aus einigen Tropfen bestehende Lösung mit einem Stückchen Zink auf den Deckel eines Platintiegels. Selbst die geringsten Spuren Antimon ergeben einen braunen Fleck, nur ist zu beachten, daß das Zink nicht von den Gasblasen in der Schwebe gehalten wird.

Arsen. Bei nicht zu geringem Arsengehalt (Anwesenheit von Arsenkies) tritt bei der Behandlung der Erzprobe vor dem Lötrohr auf Holzkohle in der Reduktionsflamme alsbald ein knoblauchartiger Geruch auf. Dieses Verfahren versagt jedoch, wenn nur sehr geringe Mengen Arsen vorliegen, oder wenn es sich, wie es bei gerösteten Erzen der Fall ist, um Arseniate handelt; man verfährt dann besser nach dem für die quantitative Bestimmung des Arsens angegebenen Verfahren (S. 1327).

Kobalt und Nickel. Man fällt die salzsaure Lösung des Erzes mit Ammoniak und Schwefelammonium, zieht den erhaltenen Niederschlag mit sehr verdünnter Salzsäure aus und prüft den etwa verbleibenden schwarzen Rückstand in der Oxydationsflamme mit Borax (blaue Perle mit Kobalt, hyazinthfarbige, in der Kälte blaßgelbe Perle mit Nickel).

Sehr scharf läßt sich Nickel nachweisen, wenn die schwach ammoniakalische Erzlösung bei Gegenwart überschüssiger Weinsäure mit einer alkoholischen Lösung von Dimethylglyoxim versetzt wird. Es entsteht sofort ein hochroter krystallinischer Niederschlag. Kobalt wird von dem Reagens nicht angezeigt. Nach Kraus [Ztschr. f. anal. Ch. **71**, 189 (1927)] erzeugt das Reagens selbst bei Anwesenheit sehr kleiner Mengen Ferroeisen auch eine rosenrote Färbung; daher ist zuvor auf letzteres zu prüfen, um Verwechselungen zu vermeiden.

Chrom. Größere Mengen (mehr als 1%) werden verhältnismäßig leicht in der Phosphorsalzperle nachgewiesen. Man erhält sowohl in der Oxydations- wie Reduktionsflamme eine in der Hitze gelbgrüne, in der Kälte smaragdgrün gefärbte Perle. Bei Anwesenheit von nur geringen Mengen Chrom schmilzt man die Probe mit der fünffachen Menge Kaliumnatriumcarbonat und einem Teil Kalisalpeter im Platintiegel bis zum ruhigen Fluß, laugt nach dem Erkalten die Schmelze mit Wasser aus, filtriert und setzt zu dem mit Essigsäure angesäuerten Filtrat einige Tropfen Bleiacetat. Die Anwesenheit von Chrom zeigt sich durch einen gelben Niederschlag von Bleichromat an, das jedoch von gleichzeitig mitfallendem Bleiphosphat, Bleisulfat und Bleiarseniat verdeckt werden kann. In diesem Falle gibt die Behandlung des Niederschlages in der Phosphorsalzperle Aufschluß, ob Chrom vorhanden ist oder nicht.

Titansäure. Bei Anwesenheit von nur geringen Mengen Titan schmilzt man eine nicht zu kleine Probe des Erzes mit der 15fachen Menge Kaliumbisulfat, löst die erkaltete Schmelze in kaltem Wasser, filtriert von der Kieselsäure ab, reduziert das Eisenoxyd durch Einleiten von

Schwefelwasserstoff und kocht die Lösung andauernd im Kohlendioxyd-strom. Der etwaige gefällte Niederschlag wird filtriert und mit Phos-phorsalz in der Reduktionsflamme vor dem Lötrohr geprüft. Die Phosphorsalzperle ist bei Gegenwart von Titansäure heiß gelb, kalt violett. Die Färbung verschwindet in der Oxydationsflamme. Da eisenhaltige Titansäure in der Reduktionsflamme eine braunrote Perle gibt, so prüft man auf dieses kennzeichnende Verhalten durch Zusatz von Eisenvitriol. Bei Gehalten von über $1/_2 \%$ liefert die Phosphorsalz-perle ohne weiteres die braunrote Färbung.

Vanadium. Die in Eisenerzen auftretenden Mengen sind so gering, daß eine Prüfung mit dem Lötrohr ergebnislos ist. Man schließt deshalb 1—2 g Erz durch Schmelzen mit Kaliumnatriumcarbonat und Salpeter auf, zieht die Schmelze mit heißem Wasser aus, säuert das Filtrat nach dem Erkalten mit Schwefelsäure ziemlich stark an und versetzt es mit wenig Wasserstoffsuperoxyd. Je nach der Menge des Vanadiums erhält man eine gelbrote, bei größeren Mengen eine tiefrote Färbung.

B. Quantitative Untersuchung.

Vollständige, auf alle Bestandteile sich erstreckende quantitative Untersuchungen der Eisensteine, Zuschläge und Schlacken gehören nicht zu den am häufigsten vorkommenden Arbeiten des Eisenhüttenchemikers. Sie werden in der Regel nur in größeren Zeitabständen von Durch-schnittsproben der einzelnen Erzsorten ausgeführt als Grundlage für die Möllerberechnung, ferner wenn aus der Zusammensetzung der Schlacke die Richtigkeit jener geprüft werden soll oder behufs Abschlusses von Erzankäufen. In den weitaus meisten Fällen, z. B. behufs laufender Prüfung des Wertes angelieferter Erze, begnügt man sich mit der Fest-stellung des Gehaltes an wertvollen oder schädlichen Bestandteilen, wie Eisen, Mangan, Phosphor, Schwefel, Kupfer, Arsen, Zink, Kiesel-säure; neben der Bestimmung des unlöslichen Rückstandes genügt sehr häufig schon diejenige der ersten beiden Metalle, die man dann möglichst auf maßanalytischem Wege ausführt.

1. Probenahme (vgl. Bd. I, S. 33 und diesen Band, S. 879).

Zweck und Ziel einer jeden Probenahme soll sein, ein Muster für die Gehaltsbestimmung zu erhalten, das dem Durchschnitte der angelieferten Rohstoffmengen (Erze, Schlacken u. a.) entspricht. — Die zweckdienliche Durchführung dieser Aufgabe läßt sich nun keineswegs in einer sich stets gleichbleibenden Form verwirklichen, wenn man in Betracht zieht, daß Erze in Schiffen und Eisenbahnwagen eintreffen, oder daß die Probe größeren Lagerbeständen zu entnehmen ist. Eine weitere Schwierig-keit ergibt sich aus der oft gänzlich verschiedenen Zusammensetzung der einzelnen Erzstücke. Je feinkörniger, mulmiger ein Erz ist, um so leichter gestaltet sich die Probenahme; besteht ein Erz aus groben Stücken neben feinem Schlich, so ist die Aufgabe schwieriger, da die Verschiedenheiten in der Zusammensetzung dieser Anteile oft recht

bedeutende sind. So muß verlangt werden, daß die Probenahme nur
von solchen Personen ausgeübt wird, die sich eine gewisse Erfahrung
in der Beurteilung der Natur der Erze, Schlacken u. a. angeeignet haben,
damit sie in unbefangener Weise diese in wirtschaftlicher Beziehung
wichtige Arbeit zu leisten vermögen.

Der Chemikerausschuß des Vereins Deutscher Eisenhüttenleute [Stahl u. Eisen 29, 850 (1909); 32, 53, 1408 (1912)] hat sich mit
der Aufstellung von Richtlinien für die Probenahme von Erzen und
Hüttenerzeugnissen beschäftigt, und es soll im folgenden darauf Bezug
genommen werden.

Bei Schiffsladungen, z. B. von schwedischem Magneteisenerz, wird
man aus jedem angebrochenen Schiffsraume so viel Erz im Verhältnisse
seines Stück- und Feingehaltes entnehmen, daß am Schlusse mindestens
2 vom Tausend der Ladung als Probegut vorliegt; unter dieses Maß
sollte nicht heruntergegangen werden, selbst wenn das Erz auch noch
so gleichmäßig ist. Bei ungleichmäßigen Erzen oder bei Manganerzen,
deren Wert erheblich höher ist als der der Eisenerze, muß die Menge der
Probe wesentlich erhöht werden. Hat man Haufwerke zu bemustern,
so entnimmt man in Abständen von 2 zu 2 m der Haufenhöhe eine
Schaufelprobe, die das Verhältnis von groben und feinen Stücken möglichst innehält; immerhin ist dies wohl die schwierigste Art der Probenahme. Bei Eisenbahnsendungen wird man an verschiedenen Stellen
von der Oberfläche der Ladung aus Löcher bis auf den Boden des Wagens
graben und das dabei entnommene Erz, unter Beiseitelassung des an
der Oberfläche lagernden, als Probe verwenden. Soll die Probe nur von
einem Einzelwagen genommen werden, so kann z. B. das ganze zwischen
den beiden Türen liegende Erz hierfür gelten.

Die auf die eine oder andere Weise entnommene Probe muß auf eine
geringe Menge — das Analysenmuster — herabgemindert werden. Die
Zerkleinerung und Teilung kann entweder von Hand geschehen mit
Hilfe von Zerkleinerungswerkzeugen oder mittels Maschinen, wie Stein-
brechern, Walzwerken, Kugelmühlen, Siebvorrichtungen u. a.

Die Zerkleinerung von Hand erfolgt mittels Stampfers auf einer ein-
gelassenen Eisenplatte und erstreckt sich zunächst auf die gröberen
Stücke, die auf Walnußgröße zerschlagen werden. Alsdann mischt man
das Ganze durch öfteres Umschaufeln, wirft zu einem kegelförmigen
Haufen auf, in der Weise, daß das Gut stets über der Spitze des Kegels
entleert wird, und wiederholt das Aufsetzen noch ein- bis zweimal; darauf
plattet man den Kegel mit der Schaufel gleichmäßig ab, teilt den Kegel-
stumpf in vier Quadranten, behält zwei sich gegenüberliegende Teile,
während der Rest beiseite gebracht wird.

Hat man von dem zu bemusternden Erz den Feuchtigkeitsgehalt
festzustellen, so wählt man hierzu die beim Zerkleinern der Probe zuerst
verworfenen Anteile. Wird die Probe erst bei weiter fortgeschrittener
Zerkleinerung entnommen, so besteht die Gefahr, daß schon merkliche
Mengen Feuchtigkeit verdunstet sind.

Durch weitere Zerkleinerung und Behandlung in gleicher Weise
wird die Probe immer mehr verjüngt, bis nur noch einige Kilogramm

zurückbleiben. Diese werden zunächst durch ein grobes Sieb getrieben; das auf dem Siebe Zurückbleibende muß zerrieben werden, bis alles durch das Sieb gegangen ist. Auf keinen Fall darf etwas von dem auf dem Siebe Zurückbleibenden fortgeworfen werden. Nach guter Durchmischung der soweit gediehenen Probe kann noch eine weitere Teilung in genau derselben Weise wie oben erfolgen. Ist die Probe noch etwas feucht, so daß das Absieben Schwierigkeiten verursacht, so trocknet man etwas und zerkleinert weiter im Stahlmörser oder auf einer Reibeplatte mit flachem Stampfer, siebt das Mehlfeine ab und zerreibt den Rest, bis alles durch ein Sieb mit ∿ 500 Maschen auf den Quadratzentimeter durchgegangen ist. Siebe aus Rohseidengaze (Müllergaze) eignen sich besonders hierfür, da nichts in den Siebmaschen hängen bleibt.

Die auf diese Weise erhaltene Probe ist ohne weiteres für die chemische Untersuchung verwendbar.

Von mechanischen Hilfsmitteln (s. a. Bd. I, S. 40) sind zahlreiche Vorschläge unter anderem von Palén [Stahl u. Eisen 38, 25 (1918)] gemacht worden. Für den Laboratoriumsgebrauch hat Mc Kenna [Engin. Mining Journ. 70, 462 (1900)] eine mechanische Zerkleinerungsvorrichtung geschaffen, mittels deren eine weitgehende Zerkleinerung des Probegutes zu erreichen ist. Ein Achatmörser ist auf einer drehbaren Scheibe befestigt, das ebenfalls drehbare schrägstehende Pistill kann durch eine Druckfeder mehr oder weniger angespannt werden. Schale und Pistill werden in derselben Richtung gedreht, nur wird das Pistill erheblich schneller in Umlauf gesetzt. Die Drehung erfolgt durch eine Wasserturbine oder durch elektrischen Antrieb.

2. Einwägen.

Vielfach gelangen die Erzproben nur ungenügend zerkleinert zur Untersuchung; es ist dies häufig der Grund für Unstimmigkeiten im Untersuchungsergebnis, und zwar ist die Ursache darin zu suchen, daß die Zusammensetzung der gröberen Teile erheblich von der des Feinmehles abweicht. Ein gut durchmischter Anteil der Probe ist zuvor im Achatmörser mehlfein zu reiben und gänzlich durch ein Sieb mit 500 Maschen auf den Quadratzentimeter zu treiben.

Man hüte sich bei der Einwaage mit dem Finger an den Einwiegelöffel zu klopfen, da sich leicht eine Art Aufbereitung infolge Trennung der spezifisch schwereren von den leichteren Erzteilchen vollzieht.

3. Bestimmung des Wassers bzw. Glühverlustes.

In der Regel handelt es sich nur um die Bestimmung der Feuchtigkeit, die man mit möglichst großen, ganz frischen Proben in einem Trockenschrank für Roteisenstein bei 110°, für manganreiche Brauneisensteine bei 100° und für torfhaltige mulmige Rasenerze bei 90° bis zur Gewichtskonstanz vornimmt. Sie schließt sich am geeignetsten unmittelbar der Probenahme an, damit nicht Verluste durch Verdunsten des Wassers entstehen. Soll ausnahmsweise der Gehalt an chemisch gebundenem Wasser in Brauneisensteinen bestimmt werden, dann erfolgt diese, falls die Erze frei sind von Carbonaten und Eisenoxydul, durch allmählich gesteigertes Glühen bis zum gleichbleibenden Gewicht. Findet jedoch infolge Anwesenheit der genannten Verbindungen eine Abgabe von Kohlendioxyd oder Aufnahme von Sauerstoff statt, so kann das Wasser nur durch Auffangen im Chlorcalciumrohr oder in einer ähnlichen Vorrichtung bestimmt werden. Man bringt dann 1 g des feingepulverten Erzes in ein Schiffchen, schiebt es in ein Stück Verbrennungsrohr (hierbei ist darauf zu achten, daß die Luft mit demselben Trockenmittel getrocknet ist, mit dem man das Wasser absorbiert, daß also vorn und hinten das Trocknen mit Chlorcalcium, mit Schwefelsäure oder mit Phosphorsäureanhydrid erfolgt), erhitzt dieses und leitet einen Strom getrockneter Luft über das Erz.

Bei Anwesenheit von organischen Stoffen, wie sie sich z. B. in Rasenerzen stets finden, ist eine genaue Wasserbestimmung überhaupt nicht möglich. Viel häufiger wird die Bestimmung des Glühverlustes, also der Summe von Wasser, Kohlensäure und etwa vorhandener organischer Substanz verlangt, weil man aus diesem und dem Eisenoxydbzw. Eisenoxydulgehalt auf die Menge der schlackenbildenden Bestandteile des Erzes schließen kann. Man führt sie in einem Porzellantiegel aus, indem man etwa 2 g des Erzes in der Muffel vorsichtig glüht, bis das Gewicht bei zwei aufeinanderfolgenden Wägungen das gleiche ist. Hierbei ist zu berücksichtigen, daß Eisencarbonat Kohlendioxyd verliert und Sauerstoff aufnimmt, während mangansuperoxydhaltige Erze Sauerstoff unter Bildung von Manganoxyduloxyd abgeben.

4. Lösen der Erze.

Die Anwesenheit organischer Stoffe (Rasenerze, Kohleneisensteine) macht ein vorangehendes Glühen der Erzprobe erforderlich, ehe man zur Auflösung schreitet; die bereits gewogene Erzmenge wird in einem offenen Porzellantiegel bei nicht zu hoher Temperatur so lange erhitzt, bis dieselben zerstört sind. Nicht angängig ist das Glühen, wenn in der Probe leicht flüchtige Körper wie Arsen, Schwefel, Kohlensäure enthalten sind und bestimmt werden sollen.

Das beste Lösungsmittel ist stärkste Salzsäure (spez. Gew. 1,19), welche man bei 50° C, gegen Ende nahezu bei Siedehitze in einem Becherglase von hoher Form (sog. „Jenaer" von Schott und Genossen) unter häufigem Umschütteln auf das sehr fein gepulverte Erz einwirken läßt. Die genannten Bechergläser haben den Vorteil, daß man den Inhalt ohne Gefahr des Springens zur Trockne verdampfen kann; auf diese Weise erübrigt sich das lästige Umspülen zwecks Eindampfens in einer Porzellanschale.

Schwefelsäure und Salpetersäure sind zur Lösung von Eisenerzen nicht geeignet, da eine vollständige Auflösung zumeist nicht erzielt wird.

Die zur Lösung von 1 g Erz erforderliche Menge Salzsäure beträgt 12—15 ccm; für jedes Gramm mehr 7—8 ccm. Sollte die Lösung unvollständig bleiben, so fügt man späterhin noch einige Kubikzentimeter hinzu.

Das Erwärmen erfolgt zweckmäßig auf einem Sandbad oder auf der erhitzten Eisenplatte. Die für die Gewichtsanalyse und manche maßanalytischen Verfahren erforderliche Oxydation des Eisenoxyduls nimmt man durch Zusatz von etwas Salpetersäure oder Kaliumchlorat, welcher jedoch zweckmäßig erst dann erfolgt, wenn die Hauptmenge gelöst ist, gleichzeitig vor, es sei denn, daß Arsen in der Probe zu bestimmen ist, welches sich in Gestalt von Arsentrichlorid verflüchtigen würde, wenn nicht ein Zusatz von Oxydationsmitteln von vornherein erfolgt.

Stets ist zu beachten, daß am Anfange nur mäßig erwärmt wird, damit die Säure nicht an Stärke vorzeitig einbüßt. Auch ist das Lösungsgefäß öfters umzuschütteln, um das Anhaften von Krusten an den Gefäßwänden zu verhindern. Ein Zeichen vollständiger Lösung kann darin erblickt werden, daß sich in der Mitte des Gefäßbodens keine schweren Bestandteile mehr ansammeln, wenn das Lösungsgefäß durch kreisförmiges Schwenken bewegt wird.

Ist nach längerer Einwirkung und nach wiederholtem Zusatz von Salzsäure der abgeschiedene Rückstand noch rötlich oder dunkel gefärbt, so muß derselbe nach dem Filtrieren aufgeschlossen werden, wenn die Kieselsäure bestimmt werden soll; anderenfalls wird durch Zusatz geringer Mengen Flußsäure und nachfolgendes Erwärmen eine vollständige Lösung, namentlich des Eisens, herbeigeführt. Zu beachten ist hierbei, daß man die Flußsäure nicht am Rande des Glasgefäßes heruntergleiten lassen darf.

5. Unlöslicher Rückstand und Kieselsäure.

Handelt es sich um das Verschmelzen schon bekannter Erze, so genügt häufig die Bestimmung des unlöslichen Rückstandes (aus Kieselsäure, Quarzsand, Schwerspat, Ton und unzersetztem Nebengestein bestehend) und des Eisens zum Vergleich. Man verdünnt dann die auf die oben angegebene Art hergestellte Lösung, filtriert und glüht den Rückstand im Platintiegel über der Gebläselampe. Soll die Kieselsäure bestimmt werden, so dampft man zweimal zur Trockne, löst in Säure, filtriert und glüht. Beim Abdampfen ist zu verhüten, daß die Temperatur zu hoch steigt, weil sich sonst basische Chloride bilden bzw. Eisenoxyd abscheidet, das schwer in Lösung zu bringen ist. Ferner ist zu beachten, daß Eisenchlorid bei höherer Temperatur merklich flüchtig ist, was Verluste zur Folge hat, die eine nachfolgende Eisenbestimmung unrichtig machen. Da die Kieselsäure fast nie vollkommen rein ist, so empfiehlt es sich, sie nach dem Wägen mit Flußsäure wegzudampfen, die Schwefelsäure abzurauchen, den Rest der letzteren durch kohlensaures Ammon zu verjagen und den Rückstand kräftig zu glühen. Die Gewichtsabnahme entspricht der reinen Kieselsäure.

Enthält der Rückstand Schwerspat, Ton oder unzersetztes Nebengestein, so ist er durch Schmelzen mit Natriumkaliumcarbonat aufzuschließen. Die Schmelze wird in warmem Wasser gelöst unter Vermeidung eines Zusatzes von Salzsäure, welche mit den in jener oft enthaltenen Manganverbindungen Chlor entwickelt. Um das Lösen der Schmelze zu beschleunigen, entfernt man sie zweckmäßig aus dem Tiegel, was durch Drücken des Tiegels leicht vonstatten geht, wenn die vorher erstarrte Masse nochmals bis zum beginnenden Schmelzen ihrer äußeren Schicht erhitzt wurde. Der gesamte Tiegelinhalt wird in eine Porzellanschale übergeführt, mit heißem Wasser vollständig gelöst, die Schale mit einem Uhrglas bedeckt, alsdann vorsichtig mit Salzsäure im Überschuß versetzt und zur Trockne verdampft. Hiernach erhitzt man den Schaleninhalt im Trockenschrank 1 Stunde auf 130°, um die Kieselsäure unlöslich zu machen, befeuchtet nach dem Erkalten mit konzentrierter Salzsäure, verdünnt mit heißem Wasser, filtriert und wäscht mit verdünnter Salzsäure und schließlich mit Wasser bis zum Verschwinden der Chlorionreaktion.

Es ist zu beachten, besonders bei Gegenwart von Alkalien, daß Kieselsäure in Salzsäure und Wasser in verhältnismäßig merklichen Mengen löslich ist, so daß namentlich bei höheren und mittleren Gehalten ein nochmaliges Eindampfen von Filtrat und Waschwasser unbedingt erforderlich ist.

6. Eisen.

Die Ermittelung des Eisens erfolgt stets maßanalytisch. Von den maßanalytischen Verfahren zur Bestimmung des Eisens kommen vor allem das Permanganat- und Titanchloridverfahren in Betracht. Da jedoch noch hier und da das Zinnchlorür- und Kaliumbichromatverfahren angewendet wird, so seien auch diese beschrieben. Über die potentiometrischen Methoden der Eisentitration s. Bd. I, S. 475.

a) Das Permanganatverfahren.

Die intensiv rote Lösung des Kaliumpermanganates wird durch Reduktion entfärbt. Jede Spur unreduzierten Salzes färbt aber die Flüssigkeit noch deutlich rot. Benutzt man zur Reduktion ein Eisenoxydulsalz, z. B. Ferrosulfat, so verläuft die Umsetzung nach folgender Gleichung:

$$10\,FeSO_4 + 2\,KMnO_4 + 8\,H_2SO_4 = 5\,Fe_2(SO_4)_3 + K_2SO_4 + 2\,MnSO_4 + 8\,H_2O.$$

Kennt man nun den Gehalt der Lösung an Permanganat, so läßt sich aus der zur Oxydation des Eisensulfates verbrauchten Menge auf die Menge des Eisensalzes schließen. Bei der Anwendung verfährt man so, daß man eine Eisenlösung von bekanntem Gehalte mit Permanganatlösung bis zum Eintritt der Rötung versetzt und nun aus der verbrauchten Menge den Wirkungswert der letzteren bestimmt. Man kann dann mit ihrer Hilfe jede unbekannte Menge Eisen nach vorangegangener Reduktion oxydieren und berechnen (vgl. Bd. I, S. 352 f.).

Zur Herstellung der Titerlösung verwendet man reinstes, käufliches Kaliumpermanganat, und zwar nimmt man 6 g für einen Liter. Die Lösung wurde früher als sehr veränderlich angesehen, so daß ihr Wirkungswert nach Verlauf mehrerer Tage immer von neuem festgestellt werden mußte; in Wirklichkeit hält sie sich viele Monate lang unverändert, wenn man folgende Vorsichtsmaßregeln anwendet: Lösen der abgewogenen Menge in 1 l kochendem Wasser, Kochen während mindestens 15 Minuten, Filtrieren nach dem Erkalten durch ein Asbest- oder Glaswollefilter oder durch einen Jenenser Glasfrittentiegel (s. Bd. I, S. 68). Schützt man die erhaltene Lösung vor Staub und unmittel- barem Sonnenlicht, so ist eine Veränderung kaum zu befürchten. Immer- hin ist eine zeitweise Nachprüfung des Titers von Zeit zu Zeit — etwa jeden Monat — vorzunehmen.

Die Titerstellung (s. a. Bd. I, S. 356) soll möglichst unter denselben Verhältnissen erfolgen wie die Anwendung des Verfahrens. Die geeignetste Titersubstanz wäre hier somit Eisen selbst, und man hat früher zu diesem Zwecke als reinste Form des Eisens, sogenannten Blumendraht, ver- wendet, unter der Annahme, daß dieser = 99,7 oder 99,8 % reinen Eisens anzunehmen sei. Es ist aber durch die Arbeiten von Treadwell (Lehr- buch der quantitativen chemischen Analyse) und Lunge [namentlich Ztschr. f. angew. Ch. 17, 265 (1904)] nachgewiesen worden, daß diese Annahme durchaus nicht stichhaltig ist und daß der Wirkungswert von Blumendraht häufig sogar über 100 % Fe beträgt, daß Si, P, S, C eben- falls reduzierend auf Permanganat wirken (vgl. Bd. I, S. 359).

Man wird daher besser von einer unbedingt sicheren Ursubstanz ausgehen, als welche Lunge a. a. O. die reine Soda und Sörensen [Ztschr. f. anal. Ch. 36, 639 (1897); 42, 333, 512 (1903); vgl. Bd. I, S. 356 u. 359)] das nach seiner Vorschrift von Kahlbaum und Merck dar- gestellte chemisch reine, trockene und nicht hygroskopische Natrium- oxalat empfehlen. Lunge stellt mittels reiner Soda erst eine Normal- salzsäure, dann mittels dieser eine Natronlauge oder besser Barytlösung, damit wieder eine Oxalsäurelösung und endlich mittels dieser die Per- manganatlösung her. Er hat sich aber überzeugt, daß man sich in der Tat auf die Reinheit des nach Sörensen hergestellten Natriumoxalats vollständig verlassen kann, dessen Anwendung sich viel einfacher und unmittelbarer gestaltet, indem man es ohne weiteres abwägen kann (für ganz genaue Bestimmungen allerdings besser nach mehrstündigem Erhitzen im Wasserbad-Trockenschrank), worauf man es in Wasser auflöst, verdünnte Schwefelsäure zusetzt und bei 70° mit Permanganat austitriert. 0,1 g des Natriumoxalats entspricht 14,93 (log = 1,17406) ccm einer $^1/_{10}$ n-Permanganatlösung oder 100 ccm $^1/_{10}$ n-Permanganatlösung entsprechen 0,6700 (log = 0,82610 — 1) g Natriumoxalat.

Die Reaktion verläuft nach folgender Gleichung:

$$5\,Na_2C_2O_4 + 2\,KMnO_4 + 8\,H_2SO_4$$
$$= 2\,MnSO_4 + K_2SO_4 + 5\,Na_2SO_4 + 10\,CO_2 + 8\,H_2O.$$

Die unmittelbare Benutzung einer auf vorstehende Weise eingestellten Permanganatlösung setzt voraus, daß auch eine schwefelsaure Erz- lösung vorliegt. Das umständliche Verfahren: Lösen des Erzes in Salz- säure, Verdrängen der letzteren durch Schwefelsäure und darauffolgende Reduktion des Eisenoxydsulfates zu Eisenoxydulsulfat durch metalli- sches Zink, ist wohl kaum mehr in Anwendung, so daß von einer näheren Beschreibung abgesehen werden kann.

Das in Betracht kommende Reinhardtsche Verfahren gründet sich auf die Titration des Eisens in salzsaurer Lösung, mithin wird sich auch die Titerstellung an das Verfahren anpassen müssen, sollen richtige Werte erhalten werden. Es hat sich gezeigt, daß die zur Durchführung des Verfahrens benötigte Salzsäure und das entstehende Quecksilberchlorür einen Einfluß auf das Kaliumpermanganat ausüben, derart, daß ein Mehrverbrauch an demselben stattfindet.

Der Chemiker-Ausschuß des Vereins Deutscher Eisenhüttenleute [Stahl u. Eisen 30, 411 (1910)] hat sich mit der Frage der Titerstellung eingehend beschäftigt und kommt zu dem Schluß: „daß es nicht angängig ist, den in schwefelsaurer Lösung ermittelten oder den aus einem Oxalat berechneten Eisentiter ohne weiteres dem Reinhardtschen Titrationsverfahren zugrunde zu legen. Es muß vielmehr immer wieder betont werden, bei Titrationen in salzsaurer Lösung einen in gleicher Weise festgestellten Titer zu benutzen".

Für die Wahl einer geeigneten Titersubstanz werden die folgenden Vorschläge gemacht: Eisensalze, wie Ferrosulfat, Ferroammonsulfat werden wegen des veränderlichen Gehaltes an Krystallwasser als nicht geeignet erachtet; zudem ist öfters ein Gehalt an Fremdkörpern, wie Mangan, Zink, Phosphor nachzuweisen. Von Blumendraht und weichem Flußeisen wird geltend gemacht, daß durch Ausseigerungen eine ungleichmäßige Zusammensetzung hervorgerufen werde; indessen ist bei gewalzten Stücken von 1—2 kg Gewicht kaum eine Beeinflussung des Ergebnisses zu befürchten.

Der von der Firma Felten und Guilleaume-Lahmeyerwerke (A. G.) auf Vorschlag von A. Müller [Stahl u. Eisen 26, 1478 (1906)] für den Laboratoriumsgebrauch hergestellte, besonders reine Eisendraht, welcher im Mittel 99,91% metallisches Eisen enthält, ist für Vergleichszwecke gut verwendbar und kann als Ausgangsstoff zur Herstellung einer Urtiterlösung benutzt werden.

Die bei der Lösung des Eisens in Salzsäure entstehenden Kohlenwasserstoffe, die einen Mehrverbrauch an Permanganat verursachen können, beseitigt man durch Zugabe von Kaliumchlorat und Wegkochen des Chlors vor der Reduktion; Voraussetzung ist allerdings, daß bei Benutzung von weichem Flußeisen eine genaue Gehaltsbestimmung der vorhandenen Fremdkörper stattgefunden hat.

Das reine Elektrolyteisen [Skrabal: Ztschr. f. anal. Ch. 43, 97 (1904)] ist in jeder Beziehung ein verläßliches Mittel zur Feststellung des Urtiters einer Permanganatlösung; nur ist die Herstellung etwas umständlich und an das Vorhandensein einer elektrolytischen Anlage geknüpft. Hat man jedoch einmal die Urprüfung damit vorgenommen, so läßt sich mit Hilfe der erhaltenen Permanganatlösung der Wirkungswert irgendeiner verläßlichen und leicht zu beschaffenden Substanz, z. B. Eisenoxyd oder eines Erzkonzentrates [1] herleiten.

---

[1] Verfasser hat vor Jahren ein Magneteisensteinkonzentrat aus Gellivare-Erz hergestellt, das einen Eisengehalt von 71,80% aufweist und sich wegen der völligen Abwesenheit von schwer löslichem Eisenglanz außerordentlich leicht in Salzsäure löst; auch ist es nicht hygroskopisch, nur enthält es, wie die meisten Magneteisensteine, etwas Vanadin, das durch Grünfärbung störend wirkt.

Kinder [Stahl u. Eisen a. a. O. S. 413) hat ein Verfahren ausgearbeitet, nach welchem reines Eisenoxyd zur Urprüfung wie folgt
erhalten wird: Bohrspäne von weichem Flußeisen oder weichster Eisendraht werden in Salzsäure (spez. Gew. 1,12) gelöst, mit Salpetersäure
oxydiert und die salzsaure Lösung in einem Scheidetrichter mit Äther
ausgeschüttelt. Nach dem Abdestillieren des Äthers leitet man in die
mit kochendem Wasser verdünnte Eisenchloridlösung so lange Schwefelwasserstoff ein, bis die Reduktion vollendet ist, filtriert vom ausgeschiedenen Schwefel ab und dampft unter Zusatz von Schwefelsäure
in geringem Überschuß so weit ein, bis sich eine Krystallhaut bildet.
Das auskrystallisierte Ferrosulfat wird auf einem Trichter gesammelt;
nach dem Ablaufen der Mutterlauge verdrängt man die letzten Reste
mit destilliertem Wasser. Das Ferrosulfat wird dann in Wasser gelöst
und mit Ammonoxalat als Ferrooxalat gefällt. Nach mehrmaligem
Dekantieren, Filtrieren und Trocknen wird das Ferrooxalat in einer
Platinschale in der Muffel bis zur Gewichtsbeständigkeit geglüht; es
enthält nahezu 70% Eisen.

Aus diesem Eisenoxyd läßt sich nach Friedheim durch Reduktion
im Wasserstoffstrom metallisches Eisen erhalten, das unter Luftabschluß
in Schwefelsäure gelöst und mit Permanganat titriert, Werte ergibt,
die mit den aus Natriumoxalat berechneten gute Übereinstimmung
zeigen.

Dieselbe Übereinstimmung mit dem Natriumoxalattiter zeigt auch
das elektrolytisch gewonnene Eisen, so daß nunmehr eine sichere Unterlage gegeben ist, den Titer nach Reinhardt auf Grund des wahren
Eisengehaltes zu ermitteln.

Zur Titerstellung wägt man entweder Flußeisen von bekanntem
Gehalt, Felten u. Guilleaume-Draht oder das reine Eisenoxyd (auch
solches nach Brandt[1], zu beziehen von E. Merck, Darmstadt, vgl. Bd. I,
S. 358) in Mengen entsprechend 0,3—0,35 g Eisen, und löst in einem
Erlenmeyerkolben von 300 ccm mit 25 ccm Salzsäure (spez. Gew. 1,12),
fügt bei Anwendung von Eisen 1—2 g Kaliumchlorat hinzu behufs
Oxydation der Kohlenwasserstoffe und des Eisens und erhitzt nur
mäßig unter Bedeckung des Kolbenhalses mittels eines kleinen Trichters
oder Uhrglases. Ist nach gelindem Kochen das Chlor vertrieben, so spült
man den Trichter bzw. das Uhrglas mit verdünnter Salzsäure ab und
reduziert in der Siedehitze mit Zinnchlorür, bis die gelbe Färbung nach
dem Umschütteln zum Verschwinden gebracht ist. Ein größerer Überschuß an Zinnchlorür ist zu vermeiden; ist die Reduktion in richtiger
Weise ausgeführt, so entsteht bei dem nunmehrigen Zusatz von 10 ccm
Quecksilberchloridlösung (50 g im Liter) zu der abgekühlten Lösung nur
eine schwache Trübung von Quecksilberchlorür, nach der Gleichung:

$$SnCl_2 + 2\,HgCl_2 = SnCl_4 + 2\,HgCl.$$

Sollte durch zu großen Überschuß an Zinnchlorür ein weißer oder gar

---

[1] Brandt [Chem.-Ztg. **40**, 605, 631 (1916)]; s. auch Kinder [Stahl u. Eisen
37, 238 (1917)]. Demnach befürwortet Brandt die Herstellung des reinen Eisenoxyds über Oxalat; hierdurch wird die Verunreinigung desselben durch Phosphor
und Platin vermieden.

ein grauschwarzer Niederschlag von metallischem Quecksilber entstehen, so ist der Versuch zu wiederholen, da Quecksilberchlorür, indem
es das während der Titration entstehende Eisenchlorid reduziert, einen
höheren Verbrauch an Permanganat verursacht. Die so vorbereitete
Lösung gießt man in eine Porzellanschale von 2 l Inhalt, in die zuvor
1 l Leitungswasser und 60 ccm Mangansulfat-Phosphorsäurelösung eingegossen wurden und die man mit einigen Tropfen Permanganatlösung
gerötet hatte. Der Zusatz der Permanganatlösung erfolgt unter stetem
Umrühren bis zum gleichen Farbenton. Aus der angewandten Eisenmenge, dividiert durch die verbrauchten Kubikzentimeter Permanganatlösung, erhält man den Eisentiter für das Reinhardtsche Verfahren.

Die erforderlichen Lösungen werden in folgender Weise hergestellt:

1. Zinnchlorürlösung. 200 g Zinnchlorür werden in 200 ccm Salzsäure (spez. Gew. 1,124) gelöst und verdünnt; es entsteht hierbei meist
eine Trübung oder ein Niederschlag von Oxychlorid, den man durch
Kochen mit metallischem Zinn beseitigt; die klare Lösung verdünnt
man auf 2 l. Oder man löst nach Reinhardt von reinem granulierten
Zinn 120 g in 500 ccm Salzsäure (spez. Gew. 1,12) und verdünnt mit
einem Gemisch von 1 l Salzsäure und 2 l Wasser. Zweckmäßig beläßt
man eine gewisse Menge Zinn in der Lösung.

2. Quecksilberchlorid. 100 g in 2 l Wasser.

3. Mangansulfatlösung. 200 g Mangansulfat werden in 1 l
Wasser gelöst, mit 600 ccm Phosphorsäure (spez. Gew. 1,3) und 400 ccm
Schwefelsäure versetzt und auf 3 l verdünnt. — Die Wirkungsweise dieser
sog. „Schutzlösung" besteht darin, daß das Permanganat verhindert
wird, auf die freie Salzsäure oxydierend zu wirken, während die Phosphorsäure und Schwefelsäure das gelbe Eisenchlorid in farbloses Eisen-
phosphat und -sulfat überführen; man erhält alsdann eine reine Rosafärbung gegenüber einer bräunlichen Färbung, wenn Phosphorsäure fehlt.

Beachtung verdient ferner die Art und Weise, wie der Permanganat-
zusatz erfolgt. Als Regel soll gelten, stets in gleich schneller Weise zu
titrieren; geschieht es zu langsam, so kann sich die Ferrosalzlösung
durch Luftsauerstoff oxydieren, und das Ergebnis wird ungenau. Man
läßt daher von Anbeginn in dünnem Strahl zufließen und erst dann
tropfenweise, wenn der Endpunkt nahezu erreicht ist. Nur die bis zur
schwachen Rosafärbung zugesetzte Permanganatmenge ist maßgebend,
auch wenn nach kurzer Zeit die Färbung wieder verschwindet.

Die Ausführung der Eisenbestimmung nach Reinhardt lehnt
sich ganz an die Titerstellung an. Die Einwaage beträgt je nach dem
Eisengehalt 0,5—1 g. Das Lösen erfolgt im Erlenmeyerkolben von
300 ccm mit 25 ccm Salzsäure (spez. Gew. 1,19) bei gelinder Wärme.
Ist das Erz schwer löslich, fügt man nochmals Salzsäure zu und erhitzt
bis nahe zum Sieden unter Bedeckung des Kolbens mit einem kleinen
Uhrglas; jedenfalls hüte man sich, die Flüssigkeit zur Trockne zu verdampfen, da Eisenchlorid flüchtig ist.

Vor der Reduktion mit Zinnchlorür verdünnt man mit etwas heißem
Wasser, setzt dann tropfenweise das Zinnchlorür zu, bis die Lösung
allmählich farblos wird, und verfährt weiter wie bei der Titerstellung.

Die bisher vertretene Meinung, daß gewisse das Eisenerz begleitende Nebenbestandteile, wie Kupfer, Arsen, Chrom, Nickel, Kobalt, Titan und Blei, das nach dem Verfahren von Reinhardt erhaltene Ergebnis beeinflussen könnten, hat sich nach eingehenden Arbeiten des Chemiker-Ausschusses des Vereins Deutscher Eisenhüttenleute [Stahl und Eisen 28, 508 (1908)] nicht bestätigt. Einzig das Antimon macht hiervon eine Ausnahme und bewirkt eine Steigerung im Verbrauch von Kaliumpermanganat. Indessen ist ein Antimongehalt in Eisenerzen so selten, daß diese Frage kaum mehr ins Gewicht fällt.

Fresenius [Ztschr. f. anal. Ch. 58, 198 (1919)] macht zur Ersparnis von Reagenzien bei dem Reinhardtschen Verfahren unter Einhaltung der von der Fachgruppe für analytische Chemie des Vereins Deutscher Chemiker festgelegten Arbeitsweise [Ztschr. f. anal. Ch. 53, 444 u. 595 (1914)] folgende Vorschläge: 5 g Erz werden, statt wie bisher mit 100 ccm, nur mit 50 ccm Salzsäure (spez. Gew. 1,19) aufgeschlossen. Je 100 ccm der auf 500 ccm aufgefüllten Eisenlösung werden dann vor dem Eindampfen bis auf 50 ccm noch mit 10 ccm Salzsäure versetzt. Vorausgesetzt, daß man die Titerstellung in genau derselben Weise bewirkt, kann das Eindampfen und der nachträgliche Säurezusatz unterbleiben. Man füllt alsdann auf nur 250 ccm auf und entnimmt 50 ccm, was für die nachfolgende Reduktion mit Zinnchlorür in der Hinsicht von Bedeutung ist, daß verdünntere Lösungen dazu neigen, auf Zusatz von Quecksilberchlorid, zumal in der Wärme, metallisches Quecksilber in Form eines schwarzen Niederschlages auszuscheiden. Ferner kann die Fällung des Eisens aus der Lösung des Aufschlusses mittels Natriumcarbonat durch Ammoniak, statt wie bisher durch Natronlauge erfolgen; nur bei schwefelkieshaltigen Erzen (Kiesabbrände, Spateisenstein) ist es ratsam, die Fällung mit Natronlauge zu bewirken, da bei dem Aufschlusse des unlöslichen Rückstandes dieser Erze erheblich mehr Platin durch entstehendes Schwefelnatrium in die Schmelze gelangt, was sich bei der Titration störend bemerkbar macht.

Kinder [Stahl u. Eisen 40, 1206 (1920)] weist noch darauf hin, daß die vorgeschriebene Menge von 25 ccm einer 1%igen Quecksilberchloridlösung auf 10 ccm ermäßigt werden kann. Auch läßt sich die Phosphorsäure für die Mangansulfatlösung aus dem leichter zu beschaffenden Natriumphosphat freimachen. Die Lösung wird wie folgt hergestellt: 200 g Mangansulfat und 500 g Natriumphosphat werden in einer 3-l-Kochflasche mit 2 l kaltem destillierten Wasser übergossen; ohne eine vollständige Lösung abzuwarten, werden dann 500 ccm Schwefelsäure (spez. Gew. 1,84) in dünnem Strahle hinzugefügt. Durch die Umsetzung des Natriumphosphates zu dem leichter löslichen Natriumsulfat tritt eine baldige Lösung des Salzgemisches ein. Nach dem Erkalten verdünnt man die Mischung auf 3 l.

b) Das Titanchloridverfahren nach Brandt.

Bekannt ist das Verfahren, Eisenchloridlösungen mittels Titantrichlorid unter Zusatz von Rhodansalz als Indicator zur Eisenbestimmung zu benutzen (Knecht und Hibbert); es gilt jedoch nur bei Abwesenheit von Kupfer, da Cuprisalz auch reduziert wird und als Rhodanür ausfällt, der Eisengehalt daher um die dem vorhandenen Kupfer entsprechende Eisenmenge zu hoch gefunden wird.

Brandt [Stahl u. Eisen 46, 976 (1926)] fand bei Verwendung der Chromsäureverbindung des Diphenylcarbohydrazids $CO{<}^{NH \cdot NH \cdot C_6H_5}_{NH \cdot NH \cdot C_6H_5}$ als Indicator, daß die sonst durch Ferrosalz so leicht zu reduzierende Chromsäure in Verbindung mit dem organischen Körper gegen Ferrosalz vollkommen beständig ist. Der Umschlag von violett in farblos tritt bei Reduktion kupferhaltiger Eisenlösungen in dem Augenblick ein, in dem die Reduktion des Ferrisalzes eben beendet ist. Bedingung jedoch ist, daß eine gewisse Kupfermenge zugegen ist, etwa 5 mg, die durch Kupfersulfatzusatz ergänzt werden muß. Der Indicator wird in der Weise hergestellt, daß für die einzelne Bestimmung 1,3 mg mit 0,26 mg Kaliumbichromat verbunden wird. Dieser Menge entspricht bei einem Titer von 0,01 g Fe je Kubikzentimeter ein Verbrauch von 0,03 ccm $TiCl_3$ oder von $0,03\%$ Eisen; dieser Mehrverbrauch wird durch die in gleicher Weise vorzunehmende Titerstellung ausgeschaltet.

Ausführung: 1 g des Erzes wird in 50 ccm Salzsäure (spez. Gew. 1,19) gelöst; bei oxydulhaltigen Erzen ist stets ein Oxydationsmittel erforderlich, wozu sich gefälltes Mangansuperoxydhydrat am besten eignet, das man sehr leicht durch Vermischen heißer Lösungen von $MnSO_4$ und $KMnO_4$ bis zur Entfärbung der überstehenden Lösung, Absaugen und Trocknen des Niederschlages erhält. Hiervon setzt man 1,5 g zu, erhitzt unter häufigem Umschütteln auf der Dampfplatte bis alles Chlor ausgetrieben und das Erz vollständig gelöst ist. Man verdünnt mit Wasser auf 100 bis 120 ccm, setzt 5 ccm Kupfersulfat (3,9283 g $CuSO_4 + 5\ H_2O = 1$ g Cu im Liter) zu, und hierauf kurz vor der Titration den Indicator: 0,1 g Diphenylcarbohydrazid (C. F. Kahlbaum, Berlin) wird in 15 ccm konzentrierter Essigsäure gelöst, mit Wasser auf 50 ccm verdünnt. Größerer Haltbarkeit wegen empfiehlt es sich, die Verdünnung nach Bedarf vorzunehmen, desgleichen die Herstellung der Chromsäureverbindung, indem 50 ccm der Hydrazidlösung mit 4 ccm einer $0,5\%$igen Kaliumbichromatlösung erst kurz vor dem Gebrauch vermischt werden. Die Titantrichloridtiterlösung wird aus einer Bürette unter Umschütteln so lange zugegeben, bis die anfangs durch das Eisenchlorid beeinflußte Färbung reiner erscheint und bald darauf verblaßt; man titriert langsam, zuletzt tropfenweise weiter, bis ein Tropfen völlige Entfärbung bewirkt. Die Nähe des Endpunktes verrät sich dadurch, daß nach fast völliger Reduktion des Eisenchlorids die violette Färbung besonders schön hervortritt. Die Titerstellung erfolgt mit einer reinen Eisenchloridlösung (20 g Eisen im Liter) unter den gleichen Bedingungen.

Zur Titerlösung benutzt man die käufliche etwa 15%ige Titantrichloridlösung und versetzt sie mit dem gleichen Volumen konzentrierter Salzsäure (spez. Gew. 1,19) und verdünnt hierauf mit Wasser auf etwa das Zehnfache ihres Volumens.

Nach erfolgter Probetitration wird die Lösung genauer auf den gewünschten Gehalt eingestellt, und zwar zweckmäßig so, daß jedes Kubikzentimeter 0,01 g Fe anzeigt. Zum Schutz vor Oxydation muß die Vorratsflasche mit der Bürette sowie mit einem Kohlensäure- oder Wasserstoffentwicklungsapparat derartig in Verbindung stehen, daß beim Entleeren der Bürette indifferentes Gas aus dem Entwickler nachströmt, · während es beim Füllen der Bürette aus deren Gasraum in den der Vorratsflasche zurückgedrückt wird. Man benutzt zweckmäßig eine Bürette mit seitlichem Ansatzrohr für die Zuführung der Lösung, doch sind auch einfache Büretten mit einem entsprechenden Aufsatz verwendbar, durch den das Zuführungsrohr für die Lösung wie auch das Röhrchen, das den Gasraum der Bürette mit dem der Vorratsflasche verbindet, geführt wird.

c) Das Zinnchlorürverfahren.

Hat man es mit fortlaufenden Eisenbestimmungen in rein oxydischen Erzen (die meisten Rot- und Brauneisensteine) zu tun, so ist dieses Verfahren dem Permanganatverfahren vorzuziehen. Weniger geeignet ist es bei oxydulhaltigen Erzen (Magnet-, Spateisenstein und Eisenschlacken), da das in ihnen enthaltene Eisenoxydul vor der Titration in Eisenoxydsalz übergeführt werden muß, was mittels Kaliumchlorat und Salzsäure geschieht. Bekanntlich werden jedoch die letzten Spuren von freiem Chlor nur durch lange anhaltendes Kochen verjagt, weshalb man sich vor der Titration unbedingt von der Abwesenheit des Chlors mit Hilfe von Jodkaliumstärkepapier überzeugen muß.

Das Wesen des Verfahrens beruht auf der Reduktion von Eisenchlorid zu Eisenchlorür durch Zinnchlorür in Gegenwart überschüssiger Salzsäure und in der Siedehitze nach der Gleichung:

$$2\,FeCl_3 + SnCl_2 = 2\,FeCl_2 + SnCl_4.$$

Das gelbe Eisenchlorid wird hierbei entfärbt, der Überschuß an Zinnchlorür durch Titrieren in der Kälte mit Jod und Stärkelösung nach der Gleichung:

$$SnCl_2 + 2\,J + 2\,HCl = SnCl_4 + 2\,HJ$$

zurückgemessen und von der verbrauchten Zinnchlorürmenge in Abzug gebracht.

Zur Ausführung bedarf man

1. einer Zinnchlorürlösung. Reines Zinn in körniger Form wird mit Salzsäure (spez. Gew. 1,12) so lange erwärmt, bis sich kein Wasserstoff mehr entwickelt; alsdann gießt man die so erhaltene Lösung vom ungelösten Zinn ab, verdünnt sie mit der dreifachen Menge Salzsäure (spez. Gew. 1,12) und darauf mit der sechsfachen Menge Wasser. Der Salzsäureüberschuß bezweckt die Verhinderung der Bildung von unlöslichem basischen Zinnchlorür.

2. Jodlösung. 10 g Jod werden mit dem doppelten Gewicht Jodkalium in wenig Wasser unter Umschütteln gelöst und mit destilliertem Wasser zum Liter aufgefüllt. Der genaue Wirkungswert der Jodlösung

zum Zinnchlorür wird durch Versuch ermittelt und auf der Vorratsflasche vermerkt.

Die Titerstellung erfolgt mittels einer Eisenchloridlösung von genau ermitteltem Eisengehalt. Zur Herstellung der letzteren kann man den Felten u. Guilleaume-Draht (vgl. Permanganatverfahren S. 1302) benutzen. Man löst davon in einer Porzellanschale eine bestimmte Menge in Salpetersäure, dampft zur Trockne, glüht behufs Zerstörung der Nitrate, nimmt mit konzentrierter Salzsäure auf, bis sich das Eisenoxyd gelöst hat, verdampft wieder auf dem Wasserbad, bis die letzten Reste etwa noch vorhandener Salpetersäure ausgetrieben sind, löst in Salzsäure und füllt zum Liter auf.

Die Anfertigung der Eisenchloridlösung kann auch bequemer mittels Salzsäure unter Zusatz von Kaliumchlorat bewirkt werden. Nur ist jeglicher Chlorgehalt durch anhaltendes Kochen zu vertreiben und dessen Abwesenheit durch Jodkaliumstärkepapier, das nicht mehr gebläut werden darf, festzustellen.

Benutzt man das von Kinder (S. 1302) vorgeschlagene Eisenoxyd, so wägt man besser eine gewisse Menge — etwa $^{1}/_{2}$ g — ab, löst in Salzsäure und stellt mit der so erhaltenen Lösung den Titer.

Zu beachten ist, daß die Reduktion ziemlich langsam erfolgt; es empfiehlt sich daher, mit dem Zusatz des Zinnchlorürs nur allmählich vorzugehen, zumal gegen Ende der Reduktion. Der Überschuß an letzterem soll wenige Zehntel Kubikzentimeter nicht übersteigen. Ist die Lösung farblos geworden, kühlt man ab, setzt einige Tropfen Stärkelösung zu und titriert mit der Jodlösung auf Blaufärbung.

Der Titer ist ein empirischer, weil Zinnchlorürlösung nicht unveränderlich ist. Man schützt sie vor rascher Oxydation dadurch, daß man sie in einer Standflasche mit Tubus und Abflußvorrichtung am Boden aufbewahrt, die oberhalb der Flüssigkeitsoberfläche mit der Leuchtgasleitung in Verbindung steht. Trotz dieser Vorsichtsmaßregel ist der Titer von Zeit zu Zeit nachzuprüfen, da kleine Veränderungen unvermeidlich sind.

Erze mit organischen Bestandteilen (z. B. Rasenerze) müssen behufs Zerstörung der letzteren in der Muffel geglüht werden. Ist das Erz nur unvollständig in Salzsäure löslich, so schließt man den Rückstand mit Kaliumnatriumcarbonat auf oder behandelt ihn mit Flußsäure.

Für je 1 g Erz nimmt man 25 ccm Salzsäure (spez. Gew. 1,19) und prüft nach erfolgter Lösung mit Ferricyankalium auf Eisenoxydul, oxydiert, falls geringe Mengen davon vorhanden sind, mit etwas Kaliumchlorat und kocht das sich entwickelnde Chlor restlos weg (Prüfung mit Jodkalistärkepapier). — Stark oxydulhaltige Erze wird man besser nach dem Permanganatverfahren untersuchen. Die weitere Behandlung erfolgt wie oben angegeben.

Anstatt zurückzutitrieren, kann man auch nach Zengelis [Ber. Dtsch. Chem. Ges. 34, 2046 (1901); Stahl u. Eisen 21, 983 (1901)] das Ende der Reaktion durch eine Tüpfelprobe mit Natriummolybdatlösung feststellen. Der geringste Überschuß von Zinnchlorür reduziert das Molybdat unter Blaufärbung.

d) Das Kaliumbichromatverfahren.

Die Unannehmlichkeit, Permanganat nicht ohne weiteres bei salz-saurer Eisenlösung verwenden zu können, seine große Empfindlichkeit gegen organische Stoffe, die in manchen Erzen vorkommen (Rasenerze) und gegen andere Kohlenwasserstoffe (aus Eisen), wodurch die Ergebnisse ebenfalls ungenau ausfallen, hat der gegen diese Einflüsse unempfindlichen Bichromatlösung vielfach Eingang verschafft. Sie verwandelt in saurer Lösung Eisenoxydul gleichfalls in Oxyd nach folgender Gleichung: $6\,FeO + 2\,CrO_3 = 3\,Fe_2O_3 + Cr_2O_3$. Die früher übliche Tüpfelprobe

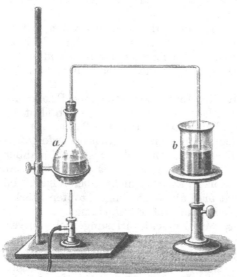

mit Ferricyankalium wird dadurch vermieden, daß man den unter „Titanchloridverfahren" (S. 1305) angegebenen Indicator an dessen Stelle setzt.

Die Titerlösung, welche sich unverändert beliebig lange aufbewahren läßt, stellt man aus geschmolzenem und zerfallenem Kaliumbichromat her, von dem 4,903 g in 1 l Wasser gelöst werden. 1 ccm oxydiert dann 5,584 mg Eisen. Die Richtigkeit des Titers wird vor der Verwendung zweckmäßig mittels Eisenlösung nachgeprüft. Barnebey und Wilson [Journ. Amer. Chem. Soc. **35**, 156 (1913)] haben das Verfahren mit gutem Erfolge verwendet.

Abb. 1. Lösungskolben mit Luftabschluß.

7. Eisenoxyd neben Eisenoxydul.

Auf Grund der Kenntnis vorstehender Verfahren ist es leicht, die beiden Oxydationsstufen des Eisens nebeneinander zu bestimmen. Man hat nur nötig, das Erz unter Ausschluß von Sauerstoff zu lösen und in der Lösung einmal mittels Permanganat oder Bichromat das Oxydul und ein zweites Mal mit Zinnchlorür das Oxyd festzustellen, oder man löst einen Anteil unter Luftabschluß behufs Bestimmung einer Oxydationsstufe und in einem zweiten nachher zu reduzierenden oder zu oxydierenden den Gesamteisengehalt.

Das Lösen der Erze unter Luftausschluß nimmt man so vor, wie es von Jahoda [Ztschr. f. angew. Ch. 2, 87 (1889)] für die Titerstellung des Kaliumpermanganates mit Eisendraht geschieht. In den Lösungskolben a (Abb. 1) bringt man zum Erz eine kleine Menge Natriumbicarbonat, gibt die Säure darauf und schließt ihn mit einem Stopfen, der ein zweimal gebogenes Glasrohr trägt. Das freie Ende des Rohres taucht in ein Becherglas b mit verdünnter Natriumbicarbonatlösung.

Nach beendetem Lösen erkaltet der Kolben, und aus dem Becherglase tritt Flüssigkeit in ihn ein. Wenige Tropfen genügen, um eine Kohlendioxydentwicklung hervorzurufen, die jedes weitere Nachfließen verhindert. Dieser Vorgang wiederholt sich noch einige Male in aller Ruhe, so daß man die Vorrichtung sich selbst überlassen kann. Genau nach demselben Grundsatz, aber viel bequemer arbeitet man mit dem in Bd. I, S. 360 abgebildeten Contat-Göckelschen Aufsatz.

8. Eisenoxyd und Tonerde.

Das Eisenoxyd bestimmt man nur selten gewichtsanalytisch; auch wenn Eisenoxydul neben Eisenoxyd bestimmt werden soll, bedient man sich der maßanalytischen Verfahren, und nur wenn Tonerde zu bestimmen ist, so fällt man sie mit dem Eisenoxyd gemeinschaftlich aus der salzsauren Lösung mit Ammoniak in geringem Überschusse aus, filtriert und wägt. Das vielfach geübte Verfahren, mit größerem Ammoniaküberschusse zu fällen und den Überschuß wegzukochen, führt zu Fehlern, weil es sehr schwer ist, den rechten Zeitpunkt für die Beendigung des Kochens zu finden, und somit leicht etwas Ammonchlorid zersetzt wird, was zur Wiederlösung von Tonerde führt, wie Blum [Ztschr. f. anal. Ch. 27, 19 (1888)] und Lunge [Ztschr. f. angew. Ch. 2, 634 (1889)] (s. a. Bd. III, Abschnitt ,,Aluminiumsalze") nachgewiesen haben. Es ist daher richtiger, mit geringem Ammoniaküberschusse zu fällen, sofern dies nicht in salzsaurer Lösung erfolgte, Ammonchlorid zuzusetzen und eben gut absitzen zu lassen. Der Niederschlag enthält außer Eisenoxyd und Tonerde sämtliche Phosphorsäure. Der geglühte und gewogene Niederschlag wird mit Kaliumbisulfat geschmolzen und in der Lösung das Eisenoxyd maßanalytisch bestimmt. Die Menge der Tonerde ergibt sich dann aus dem Unterschied des Gewichtes aller drei Stoffe zusammen und den Einzelbestimmungen von Eisenoxyd und Phosphorsäure. Soll jedoch die Tonerde unmittelbar bestimmt werden, so macht sich die Trennung vom Eisenoxyd nötig, die durch Eingießen der konzentrierten salzsauren Lösung des Niederschlages in siedende Natronlauge, Abfiltrieren von dem ungelöst gebliebenen Eisenhydroxyd, Übersättigen der Lösung mit Salzsäure und Fällen mit Ammoniak erfolgt. Um den Niederschlag frei von Alkali zu erhalten, ist die Fällung mit Ammoniak zu wiederholen. Die Phosphorsäure befindet sich auch jetzt noch bei der Tonerde und ist vom Gewichte des Niederschlages in Abzug zu bringen.

Sehr viel einfacher wird die Trennung mittels des Ätherverfahrens von Rothe (Mitt. K. Techn. Vers.-Anst. Berlin 10, 123). Dieses Verfahren eignet sich besonders gut zum Trennen großer Mengen Eisen von kleinen Mengen Mangan, Chrom, Nickel, Aluminium, Kupfer, Kobalt, Vanadium, Titan, also von allen den Metallen, welche mit dem Eisen in seinen Erzen vergesellschaftet sind oder mit ihm legiert werden. Sie beruht auf der Tatsache, daß Eisenchlorid mit Äther und Chlorwasserstoffsäure eine in Äther leicht lösliche Verbindung eingeht, während die Chloride der anderen genannten Elemente dies nicht tun. Es gelingt infolgedessen, das Eisenchlorid mittels Äther nahezu quantitativ aus der Lösung auszuziehen und sich auf diese Weise des großen Überschusses an Eisen zu entledigen. Bedingungen für das Gelingen sind: 1. Anwesenheit des Eisens als Chlorid; 2. Einhalten einer bestimmten Dichte der Säure; 3. Abwesenheit von Wasser.

Man löst 5 g des Erzes in Salzsäure, filtriert, wäscht aus und verarbeitet den Rückstand gesondert durch Aufschließen, Abscheiden der Kieselsäure und Ausfällen der Tonerde aus dem Filtrat mittels Ammoniaks. Ist der Niederschlag nicht frei von Eisen, so wird er in Salzsäure gelöst und der Hauptlösung zugefügt.

Abb. 2.
Ätherapparat
nach König.

Diese dampft man, nach vorangegangener Überführung etwa anwesenden Eisenchlorürs in Eisenchlorid, durch Zusatz einiger Tropfen Salpetersäure vom spezifischen Gewicht 1,4 bis auf etwa 10 ccm ein, bringt sie mittels eines langröhrigen Trichters in den Scheideapparat und spült mit so viel Salzsäure vom spezifischen Gewicht 1,124 (bei 19°) nach, daß der Inhalt 55—60 ccm erreicht. Man muß besonders darauf achten, daß die Lösung vollständig klar ist und keine Ausscheidungen basischer Tonerdesalze enthält.

Die Nachteile des bisher verwendeten Rotheschen Ätherapparates: geringe Standfestigkeit und Bruchsicherheit, umständliche Anwendung eines Gummidruckballes und lange Dauer des Trennungsverfahrens sind durch eine Vorrichtung von König [Stahl u. Eisen 30, 460 (1910)] (Abb. 2) vermieden worden. Sie besteht aus zwei übereinander angeordneten und mit den verjüngten Teilen zusammenstoßenden Scheidetrichtern, die durch einen hohlen Glashahn verbunden sind, auf dessen Schlifffläche sich eine kreisrunde Öffnung befindet, in welche die Mündung einer quer durch den Hahn gehenden Bohrung konzentrisch hineinragt[1]. In der Längsrichtung ist er in eine offene Spitze ausgezogen. Die obere und untere Öffnung des Doppeltrichters laufen in je eine durch einen Hahn verschließbare Ausflußröhre aus, welche etwa 3—4 cm über einen um sie herumlaufenden Glasfuß hinausragt. Die Vorrichtung kann auf diese Weise bequem in einen mit Blei beschwerten Holzfuß eingesteckt werden und erhält dadurch einen sicheren Stand. Die Glasfüße dienen gleichzeitig als Handhabe beim Schütteln, wodurch vermieden wird, daß durch Berührung der Äthergefäße mit den warmen Händen ein zu starker Überdruck in den Gefäßen entsteht.

Das Arbeiten mit der Vorrichtung geschieht in der Weise, daß man die Lösung der Chloride mit Hilfe eines Trichterchens in das obere Gefäß

---

[1] Bei der neuesten Ausführungsform der Vorrichtung ragt die Bohrung des mittleren Hahns nicht genau konzentrisch in die kreisrunde Öffnung hinein, sondern weicht um einige Grade von der Mittellinie ab, wodurch die Flüssigkeit erst zu fließen beginnt, wenn die runde Öffnung in dem Hahn genau mit der Mündung des unteren Trichters zusammenfällt.

spült. Alsdann dreht man den Apparat, nachdem der mittlere und obere Hahn geschlossen sind, um 180°, füllt den Äther ein und läßt diesen durch den mittleren Hahn nach und nach zu der Chloridlösung laufen, wodurch eine Erwärmung der Flüssigkeit fast ganz vermieden wird. Der mittlere Hahn muß jedoch so gestellt werden, daß seine kreisrunde Öffnung sich mit der Mündung des unteren Trichters deckt, damit die Luft durch den Hohlraum des Hahnes entweichen kann; gleichzeitig ist der Hahn des oberen Trichters geöffnet.

Nach Schließen aller Hähne wird kräftig geschüttelt; ist die Trennung der beiden Flüssigkeiten erfolgt, so öffnet man kurze Zeit den oberen Hahn, um ihn gleich wieder zu schließen und stellt den mittleren auf Ausfluß, indem man ihn derart dreht, daß die runde Öffnung des Hahnes genau mit der Mündung des unteren Trichters zusammenfällt. Durch Öffnen des oberen Hahnes läßt sich das Ausfließen der unteren Flüssigkeitsschicht in den unteren Trichter genau regeln. Ist letztere beinahe ausgelaufen, so kann man den oberen Hahn schließen, da einfach durch Berühren des Gefäßes mit der Hand genügend Druck entsteht, um die Flüssigkeit tropfenweise auszudrücken. Auf diese Weise wird eine äußerst genaue Trennung beider Flüssigkeiten bewirkt. Nun schließt man den mittleren Hahn, dreht um 180° und läßt die Ätherlösung unter ihrem eigenen Druck ausfließen. Hierauf wird nötigenfalls ein zweites und drittes Ausschütteln mit Äther und darauffolgende Trennung vorgenommen.

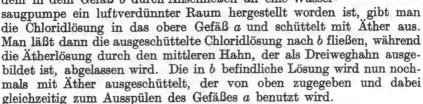

Abb. 3.
Ätherapparat
nach Corleis.

Corleis hat eine ähnliche Vorrichtung geschaffen, deren Gebrauchsweise sich leicht aus Abb. 3 ergibt. Nachdem in dem Gefäß *b* durch Anschließen an eine Wassersaugpumpe ein luftverdünnter Raum hergestellt worden ist, gibt man die Chloridlösung in das obere Gefäß *a* und schüttelt mit Äther aus. Man läßt dann die ausgeschüttelte Chloridlösung nach *b* fließen, während die Ätherlösung durch den mittleren Hahn, der als Dreiweghahn ausgebildet ist, abgelassen wird. Die in *b* befindliche Lösung wird nun nochmals mit Äther ausgeschüttelt, der von oben zugegeben und dabei gleichzeitig zum Ausspülen des Gefäßes *a* benutzt wird.

Die Lösung der vom Eisen befreiten Metalle verdampft man nun zur Trockne, nimmt mit einigen Tropfen Salzsäure und heißem Wasser wieder auf, versetzt mit 1 ccm konzentrierter Essigsäure, 1 g Natriumacetat und erhitzt zum Sieden. Mittels 2 ccm gesättigter Lösung von Natriumphosphat fällt man die Tonerde als Phosphat aus, filtriert und wäscht mit heißem Wasser. Da der Niederschlag nicht ganz frei zu sein pflegt von Mangan und Kupfer, so löst man ihn wieder in wenig Salzsäure, verdampft die Lösung in einer Platinschale zur Trockne, löst in wenig Kubikzentimetern Wasser, setzt 2—3 g tonerdefreies Ätznatron zu, kocht einige Zeit, spült die Lösung in einen $^1/_4$-l-Kolben, füllt zur Marke auf, mischt gut durch, filtriert durch ein trockenes Faltenfilter, benutzt von dem Filtrat 200 ccm = 4 g Erz, säuert mit Essigsäure an und fällt die Tonerde abermals in Kochhitze mit Natriumphosphat, filtriert, wäscht aus, trocknet, glüht und wägt den Niederschlag, welcher 41,85 (log = 1,62156) % Al_2O_3 enthält.

Nach dem von Fr. Wöhler zuerst angegebenen und später von Chancel (C. r. d. l'Acad. des sciences 46, 987) abgeänderten Verfahren läßt sich die Tonerde ohne weiteres in der Erzlösung bestimmen, vorausgesetzt, daß in Salzsäure lösliche Barium- und Strontiumverbindungen sowie Titansäure nicht zugegen sind.

Das Verfahren beruht auf der Fällung als Phosphat in essigsaurer Lösung nach vorangegangener Reduktion der Ferrisalze zu Ferrosalzen durch Natriumhyposulfit. Etwa 1 g Erz wird in Salzsäure (spez. Gew. 1,19) gelöst und, falls die Kieselsäure vollständig abgeschieden ist, nach dem Verdünnen mit Wasser filtriert. Ist der Rückstand auf dem Filter rötlich gefärbt, so schließt man denselben mit Kaliumnatriumcarbonat oder Kaliumbisulfat auf und fügt das kieselsäurefreie Filtrat zu der Hauptlösung. Bei rein weißen Rückständen überzeuge man sich von der Abwesenheit von Tonerde durch Behandeln mit Flußsäure. Die Lösung wird mit 500 ccm kaltem Wasser verdünnt und mit Ammoniak so weit neutralisiert, bis eine ganz leichte Trübung erfolgt. Hierauf setzt man 4 ccm Salzsäure (spez. Gew. 1,12) und 20 ccm Natriumphosphatlösung (100 g im Liter) zu und schüttelt gut um. Ist die Wiederauflösung des Niederschlages erfolgt, wird mit 50 ccm Natriumhyposulfit (200 g im Liter) reduziert und nach Zusatz von 15 ccm Essigsäure während 15 Minuten gekocht, bis das Schwefeldioxyd ausgetrieben ist. Es empfiehlt sich, die Filtration mittels einer Saugpumpe vorzunehmen, um möglichst rasches Filtrieren zu ermöglichen. Nach 5—6 maligem Waschen mit heißem Wasser (Prüfung auf Ferrosalz) wird der Niederschlag getrocknet, vorsichtig unter allmählicher Steigerung der Temperatur geglüht und als Aluminiumphosphat mit 41,85 (log = 1,62156) % Tonerde gewogen.

Barbier (Bull. Soc. chim. de France 1910, 1027) gibt zu der Lösung einen geringen Überschuß von Natriumacetat und darauf nach und nach eine 10%ige Lösung von Kaliumhydrosulfit bis zum Verschwinden der braunroten Färbung. Beim Erhitzen bis zum Sieden fällt nur das Aluminium aus, das nach dem Abfiltrieren zu Al_2O_3 geglüht wird.

9. Mangan.

a) Die maßanalytische Bestimmung.

Die gebräuchlichsten Titrationsverfahren für Mangan gründen sich auf nachstehende, von Guyard zuerst für den vorliegenden Zweck verwendete Reaktion: $3 MnO + Mn_2O_7 = 5 MnO_2$.

Volhard hat zuerst das Verfahren zur Manganbestimmung eingeführt, das später von Nic. Wolff [Stahl u. Eisen 11, 377 (1891)] abgeändert worden ist. Danach wird Manganoxydulsalz in neutraler Lösung durch Kaliumpermanganat in Mangansuperoxyd umgewandelt nach folgender Gleichung:

$$3 MnCl_2 + 2 KMnO_4 + 2 ZnO = 5 MnO_2 + 2 KCl + 2 ZnCl_2.$$

Da jedoch das Mangansuperoxyd infolge seines stark sauren Charakters große Neigung hat, mit Manganoxydul salzartige Verbindungen, z. B. nach der Formel MnO, 5 MnO₂ zu bilden, so verläuft die Umsetzung niemals genau nach der oben gegebenen Gleichung; man kann sich hiervon leicht überzeugen, wenn man eine abgemessene Menge der Permanganatlösung mit Salzsäure reduziert und titriert; es zeigt sich alsdann, daß der Permanganatverbrauch stets etwas geringer ist, als der durch die Gleichung erforderte.

Man kann deshalb den Wirkungswert der Maßflüssigkeit nicht berechnen, sondern nur durch Versuch feststellen.

Nach den eingehenden Arbeiten des Chemiker-Ausschusses des Vereins Deutscher Eisenhüttenleute [Stahl u. Eisen **33**, 633; (1913)] ist es erforderlich, die Permanganatlösung mit einer Substanz von genau ermitteltem Mangangehalt einzustellen und die Titerstellung genau so auszuführen wie die Titration der zu untersuchenden Metalllösungen. Kaliumpermanganat hat sich hierzu wegen seines hohen Reinheitsgrades gut bewährt und kann daher als Ursubstanz für das vorstehende Verfahren empfohlen werden.

Die Manganbestimmung im Kaliumpermanganat kann nach folgenden Verfahren ausgeführt werden:

1. Durch Fällung mit Schwefelammon und Wägen als Mangansulfid.

2. Durch Fällen mit Ammoncarbonat oder Natriumcarbonat und Wägen als Manganoxyduloxyd.

3. Durch Fällen mit Bromwasser bzw. Bromluft und Wägen als Manganoxyduloxyd.

4. Durch Fällen mit Ammon- bzw. Natriumphosphat und Wägen als Manganpyrophosphat.

So wurden für reines Kaliumpermanganat übereinstimmende Werte gefunden und der Titerstellung zugrunde gelegt (34,71 % Mn unter Berücksichtigung des Atomgewichtes Mn = 54,93). — Die Titration setzt die Anwesenheit von Eisenoxydsalz voraus, wovon man sich stets durch einen Versuch mittels Kaliumferricyanid zu überzeugen hat. Die Neutralisierung der Eisenlösung und Fällung des Eisens als Oxydhydrat erfolgt mit reinem Zinkoxyd.

Max Müller [Stahl u. Eisen **37**, 28 (1917)] weist auf die Abweichungen in den Ergebnissen von Manganbestimmungen hin, die sich auf Verunreinigungen des Zinkoxyds zurückführen lassen. Es werden darin nicht selten Kalk, Magnesia, Schwermetalle, Spuren von Arsen, sowie Stoffe gefunden, die Kaliumpermanganat reduzieren. Es ist daher dringend erforderlich, das Zinkoxyd auf seine Reinheit zu prüfen. Danach sollen sich 1—2 g in 10—20 ccm verdünnter Essigsäure (spez. Gew. 1,04) ohne Rückstand lösen, die Lösung darf keine Trübung zeigen und muß, mit 20 ccm verdünntem Ammoniak versetzt, klar und farblos bleiben. Ein Zusatz von Ammonoxalat- oder Natriumphosphatlösung darf keine Veränderung hervorrufen. Beim Einleiten von Schwefelwasserstoff muß sich ein weißer Niederschlag bilden. Die Lösung von 1 g Zinkoxyd in 10 ccm verdünnter Essigsäure darf nach Zusatz von

2—3 Tropfen Indigolösung (0,5: 100) und 10 ccm konzentrierter Schwefelsäure beim Schütteln die blaue Farbe nicht verlieren (Abwesenheit von
Nitrat). Durch Eintragen von 1 g Zinkoxyd in 5 ccm Zinnchlorürlösung
und Schütteln der Mischung darf nach einer Stunde keine dunklere
Färbung entstehen (Abwesenheit von Arsen). Zur Prüfung auf Indifferenz gegen Kaliumpermanganat werden in einem 300-ccm-Kolben
30 ccm verdünnte Salpetersäure bis zu 5—10 ccm eingeengt. Nach dem
Erkalten wird so viel Zinkoxyd — in kaltem Wasser aufgeschlämmt —
zugegeben, bis sich ein kleiner Überschuß am Boden des Kolbens absetzt.
Mit destilliertem Wasser wird dann bis zur Marke aufgefüllt, gut durchgeschüttelt und die Lösung sogleich durch ein trocknes Faltenfilter
filtriert. 100 ccm des Filtrates werden sodann gekocht und kochend heiß
mit einer Permanganatlösung bis zur schwachen Rosafärbung titriert.

Ein geringer Zinkoxydüberschuß muß bei jeder Titration vorhanden
sein, da die bei der Umsetzung nach obiger Gleichung entstehende
Chlorwasserstoffsäure die vollständige Ausfällung des Mangans als Superoxyd verhindern würde.

Der Chemiker-Ausschuß (a. a. O.) hat noch auf folgende Umstände
hingewiesen, die zu beachten, für die Richtigkeit der Ausführung des
Verfahrens unerläßlich sind. Bei blinden Bestimmungen bewirkt ein
geringer, wie auch großer Überschuß von Zinkoxyd den gleichen Permanganatverbrauch, der meist weniger als 0,1 ccm beträgt; er ist bei der
eigentlichen Titration in Rechnung zu ziehen. Schwefelsaure Lösungen
und die Gegenwart von Sulfaten sind zu vermeiden, da der Permanganatverbrauch hierbei zu niedrig ausfällt. Ein Zinkoxydüberschuß übt bei
Gegenwart von Nitraten und Chloriden keinen wesentlichen Einfluß
auf das Ergebnis der Titration aus. Dasselbe ist der Fall bezüglich des
Verdünnungsgrades der zu titrierenden Lösung; wenn eine Verdünnung
auf mindestens 400 ccm gefordert wird, so will man hierdurch nur die
Abkühlung durch die zugesetzte Permanganatlösung auf ein geringes
Maß herabmindern, da sich gezeigt hat, daß nur kochende oder nahezu
kochende Lösungen den höchsten Verbrauch an Permanganat zeigen;
jedenfalls darf die Temperatur der zu titrierenden Lösung 80° C nicht
unterschreiten. Es ist auch nicht gleichgültig, ob die Permanganatlösung in mehrmaligen Absätzen zugesetzt wird, oder ob die Lösung
während des Einfließens der Titerlösung beständig umgeschüttelt wird;
in beiden Fällen ist der Verbrauch ein geringerer. Fügt man die durch
einen Vorversuch ermittelte Permanganatmenge auf einmal aus der
Bürette hinzu, so ergibt sich ein höherer Permanganatverbrauch, wenn
die Lösung erst am Schlusse kräftig geschüttelt wird. Die so erhaltenen
Werte kommen dem theoretischen Werte am nächsten und decken
sich fast mit denen, bei welchen das Permanganat im Überschuß zugesetzt
und letzterer zurücktitriert wird, gleichgültig, ob hierzu arsenige Säure
oder eine Mangansalzlösung verwendet wird.

Das Abfiltrieren des Eisenniederschlages ist bei genauen Bestimmungen immer erforderlich, da sich gezeigt hat, daß mit wachsendem
Eisenniederschlag der Permanganatverbrauch ebenfalls steigt; wird derselbe in der zu titrierenden Lösung belassen, so ist, zumal bei Betriebs-

analysen, eine vorher zu ermittelnde Menge Permanganat in Abzug zu bringen.

Auf die Vorsichtsmaßregeln bei der Herstellung der Kaliumpermanganatlösung ist schon gelegentlich der Eisenbestimmung nach Reinhardt aufmerksam gemacht worden (s. S. 1300).

Zur Titerstellung wägt man von Kaliumpermanganat mit genau ermitteltem Gehalt etwa 1,5 g ab, löst es in einem geeichten 500-ccm-Meßkolben in wenig Wasser, setzt dann 15 ccm Salzsäure (spez. Gew. 1,19) langsam hinzu, erhitzt allmählich zum Sieden, bis die Chlorentwicklung beendet und die Lösung völlig klar geworden ist. Alsdann entnimmt man der aufgefüllten und gut durchgeschüttelten Lösung mehrere Anteile mit einer gleichfalls geeichten Pipette von 50 ccm, füllt in Erlenmeyerkolben von 500 ccm, kocht und verdünnt mit heißem Wasser auf 300 ccm. Durch einen Vorversuch kann man die ungefähre Menge der zu verbrauchenden Titerlösung mittels Natriumoxalat (Sörensen) feststellen, nach folgender Gleichung:

$$5\,Na_2C_2O_4 + 2\,KMnO_4 + 8\,H_2SO_4 = 5\,Na_2SO_4 + K_2SO_4 + 2\,MnSO_4 \\ + 10\,CO_2 + 8\,H_2O.$$

Dieselbe Menge Permanganat wird auch nach der eingangs erwähnten Gleichung zur Umsetzung von 3 Mn erfordert, so daß 5 $Na_2C_2O_4 = 3$ Mn entsprechen, oder 1 $Na_2C_2O_4 = \dfrac{164,79}{670,1} = 0,246$ Mn. Ist a der Verbrauch an Permanganat in Kubikzentimeter, b die eingewogene Menge Natriumoxalat, so berechnet sich der Titer für 1 ccm Permanganat:

$$0,246 \times \frac{b}{a}\,g\ \text{Mangan.}$$

Die so ermittelte Menge Permanganat setzt man auf einmal zu der siedend heißen Manganchlorürlösung hinzu und schüttelt kräftig um; ist die überstehende Flüssigkeit noch farblos, so fügt man tropfenweise Permanganat bis zur bleibenden Rotfärbung zu. War jedoch eine Rotfärbung bereits eingetreten, so wiederholt man den Versuch mit einem etwas geringeren Zusatz.

Auf Grund mehrerer Titrationen ermittelt man schließlich den genauen Titer durch Division der angewandten Manganmenge durch die verbrauchten Kubikzentimeter Permanganat.

Ausführung der Bestimmung. Je nach dem Mangangehalt der Erze und Schlacken ist die Einwaage verschieden zu wählen. Von Manganerzen mit höherem Gehalt genügt 0,5—1 g, sonst nimmt man 3—5 g.

Die Lösung erfolgt in Salzsäure (spez. Gew. 1,19), und zwar nimmt man 20—25 bzw. 50—80 ccm. Ist zu befürchten, daß der unlösliche Rückstand noch Mangan enthält, so ist derselbe mit Kaliumnatriumcarbonat aufzuschließen, die Schmelze in Salzsäure zu lösen und die erhaltene Lösung der Hauptlösung zuzufügen, oder man bewirkt die Zersetzung des Rückstandes durch einige Tropfen Flußsäure.

Nach erfolgter Lösung der Probe führt man zweckmäßig die Flüssigkeit in einen Meßkolben über. War nicht schon bei der Lösung Chlorgeruch wahrnehmbar, so oxydiert man vorhandenes Eisenoxydul durch

Zugabe von Kaliumchlorat oder Salpetersäure, kocht bis zum Verschwinden des Chlors, überzeugt sich von dessen Abwesenheit durch Jodkalistärkepapier und prüft schließlich die Lösung mit Ferricyankalium; eine braunrote Färbung deutet die vollständige Oxydation an. Die abgekühlte Lösung wird bis zur Marke aufgefüllt, tüchtig umgeschüttelt und ihr mehrere Pipettenfüllungen (z. B. 3) entnommen, die man in Erlenmeyerkolben von 1 l einlaufen läßt, verdünnt mit heißem destillierten Wasser und fällt das Eisen mit aufgeschlämmtem Zinkoxyd eben aus, was sich durch Gerinnen des Niederschlages kenntlich macht. Ein größerer Überschuß an Zinkoxyd ist zu vermeiden, da sich wegen eintretender Trübung der überstehenden Flüssigkeit der Endpunkt der Titration schwer erkennen läßt. Eine vorschriftsmäßig gefällte Lösung zeigt nach kräftigem Umschütteln und Absetzenlassen eine wasserhelle Flüssigkeit über dunkelrotbraunem Eisenhydroxydniederschlag. Ist eine geringe Trübung vorhanden, so wird sie durch vorsichtigen Zusatz von verdünnter Salzsäure unter Erwärmen und Umschütteln weggenommen.

Abb. 4. Titrationsgestell.

In die auf 400 ccm verdünnte und bis zum Sieden erhitzte Vorprobe Nr. 1 läßt man bei völlig unbekanntem Mangangehalt Permanganatlösung in Abständen von je 2 ccm zufließen, bis nach jedesmaligem Umschütteln eine deutliche, bleibende Rotfärbung eingetreten ist, beispielsweise bei 24 ccm. Man nimmt dann Vorprobe Nr. 2, setzt auf einmal 20 ccm und dann schrittweise je 1 ccm hinzu, bis ebenfalls bleibende Rötung eingetreten ist, z. B. bei 23 ccm. Zu der maßgebenden Probe Nr. 3 läßt man sofort 22 ccm Titerlösung fließen und titriert alsdann mit je 0,2 ccm zu Ende, bis die Flüssigkeit die Rötung angenommen hat, welche 0,1 ccm in 400 ccm Wasser erzeugt, und welche man sich bei jeder neuen Titerlösung einprägt, indem man 400 ccm Wasser mit 0,1 ccm derselben färbt. Die Abstufung der Färbung ist zwar in Wasser etwas verschieden von der Probe, doch läßt sich bei einiger Übung die Stärke der Färbung leicht beurteilen. Hat man bei Probe Nr. 3 22,6 ccm bis zur erforderlichen Rötung verbraucht, so werden 22,5 ccm der Berechnung zugrunde gelegt.

Nach jedesmaligem Zusatz von Titerflüssigkeit und nachfolgendem Umschütteln läßt man den Niederschlag ein wenig, d. h. nur so viel absitzen, daß man die Farbe der überstehenden Flüssigkeit beurteilen kann. Gegen Ende der Titration muß die Temperatur des Kolbeninhalts von 95—100° unbedingt eingehalten werden. Das Absetzen geht besonders rasch vor sich, wenn man den Kolben in einem Stuhl von der in Abb. 4 abgebildeten Gestalt schräg legt oder die neuerdings hierfür hergestellten Kantkolben benützt [Prausnitz: Ztschr. f. anal. Ch. 40, 438 (1927)].

Die Ausführung dreier Proben ist nur dann erforderlich, wenn der Mangangehalt ganz unbekannt ist. Kennt man die Grenzen, in denen er sich bewegen kann, so genügen deren zwei, und man geht sofort um nur je 1 ccm vorwärts. (Bei Betriebsproben mit bekannten Erzen genügt unter Umständen sogar nur eine Probe.) Wenn das Verfahren auch umständlich erscheint, so führt es doch rasch zum Ziele.

Von den Metallen, welche neben dem Eisen in den Erzen vorkommen, ist dem Chrom die größte Aufmerksamkeit zu schenken, da Chromoxyd sowohl in basischer als auch schwach saurer Lösung durch Kaliumpermanganat zu Chromsäure oxydiert wird, was einen Mehrverbrauch an Titerlösung bedeutet.

Um den Einfluß des Chroms auszuschalten, filtriert man den mit Zinkoxyd erhaltenen Niederschlag ab, und bestimmt den Mangangehalt in dem klaren Filtrat nach Zusatz einer geringen Menge Zinkoxydmilch, um die entstehende Salzsäure zu neutralisieren.

Kobalt wirkt auf alle Fälle erhöhend auf den Permanganatverbrauch; indessen kommt ein irgendwie bedeutsamer Gehalt in Eisenerzen wohl kaum vor.

Von den übrigen Metallen: Kupfer, Nickel, Blei, Arsen, Zinn und Wolfram ist ein Einfluß bei den in Erzen gewöhnlich auftretenden Mengen nicht zu beobachten, ebensowenig von Molybdän und Vanadium, wenn dieselben als Molybdänsäure und Vanadinsäure zugegen sind. Das gleiche gilt für Titan.

Die eingangs erwähnte Grundgleichung hat vielfach Veranlassung gegeben, Untersuchungen darüber anzustellen, inwieweit sich der gesamte, in einer Lösung befindliche Manganoxydgehalt genau gemäß der Gleichung umsetzen läßt.

Deiß [Chem.-Ztg. 34, 237 (1910)] hat gefunden, daß sich die Umsetzung am sichersten ausführen läßt, wenn man aus der verdünnten, heißen, viel Ferrichlorid enthaltenden Manganoxydulsalzlösung durch Zusatz von Zinkoxyd in geringem Überschuß das Eisen fällt, eine abgemessene, überschüssige Menge Permanganatlösung in einem Guß zusetzt und nach Absetzenlassen des Niederschlages den Überschuß des Permanganats mittels arseniger Säure zurücktitriert.

Alle weiteren dahinzielenden Versuche, den Titer für Mangan aus dem Eisentiter der Permanganatlösung gemäß der Gleichung durch Multiplikation mit 0,2952 abzuleiten, haben zu keinem brauchbaren Ergebnis geführt. Die verschiedenen Faktoren 0,304, 0,305 usw. sind nur der Ausdruck für die jeweilige Arbeitsweise des betreffenden Chemikers und können nicht verallgemeinert werden.

Im allgemeinen ist die Anwendbarkeit des Volhard-Wolffschen Verfahrens für Eisen- und Manganerze so geeignet, daß man kaum Veranlassung nehmen wird, die vielfach veralteten und umständlichen Verfahren in Betracht zu ziehen.

b) Die gewichtsanalytische Bestimmung des Mangans.

Der Bestimmung von Mangan hat auf alle Fälle die Abscheidung von Eisenoxyd und Tonerde vorherzugehen. Für die Trennung des Mangans von Eisen und Tonerde bedient man sich entweder des **Acetatverfahrens** oder des **Ätherverfahrens** nach **Rothe**.

Acetatverfahren. Die salzsaure oxydierte Lösung von 1—2 g Erz (bei sehr geringem Mangangehalt entsprechend mehr) wird zur Trockne verdampft, in möglichst wenig warmer Salzsäure gelöst und die mit Wasser verdünnte Lösung filtriert. Das vollkommen erkaltete Filtrat wird mit einer Lösung von kohlensaurem Ammon sehr genau, d. h. so weit neutralisiert, daß die Flüssigkeit eben beginnt trübe zu werden. Ist ein wirklicher Niederschlag entstanden, so wird er durch einige Tropfen Salzsäure gelöst und alsdann von neuem mit kohlensaurem Ammon neutralisiert. Man bereitet sich zu dem Neutralisieren zweckmäßig zwei Lösungen von kohlensaurem Ammon, eine ziemlich konzentrierte und eine sehr verdünnte, welch letztere man gegen das Ende des Arbeitsvorganges zusetzt. Im Anfange kann man das Salz auch als Pulver anwenden.

Ist die Flüssigkeit neutralisiert, so setzt man auf je 1 g gelöstes Eisen $^3/_4$ g essigsaures Ammon hinzu, erhitzt in einer Porzellanschale zum Sieden und setzt das Kochen etwa 1 Minute fort. Man läßt den Niederschlag kurze Zeit sich absetzen, dekantiert die farblose Flüssigkeit und wäscht den Niederschlag durch Dekantation mit heißem Wasser aus, dem man zweckmäßig etwas essigsaures Ammon hinzufügt. Der Niederschlag besteht aus basisch essigsaurem Eisenoxyd und enthält außerdem die etwa vorhandene Tonerde und Phosphorsäure; in ihm kann das Eisen titrimetrisch ermittelt werden.

Bei guter Ausführung der Neutralisation, die übrigens Übung und Geduld erfordert, genügt es, die Trennung nur einmal vorzunehmen. Kommt es auf höchste Genauigkeit an, oder besitzt man noch nicht genügende Übung, so empfiehlt es sich, die Trennung nach dem Lösen des Eisenoxydniederschlages zu wiederholen und das Filtrat mit dem ersten zu vereinigen. Auf jeden Fall hat man sich davon zu überzeugen, daß der Niederschlag manganfrei ist, zu welchem Zwecke man eine Probe in Salpetersäure löst und mit Bleisuperoxyd oder Wismuttetroxyd kocht, wodurch keine Rotfärbung mehr hervorgerufen werden darf. Da Bleisuperoxyd häufig Mangansuperoxyd enthält, so ist es vorher darauf zu prüfen, indem man eine Probe davon mit überschüssiger konzentrierter Schwefelsäure bis zu vollständiger Zersetzung erwärmt und nach dem Erkalten mit Wasser und einer neuen Menge Bleisuperoxyd behandelt. Ist Mangan vorhanden, so erhält man die rote Färbung von Übermangansäure.

M. Carus [Chem.-Ztg. **45**, 1194 (1921)] fand, daß bei Fällung mittels Natriumacetat der Eisenniederschlag nicht durch basisches Manganacetat, sondern durch eine höhere Oxydationstufe des Mangans verunreinigt wird, die durch gelösten Sauerstoff entsteht. Durch Zusatz einiger Kubikzentimeter einer 3 %igen Wasserstoffsuperoxydlösung vor dem

Natriumacetatzusatz wird dieser Vorgang verhindert, der Niederschlag ist dann vollständig manganfrei, so daß sich eine Wiederauflösung erübrigt. Durch anhaltendes Kochen des Filtrates wird der Überschuß des Wasserstoffsuperoxyd zerstört, am Schluß durch ein paar Tropfen schwefliger Säure.

Um die Arbeit, welche durch das Auswaschen des gegen das Ende hin leicht durchs Filter gehenden Eisenoxyd-Tonerdeacetat-Niederschlages sehr langwierig wird, abzukürzen, ist es zweckmäßig, sich der partiellen Filtration zu bedienen und damit das Auswaschen vollständig zu umgehen. Man fällt zu diesem Zwecke nicht in einer Porzellanschale, sondern in einem großen birnförmigen Kolben [C. G. F. Müller: Stahl u. Eisen 6, 98 (1886)], den man nach dem Neutralisieren und Verdünnen mit Wasser auf nahezu 1 l unmittelbar (also ohne Einschalten eines Drahtnetzes) über einen sehr großen Bunsenbrenner bringt. Man braucht nicht zu befürchten, daß der Kolben springt, wenn er diese Behandlung einmal ausgehalten hat. Hat der Inhalt etwa $^1/_2$ Minute lebhaft gekocht, so gießt man ihn in einen bereitstehenden Literkolben, füllt diesen entweder mit kochendem Wasser bis zur Marke auf oder liest den Inhalt an Marken ab, die im Abstande von 1 zu 1 ccm ober- und unterhalb der Hauptmarke auf dem Halse des Meßkolbens angebracht sind, und filtriert durch ein großes, trocknes, Faltenfilter in einen $^3/_4$-l-Kolben oder auch in einen Meßzylinder, was binnen 1 Minute vor sich geht, so daß sich die Flüssigkeit dabei nur um wenige Grade abkühlt. Der auf diese Weise in kürzester Frist gewonnene Teil der Flüssigkeit wird zur Fällung des Mangans benutzt, der Rest mit dem Niederschlage weggeworfen.

Ätherverfahren. Das oben S. 1309 bei der Trennung von Eisenoxyd und Tonerde beschriebene Rothesche Ätherverfahren ist auch für die Abscheidung des Eisens von Mangan sehr vorteilhaft zu verwenden.

α) Fällung als Mangansuperoxyd. Man bedient sich hierzu entweder des Broms, des Bromwassers bzw. nach Wolff [Ztschr. f. anal. Ch. 22, 520 (1883)] der Bromluft oder auch des Wasserstoffsuperoxydes. Die Filtrate stumpft man, wenn sie stark sauer sind, nahezu mit Ammoniak oder Natriumcarbonat ab, konzentriert sie durch Eindampfen bis auf etwa 250 ccm und setzt zu der auf 50° abgekühlten Flüssigkeit einige .Tropfen Brom oder so viel Bromwasser, bis sie vollkommen gelb erscheint, und erwärmt anfangs gelinde, später bis zum Kochen; der Zusatz von Oxydationsmitteln wird wiederholt, bis die Flüssigkeit durch Bildung einer Spur Übermangansäure rötlich gefärbt erscheint. Letztere wird durch wenige Tropfen Alkohol reduziert, der abfiltrierte Niederschlag anfangs mit salzsäurehaltigem Wasser (1 Vol. HCl auf 99 Vol. Wasser), dann mit reinem Wasser ausgewaschen, geglüht und in Manganoxyduloxyd übergeführt. Hat man größere Mengen Niederschlag zu glühen, so darf man zuerst nur gelinde erhitzen und erst nach dem Verkohlen des Filters starke Hitze geben.

Stammt das Filtrat von einer Fällung mit Natriumacetat oder hat man mit Natriumacetat neutralisiert, enthält es also fixes Alkali, so kann der Niederschlag nicht durch bloßes Glühen für die Wägung vorbereitet werden. Man löst ihn vielmehr in Salzsäure und fällt ihn in einer Porzellan- oder Platinschale kochend mit Natriumcarbonat als kohlensaures Manganoxydul, das nach sorgfältigem Auswaschen durch Glühen in Oxyduloxyd übergeführt und gewogen wird. Dabei ist sowohl das Filtrat als das Waschwasser auf etwa nicht gefälltes bzw. durchs Filter gegangenes Mangan zu prüfen. Durch Eindampfen beider Flüssigkeiten zur Trockne und Lösen in siedendem Wasser ist der kleine, in den meisten Fällen zu vernachlässigende Rest zu gewinnen, auf einem kleinen Filter zu sammeln und mit der Hauptmenge des Niederschlages zu glühen.

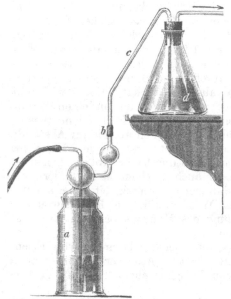

Abb. 5. Fällvorrichtung mit Bromluft.

Viel bequemer ist die Wolffsche Fällungsmethode mit Bromluft. Ein durch ein Wassergebläse erzeugter Luftstrom geht durch eine Bromwasser enthaltende Waschflasche a (Abb. 5), auf deren Boden sich Brom befindet, tritt dann mit Bromdampf geschwängert durch die möglichst kurze Gummischlauchverbindung b in die Röhre c ein und streicht durch die sehr stark ammoniakalisch gemachte, nicht eingedampfte Manganlösung, die sich in der großen Erlenmeyerschen Kochflasche d befindet. Die abgehenden Dämpfe gelangen mittels einer Rohrleitung ins Freie. Wenn die schwarzbraunen Flocken des Manganniederschlages sich scharf abgeschieden in der Flüssigkeit zeigen und letztere bei durchfallendem Lichte nur noch bräunlich bis gelblich von sehr fein verteiltem Niederschlag erscheint, so ist die Fällung beendet. Die Flüssigkeit muß nach der Fällung noch ammoniakalisch sein; man setze deshalb vor derselben einen ziemlichen Überschuß von Ammoniak hinzu; dann hat man weder die Bildung von Bromstickstoff, noch eine unvollständige Fällung zu befürchten. In der Regel genügt zur Fällung von schon ziemlich bedeutenden Mengen Mangan (Braunstein, Eisenmangan) etwa 15—20 Minuten langes Durchleiten. Nach beendeter Fällung vertauscht man die Bromflasche mit einer solchen, die ammoniakalisches Wasser enthält, und läßt etwa 15 Minuten lang einen lebhaften Luftstrom durch die Flüssigkeit streichen, welcher zurückgehaltenes Brom austreibt; auch wird der Niederschlag sehr feinflockig und setzt sich gut ab. Man filtriert dann sofort und benutzt dabei, um anderen Beschäftigungen nachgehen zu können, den Kaysserschen Heber mit Kugelventil, der bei der Fällung als Zuleitungsrohr diente, wäscht mit kaltem Wasser aus, glüht und wägt.

Statt Luft durch den Apparat zu treiben, kann man natürlich auch mit der Wasserstrahlpumpe einen Luftstrom hindurchsaugen.

Das Mangansuperoxyd ist jederzeit durch Kieselsäure, welche das Ammoniak aus den Wänden der Glasgefäße gelöst hat, sowie bei Anwesenheit von Kobalt, Nickel, Zink und alkalischen Erden auch durch diese verunreinigt, weshalb vor der Wägung eine Reinigung des Niederschlages erforderlich ist. Man löst ihn deshalb in Salzsäure und Natriumthiosulfat oder schwefliger Säure, verjagt durch Kochen die schweflige Säure, neutralisiert nahezu mit Ammoniak, setzt einen Überschuß von Ammonacetat und etwas Essigsäure hinzu und bringt die Lösung in eine Druckflasche, welche davon nur bis zu $^1/_2$ oder $^2/_3$ gefüllt werden darf. Hierauf leitet man Schwefelwasserstoff bis zur Sättigung ein, verschließt und verbindet die Flasche und erhitzt sie 1—$1^1/_2$ Stunden auf 80—90^0, wodurch Kobalt, Nickel und Zink als Sulfide ausfallen. Nach dem Abfiltrieren, Auswaschen mit schwefelwasserstoffhaltigem Wasser, Verjagen des Schwefelwasserstoffes und Versetzen mit viel Ammoniak wird abermals mit Brom gefällt. Die Kieselsäure, welche von neuem in den Niederschlag eingegangen ist, wird nach dem Wägen als Manganoxyduloxyd durch Lösen und Eindampfen abgeschieden und in Abzug gebracht.

Chrom ist ohne Einfluß auf die Richtigkeit der Ergebnisse.

β) Fällung als Mangansulfid. Obwohl wenig beliebt, verdient dieses Verfahren wegen der Genauigkeit der Trennung des Mangans von den alkalischen Erden (und wegen des Freiseins des Niederschlages von Kieselsäure) doch vielfach den Vorzug vor der Fällung als Superoxyd; die Verbindung muß aber als grünes Sulfid gefällt werden.

Die essigsaure Lösung des Manganoxyduls wird nach der Abscheidung der Sulfide von Kobalt, Nickel und Zink kochend heiß mit einem großen Überschusse von Ammoniak und, ohne Unterbrechung des Kochens, ebenfalls im Überschusse mit gelblichem Schwefelammon versetzt, wodurch sofort wasserfreies grünes Mangansulfid ausfällt. Nach weiterem, einige Minuten andauerndem Kochen und Absitzen wird sofort filtriert und mit schwefelammonhaltigem Wasser ausgewaschen. Das Filtrat enthält zwar noch kleine, aber unbedeutende Mengen Mangan. Diese können nur durch Abdampfen der Lösung, Verjagen der Ammonsalze, Lösen in Salzsäure und Fällen mit Brom gewonnen werden.

Der noch feuchte Sulfidniederschlag wird mit dem Filter in den Tiegel gebracht, dieses bei niedriger Temperatur verbrannt, der Tiegelinhalt an der Luft zu Oxyduloxyd oxydiert und endlich bis zu gleichbleibendem Gewicht etwa 30 Minuten stark geglüht.

Das schwefelammonhaltige Filtrat wird mit Salzsäure erwärmt und vom ausgeschiedenen Schwefel abfiltriert. Dann können in der Flüssigkeit die alkalischen Erden wie gewöhnlich bestimmt werden.

γ) Fällung als Ammon-Manganphosphat nach Gibbs [Ztschr. f. anal. Ch. **7**, 101 (1868)]. Durch Böttger [Ber. Dtsch. Chem. Ges. **33**, 1019 (1900)] ist das Verfahren so verbessert worden, daß es rasch, einfach und genau ausführbar ist. In der neutralen Lösung wird die 5—10fache molekulare Menge des vorhandenen Mangansalzes eines Ammonsalzes, z. B. Salmiak, gelöst, die Lösung in einer Porzellan- oder Platinschale zum Sieden erhitzt und mit einem beträchtlichen Überschuß von Dinatriumphophat in 12%iger Lösung versetzt. Die Umsetzung geht nach folgender Gleichung vor sich:

$$MnCl_2 + NH_4Cl + Na_2HPO_4 = Mn(NH_4)PO_4 + 2\,NaCl + HCl.$$

Die entstehende Säure, welche die Fällung unvollständig macht, wird durch Ammoniak abgestumpft und die Erwärmung bis zur Umwandlung des amorphen Niederschlages in Krystalle (perlglänzende, blaßrote Schuppen) fortgesetzt, abfiltriert, mit heißem Wasser gewaschen, bis der Ablauf keinen glühbeständigen Rückstand mehr hinterläßt, mit dem Filter naß in den Platintiegel gebracht, zuerst schwach, dann über dem Gebläse heftig geglüht, um alle Ammonsalze zu entfernen und als Manganpyrophosphat gewogen. 1 Tl. $Mn_2P_2O_7$ entspricht 0,3869 (log = 0,58761 — 1) Tln. Mn.

10. Chrom.

Eisenerze mit geringem Chromgehalt lösen sich in Salzsäure, solche mit höherem Gehalt, sowie die eigentlichen Chromeisensteine müssen durch Schmelzen mit oxydierenden Mitteln aufgeschlossen werden.

Am geeignetsten hierfür hat sich das zuerst von Hempel [Ztschr. f. anorg. u. allg. Ch. 26, 193 (1893)] eingeführte Natriumsuperoxyd im Nickel- oder besser Eisentiegel erwiesen (s. S. 1155). Die entstandene Schmelze enthält alles Chrom als Chromat, das nach Zusatz von Schwefelsäure durch überschüssige Ferrosulfatlösung zu Chromoxydsulfat reduziert wird, nach der Gleichung:

$$2\,CrO_3 + 6\,FeSO_4 + 6\,H_2SO_4 = Cr_2(SO_4)_3 + 3\,Fe_2(SO_4)_3 + 6\,H_2O.$$

Der Überschuß an Ferrosulfat wird mit Kaliumpermanganat in bekannter Weise zurücktitriert. Hat man den Wirkungswert der Ferrosulfatlösung gegenüber Permanganatlösung ermittelt, so ergibt sich der Titer der letzteren auf Chrom, wenn man ihren Titer auf Eisen mit 0,310 (log = 0,49136 — 1) multipliziert (vgl. die abweichende Ansicht von Herwig bei Ferrochrom S. 1397). Die Titration kann auch mit Natriumthiosulfat erfolgen.

Die Eisenvitriollösung erhält man durch Auflösen von 50 g krystallisiertem Eisenvitriol in einem Gemische von 800 ccm Wasser und 200 ccm konzentrierter Schwefelsäure. Die zur Eisenbestimmung in Erzen benutzte Kaliumpermanganatlösung dient auch hier als Maßflüssigkeit.

Zur Ausführung der Bestimmung wird die mehlfein zerriebene Probe — etwa 0,2—1 g — mit der achtfachen Menge Natriumsuperoxyd in einem Eisentiegel, wie er bei der Bestimmung des Chroms im Ferrochrom benutzt wird, innig gemischt und zunächst über einer kleinen Flamme erhitzt, bis das Gemisch langsam in Fluß gerät; man unterhält alsdann das Schmelzen unter Bewegen des Tiegelinhaltes noch einige Minuten. Nach dem Erkalten wird die Schmelze mit heißem Wasser ausgelaugt, das Ganze zur Zerstörung des überschüssigen Natriumsuperoxydes einige Zeit gekocht und darauf mit Schwefelsäure (1:1) übersättigt. Sollte hiernach von dem Erz eine geringe Menge unaufgeschlossen zurückgeblieben sein, so wird es abfiltriert, aufs neue wie oben geschmolzen und die erhaltene Lösung zur Hauptlösung hinzugefügt. Nunmehr erfolgt der Zusatz einer abgemessenen Menge Eisenvitriollösung unter Umschütteln und gleich darauf die Titration mit Kaliumpermanganat, bis die grüne Lösung eben schwach violett gefärbt ist. Dieselbe Menge Eisenvitriollösung wird gleichfalls titriert; aus dem Unterschied der verbrauchten Kubikzentimeter Permanganat berechnet sich der Chromgehalt der Probe durch Multiplikation mit 0,310 (log = 0,49136 — 1).

War das Erz in Salzsäure gelöst worden, so kann man entweder das Eisen nach dem Ätherverfahren (S. 1309) abscheiden, die verdünnte Lösung von Aluminium-, Mangan- und Chromchlorid, oder auch nach Carnot [Ztschr. f. anal. Ch. 29, 336 (1890)] die ursprüngliche Lösung bei 100⁰ mit einigen Kubikzentimetern Wasserstoffsuperoxyd versetzen, mit Ammoniak übersättigen und zum Kochen erhitzen; während die anderen Oxyde ausfallen, bildet sich Ammoniumchromat als klare, gelbe Lösung. Man läßt absitzen, dekantiert die Lösung, löst den Niederschlag in Säure und wiederholt das Verfahren. Die Reaktion wird durch Umschütteln des Kolbens beschleunigt. Im Filtrate wird nach schwachem Ansäuern die Chromsäure mittels Wasserstoffsuperoxydes reduziert, erhitzt, behufs Verhinderung teilweiser Wiederoxydation durch einen Rest des Wasserstoffsuperoxydes beim Zusatze von Ammoniak jenes durch kurzes Einleiten von Schwefelwasserstoff zerstört und nun das Chromoxyd durch Ammoniak kochend gefällt, filtriert, ausgewaschen, geglüht und gewogen.

Eine vollständige Untersuchung von Chromeisenstein nach Duparc und Leuba (Chem.-Ztg. 28, 518 (1904)] ist S. 1157 angegeben.

11. Vanadium.

Ein geringer Vanadiumgehalt findet sich in manchen Eisenerzen (Braun- und Magneteisensteinen). Soll derselbe bestimmt werden, so verfährt man nach Campagne [Ber. Dtsch. Chem. Ges. 36, 3164 (1903)] in folgender Weise: 10—12 g des Erzes werden in Salzsäure gelöst und die Lösung bei Gegenwart von Eisenoxydul zwecks Oxydation mit Salpetersäure versetzt; ein Überschuß der letzteren ist zu vermeiden. Nach der Filtration fährt man in derselben Weise fort, wie es S. 1402 angegeben ist.

12. Nickel und Kobalt.

Beide zusammen fällt man aus den eisen- und tonerdefreien Filtraten von der Zinkfällung mit Schwefelammonium aus; ist Mangan zugegen, so fällt dieses mit nieder. Behandelt man den Niederschlag mit sehr verdünnter Salzsäure (1:6), so löst sich das Schwefelmangan; die Sulfide von Kobalt und Nickel bleiben zurück. Sie werden abfiltriert, ausgewaschen, geglüht und als Oxydul gewogen oder elektrolytisch als

Metalle niedergeschlagen und gewogen. Auf alle Fälle ist der geglühte Niederschlag auf einen Rückhalt an Eisen und Mangan zu prüfen. Eine Trennung beider ist sehr selten erforderlich, zumal Kobalt nicht häufig in bestimmbaren Mengen in Eisenerzen enthalten ist. Ist eine Trennung unumgänglich, so erfolgt sie mittels Kaliumnitrit (s. S. 1130) oder weit bequemer nach Brunck [Ztschr. f. angew. Ch. 20, 1847 (1907)] mittels Dimethylglyoxim (s. S. 1472).

Für die genaue Bestimmung von Nickel und Kobalt empfiehlt es sich, von vornherein das Verfahren mittels Dimethylglyoxim oder Nitroso-β-naphtol anzuwenden.

13. Kalk und Magnesia

finden sich in den Filtraten von der Manganfällung.

Die Fällung von Kalk erfolgt in der schwach ammoniakalischen Lösung durch Ammonoxalat bei Siedehitze, und zwar setzt man von letzterem so viel zu, daß etwa vorhandene Magnesia als Doppelverbindung in Lösung gehalten wird. Der abgesetzte Niederschlag wird filtriert und mit heißem Wasser so lange gewaschen, bis eine mit Schwefelsäure vermischte Probe des Filtrates einen Tropfen Kaliumpermanganat nicht mehr zu entfärben vermag. Das Filter samt Niederschlag wird in das Fällungsgefäß zurückgebracht, letzterer mit kochendem Wasser aufgeschlämmt und unter Zusatz von verdünnter Schwefelsäure (25 ccm) mit Kaliumpermanganat bis zur bleibenden Rotfärbung titriert. 1 ccm $^1/_2$ n-KMnO$_4$ entspricht 0,01402 (log = 0,14675 — 2) g CaO.

Das Filtrat von der Kalkfällung wird zur Bestimmung der Magnesia erforderlichenfalls auf etwa 150 ccm eingedampft, abgekühlt und mit überschüssigem Ammoniak und Natriumphosphat versetzt. Durch Rühren mit einem Glasstab, der mit einem Stück Kautschukschlauch überzogen ist, läßt sich die Fällung als Magnesiumammonphosphat beschleunigen. Nachdem sich der Niederschlag vollständig abgesetzt hat, was mehrere Stunden erfordert, filtriert man ab und wäscht mit verdünntem Ammoniak (5%) so lange aus, bis im Filtrat kein Chlorion mehr nachweisbar ist. Der getrocknete Niederschlag wird anfangs schwach, später stark geglüht und als Magnesiumpyrophosphat mit 36,21 (log = 1,55879) % MgO gewogen.

14. Zink.

Nicht nur die Kiesabbrände, sondern auch viele Brauneisensteine, besonders die aus Kiesen entstandenen und die Erzeugnisse magnetischer Aufbereitung gemischter Erze (gerösteter oder roher Spat) enthalten häufig Zink, das nicht selten Veranlassung zu recht unliebsamen Betriebsstörungen durch Bildung großer Gichtschwämme gibt. Trotzdem ist die in den Erzen enthaltene Zinkmenge gering, und ihre Bestimmung gehört nicht zu den leichtesten Aufgaben.

Der gewöhnlich eingeschlagene Weg besteht darin, daß man das Zink nach der Abscheidung des Eisenoxydes und der Tonerde nach dem

Acetatverfahren (s. S. 1318) aus erwärmter essigsaurer Lösung durch anhaltendes Einleiten von Schwefelwasserstoff fällt. In saurer Lösung sollen Kobalt und Nickel gelöst bleiben, doch ist dies nicht vollkommen der Fall, und eine scharfe Trennung von dem Zink hat ihre bedeutenden Schwierigkeiten. Man muß sich dann durch wiederholte Fällung des aufgelösten Schwefelzinkes helfen.

Dagegen gelingt es leicht, einen rein weißen Niederschlag von Schwefelzink zu erhalten, wenn man nach Hampe in ameisensaurer Lösung fällt. Durch Kinder [Stahl u. Eisen 16, 675 (1896)] ist das Verfahren für Eisenerze ausgearbeitet worden. Diese enthalten häufig neben Zink auch Blei, welches vorher mit Schwefelsäure ausgefällt wird, so daß man mit schwefelsauren Lösungen zu arbeiten hat. Unter Berücksichtigung dieses Metalls verfährt man wie folgt: 5 g Erz werden in einer geräumigen bedeckten Porzellanschale mit wenig Wasser aufgeschlämmt und mittels Salzsäure zur Lösung gebracht, der 20—25 ccm verdünnte Schwefelsäure (100 ccm Schwefelsäure spez. Gew. 1,84 auf 200 ccm Wasser) zugesetzt werden. Die Lösung wird eingedampft, bis die Schwefelsäure abraucht. Nach dem Erkalten löst man den Rückstand in Wasser und filtriert den Niederschlag, welcher das schwefelsaure Blei enthält, ab. In das auf 300—400 ccm verdünnte, auf 70° erwärmte Filtrat leitet man Schwefelwasserstoff bis zur Sättigung, filtriert etwa ausgeschiedenes Schwefelkupfer ab und gibt zu dem Filtrate hiervon 25 ccm von ameisensaurer Ammonlösung und 15 ccm Ameisensäure. Wenn die Schwefelsäuremenge nicht größer war, wie angegeben, so fällt bei etwaigem Zinkgehalte das Schwefelzink schön flockig und fast weiß nieder. Ist der Schwefelsäurezusatz erheblich größer gewesen, so stumpft man den größten Teil vor der Zugabe von ameisensaurem Ammon mit Ammoniak ab. Ist der Zinkgehalt bedeutend, so ist es ratsam, noch einige Zeit Schwefelwasserstoff in die erwärmte Lösung einzuleiten. War das erhaltene Schwefelzink schön weiß ausgefallen, so kann es nach dem Auswaschen mit schwach ameisensaurem Schwefelwasserstoffwasser in verdünnter Salzsäure gelöst und nach dem Verjagen des Salzsäureüberschusses mit kohlensaurem Natron gefällt als Zinkoxyd oder aber unmittelbar als Schwefelzink zur Wägung gebracht werden. Wenn das Schwefelzink der ersten Fällung dunkel gefärbt erscheint, so wird die salzsaure Lösung der Sulfide mit Ammoniak neutralisiert bis zur alkalischen Reaktion, erwärmt, mit Ameisensäure angesäuert, 15 ccm freie Ameisensäure hinzugefügt und mit Schwefelwasserstoff gefällt, wie oben angegeben.

Soll der Niederschlag als Schwefelzink gewogen werden, so ist es zur Verhütung jeder Oxydation beim Glühen ratsam, diese Operation in einem Schiffchen im Verbrennungsrohre unter Überleiten von Schwefelwasserstoff oder im Wasserstoffstrom in einem Rosetiegel vorzunehmen; er enthält 67,10 (log = 1,82669)% Zn. Will man dagegen Zinkoxyd zur Wägung bringen, so löst man das Schwefelzink in Salzsäure, fällt aus der sauren Lösung mit Natriumcarbonat in der Kälte und erhält einen großflockigen, beim darauffolgenden Sieden sich nicht mehr verändernden, aber sich rasch absetzenden Niederschlag. Dieser hält zwar infolge seiner gallertartigen Beschaffenheit hartnäckig Salze zurück, läßt sich aber sehr gut filtrieren, so daß man ihn trotzdem durch 4maliges Dekantieren und 15maliges Auswaschen auf dem Filter in einer Stunde ganz rein erhält. Durch Glühen wird er in Zinkoxyd übergeführt. $ZnO = 80{,}34$ (log $= 1{,}90492$) $^0/_0$ Zn.

15. Barium

ist in den Erzen fast stets als Schwerspat, in Manganerzen (Psilomelan) zuweilen als Vertreter des Manganoxyduls, in den Hochofenschlacken als Schwefelbarium enthalten. Im ersten und letzten Falle finden wir es beim unlöslichen Rückstand bzw. der Kieselerde und trennen es davon durch Aufschließen mit Natriumcarbonat. Im zweiten Falle wird es nach dem Ausfällen des Kalkes mit Schwefelsäure abgeschieden.

16. Alkalien.

Die Bestimmung dieser nimmt man, wie es bei Silicaten stets geschieht, in der durch Aufschließen mit Flußsäure von der Kieselsäure befreiten Substanz vor; alle Fällungen sind mit Ammonsalzen zu bewirken, so daß man schließlich nach dem Verjagen der letzteren die fixen Alkalien übrig behält und als Sulfate gemeinsam wägt. Die Trennung erfolgt mittels Platinchlorides. Man wird kaum in die Lage kommen, sie zu bestimmen, es sei denn in Brennstoffaschen (bes. von Holzkohlen) oder in Hochofenschlacken vom Holzkohlenbetriebe.

Von den nur in geringen Mengen vorkommenden Verunreinigungen der Eisenerze können

17. Kupfer, Blei, Arsen und Antimon

in einer und derselben Probe bestimmt werden. Ihrer geringen Menge wegen nimmt man 10 g Erz in Arbeit, löst es in Salzsäure unter wiederholtem Zusatze geringer Mengen Salpetersäure, filtriert vom Rückstande ab, engt durch Abdampfen ein und entledigt sich der größten Menge des Eisens nach dem Ätherverfahren (S. 1309). Der Rückstand wird mit Alkalicarbonat aufgeschlossen, die Kieselsäure abgeschieden, das Filtrat aber mit der Lösung der Chloride vereinigt eingedampft, wobei sich das Arsenchlorid verflüchtigt, mit Salzsäure aufgenommen und in Wasser gelöst. Aus dieser Lösung fällt man die zu bestimmenden Metalle bei 70^0 mit Schwefelwasserstoff. Den abfiltrierten und mit Schwefelwasserstoffwasser ausgewaschenen Niederschlag digeriert man mit erwärmtem Schwefelnatrium und trennt so das Antimonsulfid von den anderen beiden Sulfiden.

Die Schwefelantimonlösung versetzt man in einem Becherglase mit Salzsäure, scheidet dadurch das Sulfid ab, läßt es absitzen, dekantiert die überstehende Flüssigkeit durch ein Filter, bringt etwa mitgerissene Niederschlagsteilchen in das Becherglas zurück, versetzt mit Salzsäure und oxydiert unter Erwärmen mit Kaliumchlorat. Nachdem man die Lösung von dem ausgeschiedenen Schwefel abfiltriert hat, fällt man unter

Erwärmen von neuem mit Schwefelwasserstoff Schwefelantimon, filtriert, wäscht mit Schwefelwasserstoffwasser, bringt den Niederschlag in einen Porzellantiegel, das Filter aber tränkt man mit Ammonnitrat und verbrennt es; die Asche wird mit dem Niederschlage vereinigt.

Der trockene Niederschlag wird wiederholt mit Salpetersäure befeuchtet und zur Trockne erhitzt, endlich geglüht und als antimonsaures Antimonoxyd Sb_2O_4, mit 78,98 (log = 1,89749) % Antimon, gewogen.

Das Verfahren ist nicht ganz genau, da mit dem Arsenchlorid auch geringe Mengen Antimonchlorid verflüchtigt werden. Sind Arsen und Antimon nebeneinander zu bestimmen, so wird die Lösung des Erzes mit Natriumhypophosphit (in fester Form) versetzt und zum Sieden erhitzt, um das Eisenchlorid zu reduzieren und die Ausscheidung großer Mengen Schwefel beim nachfolgenden Fällen der vier Metalle mit Schwefelwasserstoff zu vermeiden. Nachdem man die Sulfide von Arsen und Antimon mittels Schwefelnatriums von denen des Bleies und Kupfers getrennt und sie oxydiert hat, versetzt man die Lösung mit Weinsäure und fällt die Arsensäure mit Magnesiamischung und Ammoniak als arsensaure Ammonmagnesia; nach 24 stündigem Stehen wird die Lösung abfiltriert, der Niederschlag geglüht und gewogen. 1 Tl. $Mg_2As_2O_7$ entspricht 0,4827 (log = 0,68372 — 1) As. Aus dem mit Salzsäure angesäuerten Filtrate fällt man das Antimon von neuem mit Schwefelwasserstoff und bestimmt es, wie oben angegeben.

Das beim Ausziehen von Arsen- und Antimonsulfid zurückgebliebene Schwefelblei und Schwefelkupfer löst man in Salpetersäure, setzt ein paar Tropfen Schwefelsäure hinzu, dampft stark ein und läßt nach Zusatz von Alkohol das Bleisulfat absitzen; es wird als solches gewogen. Aus der Kupfersulfatlösung kann das Metall entweder wieder mit Schwefelwasserstoff gefällt und durch Verbrennen des noch feuchten Filters bei sehr niedriger Temperatur und Glühen des Niederschlages in Kupferoxyd übergeführt und gewogen (s. S. 1182) oder noch besser und einfacher elektrolytisch abgeschieden werden (vgl. S. 927 und 1177). Die Bestimmung des Arsens (s. a. S. 1591) nimmt man in einer besonderen Probe vor.

Nach E. Fischer [Liebigs Ann. 208, 182 (1881)] wird Arsentrioxyd durch Destillation mit überschüssiger Salzsäure vollkommen als Arsentrichlorid verflüchtigt. Da das in Erzen vorhandene Arsen bei der Lösung zunächst als Arsensäure erhalten wird, ist eine der Destillation vorangehende Reduktion durch Eisenchlorür, oder nach Jannasch und Seidel [Ber. Dtsch. Chem. Ges. 42, 2118 (1910)] mittels Hydrazinsalzen und Kaliumbromid erforderlich.

Das überdestillierte Arsentrichlorid wird entweder nach Györy [Ztschr. f. anal. Ch. 32, 415 (1893)] in salzsaurer Lösung mit Kaliumbromat oder in alkalischer Lösung mit Jod maßanalytisch bestimmt. Seltener erfolgt die gewichtsanalytische Bestimmung als Arsentrisulfid.

Man mischt je nach dem Arsengehalt 5—10 g des fein gepulverten Erzes mit der gleichen Menge Kaliumchlorat und versetzt mit 80—150 ccm

Salzsäure (spez. Gew. 1,19) in der Kälte. Späterhin erwärmt man gelinde
und treibt so allmählich das Chlor aus. Die Oxydation läßt sich auch
mit Salpetersäure allein bewirken, nur muß alsdann zur Trockne verdampft und mit Salzsäure (spez. Gew. 1,19) aufgenommen werden,
indem man nach Zusatz von etwas Kaliumchlorat gelinde erwärmt.
Sieden ist zu vermeiden, da sich sonst Arsen verflüchtigt. Sollte der
Rückstand noch etwas gefärbt sein, so behandelt man ihn nochmals
für sich mit Salzsäure und etwas Kaliumchlorat und filtriert ab. Das
Durchlaufende wird zu der Hauptlösung gegossen und das Ganze
durch den Hahntrichter in
den Destillationskolben a
(Abb. 6) gegeben; in den
letzteren hat man zuvor
3—6 g Hydrazinsulfat und
1—2 g Kaliumbromid, in
möglichst wenig Wasser gelöst, eingetragen. (Ein anderer weniger zerbrechlicher
Kolben wird von Kleine
[Stahl u. Eisen 24, 248
(1904)] angegeben.) Die Wirkungsweise der Destilla-
tionsvorrichtung ist aus der
Abbildung ohne weiteres erkennbar.

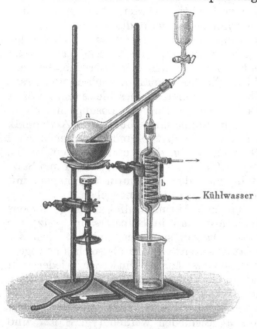

Abb. 6. Arsenbestimmungsapparat.

Nachdem man zu der
im Kolben befindlichen Lösung noch etwa 100 ccm
konzentrierte Salzsäure hinzugefügt hat, wird mit
Hilfe eines Kronenbrenners
anfangs gelinde erhitzt,
gleichzeitig setzt man die
Kühlvorrichtung in Tätig-
keit und steigert allmählich bis zur Siedetemperatur. Ist der Kolbeninhalt bis auf 25 ccm abdestilliert, so kann die Verflüchtigung des Arsen-
trichlorids als beendet betrachtet werden.

Die maßanalytische Bestimmung nach Györy erfolgt nach der
Gleichung:

$$3\,As_2O_3 + 2\,KBrO_3 + 2\,HCl = 3\,As_2O_5 + 2\,HBr + 2\,KCl.$$

Die Kaliumbromatlösung enthält im Liter 2,7852 g (bei 100° bis zum
beständigen Gewicht getrocknet); 1 ccm entspricht alsdann 0,003748 g
Arsen. Als Indicator dient ein Tropfen Methylorange (0,1 g in 100 ccm
Wasser); die Titration ist beendet, wenn die Lösung eben farblos geworden ist.

Die Bestimmung mittels Jod in alkalischer Lösung erfordert zunächst die Neutralisation der in der Destillationsflüssigkeit vorhandenen
Salzsäure; am geeignetsten hierfür ist festes Ammoncarbonat, um

die z. B. mit Ammoniak auftretende Reaktionswärme zu vermeiden. Den Überschuß an Ammoncarbonat nimmt man mit Salzsäure in geringem Überschuß weg und fügt soviel Natriumbicarbonat zu der Flüssigkeit, bis sie deutliche alkalische Reaktion zeigt. Der Zusatz dient zur Neutralisierung der bei der Titration entstehenden Jodwasserstoffsäure, nach der Gleichung:

$$As_2O_3 + 2\,J_2 + 2\,H_2O = As_2O_5 + 4\,HJ.$$

Die Jodlösung stellt man am zweckmäßigsten mit reiner arseniger Säure ein, von der 1,32 g mit wenig reiner Natronlauge gelöst und mit Wasser zu einem Liter aufgefüllt wird; 1 ccm enthält alsdann 0,001 g Arsen. Die Jodlösung erhält man durch Lösen von 3,386 g Jod und 10 g Jodkalium in 100 ccm Wasser und nachfolgendes Verdünnen auf 1 l.

Die Titration des Arsens erfolgt unter Zusatz von Stärkelösung bis zur Blaufärbung; ein Überschuß von Jod kann mit Natriumthiosulfat zurücktitriert werden.

Die gewichtsanalytische Bestimmung des Arsens in der Destillationsflüssigkeit erfolgt als Arsentrisulfid durch Einleiten von Schwefelwasserstoff in der Kälte. Der überschüssige Schwefelwasserstoff wird durch Kohlendioxyd verdrängt, darauf der Niederschlag durch ein bei 105° C getrocknetes Filter, oder besser ein Jenenser Glasfiltertiegel oder Goochtiegel filtriert, mit heißem Wasser gewaschen, bis zum gleichbleibenden Gewicht bei 105° C getrocknet und gewogen. Arsentrisulfid enthält 60,92 (log = 1,78475) % Arsen.

18. Phosphorsäure.

Das zur Bestimmung der Phosphorsäure angewandte Verfahren beruht auf der Fällung derselben als Phosphorammonmolybdat von der Zusammensetzung $(NH_4)_3PO_4 \cdot 12\,MoO_3$, welches bei sachgemäßer Ausführung Ergebnisse liefert, die zu den schärfsten der analytischen Chemie gehören; nur ist es nötig, die Bedingungen zu kennen, unter denen die Abscheidung erfolgt. Eine genaue Zusammenstellung derselben und die Bestätigung früherer Untersuchungen von Fresenius und vielen anderen lieferte Hundeshagen [Ztschr. f. anal. Ch. 28, 141 (1889)], nach welchem die Voraussetzungen für die vollständige Fällung die folgenden sind:

1. Freie Salzsäure, Schwefelsäure und Sulfate, große Mengen freier Salpetersäure verhindern die vollständige Ausfällung der Phosphorsäure.

2. Geringere Mengen Salpetersäure, sowie Salze einbasischer Säuren wirken nicht störend.

3. Ammonnitrat beschleunigt die Abscheidung derart, daß bei Anwesenheit von mehr als 0,5 g dieses Salzes die Verbindung schon nach einigen Minuten ausfällt, wenn nicht bloß sehr geringe Mengen Phosphorsäure vorhanden sind.

Die Anwendung höherer Temperaturen beschleunigt zwar die Ausfällung, bringt aber die Gefahr mit sich, daß Molybdänsäure mitfällt, was für das Wägen des Niederschlages nach Finkener und Meinecke von schädlichem Einfluß ist; 75° C sollte bei der Fällung nicht überschritten werden.

Rasenerze müssen wegen der stets vorhandenen organischen Körper vor dem Auflösen geglüht werden, andernfalls hindern dieselben die vollständige Abscheidung der Phosphorsäure. Ferner ist zu beachten, daß vor der Fällung die Kieselsäure vollständig abgeschieden sein muß, weil diese mit Molybdänsäure einen ganz ähnlichen Niederschlag gibt wie die Phosphorsäure, so daß bei Anwesenheit der ersteren zu viel gefunden wird, und daß die Lösung nicht niedrigere Oxydationsstufen des Phosphors enthält, welche sich der Fällung entziehen. Sie sind vorher zu Phosphorsäure zu oxydieren.

Die Ausführung der Phosphorbestimmung wird nach eingehenden Arbeiten des Chemiker-Ausschusses des Vereins Deutscher Eisenhüttenleute [Stahl u. Eisen 40, 381 (1920)] am zweckmäßigsten nach folgenden Verfahren vorgenommen: 1. Wägung des gelben Niederschlages, bei 105° C getrocknet, nach Finkener [Ber. Dtsch. Chem. Ges. 11, 1638 (1889)]. 2. Wägung des bei ungefähr 450° C geglühten gelben Niederschlages nach Meinecke [Chem.-Ztg. 20, 108 (1896)]. Die zur Fällung der Phosphorsäure erforderliche Ammonmolybdatlösung wird hergestellt durch Lösen von 50 g Ammonmolybdat in 200 ccm Ammoniak (spez. Gew. 0,96) und vorsichtiges Eintragen dieser Lösung in 750 ccm Salpetersäure (spez. Gew. 1,2). Durch Erwärmen der Lösung auf 75° C wird das Absetzen eines etwaigen Niederschlages beschleunigt; sie wird vor der Benutzung nach mehrtägigem Stehen filtriert.

Von Nebenbestandteilen der Erze, die einen Einfluß auf die Phosphorbestimmung ausüben, kommen Arsen, Titan und Vanadium in Frage.

Die Arbeitsweise gestaltet sich für Erze und Schlacken gleichermaßen wie folgt. Einwaage:

bis zu einem Phosphorgehalt von	0,1%	5 g,
„	0,1—0,5%	2 g,
„	0,5—1,0%	1 g,
„	1—2%	0,5—0,6 g,
über	2%	0,3—0,5 g.

Die Lösung erfolgt in einer Porzellanschale, nachdem man das Erz mit wenig Wasser durchfeuchtet hat, je nach Einwaage mit 20—50 ccm Salzsäure (spez. Gew. 1,19) unter Bedeckung der Schale mit einem Uhrglase; es gilt dies namentlich für schwerlösliche Magneteisensteine, Walzensinter und Schlacken. Ist die Lösung eingetreten, oxydiert man mit 2 ccm Salpetersäure (spez. Gew. 1,4) und dampft scharf ein. Den erkalteten Rückstand nimmt man der Einwaage entsprechend mit 10 bis 20 ccm Salzsäure (spez. Gew. 1,19) auf, verdünnt nach vollständiger Lösung mit 30—40 ccm Wasser, filtriert in einen Erlenmeyerkolben von $^1/_2$ l, wäscht das Filter abwechselnd mit verdünnter Salzsäure und heißem Wasser aus. Manche Erze enthalten unlösliche Phosphorverbindungen im Säurerückstand; man schließt diesen mit Flußsäure auf und filtriert die salzsaure Lösung des verbleibenden Rückstandes zu dem ersten Filtrat. Die Menge des gesamten Filtrats soll 150 ccm nicht übersteigen. Nunmehr neutralisiert man mit Ammoniak (spez.

Gew. 0,91) im geringen Überschuß, beseitigt diesen durch Zusatz von Salpetersäure (spez. Gew. 1,4) bis zur klaren Lösung; mehr als 5 ccm Salpetersäure sollte man nicht zusetzen. Das Filtrat wird auf 100 ccm eingeengt und, falls nur geringe Phosphorgehalte zu erwarten sind, mit 20 ccm Ammonnitratlösung (1:1) versetzt. Die Flüssigkeit wird auf 60—70° erwärmt, 50—60 ccm Ammonmolybdatlösung zugegeben, kräftig umgeschüttelt und 2 Stunden stehengelassen; nur bei ganz geringen Gehalten läßt man noch längere Zeit stehen. Bei erheblichen Niederschlagsmengen besteht die Gefahr, daß die Menge der zugesetzten Molybdatlösung nicht ausreichend war; in diesem Falle überzeugt man sich durch weiteren Zusatz, ob noch ein Niederschlag entsteht. Ist dies der Fall, so muß man nochmals auf 60° C erwärmen und umschütteln.

Der entstandene Niederschlag wird bei dem Verfahren nach Finkener am besten durch eine gewogene Glaswolle-Asbest-Filterröhre mit Hilfe einer Wasserstrahlpumpe filtriert und mit salpetersäurehaltigem Wasser (1% Salpetersäure und 5% Ammonnitrat) ausgewaschen, bis kein Eisen mehr nachweisbar ist. Nachdem noch einige Male mit Wasser nachgewaschen wurde, trocknet man die Filterröhre mit dem Niederschlag bei 105° C bis zum gleichbleibenden Gewicht. Der Niederschlag enthält 1,639 (log = 0,21458) % P.

Es ist von Wichtigkeit, das Filterröhrchen mit der Filtermasse vorher in gleicher Weise zu waschen und bei 105° C zu trocknen und zu wägen. Erfolgt das Filtrieren auf einem gewogenen Papierfilter, so bedient man sich eines Wägegläschens.

Nach Meinecke wird der gelbe Niederschlag durch ein aschefreies Papierfilter filtriert und noch feucht in einen gewogenen Porzellantiegel in der Weise gebracht, daß die Spitze des zusammengefalteten Filters nach oben liegt. Alsdann erhitzt man den bedeckten Tiegel vorsichtig bei kleiner Flamme, bis das Filter verkohlt ist. Das Veraschen des Filters gelingt am besten bei Schräglage des Tiegels unter öfterem Drehen desselben. Benutzt man zum Glühen eine Muffel, so stellt man den Tiegel auf eine eingelegte Asbestplatte. Auf keinen Fall darf die Temperatur 500° C übersteigen wegen der Gefahr der Verflüchtigung der Molybdänsäure. Der geglühte Rückstand enthält 1,722 (log = 0,23603) % P.

Handelt es sich um die Bestimmung sehr niedriger Phosphorgehalte (wenige Tausendstel Prozente!), zumal wenn die Fehlergrenze von ± 0,001% eingehalten werden soll, so ist es dringend geboten, die genau abgemessenen Reagenzienmengen durch blinde Bestimmungen auf ihren Phosphorgehalt hin zu prüfen und die gleichen Gerätegläser wie bei der eigentlichen Phosphorbestimmung zu benutzen, da diese stets Phosphor enthalten [Vita: Stahl u. Eisen **32**, 1532 (1912)]. Auch ist der Aufschluß des Rückstandes in Platintiegeln, in denen Magnesiumpyrophosphat geglüht wurde, zu vermeiden. Zur Fällung der Phosphorsäure benutzt man klare, mindestens 8 Tage alte Molybdänlösung, kocht auf und läßt den Niederschlag nach längerem Stehen sich absetzen. Der filtrierte Niederschlag von zwei Einwaagen wird in heißem verdünntem Ammoniak auf dem Filter gelöst und das Filtrat in einem Becherglas aufgefangen.

Nachdem das Filter noch einige Male mit verdünnter Salpetersäure ausgewaschen wurde, fügt man zu den vereinigten Filtraten 20 ccm einer kaltgesättigten Ammonnitratlösung, verdünnt auf 100 ccm und fällt nach dem Erwärmen auf 70° C mit 40 ccm Molybdatlösung den Phosphor vollständig aus. Nach 24stündigem Stehenlassen wird filtriert und der Niederschlag wie oben weiter behandelt.

Die Bestimmung des Phosphorgehaltes nach dem Magnesiaverfahren erfolgt bis zur Gewinnung des gelben Niederschlages genau wie oben. Ist letzterer eisenfrei gewaschen, so löst man ihn auf dem Filter mit möglichst wenig verdünntem warmen Ammoniak (1:3), wäscht das Filter mehrfach mit Ammoniak nach und neutralisiert das Filtrat mit verdünnter Salzsäure (spez. Gew. 1,12) bis zur beginnenden Ausscheidung des gelben Niederschlages. Nach Wiederauflösung desselben mit wenig Ammoniak wird in der wasserhellen Lösung die Fällung mittels Magnesiamischung vorgenommen. (100 g krystallisiertes Magnesiumchlorid und 200 g Chlorammon werden in 800 ccm Wasser gelöst und mit 400 ccm Ammoniak (spez. Gew. 0,96) vermischt. Die Lösung ist nach mehrtägigem Stehen zu filtrieren.) Die Fällung geschieht am besten unter Zutropfenlassen und beständigem Rühren mit nachfolgendem Zusatz von konzentriertem Ammoniak (10—15 ccm). Nach mehrstündigem Stehenlassen ist die überstehende Flüssigkeit klar geworden; sie wird durch ein aschefreies Filter gegossen, der Niederschlag mit verdünntem Ammoniak auf das Filter gespült, mit demselben Ammoniak bis zum Verschwinden der Chlorionreaktion ausgewaschen; sodann bringt man das feuchte Filter in einen Platintiegel, verbrennt es bei sehr niedriger Temperatur, glüht, bis der Niederschlag weiß ist (zuletzt kurze Zeit heftig) und wägt das Magnesiumpyrophosphat. Sollte dasselbe nicht ganz weiß sein, so feuchtet man es mit wenigen Tropfen Salpetersäure an, verdampft diese sehr vorsichtig, glüht wieder und wägt.

Jörgensen [Ztschr. f. anal. Ch. 45, 273 (1906)] hält das auf vorstehende Weise erhaltene Magnesiumpyrophosphat bezüglich seiner Zusammensetzung nicht für einwandfrei und schlägt die folgende Abänderung vor: Man löst den gelben Niederschlag in möglichst wenig 5%igem Ammoniak, erhitzt die erhaltene Lösung bis nahe zum Sieden und setzt dann tropfenweise so lange neutrale Magnesiamischung (50 g krystallisiertes Chlormagnesium und 150 g Chlorammon in 1 l Wasser) unter Umschütteln zu, als noch ein Niederschlag entsteht. Während des Erkaltens wird zur Beförderung der krystallinischen Abscheidung noch öfters umgeschüttelt. Nach mehrstündigem Stehen filtriert man ab, wäscht mit verdünntem Ammoniak, trocknet und glüht wie oben.

Bei geringen Gehalten an Phosphor ist das Magnesiaverfahren nicht zu empfehlen, da der hohe Faktor des Magnesiumpyrophosphates (27,87 [log = 1,44519] %) Fehlerquellen bedingt, die bei der Bestimmung nach Finkener und Meinecke nicht in Frage kommen.

Bestimmung der Phosphorsäure in arsenhaltigen Erzen. Geringe Arsengehalte üben keinen wesentlichen Einfluß auf das Ergebnis aus, wenn bei der Fällung mit Molybdat darauf geachtet wird, daß die Temperatur von 70° nicht überschritten wird, und daß ein nicht zu geringer Überschuß an Salpetersäure vorhanden ist. Ist der Gehalt an Arsen höher, so verflüchtigt man dasselbe unter Zusatz von Eisenchlorür, Bromwasserstoffsäure oder Bromammon und konzentrierter Salzsäure. In dem Rückstand wird dann die Phosphorsäure in üblicher Weise abgeschieden und nach einem der vorstehenden Verfahren bestimmt.

Bestimmung der Phosphorsäure in titanhaltigen Erzen. Liegen titanhaltige Erze vor, so verbleibt ein Teil der Phosphorsäure mit der Titansäure im Rückstande. Man bestimmt zunächst die Phosphorsäure in der vom Rückstand abfiltrierten Lösung, schließt den letzteren mit Natriumcarbonat auf, laugt die Schmelze mit kaltem Wasser aus und fällt im klaren Filtrat die Phosphorsäure. Zu beachten ist, daß beim Auswaschen des unlöslichen Rückstandes nur 1%ige Salpetersäure verwendet wird, da sonst die Titansäure leicht trübe durch das Filter geht.

Über die Bestimmung der Phosphorsäure bei Anwesenheit von Vanadium siehe unter „Stahl", S. 1426.

Schwerspathaltige Erze erfordern nach v. Jüptner unbedingt ein Aufschließen des Rückstandes und Vereinigung von dessen Lösung mit der Hauptlösung, da sich in ihm beträchtliche Mengen Phosphor, zuweilen größere als in der Hauptlösung, finden.

19. Schwefel.

Eisenerze enthalten häufig Beimengungen von sulfidischen Mineralien (Eisenkies, Kupferkies, Zinkblende, Bleiglanz u. a.), sowie von Sulfaten (Schwerspat, Gips), so daß eine Bestimmung des Schwefelgehaltes öfter auszuführen ist. Da für das Hochofenschmelzen die Form, in welcher der Schwefel in den Erzen auftritt, gleichgültig ist, wird nur der Gesamtschwefelgehalt bestimmt, zumal die getrennte Bestimmung ziemliche Schwierigkeiten verursacht.

Der Schwefel wird in Schwefelsäure übergeführt und als Bariumsulfat gewogen.

Die Ausführung der Bestimmung gestaltet sich nach Ledebur (Leitfaden, 12. Aufl., S. 46) wie folgt: Man mischt in einem Porzellan- oder Glasmörser 3 g des feinzerriebenen Erzes innig mit der gleichen Menge eines Gemisches von 15 Teilen Natriumkaliumcarbonat mit 1 Teil Salpeter und erhitzt im Platintiegel anfänglich gelinde, später bis zur mäßigen Rotglut etwa 20 Minuten lang, hütet sich jedoch, die Temperatur allzusehr zu steigern, weil sonst Sulfate verflüchtigt werden könnten. Aller Schwefel wird hierdurch in Schwefelsäure übergeführt. Die gesinterte Masse wird nach dem Erkalten mit heißem Wasser ausgelaugt und samt dem Rückstande in einen Meßkolben von 300 ccm übergeführt. Nach der Auffüllung bis zur Marke filtriert man durch ein trockenes Filter, entnimmt 250 ccm (2,5 g der Probe) und dampft unter Zusatz von Salzsäure in einer Porzellanschale zur Trockne. Den erkalteten Rückstand nimmt man mit wenigen Tropfen Salzsäure und 50—100 ccm Wasser auf, filtriert und wäscht mit heißem Wasser, bis das Durchlaufende durch Silbernitrat nicht mehr getrübt wird.

Die Fällung geschieht in der Weise, daß man das etwa 300 ccm betragende Filtrat zum Sieden erhitzt und dann tropfenweise unter beständigem Rühren siedende Bariumchloridlösung hinzufügt, bis man beobachtet, ob die weiter zugesetzten Tropfen noch eine Trübung erzeugen oder nicht. Es läßt sich das an der Stelle, wo die Tropfen einfallen, ganz gut erkennen, deutlicher allerdings, wenn man den Niederschlag etwas absitzen läßt. Nach Beendigung der Fällung erhitzt man mit einer kleineren Flamme noch weitere 10 Minuten, läßt darauf den Niederschlag sich gut absetzen und filtriert. Der Niederschlag wird möglichst im Becherglase schon durch mehrmaliges Dekantieren mit heißem Wasser ausgewaschen, dann auf dem Filter noch so lange, bis das Durchlaufende durch einen Tropfen Silbernitratlösung nicht mehr getrübt wird. Der Niederschlag wird getrocknet, im Porzellantiegel nicht zu stark geglüht, nachdem man das vom Niederschlage möglichst befreite Filter gesondert eingeäschert hat und gewogen. BaSO$_4$ enthält 13,73 (log = 1,13780) % Schwefel.

Hat man sich durch einen blinden Versuch überzeugt, daß das Salzgemisch nicht vollständig schwefelfrei ist, so muß der in der angewandten Menge ermittelte Schwefelgehalt vom Gesamtschwefel in Abzug gebracht werden.

20. Titansäure.

Für die Bestimmung der in Eisenerzen, namentlich schwedischen und norwegischen Magneteisensteinen, häufig vorkommenden Titansäure sind zahlreiche gewichtsanalytische und maßanalytische Verfahren vorgeschlagen worden. Die meisten von ihnen weisen recht bedeutende Schwierigkeiten auf oder sind zeitraubend und zum Teil ungenau, wie vergleichende Arbeiten von Koenig [Stahl u. Eisen 34, 405 (1914)] und Neumann und Murphy (Stahl u. Eisen 34, 588 (1914)] gezeigt haben.

Ein Verfahren, nach welchem Titan unmittelbar, ohne Rücksicht auf vorhandenes Eisen, Tonerde, Kieselsäure bestimmt werden kann, ist das zuerst von Knecht und Hibbert (Journ. Soc. Chem. Ind. 1909, 189) vorgeschlagene und von Neumann und Murphy (Stahl u. Eisen a. a. O.) weiter ausgebildete Methylenblau-Verfahren. Dasselbe gründet sich auf die Umsetzung von Titantrichlorid und Methylenblau in salzsaurer Lösung nach der Gleichung:

$$C_{16}H_{18}N_3SCl + 2\ TiCl_3 + HCl = C_{16}H_{19}N_3S + 2\ TiCl_4.$$

Methylenblau wird hierbei entfärbt; die verbrauchte Menge desselben ist genau proportional der vorhandenen Titanchloridmenge.

Zur Herstellung der Lösung verwendet man Medizinalmethylenblau (Merck); leider kann man nicht durch Abwägen des Farbstoffes eine Normallösung herstellen, da derselbe nur rund 80% Methylenblau enthält. Man stellt am besten Lösungen mit 3,9 bzw. 7,8 g Methylenblau im Liter her, von denen 1 ccm = 0,001 bzw. 0,002 g Titan entspricht. Lösungen, schwächer als 0,85 g/l, geben undeutliche Endpunkte; solche mit mehr als 19,5 g erschweren das Ablesen an der Bürette.

Die Einstellung der Methylenblaulösung geschieht auf 15%ige Titanchlorürlösung (Merck) oder auf käufliche, chemisch reine Titansäure; erstere enthält aber Eisen, letztere Kieselsäure, Eisenoxyd, Tonerde usw. Man muß daher im ersteren Falle das Eisen nach Rothe ausschütteln und den Titangehalt besonders feststellen (s. S. 1309). Die käufliche Titansäure muß man erst reinigen. Zu diesem Zwecke befeuchtet man 5 g Substanz mit 3 ccm Schwefelsäure und 10 ccm Flußsäure, raucht im Luftbade ab, schmilzt die kieselsäurefreie Titansäure mit Kaliumbisulfat, löst in Schwefelsäure (1:3), fällt die Titansäure nach dem Verfahren von Bornemann und Schirmeister [Stahl u. Eisen 31, 708 (1911)] mittels Ammoniak, nachdem zuvor das Eisen mit Cyankalium in komplexes Salz übergeführt wurde. Der erhaltene Niederschlag wird nochmals in Salzsäure gelöst und mit Ammoniak gesättigt (Verfahren von Rossi); nunmehr fällt man durch Einleiten von Schwefeldioxyd und Kochen die reine Titansäure, die geglüht wird.

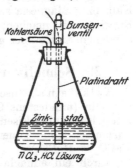

Abb. 7. Reduktionskolben.

Die Reduktion des Titans zu Trichlorid muß unter besonderen Vorsichtsmaßregeln geschehen, weil die Trichloridlösung sich an der Luft sofort wieder oxydiert. Man reduziert die salzsaure Titanlösung in einem bedeckten Becherglase mit einigen Stücken granulierten Zinks unter Zusatz von etwas Zinkstaub 20 Minuten lang und filtriert nachher schnell in einen Erlenmeyerkolben, der mit Kohlendioxyd gefüllt ist. Um das bei der Filtration etwa oxydierte Titan wieder zu reduzieren, verschließt man den Kolben, wie in Abb. 7 angegeben, mit einem Bunsenventil, hängt an einem Platindraht einen frisch blank gemachten Zinkstab hinein, erhitzt noch 10 Minuten unter gleichzeitigem Durchleiten von Kohlendioxyd, zieht den Zinkstab heraus, spült ab und titriert, wobei man die Spitze der Bürette unmittelbar durch das Bunsenventil steckt. Die Lösung muß stark salzsauer und fast auf Siedetemperatur erhitzt sein; man verwendet ein Volumen von etwa 150 ccm Flüssigkeit. Zum Schluß verschwindet die Blaufärbung langsamer, bis sie dann dauernd bestehen bleibt.

Die Menge des zu titrierenden Titans hat auf die Titration keinen Einfluß.

Eisen als Ferrosalz, ebenso Aluminium, Silicium, Calcium, Alkalien, Zink, Arsen, Phosphor, Magnesium stören die Titration nicht, wohl aber Zinnchlorür, Vanadinoxydul, Wolfram und schweflige Säure. Es lassen sich leicht ganz kleine Titanmengen neben großen Eisenmengen bestimmen. Die Bestimmung wird folgendermaßen ausgeführt: 1 g gebeutelte Substanz wird mit Ätzkali und etwas Natriumsuperoxyd im Nickeltiegel aufgeschlossen, die Schmelze in konzentrierter Salzsäure gelöst und in einen Meßkolben filtriert. Alsdann entnimmt man einen abgemessenen Teil, versetzt mit 30 ccm konzentrierter Salzsäure, reduziert mit etwa 2 g Zinkstaub und einigen Zinkkörnern und verfährt, wie oben angegeben.

21. Kohlendioxyd

zu bestimmen ist selten erforderlich; wenn doch, so erfolgt es durch Ermittlung des Gewichtsverlustes, den das Erz oder der Zuschlag im Fresenius-Willschen Apparate beim Behandeln mit konzentrierter Schwefelsäure erleidet (über ein rascher auszuführendes Verfahren zur Bestimmung von Kohlendioxyd vgl. Bd. I, S. 633f.).

22. Die Untersuchung der Zuschläge.

In Betracht kommen nur Kalkstein und Dolomit, worin hauptsächlich Kieselsäure, Eisenoxydul, Tonerde, Kalk, Magnesia, seltener Phosphor, Mangan und Schwefel zu bestimmen sind. Die Untersuchung weicht nicht von der der Erze ab; für die Bestimmung von Kalk bzw. Magnesia sind der hohen Gehalte wegen entsprechend kleine Einwaagen zu machen, für die übrigen, meist nur in kleinen Mengen vorhandenen Stoffe aber größere Einwaagen (1—3 g) in Arbeit zu nehmen.

23. Schnellverfahren zur Prüfung des Kalksteins.

Kalkstein als Zuschlagmittel für Hoch- und Kupolöfen soll möglichst rein sein (mindestens $95^0/_0$ $CaCO_3$). Er enthält zumeist Beimengungen von Kieselsäure, Eisen in Form von Eisenoxyd, Eisenoxydhydrat und -carbonat, Ton, Tonerdehydrat und Magnesiumcarbonat als Dolomit ($CaCO_3 + MgCO_3$).

Durch ein einfaches Verfahren [Aulich: Gießerei 10, 369 (1923)] läßt sich ohne chemische Analyse entscheiden, ob der Kalkstein von einwandfreier Beschaffenheit ist oder nicht. Dasselbe besteht in der Ätzung der Kalksteinprobe mit verdünnter Salzsäure. Nach kurzem Verweilen im Säurebad zeigen sich die obengenannten Beimengungen deutlich erkennbar. In erster Linie tritt der Magnesiumgehalt reliefartig hervor, und zwar als Dolomitsubstanz ($CaCO_3 + MgCO_3$), die in verdünnter Salzsäure wenig löslich ist; selbst die geringsten Spuren lassen sich durch Fühlen an der Rauheit der Oberfläche erkennen; oft sind es deutliche Rhomboeder. Zu beachten ist, ihn nicht mit Quarz zu verwechseln; dieser ritzt Glas, was Dolomit nicht vermag; außerdem ist Dolomit in starker Salzsäure löslich, Quarz nicht. Tongehalt macht sich durch starke Trübung der Ätzflüssigkeit bemerkbar; die Probe selbst zeigt einen Tonbelag, der leicht abwaschbar ist. Schwarze Kalke sondern Kohlesubstanz ab. Eisenverbindungen sind gleichfalls wenig löslich und zeichnen sich durch die hervortretende Färbung aus. Eisenkieseinschlüsse lassen sich leicht an der hellgelben Farbe erkennen. Reine Kalke hingegen liefern eine glatte, glänzende Oberfläche, gleichviel welcher Farbe.

Das Verfahren wird wie folgt ausgeführt: Etwa 100 vom Haufwerk entnommene walnußgroße Stücke werden in einer Schüssel aus Steingut oder Porzellan mit Wasser überschichtet und mit ungefähr 50 ccm konzentrierter Salzsäure versetzt. Sogleich beginnt die Kohlensäureentwicklung. Nach etwa 20 Minuten gießt man die überstehende Flüssigkeit in einen Standzylinder und beobachtet, ob sich eine Absonderung von Ton zeigt (tonige Kalke). Die verbliebenen Stücke werden abgespült und mit den Fingern betastet; vollkommen glatte Stücke legt man als reine Kalke auf die eine, die rauhen Stücke auf die andere Seite. Überwiegt die Menge der letzteren, so ist eine chemische Analyse erforderlich; im anderen Falle erübrigt sich eine solche, da nur sehr geringe Beimengungen vorhanden sein können.

Das Verfahren ist insofern von Vorteil, als dadurch die Kosten für tägliche Untersuchungen reiner Kalke erspart werden können.

Nachfolgendes Schema erläutert in übersichtlicher Form die vorstehenden Ausführungen:

Die Prüfung des Kalksteins mittels Ätzen mit Salzsäure.

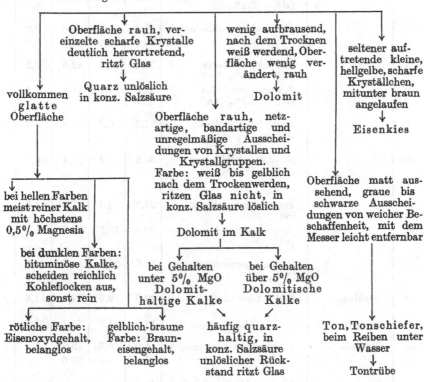

24. Die Untersuchung der Schlacken.

Sie hat gleichfalls nur wenig Besonderheiten. Eisenreiche Schlacken von den Frischprozessen sind wie schwerlösliche Erze zu behandeln. Thomasschlacken enthalten viel Phosphorsäure und werden nach dem Gehalte an dieser gehandelt; ihre Bestimmung ist deshalb sehr häufig auszuführen. Man verfährt mit entsprechend kleinen Proben, wie

Tabelle 1.   Chemische Zusammensetzung verschiedener Schlacken

Nr.	Erzeugungsort der Schlacke	Art der Schlacke	Zusammensetzung			
			SiO_2 %	Al_2O_3 %	CaO %	MgO %
1	Hochofen	Thomaseisenschlacke	33,7	12,9	40,9	7,10
2	,,	,,	31,8	8,38	42,5	6,5
3	,,	Hämatitschlacke (RE = 3,8% Si)	33,3	10,6	37,6	11,3
4	,,	Hämatitschlacke (RE = 2,1% Si)	.33,7	8,3	45,2	6,7
5	,,	Gießereieisenschlacke	32,5	15,7	45,6	3,0
6	,,	,,	33,6	14,9	45,3	4,9
7	,,	Stahleisenschlacke (RE = 3,5% Mn)	35,5	11,4	42,0	4,5
8	,,	Stahleisenschlacke (RE = 3,1% Mn)	36,9	11,2	40,1	4,1
9	,,	Spiegeleisenschlacke (RE = 7% Mn)	33,5	6,2	43,8	5,7
10	,,	Spiegeleisenschlacke (RE = 7% Mn)	35,5	6,1	38,1	6,7
11	,,	Ferromanganschlacke (80% Mn)	25,3	13,7	27,9	1,5
12	,,	Ferromanganschlacke (80% Mn)	30,0	10,7	39,1	1,4
13	,,	Ferrosiliciumschlacke (11% Si)	36,6	21,8	34,9	2,7
14	Stahlwerk	S.M.-Ofenschlacke	22,9	2,5	29,1	11,6
15	basische	,,	17,5	1,7	35,1	13,7
16	Betriebe	Thomaskonverterschlacke	4,0	0,84	45,9	3,7
17		,,	6,4	—	50,6	—
18	sauere	Siemens-Martinschlacke	49,6	—	—	—
19	Betriebe	,,	59,1	1,85	3,2	0,4
20		Bessemerkonverterschlacke	62,2	2,76	0,87	0,29

[1] Nach Angaben der Wärmestelle Düsseldorf (Dipl.-Ing. E. Senfter).

aus metallurgischen Öfen der Eisen- und Stahlindustrie[1].

der Schlacke				Bemerkungen	Verwertungsmöglichkeiten
CaS %	Fe %	Mn %	P_2O_5 %		
1,5 S	0,8	3,4	—	kurz, gelb-grün	Sand für Bauzwecke und Berge-versatz
1,5 S	3,2	4,1	—	lang, schwarz-braun	wie oben und für Straßen-schotter, Pflastersteine
6,7	0,33	0,32	—	kurz, gelb	Sand für Zement und Steine
4,7	0,6	0,24	—	,, ,,	,, ,, ,, ,, ,,
2,4 S	0,7	—	—	,, ,,	,, ,, ,, ,, ,,
2,0 S	0,21	0,22	—	,, ,,	,, ,, ,, ,, ,,
3,8	0,16	1,98	—	lang, grau	Sand für Bauzwecke und Berge-versatz
3,1	0,24	2,6	—	,, grün	Sand für Bauzwecke und Berge-versatz
2,2	0,31	5,0	—	,, ,,	wie oben oder eventuell zum Umschmelzen im Hochofen als Mn-Träger
1,5	0,15	8,2	—	,, ,,	wie oben oder eventuell zum Umschmelzen im Hochofen als Mn-Träger
3,1	0,15	19,7	—	,, ,,	zum Umschmelzen im Hochofen als Mn-Träger
3,1	0,9	12,3	—	,, ,,	
4,1	1,4	0,77	—	gelb	Sand für Bauzwecke usw.
—	8,43	16,2	1,27	—	Zum Umschmelzen im Hochofen (Mn-Träger)
—	12,6	10,0	1,47	—	
0,254	15,1	4,4	20,1	—	Thomasstahl (Düngemittel)
—	8,3	2,9	24,1	—	,, ,,
—	19,5	16,1	—	—	Zum Umschmelzen im Hochofen
—	11,3	15,5	—	—	,, ,, ,, ,,
—	15,6	13,7	--	---	,, ,, ,, ,,

Siehe Archiv für Wärmewirtschaft und Dampfkesselwesen 1931, S. 3.

oben S. 1294 beschrieben ist. Von besonderer Bedeutung ist die Bestimmung der im Ammoncitrat löslichen Phosphorsäure, doch darf bezüglich dieser auf Bd. III, Abschnitt „Düngemittel" verwiesen werden.

Eine nicht selten vorkommende Arbeit ist die vollständige Analyse von Hochofenschlacken, die ganz nach den Regeln der Silicatanalyse ausgeführt wird. Eine besondere Bestimmung erfordert der als Barium-, Calcium- und Mangansulfid in ihnen auftretende Schwefel; sie erfolgt nach dem Schwefelwasserstoffverfahren (Schulte), wie S. 1415 bei Roheisen beschrieben ist.

Ein sehr abgekürztes, wenn auch nicht ganz genaues, so doch in der Regel genügendes Verfahren zur Bestimmung der hauptsächlichsten Bestandteile einer Hochofenschlacke gibt Textor [Journ. anal. appl. Chem. 7, 25; Stahl u. Eisen 14, 39 u. 178 (1894)] an. Das Wesentliche ist, daß drei Proben abgewogen werden, um mehrere Stoffe gleichzeitig bearbeiten zu können. Probe I 1,325 g für Kalk und Magnesia; Probe II 0,5 g für Kieselsäure und Tonerde; Probe III 0,5 g für Schwefel. Probe I und II werden mit je 25 ccm heißem Wasser versetzt und zum Sieden erhitzt, hierauf 25 bzw. 10 ccm Salzsäure (1:1) zugefügt und bis zur völligen Zerlegung der Schlacke gekocht, wobei man durch Rühren die Abscheidung der gallertartigen Kieselsäure verhindert. Beide Proben oxydiert man hierauf mit einigen Tropfen Salpetersäure, verdampft II zur Trockne und erhitzt, bis keine Salzsäuredämpfe mehr entweichen, I aber verdünnt man mit kaltem Wasser auf 300—350 ccm, versetzt allmählich (damit das Chlorammon die Magnesia in Lösung hält) mit 25 ccm konzentriertem Ammoniak und füllt in einem Meßkolben auf 530 ccm auf; dann wird ein Teil filtriert und 250 ccm Filtrat = 0,625 g Schlacke für die Magnesia-, 200 ccm = 0,5 g Schlacke für die Kalkbestimmung aufgefangen. Beide Filtrate erhitzt man in Bechergläsern zum Sieden, setzt 25 bzw. 20 ccm Ammonoxalatlösung zu, kocht einige Sekunden, kühlt die Magnesiaprobe in kaltem Wasser, filtriert inzwischen den Niederschlag der Kalkprobe ab, wäscht aus, spritzt ihn vom Filter, löst in Schwefelsäure und titriert mit Kaliumpermanganat.

Die Magnesiaprobe füllt man auf 300 ccm auf, filtriert durch ein trockenes Filter 240 ccm = 0,5 g Schlacke ab und gießt in ein mit 10 ccm Natriumphosphatlösung und 10 ccm konzentriertem Ammoniak beschicktes Becherglas. Zur Beschleunigung der Fällung wird während 10 Minuten Luft durch die Flüssigkeit getrieben.

Inzwischen ist Probe II genügend lange erhitzt. Man kühlt das Glas rasch an der Luft und erwärmt den Rückstand gelinde mit 15 ccm konzentrierter Salzsäure. Währenddem filtriert man den Magnesianiederschlag, wäscht aus, bringt das nasse Filter in den Platintiegel, erhitzt gelinde bis nach erfolgter Verkohlung des Filters, dann stark und glüht den Niederschlag zum Wägen. Probe II wird jetzt mit heißem Wasser verdünnt, aufgekocht, die Kieselsäure abfiltriert und ausgewaschen, das Becherglas 4—5mal mit heißem Wasser ausgespült und dieses Wasser für sich filtriert, die Kieselsäure von den Becherglaswänden auf das Filter gebracht, die nassen Filter im Tiegel erhitzt, verascht, geglüht und gewogen. Aus den vereinigten Filtraten fällt man die Tonerde mit geringem Überschusse von Ammoniak, filtriert durch Saugen ab, wäscht aus, glüht den nassen Niederschlag und wägt. Die geringen Mengen Eisenoxyd werden als Tonerde gerechnet. Ist der Eisengehalt größer, so wird eine besondere Probe gelöst, darin das Eisen titrimetrisch bestimmt und von der Tonerde in Abzug gebracht. Mangan befindet sich zum Teil beim Magnesianiederschlag. Für manganreiche Schlacken eignet sich das Verfahren nicht. In Probe III bestimmt man den Schwefel, indem 150 ccm heißes Wasser, etwas Stärkelösung, 15 ccm Jodlösung (1 ccm = $0,1^0/_0$ S), hierauf 30 ccm konzentrierte Salzsäure zugefügt und mit Jodlösung zu Ende titriert wird.

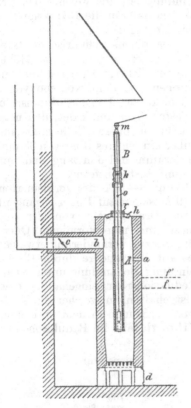

Abb. 8. Reduktionsapparat
nach W i b o r g h.

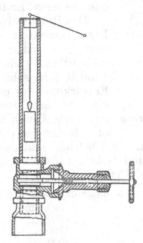

Abb. 9. Reduktionsapparat
nach W i b o r g h.

25. Prüfung der Erze auf Reduzierbarkeit nach Wiborgh.

Eine erst in den letzten Jahrzehnten dem Arbeitsgebiete des Eisenhüttenlaboratoriums zugewachsene Untersuchung ist die der Eisenerze auf Reduzierbarkeit. Diese Eigenschaft der Erze ist für das Zugutemachen so wichtig, daß die Ausarbeitung eines Verfahrens, sie zahlenmäßig festzustellen, welcher sich W i b o r g h [Jern. Kont. Annal. **52**, 280; Stahl u. Eisen **17**, 804 (1897)] unterzogen hat, als ein recht verdienstvolles Werk anerkannt werden muß.

Durch K o h l e n o x y d reduzierbare Erze werden bekanntlich als l e i c h t reduzierbar, nur durch Kohlenstoff reduzierbare als s c h w e r reduzierbar bezeichnet. Die Reduzierbarkeit hängt ab vom Sauerstoffgehalt und von der Dichte, und zwar derart, daß sie zu ersterem in geradem, zu letzterer in umgekehrtem Verhältnisse steht. Hiernach reicht die chemische Analyse allein nicht aus zur Beurteilung des wahren Wertes eines Erzes, sondern es ist noch nötig zu wissen, wie leicht reduzierbar die betreffende Eisensauerstoffverbindung ist, aus welcher das Erz besteht. Die diesbezügliche Untersuchung zerfällt in die Reduktion des Erzes und in die chemische Analyse des Erzeugnisses.

Der Reduktionsapparat besteht aus einem zylindrischen Gaserzeuger (Abb. 8 u. 9) von 0,25 m Durchmesser und 1,2 m Höhe, in dem zentral ein eisernes Rohr von 50 mm lichtem Durchmesser eingehängt ist, innerhalb dessen die Erzproben von dem Kohlenoxydgas umspült werden. Als Brennstoff dient Holzkohle. Das Reduktionsrohr

wird zum Schutze mit feuerfestem Ton umkleidet, den man durch Drahtwicklungen festhält; am oberen Ende sitzt eine Muffe mit Schieber und darüber ein engeres Rohr von 33 mm lichtem Durchmesser, beide zusammen 1,6 m lang und mit dem unteren Ende 25 cm vom Roste entfernt.

Das Reduktionsverfahren. 8—10 g des zerkleinerten Erzes (durch ein Sieb von 19 Maschen auf 1 qcm gegangen) werden in einer Kapsel aus Drahtgewebe von der aus Abb. 10 zu ersehenden Gestalt mit nierenförmigem Querschnitte (drei solcher Kapseln, die zur Verhinderung etwaiger Einwirkung des einen Erzes auf das andere durch Bleche

Abb. 10.
Reduktions-
vorrichtung.

getrennt sind, können gemeinsamer Behandlung unterliegen) an einem Draht in das Reduktionsrohr eingehängt, eine Stunde lang in der Höhe festgehalten, in welcher die Temperatur 400° beträgt, und dann eine weitere Stunde in dem untersten, heißesten Teile des Rohres belassen. Wiborgh fand im Reduktionsrohr folgende Temperaturen:

unter dem oberen Ende	Temperatur
500 mm	400°
900 ,,	525°
1200 ,,	700°
1500 ,,	800—880°

Das Gas enthält 3—3,5% CO_2 und 32—30% CO.

Nach erfolgter Reduktion müssen die Proben im Gasstrom erkalten.

Analyse des reduzierten Erzes. Ein Teil der Eisenoxyde ist zu metallischem Eisen, ein anderer zu Glühoxyduloxyd Fe_6O_7 reduziert; außerdem hat sich Kohlenstoff auf ihnen abgeschieden. Die Sauerstoffmenge, welche das Erz noch enthält, wird als der Oxydationsgrad des Eisens bezeichnet; man gibt ihn an im Verhältnisse zu dem Sauerstoffhöchstgehalt, den das Eisenoxyd besitzt. Folgende Bestimmungen sind auszuführen: 1. des Kohlenstoffgehaltes, 2. des gesamten Eisengehaltes, 3. des Gehaltes an metallischem Eisen, 4. des Oxydationsgrades.

1. Die Bestimmung des Kohlenstoffgehaltes erfolgt, wie weiter unten S. 1368 bei der Analyse des Eisens beschrieben, durch Verbrennung im Marsofen.

2. Die Bestimmung des metallischen Eisens geschieht sehr einfach durch Messen des mit verdünnter Schwefelsäure entwickelten Wasserstoffes. Je nachdem, ob die Reduktion mehr oder weniger vollständig ist, wird 0,2—1 g Erz eingewogen, in einen Probierzylinder a (Abb. 11) gebracht und mit einigen Kubikzentimetern Wasser übergossen; man verschließt mit doppelt durchbohrtem Kautschukstopfen, durch welchen ein Trichter b und ein Gasabfüllungsrohr s führen; letzteres verbindet den Reagierzylinder mit der Wulffschen Flasche c, von deren unterem Tubus der Kautschukschlauch k nach der Bürette d geführt ist. Flasche c hat etwa 200 ccm Inhalt und ist annähernd zu $^4/_5$ mit sehr

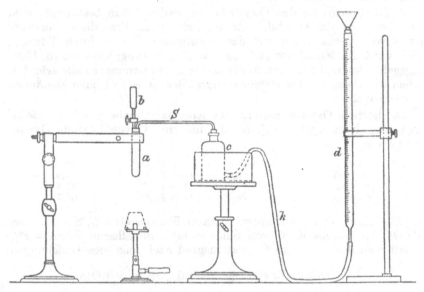

Abb. 11. Apparat zur Bestimmung von metallischem Eisen in Erz.

verdünnter Kalilauge gefüllt behufs Absorption etwa entwickelter Kohlensäure. Ist der Probierzylinder mit der Probe verschlossen, so wird er in einem Becherglase mit 20° warmem Wasser auf diese Ausgangstemperatur gebracht, durch Bewegen der Bürette in c Atmosphärendruck hergestellt und der Wasserstand in d abgelesen. Nachdem man sich durch Heben und Senken von d und abermaliges Ablesen überzeugt hat, daß der Apparat dicht ist, läßt man 10 ccm verdünnte Schwefelsäure (1 : 8) aus Trichter b nach a fließen, worauf die Lösung des Eisens beginnt. Nach einstündiger Einwirkung bei gewöhnlicher Temperatur erwärmt man vorsichtig bis zum Sieden, bis kein Wasserstoff mehr entwickelt wird. Während des Lösens wird die Bürette gesenkt, damit niemals erheblicher Überdruck in a und c entsteht. Die Flasche c steht in einem Gefäße mit Wasser und wird auf möglichst gleich hoher Temperatur gehalten, a nach Beendigung der Lösung auf dieselbe Temperatur gebracht. Man stellt jetzt die Flüssigkeitsspiegel in c und d

wieder auf gleiche Höhe ein, liest ab und ersieht aus dem Unterschiede die Menge des entwickelten Gases.

Nach der Gleichung $Fe + H_2SO_4 = FeSO_4 + H_2$ entwickelt $0,1$ g Eisen 4017 ccm Wasserstoff von 0^0 und 760 mm Druck; das abgelesene Volumen ist auf das Normalvolumen zu reduzieren und durch 40,17 (log = 1,60391) zu dividieren; der Quotient ergibt dann die Menge des zu Metall reduzierten Eisens.

3. Den Gesamt-Eisengehalt ermittelt man im ursprünglichen sowohl als im reduzierten Erze nach einem der oben beschriebenen maß-analytischen Verfahren.

4. Bestimmung des Oxydationsgrades. Man bestimmt zuerst im rohen Erze das Oxydul, dann im reduzierten Erze die Summe des als Oxydul vorhandenen und des metallischen Eisens durch Titrieren einer unter Ausschluß der Luft hergestellten Lösung, wie oben (S. 1308) angegeben ist, und hat dann in den unter 2—4 gewonnenen alle erforderlichen Angaben, um den Oxydationsgrad des Erzes in beiden Zuständen zu berechnen.

Die höchste Oxydationsstufe, das Eisenoxyd, habe den Oxydationsgrad 100; dann ergeben sich für die niederen Oxyde folgende Oxydationsgrade:

Oxyd.	$3\,F_2O_3$ ·	$= Fe_6O_9$	100
Oxyduloxyd. . . .	$3\,Fe_2O_3 - O$	$= Fe_6O_8$	88,9
Glühoxyduloxyd . .	$3\,Fe_2O_3 - 2\,O$	$= Fe_6O_7$	77,8
Oxydul	$3\,Fe_2O_3 - 3\,O$	$= Fe_6O_6$	66,7

Aus den Analysenergebnissen (Gesamt-Eisengehalt $n\,^0/_0$, Summe Eisen als Oxydul und als Metall vorhanden $= m\,^0/_0$, metallisches Eisen $= r\,^0/_0$) erhält man den gesuchten Oxydationsgrad nach folgenden Gleichungen:

$$\text{im rohen Erz:}\ n \cdot \frac{3}{2} : (n-m)\,\frac{3}{2} + m = 100 : x$$

$$\text{Oxydationsgrad}\ x = \left(1 - \frac{m}{3\,n}\right) 100;$$

$$\text{im reduzierten Erz:}\ (n-r)\frac{3}{2} : (n-r) - (m-r)\frac{3}{2} + (m-r) = 100 : x$$

$$\text{Oxydationsgrad}\ x = \left(1 - \frac{m-r}{3\,(n-r)}\right) 100.$$

5. Bestimmung des Reduktionsgrades. Als Maß für die Reduzierbarkeit, Reduktionsgrad, ist angenommen die Menge des reduzierten Eisens, ausgedrückt in Prozenten des gesamten Eisengehaltes im rohen Erz. Er wird aus den unter 3 und 2 gewonnenen Ergebnissen berechnet.

In dem Maße, als durch Gas allein das Erz zu metallischem Eisen reduziert wird, ist es leicht reduzierbar. Die beiden höheren Oxyde gehen erst in Glühoxyduloxyd über; nachdem diese Oxydationsstufe erreicht ist, entsteht metallisches Eisen, nicht aber Oxydul oder eine noch niedrigere Oxydationsstufe.

26. Die Prüfung des Formsandes.

In den letzten Jahren hat sich in Gießereien das Bedürfnis für die Untersuchung des Formsandes geltend gemacht, einerseits um Ersparnisse herbeizuführen, anderseits um auf Grund der durch die Untersuchung erlangten Kenntnisse der Gebrauchseigenschaften zweckentsprechende Sandarten zur Herstellung der Gußform auszuwählen. Bisher erfolgte letzteres nach „Gefühl", weil Untersuchungsverfahren, die den Kern der Sache erfaßten, nicht vorhanden waren.

Formsand ist ein Gemenge von Quarzkörnern und Ton, das aus der Verwitterung von Gesteinen (Granit, Gneis, Porphyr und Sandstein) hervorging und durch Ablagerung zumeist an anderen Orten lagerbildend auftritt.

Je nach der Korngröße (Korndurchmesser) unterscheidet man grob-, mittel- und feinkörnige, je nach dem Tongehalt, der 30% nicht übersteigt, fette, mittelfette und magere Sande. Von Bedeutung ist neben der Korngröße die Kornform: rund, vieleckig und zackig-splitterig. Das Zusammenwirken der genannten Strukturelemente bedingt die Haupteigenschaften eines Formsandes: Gasdurchlässigkeit und Standfestigkeit. Die chemische Analyse ist zur Charakterisierung eines Formsandes nicht verwendbar; die Untersuchungsverfahren sind mechanisch-physikalischer Art und erstrecken sich auf die Feststellung:

des Sand- und Tongehaltes,
der Korngrößenteile,
der Kornform,
der Gasdurchlässigkeit   ] im „formgerechten"
der Stand- oder Bindefestigkeit   ] Befeuchtungszustand.

Erforderlichenfalls ist der Kalk- und Eisengehalt, sowie die Feuerbeständigkeit gewisser Sande zu ermitteln.

a) Bestimmung des Sand- und Tongehaltes.

Es ist erwiesenermaßen nicht möglich, durch Schlämmverfahren bei Verwendung von kaltem Wasser eine vollständige Trennung von Sand und Ton herbeizuführen, weil die Tonhülle bei den meisten Sanden sehr fest am Sandkorn haftet. Aulich [Gießerei 12, 313 (1925)] bewirkte die vollständige Trennung durch wiederholtes Kochen der Sandprobe mit nachfolgendem Dekantieren der Tontrübe. Eine Probe derartig behandelten Sandes muß, unter dem Mikroskop betrachtet, vollkommen tonfreie Körner erkennen lassen.

Die Bestimmung des Tongehaltes ist eine indirekte; sie ergibt sich aus dem Gewichtsunterschied der Einwaage und des trocknen tonfreien Sandes.

Ausführung: Die lufttrockene Durchschnittsprobe (etwa 30 g) wird in einem Trockenschrank bei 100^0 C bis zur Gewichtsbeständigkeit getrocknet; hiervon hängt die Genauigkeit der indirekten Tongehaltbestimmung ab. 10 g der erkalteten Probe werden ohne zu stäuben in einem Becherglas von 600 ccm, breite Form, mit 250 ccm Leitungswasser übergossen und zum Sieden erhitzt. Nach 5 Minuten langem Kochen wirbelt man den Becherinhalt mit dem Wasserleitungsstrahl kräftig bis nahe zum Becherrande auf und läßt kurze Zeit absitzen. Der Sand setzt sich bis auf die feinsten Anteile ziemlich rasch ab, während der größte Teil des Tones in der Schwebe verbleibt und abgegossen werden kann. Es ist nun zu beachten, daß das Verhalten des Sandes beim Schlämmen recht verschieden ist; während manche Sande in kurzer Zeit vom Ton befreit werden können, ist die vollständige Loslösung in vielen Fällen nur durch wiederholtes Kochen und Dekantieren möglich.

Um die Trennung von Sand und Ton in jeder Beziehung sicherzustellen, verfahre man nach beifolgendem Schema (Abb. 12), das erfahrungsmäßig übereinstimmende Werte ergibt.

Der bei 100° C bis zur Gewichtsbeständigkeit getrocknete Filterinhalt wird nach dem Erkalten vom Filter durch Abpinseln entfernt und gewogen. Kennzeichen unvollständig geschlämmten Sandes ist ein

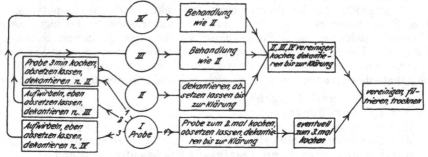

Abb. 12. Schlämmschema nach A u l i c h.

braungelber Belag des Filters, vom Ton herrührend; richtig geschlämmte Sande zeigen ein vollkommen weißes Filter, das mehrfach benutzt werden kann. Das Wiegen auf 0,01 g Genauigkeit genügt; der an 10 g Einwaage fehlende Betrag ist der Tongehalt des Sandes. Vielfache Bestimmungen durch Wägen der aufgesammelten Tonabsätze lieferten die gleichen Werte, so daß es sich erübrigt, die mehrere Tage erfordernde direkte Tonbestimmung vorzunehmen.

b) Die Bestimmung der Korngrößenanteile.

Sie erfolgt im Anschluß an die Sandgehaltsbestimmung durch Absieben mittels Sieben aus Rohseidengaze; diese besitzen den Vorteil, vermöge der glatten Oberflächenbeschaffenheit der Fäden dem Sandkorn ein reibungsloses Hindurchgleiten durch die Maschen zu gewähren, im Gegensatz zu Metalldrahtsieben, deren Maschen sich alsbald verstopfen und daher für diesen Zweck ungeeignet sind.

Es genügt zur Charakterisierung eines Formsandes durchaus, wenn die Körner in fünf Größenklassen zerlegt werden, wozu 4 Siebe erforderlich sind. Die Korndurchmesser der 5 Klassen bewegen sich in folgender Stufung:

1. Körner über   0,30 mm verbleiben auf Sieb 1,
2.   „   von 0,20—0,30 „   „   „   „ 2,
3.   „   „   0,09—0,20 „   „   „   „ 3,
4.   „   „   0,05—0,09 „   „   „   „ 4,
5.   „   unter   0,05 „ gehen durch   „ 4.

Man spannt das Sieb (15 × 15 cm) zwischen zwei ineinanderpassende Siebringe (achtfach geleimt, um Verziehungen zu verhindern) und schüttet den Sand auf das Sieb; durch Hin- und Herbewegen und Stoßen gegen einen Gummistopfen erfolgt der Durchgang des feineren Anteils, den man auf schwarzer Glanzpapierunterlage sammelt und ihn auf den folgenden Sieben weiter behandelt bis zum kleinsten Durchfall (unter 0,05 mm). Zu beachten ist, daß man das Sieben so lange fortsetzt, bis nichts mehr durch das Sieb fällt, was bei manchen Sanden mit prismatisch-splitterigen Körnern ziemlich lange dauert. Die einzelnen Anteile werden gewogen und in Hundertteilen zum Ausdruck gebracht.

Bei gebrauchten Sanden ist das Verfahren insofern abzuändern, als der anwesende Kohlegehalt, vom Steinkohlenzusatz herrührend, zum Teil mit den abgeschlämmten Bestandteilen entfernt wird, zum Teil im Sand verbleibt. Der getrocknete und gewogene Schlämmrückstand wird zwecks Verbrennung der Kohle in der Muffel geglüht und nachher zwecks Entfernung der Ascheteile nochmals geschlämmt. Nach dem Trocknen erhält man den Sandgehalt, dessen Größenstufen in üblicher Weise ermittelt werden. Der Bindetongehalt läßt sich nicht feststellen, da ein Teil des ursprünglichen Tongehaltes durch den Gießvorgang in gebrannten, d. h. unplastischen Zustand umgewandelt ist, wodurch die Bindefestigkeit herabgemindert wird. Durch Feststellung der letzteren läßt sich allein ermitteln, ob ein Altsand noch verwendungsfähig ist oder abgesetzt werden muß.

Das bisher geschilderte Verfahren möge an drei Beispielen zur Anschauung gebracht werden:

Formsand:	grobkörniger	mittelkörniger	feinkörniger
Sandgehalt:	80,7%/₀	86,5%/₀	73,8%/₀
Tongehalt:	19,3 „	13,5 „	26,2 „

Korngröße 1:	54,5 „ } 67,2%/₀	0,5 „	0,1 „
„ 2:	12,7 „	5,8 „	0,2 „
„ 3:	8,2 „	66,6 „	14,4 „
„ 4:	1,5 „	7,8 „	22,4 „ } 59,1%/₀
„ 5:	3,8 „	5,8 „	36,7 „
	80,7%/₀	86,5%/₀	73,8%/₀

Größe 1 + 2 mit mehr als 20%/₀ bedeutet: grobkörnig,
  „   3   „   „   „ 45 „   „   : mittelkörnig,
  „ 4 + 5 „   „   „ 40 „   „   : feinkörnig.
Beträgt der Tongehalt bis   8%/₀, so handelt es sich um mageren Sand,
  „   „   „   8—18%/₀, „   „   „   „   mittelfetten Sand,
  „   „   „   über 18%/₀, „   „   „   „   fetten Sand.

Es ergeben sich hieraus 9 Sandklassen als Grundlage für eine Klassifizierung, die für die Wahl eines Formsandes nach erfolgter Untersuchung als praktische Unterlage gelten kann.

c) Die chemische Prüfung

erstreckt sich nur auf die Feststellung des Kalkgehaltes gewisser Sande, die der Kreideformation entstammen. Sie wird in der üblichen Weise durch Fällen mit Ammoniumoxalat vorgenommen, indem man 5—10 g der Probe mit Salzsäure behandelt, das Filtrat mit Ammoniak übersättigt zwecks Ausfällung von Eisen und Tonerdehydrat und im Filtrate hiervon den Kalk zur Abscheidung bringt. Mitunter ist die Feststellung des Eisengehaltes erwünscht, zumal bei dunkelbraun und rot gefärbten Sanden, die leicht zum Ausbrennen neigen. Die Bestimmung erfolgt nach Zimmermann-Reinhardt (s. S. 1303) bei einer Einwaage von 5—10 g.

d) Die Feuerbeständigkeit.

Zur Prüfung der Feuerbeständigkeit dienten bisher die bekannten Segerkegel (näheres s. Bd. I, S. 549). Für gute Formsande forderte man Kegelnummern von 28—32, entsprechend Temperaturen von 1630⁰ bis mehr als 1700⁰, die im Gießereibetriebe nicht auftreten. Es kommt vielmehr darauf an, zu ermitteln, wie sich ein Sand bei allmählichem Erhitzen bis auf etwa 1250⁰ C verhält [Aulich: Gießerei 17, 876 (1930)]. Die bekannten Heraeus-Mars-Röhrenöfen mit Platinfolie als Heizkörper (Type P.A. 2) sind hierfür gut geeignet. Der Versuch wird folgendermaßen ausgeführt: In einem Glasrohr von 7—8 mm Durchmesser wird der schwach angefeuchtete Formsand mit einem Rundholz zu Zylindern von 20—30 mm Länge durch Zusammendrücken geformt, nach dem Herausstoßen leicht getrocknet und in ein Porzellan- oder Platinschiffchen gelegt und in den Ofen geführt. Bei 800⁰ zieht man das Schiffchen heraus und stellt bereits eingetretene Veränderungen fest, erhitzt um weitere 100⁰ und so fort bis zur zulässigen Höchsttemperatur. Unter dem Mikroskop (60fache Vergrößerung) stellt man die eingetretenen Veränderungen sowohl auf der Oberfläche als auf der Bruchfläche fest, die sich als beginnende Sinterung, Verschlackungder Oberfläche, tiefgreifende Verschlackung bis zum Schlackenfluß der Probe äußern. Das Erhitzungsmikroskop von Endell (s. Bd. I, S. 881) gestattet, den Sinterungs- und Verschlackungsvorgang dauernd zu beobachten.

e) Die mechanisch- physikalische Prüfung.

Die auf Grund der mechanisch-physikalischen Prüfung ermittelten Zahlenwerte können als die Resultierende der Strukturelemente eines Formsandes wie Sand- und Tongehalt, Korngrößenzusammensetzung und Kornform gedeutet werden. Ihre Ermittlung ist daher von hoher praktischer Bedeutung und für eine sichere Beurteilung der Gebrauchseigenschaften eines Formsandes nicht zu umgehen. Unter den verschiedenen Vorschlägen zur Feststellung der letzteren werden die Versuchseinrichtungen zu wählen sein, die schnelle und verläßliche Ergebnisse herbeiführen lassen. Es genügt vollauf, die Gasdurchlässigkeit, Scher- und Druckfestigkeit als hauptsächlichste Gebrauchseigenschaften eines Sandes zu ermitteln.

Die Herrichtung des Probegutes. Ein Formsand erhält erst durch die Befeuchtung mit Wasser in der ihm angepaßten Menge jene Eigenschaften, die man als Bildsamkeit und Bindefestigkeit bezeichnet, indem die Tonhülle, die das Sandkorn mehr oder weniger umgibt, allmählich soviel Wasser aufnimmt, damit die Bildsamkeit hervorgerufen wird. Genügt die Wassermenge nicht, um den Ton völlig zu durchtränken, so ist der Sand zu trocken und besitzt nicht die Eigenschaft zu „stehen", er bröckelt beim Zerdrücken ab. Ist zuviel Wasser zugegeben, haftet er an der Hand und ist übernäßt. Zwischen diesen beiden leicht erkennbaren Eigenschaften liegt der „formgerechte" Befeuchtungsgrad, der als zweckdienlich zu erstreben ist. Sande, die mit der geringsten Wassermenge in den formgerechten Zustand versetzt werden, gelten als die brauchbarsten.

1—1¹/₂ kg der Durchschnittsprobe (aus einer größeren Sandmenge durch Vierteilen erhalten) werden auf eine Glasplatte mit Drahteinlage gesiebt (Sieb mit 2 mm Maschenweite), ausgebreitet und mit einer meßbaren Wassermenge befeuchtet; man bedient sich hierfür einer gewöhnlichen Bürette, mit deren Ausflußstrahl der Sand gleichmäßig bestrichen wird. Nach mehrfacher Durchmischung und Siebung wird die Anfeuchtung bis zur „formgerechten" Verfassung durchgeführt, was nach kurzer Übung gelingt. Alsdann bringt man das Probegut in einen Behälter mit Wasserverschluß (Abb. 13), um darin zwecks „Durchziehens" 1 bis 2 Stunden zu verweilen. Von dieser Probe wird eine Wasserbestimmung vorgenommen. Bisher pflegte man diese mit Mengen von 50—100 g

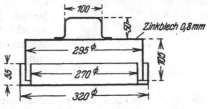

Abb. 13. Behälter mit Wasserverschluß.

in einem Trockenschrank gewöhnlicher Art vorzunehmen, was eine längere Zeit beanspruchte. Durch verschiedene Versuchsreihen wurde dargetan, daß die Trockendauer erheblich herabgesetzt werden kann, wenn Mengen von nur 10 g zur Verwendung gelangen. Als Behälter zur Aufnahme der Sandproben bedient man sich tarierter und nummerierter dünner Messingblechschalen von gleichem Gewicht, auf denen der Sand in dünner Schicht ausgebreitet wird. In einem eigens hierfür erstellten Trockenschrank, der gleichzeitig zur Trocknung der Sandfilter dient, werden die Sandproben bei 105⁰ C in längstens 10, meist 6 bis 8 Minuten vollständig getrocknet.

Diese Wasserbestimmung macht alle sonstigen in Vorschlag gebrachten, zum Teil elektrischen, teuren Apparate durchaus überflüssig, abgesehen davon, daß die Genauigkeit der erzielten Werte sehr zu wünschen übrig läßt.

Die zur gleichzeitigen Prüfung der Gasdurchlässigkeit und Bindefestigkeit dienende Sandprobe wird nunmehr unter den Rammapparat gebracht und verdichtet (Abb. 14). Der Rammapparat nach H. Dietert besteht aus einem Gestell, dessen Bodenplatte eine etwas erhöhte kreisrunde Grundfläche trägt zum Auflegen des Preßzylinders. Im Gestell ist die leicht bewegliche Rammstange mit Kolben und Rammgewicht eingefügt; das letztere gleitet zwischen zwei Stellringen. Das

Preßrohr mit dem eingepaßten Bodenfußstück wird auf einer Tafel-
waage gewogen, das Gewicht zweckmäßig auf dem Rohr vermerkt. Hier-

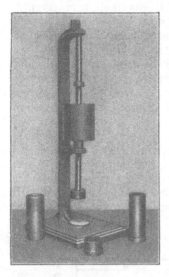

auf schüttet man die erforderliche Menge
der formgerecht angesetzten Probe in das
Preßrohr. Die für den normalerweise 50 mm
hohen Probezylinder erforderliche Sandmenge bewegt sich zwischen 150 und 180 g,
in den meisten Fällen 160—172 g einschließlich Feuchtigkeit, je nach den Struk-
turverhältnissen des Sandes; das genaue
Gewicht kann leicht durch Versuche ermittelt werden. Das Preßrohr mit der Probe
wird nun auf die Grundfläche unter den
Rammer gestellt; behufs Gradführung läßt
man den Kolben vorsichtig auf die Sandprobe gleiten. Alsdann erfolgt die eigentliche Verdichtung mittels dreier Gewichts-
schläge, indem man das Rammgewicht mit
beiden Händen bis zum oberen Anschlag
anhebt und dann fallen läßt. Die neuen
Rammapparate zeigen eine Kurbelvorrich-
tung, die das Heben und Loslassen des
Rammgewichtes herbeiführen. Am Kopf
des Rammgestells befinden sich 3 Marken-

Abb. 14. Rammapparat
nach H. Dietert.

striche, von denen der mittlere die genaue Höhe des Probezylinders
von 50 mm anzeigt, während der obere + 6, der untere — 6% von
50 mm Höhe angibt.

Es ist erforderlich, daß der Rammapparat auf fester
Unterlage ruht; am geeignesten hierfür ist ein Beton-
pfeiler oder Holzklotz, um störende Schwingungen zu
vermeiden, die durch das Aufschlagen des Rammgewichtes verursacht werden. Zwecks Rostverhütung
reibt man die Eisenteile mit Maschinenöl ab.

Der Gasdurchlässigkeitsapparat nach H. Dietert (Abb.
15). Der offene Hohlzylinder dient zur Aufnahme von
Sperrwasser (möglichst destilliertes) und wird damit bis
zur Höhe der außen angebrachten Marke angefüllt. Die
Tauchglocke wird durch ein an der inneren Wand auf
Schraubköpfen aufgelegtes Ringgewicht in senkrechter
Lage gehalten und trägt an der oberen Seite einen Hebe-
knopf. Zwecks Einführung der Glocke in den Hohlzylinder faßt man das Kegelventil, senkt die Glocke in das
Sperrwasser und läßt gleichzeitig das Ventil los. Die unter
konstantem Druck von 10 cm Wassersäule stehende, abge-
sperrte Luft gelangt bei geöffnetem Hahn durch das im
Innern des Hohlzylinders angebrachte Rohr zur Düse.

Abb. 15.
Gasdurchlässig-
keitsapparat
nach
H. Dietert.

Nunmehr schließt man das Preßrohr mit der Sandprobe durch vorsichtiges Drehen an den leicht angefetteten Gummistopfen luftdicht an.

Der Windkasten am Gestell ist mit einem Manometer aus Glas verbunden, das die Ablesung des sich einstellenden statischen Druckes erlaubt; dasselbe wird zuvor mittels einer Pipette mit Wasser so weit gefüllt, bis das Niveau etwa 6 mm über die Fassung hinausragt. Eine vor dem Manometer angebrachte, in einem Schlitz verschiebbare Meßscheibe ermöglicht deren Einstellung auf den Nullpunkt des ·Manometers. Hat sich durch Öffnen des Hahnes der statische Druck am Manometer entsprechend der Gasdurchlässigkeit der Probe eingestellt, dreht man die Meßscheibe so weit, bis ein Teilstrich auf derselben mit dem Manometerniveau übereinstimmt. Hierdurch wird der Zeitverlust vermieden, der entsteht, wenn man die Gasdurchlässigkeit in der Weise ermittelt, daß 2000 ccm Luft durch die Sandprobe gedrückt werden. Die Kurvenskala auf der Meßscheibe ist auf dem Versuchswege ermittelt worden. Die Gasdurchlässigkeitszahl gibt an, wieviel Kubikzentimeter Luft bei einem Wasserdruck von 10 cm Wassersäule in 1 Minute durch einen verdichteten Sandwürfel von 1 cm Kantenlänge durchschnittlich hindurchgehen.

Läßt man zur Kontrolle der mit der Kurvenscheibe ermittelten Werte 2000 ccm Luft durch die Probe gehen, so erfolgt die Berechnung nach der Formel:

$$D = \frac{2000 \times \text{Höhe der Probe (cm)}}{\text{Querschnitt der Probe (cm}^2) \times \text{Höhe der Wassersäule (cm)} \times \text{Zeit (in Minuten für 2000 ccm Luft)}},$$

wobei die Zeitdauer mittels Stoppuhr genau zu messen ist.

Der Apparat ist mit 2 Düsen versehen: a) kleine Düse, Öffnung 0,5 mm Durchmesser, mit einer Durchgangszeit von 4′30″, b) große Düse, Öffnung 1,5 mm Durchmesser, Durchgangszeit = 30″ für 2000 ccm Luft.

Die große Düse dient zur Bestimmung der Durchlässigkeit von über 90; die abgelesene Zahl ist mit 10 zu vervielfältigen. Die außerordentlich genau eingestellten Düsen müssen sehr sorgfältig behandelt werden; die geringste Veränderung der Öffnung, sei es durch Wasserbelag, Staub, verändert die Ergebnisse, daher eine öftere Prüfung der Durchgangszeiten mittels Stoppuhr vorzunehmen ist. Niemals darf eine Verstopfung mit Metallnadeln, sondern nur mit steifen Borsten nach vorangehendem versuchsweisen Ausblasen beseitigt werden. Zwecks Erhaltung der Düsenöffnung sind diese in Gold gebohrt; die ursprüngliche Bohrung in Messing ließ nach einiger Zeit eine Verengung erkennen, die durch Oberflächenoxydation des Messings hervorgerufen war.

Die allerneusten Apparate vermeiden den Anschluß des Probezylinderrohrs an den Gummistopfen; an Stelle dessen tritt Quecksilberverschluß in der Weise, daß die Düse mit dem Anschlußstopfen aus dem Quecksilbernapf soweit herrausragt, daß der Zylinder mit der Sandprobe darüber gestülpt werden kann.

Zur Feststellung der Gasdurchlässigkeit an fertigen Gußformen wird der tragbar eingerichtete Apparat an Ort und Stelle gebracht, und an Stelle des Preßzylinders ein Metallzylinder mit daran befestigtem Metallschlauch angeschlossen. Am Ende des Schlauches befindet sich ein Ansatzstück aus Gummi von 1 cm Öffnung, das zum Anlegen an die zu prüfende Stelle der Gußform dient; auf diese Weise lassen sich in kurzer Zeit beliebig viele Ablesungen bewerkstelligen.

Gerammte feuchte Sandproben, deren Gasdurchlässigkeit im getrockneten Zustande bestimmt werden soll, prüft man in gleicher Weise durch Auflegen des Gummiansatzes auf die Grundflächen des Sandzylinders und zieht aus den erhaltenen Zahlen den Mittelwert.

Scherfestigkeitsapparat nach H. Dietert (Abb. 16). Dieselbe Probe, die bereits für die Bestimmung der Gasdurchlässigkeit diente, wird aus dem Preßrohr durch Aufsetzen auf den Ausdrückbolzen und leichtes Nachuntendrücken freigelegt und alsdann in der Weise in die Schale des Scherfestigkeitsapparates gelegt, daß die ursprüngliche Rammoberfläche dem Arbeitskolben gegenüber zu liegen kommt.

Abb. 16. Apparat zur Bestimmung der Scher- und Druckfestigkeit nach H. Dietert.

Der Apparat besteht aus einem standfesten Gestell, in welchem ein Gewicht in Kugellagern aufgehängt ist, das unten einen seitlichen Anschlag besitzt, an welchem eine Druckplatte befestigt ist. Ein beweglicher Arm trägt die Gegendruckplatte nebst Auflageschale für den Probezylinder, die sämtlich auswechselbar sind. Der bewegliche Arm wird mittels Handrad, an dem eine Zahnradübertragung angebracht ist, auf einer Kurvenzahnstange entlang geführt. Der aufgelegte Sandzylinder erleidet durch das daraufruhende und in die Höhe gedrückte Pendelgewicht einen wachsenden Druck, durch welchen die Abscherung veranlaßt wird. Die Festigkeitsziffer (g/cm²) wird durch einen Mitnehmer, der beim Zurückweichen des Gewichtes an der höchst erreichten Stellung stehenbleibt, auf der Skala abgelesen. Die untere Schervorrichtung ergibt Werte bis 1100 g/cm². Eine zweite ebensolche Schervorrichtung ist darüber angebracht, die im Übersetzungsverhältnis von $1 = 2,5$ eine höhere Scherfestigkeit (bis 2760 g/cm²) zu bestimmen erlaubt.

Vertauscht man die Halbmonddruckplatten für Scherfestigkeit mit kreisrunden Druckplatten, so läßt sich in gleicher Weise die Druckfestigkeit eines Formsandes bzw. Formsandgemisches bestimmen. Die Skalenwerte sind alsdann auf die ganze Grundfläche des Probezylinders zu beziehen.

Es ergibt sich mithin eine vierfache Skala: 2 Wertreihen für niedere und hohe Scherfestigkeit, und 2 solche für niedere und hohe Druckfestigkeit. Die Skalenwerte ergeben sich aus dem Sinussatz; zur Sicherheit wurden sie noch durch unmittelbare Auswuchtung durch Gegengewicht kontrolliert, was eine völlige Übereinstimmung der Zahlenwerte ergab.

Will man noch die Festigkeit von Kernsandgemischen einer Prüfung im getrockneten Zustande unterziehen, so läßt sich eine Zugvorrichtung ähnlich der für die Zementprüfung anbringen. Es ist hierfür eine Preßform erforderlich, die eine genau in die Zugvorrichtung passende Versuchsprobe liefert.

II. Untersuchung des Eisens.

Alle Eisensorten (Roheisen, Stahl, Schmiedeeisen) enthalten neben Eisen jederzeit Kohlenstoff, Silicium und Mangan, von welchen drei Stoffen der Charakter der Legierung abhängt, sowie ferner Schwefel, Phosphor und Kupfer, Nickel, Arsen und Titan, Zinn als Verunreinigungen. In vielen Fällen wird es auch möglich sein, Aluminium, Sauerstoff, Stickstoff usw. nachzuweisen. Chrom und Wolfram, Nickel, Kobalt, Molybdän und Vanadium bilden jedoch wichtige Bestandteile mancher Stahlsorten, sowie der zu ihrer Herstellung verwendeten Legierungen und erheischen deshalb Berücksichtigung. Da somit die Bestandteile der Eisensorten in der Regel bekannt sind, so kommt man nur selten in die Lage, eine qualitative Untersuchung vornehmen zu müssen, es sei denn, daß es gilt, die Anwesenheit eines der sechs zuletzt genannten Metalle oder Arsen und Titan nachzuweisen. Das Verfahren ist dann entweder aus dem oben über qualitative Untersuchung der Erze Gesagten zu entnehmen, oder es ist dasselbe wie bei der quantitativen Untersuchung.

1. Die Probenahme (vgl. S. 883 und Bd. I, S. 33).

Bei der Probenahme von Roheisen und schmiedbarem Eisen hat man den Umstand nicht außer acht zu lassen, daß die Probestücke in ihrer Gesamtheit selten so gleichartig zusammengesetzt sind, daß man durch Anbohren oder Abschlagen eines beliebigen Stückchens derselben Genüge geleistet hat.

Wie die metallographische Untersuchung (Bauer-Deiß: Probenahme von Eisen und Stahl 1912 und Abschnitt Bauer: ,,Metallographische Untersuchungsverfahren'', Bd. I, S. 755) dargetan hat, zeigen sich mitunter die größten Verschiedenheiten in der Zusammensetzung z. B. einer Roheisenmassel, je nachdem man die Probe an den Masselrändern oder aus der Masselmitte entnommen hat; das gleiche gilt für gewalztes Flußeisen oder Stahl. Deshalb muß als Regel gefordert werden, daß die Entnahme der Proben wirklich dem Durchschnitt entsprechen, da sonst die Untersuchungsergebnisse Abweichungen ergeben können, die die Fehlergrenzen der Untersuchungsverfahren oft um ein Vielfaches überschreiten. Im allgemeinen wird bei allen Eisenproben, soweit sie sich durch schneidende Werkzeuge bearbeiten lassen, die Forderung zu stellen sein, die Späne mittels einer Hobelmaschine über den ganzen Queroder Längsschnitt zu entnehmen.

Bauer und Deiß (a. a. O.) geben für die Einzelheiten der Probenahme die folgenden Ratschläge: Sind durch die vorhergehende metallographische Untersuchung grobe Unregelmäßigkeiten in der chemischen Zusammensetzung des Probegutes nachgewiesen, und erscheint es daher wünschenswert, die Zusammensetzung an verschiedenen Stellen des Querschnitts zu ermitteln, so muß unter Umständen zum Bohren, Abdrehen geschritten werden. Handelt es sich jedoch um eine Durchschnittsanalyse, so ist nur Hobeln über den ganzen Querschnitt zulässig. Zu jeder vollständigen Analyse gehören daher genaue Angaben über Art der Entnahme der Späne, möglichst unter Beifügung einer Skizze.

Eine Hauptbedingung ist, daß die zu benutzenden Werkzeugmaschinen sauber sind, daß nicht Späne von anderen Proben auf ihnen liegen, daß alle Teile, die mit dem Probegut in Berührung kommen, frei von Öl, Fett, Seifenlösung usw. sind, und daß nichts von den letztgenannten Stoffen in die bereits entnommenen Späne gelangen kann.

Das Reinigen der Probe hat besonders sorgfältig zu geschehen; meist handelt es sich um anhaftende Schmutzteile vom Lagern auf der Erde, Farb- und Lackanstriche, Rostansätze, die man mittels Abreiben mit Putzlappen, Lösungsmitteln für Farbe (Benzin, Petroleum, Alkohol, Äther), Drahtbürsten wird entfernen können. Gußhaut, Hammerschlag, Glühspan haften erheblich fester und müssen durch Hämmern, Feilen oder Abschmirgeln beseitigt werden.

Bei harten Probestücken sind für die Hobelarbeit Schnittgeschwindigkeit und Spanstärke nicht zu groß zu nehmen, da sonst leicht die Gefahr besteht, daß Stücke vom Schneidestahl abbrechen und in die Untersuchungsprobe geraten; die Folge ist ein falsches Ergebnis der Untersuchung. Auf den Boden gefallene Späne sind nicht aufzunehmen. Stets ist darauf zu achten, nichts von den erhaltenen Spänen, groben wie feinen zu verlieren, was dadurch erreicht wird, daß man das Probestück mit starkem Glanzpapier einrahmt; die Späne sammeln sich alsdann auf der Papierumhüllung an und werden am besten in eine Glasflasche geschüttet.

Gehärteter Stahl ist vor Entnahme der Späne auszuglühen; $^1/_4$stündiges Glühen bei etwa 750—800° C (oberhalb des Perlitpunktes) mit anschließendem, langsamem Erkaltenlassen bei 600° ist ausreichend; nachher kann die Abkühlung schneller erfolgen. Das Glühen geschieht am besten im offenen Holzkohlenfeuer; zieht man es vor, im Ofen (Muffel- oder Röhrenform) auszuglühen, so empfiehlt es sich, vor oder hinter die Probe Holzkohlenstücke zu legen, um starke Zunderbildung zu vermeiden; letztere würde eine oberflächliche Entkohlung herbeiführen. Zu bemerken ist noch, daß Mangan und Nickel den Perlitpunkt in tiefere Temperaturzonen herabdrücken; dieser Umstand ist daher bei der Abkühlung nach erfolgtem Ausglühen zu beachten.

Gewisse Legierungen und naturharte Stähle lassen sich auch nach dem Ausglühen mit Werkzeugen aus gewöhnlichem Kohlenstoffstahl nicht bearbeiten; in einigen Fällen wird man mit Werkzeugen aus Chrom-Wolframstahl zum Ziele kommen. Weißes Roheisen darf nicht geglüht werden, da sich Temperkohle ausscheiden kann.

Läßt sich das Probegut in keiner Weise bearbeiten, wie z. B. bei weißem Roheisen, Stahleisen, Spiegeleisen, Ferromangan, so bleibt nichts weiter übrig, als an verschiedenen Stellen Stücke abzuschlagen und diese zu zerkleinern. Dies geschieht in der Weise, daß man mit einem mittelschweren Handhammer von der Oberkante der durchgeschlagenen Massel her möglichst flache Splitter loszuschlagen sucht; das gleiche erfolgt von der Unterkante nach der Masselmitte zu, da es sehr schwer ist, ein vollständiges Stück des Querschnittes in gehöriger Feinheit zu erhalten. Die Zurückführung der einzelnen gewonnenen Stücke auf das Mindestmaß ist, um nicht eine zu große Handprobe zu erzielen, schon bei der Probenahme an Ort und Stelle durchzuführen. Mit Sand und Rost behaftete Ränder sind zu entfernen. Die weitere Zerkleinerung erfolgt mittels Handhammers auf dem Amboß oder auch durch ein Fallwerk und schließlich im Handstahlmörser. Für weißes Roheisen eignet sich zur Zerkleinerung sehr gut ein Roheisenklopfer [Kayßer: Stahl u. Eisen 27, 1353 (1907)]. Nach Verjüngung der so erhaltenen Probe gemäß dem bei Erzen üblichen Verfahren (Viertelsprobe) bis zu einem Gewicht von etwa 60 g wird das Probegut durch ein Sieb von ungefähr 50 Maschen auf den Quadratzentimeter hindurchgetrieben.

Liegt die Probe in Drahtform vor, so schlägt man die einzelnen Drähte breit, schneidet von jedem der Drähte

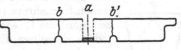

Abb. 17. Probenahmestück.

schmale Abschnitte ab und mischt diese zu einer Durchschnittsprobe.

Besondere Maßnahmen erfordern Probestücke aus Hart- und Temperguß. Eine Durchschnittsprobe über den ganzen Querschnitt wäre wertlos. Hat dagegen eine vorangehende Gefügeuntersuchung die Tiefe der einzelnen Schichten (bei Hartguß z. B. weiße Rinde, gesprenkelte Übergangszone und grauer Kern) festgestellt, so entnimmt man durch Abhobeln oder Bohren zuerst Späne aus der grauen, dann aus der mittleren Zone; die übrigbleibende, nicht bearbeitbare Rinde wird wie weißes Roheisen behandelt.

Die Probenahme von grauem Roheisen ist namentlich für Gießereien von großer Bedeutung, da die Stapelung der Vorräte nach der chemischen Zusammensetzung zu erfolgen hat, um eine sachgemäße Gattierung zu gewährleisten. Nun ist jedoch die Forderung, bei Roheisenmasseln Späne über den ganzen Querschnitt zu entnehmen, schwer erfüllbar, kostspielig und zeitraubend. Nur bei fertigen Gußstücken, die auf der Drehbank bearbeitet werden, kann diese Forderung leicht erfüllt werden; man hat nur die Späne zu sammeln, die beim Abdrehen des Werkstückes auf der Drehbank in verschiedenen Zeitabständen entfallen, sorgfältig zu mischen und durch Viertelsprobe auf ein geringes Maß zu bringen.

Bei Roheisenmasseln empfiehlt es sich die Probe durch Bohren zu entnehmen, und zwar, wenn angängig, mittels einer Horizontalbohrmaschine oder Drehbank, da es bei diesen Vorrichtungen am besten vermieden wird, daß Sand von den Masselrändern in die Probe gerät. Die entnommenen Masseln (Abb. 17) werden bei b, b^1 durchgeschlagen; hierauf wird das mittlere Bruchstück mit einer Stahldrahtbürste, soweit dies möglich ist, von anhaftendem Sand befreit und bei *a* mit einem Bohrer von 10—15 mm Durchmesser durchbohrt. Der Bohrer muß vorher sorgfältig von Öl und sonstigen Unreinigkeiten gesäubert werden. Das Bohren erfolgt trocken und wird, wie in Abb. 18 angedeutet, der mit *a* angedeutete Teil verworfen; ebenso läßt man den mit *c* bezeichneten Teil unberührt und sammelt nur die aus dem Bohrbereich *b* entstammende Späneprobe.

Es hat sich durch Versuche gezeigt, daß je nach der Tiefe des Bohrloches oft recht beträchtliche Unterschiede in der Zusammensetzung gefunden werden, daher müssen die aus *b* erhaltenen Späne zunächst sorgfältig gemischt und diese in gleichen Anteilen aus einer jeden Probemassel zu einer Sammelprobe vereinigt werden. Aus dieser Probe wird durch Viertelteilung eine Untersuchungsprobe im Gewichte von etwa 150 g gewonnen.

Da die Späne nie gleichmäßig groß sind und es auch nicht zu vermeiden ist, daß Graphitblättchen aus dem Eisen herausfallen, wird man

für ganz genaue Untersuchungen die Probe durch Absieben in mehrere (2—3) Unterteile von gleicher Spangröße zerlegen, die Gewichte dieser Unterteile feststellen und von jedem derselben Einwaagen im Verhältnis ihrer Gewichte entnehmen und sie zu einer Gesamteinwaage vereinigen.

Was die Probemenge anbetrifft, so entnimmt man von Wagenladungen zu 10 t 3, von 15 t 4, zu 20 t 5 Masseln. Ist augenscheinlich das Roheisen auf den Wagenladungen nicht gleichmäßig, so bleibt es dem Probenehmer überlassen, mehr Masseln zu entnehmen. Einzelne Masseln, die äußerlich erkennbar (andere Form, Rostüberzug u. a.) nur zum Ausgleich des Gewichtes benutzt sind, werden von der Probenahme ausgeschlossen.

Für Flußeisen gilt wegen der stets vorhandenen Seigerungserscheinungen (Gefügeuntersuchung!) im allgemeinen die Regel, Probespäne nur durch Hobeln über den ganzen Querschnitt zu entnehmen.

Handelt es sich, namentlich für Betriebszwecke, um die schnelle Ermittlung des einen oder anderen Bestandteiles einer Flußeisenprobe, so wird man von dem immerhin zeitraubenden Abhobeln Abstand nehmen und die gewünschte Menge Späne durch Anbohren gewinnen.

2. Das Lösen der Probe.

Als Lösungsmittel kommen meistenteils Salz- und Salpetersäure in Frage, und zwar von ersterer solche vom spez. Gew. 1,12, von letzterer 1,20. Die Lösungsmengen sind für je 1 g ungefähr 10—15 ccm, für jedes weitere Gramm 5 ccm mehr. Da beim Lösen eine mehr oder minder heftige Gasentwicklung zu erwarten ist, muß man für genügend große Lösungsgefäße sorgen, damit nicht Verluste durch Überschäumen entstehen. Der beim Lösen in Salpetersäure auftretenden Wärmeentwicklung begegnet man durch Einstellen des Gefäßes in kaltes Wasser und fügt die Säure nach und nach zu. Späterhin beendigt man die Lösung durch mäßiges Erwärmen auf einer Heizplatte.

Die Behandlung schwer löslicher Eisenproben (Ferrosilicium, Ferrochrom) wird bei den einzelnen Untersuchungsverfahren angegeben werden.

3. Silicium.

Die Bestimmung des Siliciums im Eisen und in Eisenlegierungen beruht auf dessen Umwandlung in Kieselsäure, die als solche abgeschieden, unlöslich gemacht und gewogen wird. SiO_2 enthält 46,72 % Si (log = 1,66950).

Die verschiedenen Verfahren zur Bestimmung des Siliciums im Roheisen, Stahl und Ferrosilicium sind neuerdings vom Chemiker-Ausschuß des Vereins Deutscher Eisenhüttenleute (V.D.E.) einer eingehenden, vergleichenden Prüfung unterzogen worden, worüber Stadeler [Stahl u. Eisen 47, 966 (1927); Berichte Nr. 52 u. 60, sowie Arch. f. Eisenhüttenwesen 2 (1929)] berichtet hat.

a) Bestimmung in Roheisen, Stahl, Ferrolegierungen und Sonderstählen.

Für die Lösung und Weiterbehandlung der Proben sind die folgenden Verfahren in Anwendung.

Lösen in Salpetersäure. 1—5 g werden in 20—60 ccm Salpetersäure (spez. Gew. 1,2) gelöst. Als Lösungsgefäß kann ein Becherglas (Jena) oder eine Porzellanschale dienen. Nach dem Eindampfen wird mit 10—30 ccm Salzsäure (spez. Gew. 1,19) aufgenommen, abermals zur Trockne gedampft und der Rückstand bis auf 130° C erwärmt. Sodann wird mit 10—30 ccm Salzsäure (spez. Gew. 1,12) aufgenommen, 30 ccm heißes Wasser zugegeben und filtriert. Dann wird je dreimal, abwechselnd mit heißer verdünnter Salzsäure (1 Teil Salzsäure, spez. Gew. 1,19 und 6 Teile Wasser) und heißem Wasser ausgewaschen, wonach die Reaktion auf Eisen verschwunden ist, und im Platintiegel geglüht und gewogen.

Die so erhaltene Rohkieselsäure wird nun entweder mit Flußsäure abgeraucht oder mit Kaliumnatriumcarbonat aufgeschlossen.

Im ersteren Fall fügt man 0,5 ccm Schwefelsäure (spez. Gew. 1,5) und je nach der Höhe des Siliciumgehaltes der Probe 1—5 ccm Flußsäure zur Rohkieselsäure, raucht vorsichtig ab, glüht den Rückstand und wiegt zurück. Aus dem Gewichtsunterschied ergibt sich der Siliciumgehalt. Heczko [Ztschr. f. anal. Ch. 77, 327 (1929)] verringert den Zeitaufwand für das Eindampfen und Abrauchen dadurch, daß er ein größeres quantitatives Filter in zerknüllter Form so in den Tiegel bringt, daß es die Flüssigkeiten mehr oder weniger aufsaugt und für ein schnelles Verdampfen mittels Bunsenbrenner geeignet macht. Bei größeren Kieselsäuremengen und entsprechenden Säurezusätzen muß allerdings zunächst eingedunstet werden, doch wird auch dann der Verdampfungsvorgang beschleunigt, weil der aus der Flüssigkeit herausragende Teil des Filters die Verdampfungsfläche wesentlich vergrößert.

Zwecks Aufschließens schmilzt man die Rohkieselsäure mit der etwa sechsfachen Menge Natriumkaliumcarbonat und fügt bei kohlenstoffhaltigen Rückständen eine geringe Menge Salpeter hinzu. Die Schmelze wird mit heißem Wasser unter vorsichtiger Zugabe von Salzsäure gelöst, die Lösung zur Trockne gedampft und der Rückstand 1 Stunde bei 130° erhitzt; hierauf wird er mit 5 ccm Salzsäure (spez. Gew. 1,19) durchfeuchtet und mit 30—50 ccm Wasser aufgenommen, dann filtriert, wie oben ausgewaschen, geglüht und gewogen, abgeraucht und zurückgewogen. Lösungs- und Schmelzungsfiltrate sowie Waschwässer werden getrennt eingedampft und etwa abgeschiedene Kieselsäure bestimmt. — Obwohl das Lösen in Salpetersäure brauchbare Ergebnisse liefert, zeigt die abgeschiedene Kieselsäure starke Verunreinigungen, was an der Färbung des geglühten Rückstandes zum Ausdruck kommt; es verbleiben größere Eisenoxyd- mengen, die beim Abrauchen durch Bildung von Eisenfluorid leicht zu hohe Werte an Silicium verursachen. Neben schlechter Löslichkeit ist auch die Spritzgefahr ein Umstand, der erhöhte Aufmerksamkeit fordert.

Lösen in Salzsäure. Dieselbe Einwaage (1—5 g) wird mit 20—50 ccm Salzsäure (spez. Gew. 1,12) gelöst und zur Trockne gebracht. Der Rück- stand wird 1 Stunde auf 130° C erhitzt und mit 10—30 ccm Salzsäure (spez. Gew. 1,12) und Wasser aufgenommen und wie oben weiterbe- handelt. Das Verfahren ist als gut geeignet zu bezeichnen; die Löslich- keit und Filtrierbarkeit ist eine gute, es verbleibt nur wenig Rückstand. Die Kieselsäure wird in sehr fein verteilter Form abgeschieden; hier- durch ist bei graphitreichen Roheisen das Auswaschen und Glühen wesentlich erleichtert. Das Filtrat von der Rohkieselsäure enthält so geringe Mengen gelöster Kieselsäure, daß ein Eindampfen überflüssig ist. In den meisten Fällen erübrigt sich ein Aufschluß.

Lösen in Salpetersäure unter Zusatz von Schwefelsäure. 1—5 g werden in 20—50 ccm Salpetersäure (spez. Gew. 1,2) gelöst. Nach dem Lösen werden 10—15 ccm Schwefelsäure (1:1) zugegeben und bis zum Entweichen weißer Dämpfe eingedampft. Dann wird entweder mit unge- fähr 100 ccm Wasser verdünnt, nach Erzielung vollständiger Lösung filtriert, ausgewaschen und wie oben weiterbehandelt, oder es erfolgt bei gleicher Arbeitsweise noch eine Zugabe von 10 ccm Salzsäure (spez. Gew. 1,12).

Lösen in Schwefelsäure unter Zusatz von Salpetersäure. 1—5 g werden in 50—60 ccm Schwefelsäure (1:3) gelöst. Nach dem Lösen werden 10 ccm Salpetersäure (spez. Gew. 1,4) vorsichtig zugegeben und bis zum Entweichen weißer Dämpfe abgedampft; sodann wird mit 150 ccm Wasser und 10 ccm Salzsäure (spez. Gew. 1,12) verdünnt, zur Lösung gebracht und filtriert.

Lösen in Salpetersäure-Schwefelsäuregemisch. 1—5 g werden in 25 bis 60 ccm einer Mischung von 1 Teil Schwefelsäure (spez. Gew. 1,8), 1 Teil Salpetersäure (spez. Gew. 1,4) und 2 Teilen Wasser gelöst und die Lösung bis zum Entweichen weißer Dämpfe eingedampft; hierauf erfolgt Ver- dünnung mit 150 ccm Wasser und 10 ccm Salzsäure.

Die Verfahren 3—5 sind im allgemeinen nicht zu empfehlen und nehmen viel Zeit in Anspruch. Der Graphit ist schwer auswaschbar und muß zwecks vollständiger Verbrennung stark geglüht werden.

Lösen in Bromsalzsäure. 0,5—5 g werden in einem 600 ccm Becherglas (Jena) mit 20—30 ccm Bromsalzsäure (500 ccm Salzsäure [spez. Gew. 1,19], 500 ccm Wasser, 100 ccm Brom) übergossen, mit Uhrglas bedeckt, in der Hitze gelöst und die Lösung scharf zur Trockne verdampft. Nach dem Erkalten übergießt man den Rückstand mit 10—15 ccm Salzsäure (spez. Gew. 1,19), erhitzt, bis vollständige Lösung eingetreten ist, verdünnt mit Wasser und behandelt weiter wie oben. Das Verfahren liefert sehr gute Übereinstimmung; es gestattet sehr schnelles Lösen und ergibt eine reine Kieselsäure, daher eignet es sich besonders für Roheisen.

Zur Frage, welche der vorstehenden Verfahren sich zur Schnellbestimmung eignen, worunter zu verstehen ist, daß nur ein bloßes Auswaschen und Auswägen der Rohkieselsäure vorgenommen wird, ohne Aufschluß, Abrauchen und ohne Berücksichtigung der etwa noch im Filtrat und Waschwasser vorhandenen Kieselsäure, so kann gesagt werden, daß Verfahren 2 am bestgeeignetsten ist. Bei hochphosphorhaltigen Roheisen ist es empfehlenswert, nach dem Wiederaufnehmen des Rückstandes etwas Salpetersäure zuzugeben, um die entstandenen Phosphate zu zerstören; der dann erhaltene Glührückstand ist sehr rein, während er ohne diese Maßnahme immer stark phosphor- und eisenhaltig ist.

Das Bromsalzsäureverfahren beansprucht die geringste Zeitdauer (45 Min. gegen 90 Min.) bei gleich guten Ergebnissen, auch hier sind hochphosphorhaltige Roheisen zu beachten.

Die gleichen Verfahren eignen sich ebenfalls zur Bestimmung in weichen Stählen, nur ist eine größere Einwaage nötig, auch müssen bei genauen Bestimmungen die Filtrate nochmals eingedampft werden.

Zur Bestimmung des Siliciums in legierten Stählen ist zu bemerken, daß bei Chromstahl Verfahren 2 am geeignetsten, dagegen 1 und 5 ungeeignet sind. Das Filtrat muß in allen Fällen nochmals eingedampft werden; Schnellverfahren sind nicht zu empfehlen.

Für Wolframstahl gilt gleichfalls Verfahren 2 als schnellstes und bequemstes, nur darf mit der Bestimmung des Siliciums nicht die des Wolframs verbunden werden, da erst durch Zugabe von Salpetersäure eine vollständige Abscheidung der Wolframsäure erfolgt; auch hier ist ein Schnellverfahren nicht angebracht. In allen Fällen ist ein Abrauchen der Rohkieselsäure erforderlich, ebenso ist die noch im Filtrat verbliebene Kieselsäure zu berücksichtigen.

b) Bestimmung in Ferrosilicium.

Es ist zu unterscheiden 1. niedrigprozentiges säurelösliches, 2. mittel- und hochprozentiges, säureunlösliches, 3. säurelösliche und säureunlösliche Ferrolegierungen mit Silicium als Nebenbestandteil und sonstige Silicolegierungen.

Niedrigprozentiges Ferrosilicium mit einem Gehalt bis 15% Si (im Hochofen erzeugt). Als zweckmäßigstes Aufschlußverfahren hat sich die Arbeitsweise mit Bromsalzsäure erwiesen.

1 g wird in 25 ccm Bromsalzsäure (Zusammensetzung wie unter 6) in der Hitze gelöst und die Lösung zur Trockne verdampft. Der Rückstand wird mit 10—15 ccm Salzsäure (spez. Gew. 1,19) aufgenommen mit Wasser verdünnt und filtriert. Die Rohkieselsäure wird wie oben geschmolzen oder abgeraucht; indessen ist dies nur bei sehr genauen Bestimmungen erforderlich, da sich die Kieselsäure ohne weiteres quantitativ und rein abscheidet, daher enthält das erste Filtrat durchwegs die geringste Menge Kieselsäure. Aus diesem Grunde kann man diese Arbeitsweise als Schnellverfahren benutzen. Als solches wird noch folgendes empfohlen: man löst 1 g mit 40 ccm Salzsäure (spez. Gew. 1,19) bei mäßiger Wärme über Nacht, verdünnt mit Wasser und filtriert. Der Rückstand wird mit salzsäurehaltigem Wasser, dann mit reinem Wasser ausgewaschen, geglüht und gewogen. Es findet also weder ein Eindampfen der Lösung, noch ein Abrauchen des Rückstandes, noch eine Berücksichtigung der im Filtrat und im Waschwasser gelöst gebliebenen Kieselsäure statt.

Die Lösung kann auch unter Zugabe von Kaliumchlorat getätigt werden, und zwar kommen auf 1 g 80 ccm Salzsäure (spez. Gew. 1,19) und etwa 3 g Kaliumchlorat zur Anwendung.

Dougherty [Journ. Ind. and Engin. Chem. **19**, 165 (1927)] empfiehlt zur Schnellbestimmung 1 g in einem Gemisch von konzentrierter Salpetersäure und Salzsäure zu lösen, $^{1}/_{2}$—1 Stunde ist zu kochen, verdünnen, filtrieren und zur Wägung bringen. Es werden jedoch von der Auswaage 0,0015 g als Korrektur für eingeschlossenes Eisenoxyd abgezogen, zu dem errechneten Siliciumgehalt 0,15% für noch im Filtrat gelöste Kieselsäure zugeschlagen.

Hierzu wäre zu bemerken, daß man bei Verwendung von nur Salzsäure bei etwas längerer Zeitdauer den Vorteil hat, daß nur sehr geringe Anteile der Kieselsäure im Filtrat gelöst bleiben und der ungenaue empirische Zuschlag zur Auswaage sich erübrigt.

Für hochsäurefestes Gußeisen (Thermosilit) ist das Bromsalzsäureverfahren am geeignetsten.

Mittel- und hochprozentiges Ferrosilicium. Wegen der Unlöslichkeit dieser Werkstoffe in Säuren ist stets ein Aufschließen mit alkalischen Schmelzen mit und ohne Oxydationsmittel erforderlich. Es ist jedoch unbedingt erforderlich, in dem verwendeten Aufschlußmittel und der gebrauchten Menge eine blinde Bestimmung auf Kieselsäure anzustellen, um zu ermitteln, welchen Gehalt bei dem Ferrosiliciumbefund in Rechnung gesetzt werden muß. Als geeignetes Verfahren hat sich für 45%iges Ferrosilicium das Aufschließen mit Natrium-Kaliumcarbonat und Natriumsuperoxyd erwiesen. 0,5 g Einwaage werden mit etwa der 6fachen Menge eines Gemisches von zwei Teilen Natrium-Kaliumcarbonat und einem Teil Natriumsuperoxyd im Nickel- oder Eisentiegel auf gewöhnlichem Brenner geschmolzen. Die Mischung muß gleichmäßig sein, da bei der eintretenden Reaktion sonst leicht Substanzverluste eintreten können. Den mit einem Deckel verschlossenen Tiegel erwärmt man zunächst durch Fächeln mit der Flamme; ein zu starkes Erhitzen im Anfang hat das Durchbrennen des Tiegels zur Folge. Man erhitzt allmählich stärker und hält die Schmelze 5—10 Minuten im Fluß und schützt die Flamme durch einen Erdmann-Tonzylinder oder einen Asbestzylinder vor Luftzug. Nach dem Erkalten wird der Schmelzkuchen aus dem Tiegel entfernt und letzterer mit verdünnter Salzsäure und Wasser ausgerieben. Der Inhalt der zur weiteren Behandlung verwendeten Porzellanschale muß stets sauer gehalten werden, weil sonst Kieselsäure aus der Glasur der Schale gelöst wird.

Man löst in heißem Wasser unter vorsichtigem Zusatz von Salzsäure im Überschuß und bedeckt die Schale mit einem Uhrglas, dampft zur Trockne und erhitzt 1 Stunde bei 130° im Trockenschrank. Den Rückstand nimmt man mit 5 ccm konzentrierter Salzsäure auf, verdünnt und filtriert in bekannter Weise. Das salzsaure Filtrat und die Waschwässer werden getrennt eingedampft und auf noch darin vorhandene Kieselsäure untersucht.

Die Ergebnisse zeigen, daß bei allen Verfahren noch ganz erhebliche Mengen von Kieselsäure im ersten Filtrat vorhanden sind, daß aber auch das erste Waschwasser und das zweite Filtrat noch Gehalte bis zu 0,5% enthalten können.

Bei 75%igem Ferrosilicium empfiehlt es sich, die Probe zunächst mit Natrium-Kaliumcarbonat ohne Oxydationsmittel vorzuschmelzen und dann nach Zusatz von Natriumsuperoxyd schnell auf dem Brenner aufzuschließen. Bei steigenden Gehalten an Silicium sind entsprechende erhöhte Mengen des Aufschlußmittels anzuwenden.

90%iges Ferrosilicium wird mit gutem Erfolge durch Abrauchen mit Flußsäure in einer Platinschale untersucht. 1 g der fein zerriebenen Probe wird mit 6—8 Tropfen verdünnter Schwefelsäure, 20—30 ccm Flußsäure und hierauf mit verdünnter Salpetersäure versetzt, und zwar tropfenweise aus einer Bürette bis zum Aufhören der heftig einsetzenden Reaktion, wozu etwa 6 ccm gebraucht werden. Nach beendigter Reaktion ist die Probe aufgeschlossen und die Lösung völlig klar bis auf kleinere Flocken von freiem Kohlenstoff und unzerlegtem Siliciumcarbid, die in der Flüssigkeit umherschwimmen. Die Probe wird auf dem Sandbade unter Vermeidung von Kochen zur Trockne verdampft, mit etwa 5 ccm Flußsäure versetzt und nochmals eingedampft. Hierauf wird die trockene Probe während 2—3 Minuten schwach geglüht, mit 3—4 Tropfen konzentrierter Salpetersäure und 5—8 Tropfen verdünnter Schwefelsäure versetzt und alsdann wiederum eingedampft, die Schale 3—4 Minuten stark geglüht und nach dem Erkalten gewogen. Der Rückstand besteht aus Eisen- oder Manganoxyd neben kleinen Mengen Aluminium, Calcium und Magnesium, die als Phosphat oder Sulfat vorliegen. Unter Vernachlässigung dieser letzteren Mengen berechnet man aus dem Gewicht des Rückstandes, den man als reines Eisenoxyd annimmt, den Eisengehalt durch Multiplizieren mit dem Faktor 0,7. Der Unterschied zwischen Einwaage und Eisengehalt ergibt den Siliciumgehalt.

Ein Abrauchen ohne jeden Zusatz von Schwefelsäure lediglich mit Salzsäure hat den Vorteil, daß es leichter vonstatten geht und bessere

Ergebnisse zeitigt, da alle Metalle als Oxyde im Rückstande zurückbleiben; hierbei stimmt auch der Faktor 0,7 besser, namentlich bei Anwesenheit von Calciumoxyd, so daß das Verfahren für eine überschlägige Bestimmung bei allen Ferrosiliciumsorten empfehlenswert erscheint.

Außerdem empfiehlt es sich zur Gesamtanalyse von Ferrosilicium, weil man auf schnellem Wege das Silicium entfernen und im Rückstande die Verunreinigungen bestimmen kann.

Bei sonstigen Ferro- und Silicolegierungen läßt sich die Bestimmung des Siliciums je nach der Säurelöslichkeit durch Lösen in Salzsäure und Brom-Salzsäure bzw. durch Aufschluß mit einem Gemisch von Natrium-Kaliumcarbonat und Natriumsuperoxyd bewerkstelligen; nur bei Ferrotitan ist wegen des Ausscheidens der Titansäure Lösen mit Schwefelsäure-Salpetersäure angebracht.

P. Koch [Stahl u. Eisen 47, 307 (1927)] macht darauf aufmerksam, daß die nach den üblichen Verfahren abgeschiedene Kieselsäure Silicium noch in anderer Form als Verunreinigung enthalten kann. So hinterließ die aus 1 g Simanol durch Aufschluß mit Ätznatron und Soda und nachträglicher Säurebehandlung erhaltene Kieselsäure nach dem Abrauchen einen Rückstand von 0,0380 g, entsprechend 1,80 % Si. Es ist daher ratsam, den beim Abrauchen mit Flußsäure hinterbleibenden Rückstand mit Soda und etwas Salpeter im Platintiegel nochmals aufzuschließen.

Über die Bestimmung von Kieselsäure neben Silicium im Ferrosilicium berichtet A. Stadeler [Arch. f. Eisenhüttenw. 4, 1 (1930/31)] und hält das Chlorverfahren als das zur Zeit geeignetste, das als Rückstandverfahren zur Bestimmung von oxydischen Einschlüssen allgemeine Anwendung gefunden hat. Als geeignetste Chlorierungstemperatur wurde 550° C gefunden bei einer mittleren Strömungsgeschwindigkeit entsprechend 10 l/h. Die aus einzelnen Ferrosiliciumproben erhaltenen Kieselsäurewerte weisen erhebliche Unterschiede auf; die Ursache dürfte darin zu suchen sein, daß die Kieselsäure als Verunreinigung, als Schlacke, mechanisch eingeschlossen ist, also eine gleichmäßige Verteilung nicht erwartet werden kann.

Die Art der Zerkleinerung des Ferrosiliciums zur Herstellung der Durchschnittsprobe ließ erkennen, daß der Kieselsäuregehalt von der dabei auftretenden Erwärmung abhängig ist; statt eines Preßlufthammers zwecks Zerkleinerung der Probe benutze man einen Achatmörser. Über Einzelheiten der nicht einfachen Apparatur und Arbeitsweise muß auf die Urschrift verwiesen werden.

P. Bardenheuer und P. Dickens [Mitt. K. W. Inst. f. Eisenforsch. 9, 195 (1927)] haben das Bromverfahren zur Bestimmung der Kieselsäure in Eisen und Stahl einer eingehenden Prüfung unterzogen und dafür eine neue Apparatur entworfen. Es zeigte sich, daß die Anwendungsmöglichkeit des Verfahrens auf Stähle mit niedrigem Silicium- und Kohlenstoffgehalt zu beschränken ist.

4. Titan.

Aus titanhaltigen Erzen gelangt das Element auch in das Roheisen; in den schmiedbaren Eisenarten findet es sich dagegen nicht mehr, es sei denn in absichtlich erzeugten Titaneisenlegierungen; immerhin ist der Gehalt nur gering und beträgt wenige Zehntel Prozente.

Die Bestimmung des Titans gründet sich auf die Beobachtung Lede- burs [Stahl u. Eisen 14, 810 (1894)], wonach sich die durch Lösen des Eisens in Salpetersäure gebildete Titansäure vollständig in Salzsäure löst, solange Eisenchlorid im Überschuß vorhanden ist. Die Abscheidung der Titansäure erfolgt, wenn man das Eisenchlorid durch Äther entfernt und den Rückstand zur Trockne verdampft.

25 g Eisen werden in etwa 150 ccm Salpetersäure (spez. Gew. 1,2) unter Abkühlung gelöst und in einer Porzellanschale zur Trockne ver- dampft. Zur Abscheidung der Kieselsäure verfährt man wie bei Silicium (S. 1357). Hat man etwaigen Graphit in der Muffel verbrannt und die Kieselsäure mit Flußsäure verflüchtigt, so kann man den verbliebenen Rückstand auf zurückgebliebene Titansäure prüfen.

Das Filtrat von der Kieselsäure wird möglichst stark eingedampft (50 ccm) und in Anteilen von je 10 ccm mit 40 ccm Salzsäure (spez. Gew. 1,12) im Ätherschüttelapparat mit Äther behandelt. Die erhaltenen eisenarmen Flüssigkeiten, in denen sich Titansäure zum Teil schon flockig ausgeschieden hat, werden zur Trockne verdampft, der Rückstand mit Salzsäure befeuchtet und durch Wasser das Lösliche in Lösung gebracht. Die zurückbleibende Titansäure wird nunmehr abfiltriert, ausgewaschen, geglüht und gewogen. $TiO_2 = 60{,}05$ (log $= 1{,}77852$) $\%$ Titan.

Die Titanbestimmung kann auch nach dem S. 1334 angegebenen Methylenblauverfahren nach Neumann und Murphy vorgenommen werden.

Nach Knecht [Ztschr. f. angew. Ch. 26, 734 (1913)] läßt sich Titan- chloridlösung sehr genau auch mit einer eingestellten Eisenchlorid- lösung und Methylenblau als Indicator titrieren. Das Verfahren eignet sich gut zur Bestimmung des Titans im Ferrotitan.

Man schließt 0,5 g der sehr fein geriebenen Probe mit der fünf- bis sechsfachen Menge Eschka-Mischung (2 Teile gut gebrannte Magnesia, 1 Teil wasserfreie Soda) auf, feuchtet die stark gesinterte Masse mit ganz wenig Wasser durch und löst mit 200 ccm konzentrierter Salz- säure unter Erwärmen auf. Die Lösung wird in einem Meßkolben zu 500 ccm aufgefüllt, und zwar werden für jede Titration 100 ccm $= 0{,}1$ g Einwaage abpipettiert. Zur der abgemessenen, in einen Erlenmeyer- kolben gebrachten Titanlösung setzt man 60—70 ccm konzentrierte Salzsäure und 4—5 Zinkgranalien zu; hierauf wird der Kolben mit einem doppelt durchbohrten Stopfen verschlossen und während der ganzen Zeitdauer der Reduktion Kohlendioxyd durchgeleitet. Sind die Zink- körner ziemlich aufgebraucht, so gibt man noch einige zu, setzt zum Schluß 3 g feingeraspeltes Zink hinzu und erhitzt vorsichtig bis zum eben beginnenden Sieden; auf keinen Fall darf man die Lösung sieden lassen. Nach Lösung des Zinks stellt man den Kohlendioxydstrom ab, gibt durch den Stopfen einen Tropfen verdünnter Methylenblaulösung zu der heißen Lösung und titriert sofort mit Eisenchloridlösung von bekanntem Gehalt, wobei die Bürettenspitze durch den Stopfen in den Erlenmeyerkolben eingeführt wird. Der Farbenumschlag ist äußerst scharf. Die Einstellung der Eisenchloridlösung erfolgt nach dem Permanganatverfahren.

5. Kohlenstoff.

Den Kohlenstoff kennen wir im Eisen in vier Abarten, von denen zwei, der krystallinische Graphit und die amorphe Temperkohle, ungebunden dem Eisen eingelagert, die beiden anderen an Eisen gebunden vorhanden sind, und zwar teils in fest bestimmter chemischer Bindung als Carbidkohle, teils in Legierung mit dem Eisen als Härtungskohle. In der Regel begnügt man sich mit der Bestimmung des Gesamtkohlenstoffgehaltes; doch gibt es auch Verfahren zur Einzelbestimmung des Graphits oder der Temperkohle bzw. beider zusammen (nicht aber nebeneinander) sowie der Carbidkohle; die Härtungskohle kann nicht unmittelbar bestimmt werden; sie ergibt sich aus dem Unterschied zwischen dem Gesamtkohlenstoff und der Summe von Graphit, Temperkohle und Carbidkohle.

Die Bestimmung des Gesamtkohlenstoffes erfolgt durch unmittelbare Verbrennung des Eisens mit dem Kohlenstoffe auf trocknem oder auf nassem Wege. Der Kohlenstoff kommt als Kohlendioxyd zur Wägung oder zur Messung, kann aber auch maßanalytisch bestimmt werden.

Die älteren Verfahren sind durch die Anwendung des elektrischen Ofens und der damit verknüpften Zeitersparnis sehr in den Hintergrund gedrängt worden. Eine ausführliche Zusammenstellung derselben findet man in den Verhandlungen des Vereins zur Förderung des Gewerbefleißes (1883, S. 280f.).

a) Die unmittelbare Verbrennung des Eisens auf nassem Wege nach Sarnström.

Das Verfahren beruht auf der Lösung der Eisenprobe in einem Gemisch von Chromsäure und Schwefelsäure in der Siedehitze, wobei der Kohlenstoff größtenteils zu Kohlendioxyd verbrannt wird, während ein geringer Anteil in Form von Kohlenwasserstoffen entweicht. Durch eine besondere Vorrichtung werden diese zu Kohlendioxyd verbrannt, oder wie Corleis [Stahl u. Eisen 14, 581 (1894)] gezeigt hat, wird die Entstehung der Kohlenwasserstoffe durch Zusatz von Kupfersulfat zum Lösungsgemisch nahezu vollständig verhindert.

Der Chemiker-Ausschuß des Vereins Deutscher Eisenhüttenleute hat das Verfahren in letzterer Form als „Leitverfahren" zur Bestimmung des Kohlenstoffes angenommen. Es eignet sich für alle Eisenarten und Eisenlegierungen mit Ausnahme reicher Siliciumeisen und Chromeisen, welche durch das Säuregemisch nur unvollkommen zerlegt werden.

Die erforderlichen Lösungen werden wie folgt erhalten:

1. Chromsäurelösung: Die gesättigte Lösung krystallisierter Chromsäure enthält etwa 450 g in 250 ccm Wasser. Vor dem Gebrauch erhitzt man die Lösung nach Zusatz von einigen Kubikzentimetern konzentrierter Schwefelsäure zum Sieden, indem man auf den Kolben ein Kühlrohr aufsetzt und einen Strom kohlendioxydfreier Luft hindurchsaugt. Hierdurch werden die etwa vorhandenen organischen Stoffe zerstört. Die Lösung ist vor Staub zu schützen.

2. Kupfersulfatlösung: 200 g krystallisiertes Kupfersulfat werden in 1 l Wasser gelöst.

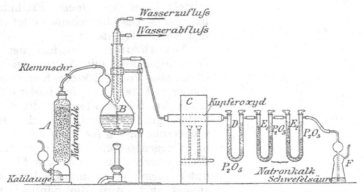

Abb. 19. Kohlenstoffbestimmungsapparat nach Sarnström-Corleis.

3. Kalilauge: 60 g Kalihydrat in 100 ccm Wasser. Sie dient zum Auffangen des Kohlendioxyds, falls man nicht vorzieht, für denselben Zweck Natronkalkröhren zu benutzen.

Der Apparat (Abb. 19) besteht aus einem Luftreiniger A, dem Entwicklungskolben B, einem Verbrennungsrohr C mit Kupferoxyd, das auch durch eine Platinrohrschleife oder durch ein mit Platinschnitzeln gefülltes Quarzrohr ersetzt werden kann, drei U-Rohren, von denen das erste D zum Trocknen dient und Phosphorsäureanhydrid enthält, während die beiden anderen E_1 und E_2 zur Aufnahme des Kohlendioxyds mit Natronkalk und zum Zurückhalten etwa vom Gasstrome fortgeführter Feuchtigkeit im zweiten Schenkel oben mit Phosphorsäureanhydrid gefüllt sind. Diesen folgt eine Waschflasche F mit konzentrierter Schwefelsäure behufs Verhinderung des Zurücktretens von Feuchtigkeit aus dem Sauger in die Röhren. Die U-Röhren haben eingeschliffene Glasstopfen zum Abschlusse von der Luft beim Wägen. Gerstner und Ledebur schalten zwischen das Verbrennungsrohr C und U-Rohr D noch ein Gefäß mit konzentrierter Schwefelsäure ein, um den Verbrauch an Phosphorsäureanhydrid herabzumindern. Letzteres befindet sich übrigens zweckmäßig in U-Rohren mit oben zugeschmolzenen Schenkeln.

Der wichtigste Teil ist der Lösungskolben *B*, dessen Abmessungen aus Abb. 20 zu entnehmen sind.

Der Kühler *a* befindet sich innerhalb des Kolbenhalses, in den er bei *b* eingeschliffen ist; der Rand des Kolbenhalses ist zu einem kleinen Trichter *c* erweitert, um einen Flüssigkeitsverschluß herstellen zu können. Seitlich ist ein fast bis auf den Boden reichendes Rohr in die Kolbenwand eingeschmolzen mit kugelförmiger Erweiterung behufs Verhinderung etwaigen Rücktrittes von Säure in den Luftreiniger und mit einem Trichter zum Einfüllen der Säuren; den Verschluß des letzteren bildet ein eingeschliffener langstieliger Stopfen. Das Einlaßrohr für die Säure darf nicht unter 6 mm weit sein, weil sonst leicht Verstopfungen eintreten. Das Eintragen der Probe erfolgt mittels eines an einem Platindrahte hängenden Glaseimerchens *e* oder durch den weiten Trichter *d*.

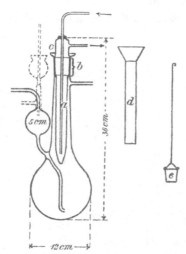

Abb. 20. Lösekolben nach Corleis.

Ausführung: Nachdem der Verbrennungskolben mit 20 ccm gesättigter Chromsäurelösung, 150 ccm Kupfersulfatlösung und 200 ccm Schwefelsäure (1:1) beschickt, behufs Mischung der Flüssigkeiten gut umgeschüttelt, das Kühlwasser angelassen (es fließt zweckmäßig in entgegengesetzter Richtung, wie die Pfeile angeben) ist, und die Flammen unter dem Verbrennungsrohre angezündet sind, wird die Säuremischung erhitzt und etwa 10 Minuten im Sieden erhalten. Nach dem Entfernen der Flamme stellt man die Verbindung mit dem Luftreiniger her und leitet etwa 10 Minuten lang einen mäßig starken Luftstrom durch den Apparat. Hierauf wird der Kolben mit dem Verbrennungsrohre, dieses mit den U-Röhren verbunden und abermals 5 Minuten Luft durchgeleitet. Nun werden die Absorptionsröhren geschlossen, abgelöst, nach etwa 10 Minuten langem Liegen im Wägezimmer kurz geöffnet, mit einem weichen Waschleder oder einem seidenen Tuche abgerieben, auf die Waage gebracht und nach 5 Minuten gewogen. Nach dem Wiedereinschalten der Röhren wird die Probe eingetragen, in die Trichter des Kolbenhalses etwas Wasser oder Schwefelsäure gegeben und die Säuremischung erhitzt.

Die Einwaage beträgt je nach dem Kohlenstoffgehalte des Probegutes 0,5—5 g. Während der Verbrennung wird ein ganz schwacher Luftstrom durch den Apparat geleitet. Die Flamme unter dem Kolben ist so zu regeln, daß die Flüssigkeit nach 10—15 Minuten zum Sieden kommt. Das Sieden wird 2—3 Stunden lang unterhalten, hierauf die Flamme entfernt und etwa 2 l Luft durch den Apparat gesaugt. Die Natronkalkröhren werden dann geschlossen und für das Wägen vorbereitet, wie oben beschrieben.

Es hat sich herausgestellt, daß bei Anwendung von Kupfersulfat die Menge des als Kohlenwasserstoffe usw. entweichenden Kohlenstoffes ziemlich gleichmäßig ist und im Durchschnitte nahezu 2% beträgt; infolgedessen kann man bei Betriebsproben das Verbrennungsrohr weglassen und den Verlust an Kohlenstoff durch entsprechend höhere Einwaagen ausgleichen. Wiegt man dann anstatt 2,7281 g 2,782 g oder statt 5,4562 g 5,564 g ein, so entspricht je 0,01 g gewogenes Kohlendioxyd 0,1 bzw. $0,05\%$ Kohlenstoff.

Bei Weglassung des Verbrennungsrohres und Anwendung der von Corleis empfohlenen U-Röhren mit schräg gerichteten Verbindungsrohren läßt sich der Apparat viel gedrängter aufstellen.

Gerstner [Stahl u. Eisen **14**, 589 (1894)] vereinfacht den Lösungskolben dadurch, daß er das Zuleitungsrohr für die Schwefelsäure in den

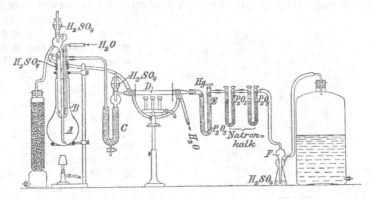

Abb. 21. Kohlenstoffbestimmungsapparat nach Wüst.

außerhalb des Kolbens angeordneten Kühler verlegt. Eine andere verbesserte Form gibt Göckel [Ztschr. f. angew. Ch. **13**, 1034 (1900)] an. Noch zweckmäßiger ist jedoch der Lösungskolben von Wüst [Stahl u. Eisen **15**, 389 (1895)] (Abb. 21); auch dieser hat das genannte Rohr im Kühler *B*, welcher jedoch wieder in den Kolben *A* hineinragt; die Schliffstelle für die Dichtung im Kolbenhalse ist nicht am Kühlrohr selbst, sondern an einer besonderen Dichtungskappe angebracht und der Trichter für den Flüssigkeitsverschluß auf 3—4 cm erhöht. Diese Anordnung hat den großen Vorzug, daß man den einfacher gestalteten Kolben nach unten wegziehen kann, ohne daß eine Schlauchverbindung gelöst werden muß. Das Vortrocknen des Gases mittels Schwefelsäure erfolgt vor dem Verbrennungsrohre *D* in einem U-förmig gestalteten Perlenrohre *C* mit Ablaßhahn und Fülltrichter, der durch Schliffstopfen geschlossen ist. Man gewinnt mit diesem Rohre die Möglichkeit, die Schwefelsäure zu erneuern, ohne eine Verbindung lösen zu müssen. Die Anordnung vor dem Verbrennungsrohr ist jedoch nicht zu empfehlen, da nach Ledeburs Beobachtungen die Schwefelsäure nach dem Durchleiten der Gase einen ziemlich starken Geruch entwickelt, welcher an den des Aldehyds erinnert und vermuten läßt, daß unter Einwirkung der Chromsäure auf die Kohlenwasserstoffe eine in Schwefelsäure lösliche Verbindung entstehe, welche der Verbrennung im Kupferoxyd entgeht. Als Verbrennungsrohr verwendet Wüst ein mit Kupferoxyd gefülltes und an den Enden mit Wasser gekühltes Platinrohr, das viel rascher heiß wird als ein Glasrohr und dem Zerspringen nicht ausgesetzt ist.

Es ist zu beachten, daß das Sarnströmsche Verfahren für hochprozentiges Ferrosilicium, Ferrochrom und wolframhaltiges Eisen, wie schon angedeutet, nicht anwendbar ist, da diese Eisenarten entweder gar nicht oder nur unvollständig angegriffen werden.

b) Die Verbrennung des Eisens im Sauerstoffstrom.

Weitaus am häufigsten und wegen der erheblichen Zeitersparnis gegenüber den vorher beschriebenen Verfahren wird heute die unmittelbare Verbrennung der Eisenprobe im Sauerstoffstrom mittels des elektrischen Ofens nach Mars [Stahl u. Eisen 29, 1155 (1909)] ausgeführt.

Abb. 22. Marsofen nach H. Seibert.

Die Vorteile dieses Verfahrens bestehen nicht nur in der Vereinfachung der ganzen Versuchsanordnung, sondern auch in der Einfachheit der Bedienung derselben, so daß hierdurch eine große Sicherheit zur Erreichung richtiger Ergebnisse gewährleistet wird.

Das Wesen des Verfahrens besteht darin, die hocherhitzte Eisenprobe durch einen Sauerstoffstrom vollständig zu verbrennen, wobei sämtlicher Kohlenstoff zu Kohlendioxyd oxydiert wird; letztere wird entweder in geeigneter Weise absorbiert und gewogen oder volumetrisch, oder auch maßanalytisch bestimmt.

Der Ofen nach Mars besteht aus einem Heizrohr aus feuerfestem Ton, das mit Platindrähten, Platinfolie oder auch mit Nickelstahl- oder Chromnickelstahldraht umwickelt ist; manche Heizrohre enthalten in der Tonmasse eingebetteten Platindraht. Die Firma H. Seibert, Berlin [Stahl u. Eisen 37, 213 (1917)] hat einen Ofen (Abb. 22) hergestellt, dessen Heizkörper aus Carborundumstäben besteht[1]. Diese sind unschmelzbar und unverbrennlich und werden erst bei Temperaturen über 1700° unbrauchbar; die Öfen bewähren sich gut. Durch den elektrischen Strom gelangen die Wickelungsdrähte infolge Widerstandes zum Glühen. Das horizontal gelagerte Heizrohr von etwa 25 mm lichter Weite ist

---

[1] Von der Firma Jean Wirtz, Düsseldorf, zu beziehen.

an den beiden Enden in Schamotteringe eingebettet und von einem weiten Eisenmantel umgeben; der Zwischenraum ist zum Wärmeschutz mit Asbestwolle ausgefüllt. Im Innern des Heizrohres lagert auf eisernen Klemmringen das zur Aufnahme der Verbrennungsschiffchen dienende Verbrennungsrohr aus Porzellan oder Quarzglas. Die ganze Länge des Ofens beträgt etwa 25 cm. Von Porzellanrohren (etwa 50 cm lang, bei 15—30 mm lichter Weite) wählt man außen glasierte, innen jedoch unglasierte, da glasierte Oberflächen leicht ein Anbacken der Verbrennungsschiffchen verursachen. Der Stromverbrauch beträgt bei 220 Volt etwa 3—4 Amp. Einer Überlastung des Ofens begegnet man mittels eines Vorschaltwiderstandes; außerdem schaltet man ein Amperemeter ein. Zur genauen Ermittlung der Temperatur bedient man sich eines Thermoelementes von Le Chatelier mit zugehörigem Galvanometer (s. Bd. I, S. 563); man führt es an dem Ende des Porzellanrohres ein, wo der Sauerstoff eintritt. Die Drähte sind durch Quarzrohre voneinander isoliert und werden durch 2—3 darübergeschobene Specksteinzylinder in der Schwebe gehalten. Die Lötstelle führt man bis in die Ofenmitte und schützt sie vor Verunreinigung durch verbrennendes Eisen durch eine darübergeschobene dünnwandige Quarzglashaube. Die freien Drahtenden werden durch denselben Gummistopfen gezogen, der die Zuführung des Sauerstoffes durch ein Glasrohr vermittelt.

Die Firma W. C. Heraeus, Hanau (Elektrot. Ztschr. 1919, H. 51) liefert für den Mars-Ofen eine selbsttätige Regelungsvorrichtung für die Stromzufuhr. Neben einer Stromersparnis von 50% und mehr liegt der Hauptvorteil in der sicheren, selbsttätigen Einschaltung einer bestimmten Temperatur und daher Arbeitsersparnis und Sicherung gegen Fehler durch Unachtsamkeit.

Die zur Verbrennung dienenden Schiffchen aus unglasiertem Porzellan besitzen eine Länge von 10—12 cm, bei 12—14 mm Breite. Vor dem Gebrauch sind sie wegen des anhaftenden Staubes in der Muffel auszuglühen und im Exsiccator aufzubewahren.

Der zur Verwendung gelangende Sauerstoff wird am geeignetsten aus Stahlzylindern mittels eines Reduzierventils entnommen. Letzteres erlaubt die Zufuhr eines geregelten Sauerstoffstromes in beliebiger Stärke.

Heczko schaltet hinter die Sauerstoffbombe einen Druckregler, der wie ein Gasometer ausgebildet ist, derart, daß eine ausreichende Menge Sauerstoff in den Gasbehälter übergeführt wird, aus dem eine gleichmäßige Entnahme gewährleistet wird.

α) **Die Bestimmung des Kohlendioxyds auf gewichtsanalytischem Wege.** Der Chemiker-Ausschuß des Vereins Deutscher Eisenhüttenleute (Bericht 36) hat sich mit der Ausgestaltung des Verfahrens in eingehender Weise beschäftigt und die Arbeitsbedingungen ermittelt, unter denen sichere Ergebnisse zu erzielen sind.

Nachdem der Ofen auf Dichtigkeit geprüft ist, werden die zur Reinigung des Sauerstoffs, Trocknung und Absorption der Verbrennungsgase dienenden Vorrichtungen in folgender Anordnung angeschlossen

(Abb. 23): Gefäße mit Kalilauge, Schwefelsäure, leere Flasche, großer Trockenturm mit Natronkalk, Absorptionsgefäße (kontrollierbare Natronkalkröhrchen), Waschflasche mit Wasser, leere Flasche und endlich

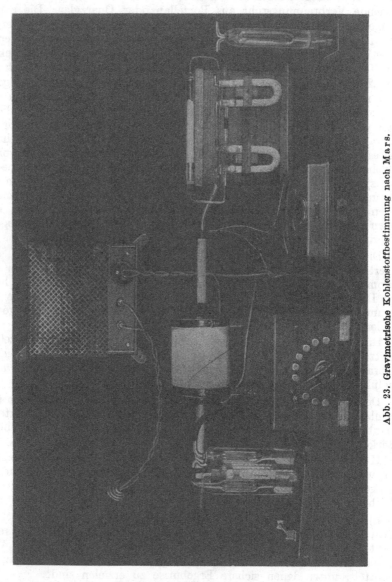

Abb. 23. Gravimetrische Kohlenstoffbestimmung nach Mars.

der Marsofen. Das Einschalten der Waschflasche mit Wasser, wodurch ein Anfeuchten des Sauerstoffs bewirkt wird, hat den Vorteil, daß die Arbeitstemperatur herabgesetzt wird, wodurch sowohl die Öfen als auch die Rohre länger halten; außerdem zeigte sich, daß durchweg höhere Werte gefunden wurden als bei Anwendung von trocknem Sauerstoff, somit also die Feuchtigkeit die Verbrennung erheblich fördert. Hinter dem Ofen folgen Gefäße mit Chromschwefelsäure und Phosphorpentoxyd, sodann zwei mit Natronkalk und etwas Phosphorpentoxyd gefüllte Absorptionsgefäße (80 g etwa); den Schluß bildet ein mit Schwefelsäure gefüllter Blasenzähler, der gleichzeitig dazu dient, die Absorptionsgefäße vor eindringender feuchter Außenluft zu schützen.

Nunmehr leitet man einen mäßig starken Strom Sauerstoff durch die ganze Vorrichtung, schaltet den Kaliapparat bzw. das Natronkalkrohr aus und wägt sie, nachdem sie einige Zeit im Wägezimmer gestanden und mit einem trockenen Tuche abgewischt worden waren. Während dieser Zeit heizt man den Ofen an.

Die Einwaage beträgt bei Stahl gewöhnlich 1 g, bei kohlenstoffreichen Proben 0,2—0,5 g; man breitet sie gleichmäßig in dem Schiffchen aus. Ist die Temperatur auf ungefähr 900⁰ gestiegen, führt man das Schiffchen mittels eines Messing- oder Kupferstabes, dessen Ende zu einem Haken umgebogen ist, in die Mitte des Porzellanrohres ein, so daß es bis nahe an das Le Chatelier-Thermoelement heranreicht. Während dieser Zeit bleibt der Sauerstoffstrom abgestellt. In rascher Weise werden die Absorptionsvorrichtungen angeschlossen, die Temperatur auf 1000—1050⁰ gesteigert und die Sauerstoffzufuhr derart geregelt, daß ein nicht zu schwacher Gasstrom gebildet wird. Sobald die Verbrennung einsetzt, wird fast der gesamte Sauerstoff verbraucht, was sich durch plötzliches Stocken des Gasstromes hinter dem Verbrennungsrohre kenntlich macht. Es muß daher die weitere Sauerstoffzufuhr durch das Reduzierventil derart geregelt werden, daß trotzdem ein schwacher Gasstrom durch die Absorptionsgefäße streicht, andernfalls ein Zurücktreten der Absorptions- bzw. Trocknungsflüssigkeit erfolgt. Ist die Zündung eingetreten, so läßt sich das an einer plötzlichen Zunahme der auftretenden Gasblasen erkennen. Man leitet nach erfolgter Verbrennung noch eine Zeitlang einen Strom von Sauerstoff durch die Vorlagen und stellt gleichzeitig die Heizvorrichtung ab.

Eine Steigerung der Temperatur über 1150⁰ hinaus ist unbedingt zu vermeiden; einerseits wird durch eine höhere Temperatur leicht der Ofen geschädigt, andererseits schmilzt das Eisen vorzeitig und schließt dann leicht unverbrannten Kohlenstoff ein, der sich der Bestimmung entzieht.

In allen Fällen ergibt sich der Kohlenstoffgehalt der Probe, wenn man die Gewichtszunahme der Absorptionsgefäße mit 0,2728 (log = 0,43586 — 1) multipliziert. Da während der Wägung der letzteren die Temperatur des Ofens langsam auf etwa 900⁰ zurückgegangen ist, kann sofort eine weitere Probe zur Verbrennung gebracht werden.

Bei allen Verbrennungen ohne Zuschlag ist ein Kupferoxydrohr einzuschalten, um etwa auftretendes Kohlenoxyd in Kohlendioxyd überzuführen; werden Zuschläge verwendet, ist dasselbe entbehrlich.

Da der Schwefel gasförmig in Form von Schwefeldioxyd und Trioxyd von dem Sauerstoffstrom mitgenommen wird, ist zu verhindern, daß die Gase in die Absorptionsgefäße hineingelangen; dieses wird durch die Chromschwefelsäurevorlage ausreichend bewirkt (36 g Chromsäure in 120 ccm Wasser, hinzu: 600 ccm Schwefelsäure (spez. Gew. 1,84). An Stelle letzterer kann mit gleich gutem Erfolge eine Kupferdrahtspirale, die am hinteren Ende zur Hälfte mit Bleichromat gefüllt ist, verwendet werden. Auf Phosphor ist, da derselbe nicht flüchtig ist, keine weitere Rücksicht zu nehmen.

Die Verwendung von Zuschlägen, insbesondere von solchen, die Sauerstoff abgeben und zugleich mit dem Verbrennungserzeugnis der Substanz leichtflüssige Schlacken geben, ermöglicht die Anwendung einer niedrigeren Rohrtemperatur. Die vorteilhaftesten Zuschläge sind Bleisuperoxyd, Wismuttetroxyd, Kobaltoxyd, Kupferoxyd und weicher Stahl.

Heczko verwendet mit gutem Erfolge kohlefreie Elektrolyteisenspäne zur Beschleunigung der Verbrennung infolge örtlicher Temperatursteigerung, was namentlich für Ferrolegierungen angebracht ist; für eine Einwaage von bis zu 1 g genügt ein Zusatz von 1 g.

Je niedriger die Arbeitstemperatur ist, um so länger dauert die Verbrennung; bei zu großer Geschwindigkeit des Gasstromes läuft man Gefahr, daß die Absorptionsgefäße das Kohlendioxyd nicht vollständig zurückhalten. Die normale Zeitdauer beträgt etwa 15 Minuten bei etwa 3 Blasen Sauerstoff in der Sekunde.

Was nun die Verbrennung der einzelnen Eisensorten anbetrifft, so ist bei Roheisen ein Zuschlag von Bleisuperoxyd erforderlich, falls bei 900^0 verbrannt wird; bei Temperaturen von 1100^0 und höher verbrennt es ohne Zuschlag vollständig. Hochprozentiges Ferrosilicium verlangt einige Gramm CuO als Zuschlag und die Verbrennung bei 1250—1300^0 (Heczko); Ferrochrom bei einer Verbrennungsdauer von 30 Minuten zweckmäßig einen Zuschlag von Bleisuperoxyd und Normalstahl. Ferrowolfram verbrennt ohne Zuschlag bereits bei 900^0, während Ferrovanadin-Ferromolybdän einen solchen nicht entbehren kann, das gleiche gilt für Ferroaluminium.

Bei Verwendung von Kupferoxyd als Zuschlag ist unbedingt ein Ausglühen im Sauerstoffstrom vorzunehmen.

Zur genauen Bestimmung kleinster Kohlenstoffgehalte in Eisen und Stahl nach dem Barytverfahren wird das während der Verbrennung gebildete Kohlendioxyd in Barytlauge absorbiert und das gebildete Bariumcarbonat nach dem Auflösen in Salzsäure durch Fällen mit Schwefelsäure in Bariumsulfat übergeführt. Auf diese Weise gelangt der Kohlenstoff in Form einer Verbindung mit höherem Molekulargewicht zur Bestimmung, wodurch eine Erhöhung der Genauigkeit erreicht wird. (1 Atom C = 1 Molekel $BaSO_4$).

G. Thanheiser und P. Dickens [Mitt. K. W. Inst. f. Eisenforsch. 9, 239 (1927)] haben zur Kontrolle dieser gewichtsanalytischen Bestimmung das überschüssige Bariumhydrat im Filtrat zurücktitriert. Hierbei traten jedoch insofern Schwierigkeiten auf, als mit der bisherigen Apparatur der Ausschluß der Luft kein vollständiger war. P. Bardenheuer und P. Dickens [Stahl u. Eisen **47**, 762 (1927)] beschreiben eine solche [1], die Lösen, Filtrieren und Auswaschen unter Luftabschluß oder in einer beliebigen Gasatmosphäre erlaubt.

Die Genauigkeit erreichte ± 0,001 % Kohlenstoff. Durch Erhöhung der Konzentration der Barytlauge wurde das Verfahren auch auf die Bestimmung von Kohlenstoff in Werkstoffen ausgedehnt. Die Bestimmung in Ferrolegierungen bietet insofern Vorteile gegenüber dem volumetrischen Verfahren, als man nicht an ein bestimmtes Sauerstoffvolumen gebunden ist und dadurch schwer verbrennliche Proben beliebig lange der Verbrennung aussetzen kann; auch kommt die infolge geringerer Einwaage entstehende Fehlerquelle in Fortfall.

Die Zuverlässigkeit des Verfahrens hat sich auch bei geringen Einwaagen (0,1 g) erwiesen, was bei der Untersuchung von Proben, von denen nur kleine Mengen zur Verfügung stehen, besonders wichtig ist.

β) **Gasanalytische Bestimmung.** Auch dieses Verfahren ist vom **Chemiker-Ausschuß des Vereins Deutscher Eisenhüttenleute** (Bericht Nr. 43, 1925) einer eingehenden Prüfung unterzogen worden, wovon hier das Wesentlichste wiedergegeben werden soll.

Die gasanalytische Bestimmung des Kohlenstoffs in Eisen und Stahl beruht auf der Messung des Volumens des Kohlendioxyds, das sich bei der Verbrennung des in einer bestimmten Probenmenge enthaltenen Kohlenstoffs im Sauerstoffstrom gebildet hat. Unter Berücksichtigung von Druck und Temperatur ergibt sich aus dem festgestellten Volumen des gebildeten Kohlendioxyds durch Umrechnung der Kohlenstoffgehalt der Probe.

Um das gesamte Kohlendioxydvolumen zu erfassen, muß die Meßbürette zugleich als Gassammelgefäß dienen und das ganze bei der Verbrennung entstehende Gasgemenge aufnehmen können. Um eine überflüssige Aufnahme von Sauerstoff zu vermeiden, muß der Verbrennungsraum möglichst klein gehalten werden, daher auch die von Kinder [Stahl u. Eisen **44**, 395 (1924)] angegebene Kupferdrahtnetzspirale, die zur Absorption der Schwefeloxyde in das Verbrennungsrohr eingeschoben wird, der Chromschwefelsäure-Vorlage vorzuziehen ist und somit den toten Raum verringert.

Auch bei der Führung des Verbrennungsvorganges ist besonders darauf zu achten, daß jede vorzeitige Zufuhr von Sauerstoff unterbleibt. Der Zustrom darf erst eröffnet werden, wenn die eingeführte Probe so weit erhitzt ist, daß die Verbrennung des Eisens sofort beginnt. Während der Dauer der Verbrennung sollte nicht mehr Sauerstoff zugeführt werden als verbraucht wird. Das richtige Maß ist innegehalten, wenn sich der Flüssigkeitsspiegel in der Erweiterung der Meßbürette während der Verbrennung nicht wesentlich senkt. Dem zur Ausspülung des gebildeten Kohlendioxyds aus dem Verbrennungsrohre nach der Verbrennung durchgeleiteten Sauerstoff muß noch so viel Raum in der Meßbürette zur Verfügung stehen, daß diese vollständig erfolgen kann, d. h. daß alles Kohlendioxyd erfaßt wird. Das sofortige Einsetzen der

---

[1] Von der Firma F. K. Retsch, Laboratoriumsbedarf, Düsseldorf, zu beziehen.

Verbrennung wird erleichtert durch eine hohe Erhitzungstemperatur; die schnelle und vollständige Durchführung wird gesichert durch Verwendung eines sauerstoffabgebenden Zuschlages. Werden diese Bedingungen innegehalten, so kürzt sich die Dauer des Verbrennungsvorganges auch für schwerer verbrennliche legierte Werkstoffe erheblich ab. Was die zu verwendenden Porzellanrohre anbetrifft, so sind solche mit höherem Tonerdegehalt weniger leicht zum Bruch neigend; immer ist dafür zu sorgen, daß die Abkühlung allmählich vor sich geht. Am längsten halten Rohre, die dauernd erhitzt sind, wie das bei Tag- und Nachtbetrieb der Fall ist. Gegen allzu starke Verschlackung der Verbrennungsrohre hilft die Reduktion der Schlacke im Wasserstoffstrom; das hierbei reduzierte Metall ist in der Hitze weich und läßt sich leicht herausbringen. Überdeckte Schiffchen behindern zum Teil den Sauerstoffzutritt, was zu unvollständigen Verbrennungen Veranlassung geben kann. Die Zuschläge selbst beeinträchtigen zwar ebenfalls die Verschlackung, wirken dafür aber stark anfressend auf das Porzellan. Gasdurchlässigkeit tritt bei höheren Temperaturen auch bei beiderseitig unglasierten Rohren nicht in Erscheinung; man kann daher für die Verbrennung sowohl glasierte als auch unglasierte Rohre verwenden.

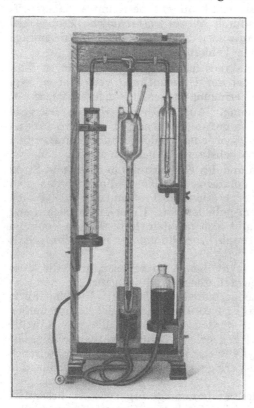

Abb. 24. Kohlenstoffbestimmungsapparat nach Wirtz.

Die Meßapparatur ist mit dem Verbrennungsrohr durch ein kleines, mit Glaswolle gefülltes Rohr verbunden, das als Staubfänger dient und das Eindringen der von dem Gasstrom mitgerissenen feinen Eisenoxydteilchen in die Capillarröhre des Kühlers verhüten soll. Kühler, Meßbürette mit Niveauflasche und Absorptionsgefäß bilden die drei wesentlichen Bestandteile des Gasuntersuchungsapparates, der dem Orsat-Apparat nachgebildet ist. Der Kühler mit capillarem Schlangenrohr soll den dem Ofen hocherhitzt entströmenden Gasen Zimmertemperatur erteilen. Die Meßbürette, im oberen Teil zylindrisch erweitert und ganz oder zum Teil mit Kühlmantel und Termometer versehen, dient der Feststellung der Differenz zwischen Gesamtgasvolumen und Sauerstoffvolumen. Das Absorptionsgefäß, ein zweischenkliges Orsatrohr, ist mit Kalilauge gefüllt, um die Kohlensäure aufzunehmen. Die Verbindungen dieser drei Teile der Meßapparatur müssen capillar sein.

Die Apparate von Wirtz und Ströhlein (Abb. 24) unterscheiden sich nur dadurch, daß die Meßbürette des ersteren mit einer eingeätzten Skala versehen ist, die den Kohlenstoffgehalt unmittelbar in Prozent angibt, während die Ströhleinsche Bürette Unterteilungen aufweist, die je 5 ccm Inhalt entsprechen und eine verschiebbare Skala trägt, die eine Länge von 6 dieser Unterteilungen umfaßt und den Kohlenstoffgehalt von 0—1,5 % angibt.

Der Kruppsche Apparat (Abbildung 25) ist mit einer einfachen Bürette in Kubikzentimeter versehen. Da das Gewicht von 1 ccm Kohlensäure bei 15° und 760 mm Hg-Säule über Wasser 0,00183 g beträgt, also $\frac{12}{44} \cdot 0,00183 = 0,0005$ g Kohlenstoff entspricht, so zeigt bei 1 g Einwaage diejenige Bürettenlänge, die 1 ccm Inhalt entspricht, 0,05 % C an. Die Anzahl der abgelesenen Kubikzentimeter Kohlendioxyd ist also bei dieser Einwaage durch 20 zu dividieren, um den Kohlenstoffgehalt der Probe in Prozent zu erhalten.

Während Wirtz und Ströhlein ihre Büretten und Absorptionsgefäße mit Ventilen öffnen und schließen, arbeitet der Krupp-Apparat mit Marken und Hähnen. Der Hahn der Meßbürette gestattet

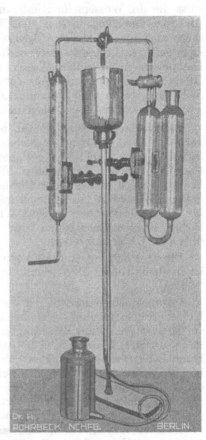

Abb. 25. Kohlenstoffbestimmungsapparat nach Krupp.

hier, den Rest Sauerstoff nach der Messung in der Richtung der Hahnachse ins Freie zu entlassen, so daß während der Meß- und Absorptionsvorgänge die Verbrennungsapparatur ausgeschaltet und doch mit der Meßapparatur verbunden bleiben kann. Hierdurch wird es möglich, schon während des Übertreibens der Gase in das Absorptionsgefäß die Auswechslung der Probe vorzunehmen. Nach der Entlassung des Gasrestes ist dann die neue Probe schon so weit vorgewärmt, daß die Verbindung des Verbrennungsrohres mit der Meßbürette sofort wieder hergestellt werden kann, um die Gase von der sogleich einsetzenden neuen Verbrennung aufzufangen. Dies bedeutet eine Zeitersparnis von 2 Minuten, wodurch sich bei fortlaufender Arbeit und zugetragenen Einwaagen die Dauer der Einzelbestimmung auf 3 Minuten abkürzt.

In den erweiterten Teil der Meßbürette läßt man zweckmäßig ein Thermometer einbauen, um die Temperatur im Gase selbst zu messen, statt die des Wassers im Kühlmantel als Gastemperatur anzunehmen. Als Sperrflüssigkeit in den Meßröhren wird gewöhnlich mit Schwefelsäure angesäuerte 26%ige Kochsalzlösung verwendet, die sich wegen ihres geringen Lösungsvermögens für Kohlendioxyd und ihrer geringeren Dampftension gegenüber Wasser (bei $20\,^0$ C $13{,}9$ mm gegen $17{,}5$ mm Hg-Säule) empfiehlt. Als Absorptionslösung dient Kalilauge $1:2$. Der Sicherheit wegen muß stets eine zweimalige Absorption vorgenommen werden, besonders bei Proben mit höherem Kohlenstoffgehalt.

Die Verbrennungstemperatur ist bei Verwendung von Zuschlägen auf mindestens 1000^0, ohne solche auf 1200^0 zu halten. Von Zuschlägen ist Bleisuperoxyd am besten geeignet, da es bereits zwischen 600^0 und 700^0 einen Teil seines Sauerstoffes abgibt. Bei schwerer verbrennlichen Proben, dicken Spänen oder hochlegierten Stählen wendet man vorteilhafter Bleioxyd an, das so rein geliefert werden kann, daß der Abzug für die blinde Bestimmung fortfällt. · Auch die Verwendung von metallischen Kupferspänen ist zu empfehlen; diese wirken auf dem Umweg über das Oxyd katalytisch.

Die Einschaltung eines Absorptionsmittels für die Oxyde des Schwefels ist in Gestalt einer Bleichromatkupferspirale, wie bereits erwähnt, notwendig.

Im allgemeinen besteht der Arbeitsvorgang bei der gasanalytischen Kohlenstoffbestimmung aus folgenden Einzelhandlungen: Einsetzen der eingewogenen, mit Zuschlag versehenen Probe in das Verbrennungsrohr; Anwärmen der Probe bei unterbundener Sauerstoffzufuhr; Verbrennen der Probe im offenen Sauerstoffstrom und Ansaugen der Verbrennungsgase in die Meßröhre bei gesenkter Niveauflasche; Abschluß der Meßbürette und Ablesung des Gesamtgasvolumens oder Einstellen des Skalennullpunktes; Hinüberdrücken des Gases in das Absorptionsgefäß bei gehobener Niveauflasche; Zurücksaugen des Restsauerstoffes in die Meßröhre und Ablesung seines Volumens; Hinausdrücken des Restsauerstoffs, wodurch die Bürette wieder mit der Sperrflüssigkeit gefüllt und für die nächste Bestimmung in Bereitschaft gesetzt wird; Hinausziehen des Schiffchens mit der verbrannten Probe. Die Übereinstimmung der erhaltenen Werte ist gut bei Proben unter 1% C; bei solchen von 1—3% sind sie für Betriebsbestimmungen noch erträglich; über 3% treten jedoch beträchtliche Abweichungen auf, was darauf zurückzuführen ist, daß ·wegen des begrenzten Fassungsraumes der Meßbüretten mit geringeren Einwaagen gearbeitet werden muß; hierzu kommt noch die allgemein zutreffende Gefahr der Entmischung beim Einwägen der Proben, die besonders bei grauem Roheisen zu erheblichen Unterschieden führt. Die Einwaagen bewegen sich je nach Kohlenstoffgehalt bis 1% 1 g, über 1%—3% $0{,}5$ g, darüber $0{,}2$—$0{,}3$ g.

Die gasanalytische Kohlenstoffbestimmung empfiehlt sich als Schnell-bestimmung im Betriebe zwecks Kontrolle des Schmelzungsverlaufes, sowie zur Bewältigung von Massenarbeit großer Werke und zur Prüfung der Werkstoffe für die Abnahme.

In Ferrolegierungen macht das Ferrosilicium bei Gehalten über $45^0/_0$ Si Schwierigkeiten bezüglich der Vollständigkeit der Verbrennung während das vom Hochofen stammende leicht und schnell verbrennt. Ferromangane verbrennen leicht und vollständig, nur muß die Ein-waage niedrig gehalten werden (0,2 g). Ferrochrome schaltet man besser von der gasanalytischen Bestimmung des Kohlenstoffs aus, da eine vollständige Verbrennung nicht zu erreichen ist, desgleichen bei Ferromolybdän und Ferrovanadin, wogegen Ferrowolfram der Verbrennung unterworfen werden kann.

Im allgemeinen ist bei der Untersuchung der Ferrolegierungen der gewichtsanalytischen Kohlenstoffbestimmung vor der gasanalytischen der Vorzug zu geben, zumal Schnellbestimmungen und Massenanalysen nicht in Frage kommen.

Inwieweit die Verfahren von Enlund und Malmberg zur Schnell-ermittlung des Kohlenstoffgehaltes für Betriebsproben in Betracht kommen, muß der Zukunft überlassen bleiben.

Das erstere (Holthaus: Chemiker-Ausschuß des V. D. E. **1922**, Nr. 39) beruht auf der Messung des elektrischen Leitwiderstandes von gehärtetem und ungehärtetem Stahl, während der Carbometer von Malmberg [Klinger und Fucke: Arch. f. Eisenhüttenw. 3, 347 (1929)] die mit dem Kohlenstoffgehalt veränderliche Permeabilität des Eisens heranzieht, d. h. wenn ein Probekörper aus Eisen dem Einfluß eines Magnetfeldes ausgesetzt wird, das zwischen zwei Werten mehrmals eine Änderung erfährt, der Unterschied in der magnetischen Induktion ein Maß für den Kohlenstoffgehalt des Probstückes bildet. Mit gutem Erfolg wird das Carbometer in solchen Stahlwerken angewendet, die gleich-mäßige Schmelzungen herstellen (z. B. nur Kohlenstoffstähle).

c) Die colorimetrische Kohlenstoffbestimmung nach Eggertz.

Sie beruht auf der Erscheinung, daß beim Auflösen von Eisen in Salpetersäure der gebundene Kohlenstoff sich mit löst und die Flüssig-keit, je nach seiner Menge, mehr oder weniger dunkelbraun färbt. Die Farbe wird durch Eisenchlorid verändert; die Salpetersäure muß daher chlorfrei sein. Die Farbe des Eisennitrates macht man durch Verdünnen auf mindestens 8 ccm unschädlich. Von den im Eisen häufiger auftreten-den Stoffen sind Phosphor, Schwefel und Kupfer ohne jeden Einfluß auf die Farbe; Silicium und Wolfram geben unlösliche Säuren, die abfiltriert werden. Schwache Färbungen, wie sie zuweilen von Vanadium und Mangan erzeugt werden könnten, verschwinden beim Verdünnen auf 8 ccm.

Die Bestimmung des Kohlenstoffes erfolgt nun derart, daß man die Farbe der Lösung des zu untersuchenden Eisens durch Verdünnen in Übereinstimmung bringt mit der einer auf ganz gleiche Weise und zu gleicher Zeit hergestellten Lösung von Normalstahl[1] mit bekanntem Kohlenstoffgehalt. Die gelösten Kohlenstoffmengen stehen dann im umgekehrten Verhältnisse zu dem Volumen der Flüssigkeiten.

Cramer (Chemiker-Ausschuß des V. D. E. Bericht 38) hat nachgewiesen, daß die colorimetrische Kohlenstoffbestimmung nur dann richtige Werte liefert, wenn der zu untersuchende Stahl mit einem solchen verglichen wird, der den gleichen Kohlenstoffgehalt besitzt; beim Vergleich mit einem Stahl, der kohlenstoffärmer ist, erhält man niedrigere, beim Vergleich mit einem kohlenstoffreicheren höhere Werte. Hingegen kann man Thomasstahl als Vergleichsstahl mit Siemens-Martinstahl und umgekehrt benutzen.

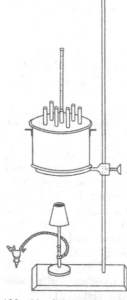

Das Verfahren ist anwendbar für alle Arten schmiedbaren Eisens mit Ausnahme der Chrom- und Nickelstähle, weil die grüne Farbe der Nickel- und die gelbe der Chromlösung die der Kohlenstofflösung verändert. Nicht anwendbar ist das Verfahren bei Proben, die entweder zu schnell abgekühlt oder ausgeglüht wurden.

Erkaltet Eisen aus heller Glühhitze langsam auf gewöhnliche Temperatur, wie es im Hüttenbetriebe in der Regel der Fall ist, erfolgt also weder eine plötzliche Abkühlung durch Abschrecken im Wasser oder einer anderen Kühlflüssigkeit, noch ein besonders langsames Abkühlen durch Bedecken mit schlechten Wärmeleitern bzw. Ausglühen, so ist das Verhältnis zwischen Carbid- und Härtungskohle jederzeit nahezu dasselbe. Für Roheisen kommt das Verfahren nicht in Betracht.

Die Ausführung der Bestimmung geschieht folgendermaßen: 0,1 g Normalstahl und 0,1 g des zu untersuchenden Eisens werden je in einem Probierröhrchen von 15 mm Weite und 120 mm Länge nach und nach mit 4 ccm chlorfreier Salpetersäure (spez. Gew. 1,2) übergossen unter Einstellung in kaltes Wasser, um eine zu heftige Einwirkung zu vermeiden. Die Probierröhrchen bringt man nun in ein kleines, mit durchlöchertem Deckel versehenes Wasserbad (Abb. 26), das im Sieden erhalten wird. Nach 20 Minuten ist die Lösung beendet, was am Aufhören jeder Gasentwicklung erkannt wird. Häufig bemerkt man an der Glaswand einen rotgelben Beschlag von basischem Eisennitrat, den man durch Schütteln ablöst. Macht er die Flüssigkeit unklar, so muß man ihn durch Filtrieren abscheiden. Früher löste man bei 80°, wobei der Beschlag nicht entsteht; die Lösung dauert dann aber 1½—2 Stunden. Spüller [Stahl u. Eisen 19, 825 (1899)] beschleunigt das Lösen durch

Abb. 26. Colorimetrische Kohlenstoffbestimmung nach Eggertz.

---

[1] Zu beziehen mit Kohlenstoffgehalten von 0,10, 0,17, 0,27, 0,44, 0,67, 0,75 und 1,03% vom Staatlichen Materialprüfungsamt, Berlin-Dahlem.

Einstellen der Röhren in ein auf 135° erhitztes Paraffinbad so, daß es in 5 Minuten beendet ist. Um übereinstimmende Ergebnisse zu erzielen, müssen die S. 1378 mitgeteilten Vorschriften genau innegehalten werden. Nach erfolgter Lösung setzt man die Röhren in ein mit kaltem Wasser gefülltes und durch eine Pappkappe vor Tageslicht (welches die Lösungen rasch bleicht) geschütztes Becherglas zum Abkühlen und gießt sie dann in 15 mm weite und in 0,05 ccm geteilte, 30 ccm fassende Meßröhren aus farblosem Glase und gleicher Wandstärke aus. Die Normallösung wird (einschließlich des Spülwassers) so weit verdünnt, daß auf je 0,1% Kohlenstoff 1 ccm Flüssigkeit

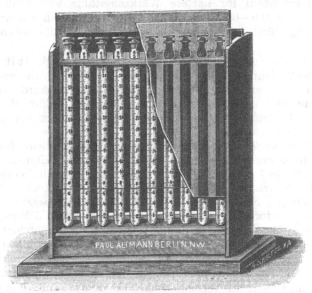

Abb. 27. Colorimeter.

kommt, mindestens jedoch 8 ccm, damit jeder Einfluß seitens des gefärbten Eisennitrates ausgeschlossen bleibt. Die Probelösung erhält so lange Wasserzusatz, bis Farbengleichheit hergestellt ist. Die Mischung muß sorgsam nach jedesmaligem Zusatze von Wasser erfolgen. Die Farbenvergleichung, der wichtigste Arbeitsvorgang, ist am leichtesten bei Ausschluß jeder seitlichen Beleuchtung auszuführen; zu diesem Zwecke setzt man die Röhren in einen kleinen, nur hinten und vorn offenen, an der dem Licht zugewandten Seite 26 mm, an der entgegengesetzten 120 mm weiten und innen schwarz gestrichenen Holzkasten, der in der oberen Wand 2 Bohrungen für die Gläser hat, oder man benutzt ein Holzgestell (Abb. 27) mit Milchglasplatte als Rückwand und stellt die Meßröhren in die hierfür bestimmte Rahmenleiste. Das Vergleichen der Proben wird sicherer, wenn man einmal die zu untersuchende Probe rechts und dann links vom Normalstahl aufstellt; erscheint z. B. die linksstehende Probe noch etwas dunkler als der Normalstahl und bemerkt

87*

beim Vertauschen dasselbe Ergebnis, so kann man annehmen, daß die Färbungen übereinstimmen.

Der Kohlenstoffgehalt ergibt sich, wenn a die Anzahl Kubikzentimeter der Normalstahllösung, b der Gehalt derselben, c die Anzahl Kubikzentimeter der Probelösung bedeutet, aus der Gleichung: $x = \dfrac{b \cdot c}{a}$.

Es ist zweckmäßig, für den Vergleich mehrere Normalstähle in Bereitschaft zu haben, da zu große Verdünnungen der Probelösungen leicht zu größeren Abweichungen in der Ermittlung des Kohlenstoffgehaltes führen können.

Ein Normalstahl für härtere Werkzeugstähle von rund $1\,{}^0/_0$, für mittelharte von $0,5$—$0,6\,{}^0/_0$ und für weiches Flußeisen ein solcher mit $0,15$—$0,30\,{}^0/_0$ dürfte wohl am geeignetsten für alle vorkommenden Fälle sein.

Le Chatelier und Bogitch (Revue de Métallurgie 1916, 257, 66) haben das Verfahren einer eingehenden Bearbeitung unterzogen und sind dabei zu folgenden Ergebnissen gelangt: Durch Säure von 1,18 bis 1,16 Dichte wird zwar das Metall am schnellsten gelöst, doch ist zur Lösung der kohlenstoffhaltigen Bestandteile eine Säure von 1,25—1,30 Dichte am geeignetsten.

Die Arbeitsweise ist die folgende: Der in Form möglichst feiner Bohr- oder Feilspäne vorliegende Stahl wird mit 20 ccm kalter Säure (spez. Gew. 1,16) für je 1 g Metall versetzt, dann schnell innerhalb einer Minute zum Kochen gebracht. Man läßt eine weitere Minute kochen, fügt dann 30 ccm kochende Säure (spez. Gew. 1,23) hinzu und setzt das Kochen noch 3 Minuten fort. Der ganze Vorgang dauert somit 5 Minuten. Man läßt alsdann schnell erkalten, indem man das Proberöhrchen in kaltes Wasser taucht und schüttelt. Dann vergleicht man mit einer Lösung von bekanntem Kohlenstoffgehalt.

Außer von der Arbeitsweise werden die Versuchsergebnisse von der Art und dem Gehalt der verschiedenen Fremdkörper und dem durch die vorausgegangene Wärmebehandlung bedingten Gefügezustand beeinflußt. Bezüglich des Einflusses des Kohlenstoffgehaltes ist zu bemerken, daß die Färbung der Flüssigkeit nicht immer verhältnisgleich mit dem Kohlenstoffgehalte wächst. Es ist dies vor allem bei ungleichen Mangangehalten der Fall. Bei reinen Tiegelstählen mit weniger als je $0,1\,{}^0/_0$ Phosphor, Schwefel, Silicium und Mangan nimmt die Färbung gleichmäßig mit dem Kohlenstoffgehalte zu. Reine Stähle aller Härten können daher mit einem und demselben Normalstahl verglichen werden.

Mangan vermindert sowohl in harten als in weichen Stählen die Färbung; man findet also zu wenig Kohlenstoff. Dieser Einfluß ist jedoch wenigstens bei dem in Stählen durchweg vorkommenden Gehalt bis $1\,{}^0/_0$ unbedeutend. Als Normalstahl nimmt man zweckmäßig einen Stahl mit $0,5\,{}^0/_0$ Mangan; man wird dann nie Abweichungen in den Kohlenstoffbestimmungen von über $10\,{}^0/_0$ erhalten.

Nickel drückt wie Mangan den Kohlenstoffgehalt herunter, wirkt aber kräftiger als dieses. Nickelgehalte von z. B. $3\,{}^0/_0$ geben grüne Lösungen, deren Vergleich schwierig ist.

Silicium übt in niedrigen Gehalten bei gewöhnlichen Stählen keinen nachteiligen Einfluß aus. Bei höheren Gehalten über 1%, wie sie bei Dynamoblechen und Federstählen vorkommen, erhält man grüne, wenig gefärbte Lösungen, die sich zu einem Vergleich mit der Normallösung nicht eignen.

Was den Einfluß der Wärmebehandlung betrifft, so ist aus den Arbeiten von Osmond bekannt, daß bei abgeschreckten Stählen Unterschiede von 30—50% vom Gesamtgehalt gefunden werden. Nach dem Anlassen bis zum vollständigen Ausglühen nähert man sich allmählich wieder dem wirklichen Gehalte. Selbst Schwankungen in der Abkühlung beeinflussen die Ergebnisse merklich, und zwar ist die Wirkung der Abkühlungsgeschwindigkeit um so ausgesprochener, je mehr Mangan das Metall enthält.

Für das Kohlenbestimmungsverfahren nach Eggertz sind nur langsam erkaltete Stähle zu verwenden, und es ist als Normalstahl möglichst ein solcher zu wählen, der den gleichen Mangangehalt hat wie der zu untersuchende.

d) Bestimmung einzelner Arten von Kohlenstoff.

α) **Graphit und Temperkohle.** Beide sind in Säuren unlöslich, ihre Trennung und gesonderte Bestimmung ist deshalb zur Zeit nicht möglich. Temperkohle tritt aber in wenigen, an Kohlenstoff reichen Eisensorten, z. B. in weißem Roheisen und auch in diesem nur nach lange anhaltendem Glühen auf. Die gebundenen Kohlenstoffarten lösen sich in Salzsäure nicht vollständig, wohl aber in Salpetersäure, weshalb letztere als Lösungsmittel bei Bestimmungen der freien Kohlenstoffarten des Eisens anzuwenden ist. Durch die Versuche von Ledebur (Gewerbfl. Verh. 72, 308) ist das einzuhaltende Verfahren vereinfacht und festgelegt wie folgt: Von graphitreichem Eisen löst man 1 g, von hellgrauem Roheisen oder von geglühtem Weißeisen 2—3 g in einem Erlenmeyerkolben in Salpetersäure vom spez. Gewicht 1,2 (25 ccm auf je 1 g Eisen) und taucht während des ersten starken Angriffes das Gefäß behufs Kühlung in kaltes Wasser. Dann erhitzt man auf dem Sandbad unter häufigem Umschütteln während zwei Stunden bis nahe zum Sieden, setzt zu der heißen Lösung einige Kubikzentimeter Flußsäure, filtriert dann nach vorgängigem mäßigen Verdünnen mit Wasser durch ein ausgeglühtes Asbestfilter, übergießt den Rückstand mit kaltem Wasser, filtriert und bringt ihn selbst auf das Filter, wäscht mit kaltem Wasser, bis im Ablauf Eisen mit Rhodankalium nicht mehr nachweisbar ist, und verbrennt die Kohle in Chromsäure-Schwefelsäure zu Kohlendioxyd.

Soll der Graphit im elektrischen Ofen verbrannt werden, so muß das Asbestfilter mit Kalilauge, Salzsäure und Wasser ausgewaschen werden.

Nach Ledebur (Leitfaden für Eisenhüttenlaboratorien, 12. Aufl., S. 97) kann man die Bestimmung des Graphits auch durch unmittelbare Wägung des Rückstandes ausführen. Man löst 2 g Eisen in 35—40 ccm

Salpetersäure (spez. Gew. 1,2), indem man das Eisen nach und nach in das mit der Salpetersäure beschickte und in kaltem Wasser stehende Becherglas schüttet. Dann erhitzt man eine Stunde lang auf dem Sandbade, ohne die Lösung in starkes Sieden zu bringen. Man gibt alsdann Flußsäure zu der heißen Lösung, jedoch ohne diese an den Glaswänden hinabfließen zu lassen, schüttelt gut um und filtriert durch ein inzwischen eine Stunde lang bei 100° getrocknetes und gewogenes Filter. Dieses befindet sich beim Wägen in einem gut verschließbaren Wägegläschen, damit es an der Luft keine Feuchtigkeit anziehe. Das Filter darf nicht bis zum Rande mit Flüssigkeit gefüllt werden; Filter und Inhalt werden dann zweimal mit heißem Wasser, zweimal mit heißer 5%iger Kalilauge, zweimal mit heißem Wasser, zweimal mit heißer Salzsäure (1:3) und schließlich dreimal mit heißem Wasser ausgewaschen. Nun wird das Filter behutsam aus dem Trichter genommen, indem man zuerst mit Hilfe eines Spatels das Papier von den Trichterwänden loslöst, in ein Wägegläschen bringt, wiederum eine Stunde bei 100° trocknet und nach dem Abkühlen im Exsiccator wiegt. Der Gewichtsunterschied gegen die erste Wägung bedeutet den Graphitgehalt, in Gramm ausgedrückt.

β) **Carbidkohle.** Die gesonderte Bestimmung der Carbidkohle erfordert die vorausgehende Trennung des Eisencarbides von dem diese chemische Verbindung einschließenden Eisen. Da nach den grundlegenden Untersuchungen C. G. Friedrich Müllers [Stahl u. Eisen 8, 292 (1888)] diese Verbindung nur in sehr verdünnten kalten Säuren ungelöst bleibt, durch konzentrierte Säuren aber oder in höherer Temperatur teils gelöst, teils unter Abscheidung von Kohlenstoff zersetzt wird, so muß sehr vorsichtig verfahren werden. Man löst je nach dem Kohlenstoffgehalt 1—3 g möglichst fein zerteiltes Eisen in einem Kolben bei Luftausschluß durch einen Kohlendioxyd-, Wasserstoff- oder Leuchtgasstrom in sehr verdünnter Schwefelsäure (1:9 oder 1:10, 30 ccm auf jedes Gramm Eisen) bei gewöhnlicher Temperatur während 2—3 Tagen unter öfterem Umschütteln. Dann filtriert man auf ein Asbestfilter, wäscht bis zum Verschwinden der Eisenreaktion im durchlaufenden kalten Waschwasser und verbrennt im Sauerstoffstrom oder in Chromsäure. Enthielt das Eisen auch Graphit und Temperkohle, so sind diese in einer zweiten Probe zu bestimmen; der Unterschied beider Ergebnisse ist die Carbidkohle.

γ) **Die Härtungskohle** ergibt sich, wenn man von dem Gesamtkohlenstoffgehalt den Gehalt an Graphit (Temperkohle) und Carbidkohle in Abzug bringt. Eine unmittelbare Bestimmung, etwa durch Verbrennen der beim Lösen des Eisens in kalter, verdünnter Salz- oder Schwefelsäure entweichenden Kohlenwasserstoffe ist umständlich und ungenau.

6. Mangan.

Von den Verfahren, die für die Manganbestimmung in den verschiedenen Eisenarten in Frage kommen, ist den maßanalytischen unbedingt der Vorzug zu geben, da die gewichtsanalytischen Bestimmungsverfahren

zu viel Zeit beanspruchen und jene an Genauigkeit keineswegs übertreffen. Im übrigen sei auf den diesbezüglichen Abschnitt unter Erz-
untersuchung S. 1312 verwiesen.

Der Mangangehalt des Roheisens beträgt häufig, z. B. in Gießerei-
eisen, weniger als $1^0/_0$, öfter, z. B. in Thomas- und Bessemerroheisen,
2—$4^0/_0$, in Spiegeleisen 5—$20^0/_0$, in Ferromangan selbst bis $80^0/_0$. Hierauf muß man bei der Einwaage Rücksicht nehmen. Die Manganmengen
sind fast immer so groß, daß man mit 1 g Substanz genug hat; von
sehr manganreichen Sorten wird man nur $^1/_2$ g in Arbeit nehmen. Vom
schmiedbaren Eisen enthalten die Flußeisensorten immer mindestens
einige Zehntelprozente, auch bis nahe $1^0/_0$, so daß 1 g ebenfalls als ausreichend zu erachten ist.

Das geeignetste Lösungsmittel ist Salpetersäure (spez. Gew. 1,20),
zumal wenn gleichzeitig Silicium mit bestimmt werden soll. Ist nur der
Mangangehalt festzustellen, so kann auch Salzsäure (spez. Gew. 1,19)
benutzt werden, nur ist es dann erforderlich, das Ferrochlorid durch
Kaliumchlorat in Ferrichlorid überzuführen. Auf alle Fälle ist die
Verwendung von Schwefelsäure als Lösungsmittel zu vermeiden, da
sich aus Sulfatlösungen der Mangansuperoxydniederschlag nur schwer
absetzt und hierdurch die Erkennung des Endpunktes der Titration
erschwert wird.

Von den maßanalytischen Verfahren kommen in erster Linie in
Betracht:

1. Das Verfahren von Volhard-Wolff.
2. Das Kaliumchloratverfahren nach Hampe.
3. Das Persulfatverfahren (ursprünglich nach Smith).

Diese drei Verfahren sind vom Chemiker-Ausschuß des Vereins
Deutscher Eisenhüttenleute [Stahl u. Eisen **33**, 633 (1913) u. **35**,
918, 947 (1915)] eingehend geprüft worden, und es hat sich herausgestellt,
daß sie den Anforderungen in jeder Beziehung standhalten, vorausgesetzt, daß man die gegebenen Vorschriften genau innehält.

a) Das Permanganatverfahren nach Volhard-Wolff.

In den Hauptzügen ist das Bestimmungsverfahren dasselbe, wie es
im Abschnitt „Erze" (S. 1312) schon ausführlich wiedergegeben worden
ist. Es sei hier nur auf die für die Bestimmung in Roheisen, Stahl und
Ferrolegierungen anzuwendenden Maßnahmen, zumal der Vorbehandlung hingewiesen.

Man löst in einer mit Uhrglas bedeckten Porzellanschale von Roheisen und Stahl 3—5 g, von Spiegeleisen und Stahleisen 2—3 g in Salpetersäure (spez. Gew. 1,2), und zwar nimmt man im ersteren Falle
50 ccm, im letzteren 25—30 ccm und dampft scharf zur Trockne. Nach
dem Erkalten des Schaleninhalts fügt man 20—30 ccm Salzsäure (spez.
Gew. 1,19) hinzu, scheidet die Kieselsäure ab und filtriert in einen Meßkolben; soll letztere nicht bestimmt werden, wird der gesamte Schaleninhalt in den Meßkolben gespült, nach dem Abkühlen zur Marke aufgefüllt und gut durchgeschüttelt. Hierauf entnimmt man mit der Pipette

mehrere Anteile, wie unter „Erz" (S. 1312) angegeben ist. Bei höheren Mangangehalten werden entsprechend kleinere Anteile in Arbeit genommen. Als Regel soll gelten, daß man mit einer Bürettenfüllung auskommt; dies gilt namentlich für Ferromanganuntersuchungen.

Ist Chrom in erheblicheren Mengen zugegen, so ist es unbedingt erforderlich, die Fällung mit Zinkoxyd in einem Meßkolben vorzunehmen und diese so zu leiten, wie früher angegeben.

Während eine Abscheidung des Siliciums im Ferromangan, Spiegeleisen und Roheisen wegen des hohen Kohlenstoffgehaltes immer zu empfehlen ist, kann man die Lösung von Stahlproben auch mit Salzsäure (spez. Gew. 1,19) bewirken. Man benutzt hierzu sogleich einen Meßkolben und oxydiert mit Kaliumchlorat (1 g für je 1 g der Probe), prüft mit einer frisch bereiteten Lösung von Ferricyankalium und verfährt wie oben.

Handelt es sich um die Ermittlung des Mangangehaltes zahlreicher Betriebsproben und ist eine schnelle Ermittelung vonnöten, so kann das vielerorts geübte Verfahren der Rücktitration einer überschüssig zugefügten Permanganatlösung empfohlen werden.

Deiß [Stahl u. Eisen **30**, 760 (1910)] hat das ursprünglich von Donath und Schöffel [Stahl u. Eisen **7**, 30 (1887)] eingeführte Verfahren weiter ausgebildet. Die Ergebnisse sind sehr zufriedenstellend und kommen dem theoretischen Verlauf der Umsetzungsgleichung am nächsten.

Die zum Titrieren benutzte Permanganatlösung wird unter den bereits erwähnten Vorsichtsmaßregeln (s. S. 1299) hergestellt, und zwar bereitet man zweckmäßig zwei Lösungen vor: eine für niedrigere Gehalte (16 g in 5 l) und eine für höhere (40 g in 5 l). Zum Zurücktitrieren wird Natriumarsenitlösung benutzt; sie wird hergestellt durch Lösen von 8 bzw. 20 g reiner arseniger Säure mit dem halben Gewicht reinen Ätznatrons in Wasser. Etwa ungelöst gebliebene arsenige Säure geht beim Erhitzen in Lösung. Beide Lösungen werden auf 5 l aufgefüllt.

Die Titerstellung der Permanganatlösung erfolgt mit Natriumoxalat (nach Sörensen) oder mit Thiosulfatlösung nach Volhard [Liebigs Ann. **198**, 333 (1879)]; beide Verfahren zeigen gute Übereinstimmung (vgl. Bd. I, S. 356 u. 363). Die Einstellung der Natriumarsenitlösung geschieht am geeignetsten durch einen Versuch, der sich unmittelbar an die Titration einer Manganprobe anschließt (s. weiter unten).

Die Vorbereitung der Probe erfolgt in gleicher Weise wie bei dem Verfahren nach Volhard. Für den zunächst vorzunehmenden Vorversuch verdünnt man die manganhaltige Eisenlösung mit kochendem destillierten Wasser auf 6—700 ccm und setzt nach und nach fein aufgeschlämmtes Zinkoxyd hinzu, bis nach kräftigem Umschütteln gerade alles Eisen in Form brauner Flocken ausfällt; die darüberstehende Flüssigkeit muß nach dem Absitzen des Niederschlages wasserklar sein. Nun fügt man zunächst 10 ccm Permanganat hinzu, schüttelt um, läßt absitzen, wiederholt den Zusatz, bis die klare Lösung nach der Abscheidung des Niederschlages deutlich rot gefärbt erscheint. Nunmehr nimmt man den Permanganatüberschuß mit der Natriumarsenitlösung schrittweise hinweg, bis die überstehende klare Flüssigkeit farblos geworden ist. Ein jedesmaliges kräftiges Umschütteln des Kolbeninhaltes ist unerläßlich. Der ungefähre Verbrauch der Permanganatlösung läßt sich ermitteln, indem man die der zugesetzten Kubikzentimeter Natriumarsenitlösung entsprechende Anzahl Kubikzentimeter Permanganat von der insgesamt verbrauchten Kubikzentimeter Permanganatlösung in Abzug bringt.

Bei dem nun folgenden Hauptversuch behufs genauer Ermittelung des Mangangehaltes und des Wirkungswertes der Natriumarsenitlösung läßt man die um einige (2—4) vermehrte Anzahl Kubikzentimeter Permanganatlösung in ein kleines Becherglas fließen, bereitet die Probe in gleicher Weise wie bei dem Vorversuch vor, schüttet den Inhalt des Becherglases in einem Guß in die siedend heiße Lösung, spült das Glas mit destilliertem Wasser nach und schüttelt kräftig um. Bedingung für das Gelingen ist stets eine deutliche Rotfärbung; bei schwachen Färbungen wiederholt man besser den Versuch. Durch allmählich verringerte Zusätze von Natriumarsenitlösung bringt man die überstehende Flüssigkeit genau auf farblos, immer unter kräftigem Umschütteln nach jedesmaligem Zusatz.

Nunmehr kann zur genauen Ermittlung des Wirkungswertes der Natriumarsenitlösung geschritten werden. In der noch genügend heißen, soeben fertig titrierten Lösung gibt man 5 ccm Permanganat, schüttelt gut durch und verfährt genau so wie bei dem Vorversuch, indem durch allmähliche Zugabe von Natriumarsenitlösung die überstehende Flüssigkeit eben farblos geworden ist. Der Wirkungswert von 1 ccm Arsenitlösung, ausgedrückt in Kubikzentimeter Permanganat, ergibt sich, wenn man die Anzahl der zugesetzten Kubikzentimeter Permanganatlösung durch die zur Entfärbung gebrauchten Kubikzentimeter Arsenitlösung dividiert. Nach Heczko (freundl. Privatmitteilung) läßt sich die Titerbeständigkeit der Lösung erhöhen, wenn man sie mit Schwefelsäure versetzt, bis sie gegen Lackmus eben sauer reagiert.

Zur Berechnung des Mangangehaltes der Probe muß man zunächst die zugesetzte Anzahl Kubikzentimeter Arsenitlösung mit deren Wirkungswert multiplizieren, die so ermittelten Kubikzentimeter Permanganat von der ursprünglich zugesetzten überschüssigen Anzahl Kubikzentimeter Permanganat abziehen; alsdann ergibt sich der Mangangehalt durch Multiplikation des zur Umsetzung verbrauchten Restes der Permanganatlösung mit deren Mangantiter.

Chrom, Kobalt und Vanadium beeinflussen in gleicher Weise das Ergebnis wie bei dem Verfahren nach Volhard; sofern erheblichere Mengen zugegen sind, ist darauf Rücksicht zu nehmen.

Außer Natriumarsenitlösung kann man auch eine Mangansalzlösung benutzen, deren Wirkungswert in gleicher Weise wie oben festgestellt wird. Zweckmäßig stellt man nach Heczko die Mangansulfatlösung so ein, daß 1 ccm davon genau 1 ccm der verwendeten Permanganatlösung entspricht. Die $MnSO_4$-Lösung bereitet man zweckmäßig aus einem bei 4—500° entwässerten, im Exsiccator wegen der hygroskopischen Beschaffenheit aufzubewahrenden Präparat.

b) Das Kaliumchloratverfahren nach Hampe.

Grundlage des Verfahrens bildet die Ausscheidung von Mangansuperoxyd durch Zusatz von Kaliumchlorat zu der eingeengten salpetersauren Eisenlösung nach der Gleichung:

$$Mn(NO_3)_2 + 2 KClO_3 = MnO_2 + 2 KNO_3 + 2 ClO_2.$$

Der erhaltene ausgewaschene Niederschlag wird mittels einer abgemessenen Menge Eisenammonsulfat- oder Oxalsäurelösung gelöst, wobei das Mangansuperoxyd zu Mangansulfat reduziert, Eisenoxydul bzw. Oxalsäure zu Eisenoxyd bzw. Kohlendioxid oxydiert wird nach folgenden Gleichungen:

$$MnO_2 + 2 FeSO_4 + 2 H_2SO_4 = MnSO_4 + Fe_2(SO_4)_3 + 2 H_2O \text{ und}$$
$$MnO_2 + C_2H_2O_4 + H_2SO_4 = MnSO_4 + 2 CO_2 + 2 H_2O.$$

Der Chemiker-Ausschuß des Vereins Deutscher Eisenhüttenleute (Stahl u. Eisen a. a. O.) empfiehlt nach umfangreichen Vorarbeiten die folgende Arbeitsweise: 1—3 g Eisen bzw. Stahl, von Spiegeleisen 0,5 g werden in 60 ccm Salpetersäure (spez. Gew. 1,2) gelöst; nach Verschwinden der braunen Dämpfe werden 6—8 g chlorsaures Kali in Tabletten oder großen Krystallen zugegeben und die Lösung auf ein Drittel des ursprünglichen Volumens bis zum Entweichen dichter weißer Nebel eingedampft. Die etwas abgekühlte Lösung wird, ohne verdünnt zu werden, durch ein Asbestfilter filtriert und zunächst mit kaltem, dann mit heißem Wasser ausgewaschen. Bei etwaiger Verwendung von Papierfiltern ist die Lösung auf 100—150 ccm zu verdünnen. Gut bewährt haben sich für diesen Zweck die Glasfiltertiegel von Schott und Genossen, Jena (s. Bd. I, S. 67). Nach Absitzen des Niederschlages wird filtriert und ausgewaschen, wobei ein 8—10maliges Auswaschen meist genügt. Der Mangansuperoxydniederschlag wird darauf mit dem Asbestfilter in das Fällungsgefäß zurückgebracht, 10—20 ccm Oxalsäurelösung und 10 ccm verdünnte Schwefelsäure (1 : 3) hinzugegeben und mit heißem Wasser verdünnt; nach dem Lösen des Mangansuperoxydes wird der Überschuß an Oxalsäure mit Kalium-Permanganat zurücktitriert. Bei der Verwendung von Ferroammonsulfat ist der Mangansuperoxydniederschlag in der Kälte zu lösen; das Zurücktitrieren des Überschusses hat gleichfalls bei Zimmertemperatur zu erfolgen.

Die erforderlichen Lösungen werden in folgender Weise hergestellt:

1. Oxalsäurelösung: 25 g krystallisierte Oxalsäure werden in 1 l Wasser gelöst, die Lösung wird in ein Gemisch von 1600 ccm Wasser und 400 ccm konzentrierter Schwefelsäure (spez. Gew. 1,84) eingetragen.

2. Ferroammonsulfatlösung: 52 g krystallisiertes Ferroammonsulfat werden in Wasser unter Zusatz von 100 ccm konzentrierter Schwefelsäure gelöst und die Lösung auf 1 l verdünnt.

3. Kaliumpermanganatlösung: 4,2 g Kaliumpermanganat werden in 1 l Wasser gelöst; die Bereitung der Lösung erfolgt wie bei dem Reinhardtschen Verfahren (S. 1303). Die Lösung wird zweckmäßig

so verdünnt, daß 1 ccm gleich 1 ccm der Oxalsäure- bzw. Ferroammonsulfatlösung entspricht. Der Titer der Permanganatlösung wird mit
Kaliumpermanganat von bekanntem Gehalte bestimmt, in der vorher
beschriebenen Weise unter Zugabe einer entsprechenden Menge mangan-
freier Eisennitratlösung. Für Betriebszwecke kann die Permanganatlösung auf Natriumoxalat nach Sörensen eingestellt werden.

Im allgemeinen ist die Verwendung von Oxalsäure dem Ferroammonsulfat vorzuziehen, da das Filter leicht geringe Mengen Chlorat bzw.
Perchlorat zurückhält, die oxydierend auf das Ferroammonsulfat einwirken, wodurch sich ein zu hoher Mangangehalt ergibt.

Will man zum Filtrieren des Niederschlages gewöhnliche Trichter
benutzen, so bringt man in diese zunächst etwas Glaswolle, die zu einer
Kugel gerollt ist und darüber eine dünne Asbestschicht; auf diese Weise
gelingt das Filtrieren leicht und sicher. Zum Auswaschen des Niederschlages ist stets Wasser zu benutzen, dem Kaliumnitrat oder Kaliumsulfat (1,5 : 1000) zugefügt wurde, andernfalls geht der Niederschlag
leicht trübe durch das Filter, zumal wenn das Auswaschen zu lange fortgesetzt wird.

Bei ganz niedrigen, sowie bei sehr hohen Gehalten ist die Fällung
nicht ganz vollständig; für Ferromangane ist daher das Verfahren nicht
zu empfehlen. Graues Roheisen löst man in Salpetersäure (spez. Gew.
1,2), filtriert den ausgeschiedenen Graphit durch ein Glaswollefilter
ab und behandelt weiter wie oben.

Nach Heczko (freundl. Privatmitteilung) kann man mit kleineren
Einwaagen bei Stählen mit über 0,5% Mn 0,2 g, sonst 0,4 g die Analysendauer wesentlich abkürzen.

Der Hauptvorteil des Chloratverfahrens vor dem Volhard-Wolffschen ist darin zu erblicken, daß die Einwaage größer genommen werden
kann, und daß die Titration in dem Lösungsgefäß selbst geschieht.

Für Betriebskontrollanalysen ist das Chloratverfahren vielfach in
Anwendung; es läßt sich bei einiger Übung in verhältnismäßig kurzer
Zeit ausführen.

c) Das Persulfatverfahren.

Ursprünglich von Procter Smith [Chem. News 90, 237 (1904)]
herrührend, wurde das Verfahren von Rubricius [Stahl u. Eisen 25,
890 (1905)] abgeändert (s. u.). Der Chemiker-Ausschuß des Vereins
Deutscher Eisenhüttenleute [Stahl u. Eisen 35, 947 (1915)]
hat unter Einbeziehung des von Stehmann [Journ. Amer. Chem.
Soc. 24, 1204) gemachten Vorschlages, die Ausfällung des Silbers vor
der Titration vorzunehmen, das Verfahren einer Prüfung unterzogen
und die Fehlerquellen auf das geringste Maß eingeschränkt, so daß es
als Schnellverfahren außerordentliche Vorteile gewährt.

Das Verfahren beruht auf der Oxydation des Mangans in salpetersaurer Lösung durch Ammoniumpersulfat zu Übermangansäure in Gegenwart von Silbernitrat. Die Übermangansäure wird durch eine Lösung
von arseniger Säure reduziert.

Der Vorgang läßt sich durch folgende Gleichungen ausdrücken:

$$2 \, Mn(NO_3)_2 + 5 \, (NH_4)_2S_2O_8 + 8 \, H_2O = 5 \, (NH_4)_2SO_4 + 5 \, H_2SO_4$$
$$+ 4 \, HNO_3 + 2 \, HMnO_4$$

und

$$2 \, HMnO_4 + 5 \, H_3AsO_3 + 4 \, HNO_3 = 5 \, H_3AsO_4 + 2 \, Mn(NO_3)_2 + 3 \, H_2O.$$

Da eine auf vorstehende Gleichungen sich gründende Titerstellung der arsenigen Säure dem Verfahren nicht zugrunde gelegt werden kann, muß man diese mit einem Eisen von genau ermitteltem Mangangehalt vornehmen, und zwar unter denselben Bedingungen, unter denen die Bestimmung des Mangans in Eisenproben ausgeführt werden soll. Hierbei wäre noch besonders darauf hinzuweisen, daß das Verfahren nur dann genaue Werte liefert, wenn die Versuchsbedingungen streng innegehalten werden; dies bezieht sich vor allem auf die verwendeten Säure-, Persulfat- und Silbernitratmengen; nimmt man diese zu reichlich, so erhält man niedrigere Ergebnisse.

Die arsenige Säure stellt man her durch Lösen von 5 g Arsenigsäureanhydrid und 15 g Natriumbicarbonat in 1 l Wasser, kocht bis alles gelöst ist und verdünnt auf 10 l. Von Persulfat werden Lösungen angesetzt, die 500 g im Liter enthalten. Da sich diese Lösung nicht unbegrenzt lange hält, ohne an Wirkungswert einzubüßen, wird man gut tun, nicht allzuviel Lösung auf einmal herzustellen. Die Silbernitratlösung enthält 1,7 g im Liter, die Kochsalzlösung 12 g.

Die Ausführung gestaltet sich nach den Vorschlägen des Chemiker-Ausschusses des Vereins Deutscher Eisenhüttenleute wie folgt: 0,2 g Späne werden in 15 ccm Salpetersäure (spez. Gew. 1,2) gelöst, bis zur Vertreibung der nitrosen Dämpfe erhitzt und nach Zusatz von 50 ccm Silbernitratlösung und 2 ccm Persulfatlösung (bei Stählen mit mehr als 1 % Mangan entsprechend mehr) auf etwa 60° erwärmt. Nach etwa 5 Minuten wird die Lösung abgekühlt, auf 120—130 ccm verdünnt und nach Zusatz von 3 ccm Kochsalzlösung mit arseniger Säure titriert. In Fällen, wo eine größere Einwaage (1 g) angezeigt erscheint, ist der Zusatz der Reagenzien entsprechend zu ändern bzw. eine stärkere Silbernitrat- und Arsenigsäurelösung anzuwenden. Die Titration muß unmittelbar nach dem Chlornatriumzusatz erfolgen, da bereits nach 5 Minuten der Titer durch geringeren Verbrauch an arseniger Säure eine Erhöhung erfährt.

Bei Roheisen löst man zweckmäßig 1—2 g in 30—40 ccm Salpetersäure in einem Meßkolben und entnimmt, nachdem sich bei grauem Roheisen der größte Teil Graphit abgesetzt hat, mittels einer Pipette eine entsprechende Menge, fügt noch etwas Salpetersäure (5—10 ccm) hinzu und verfährt wie oben.

Für hochmanganhaltige Eisenarten (Ferromangan) ist das Verfahren weniger geeignet, da entweder die Einwaagen zu gering bemessen werden müssen, oder zu erhebliche Mengen Titerlösung erforderlich sind, was für die Genauigkeit des Ergebnisses von Einfluß ist.

Fremde Metalle, außer Chrom und Kobalt, beeinflussen das Ergebnis in keiner Weise. Bei Anwesenheit von Chrom hindert die gelbe Farbe die Erkennung des Endpunktes der Titration, während Kobalt dies durch Rosafärbung verursacht. Da Chromstähle in Salpetersäure nur unvollständig löslich sind, kommt das Persulfatverfahren für die Manganbestimmung nicht in Betracht.

Die bei der Titration verwendeten Silbermengen können fast vollständig wiedergewonnen werden, indem man das ausgewaschene Chlorsilber durch metallisches Zink und etwas Salzsäure reduziert und das getrocknete Silber wiederum in Salpetersäure löst.

Bei der Wichtigkeit des Persulfatverfahrens sei noch auf die verschiedenen Abänderungen der ursprünglich von Procter Smith angegebenen Arbeitsweise hingewiesen:

Nach Rubricius [Stahl u. Eisen 25, 890 (1915)] werden 0,25 g Stahlspäne in 25 ccm Salpetersäure (spez. Gew. 1,2) im Becherglase gelöst und aufgekocht. Die erhaltene Lösung führt man in einen Erlenmeyerkolben von $^1/_2$ l Inhalt über, setzt 10 ccm einer Silbernitratlösung (5 g im Liter) zu, verdünnt mit 300 ccm Wasser, kocht auf und versetzt mit 10 ccm Ammoniumpersulfatlösung. Ist die Oxydation vollzogen, so kühlt man ab und schreitet zur Titration. Der Farbenumschlag von rot auf grün ist ein sehr scharfer. Das Verfahren ist auch für Roheisen anwendbar. Zur Lösung verwendet man 1 g möglichst feine Späne, führt die erhaltene Lösung in einen Meßkolben von 500 ccm über, schüttelt gut um und entnimmt mit der Pipette 50 ccm = 0,1 g Eisen, welche alsdann in entsprechender Weise behandelt werden.

Wdowiszewski [Stahl u. Eisen 28, 1067 (1908)] löst 0,2 g Stahlspäne in einem Erlenmeyerkolben von 500 ccm Inhalt in 20 ccm Salpetersäure (spez. Gew. 1,10) und kocht nur bis zum Verschwinden der roten Dämpfe auf dem Sandbade. Alsdann werden 10 ccm einer $^1/_{10}$ n-Silbernitratlösung zugesetzt, nach dem Umschütteln 1—2 ccm einer in der Kälte gesättigten Ammonpersulfatlösung hinzugefügt, bis zum Verschwinden der Sauerstoffblasen (5—8 Minuten) gekocht, mit 300 ccm kaltem Wasser verdünnt und sofort mit Natriumarsenitlösung bis zum Umschlag der Farbe in grün titriert.

Runge [Stahl u. Eisen 32, 1914 (1912)] gibt folgende Vorschrift: Man löst von Stahl 0,2 g Späne in einem Phillipsbecher von 150—200 ccm Inhalt in 10 ccm Salpetersäure (spez. Gew. 1,2) unter Erwärmen, versetzt mit 20—30 ccm $^1/_{100}$ n-Silbernitratlösung und 1 g festem Persulfat, läßt kurze Zeit bei 50—60° C stehen, verdünnt nach dem Erkalten mit 50 ccm Wasser und titriert mit Arsenitlösung bis zum Farbenumschlag in blaßgrün.

Von Roheisen werden in einem 500-ccm-Meßkolben 2 g, von Spiegeleisen (12—16% Mn) 1 g in 30—40 ccm Salpetersäure gelöst und allmählich zum Sieden erhitzt bis zum Verschwinden der braunen Dämpfe. Alsdann verdünnt man mit kaltem Wasser bis zur Marke, läßt den Graphit absitzen und verwendet 25 ccm zur Bestimmung wie oben, nur daß man nochmals 10 ccm Salpetersäure hinzufügt; der Silbernitratzusatz beträgt bei Roheisen 5—10 ccm, bei Spiegeleisen 15 ccm einer $^1/_{10}$ n-Lösung.

Den angeführten Arbeitsverfahren ist der Umstand gemeinsam, daß die Titration mit arseniger Säure ohne vorherigen Zusatz von Kochsalz zwecks Ausfällung des Chlorsilbers vorgenommen wird.

Wie der Chemiker-Ausschuß des Vereins Deutscher Eisenhüttenleute (S. 1388) nachgewiesen hat, wird gerade durch letztere
Maßnahme das Verfahren von den Zusatzmengen der einzelnen Reagenzien weniger abhängig gemacht.

Die Erfahrungen hierüber lassen sich folgendermaßen zusammenfassen: Steigende Zusätze von Persulfat und Silbernitrat bewirken durch
Mehrverbrauch an arseniger Säure einen niedrigeren Wirkungswert; das
gleiche erfolgt bei erhöhten Salpeterzusätzen. Selbst das Umschwenken
beim Titrieren mit arseniger Säure ist von Einfluß; geschieht der Zusatz
ohne gleichzeitiges Umschwenken, so fallen die Gehalte zu niedrig aus.

Wie bereits erwähnt, beseitigt man diese Einflüsse nahezu durch die
Ausfällung des Silbers, nur ist zu beachten, daß die Lösung nach dem
Chlornatriumzusatz nicht zu lange stehengelassen wird, wenn auch eine
Rückbildung von Übermangansäure nicht mehr möglich ist.

Die schnelle Ausführbarkeit bei hinreichender Genauigkeit macht das
Verfahren für die Untersuchung von Stahl, in erster Linie für Betriebszwecke, unentbehrlich.

K. Swoboda [Ztschr. f. anal. Ch. 64, 156 (1924)] schlägt unter
Benutzung von Kaliumfluoridlösung oder Flußsäure statt Natriumchlorid folgendes Verfahren vor:

0,25 g (bei unter 0,5% Mn 0,5 g) der Probe wird in einem 500-ccm-
Erlenmeyerkolben in 25 ccm eines Säuregemisches (40 ccm konzentrierte
Schwefelsäure, 250 ccm konzentrierte Salpetersäure, 1000 ccm Wasser)
gelöst und zur Vertreibung der nitrosen Dämpfe gekocht. Hierauf setzt
man 10 ccm einer 0,1 n-Silbernitratlösung zu, verdünnt auf 200 ccm,
fügt 4 ccm Ammoniumpersulfatlösung (500 g/l) zu, kocht 3—5 Minuten
auf, bis die feinen Sauerstoffbläschen nicht mehr aufsteigen und kühlt
die Flüssigkeit ab. Alsdann gibt man 20 ccm einer 10%igen Kaliumfluoridlösung oder 25 Tropfen (= 1,5 ccm) 40%iger Flußsäure zu und
titriert sogleich mit arseniger Säure (0,5 g arseniger Säure, 1,5 g Natriumcarbonat in 1 l Wasser). Der Vorteil dieser beiden Zusatzstoffe
liegt in dem besseren Erkennen des Endpunktes der Titration und in
dem stetigen Verlauf der Titerkurve.

d) Das Wismutatverfahren (s. a. S. 1452).

Im Anschluß an die vorgenannten Verfahren hat der Chemiker-
Ausschuß des Vereins Deutscher Eisenhüttenleute noch das
Wismutatverfahren [Stahl u. Eisen 37, 197 (1917)] einer Prüfung unterzogen.

Dasselbe gründet sich auf die Verwendung von Wismuttetroxyd
oder Natriumwismutat als Oxydationsmittel. Die gebildete Übermangansäure wird alsdann mittels Wasserstoffsuperoxyd, Ferrosulfat oder
arseniger Säure reduziert. Am ungeeignetsten erwies sich Wasserstoffsuperoxyd wegen seiner geringen Haltbarkeit; Ferrosulfat wird durch die
mit Sauerstoff gesättigte Übermangansäure leicht oxydiert, während
arsenige Säure unbegrenzt haltbar ist. Merkliche Fehler entstehen
auch, wenn unzureichende Mengen von Salpetersäure zugegen sind, da
alsdann teilweise Mangansuperoxyd entsteht. Die Anwesenheit von
Chrom bewirkt höhere, die von Kobalt niedrigere Ergebnisse. Auch

darf die Temperatur bei der Oxydation mit Wismutat in der Kälte 25⁰ nicht übersteigen, da sonst niedrigere Werte erhalten werden.

Wenn H. F. V. Little [Analyst **37**, 554 (1912)] das Wismutatverfahren für das genaueste der maßanalytischen Verfahren hält, so haben im Gegensatz dazu die Arbeiten des **Chemiker-Ausschusses des Vereins Deutscher Eisenhüttenleute** dargetan, daß dasselbe weder als Leitverfahren, noch wegen der umständlichen Arbeitsweise als Betriebsverfahren empfohlen werden kann.

7. Nickel.

Geringe Mengen Nickel finden sich in vielen Roh- und schmiedbaren Eisensorten; absichtlich erzeugte Eisennickellegierungen (Nickelstahl) enthalten davon bis zu einigen Prozenten.

a) Fällung des Nickels mit Dimethylglyoxim
(s. a. S. 1472).

Brunck [Stahl u. Eisen **28**, 331 (1908); Ztschr. f. angew. Ch. **20**, 1844 (1907)] gibt ein Verfahren an, nach welchem in verhältnismäßig kurzer Zeit genaue Bestimmungen ausgeführt werden können. Dasselbe beruht auf der Fällung von Nickel in schwach ammoniakalischer Lösung durch **Dimethylglyoxim**, wodurch gleichzeitig eine Trennung von Eisen, Chrom, Zink, Mangan und Kobalt erfolgt. Dimethylglyoxim ist ein weißes krystallinisches Pulver, das sich in warmem Alkohol ziemlich leicht löst, hingegen in Wasser unlöslich ist. Zur Fällung bedient man sich einer 1⁰/₀igen alkoholischen Lösung, welche in einer neutralen nickelhaltigen und stark verdünnten Lösung sofort einen hochroten Niederschlag hervorruft. Zur vollständigen Abscheidung desselben ist ein Zusatz von Ammoniak in geringem Überschusse erforderlich. Der leicht auswaschbare Niederschlag enthält nach dem Trocknen bei 110—120⁰ C 20,31 (log = 1,30778) ⁰/₀ Nickel und besitzt die Zusammensetzung: $C_8H_{14}N_4O_4Ni$.

Zur Trennung von Eisen bieten sich zwei Möglichkeiten: Entweder führt man das in Form von Oxydsalz vorhandene Eisen durch Zusatz von Weinsäure in ein Komplexsalz über, wodurch es mit Ammoniak nicht fällbar ist, oder man reduziert mittels schwefliger Säure zu Ferrosalz und fällt das Nickel unter Zusatz von Natriumacetat aus schwach essigsaurer Lösung. Ist Chrom zugegen, so ist das erstgenannte Verfahren anzuwenden. Geringe Mengen von Mangan, Kupfer und Vanadium wirken nicht störend, nur bei einem höheren Mangangehalt muß die Fällung in essigsaurer Lösung erfolgen.

Man löst von Nickelstahl 0,5—0,6 g in 15 ccm nicht zu konzentrierter Salzsäure und oxydiert mit etwas Salpetersäure, um alles Ferrosalz in Ferrisalz überzuführen. Scheidet sich bei siliciumhaltigen Proben Kieselsäure ab, so wird dieselbe durch einen geringen Zusatz von Fluorwasserstoffsäure in Lösung gebracht; alsdann versetzt man mit 2—3 g Weinsäure und verdünnt auf etwa 300 ccm mit destilliertem Wasser. Um sicher zu sein, daß mit Ammoniak keine Fällung erfolgt, fügt man einen geringen Überschuß davon hinzu, säuert wiederum mit Salzsäure ganz schwach an und erhitzt bis nahe zum Sieden. Nunmehr erfolgt die Fällung des Nickels durch Zusatz von 20 ccm der Dimethylglyoximlösung, welche nach tropfenweisem Zusatz von Ammoniak bis zur schwach alkalischen Reaktion eine vollständige ist. Der Niederschlag kann sofort[1] filtriert werden, und da derselbe als solcher zur Wägung gebracht werden soll, so geschieht die Filtration am besten durch einen Neubauertiegel (Bd. I, S. 67) oder besser durch einen Jenenser Glasfiltertiegel (s. Bd. I, S. 68). Steht ein solcher nicht zur Verfügung, so kann man auch einen Goochtiegel mit einer Einlage von Asbest benutzen. In beiden Fällen bedient man sich des raschen Filtrierens wegen einer Wasserstrahlluftpumpe. Man wäscht 6—8mal mit heißem Wasser und trocknet den tarierten Tiegel bei 110—120° C bis zur Gewichtskonstanz, welche nach $^3/_4$ Stunden erreicht ist. Zu beachten ist, daß nicht, wie bei anderen Verfahren, das Kobalt mitgefällt wird; will man es berücksichtigen, so addiert man $^1/_{100}$ des Nickelgehaltes hinzu (Handelsnickel enthält durchschnittlich 1°/₀ Kobalt) und erhält so vergleichbare Werte.

Iwanicki [Stahl u. Eisen 28, 1547 (1908)] vermeidet die Anwendung eines Neubauertiegels auf folgende Weise: Die Eisenlösung wird vor der Fällung im Äther-Schüttelapparat behandelt, eine dem verbliebenen Eisenrest entsprechende Menge Weinsäure zugefügt und der erhaltene Niederschlag durch ein aschefreies Filter filtriert. Das lästige Tarieren im Wägeglas wird nun dadurch vermieden, daß man zwei gleichschwere Filter herstellt, ohne deren Gewicht zu ermitteln. Den Niederschlag filtriert man durch eines der Filter, während durch das zweite das klare Filtrat gegeben wird, damit beide Filter die gleiche Behandlung erfahren, wäscht beide mit heißem Wasser gleichmäßig aus, trocknet und bringt sie in ein Wägegläschen, welches eine Stunde bei 120° getrocknet wird. Nach dem Erkalten wiegt man das Glas zuerst mit Inhalt, alsdann ohne das leere Filter und schließlich das leere Glas; das Gewicht des Niederschlages ergibt sich unschwer aus den erhalten Zahlen.

Wdowiszewski [Stahl u. Eisen 28, 960 (1908) u. 29, 358 (1909)] umgeht das Wägen des getrockneten Niederschlages und führt denselben durch vorsichtiges Glühen im Platin- oder Porzellantiegel in Nickeloxydul über. Etwaiger Sublimation des Oxims beugt man dadurch vor, daß das feuchte Filter mit dem Niederschlag zu einem Kegel gefaltet und mit einem zweiten Filter umschlossen wird.

Nach Wagenmann (Ferrum 12, 126) wird das in schwefelsaure oder salzsaure Lösung übergeführte Nickeldimethylglyoxim beim Kochen unter Bildung von Nickelsalz, Hydroxylamin und Diketon in 10 Minuten zersetzt; bei Zusatz von Salzsäure und Wasserstoffsuperoxyd erfolgt die Zersetzung bereits in 3—5 Minuten, wobei das Diketon in Essigsäure übergeht. Nach dieser Behandlung läßt sich das Nickel in ammoniakalischer Lösung durch Schnellelektrolyse (Bd. I, S. 388 und dieser Band S. 953) bestimmen, wodurch die Zeitdauer der Nickelbestimmung erheblich abgekürzt wird.

---

[1] Für ganz genaue Bestimmungen empfiehlt es sich, die Filtration erst nach 24 stündigem Stehen vorzunehmen.

b) Maßanalytische Bestimmung des Nickels mit Cyankalium.

Großmann [Chem.-Ztg. 32, 1223 (1908)] hat zuerst auf das von Moore [Chem. News 59, 150 (1889)] angegebene Verhalten von Nickelsalzen in schwach ammoniakalischer Lösung gegenüber Cyankalium hingewiesen. Die blaue Nickellösung wird auf Zusatz von Cyankaliumlösung entfärbt, indem farbloses, komplexes Kaliumnickelcyanid gebildet wird, nach der Gleichung:

$$NiSO_4 + 4\,KCN = K_2SO_4 + K_2Ni(CN)_4.$$

Da die Entfärbung bei Gegenwart von Eisen nicht zu erkennen ist, bildet man in der Lösung durch Zusatz von Silbernitrat und Jodkalium unlösliches Silberjodid, das erst zum Verschwinden gebracht wird, wenn alles Nickel in Kaliumnickelcyanid umgewandelt ist, nach den Gleichungen:

$$AgNO_3 + KJ = AgJ + KNO_3$$
Indicator

$$AgJ + 2\,KCN = KAg(CN)_2 + KJ.$$
unlöslich löslich

Da die Menge des Jodsilbers von Einfluß auf den Verbrauch an Cyankaliumlösung ist, muß man stets eine bestimmte Menge Silbernitrat zusetzen und vorher deren Wirkungswert gegenüber Cyankalium feststellen und den dem Jodsilber entsprechenden Verbrauch an Cyankalium von dem Gesamtverbrauch in Abzug bringen.

Während man früher das Eisen mit Ammoniak ausfällte und die Titration im Filtrat ausführte, wird jetzt das Eisen durch Zusatz von citronensaurem Ammoniak in Lösung gehalten und die Titration unmittelbar in der Eisenlösung vorgenommen.

Die zur Ausführung der Bestimmung erforderlichen Lösungen haben die folgende Zusammensetzung:

1. Cyankaliumlösung: 16 g im Liter.

2. Citronensaures Ammoniak: 500 g Citronensäure werden mit $^1/_2$ l Ammoniak (spez. Gew. 0,96) und 2,5 l Wasser gelöst.

3. Silbernitrat: 5 g im Liter.

4. Jodkalium: 150 g im Liter.

Man löst 1 g Stahl in 10 ccm Salpetersäure (1:1); falls eine Lösung nicht zu erzielen ist, setzt man noch 20 ccm Salzsäure hinzu. Nach erfolgter Lösung verdünnt man mit 80 ccm Wasser, versetzt mit 15 ccm citronensaurem Ammoniak und neutralisiert genau mit Ammoniak, was sich durch Änderung der Färbung über Grün nach Tiefbraun anzeigt. Die klare Lösung wird in der Kälte mit 2 ccm Jodkalilösung und darauf mit 2 ccm Silbernitrat versetzt und mit Cyankaliumlösung bis zum Verschwinden des Silberjodidniederschlages titriert. Die Titerstellung erfolgt am zweckmäßigsten mit einem Nickelstahl von genau ermitteltem Gehalt oder mit reinem Nickel unter Zusatz von nickelfreier Eisennitratlösung. In der fertig titrierten Flüssigkeit bestimmt man das Verhältnis der Silberlösung zur Cyankaliumlösung, indem man 10 ccm der Cyankaliumlösung hinzufügt und mit Silbernitratlösung bis zum Wiedererscheinen der Trübung durch Jodsilber titriert. Die Titrierlösungen bedürfen einer öfteren Nachprüfung.

Geringe Mengen Kobalt werden als Nickel mitbestimmt. Bei höheren Gehalten an Kobalt scheidet man das Nickel als Oxim ab, glüht es und löst das erhaltene Nickeloxydul in Salpetersäure; die erhaltene Lösung wird hierauf mit Cyankalium wie oben titriert.

Liegen chrom- und manganhaltige Nickelstahlproben vor, so werden dieselben nach Johnson (Journ. Amer. Chem. Soc. 1907, 1201) in etwas abgeänderter Weise behandelt. Die Lösung erfolgt in Salzsäure (20 ccm für 1 g) mit nachherigem Zusatz von 10 ccm Salpetersäure; nach dem Eindampfen auf ein geringes Maß (etwa 15 ccm) fügt man ein Gemisch von 8 ccm konzentrierter Schwefelsäure und 24 ccm Wasser zu und gießt das Ganze in ein Becherglas, in welchem sich 12 g fein-gepulverte Citronensäure befinden. Nach erfolgter Lösung des Inhalts übersättigt man mit Ammoniak (1 : 1) bis zur schwach ammoniakalischen Reaktion, kühlt ab und setzt 2 ccm der Jodkaliumlösung hinzu.

Kupfer beeinträchtigt insofern das Ergebnis, als es in ähnlicher Weise wie Nickel auf die Cyankaliumlösung einwirkt und somit den Verbrauch an letzterer erhöht; es ist daher ein dem Kupfergehalt entsprechender Abzug vorzunehmen.

c) Elektrolytische Bestimmung des Nickels (vgl. S. 960 u. S. 1470).

Neumann [Stahl u. Eisen 18, 910 (1898)] hat für die Bestimmung des Nickels im Nickelstahl folgendes Verfahren als einfach und rasch ausführbar erprobt. 5 g, von nickelreichem Stahl 2,5 g Bohrspäne werden in verdünnter Schwefelsäure gelöst, der ausgeschiedene Kohlenstoff und das Ferrosulfat mit Wasserstoffsuperoxyd oxydiert, wodurch man sofort eine klare gelbe Lösung erhält. Diese Lösung versetzt man in einem 500-ccm-Kolben mit Ammoniumsulfatlösung, fällt das Eisen mit einem Ammoniaküberschuß, kocht auf, füllt nach kräftigem Durchschütteln mit Wasser zur Marke auf und läßt absitzen. 100 ccm der klaren Lösung, entnommen mit der Pipette wenn trüb, oder nach dem Filtrieren durch ein trockenes Filter, werden mit so viel Ammonsulfat versetzt, daß dessen Menge in der Lösung etwa 10 g beträgt, ferner mit 30—40 g Ammoniak und 20—60 g Wasser auf 50—60° erwärmt und mit einer Stromdichte von 1—2 Ampere bei 3,5—4 Volt Spannung elektrolysiert. Nach etwa 3 Stunden ist die Elektrolyse beendet. Silicium, Phosphor, Kohlenstoff und Chrom (sofern es nicht als Säure vorhanden ist) beeinträchtigen die Ergebnisse nicht; von Mangan werden höchstens Spuren mit abgeschieden.

8. Kobalt.

Geringe Mengen von Kobalt finden sich stets in nickelhaltigem Roheisen und Stählen, dagegen wird es absichtlich zu einer besonderen Art Schnelldrehstahl zugesetzt.

Slavik [Chem.-Ztg. 38, 514 (1914)] hat die Beobachtung gemacht, daß Nickel und Kobalt bei der Volhardschen Manganbestimmung durch

Fällen des Eisens mit Zinkoxyd, wenn kein Überschuß des letzteren zugegen ist, quantitativ in Lösung bleiben. Dieses Verhalten ist für Kobaltbestimmung geeignet, da das Filtrat außer Nickel und Kobalt nur noch Mangan und etwas Zinkoxyd gelöst enthält, während sämtliche übrigen Metalle: Chrom, Vanadium, Molybdän, Titan, Aluminium, Silicium und Kupfer vollständig im Rückstande bleiben. Bei Wolframstählen erübrigt sich sogar das vollständige Abscheiden und Abfiltrieren der Wolframsäure, da diese mit Zinkoxyd ebenfalls quantitativ gefällt wird. Die Bestimmung des Kobalts kann dann im Filtrate nach dem Verfahren von v. Knorre und Ilinski [Ztschr. f. anal. Ch. 24, 595 (1885)] durch Fällen mit α-Nitroso-β-naphtol ausgeführt werden (s. a. S. 1132). Zink und Mangan beeinflussen die Bestimmung nicht, während Nickel selbst in größeren Mengen durch Zugabe eines Überschusses an freier Salzsäure in Lösung gehalten wird.

2 g Späne (bei einem Kobaltgehalt über 3 % genügt 1 g) werden in einem Becherglase in verdünnter Salzsäure gelöst. Stähle, die in verdünnter Salzsäure schwer löslich sind, werden in Salpetersäure gelöst, zur Trockne verdampft, kurze Zeit geröstet und mit Salzsäure aufgenommen. Hierauf oxydiert man mit Kaliumchlorat oder wenig Salpetersäure und dampft die überschüssige Säure ab. Nun wird in einem 500-ccm-Kolben übergespült und in Wasser gut aufgeschlämmtes Zinkoxyd in kleinen Anteilen zugesetzt, wobei nach jedesmaligem Zusatz tüchtig geschüttelt werden muß, so lange, bis sich das Eisen zusammenballt. Ist dies erreicht, so wird bis zur Marke aufgefüllt, gut geschüttelt und durch ein trockenes Faltenfilter filtriert. Vom Filtrate werden 250 ccm abgenommen, in ein geräumiges Becherglas gespült und nach Ansäuern mit etwas Salzsäure auf etwa 100 ccm eingedampft. Nach Zusatz von 5—8 ccm konzentrierter Salzsäure wird das Kobalt in Siedehitze mit einer frisch bereiteten heißen Lösung von Nitroso-β-naphtollösung in 50 %iger Essigsäure gefällt (0,1 g für 0,01 g Kobalt). Der Inhalt wird nun unter öfterem Umschütteln an einem warmen Ort stehengelassen, bis die überstehende Flüssigkeit vollständig klar geworden ist. Dann wird durch ein aschefreies Filter filtriert, zuerst mit stark salzsaurem, dann mit reinem heißen Wasser ausgewaschen. Ist mit salzsaurem Wasser mehrmals gewaschen worden, so kann ein gelbes Durchlaufen des Waschwassers vernachlässigt werden, da es von mitausgeschiedenem α-Nitroso-β-naphtol herrührt, das in Wasser etwas löslich ist, beim Verbrennen aber keinen Rückstand hinterläßt. Filter samt Niederschlag werden in einem gewogenen Porzellantiegel getrocknet, bei schwacher Rotglut das Filter und die organische Substanz verascht, zuletzt stark geglüht und nach dem Erkalten als Co_3O_4 gewogen; dieses enthält 73,43 (log = 1,86589) % Co.

Um Verpuffungen zu verhindern, bestreut man den Niederschlag im Filter mit etwas Oxalsäure.

Bei Anwesenheit von Nickel ist der Rückstand stets auf einen etwaigen Nickelgehalt zu prüfen. Enthält der Stahl sehr viel Nickel, so ist unter Umständen eine doppelte Fällung nötig. In diesem Falle wird der geglühte Kobaltniederschlag in etwas konzentrierter Salzsäure gelöst, auf 50 ccm verdünnt und nochmals gefällt. Es kann auch die salzsaure

Lösung mit etwas Weinsäure versetzt, schwach ammoniakalisch gemacht und das etwa mitgerissene Nickel mit Dimethylglyoxim gefällt werden. Der Niederschlag wird filtriert, geglüht, gewogen und als Nickeloxydul von der Co_3O_4-Auswaage in Abzug gebracht.

9. Aluminium.

Durch Zusatz von Aluminium zu Flußeisen zwecks Desoxydation verbleiben häufig geringe Mengen darin zurück. Größere Mengen befinden sich im Ferroaluminium.

Die Bestimmung erfolgt mittels des Ätherverfahrens (S. 1309) und nachfolgender Acetatfällung zur Beseitigung des Eisens, Mangans, Nickels und Kobalts. In der mit Natronlauge übersättigten Lösung des Acetatniederschlages wird die gelöste Tonerde durch Natriumphosphat gefällt wie unter „Erz" (S. 1311) angegeben. Das getrocknete und geglühte Aluminiumphosphat enthält 22,19 (log = 1,34611) % Aluminium.

10. Beryllium.

Über die Berylliumbestimmung im Al-freiem Stahl, vgl. F. Spin-deck [Chem.-Ztg. 54, 221 (1930)], s. a. Abschnitt „Beryllium", S. 1107.

11. Chrom.

Geringe Mengen von Chrom finden sich in fast allen Roheisenarten; absichtlich wird es im Chromstahl zugesetzt, während im Ferrochrom bis 70% Chrom enthalten sind. Neben Chrom findet man in den Schnelldrehstählen noch andere Metalle, von denen Wolfram, Nickel, Molybdän und Vanadium die häufigsten sind.

Je nach der Anwesenheit des einen oder anderen der genannten Metalle oder mehrerer derselben ist das Verfahren der Chrombestimmung verschieden.

a) Bestimmung des Chroms in Ferrochrom (Chromeisen).

Chromeisenlegierungen sind in ihren Zusammensetzungen schwankend, was bei der Probenahme zu beachten ist. Zur Untersuchung benutzt man nur Pulver, das durch ein Florseidensieb mit 2700 Maschen auf 1 qcm getrieben worden ist.

Die Bestimmung erfolgt nach Herwig [Stahl u. Eisen 36, 646 (1916)] in folgender Weise: 0,5 g werden mit 5—6 g Natriumsuperoxyd in einem starkwandigen Eisentiegel von 40 ccm Inhalt mit Hilfe eines Platindrahtes innig gemischt. Der mit einer Eisenzange gefaßte Tiegel wird unter Umschwenken bei kleiner Flamme erhitzt, bis die Masse in Fluß gekommen ist, was nach etwa 1 Minute der Fall ist; nun steigert man die Bunsenflamme bis zur vollen Entfaltung unter ständiger Bewegung des Tiegels. Nach weiteren 2 Minuten ist der Aufschluß beendet. Ist der Tiegel etwas abgekühlt, gibt man ihn in ein Becherglas von 1 l Inhalt, in welchem 350 ccm Wasser von 60—80° enthalten sind, bedeckt mit einem Uhrglas, um bei dem erfolgenden heftigen Aufbrausen ein Verspritzen zu vermeiden. Zwecks vollständiger Zerstörung des Natriumsuperoxyds kocht man 5 Minuten unter vorsichtigem Schwenken des Becherglases und läßt erkalten. Die braune Flüssigkeit wird in einen 500-ccm-Meßkolben gebracht und aufgefüllt. Nach gründlicher Durchmischung filtriert man durch ein doppeltes trockenes Faltenfilter und entnimmt dem Filtrat 100 ccm = 0,1 g der Legierung, verdünnt diese in einem Erlenmeyerkolben auf etwa 300 ccm, setzt 1 g Jodkalium zu und schüttelt um bis zur Lösung des Salzes. Nachdem man 40 ccm chemisch reine Salzsäure (spez. Gew. 1,12) zugesetzt hat, läßt man noch 1 Minute stehen und titriert mit Natriumthiosulfat.

Die Einstellung der Natriumthiosulfatlösung erfolgt entweder durch chemisch reines Kaliumbichromat oder durch reines Jod (Bd. I, S. 376).

Herwig fand bei der Titration nach dem Kaliumpermanganatverfahren stets zu niedrige Werte, wenn er den auf Eisen gestellten Titer der Permanganatlösung mit 0,310 multipliziert, um den Titer auf Chrom zu erhalten. Will man daher das Permanganatverfahren mit den Natriumthiosulfatverfahren in Übereinstimmung bringen, so müßte man statt 0,310 (log = 0,49136 — 1) die Zahl 0,3165 (log = 0,50037 — 1) setzen. (Herwig sieht den Grund, warum man nicht schon früher auf diesen Unterschied aufmerksam wurde, darin, daß Chrombestimmungen mit über 60 % Cr seltener vorkamen.)

Schumacher [Stahl u. Eisen 36, 1093 (1916)] hat dieselbe Beobachtung gemacht, und zwar bei der Chrombestimmung nach Philips, während Koch [Stahl u. Eisen 36, 1093 (1916); 37, 266 (1917)] unbedingt daran festhält, daß bei normaler Arbeitsweise die Konstante 0,3109, mit welcher der Eisentiter zu multiplizieren ist, um den Chromtiter zu erhalten, richtig ist.

Der Aufschluß mit Natriumcarbonat-Magnesiamischung ist nach Herwig (a. a. O.) nur dann anzuraten, wenn das Probegut äußerst fein zerrieben ist, das Gemenge mindestens eine Stunde über einer starken Gebläseflamme gesintert wird und der nach dem Lösen des Aufschlusses verbliebene Rückstand nochmals aufgeschlossen wird.

b) Bestimmung des Chroms im Chromstahl (Roheisen).

Die Untersuchung des Chromstahles erfolgt entweder auf trocknem Wege durch Schmelzen der möglichst feinen Späne mit Natriumsuperoxyd (wie bei Ferrochrom S. 1396 angegeben) und Titration der erhaltenen Chromatlösung mit Kaliumpermanganat oder Natriumthiosulfat (s. „Erze" S. 1322) oder durch Lösen in Säuren nach den folgenden Verfahren.

v. Knorre [Stahl u. Eisen 27, 1251 (1907)] löst in verdünnter Schwefelsäure; bei chromarmen Stahlproben genügt eine Säure von 20 %, höhere Gehalte bedingen konzentriertere Säure (1 Teil konzentrierte H_2SO_4 : 2 Teile Wasser).

Bei Proben mit geringem Chromgehalte verwendet man 6—10 g; im allgemeinen dürften 3—6 g angemessen sein, nur bei chromreichen Stählen genügt 1 g.

Zuerst erwärmt man gelinde; läßt die Einwirkung der Säure nach, wird bis zum Sieden erhitzt. Nach vorangehender Abstumpfung der überschüssigen Säure durch Kalilauge oxydiert man durch Zusatz kleiner Anteile von Ammonpersulfatlösung (120 g im Liter), bis alles Ferrosulfat oxydiert ist. Man erkennt die Beendigung der Oxydation daran, daß bei Zusatz von Ammoniak an der Eintropfstelle ein rotbrauner Niederschlag von Eisenoxydhydrat entsteht. Hierauf verdünnt man auf 400—500 ccm mit Wasser, setzt 20 ccm Schwefelsäure (spez. Gew. 1,18) zu, erwärmt und erhält 20—30 Minuten in Siedehitze. Vorhandenes Mangan scheidet sich als Mangandioxydhydrat aus; es wird abfiltriert und kann zur Manganbestimmung dienen. Ist kein Mangan zugegen, so setzt man, um sicher zu gehen, noch einen neuen Anteil von Persulfat hinzu und kocht noch einige Zeit, bis das Sulfat gänzlich zersetzt ist. Sollte es während der Oxydation zur Bildung von Übermangansäure gekommen sein, so reduziert man mit wenigen Tropfen Salzsäure und vertreibt das Chlor durch weiteres Erhitzen. Die erhaltene Lösung wird mit Ferrosulfat titriert (s. unter „Erz" S. 1322).

Handelt es sich lediglich um die Chrombestimmung und verzichtet man auf die gleichzeitige Manganbestimmung, so kann man der schwefelsauren Lösung der Probe von vornherein etwas Mangansulfat beifügen, um sicher zu sein, daß eine vollständige Oxydation des Chroms zu Chromsäure stattgefunden hat, denn die Ausscheidung des Mangandioxydhydrates beginnt erst nach vollständiger Oxydation des Chroms; allerdings muß vor der Titration das ausgeschiedene Mangansuperoxyd abfiltriert werden.

Philips [Stahl u. Eisen 27, 1164 (1907)] hat das vorstehende Verfahren vereinfacht und zur schnellen und sicheren Bestimmung namentlich geringer Chrommengen empfohlen. 5 g Stahlspäne werden in 30 ccm Schwefelsäure (1: 5) gelöst, auf 150 ccm mit Wasser verdünnt und nach Zusatz von 10 ccm Silbernitratlösung (5 g im Liter) mit 100 ccm Ammonpersulfatlösung (60 g im Liter) versetzt, was eine sofortige Lösung der Carbide zur Folge hat. Durch nachfolgendes Kochen werden Chrom und Mangan zu Chromsäure und Übermangansäure oxydiert. Hierauf zerstört man das überschüssige Persulfat und die Übermangansäure durch Zusatz von 10 ccm Salzsäure (1: 1) und kocht, bis jeglicher Chlorgeruch verschwunden ist. Nach dem Abkühlen setzt man 25 ccm Ferrosulfatlösung (50 g $FeSO_4$ in 750 ccm H_2O und 250 ccm konzentrierte H_2SO_4) zu, schüttelt um, verdünnt mit einem Liter Wasser unter Zusatz von 25 ccm der Reinhardtschen Schutzlösung (s. u. Eisen, S. 1303) und titriert den Überschuß mit Permanganat zurück. Durch den Zusatz der phosphorsäurehaltigen Mangansulfatlösung verschwindet die gelbliche Färbung des Ferrisulfates, so daß die Endreaktion genau erkannt werden kann.

Der Vorzug des vorstehenden Verfahrens liegt in der schnellen Ausführbarkeit und Genauigkeit. Durch den Zusatz von Silbernitrat als Katalysator wird das vorhandene Mangan rasch in Übermangansäure übergeführt; letztere wird aber zugleich mit dem überschüssigen Ammonsulfat durch den Salzsäurezusatz schnell und vollständig zerlegt, ohne daß sich bei der vorhandenen Verdünnung ein Einfluß der Salzsäure auf die Chromsäure geltend macht.

Ein in kürzester Zeit auszuführendes Verfahren für Chromgehalte in jeder Höhe gestaltet sich folgendermaßen: Man löst 1,65 g Stahlspäne in 40 ccm Salzsäure (1:1) und oxydiert nach erfolgter Lösung mit ungefähr 1 g Kaliumchlorat. Nachdem das Chlor vollständig ausgetrieben ist, wird auf eine geringe Flüssigkeitsmenge eingeengt und mit Natriumcarbonat alkalisch gemacht. Alsdann setzt man je nach Chromgehalt 25 ccm einer Kaliumpermanganatlösung (20 g im Liter) bei Gehalten bis zu 3%, für je 3 weitere Prozent nochmals die gleiche Menge hinzu und kocht einige Zeit. Das überschüssige Permanganat wird mit 2 ccm Alkohol reduziert und darauf abermals gekocht. Nach dem Erkalten füllt man auf 500 ccm auf, schüttelt um und filtriert durch ein trockenes Faltenfilter in einen 300-ccm-Meßkolben (= 1 g Stahl), setzt 1 g Jodkalium zu, neutralisiert mit Schwefelsäure, bis die Kohlendioxydentwicklung beendet ist, fügt noch einen Überschuß davon hinzu und titriert mit Thiosulfat bis zur schwachen Gelbfärbung, versetzt dann mit Stärkelösung und titriert zu Ende.

c) Bestimmung des Chroms in Gegenwart von Wolfram.

Wolfram- und vanadinhaltige Chromstähle zeigen bei der Titration des Chroms mit Eisensulfat und Permanganat, nachdem ersteres im Überschuß zugesetzt wurde, eine schwarze bis rotbraune Färbung, die beim Zurücktitrieren mit Permanganat in eine gelbe übergeht und so den Endpunkt der Titration schwieriger erkennen läßt. Diese Erscheinung ist nach Slavik [Chem.-Ztg. 44, 633 (1920)] auf die Bildung einer komplexen Vanadin-Phosphorwolframsäure zurückzuführen, die mit Eisenoxydulsulfat infolge der Reduktion des 5wertigen Vanadinsalzes zu 4wertigem jene Reaktion hervorruft. Es hat sich auch gezeigt, daß auf Zusatz von Wasserstoffsuperoxyd die so empfindliche Reaktion der Vanadinsäure in diesen Verbindungen nicht hervorgerufen wird.

Soll die Chrombestimmung einen normalen Endpunkt bei der Titration zeigen, so muß die Wolframsäure zuvor abgeschieden werden. Man löst 1 g Stahl in 20 ccm verdünnter Salzsäure, oxydiert mit konzentrierter Salpetersäure und kocht so lange, bis die Wolframsäure rein gelb geworden ist. Dann wird mit etwas Wasser verdünnt, absetzen gelassen und nach dem Abfiltrieren der Wolframsäure das Filtrat mit Schwefelsäure abgeraucht. Der Rückstand wird mit Wasser aufgenommen, erwärmt und nach vollständiger Lösung in einen Erlenmeyerkolben von 600—700 ccm Inhalt gespült, auf 300—400 ccm verdünnt und unter Zusatz von Silbernitrat und Ammonpersulfat etwa 10 Minuten gekocht. Nach Hinzufügen von 10 ccm verdünnter Salzsäure kocht man noch etwa 15—20 Minuten lang, läßt erkalten, gibt etwas Phosphorsäure hinzu, versetzt mit Eisenoxydulsulfat im Überschuß und titriert mit Permanganat bis zur Rotfärbung.

Will man die Abscheidung der Wolframsäure umgehen, so verfährt man in folgender Weise: 1 g der Späne werden im Becherglase in 20 ccm

Schwefelsäure (1:3) unter Zusatz von Phosphorsäure gelöst, mit konzentrierter Salpetersäure oxydiert und abgedampft bis Schwefelsäuredämpfe entweichen und die Salpetersäure vollständig vertrieben ist. Nach dem Erkalten wird mit etwas Wasser aufgenommen und falls ungelöstes Salz vorhanden ist, so lange erwärmt, bis alles in Lösung gegangen ist. Die weitere Behandlung erfolgt genau wie oben, nur zeigt sich bei Zusatz von überschüssigem Ferrosulfat die bereits angedeutete Braunfärbung. Der Zusatz von Permanganat hat so lange zu erfolgen, bis die Rotfärbung nicht mehr verschwindet. Der Endpunkt der Titration zeigt sich alsdann durch eine gelbbraune Färbung an. — Beide Verfahren zeigen gut übereinstimmende Ergebnisse.

Verfahren von Hinrichsen [Stahl u. Eisen 27, 1418 (1907)]. Versetzt man nach Berzelius eine siedende Lösung von Chromat und Wolframat mit Mercuronitratlösung und fügt alsdann so lange 10%ige Ammoniaklösung hinzu, bis der erfolgende Niederschlag eine schwarzbraune Färbung annimmt, so lassen sich die erhaltenen Quecksilbersalze (Quecksilberchromat und Quecksilberwolframat) gut filtrieren, nach dem Trocknen veraschen und in Chromoxyd und Wolframsäure überführen. Der gewogene Glührückstand wird mit Natriumsuperoxyd aufgeschlossen und das Chrom maßanalytisch bestimmt. Die Wolframsäure ergibt sich aus dem Gewichtsunterschied.

Säureunlösliche Stahlspäne werden, wie früher angegeben, mit Natriumsuperoxyd von vornherein aufgeschlossen, sonst löst man 1—2 g mit Salpetersäure (spez. Gew. 1,2) in einer Porzellanschale, dampft zu wiederholten Malen ab, bis sämtliches Wolfram in Wolframsäure übergeführt ist. Hierauf glüht man zur Zerstörung der Nitrate vorsichtig (nicht über 900°!), schließt die erhaltenen Oxyde in einem Porzellantiegel mit Natriumsuperoxyd auf und kocht die Schmelze mit Wasser bis zum vollständigen Zerfall. Das ausgeschiedene Eisenoxyd wird über Asbest filtriert und mit heißem Wasser gewaschen. Die erhaltene Lösung neutralisiert man vorsichtig mit Salpetersäure (Prüfung mit Lackmuspapier durch Tüpfelprobe), verdünnt mit Wasser auf 600 ccm, erhitzt zum Sieden und fällt mit Mercuronitratlösung unter nachfolgendem Ammoniakzusatz. Der erhaltene Niederschlag wird filtriert, mit mercuronitrathaltigem Wasser gewaschen und noch feucht in einen gewogenen Porzellantiegel gebracht, vorsichtig getrocknet und unter dem Abzug anfangs mäßig, später sehr stark geglüht.

Ist anzunehmen, daß der Stahl Silicium in erheblichen Mengen enthält, muß man ihn mit Flußsäure und Schwefelsäure im Platintiegel abrauchen. Der Rückstand besteht aus Chromoxyd und Wolframsäure. Durch Schmelzen mit Natriumsuperoxyd im Eisentiegel wird das Chromoxyd zu Chromat oxydiert, nach der Auslaugung mit Natriumphosphatlösung versetzt und nach dem Verfahren von v. Knorre (vgl. S. 1397) weiter behandelt.

Der Wolframgehalt ergibt sich aus dem Unterschied von der Summe von Wolframsäure und Chromoxyd einerseits und dem für sich ermittelten Chromgehalt andererseits.

d) Bestimmung von Chrom in Gegenwart von Molybdän.

Bei Gegenwart von Molybdän muß dieses zuvor durch Schwefelwasserstoff aus der salzsauren Lösung abgeschieden werden. Das in Lösung verbliebene Chrom wird mittels Ätherverfahrens vom Eisen getrennt, als Chromoxydhydrat gefällt, mit Natriumsuperoxyd geschmolzen, und wie bei „Erz" (S. 1323) angegeben, titriert.

Man löst 2 g Stahl in 10 ccm Salzsäure (spez. Gew. 1,12) unter nachfolgendem Zusatz von einigen Tropfen Flußsäure zur Beseitigung der Kieselsäure, führt die etwas verdünnte Lösung in eine Druckflasche über und leitet in der Kälte Schwefelwasserstoff bis zur Sättigung ein. Alsdann verschließt man die Flasche und erhitzt sie so lange in einem Wasserbade, bis sich der Niederschlag von Molybdänsulfid vollständig abgesetzt hat. Nach dem Erkalten wird abfiltriert und mit salzsäurehaltigem Schwefelwasserstoffwasser gewaschen. Etwaiges Kupfer befindet sich im Niederschlage; zur Bestimmung desselben übergießt man den Filterinhalt mit Schwefelnatriumlösung, nachdem man das Trichterrohr verschlossen hatte. Während Molybdänsulfid sich löst, bleibt Kupfersulfid zurück. Dasselbe wird anfangs mit verdünnter Schwefelnatriumlösung, später mit Schwefelwasserstoffwasser ausgewaschen und durch Glühen in Kupferoxyd übergeführt und gewogen.

Um das Molybdänsulfid wiederzugewinnen, setzt man Salzsäure zum Filtrat bis zur schwach sauren Reaktion und leitet nochmals Schwefelwasserstoff ein, bis man sich überzeugt hat, daß im Filtrat kein Molybdän mehr enthalten ist. Der Niederschlag kann zur Molybdänbestimmung weiter verarbeitet werden.

Das erhaltene Filtrat wird behufs Bestimmung des Chroms zum Sieden erhitzt, um den Schwefelwasserstoff auszutreiben, darauf mit 20 ccm Salzsäure (spez. Gew. 1,12) und 2 ccm Salpetersäure (spez. Gew. 1,4) zwecks Überführung des Eisenchlorürs in Eisenchlorid (Prüfung mit Ferricyankalium!) versetzt und alsdann auf ein geringes Volum — etwa 10 ccm — eingedampft. Hierauf entfernt man das Eisen mit Äther nach Rothe (s. S. 1309), dampft den Äther ab, versetzt den Rückstand mit Salzsäure, erwärmt zum Sieden und fällt das Chrom mit Ammoniak als Chromoxydhydrat, filtriert, wäscht mit heißem Wasser und verascht das Filter. Da das erhaltene Chromoxyd stets durch Alkali verunreinigt ist, wird es mit Natriumsuperoxyd geschmolzen und wie früher beschrieben weiterbehandelt.

e) Bestimmung von Chrom in Gegenwart von Vanadium.

Bei Gegenwart von Vanadium wird die salzsaure Lösung des Stahles mit Bariumcarbonat in geringem Überschuß versetzt; hierdurch lassen sich Chrom und Vanadium von Eisen und Mangan trennen. — Die weitere Scheidung des Chroms vom Vanadium erfolgt durch Ammoniak nach Zusatz von Ammoniumphosphat und Weiterbehandeln des Chromoxydhydrates in der bekannten Weise.

Vanadium wird mit Mercuronitrat gefällt.

Man löst von Roheisen 10 g, von Stahl je nach Gehalt 2—5 g in verdünnter Salzsäure (spez. Gew. 1,12); für je 1 g Einwaage genügen 5 ccm, die man noch mit 5—10 ccm Wasser verdünnt. Die Lösung erfolgt in einem Erlenmeyerkolben im Kohlendioxydstrom, um eine Oxydation des Ferrosalzes zu verhindern. Anfangs erwärmt man nur mäßig und kocht später, bis die Gasentwicklung aufgehört hat; dann läßt man im Kohlendioxydstrom erkalten und neutralisiert mit Sodalösung bis zur Bildung eines geringen Niederschlages, den man mit Salzsäure vorsichtig wieder löst. Alsdann verdünnt man mit ausgekochtem Wasser und gibt zur kalten Lösung aufgeschlämmtes Bariumcarbonat in deutlichem, jedoch geringem Überschuß hinzu, verschließt den Kolben und läßt unter zeitweisem Umschütteln 24 Stunden stehen. Der entstandene Niederschlag wird abfiltriert, mit kaltem Wasser gewaschen, getrocknet und verascht. Bei der Untersuchung von graphithaltigem Roheisen ist der Graphit möglichst vollständig zu verbrennen.

Der Glührückstand wird mit 5 g Soda-Salpetergemisch (15 : 1) bis zum ruhigen Fluß geschmolzen, nach dem Erkalten ausgelaugt und der verbliebene Rückstand mit heißem Wasser gewaschen. Nach dem Ansäuern des Filtrates reduziert man die Chromsäure mit Alkohol und dampft zur Trockne. Den Rückstand löst man mit wenig Salzsäure und Wasser, fügt etwas Kaliumchlorat hinzu, um niedere Vanadinoxydationsstufen in Vanadinsäure überzuführen, setzt etwas Ammonphosphatlösung hinzu und fällt nunmehr das Chrom als Chromoxydhydrat durch Ammoniak in möglichst geringem Überschuß. Die weitere Behandlung des Chromoxydhydrates erfolgt wie angegeben. — Der Zusatz von Ammonphosphat verhindert die gleichzeitige Fällung von Vanadium und Chrom.

Zur Bestimmung des Vanadiums neutralisiert man das ammoniakalische Filtrat vom Chromoxydhydrat genau mit Salpetersäure und fällt das Vanadium mit einer neutralen kaltgesättigten Lösung von Mercuronitrat, bis ein Tropfen des Fällungsmittels keinen merklichen Niederschlag mehr erzeugt. Hierauf neutralisiert man mit Ammoniak, kocht auf und filtriert den grauen Niederschlag von Mercurovanadat, wäscht mit stark verdünnter Mercuronitratlösung (1 ccm gesättigte Lösung auf 1 l Wasser) bis zum Verschwinden der Natriumreaktion.

Der getrocknete Niederschlag wird zunächst im bedeckten Platintiegel zwecks Verkohlung des Filters mit schwacher Flamme erhitzt, dann wird der Deckel entfernt, die Filterkohle verbrannt und das Ganze allmählich bis zur Rotglut erhitzt. Die geschmolzene Vanadinsäure (V_2O_5) enthält 56,14 (log = 1,74927) % Vanadium.

Die Abscheidung des Vanadiums als Sulfid durch Ansäuern einer mit überschüssigem Ammoniumsulfid versetzten Alkalivanadatlösung ist nach Treadwell nicht zu empfehlen, weil hierdurc nur ein Teil des Vanadiums gefällt wird, während stets ein Teil als Vanadylsalz in Lösung bleibt.

P. Klinger [Arch. f. Eisenhüttenw. 4, 7 (1930/31)] berichtet ausführlich über die vom Chemiker-Ausschuß des Vereins Deutscher

Eisenhüttenleute veranstaltete Nachprüfung der in Lehrbüchern angegebenen Verfahren zur Bestimmung des Chroms in Stählen, besonders bei Gegenwart verschiedener Legierungselemente.

Die Verfahren haben die Überführung des Chroms in Chromsäure gemeinsam, unterscheiden sich aber wesentlich durch die Art der Oxydation, die im alkalischen Schmelzflusse und in alkalischer bzw. saurer Lösung erfolgen kann. Die Endbestimmung kann gewichtsanalytisch nach Fällung als Mercurochromat und nach Verglühen desselben als Chromioxyd oder durch Reduktion des Chromerts mit Ferrosulfat und Rücktitration des Überschusses mit Permanganat oder endlich jodometrisch vollzogen werden. Bei der Oxydation in alkalischem Schmelzfluß oder in alkalischer Lösung muß vor der Endbestimmung eine Trennung des Eisens von der Chromatlösung vorgenommen werden, während bei den Oxydationsverfahren in saurer Lösung die Bestimmung des Chroms in Gegenwart des Eisens erfolgt. Bei den Aufschlußverfahren bewährte sich die jodometrische Bestimmung am besten; das direkte Aufschlußverfahren läßt sich nur bei feinst gepulverten Proben anwenden. Von den Permanganat-Oxydationsverfahren in alkalischer Lösung ergab dasjenige in alkalischer Nitratlösung brauchbare Werte. Die nach dem Oxydationsverfahren in alkalischer Chloridlösung mit anschließender jodometrischer Bestimmung ermittelten Werte zeigten beste Übereinstimmung, während bei der oxydimetrischen Bestimmung in ganz ungleichmäßiger Weise zu niedrige Ergebnisse gefunden wurden. Ebenso ergab von den sauren Oxydationsverfahren, bei denen die Endbestimmung nur oxydimetrisch erfolgt, die Chloratoxydation öfter zu niedrige Ergebnisse. Nach den Verfahren in schwefelsaurer Lösung, vor allem dem Persulfat-Silbernitratverfahren von M. Philips [Stahl u. Eisen 27, 1164 (1907)] sind Fehlwerte kaum vorgekommen.

Über den Einfluß der gebräuchlichsten Legierungselemente Nickel, Kobalt, Vanadium, Molybdän und Wolfram zeigte sich, daß das Permanganat-Oxydationsverfahren in alkalischer Chloridlösung mit oxydimetrischer Bestimmung durchaus versagte; im übrigen haben diese Elemente bis auf einige Ausnahmen keinen Einfluß. In Vanadin- und Wolframstählen ist die gewichtsanalytische Chrombestimmung ohne Trennung der beiden Elemente nicht anwendbar. Bei größeren Nickel- und Kobaltmengen sind die Permanganat-Oxydationsverfahren in alkalischer Lösung nicht anwendbar. Bei den Vanadinstählen ist die jodometrische Bestimmung nur bei den Permanganat-Oxydationsverfahren in alkalischer Lösung brauchbar, weil hier eine Trennung des Vanadins von Chrom erfolgt. Die anderen jodometrischen Verfahren geben zu hohe Werte. Bei den Wolframstählen ist eine Abscheidung des Wolframs nicht unbedingt erforderlich. Kupfer, Bor, Aluminium, Titan beeinflussen die Chrombestimmung nicht.

12. Wolfram.

In Roheisen ist Wolfram kaum anzutreffen; dagegen findet es sich in größeren Mengen im Wolframstahl (20—25%); noch höhere Gehalte weist das Ferrowolfram auf. Da die heute hergestellten Schnelldrehstähle außer Wolfram noch andere Legierungsbestandteile, wie Chrom u. a. enthalten, so ist bei der Untersuchung darauf Rücksicht zu nehmen.

a) Die Bestimmung des Wolframs in Ferrowolfram und Wolframmetall (s. a. S. 1686).

Der Chemiker-Ausschuß des Vereins Deutscher Eisenhüttenleute [Stahl u. Eisen 40, 857 (1920)] schlägt das folgende Untersuchungsverfahren vor: 0,5 g der feingepulverten Probe werden nach vorsichtigem Rösten im Platintiegel mit etwa 6 g Natrium-Kaliumcarbonat aufgeschlossen. Die Schmelze wird mit Wasser ausgelaugt, der Rückstand ausgewaschen und abermals mit Natrium-Kaliumcarbonat geschmolzen. Die filtrierte Lösung wird mit dem ersten Filtrat vereinigt, zur Abscheidung von gelöster Tonerde, Kieselsäure und Mangan mit Ammoncarbonat und einigen Tropfen Alkohol zum Sieden erhitzt, nach zweistündigem Stehen abfiltriert und mit sodahaltigem Wasser ausgewaschen. Das Filtrat wird mit verdünnter Salpetersäure unter Verwendung von Methylorange als Indicator neutralisiert, zum Austreiben der Kohlensäure zum Sieden erhitzt, heiß mit Mercuronitrat gefällt und tropfenweise mit Ammoniak versetzt, bis der Niederschlag dauernd grau gefärbt ist. Der Niederschlag wird nach dem Absitzen filtriert, mit heißem mercuronitrathaltigem Wasser ausgewaschen und unter dem Abzuge geglüht. Das geglühte Wolframtrioxyd wird nach Behandlung mit Flußsäure mehrmals mit einigen Gramm Ammonchlorid abgeraucht, bis kein Gewichtsverlust mehr festzustellen ist.

Zur Bestimmung etwa vorhandenen Chroms wird das Wolframtrioxyd mit Natriumcarbonat aufgeschlossen und in der Lösung der Schmelze das Chrom mit Thiosulfat bestimmt. — Wolframtrioxyd enthält 79,31 (log = 1,89933) $^{0}/_{0}$ Wolfram.

b) Die Bestimmung des Wolframs im Stahl.

Stähle mit niedrigeren Gehalten an Wolfram werden in Salpetersäure (spez. Gew. 1,18) gelöst und mit konzentrierter Salzsäure zur Trockne verdampft. Den Rückstand nimmt man mit konzentrierter Salzsäure auf, erwärmt die mit Wasser verdünnte Flüssigkeit, bis die Eisensalze vollständig in Lösung gegangen sind, filtriert hierauf die Wolframsäure ab, wäscht mit salzsäurehaltigem Wasser, bis im Filtrat durch Rhodankalium kein Eisen mehr nachweisbar ist und verascht das Filter mit dem Niederschlage im Platintiegel. Ist die Probe siliciumhaltig, so muß die beigemengte Kieselsäure durch Abrauchen mit Flußsäure und Schwefelsäure verflüchtigt werden.

v. Knorre [Stahl u. Eisen 26, 1491 (1906)] führt die Wolframsäure in Benzidinwolframat über, welches durch Glühen reines Wolframtrioxyd liefert. Je nach Wolframgehalt löst man von Stahl unter 1$^{0}/_{0}$ W: 7—10 g, bei 2—3,5$^{0}/_{0}$: 4—7 g, bei mehr als 3,5$^{0}/_{0}$: 2 g in verdünnter Salzsäure in einem Erlenmeyerkolben, welcher mit einem

Trichter bedeckt ist, auf. Ist nach längerem Erwärmen eine Gasent-
.wicklung nicht mehr zu beobachten, so neutralisiert man die überschüssige Salzsäure mit Natriumcarbonat, bis die Flüssigkeit noch eben
schwach sauer reagiert; etwaige ungelöste Rückstände sind nicht weiter
zu beachten.

Hierauf versetzt man mit 10 ccm einer $^1/_{10}$ n-Schwefelsäure und
40—60 ccm Benzidinlösung. (Die Lösung erhält man durch Verrühren
von 50 g käuflichen Benzidin mit Wasser in einer Reibschale, spült
mit 300—400 ccm Wasser in ein Becherglas, setzt 25 ccm Salzsäure
(spez. Gew. 1,19) hinzu und erwärmt, bis sich alles gelöst hat, filtriert
und füllt zum Liter auf.) Die Flüssigkeit mit dem weißflockigen Niederschlag wird allmählich zum Sieden erhitzt und darin einige Minuten
erhalten; nach dem vollständigen Erkalten (in der Wärme ist der
Niederschlag in Wasser merklich löslich!), gegebenenfalls durch künstliche Kühlung, filtriert man ab und wäscht mit verdünnter Benzidinlösung (1: 10), bringt den noch feuchten Niederschlag in einen Platintiegel, verascht vorsichtig und glüht hierauf stark. Die noch unreine
Wolframsäure wird durch Schmelzen mit reiner Soda aufgeschlossen,
die Schmelze mit warmem Wasser ausgelaugt, das Eisenoxyd abfiltriert
und das Filtrat nach vorherigem Zusatz einiger Tropfen Methylorange
mit Salzsäure so lange versetzt, bis eben eine Rotfärbung erzeugt
wird. Die weitere Behandlung behufs Wiederfällung erfolgt genau wie
oben. Bei Gegenwart von Chrom erfährt die Bestimmung folgende Abänderung [Stahl u. Eisen 28, 986 (1908)]. Das Lösen der Stahlprobe und
weiter bis zum Glühen des Rohniederschlages erfolgt genau in derselben
Weise wie oben. Die erhaltene Rohwolframsäure, welche mehr oder
weniger Chromoxyd neben Eisenoxyd enthält, wird durch Schmelzen mit
wasserfreier Soda aufgeschlossen, die Schmelze ausgelaugt und das Eisenoxyd mit verdünnter Sodalösung ausgewaschen. Das Filtrat enthält
neben Natriumwolframat alles Chrom als Chromat. Man neutralisiert
genau wie oben und führt die Wolframsäure durch Sieden in Meta-
wolframsäure über. Ist die Lösung abgekühlt, so reduziert man die
Chromsäure durch schweflige Säure oder auch durch Natriumbisulfit
und Salzsäure, worauf die Fällung der Wolframsäure durch einen reichlich bemessenen Zusatz von Benzidinlösung erfolgen kann. Der erhaltene Niederschlag enthält kein oder nur geringe Spuren von Chromoxyd.

Bei Gegenwart von nur geringen Chrommengen empfiehlt sich die
direkte und sofortige Fällung der Wolframsäure in der angesäuerten
Schmelze unter Zusatz von Hydroxylaminchlorhydrat ($NH_2 \cdot OH$, HCl)
zwecks Verhinderung der oxydierenden Einwirkung der Chromsäure
auf Benzidinwolframat.

Das Verfahren von Ziegler (Dinglers Polytechn. Journ. 274, 513),
nach welchem das Lösen des Stahles in Salpetersäure und Abrauchen der
Lösung mit Schwefelsäure, Aufnehmen des erkalteten Rückstandes mit
Wasser, Filtrieren, Auswaschen, Glühen und Wägen der Wolframsäure
erfolgt, ist keinesfalls zu empfehlen, da es völlig unsichere Ergebnisse
liefert.

13. Molybdän.

Molybdän wird in Mengen bis zu 3% dem Stahl zugesetzt; erhebliche Gehalte treten im Ferromolybdän auf.

a) Bestimmung des Molybdäns im Ferromolybdän
[Stahl u. Eisen 40, 858 (1920)].

1 g der feingepulverten Probe wird in 25 ccm Salpetersäure (spez. Gew. 1,2) gelöst, ein etwa verbleibender Rückstand mit etwas Natrium-Kaliumcarbonat aufgeschlossen, der wäßrige Auszug der Schmelze mit der Lösung vereinigt und das Ganze mit 5 ccm konzentrierter Schwefelsäure abgeraucht. Die Lösung wird in einem 1-l-Meßkolben mit Ammoniak in reichlichem Überschuß versetzt, mindestens zwei Stunden in der Wärme stehengelassen und nach dem Abkühlen aufgefüllt. Ein Teil der Lösung wird durch ein trockenes Filter gegeben, 200 ccm entsprechend 0,2 g Einwaage abgemessen und bei 50—60° mit Schwefelwasserstoff gesättigt, bis die Lösung dunkelrot ist. Nach etwa 20 Minuten wird sie mit verdünnter Schwefelsäure (1:5) in geringem Überschuß versetzt, der Niederschlag nach zweistündigem Stehen in der Wärme abfiltriert, zuerst mit schwefelsäure- und schwefelwasserstoffhaltigem, zum Schluß mit alkoholhaltigem Wasser ausgewaschen und getrocknet. Der vom Filter getrennte Niederschlag wird mit dem gesondert veraschten Filter durch vorsichtiges Erhitzen im Porzellantiegel in Molybdänsäureanhydrid übergeführt und als solches gewogen; es enthält 66,67 (log = 1,82931) % Molybdän.

b) Bestimmung des Molybdäns im Stahl.

Die Bestimmung auf gewichtsanalytischem Wege ist bereits unter „Chrom" (S. 1401) beschrieben worden; man hat nur das erhaltene Molybdänsulfid mit schwach salzsäurehaltigem Schwefelwasserstoffwasser und zuletzt mit Alkohol auszuwaschen, bis Salzsäure nicht mehr nachweisbar ist. Das Filter mit dem Molybdänsulfid wird im Porzellantiegel bei kleiner Flamme verascht, wobei das Trisulfid in Trioxyd übergeht. Sind noch Kohleteilchen zu erkennen, so verbrennt man diese durch Zugabe von etwas aufgeschlämmtem Quecksilberoxyd, verdampft zur Trockne und erhitzt gelinde zur Vertreibung des letzteren.

Bequemer ist die Filtration durch einen Goochtiegel oder Porzellanfiltertiegel (s. Bd. I, S. 67); man wäscht zuerst mit schwefelsäurehaltigem Wasser und dann mit Alkohol aus, trocknet bei 100° und stellt hierauf den Tiegel in einen Nickeltiegel, bedeckt den Goochtiegel mit einem Uhrglase und erhitzt sorgfältig über sehr kleiner Flamme, wobei unter schwacher Glüherscheinung das Trisulfid größtenteils zu Trioxyd verbrennt. Sobald der Geruch von Schwefeldioxyd aufhört, entfernt man das Uhrglas und erhitzt weiter bei offenem Tiegel, so daß der Boden des Nickeltiegels schwach glüht, bis zu konstantem Gewicht.

Will man das Molybdän als Bleimolybdat bestimmen, so übergießt man den geglühten Tiegelinhalt mit Natronlauge; während sich das beim Glühen gebildete Molybdäntrioxyd löst, bleiben die Oxyde von Kupfer,

Eisen und Titan ungelöst zurück und können abfiltriert werden. Zum Filtrat setzt man eine hinreichende Menge Bleiacetatlösung und kocht einige Minuten, worauf man durch einen gewogenen Goochtiegel filtriert und mit warmem Wasser auswäscht. Das gewogene Bleimolybdat enthält 26,17 % Molybdän.

Das für Ferromolybdän angegebene Verfahren ist auch für Stahlproben gleich gut verwendbar.

14. Vanadium.

Vanadium kommt in geringen Mengen im Roheisen vor, erheblichere Beträge finden sich nur als Zusatz im Stahl oder im Ferrovanadin.

a) Bestimmung des Vanadiums im Ferrovanadin
[S. 1402 und Stahl u. Eisen 40, 858 (1920)].

0,3 g der feingepulverten Probe werden in einem großen Erlenmeyerkolben in 20 ccm Salpetersäure (spez. Gew. 1,2) gelöst, mit 20 ccm konzentrierter Schwefelsäure versetzt und bis zum Auftreten der weißen Dämpfe abgeraucht. Nach dem Abkühlen wird dreimal nach vorsichtigem Zusatz von je 25 ccm Salzsäure (spez. Gew. 1,19) eingedampft. Nach dem letzten Eindampfen, das so weit fortgesetzt wird, bis sich reichlich weiße Schwefelsäuredämpfe entwickeln, wird der Kolben mit einem Uhrglase bedeckt, so daß oxydierende Dämpfe ferngehalten werden. Nach dem Erkalten wird mit etwa 300 ccm ausgekochtem, sauerstofffreiem Wasser verdünnt, 15 ccm Phosphorsäure (1 : 3) hinzugegeben und mit Permanganat bei 60—70⁰ titriert. Es empfiehlt sich, den Titer der Permanganatlösung mit reiner Vanadinsäure oder mit einem Ferrovanadin von bekanntem Gehalt zu stellen.

N. Roesch und W. Werz [Ztschr. f. anal. Ch. 73, 352 (1928)] bestimmen das Vanadin in Ferrovanadin in der Weise, daß 1 g in einem Nickeltiegel mit 10 g Natriumhydroxyd geschmolzen wird, und zwar in den ersten 10 Minuten mit kleiner Flamme und alsdann 10 Minuten lang bei Rotglut. Die Schmelze wird mit heißem Wasser ausgelaugt und die Lösung in einen 500 ccm fassenden Meßkolben filtriert. 50 ccm = 0,1 g hiervon werden mit 75 ccm Phosphorsäure (spez. Gew. 1,7) versetzt und nach dem Abkühlen Jodkalium zugegeben. Das ausgeschiedene Jod wird nach 5 Minuten langem Stehen mit $^1/_{20}$ n-Natriumthiosulfatlösung titriert; 1 ccm = 0,00255 g (log = 0,40654 − 3) Vanadin.

b) Bestimmung des Vanadiums im Stahl.

Die gewichtsanalytische Bestimmung des Vanadiums als Vanadinpentoxyd ist bereits unter „Chrom" S. 1402 beschrieben, während die auf maßanalytischem Wege erfolgende unter „Schnelldrehstahl" S. 1409 zu finden ist. Die Berechnung des Kaliumpermanganattiters erfolgt gemäß der Gleichung:

$$5\,V_2O_4 + 2\,KMnO_4 + 3\,H_2SO_4 = 5\,V_2O_5 + K_2SO_4 + 2\,MnSO_4 + 3\,H_2O.$$

Demnach hat man den Eisentiter mit 0,916 (log = 0,96190 − 1) zu multiplizieren, um den Vanadiumtiter zu ermitteln. Wegen der meist geringen Mengen von Vanadium verdünnt man zweckmäßig die Kaliumpermanganatlösung auf das Fünffache, so daß der Umrechnungskoeffizient 0,1832 (log = 0,26293 — 1) lautet. Sicherer ist die Titerstellung, wie oben angegeben.

A. Fölsner [Stahl u. Eisen 47, 28 (1927)] gibt zur genauen Bestimmung des Vanadiums folgendes Verfahren an: 2—4 g Stahl werden mit 50 ccm konzentrierter Salzsäure gelöst, mit einigen Kubikzentimeter Salpetersäure oxydiert und zur Trockne gedampft; alsdann wird mit 20 ccm konzentrierter Salzsäure aufgenommen, etwas eingeengt, verdünnt, filtriert und vanadinfrei gewaschen, neutralisiert, ohne einen Niederschlag zu bilden. Alsdann gießt man die Flüssigkeit in einen 500-ccm-Meßkolben, der mit 30 g Natriumhydrat und 100 ccm heißem Wasser beschickt ist, schüttelt gut durch und füllt nach dem Abkühlen zur Marke auf. 250 ccm werden durch Doppelfilter (Schleicher u. Schüll Nr. 588) entnommen, schwach salzsauer gemacht und einige Minuten gekocht, mit 20 g Ammoniumchlorid versetzt, darauf schwach ammoniakalisch gemacht, 30 ccm Manganchlorid (100 g im Liter) hinzugefügt und nach Zusatz von 20 ccm Ammoniak kurz aufgekocht. Nach dreistündigem Stehen des Manganvanadatniederschlages wird filtriert; eine bei Beginn der Filtration auftretende Trübung rührt von Manganoxyden her. Nach 4—5maligem Auswaschen mit warmem Wasser wird der Niederschlag mit 50 ccm heißer Salzsäure (1:1) gelöst und in einem 500-ccm-Erlenmeyerkolben mit 30 ccm konzentrierter Schwefelsäure versetzt und bis zum leichten Rauchen eingedampft. Nach dem Erkalten wird mit 25 ccm Salzsäure (2:1) reduziert, bis zum ziemlich starken Rauchen eingedampft, abgekühlt, mit sauerstoffreiem, gegen Kaliumpermanganat indifferentem Wasser auf 200 ccm verdünnt, aufgekocht und bei 80—85⁰ bis zur bleibenden Rosafärbung titriert; man verwendet am besten $1/_{20}$ n-Lösung. Ist Wolfram zugegen, so läßt sich das Filtrat zur Vanadiumbestimmung verwenden.

Nach J. Kaßler [Ztschr. f. anal. Ch. 77, 290 (1929)] kann die Äthertrennung dadurch umgangen werden, daß man den Stahl mit verdünnter Schwefelsäure in der Wärme behandelt, wobei der größte Teil des Vanadiums ungelöst bleibt; die geringen gelösten Anteile des Vanadiums werden in der Wärme durch Schütteln mit in Wasser aufgeschlämmtem Zinkoxyd ausgefällt und gemeinsam mit dem ungelösten Teil abfiltriert. Durch diese halbstündige Vorbehandlung des Stahles werden etwa 94 bis 99⁰/₀ des Eisens entfernt. Nach Abscheiden des Wolframs als Wolframsäure durch Lösen des das gesamte Vanadium enthaltenden Rückstandes in Salzsäure (spez. Gew. 1,12) und Oxydieren mit konzentrierter Salpetersäure wird die Vanadinsäure und die allenfalls vorhandene Molybdänsäure durch konzentrierte Natronlauge ausgezogen. Im weiteren Verlauf wird die Vanadinsäure mit Manganchlorür gefällt, das Manganvanadat mit Schwefelsäure gelöst und die Lösung nach Reduktion mittels schwefliger Säure mit Permanganat titriert. Im Filtrat kann das Molybdän durch Schwefelwasserstoff in schwach saurer Lösung gefällt werden. Die Bestimmung eignet sich sowohl für leichtlegierte als auch für höher legierte Stähle und gibt in etwa 3 Stunden einwandfreie Werte.

Bei Edelstählen muß der Vanadiumbestimmung meist eine Trennung von Chrom vorausgehen. Hierzu benutzen Roesch und Werz die von E. Deiß [Stahl u. Eisen 45, 763, 1717 (1925)] angegebene Trennung durch reduzierendes Schmelzen, wobei sie jedoch das Natriumcarbonat durch Natriumhydroxyd ersetzen. Dadurch kommt das lästige Gebläse in Fortfall, und es genügt zum Schmelzen ein einfacher Gasbrenner. E erwies sich als notwendig, an Stelle des Leuchtgases Wasserstoffgas während des Schmelzens einzuleiten; durch das Leuchtgas wird eine größere Menge Schwefel eingeschleppt, die nachher bei der Titration mit Natriumthiosulfat störend wirkt. Als Oxydationsmittel wird Ammoniumpersulfat verwendet, das keine Pervanadate bildet und dessen Überschuß durch längeres Kochen mit Sicherheit zerstört wird.

c) Untersuchung von Schnelldrehstahl.

Außer Chrom und Wolfram kommen in neuzeitlichen Schnelldrehstählen noch Molybdän und Vanadium in mitunter beträchtlichen Mengen vor, so daß sich die Untersuchung eines solchen Stahles ziemlich schwierig gestaltet.

Fettweis [Stahl u. Eisen 34, 274 (1914)] fand, daß sich diese erheblich vereinfachen läßt, ohne an Genauigkeit einzubüßen, wenn man von dem verschiedenartigen Verhalten des Chroms, Vanadiums und Molybdäns gegenüber Oxydations- und Reduktionsmitteln Gebrauch macht.

Nach Graham Edgar [Ztschr. f. anorg. u. allg. Ch. 58, 375 (1908)] wird Molybdänsäure selbst bei sehr starken Konzentrationen in Gegenwart hinreichender Mengen von Schwefelsäure durch schweflige Säure nicht reduziert. Fettweis (a. a. O.) stellt weiter fest, daß Molybdänsäure in stark schwefelsaurer Lösung auch durch Ferrosulfat nicht reduziert wird. Hieraus ergibt sich, daß man bei der üblichen Chrombestimmung durch Titration der Chromsäure mittels Ferrosulfat und Kaliumpermanganat, sowie bei der Vanadiumbestimmung durch Titration der durch schweflige Säure reduzierten Vanadinsäure auf die Gegenwart von Molybdän keine Rücksicht zu nehmen braucht.

Die Bestimmung des Vanadiums durch Titration des Tetroxyds mittels Kaliumpermanganat wird fast immer in heißer Lösung vorgenommen, da die Reaktion dann sehr schnell verläuft. Mit sinkender Temperatur nimmt die Reaktionsgeschwindigkeit ab, in dem Maße, daß bei Zimmertemperatur die Einwirkung des Kaliumpermanganates auf das Vanadintetroxyd so langsam verläuft, daß eine genaue Bestimmung nicht mehr möglich ist. Chromoxyd dagegen wird in saurer Lösung bei Zimmertemperatur kaum verändert, wohl aber langsam bei höherer Temperatur. Becker [Stahl u. Eisen 32, 1877 (1912)] wies darauf hin, daß Vanadintetroxyd bei einer mittleren Temperatur mit hinreichender Geschwindigkeit durch Kaliumpermanganat zu Vanadinpentoxyd oxydiert werden kann, ohne daß etwa vorhandenes Chromoxyd angegriffen wird. Becker benutzt dieses Verhalten der beiden Metalle, um Vanadintetroxyd in Gegenwart von Chromoxyd mit Kaliumpermanganat und andererseits Chromsäure in Gegenwart von Vanadinsäure mit Ferrosulfat und

Kaliumpermanganat zu titrieren. Als geeignetste Temperatur erwies
sich 35⁰ C; bei höherer Temperatur tritt schon eine merkliche Oxydation
des Chromoxyds ein.

Die Untersuchung eines Schnelldrehstahles würde sich dann folgendermaßen vornehmen lassen:

Zur Wolframbestimmung löst man 2 g der Probe in konzentrierter
Salzsäure, oxydiert vorsichtig mit konzentrierter Salpetersäure, kocht
stark ein, verdünnt mit Wasser und filtriert ab. Der Niederschlag, der
außer Kieselsäure nur zu vernachlässigende Spuren von Eisen, Molybdän
und Vanadium enthält, wird im Platintiegel geglüht und gewogen.

Die Chrombestimmung erfolgt genau wie im Chromwolframstahl
(S. 1399); man muß nur Sorge tragen, daß die Lösung stark sauer ist und
die richtige Temperatur besitzt.

Zur Vanadiumbestimmung löst man 6 g Späne in Salzsäure und
scheidet das Wolfram, wie bereits S. 1399 beschrieben, ab. Das Filtrat
wird eingedampft und in bekannter Weise durch Ausschütteln mit Äther
von der größten Menge des Eisens befreit. Die vanadiumhaltige Flüssigkeit wird mit Wasserstoffsuperoxyd behandelt, um das durch Salzsäure
zum größten Teil in Vanadintetroxyd umgewandelte Vanadium wieder
in Vanadinsäure zu verwandeln. Man verfährt hierbei am besten so,
daß man den Ätherauszug erst mittels Schwefelsäure eindampft, mit
Wasser aufnimmt, Wasserstoffsuperoxyd hinzugibt, wieder bis zur
starken Entwicklung von Schwefelsäuredämpfen eindampft und nach
dem Verdünnen mit Wasser die Fällung mit Natronlauge vornimmt.
Da die Oxydation des Vanadiums durch Wasserstoffsuperoxyd in saurer
Lösung erfolgt, so wird das vorhandene Chromoxyd nicht mitoxydiert
und geht daher vollständig in den Eisenniederschlag über. Die nunmehr
sämtliches Vanadium enthaltende Lösung wird mit Schwefelsäure im
Überschuß versetzt und mit Kaliumpermanganat gekocht, um die aus
dem Filter durch das Alkali entnommenen organischen Substanzen zu
zerstören. Alsdann reduziert man mit schwefliger Säure und titriert
das Vanadium mit Kaliumpermanganat in üblicher Weise.

Die Bestimmung von Mangan, Chrom und Vanadin nebeneinander
mittels potentiometrischer Maßanalyse gelang P. Dickens und
G. Thanheiser [s. Bd. I, S. 492; ferner Arch. f. Eisenhüttenw. 3, 277
(1929) u. Mitt. K. W. Inst. f. Eisenforsch. 12, 203 (1930) I und II],
worin über eine allgemein anwendbare Schnellbestimmung des Vanadiums
berichtet wird, die sich in 6—7 Minuten nach dem Auflösen durchführen läßt.

H. P. Dickens [Chem. Fabrik 4, 145 (1931)] beschreibt eine
praktisch angeordnete Apparatur zur potentiometrischen Maßanalyse,
die vielseitig anwendbar und äußerst einfach in ihrer Handhabung ist,
sodaß sie ohne besondere Vorkenntnisse in Gebrauch genommen werden
kann.

Das Molybdän bestimmt man in einer besonderen Einwaage nach
Entfernung des Wolframs durch Fällen mit Schwefelwasserstoff, nachdem man vorher das Eisen durch Natronlauge ausgeschieden hat.

15. Untersuchung der Hartschneidmetalle.

(Edelstähle, Mehrstoffstähle, legierte Stähle.)

(Nach Chemiker-Ausschuß des Vereins Deutscher Eisenhüttenleute, Bericht 51.)

(S. a. S. 1143.)

a) Nickel, Kobalt, Chrom und Mangan.

Zur Bestimmung von Kobalt, Nickel, Chrom und Mangan werden
0,5 g der feingepulverten Probe mit etwa 8 g Natriumsuperoxyd in einem
Porzellantiegel unter Umschwenken aufgeschlossen. Die erkaltete
Schmelze wird in Wasser unter Erhitzen gelöst, der ungelöste Rückstand
filtriert und mit heißem Wasser gut ausgewaschen. Zur Befreiung von
etwaigen Resten Chrom wird entweder der Rückstand noch einmal
aufgeschlossen oder in Schwefelsäure gelöst, und diese Lösung nach
Zugabe von Wasserstoffsuperoxyd in Natronlauge eingegossen. Der
Niederschlag von Hydroxyden des Kobalts, Nickels, Eisens und Mangans
wird filtriert, mit heißem Wasser gut ausgewaschen und in verdünnter
heißer Schwefelsäure gelöst. Aus der mit Ammoniak neutralisierten
und mit 35 ccm Ammoniak im Überschuß versetzten Lösung wird Kobalt
und Nickel elektrolytisch ausgeschieden. Die vereinigten Alkalichromat
enthaltenden Filtrate werden zur Entfernung des überschüssigen Sauerstoffs 10 Minuten lang gekocht, unter Abkühlung neutralisiert und nach
Zugabe von Jodkalium und Salzsäure mit Natriumthiosulfat titriert.

Das elektrolytisch ausgeschiedene Kobalt und Nickel wird mit Salpetersäure von der Kathode gelöst und die Lösung mit Ammoniak und
Brom gekocht; etwa ausgeschiedene Hydroxyde von Eisen und Spuren
von Mangan werden filtriert, geglüht, gewogen und in Abzug gebracht.
Das ammoniakalische Filtrat wird mit Essigsäure angesäuert und zur
Fällung des Nickels mit Dimethylglyoxim versetzt. Aus dem filtrierten,
getrockneten und gewogenen Niederschlag wird der Gehalt an Nickel
berechnet; aus dem Unterschied desselben von der Kathodengewichts-
zunahme ergibt sich der Kobaltgehalt.

Das Mangan findet sich nach der Elektrolyse teils als Superoxyd an
der Anode, teils in der Lösung. Das Mangansuperoxyd wird mit Schwefelsäure von der Anode heruntergelöst und die Lösung mit dem ebenfalls
schwefelsauer gemachten Elektrat vereinigt, in dem dann das Mangan
in Gegenwart des Eisens nach dem Persulfatverfahren bestimmt wird.

b) Silicium und Wolfram.

Zur Bestimmung des Siliciums und Wolframs werden 0,5 g der feingepulverten Probe in 20 ccm Salzsäure (spez. Gew. 1,19), 10 ccm konzentrierter Schwefelsäure und 60 ccm Wasser gelöst und bis zum Abrauchen
erwärmt. Nach Erkalten werden 10—15 ccm Wasser und dann nach
und nach 2 g Kaliumchlorat zugefügt. Dann wird mit 60 ccm Wasser
verdünnt, aufgekocht, nach Absitzen der ausgeschiedenen Wolframsäure
filtriert, ausgewaschen, geglüht, gewogen, mit Flußsäure abgeraucht,
geglüht und wieder gewogen. Die so erhaltene Wolframsäure ist auf

Verunreinigungen in bekannter Weise zu prüfen, besonders auf Molybdän durch Fällen mit Schwefelwasserstoff aus weinsäurehaltiger Lösung.

c) Eisen.

Zur Bestimmung des Eisens werden 0,5 g wie bei der Bestimmung des Wolframs und Siliciums gelöst. Die Lösung oder auch das Filtrat von der Siliciumdioxyd- und Wolframsäureausscheidung werden in einem Druckkolben mit Ammoniaküberschuß und Wasserstoffsuperoxyd 3 bis 4 Stunden auf 80⁰ erwärmt. Der Niederschlag wird abfiltriert im Platintiegel verbrannt und mit Soda geschmolzen. Die Schmelze wird in Wasser gelöst, der Rückstand abfiltriert und in Salzsäure gelöst. In dieser Lösung wird das Eisen mit Permanganat nach Reinhardt titriert.

d) Molybdän.

Zur Bestimmung des Molybdäns wird 1 g der feingepulverten Probe in 15 ccm konzentrierter Schwefelsäure, 20 ccm Phosphorsäure (spez. Gew. 1,7) sowie 60 ccm Wasser gelöst und mit etwa 0,5 g Kaliumchlorat oxydiert; die Kieselsäure wird abfiltriert, ausgewaschen und in das Filtrat Schwefelwasserstoff eingeleitet mit anschließender $1/_2$stündiger Erhitzung auf 80⁰ in einer Druckflasche. Das ausgeschiedene Molybdänsulfid wird in Molybdänsäure übergeführt und gewichtsanalytisch bestimmt.

e) Vanadium.

Zur Bestimmung des Vanadiums werden 0,5—1 g der feinst zerkleinerten Probe mit 4 g Schwefel und 6 g Soda in einem bedeckten Porzellantiegel aufgeschlossen, und zwar 1 Stunde lang bei kleiner Flamme, die letzten 10 Minuten bei größerer Flamme. Die Schmelze wird in Wasser gelöst und die Lösung von 500 ccm auf 400 ccm partiell filtriert. Das Filtrat wird in eine große Porzellanschale gegeben, mit 20 ccm konzentrierter Schwefelsäure versetzt und eingeengt. Dann werden 100 ccm rauchende Salpetersäure zugegeben und die Lösung bis zu 50 ccm eingeengt. Es wird darauf mit 50 ccm Wasser verdünnt und die abgeschiedene Wolframsäure sowie Schwefel abfiltriert. Letztere werden in einem Porzellantiegel verbrannt bzw. geglüht und mit 15 ccm Schwefelsäure 1 : 1 erwärmt. Diese Lösung wird zu dem Filtrat gegeben, das bis zum Abrauchen eingedampft wird. Zur colorimetrischen Bestimmung wird nun abkühlen gelassen, mit Wasser verdünnt, mit Wasserstoffsuperoxyd versetzt, auf 200 ccm aufgefüllt und die nun rote Lösung nach einstündigem Stehenlassen und abermaliger Filtration mit einer Vanadinlösung von bekanntem Gehalt verglichen. Es wird eine Vergleichslösung benutzt, die in 100 ccm 0,01 g Vanadium enthält.

Zur titrimetrischen Bestimmung werden vor dem Abrauchen etwa 5 ccm schweflige Säure zugegeben; darauf wird abgeraucht, mit heißem Wasser verdünnt und mit einer auf reine Vanadinsäure eingestellten Permanganatlösung heiß titriert.

16. Kupfer.

Zur Bestimmung des Kupfers kann man die von der Schwefelbestimmung (s. S. 1417) im Lösungskolben zurückgebliebene Eisenlösung, die alles Eisen als Chlorür enthält, benutzen. Andernfalls werden 5—10 g Roheisen oder Stahl in 30—50 ccm Salzsäure (spez. Gew. 1,19) in einem bedeckten Becherglas unter Erwärmen gelöst; alsdann leitet man in die heiße, etwas verdünnte Lösung Schwefelwasserstoff bis zur Sättigung ein, wodurch Kupfer und vorhandenes Arsen und Antimon als Sulfide gefällt werden. Der erhaltene Niederschlag wird filtriert, mit schwefelwasserstoffhaltigem Wasser gewaschen, getrocknet und in einem Porzellantiegel verascht. Geringe Mengen Arsen und Antimon werden hierbei vollständig verflüchtigt. Ist durch eine besondere Bestimmung ein höherer Gehalt an Arsen festgestellt worden, so wird der Niederschlag zuvor mit verdünnter Schwefelnatriumlösung erwärmt; Arsensulfid und etwa vorhandenes Antimonsulfid gehen in Lösung, während das Kupfersulfid ungelöst zurückbleibt. Die Trennung und Bestimmung von Arsen und Antimon erfolgt nach dem unter „Erz" beschriebenen Verfahren (S. 1326).

Den veraschten Rückstand löst man im Tiegel mit Salzsäure auf dem Wasserbad und filtriert nach dem Verdünnen das Unlösliche ab. Aus dem Filtrat wird durch Einleiten von Schwefelwasserstoff nunmehr reines Kupfersulfid erhalten, das wie oben im Porzellantiegel verascht und durch Rösten in Kupferoxyd mit 79,89 (log = 1,90249) $^0/_0$ Kupfer übergeführt wird (s. a. S. 1184).

Der erhaltene Kupfersulfidniederschlag kann auch nach dem Glühen in möglichst wenig Salpetersäure gelöst und nach dem Verdünnen mit Wasser daraus das Kupfer elektrolytisch (S. 1184) bestimmt werden.

Nach Heczko [Ztschr. f. anal. Ch. 67, 35 (1925)] schließt man den CuS-Niederschlag nach dem Verbrennen des Filters mit $KHSO_4$ auf. Die Lösung des Aufschlusses ist nach dem Ansäuern mit H_2SO_4 oder HNO_3 für die Elektrolyse bereit.

17. Arsen.

Für die Bestimmung des Arsens in den verschiedenen Eisenarten bedient man sich am einfachsten des Destillationsverfahrens.

Man löst von Roheisen oder Stahl 10 g in 100 ccm Salpetersäure (spez. Gew. 1,2), wodurch das Arsen in Arsensäure übergeführt wird, dampft zur Trockne und zerstört das Eisennitrat durch Glühen auf der Eisenplatte. Ist die Schale abgekühlt, so setzt man 100 ccm Salzsäure (spez. Gew. 1,19) hinzu und löst den Rückstand durch mäßiges Erwärmen unter Zusatz von etwas Kaliumchlorat, um eine Verflüchtigung von Arsenchlorid zu verhindern. Ist die Lösung erfolgt, so verfährt man weiter in der Weise, wie es unter „Erz" (S. 1327) angegeben ist.

18. Zinn.

Zinn ist ein ganz außergewöhnlicher Bestandteil des Eisens, kann aber in Martinflußeisen auftreten, das unter Verwendung von ungenügend entzinnten Weißblechabfällen erzeugt wurde. Weißblech enthält erhebliche

Mengen (2—4%) Zinn, das nicht immer gleichmäßig auf der Oberfläche des Bleches verteilt ist, daher die Ermittlung des Zinngehaltes stets in einer größeren Durchschnittsprobe zu erfolgen hat.

Das von Victor [Chem.-Ztg. 29, 179 (1905)] angegebene Verfahren zur Bestimmung des Zinns beruht auf der Lösung des zinnhaltigen Eisens in Salzsäure, Oxydation des ungelöst gebliebenen Rückstandes mit Kaliumchlorat und Salzsäure, Reduktion des gebildeten Eisenchlorids durch Aluminiumblech im Kohlendioxydstrom und Titration des gebildeten Zinnchlorürs mit einer Eisenchloridlösung von bekanntem Wirkungswert unter Benutzung des von Victor empfohlenen Indicators (s. a. S. 1584).

Man löst von entzinnten Weißblechabfällen (s. a. S. 1612) 50 g in kleinen Schnitzeln, von Weißblech (s. a. S. 1611) und Martinflußeisen 10—20 g in konzentrierter Salzsäure bei mäßiger Wärme in einem bedeckten Becherglase. Sollte ein ungelöster Rückstand zurückbleiben, so behandelt man denselben für sich mit Kaliumchlorat und Salzsäure und fügt die erhaltene Lösung zu der Hauptlösung. Die Gesamtlösung führt man in einen Stehkolben von 500 ccm Inhalt über, fügt etwa 2—3 g Aluminiumspäne hinzu, verschließt den Kolben mit einem doppelt durchbohrten, gut schließenden Stopfen und leitet mittels eines Rohres, das dicht unter dem Stopfen endet, Kohlendioxyd in den Kolben ein. Durch die andere Bohrung geht ein gebogenes Glasrohr hindurch, das an dem äußeren Ende in ein Becherglas mit Wasser eintaucht. Die im Kolben befindliche Luft wird durch das eingeleitete Kohlendioxyd und den sich entwickelnden Wasserstoff verdrängt. Nachdem die Reduktion des vorhandenen Eisenchlorids vollendet und sämtliches Aluminium in Lösung gegangen ist, fügt man etwa 50 ccm Salzsäure hinzu und erhitzt zur Lösung des ausgeschiedenen Zinns, läßt im Kohlendioxydstrom erkalten, gibt Stärkelösung und einige Tropfen des Jodindicators hinzu und titriert mit Eisenchloridlösung bis zur Blaufärbung. Die Titration nimmt man derart vor, daß die lang ausgezogene Spitze der Quetschhahnbürette durch die eine Bohrung des Stopfens geführt wird, während durch die andere Bohrung wie vorher Kohlendioxyd eingeleitet wird.

Die Einstellung der Eisenchloridlösung erfolgt in genau derselben Weise, indem man von chemisch reinem Zinn oder von einem Zinn mit bekanntem Gehalt 5—10 g zu 1 l löst und eine entsprechende Menge mit Aluminium reduziert und titriert. 1 ccm der Eisenchloridlösung soll möglichst 0,001 g Zinn entsprechen; hierfür löst man 27,5 g krystallisiertes Eisenchlorid mit 250 ccm Salzsäure und füllt zu 1 l auf.

Der Indicator wird hergestellt, indem man 10 g Jodkalium in 10 ccm Wasser löst, 10 g Jodwasserstoffsäure (spez. Gew. 1,5) und 3,3 g Kupferjodür zufügt und einige Tage stehen läßt. Der Indicator darf nie frisch benutzt werden, muß wasserhell sein und im Dunkeln aufbewahrt werden, am besten unter Zusatz von einigen Stückchen metallischen Kupfers.

19. Bor.

A. Seuthe [Mitt. d. Versuchsanst. d. Dortmunder Union 1, 22 (1922)] verfährt zur Bestimmung des Bors im Stahl in folgender Weise: 1 g Stahl wird in einem Kolben mit Rückflußkühler in 10 ccm Salzsäure (spez. Gew. 1,19) gelöst, mit 10 ccm $3\,^0/_0$iger Wasserstoffsuperoxydlösung oxydiert und aufgekocht. Nach dem Erkalten gießt man die Lösung in einen Meßkolben von 500 ccm und fällt das Eisen mit 25 ccm Natronlauge (20%); alles Bor bleibt in Lösung. Nun füllt man zur Marke auf, gießt durch ein trocknes Faltenfilter ab, entnimmt 300 ccm vom Filtrat und kocht im Kolben mit Rückflußkühler nach schwachem Ansäuern mit Salzsäure, um die vorhandene Kohlensäure zu vertreiben. Alsdann kühlt man ab und fügt zwecks Entfernung der Salzsäure 5 ccm Kaliumjodat (2%) und Kaliumjodid (5%) hinzu. Zwecks Entfernung des ausgeschiedenen Jods läßt man so lange $^1/_{10}$ n-Thiosulfatlösung zufließen, bis oben Entfärbung eintritt. Nunmehr versetzt man die Lösung mit 2 g Mannit und titriert mit $^1/_{10}$ n-Natronlauge und Phenolphthaleïn als Indicator, bis die Rotfärbung auch bei neuerlichem Zusatz von Mannit bestehen bleibt.

Nach der Gleichung

$$H_3BO_3 + NaOH = NaBO_2 + 2\,H_2O$$

entspricht 1 ccm der Natronlaugemaßlösung 1,082 mg Bor. Anwesenheit von Kohlensäure bedingt eine Fehlerquelle; man tut daher gut, in einem borfreien Stahl mit denselben Reagenzien eine Blindbestimmung auszuführen und den dabei ermittelten Verbrauch an Natronlauge von der Gesamtmenge abzuziehen.

20. Schwefel.

Dieses Element findet sich in den Eisensorten stets in so geringer Menge, daß an die zu seiner Bestimmung in Anwendung stehenden Verfahren besonders hohe Anforderungen bezüglich der Genauigkeit gestellt werden müssen.

In neuerer Zeit hat sich das verbesserte Schultesche Verfahren [Stahl u. Eisen 26, 985 (1906)], zumal durch die herbeigeführten Vereinfachungen aufs beste bewährt, was aus den zahlreichen Beleganalysen unzweideutig hervorgeht. Dasselbe sei daher als das verhältnismäßig einfachste und genaueste ausführlich beschrieben. Die Probe beruht auf der Entwicklung von Schwefelwasserstoff mittels starker Salzsäure und Einleiten des Gases in eine Lösung von Cadmiumacetat oder in ein Gemisch von Cadmium- und Zinkacetat. Die Verwendung von Kupfer- und Silbersalzen ist unzulässig, da neben dem Schwefelwasserstoff noch andere Gase aus dem Lösungskolben entweichen, welche gleichfalls Niederschläge erzeugen, und zwar in Kupferacetat einen gelben phosphorhaltigen, in Silberacetat metallisches Silber. Das erhaltene Schwefelcadmium wird in Schwefelkupfer übergeführt und dieses als Kupferoxyd gewogen.

Zunächst stellt man sich zwei Lösungen nach folgender Vorschrift her: 25 g Cadmiumacetat oder — weil billiger und gleich gut — 5 g Cadmiumacetat und 20 g Zinkacetat werden in einem Literkolben mit 250 ccm destillierten Wassers und 250 ccm Eisessig auf dem Wasserbade unter Erwärmen gelöst und die Lösung nach dem Erkalten mit Wasser auf 1 l verdünnt, gut durchgemischt und filtriert.

Die zweite Lösung erfordert 120 g krystallisierten Kupfervitriol, der zuvor zerkleinert, mit 800 ccm destilliertem Wasser und 120 ccm reinster konzentrierter Schwefelsäure in einer Porzellanschale auf dem Wasserbade gelöst wird. Nach dem Erkalten führt man die Lösung in eine Literflasche über und spült mit Wasser nach bis zur Marke. Nach dem Durchmischen wird ebenfalls filtriert.

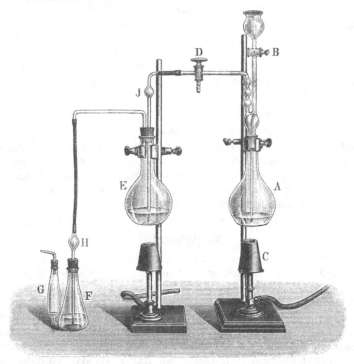

Abb. 28. Schwefelbestimmungsapparat.

Pinsl [Chem.-Ztg. **42**, 269 (1918)] schlägt zur Verbilligung des Verfahrens eine 5%ige Natronlauge als Absorptionsmittel vor. In der erhaltenen Sulfidlösung läßt sich der Schwefel sowohl nach dem Kupferoxydverfahren, als auch jodometrisch genau bestimmen.

Bei der Ausführung nach Kinder (a. a. O.) muß die Sulfidlösung erst nach der Umsetzung des Kaliumpermanganates mit Jodkalium zugefügt werden.

Der Apparat ist gegen den früher in Gebrauch befindlichen in der Hinsicht vereinfacht, daß sowohl der Kohlendioxydapparat als auch der Verbrennungsofen überflüssig geworden sind. Derselbe (Abb. 28) besteht nunmehr aus einem Entwicklungskolben *A* mit aufgesetztem Glockentrichter *B*. Das Verbindungsrohr, welches an den Glockentrichter vermöge einer Gasentbindungsröhre angeschlossen ist, trägt zweckmäßig einen Dreiweghahn *D*. Es folgt eine Wasserflasche *E* zur Aufnahme der abdestillierenden Salzsäure, an welche sich das Absorptionsgefäß *F* anschließt.

Während bisher nur verdünnte Salzsäure zur Auflösung des Eisens zur Verwendung gelangte, wird nunmehr nur noch konzentrierte Säure (spez. Gew. 1,19) angewendet. Hierin liegt eine wesentliche Verbesserung des Verfahrens. Es hat sich nach Versuchen von Schindler [Ztschr. f. angew. Ch. 6, 11 (1893)] und Reinhardt [Stahl u. Eisen 26, 799 (1906)] ergeben, daß bei Anwendung reichlich bemessener starker Salzsäure sozusagen kein organischer Schwefel entweicht, also die Einschaltung eines Glühofens überflüssig wird. Allerdings ist zu beachten, daß die erheblichen Mengen Chlorwasserstoff, welche den Entwicklungskolben zugleich mit Wasserstoff, wenig Schwefelwasserstoff und zuletzt mit Wasserdampf verlassen, unschädlich zu machen sind, damit nicht die Cadmiumacetatlösung beeinflußt wird, denn die letztere darf nur freie Essigsäure, nicht aber Salzsäure enthalten. Man erreicht ein nahezu vollständiges Abhalten des Chlorwasserstoffs durch eine mit destilliertem Wasser beschickte Waschflasche, welche zugleich das Kochen ermöglicht. Solange die Säure in letzterer 12% nicht übersteigt, besteht keine Gefahr, daß wesentliche Mengen in das Absorptionsgefäß gelangen.

Einen vereinfachten Entwicklungsapparat (Abb. 29), der keine Schliffe aufweist, stellt die Firma Greiner & Frisch, Düsseldorf, Hüttenstr. 144, her.

Die Ausführung der Schwefelbestimmung geschieht in folgender Weise: 10 g Eisen in nicht zu groben Spänen werden in den Auflösungskolben gebracht, worauf man den Apparat zusammensetzt; die Waschflasche erhält 160 ccm Wasser, das Absorptionsgefäß etwa 30 bis 35 ccm Lösung. Man füllt nun 50 ccm Salzsäure (spez. Gew. 1,19) in den Glockentrichter und läßt durch Öffnen des Hahnes zunächst die Hälfte nach unten fließen, und

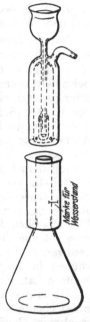

Abb. 29. Schwefelbestimmungsapparat nach Greiner u. Frisch.

falls die Einwirkung nicht allzu stürmisch ist, nach kurzer Zeit den Rest. Dies wiederholt man noch einmal, so daß im ganzen 100 ccm Salzsäure zur Verwendung gelangen. Man reguliert nun die Gasentwicklung derart, daß in der Sekunde 3—4 Gasblasen zu beobachten sind, was man durch die Benutzung eines regulierbaren Bunsenbrenners mit leuchtender Flamme leicht erreichen kann. Es ist von Wichtigkeit, dafür zu sorgen, daß der Auflösungskolben während des Lösungsprozesses möglichst lange kühl gehalten wird, es bleibt dadurch die Salzsäure bis zur vollständigen Auflösung stark. Ist hierauf die Gasentwicklung langsamer geworden, so vergrößert man die Flamme mehr und mehr, bis gegen Ende der Auflösung ungefähr der Siedepunkt erreicht ist. Jetzt öffnet man den Trichterhahn, um etwaiges

Zurücksteigen zu vermeiden (bei plötzlichen Abkühlungen durch Zugluft!) und setzt das Sieden 8—10 Minuten lang fort. Nunmehr wird der Auflösungskolben ausgeschaltet, indem man den Brenner unter die Waschflasche schiebt und sofort den Dreiweghahn schließt. Die Waschflüssigkeit gelangt alsbald zum Sieden, worin man sie etwa 5 Minuten beläßt. Auch die Absorptionsflüssigkeit erwärmt sich hierbei. Es kondensieren sich in ihr 15—20 g Wasserdampf mit ganz geringen Chlorwasserstoffmengen, welche einen schädlichen Einfluß nicht ausüben. Ist auch die Acetatlösung nahezu siedend heiß geworden, so ist die Absorption als beendet zu betrachten, d. h. aller Schwefelwasserstoff ist aus dem Waschkolben ausgetrieben.

Manche Lösungskolben, wie der von Corleis zur Kohlenstoffbestimmung gebrauchte, erlauben den Anschluß eines Kohlendioxydapparates. Man kann alsdann durch einen mäßigen Kohlendioxydstrom den gesamten Schwefelwasserstoff aus dem Lösungsgefäß verdrängen. Die in dem Auflösungskolben verbliebene Eisenlösung läßt sich sehr gut zur Bestimmung von Kupfer (S. 1413) oder Silicium (S. 1357) verwenden. Man setzt nunmehr 5 ccm der Kupferlösung zu der im Absorptionskölbchen befindlichen Acetatlösung und erzielt durch Umschwenken eine glatte Umsetzung des gelben Schwefelcadmiums in schwarzes Schwefelkupfer. Durch die mit dem Kupfersulfat eingeführte Schwefelsäure werden die Acetate in Sulfate verwandelt, was das nachher erfolgende Auswaschen des Filters erleichtert. Das Filtrieren erfolgt durch ein aschefreies Filter. Man benutzt zum Auswaschen schwach angesäuertes warmes Wasser Das Waschen ist beendet, wenn im Filtrat mit Schwefelwasserstoffwasser keine Dunkelfärbung mehr wahrnehmbar ist. In einem vorher gewogenen Porzellantiegel verwandelt man das Schwefelkupfer durch Glühen in Kupferoxyd, was anfänglich bei niedriger Temperatur zu erfolgen hat, und röstet alsdann bei Rotglut einige Minuten lang. Zum Schluß erhitzt man kurze Zeit sehr stark, um etwa gebildetes Kupfersulfat ebenfalls in Kupferoxyd überzuführen. Durch Multiplikation des erhaltenen Gewichts an CuO mit 0,4041 (log = 0,60649 — 1) erhält man den sämtlichen beim Auflösen des Eisens flüchtig gewordenen Schwefel.

Will man das auf vorstehende Weise erhaltene Cadmiumsulfid maßanalytisch bestimmen, so verfährt man nach Reinhardt [Stahl u. Eisen 26, 800 (1906)] folgendermaßen: Das abfiltrierte Cadmiumsulfid wird mit abgemessener Jodlösung von bekanntem Gehalt unter Zusatz von Salzsäure zersetzt und der Jodüberschuß in der mit Stärke versetzten Lösung durch Thiosulfat zurücktitriert. Der Vorgang erfolgt nach folgenden Gleichungen:

$$CdS + 2\,HCl = CdCl_2 + H_2S\,\rbrace$$
$$H_2S + 2\,J\ = 2\,HJ + S\ \,\rbrace$$
$$J_2 + 2\,Na_2S_2O_3 + 2\,HCl = 2\,NaCl + Na_2S_4O_6 + 2\,HJ.$$

Das Verfahren zeigt gegenüber dem gewichtsanalytischen den Vorteil, daß man viel schneller zu einem Ergebnis gelangt, da alle Verrichtungen wie Filtrieren, Auswaschen, Glühen, Wägen in Wegfall geraten.

Die benötigten Titerflüssigkeiten stellt man wie folgt her:

1. Jodlösung: Um 2 l herzustellen, werden 10 g reines Jod und 20 g reines Jodkalium in 100 ccm Wasser unter Umrühren und in der Kälte gelöst und die Lösung durch ein Filter aus Glaswolle und Asbest in eine 2-l-Flasche aus braunem Glase filtriert, mit Wasser gut nachgewaschen und zur Marke gefüllt.

2. Thiosulfatlösung: 25 g krystallisiertes, chemisch reines Thiosulfat ($Na_2S_2O_3 + 5 H_2O$) werden in 1 l Wasser gelöst und gleichfalls in eine Flasche aus braunem Glase filtriert. Beide Flüssigkeiten bewahrt man im Kühlen und vor Licht geschützt auf.

3. Stärkelösung: 5 g feingeriebene Reisstärke werden in einem Literkolben mit 500 ccm Wasser behandelt, mit 25 ccm Natronlauge (1:4) versetzt und die gelatinierte Masse mit 500 ccm Wasser übergossen. Nunmehr erhitzt man zum Sieden, fügt nach dem Erkalten noch 400 ccm Wasser hinzu und filtriert.

Lösung 1 und 2 werden in ihrem Wirkungsverhältnis zunächst aufeinander eingestellt. Die Titerstellung der Jodlösung erfolgt auf zweierlei Art. Entweder benutzt man ein Eisen, dessen Schwefelgehalt nach einem Leitverfahren (s. S. 1420) genau festgestellt ist, oder sie erfolgt jodometrisch, und zwar nach Bd. I, S. 375.

Die Ausführung der Bestimmung gestaltet sich folgendermaßen: Das in dem Kölbchen enthaltene Cadmiumsulfid wird durch ein aschefreies Filter abfiltriert und mehrmals mit verdünntem Ammoniak (1:3) gewaschen. Das Filter mit dem Niederschlag wird in das Kölbchen zurückgebracht und mit 20—50 ccm Jodlösung versetzt, gut durchgeschüttelt, alsdann werden 20 ccm Salzsäure (1:1) zugegeben und mit 200 ccm Wasser unter Umschütteln verdünnt. Nunmehr erfolgt der Thiosulfatzusatz bis zur schwachen Gelbfärbung und nach Zusatz von 5 ccm Stärkelösung bis zur Entfärbung und darüber hinaus, wobei nach dem Durchschütteln das Filter weiß geworden ist. Durch Zurücktitrieren mit Jod ermittelt man den Jodverbrauch für den entwickelten Schwefelwasserstoff.

Das Filtrieren des Schwefelcadmiumniederschlages wird vielfach umgangen, indem man die Jodlösung unmittelbar zu dem Inhalt der Vorlage zusetzt und wie oben verfährt.

Auchy (Iron Age 1910, 1070) hat dagegen festgestellt, daß bei der unmittelbaren Titration des Sulfids in der ursprünglichen Fällungsflüssigkeit ein Fehler dadurch entsteht, daß ein beträchtlicher Teil des beim Lösen des Sulfids entweichenden Schwefelwasserstoffs vor der Oxydation verlorengeht. Ein Abfiltrieren des Schwefelcadmiumniederschlages erscheint vor dem Titrieren unbedingt nötig.

Es ist zu beachten, daß sich der Wirkungswert der Jodlösung mit der Zeit ändert, daher eine öftere Nachprüfung unerläßlich ist. Kinder [Stahl u. Eisen **31**, 1838 (1911)] schlägt daher vor, nach dem Verfahren von Volhard aus einer Jodkaliumlösung mit Kaliumpermanganat in saurer Lösung Jod frei zu machen nach der Gleichung:

$$2 KMnO_4 + 10 KJ + 8 H_2SO_4 = 5 J_2 + 2 MnSO_4 + 6 K_2SO_4 + 8 H_2O,$$

und zwar für eine jede Schwefelbestimmung besonders. Es entspricht dann 1 Teil Schwefel 2 Teilen Jod bzw. 2 Teilen Eisen; durch Verdünnen

der Permanganatlösung ist man in der Lage die für Eisen verwandte
Lösung so einzustellen, daß 1 ccm = 0,001 g Schwefel entspricht (s.
Bd. I, S. 367).

Die Bestimmung des Schwefels in Eisen und Stahl geschieht unter
den oben angeführten Vorsichtsmaßregeln, nur verwendet man zum
Auffangen des entwickelten Schwefelwasserstoffs eine Waschflasche, die
mit 50 ccm einer ammoniakalischen Cadmiumchloridlösung [20 g Cad-
miumchlorid, 400 ccm Wasser und 600 ccm Ammoniak (spez. Gew. 0,96)]
beschickt ist. Das ausgefällte Schwefelcadmium wird abfiltriert, einige
Male ausgewaschen und dann mit dem Filter in eine 500-ccm-Kochflasche

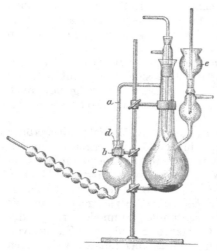

gebracht, in die vorher 10 ccm,
bei höheren Gehalten 20 ccm der
oben erwähnten Jodkaliumlösung,
ferner 25 ccm verdünnte Schwefelsäure und eine ausreichende Menge
Kaliumpermanganatlösung auseiner
Bürette zugegeben wurden. Hierauf
wird der Kolben durchgeschüttelt,
bis sämtliches Schwefelcadmium
von dem ausgeschiedenen Jod zersetzt ist und von letzterem noch
ein Überschuß bleibt, der mit Thiosulfatlösung zurücktitriert wird,
nachdem vor dem Verschwinden
der Gelbfärbung 2 ccm Stärkelösung zugesetzt worden waren.
Ist die Lösung farblos geworden,
so wird mit wenigen Tropfen Per-

Abb. 30. Schwefelbestimmungsapparat.   manganat bis zur eintretenden
Blaufärbung titriert. Der Verbrauch
an Permanganat, vermindert um den der Thiosulfatlösung, gibt den
Schwefelgehalt in Milligramm für 1 ccm Permanganatlösung an.

Der Chemiker-Ausschuß des Vereins Deutscher Eisenhüttenleute [Stahl u. Eisen 28, 249f. (1908)] hat durch seine Arbeiten vollauf bestätigen können, daß das von Campredon und
Schulte eingeschaltete Glührohr entbehrt werden kann, vorausgesetzt,
daß zur Lösung der Probespäne nur Salzsäure von spez. Gewicht 1,19
Verwendung findet.

Als Leitverfahren wird das Bromsalzsäureverfahren in Vorschlag gebracht, und zwar in folgender Ausführung: 10 g Späne werden
in den Lösungskolben (Abb. 30) gebracht, die Luft in demselben durch
Kohlendioxyd verdrängt und erst dann das mit 50 ccm Bromsalzsäure
beschickte Kugelrohr angeschlossen, um einen unnötigen Bromverlust
zu vermeiden. Nunmehr wird die Salzsäure (100 ccm spez. Gew. 1,19)
zugelassen. Nach vollzogener Lösung kocht man noch ungefähr 5 Minuten
und leitet während weiterer 10 Minuten reines Kohlendioxyd durch den
Apparat. Nunmehr spült man den Inhalt in eine Porzellanschale, fügt
5 ccm Natriumcarbonatlösung (1:10) hinzu, dampft zur Trockne,

nimmt mit 10 ccm Salzsäure (1:1) und Wasser auf und filtriert. Man erhitzt das Filtrat zum Sieden und fällt mit heißer Bariumchloridlösung, kocht etwa 5 Minuten und filtriert nach längerem Stehen an einem warmen Ort unter Anwendung von Filterschleim (Bd. I, S. 64). Der Niederschlag wird mit heißem Wasser gewaschen, bis Chlorion nicht mehr nachzuweisen ist, und hierauf in einem Porzellantiegel, zunächst vorsichtig getrocknet, mit einigen Tropfen Ammonnitrat befeuchtet, wieder getrocknet und verascht. Von dem erhaltenen Gewicht ist die durch blinden Versuch ermittelte Bariumsulfatmenge der Bromsalzsäure und Natriumcarbonatlösung in Abzug zu bringen. Durch Multiplikation mit 13,73 (log = 1,13780) erhält man den Gehalt an Schwefel.

Zur bequemen Abmessung der Bromsalzsäure hat Corleis einen Apparat (Abb. 31) entworfen, der nach Möglichkeit das Entweichen der schädlichen Bromdämpfe vermeidet.

Was die Probespäne anbelangt, so ist unbedingte Rostfreiheit derselben erforderlich. Die Bromsalzsäure wird durch Lösen von 200 g Brom in 4 l verdünnter Salzsäure (1:3) erhalten. Zweckmäßig setzt man derselben etwas Schwefelsäure hinzu, um den durch Löslichkeit des Bariumsulfatniederschlages hervorgerufenen Fehler zu beseitigen.

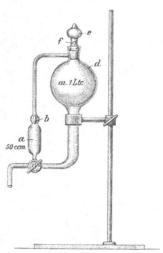

E. Piper [Stahl u. Eisen 48, 1012 (1928)] benutzt zur Schnellbestimmung des Schwefels in Roheisen und Stahl die Stärke der Blaufärbung der ammoniakalischen Lösung vom Kupfersulfidniederschlag. Derselbe wird durch Filterschleim abfiltriert und mehrmals rasch mit schwefelwasserstoff

Abb. 31. Abmeßapparat nach Corleis.

haltigem Wasser ausgewaschen, auf dem Filter mit 15 ccm heißer verdünnter Salpetersäure (spez. Gew. 1,2) behandelt und die Lösung in einem Meßkolben von 50 ccm aufgefangen. Nachdem mit etwas heißem Wasser nachgespült ist, werden 25 ccm starke Ammoniakflüssigkeit hinzugefügt, abgekühlt und mit Wasser bis zur Marke aufgefüllt. Von der Lösung werden 20 ccm in ein Meßröhrchen gefüllt und mit Normallösungen verglichen, die durch Auflösen von reinem Kupfer hergestellt wird.

Das Verfahren läßt sich, vom Abfiltrieren des Kupfersulfids an, in etwa 5 Minuten ausführen und ist ebensogut anwendbar bei schwefelreichem Roheisen wie bei Edelstählen mit nur Spuren von Schwefel. Da sich aber tiefblau gefärbte Lösungen schlecht unterscheiden lassen, empfiehlt es sich, die Lösungen bei Schwefelgehalten von über 0,10 % auf die Hälfte zu verdünnen.

Die Vergleichslösungen halten sich gut verschlossen mindestens 6 Wochen.

C. Holthaus [Stahl u. Eisen **44**, 1514 (1924)] bestimmt den Schwefel in Stahl, Roheisen und Ferrolegierungen durch Verbrennung im Sauerstoffstrom (Marsofen) und Absorption des Schwefeldioxyds durch Natronlauge; das dabei sich bildende Natriumsulfit wird durch neutrale Wasserstoffsuperoxydlösung zu Natriumsulfat oxydiert und der Überschuß an Lauge durch gleichwertige Schwefelsäure unter Zusatz von Methylorange zurücktitriert. Durch Einführung eines geeigneten Absorptionsgefäßes und einer Titrierbürette, die noch das Ablesen von $1/200$ ccm gestattet, wurden einwandfreie Werte erzielt.

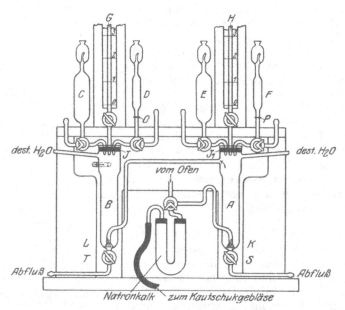

Abb. 32. Apparat zur gleichzeitigen Bestimmung von Schwefel und Kohlenstoff von C. Holthaus.

Die Dauer einer Schwefelbestimmung beträgt im Höchstfall 5 Minuten. Eine besonders große Zeitersparnis gegenüber den Lösungsverfahren wird bei legierten Stählen erzielt, vor allem in solchen Proben, die beim Lösen in Salzsäure metallhaltige Rückstände hinterlassen (z. B. Wolframstahl) und dadurch eine zeitraubende Schwefelbestimmung im Rückstand erfordern.

Das Verfahren ist auch anwendbar zur gleichzeitigen Bestimmung von Schwefel und Kohlenstoff mit einer Einwaage. Den hierfür geeigneten Apparat (Abb. 32) liefert Dr. Hermann Rohrbeck, G. m. b. H., Berlin N 4.

An Stelle der Chromschwefelsäurevorlage tritt ein Gefäß für die Schwefelbestimmung, das mit 500 ccm einer 2%igen Wasserstoffsuperoxydlösung beschickt wird. Nach beendeter Verbrennung werden zur Bindung der Schwefelsäure 10 ccm einer $1/20$ n-Natronlauge zugesetzt und darauf die Titration wie oben durchgeführt. Die Apparatur ist ziemlich kompliziert, liefert jedoch in 8 Minuten eine Doppelbestimmung. Im übrigen sei auf die Originalarbeit verwiesen.

K. Holthaus [Arch. f. Eisenhüttenw. 5, 95 (1931/32)] berichtet über Schwefelbestimmung in legierten Stählen und faßt die kritische Untersuchung wie folgt zusammen:

1. Das Ätherverfahren ist geeignet, bei sämtlichen legierten Stählen den Schwefelgehalt mit großer Genauigkeit zu ermitteln.

2. Die gleich guten Werte wie das Ätherverfahren ergibt das Verbrennungsverfahren; gegenüber diesem besitzt es den Vorzug der erheblich schnelleren Ausführbarkeit.

3. Das Verfahren durch Auflösen der Probe in Salzsäure ergibt nur bei niedrigprozentigen Nickelstählen, bei Kobalt-, Kupfer-, Aluminium- und Manganstählen einwandfreie Werte. Unsicher ist das Verfahren bei Vanadinstählen und vollkommen unbrauchbar bei Stählen, die Wolfram, Chrom, Molybdän, Nickel in höheren Prozentsätzen und Titan enthalten. Bei derartigen Stählen muß der in Salzsäure ungelöst verbleibende Rückstand der Schwefelbestimmung unterworfen werden; dadurch wird das jodometrische Verfahren außerordentlich umständlich und führt leicht zu unsicheren Werten.

K. Swoboda [Ztschr. f. anal. Ch. 77, 229 (1929)] benutzt zur Absorption der schwefelhaltigen Verbrennungsgase neutrale Silbernitratlösung oder eine solche von Wasserstoffsuperoxyd. Die hierdurch in Freiheit gesetzte Salpetersäure bzw. Schwefelsäure bildet ein Maß für die bei der Verbrennung gebildete schweflige Säure bzw. den Schwefel im Stahl. Zur Titration wird eine stark verdünnte Maßflüssigkeit, 0,005 n-Natronlauge, verwendet.

Wiborghs Färbungsverfahren [Stahl u. Eisen 6, 230 (1886)] kommt wohl kaum mehr in Betracht, da es gegenüber den gewichts- und maßanalytischen Bestimmungsverfahren, die nur wenig mehr Zeit zu ihrer Durchführung beanspruchen, zu große Abweichungen in den Ergebnissen zeigt. Außerdem sind die Einwaagen so gering, daß Durchschnittsergebnisse schwerlich zu erwarten sind.

21. Phosphor.

Bei der Bestimmung des Phosphors im Eisen wird nach denselben Grundsätzen verfahren, wie bei der Bestimmung der Phosphorsäure in den Erzen (S. 1329); nur ist zu bedenken, daß beim Lösen des Eisens in Salpetersäure nicht aller Phosphor zu Phosphorsäure oxydiert wird, sondern daß stets etwas phosphorige Säure entsteht, die sich der Fällung mit Ammonmolybdat entzieht, wenn nicht eine völlige Oxydation derselben zu Phosphorsäure herbeigeführt wird. Man erreicht dies durch Glühen des Abdampfrückstandes bis zur Zerstörung der Nitrate oder durch Kochen der salpetersauren Lösung mit Kaliumpermanganat und nachfolgender Reduktion des Überschusses und des ausgeschiedenen Mangansuperoxydes mittels Salzsäure oder Kaliumnitrit. Soll das

Silicium gleichzeitig bestimmt werden, so muß das erstgenannte Verfahren angewandt werden.

Nach den Angaben des Chemiker-Ausschusses des Vereins Deutscher Eisenhüttenleute [Stahl u. Eisen 40, 381 (1920)] erfolgt die Bestimmung in Roheisen in folgender Weise: Von Thomasroheisen und Gießereiroheisen werden 0,4—0,5 g, von Hämatitroheisen 2 g eingewogen und in 20 ccm bzw. 60 ccm Salpetersäure (spez. Gew. 1,2) gelöst, die Lösung zur Trockne verdampft und der Rückstand geröstet bis zur vollständigen Zerstörung der Nitrate. Nach dem Erkalten wird der Rückstand mit 20 ccm bzw. 40 ccm Salzsäure (spez. Gew. 1,19) gelöst, die Lösung auf etwa 10 ccm eingeengt, alsdann mit 50 ccm warmem Wasser verdünnt und filtriert. Das Filter wird abwechselnd mit heißem Wasser und verdünnter Salzsäure (1:3) eisenfrei ausgewaschen. Das Filtrat neutralisiert man hierauf mit 80 ccm Ammoniak (spez. Gew. 0,96) und löst den Eisenhydroxydniederschlag mit etwa 25 ccm Salpetersäure (spez. Gew. 1,4), bis die Lösung vollkommen klar erscheint. Durch die Neutralisationswärme wird die Fällungstemperatur von etwa 65° erreicht; ist die Temperatur höher, so läßt man kurze Zeit abkühlen. Die klare Lösung wird dann mit 60 ccm Ammonmolybdatlösung gefällt. Wenn sich der Niederschlag klar abgesetzt hat (nach etwa 15 Minuten, bei geringen Gehalten nach 2—3 Stunden), wird filtriert und das Filter mit salpetersaurem Ammoniak (20 ccm Salpetersäure [spez. Gew. 1,2] und 50 ccm Ammonnitratlösung [1:1] auf 1 l) ausgewaschen. Der Niederschlag wird dann entweder nach Finkener bei 105° getrocknet oder nach Meinecke geglüht, wie unter Eisenerz (S. 1330) angegeben.

Verzichtet man auf die Abscheidung des Siliciums, dann wird die Lösung der Probe in einem Meßkolben vorgenommen, nach dem Auffüllen filtriert und die einer Einwaage von 0,5 bzw. 2 g entsprechende Menge abpipettiert. Die Lösung wird kochend mit Kaliumpermanganat oxydiert, das ausgeschiedene Mangansuperoxyd mit Salzsäure oder Kaliumnitrit (s. unter Stahl, S. 1425) in Lösung gebracht und dann die Phosphorsäure wie üblich gefällt.

Die titrimetrische Phosphorbestimmung hat sich als Schnellverfahren sowohl für Roheisen als auch für Stahl außerordentlich bewährt. Sie beruht auf der Lösung des gelben Phosphormolybdänniederschlages in einer abgemessenen überschüssigen Menge Natronlauge von bekanntem Wirkungswert und Zurücktitrieren des Überschusses durch Schwefelsäure von gleichem Wirkungswert.

Bei Roheisen (Stahl u. Eisen a. a. O.) erfolgt die Lösung in einer Porzellanschale wie oben; der Rückstand wird geröstet, nach dem Erkalten in Salzsäure gelöst, dann in einen Meßkolben gespült, aufgefüllt und durch ein trocknes Filter filtriert. Von dem Filtrat entnimmt man mittels einer Pipette einen entsprechenden Anteil und fällt darin die Phosphorsäure wie üblich. Das Auswaschen des Niederschlages wird zum Schlusse mehrere Male mit einer neutralen Kaliumsulfatlösung oder Kaliumnitratlösung bewirkt, die im Liter 5 g des Salzes enthält. Der gelbe Niederschlag wird mit einer abgemessenen Menge Natronlauge gelöst und deren

Überschuß mit einer gleichwertigen Schwefelsäure unter Verwendung von Phenolphthaleïn (1 g in 50 ccm Alkohol lösen und 50 ccm Wasser zufügen) als Indicator zurücktitriert.

Nach Fricke [Stahl u. Eisen **26**, 279 (1906)] verläuft die Reaktion wie folgt:

$$2 [(NH_4)_3PO_4 \cdot 12 MoO_3] + 46 NaOH + H_2O = 2 (NH_4)_2HPO_4$$
$$+ (NH_4)_2MoO_4 + 23 Na_2MoO_4 + 23 H_2O.$$

Demnach entsprechen

$$2 P = 46 NaOH = 23 H_2SO_4.$$

Die Titerflüssigkeiten werden wie folgt hergestellt: **Schwefelsäure:** 40 g (spez. Gew. 1,84) werden in 1 l Wasser gelöst; 1 ccm entspricht 0,001 g P. **Natronlauge:** 34 g Ätznatron werden in 1 l Wasser gelöst und so verdünnt, daß 1 ccm = 1 ccm Schwefelsäure entspricht. 0,497 g Natriumoxalat, zu Natriumcarbonat geglüht und in Wasser gelöst, müssen 10 ccm der Schwefelsäure entsprechen. Es empfiehlt sich für Betriebszwecke die Natronlauge auf eine Stahlprobe einzustellen, deren Phosphorgehalt gewichtsanalytisch festgestellt worden ist. Bei niedrigen Phosphorgehalten verdünnt man zweckmäßig die Titrierflüssigkeiten etwa in der Art, daß bei einer Einwaage von 3 g 1 ccm = 0,0003 g Phosphor anzeigt. Die verbrauchten Kubikzentimeter geben dann durch 100 geteilt den Phorphorgehalt in Prozenten an.

Czako [Chem.-Ztg. **42**, 53 (1918)] schlägt vor, zur Titration der Schwefel- oder Salpetersäure Kaliumbicarbonat zu verwenden. Aus obiger Gleichung ergibt sich das Verhältnis:

P: 23 NaOH: 23 HNO_3: 23 KHCO_3

31,04   23 × 100 · 108 = 2302,484

demnach entspricht 1 g $KHCO_3 = \dfrac{31,04}{2302,484} = 0,013481$ g P.

Hiernach erhält man den Titer der Säure auf Phosphor, indem man ihren Titer auf $KHCO_3$ mit 0,013481 (log = 0,12972 — 2) multipliziert. Das Kaliumhydrocarbonat wird nach der Vorschrift von L. W. Winkler [Ztschr. f. angew. Ch. **28**, 264 (1915)] erhalten und in wäßriger Lösung bei Anwesenheit von Methylorange als Indicator mit der Säure kalt titriert, dann zum Austreiben der Kohlensäure aufgekocht, abkühlen gelassen und nun die Titration mit der Säure beendet.

Die Bestimmung des Phosphors in hochprozentigem **Ferrosilicium** wird nach **Vita** (Untersuchungsmethoden, S. 72) in folgender Weise vorgenommen: 2 g werden in einer Platinschale mit 50 ccm Salpetersäure (spez. Gew. 1,2) übergossen und unter tropfenweisem Zusatz von Flußsäure zur vollständigen Lösung gebracht; es hinterbleibt nur ausgeschiedener Kohlenstoff. Dann setzt man 8 ccm Schwefelsäure (1:1) zu, dampft ab, bis der größte Teil derselben abgeraucht ist, löst in Wasser, spült in ein Becherglas, filtriert, wenn nötig, oxydiert mit 4 ccm Kaliumpermanganatlösung und verfährt weiter wie S. 1426 angegeben.

Die Phosphorbestimmung in **Stahl** [Stahl u. Eisen **40**, 381 (1920)] kann in den allermeisten Fällen durch Lösen in Salpetersäure und nachherige Oxydation mittels Kaliumpermanganat vorgenommen werden; nur bei hochsilicierten Stählen (über $0,5\%$ Si) empfiehlt es sich, unter allen Umständen zur Abscheidung der Kieselsäure zur Trockne zu verdampfen und weiter zu verfahren wie beim Roheisen angegeben ist.

Man löst 4 g Stahl in einem Erlenmeyerkolben oder Becherglas mit 60 ccm Salpetersäure (spez. Gew. 1,2) und oxydiert nach dem Entweichen der nitrosen Dämpfe mit 10 ccm Kaliumpermanganatlösung (20 g im Liter) durch 5 Minuten während Kochen. Der ausgeschiedene Mangansuperoxydniederschlag wird mit 4 ccm Salzsäure (spez. Gew. 1,19) oder durch tropfenweisen Zusatz einer Kaliumnitritlösung (100 g in 100 ccm Wasser) gelöst; bei Anwendung dieser kocht man so lange, bis keine nitrosen Dämpfe mehr entweichen. Hierauf neutralisiert man mit 80 ccm Ammoniak und gibt alsdann Salpetersäure (spez. Gew. 1,4) zu, bis die Lösung klar erscheint. Letztere wird alsdann mit 40 ccm Molybdatlösung gefällt und der Niederschlag weiter behandelt wie bei Roheisen. In den meisten Fällen wird man die Titration des gelben Niederschlages mit Natronlauge in Anwendung bringen wegen der erheblichen Zeitersparnis und Zuverlässigkeit des Bestimmungsverfahrens.

Besser wurden nach Heczko (freundl. Privatmitteilung) das überschüssige Permanganat und der Braunstein durch tropfenweisen Zusatz von phosphorsäurefreiem Perhydrol entfernt.

Von Fremdkörpern im Roheisen und Stahl, die das Ergebnis der Phosphorbestimmung beeinflussen, kommen Arsen, Titan, Vanadium, Wolfram und gegebenenfalls Molybdän in Frage. Geringe Arsenmengen sind fast in jedem Stahl vorhanden, meist ist der Gehalt so gering, daß er nicht ins Gewicht fällt. Um ein Mitfällen des Arsens nach Möglichkeit zu verhindern, soll die Fällungstemperatur 65^0 C nicht übersteigen. Der Salpetersäureüberschuß betrage mindestens 4 ccm, die Menge der zu fällenden Flüssigkeit mindestens 150 ccm, auch lasse man den gelben Niederschlag nicht zu lange stehen, sondern man filtriere, sobald die überstehende Flüssigkeit klar erscheint. Zieht man vor, das Arsen vorher zu verflüchtigen, so verfährt man wie bei „Eisenerz" (S. 1328) angegeben.

Bei Anwesenheit von Titan schließt man den säureunlöslichen, abfiltrierten Rückstand mit Natriumcarbonat auf und bestimmt in dem wäßrigen Auszug der Schmelze den Phosphor für sich.

Bei höheren Gehalten an Vanadium entzieht sich ein Teil des Phosphors als Vanadinphosphorsäure der Fällung; man reduziert daher die Lösung vor der Molybdatfällung mittels Ferrosulfat. Die Abscheidung des gelben Niederschlages erfolgt alsdann vollständig schon bei gewöhnlicher Temperatur. Anstatt Ferrosulfat kann man auch Natriumsulfit (10 ccm einer 20%igen Lösung) benutzen.

In wolframhaltigen Stählen muß die Wolframsäure durch Eindampfen der salpetersauren Lösung zur Trockne vollständig abgeschieden werden. Der erkaltete Rückstand wird mit starker Salzsäure behandelt und die Wolframsäure nach dem Verdünnen mit Wasser abfiltriert. Der Phosphor wird dann im Filtrat wie gewöhnlich bestimmt.

Liegen höhermolybdänhaltige Stähle, besonders Molybdänlegie-rungen vor, so kann die gebildete Molybdänsäure einen Teil, oder selbst die ganze Menge des Phosphors zur Abscheidung bringen; ein gebildeter gelber Niederschlag ist deshalb daraufhin zu prüfen.

22. Sauerstoff.

Die Verfahren zur Bestimmung des Sauerstoffs in Eisen und Stahl waren in den letzten Jahren Gegenstand zahlreicher Arbeiten. Eine vollständige Klärung ist indessen noch nicht zu verzeichnen. Es möge daher auf die folgenden Arbeiten verwiesen werden:

H. Diergarten [Stahl u. Eisen 49, 1053 (1929)] behandelt das Heiß-extraktionsverfahren im Kohlenspiral-Vakuumofen.

W. Hessenbruch und P. Oberhoffer [Stahl u. Eisen 48, 486 (1928) bringen im Bericht Nr. 54 des Chemiker-Ausschusses des V. D. E. 1928] ein verbessertes Verfahren zur Bestimmung der Gase in Metallen, insbesondere des Sauerstoffs in Stahl.

Über den Einfluß einiger Begleitelemente des Eisens auf die Sauer-stoffbestimmung im Stahl nach dem Wasserstoffreduktionsverfahren berichten P. Bardenheuer und A. Müller (Bericht Nr. 57 des Chemiker-Ausschusses des V. D. E. 1928).

Handelt es sich um die Bestimmung des als Eisenoxydul im schlacken-freien Eisen enthaltenen Sauerstoffes, so liefert das von Ledebur [Stahl u. Eisen 2, 193 (1882)] ausgearbeitete Verfahren noch die be-friedigendsten Ergebnisse. Es beruht auf der Reduktion des Eisenoxyduls durch Wasserstoff und Auffangen des gebildeten Wassers.

Etwa 15 g Späne werden durch Waschen mit Alkohol und Äther vollständig von Fett, das etwa beim Bohren an sie gelangt sein könnte, befreit und im Exsiccator getrocknet. Man breitet sie in einem vorher ausgeglühten Porzellanschiffchen aus und schiebt dieses in ein 18 mm weites und 500 mm langes Verbrennungsrohr, das an einem Ende zu einer Spitze ausgezogen ist, um das zum Auffangen des Wassers dienende U-Rohr mit Phosphorsäure unmittelbar daran befestigen zu können; hinter das Phosphorsäurerohr legt man noch ein solches mit konzen-trierter Schwefelsäure zum Schutze gegen etwa von hintenher eintretende Feuchtigkeit. Vor dem Verbrennungsrohre befindet sich der Wasser-stoffentwickler (Kippscher Apparat) nebst Reinigungsvorrichtungen für das Gas; diese bestehen aus einem Wascher mit einer Lösung von Blei-oxyd in Kalilauge, einem schwach glühenden Rohre mit Platinasbest behufs Verbrennung etwa beigemengten freien Sauerstoffes und zwei Trockenröhren, je eine mit konzentrierter Schwefelsäure und Phosphor-säureanhydrid. Bequemer zu verwenden ist eine Stahlflasche mit verdichtetem Wasserstoffgas, das mittels eines Reduzierventiles in gleichmäßigem Strome entnommen werden kann. Durch ein- bis zwei-stündiges Durchleiten von Wasserstoff füllt man den ganzen Apparat mit diesem Gase; dann zündet man die Brenner unter dem Rohre mit dem Schiffchen an, erhitzt bis zu hellem Glühen und erhält die Tempera-tur 30—40 Minuten auf dieser Höhe. Währenddem wird ununterbrochen

Wasserstoff durchgeleitet. Dann löscht man allmählich die Flammen, läßt im Wasserstoffstrome erkalten, verdrängt denselben durch getrocknete Luft und wägt das Phosphorsäurerohr.

Zur Erhitzung des Verbrennungsrohres kann auch der zur Kohlenstoffbestimmung dienende elektrische Ofen von Mars benutzt werden. Durch Bestimmen des Gewichtsverlustes des Schiffchens und Vergleich desselben mit dem aus der Gewichtszunahme des Phosphorsäurerohres berechneten Sauerstoffgehalt ($^8/_9$ der Gewichtszunahme) wird die Richtigkeit des Ergebnisses nachgeprüft. Wegen Verflüchtigung von geringen Mengen Schwefel ist der Gewichtsverlust meist etwas größer als der gefundene Sauerstoffgehalt. Das umgekehrte Verhältnis kann nur eintreten, wenn fremder Sauerstoff in den Apparat gelangt ist.

23. Stickstoff.

Im schmiedbaren Eisen finden sich regelmäßig geringe Mengen von Stickstoff, wahrscheinlich als Nitrid gelöst. Da der Einfluß des Stickstoffs auf die Arbeitseigenschaften des Eisens ein ungünstiger ist — er macht dasselbe in ähnlicher Weise rotbrüchig wie Sauerstoff — wird man ihn zu bestimmen trachten.

Braune fand im Schweißeisen bis 0,035%, im Flußeisen bis zu 0,06%; der schädliche Einfluß soll sich schon bei Gehalten von 0,035% geltend machen.

Das Bestimmungsverfahren beruht auf der Bildung von Ammoniak durch nascierenden Wasserstoff beim Lösen der Probe in verdünnter Salz- oder Schwefelsäure. Nach dem Verfahren von Kjeldahl läßt sich das gebildete Ammoniak in bekannter Weise feststellen.

Nach Herwig [Stahl u. Eisen 33, 1721 (1913)] verfährt man in folgender Weise: 5 g Späne, durch Alkohol und Äther sorgfältig entfettet, werden in einen Kolben gebracht, der mit einem Tropftrichter und Kugelaufsatz — beide in dichtschließendem Gummistopfen — versehen ist; an den Kugelaufsatz wird ein schräg nach unten gerichteter Wasserkühler angeschlossen. Das untere Ende des Kühlers ist mit einer Kugelröhre verbunden, wie solche an dem Kolben zur Schwefelbestimmung nach dem Bromsalzsäureverfahren (Abb. 30, S. 1420) angebracht ist.

Zuerst gibt man 40 ccm destilliertes Wasser in den offenen Kolben und kocht einige Zeit; alsdann setzt man 40 ccm Salzsäure (spez. Gew. 1,124) hinzu. Nach erfolgter Lösung läßt man erkalten, gibt einige Glassiedeperlen und 400 ccm destilliertes Wasser zu und verbindet den Kolben mit dem Kühler. Im Kugelrohr legt man 20 ccm einer $^1/_{100}$ n-Schwefelsäure vor; alsdann läßt man durch den Tropftrichter langsam so lange stickstofffreie Kalilauge (1:5) zufließen, bis der Kolbeninhalt alkalisch ist. Nachdem man diesen durch mehrmaliges Schütteln gut gemischt hat, wird unter ständiger Beobachtung erwärmt und schließlich so weit destilliert, bis etwa die 7. Kugel der Vorlage gefüllt ist. Die vorgelegte Schwefelsäure wird durch destilliertes Wasser, das durch

Methylorange eben rötlich gefärbt sein muß, in einen Erlenmeyerkolben gespült und unter Zusatz von 2 Tropfen Methylorange oder
Methylrot mit $1/_{100}$ n-Kalilauge von rötlich auf schwach gelb titriert;
der Umschlag ist nach einiger Übung gut zu erkennen. Die Fehlergrenze liegt bei 0,003% Stickstoff.

Einen geeigneten Apparat mit Normalschliffen, Modell Krupp-
Essen, für die Stickstoffbestimmung liefert Dr. Hermann Rohrbeck,
G. m. b. H., Berlin, N 4.

Zu bemerken ist noch, daß für die richtige Durchführung der Bestimmung ein unbedingt ammoniakfreier Arbeitsraum gehört, und daß
man sich von der Reinheit der verwendeten Reagenzien durch einen
blinden Versuch überzeugt.

P. Klinger [Arch. f. Eisenhüttenw. 5, 29 (1931/32)] weist darauf hin,
daß Ferrolegierungen größere Stickstoffmengen aufnehmen können als
gewöhnliches Eisen. Obwohl einige dieser Legierungen in Salzsäure
löslich sind, verbleibt bei Anwesenheit von Stickstoff meist ein Rückstand, der vielfach aus dem Nitrid des betreffenden Legierungselements
besteht. Es wurde daher ein Aufschlußverfahren entwickelt, bei dem
der Aufschluß im Vakuum erfolgt; die entwickelten Gasmengen werden
einer Analyse unterworfen. Neben Apparatur und Arbeitsverfahren
muß auf die Quelle verwiesen werden.

24. Schlacke.

Das Verfahren von Eggertz, wie es der Chemiker-Ausschuß
des Vereins Deutscher Eisenhüttenleute [Stahl u. Eisen 32,
1564 (1912)] ausgebildet hat, wird wie folgt ausgeführt: 10 g Bohrspäne
werden in einem durch Eis gekühlten Becherglase mit 50 ccm eiskaltem,
ausgekochtem Wasser übergossen und 60 g reines Jod zugefügt. Unter
ständigem Umrühren werden die Späne gelöst; um etwa vorhandene
schwer zersetzbare Carbide oder Phosphide nicht der Reaktion zu entziehen, wird das Ganze noch kurze Zeit auf dem Wasserbade erhitzt.
Nach dem Erkalten der so erhaltenen Eisenjodürlösung wird diese mit
200 ccm luftfreiem Wasser übergossen und zum Absetzen des Niederschlages stehengelassen. Hierauf wird der Rückstand, der aus Kohle
und Schlacke besteht, durch einen Neubauertiegel filtriert und zuerst
mit ganz verdünnter Salzsäure bis zum Verschwinden der Eisenreaktion,
dann mit Wasser bis zum Verschwinden der Chlorionreaktion ausgewaschen, getrocknet und gewogen. Hierauf wird der Rückstand aus
dem Neubauertiegel entfernt und der Kohlenstoff in der getrockneten
Probe durch Verbrennen im Sauerstoffstrome bestimmt. Zieht man den
im Rückstand gefundenen Wert an Kohlenstoff bei der Auswaage des
Schlackenrückstandes ab, so erhält man den Schlackengehalt im Stahl.

R. Wasmuht und P. Oberhoffer [Arch. f. Eisenhüttenw. 2, 829
(1928)] bestimmen die oxydischen Einschlüsse auf rückstandsanalytischem
Wege durch Chloraufschluß. Ein abschließendes Urteil über die Verwendbarkeit des Verfahrens steht noch aus.

Anhang.

In allerneuester Zeit (Juni 1931) brachte die Firma **Ernst Leitz**, **Wetzlar** einen automatisch registrierenden **Dilatometer** mit photographischer Kamera (Bauart **Esser-Oberhoffer**) heraus, auf den hier hingewiesen sei.

Die Untersuchung der Ausdehnungsverhältnisse von Metallen bei höheren Temperaturen hat derart an Bedeutung gewonnen, daß das Dilatometer ebenso wie das Mikroskop zu einem unentbehrlichen Untersuchungswerkzeug im metallurgischen Laboratorium werden dürfte.

III. Untersuchung der Eisensalze.

1. Ferrosulfat (grüner Vitriol, Eisenvitriol $FeSO_4 + 7 H_2O$). Das reine Salz bildet blaß-bläulichgrüne, monokline Prismen, die in trockner Luft schnell verwittern und weiß und undurchsichtig werden; in feuchter Luft nimmt es Sauerstoff auf und geht allmählich in gelbbraunes basisches Ferrisulfat über.

In Alkohol, Äther und konzentrierter Schwefelsäure ist der Eisenvitriol unlöslich; letztere scheidet aus der konzentrierten wäßrigen Lösung $FeSO_4 \cdot H_2O$ ab. Die Löslichkeit des Salzes in Wasser ist sehr beträchtlich; 1 Teil Vitriol wird von $1\frac{1}{2}$ Teilen kaltem und $\frac{1}{3}$ Teil Wasser von 100^0 C gelöst. Reine wäßrige Lösungen von 15^0 C haben nach den Bestimmungen von **Gerlach** folgende Gehalte an $FeSO_4 + 7 H_2O$ in Gewichtsprozenten:

$^0/_0 FeSO_4 + 7 H_2O$	Spez. Gew.	$^0/_0 FeSO_4 + 7 H_2O$	Spez. Gew.
1	1,005	15	1,082
2	1,011	20	1,112
3	1,016	25	1,143
4	1,021	30	1,174
5	1,027	35	1,206
10	1,054	40	1,239

Der Gehalt an $FeSO_4$ wird am besten durch Titration der verdünnten und mit Schwefelsäure angesäuerten Lösung mit Kaliumpermanganatlösung bestimmt (s. S. 1299).

Absichtliche Verunreinigungen des Salzes kommen kaum vor. **Eisenoxyd** gibt sich in der schwach salzsauren Lösung durch Ferrocyankalium und Rhodankalium zu erkennen. **Kupfer** weist man nach, indem man die durch Salpetersäure in der Siedehitze oxydierte salzsaure Lösung verdünnt, mit Ammoniak fällt und den Niederschlag von Eisenhydroxyd abfiltriert; die bläuliche Farbe des Filtrates deutet auf Kupfer. Geringe Mengen werden noch sicher erkannt, wenn man das ammoniakalische Filtrat mit Salzsäure schwach ansäuert und einige Tropfen Ferrocyankaliumlösung hinzusetzt, wodurch eine rotbraune Fällung oder Trübung von Kupfereisencyanür entsteht. Ist der Vitriol kupferhaltig, so leitet man in die verdünnte, salzsaure Lösung von 1—2 g Substanz Schwefelwasserstoff, erwärmt, filtriert das CuS ab, oxydiert das Ferrosalz im Filtrate usw. und fällt das Eisen durch Zusatz von Natriumacetat und Kochen aus. In dem Filtrate weist man durch Einleiten von Schwefelwasserstoff Zink durch die weiße Fällung von ZnS nach. Ein etwa entstehender schwarzer Niederschlag von NiS ist besonders auf eine Beimischung von ZnS zu prüfen. Mangan, das sehr häufig im Eisenvitriol vorkommt, erkennt man an der braunen Fällung, welche das Filtrat vom basischen Eisen-acetatniederschlage beim Zusatze von Natronlauge, Bromwasser und Erhitzen gibt. Zum Nachweise von Tonerde (deren Vorhandensein für manche Verwendungen des Eisenvitriols besonders schädlich ist) behandelt man den Eisenniederschlag mit heißer, reiner Natronlauge (NaOH aus metallischem Natrium hergestellt, in wenig Wasser gelöst) in einer Platinschale, verdünnt, filtriert ab, neutralisiert das Filtrat mit Essigsäure und kocht, wodurch vorhandene Tonerde ausfällt.

2. **Ferrisulfat** (Schwefelsaures Eisenoxyd, $Fe_2(SO_4)_3$ + aq). Es wird durch Oxydation einer heißen, stark schwefelsauren Eisenvitriollösung mittels Salpetersäure hergestellt und kommt seltener im festen Zustande (weißliche Salzmasse) als gelöst in Form einer braunen Flüssigkeit von 45—50° Bé in den Handel, die in der Schwarzfärberei Anwendung findet.

Zur Ermittlung des annähernden Gehaltes der meist durch freie Schwefelsäure und etwas Salpetersäure verunreinigten Lösung (von 15° C) hat Wolff folgende Tabelle aufgestellt:

% $Fe_2(SO_4)_3$	Spez. Gew.	% $Fe_2(SO_4)_3$	Spez. Gew.
5	1,0426	35	1,3782
10	1,0854	40	1,4506
15	1,1324	45	1,5298
20	1,1825	50	1,6148
25	1,2426	55	1,7050
30	1,3090	60	1,8006

Zur genauen Ermittlung des Fe-Gehaltes wird eine abgewogene Menge (etwa 1 g) der Lösung mit Wasser und Schwefelsäure verdünnt, das Ferrisalz durch Zink reduziert und die abgekühlte Lösung mit Permanganatlösung titriert. In einer anderen kleinen Menge der Substanz bestimmt man die Schwefelsäure gewichtsanalytisch, am besten nach dem Verfahren von Lunge (S. 471).

Etwaige Verunreinigungen des Salzes durch Salpetersäure werden durch Entfärbung einiger, zur stark schwefelsauer gemachten Lösung zugesetzten Tropfen von schwefelsaurer Indigolösung in der Hitze festgestellt. Ferrosulfat erkennt man an der Blaufärbung mit einer Lösung von Ferricyankalium, die man mit vorher abgespülten Krystallen frisch bereitet hat. Auf andere Metalle prüft man ebenso, wie für Eisenvitriol angegeben ist.

3. Eisenalaun (Ferriammoniumsulfat, $Fe_2(SO_4)_3 \cdot (NH_4)_2SO_4 + 24 H_2O$).
Im reinen Zustande bildet der Eisenammoniakalaun amethystfarbige
Oktaeder, die sich in 3—4 Teilen kaltem Wasser lösen. Das Salz kann von
der Herstellung kleine Mengen Ferrosulfat und Salpetersäure einschließen;
es wird in der Färberei in den Fällen angewendet, wo ein **neutrales
Ferrisalz** gebraucht wird.

Das entsprechende Kalisalz krystallisiert in farblosen Oktaedern
und wird für den gleichen Zweck, jedoch viel seltener verwendet.

4. Ferrinitrat-Lösung von dunkelbrauner Farbe wird ebenfalls als
„Eisenbeize" für die Färberei in den Handel gebracht. Der Gehalt der
reinen Lösung läßt sich durch ihr spezifisches Gewicht feststellen.
Gewöhnlich enthält dieselbe reichliche Mengen von Ferrisulfat. Den
Gehalt an Fe und Schwefelsäure ermittelt man nach den unter „Ferri-
sulfat" aufgeführten Verfahren. Zur Bestimmung des HNO_3-Gehaltes
kann man eine abgewogene kleine Menge der Beize nach dem starken
Verdünnen mit Wasser mit überschüssiger Natronlauge kochen, das
Filtrat vom Eisenhydroxydniederschlage eindampfen und die Salpeter-
säure in dieser Nitratlösung, z. B. nach dem Verfahren von Devarda
(S. 554) in Ammoniak überführen usw.

5. Eisenacetate kommen in Form einer durch Auflösen von Eisenspänen in roher Essigsäure dargestellten, grünlichschwarzen Lösung in
den Handel, die stark nach Holzteer riecht und das Eisen überwiegend
als Ferrosalz enthalten soll. Es wird gewöhnlich nur das spezifische
Gewicht dieser Eisenbrühe oder Schwarzbeize festgestellt; dasselbe soll
annähernd 15—18° Bé betragen.

6. Eisenchlorid ($FeCl_3 + aq$) kommt als feste, gelbe Masse, annähernd
nach der Formel: $FeCl_3 + 6 H_2O$ zusammengesetzt, oder als dunkelbraune Lösung in den Handel. Es wird durch Auflösen von Schmiedeeisen in verdünnter Salzsäure und Oxydation der bis zum spez. Gewicht
1,3 eingedampften Lösung mittels Salpetersäure dargestellt. Durch
weiteres Eindampfen der konzentrierten Lösung erhält man beim Erkalten das gelbe, feste Eisenchlorid.

Prüfung: Das reine Salz muß sich klar in Wasser lösen; Ferricyankaliumlösung darf keine Blaufärbung (Eisenchlorür) geben. Das
Filtrat von der Fällung mit Ammoniak in der Hitze darf nicht blau
gefärbt sein (Kupfer) und mit Schwefelammon versetzt, keinen erheblichen Niederschlag (Cu, Zn, Mn) geben. Freie Salzsäure erkennt man
an dem Salmiaknebel, der sich bei der Annäherung eines mit Ammoniak
benetzten Glasstabes an die schwach erwärmte, konzentrierte Lösung
bildet; freies Chlor bzw. salpetrige Säure in der Lösung verursacht Blaufärbung von angefeuchtetem Jodzinkstärkepapier, wenn man solches
dicht über die erwärmte Lösung hält. Den Eisengehalt bestimmt man
am besten durch Titration mit Zinnchlorürlösung (s. S. 1306). Wenn
das Salz Eisenchlorür enthält, oxydiert man dasselbe in einer zweiten
Probe durch $KClO_3$, kocht alles Chlor fort und titriert nochmals. Aus
der Differenz gegenüber der ersten Eisenbestimmung ergibt sich das als
$FeCl_2$ vorhandene Eisen.

Aus dem spezifischen Gewichte der Eisenchloridlösungen ermittelt man den Gehalt an $FeCl_3$ mittels der von Franz aufgestellten
Tabelle.

Temperatur 17,5° C.

% $FeCl_3$	Spez. Gew.	% $FeCl_3$	Spez. Gew.	% $FeCl_3$	Spez. Gew.
2	1,015	22	1,175	42	1,387
4	1,029	24	1,195	44	1,412
6	1,044	26	1,216	46	1,437
8	1,058	28	1,237	48	1,462
10	1,073	30	1,257	50	1,487
12	1,086	32	1,278	52	1,515
14	1,105	34	1,299	54	1,544
16	1,122	36	1,320	56	1,573
18	1,138	38	1,341	58	1,602
20	1,154	40	1,362	60	1,632

Ferrocyankalium (gelbes Blutlaugensalz) und **Ferricyankalium**
(rotes Blutlaugensalz) siehe Bd. IV, Abschnitt „Cyanverbindungen“,
Ferrocyannatrium ebenda.

Hafnium.

Siehe S. 1624.

Quecksilber.

Von

Direktor Dr.-Ing. A. Graumann, Hamburg.

Einleitung.

Vorkommen. Das am meisten verbreitete Quecksilbererz ist der Zinnober, der auch häufig metallisches Quecksilber enthält. Der Idrialit ist ein Gemisch von Zinnober, Schwefelkies, Ton, Gips und Kohlenwasserstoffen. In einigen Fahlerzen ist Quecksilber bis zu 17 % enthalten. Gegenstand chemisch-technischer Untersuchungen sind Erze, Flugstaub, Bleischlamm, Amalgame und Quecksilberverbindungen.

Physikalische und chemische Eigenschaften. Quecksilber erstarrt bei —39,4° und siedet bei 357° C. Die Verdampfung des Quecksilbers ist bei Zimmertemperatur sehr gering: 495,1 mg Quecksilber verloren in 24 Stunden im Chlorcalcium-Exsiccator 0,075 mg [L. W. Winkler: Ztschr. f. anal. Ch. 64, 262 (1924)].

In verdünnter Schwefelsäure ist das Metall unlöslich, in heißer, konzentrierter ist es dagegen unter Entwicklung von schwefliger Säure löslich. Am leichtesten löst heiße Salpetersäure. In Jodwasserstoffsäure ist Quecksilber ebenfalls leicht löslich. Mercurichlorid und Mercuribromid sind in Alkohol leicht löslich.

Schwefelwasserstoff fällt aus sauren Lösungen schwarzes Quecksilbersulfid, unlöslich in Ammoniumsulfid, aber löslich in Schwefelalkalien. Quecksilbersulfid ist in Königswasser, in Bromsalzsäure und in konzentrierter Schwefelsäure unter Zusatz von Permanganat löslich.

Zinnchlorür reduziert Mercurisalze zunächst zu weißem, unlöslichen Mercurochlorid, dann weiterhin zu Metall.

Phosphorige Säure reduziert Mercurichloridlösungen zu schwerlöslichem Mercurochlorid. In heißer Lösung geht die Reduktion noch weiter zu metallischem Quecksilber.

Unterphosphorige Säure oder deren Salze reduzieren Mercurisalzlösungen zu metallischem Quecksilber.

Die meisten Quecksilberverbindungen verflüchtigen sich beim Erhitzen im Glührohr unter Bildung eines Sublimats. Alle Quecksilberverbindungen geben beim Erhitzen mit Soda im geschlossenen Rohre einen grauen Metallbeschlag.

Die Metalle **Kupfer, Zink, Aluminium** und **Eisen** reduzieren Mercurisalzlösungen zu metallischem Quecksilber.

Ein charakteristischer Nachweis für Quecksilber ist die Bildung von **Aluminiumamalgam.** Bringt man auf ein blank geriebenes Aluminiumblech einen Tropfen Mercurisalzlösung, so bildet sich Aluminiumamalgam und das Aluminium oxydiert sich an der Luft unter Bildung von Aluminiumoxyd. Das Quecksilber bindet weiteres Aluminium und die fortschreitende Bildung von Aluminiumoxyd erzeugt an der Oberfläche des Metalls Ausblühungen. Feste Mercurisalze wirken ebenso wie eine Lösung.

Auch in Wasser unlösliche Mercurosalze zeigen die Reaktion. Quecksilberchlorür zerreibt man mit einem Tropfen Ammoniak auf einem blanken Aluminiumblech und spült dann mit Wasser ab. Nach dem Trocknen zeigt sich sofort das gebildete Aluminiumoxyd. Quecksilbersulfid befeuchtet man mit einem Tropfen Natronlauge oder mit verdünnter Salzsäure. Es entsteht Wasserstoff, der das Quecksilbersulfid unter Entwickelung von Schwefelwasserstoff in Quecksilber überführt. Im weiteren Verlaufe der Reaktion bildet sich dann wieder Aluminiumoxyd [s. auch Ztschr. f. anal. Ch. 62, 397 (1923)].

Kobaltnitrat gibt mit Kaliumrhodanid in Quecksilbernitratlösungen einen blauen Komplex [Ormont: Ztschr. f. anal. Ch. 70, 308 (1927)].

Diphenylcarbazid gibt in reinen Quecksilberchloridlösungen eine dunkelbraune Färbung, die noch bei $^{5}/_{10000}$ mg Quecksilber zu erkennen ist [Stock u. Pohland: Ztschr. f. angew. Ch. 39, 791 (1926)].

I. Quantitative Methoden zur Bestimmung des Quecksilbers.

A. Gewichtsanalytische Bestimmung.

1. Bestimmung des Quecksilbers als Sulfid.

Die Bestimmung als Sulfid ist allgemein anwendbar und zuverlässig. Eine saure, quecksilberhaltige Lösung neutralisiert man mit Natriumcarbonat und versetzt sie mit einem geringen Überschusse von frisch bereitetem Ammoniumsulfid. Man gibt dann Natronlauge zu und erhitzt zum Sieden, bis die Lösung wieder klar wird. Wenn Blei vorhanden war, so bleibt es als Sulfid ungelöst zurück und wird abfiltriert. Das Sulfosalz des Quecksilbers wird nunmehr zerstört, indem man zum Filtrat des Bleisulfids einen Überschuß von Ammoniumnitrat gibt und so lange kocht, bis der größte Teil des Ammoniaks ausgetrieben ist. Das ausgeschiedene Quecksilbersulfid filtriert man durch einen Filtertiegel ab, wäscht den Niederschlag mit heißem Wasser aus und trocknet ihn bei 110° C.

Es darf nur eine Natronlauge verwendet werden, die aus reinstem Natriummetall hergestellt worden ist, damit keine Kieselsäure oder Tonerde in den Niederschlag gelangt.

Freien Schwefel im Sulfidniederschlag zieht man mit Schwefelkohlenstoff aus. Man stellt zu diesem Zwecke einen aus einem Glasstab gebogenen Dreifuß auf den Boden eines Becherglases, gießt so viel Schwefelkohlenstoff in das Becherglas, daß der Boden des Glases gut bedeckt ist, setzt den Tiegel mit dem Niederschlag in den Dreifuß und verschließt das Becherglas durch einen passenden Rundkolben, der mit kaltem Wasser gefüllt ist. Erwärmt man das Becherglas auf dem Wasserbade, so verdampft, der Schwefelkohlenstoff, kondensiert sich am Boden des kalten Rundkolbens, tropft auf das Quecksilbersulfid und löst den Schwefel auf.

Der Niederschlag wird schließlich zur Entfernung des Schwefelkohlenstoffs mit Alkohol und Äther gewaschen, dann getrocknet und gewogen. Liegt das Quecksilber in salzsaurer oder schwefelsaurer Lösung vor (s. Bestimmung des Quecksilbers in Saatgutbeizmitteln auf S. 1440), so kann man es auch unmittelbar aus kalter, schwach saurer Lösung mit Schwefelwasserstoff ausfällen. Der Sulfidniederschlag ist in diesem Falle meistens frei von elementarem Schwefel, jedoch nur unter der Voraussetzung, daß die Lösung keine oxydierenden Bestandteile enthält.

2. Bestimmung des Quecksilbers als Chlorür.

Die zuerst von Rose angegebene Methode der Fällung des Quecksilbers als Chlorür mit phosphoriger Säure (Treadwell: Lehrbuch der analytischen Chemie, 10. Aufl., Bd. 2, S. 140) ist von L. W. Winkler [Ztschr. f. anal. Ch. 64, 262 (1924)] nachgeprüft und verbessert worden. Die Fällung gelingt am sichersten in schwefelsaurer Lösung, die man ohne Quecksilberverlust durch Abdampfen einer salpetersauren Lösung mit Schwefelsäure auf dem Wasserbade herstellen kann. Eine Mercurichloridlösung, die keine überschüssige Salzsäure und keine Alkalichloride enthalten darf, versetzt man mit 5 ccm Schwefelsäure (1 : 1). Als Fällungsmittel benutzt man eine Lösung von 10 ccm Phosphortrichlorid in 200 ccm Wasser. Nach Zusatz von 20 ccm des Fällungsmittels erwärmt man sofort unter fleißigem Umrühren ganz gelinde auf dem Wasserbade, bis die Flüssigkeit sich zu klären beginnt. Längeres Erwärmen und ungenügendes Umrühren verursacht die Bildung von metallischem Quecksilber. Man filtriert durch einen Filtertiegel, wäscht mit kaltem Wasser, dann mit Alkohol aus und saugt trockene Luft durch. Ein Trocknen bei höherer Temperatur ist zu vermeiden. Die Methode gestattet die Trennung des Quecksilbers von den Metallen Kupfer, Cadmium, Zink, Mangan, Aluminium, Magnesium.

3. Bestimmung des Quecksilbers als Metall.
(Methode von Eschka.)

Diese verhältnismäßig recht genaue Methode eignet sich in erster Linie für die Bestimmung des Quecksilbers in zinnoberhaltigen Erzen, weniger dagegen für Erzeugnisse, in denen Quecksilbersalze (Chloride oder Sulfate) enthalten sind, weil diese teilweise unzersetzt flüchtig sind. Für solche Materialien wendet man zweckmäßig einen besonderen Aufschluß im Kohlendioxydstrom an (s. Spezielle Methoden, S. 1438).

Erhitzt man Quecksilbersulfid mit Kupfer- oder Eisenfeilspänen, so bilden sich die entsprechenden Metallsulfide, während Quecksilber verflüchtigt wird. Den Quecksilberdampf kondensiert man auf einem gekühlten Goldblech und wägt das Quecksilber als Goldamalgam.

Zur Ausführung der Methode benutzt man einen Porzellantiegel der Meißener Form von höchstens 50 ccm Inhalt, der oben einen Durchmesser von etwa 48 mm hat und dessen Rand plan geschliffen ist. Ferner braucht man einen genau auf den Tiegel passenden, gewölbten Deckel aus Feingold, etwa 10 g schwer, der in der Mitte eine Vertiefung von 6—8 mm hat. Der über den Tiegel reichende Rand des Deckels muß mindestens 5 mm breit sein (Abb. 1).

Man wählt die Einwaage des zu untersuchenden Erzes derart, daß darin höchstens 0,15 bis 0,20 g Quecksilber enthalten ist. Die Einwaage bringt man in den Tiegel und mischt sie mit mindestens dem halben Gewichte fettfreien Eisenpulvers. Statt des Eisenpulvers kann man auch feingesiebten Eisenhammerschlag oder Kupferfeilspäne (beides gut ausgeglüht) nehmen. Auf die Mischung gibt man noch eine dünne Schicht von Eisenpulver und bedeckt die Beschickung mit einer lockeren Schicht von ausgeglühtem Zinkoxyd, um etwa entweichendes Bitumen festzuhalten.

Den Tiegel stellt man in einen Ring aus Asbestpappe, in welchen er bis zu seinem unteren Drittel hineinpaßt. Dadurch wird der obere Teil des Tiegels und der Golddeckel gegen unerwünschtes Erhitzen geschützt.

Man legt den Ring auf einen Dreifuß, bedeckt den Tiegel mit dem gewogenen Golddeckel

Abb. 1.
Tiegel mit Golddeckel.

und füllt die Vertiefung des Deckels mit kaltem Wasser. Dann erhitzt man den Tiegelboden zunächst mit kleiner Flamme. Nach etwa 10 Minuten hat man die Temperatur des Tiegelbodens so weit gesteigert, daß er schwach rotglühend ist. Man unterhält diese Temperatur noch für weitere 20 Minuten. Das Kühlwasser im Golddeckel wird fortlaufend erneuert. Nach dem Abkühlen des Tiegels nimmt man den Deckel ab, wäscht ihn mit Alkohol und trocknet ihn, möglichst ohne zu erwärmen, durch Aufblasen von trockener Luft. Nach dem Wägen des auf dem Golddeckel befindlichen Quecksilbers kann man letzteres durch schwaches Glühen des Deckels wieder entfernen. Biewend [Berg- u. Hüttenm. Ztg. 61, 441 (1902)] zerlegt die Destillation in zwei Abschnitte, indem er die Hauptmenge des Quecksilbers bei möglichst niedriger Temperatur austreibt, den Tiegel abkühlen läßt, dann einen zweiten Golddeckel auflegt und nun erst den Tiegel auf Rotglut erhitzt. Biewend verwendet Kupferfeilspäne und als Decke ausgeglühtes Magnesiumoxyd.

4. Bestimmung des Quecksilbers durch Elektrolyse.

Die elektrolytische Abscheidung des Quecksilbers aus salpetersaurer Lösung hat am meisten Verbreitung gefunden. Es empfiehlt sich, die als Kathode dienenden Platingeräte zu verkupfern oder Kathoden aus Feingold zu verwenden (s. den Abschnitt „Elektroanalytische Methoden", S. 947).

B. Maßanalytische Bestimmung.

Rhodanmethode.

[W. W. Scott: Standard methods of chemical analysis. p. 312a. 1926. —
Rupp u. Krauß: Ber. Dtsch. Chem. Ges. **35**, 2015 (1902). — Kolthoff
u. van Berk: Ztschr. f. anal. Ch. **71**, 339 (1927). — Rupp u. Müller:
Ztschr. f. anal. Ch. **67**, 20 (1925/26).]

Diese Methode eignet sich zur Bestimmung des Quecksilbers sowohl
in Quecksilberpräparaten, als auch in Zinnober und sonstigen, schwer
zerstörbaren Quecksilberverbindungen. Die Anwesenheit von Eisen,
Kupfer, Arsen, Antimon, Zinn verursacht keine merkliche Störung, so
daß auch silberfreie Fahlerze auf diesem Wege untersucht werden
können. Halogene dürfen jedoch nicht zugegen sein.

In einem Reagensrohr oder in einem kleinen Kolben mit aufgesetztem,
etwa 50 cm langen Steigrohr erhitzt man die Einwaage, die bis zu
0,3 g Quecksilber enthalten darf, mit 1 g Kaliumnitrat und 5 bis 10 ccm
konzentrierter Schwefelsäure. Man gießt dann den Inhalt in ein Becherglas, spült gut mit Wasser nach und gibt zur Zerstörung etwa vorhandener salpetriger Säure etwas verdünnte Permanganatlösung zu.
Nachdem man die rotgefärbte Lösung wieder mit verdünnter Oxalsäure
entfärbt hat, titriert man nunmehr das Quecksilber mit $^1/_{10}$ n-Rhodanlösung bei Gegenwart von Eisenalaun als Indicator.

Den Aufschluß kann man auch mit Schwefelsäure und Permanganat
vornehmen. Den Überschuß des Permanganats und das ausgeschiedene
Mangandioxyd zerstört man mit Oxalsäure oder Wasserstoffsuperoxyd
(s. die Methode von Volhard auf S. 995).

II. Spezielle Methoden zur Bestimmung des Quecksilbers.

1. Aufschluß quecksilberhaltiger Materialien im Kohlendioxydstrom nach Rose.

Enthält ein Probegut erhebliche Mengen von metallischem Quecksilber oder von Salzen, die sich bei der Ausführung der Eschka-Methode
unzersetzt verflüchtigen würden, so erhitzt man es mit Ätzkalk gemischt
in einem Verbrennungsrohr und fängt das metallische Quecksilber in
einer mit Wasser gefüllten Vorlage oder sicherer in einem mit Blattgold
gefüllten Péligotrohr [Erdmann u. Marchand: Journ. f. prakt. Ch. **31**,
385 (1844)] auf. Man kann auch, ähnlich wie bei der Eschka-Methode,
das Probegut mit fettfreiem Eisenpulver, Kupferfeilspänen oder gepulvertem Kupferoxyd vermischen. Kupfer muß sogar unbedingt
angewendet werden, wenn das Probegut Quecksilberjodid enthält. Es
werden auch Gemische von Ätzkalk und Eisenpulver empfohlen, auch
unter Zusatz von Bleichromat, wenn es sich um stark schwefelhaltige
Produkte handelt (z. B. 1 Teil CaO, 2 Teile Fe, 1 Teil $PbCrO_4$) [Cum-

ming and Macleod: Journ. Chem. Soc. London **103**, 513 (1913); Ztschr. f. anal. Ch. **62**, 400 (1923)]. Den Aufschluß führt man in einem etwa 12 mm weiten und 50—60 cm langen Verbrennungsrohr aus, das an einem Ende im stumpfen Winkel umgebogen und etwas zur Spitze ausgezogen ist. Das gebogene Rohr wird in folgender Reihenfolge beschickt: 1. ein lockerer Pfropfen von Asbestwolle, 2. eine Schicht ausgeglühtes Magnesium- oder Calciumoxyd, 3. ein Pfropfen Asbestwolle, 4. eine Schicht fettfreies Eisenpulver oder ausgeglühte Kupferspäne oder feingekörntes Kupferoxyd, 5. das Gemisch des Probegutes mit dem Zuschlagmittel (CaO, Fe, Cu oder CuO), 6. eine Schicht Eisenpulver, Kupferspäne oder Kupferoxyd, 7. ein Pfropfen Asbestwolle.

Das Rohr legt man in einen Verbrennungsofen, setzt in das nicht gebogene Ende des Rohres einen Gummistopfen mit Glasrohr ein und leitet Kohlendioxyd (Treadwell empfiehlt Leuchtgas) durch das Rohr. Mit der Erhitzung des Rohres beginnt man in der Weise, daß man zuerst die dem umgebogenen Rohrende zunächst gelegenen Teile der Beschickung auf schwache Rotglut erwärmt und dann weiter fortschreitend allmählich die ganze Beschickung erhitzt.

Das als Dampf flüchtige Quecksilber fängt man entweder in einer mit Wasser gefüllten Vorlage oder bei sehr genauen Bestimmungen in einem mit Blattgold gefüllten Péligotrohr auf. Die ursprüngliche Methode von Rose sieht ein Auswägen des metallischen Quecksilbers vor, jedoch ist es vorzuziehen, das im letzten Ende des Rohres und in der Vorlage befindliche Quecksilber in Salpetersäure zu lösen und nach einer der angegebenen Methoden, am besten elektrolytisch, zu bestimmen.

2. Aufschluß quecksilberhaltiger Materialien im Chlorstrom nach Rose.

In manchen Fällen, namentlich bei der Bestimmung des Quecksilbers in Fahlerzen, empfiehlt es sich, das Material im Chlorstrom aufzuschließen. Wegen der Apparatur und der Ausführung dieses Verfahrens sei auf die Literatur verwiesen (Rose, H.: Handbuch der analytischen Chemie, 6. Aufl., Bd. 2, S. 479. — Fresenius, R.: Anleitung zur quantitativen chemischen Analyse, 6. Aufl., Bd. 2, S. 493).

3. Bestimmung des Quecksilbers in Amalgamen.

Von reinen Gold- oder Silberamalgamen glüht man eine abgewogene Menge und bestimmt den Quecksilbergehalt aus dem Gewichtsverlust. Das Quecksilber läßt sich aber durch Glühen nicht vollständig entfernen. Bei sehr genauen Bestimmungen empfiehlt es sich daher, entweder von vornherein den naß-analytischen Weg einzuschlagen, oder in dem nach dem Glühen zurückbleibenden Edelmetalle noch den Rest des Quecksilbers zu bestimmen. Aus dem Golde kann man das Quecksilber durch Kochen mit Salpetersäure ausziehen. Silber löst man in Salpetersäure, neutralisiert die Lösung mit Natronlauge, versetzt mit Cyankalium bis zur Wiederauflösung des entstandenen Niederschlags, säuert dann mit Salpetersäure an und erwärmt. Das Cyansilber filtriert man ab, macht das Filtrat alkalisch und fällt das Quecksilber mit Ammoniumsulfid (s. S. 1435). Liegen Amalgame unedler Metalle vor, wie z. B. das in der Zahntechnik verwendete Kupferamalgam, mit etwa 30% Kupfer, so erhitzt man eine abgewogene Menge im Wasserstoffstrom.

Will man in einem Kupferamalgam das Quecksilber auf naßanalytischem Wege bestimmen, so muß man nach dem Lösen des Probegutes in Salpetersäure zuerst das Kupfer abtrennen. Eine KupferQuecksilberlösung, die bis zu 0,15 g Quecksilber und bis zu 0,15 g Kupfer enthalten darf, neutralisiert man nach Krauß [Ztschr. f. angew. Ch. 40, 354 (1927)] bis zur schwach alkalischen Reaktion, säuert mit wenig Salzsäure wieder an, gibt 50 ccm einer Lösung zu, die im Liter 53,5 g Salmiak und 3 g Hydroxylaminsulfat enthält und erhitzt zum Sieden. Das Kupfer fällt man dann mit 30 ccm $^1/_{10}$ n-Rhodanammoniumlösung aus, läßt abkühlen und filtriert den Niederschlag ab.

Das Filtrat wird mit Wasserstoffsuperoxyd oder mit Brom oxydiert. Im letzteren Falle zerstört man das überschüssige Brom dadurch, daß man die Lösung alkalisch macht und erhitzt. Das freiwerdende Ammoniak zersetzt das Brom. Die Lösung wird angesäuert und das Quecksilber mit Schwefelwasserstoff gefällt. Im Cadmiumamalgam bestimmt man das Quecksilber unmittelbar nach der Chlorürmethode (s. S. 1436) durch Reduktion mit phosphoriger Säure. Lagermetalle, denen manchmal Quecksilber zugesetzt wird, löst man zur Abscheidung von Zinn und Antimon in Salpetersäure und bestimmt das Quecksilber im Filtrat aus schwefelsaurer Lösung nach der Chlorürmethode.

Aus Amalgamen kann man die Bestandteile Sn, Sb, Pb, Bi, Cu, Zn, Cd auch nach dem Verfahren von Finkener durch Ausschütteln mit Eisenchlorid und Salzsäure entfernen (s. die Reinigung des Quecksilbers S. 1442).

4. Bestimmung des Quecksilbers in Saatgutbeizmitteln.

Saatgutbeizmittel dienen zur Bekämpfung der Getreidekrankheiten. Verschiedene dieser Präparate enthalten nicht unerhebliche Mengen Quecksilber neben Arsen, Kupfer und anderen Stoffen (Harze, Silicate, Bolus, Talkum). Die Löslichkeit der Präparate ist dementsprechend verschieden. Einige lösen sich in Salzsäure, während andere nur durch längere Einwirkung von heißer, konzentrierter Schwefelsäure (am Rückflußkühler) unter Zusatz von Oxydationsmitteln (KNO_3, $KMnO_4$, H_2O_2) aufgeschlossen werden können [Wöber: Ztschr. f. angew. Ch. 33, 63 (1920). Bodnár, Róth u. Tergina: Ztschr. f. anal. Ch. 74, 81 (1928)].

Bei Anwesenheit von Arsen kann man das Quecksilber unmittelbar aus der mit Salpetersäure angesäuerten, schwefelsauren Aufschlußlösung elektrolytisch bestimmen [Stettbacher: Ztschr. f. anal. Ch. 69, 310 (1926)].

Man kann aber auch das Arsen zuvor als Magnesiumammoniumsalz abscheiden und im Filtrat davon das Quecksilber als Sulfid nach S. 1435 fällen.

Ist gleichzeitig noch Kupfer anwesend, so scheidet man dieses nach der von Krauß [Ztschr. f. angew. Ch. 40, 354 (1927)] abgeänderten (s. S. 1440) Rhodanürmethode ab, fällt im Filtrat Arsen und Quecksilber mit Schwefelwasserstoff, zieht das Arsen aus dem Sulfidniederschlag durch Ammoniak und Ammoniumsulfid aus und bestimmt das Quecksilber als Sulfid. Im ammoniakalischen Filtrat wird das Arsen nach der Oxydation des Ammoniumsulfids als $MgNH_4AsO_4 + 6 H_2O$ abgeschieden. Handelt es sich bei einem Saatgutbeizmittel nur um die Bestimmung des Quecksilbers, so ist auch die Anwendung der Destillationsmethode nach Rose zu empfehlen. Das in der Vorlage aufgefangene Quecksilber löst man in verdünnter Salpetersäure und bestimmt es entweder elektrolytisch oder maßanalytisch [Bodnár, Róth u. Tergina: Ztschr. f. anal. Ch. 74, 81 (1928)].

5. Bestimmung kleinster Quecksilbermengen in Zimmerluft, Speichel und Harn

(s. a. S. 443).

Siehe hierzu die Arbeiten von A. Stock: Ztschr. f. angew. Ch. 39, 466, 791 (1926); 41, 546 (1928). — Thilenius u. Winzer: Ztschr. f. angew. Ch. 42, 284 (1929); Bodnár u. Szép: Biochem. Ztschr. 205, 219 (1929).

6. Bestimmung des Quecksilbers in pharmazeutischen Präparaten.

Es kann an dieser Stelle nur auf die Spezialliteratur verwiesen werden (s. unter anderem Rüdisüle: Nachweis, Bestimmung und Trennung der chemischen Elemente, Bd. 2. 1913.) Über die elektrolytische Bestimmung des Quecksilbers im Zinnober s. S. 952.

III. Prüfung und Untersuchung des Quecksilbers.

Reines Quecksilber benetzt die Gefäßwandung nicht. Durch andere Metalle verunreinigtes Quecksilber zieht beim Umschwenken in einer Porzellanschale Fäden und dunkel gefärbte Striche. Zur Prüfung destilliert man aus einer Glasretorte 20 g Quecksilber bis auf einen Rest von etwa 1 g ab und untersucht den Rückstand auf vorhandene Nebenbestandteile. Für die vollständige Untersuchung eines Handelsquecksilbers sei auf das Verfahren von Fresenius verwiesen (Anleitung zur quantitativen chemischen Analyse, 6. Aufl., Bd. 2, S. 488).

IV. Reinigung des Quecksilbers

(s. a. Bd. I, S. 574 u. 603).

Mechanische Verunreinigungen des Quecksilbers, wie Staub, Glassplitter und dergleichen kann man durch Filtrieren entfernen. Ein einfacher Apparat hierfür, der aus mehreren übereinander angeordneten

Filtertiegeln aus Jenaer Glas besteht, ist von M. Großmann [Chem.-Ztg. **48**, 506 (1924)] angegeben worden.

Fett entfernt man, indem man das Quecksilber in dünnem Strahl in einen hohen, mit heißer verdünnter Natronlauge gefüllten Zylinder fließen läßt (Arendt, R.: Technik der anorganischen Experimentalchemie, 4. Aufl., S. 71). Eine einfache Methode zur Entfernung unedler Metalle aus Quecksilber besteht darin, daß man das Metall in sehr feinem Strahl durch eine etwa 1 m hohe Schicht von 8%iger Salpetersäure fallen läßt (Treadwell: Lehrbuch der analytischen Chemie, 6. Aufl., Bd. 2, S. 637).

Bestehen die Verunreinigungen aus Metallen, mit denen sich das Quecksilber amalgamiert hat, so empfiehlt es sich, das Quecksilber mit Säuren oder mit sauren, oxydierenden Lösungen auszuschütteln. Hierzu hat sich das Verfahren von Finkener besonders gut bewährt. Man übergießt 5 kg Quecksilber in einer starkwandigen 2 Literflasche mit 250 ccm Salzsäure und 75 ccm konzentrierter Eisenchloridlösung und schüttelt kräftig durch. Das Schütteln muß häufig wiederholt werden. Nach 3 bis 6 Tagen hat sich das ganze Quecksilber in kleine Tröpfchen zerteilt, von denen jedes einzelne mit einer dünnen Schicht von Quecksilberchlorür überzogen ist. Man spült nun den Inhalt der Flasche in eine große Porzellanschale von 5 Liter Inhalt, wäscht mehrmals mit siedendem, salzsaurem Wasser aus, stellt die Schale auf ein Wasserbad und gibt konzentrierte, frisch bereitete Zinnchlorürlösung zu. Man erwärmt so lange, bis sich alles Quecksilberchlorür mit dem Zinnchlorür umgesetzt hat, wodurch das Quecksilber wieder zur Flüssigkeit zusammenläuft.

Edle Metalle lassen sich nur durch Destillation des Quecksilbers abtrennen, am besten unter Anwendung eines Vakuums [Doelter-Leitmeier: Handbuch der Mineralchemie, Bd. 3, S. 355. — Pollak: Ann. der Physik **15**, 1049; Ztschr. f. anal. Ch. **44**, 414 (1905)].

V. Quecksilbersalze.

Für die Ermittelung des Quecksilbergehaltes von Quecksilbersalzen eignen sich je nach den Umständen die im Abschnitt „Quecksilber" unter 1, 2, 4 (S. 1435, 1436 u. 1437) und B (S. 1438) aufgeführten Methoden. Die unter 3 (S. 1436) genannte Methode von Eschka ist weniger geeignet, sobald es sich um Salze handelt, die sich unzersetzt verflüchtigen.

Wegen der Gehaltsbestimmung des Quecksilberchlorids und Quecksilbernitrats siehe Merck: Prüfung der chemischen Reagenzien auf Reinheit, 3. Aufl., S. 310 und 311, wegen der Gehaltsbestimmung des Quecksilbersalicylats das Deutsche Arzneibuch. Siehe im übrigen unter 6 (S. 1441).

Iridium.

Siehe S. 1548.

Analyse von Magnesium und dessen Legierungen (Elektronmetall).

Von

Dr. C. Hiege, Bitterfeld.

I. Magnesium.

Das Magnesium, wie es aus der Elektrolyse anfällt, weist im allgemeinen einen Reingehalt auf, der zwischen 99,5 und 99,9% schwankt. Es ist verunreinigt durch geringe Mengen von Silicium, Aluminium und Eisen.

Die Bestimmung des Reingehaltes erfolgt indirekt durch die Bestimmung dieser Verunreinigungen. Dabei wird die Ausführung der drei Bestimmungen in einen Gang zusammengefaßt und in der nachstehenden Weise durchgeführt.

1. Bestimmung von Silicium.

In einem Erlenmeyerkolben werden 5—10 g Metallspäne mit wenig Wasser übergossen und unter tropfenweisem Hinzufügen von konzentrierter Salpetersäure (spez. Gew. 1,4—1,36) so gelöst, daß das Lösungsgefäß bis zum Schluß mit rotbraunen Dämpfen gefüllt bleibt. Die Lösung wird in eine Porzellanschale gegeben, je Gramm Metall 6 ccm konzentrierter Schwefelsäure zugefügt und bis zum Auftreten von starken Schwefelsäurenebeln eingedampft. Nach dem Erkalten wird mit heißem Wasser aufgenommen und bis zur völligen Lösung der löslichen Salze erwärmt. Nach kurzem Absitzenlassen wird die ausgeschiedene Kieselsäure abfiltriert, mit heißem Wasser gewaschen und in der üblichen Weise als SiO_2 bestimmt.

Sehr häufig beobachtet man, daß nach dem Auflösen der Metallspäne in Salpetersäure ein kleiner dunkel gefärbter Rückstand bleibt, der sehr viel Eisen und Silicium enthält. In diesem Falle muß vor dem Zugeben der Schwefelsäure der Rückstand abfiltriert, mit etwas Soda-Salpetergemisch aufgeschlossen und der Aufschluß mit der ursprünglichen salpetersauren Lösung aufgenommen werden.

2. Bestimmung von Aluminium und Eisen.

a) Aluminiumoxyd + Eisenoxyd.

Im Filtrat der Kieselsäurebestimmung 1 wird Eisen nebst Aluminium mit Ammoniak gefällt. Hierbei ist zu beachten, daß man die schwefelsaure Lösung zunächst mit Ammoniak 1 : 2 neutralisiert, ohne daß ein Niederschlag bleibt und die endgültige Fällung bei großem Überschuß von Ammonsalzen mit ganz verdünntem Ammoniak 1 : 15 durchführt. Der abfiltrierte Niederschlag wird mit Salzsäure 1 : 1 vom Filter gelöst und nach Zugabe von etwas Filterbrei die Fällung mit Ammoniak wiederholt. Durch die Anwesenheit des Filterbreies wird die Filtration und damit auch das Auswaschen der Fällung ganz wesentlich beschleunigt. Nach dem Filtrieren und Auswaschen mit ammonnitrathaltigem heißem Wasser wird der Niederschlag geglüht und als $Al_2O_3 + Fe_2O_3$ gewogen.

b) Eisen.

Die Oxyde werden in wenig Salzsäure durch Erwärmen gelöst, die verdünnte Lösung mit Jodkalium in geschlossener Flasche auf 70° C erwärmt, abgekühlt und das Eisen durch Titration des freien Jods mit Natriumthiosulfat bestimmt (s. Bd. I, S. 375).

Bei den sehr geringen Mengen Eisen, die das Magnesium enthält, kann das Eisen mit hinreichender Genauigkeit colorimetrisch bestimmt werden (s. a. S. 646). Die Methode beruht auf der bekannten blutroten Färbung von Eisenrhodanid (Sutton: Volumetric Analysis. 9. edition. p. 227). Die geglühten Oxyde $Al_2O_3 + Fe_2O_3$ (s. oben) werden mit einigen Körnchen Bisulfat aufgeschlossen, in Lösung gebracht, die Lösung mit 2—3 ccm einer 10%igen Kaliumrhodanidlösung versetzt und auf ein bestimmtes Volumen verdünnt. Nun läßt man zu einer Kaliumrhodanidlösung von ungefähr gleicher Konzentration und gleichem Volumen aus einer Bürette soviel einer Ferriammonsulfatlösung von bekanntem Eisengehalt zufließen, bis sich im gleichen Volumen dieselbe Färbung wie die der zu untersuchenden Lösung eingestellt hat. Aus dem Volumen der zugegebenen Ferriammonsulfatlösung ergibt sich der gesuchte Eisengehalt.

II. Magnesiumlegierungen (Elektronmetall).

Die unter dem Sammelnamen Elektronmetall im Handel befindlichen Magnesiumlegierungen enthalten außer den geringen Verunreinigungen des Magnesiums als absichtliche Zusätze: Silicium, Zink, Aluminium, Mangan, Kupfer, Calcium u. a. Auch Blei ist öfters als Begleiter des zulegierten Zinks anzutreffen.

Die betriebsmäßige Analyse der Magnesiumlegierungen wird für jede Legierungskomponente in gesonderter Einwaage durchgeführt. Eine Ausnahme macht das Blei, welches zusammen mit dem Silicium bestimmt wird.

1. Bestimmung von Silicium und Blei.

Je nach dem Siliciumgehalt werden 2—5 g Späne in derselben Weise behandelt wie (S. 1443) beschrieben. Ist die Anwesenheit von Blei festgestellt worden, so tritt eine kleine Abänderung der Siliciumbestimmungsmethode ein. Sie besteht darin, daß die bleisulfathaltige abfiltrierte Kieselsäure mit stark verdünnter Schwefelsäure gewaschen, der Niederschlag in ein kleines Schälchen gespritzt, mit einer Lösung von Ammonacetat gekocht und durch dasselbe Filter gegeben wird. Der Filterinhalt wird in der üblichen Weise weiterverarbeitet, während im Filtrat das Blei nach einer der bekannten Methoden bestimmt wird, am einfachsten durch Fällen mit Kaliumbichromat (s. S. 1506).

2. Bestimmung von Zink.

Die Bestimmung erfolgt durch Titration mit Ferrocyankalium nach der Methode von Galetti (s. S. 1707 u. 1715) unter Verwendung von Ammoniummolybdatlösung als Indicator. Dabei wird im Gegensatz zu der allgemeinen Ausführung der Titration nicht in salz-, sondern in schwefelsaurer Lösung gearbeitet. Es hat sich nämlich gezeigt, daß bei der Auflösung der Elektronmetallspäne in verdünnter Schwefelsäure das Kupfer weitgehender durch das in den Spänen enthaltene Magnesium ausgefällt wird als wie dies bei Verwendung von Salzsäure eventuell unter Zusatz von Ammonchlorid der Fall ist. Infolgedessen tritt auch der Umschlag bei der Tüpfelprobe viel schärfer hervor. Auch genügt es, bei Innehaltung bestimmter Säurekonzentrationen in der Kälte zu titrieren. Im übrigen ist bekanntlich Voraussetzung für die Anwendung der Methode, daß ein ungefähr bekannter Zinkgehalt festzustellen ist, da zur Erzielung brauchbarer Werte stets die gleichen Bedingungen innegehalten werden müssen. Die Ausführung erfolgt wie nachstehend beschrieben.

α) **Titerstellung der Ferrocyankalilösung.** 21,63 g chemisch reines Ferrocyankalium werden unter Zugabe von 7 g Natriumsulfit zu 1 Liter gelöst. Diese Lösung wird gegen eine Zinksulfatlösung eingestellt, die 4 Volumprozent freie Schwefelsäure enthält und deren Konzentration an Zinksulfat ungefähr derjenigen der zu untersuchenden Lösung entspricht. Als Indicator wird eine Ammoniummolybdatlösung verwendet, die durch Auflösen von 10 g in 1 Liter Wasser hergestellt wird. Die farblose Lösung wird durch Zugabe eines Tropfens Ferrocyankalium in schwefelsaurer Lösung rotbraun gefärbt. Zwischen der Zugabe von Ferrocyankalium und der Tüpfelung läßt man mindestens 15 Minuten verstreichen.

β) **Analyse.** 2 g Elektronmetallspäne werden mit 103 ccm Wasser übergossen und langsam 9 ccm konzentrierte Schwefelsäure zugegeben. Nachdem alles gelöst ist, hat die Lösung ein Volumen von annähernd 100 ccm und enthält etwa 4 Volumprozent freie Schwefelsäure. Das sich eventuell ausscheidende Kupfer stört bei der weiteren Durchführung der Bestimmung nicht. Auch der geringe Mangangehalt der Magnesiumlegierungen ist ohne Einfluß. Nun läßt man zu der gelösten Probe gleich soviel Ferrocyankalilösung zufließen, daß fast alles Zink gebunden ist. Man wartet mindestens 15 Minuten. Dann setzt man Ferrocyankalilösung in Anteilen von 0,5 ccm zu und tüpfelt jedesmal. Dabei läßt man zwischen der Zugabe der kleinen Portionen Ferrocyankalilösung und der jedesmaligen Tüpfelung ebenfalls eine Zeit von mindestens 15 Minuten verstreichen. Führt man die Titration genau nach Vorschrift durch, so erfolgt der Farbumschlag beim Tüpfeln hinreichend scharf und die Methode gibt übereinstimmende Werte.

3. Bestimmung von Aluminium.

Die Bestimmung des Aluminiums erfolgt durch Fällung als Phosphat in essigsaurer Lösung. Das Verfahren, wie es von Fr. Wöhler und Chancel für die Tonerdebestimmung in Eisenerzen (S. 1312) angegeben worden ist, wird bei den Magnesiumlegierungen in nachstehender Weise durchgeführt.

Je nach dem Aluminiumgehalt werden 0,5—2 g Metallspäne in Salzsäure 1:1 gelöst, die Lösung zur Entfernung des eventuell ausgeschiedenen Kupfers durch ein Faltenfilter gegossen und mit Ammoniak 1:2 neutralisiert, bis ein weißer Niederschlag entsteht, den man in Essigsäure eben wieder löst. Um die geringen Mengen Eisen und Mangan während der Fällung in Lösung zu halten, versetzt man die Lösung mit einigen Kubikzentimetern einer Lösung von schwefliger Säure und verdünnt sie nach Zugabe von 10 ccm konzentrierter Essigsäure auf 400 ccm. Nachdem man zur quantitativen Ausfällung des Aluminiums 25 ccm einer Natriumphosphatlösung, die im Liter 119,45 g $Na_2HPO_4 \cdot 12 H_2O$ enthält, hinzugefügt hat, wird einige Zeit gekocht, zur Erleichterung der Filtration etwas Filterbrei zugegeben und nach dem Absitzen filtriert. Der Niederschlag wird mit heißem ammonitrathaltigen Wasser gewaschen, naß verbrannt und bis zur Gewichtskonstanz geglüht.

4. Bestimmung von Mangan.

Bei einem Gehalt unter 1,5% wird das Mangan colorimetrisch bestimmt. Man benutzt vorteilhaft die Methode von E. Marshall und H. E. Walters (Treadwell: Analytische Chemie. 13. Aufl., Bd. 2, S. 108), indem man 1 g Elektronmetall in Form von Spänen in verdünnter Schwefelsäure löst, vom ausgeschiedenen Kupfer abfiltriert, das Filtrat mit Ammonpersulfat und etwas Silbernitrat versetzt und in der auf 100 ccm gebrachten Lösung das Mangan bei 80—90° C zu Permangansäure oxydiert. Man vergleicht die Farbe der erkalteten Lösung mit derjenigen einer Kaliumpermanganatlösung von bekanntem Gehalt.

Sind größere Mengen Mangan vorhanden, so wird ebenfalls in verdünnter Schwefelsäure gelöst, vom ausgeschiedenen Kupfer abfiltriert, mit etwas Salpetersäure das Eisen oxydiert und nach dem Versetzen mit Zinkoxyd das Mangan nach Volhard-Wolff (s. S. 1312 u. 1382) titriert.

5. Bestimmung von Kupfer.

Bei Kupfergehalten unter 2% erfolgt die Bestimmung colorimetrisch. 1—2 g Späne werden in verdünnter Salpetersäure gelöst und durch Fällen mit verdünntem Ammoniak Aluminium und Eisen entfernt. Nach der Filtration und 3—5maligem Auswaschen mit heißem Wasser vergleicht man das durchlaufende blaugefärbte Filtrat mit Kupferlösungen von bekanntem Gehalt (vgl. a. S. 1200).

Beträgt der Kupfergehalt über 2%, so wird das nach S. 1444 von Kieselsäure und Bleisulfat befreite Filtrat mit Ammoniak neutralisiert, auf 100 ccm eingeengt, mit 20 ccm $10^0/_0$iger Schwefelsäure und einigen Tropfen Salpetersäure versetzt und bei $70—80^0$ C unter Anwendung einer Spannung von 2 Volt elektrolysiert (s. S. 928).

6. Bestimmung von Calcium.

Das Calcium wird gewichtsanalytisch bestimmt, und zwar erfolgt die Trennung von Magnesium nach einer von Stolberg angegebenen Methode [Ztschr. angew. Ch. 17, 741 u. 769 (1904)]. Man verfährt wie nachstehend beschrieben:

3—5 g Späne werden nach 1 (S. 1443) in Salpetersäure gelöst und die Lösung nach Zugabe von konzentrierter Schwefelsäure bis zur Feuchttrockene eingedampft. Man löst den Rückstand in so viel Wasser, daß sich nach dem Erkalten keine Krystalle ausscheiden, gibt die vierfache Volummenge eines Gemisches aus 90 Teilen Methyl- und 10 Teilen Äthylalkohol hinzu und rührt etwas Filterbrei ein. Nach längerem Stehen, am besten über Nacht, wird filtriert und der Filterinhalt, bestehend aus Kieselsäure, Blei- und Calciumsulfat, mit einem Gemisch von 95 Teilen Methyl- und 5 Teilen Äthylalkohol gewaschen. Nun wird das Filter samt Inhalt in ein Becherglas gebracht, mit heißem Wasser unter Zugabe einiger Tropfen Salzsäure übergossen und mit einem Glasstab zerkleinert. Man verdünnt mit heißem Wasser auf mindestens 300 ccm, macht mit CO_2-freiem Ammoniak 1 : 10 schwach alkalisch und filtriert. Nach 10—15maligem Auswaschen mit heißem Wasser wird im Filtrat, welches nur Calciumsulfat enthält, das Calcium mit Ammonoxalat gefällt und auf übliche Weise bestimmt (s. S. 694).

Mangan.

Von

Privatdozent Dr. **Fr. Heinrich** und Chefchemiker **F. Petzold**, Dortmund.

Einleitung.

Von den eigentlichen Manganmineralien besitzen insbesondere die oxydischen technische Bedeutung, so

1. der Pyrolusit (Weichmanganerz), Braunstein, MnO_2 mit etwa $50\,^0/_0$ Mn,

2. Psilomelan (Hartmanganerz), nach Rammelsberg von der Zusammensetzung $RO \cdot 4\,MnO_2$ worin $R = Mn$, Ba oder K_2 sein kann, der gewöhnlich auch noch etwas SiO_2, sowie kleine Mengen Cu, Co, Mg und Ca enthält, mit etwa $45—50\,^0/_0$ Mn.

3. Manganspat, Rosenspat, Himbeerspat, Rhodoerosit, Dialogit, $MnCO_3$ mit $20—30\,^0/_0$ Mn.

Etwa $^9/_{10}$ aller Manganerze werden in der Hüttenindustrie zur Erzeugung von Mn-Fe-Legierungen (Stahleisen, Spiegeleisen, Ferromangan usw.), während etwa $^1/_{10}$ in der chemischen Industrie (Chlor- und Chlorkalkfabrikation, Manganate, Permanganate, Glasfabrikation, Firnißbereitung usw.), ferner ganz geringe Menge zur Erzeugung von manganhaltigen Metallegierungen und neuerdings in Legierung mit Cu, Ni und Fe zu Widerstandsmaterial Verwendung finden.

Die Herstellung von Manganmetall und hochprozentigen Manganlegierungen erfolgt aluminothermisch; niedrigprozentige Mangan-Eisen-Legierungen werden in großen Mengen im Hochofen erzeugt.

I. Methoden der Manganbestimmung.

A. Gewichtsanalytische Bestimmung.

Die Hauptbestimmungsformen auf gravimetrischem Wege sind die Abscheidung als MnO_2 und Überführung durch Glühen in wägbares Mn_3O_4 oder als Ammonmanganphosphat (W. W. Scott: Standard methods of chemical analysis, S. 300) NH_4MnPO_4 und Überführen durch Glühen in das Pyrophosphat $Mn_2P_2O_7$ nach Gibbs [Chem. News **17**, 195 (1868)] oder nach Rose als MnS durch Fällen mit Schwefelammonium (Rose: Analytische Chemie, Bd. 2, 6. Aufl., S. 76. 1871) und Erhitzen unter Zusatz von S im H_2-Strome bis zur Gewichtskonstanz oder Überführen in $MnSO_4$ oder nach H. und W. Biltz (Ausführung quantitativer Analysen, S. 206) durch Überführung des MnS in Mn_3O_4 durch Glühen.

B. Maßanalytische Bestimmung.

Die gebräuchlichste Methode ist jedoch die maßanalytische nach Volhard-Wolff bzw. Volhard (s. S. 1312 u. 1382) durch Titration einer Manganosalzlösung mit $KMnO_4$ bei Gegenwart von Zinkoxyd, ferner die Methode nach Procter Smith (s. S. 1387), die auf der Oxydation des Mangans zu Permangansäure und Reduktion mit As_2O_3 beruht. Nach Hampe-Ukena [s. S. 1386; ferner Chem. Ztg. 7, 1106 (1883); 9, 1083 (1885). — Ber. Dtsch. Chem. Ges. 16, 2531 (1883)] führt man Mangan durch Behandeln mit Kaliumchlorat und Salpetersäure in Mangandioxyd über:

$$Mn(NO_3)_2 + 2\,KClO_3 = MnO_2 + 2\,KNO_3 + 2\,ClO_2,$$

wäscht dieses aus und titriert es mit Oxalsäure bei Gegenwart von Schwefelsäure, wobei ein Überschuß von Oxalsäure mit Permanganat zurücktitriert wird:

$$MnO_2 + C_2H_2O_4 + H_2SO_4 = MnSO_4 + 2\,CO_2 + 2\,H_2O.$$

1 ccm $^1/_{10}$ n-Oxalsäure = 0,00435 g (log 0,63849 — 3) Mangandioxyd
$\qquad\qquad = 0,00275$ g (log 0,43933 — 3) Mangan.

Ferner kann man Mn auch nach der Wismutatmethode [s. S. 1452 u. 1390; ferner T. R. Cunningham u. R. W. Coltman: Ind. and Engin. Chem. 16, 58 (1924)] durch Natriumwismutat zu MnO_2 oxydieren, das dann nach Zusatz von Jodkali und Salzsäure jodometrisch oder nach Zusatz von Ferroammonsulfat mit $^1/_{10}$ n-$KMnO_4$ titriert werden kann. Auch auf elektrometrischem Wege läßt sich Mangan nach B. F. Braun und M. H. Clapp [Journ. Amer. Chem. Soc. 51, 39 (1929)] bestimmen (s. Bd. I, S. 481).

C. Colorimetrische Bestimmung.

Colorimetrisch [Treadwell: Bd. 2, S. 106. 1921. — Nach Marshall: Chem. News 83, 76 (1901) u. Laubach: Dissertation Freiburg 1921] läßt sich Mangan bis zu einem Gehalte von 1,5% Mn noch sehr genau bestimmen durch Vergleichen der durch Oxydation des Mangans zu Permangansäure erhaltenen roten Lösungen.

Über colorimetrische Messungen s. Bd. I, S. 885 u. 901.

II. Trennung des Mangans von anderen Metallen.

Von den Metallen der H_2S-Gruppe trennt man Mangan durch Fällen derselben in saurer Lösung mit H_2S und Bestimmen des Mangans im Filtrat, von den Metallen der Erdalkaligruppe und des Mg durch Fällen in stark chlorammonhaltiger Lösung mit ammoniumcarbonatfreiem Schwefelammon. Von den Sesquioxyden erfolgt die Trennung nach der Bariumcarbonatmethode (S. 1479) oder nach der Ammoncarbonatmethode (s. S. 1450) oder nach der Acetatmethode (S. 1477). Bezüglich der Trennung von Zn, Co sei auf die Ausführungen bei den betreffenden Metallen verwiesen. Vgl. auch Ztschr. f. anal. Ch. 77, 366, 456 (1929); 80, 216, 371, 439; 81, 51, 227, 316; 82, 307 (1930).

III. Spezielle Methoden.

A. Mangan-Erze und -Naturprodukte.

Für Manganerze können im allgemeinen die Untersuchungsverfahren der Eisenerze (S. 1290) Anwendung finden.

1. Ammoniumcarbonatverfahren.

Fresenius (H. u. W. Biltz: Ausführung quantitativer Analysen, S. 205—207. 1930) bestimmt Mn in Erzen nach dem Ammoniumcarbonatverfahren, das ähnlich der Acetatmethode auf der Einstellung der Grenz-p_h-Werte beruht, bei denen Ferrihydroxyd ausfällt, während Mangan in Lösung bleibt. Aluminium fällt hierbei, da der zugehörige p_h-Wert zwischen denen von Fe und Mn liegt, zunächst nicht vollständig. 1 g Erz wird in konzentrierter Salzsäure unter Erwärmen gelöst, bis der Löserückstand hell geworden ist, und von diesem durch Filtration getrennt. Durch Schmelzen desselben mit Natroncarbonat unter Zusatz von etwas Salpeter im Platintiegel überzeugt man sich von der Mn-Freiheit. Das Filtrat bringt man nunmehr auf etwa 400 ccm, fügt 5 ccm konzentrierte Salzsäure zu·und übersättigt in der Siedehitze mit Ammoniak bis zu schwach alkalischer Reaktion, wobei alles Eisen, die Hauptmenge Al und etwas Mn ausgefällt wird, während die Hauptmenge Mn in Lösung bleibt. Das Filtrat wird essigsauer gemacht. Der Niederschlag wird in wenig Salzsäure gelöst, durch Kochen vom entstehenden Cl befreit, auf 100 ccm verdünnt und auf Zimmertemperatur abgekühlt. Nach Zusatz von 5 g Ammonchlorid setzt man nun langsam und vorsichtig tropfenweise zunächst eine mäßig starke, später eine stark verdünnte, frisch bereitete Ammoncarbonatlösung zu, wobei ein sich bildender Niederschlag wieder in Lösung gehen muß. Ist die Lösung nicht mehr durchsichtig, aber frei von einem Niederschlage, so ist der Endpunkt erreicht und die Flüssigkeit wird langsam zum Sieden erhitzt, wobei sich reines Eisenhydroxyd abscheidet und alles Mn in Lösung bleibt. In einem Teil des Niederschlages überzeugt man sich qualitativ, daß er kein Mangan mehr enthält.

Die vereinigten essigsauren Filtrate werden nun auf 300 ccm gebracht und vorsichtig mit Ammoniak bis zum Umschlag von Methylorange versetzt und auf diese Weise der Rest des Al abgeschieden. Der Niederschlag muß hierbei rein weiß aussehen, andernfalls ist der Niederschlag nochmals aufzulösen und die Fällung zu wiederholen.

Die Filtrate werden nunmehr wieder essigsauer gemacht und nach Zusatz von 3 g Ammonacetat und 1 g Ammonsulfat mit H_2S gesättigt, wobei die Sulfide von Ni, Co und eventuell Zn ausfallen. Im Filtrat wird dann nach Eindampfen auf 150 ccm und Neutralisation mit Ammoniak das Mangan durch frisch bereitete Schwefelammonlösung in der Siedehitze als MnS ausgefällt und im Platintiegel durch Glühen in Mn_3O_4 übergeführt und ausgewogen.

2. Oxalsäuremethode.

Weiterhin läßt sich Mangan in Erzen nach der Oxalsäuremethode von A. H. Low in der Ausführungsform von W. W. Scott (Standard methods of chemical analysis, S. 307) bestimmen: $^1/_2$ g Erz wird in 10 ccm Salzsäure unter Erwärmen gelöst und, falls Sulfide zugegen sind, mit 5 ccm Salpetersäure zersetzt. Hierauf fügt man zur Zerstörung der Salz- bzw. Salpetersäure 5 ccm Schwefelsäure zu und erhitzt bis nahe zur Trockne, dann fügt man 100 ccm Wasser zu und erhitzt zum Kochen, bis alles Eisensalz gelöst ist. Dann fällt man in geringem Überschuß mit Zinkoxyd das Eisen aus, filtriert ab und wäscht mit heißem Wasser aus. In dem Mangan enthaltenden Filtrat fügt man 3—4 g Natriumacetat zur Neutralisation der freien Säure zu und fällt mit Bromwasser Mangansuperoxyd aus, welches abfiltriert und gut ausgewaschen wird. Der Manganniederschlag wird schließlich in einem Becherglase mit $^1/_{10}$ n-Oxalsäure und 50 ccm verdünnter Schwefelsäure (1:10) bis zur Lösung des MnO_2 erhitzt, mit heißem Wasser auf 200 ccm verdünnt und der Überschuß der Oxalsäure mit $^1/_{10}$ n-$KMnO_4$ zurücktitriert.

1 ccm $^1/_{10}$ n-$KMnO_4$ = 0,0027465 (log = 0,43878 — 3) g Mn.

3. Wertbestimmung des Braunsteins.

Zur Wertbestimmung des Braunsteins (vgl. S. 784) bestimmt man den MnO_2-Gehalt durch Erwärmen von 0,435 g Braunstein mit 100 ccm $^1/_{10}$ n-Oxalsäurelösung oder 0,4500 g Sörensensches Natriumoxalat (s. Bd. I, S. 357) und 25 ccm verdünnter Schwefelsäure bis zur Lösung und titriert den Überschuß der Oxalsäure mit Permanganat zurück. Durch Erwärmen der Probe mit konzentrierter Salzsäure und Chlorkalklösung wird das gesamte Mangan in Mangandioxyd übergeführt und titrimetrisch bestimmt. Die Differenz (Gesamt-MnO_2)-(Braunstein MnO_2) ist auf MnO umzurechnen. Jodometrisch findet man den MnO_2-Gehalt, indem man die Probe mit konzentrierter Salzsäure unter Erwärmen zersetzt, das entweichende Chlor in Jodkaliumlösung auffängt und mit Thiosulfatlösung titriert.

1 ccm $^1/_{10}$ n-Thiosulfatlösung = 0,00435 (log = 0,63849 — 3) g MnO_2.

B. Zwischenprodukte.

Zur Wertbestimmung einer Manganschmelze titriert man mit Oxalsäure nach dem Ansäuern mit Schwefelsäure zwecks Überführung des Manganats in Permanganat. Ein bestimmtes Quantum der schnell und feinst gepulverten Schmelze wird mit 5%iger Kalilauge behandelt bis diese nicht mehr grün gefärbt erscheint, schnell vom ungelösten Braunstein abfiltriert und die mit $^1/_{10}$ n-Natriumoxalatlösung, die man mit verdünnter Schwefelsäure (1:4) versetzt hat, bei 70° titriert, wobei man die Manganatlösung in die Oxalsäurelösung fließen läßt. Man kann auch die Manganatlösung ansäuern, mit Kaliumjodid versetzen und das ausgeschiedene Jod mit Thiosulfat titrieren.

C. Manganmetall.

Für die Bestimmung von Mangan in Manganmetall eignet sich nach W. W. Scott (Standard methods of chemical analysis, S. 303—304; vgl. auch amerikanische Norm A 104—127, Amer. Soc. Test. Mat. Standards **1930 I**, 549—552) die Wismutatmethode (s. a. S. 1390) in salpetersaurer Lösung unter Titration des gebildeten MnO_2 nach Zusatz von Ferroammonsulfat (Mohrschem Salz) mit $KMnO_4$. Hierbei stören aber Chlor, Cer, Kobalt und Chrom VI, die vorher entfernt werden müssen.

Man löst 0,25 g Metall in 250 ccm Salpetersäure vom spezifischen Gewicht 1,135 in einem 750 ccm fassenden Erlenmeyerkolben und oxydiert unter Zugabe von Natriumwismutat, bis ein Niederschlag von Mangandioxyd entsteht, welcher mit schwefliger Säure zurückgenommen wird. Beträgt der Kohlenstoffgehalt mehr als $4^0/_0$, so muß eine Oxydation mit Ammonpersulfat vorausgehen.

Nach Auffüllen der Lösung auf 250 ccm mit verdünnter Salpetersäure vom spezifischen Gewicht 1,135 wird mit Eis gekühlt, abermals mit Natriumwismutat oxydiert, mit 150 ccm Wasser verdünnt, der entstandene Niederschlag durch ein Asbestfilter filtriert und dann mit $3^0/_0$iger Salpetersäure ausgewaschen. Hierauf wird nach Zusatz von Ferroammonsulfat mit $^1/_{10}$ n-Permanganatlösung zurücktitriert. Ist Salzsäure zugegen, so muß dieselbe durch Abrauchen mit Schwefelsäure zerstört werden. Cer kann als Oxalat entfernt werden. Die Oxalsäure wird dann durch Schwefel- und Salpetersäure zerstört. Ist Kobalt zugegen, so wird zweckmäßig vorher das Mangan mit Kaliumchlorat ausgeschieden [vgl. auch Journ. Amer. Chem. Soc. **45**, 2600 (1923). — Stahl u. Eisen **37**, 200 (1917). — Journ. Soc. Chem. Ind. Jap. **33**, Suppl. 255 B (1930). — Chem. Zentralblatt **1930 II**, 3608].

Nach Heczko [Ztschr. f. anal. Ch. **68**, 433 (1926). — Stahl u. Eisen **47**, 412 (1927)] beruht eine rasche und gleichzeitig mit am genaueste Bestimmung des Mangans auf der Einwirkung von Phosphormonopersäure auf Manganolösungen [Ztschr. f. anal. Ch. **68**, 433 (1926)]: Bei Anwendung eines reichlichen Überschusses der Säure, bei Gegenwart von Natriumpyrophosphat und geeigneter Säurekonzentration entsteht eine violette Verbindung dreiwertigen Mangans mit kondensierten Phosphorsäuren; nach Ablauf dieser Reaktion zersetzt sich der Überschuß der Phosphormonopersäure stürmisch. Das dreiwertige Mangan wird jodometrisch bestimmt. Eisen stört nicht, da Ferri-Phosphorsäuren auf Kaliumjodid nicht einwirken.

Ein Nachteil der Methode, der ihren praktischen Wert auf Serienanalysen zur Kontrolle von Schmelzen beschränkt, ist der Umstand, daß Phosphormonopersäure nur kurze Zeit haltbar ist; sie ist daher im Laboratorium zu bereiten, und zwar nach folgender Vorschrift: 55 g Phosphorpentoxyd werden in ein trockenes Becherglas eingewogen, in eine Bürette bringt man 12 ccm Perhydrol. Nun bringt man in ein Becherglas von 100—150 ccm Inhalt einige Tropfen $83^0/_0$ige Phosphorsäure, fügt mit Hilfe eines dicken Glasstabes ein wenig Pentoxyd zu, kühlt durch Eintauchen in Eiswasser und verrührt die beiden Substanzen. In eben solcher Weise bringt man dann weitere Mengen Pentoxyd in das Glas, bis die Masse die Konsistenz einer zähen Paste angenommen hat. Nun fügt man einige Tropfen Perhydrol aus der Bürette zu und verrührt weiter unter Kühlung. Dann bringt man unter Einhaltung derselben Arbeitsbedingungen abwechselnd erst kleine, dann größere Mengen (zum Schluß grammweise) der Reaktionskomponenten in das Gefäß, bis sie verbraucht sind. Die ganze Arbeit soll nicht mehr als $^3/_4$ Stunden in Anspruch nehmen. Die erhaltene Masse läßt man zwei Stunden in Eiswasser stehen, gießt sie dann in 300 ccm kaltes Wasser, löst den Rest aus dem Becherglas mit Wasser heraus und füllt schließlich alles zusammen auf 500 ccm auf, gießt durch ein Faltenfilter und versetzt zu Konservierungszwecken mit 1—2 Tropfen einer $^1/_{10}$ n-MnSO$_4$-Lösung. Nach einem halben Tag Stehens ist die Säure verwendbar. Hat man richtig gearbeitet bzw. bei der Synthese keine starke Gasentwicklung bekommen, so kann man mit 1 ccm 1$^0/_0$ Mangan bei einer Einwaage von 0,55 g quantitativ oxydieren. Der Wirkungswert nimmt je Woche um $^1/_4$—$^1/_3$ ab, auch bei Aufbewahrung an einem kühlen und dunklen Ort. Nach 14tägigem Aufbewahren ist das Reagens unbrauchbar geworden.

Die Nachprüfung des Wirkungswertes geschieht in folgender Weise: Man gibt zu 25 ccm einer $^1/_{10}$ n-Mangansulfatlösung eine voraussichtlich genügende Menge Phosphormonopersäure (von frischen Präparaten 25 ccm, von älteren entsprechend mehr), dann für je 50 ccm Flüssigkeitsgemenge 4 g entwässertes Natriumpyrophosphat, sowie etwa den 3,5 Volumteil 83$^0/_0$ige Phosphorsäure, erhitzt unter Umschütteln bis das Pyrophosphat gelöst, die Lösung dunkelviolett geworden ist und sich die plötzliche Zersetzung der überschüssigen Phosphormonopersäure vollzogen hat, erwärmt dann noch 1—2 Minuten weiter, kühlt erst durch Eingießen von etwas kaltem Wasser, dann unter der Wasserleitung, versetzt mit Kaliumjodid und titriert mit $^1/_{10}$ n-Thiosulfat; 1 ccm entspricht 5,493 (log = 0,73981 mg) Mn. Das so gefundene Resultat muß mit dem gravimetrisch ermittelten übereinstimmen; ist es niedriger, so war der angenommene Wirkungswert zu hoch, bzw. man muß mehr Phosphormonopersäure verwenden. Liegt eine gravimetrische Analyse nicht vor, so muß bei Wiederholung der Analyse mit 20—30$^0/_0$ Phosphormonopersäure mehr dasselbe Resultat gefunden werden.

Der Mangangehalt der zu untersuchenden Legierung muß, wenn er nicht ungefähr bekannt ist, durch einen Vorversuch ermittelt werden. Zu diesem Zweck löst man 0,138 g davon in 3,5 ccm 83$^0/_0$iger Phosphorsäure unter Erwärmen, bringt 1 g Natriumpyrophosphat und 13 ccm Phosphormonopersäure dazu, erhitzt, kühlt ab und titriert, wie vorhin beschrieben; Kubikzentimeter Maßlösung $\times$ 4 = $^0/_0$ Mn. Die Resultate sind bei hochprozentigen Legierungen zu niedrig wegen der reduzierenden Wirkung von noch vorhandenen Kohlenstoffverbindungen, bei Gehalten unter 10$^0/_0$ Mn oft zu hoch, da die geringen Manganmengen die Zersetzung der überschüssigen Phosphormonopersäure nicht genügend beschleunigen. Daher verdünnt man bei der eigentlichen Analyse die phosphorsaure Lösung der Einwaage mit Wasser, gibt

Ammonpersulfat zu und zerstört dessen Überschuß durch Einkochen. Die entstandenen höheren Manganoxyde werden mit H_2O_2 reduziert. Dessen Überschuß wird dann mit etwas Ferroammoniumsulfat entfernt. Nun erst wird die Umsetzung mit Phosphormonopersäure vorgenommen. Bei manganarmen Legierungen (unter 10% Mn) setzt man 10 ccm einer $^1/_{10}$ n-$MnSO_4$ Lösung zu der phosphorarmen Lösung und verfährt im übrigen gleich. Die Einwaage beträgt für eine genau $^1/_{10}$ n-Maßlösung 0,5493 g; 1 ccm davon entspricht dann 1% Mn.

Man bringt die Substanz auf den Boden eines 300 ccm Erlenmeyerkolbens (am besten aus Duranglas) und gießt dann 14 ccm 83% Phosphorsäure so hinein, daß etwa an den Wandungen haften gebliebenes Analysenmaterial zur Hauptmenge gespült wird und erhitzt; die Säure darf aber nicht ins Sieden kommen. Unter starkem Schäumen löst sich die Legierung; Kieselsäure, etwas Kohlenstoff und Carbid bleiben zurück. Nach Aufhören der Wasserstoffentwicklung läßt man etwas abkühlen und gießt dann 25 ccm Wasser hinein, mit der Vorsicht, daß nichts an die Wandungen kommt; sonst könnte der Kolben springen. Bei Legierungen mit unter 10% Mn gibt man erst 15 ccm Wasser zu und dann genau 10 ccm einer analysierten $^1/_{10}$ n-$MnSO_4$-Lösung. Nun wird wieder erhitzt und unter Umschwenken solange Anteile von 0,5—1 g Ammonpersulfat in Zeitabständen von 20—30 Sekunden zugesetzt, bis die Lösung violett ist. Dann kocht man lebhaft, bis ein Tropfen Wasser, aus der Spritzflasche hineingebracht, ein lebhaftes Zischen verursacht. Nun läßt man 1 Minute abkühlen und setzt tropfenweise 3%iges H_2O_2 zu, bis die Farbe der violetten Mangani-Phosphorsäure verschwunden ist bzw. der Farbton der Lösung sich nicht mehr ändert. Darauf fügt man einige hundertstel Gramm eines reinen, insbesondere manganfreien Ferrosulfatpräparates hinzu.

Sollte die Lösung vor der Reduktion nicht violett, sondern trüb und schmutzig braun sein, infolge von Braunsteinbildung — das kann bei hochprozentigen Ferromanganen vorkommen — so dampft man noch weiter ein, bis wieder Violettfärbung auftritt, fügt dann 5 ccm Wasser und ebensoviel 3%iges H_2O_2 zu und kocht lebhaft, bis ein einfallender Wassertropfen wieder zischt, und erhitzt dann zur völligen Lösung unter Zusatz von 0,05—0,10 Mohrschem Salz (krystallinisches Ferroammonsulfat) eine Minute weiter. Nun erfolgt die eigentliche Bestimmung. Man bringt bei Gehalten unter 50% Mn 4 g wasserfreies Natriumpyrophosphat zur Lösung, sowie 50 ccm einer Mischung von Wasser und soviel Phosphormonopersäure, als bestimmt zur restlosen Oxydation genügt; von frisch hergestellten einwandfreien Präparaten wird man um einige Kubikzentimeter mehr nehmen, als der Vorversuch Prozent Mn erwarten läßt. Bei Mangangehalten über 50% nimmt man die nötige Menge der Persäure und setzt soviel Phosphorsäure zu, daß das Verhältnis Phosphormonopersäure-Gesamtphosphorsäure etwa 3,5:1 beträgt. Auch ist entsprechend mehr Natrium-Pyrophosphat zuzusetzen.

Nun wird sofort mit starker Flamme erhitzt und die weitere Bestimmung vorgenommen, wie bei Ermittlung des Wirkungswertes beschrieben. Die Titration nach dem Zusatz von Kaliumjodid hat unverzüglich und rasch zu erfolgen. Bei kleinen Mangangehalten ist natürlich der dem MnSO$_4$-Zusatz entsprechende Kubikzentimeterverbrauch abzuziehen. Die ganze Bestimmung beansprucht etwa eine halbe Stunde Zeit.

Bei Gegenwart von Kupfer liegt der Verbrauch an Maßlösung zwischen dem für Mn und Mn + Cu berechneten. Chrom ist nur in Mengen von einigen hundertstel Prozent belanglos. Größere Gehalte machen die Resultate unbrauchbar. Bei kleinen Vanadingehalten findet man genau die Summe Mn + V, bei größeren annähernd. Schon sehr kleine Mengen Vanadium beschleunigen übrigens sehr stark die Reaktion des zweiwertigen Mn mit Phosphormonopersäure.

Si, Ti, Al, As, Co, Ni in kleineren Mengen sind ohne Einfluß. Zum Gelingen der Bestimmung ist die gegebene Vorschrift genau einzuhalten.

D. Mangan-Legierungen.

Die Bestimmung des Mangans in Mangan-Eisenlegierungen ist beim Abschnitt „Eisen" (S. 1382) behandelt.

Für die Analyse von Silikomangan hat sich nach den Erfahrungen der Bearbeiter folgender Gang praktisch erwiesen. Man schließt 1 g im Nickeltiegel mit etwa 10 g Natriumsuperoxyd auf, löst nach dem Erkalten in einem 1000 ccm Becherglas in 2%iger Salzsäure und scheidet Kieselsäure in bekannter Weise aus. Das Filtrat von der Kieselsäure wird mit dem in Soda aufgeschlossenen und in Salzsäure gelösten Rückstand, der nach dem Abrauchen der Kieselsäure etwa verbleibt, vereinigt. In einem aliquoten Teil wird Mangan nach Volhard (S. 1312 u. 1383) bestimmt. Die übrigen Bestandteile werden wie S. 1411 angegeben, bestimmt. Bei säurefesten manganhaltigen Legierungen benutzt man nach Knebler, Shaneman, Gallagher und Ingram [Chemist-Analyst 17, Nr. 3, 6 (1928). — Chem. Zentralblatt 1928 II, 2044] zum Inlösunggehen bei hochchrom- und niedrignickelhaltigen Legierungen H$_2$SO$_4$ 1:4, bei hochchrom- und hochsiliciumhaltigen Legierungen H$_2$SO$_4$ 1:4 unter zeitweisem Zusatz von wenig HF, und bei hochchrom- und hochnickelhaltigen Legierungen Zusatz von 10 ccm konzentrierter HNO$_3$ und zeitweise von einigen Tropfen HF. Zur Manganbestimmung werden je nach dem Gehalte 1—2,5 g gelöst, mit HNO$_3$ oxydiert, verdünnt, mit Na$_2$CO$_3$ beinahe neutralisiert und in einem Meßkolben mit ZnO-Emulsion vollständig neutralisiert, bis zur Marke verdünnt, geschüttelt usw. Ein Teil wird abfiltriert, eine bestimmte Menge des Filtrats mit 40 ccm folgender Lösung gekocht: 10 g AgNO$_3$, 2540 ccm W., 800 ccm H$_2$SO$_4$ und 160 ccm HNO$_3$, mit Ammoniumpersulfat gekocht, abgekühlt und mit Arsenitlösung wie bei reinem C-Stahl titriert.

Bezüglich der Analyse von Manganbronzen, Mangankupfer, Manganmessing, Manganin siehe unter „Kupfer" (S. 1256).

E. Mangansalze.

Mangansulfat, Manganchlorür und Manganacetat finden beschränkte Anwendung in der Färberei. Die hierzu benutzten Salze müssen eisenfrei sein, was leicht zu konstatieren ist; ein nie fehlender geringer Kalkgehalt schadet nicht.

Nach E. Merck (Prüfung der chemischen Reagenzien auf Reinheit, 4. Aufl., 211. 1931) bestimmt man den Gehalt an $MnCl_2$ in Mn-Chlorür durch Versetzen von 20 ccm einer wäßrigen Lösung (2,5: 200) mit 5 ccm Salpetersäure (1,150—1,152) und 30 ccm $^1/_{10}$ n-Silbernitratlösung und Zurücktitrieren des Überschusses an Silberlösung mit $^1/_{10}$ n-Ammonium-rhodanidlösung unter Zusatz von Ferriammonsulfatlösung als Indicator.

1 ccm $^1/_{10}$ n-Silbernitratlösung $= 0,0098955$ g (log $= 0,99542 - 3$)
$$MnCl_2 + 4 H_2O.$$

Kaliumpermanganat (übermangansaures Kali, $KMnO_4$) mit theoretisch 34,76 $^0/_0$ Mn kann K- bzw. Na-Manganat, Na-Permanganat, Manganoxyde, freies Alkali, K- und Na-Nitrat, $KClO_3$ und KCl enthalten. Zur Gehaltsbestimmung wird die mit Schwefelsäure versetzte Lösung durch Erwärmen mit wenig Oxalsäure (auch durch Zusatz wäßriger schwefliger Säure) vollkommen entfärbt und durch Übersättigen mit Ammoniak und Zusatz von Schwefelammon als fleischfarbiges Schwefelmangan gefällt. Ein Chlorgehalt gibt beim Erhitzen des Salzes mit verdünnter Schwefelsäure Chlorentwicklung, die man jodometrisch nachweist.

Schwefelsäure wird in der mit viel Salzsäure gekochten Lösung des Salzes in gewöhnlicher Weise durch $BaCl_2$-Lösung gefällt.

Kaliumpermanganat für analytische Zwecke wird nach E. Merck (Prüfung der chemischen Reagenzien auf Reinheit, 4. Aufl., S. 177. 1931) auf Abwesenheit von Sulfat, Chlorid, Chlorat, Nitrat und Arsen geprüft. Zur Gehaltbestimmung löst man 1,5 g Kaliumpermanganat in 200 ccm Wasser; 20 ccm dieser Lösung werden mit 100 ccm Wasser verdünnt und nach Zusatz von 2 g Kaliumjodid und 20 ccm verdünnter Schwefelsäure (1,110—1,114) mit $^1/_{10}$ n-Natriumthiosulfatlösung titriert.

F. Sonstiges.

Zur Manganbestimmung in Weldonschlamm verfährt man wie bei Braunstein (S. 784) unter Anwendung einer Einwaage von 10 g.

Mangan in Ackerböden kann entweder in üblicher Weise nach Abscheidung von Eisen, Chrom und Aluminium durch Ammoniak oder besser nach der Acetatmethode bestimmt werden oder volumetrisch nach Quartaroli [Ann. Chim. analyt. appl. 17, 379 (1927). — Chem. Zentralblatt 1927 II, 2778].

IV. Analysenbeispiele.

a) Erze usw.

Hausmannit: 85,8 $^0/_0$ MnO, 6,34 $^0/_0$ O, 5,75 $^0/_0$ Fe_2O_3, 1,12 $^0/_0$ PbO, 0,50 $^0/_0$ CO_2, 0,48 $^0/_0$ CaO, 0,44 $^0/_0$ MgO, 0,22 $^0/_0$ ZnO, 0,16 $^0/_0$ Alkali.

Manganspat: 56,0 $^0/_0$ MnO, 38,6 $^0/_0$ CO_2, 3,3 $^0/_0$ CaO, 2,0 $^0/_0$ FeO.

Psilomelan: $69,8\%$ Mn_3O_4, $16,36\%$ BaO, $7,36\%$ O, eventuell bis 6% CaO + MgO.

Pyrolusit: $92,3\%$ MnO_2, $1,8\%$ MnO, $0,96\%$ P_2O_5, $0,99\%$ BaO, $0,31\%$ CaO, $0,27\%$ Al_2O_3, $0,50\%$ SiO_2, $0,1\%$ ZnO, $0,10\%$ CoO, $0,07\%$ Fe_2O_3, $0,4\%$ Alkalien, $0,02\%$ S.

b) Metall und Legierungen:

Ferro-Silico-Mangan: $20-75\%$ Mn, $12-25\%$ Si, $< 0,3\%$ P, $< 1,5\%$ C.

Heuslersche Legierungen: etwa 12% Mn, etwa 84% Cu, etwa 4% Ni.

Isimabronze: $5-12\%$ Mn, $1-3\%$ Si, Rest Cu, eventuell mit Zn.

Mangan-Antimonlegierung: Mn + 10% Sb.

Mangan-Bronzen: bis 12% Mn.

Mangan-Chrom: bis 70% Mn.

Manganin: 15% Mn, $82,1\%$ Cu, $2,3\%$ Ni, $0,6\%$ Fe.

Mangan-Kupfer: $5-6\%$ Mn.

Mangan-Metall: $95-97\%$ Mn, $\sim 1,5\%$ Fe, $1-1,5\%$ Si, $0,5-1\%$ Al.

Mangan-Neusilber: $5-19\%$ Mn, $57-63\%$ Cu, $23-30\%$ Zn, $< 4\%$ Ni, $< 1\%$ Fe.

Mangannickel: $30-5\%$ Mn, $70-95\%$ Ni.

Resistinbronze: $12-13,5\%$ Mn, $84-86\%$ Cu, 2% Fe.

Siliko-Mangan: $\sim 65\%$ Mn, $\sim 22\%$ Si, $\sim 0,6\%$ C, $< 0,1\%$ P, $-0,005\%$ S.

Molybdän.

Von

Privatdozent Dr. Fr. Heinrich und Chefchemiker F. Petzold, Dortmund.

Einleitung.

Die für die technische Herstellung in Betracht kommenden Erze sind:

1. der Molybdänglanz (Molybdänit) MoS_2,
2. das Gelbbleierz (Wulfenit) $PbMoO_4$, ferner dienen
3. die Ofensauen der Mansfelder Kupferschiefer bauenden Gewerkschaft als Rohstoffe für die Molybdängewinnung. Die Darstellung des Molybdäns geschieht nach erfolgter Handscheidung durch Flotation des Erzes, wobei eine Anreicherung auf mindestens 60—80 % MoS_2 erreicht wird. Durch Abrösten und magnetische Aufbereitung wird dann vom Kupferkies getrennt. Gelbbleierze werden durch Naßaufbereitung auf etwa 25 % MoO_3 angereichert. Die Darstellung der Metalle selbst geschieht entweder durch Erhitzen des fein gemahlenen Molybdänglanzes im Kohlerohr auf elektrischem Wege unter Zusatz von Entschwefelungsmitteln (CaO, Si usw.), besser jedoch über das Oxyd durch Abrösten der Erze bei mittlerer Rotglut und weitere Reinigung durch Sublimation bei etwa 800°, oder durch Reduktion des aus dem Alkalimolybdat oder Alkalisulfatmolybdat nach besonderer Reinigung hergestellten Oxydes mit Kohle im Graphittiegel oder im Kohletiegel. Das erhaltene Produkt hat einen Mo-Gehalt von etwa 98 % mit weniger als 1 % C. Auf aluminothermischem Wege wird wegen der großen Verdampfungsverluste heute nicht mehr gearbeitet.

I. Methoden der Molybdänbestimmung.

A. Gewichtsanalytische Bestimmungen.

Die bevorzugte gewichtsanalytische Bestimmungsform des Molybdäns ist MoO_3 nach Ausfällung als Molybdänsulfid aus saurer, oder sulfalkalischer Lösung, oder Abscheidung als Mercuromolybdat.

1. Abscheidung als Molybdänsulfid aus saurer Lösung.

Die erdalkalisalzfreie, mit Schwefelsäure versetzte Molybdänlösung bringt man in eine Druckflasche, sättigt in der Kälte mit H_2S, verschließt die Flasche und erhitzt im Wasserbade bis zum völligen Absitzen des Niederschlages, läßt erkalten, filtriert durch einen Porzellanfiltertiegel, wäscht zunächst mit H_2SO_4-haltigem H_2O und schließlich mit Alkohol bis zum Verschwinden der H_2SO_4-Reaktion, trocknet bei 100° und stellt hierauf den Tiegel in einen Nickeltiegel und erhitzt anfangs wegen des Dekrepierens im bedeckten Tiegel über kleiner Flamme, bis kein SO_2 mehr wahrzunehmen ist, entfernt dann den Deckel und erhitzt den Nickeltiegel bis zum konstanten Gewicht und schwachen Glühen. Das häufig auftretende bläuliche Aussehen kommt von belanglosen geringen Spuren SO_3 her.

2. Abscheidung als Molybdänsulfid aus schwefelalkalischer Lösung.

Nach H. und W. Biltz (Biltz, H. u. W.: Ausführung quantitativer Analysen. S. 313. Leipzig 1930) läßt sich Molybdän als Sulfid MoS_3 durch Ansäuern einer sulfalkalischen Lösung viel bequemer und sicherer abscheiden, als durch Fällen einer sauren Lösung mit Schwefelwasserstoff. Man sättigt deshalb die vereinigten, molybdänhaltigen, ammoniakalischen Filtrate mit Schwefelwasserstoff, wobei tiefrotes Ammoniumthiomolybdat entsteht, säuert mit verdünnter Schwefelsäure an und läßt über Nacht stehen. Der schwarzbraune Niederschlag setzt sich aus der wasserklaren Flüssigkeit gut ab; er wird in einem Filtertiegel gesammelt[1] und mit sehr verdünnter H_2S-haltiger Schwefelsäure, dann mit Alkohol säurefrei gewaschen. Beim vorsichtigen Glühen des MoO_3, wobei man den Filtertiegel durch einen sog. „Tiegelschuh" schützt, achte man darauf, daß die Temperatur 450^0 C nicht überschreitet [Wolf: Ztschr. f. angew. Ch. 31 I, 140 (1918)], da sonst Gefahr der Verflüchtigung von MoO_3 besteht. Technisch wird häufig MoS_3 im Wasserstoffstrom, unter Zusatz von Schwefel, zu MoS_2 reduziert und als solches zur Wägung gebracht.

3. Abscheidung als Mercuromolybdat.

Die meist alkalicarbonathaltige Schmelze versetzt man in der Kälte mit HNO_3, bis der größte Teil Alkali zerstört ist und kocht zur Vertreibung der Kohlensäure durch. Die noch schwach alkalische Lösung wird nun in der Kälte mit einer ganz schwach sauren Mercuronitratlösung versetzt, bis keine weitere Fällung mehr auftritt und zum Sieden erhitzt; dann läßt man absitzen, filtriert und wäscht mit verdünnter Mercuronitratlösung aus. Nun wird der Niederschlag getrocknet, die Hauptmenge auf ein Uhrglas gebracht, das Filter mit warmer, verdünnter HNO_3 behandelt, die Lösung im gewogenen Porzellantiegel eingedampft und nach Zugabe der Hauptmenge des Niederschlages sehr sorgfältig zunächst über kleiner, später über größerer Flamme zum Vertreiben des HgO (Vorsicht!) erhitzt und als MoO_3 gewogen.

Als weitere Fällungsform des Molybdäns kommt noch in Betracht das Bleimolybdat (vgl. S. 1466). Dabei ist aber schwer zu vermeiden, daß der Niederschlag basische Bleisalze einschließt, die dann hartnäckig festgehalten werden.

Endlich sei noch die Fällung mit o-Oxychinolin (Oxin) genannt [Ann. Chim. analyt. appl. (2) 12, 259 (1930). — Ztschr. f. anal. Ch. 83, 470 (1931). — Chem. Zentralblatt 1930 II, 2808].

Das Filtrat wird mit H_2S auf Vollständigkeit der Molybdänfällung geprüft.

B. Maßanalytische Bestimmung.

Titrimetrische Methoden der Bestimmung des Mo sind zahlreich vorgeschlagen [Treadwell: Helv. chim. Acta 4, 551 (1921); 5, 806 (1922). — Chem. Zentralblatt 1921 IV, 1296; 1923 II, 1236. — Someya: Ztschr. f. anorg. u. allg. Ch. 138, 291 (1924). — Chem. Zentralblatt 1924 II, 2192; ferner Ztschr. f. anal. Ch. 71, 74 (1927) und 75, 457 (1928)], aber bei uns wohl nicht zu praktisch erfolgreicher Verwertung gelangt. Eine umfangreiche Untersuchung über die permanganometrischen Bestimmungsmethoden des Molybdäns hat Th. Döring [Ztschr. f. anal. Ch. 82, 193 (1930). — Chem. Zentralblatt 1931 I, 489] durchgeführt; auch nach W. A. Noyes und Frohman [Journ. Amer. Chem. Soc. 35, 919 (1913)], vgl. Scott, W. W.: Standard methods of chemical analysis, S. 319] soll eine permanganometrische Titration von Mo_2O_3 in Gegenwart von Ferrisalz und Phosphorsäure allen andern Molybdänbestimmungsverfahren vorzuziehen sein. Die Reduktion zu Mo_2O_3 erfolgt dabei im Jones-Reduktor (vgl. S. 1644).

C. Colorimetrische Bestimmung.

Ebenso sind colorimetrische Methoden vorgeschlagen von ter Meulen [Chem. Weekblad 22, 80 (1925). — Chem. Zentralblatt 1925 I, 1771], Wendehorst [Ztschr. f. anorg. u. allg. Ch. 144, 319 (1925). — Chem. Zentralblatt 1925 II, 960], Funck [Ztschr. f. anal. Ch. 68, 283 (1926). — Chem. Zentralblatt 1926 II, 920], Freund [Metall u. Erz 23, 444 (1926). — Chem. Zentralblatt 1926 II, 2206], über die Schröder [Ztschr. f. anal. Ch. 74, 122 (1928)] zusammenfassend berichtet. Vgl. auch Cunningham und Haumer [Ind. and Engin. Chem. Anal. Edit. 3, 106 (1931). — Chem. Zentralblatt 1931 I, 2237].

II. Trennung des Molybdäns von anderen Metallen.

Molybdän läßt sich trennen:

a) von den Alkalien durch Fällung als Mercuromolybdat oder als MoS_3;

b) von den alkalischen Erden durch Schmelzen mit Na_2CO_3, Auslaugen und Fällen wie oben.

c) von den Metallen der Schwefelammongruppe durch Fällen aus schwefelsaurer Lösung oder bei Gegenwart von Ti aus ammoniakalischer Lösung mit H_2S und späterer Zersetzung durch H_2SO_4;

d) von den Metallen der H_2S-Gruppe durch Digerieren mit Na_2S der mit NaOH versetzten Lösung in einer verschlossenen Flasche und nach Filtration durch Zersetzen mit H_2SO_4 in einer Druckflasche und überführen in MoO_3;

e) von Arsen durch Versetzen der das As als Arsensäure enthaltenden Lösung mit NH_3 und Fällen mit Magnesiamixtur. Im Filtrat fällt man nach Ansäuern mit verdünnter H_2SO_4 das Molybdän als Molybdänsulfid aus;

f) vom **Phosphor**, der aus ammoniakalischer Lösung als Magnesium-ammonphosphat ausgefällt wird; im Filtrat wird das Mo nach Ansäuern mit H_2SO_4 als Sulfid gefällt;

g) vom **Wolfram und Vanadin:**

α) nach **W. Hommel** (s. Wolfram S. 1671);

β) nach der Sublimationsmethode [**Péchard:** C. r. d. l'Acad. des sciences **114**, 173 (1892). — **Débray:** C. r. d. l'Acad. des. sciences **46**, 1101 (1858)] durch Erhitzen der Oxyde oder deren Natriumsalze bei 250—270⁰ im HCl-Strom, wobei sich $MoO_3 \cdot 2$ HCl als prächtig weißes Sublimat an den kälteren Stellen absetzt;

γ) nach der Weinsäuremethode nach **Rose** durch Behandeln der mit H_2SO_4 angesäuerten weinsauren Lösung der Alkalisalze mit H_2S, wobei MoS_2 ausfällt.

δ) Eine Bestimmung von Molybdän und Vanadin in einem Gemisch ihrer Säuren erfolgt nach **W. W. Scott** (Standard methods of chemical analysis, S. 321) auf Grund der Tatsache [**G. Edgar:** Amer. Journ. Science, Silliman (4), **25** 332 (1908)], daß in schwefelsaurer Lösung, wenn auf 0,4 g MoO_3 5 ccm H_2SO_4 in 25 ccm Lösung kommen, durch schweflige Säure nur die Vanadinsäure zu V_2O_4 reduziert wird, während MoO_3 nicht reduziert wird. Durch Zink kann dann im Jones-Reduktor (vgl. S. 1644) Molybdän und Vanadin gemeinsam reduziert und mit Permanganat (vgl. S. 1650) titriert werden.

h) vom **Aluminium** durch Oxychinolin nach **Lundell** und **Knowles** [s. S. 1036; ferner Bureau Standard Jl. Research **3**, 91 (1929). — Chem. Zentralblatt **1929 II**, 2079];

i) vom **Beryllium** nach **Moser** und **Singer** [s. S. 1097; ferner Monatshefte f. Chemie **48**, 673 (1927). — Chem. Zentralblatt **1928 I**, 728] auf Grund der verschiedenen Löslichkeit der Tanninkomplexe.

Über verschiedene Trennungsmöglichkeiten mittels Tetrachlorkohlenstoff berichten **P. Jannasch** und **O. Laubi** [Journ. f. prakt. Ch. **97**, 154 (1918). — Ztschr. f. anal. Ch. **60**, 465 (1921)].

III. Spezielle Methoden.
A. Molybdän-Erze.

Sie umfassen die Analyse:

α) des Molybdänglanzes,

β) des Gelbbleierzes.

1. Analyse des Molybdänglanzes[1].

a) Methode von A. Gilbert.
[Ztschr. f. öffentl. Ch. **12**, 263 (1906)].

Das **Prinzip der Methode** ist: Abrösten des Erzes an der Luft, Aufnehmen mit Ammoniak, Filtrieren und Überführen des gebildeten

---

[1] Da Molybdänglanz häufig auf Wolframitlagerstätten vorkommt, ist im Untersuchungsgang gegebenenfalls auch Wolfram zu berücksichtigen.

Ammonmolybdats durch vorsichtiges Glühen in MoO_3. Die im Rückstand befindlichen sehr geringen Mengen Molybdän, welche im Erz wahrscheinlich nicht als Sulfid, sondern als Molybdat enthalten waren, werden durch Aufschließen mit Soda löslich gemacht, in der stark salzsauer gemachten Lösung durch Zink zu Mo_2O_3 reduziert, und dieses mit Permanganat titriert.

Ausführung: 1 g der sehr fein gepulverten Substanz wird in einem Porzellanschiffchen abgewogen und dieses in die Mitte eines 60—70 cm langen Verbrennungsrohres eingeschoben. Letzteres ist leicht geneigt, in der Mitte von Kacheln umgeben, und wird von 2 kräftigen Bunsenflammen erwärmt. Nach 3—4 Stunden ist das Erz völlig abgeröstet. Die MoO_3 sublimiert in nur sehr geringer Menge an die Innenwand des Rohres. Nachdem das Rohr erkaltet ist, zieht man das Schiffchen mit Hilfe eines langen Drahtes heraus und übergießt es in einem geräumigen Becherglas mit nicht zu schwachen Ammoniak, worin sich die MoO_3 nach 2—3stündigem Erhitzen völlig löst. Die dem Rohr anhaftenden, äußerst geringen Mengen MoO_3 werden durch einen Wischer gelockert und durch Ausspülen des Rohres mit Ammoniak zur Hauptmenge hinzugegeben. Nachdem alle MoO_3 gelöst ist, wird filtriert, das Filtrat vorsichtig in einer geräumigen Platinschale eingedampft und der Trockenrückstand bei aufgelegtem Deckel über einem Rundbrenner bis zum konstanten Gewicht erhitzt. Es gelingt ohne Mühe, sämtliches Ammoniak auszutreiben und alles Mo in MoO_3 überzuführen, ohne daß eine Verflüchtigung von MoO_3 eintritt. Man muß nur Sorge tragen, daß der Boden der Platinschale höchstens schwach dunkel-rotglühend wird. Ist das Gewicht konstant geblieben, so wird der Schaleninhalt mit Ammoniak aufgenommen, und es bleiben nur noch wenige Milligramm ungelöst, die zum größten Teil aus SiO_2 bestehen, die gewogen und vom Gewicht der Molybdänsäure abgezogen werden.

$$MoO_3 \times 0{,}6667 \ (\log = 0{,}82391\text{-}1) = Mo.$$

Der qualitative Nachweis etwa beim Abrösten im unlöslichen Rückstand verbliebenen Molybdäns gelingt in einfacher Weise dadurch, daß man mit Soda aufschließt, mit heißem Wasser und bei Gegenwart von Mangan mit etwas Alkohol aufnimmt, filtriert, schwach ansäuert und Ferrocyankaliumlösung zugibt. Ist Mo zugegen, so zeigt sich die charakteristische Rotfärbung. Diese geringen Mengen Mo werden nach von der Pfordten [Ber. Dtsch. Chem. Ges. 15, 1928 (1882)] titrimetrisch mit Permanganat nach vorhergegangener Reduktion mittels Zink und Salzsäure und starker Verdünnung mit Wasser bestimmt. Diese Reduktion muß in stark salzsaurer Lösung — bei weniger als 50 ccm Mo-Lösung etwa 75 ccm Salzsäure (spez. Gew. 1,125) — mit nicht zu wenig Zink (10—15 g) erfolgen und geht äußerst schnell vonstatten. Man läßt schnell erkalten und verdünnt stark. Durch einen blinden Versuch ist der Verbrauch des Zinks an Permanganatlösung (durch etwaigen Fe-Gehalt) festzustellen. Die Umsetzung vollzieht sich nach der Formel:

$$5\,Mo_2O_3 + 6\,KMnO_4 + 18\,HCl = 10\,MoO_3 + 6\,MnCl_2 + 6\,KCl + 9\,H_2O.$$

b) Methode eines anderen Hamburger Laboratoriums.

5 g einer fein gepulverten, guten Durchschnittsprobe werden in einem Erlenmeyerkolben mit 50 ccm konzentrierter HNO_3 bis zu etwa 10 ccm Flüssigkeit eingekocht. Man nimmt den Rückstand vorsichtig mit Ammoniak auf und erwärmt, bis alle MoO_3 gelöst ist. Dann spült man den Inhalt in einen Literkolben über, versetzt mit 50 ccm starkem $(NH_4)_2S$ und leitet (vgl. S. 1459) so lange H_2S ein, bis die Lösung eine tiefbraunrote Färbung angenommen hat. Man füllt nun bis zur Marke auf, schüttelt durch und filtriert einen bestimmten Teil, etwa 0,5 g Substanz entsprechend, durch ein trockenes Filter, fällt aus der Lösung durch Zusatz von verdünnter H_2SO_4 bis zum geringen Überschuß Schwefelmolybdän und Schwefel, filtriert, wäscht mit heißem Wasser aus, trocknet, verascht das Filter in ganz gelinder Hitze im Rosetiegel, gibt das Sulfid und wenig Schwefel dazu, erhitzt und glüht schließlich eine Viertelstunde im H-Strome.

$$MoS_2 \times 0{,}5996 \ (\log = 0{,}77788\text{-}1) = Mo.$$

Nach H. und W. Biltz (Ausführung quantitativer Analysen, S. 314. 1930) eignet sich aber eine derartige Kombinationsmethode von Säureaufschluß und Sulfidfällung des Molybdäns besser als zur Untersuchung von Erzen, besonders wenn diese selbst schon Blei enthalten, für die Untersuchung reiner Molybdänpräparate (vgl. S. 1466).

c) Methode des Chemiker-Ausschusses der Gesellschaft Deutscher Metallhütten- und Bergleute.

1—5 g Molybdänglanz (Ausgewählte Methoden des Chem.-Fachausschusses d. G.D.M.B.[1] Bd. 1, S. 142 u. 145, Berlin 1924) werden im Eisentiegel mit $Na_2O_2 + Na_2CO_3$ 1:1 geschmolzen und die Schmelze in Wasser gelöst. Der Aufschluß ist gegebenenfalls zu wiederholen. Man füllt in einem Meßkolben auf und entnimmt zur Analyse einen aliquoten Teil, säuert mit H_2SO_4 an, setzt NH_3 im Überschuß zu und sättigt mit H_2S, bis die Lösung dunkelrot ist. Nach etwa 20 Minuten setzt man verdünnte H_2SO_4 im geringen Überschuß zu, läßt 2 Stunden in der Wärme absitzen, filtriert durch einem Porzellanfiltertiegel und wäscht zuerst mit H_2SO_4 und H_2S-haltigem Wasser, dann mit alkoholhaltigem Wasser aus, und führt in MoO_3 über.

2. Analyse von Gelbbleierz (Wulfenit).

a) Methode einiger Handelslaboratorien.

0,5 g der feinst gepulverten Substanz werden unter Hinzufügung einiger Tropfen HNO_3 mit 25 ccm Schwefelsäure (spez. Gew. 1,53; etwa 1:1 verdünnt) auf dem kochenden Wasserbade etwa 24 Stunden (!) lang behandelt; dann wird mit Wasser verdünnt, filtriert und mit H_2SO_4-haltigem Wasser ausgewaschen. Das Filtrat vom Bleisulfat wird mit Ammoniak übersättigt, mit $(NH_4)_2S$ versetzt, längere Zeit H_2S ein-

---

[1] Gesellschaft Deutscher Metallhütten- und Bergleute.

geleitet usw. wie bei der folgenden Methode b. (Die Methode entspricht im wesentlichen dem Verfahren von C. Friedheim.)

b) Methode der Bleiberger Bergwerks-Union in Klagenfurt für Gelbbleierz, Schlacken und bleihaltige Rückstände [1].

0,5 g der fein zerriebenen Substanz werden mit halbverdünnter Salpetersäure in einer bedeckten Porzellanschale auf dem Sandbade etwa eine Stunde erwärmt. Darauf fügt man einige Kubikzentimeter H_2SO_4 hinzu, dampft auf dem Wasserbade und schließlich auf dem Sandbade bis zum Auftreten von H_2SO_4-Dämpfen ein. Nach dem Verdünnen mit Wasser und Absitzenlassen wird der Niederschlag abfiltriert, mit etwas H_2SO_4-haltigem Wasser ausgewaschen, und das Filtrat auf 500—600 ccm verdünnt. Nun übersättigt man mit Ammoniak, setzt 25 ccm dunkles, frisch bereitetes Schwefelammonium zu, filtriert, erhitzt und setzt tropfenweise verdünnte Salzsäure bis zum Vorherrschen der sauren Reaktion zu. Man kocht eine Viertelstunde, worauf der sehr voluminöse, großflockige Niederschlag sich rasch absetzen und die Flüssigkeit wasserklar sein muß. Bleibt die Flüssigkeit braun oder blau, so ist noch Mo in Lösung, das mit H_2S gefällt werden muß. Nach Filtrieren, Auswaschen mit heißem Wasser, Trocknen und Trennen des Niederschlages vom Filter, das für sich in einem Porzellantiegel verascht wird, fügt man den Niederschlag zu, brennt vorsichtig den Schwefel ab und erhitzt zuerst ganz gelinde, später stärker, bis alles in strahlige, weißgelbe Krystalle von Molybdänsäure übergegangen ist.

3. Nachweis geringer Mengen von Molybdän in Erzen usw.

Einige Zentigramme des feines Pulvers werden auf einem Porzellandeckel mit einigen Tropfen destillierter H_2SO_4 bis zum starken Fortrauchen der Säure erhitzt, wobei vorhandenes Mo mit tiefblauer Farbe als Oxyd gelöst wird. Weitere Erzuntersuchungsverfahren siehe bei Binder [Chem.-Ztg. 48, 37 (1924). — Ztschr. f. anal. Ch. 66, 52 (1925). — Chem. Zentralblatt 1924 I, 1696].

B. Hüttenprodukte.

1. Molybdänbestimmung in Mansfeldschen Eisensauen [2].

Die beim Verschmelzen des Kupferschiefers auf Rohstein fallenden Eisensauen enthalten außer Eisen, Kupfer, Kobalt und Nickel, Phosphor, Arsen und Silicium 3—5 % Molybdän, doch bilden sich gelegentlich solche mit 50 %. Als Molybdänmineral ist im Kupferschiefer wohl nur Molybdänit enthalten, der in der erdigen Varietät (Jordisit) darin nachgewiesen wurde. Da die Eisensauen sehr hart sind, ist es schwer, durch

---

[1] Freundliche Privatmitteilung des Herrn Dr. C. Ahrens, Inhaber von Dr. Gilberts öffentlichem chemischen Laboratorium, Hamburg.
[2] Freundliche Privatmitteilung des Herrn Dr. Ing. K. Wagenmann, Direktor des Zentrallaboratoriums der Gewerkschaft in Eisleben.

Anbohren oder durch Abschlagen von Stücken und Verjüngen Durchschnittsproben davon zu gewinnen. Zum Zwecke der Verarbeitung auf Molybdän im eigenen Betriebe werden die Sauen im Kupolofen niedergeschmolzen, wobei der eingeschlossene Rohstein durch Schlackenbildner vollständig entfernt wird. Durch Einfließenlassen in bewegtes Wasser wird das gereinigte Material granuliert, und von den so erhaltenen, kleinen Granalien läßt sich leicht eine Durchschnittsprobe gewinnen.

Zur Analyse wird 1 g fein gepulvertes Material im Roseschen Porzellantiegel eingewogen, mit der gleichen Menge Schwefel innig gemischt und im reinen Wasserstoffstrom mäßig geglüht, bis kein Schwefel mehr entweicht. Nach dem Erkalten reibt man den gesinterten Tiegelinhalt auf, mischt nochmals mit Schwefel und glüht wieder im H-Strome. Das Schwefelungsprodukt vereibt man sorgfältig mit 5 g eines Gemisches von gleichen Teilen Na_2CO_3 und KNO_3 und schmilzt im Rosetiegel. Nach beendetem Aufschluß läßt man erkalten und kocht die Schmelze mit destilliertem Wasser aus: Kupfer, Nickel, Kobalt und Eisen sind unlöslich, Molybdän, Phosphor, Arsen und Silicium sind als Alkalisalze in Lösung gegangen. Das in einer geräumigen Porzellanschale aufgefangene Filtrat wird vorsichtig mit Salzsäure angesäuert, und die Kieselsäure in der üblichen Weise durch Abdampfen und Trocknen quantitativ abgeschieden. Nach dem Aufnehmen mit Salzsäure und Wasser filtriert man von der Kieselsäure ab, engt das Filtrat auf 100—150 ccm ein, übersättigt mit Ammoniak und fällt — eventuell nach Oxydation mit einigen Tropfen H_2O_2-Lösung — aus der abgekühlten Lösung Phosphor und Arsen mit 30—40 ccm Magnesiamixtur. Zum Filtrat von den abgeschiedenen Mg-Salzen setzt man $(NH_4)_2S$ oder sättigt es mit H_2S. Aus der entstandenen Sulfosalzlösung des Molybdäns wird dasselbe mit Salz- oder Schwefelsäure im geringen Überschuß durch Aussieden bis zur vollständigen Entfernung des H_2S als Sulfid gefällt. Der Niederschlag ist nach dem schnell erfolgenden Absitzen sofort zu filtrieren und mit frischem H_2S-Wasser vollständig auszuwaschen. Das Filtrat muß ganz farblos sein; eine Blaufärbung ist auf eine partielle Oxydation des Schwefelmolybdäns zurückzuführen, und tritt bei längerem Stehen des feuchten Filterinhalts an der Luft oder bei Verwendung schlechten H_2S-Wassers auf. Die an und für sich stets geringen Mengen durchlaufenden Molybdäns können im Filtrat wieder ausgefällt werden, wenn man mit H_2O_2 bis zur Entfärbung siedet und auf erneuten Zusatz von $(NH_4)_2S$ die Sulfosalzfällung wie oben wiederholt. Das im Filter befindliche Schwefelmolybdän wird getrocknet, vom Filter möglichst entfernt, letzteres im Rosetiegel vorsichtig verascht, Niederschlag und reinster Schwefel (0,5 g) zugefügt, gemischt und im H-Strom zu MoS_2 geglüht. Es empfiehlt sich, zur Kontrolle der Gewichtskonstanz das Glühen unter Zusatz von wenig Schwefel zu wiederholen.

$$MoS_2 \times 0,5996 \ (\log = 0,77788 - 1) = Mo.$$

2. Molybdänbestimmung im Bleischlamm.

Molybdänhaltige Bleischlämme werden nach Binder [Chem.-Ztg. 48, 37 (1924)] mit Salpetersäure erwärmt und dann mit Schwefelsäure abgeraucht. Das schwefelsaure Blei wird abfiltriert. Will man auch das Blei bestimmen, so ist es ratsam, es in essigsaurem Ammoniak zu lösen, diese Lösung mit Schwefelwasserstoff zu fällen und wie bekannt weiter zu verfahren. Das Filtrat vom schwefelsauren Blei versetzt man mit überschüssigem Ammoniak und Schwefelammonium. Da diese Schlämme Zink enthalten, so fällt man dieses aus. Man nimmt deshalb die Fällung in einem Maßkolben vor und läßt absitzen. Von der klaren Flüssigkeit nimmt man einen aliquoten Teil heraus und fällt darin das Schwefelmolybdän wie gewöhnlich. Entfernt man das Schwefelzink vorher nicht, so muß man die gewogene Molybdänsäure auf Zink prüfen und dieses nötigenfalls zurückbestimmen. Wenn man jedoch das Schwefelmolybdän mit Salzsäure fällt und längere Zeit erwärmt, so scheint sich alles Schwefelzink zu lösen. Im übrigen wird wie sonst verfahren.

C. Molybdänmetall.

Der Aufschluß kann entweder trocken durch Schmelzen mit Na_2O_2/Na_2CO_3 oder auch naß mit Königswasser erfolgen, worauf in ähnlicher Weise das Molybdän wie beim Molybdänglanz als Sulfid gefällt wird.

D. Molybdänlegierungen.

Hier kommen wohl nur die Legierungen des Molybdäns mit Eisen in Betracht; siehe bei ,,Eisen'' S. 1406.

E. Molybdänsalze.

Die Bestimmung des Gehalts an Molybdän in Molybdänsalzen und Molybdänsäure geschieht nach E. Merck (Prüfung chemischer Reagenzien auf Reinheit, 3. Aufl., S. 232. 1922) durch Auflösen von 0,5 g in 50 ccm Wasser, dem man 3 ccm Ammoniaklösung (0,96) zugefügt, hat, unter gelindem Erwärmen. Diese Lösung säuert man mit 5 ccm Essigsäure (1,040—1,042) an, verdünnt sie mit 200 ccm Wasser, erhitzt zum Sieden, fügt sodann eine Lösung von 1,5 g krystallisiertem Bleiacetat in 20 ccm Wasser zu und kocht einige Minuten unter fortwährendem Rühren, wobei der Niederschlag eine körnige Beschaffenheit erlangt und gut filtrierbar wird. Man filtriert den Niederschlag auf einem vorher bei 100° getrockneten und gewogenen Filter ab und wäscht ihn mit siedendem Wasser so lange aus, bis das Waschwasser, mit Schwefelwasserstoffwasser geprüft, keine Reaktion mehr zeigt. Man trocknet den Niederschlag bei 100° bis zum konstanten Gewicht und glüht sodann einen Teil davon. Der Glührückstand hat die Zusammensetzung $PbMoO_4$.

$PbMoO_4 \times 0,39247 \ (\log = 0,59380 - 1) = MoO_3$.

Für Molybdänsäureanhydrid empfiehlt E. Merck (Prüfung chemischer Reagenzien auf Reinheit, 4. Aufl., S. 217, 1931) 1 g in

25 ccm $^1/_1$n-KOH zu lösen, und den Überschuß nach Zusatz von Phenolphtalein mit $^1/_1$n-HCl zurückzutitrieren.

1 ccm $^1/_1$n-KOH = 0,072 (log == 0,85733—2) g MoO_3.

Bei Ammonmolybdat kann man nach E. Merck auch 1 g Salz schwach glühen bis zum Verschwinden des Ammoniakgeruchs und den Glührückstand (MoO_3) zur Wägung bringen.

IV. Analysenbeispiele.

a) Erze.

Molybdänglanz: 57—60$^0/_0$ Mo, 39,6—42$^0/_0$ S, < 1,5$^0/_0$ Fe.

Wulfenit (Gelbbleierz): 28—40,5$^0/_0$ MoO_3, 58—63,5$^0/_0$ PbO, 4$^0/_0$ SiO_2, < 1,3$^0/_0$ V_2O_5, 1—4,5$^0/_0$ CaO, 0,5—3$^0/_0$ Al_2O_3 + Fe_2O_3, < 0,4$^0/_0$ CrO_3, < 0,4$^0/_0$ CuO.

b) Legierungen.

Borchers-Metall: 2—5$^0/_0$ Mo, 60—65$^0/_0$ Cr oder Ni, 30—35$^0/_0$ Fe, 0—1$^0/_0$ Ag.

Ferro-Molybdän: < 80$^0/_0$ Mo, $\sim$ 2$^0/_0$ C, < 0,1$^0/_0$ S, < 0,1$^0/_0$ P.

Stellit: $\sim$ 20$^0/_0$ Mo, $\sim$ 50$^0/_0$ Co, $\sim$ 20$^0/_0$ Cr, $\sim$ 10$^0/_0$ W.

c) Sonstiges.

Ofensauen der Mansfelder Gewerkschaft: 4—9$^0/_0$ Mo, 80—85$^0/_0$ Fe, 4—8$^0/_0$ Cu, 3—4$^0/_0$ Co, 1—3$^0/_0$ Ni, 2—3$^0/_0$ P, 1—2$^0/_0$ S, $\sim$ 1$^0/_0$ C, 0,5—1$^0/_0$ Si, $\sim$ 0,5$^0/_0$ As.

Niob.

Siehe unter Tantal S. 1615.

Nickel.

Von

Privatdozent Dr. **Fr. Heinrich** und Chefchemiker **F. Petzold**, Dortmund.

Einleitung.

Nickel, sowie das ihm im chemischen Verhalten sehr ähnliche Kobalt begleiten sich fast stets in ihren Erzen, sammeln sich gemeinsam in den daraus gewonnenen Hüttenprodukten an und werden zuletzt voneinander geschieden. Auch bei der Ausführung der trockenen und der nassen Proben werden zunächst immer Gemische von Verbindungen der beiden Metalle mit anderen Elementen erhalten. Die trockenen oder dokimastischen Proben (s. Kerl: Metallurgische Probierkunst, 2. Aufl. und Probierbuch, 3. Aufl. — Schiffner: Einführung in die Probierkunde) nach Plattner geben namentlich mit kupferarmen Erzen dem geübten Probierer gute Resultate und sind auf den Nickel- und Kobaltwerken als Betriebsproben in Anwendung. Zur genauen Bestimmung von Nickel, Kobalt, der sonst vorhandenen nutzbaren Metalle und der Verunreinigungen werden aber ausschließlich gewichtsanalytische Methoden befolgt und die beiden Metalle selbst fast nur durch die Elektrolyse abgeschieden.

Die wichtigsten Nickelerze sind:

Kupfernickel, Rotnickelkies, NiAs, mit $43,5^0/_0$ Ni; worin das Arsen in manchen Varietäten stark (bis zu $28^0/_0$) durch Antimon ersetzt ist.

Weißnickelkies, $NiAs_2$, mit $28,2^0/_0$ Ni; häufig ist darin Nickel durch Kobalt und Eisen (bis zu $17^0/_0$ Fe) vertreten.

Nickelkies, Haarkies, NiS, mit $64,5^0/_0$ Ni.

In großen Massen kommen vor: nickelhaltige Magnetkiese, Schwefelkiese und Kupferkiese.

Antimonnickel, NiSb, mit $32,2^0/_0$ Ni, ist selten. Antimonnickelglanz, Ullmannit, NiSbS, mit $27,35^0/_0$ Ni. Arsennickelglanz, Gersdorffit, NiAsS, mit $35,15^0/_0$ Ni.

Wasserhaltige Nickel-Magnesium-Silicate: Rewdanskit, bis zu $18^0/_0$ Ni enthaltend, Garnierit (Noumeit) mit bis zu $30^0/_0$ Ni und viele ähnliche nickelhaltige Silicate.

Die Gewinnung des Nickels erfolgt stufenweise durch reduzierendes Schmelzen mit nachfolgendem unvollständigen Abrösten über Rohstein und Konzentrationsstein auf Raffinationsstein bzw. Feinstein mit etwa $76^0/_0$ Ni, der nach Totröstung durch reduzierendes Erhitzen bei etwa

1260⁰ zu Würfelnickel bzw. oberhalb 1500⁰ zu geschmolzenem Nickel weiter verarbeitet wird. Darauf folgt die Raffination des Nickels auf trockenem oder nassem Wege oder nach Mond über das Nickelcarbonyl.

Das Nickel findet Verwendung zur Herstellung von Münz- und Monelmetall, ferner für Neusilber. Hauptverbraucher ist die Stahlindustrie zur Herstellung von Ni- und Ni-Cr-legierten Stählen. In Form von Reinnickel wird es zu Gebrauchsgegenständen verarbeitet. Ferner findet es Verwendung für galvanische Nickelüberzüge. Infolge des geringen elektrischen Leitvermögens einiger seiner Legierungen werden diese zu elektrischen Widerständen verarbeitet. Endlich dient es in fein verteilter Form als Katalysator.

I. Methoden der Nickelbestimmung.

Bei der großen chemischen Verwandtschaft von Nickel und Kobalt führen die meisten Methoden zu einer gemeinsamen Bestimmung dieser beiden Metalle, worauf erst die Trennung und Einzelbestimmung der beiden Metalle folgt.

A. Bestimmung von Nickel und Kobalt gemeinsam.

1. Elektroanalytische Bestimmung von Nickel und Kobalt
(s. a. S. 925, 953 und 1129).

Bei der elektroanalytischen Bestimmung des Nickels wird ein Gehalt an Kobalt stets mitbestimmt. Die Methode kann nur dann unmittelbar angewandt werden, wenn der Elektrolyt keine Metalle enthält, die unter den betreffenden Bedingungen kathodisch mitfallen, wie Kupfer, Silber, Blei, Cadmium und Zink; sie kann aber bei Anwesenheit geringer Mengen von Eisen, Aluminium und Mangan angewandt werden, sobald diese Metalle als Hydroxyde vorliegen. Nach den ausgewählten Methoden des Fachausschusses der Gesellschaft deutscher Metallhütten- und Bergleute (2. Teil. Selbstverlag der Gesellschaft deutscher Metallhütten- u. Bergleute. S. 42. Berlin 1926) erfolgt die Elektrolyse am besten und außerordentlich genau in einer ammoniakalischen Sulfatlösung nach H. Fresenius und Bergmann [Ztschr. f. anal. Ch. 19, 320 (1880)]; sie übertrifft an Einfachheit alle früher angewandten gewichtsanalytischen Methoden. Der geeignetste Elektrolyt enthält auf ungefähr 150 ccm Gesamtvolumen 5—10 g Ammonsulfat als Leitsalz und einen Überschuß von 25—30 ccm Ammoniak (spez. Gew. 0,91). Bei kleinen Mengen Nickel (unter 0,1 g) genügt ein Volumen von 100 ccm, bei größeren Mengen (1 g) verdünnt man den Elektrolyten auf 250—300 ccm. Die Bedingungen hinsichtlich Konzentration und Stromdichte lassen sich in den weitesten Grenzen verändern; Spannung etwa 4 Volt. Guthaftende Nickelmetallniederschläge erhält man, außer auf den gewöhnlichen Platinblechkathoden, ganz besonders schön auf den Platinnetzkathoden nach Cl. Winkler und den siebartig gelochten Tantalblechkathoden nach O. Brunck [Chem.-Ztg. 36, 1233 (1912) (s. a. Bd. I, S. 391)].

Die Durchführung der Elektrolyse kann sowohl im ruhenden, als auch bewegten Elektrolyten ausgeführt werden.

a) Mit ruhendem Elektrolyten

arbeitet man bei größeren Mengen über Nacht. Bei Zimmertemperatur lassen sich in 12—14 Stunden Mengen bis zu 1 g Nickel mit einer Stromstärke von 0,5—1,0 Amp. vollständig abscheiden. Bei Tage kann man, um die Elektrolysendauer abzukürzen, das Gesamtvolumen ungefähr halb so groß, die Stromstärke aber doppelt bis dreifach so groß wählen. Auf diese Weise werden mit ruhendem Elektrolyten bis 0,5 g Nickel mit 1—2 Amp. bequem in 2—3 Stunden ausgefällt. Durch Erwärmen des Elektrolyten auf 50—70° mittels eines untergestellten, kleinen Brenners kann man die Zeitdauer der Elektrolyse noch weiter abkürzen, doch ist dies der Flüchtigkeit des Ammoniaks wegen nicht zu empfehlen.

b) Schnellanalyse im bewegten Elektrolyten.

Man benutzt dazu am besten die Netzelektroden nach A. Fischer (Classen: Quantitative Analyse der Elektrolyse. 5. Aufl., S. 74) am Elektrolysenstativ mit Glasrührer. Bei Einhaltung obengenannter Konzentrationen werden mit 3—5 Amp. unter entsprechend schneller Rührung 0,5 g Nickel innerhalb einer Stunde niedergeschlagen; kleine Mengen sind schon nach 20 Minuten vollständig ausgefällt. Ehe man aber die Elektrolyse unterbricht, prüfe man 1 ccm des farblosen Elektrolyten mit einer geringen Menge alkoholischer Dimethylglyoximlösung auf Nickel. 0,001 mg Nickel in 1 ccm lassen sich nach einigen Minuten durch eine schwache, aber erkennbare Rotfärbung noch nachweisen oder man tränkt nach H. und W. Biltz (Ausführung quantitativer Analysen, S. 99) einen Filtrierpapierstreifen mit Oximlösung und bringt nach dem Trocknen einen Tropfen der zu prüfenden Lösung auf dieses Reagenspapier, wobei sich bei Anwesenheit von Nickel der Tropfen mit einem roten Rand umgibt.

Nach A. Thiel [Ztschr. f. Elektrochem. 14, 201 (1908)] verzögern Nitrate, vor allem aber Nitrite die Nickelfällung sehr und machen in großen Mengen unter Umständen eine quantitative Fällung unmöglich. Ebenso ist nach H. und W. Biltz (a. a. O.) freie Essigsäure nicht ratsam. Endlich ist nach Treadwell (Elektroanalytische Methoden. S. 141) eine unnötig lange Elektrolysendauer zu vermeiden, da, wenn das verwandte Ammoniak nicht frei von empyreumatischen Stoffen ist, der geringe Pyridingehalt derselben Platin anodisch löst, das dann mit Nickel kathodisch ausfällt und gegebenenfalls berücksichtigt werden muß. Auch bei Gegenwart von Chloriden wird Platin anodisch stark angegriffen.

2. Cyanometrische Bestimmung von Nickel und Kobalt.

Die cyanometrische Bestimmung des Nickels nach F. Moore [Chem. News 72, 92 (1895)], wobei ebenfalls Kobalt und auch Kupfer mitbestimmt werden, wird besonders bei der Analyse des Nickelstahls verwendet und ist im Abschnitt Eisen S. 1393 ausführlich beschrieben. Im Prinzip beruht das Verfahren darauf, daß das in einer Lösung vorhandene Nickel durch Cyankali in komplexes Kaliumnickelcyanid umgewandelt wird. Der Endpunkt der Umwandlung kann entweder an dem in Lösunggehen von zugesetztem unlöslichen Silberjodid erkannt werden, das erst zur Auflösung gebracht wird, wenn alles Kaliumnickelcyanid umgewandelt ist [Chem. News 72, 92 (1895)] oder auf elektrometrischem Wege (s. potentiometrische Bestimmung S. 1476, sowie Bd. I, S. 482).

3. Maßanalytische Bestimmung nach der Fällung als Oxalat.

Nach Löffelbein und Schwarz [Chem.-Ztg. 47, 369 (1923). — Chem. Zentralblatt 1923 IV, 135] versetzt man die schwachsaure Lösung, die höchstens 0,2 g Ni enthält und 50 ccm beträgt, mit Sodalösung in geringem Überschuß und kocht kurz auf. Zu der heißen Flüssigkeit gibt man 4—5 ccm siedend heiß gesättigte Oxalsäurelösung und kocht wieder. Unter CO_2-Entwicklung setzt sich grünblaues körniges Ni-Oxalat schnell zu Boden. Nach 1stündigem Stehen bei 50—60° dekantiert man und wäscht schließlich den Niederschlag 8—10mal mit kaltem Wasser auf dem Filter aus (Entfernen der Alkalien). Zur maßanalytischen Bestimmung löst man den Niederschlag mit etwa 100 ccm heißer H_2SO_4 (1:4) auf 300—400 ccm und titriert heiß mit $KMnO_4$-Lösung bis zur Rötung. Man kann auch die H_2SO_4-Lösung des Ni-Oxalats mit n-KJO_3-Lösung erhitzen, das gebildete Jod wegkochen und das überschüssige KJO_3 mit $^1/_1$ n-$Na_2S_2O_3$-Lösung und KJ zurücktitrieren.

B. Trennung von Nickel und Kobalt.

Für die Trennung von Nickel und Kobalt kommen in Frage

1. die Abscheidung des Nickels als Nickel-Dimethylglyoxim(-Diacetyldioxim), wobei Kobalt nicht mitfällt (vgl. S. 1472);

2. die Abscheidung des Kobalts als Kobaltkaliumnitrit (vgl. Kobalt, S. 1130);

3. die Ausfällung des Kobalts mit α-Nitroso-β-Naphthol (vgl. Kobalt, S. 1132);

4. die Ausfällung des Nickels mit Diphenylglyoxim [Chemist-Analyst 19, Nr. 2, 4—10 (1930). — Chem. Zentralblatt 1930 I, 3218].

5. die Ausfällung des Nickels mit Dicyandiamidinsulfat (vgl. S. 1475);

6. die Ausfällung des Nickels mit α-Benzildioxim (vgl. S. 1475);

7. die Trennung von Nickel und Kobalt durch fraktionierte Hypochloritfällung [Ind. and Engin. Chem. Anal. Ed. 2, 164 (1930). — Chem. Zentralblatt 1930 II, 428);

8. die Trennung von Nickel und Kobalt durch Auslösen des Nickels aus der gemeinsamen Carbonatfällung durch ammoniakalische Chlorammoniumlösung [Journ. Pharmac. Chim. (8) 11, 97 (1930). — Chem. Zentralblatt 1930 I, 2927];

9. die Trennung nach G. Schuster [Ann. des Falsifications 23, 485 (1930). — Chem. Zentralblatt 1931 I, 320] durch Oxydation mit Na_2O_2 in alkalischer Lösung, wobei Ni(OH)$_2$ unverändert bleibt, mit

ammoniakalischer NH$_4$Cl-Lösung herausgelöst und mit Glyoxim bestimmt werden kann. Co wird entweder als Co$_2$O$_3$ nach Rose oder als α-Nitroso-β-Naphtholverhinderung zur Wägung gebracht.

Von diesen Verfahren sind die auf der Fällung mit Dioximen beruhenden (1, 4, 6) besonders bequem, die Chlorammontrennung (8) besonders billig.

Es eignen sich [vgl. auch F. G. Germuth: Chemist-Analyst **19**, Nr. 2, 4 (1930). — Chem. Zentralblatt **1930** I, 3218]:

1. besonders dann, wenn < 0,1 g Co zugegen (Cr stört ebenso wie bei 4),

3. für wenig Co neben viel Ni (Sn stört bei mehr als 1%, ebenso Bi),

4. für geringe Ni-Mengen (Fremde Kationen stören nicht. Ein eventueller Einschluß von Cr soll durch Zusatz von CuCl$_2 \cdot 2$ NH$_4$Cl $\cdot 2$ H$_2$O vermieden werden).

Sehr kleine Mengen Ni neben viel Co lassen sich nach Feigl nur sehr schwer nachweisen bzw. bestimmen. Deshalb empfehlen F. Feigl und H. S. Kapulitzas [Ztschr. f. angew. Ch. **82**, 422 (1930). — Chem. Zentralblatt **1931** I, 1647] zur Bestimmung des Nickelgehalts in reinen Kobaltsalzen 15—25 g derselben in möglichst wenig Wasser zu lösen. Dann versetzen sie sie tropfenweise mit einer konzentrierten Kaliumcyanidlösung, bis der zuerst entstehende Niederschlag wieder in Lösung gebracht ist und hierauf zur Überführung der gebildeten Kobalto- in die Kobaltiverbindung (K$_4$(CO(CN)$_6$) in K$_3$(Co(CN)$_6$) mit 3%igem Wasserstoffsuperoxyd und erwärmen kurze Zeit, bis die Lösung honiggelb erscheint. Wenn die Lösung nicht honiggelb erscheint, so ist dies durch weiteren Wasserstoffsuperoxydzusatz zu erreichen. Um überschüssiges Wasserstoffsuperoxyd zu entfernen, wird unter öfterem Umrühren erhitzt und bis etwa $^1/_4$ des ursprünglichen Flüssigkeitsvolumens eingedampft ist. Sollte es zur Bildung kleiner Niederschlagsmengen kommen, die durch weiteren Kaliumcyanidzusatz nicht in Lösung gehen, so wird abfiltriert und das klare Filtrat auf 200—300 ccm verdünnt. Hierauf wird im Überschuß festes Dimethylglyoxim zugesetzt und der zu der 50—60° warmen Lösung unter Umrühren Formaldehyd zugefügt, bis der Geruch des letzteren vorherrscht. Nach 1$^1/_2$stündigem Stehen wird das Nickeldimethylglyoxim, welches auch festes Dimethylglyoxim enthält, abfiltriert. Um letzteres zu entfernen, wird der Niederschlag in verdünnter Salzsäure gelöst, filtriert und in der klaren Lösung das Nickel in der üblichen Weise mit einer 1%igen alkoholischen Dimethylglyoximlösung wiedergefällt.

C. Bestimmung des Nickels nach der Trennung von Kobalt.

1. Bestimmung des Nickels mit α-Dimethylglyoxim nach Tschugaeff-Brunck.

Die quantitative Bestimmung des Nickels mit dem bereits von Tschugaeff [Ztschr. f. anorg. u. allg. Ch. **46**, 144 (1905)] als qualitatives Nickelreagens eingeführten Dimethylglyoxim $(CH_3)_2C_2(NOH)_2$ nach O. Brunck [Ztschr. f. angew. Ch. **20**, 834 u. 844 (1907); **27**, 315 (1914)] gehört zu den genauesten Methoden der analytischen Chemie. Im Gegensatz zu den S. 1469 genannten Bestimmungsmethoden wird durch Dimethylglyoxim Kobalt nicht mitbestimmt und stört nur in ganz besonderen Fällen (vgl. S. 1474). Die Fällung kann entweder in schwach ammoniakalischer oder in schwach essigsaurer Lösung vorgenommen werden.

a) Fällung in ammoniakalischer Lösung.

Selbst aus sehr stark verdünnten, schwach ammoniakalisch gemachten Lösungen eines beliebigen Nickelsalzes fällt beim Erwärmen nach Zusatz der erforderlichen Menge des Reagenses[1] (0,1 g Nickel erfordert theoretisch 0,4 g, praktisch 0,5—0,6 g Dimethylglyoxim = 50—60 ccm Lösung) sofort ein voluminöser, scharlachroter, aus Krystallnädelchen bestehender Niederschlag, der nicht hygroskopisch ist und entweder bei 110—120° gewichtskonstant gemacht und direkt ausgewogen oder zu Nickeloxyd verglüht, oder dessen Nickelgehalt schnellelektrolytisch bestimmt werden kann (s. S. 1470). Die Zugabe der Dimethylglyoximlösung erfolgt dabei zweckmäßig zu der mit Ammoniak abgestumpften, noch schwachsauren heißen Nickellösung, die dann erst zur Ausfällung des Niederschlags schwach ammoniakalisch gemacht wird. Man filtriert nach etwa 1 stündigem Stehen in der Wärme entweder durch ein gewogenes Filter oder einen Goochtiegel oder einen Neubauertiegel oder am besten durch die neuerdings in den Handel gebrachten Glas- oder Porzellanfiltertiegel (vgl. Bd. I, S. 67), wäscht mit heißem Wasser aus und trocknet im Luftbad bei 110—120° bis zum konstanten Gewicht. Nach Dick [Ztschr. f. anal. Ch. **77**, 352 (1929)] wäscht man auch vorteilhaft mit 95%igem Alkohol, darauf mit Äther aus und trocknet im Vakuum bei Zimmertemperatur. Die ausgeschiedene Nickelverbindung hat nach Tschugaeff die Zusammensetzung $C_8H_{14}N_4O_4Ni$ und enthält 20,32% Nickel. An Stelle der Wägung bei Gewichtskonstanz kann besonders bei Reihenanalysen der Niederschlag von Nickel-Dimethylglyoxim, der nicht zu umfangreich sein darf, im nassen Filter zu Nickeloxyd verglüht werden, oder man löst nach K. Wagenmann [Ferrum **12**, 9 (1914/15). — Ztschr. f. anal. Ch. **55**, 348 (1916)] das Nickelglyoxim in verdünnter Säure und bestimmt das Nickel auf schnellelektrolytischem Wege (s. S. 1470).

Nach S. W. Parr und S. M. Lindgren (Scott, W. W.: Standard Methods of chemical analysis, S. 336) löst man den Niederschlag in 0,05 n-Schwefelsäure und titriert mit 0,1 n-KOH bis zum gelben Umschlagspunkt zurück. Die Lösungen werden mit einer Standardprobe von genauem Nickelgehalt gestellt.

Beim Verglühen zu Nickeloxyd empfiehlt sich, mit einigen Tropfen HNO_3 zu befeuchten, dann zu veraschen, nochmals mit HNO_3 zu be-

---

[1] 1%ige alkoholische Lösung von Dimethylglyoxim.

feuchten, und schließlich stark zu glühen. Geringe Mengen von Metall sind dann sicher vollständig in NiO umgewandelt.

$$\text{NiO} \times 0,7858 \ (\log = 0,89529 - 1) = \text{Ni}.$$

b) Fällung in essigsaurer Lösung.

Eine mit Alkali abgestumpfte, noch schwachsaure, heiße Nickellösung, wie man sie z. B. bei der Trennung des Eisens von Nickel nach der Acetatmethode erhält, wird mit der berechneten Menge alkoholischer Dimethylglyoximlösung versetzt. Man gibt dann soviel Natriumacetatlösung zu, bis der Niederschlag sich bei weiterer Zugabe nicht mehr vermehrt, und fügt dann noch mindestens 1 g Natriumacetat im Überschuß zu. Das Volumen der Lösung soll dabei je nach dem Nickelinhalte 200—400 ccm betragen; jedenfalls verdünne man so weit, daß nicht mehr als 0,1 g Metall in 100 ccm Flüssigkeit enthalten sind. Versuche Bruncks haben ergeben, daß in Gegenwart von 2 ccm 50%iger Essigsäure und 0,5 g Natriumacetat etwa 0,05 g Nickel auf 100 ccm in der Hitze bereits quantitativ abgeschieden wurden. Das Volumen der alkoholischen Dimethylglyoximlösung soll allgemein nicht mehr als die Hälfte des Volumens der zu fällenden wäßrigen Lösung betragen, weil sonst der Alkohol auf den Niederschlag lösend einwirkt. Gegebenenfalls ist eine 4%ige alkoholischer Glyoximlösung zu verwenden, die aber heiß zur Nickellösung zugegeben werden muß.

Nach H. und W. Biltz (Ausführung quantitativer Analysen, S. 98) setzt man auch der zu fällenden Nickellösung zweckmäßig $^3/_4$ der zur Fällung berechneten Glyoximmenge in fester Form zu, macht dann ammoniakalisch und gibt erst nach $^1/_2$stündigem Warmhalten den Rest in Form alkoholischer Glyoximlösung zu.

Die Nickelbestimmung nach dem genannten Verfahren erfordert etwa $1^1/_2$ Stunden, wenn nach erfolgter Fällung der Niederschlag nach dem Absitzen sofort abfiltriert wird. Wohl scheidet sich innerhalb 2—3 Stunden, besonders bei langsamer Abkühlung, noch eine minimale Menge Nickeldimethylglyoxim ab, die aber so gering ist, daß sie in den meisten Fällen vernachlässigt werden kann. Zur Erreichung der Gewichtskonstanz im Filtertiegel genügt ein Erhitzen von etwa $^3/_4$ Stunden; die elektrolytische Ausfällung nach Wagenmann erfordert 20—60 Minuten, das Verglühen des Niederschlags zu Nickeloxyd ohne Abrauchen mit Salpetersäure etwa 20 Minuten. Wo viele Bestimmungen gemacht werden, und der Niederschlag im Filtertiegel gewichtskonstant gemacht wird, empfiehlt es sich, das Nickeldimethylglyoxim zu sammeln und daraus das Reagens nach Brunck (a. a. O.) wieder zu regenerieren.

Kobalt geht, wenn es nur allein neben Nickel zugegen ist, nicht in den Nickeldimethylglyoximniederschlag. Bei Anwesenheit von viel Kobalt soll die Lösung in 100 ccm aber nicht über 0,1 g Metall enthalten; auch setzt man in diesem Falle einen reichlichen Überschuß an Dimethylglyoxim zu, um alles Kobalt in lösliche komplexe Salze überzuführen. Ammonsalze beeinträchtigen die Abscheidung nicht. Ist neben Kobalt zugleich Eisen zugegen, so fallen bei gewissen Gehalten die Nickelgehalte zu hoch aus, was nach I. G. Weeldenburg der Ausfällung einer Eisen-Kobalt-Dimethylglyoximverbindung zuzuschreiben ist [Rev. trav. chim. Pays-Bas **43**, 465 (1924). — Chem. Zentralblatt 1924 II, 513]. Um die Bildung der genannten Eisen-Kobaltverbindung zu verhindern, reduziert man nach Weeldenburg zu Ferrosalz und zwar am besten unter Verwendung von Natriumbisulfit oder schwefliger Säure als Reduktionsmittel und fügt dann erst Weinsäure hinzu, um das Eisen als Komplexsalz in Lösung zu halten. Da aber die so erhaltenen Niederschläge bei größeren Eisen- und Kobaltmengen erfahrungsgemäß schlecht filtrierbar ausfallen, entfernt man am besten das Eisen vorher mit Natriumacetat (s. S. 1477 u. 1318) oder noch besser durch Ausschütteln mit Äther (vgl. Abschnitt Eisen, S. 1309) und reduziert die noch verbleibenden geringen Eisenmengen mit schwefliger Säure. Fr. Heinrich und F. Petzold haben die Angaben von Weeldenburg nachgeprüft, aber nicht in vollem Umfange bestätigen können.

2. Bestimmung des Nickels mit α-Benzildioxim nach F. W. Atack.

Die Fällung mit α-Benzildioxim [Atack: Analyst **38**, 448, 318 (1923). — Cockburn, Gardiner u. Black: Analyst **38**, 439, 443 (1923)] geschieht nach W. W. Scott (Standard methods of chemical analysis, S. 332) in ammoniakalischer Lösung ähnlich der mit Dimethylglyoxim mit einer $0,2^0/_0$igen, alkoholischen Lösung von α-Benzildioxim, die $5^0/_0$ Ammoniak enthält. Da der Niederschlag noch voluminöser ist, darf man nicht mehr als 0,025 g Ni ausfällen. Die Reaktion ist noch viel intensiver. Der ausfallende rote Niederschlag wird zunächst mit $50^0/_0$igem Alkohol, dann mit heißem Wasser gewaschen und bei 110^0 getrocknet. Ag, Mg, Cr, Mn, Zn stören nicht.

$$C_{22}H_{22}N_4O_4Ni \times 0,1093 \ (\log = 0,03862 - 1) = Ni.$$

3. Bestimmung des Nickels mit Dicyandiamidinsulfat nach H. Großmann und B. Schück.

Das „Nickelreagens nach Großmann" [Ztschr. f. angew. Ch. **20**, 1642 (1907). — Chem.-Ztg. **31**, 535, 911 (1907); **32**, 564 (1908)] fällt aus ammoniakalischen, mit Alkali versetzten Nickellösungen die aus feinen, gelben Nadeln bestehende Verbindung $(C_2H_5N_4O)_2Ni + 2 H_2O$ in 12 Stunden quantitativ aus. Sie ist in reinem Wasser schwer, in ammoniakalischem Wasser praktisch unlöslich. Man kann die auf einem Filter, im Gooch-, Neubauer-, Glas- oder Porzellanfiltertiegel gesammelte und mit ammoniakalischem Wasser ausgewaschene, nicht hygroskopische Verbindung nach dem Trocknen bei 120^0 bis zur Gewichtskonstanz entweder als solche wägen [$Ni(C_2H_5N_4O)_2 \cdot 2$ aq $\times 0,1977$ ($\log = 0,29594 - 1$) = Ni] oder nach schwachem Glühen bei Luftzutritt und Behandeln des entstandenen Nickeloxyds mit wenig H_2SO_4 und einigen Tropfen rauchender HNO_3 und anschließendes Verjagen der freien H_2SO_4 reines, wägbares $NiSO_4$ daraus herstellen. Endlich läßt sich auch die Ni-Verbindung direkt in heißer, verdünnter H_2SO_4 lösen und aus der mit Ammoniak stark übersättigten Lösung das Nickel elektrolytisch fällen. Zur Trennung von Nickel und Kobalt erscheint das Reagens nach mitgeteilten Beleganalysen weniger geeignet.

Nach Fluch [Ztschr. f. anal. Ch. **69**, 232 (1926). — Chem. Zentralblatt **1927** I, 326] kann man das Nickeldicyandiamidinsalz auch acidimetrisch bestimmen unter Anwendung von Methylrot (Dimethylaminobenzol-o-carbonsäure) als Indicator nach der Gleichung

$$Ni(C_2H_5N_4O)_2 + 4\,HCl = NiCl_2 + 2\,(C_2H_6N_4O \cdot HCl)$$
$$1\ \text{ccm}\ {}^1/_5\ \text{n-HCl} = 0{,}002934\ \text{g Ni (log} = 0{,}46746 - 3).$$

4. Elektrolytische Nickelbestimmung nach vorheriger Trennung desselben von Kobalt.

Nach Trennung des Nickels von Kobalt durch Dimethylglyoxim (s. S. 1473) kann das Nickel nach S. 1470 elektrolytisch bestimmt werden. Ebenso kann nach Ausfällen des Kobalts durch Kaliumnitrit (s. S. 1130) das Nickel aus dem Filtrat der Fällung von Kobalti-Kaliumnitrit nach Eindampfen und Abrauchen des Rückstandes mit Schwefelsäure durch Elektrolyse nach S. 1470 bestimmt werden.

5. Potentiometrische Nickelbestimmung nach vorheriger Trennung desselben von Kobalt
(s. a. Bd. I, S. 482).

Nach Erich Müller [Ztschr. f. anal. Ch. **61**, 457 (1922). — Chem. Zentralblatt **1923** II, 160; **1924** II, 89. — Ztschr. f. anorg. u. allg. Ch. **134**, 327 (1924)] versetzt man zur potentiometrischen Bestimmung eine Nickellösung, die kobalt- und kupferfrei sein muß, mit einem Überschuß von Cyankali, der mit Silbernitrat unter Anwendung einer Umschlagselektrode zurücktitriert wird.

Nach Heczko [Ztschr. f. anal. Ch. **78**, 325 (1929)] führt man diese Titration zweckmäßig in Gegenwart einer komplexbildenden Säure durch. Nach Heinrich und Bohnholtzer [Chem.-Ztg. **53**, 471 (1929). — Ztschr. f. angew. Ch. **42**, 591 (1929)] empfiehlt sich die direkte cyanometrische Titration in Gegenwart einer geringen gemessenen Menge von ${}^1/_{100}$ n-Silbernitrat unter Arbeiten mit konstantem Umschlagspotential.

6. Colorimetrische Nickelbestimmung
(Allgemeines über Colorimetrie s. Bd. I, S. 885).

Nach den Beobachtungen Laubachs (Dissertation Freiburg 1921) eignet sich zur colorimetrischen Nickelbestimmung am besten die Eigenfärbung der Nickelsalze, des Nitrats, des Sulfats, des Acetats und des Chlorürs, deren Lösungen bei gleichen Nickelkonzentrationen auch gleiche Farbstärken zeigen. Zink und Mangan sind ohne Einfluß auf die Bestimmung, während Kobalt und Eisen stören [Hugo Freund:

Leitfaden der colorimetrischen Methoden für den Chemiker und Mediziner. Wetzlar: Selbstverlag 1928. — Freund: Metall u. Erz **23**, 444 (1926). — Rollet, A. D.: C. r. de l'Acad. des sciences **183**, 212 (1926). — Lindt: Ztschr. f. anal. Ch. **53**, 165, 172 (1914)].

L. T. Fairhall [Journ. Ind. Hygiene 8, 528 (1926). — Chem. Zentralblatt **1927 I**, 774. — Ztschr. f. anal. Ch. **73**, 426 (1928)] benutzt als Nickelreagens für die colorimetrische Bestimmung kleiner Nickelmengen das Kaliumdithiooxalat.

II. Trennung des Nickels und Kobalts von anderen Metallen.

A. Gruppentrennung.

Bei der gruppenweisen Trennung des Nickels und Kobalts von anderen Metallen geht man zweckmäßig von einer salzsauren Lösung aus, die man eindampft und dann mit verdünnter Salzsäure wieder aufnimmt. Durch längeres Einleiten von Schwefelwasserstoff bei gelinder Wärme werden zunächst die Metalle der Schwefelwasserstoffgruppe Arsen, Antimon, Kupfer, Blei, Wismut usw. ausgefällt. Die Weiterbehandlung des Filtrats kann entweder nach der Acetatmethode oder nach der Bariumcarbonatmethode oder nach dem Ätherverfahren nach Rothe oder technisch durch Behandlung mit Alkalisulfid erfolgen.

a) Verarbeitung des Filtrats der Schwefelwasserstoffgruppe nach der Acetatmethode.

Voraussetzung für die Anwendung dieses Verfahrens ist die Entfernung des Schwefelwasserstoffs durch Verkochen und die Oxydation des Ferroeisens zu Ferrieisen durch tropfenweise Zugabe von konzentrierter Salpetersäure. Will man zur Oxydation Wasserstoffsuperoxyd verwenden, so muß dieses in der Kälte zugesetzt und dann durchgekocht werden. Die abgekühlte Lösung wird vorsichtig durch Natronlauge (oder Natriumcarbonatlösung) neutralisiert bis zur eben beginnenden Trübung. Wenn nötig, wird eine solche mit verdünnter Salzsäure ganz vorsichtig zurückgenommen. Dann setzt man (etwa das 6fache Gewicht vom vermuteten Fe-Gehalte) Natriumacetat in fester Form zu, verdünnt mit siedend heißem Wasser auf etwa 300 bis 400 ccm und hält 1—2 Minuten im Sieden. Längeres Erhitzen macht den Niederschlag schleimig und schlecht filtrierbar. Man filtriert dann den sehr voluminösen, alles Fe und Titan und die Hauptmenge des Aluminiums als basische Acetate enthaltenden Niederschlag ab und wäscht ihn mit heißem Wasser aus. Da er stets Ni und Co zurückhält [C. r. d. l'Acad. des sciences **178**, 1551 (1924). — Chem. Zentralblatt **1924 II**, 733], muß er mindestens noch einmal wieder gelöst, und die Fällung wie eben wiederholt werden; bei hohem Eisengehalte der Substanz läßt sich unter Umständen im vierten Filtrat noch Ni nachweisen.

Nach Brunck und Mittasch [Chem.-Ztg. 28, 513 (1904)] kann viel
Eisen von Nickel und Kobalt nach der Acetatmethode auch in einer
Operation vollständig getrennt werden, wenn man die freie Säure der
Lösung nicht durch Alkali neutralisiert, sondern durch Abdampfen
entfernt, indem man die zur Bildung eines Doppelsalzes mit dem Eisenchlorid nötige Menge von Chlornatrium oder Chlorkalium zusetzt. Die
dann mit Wasser erhaltene klare Lösung wird stark verdünnt, die
nötige Menge von Natrium- oder neutralem Ammonacetat darin gelöst
und wie oben weiterbehandelt. Nach Carus [Trans. Amer. Brass
Founders Assoc. 5, 120. — Chem.-Ztg. 45, 1194 (1921)] setzt man bei
größeren Mangangehalten vor dem Erhitzen zweckmäßig etwas H_2O_2 zu.
Im Filtrat von der Acetatfällung wird durch Natronlauge und Bromwasser alles Nickel, Kobalt und Mangan in der Hitze ausgefällt. Es
empfiehlt sich dabei, der sauren Lösung in der Kälte zunächst das
Bromwasser bis zur stark gelben Färbung, dann erst die Natronlauge
zuzusetzen, und durch Kochen das überschüssige Brom zu vertreiben.
Der Niederschlag wird nach dem Zusammenballen abfiltriert, mit
heißem Wasser ausgewaschen, in mit wäßriger schwefliger Säure versetzter, verdünnter und heißer Schwefelsäure gelöst und die Lösung
auf dem Wasserbade eingedampft. Wenn der Mangangehalt der
Substanz nicht mehr als einige Prozente beträgt, wird die Lösung
zwecks elektrolytischer Bestimmung von Nickel und Kobalt in
ein Becherglas (200 ccm Inhalt) gespült, mit Ammoniak (30—50 ccm)
stark übersättigt, etwa 30 ccm einer kaltgesättigten $(NH_4)_2SO_4$-Lösung
hinzufügt [1], die Flüssigkeit (etwa 150 ccm) umgerührt, die Elektroden
eingetaucht und Ni + Co elektrolytisch nach S. 1469 gefällt. Hierbei
scheidet sich alles Mangan nickelfrei (!) als wasserhaltiges MnO_2 ab,
das in Flocken in der Flüssigkeit schwimmt und nur zum kleinsten Teile
die Anode überzieht. Ein hoher Mangangehalt beeinträchtigt die
Elektrolyse. In diesem Falle wird die Lösung der Sulfate von Ni, Co
und Mn (s. o.) in eine Druckflasche von etwa $1/2$ l Inhalt gespült, mit
Ammoniak neutralisiert, 30 ccm einer durch Neutralisieren von Essigsäure mit Ammoniak hergestellten Ammonacetatlösung und 20 ccm
$50^0/_0$iger Essigsäure zugesetzt, auf 300—400 ccm verdünnt, 1—2 Stunden
Schwefelwasserstoff eingeleitet, der Verschluß angelegt, die Flasche
in ein kaltes Wasserbad gestellt und dieses innerhalb einer Stunde zum
Sieden erhitzt. Ni und Co scheiden sich als schwarze Schwefelmetalle,
zum Teil fest und glänzend an der Flaschenwandung haftend, ab. Man
läßt die Flasche im Kochtopfe auf etwa 50^0 C abkühlen, nimmt sie heraus,
öffnet den Verschluß, bringt die Schwefelmetalle auf ein Filter, wäscht
mit Wasser aus, dem etwas Essigsäure und H_2S-Wasser zugesetzt worden
ist, spült die Schwefelmetalle vom Filter in eine Porzellanschale und
verdampft das Wasser. Das Filter wird verascht und die Asche in einen
Tiegel gebracht, in dem man jetzt nach Bedecken mit einem Uhrglase
NiS und CoS durch starke Salpetersäure mit kleinen Zusätzen von

---

[1] Verfahren nach Fresenius und Bergmann; v. Knorre empfiehlt Natriumsulfat. — Man verwende ganz reines Ammoniak, weil andernfalls eine starke Verzögerung in der Abscheidung eintritt.

Salzsäure durch Erwärmen löst. Die in der Flasche gebliebene Menge der Schwefelmetalle löst man ebenfalls in heißem Königswasser, bringt die Lösung in denselben Tiegel, setzt einen Überschuß von 50%iger Schwefelsäure zu, dampft und raucht ab, nimmt den Rückstand mit Wasser auf, filtriert die Lösung von dem abgeschiedenen, blaßgelben Schwefel ab, übersättigt sie stark mit Ammoniak, setzt reichlich (s. o.) Ammonsulfat hinzu und fällt jetzt Ni und Co elektrolytisch.

Vor der Einführung der Elektrolyse fällte man Ni und Co allgemein aus der Lösung der Schwefelmetalle durch Übersättigen mit reinem Ätznatron, Erhitzen und Zusatz von Chlor- oder Bromwasser als Hydroxyde, wusch den auf einem aschenfreien Filter gesammelten Niederschlag anhaltend mit heißem Wasser, trocknete ihn, veraschte das Filter in einem kleinen Platintiegel und reduzierte darin die Oxyde durch fortgesetztes und starkes Glühen im Wasserstoffstrome. Wegen des unvermeidlichen Zurückhaltens von Alkali mußte das schwammige Metall noch mit heißem Wasser extrahiert und dann im Luftbade getrocknet werden. Wo elektrolytische Einrichtungen fehlen, ist diese Methode auch jetzt noch angebracht.

Nach diesem Verfahren erhält man eine einwandfreie Trennung der Monoxyde von Fe, Ti und bei nicht zu großen Mengen von Al, aber nicht von Cr und Ur.

b) Verarbeitung des Filtrats der Schwefelwasserstoffgruppe nach der Bariumcarbonatmethode.

Die Methode beruht darauf, daß Ferri-, Al-, Chrom-, Titan- und Uranylsalze in der Kälte durch Bariumcarbonat hydrolytisch gefällt werden, während Mn, Ni, Co und Zn-Salze, ebenso Ferrosalze hierbei in Lösung bleiben. Die, wie bei der Acetatmethode beschrieben, durch Kochen von H_2S befreite oxydierte Lösung der Chloride und Nitrate, aber nicht der Sulfate, wird bei Gegenwart von viel Eisen nach Zusatz von 3—5 g festen NH_4Cl je 100 ccm Lösung[1] in der Kälte tropfenweise mit Sodalösung bis zum Auftreten einer geringen bleibenden Trübung versetzt, die durch einige Tropfen verdünnter HCl wieder in Lösung gebracht wird. Hierauf setzt man in Wasser aufgeschlämmtes, alkalicarbonatfreies reines Bariumcarbonat zu, bis nach öfterem Durchschütteln ein geringer Überschuß davon am Boden des Kolbens sichtbar wird. Nun verschließt man den Kolben und läßt unter öfterem Umschütteln bis zur Klärung stehen, dekantiert die klare Flüssigkeit, versetzt den Rückstand mit kaltem Wasser und dekantiert wieder. Das Verfahren wiederholt man 3mal, bringt den Niederschlag schließlich auf das Filter und wäscht mit kaltem Wasser völlig aus. Das Filtrat, das nun alle Monoxyde neben etwas Bariumchlorid enthält, wird in der Hitze mit verdünnter H_2SO_4 versetzt, abfiltriert und bis zum Abrauchen der H_2SO_4 eingedampft. Dann kann bei nicht zu großem Mangangehalte das Ni und

---

[1] Sonst enthält der Niederschlag immer etwas Ni und Co. Vgl. Treadwell. Bd. 2, S. 126. 1921.

Co zusammen elektrolytisch bestimmt oder namentlich bei viel Mangan nach einer der beschriebenen Verfahren weiter getrennt werden.

c) Verarbeitung des Filtrats der Schwefelwasserstoffgruppe nach dem Rotheschen Ätherverfahren.

Dieses Verfahren findet hauptsächlich Anwendung bei Gegenwart von viel Eisen (s. S. 1309).

d) Verarbeitung des Filtrats der Schwefelwasserstoffgruppe durch Behandeln mit Alkalisulfid nach Mackintosh.

Nach einem älteren, von Mackintosh [Ztschr. f. anal. Ch. 27, 508 (1888)] empfohlenen und für technische Zwecke hinreichend genauen Verfahren bestimmt man geringe Mengen von Ni und Co in eisenreichen Substanzen (Magnetkiesen usw.), indem man das salzsaure Filtrat vom H_2S-Niederschlage mit Ammoniak schwach übersättigt, reichlich Schwefelammon oder Na_2S-Lösung zusetzt, erwärmt und dann mit einem großen Überschusse von $5^0/_0$iger Salzsäure einige Zeit digeriert; FeS, ZnS, MnS, Al_2O_3 und Spuren von NiS und CoS gehen in Lösung. Der mit schwach salzsaurem H_2S-Wasser ausgewaschene Niederschlag (NiS, CoS, wenig FeS) wird in Königswasser gelöst, die Lösung mit Schwefelsäure abgedampft, bis Dämpfe von Schwefelsäure entweichen, der Rückstand mit Wasser aufgenommen, Ammoniak zugesetzt und Ni + Co elektrolytisch nach S. 1469 abgeschieden.

Nach Hackl [Chem.-Ztg. 46, 385 (1922). — Ztschr. f. anal. Ch. 65, 65 (1924/25)] ist die Zuverlässigkeit dieser Methode, die von manchen Seiten bestritten wird, befriedigend, besonders, wenn zum Digerieren des Sulfidniederschlags schwefelwasserstoffhaltige Salzsäure verwendet wird.

B. Trennung von einzelnen Begleitmetallen.

Bei der Trennung von Nickel (+ Kobalt) von einzelnen Begleitmetallen umgeht man zwecks Zeitersparnis, wenn irgend möglich, die gruppenweise Trennung. Vgl. hierzu auch W. W. Scott (Standard methods of chemical analysis, S. 336 c—f.)

1. Aluminium.

Bei geringem Aluminiumgehalt kann die Bestimmung des Nickels direkt durch Dimethylglyoxim in weinsaurer Lösung oder durch Elektrolyse erfolgen. Bei Gegenwart von größeren Mengen erfolgt die Trennung zweckmäßig durch die Acetatmethode (S. 1477). Siehe auch bei Eisen (S. 1481).

2. Arsen.

Die Trennung geschieht durch Fällen mit Schwefelwasserstoff in salzsaurer Lösung. Im Filtrat läßt sich Nickel nach Verkochen des

Schwefelwasserstoffs elektrolytisch oder durch Dimethylglyoxim bestimmen. Nach H. H. Furman [Journ. Amer. Chem. Soc. 42, 1789 (1920). — Chem. Zentralblatt 1921 II, 56] läßt sich Nickel von Salzen der Arsensäure in ammoniakalischer Lösung auch direkt elektrolytisch trennen.

3. Blei.

Die Abscheidung des Bleis neben Nickel und Kobalt geschieht bei größeren Gehalten an Blei durch Abdampfen mit Schwefelsäure (S. 1505). Das schwefelsaure Filtrat wird nach Verkochen des Alkohols elektrolysiert. Sind nur geringe Mengen Blei (etwa bis zu $2^0/_0$) vorhanden, so elektrolysiert man direkt in stark salpetersaurer Lösung in der Wärme und scheidet das Blei als Superoxyd an der mattierten Anode ab (S. 963), während das Nickel gleichzeitig kathodisch fällt (S. 1469).

4. Chrom.

Die Trennung geschieht ähnlich wie bei wenig Eisen durch Zusatz von Weinsäure, also Überführung in Komplexsalze, und Ausscheiden nach der Dimethylglyoximmethode in ammoniakalischer Lösung.

Nach F. G. Germuth [Chemist-Analyst 17, Nr. 2, 3 u. 7 (1928). — Chem. Zentralblatt 1928 II, 87] fällt man Nickel in Gegenwart von Chrom an Stelle von Dimethylglyoxim mit α-Benzildioxim (vgl. S. 1475) aus und verhindert das Mitreißen von Chrom durch Zugabe einer sehr geringen Menge von Cupriammoniumchlorid zu der ammoniakalischen Nickellösung.

5. Kobalt (s. S. 1130).

6. Eisen.

Bei Anwesenheit großer Eisenmengen empfiehlt sich dieses nach dem Rotheschen Ätherverfahren abzutrennen, während bei geringeren Mengen Eisen bei der Dimethylglyoximfällung dieses durch Weinsäure als Komplexsalz in Lösung gehalten werden kann oder bei der elektrolytischen Nickelbestimmung unberücksichtigt bleiben kann. Die Verarbeitung der nickelhaltigen Lösung oder des Filtrates der Schwefelwasserstoffgruppe nach dem Ätherverfahren nach Rothe geschieht auf dieselbe Weise wie bei der Ausätherung im Abschnitt Eisen (S. 1309). Das Verfahren beruht auf der Löslichkeit des Eisentrichlorids in Äther, während alles Mn, Ni, Co, Cr, Al, Cu, Ti und V in Lösung bleiben; P und Mo gehen nur teilweise in die salzsaure Lösung [Bauer-Deiß: Probenahme und Analyse in Eisen und Stahl, S. 168 (1922)]. Bei Gegenwart von viel Alkalisalzen, wie z. B. nach einem Schmelzaufschluß ist diese Trennung infolge von Salzausscheidung im Trennungsapparat nicht anwendbar. Die restierende salzsaure Lösung kann entweder mit H_2SO_4 eingedampft und mit Ätznatron nach Bauer-Deiß geschmolzen oder mit Bromnatronlauge gefällt und nach Wiederauflösen in der unter der Acetatmethode (S. 1477) näher beschriebenen Weise weiter getrennt werden.

Zur Bestimmung von Nickel nach der Dimethylglyoximmethode in Anwesenheit von Eisen muß unbedingt die Gegenwart und Bildung von Ferriionen vermieden werden. Man reduziert (Classen: Ausgewählte Methoden, Bd. 2, S. 47. 1926) in der aluminiumfreien Eisen-Nickellösung das Ferrisalz durch Erwärmen mit schwefliger Säure und versetzt mit Kalilauge bis ein bleibender Niederschlag entsteht, der mit einigen Tropfen konzentrierter Salzsäure in Lösung gebracht wird. Nach weiterem Zufügen von 5 ccm einer gesättigten Lösung von Schwefeldioxyd verdünnt man mit heißem Wasser auf 300 ccm und fällt das Nickel mit Dimethylglyoxim in essigsaurer Lösung (S. 1474). Diese Methode empfiehlt sich besonders auch bei Anwesenheit von größeren Mengen Kobalt. Ist Eisen als Ferrisalz und Aluminium in kleineren Mengen vorhanden, so führt man dieselben durch Weinsäure in lösliche Komplexsalze über und bestimmt das Nickel mit Dimethylglyoxim in ammoniakalischer Lösung.

7. Kupfer

wird durch Schwefelwasserstoff ausgefällt und im Filtrat Nickel nach Verkochen des Schwefelwasserstoffs nach einer der beschriebenen Methoden bestimmt.

8. Mangan.

Geringe Mengen Mangan stören die elektrolytische Abscheidung von Nickel und Kobalt nicht (vgl. S. 956). Unter Umständen müssen aber die abgeschiedenen Metalle einer Reinigung, wie später bei Zink (S. 1483) beschrieben, unterzogen werden (vgl. a. S. 957).

Größere Mengen Mangan werden aus salzsaurer Lösung in Gegenwart von Ammoniumchlorid mit Ammoniak und Brom abgeschieden und mit ammoniakhaltigem Wasser ausgewaschen. Die Oxyde werden mit Salzsäure vom Filter gelöst und die Lösung zur Vertreibung des Chlors und überschüssiger Salzsäure eingedampft. Nach Wiederaufnehmen des Rückstandes mit wenig Salzsäure und viel Wasser werden Eisen und Aluminium durch Kochen mit Ammonacetat als basische Acetate abgeschieden. Dem Filtrat setzt man noch Ammonacetat zu und fällt Nickel und Kobalt mit Schwefelwasserstoff als Sulfide aus. Diese werden gelöst und Nickel wie üblich bestimmt. In dem nunmehr völlig nickel- und kobaltfreien Filtrat scheidet man das Mangan nochmals mit Brom-Ammoniak ab. Man erhält so reines Mangandioxyd, das nach Lösen und Abdampfen mit Schwefelsäure als Mangansulfat oder durch Titrationen mit Kaliumpermanganat bestimmt werden kann. Ist neben Nickel nur Mangan allein vorhanden, so kann das Nickel direkt nach der Dimethylglyoximmethode in essigsaurer Lösung bestimmt werden. Berg [Ztschr. f. anal. Ch. 76, 203 (1929)] empfiehlt hierfür die Trennung mit o-Oxychinolin.

9. Zinn.

Das Zinn kann entweder aus salzsaurer Lösung durch Schwefelwasserstoff abgeschieden werden, oder durch Abdampfen mit Salpetersäure in unlösliche Meta-Zinnsäure übergeführt und durch Filtration und Auswaschen getrennt werden. Bei Gegenwart von viel Zinn ist die Schwefelwasserstofftrennung vorzuziehen, da Nickel leicht von Zinnsäure adsorbiert wird [C. r. d. l'Acad. des sciences 178, 710 (1924). — Chem. Zentralblatt 1924 I, 1836. — Ztschr. f. anal. Ch. 65, 423 (1924/25)] und diese deshalb durch Schwefel-Alkaliaufschluß gereinigt werden müßte.

10. Zink.

Bei Bestimmung des Nickels auf elektrolytischem Wege müssen größere Mengen Zink vorher ausgeschieden werden. Dies geschieht

1. durch Fällen der unter Verwendung von Kongorotpapier mit Natronlauge genau neutralisierten mineralsauren Lösung mit Schwefelwasserstoff als ZnS,

2. durch Versetzen der sauren Lösung mit einem geringen Überschuß von Natronlauge und Ammoniak, worauf man 3—4 % freie Monochloressigsäure oder 10 % Eisessig oder Ameisensäure zusetzt und in der Kälte mit Schwefelwasserstoff fällt (s. S. 1701). Sollte das Schwefelzink hierbei nicht rein weiß ausfallen, so ist der Niederschlag nochmals in Königswasser zu lösen und die Fällung zu wiederholen. Im Filtrate wird Nickel wie üblich bestimmt.

Bei kleinen Mengen Zink neben Nickel und Kobalt kann man diese elektrolytisch mit abscheiden. Man löst dann zur Reinigung die Metalle mit Salpetersäure von der Kathode ab, verdampft die überschüssige Säure und setzt nach Verdünnen auf 100 ccm soviel Natriumcarbonatlösung zu bis eben ein kleiner Niederschlag entsteht, der durch Zusatz von Cyankali wieder gelöst wird. Aus der kochendheißen Lösung der Doppelcyanide fällt man das Zink neben kleinen Mengen Mangan mit farblosem Natriumsulfid aus, läßt einige Stunden in der Wärme stehen und filtriert ab. Die nunmehr reine Nickel-Kobaltlösung wird elektrolysiert. Die Methode eignet sich nur für kleinere Zinkmengen, da das Zinksulfid schleimig ausfällt.

III. Spezielle Methoden.

A. Erze und sonstige Naturprodukte.

Arsenidische und sulfidische Erze, ebenso Nickelspeisen und Nickelsteine röstet man zweckmäßig vor dem Aufschluß im Porzellantiegel ab, um den größten Teil des Arsens und Schwefels vorweg zu entfernen. Das so vorbereitete Erz wird nun in fein gepulvertem Zustand in der Wärme in Salpetersäure oder Königswasser gelöst. Hampe empfiehlt eine Lösung von 10 g Weinsäure in 30 ccm gewöhnliche Salpetersäure für 1 g Speise, namentlich dann, wenn eine vollständige Analyse ausgeführt werden soll. Für die gewöhnlich vorzunehmende Bestimmung von Cu, Ni und Co empfiehlt es sich, das Röstgut in Königswasser zu lösen, die Lösung einzudampfen, den Rückstand mit Salzsäure aufzu-

nehmen und nach dem Verdünnen mit Wasser längere Zeit Schwefelwasserstoff einzuleiten. Das Filtrat vom Schwefelwasserstoffniederschlag wird nach S. 1477 weiterbehandelt. Ist der erhaltene Abdampfrückstand nicht rein weiße Kieselsäure, so schmilzt man ihn mit Kaliumnatriumcarbonat oder Kaliumpyrosulfat, löst die Schmelze in Wasser
und filtriert den Niederschlag ab. Derselbe wird mit Salzsäure vom
Filter gelöst, dem Hauptfiltrate zugegeben und nach Einleiten von
Schwefelwasserstoff weiter behandelt.

Bei einem höheren Eisengehalte der Substanz wende man die Rothesche Äthermethode (S. 1309) an. Nickelhaltige Pyrite, Magnetkiese
und Nickelsteine werden ebenfalls am besten zuerst geröstet, das
feingepulverte Röstgut in Königswasser gelöst, worauf man wie oben
verfährt.

Garnierit und ähnliche Silicate werden entweder durch Schmelzen
mit dem 3—4fachen Gewicht Kalium-Natrium-Carbonat und wenig
Salpeter oder mit dem 6fachen Gewichte Kaliumbisulfat im Platintiegel aufgeschlossen. Die alkalische Schmelze weicht man mit Wasser
auf, dampft mit überschüssiger Salzsäure zur Trockne, macht die Kieselsäure unlöslich, fällt aus dem salzsauren Filtrate zunächst das Kupfer
durch Schwefelwasserstoff und trennt im Filtrate des Schwefelwasserstoffniederschlages Al, Fe, Mn, Ca und Mg wie S. 1477 beschrieben. Die
mit Kaliumbisulfat und etwas Salpeter erhaltene Schmelze behandelt
man mit Wasser und etwas Salzsäure, filtriert die Kieselsäure ab und fällt
im Filtrat das Kupfer durch Schwefelwasserstoff usw. wie oben. Sehr
fein geriebener Garnierit kann auch durch Kochen mit Salzsäure, Königswasser oder 50%iger Schwefelsäure zerlegt werden. Man kocht die
schwefelsaure oder mit Schwefelsäure versetzte Lösung bis zum beginnenden Entweichen von H_2SO_4-Dämpfen ein, behandelt die erkaltete
Masse mit Wasser, filtriert, fällt aus dem Filtrate das Kupfer usw.

Betriebsmäßig kocht man das schwefelsaure Filtrat vom Schwefel-
wasserstoffniederschlage unter Zusatz einiger Tropfen Bromwasser,
kühlt ab, übersättigt mit Ammoniak stark und elektrolysiert nach
Zusatz von Ammonsulfat nach S. 1469. Die vorhandene Tonerde
und Magnesia, auch das Mangan stören hierbei nicht; wenn reichlich
Eisen vorhanden ist, kann etwas davon metallisch in das Nickel und
Kobalt gehen. Man prüft hinterher die salpetersaure Lösung von Ni
und Co durch Übersättigen mit Ammoniak, filtriert etwa abgeschiedenes
Eisenhydroxyd ab, wägt es als Fe_2O_3 und bringt die berechnete Menge
Eisen in Abzug.

$$Fe_2O_3 \times 0{,}6994 \ (\log = 0{,}84473 - 1) = Fe.$$

Zur maßanalytischen Bestimmung des Nickels in Erzen
wendet E. C. D. Marriage [Engin. Mining. Journ. **112**, 174 (1921). —
Ztschr. f. anal. Ch. **65**, 72 (1924)] die Cyanidtitration an, nachdem durch
eine Vorbehandlung Mangan, Kupfer, Blei, Arsen und Antimon entfernt
wurden. Als Titerlösungen sind nötig:

1. Eine Silbernitratlösung, enthaltend 14,48 g $AgNO_3$ in einem Liter
Wasser, entsprechend 0,0025 g Ni für 1 ccm.

2. Eine Lösung von 11,6 g 99%igem Cyankalium, die durch Titration mit einigen Tropfen Jodkaliumlösung als Indicator gestellt und mit Lösung 1 äquivalent gemacht wird.

Man löst 0,5 g des Erzes in Salpetersäure, dampft nach Zusatz von 5 g Kaliumchlorat zur Trockne und wiederholt dies mit Salzsäure. Den Rückstand nimmt man mit Salzsäure und Wasser auf, filtriert, macht unter Zusatz von Bromwasser eine doppelte Ammoniakfällung, deren Filtrate vereinigt und salzsauer gemacht werden. Nun fügt man noch einen Überschuß von 10 ccm Salzsäure hinzu, fällt mit Schwefelwasserstoff, filtriert, kocht im Filtrat den Schwefelwasserstoff weg und oxydiert mit Bromwasser. Zur Entfernung des letzteren kocht man einige Zeit, setzt zur warmen Lösung 15 ccm 10%ige Citronensäure hinzu, neutralisiert mit Ammoniak, gibt noch einen Überschuß von 10 ccm zu und hat jetzt die zur Titration vorbereitete Lösung. Man setzt nun so lange von der Cyanidlösung hinzu, bis die Blaufärbung verschwunden ist, fügt noch einen Überschuß von 5—10 ccm, sowie einige Tropfen Jodkaliumlösung zu und titriert jetzt mit der Silbernitratlösung bis zum Auftreten der Gelbfärbung. Etwa vorhandenes Kobalt wird mitbestimmt, Zink scheinbar nicht.

B. Hütten-, Zwischen- und Nebenprodukte.

Hierzu gehören die Nickelsteine, Nickelspeisen, Nickelschlacken und Nickelkrätzen.

1. Nickelkupfersteine.

α) Man löst 1—2 g Substanz in Königswasser, dampft mit H_2SO_4 ein, erwärmt den Rückstand mit Wasser, kocht, fällt das Cu durch Natriumthiosulfat (s. S. 1186) und führt das Cu_2S durch Rösten im Porzellantiegel in CuO über (s. S. 1184). Aus dem Filtrat von CuS wird die schweflige Säure fortgekocht, das Ferrosalz oxydiert, die Lösung eingedampft, der trockene Rückstand mit Wasser gelöst, stark verdünnt, Natriumacetat zugesetzt usw., wie S. 1477 beschrieben. Wenn der Stein bleihaltig ist, raucht man die Lösung in Königswasser mit Schwefelsäure ab, nimmt den Rückstand auf (wie o.), filtriert das $PbSO_4$ ab, kocht das Filtrat nach Zusatz von Natriumthiosulfat usw. wie oben. Siehe auch die Fällung des Kupfers als Rhodanür usw. S. 1187.

β) Man röstet 1—2 g, löst das Röstgut in Königswasser, dampft die Lösung ab und wiederholt dies mit Salzsäure (20—40 ccm), bringt die konzentrierte Lösung in den Rotheschen Schüttelapparat (s. S. 1310 u. 1311), fällt aus der mit Schwefelsäure eingedampften Lösung (von Cu, Ni, Co, Mn) das Kupfer elektrolytisch, dampft die entkupferte Lösung zur Austreibung der Salpetersäure ab, nimmt mit Wasser auf, übersättigt mit Ammoniak und fällt Ni und Co ebenfalls elektrolytisch. Etwa vorhandenes Zink wird aus der entkupferten Lösung, die nach dem Neutralisieren mit Ammoniak schwach schwefelsauer zu machen und zu verdünnen ist, durch Einleiten von Schwefelwasserstoff als ZnS gefällt. Kleine Mengen von Blei finden sich bei Cu, Ni und Co und werden beim Eindampfen mit Schwefelsäure abgeschieden; wenn der Pb-Gehalt mehr als einige Zehntelprozente beträgt, fällt man besser Cu und Pb zusammen aus der salzsauren, verdünnten Lösung durch Schwefelwasserstoff, trennt die Schwefelmetalle in bekannter Weise (Pb als $PbSO_4$ bestimmt, das Cu elektrolytisch als Metall), kocht aus dem Filtrate von den Schwefelmetallen den Schwefelwasserstoff fort, oxydiert, engt ein und schüttelt die konzentrierte Lösung mit Äther aus.

2. Nickelspeisen

werden wie Erze (S. 1483) behandelt.

3. Nickelschlacken

(z. B. nickelhaltige Kupferraffinierschlacken usw.) zerlegt man durch Königswasser, dampft ab und schließt, falls die Kieselsäure nicht rein weiß ist, mit Natriumkaliumcarbonat nach dem üblichen Verfahren auf. Die salzsauren Lösungen vereinigt man, leitet Schwefelwasserstoff ein, filtriert, oxydiert nach dem Fortkochen des Schwefelwasserstoffes durch wenig HNO_3, verdünnt und fällt Fe und Al in gewöhnlicher Weise. Aus dem Filtrate fällt man durch Natronlauge und Brom die Hydroxyde von Ni und Co, löst dieselben und bestimmt die Metalle durch Elektrolyse, wobei Mangan in geringen Mengen nicht stört.

4. Nickelkrätzen.

Da dieselben in der Zusammensetzung stark variieren, müssen 5—20 g Anwendung finden, von denen die feinen und gröberen Bestandteile prozentual entsprechend einzuwägen sind. Die Auflösung geschieht auch hier in Königswasser. Der verbleibende unlösliche Rückstand wird am besten mit Fluorwasserstoffsäure und Schwefelsäure aufgeschlossen. Sollte hierbei noch ein unlöslicher Rückstand verbleiben, so wird derselbe mit Borax aufgeschlossen und die Schmelze in Salzsäure gelöst. Die Lösungen werden dann auf ein bestimmtes Volumen gebracht und der 1 g entsprechende Teil wie bei Erzen (S. 1483) weiter verarbeitet.

5. Smalte (s. bei Kobalt S. 1135).

C. Nickel-Metall.

Hierher gehören Rein- bzw. Handelsnickel (vgl. die Tabelle auf S. 1487), sowie Nickelüberzüge.

1. Rein- bzw. Handelsnickel.

Das Metall kommt als gefritteter Metallschwamm (in kleinen Würfeln, in runden Zylindern von etwa 50 mm Durchmesser und 30 mm Höhe und als Briketts), ferner im geschmolzenen Zustande (in Form von

Nach DIN 1701[1] sind für Nickel folgende Beimengungen zulässig:

Benennung	Kurzwort:	Zusammensetzung in %									Spez. Gewicht	Verwendung für
		Reingehalt mindestens	Zulässige Beimengungen:									
		Ni[2]	Cu	Fe	Si	As	S	C	P	Mn + Sn + Sb		
Würfelnickel	Wüni										8,4	Schmiedestücke, Bleche, Drähte, Stangen, Rohre, Ventilsitzringe, Guß- und Walzanoden und für sämtliche Legierzwecke
Rondellennickel	Roni											
Plattennickel	Plani	98,5	0,15	0,50	0,20	0,03	0,03	0,3	Sp	Sp	8,6	die gleichen Zwecke wie Wüni und Roni, ausgenommen das Verschmelzen und Legieren im Tiegel
Granaliennickel	Grani										8,4	die gleichen Zwecke wie Wüni u. Roni
Kathodennickel (Elektrolytnickel)	Kani	99,5	0,10	0,30	Sp	Sp	Sp	Sp	Sp	Sp	8,9	
Umgeschmolzenes Nickel (in Granalienform)	Uni	96,75	0,20	1,00	0,50	0,03	0,10	1,00	Sp	Clu 0,20	8,6	alle Legierzwecke, falls besonderer Reingehalt nicht verlangt wird.

Anodenplatten und von Granalien) und als Elektrolytnickel in den Handel. Die hauptsächlichsten Verunreinigungen des Handelsnickels sind Silicium, Kupfer, Arsen, Eisen, Tonerde, Mangan, Kohlenstoff, Schwefel und Kalk, in Nickelwaren und Formguß außerdem noch Zusätze von Magnesium, Blei und Zinn. Der Gehalt an Verunreinigungen pflegt unter 1% zu betragen; Kobalt findet sich fast immer vor, Mangan gelangt durch das Raffinierverfahren (von Krupp in Berndorf, Basse & Selve in Altena, Henry Wiggin in Birmingham) in das Metall und ist kaum als Verunreinigung zu bezeichnen. Geringe Mengen von

---

[1] Abdruck erfolgt mit Genehmigung des Deutschen Normenausschusses. Verbindlich ist nur die neueste Ausgabe dieses Normblattes im A 4-Format, die durch den Beuth-Verlag G. m. b. H., Berlin S 14, Dresdener Straße 97, zu beziehen sind.
[2] Einschließlich Co.

Magnesium (etwa 0,1 %) sind in dem nach Patent Fleitmann hergestellten, geschmolzenen Nickel enthalten. Zinn wird selten angetroffen; W. Witter fand jedoch größere Zinngehalte in japanischem Würfelnickel. Geschmolzenes Nickel kann bis zu mehreren Prozenten Kohlenstoff und etwas Silicium enthalten; in dem gefritteten Metall scheint der Kohlenstoff überwiegend nicht gebunden enthalten zu sein. Ferner finden sich im Würfelnickel geringe Mengen von CaO, Al_2O_3, Alkalien und Sand.

Nickelkupfer mit bis zu 30 % Kupfer, in der Farbe nicht von Nickel zu unterscheiden, wird von einigen Werken (für die Neusilberfabriken) hergestellt und in Granalien in den Handel gebracht.

Die einzelnen Bestandteile bzw. Verunreinigungen eines Handelsnickels werden nach den ausgewählten Methoden des Chemikerfachausschusses der Gesellschaft deutscher Metallhütten- und Bergleute (Bd. II, S. 54—59) auf folgende Weise bestimmt.

a) Nickel, Silicium, Kupfer, Arsen, Eisen, Aluminium, Mangan.

Mit der Bestimmung des Reingehaltes eines Handelsnickels verbindet man zugleich die Trennung und Bestimmung oben genannter Elemente.

Es werden 10 g (bzw. 20 g) einer guten Durchschnittsprobe in 50 ccm Salpetersäure (spez. Gew. 1,4) aufgelöst und die Lösung mit 20 ccm Schwefelsäure (spez. Gew. 1,84) auf dem Wasserbade eingedampft und dann auf dem Sandbade bis zum beginnenden Abrauchen der Schwefelsäure erhitzt. Die erkaltete Sulfatmasse löst man mit heißem Wasser unter gelindem Kochen auf und filtriert die ausgeschiedene Kieselsäure ab. Dieselbe wird ohne Berücksichtigung des etwa mit ausgeschiedenen β-Kohlenstoffs stark geglüht und nach dem Wägen als Si berechnet [1]. Die ausgewogene Kieselsäure prüft man durch Abrauchen mit etwas Schwefelsäure und Fluorwasserstoffsäure auf Reinheit. Ein etwaiger Rückstand wird nach gelindem Glühen als $NiSO_4$ gewogen, als NiO in Abzug gebracht und der Nickellösung wieder zugesetzt. In diese leitet man unter Erwärmen längere Zeit Schwefelwasserstoff ein. Es fallen Kupfer und Arsen aus Sulfide aus, die nach S. 1477 getrennt und bestimmt werden.

Das Filtrat vom Sulfidniederschlag wird bis zur völligen Entfernung des Schwefelwasserstoffs, zuletzt unter Zusatz von etwas Bromwasser, abgedampft. Man verdünnt dann entsprechend mit kaltem Wasser, setzt Ammoniak im geringen Überschusse zu und läßt einige Zeit auf dem Wasserbade stehen. Der Niederschlag wird abfiltriert, mit wenig Salzsäure gelöst und nun Eisen und Aluminium nach S. 1477 als basische Acetate gefällt und bestimmt. Enthält das Nickel nennenswerte Mengen Mangan, so verbindet man die Abscheidung und Bestimmung desselben gleich mit der Trennung von Eisen und Aluminium in der auf S. 1478 angegebenen Weise.

In beiden Fällen werden sodann die vereinigten nickelhaltigen Filtrate in einer Porzellanschale bis zur Verflüchtigung des freien Ammoniaks

---

[1] In gefrittetem Nickel ist Si elementar und auch als SiO_2 vorhanden.

erhitzt und nach Zugabe der vom Eisen- bzw. Manganniederschlage noch abgeschiedenen kleinen Mengen Nickel (Co) mit einer entsprechenden Menge Schwefelsäure eingedampft. Das nunmehr vollkommen reine Nickelsulfat löst man in heißem Wasser, bringt es nach dem Erkalten in einen tarierten Literkolben, füllt bis zur Marke auf und wägt aus. Von dieser Lösung werden 100 ccm (1 g Nickel) genau ausgewogen, nach Verdünnen auf 200 ccm mit Ammoniak (30 ccm Überschuß) und 5 g Ammonsulfat versetzt, elektrolysiert. Die ausgewogene Summe Nickel und Kobalt ist der Reingehalt des betreffenden Nickels.

Bei der Untersuchung eines Standardnickels, welches der leichteren Schmelzbarkeit wegen 3—4% Kupfer neben 93—94% Nickel enthält, füllt man nach dem Abfiltrieren der, wie oben, unlöslich gemachten Kieselsäure gleich zu 1 l auf. Der Reingehalt, Kupfer, Eisen usw. werden dann in dem ausgewogenen Zehntel der Lösung bestimmt.

b) Kobalt.

Soll der Kobaltgehalt besonders bestimmt werden, so löst man die nach a erhaltene Summe von Nickel und Kobalt mit Salpetersäure von der Kathode ab und dampft die Lösung unter Zusatz von Salzsäure zur Trockne. Der Rückstand wird mit einigen Kubikzentimeter Salzsäure und etwa 250—300 ccm heißem Wasser aufgenommen und das Kobalt mit Nitroso-β-naphthol gefällt und dann elektrolytisch bestimmt (S. 1132).

c) Kohlenstoff (s. S. 1364).

Von dem sehr fein zerkleinerten Nickel werden 2—3 g im Marsofen bei 1000°—1100° im Sauerstoffstrome verbrannt und das gebildete Kohlendioxyd in Natronkalkröhrchen absorbiert und gewogen. Es sind dieselben Vorsichtsmaßregeln wie bei der Kohlenstoffbestimmung im Eisen zu bachten.

d) Schwefel.

1. Nach dem Verfahren des Staatlichen Materialprüfungsamtes, Berlin, werden zur Bestimmung des Sulfidschwefels 10—20 g des gut zerkleinerten Nickels mit konzentrierter Bromwasserstoffsäure (spez. Gew. 1,49) im Schwefelbestimmungsapparate (S. 1420) gelöst. Den dabei entwickelten Schwefelwasserstoff läßt man im Zehnkugelrohre durch Bromsalzsäure absorbieren und bestimmt die entstandene Schwefelsäure in bekannter Weise als Bariumsulfat.

2. Das Verfahren von Schulte (S. 1415) bei dem der entwickelte Schwefelwasserstoff zunächst als Cadmiumsulfid ausgefällt und nach Umwandlung als Kupferoxyd zur Wägung kommt, kann zur Bestimmung des Sulfidschwefels ebenfalls angewandt werden.

3. Der Gesamtschwefel kann durch Lösen des Nickels in Salpetersäure in Schwefelsäure übergeführt, als Bariumsulfat bestimmt werden. Zu diesem Zwecke löst man 10 g Nickel in 50 ccm Salpetersäure (spez. Gew. 1,4), dampft die Lösung zur Abscheidung der Kieselsäure mehrmals mit Salzsäure ein und filtriert nach dem Auflösen diese ab. In dem etwa

300—400 ccm betragenden Filtrate wird die Schwefelsäure in der Siedehitze mit 10 ccm heißer Bariumchloridlösung gefällt und das Kochen
noch einige Minuten fortgesetzt. Nach 12stündigem Stehen filtriert
man durch ein dichtes Filter, wäscht den Niederschlag gut aus, glüht ihn
und wägt als $BaSO_4$ aus. Das Bariumsulfat muß rein weiß aussehen.

Bei dieser Methode ist zu beachten, daß auch die als chemisch rein
bezeichnete Salpeter- und Salzsäure meist geringe Mengen Schwefelsäure enthält. Es ist daher nötig, nebenher dieselben Mengen der Säuren
abzumessen, bis auf einen kleinen Rest (nicht bis zur Trockne) einzudampfen und nach Verdünnen mit Wasser diese aus den Reagenzien
stammende Schwefelsäure in gleicher Weise als Bariumsulfat zu bestimmen. Erst wenn man die so erhaltene Menge Bariumsulfat von
der Gesamtmenge abzieht, kann man den wirklichen Schwefelgehalt
berechnen.

e) Magnesium und Kalk.

In geschmolzenem Nickel kann Magnesium nur als Metall vorhanden
sein; dagegen ist in gefrittetem Nickel die Gegenwart von Magnesia
neben Kalk möglich. Daher ist in letzterem Falle auf beide Elemente
Rücksicht zu nehmen. Es werden 5—10 g des Nickels in Salpetersäure
gelöst und die Lösung mehrmals mit Salzsäure zur Trockne eingedampft.
Aus der stark ammoniakalischen Lösung der Chloride scheidet man
Kupfer, Nickel und Kobalt zusammen elektrolytisch ab. Nach beendeter
Elektrolyse wird das ausgeschiedene Eisenhydroxyd abfiltriert, wieder
in Salzsäure gelöst und nochmals mit Ammoniak gefällt. Beide Filtrate
werden vereinigt, am besten in einer Platinschale eingedampft und die
Salzmasse zur Vertreibung der großen Menge Ammonsalze geglüht.
Den Rückstand löst man in Salzsäure und versetzt die Lösung mit
einem für beide Elemente berechneten Überschusse von Ammonoxalat.
Nach 12stündigem Stehen in der Kälte dekantiert man durch ein Filter,
wäscht den Niederschlag im Glase oberflächlich aus, löst ihn in Salzsäure und fällt, unter Zugabe von etwas Ammonoxalat durch Ammoniak
das Calciumoxalat nunmehr frei von Magnesium aus. Das Calciumoxalat wird in $CaSO_4$ übergeführt, gewogen und als CaO berechnet.

Die Filtrate vereinigt man, engt sie stark ein, gibt dann Natriumphosphat und reichlich Ammoniak zu (s. a. S. 694). Nach 24stündigem
Stehen filtriert man den Niederschlag ab, löst ihn in Salzsäure und fällt
ihn unter Zugabe von etwas Natriumphosphat und Ammoniak erneut
aus. Es wird dann in bekannter Weise in Magnesiumpyrophosphat
übergeführt, gewogen und als Mg bzw. MgO berechnet.

Hat man in geschmolzenem Nickel nur Magnesium zu bestimmen,
so wird man Kupfer, Nickel und Kobalt besser durch Elektrolyse in
ammoniakalischer Sulfatlösung entfernen, nach zweimaliger Fällung
des Eisens sofort eindampfen und nach Verjagen der Ammonsalze mit
Natriumphosphat fällen. Auch hierbei ist es ratsam, die Fällung des
Ammoniummagnesiumphosphats zu wiederholen.

Bei diesen Bestimmungen ist zu beachten, daß das gewöhnlich
benützte Ammoniak mehr oder weniger große, aus den Glasballons

stammende Mengen Kalk und Magnesia enthält. Hat man nicht frisches, aus flüssigem Ammoniakgas hergestelltes Reagens zur Verfügung, so entwickele man sich aus dem gewöhnlichen Ammoniak durch Kochen Ammoniakgas und leite dieses in die Lösungen oder vorerst in Wasser ein.

f) Zinn.

Enthält ein Nickelformguß Zinn, so entfernt man die Metazinnsäure vor der Untersuchung auf andere Bestandteile wie folgt:

Es werden 10 g des möglichst zerkleinerten und breitgehämmerten Gusses in ein hohes Becherglas gebracht und 50 ccm Wasser zugegeben. Nun läßt man bei geneigtem Glase 50 ccm Salpetersäure (spez. Gew. 1,4) an der Wand hinunterfließen, so daß sich Säure und Wasser möglichst wenig mischen. Nach dem Lösen bei gelinder Wärme gibt man 5 g Ammonnitrat und ungefähr 100 ccm Wasser zu und kocht dann einmal auf. Nachdem sich die Metazinnsäure nach längerem Stehen in mäßiger Wärme vollkommen abgesetzt hat, filtriert man sie ab und wäscht mit salpetersäurehaltigem Wasser, zuletzt nur mit heißem Wasser aus. Der getrocknete Niederschlag wird geglüht und als SnO_2 ausgewogen (Mitbestimmung ganz geringer Mengen Si und Fe). Ist das Zinnoxyd sehr unrein, so schmilzt man es mit Schwefelsodamischung und bringt den beim Lösen verbleibenden Rückstand in Abzug oder fällt das Zinn mit Schwefelsäure aus dem Filtrate aus und bestimmt es erneut als SnO_2. Den Rückstand löst man mit Königswasser und gibt ihn der von der Metazinnsäure abfiltrierten Hauptlösung wieder zu. Diese wird zur Abscheidung des Bleies mit Schwefelsäure eingedampft, das Bleisulfat abfiltriert und das Filtrat nach a, S. 1488 weiter behandelt. Auf einen Gehalt an Zink ist dabei Rücksicht zu nehmen [vgl. S. 1493, s. auch Ztschr. f. angew. Ch. **35**, 119 (1922). — Chem. Zentralblatt **1922 II**, 915].

Breisch und Chalupuy [Chem.-Ztg. **46**, 481 (1922). — Chem. Zentralblatt **1922 IV**, 349] schlagen für die Untersuchung technischen Nickels folgende Methode vor:

5 g Metall werden in konzentrierter HNO_3 gelöst, nach dem Abkühlen mit Bromwasser versetzt, mit NH_3 übersättigt und nach $^1/_2$stündigem Stehen auf dem Wasserbade filtriert. Der Niederschlag wird in HCl gelöst, mit HNO_3 oxydiert und nach dem Neutralisieren mit $(NH_4)_2CO_3$ Fe mit NH_4-Formiat gefällt. Im Filtrat hiervon wird Ni mit H_2S gefällt, und schließlich im letzten Filtrat Formiat durch Zusatz von Br zerstört und Mn mit NH_4OH gefällt. O im Nickel wird durch Glühen im H_2-Strom, As und Sb nach der Destillationsmethode bestimmt.

2. Nickelüberzüge.

Man beizt den Nickelüberzug mit heißer, verdünnter Salpetersäure (1 Vol. von 1,2 spez. Gew. + 1 Vol. Wasser) herunter, dampft die Lösung zur Trockne ab, wiederholt dies 2mal mit Salzsäure, filtriert von etwa abgeschiedener Kieselsäure und Graphit ab, konzentriert durch Eindampfen, trennt Ni und Fe durch das Rothesche Verfahren (s. S. 1309) und bestimmt das Nickel elektrolytisch oder fällt es aus der mit Weinsäure versetzten Lösung nach dem Verfahren von Brunck (s. „Eisen" S. 1391) mittels Dimethylglyoximlösung.

H. Koelsch [Ztschr. f. anal. Ch. **60**, 240 (1921). — Chem. Zentralblatt **1921 IV**, 1123] hat festgestellt, daß metallisches Eisen durch Nitrit-Ion in neutraler Lösung und in Lösungen, die H-Ionen in geringer Konzentration enthalten, passiv wird. Diese Eigenschaft des Eisens erlaubt, in salpetriger Säure lösliche Überzugsmetalle von Eisen abzulösen. Ein geeignetes Lösungsmittel ist beispielsweise eine mit Essigsäure angesäuerte heiße Natriumnitritlösung. Solange noch Nitrit-Ionen vorhanden sind, wird das Eisen von der Säure nicht angegriffen, wodurch eine unangenehme Trennungsoperation gespart wird.

D. Nickel-Legierungen.

Es handelt sich hierbei hauptsächlich um Legierungen mit Kupfer (Münzlegierungen, z. B. deutsche mit 75% Cu und 25% Ni; Legierung für Geschoßmäntel, etwa 80% Cu und 20% Ni) und solche mit Kupfer und Zink (Neusilber oder Argentan, Alpakaneusilber, Nickelin usw.), ferner im Nickel-Al-Pb-Zn-Bronzen, Ni-Lagermetalle, Ni-Leichtmetalllegierungen usw.

1. Nickel-Kupfer-Legierungen.

Man löst 1 g Späne in 10—15 ccm Salpetersäure (spez. Gew. 1,2) in einer bedeckten Porzellanschale auf dem Wasserbade, dampft die Lösung mit 5 ccm 50%iger Schwefelsäure ab, bringt etwa abgeschiedenes Bleisulfat (aus dem Handelszink stammend) auf ein Filter und fällt aus dem mit 1 ccm Salpetersäure versetzten Filtrate hiervon das Cu elektrolytisch (s. S. 928). Wenn man das Cu durch Schwefelwasserstoff als CuS fällen will, verdünnt man das Filtrat vom PbSO$_4$ auf etwa 200 ccm und setzt 30—50 ccm Salzsäure (spez. Gew. 1,124) hinzu, um Mitfallen von ZnS zu vermeiden. Das Filtrat wird abgedampft, die zurückbleibende Sulfatlösung etwas verdünnt, mit Ammoniak beinahe neutralisiert, auf 4—500 ccm verdünnt und zur Ausfällung des Zn als ZnS längere Zeit (1—2 Stunden) Schwefelwasserstoff eingeleitet. Die elektrolytisch entkupferte Lösung wird bis zum beginnenden Abrauchen der Schwefelsäure abgedampft; den erkalteten Rückstand nimmt man mit etwa 100 ccm Wasser auf, neutralisiert nach Zusatz eines Stückchens Kongorotpapier bis zur ganz schwach sauren Reaktion der Flüssigkeit, verdünnt stark und fällt das Zn durch Schwefelwasserstoff (s. S. 1483 u. 1701). Das ZnS wird nach 12 Stunden abfiltriert und mit verdünntem H$_2$S-Wasser ausgewaschen, in dem einige Gramm Ammonsulfat gelöst sind. Man bringt das Filtrat in eine Porzellanschale, setzt 5 ccm Schwefelsäure hinzu (um Abscheidung von NiS beim Eindampfen zu vermeiden), dampft bis zu etwa 100 ccm ab, bringt die abgekühlte Flüssigkeit in ein etwa 200 ccm fassendes Becherglas, setzt 50 ccm starkes Ammoniak hinzu, kühlt ab und fällt Ni + Co elektrolytisch. Eisen und Mangan scheiden sich hierbei nickelfrei ab, werden aus der von Ni und Co befreiten Lösung abfiltriert und nach S. 1318 getrennt und bestimmt. An der Anode haftendes Mangandioxydhydrat wird mit dem Gummiwischer losgerieben. Eine Trennung von Nickel und Kobalt ist nicht notwendig.

Kupfer-Nickellegierungen für Maschinenteile erhalten nicht selten etwas Aluminium; bei der Analyse scheidet man zuerst das Cu elektrolytisch ab, dann das Ni aus der stark mit Ammoniak übersättigten Lösung ebenfalls auf elektrolytischem Wege, neutralisiert dann die durch Tonerdehydrat getrübte Lösung mit Essigsäure, verdünnt, kocht, filtriert ab, wäscht aus, glüht und wägt die durch etwas Fe(OH)₃ verunreinigte Tonerde, schließt sie durch Schmelzen mit dem 6fachen Gewichte KHSO₄ im Platintiegel auf, löst die Schmelze in heißer verdünnter Schwefelsäure, reduziert das Ferrisalz durch Zink und titriert das Fe mit Kaliumpermanganat.

2. Nickel-Kupfer-Zink-Legierungen.

Diese Legierungen, im allgemeinen unter der Sammelbezeichnung „Neusilber" zusammengefaßt, kommen vor unter den Bezeichnungen: Argentan, Chinasilber, Konstantan, Nickelin, Packfong, Rheotan usw. Galvanisch versilbert heißen sie Alfenide, Alpaka, Christoffle usw. Für die Analyse empfiehlt der Chemikerfachausschuß der Metallhütten- und Bergleute (a. a. O., S. 60) folgendes Verfahren:

Bestimmung von Cu, Pb, Zn, Ni, Fe (Sn). Von der Neusilberlegierung wird 1 g in 10 ccm Salpetersäure (spez. Gew. 1,4) und 10 ccm Wasser gelöst, die Lösung gekocht bis zum völligen Vertreiben der nitrosen Gase und auf etwa 150 ccm verdünnt. Man schlägt aus dieser Lösung das Kupfer über Nacht mit 0,2—0,3 Amp. elektrolytisch an der Kathode nieder, während das Blei als Superoxyd an der Anode sich ausscheidet. Beim Lösen sich etwa abscheidende Metazinnsäure wird vor der Elektroyse nach S. 1491 entfernt und bestimmt.

Den entkupferten Elektrolyten macht man eben alkalisch, gibt Monochloressigsäure (3⁰/₀ freie Säure) zu, erwärmt und leitet Schwefelwasserstoff bis zur Sättigung ein. Das rein weiße Zinksulfid wird sofort abfiltriert, ohne erst das Absitzen abzuwarten. Das Zink wird am besten elektrolytisch bestimmt (vgl. S. 981 u. 1709).

Das Filtrat von der Zinkfällung dampft man mit etwas Bromwasser und 5 ccm Schwefelsäure scharf ein und bestimmt Nickel elektrolytisch. Die nach der Elektrolyse des Nickels zurückbleibende, meist ganz geringe Menge Eisenhydroxyd wird abfiltriert und colorimetrisch bestimmt. Sollte eine derartige Legierung größere Mengen Eisen enthalten, so wäre eine Abscheidung nach der Acetatmethode oder durch wiederholte Fällung mit Ammoniak vor der Elektrolyse nötig, und das Eisen müßte durch Titration mit Permanganat bestimmt werden.

Schwefel bestimmt man nach Oxydation mit Salpetersäure als Bariumsulfat (S. 471), Arsen in einer getrennten Einwaage von 10 bis 20 g nach Abdestillieren als Trichlorid (S. 1327 u. 1591). Mangan kann man vor der Elektrolyse durch Fällen als Dioxyd mit Brom und

Ammoniak (S. 1319) oder in getrennter Einwaage wie folgt (Classen: Ausgewählte Methoden, Bd. 2, S. 51) bestimmen:

2 g des Metalls werden in Salpetersäure gelöst, die Lösung zur Trockne gedampft, mit 10 ccm Schwefelsäure (1:1) versetzt und vorsichtig abgeraucht, bis weiße Dämpfe entweichen. Nach dem Erkalten gibt man etwas Wasser zu und dampft nochmals bis zum Abrauchen ein, um jede Spur Salpetersäure auszutreiben. Die erkaltete Salzmasse wird mit 100 ccm Wasser unter Erwärmen gelöst, mit Ammoniak neutralisiert und dann mit ein paar Tropfen verdünnter Schwefelsäure wieder angesäuert. Nun gibt man 100 ccm 6%ige Ammonpersulfatlösung zu, kocht 10—15 Minuten lang unter Benutzung eines Siedestäbchens, filtriert die heiße Lösung sofort durch ein doppeltes Blaubandfilter und wäscht gut aus. Filter und Niederschlag werden in das Fällungsgefäß zurückgegeben und mit 25 ccm Ferrosulfatlösung (25 g Ferrosulfat, 30 ccm Schwefelsäure auf 1 l) gelinde erwärmt, bis alles gelöst ist. Man verdünnt mit kaltem Wasser auf etwa 150 ccm und titriert mit $1/_{20}$ n-Permanganat. Die Titerstellung wird in genau derselben Weise mit 25 ccm Ferrosulfatlösung unter Zugabe gleicher Filter ausgeführt. Das Filtrat von der Persulfatfällung wird noch auf Mangan geprüft, indem man etwas Silbernitratlösung, sowie einen kleinen Löffel voll Persulfat zugibt und aufkocht. Entfärbung bzw. Rotfärbung zeigen einen Mangangehalt an, doch ist unter Einhaltung der oben gegebenen Bedingungen die Ausfällung durchweg vollständig.

Nach Korte (dieses Werk, 7. Aufl., Bd. II, S. 502) scheidet man in allen Cu-Ni-Zn-Legierungen Nickel mit dem „Nickelreagens Großmann" ab. Es werden 0,7 g Neusilber in Königswasser gelöst, die Lösung eingekocht, der Rückstand mit Salzsäure aufgenommen, das Kupfer mit H_2S gefällt, der Sulfidniederschlag mit HNO_3 gelöst und das Kupfer elektrolytisch bestimmt. Das H_2S-haltige Filtrat vom CuS-Niederschlage wird auf etwa 50 ccm eingekocht, mit 2 g Dicyandiamidinsulfat (in wenig heißem Wasser gelöst) versetzt, ammoniakalisch gemacht, 30%ige Kalilauge bis zum Entstehen des gelben Niederschlages zugegeben, noch etwas Kalilauge und Ammoniak hinzugefügt, umgerührt und 12 Stunden (über Nacht) stehen gelassen. Der gelbe krystallinische Niederschlag von Nickel-Dicyandiamidin (S. 1475) wird durch ein gewöhnliches Filter mit ammoniak- und kalihaltigem Wasser dekantiert und filtriert, das Filter durchgestoßen, mit verdünnter H_2SO_4 gespült und die erhaltene Nickellösung nach Zusatz von $(NH_4)_2SO_4$ und Ammoniak elektrolysiert, die Ausfällung ist bei 0,8 Ampere und 3 Volt in etwa 3 Stunden beendet. Das nickelhaltige Filtrat wird mit Salzsäure angesäuert, auf 250 ccm gebracht und in $1/_5$ der Lösung das Zink mit Ferrocyankaliumlösung (Tüpfelmethode von Galetti, s. S. 1707 u. 1715) bestimmt. Mangan und Eisen werden in einer besonderen Einwaage von 2—3 g ermittelt. Das Mangan wird aus der Lösung der Legierung in starker HNO_3 durch kleine Zusätze von $KClO_3$ und Kochen (Hampes Methode) als Dioxyd gefällt, dieses nach dem Abfiltrieren und Auswaschen in HCl gelöst, aus der mit NH_3 übersättigten Lösung mit Ammonpersulfat gefällt und schließlich als Mn_3O_4 gewogen; im Filtrat wird das Eisen mit NH_3 gefällt, mit wenig HCl gelöst und in der Lösung nach Zusatz von Natriumsalicylat mit $Na_2S_2O_3$-Lösung titriert. Auf Kobalt braucht bei der Analyse keine Rücksicht genommen zu werden, weil das zur Herstellung der Legierungen verwendete Nickel nur Spuren davon enthält.

In Neusilber und ähnlichen Legierungen findet sich manchmal auch etwas Zinn (zur Verbesserung der Metallfarbe zugesetzt), das sich beim Auflösen der Substanz, Verdünnen der Lösung und Kochen zu erkennen gibt. Man bestimmt es nach S. 1491.

Alfenide und Alpakasilber (galvanisch versilbertes Neusilber): Zur Bestimmung des Silberüberzuges auf der Ware hängt man die gut gereinigten Gegenstände (Löffel, Gabel usw.) in einen, mit 2—3%iger KCN-Lösung gefüllten Zylinder an Eisen- oder Platindrähten ein (die mit dem + - Pol der Stromquelle verbunden sind) und fällt einen Teil des Silbers galvanisch auf einem als Kathode benutzten dünnen Kupferblechstreifen. Die entsilberten Gegenstände werden herausgenommen, die silberhaltige Lösung (oder ein Teil) unter einem gutziehenden Abzuge mit Salzsäure im Überschuß versetzt (Blausäureentwicklung!) und zur Abscheidung des Ag als AgCl abgedampft; das Kupferblech mit dem darauf niedergeschlagenen Silber wird in Salpetersäure gelöst, die Lösung eingedampft, um den HNO_3-Überschuß zu vertreiben, und das Silber aus der verdünnten Lösung durch einen kleinen Überschuß von Salzsäure gefällt. (Der Zahlenstempel auf den Fabrikaten gibt die Menge Silber in Gramm an, welche auf 1 Dutzend der betreffenden Gegenstände aufgelegt ist.)

Abbeizen der Silberauflage durch Salpetersäure ist nicht möglich, weil die betreffende Neusilberlegierung immer Silber aus der Lösung auf sich niederschlägt. Abschaben des Silbers mit geeigneten Instrumenten ist sehr langwierig, ergibt auch leicht ein zu niedriges Resultat, weil durch die der Versilberung vorangehende „Verquickung"[1] des nickelreicheren Neusilbers etwas von dem galvanisch niedergeschlagenen Silber ziemlich tief in die Legierung eindringt. Wenn die zu untersuchenden Gegenstände zerstört werden dürfen, kann man sie auch vollständig in Salpetersäure lösen usw. oder besser im Tiegel im elektrischen Ofen einschmelzen, einen Barren gießen, ihn wägen, eine abgewogene Menge Bohrspäne davon in Salpetersäure auflösen und in der Lösung das Silber bestimmen.

3. Nickel-Zinn-Antimon-Legierungen.
(Nickelhaltige Lagermetalle.)

Bei diesen Legierungen erfolgt die Bestimmung von Zinn und Antimon zweckmäßig in einer Einwaage für sich, während Blei, Kupfer. Eisen, Nickel, Kobalt usw. in einer zweiten Einwaage bestimmt werden,

---

[1] Unter „Verquicken" versteht man die Behandlung der Metalloberfläche vor dem Versilbern mit Quecksilber. Es bildet sich dabei eine dünne amalgamierte Schicht, wodurch größte Gewähr für einen festhaftenden Silberniederschlag gegeben ist (Pfanhauser: Die elektrolytischen Metallniederschläge. 6. Aufl., S. 222 u. 451. 1922).

Antimon und Zinn trennt man nach der Nissenson- und Siedlerschen [Ztschr. f. anal. Ch. **32**, 415 (1893)] modifizierten Methode von Györy [Chem.-Ztg. **27**, 749 (1903). — s. diesen Band S. 1574] nach der Arbeitsweise von Bartsch [Chem.-Ztg. **99**, 577 (1924)]. Sie beruht auf der Oxydation des dreiwertigen zu fünfwertigem Antimon in saurer Lösung in Gegenwart von Methylorange als Indicator. Etwa 0,5 g Bohrspäne werden in einen trocknen, 500 ccm fassenden Erlenmeyerkolben eingewogen und mit 15 ccm Schwefelsäure (spez. Gew. 1,84) gekocht, bis keine dunklen Metallteilchen mehr zu erkennen sind. Nach dem Erkalten werden unter Umschütteln vorsichtig 200 ccm Wasser und 30 ccm Salzsäure (spez. Gew. 1,19) hinzugefügt. Sodann wird eben bis zum Sieden erhitzt und, ohne Rücksicht auf den Bleisulfatrückstand, mit Kaliumbromatlösung (4,6390 g Kalium bromicum cryst. puriss. aufgefüllt zu 1000 ccm) und mit Methylorange als Indicator tropfenweise auf farblos titriert:

$$2\,KBrO_3 + 2\,HCl + 3\,Sb_2O_3 = 2\,KBr + 2\,KCl + 3\,Sb_2O_5$$

1 ccm Bromatlösung = 0,0100 g Sb.

Nach der Antimontitration wird im gleichen Kolben der Reihe nach 10 g Natriumchlorid puriss. pro analysi, 25 g gekörntes Blei und 20 ccm Salzsäure (spez. Gew. 1,19) zugefügt, und unter öfterer Zugabe von einigen Tropfen Salzsäure etwa eine halbe Stunde lang gekocht. Nach Abkühlung auf Zimmertemperatur im CO_2-Strom wird, ohne vorher zu filtrieren, mit $^1/_{10}$ n-Jodlösung unter Stärkezusatz bis Blau titriert:

$$SnCl_2 + J_2 + 2\,HCl = SnCl_4 + 2\,HJ$$

1 ccm $^1/_{10}$ n-Jodlösung = 0,005935 (log = 0,77342 — 3) g Sn.

Zur Bestimmung der anderen Metalle versetzt man in einem 250 ccm fassenden Becherglase 2 g Bohrspäne mit etwa 50 ccm Salpetersäure vom spez. Gewicht 1,4, kocht, fügt nach dem Lösen etwa 3 g Ammonnitrat zu, kocht gut durch, verdünnt dann das Ganze mit heißem Wasser auf etwa 200 ccm, filtriert ab, wäscht mit salpetersäurehaltigem Wasser aus, trocknet und erhitzt den Niederschlag vorsichtig durch schwaches Glühen im Porzellantiegel. Hierin schmilzt man das Ganze mit 6—8 g eines Gemisches von Schwefel und Natriumcarbonat im Verhältnis 1:1 und schließt bei kleiner Flamme auf. Nach dem Erkalten wird der Tiegel mit heißem Wasser ausgelaugt und der Rückstand mit natriumsulfidhaltigem Wasser ausgewaschen. Der Rückstand darf beim Berühren mit dem Glasstabe kein Knirschen mehr zeigen, da sonst noch unaufgeschlossene Zinnsäure vorhanden ist. In diesem Falle ist der Aufschluß mit Schwefelalkali nochmals zu wiederholen. Der jetzt verbleibende Rückstand, der die Verunreinigungen der Zinn- und Antimonsäure als unlösliche Sulfide enthält, wird mit Salpetersäure in Lösung gebracht und mit dem ersten Filtrat der Zinnsäure vereinigt. Dann setzt man vorsichtig 20 ccm Schwefelsäure (spez. Gew. 1,84) zu und dampft bis zum Auftreten von Schwefelsäuredämpfen auf der Heizplatte ein, läßt erkalten, verdünnt mit Wasser, kocht nochmals auf und läßt wieder erkalten. Nun gibt man etwas Alkohol zu, filtriert nach etwa 2stündigem Stehen das Bleisulfat durch einen Glasfiltertiegel 1 G 4 (s. Bd. I, S. 67) ab und wäscht wie üblich mit alkoholhaltiger verdünnter Schwefelsäure und zur Verdrängung der Schwefelsäure etwa 5—6mal mit Wasser nach, saugt ab, trocknet bei 130° und wägt dann den Tiegel mit Bleisulfat zurück. Das Filtrat wird vorsichtig zur völligen Vertreibung des Alkohols gekocht und in der Hitze mit Schwefelwasserstoff gefällt. Nach dem Erkalten filtriert man das Schwefelkupfer ab und bestimmt es wie üblich durch Überführen in Kupferoxyd. Bei größeren Kupfermengen muß das Kupfer im Rosetiegel unter Zusatz von Schwefel im Wasserstoffstrom in Kupfersulfür übergeführt werden. Im Filtrat wird der Schwefelwasserstoff verkocht und zur Oxydation des Eisens tropfenweise einige Kubikzentimeter Salpetersäure zugegeben, dann läßt man erkalten und bringt das Ganze in einen Meßkolben und füllt bei + 20° C auf 500 ccm auf.

Für die Bestimmung des Fe, Mn, Ni und Co pipettiert man die Hälfte entsprechend einer Einwaage von 1,00 g ab, setzt 2—3 g Chlorammonium in fester Form und Bromwasser bis zur stark gelben Färbung zu, läßt kurze Zeit einwirken, versetzt in der Kälte mit NH_3 bis zur stark alkalischen Reaktion und kocht auf. Die Hydroxyde von Fe und Mn fallen aus, während alles Ni, Co und Zn im Filtrat gelöst bleibt. Die Trennung des Fe vom Mn geschieht in bekannter Weise durch wiederholtes Fällen des durch HCl wieder in Lösung gebrachten Filtrationsrückstandes mit NH_3 unter Zusatz von NH_4Cl.

Im Filtrat bestimmt man Nickel mit Dimethylglyoxim (S. 1472). Zink und Kobalt trennt man durch Fällen der zweiten Hälfte des Kolbeninhaltes in der Hitze mit NaOH und Na_2O_2, wobei alles Zink in Lösung bleibt, das dann aus ameisensaurer Lösung mit H_2S in bekannter Weise als ZnS abgeschieden (s. S. 1701) und in Zinkoxyd übergeführt wird (s. S. 1703). Der Rückstand wird in HCl (1:1) gelöst, auf etwa 10 ccm eingeengt, und das Kobalt als Hexakobaltikaliumnitrit $K_3Co(NO_2)_6$ nach S. 1170 ausgefällt und elektrolysiert.

4. Nickel-Eisen-Legierungen und Nickel-Eisen-Chrom-Legierungen.

Siehe Abschnitt „Eisen", S. 1391 u. 1411.

E. Nickelsalze.

In Frage kommen

Nickelsulfat (Nickelvitriol) $NiSO_4 \cdot 7 H_2O$ mit einem theoretischen Nickelgehalt von 20,90%,

Nickelammonsulfat (Nickelsalz) $NiSO_4 \cdot (NH_4)_2SO_4 \cdot 6H_2O$ mit 14,83% Ni.

Zur Untersuchung (nach den Ausgewählten Methoden des Chemikerfachausschusses der GDMB.[1] Bd. 2, S. 64) werden 100 g eines guten Durchschnittsmusters in einer Porzellanschale fein gerieben und dann in verschiedenen Einwaagen Reinheitsgrad und Verunreinigungen bestimmt.

---

[1] s. Fußnote S. 1463.

a) Reingehalt.

3 g des Musters werden in 200 ccm Wasser und 5 ccm konzentrierter Schwefelsäure gelöst, mit 5 g Ammonsulfat und Ammoniak (etwa 25 ccm Überschuß) versetzt und elektrolysiert. Von der ausgewogenen Menge Ni + Co + Cu wird der nach c) in einer größeren Einwaage bestimmte Cu- und Zinkgehalt abgezogen und gibt so den Reingehalt.

b) Kobalt.

10 g Salz werden in heißem Wasser gelöst, mit einigen Kubikzentimetern Salzsäure zersetzt und Kobalt mit α-Nitroso-β-naphthol gefällt (S. 1132). Der Niederschlag wird verascht, wieder aufgelöst und das Kobalt elektrolytisch gefällt.

c) Kupfer, Eisen, Zink.

20 g des Musters werden in 400 ccm Wasser in der Wärme gelöst, 5 ccm Schwefelsäure zugesetzt und mit Schwefelwasserstoff gefällt. Das ausgeschiedene Kupfersulfid wird filtriert, in Salpetersäure gelöst und das Kupfer elektrolytisch bestimmt. Im Filtrat wird durch Kochen der Schwefelwasserstoff vertrieben, mit Bromwasser oxydiert und das Eisen mit Ammoniak gefällt und entweder colorimetrisch oder bei größeren Mengen maßanalytisch mit Permanganat bestimmt. In dem vereinigten, ammoniakalischen Filtrat wird nach Abstumpfen mit Schwefelsäure $4^0/_0$ige Monochloressigsäure zugesetzt und das Zink durch Schwefelwasserstoff in der Wärme nach S. 1701 bestimmt.

d) Kalk.
(Als Calciumsulfat vorhanden.)

100 g des Musters werden in etwa 1 l heißem Wasser gelöst und sofort abfiltriert. Der gut ausgewaschene Rückstand wird samt Filter mit einer konzentrierten Kaliumcarbonatlösung gekocht, abfiltriert und das Filter gut ausgewaschen. Das verbleibende Calciumcarbonat wird mit Salzsäure gelöst und mit dem ersten Filtrat vereinigt. Nach Zusatz von viel Ammoniak scheidet man Cu, Ni und Co elektrolytisch ab, filtriert von dem Eisenhydroxyd ab, löst dasselbe nochmals in Salzsäure und fällt abermals mit Ammoniak. Die vereinigten Filtrate werden in einer Platinschale eingedampft und durch Glühen von Ammonsalzen befreit. Der Rückstand wird mit Salzsäure aufgenommen und mit Ammonoxalat in ammoniakalischer Lösung gefällt. Das erhaltene Calciumoxalat wird durch Glühen in CaO übergeführt und als solches ausgewogen.

e) Schwefelsäure.

Etwa vorhandene freie Schwefelsäure wird in einem alkoholischen Auszuge von 10 g des gepulverten Salzes durch Titration mit $^1/_{10}$ n-KOH bestimmt.

F. Bäder für galvanische Vernickelungen.

Lecoeuvre (Berg- u. Hüttenm. Ztg. 1895, 122. — Revue univers. 1894, 331) titriert das Nickel in der schwach ammoniakalisch gemachten Lösung mit einer 10%igen KCN-Lösung (1 ccm = 22—23 mg Ni), deren Titer mit einer Auflösung von reinem Nickelammonsulfat (mit $14,93\%$ Nickelgehalt) gestellt worden ist. Man bringt die abgemessene Nickellösung in einen Kolben, macht sie mit 5%igem Ammoniak schwach alkalisch und läßt unter beständigem Umschütteln so lange KCN-Lösung aus der Bürette einfließen, bis die Lösung plötzlich durchscheinend und gelblich wird. Von Nickelbädern, die gewöhnlich annähernd 10 g Ni je Liter enthalten, wendet man 1000 ccm an und erreicht nach Lecoeuvre eine Genauigkeit bis auf 0,02 g pro Liter. In längere Zeit benutzten Bädern, die durch Fe, Cu, Zn usw. verunreinigt sind, bestimmt man den Ni-Gehalt und die Verunreinigungen auf dem gewöhnlichen gewichtsanalytischen Wege.

Bei der zunehmenden Verbreitung der sog. „Hochleistungsnickelbäder", das sind erwärmte Lösungen mit einem Ni-Gehalte bis 50 g je 1 l, ist es wichtig, rasch und mit genügender Genauigkeit diesen gleich im Betriebe selbst bestimmen zu können. Nach A. Wogrinz [Chem.-Ztg. 54, 967 (1930). — Chem. Zentralblatt 1931 I, 975] haben Versuche, Dimethylglyoximniederschläge mit Kaliumpermanganat zu titrieren oder die Menge des Nickels in galvanotechnischen Elektrolyten mit Cyankalium maßanalytisch festzustellen, brauchbare Ergebnisse nicht geliefert, hingegen solche mit Schwefelnatrium. Man kann folgendermaßen vorgehen:

Eine mit einer 25ccm-Pipette entnommene, 0,2—0,5 g Ni enthaltende Probe des, wenn nötig, verdünnten Elektrolyten läßt man in einen 250 ccm Meßkolben fließen, gibt etwa 25 ccm Wasser zu, reichlich Chlorammonium und weiter, unter gelindem Umschwenken, tropfenweise Ammoniak, bis die Flüssigkeit klar dunkelblau ist. Hierauf überschichtet man sie mit einigen Kubikzentimetern „Wundbenzin" D.A.B., fügt mit der Pipette 25 ccm einer Lösung von rund 100 g $Na_2S + 9 H_2O$ in 1 l zu, füllt vorsichtig mit Wasser bis zur Marke auf, verschließt den Kolben und schüttelt erst jetzt durch. Hat man die Deckung mit Benzin richtig bemessen, so soll dieses den Raum zwischen der Strichmarke am Kolben und seinem Stopfen nahezu vollständig erfüllen. Nun setzt man auf einen 200 ccm-Erlenmeyer einen Trichter, 7 cm Durchmesser, mit fast bis zum Boden des Gefäßes reichendem Stiel, in den Trichter ein Faltenfilter und gießt vom Inhalte des Meßkolbens in das trockene Filter, es stets ziemlich voll haltend, bis sich etwa 100 ccm Filtrat angesammelt haben, das ganz farblos sein soll, und auf dem eine Schicht von Benzin schwimmt. Sie und ihr Dampf schützen die Na_2S-Lösung ausreichend vor Oxydation. Man entnimmt ihr also 25 ccm, indem man beim Eintauchen leicht in die Pipette hineinbläst, um zu verhindern, daß Benzin in sie gelangt, läßt in einen 500 ccm-Trichterkolben auslaufen, in dem man 25 ccm $^1/_{10}$ n-J-Lösung, verdünnt zu 200 ccm und angesäuert mit 5 ccm HCl, vorbereitet hat, schwenkt hierbei kräftig um und titriert schließlich das nicht verbrauchte Jod mit n-10-$Na_2S_2O_3$-Lösung zurück.

Den Wirkungswert der Na_2S-Lösung ermittelt man durch einen Vergleichsversuch an einer „Stammlösung", deren Ni-Gehalt genau bekannt und dem des zu untersuchenden Elektrolyten ähnlich ist.

Ist dann: a = g Ni in der pipettierten Menge „Stammlösung" x = g Ni in der gleichen Menge des zu untersuchenden Bades, b = bei der „Stammlösung zur Oxydation des überschüssigen Na_2S verbrauchte Kubikzentimeter $^1/_{10}$ n-J-Lösung, c = bei der zu untersuchenden Probe verbrauchte Kubikzentimeter $^1/_{10}$ n-J-Lösung, so ist weiter, wie eine einfache Überlegung lehrt, da 1 g Ni 4,0940 g Na_2S + 9 H_2O und 1 ccm $^1/_{10}$ n-J-Lösung 0,012105 g dieses Stoffes entspricht,

$$x = a + 0{,}002934 \ (b—c).$$

Liegen die Nickelgehalte der Stammlösung und des zu untersuchenden Bades nahe beieinander, so ergibt diese Methode sehr gute Werte. Am besten ist es daher, als Stammlösung gleich eine genügende Menge des frisch bereiteten Bades selbst aufzubewahren. Enthält das Bad auch Citronensäure, so muß diese in der pipettierten Probe mit Na_2O_2 zerstört werden.

Auf die Wichtigkeit der Bestimmung der Wasserstoffionenkonzentration (s. Bd. I, S. 273) in Nickelbädern weist H. B. Maxwell [Metal Ind. (London) **26**, 577, 582 (1925). — Chem. Zentralblatt 1925 **II**, 1928] unter Angabe der benötigten Apparate hin.

O. J. Sizelove [Metal Ind. (New York) 24, 236, 280, 327 (1926). — Chem. Zentralblatt **1926 II**, 2093] gibt schließlich eine Zusammenstellung für den Praktiker besonders vereinfachter Analysengänge.

G. Sonstiges.

Bestimmung von Nickel in gehärteten Ölen. Nach Fr. Fr. Prall [Ztschr. f. angew. Ch. 28, 40 (1915). — Chem. Zentralblatt 1915 I, 916] werden 100—200 g Fett in der Platinschale vorsichtig verascht. Die Asche wird in 3—5 ccm sehr verdünnter HCl gelöst, etwas erhitzt und mit NH_3 übersättigt. Nach einigen Stunden wird filtriert; das Filtrat wird in einer Porzellanschale zur Trockne verdampft und der Rückstand zuerst mit NH_3, dann mit alkoholischer Dimethylglyoximlösung befeuchtet. Bei Gegenwart von 0,1—0,01 mg Ni in 1000 g Fett tritt noch deutliche Rotfärbung ein.

IV. Analysenbeispiele[1].

a) Erze.

Comarit: 36,13% NiO, 43,36% SiO_2, 4,49% Fe_2O_3, 1,91% Al_2O_3, 1,86% P_2O_5, 0,71% As_2O_5.

Garnierit: 8—22% NiO, 42—48% SiO_2, 18—20% MgO, bis 18% Fe_2O_3, bis 6% Al_2O_3.

Gersdorffit: 29% Ni, 45% As, 19% S, 6,7% Co.

---

[1] Ein Nachweis der Quellen ist aus Raummangel hier nicht möglich.

Nickelantimonarsenglanz: 32,41% Ni, 47,38% Sb, 14,59% S, 3,96% As, 1,30% Fe.

Nickelantimonkies: 28,04% Ni, 54,47% Sb, 15,55% S.

Nickelarsenglanz: 35,27% Ni, 38,92% As, 17,82% S, 4,97% Fe, 2,75% Cu, 2,23% Co.

Nickelblüte: 32,64% NiO, 36,64% As_2O_5, 3,74% MgO, 3,51% CaO, 0,50% CoO.

Magnetkies: 2—3,5% Ni, 35% Fe, 23% S, 0,8% Cu.

Numeit: 14,54% NiO, 47,04% SiO_2, 19,08% MgO, 1,38% Al_2O_3, 0,16% Fe_2O_3.

Rewdanskit: 18,33% NiO, 32,10% SiO_2, 12,50% FeO, 11,50% MgO, 3,25% Al_2O_3.

Röttisit: 35,87% NiO, 43,70% SiO_2, 4,68% Al_2O_3, 2,70% P_2O_5, 0,81% Fe_2O_3, 0,81% As_2O_5, 0,68% CoO, 0,41% CuO.

Talk (nickelhaltiger): 15,91% NiO, 53,91% SiO_2, 19,39% MgO, 2,65% Al_2O_3, 1,46% Fe_2O_3.

Weißnickelkies: 18,96% Ni, 76,38% As, 2,30% Fe, 1,60% Co, 0,11% S.

b) Metall und Legierungen.

Alfenide: Siehe Neusilber.

Alpaka: Siehe Neusilber.

Aphtit: 20—21% Ni, 70—75% Cu, 2,4—5,5% Zn, 1,8—4,5% Cd.

Argasoid: 13,4% Ni, 55,8% Cu, 23,2% Zn, 4,04% Sn, 3,54% Pb.

Argentan: Siehe Neusilber.

Argentanlot: 12—8% Ni, 50—57% Zn, 38—35% Cu.

Arguzid: 14% Ni, 56% Cu, 23% Zn, 4% Sn, 3% Pb.

Argyroid: 25% Ni, 70% Cu, 5% W.

Benediktnickel: 20% Ni und 80% Cu.

Blankonickel: 20% Ni und 80% Cu.

Borchers-Metall: Ni mit 25% Cr (Ni teilweise durch Co, Ag, Cu ersetzbar).

Chinasilber: Siehe Neusilber.

Chromnickel-Widerstandsmaterial: 60—85% Ni, 20—15% Cr, 0—20% Fe.

Hiorns-Legierung: 34% Ni, 46% Cu, 20% Zn.

Ilium (säurebeständig): 60,65% Ni, 21,07% Cr, 6,42% Cu, 4,56% Mo, 2,13% W, 1,09% Al, 1,04% Si, 0,98% Mn, 0,76% Fe.

Konel-Metall: 70—71,2% Ni, 18,6—19,5% Co, 7,0—7,4% Fe, 2,7 bis 2,8% Ti, bis 0,4% Al.

Konstantan: 40% Ni, 56—60% Cu, 3% Mn.

Lagermetall: Siehe Nickellegierung.

Maillechort: 17—19% Ni, 67—65% Cu, 13% Zn, bis 3% Fe.

Maschinenteillegierung: 25% Ni, 50% Cu, 25% Sn.

Minargent: 40% Ni, 57% Cu, 2,5% W, 0,5% Al.

Monelmetall: 67—68% Ni, 27—30% Cu, Fe und Mn bis 6%.

Münzennickel: 25% Ni und 75% Cu.

Neusilber: 15—30% Ni, meist 18—22%, 50—65% Cu, meist 50—55%, 15—40% Zn, meist 25—30%.

Neusilber (Farbe wie echtes Silber 750/1000): 21% Ni, 55% Cu, 24% Zn.

Neusilber (manganhaltig): Ni < 4%, Cu 57—63%, Zn 23—30%, Mn 5—19%, Fe < 1%.

Neusilber-Hartlot: 8—20% Ni, 40—55% Zink, 35—40% Cu.

Nichrome (hitzebeständig): 60% Ni, 26% Fe, 14% Cr.

Nickel-Aluminium-Bronze: 5—7% Ni, 83—85% Cu, 10% Al.

Nickelbronze (seewasserbeständig): 33% Ni, 45% Cu, 16% Sn, 6% Zn, oder 32% Ni, 46% Cu, 20% Zn, wenig Sn und Bi.

Nickelbronze: 0,5—10% Ni, 65—83% Cu, 4—10% Sn, 0,5—6% Zink, 0—25% Pb.

Nickel-Lagermetall: 1,7—2,1% Ni, 70—78% Pb, 14—20% Sb, 4—6% Sn, 0,3—0,5% Co, 0,1—1,0 Cu, < 0,2% Fe.

Nickel- und Chrom-Nickelstähle: Siehe Abschnitt „Eisen".

Nickel-Mangan-Messing: 2—10% Ni, 50—65% Cu, 5—40% Zn, 4—20% Mn, < 3,0% Fe, < 0,5% Al.

Nickel-Messing: 1,5% Ni, 54% Cu, 44% Zn, 0,5% Fe.

Nickel-Weißmetalle: 5—10% Ni, 60—80% Sn, 10—12% Sb, 1 bis 20% Pb.

Nickelin: 23—31% Ni, 56% Cu, 13—17% Zn, bis 2% Mn, < 0,5% Fe < 0,2 Pb.

Nico-Metall: Siehe „Nickel-Lagermetalle".

Packfong: Siehe „Neusilber".

Permalloy: 80% Ni, 20% Fe.

Perusilber: 13% Ni, 65% Cu, 20% Zn, 2% Ag.

Platinoid: 22% Ni. 56% Cu, 22% Zn, wenig W.

Plattierungsnickel: 20% Ni und 80% Cu.

Pyrochrom: 80—85% Ni, 20—15% Cr.

Rheotan: 42% Ni, 56% Cu, 0,4% Fe.

Rohnickel: 0,35% Fe, 0,20% C, 0,12% Cu, 0,03% Si, 0,01% S.

Rosein (für Juwelierarbeiten): 40% Ni, 30% Al, 20% Sn, 10% An.

Rübelbronzen: 18—31% Ni, 39—33% Cu, 35—29% Fe, 8—7% Al.

Sterlin-Metall: 18% Ni, 68% Cu, 13% Zn, 1% Fe.

Thermit-Lagermetall: Siehe „Nickel-Lagermetall".

Thermochrom: 65% Ni, 20% Fe, 15% Cr.

Thiersargent: Siehe „Neusilber".

Victor-Metall: 15% Ni, 50% Cu, 34% Zn.

Weißkupfer: Siehe „Neusilber".

Wolfram-Nickel-Legierungen (säurebeständig): 52—80% Ni, 43—10% Cu, 2—10% W.

Würfel-Nickel: Ni mit 0,7% Co, 0,3% Cu, 0,3% C, 0,1% Si, 0,1% Fe, Sp.P und S.

Y-Legierung: 2% Ni, 92,5% Al, 4% Cu, 1,5% Mg.

Osmium

(s. S. 1553).

Blei.

Von

Dr.-Ing. G. Darius, Frankfurt a. M.

Einleitung.

Blei (Pb), Atomgewicht 207,21, kommt in der Natur hauptsächlich als Bleisulfid, Bleiglanz PbS mit 86,57% Pb vor. Dieser ist oft begleitet von Bleicarbonat, Weißbleierz $PbCO_3$ mit 77,52%, Bleivitriol, Anglesit $PbSO_4$ mit 68,3% Pb, Grün- und Braunbleierz oder Pyromorphit $3 Pb_3(PO_4)_2 + PbCl_2$ mit 75,92% Pb. Die anderen Mineralien z. B. Mimetesit $3 Pb_3(AsO_4)_2 + PbCl_2$, Gelbbleierz $PbMoO_4$, Scheelbleierz $PbWO_4$, Vanadinbleierz $3 Pb_3(VO_4)_2 + PbCl_2$, Nadorit $PbSb_2O_4 + PbCl_2$ kommen für die Bleigewinnung nicht in Frage. Fast alle Bleierze enthalten Silber meist als das dem Bleiglanz isomorphe Silbersulfid in Mengen von $1/100$—1%. Auch Gold in geringen Mengen ist auf bestimmten Fundstellen ein häufiger Begleiter der Bleierze.

I. Quantitative Bestimmungsformen des Bleies.

A. Gewichtsanalytisch.
  1. Schmelzmethoden.
     a) Belgische Schmelzmethode.
     b) Deutsche Schmelzmethode.
  2. Schnellbestimmungen.
  3. Als Sulfat, Chromat, Molybdat.
B. Volumetrisch als Molybdat.
C. Elektrolytisch als Bleisuperoxyd.

A. Gewichtsanalytische Bestimmungsmethoden.

1. Schmelzmethoden.

Die trockene Bleibestimmung ist heute trotz aller ihr anhaftenden Nachteile immer noch die Methode, die auf den Bleihütten sowohl zur Ausführung der Betriebsproben als auch zum Einkauf der Bleierze hauptsächlich angewandt wird. Sie besteht darin, daß das Bleierz mit einem reduzierenden Schmelzfluß auf metallisches Blei verschmolzen wird, und der Bleiregulus, nachdem er notwendigenfalls von Schlacke befreit worden ist, ausgewogen wird. Sie ist bei reinen Bleierzen gut anwendbar, und ein geübter Probierer muß bei Parallelbestimmungen eine Übereinstimmung von 0,2—0,4 % Pb erreichen. Die Methode hat jedoch verschiedene Fehlerquellen. Zunächst gehen gewisse Metalle, z. B. Silber, Gold, Wismut, Kupfer, Antimon und Zinn, da sie sich mit dem Blei legieren, mehr oder weniger vollständig in den Bleiregulus über, während die Gegenwart von Arsen bei Anwesenheit von Schwefel und Eisen durch Bildung von bleihaltiger Speise zu geringe Werte ergibt. Das Vorhandensein von Sulfaten bedingt ebenfalls Bleiverluste, da aus der sulfathaltigen Schlacke sich das Blei, selbst bei Anwendung von starken Reduktionsmitteln nicht vollständig reduzieren läßt. Dazu kann noch ein Bleiverlust kommen, der entweder infolge zu hoher Schmelztemperatur durch Verschlacken und durch Oxydation des Bleies oder teilweises Verstäuben des Tiegelinhaltes durch falsches Einschmelzen entsteht.

a) Die belgische Probe

wird in guß- oder schmiedeeisernen Tiegeln. die eine Höhe von 12 cm und einen Außendurchmesser von 8 cm bei $1^1/_2$ cm Wandstärke haben, ausgeführt. Man erhitzt den Tiegel zunächst im Kokswindofen oder im Gasofen zur dunklen Rotglut, nimmt ihn aus dem Feuer, bestreut das Innere des Tiegels mit etwas Flußmittel und gibt eine Mischung von 25 g Erz mit 45—50 g Fluß hinein. Der Fluß besteht im allgemeinen aus 7 Teilen calcinierter Soda, 4 Teilen calciniertem Borax und 0,5—1 Teil Weinstein. Dann deckt man noch etwas Fluß darüber und läßt bei 600—700° langsam einschmelzen, wobei man dafür sorgt, daß das ungeschmolzene Material gleichmäßig nachrutscht. Kurz vordem vollständigen Schmelzen wird noch etwas Fluß zugegeben und die Temperatur auf 800—900° erhöht, jedoch nicht höher. Man drosselt den Zug und sorgt, daß keine frische Luft an den Tiegelinhalt gelangt. Je nach der Gangart ist die Reaktion im Tiegel mehr oder weniger stürmisch, so daß unter Umständen noch ein- oder zweimal Fluß nachgegeben werden muß. Die beim Niedergehen der Schmelze an den Tiegelwandungen zurückgebliebenen Bleikörnchen werden mit einem eisernen Drahthaken in die Schmelze geschoben. Dann läßt man die Schmelze bis zum ruhigen Fließen im Feuer stehen, nimmt den Tiegel heraus, läßt ihn etwas abkühlen, stößt ihn einige Male auf eine harte Unterlage auf und gießt vorsichtig die dünnflüssige Schlacke in einen erwärmten mit Rötel oder Öl ausgestrichenen Einguß. Das im Tiegel verbleibende flüssige Blei wird einige Male umgeschwenkt, um alle Körnchen zu sammeln, und dann in eine Regulusform gegossen. Die halberkaltete Schlacke wird nochmals in den Tiegel gegeben und mit 20—25 g Fluß eingeschmolzen. Nach Beendigung der Nachschmelze wird die Schlacke genau wie vorher abgegossen und das etwa gebildete Bleikorn dem Hauptregulus zugefügt. Falls infolge eines merklichen Arsengehaltes sich unten im Tiegel etwas Speise gebildet haben sollte, so ist diese vor einer neuen Schmelze mit dem eisernen Schlackenmesser herauszukratzen. Da das Tiegelmaterial, besonders bei geschwefelten Erzen, als Reagens dient, so ist ein Tiegel in der Regel nur 30—40mal zu gebrauchen. Tiegel, welche durch Fehler im Material im Laufe der Schmelzen an der Innenwandung rissig werden, sind sofort zu verwerfen.

b) Die deutsche Probe

wird nur noch vereinzelt und dann hauptsächlich für schwefelfreie Materialien angewandt. 5 oder 10 g je nach dem Bleiinhalt werden in Tontutten mit Zusatz von Pottasche, Mehl und Borax (= 5 Teile Pottasche, 2 Teile Mehl, 1 Teil Borax) und, falls Schwefel vorhanden ist, mit einigen Eisennägeln in der Muffel erhitzt. Die beschickte Tutte wird in die ganz schwach erwärmte Muffel eingesetzt und diese langsam angeheizt. Sobald man erkennt, daß kein Kohlenoxyd mehr entweicht, wird 30 Minuten lang stärker erhitzt, die Tutte herausgenommen, umgeschwenkt und einige Male aufgestoßen. Man läßt erkalten und zerschlägt das Tongefäß, trennt Schlacke und Eisen vom Bleikönig und wägt diesen aus. Materialien mit wenig Blei, besonders Bleischlacken, gibt man zum Sammeln des Bleies einige eingewogene Silberkörner zu und zieht zur Bestimmung des Bleies das Gewicht des Silbers von dem Bleiregulus ab.

2. Schnellbestimmungen.

Außer diesen rein trockenen Bestimmungen, bei denen das metallische Blei ausgewogen wird, gibt es noch zwei andere Schnellmethoden, bei denen das Blei auch als Metall bestimmt wird. Das eine Verfahren ist von Schulz und Low (Berg- u. Hüttenm. Ztg. 1892, 473; Technical method of ore analysis. p. 123. 1905) und besteht darin, daß ein durch Auskochen mit schwach schwefelsaurer Seignettesalzlösung gereinigtes Bleisulfat mit heißer Salmiaklösung aufgelöst und im Filtrat das Blei durch metallisches Aluminium abgeschieden, abfiltriert, ausgewaschen, getrocknet und gewogen wird. Das andere Verfahren von Rößler [Ztschr. f. anal. Ch. 24, 1 (1885)] beruht auf der Ausfällung des Bleies aus einer reinen Bleichloridlösung durch metallisches Zink am besten in Granalienform und Ansammeln des ausgewaschenen Metallschwammes in einer unter heißem Wasser geschmolzenen abgewogenen Menge Woodschen Metalls. Aus der Gewichtszunahme der erstarrten Legierung wird der Bleigehalt errechnet.

3. Bestimmung als Sulfat.

Nach Treadwell (Lehrbuch der analytischen Chemie. 11. Aufl., Bd. II, S. 143) fällt man die Lösung, welche das Blei als Chlorid, Nitrat oder Acetat enthält, mit verdünnter Schwefelsäure im Überschuß, dampft vorsichtig bis zum Auftreten von Schwefelsäuredämpfen ab und läßt erkalten. Dann fügt man vorsichtig Wasser hinzu, schwenkt gut um und läßt einige Stunden stehen. Das Bleisulfat wird am besten durch einen porösen Porzellantiegel filtriert, mit schwefelsaurem oder ammonsulfathaltigem Wasser und zuletzt mit Alkohol ausgewaschen. Dann wird der Porzellantiegel zunächst auf dem Asbestnetze getrocknet, darauf in einen größeren Porzellantiegel gestellt und bis zur dunklen Rotglut erhitzt. Hierbei muß noch etwa vorhandene Schwefelsäure verjagt werden. Eine Zersetzung des Bleisulfates ist nicht zu befürchten. Falls man das Bleisulfat durch ein dichtes Papierfilter filtriert hat, wäscht man dieses wie vorher beschrieben aus und trennt nach dem Trocknen die Hauptmenge des Niederschlages vom Filter. Das Filtrierpapier wird bei möglichst tiefer Temperatur verascht und die Asche nach dem Erkalten mit etwas Salpetersäure angefeuchtet, mit 1—2 Tropfen Schwefelsäure zur Trockne gedampft und zum Verjagen der Schwefelsäure schwach geglüht. Dann gibt man die Hauptmenge des Niederschlages hinzu und calciniert bei dunkler Rotglut bis zum konstanten Gewicht. Nur bei großer Übung ist es zu empfehlen, das Filter und das gesamte Bleisulfat nach dem Trocknen zu veraschen. Es bilden sich hierbei nämlich leicht infolge von Reduktion metallische Bleikügelchen oder andere Bleiverbindungen, die sich, da sie sich mit der Glasur des Tiegels leicht verbinden, nicht mehr mit Salpeterschwefelsäure in Bleisulfat überführen lassen. Reines Bleisulfat ist weiß, falls aber die Bleilösung viel Silber enthält, wird das Bleisulfat bräunlich, anscheinend durch Spuren von Silberoxyd. Gewichtlich ist diese Färbung nicht zu erfassen. Das ausgewogene Bleisulfat soll sich in Ammonacetat in der Siedehitze ohne Rückstand lösen. Bleibt ein beachtenswerter Rückstand, so muß dieser abfiltriert, verascht und vom Gewicht des Bleisulfates abgezogen werden.

$$PbSO_4 \times 0,6833 \ (\log = 0,83458 - 1) = Pb.$$

4. Bestimmung als Chromat.

Diese Bestimmungsform wird in Deutschland nur wenig angewandt. Sie ist aber schnell auszuführen und wird von W. Scott (Standard methods of chemical analysis. p. 275a) wie folgt angegeben. Die Bleilösung, welche alles Blei als Acetat enthält, wird mit Essigsäure schwach angesäuert und zum Kochen erhitzt. Durch Zugabe einer Lösung von Kaliumdichromat, meist genügen 10 ccm einer $5^0/_0$igen Lösung, wird das Blei gefällt. Man kocht jetzt die Lösung bis der Niederschlag orange bis rot geworden ist und läßt den Niederschlag absitzen. Man muß den Farbenumschlag abwarten, denn der gelbe Niederschlag ergibt, da er sehr schwer quantitativ auszuwaschen ist, gewöhnlich zu hohe Resultate, es sei denn, daß man den Umrechnungsfaktor entsprechend der Arbeitsweise empirisch abändert. Das Bleichromat wird durch einen porösen Porzellan- oder Goochtiegel filtriert, mit heißem Wasser ausgewaschen, bei 110° C getrocknet und nach dem Erkalten ausgewogen.

$$PbCrO_4 \times 0,6411 \ (\log = 0,80691 - 1) = Pb.$$

5. Bestimmung als Molybdat.

Da diese Fällung in der salpetersauren Erzlösung sofort vorgenommen werden kann, wenn die etwa vorhandene Kieselsäure vorher unlöslich gemacht und abfiltriert worden ist, so bietet sie einen großen Vorteil in der Ausführungsdauer der Bestimmung, wohingegen das angewandte Reagens verhältnismäßig teuer ist. Nach W. Scott (Standard methods of chemical analysis. p. 275a) gibt man zu der salpetersauren Lösung zunächst 2 g Ammoniumchlorid und dann so viel Ammonacetat als zur Zerstörung der freien Salpetersäure notwendig ist. Man rechnet 2 g Ammoniumacetat pro 1 ccm konzentrierte Salpetersäure. Man gibt jetzt für je 0,1 g niederzuschlagendes Blei 40 ccm einer 0,4%igen Ammonmolybdatlösung, welche 1% Essigsäure enthält, hinzu, kocht 2—3 Minuten und läßt den Niederschlag absitzen. Man filtriert ab, wäscht, um die Bildung von kolloidalem Bleimolybdat zu verhindern, mit einer 2%igen Ammonnitratlösung aus und glüht den Niederschlag über der freien Flamme oder in der Muffel.

$$PbMoO_4 \times 0,5642 \; (\log = 0,75149 - 1) = Pb.$$

B. Maßanalytische Bestimmungsmethoden.

Nach der von Alexander (Berg- u. Hüttenm. Ztg. 1893, Nr 52, 201) angegebenen Methode wird das Blei aus essigsaurer Lösung mit einer bekannten Molybdatlösung ausgefällt. Den Endpunkt erkennt man beim Tüpfeln gegen eine frischbereitete Tanninlösung durch eine Gelb- oder Rotfärbung. Die Ammonmolybdatlösung enthält 9 g im Liter, die Tanninlösung 0,1 g auf 20 ccm. Man soll die Indicatorlösung täglich frisch bereiten. Zur Ausführung der Bestimmung säuert man die meist durch Lösen des Bleisulfats in Ammonacetat erhaltene Bleiacetatlösung mit Essigsäure an, verdünnt auf 250—300 ccm und titriert in der Siedehitze mit der Ammonmolybdatlösung. Man sorge dafür, daß ein möglichst geringer Überschuß an Ammonacetat vorhanden ist. In der Praxis wird man immer dafür Sorge tragen, daß man zunächst eine Vorprobe zur Verfügung hat, um den ungefähren Verbrauch an Molybdatlösung zu ermitteln. Man tüpfelt dabei zweckmäßig zunächst, sobald man keine Fällung von Bleimolybdat mehr wahrnimmt, und dann nach Zugabe von je 2 ccm Titrierlösung bis zum deutlichen Endpunkt. Bei der Haupttitration gibt man dann in einem Zulaufen 2 ccm weniger zu als vorher benötigt war, und tüpfelt dann nach Zugabe von je 4—5 Tropfen bis zur Endreaktion, d. h. eine weitere Zugabe von 0,2 ccm Molybdatlösung muß eine deutliche Zunahme des braunen Farbtones bewirken. Die Einstellung des Titers erfolgt entweder durch reines Blei oder eine andere chemisch reine Bleiverbindung, deren Bleigehalt bekannt ist. Man löst die Titersubstanz in Salpetersäure, dampft mit Schwefelsäure ab, löst das Bleisulfat mit Ammoniumacetat und titriert wie oben beschrieben. Es ist auch hier von Bedeutung, daß Titer und Probe ungefähr den gleichen Bleigehalt haben. Auch in bezug auf vorhandene freie Essigsäure, Temperatur und Volumen sollen Titerlösung und Probe möglichst übereinstimmen. Es ist zu bemerken, daß die zu titrierende essigsaure Bleilösung keine größere Menge Kalkverbindungen enthalten darf, da diese die Titration erheblich stören würden. Ebenso macht die Anwesenheit von Eisen, des Indicators wegen, eine Titration mit Molybdat in dieser Weise unmöglich. Man muß demnach bei der Analyse eisenhaltiger Materialien einen entsprechenden Analysengang wählen.

Eine andere Ausführungsform gibt I. F. Sacher [Kolloid-Ztschr. 19, 276 (1926)] an, in der er den Endpunkt der Titration ohne Tüpfeln dadurch erkennt, daß die zu titrierende Lösung, solange noch Blei im Überschuß ist, durch das ausfallende Bleimolybdat nach 1—2minütlichem

Absitzenlassen trübe bleibt, während am Äquivalenzpunkte die über dem Niederschlag stehende Flüssigkeit klar und durchsichtig wird. Man arbeitet auch hier in essigsaurer Lösung in der Wärme. Die Anwesenheit von Eisen stört hierbei nicht, jedoch dürfen keine trüben, z. B. antimonhaltige Lösungen titriert werden.

C. Elektrolytische Bestimmungsmethode.

Die elektrolytische Abscheidung als Bleisuperoxyd (s. a. S. 963) gelingt ohne Schwierigkeiten in stark salpetersaurer Lösung (20 Vol.-%) bei einer Stromdichte von 2—10 Ampere pro 100 qcm. Es ist erforderlich, daß die Elektrode mattiert ist und die Lösung kein Arsen, Selen, Mangan, Wismut und Silber enthält. Die Anwesenheit geringer Mengen Kupfer fördert jedoch die Abscheidung. Da bei der Abscheidung größerer Mengen Blei·sich das Bleisuperoxyd wasserhaltig abscheidet, und es selbst bei mehrstündigem Trocknen bei 200° nicht gelingt, alles Wasser zu entfernen, so muß man die Auswaagen an Bleisuperoxyd mit einem empirischen Faktor auf Blei umrechnen. Im allgemeinen sind folgende Faktoren brauchbar. Bei Mengen bis 0,1 g Bleisuperoxyd rechnet man mit dem theoretischen Faktor 0,866, von 0,1 bis 0,3 g Bleisuperoxyd mit 0,865 und über 0,3 g Bleisuperoxyd mit 0,863. Wenn es die Form der Anode erlaubt, z. B. mattierte Classensche Schale, dann kann man durch Glühen das Bleisuperoxyd in Bleioxyd umwandeln. Dann ist der Umrechnungsfaktor 0,928. Je höher die Temperatur der zu elektrolysierenden Lösung ist, um so schneller geht die Abscheidung vor sich. Auch Bewegung des Elektrolyten oder der Elektroden verringert die Dauer. Man erkennt in jedem Falle das Ende der Elektrolyse daran, daß sich, nachdem man mit ungefähr $1/4$ des Flüssigkeitsvolumen verdünnt hat, nach 15—20 Minuten keine dunkle Abscheidung an dem neubenetzten Teil der Anode zeigt. Man wäscht den Niederschlag unter Strom aus und trocknet bei 120° bis zum konstanten Gewicht. Da das Bleisuperoxyd besonders bei größeren Mengen beim Trocknen leicht spröde wird und abspringt, ist es zweckmäßig, im Trockenschrank ein Uhrglas unterzustellen.

In der Praxis wird die elektrolytische Bleibestimmung nur bei geringen Bleigehalten angewandt, z. B. in Zinkoxyden oder in bleiarmen Kupfer-, Zink- oder Mischerzen und in Legierungen. Man fällt bei diesen Analysen das Blei durch Schwefelwasserstoff, zieht die Sulfide mit verdünnter Natriumsulfidlösung aus und löst die verbleibenden Sulfide mit warmer verdünnter Salpetersäure durch das Filter, gibt zur klaren Lösung noch für je 100 ccm Flüssigkeit ungefähr 10—15 ccm Salpetersäure (spez. Gew. 1,4) und elektrolysiert unter Bewegung der Elektrolyten bei 2—3 Ampere. Es ist vorteilhaft, die Elektrolyse bei 70—80° beginnen zu lassen. Die Behandlung und Wägung des Niederschlages erfolgt wie oben beschrieben. Legierungen löst man in Salpetersäure, filtriert etwaige Rückstände ab, gibt bei kupferarmen Lösungen etwa 0,5 g Kupfer als Nitrat zu und elektrolysiert die klare Lösung.

II. Bleierze.

Bei reinen Bleierzen (ohne Antimon, Zinn) nimmt man zur Analyse je nach dem Bleigehalt 1—2,5 g, löst diese unter langsamen Erwärmen in 20 ccm konzentrierter Salpetersäure, gibt nach Beendigung der Hauptreaktion 20 ccm Schwefelsäure (1 : 1) hinzu und dampft langsam bis zum Auftreten von schweren weißen Schwefelsäuredämpfen ein. Man läßt erkalten, verdünnt vorsichtig (starkes Erwärmen und Spritzen!) mit 50 ccm kaltem Wasser und kocht gut auf. Nach dem Erkalten dekantiert man durch ein hartes Filter, wäscht den Rückstand 2—3mal im Kolben mit schwach schwefelsaurem Wasser (1% Schwefelsäure), wobei das unreine Bleisulfat nach und nach auf das Filter gegeben wird. Den Filtrierrückstand spritzt man in den Kolben zurück, gibt 50 ccm kaltgesättigte schwach essigsaure Ammonacetatlösung hinzu, kocht gut auf, bis sich alles Bleisulfat gelöst hat, gießt die heiße Acetatlösung durch das zuerst benutzte Filter und wäscht das Filter mit heißem Wasser bis zur Bleifreiheit aus, die man daran erkennt, daß einige Tropfen des Filtrates mit essigsaurer Kaliumchromatlösung keine gelbe Trübung ergeben. Bei kalkfreien oder kalkarmen Erzen kann man die Acetatlösung entweder in der Wärme mit verdünnter Schwefelsäure fällen (Achtung! starkes Schäumen) oder man fällt in der Kälte mit konzentrierter Schwefelsäure, läßt den Niederschlag absitzen und bestimmt das Bleisulfat nach S. 1505. Bei kalkhaltigen Materialien fällt man die Acetatlösung entweder mit Schwefelwasserstoff oder mit Natriumsulfidlösung, filtriert die Sulfide ab, löst das Filter mit Salpeterschwefelsäure und raucht bis zu weißen Dämpfen ein. Die Weiterbehandlung ist dann wie auf S. 1505 angegeben.

Bleiarme Erze mit sehr viel Kalk als Sulfat oder Carbonat behandelt man nach Stahl [Chem.-Ztg. 42, 317 (1918)] zunächst 2 Stunden lang bei 40—50° mit ½ Liter Wasser, dem einige Gramm Ammoniumchlorid und 0,5 g Kaliumsulfid zugesetzt sind, bringt so den Gips in Lösung, dekantiert durch ein Filter, wäscht das etwa übergangene Bleisulfid aus, verascht das Filter und gibt die Asche zur Hauptmenge des Rückstandes, den man in einen Kolben übergespritzt hatte und mit Salpeter-Schwefelsäure wie oben behandelt.

Bleierze, welche nur wenig Antimon enthalten, kann man unter Zugabe von 2 g Weinsäure mit konzentrierter Salpetersäure lösen, mit Wasser verdünnen und das Blei mit 20 ccm verdünnter Schwefelsäure (1 : 1) ausfällen. Es ist hierbei zu berücksichtigen, daß etwa 2 mg Blei in Lösung bleiben. Man läßt erkalten, absitzen, filtriert das unreine Bleisulfat ab, löst es in Ammonacetat und bestimmt das Blei nach einer der Methoden 3, 4, 5 (S. 1505 u. 1506) oder B (S. 1507).

Antimonreiche, kupferhaltige Bleierze kann man leicht durch Natriumsuperoxyd im kleinen eisernen Tiegel aufschließen. Man mischt 2 g des fein gepulverten Erzes mit 5,0—10,0 g Natriumsuperoxyd im Eisentiegel, gibt eine etwa 2—3 mm dicke Decke von Natriumsuperoxyd darüber, fügt des schnelleren Einschmelzens wegen ein 2 cm langes

Stück Ätznatron hinzu und deckt den Tiegel mit einem Eisenblech-
deckel zu. Dann erhitzt man zunächst mit kleiner Flamme bis zum
Beginn des Einschmelzens und verstärkt dann die Flamme bis die Masse
ruhig fließt. Man schwenkt den Tiegel gut um und läßt ihn alsdann
erkalten. Nach dem vollständigen Erkalten legt man den Tiegel in ein
bedecktes 400-ccm-Becherglas, gibt 150 ccm kaltes Wasser hinzu und
nimmt den Tiegel nach beendigter Lösungsreaktion heraus. Man spritzt
ihn sowie den Deckel gut mit Wasser ab und säuert die Lösung mit
Salzsäure an. Man dekantiert die klare Lösung in einen 1-Liter-Erlen-
meyerkolben und löst die zurückgebliebenen Eisenteilchen durch Zugabe von etwas heißer konzentrierter Salzsäure. Die Lösungen werden
vereinigt, die sich beim Ansäuern bildenden Chlorverbindungen werden
verkocht, die Lösung abgekühlt, schwach ammoniakalisch gemacht und
dann mit 30 ccm konzentrierter Salzsäure angesäuert. In diese saure
Lösung leitet man Schwefelwasserstoffgas bis zur Sättigung ein und verdünnt dann mit gesättigtem Schwefelwasserstoffwasser auf 1 Liter.
Man läßt den Niederschlag einige Stunden in der Wärme absitzen und
filtriert ihn ab. Man wäscht ihn mit schwach saurem schwefelwasserstoffhaltigem Wasser bis zur Eisenfreiheit aus. Den Niederschlag spritzt man
in den Kolben zurück und zieht ihn 1—2mal mit Natriumsulfidlösung
aus. Die kochend heiße Natriumsulfidlösung gießt man durch das
gleiche Filter und wäscht den Niederschlag mit etwas schwefelnatriumhaltigem Wasser aus. Das Filtrat kann nach Zerstörung der Poly-
sulfide zur Antimonbestimmung durch Elektrolyse (s. S. 970) benutzt
werden. Der Rückstand wird nebst dem Filter in den Fällungskolben
zurückgegeben, mit Salpeter-Schwefelsäure gelöst und abgeraucht, mit
Wasser aufgenommen, gekocht und abgekühlt. Das Bleisulfat wird
abfiltriert, ausgewaschen und als solches bestimmt. Das Filtrat kann zur
elektrolytischen Bestimmung des Kupfers entweder in schwefelsaurer
Lösung oder, nachdem man mit Ammoniak übersättigt hat, in salpetersaurer Lösung benutzt werden. Sind die Erze stark kieselsäurehaltig,
dann muß das Bleisulfat, am besten nach dem Glühen und Auswiegen,
auf Reinheit geprüft werden; denn bei der Schwefelwasserstoffällung
kann Kieselsäure mit niedergerissen werden, welche dann als Bleisulfat
zur Auswaage gelangen würde. Man löst darum das Bleisulfat in Ammonacetat in der Siedehitze, filtriert eine etwaige Trübung ab, verascht das
Filter und zieht das Gewicht des veraschten Rückstandes von der Blei-
sulfatauswaage ab.

Zur Edelmetallbestimmung (vgl. S. 1507) in Bleierzen werden 25 g
mit 20 g silberfreier Glätte im eisernen Tiegel heruntergeschmolzen (vgl.
belgische Tiegelprobe, S. 1504), die Schlacke bei sehr silberreichem Material nochmals mit 10 g Glätte nachgeschmolzen und der Bleikönig auf
Knochenaschekapellen in der Gas- oder Koksmuffel abgetrieben. In die
hellrotglühende Muffel (950°) setzt man zunächst die leeren Kapellen ein
und läßt sie durch und durch heiß werden, damit das Einschmelzen des
Bleikönigs auf der Kapelle ohne Spratzen vor sich geht. Dann gibt man
den Bleikönig auf die Kapelle und läßt bei geschlossener Muffel das Blei
einschmelzen. Sobald das flüssige Blei blank ist, zieht man die Kapelle

an den vorderen Rand der Muffel und achtet darauf, daß das Blei nicht einfriert, d. h. nicht erstarrt. Unter lebhaftem Verdampfen verkleinert sich das Blei immer mehr, es scheint infolge der Silberanreicherung heller. Zum Schlusse des Treibens setzt man die Kapelle heißer, damit das Silber heiß „blicken" kann, denn nur dann scheiden sich die letzten Anteile der noch etwa vorhandenen Beimetalle. Besonders Wismut bleibt hartnäckig beim Silber, darum ist bei wismuthaltigen Produkten besondere Aufmerksamkeit am Platze. Nachdem das Silberkorn erstarrt ist, bringt man es nach und nach an den vorderen Rand der Muffel und vermeidet dadurch, besonders bei größeren Silberkörnern, das Spratzen. Das blanke Silberkorn wird dann mit einer Silberkornzange aus der Kapelle herausgehoben, gedrückt, mit einer harten Kornbürste gebürstet, damit keine Teilchen der Kapelle daran haften bleiben und dann ausgewogen. Die Auswaage geschieht auf der Goldwaage oder Mikrowaage (s. Bd. I, S. 902 und diesen Band, S. 1142) meistens auf 0,05 mg genau.

Ein im Bleierz vorhandener Goldgehalt ist noch in dem durch die Kapellation erhaltenen Silberkorn enthalten. Um ihn zu bestimmen, werden meist die Silberkörner, die aus 100 g Erz herrühren, gemeinsam in einem Goldkochkölbchen mit verdünnter Salpetersäure (Wasser : Salpetersäure = 1 : 1) eine Zeitlang vorsichtig erhitzt. Dabei soll ein Stoßen der Flüssigkeit vermieden werden, damit kein Metallkörnchen verspritzen kann. Nach dem Lösen gießt man die klare Flüssigkeit ab und kocht erneut mit etwas konzentrierterer Salpetersäure (Wasser : Salpetersäure = 1 : 2). Man dekantiert wieder und kocht mit destilliertem chlorfreiem Wasser nach. Man füllt darauf das Kölbchen bis zum Rande mit Wasser und stellt es mit dem Boden nach oben in den Goldtiegel. Man läßt den Goldstaub durch das Wasser bis auf den Tiegelboden heruntersinken und hebt das Kölbchen rasch ab, ohne Goldstaub zu verlieren. Dann gießt man bis auf einen kleinen Rest das Wasser aus dem Goldtiegel ab, verkocht vorsichtig den Wasserrest und trocknet und glüht den Metallstaub, der meist hellbraun aussieht, im Tiegel auf der freien Flamme. Man läßt erkalten und bringt das Gold auf der Goldwaage zur Wägung. Es wird auf 0,01 mg genau ausgewogen. Vielfach ist es üblich, die Silberkörner vor dem Lösen zu hämmern oder zu walzen. Man erhält dann an Stelle des Goldstaubes meistens das Gold als Körnchen, die leichter fertig zu machen sind. Wenn es sich nur um geringe Goldgehalte (1—10 g/t) handelt, ist es zweckmäßig, zum Scheiden zunächst eine verdünntere Säure (Wasser : Salpetersäure = 2 : 1) anzuwenden. Man erreicht hierdurch leicht, daß sich auch bei kleinsten Goldgehalten kein Metallstaub, sondern nur Goldkörnchen bilden. Dies erreicht man besonders leicht, wenn man die Silberkörner in die kochende verdünnte Säure gibt.

Bei unreinen Erzen, besonders bei kupfer-, antimon- und zinnhaltigen ist es notwendig, den Bleikönig unter Zusatz von etwas Borax zu verschlacken. Man bringt den unreinen Bleikönig in den durch und durch erhitzten Ansiedescherben, gibt ein wenig Borax zu und läßt zunächst bei geschlossener Muffel gut heiß werden, dann läßt man Luft zutreten und sorgt dafür, daß die Temperatur des Ansiedescherbens mindestens 900⁰ ist. Wenn die Schlacke sich über dem Bleikönig geschlossen hat, läßt man den Ansiedescherben erkalten, zerschlägt den Scherben und befreit den Bleikönig entweder durch Hämmern, Bürsten oder Lösen mit heißem Wasser von der Schlacke. Die Weiterbehandlung des Bleikönigs ist wie oben angegeben. Für antimon- und zinnhaltige Materialien genügt in jedem Falle ein einmaliges Verschlacken. Bei stark kupferhaltigen Stoffen kann ein zweimaliges Verschlacken notwendig sein, weil ein zu hoher Kupfergehalt im Blei das Treiben verhindert. In solchen Fällen wäre zu überlegen, ob man nicht eine kombiniert naß - trockene Silberbestimmung anwenden soll. Bei ihr werden 25 g Material (Kupferstein, Nickelspeisen u. ä.) mit 100 ccm konzentrierter Schwefelsäure versetzt. Man erwärmt zunächst schwach und nach Beendigung der Hauptreaktion kocht man auf. Dann gibt man je nach dem Bleigehalt des Materials 5—10 g Bleiacetat zu. Jetzt wird durch Natriumbromidlösung das Silber gefällt. Durch starkes Umschütteln sorgt man dafür, daß das Bleisulfat alles Silberbromid niederreißt und prüft die über dem Niederschlag stehende klare Lösung durch weiteren Zusatz von Natriumbromid, ob sie noch Silber enthält. Ist alles Silber ausgefällt, dann filtriert man durch große nicht zu weiche Filter ab. Falls das Filtrat zuerst trübe durchgehen sollte, gibt man etwas Niederschlag auf das Filter und gießt das erste Filtrat zurück. Man trocknet das Filter mit dem Niederschlage etwas an, gibt etwas Glätte und Fluß darüber und schmilzt alles im eisernen Tiegel herunter. Die Weiterbehandlung ist wie vorstehend angegeben.

Die Wismutbestimmung in Bleierzen wird fast nur noch aus dem auf trockenem Wege erhaltenen Bleikönig ausgeführt (s. S. 1116). Es hängt von der Menge des Wismuts ab, ob man die endgültige Bestimmung gravimetrisch oder colorimetrisch ausführt.

Zur Arsenbestimmung werden 2 g mit Salpetersäure-Schwefelsäure fast bis zur Trockne eingedampft, mit 100 ccm Salzsäure (1 : 1) aufgenommen, etwas erwärmt, damit alles Lösliche in Lösung geht, noch 100 ccm konzentrierte Salzsäure zugegeben, das Ganze unter Zusatz von Hydrazinsulfat und Natriumbromid (s. S. 1327) destilliert und das Arsen entweder als Arsensulfid oder jodometrisch bestimmt.

Der Schwefelgehalt wird in rohen oder gerösteten Bleierzen aus einer Einwaage von 1,5 g durch eine Schmelze mit Natriumsuperoxyd oder mit Soda und Salpeter bestimmt. Es ist zweckmäßig in einem Leerversuch den etwaigen Schwefelgehalt der verwendeten Materialien zu bestimmen.

Man löst die Schmelze in ungefähr 150 ccm Wasser, spült den Tiegel gut ab und füllt die alkalische Lösung in einen 300 ccm Meßkolben um, leitet zur Fällung des Bleies in die alkalische Lösung mindestens eine halbe Stunde lang Kohlensäure ein, füllt auf, schüttelt um und filtriert durch ein trockenes hartes Faltenfilter 200 ccm (1,0 g) in einen trockenen Meßkolben ab. Diese Lösung wird vorsichtig mit Salzsäure angesäuert und mit 2⁰/₀ Bariumchloridlösung gefällt, das Bariumsulfat abfiltriert und ausgewogen. Falls in schwefelarmen Röstprodukten sich beim Zerkleinern Bleimetall vorfinden sollte, siebt man dieses ab und läßt es bei der Analyse unberücksichtigt.

III. Hüttenprodukte.

Da die Zwischenprodukte des Bleihüttenbetriebes meist eine vielseitige Zusammensetzung haben, auch die zu bestimmenden Bestandteile in weiten Grenzen schwanken, wird man im allgemeinen den Aufschluß mit Natriumperoxyd, wie S. 1512 beschrieben, ausführen können, denn man erhält dabei eine vollständige Lösung des Materials. Die Edelmetallbestimmung wird in jedem Falle auf trockenem oder kombiniertem Wege, wie unter „Bleierze" (S. 1510) beschrieben, ausgeführt.

A. Bleistein und Kupferbleistein.

Zur Bleibestimmung werden 1—2 g des fein pulverisierten Materials mit 30 ccm konzentrierter Salpetersäure gelöst, mit Wasser verdünnt, abfiltriert und ausgewaschen. Dann gibt man zunächst noch 20 Vol.-$\%$ Salpetersäure hinzu und kann das Blei in einer mattierten Platinschale elektrolytisch als Bleisuperoxyd fällen. Falls wie beim Kupferbleistein nur wenig Eisen vorhanden ist, kann zugleich das Kupfer kathodisch abgeschieden werden, wobei jedoch das auf trockenem Wege ermittelte Silber zu berücksichtigen ist.

Ist das Material bleireich, so ist die Elektrolyse nicht zu empfehlen (s. S. 1508). Man dampft dann zweckmäßiger die salpetersaure Lösung mit 20 ccm Schwefelsäure (1 : 1) bis zu weißen Dämpfen ein, verdünnt vorsichtig mit Wasser, läßt erkalten, filtriert das Bleisulfat ab, reinigt es über Ammonacetat und bestimmt es in beliebiger Weise. Das Filtrat kann entweder direkt oder bei unreineren Steinen nach Fällung mit Schwefelwasserstoff, Ausziehen mit Natriumsulfid und Lösen des Niederschlages in Salpetersäure zur Kupferbestimmung durch Elektrolyse benutzt werden. Zur Eisenbestimmung im Bleistein werden 2 g mit Salpetersäure gelöst und mit Schwefelsäure abgeraucht. Man kocht mit Wasser auf, filtriert ab, oxydiert das Filtrat mit Salpetersäure, fällt das Eisen mit Ammoniak, filtriert das Hydroxyd ab, löst es in Salzsäure und titriert das Eisen mit Permanganat in bekannter Weise. Den Rückstand prüft man auf Eisenfreiheit, indem man ihn mit Ammonacetat auszieht, verascht und mit Flußsäure abraucht. Den verbleibenden Rückstand schließt man im Platintiegel mit konzentrierter Schwefelsäure auf, oxydiert die Lösung und fällt mit Ammoniak. Die geringsten Spuren an Eisen sind dann als rotbraunes Ferrihydroxyd zu erkennen und falls nötig zu bestimmen.

B. Bleischlacken.

Falls nur eine Bleibestimmung ausgeführt werden soll, kann man 1—5 g der feingeriebenen Schlacke mit Flußsäure-Schwefelsäure in einer

Platinschale behandeln, den Rückstand, nachdem alle Flußsäure durch
ein zweites Abrauchen entfernt ist, mit Wasser aufnehmen, das unreine
Bleisulfat abfiltrieren, über Ammonacetat reinigen und in beliebiger
Weise bestimmen. Zu einer eingehenderen Analyse versetzt man 1—5 g
des im Achatmörser geriebenen Materials mit konzentrierter Salzsäure (spez. Gew. 1,19), raucht zweimal zur Trockne, um die Kieselsäure
unlöslich zu machen, nimmt mit heißem Wasser auf, filtriert ab und wäscht
das Filter mit heißem Wasser bleifrei aus. Im Filtrat fällt man Blei,
Kupfer usw. mit Schwefelwasserstoff und kann diesen Niederschlag nach
Belieben weiter untersuchen. Im Filtrat wird der Schwefelwasserstoff verkocht, mit Wasserstoffsuperoxyd oxydiert, genau neutralisiert und in der
abgekühlten Lösung Eisen und Aluminium in bekannter Weise als basisches
Acetat gefällt. Der Niederschlag wird abfiltriert, verglüht und als Oxyd
gewogen. Im essigsauren oder schwach mineralsauren Filtrat wird Zink
mit Schwefelwasserstoff als Zinksulfid gefällt und nach der Filtration
für sich allein weiterbestimmt (s. S. 1701). Im Filtrat wird Kalk und
Mangan nach dem Verkochen des Schwefelwasserstoffs und Oxydieren
mit Bromwasser, mit Ammoniak und Ammonoxalat gefällt, filtriert
und geglüht. Im Filtrat ist dann noch Magnesium zu fällen. Die Trennung
des Calciumoxydes vom Manganoxyduloxyd erreicht man durch Lösen
der Oxyde in Salzsäure und Fällen des Mangans mit Ammonsulfid in
schwach ammoniakalischer Lösung. Nach dem Glühen des gefällten
und abfiltrierten Mangansulfides kann man durch Subtraktion von der
vorher ausgewogenen Summe der Oxyde den Kalk indirekt bestimmen.
Man kann aber auch das Filtrat des Mangansulfidniederschlages ansäuern, den Schwefelwasserstoff verkochen, den Schwefel abfiltrieren
und den Kalk nach Übersättigen mit Ammoniak durch Ammonoxalat
als reines Oxalat fällen und als Calciumoxyd bestimmen. Das Eisen wird
in besonderer Einwaage bestimmt, indem 1 g mit Salpetersäure aufgeschlossen, mit Schwefelsäure abgedampft, mit Wasser aufgenommen,
nach dem Ansäuern mit Salzsäure mit Zinnchlorür reduziert und in
bekannter Weise titriert wird. Nach Abzug des Eisens von der Summe
Eisenoxyd und Tonerde ergibt sich Tonerde. Der Sulfidschwefel wird
direkt durch Austreiben mit Salzsäure (spez. Gew. 1,12) bestimmt,
indem man den entstehenden Schwefelwasserstoff in Cadmiumacetat
auffängt, das gebildete Cadmiumsulfid mit Kupfersulfat umsetzt und
als Kupferoxyd bestimmt.

$$\text{CuO} \times 0,4029 \ (\log = 0,60521 - 1) = \text{S}.$$

Bei Bleiaschen und Bleikrätzen, welche so viel Beimetalle
(Kupfer, Antimon usw.) enthalten, daß ein reduzierendes Schmelzen im
Eisentiegel (s. S. 1504) nicht angewandt werden kann, werden 2 g im
Eisentiegel mit Natriumsuperoxyd geschmolzen und wie auf S. 1509
angegeben analysiert. Das etwa in der Probe enthaltene Metall wird
am besten für sich allein untersucht und mit dem Feinen zusammen-
gerechnet.

Bleiglasuren werden wie Schlacken analysiert. Bei der Bestimmung des löslichen Bleies werden nach der Methode der englischen
Home-Office [Ztschr. f. anorg. u. allg. Ch. 15, 471 (1902)] eine beliebige

Menge des feingeriebenen Materials 1 Stunde mit der tausendfachen Gewichtsmenge $^1/_4\,^0/_0$ Salzsäure andauernd geschüttelt und nach einstündigem Stehen abfiltriert. Man füllt das Filtrat auf Marke auf und fällt in einem aliquoten Teil das Blei zunächst mit Schwefelwasserstoff und bestimmt es in bekannter Weise als Sulfat.

Die Analyse ,,silberhaltige Blei- und zinkreiche Oxyde aus den Blei- und Silberhüttenbetrieben", welche Silber, Blei, Bleioxyd, Zink, Zinkoxyd, Kupfer, Cadmiumoxyd, Wismutoxyd, Antimonoxyd, Arsenoxyd und Eisenoxyd enthalten können, beschreibt Stahl [Chem.-Ztg. 42, 586 (1918)].

IV. Bleimetall.

I. Bei der Analyse des Weichbleies werden nur die Nebenmetalle bestimmt. Das Blei ergibt sich aus der Differenz. Die Silberbestimmung kann mit Sicherheit nur auf trockenem Wege aus 100 g Material ermittelt werden. Da die Nebenbestandteile nur in geringen Mengen vorhanden sind (0,0005—0,01 $^0/_0$), muß man eine Einwaage von mindestens 200 g anwenden. Nach Fresenius (Quantitative Analyse. 6. Aufl. Bd. 2, S. 476) löst man 200 g der auf der Oberfläche sorgfältig gereinigten Bleistücke in einem 2 Liter fassenden Meßkolben mit ungefähr 600 ccm Salpetersäure (spez. Gew. 1,2) unter Erwärmen auf. Falls sich hierbei Bleinitrat ausscheidet, wird dieses durch Zugabe von heißem Wasser in Lösung gebracht. Nach mehreren Stunden ist die Lösung beendet. In den meisten Fällen wird die Lösung klar sein. Nur bei höherantimonhaltigen Bleisorten entsteht beim Lösen eine Trübung, die nach längerem Stehen abfiltriert und für sich allein behandelt werden muß (s. S. 1517). Man gibt zu der klaren oder geklärten Lösung, welche man in einen 2-Liter-Meßkolben filtriert hatte, 65 ccm konzentrierte Schwefelsäure, die man vorher mit der gleichen Menge Wasser verdünnt hatte, läßt erkalten, füllt zur Marke auf, schüttelt gut um und läßt das Bleisulfat sich absetzen. Die klare Lösung dekantiert man durch ein trockenes Faltenfilter in einen 1750 ccm fassenden Meßkolben und dampft diese Lösung in einer Porzellanschale bis zum Auftreten von schwefelsauren Dämpfen ein. Die jetzt zur Analyse gelangende Menge Blei ist nur noch 179 g. Man muß also die nachher ermittelten Gehalte durch Multiplikation mit 0,5587 (log = 0,74718 — 1) entsprechend umrechnen. Den Abdampfrückstand läßt man erkalten, nimmt ihn mit 60 ccm Wasser auf, filtriert das abgeschiedene Bleisulfat ab und wäscht es gut aus (Filtrat I). Den geringen Bleisulfatniederschlag löst man in konzentrierter Salzsäure, versetzt die Lösung mit der zehnfachen Menge Schwefelwasserstoffwasser und leitet noch kurze Zeit Schwefelwasserstoff ein. Den Niederschlag filtriert man ab, zieht ihn mit Alkalipolysulfidlösung in der Siedehitze aus und fällt aus der Sulfolösung mit verdünnter Säure etwa vorhandenes Arsen, Antimon, Zinn als Sulfide aus. Diese vereinigt man später mit den aus dem Filtrat I erhaltenen gleichen Sulfiden. Das Filtrat I wird auf etwa 200 ccm verdünnt und erwärmt. Dann leitet man Schwefelwasserstoff ein, bis sich der Niederschlag zusammengeballt hat und läßt 12 Stunden in der Wärme absitzen. Man filtriert ihn ab (Filtrat II), zieht ihn nach dem Auswaschen mit schwachsaurem, schwefelwasserstoffhaltigem Wasser mit heißer Alkalipolysulfidlösung aus, gießt die Sulfosalzlösung durch das gleiche Filter, säuert das Filtrat mit verdünnter Salzsäure an und läßt den Niederschlag absitzen. Man vereinigt diese Sulfide mit den aus dem Bleisulfatrückstand erhaltenen (s. o.). Sie werden abfiltriert, getrocknet, der Schwefel mit Schwefelkohlenstoff extrahiert, die Sulfide in Salzsäure und Kaliumchlorat gelöst, etwa noch zurückgebliebener Schwefel abfiltriert, das Filtrat mit 0,5 g Weinsäure versetzt und mit Ammoniak neutralisiert. Zur entstandenen Lösung, die man im Volumen möglichst gering halten soll, gibt man die Hälfte des Volumens Ammoniak (spez. Gew. 0,91) und 2—3 ccm Magnesiamixtur (s. S. 1078). Man läßt 24 Stunden stehen, filtriert das Ammoniummagnesiumarseniat ab und wägt es als Magnesiumpyroarseniat.

$$Mg_2As_2O_7 \times 0{,}4827 \; (\log = 0{,}68372 - 1) = As.$$

Das ammoniakalische Filtrat säuert man mit Salzsäure schwach an und fällt Antimon und etwa vorhandenes Zinn mit Schwefelwasserstoff. Die Sulfide werden in Natriumsulfid gelöst und das Antimon durch Elektrolyse (s. S. 970) bestimmt. Aus der antimonfreien Lösung wird das Zinn durch Ansäuern als Sulfid abgeschieden. Das Zinnsulfid wird in Salzsäure und Chlorat gelöst, das Zinn mit Aluminiumspänen reduziert, in Salzsäure gelöst, als Sulfid gefällt und als Zinnoxyd ausgewogen. Wenn es sich um merkbare Mengen Zinn handelt, kann es in der salzsauren Lösung auch jodometrisch (s. S. 1583) bestimmt werden. Die mit Alkalisulfid ausgezogenen Sulfide werden mit heißer verdünnter Salpetersäure durch das Filter gelöst, das Filter verascht, die Asche mit Salpetersäure im Tiegel erwärmt und durch ein ganz kleines Filter zur ersten Lösung hinzufiltriert. Die salpetersaure Lösung wird mit einem größeren Überschuß Schwefelsäure, da sonst leicht Wismut im Bleisulfat zurückbleibt, bis zum Auftreten von schwefelsauren Dämpfen abgeraucht. Man verdünnt vorsichtig mit etwas Wasser, kocht auf und läßt erkalten. Das Bleisulfat wird abfiltriert und im Filtrat Silber, Wismut, Kupfer, Cadmium durch Schwefelwasserstoffwasser gefällt und abfiltriert.

Der Sulfidniederschlag wird mit Salpetersäure gelöst, mit wenig Schwefelsäure abgeraucht, mit Wasser aufgenommen, mit Ätznatron (aus Natrium hergestellt!) nahezu neutralisiert, mit Soda und etwas Kaliumcyanid versetzt und erwärmt. Der hierbei ausfallende Wismutniederschlag wird abfiltriert, mit etwas Salpetersäure gelöst, mit Ammoniak und Ammoncarbonat erneut gefällt und wie unter Wismut beschrieben (s. S. 1112) colorimetrisch bestimmt. Das cyankalische Filtrat wird mit noch etwas Kaliumcyanid und etwas verdünnter Kaliumsulfidlösung versetzt. Es fallen Silber und Cadmium als Sulfide aus. Diese werden abfiltriert, mit Salpetersäure gelöst, das Silber mit einigen Tropfen Salzsäure gefällt und als Silberchlorid abfiltriert, das Filtrat fast bis zur Trockne verdampft, mit wenig Wasser aufgenommen, das Cadmium mit Kaliumcarbonat als Carbonat gefällt (s. S. 1124) und als

Oxyd gewogen. In dem cyankalischem Filtrat zerstört man das Kalium-cyanid durch Abrauchen mit Salpeter-Schwefelsäure, wärmt den Ab-dampfrückstand mit etwas Salzsäure auf, fällt das Kupfer mit Schwefelwasserstoff und bestimmt das Kupfer als Sulfür oder Oxyd.

$$Cu_2S \times 0{,}7986 \ (log = 0{,}90234 - 1) = Cu.$$
$$CuO \times 0{,}7989 \ (log = 0{,}90250 - 1) = Cu.$$

Das Filtrat II wird schwach ammoniakalisch gemacht und mit Ammonsulfid versetzt. Nach mindestens 24stündigem Stehen wird abfiltriert, das Filtrat mit Essigsäure angesäuert, mit Natriumacetat versetzt und erwärmt. Hierdurch scheidet sich das etwa in Lösung gegangene Nickel als Sulfid aus. Man vereinigt die Sulfidniederschläge und behandelt sie mit einer Mischung von einem Teil Salzsäure (spez. Gew. 1,12) und sechs Teilen gesättigtem Schwefelwasserstoffwasser. Ungelöst bleiben Nickelsulfid und Kobaltsulfid zurück. Diese werden abfiltriert, verascht, die Asche mit etwas Königswasser gelöst, dieses fast abgedampft, mit verdünntem Ammoniak aufgenommen und mit Ammon-carbonat und Kalilauge erhitzt, bis alles Ammoniak ausgetrieben ist. Der Niederschlag wird abfiltriert, ausgewaschen und als Nickeloxydul gewogen.

$$NiO \times 0{,}7858 \ (log = 0{,}89530 - 1) = Ni.$$

Die Prüfung auf Kobalt erfolgt in dem ausgewogenen Oxydul nur qualitativ mit der Boraxprobe (Blaufärbung). Eine quantitative Trennung ist nicht notwendig. Die salzsaure Lösung des Ammonsulfidniederschlages wird eingedampft, mit einigen Tropfen Salpetersäure oxydiert und das Eisen mit Ammoniak gefällt. Das Ferrihydroxyd wird abfiltriert, mit Salzsäure gelöst und nochmals mit Ammoniak gefällt, abfiltriert, geglüht und als Eisenoxyd gewogen.

$$Fe_2O_3 \times 0{,}6994 \ (log = 0{,}84473 - 1) = Fe.$$

Die beiden Filtrate der Eisenfällung werden nochmals mit Ammon-sulfid versetzt und 24 Stunden an einem warmen Orte stehen gelassen. Falls sich ein Niederschlag bilden sollte, wird dieser abfiltriert, auf dem Filter mit Essigsäure behandelt, um etwa vorhandenes Mangansulfid in Lösung zu bringen, das Zinksulfid mit verdünnter Salpetersäure durch das Filter in ein Platinschälchen gelöst, zur Trockne verdampft, geglüht und als Zinkoxyd gewogen.

$$ZnO \times 0{,}8034 \ (log = 0{,}90492 - 1) = Zn.$$

In der essigsauren Lösung bestimmt man das Mangan als Oxydul-oxyd, indem man die Lösung eindampft, mit Kalilauge das Mangan aus-fällt, abfiltriert, trocknet und unter starkem Luftzutritt glüht.

$$Mn_3O_4 \times 0{,}7203 \ (log = 0{,}85749 - 1) = Mn.$$

Der bei antimonreicheren Bleisorten beim Lösen entstandene Nieder-schlag wird nach dem Abfiltrieren in Salzsäure gelöst und mit Weinsäure enthaltendem Wasser auf genau 100 ccm verdünnt. Man nimmt von dieser Lösung 89,5 ccm (entsprechend den Verhältnis 1750 : 1955), fällt sie mit Schwefelwasserstoff und filtriert den Niederschlag ab. Diesen verarbeitet man mit dem gleichen Niederschlag der Hauptlösung.

Nach Hampe [Ztschr. f. anal. Ch. 11, 215 (1872)] kann man die 200 g Bleimetall auch in $^1/_2$ Liter Salpetersäure (spez. Gew. 1,12) und $^1/_2$ Liter Wasser unter Erwärmen lösen, mit 65 ccm Schwefelsäure fällen, den Niederschlag sich absetzen lassen, die klare Lösung durch ein kleines Filter dekantieren und den Niederschlag 4—5mal mit 200 ccm mit Salpetersäure angesäuertem Wasser aufschlämmen und dekantieren. Die vereinigten Lösungen werden mit Ammoniak übersättigt und mit 50 ccm einer starken Ammonsulfidlösung gefällt und nach einigen Stunden abfiltriert. Falls beim Lösen in Salpetersäure ein Niederschlag entstehen sollte, so wird dieser abfiltriert, mit Salzsäure gelöst, die Lösung mit Weinsäure und Wasser verdünnt und Schwefelwasserstoff eingeleitet. Der Niederschlag wird mit Ammonsulfid ausgezogen und in bekannter Weise das Antimon bestimmt, oder man gibt diese Sulfosalzlösung zu der nach Hampe erhaltenen Ammonsulfidlösung und fällt aus dieser Lösung die Sulfide durch Ansäuern mit verdünnter Essigsäure aus. Die beiden Sulfidniederschläge werden dann in der oben angegebenen Weise einmal auf Arsen, Antimon und Zinn und auf Kupfer, Wismut, Cadmium, Eisen, Zink usw. untersucht. Bei diesem Aufschluß gelangt die ganze Einwaage von 200 g zur Analyse.

II. Beim Werkblei ist der Vollanalysengang der gleiche wie beim Weichblei, nur geht man von 10—50 g aus. Es ist zweckmäßig wegen des höheren Antimongehaltes sofort mit Weinsäure-Salpetersäure zu lösen. Falls nur einzelne Bestandteile des Werkbleies zu bestimmen sind, so kann man den Analysengang entsprechend abändern und vereinfachen. Wenn man z. B. nur Antimon und Kupfer bestimmen will, so kann man nach Nissenson und Neumann [Chem.-Ztg. 19, 1142 (1895)] das Werkblei mit Salpeter-Weinsäure (s. unten unter Hartblei) aufschließen, die Lösung mit Schwefelsäure fällen, das Filtrat alkalisch machen, mit Natriumsulfid fällen und das Antimon in der Sulfolösung durch Elektrolyse (s. S. 970) bestimmen. Der Sulfidrückstand wird mit Salpetersäure durch das Filter gelöst, das Filter verascht, die Asche ebenfalls mit Salpetersäure behandelt, filtriert und im vereinigten Filtrate das Kupfer elektrolytisch bestimmt.

Den Schwefelgehalt im Werkblei bestimmt man aus einer Einwaage von 20—50 g durch Erhitzen im Chlorstrom und Auffangen des Chlorschwefels in einer Vorlage. Die aus demselben gebildete Schwefelsäure wird dann in bekannter Weise mit Bariumchlorid gefällt.

V. Bleilegierungen.

1. Hartblei.

Hartblei wird meist auf den Hüttenwerken aus den bei der Raffination des Werkbleies entstehenden Antimonabstrichen erschmolzen. Es wird mit bis 28% Antimon hergestellt. Das Hüttenhartblei enthält aus den Abstrichen stammend als Verunreinigungen meist Kupfer und Eisen, daneben noch Arsen und wenig Silber. Zur Analyse werden 1—2,5 g eingewogen, nach Nissenson und Neumann in 5 ccm konzentrierte Salpetersäure, 15 ccm Wasser und 10 g Weinsäure in einen $^1/_4$-Liter-Meßkolben unter Erwärmen gelöst. Man läßt erkalten, setzt 4 ccm konzentrierte Schwefelsäure hinzu, füllt mit kaltem Wasser zur Marke auf und filtriert 50 ccm = 0,2—0,5 g durch ein trockenes Faltenfilter ab, macht mit Ätznatron alkalisch, fällt mit Natriumsulfid das in Lösung gebliebene Blei nebst Silber und Kupfer aus, während Arsen, Antimon und Zinn als Sulfosalze in Lösung bleiben. Man fällt diese mit verdünnter Säure aus, filtriert ab, löst die Sulfide in Kaliumchlorat und Salzsäure, destilliert das Arsen unter Zusatz von Hydrazinsulfat und Natriumbromid ab und bestimmt es als Arsentrisulfid. Im Destillationsrückstand fällt man das Antimon und Zinn mit Schwefelwasserstoff, löst die Sulfide in kaltgesättigter Natriumsulfidlösung und elektrolysiert in bekannter Weise bei 80° C und 1,5—2 Ampere bei 2—3 Volt Spannung 1 Stunde lang. Man wäscht unter Strom aus und trocknet den Niederschlag, nachdem man ihn mit Alkohol gewaschen hat, bei 90°. Die elektrolysierte Lösung und die Waschwässer dampft man auf 150 ccm ein, gibt 25 g Ammonsulfat bei, kocht 15 Minuten lang und elektrolysiert bei 50° und 3—4 Volt Spannung bei 1—2 Ampere Stromstärke. Den Zinniederschlag wäscht man ohne Stromunterbrechung aus und trocknet ihn, nachdem man den etwa abgeschiedenen Schwefel mechanisch entfernt hat. Falls es sich nur um geringe Mengen Zinn handelt, kann man auch die von Antimon befreite Lösung mit verdünnter Säure ansäuern und das Zinnsulfid zunächst vorsichtig abrösten, dann unter Zusatz von Ammoncarbonat im Porzellantiegel stark glühen und als Zinnoxyd auswägen.

Kupfer bestimmt man in bekannter Weise in den mit Natriumsulfid behandelten Sulfiden durch Elektrolyse der salpetersauren Lösung.

Falls es sich nur um die Bestimmung von Antimon handelt, ist folgender Aufschluß zur raschen Ermittlung zu empfehlen. 1 g der fein gepulverten Substanz wird mit 20 ccm einer mit Brom gesättigten konzentrierten Salzsäure unter schwachem Erwärmen gelöst. Das in der Hitze ausgeschiedene Bleichlorid bringt man durch etwas Wasser in Lösung und gibt 3—5 erbsengroße Krystalle von Natriumsulfit hinzu. Jetzt kocht man auf, bis alle schweflige Säure verkocht ist, und gibt noch 25 ccm verdünnte Salzsäure hinzu. Das Antimon liegt jetzt als Trichlorid vor und kann nach Györy mit Kaliumbromat (s. S. 1574) titriert werden. 1 ccm $^1/_{10}$ n-Kaliumbromatlösung = 0,00601 g Antimon (log = 0,77887 — 3). Als Indicator benutzt man Indigolösung. Die Titration, die in der Wärme ausgeführt wird, ist beendigt, wenn der Farbton eben von blau über grüngelb in gelb übergeht. Daher ist es zweckmäßig, zunächst nur 3 Tropfen Indigo zuzugeben und zum Schluß, wenn die Farbe schon ins Grünliche übergeht, noch 1 Tropfen. Dann ist der Endpunkt leichter zu erkennen. Diese Bestimmung ist genau. Geringe Mengen Kupfer und Eisen stören nicht. Falls mehr als 0,5% Kupfer vorhanden sind, so wird dieses für sich bestimmt und mit 0,12 multipliziert vom prozentualen Antimongehalt in Abzug gebracht. Größere Mengen Eisen bewirken eine störende Braunfärbung der zu titrierenden Flüssigkeit. Durch Zugabe von Phosphorsäure kann die Lösung jedoch entfärbt werden, so daß ohne Störung titriert werden kann.

2. Hartbleiersatz.

Als solches bezeichnet man die Legierungen des Bleies mit Natrium oder Calcium und Barium (Lurgimetall). Falls nur Blei und Natrium zugegen sind, löst man zur Bleibestimmung in verdünnter Salpetersäure und raucht mit Schwefelsäure ab. Das Blei bestimmt man als Sulfat. Zur Natriumbestimmung löst man 3 g oder 5 g in 30 oder 50 ccm Salpetersäure (spez. Gew. 1,2), füllt in einen 300- oder 500-ccm-Meßkolben über, setzt 2—3 ccm konzentrierte Schwefelsäure hinzu und filtriert, nachdem man erkalten ließ und zur Marke auffüllte, 100 ccm durch ein trockenes Filter ab. In dem Filtrat fällt man den Rest Blei mit Schwefelwasserstoff, filtriert, dampft das Filtrat zunächst in einer Porzellanschale und dann in einem Platinschälchen ab, gibt etwas festes Ammonnitrat zu, glüht zunächst vorsichtig, dann stärker und wiegt das Natrium als Sulfat aus.

$$Na_2SO_4 \times 0,3238 \ (\log = 0,51026 - 1) = Na.$$

Zur Bariumbestimmung wird aus der salpetersauren Lösung die Hauptmenge des Bleies elektrolytisch abgeschieden, die elektrolysierte Lösung mit Ammoniak übersättigt und mit Ammonsulfid gefällt. Die Sulfide werden abfiltriert, das Filtrat angesäuert und gekocht. Der sich abscheidende Schwefel wird abfiltriert und im Filtrat das Barium mit einigen Tropfen Schwefelsäure als Sulfat gefällt und bestimmt.

$$BaSO_4 \times 0,5885 \ (\log = 0,76972 - 1) = Ba.$$

Im Filtrat des Bariums fällt man nach der Übersättigung mit Ammoniak das Calcium mit Ammonoxalat als Calciumoxalat aus und bestimmt es als Oxyd.

$$CaO \times 0,7146 \ (\log = 0,85409 - 1) = Ca.$$

3. Lettermetall, Lagermetall, Schrot u. a. bleireiche Legierungen.

Für die anderen bleireichen Legierungen Letternmetall, Lagermetall antimonfreies und antimonhaltiges Schrot ist je nach dem zu bestimmenden Metalle der Analysengang anders zu wählen. Ist z. B. nur Zinn neben Blei vorhanden, so bestimmt man es, indem man 1 g der zerkleinerten Legierung mit 20 ccm Salpetersäure (spez. Gew. 1,2) bis zur vollständigen Zersetzung erwärmt, dann abdampft, mit wenig verdünnter Salpetersäure erneut abdampft, bis der Rückstand vollständig trocken ist. Dann kocht man mit 100 ccm Wasser auf und filtriert die etwas bleihaltige Zinnsäure ab, glüht sie und wiegt sie aus. Der gewogene Tiegelinhalt wird mit Soda und Schwefel geschmolzen, die Schmelze mit Wasser ausgelaugt, das unlösliche Bleisulfid abfiltriert, in bekannter Weise in Sulfat übergeführt und für sich bestimmt. Das Bleisulfat rechnet man auf Bleioxyd um und bringt es von der ausgewogenen unreinen Zinnsäure in Abzug. Die Antimonbestimmung in der antimonhaltigen Legierung läßt sich in der unter Hartblei beschriebenen Weise ausführen. Die Arsenbestimmung im antimonfreien Schrot wird in der Art ausgeführt, daß man 2 g Schrotkörner mit verdünnter Salpetersäure löst, mit Schwefelsäure abraucht, den Abdampfrückstand mit verdünnter Salzsäure aufnimmt und nach Zugabe von etwas Ferrosulfat zur Zerstörung etwa vorhandener Salpetersäure mit Hydrazinsulfat und Natriumbromid destilliert. Das Arsen kann dann entweder mit Jod titriert oder als Arsentrisulfid in bekannter Weise bestimmt werden.

Ein etwas komplizierter, aber recht gute Resultate ergebender Weg, um in einer Einwaage die Vollanalyse ausführen zu können, ist folgender. Man löst 1—2,5 g der fein geschnittenen Legierung mit 20—30 ccm Königswasser in der Kälte. Das hierbei sich abscheidende Bleichlorid wird durch ein kleines Filter abfiltriert, mit 5 % Salzsäure und dann mit absolutem Alkohol ausgewaschen, getrocknet und für sich bestimmt.

$$PbCl_2 \times 0,745 \ (log = 0,87219 - 1) = Pb.$$

Das Filtrat wird auf $\frac{1}{2}$ Liter verdünnt und mit Schwefelwasserstoffgas die Schwermetalle ausgefällt. Die Sulfide werden durch einen porösen Tiegel filtriert, ausgewaschen, bei 100° C getrocknet. Das Filtrat kann in der unter Weichblei (s. S. 1515) beschriebenen Weise auf Zink, Eisen, Mangan und Nickel untersucht werden. Die getrockneten Sulfide werden sodann in einer geeigneten Apparatur aus schwer schmelzbarem Glase durch einen trockenen reinen Chlorstrom unter schwachem Erwärmen aufgeschlossen. Es verflüchtigen sich die Chloride von Arsen, Antimon, Zinn, während Blei- und Kupferchlorid zurückbleiben. Diese sind dann durch absoluten Alkohol zu trennen und für sich zu bestimmen. Das hier gefundene Blei wird der zuerst gefundenen Hauptmenge zugezählt. Die abzudestillierenden Chloride werden in einer Dreikugelröhre, die mit 50 ccm starker Salzsäure (1 Teil rauchende Salzsäure und 1 Teil verdünnte Salzsäure [spez. Gew. 1,2]) beschickt ist, aufgefangen. In dieser stark salzsauren Lösung fällt man das Arsen, nachdem man es mit wenigen Grammen Eisenvitriol reduziert hat, mit Schwefelwasserstoff, läßt über Nacht stehen, filtriert durch einen porösen Tiegel das Arsentrisulfid ab und bestimmt es als solches. Im Filtrat vertreibt man den Schwefelwasserstoff durch Kohlendioxyd und fällt das Antimon durch einige Gramme chemisch reines Eisen. Man löst das ausgefällte Antimon in Salzsäure und titriert es nach Reduktion mit schwefliger Säure mit Kaliumbromat (s. S. 1574). Im Filtrat des Antimons fällt man das Zinn mit Schwefelwasserstoff, filtriert das Sulfid ab und glüht den Niederschlag. Die ausgewogene Zinnsäure reinigt man über eine Schwefel-Sodaschmelze von etwa mitgefälltem Eisen, fällt in dem wäßrigen Auszug das Zinn durch verdünnte Säure als Sulfid aus, filtriert ab, glüht den Niederschlag und bringt ihn als reine Zinnsäure zur Auswaage.

$$SnO_2 \times 0,7877 \ (log = 0,89634 - 1) = Sn.$$

VI. Bleisalze.

Bleisulfat, $PbSO_4$, scheidet sich ab in großen Mengen in den Bleikammern der Schwefelsäurefabriken, welche bleihaltige Blende oder Bleizink-Mischerze verarbeiten; auch bei der Herstellung von essigsaurer Tonerde fällt Bleisulfat als Nebenprodukt an. Bestimmt wird meistens nur der Bleigehalt. Man löst hierzu eine Durchschnittsprobe von 2 g in heißer konzentrierter Ammoniumacetatlösung, filtriert ab, wäscht gut mit heißem etwas ammoniumacetathaltigem Wasser aus, und fällt im Filtrat entweder mit Schwefelsäure das Blei als Sulfat und bestimmt dieses wie auf S. 1505 angegeben, oder man titriert die Acetatlösung mit Ammoniummolybdat nach Alexander (s. S. 1507). In diesem Falle muß man dafür Sorge tragen, daß in der Lösung nur ein geringer Überschuß von Ammoniumacetat vorhanden ist. Wenn das Sulfat kalkhaltig ist, muß die Acetatlösung mit Schwefelwasserstoff gefällt und wie auf S. 1509 beschrieben weiter behandelt werden.

Bleinitrat, $Pb(NO_3)_2$, ist meist in recht reiner Form im Handel. Es löst sich leicht in Wasser, die Lösung muß klar sein. Ein Rückstand wäre abzufiltrieren und wenn irgendwie beträchtlich zu bestimmen. Die klare Lösung raucht man mit Schwefelsäure ab, filtriert das Bleisulfat ab und bestimmt im Filtrat Kupfer, Eisen und Kalk in bekannter Weise.

Spez. Gewicht einer wäßrigen Lösung von Bleinitrat bei 17,5° C. Nach Franz.

% $Pb(NO_3)_2$	Spez. Gewicht	% $Pb(NO_3)_2$	Spez. Gewicht
5	1,044	25	1,263
10	1,092	30	1,333
15	1,144	35	1,409
20	1,200	—	—

Bleichromat, $PbCrO_4$, Bleigelb und basisches Bleichromat, Chromorange löst man in Salpetersäure, gibt einige Gramm Ammonnitrat hinzu und elektrolysiert die auf 60° erwärmte Lösung (s. S. 1508). Das analytisch abgeschiedene Bleisuperoxyd kann man entweder bei 200° trocknen und als solches bestimmen, oder durch Glühen in gelbes Oxyd überführen und als solches auswägen.

Bleiacetat, $Pb(C_2H_3O_2)_2 + 3$ aq, Bleizucker.

Spez. Gewicht für wäßrige Lösungen von Bleiacetat nach Salomon bei 20° C.

Gramm in 100 ccm Lösung	Spez. Gewicht	Gramm in 100 ccm Lösung	Spez. Gewicht	Gramm in 100 ccm Lösung	Spez. Gewicht	Gramm in 100 ccm Lösung	Spez. Gewicht
1	1,0062	14	1,0870	27	1,1663	40	1,2440
2	1,0124	15	1,0932	28	1,1723	41	1,2499
3	1,0186	16	1,0994	29	1,1789	42	1,2558
4	1,0248	17	1,1056	30	1,1844	43	1,2617
5	1,0310	18	1,1118	31	1,1903	44	1,2676
6	1,0373	19	1,1180	32	1,1963	45	1,2735
7	1,0435	20	1,1242	33	1,2022	46	1,2794
8	1,0497	21	1,1302	34	1,2082	47	1,2853
9	1,0559	22	1,1360	35	1,2142	48	1,2912
10	1,0622	23	1,1422	36	1,2201	49	1,2971
11	1,0684	24	1,1482	37	1,2261	50	1,3030
12	1,0746	25	1,1543	38	1,2320		
13	1,0808	26	1,1603	39	1,2380		

Bleizucker kommt in Form von weißen, krystallisierten Tafeln und Säulen in den Handel. Er soll sich klar in Wasser lösen, eine etwaige Trübung entstanden durch Bleicarbonat, welches sich beim Liegen an der Luft aus dem Acetat bilden kann, muß durch wenig Essigsäure verschwinden. Fällt man die wäßrige Lösung mit Schwefelwasserstoff, so darf das Filtrat keinen Abdampfrückstand hinterlassen. Der Rückstand ist auf Eisen zu untersuchen. Auf Kupfer kann man derart prüfen, daß eine konzentrierte Lösung mit Schwefelsäure gefällt, das Filtrat des Bleisulfates nach dem Abdampfen mit Ammoniak übersättigt, und das Kupfer colorimetrisch bestimmt wird. Quantitativ lassen sich sowohl Blei als auch Essigsäure in einer Einwaage nach Fresenius [Ztschr. f. anal. Ch. **13**, 30 (1874)] in folgender Weise bestimmen: Man löst in einem 250-ccm-Meßkolben 5 g Bleiessig mit 100 ccm Wasser, fügt zu dieser Lösung soviel $^1/_1$ n-Schwefelsäure, bis alles Blei gefällt ist. Man arbeitet hierbei mit einem möglichst großen Säureüberschuß. Dann füllt man zur Marke auf, schüttelt gut um und filtriert den Kolbeninhalt durch ein trockenes Filter in ein trockenes Gefäß. Vom Filtrat nimmt man 50 ccm und bestimmt darin durch Bariumchlorid die vorhandene freie Schwefelsäure, rechnet diese auf Normalsäure um und findet durch Subtraktion von dem ersten Verbrauche die Menge von Normalschwefelsäure, die zur Fällung des Bleies notwendig war. Hieraus ist dann leicht der Bleigehalt zu errechnen. In weiteren 50 ccm des Filtrates wird mit Normallauge die gesamte freie Säure titriert. Man zieht die der vorhandenen Menge Schwefelsäure entsprechende Menge Lauge ab und kann aus der Differenz den Essigsäuregehalt des Bleiacetates errechnen. Man kann durch stöchiometrischen Vergleich so auch leicht etwa vorhandenes basisches Acetat feststellen. Zur Bestimmung der Basizität des Bleiessigs kann man auch nach Bergh [Ztschr. f. anal. Ch. **52**, 720 (1913)] eine bestimmte Menge des Bleiessigs mit überschüssiger $^1/_{10}$ n-Kaliumchromatlösung titrieren, bringt die ganze Lösung in einen $^1/_4$-Liter-Meßkolben und titriert in 50 ccm der filtrierten Lösung das überschüssige Chromat durch Jodkalium mit anschließender Rücktitration des ausgeschiedenen Jods mit $^1/_{10}$ n-Thiosulfatlösung.

Palladium.

Siehe S. 1557.

Platin.

Von

Direktor Dr.-Ing. A. Graumann, Hamburg.

Einleitung.

Vorkommen. Platin kommt in der Natur meistens in gediegener Form auf sekundärer Lagerstätte in sog. Seifen vor. Es wird in dieser Form von Gold, den Platinmetallen Palladium, Iridium, Rhodium, Ruthenium und Osmium, Osmiridium, sowie den unedlen Metallen Eisen, Nickel und Kupfer begleitet. Neuerdings hat auch ein Platinvorkommen auf primärer Lagerstätte in Südafrika Bedeutung erlangt, wo das Platin als Sperrylit ($PtAs_2$) auftritt. In Kanada kommt Platin in Nickelerzen vor.

Als Nebenerzeugnis wird Platin bei der elektrolytischen Raffination des Kupfers aus dem Anodenschlamm gewonnen.

Ein Rohplatin (gewaschenes Platinerz) aus dem Ural hat zum Beispiel folgende typische Zusammensetzung:

Pt 78,94%; Pd 0,28%; Ir 4,97%; Rh 0,86%; Os Spuren; Fe 11,04%; Cu 0,70%; Osmiridium 1,96%.

Ein Osmiridium hat etwa folgende Zusammensetzung:

Ir 64,5%; Os 22,9%; Rh 7,7%; Pt 2,8%; Ru in Spuren; Fe 1,4%; Cu 0,9%.

Für chemisch-technische Untersuchungen kommen in Betracht: Platinerze, Platinabfälle, die häufig noch Palladium, Iridium, Gold, Silber und Nickel enthalten (Weißgold, Zahngold), Platingekrätz und Kehricht aus den Werkstätten der Schmuckwarenindustrie, Kontaktsubstanzen aus der chemischen Industrie (Katalysatoren), photographische Papiere sowie Platinsalze und deren Lösungen.

Physikalische und chemische Eigenschaften. Platin hat eine lichtstahlgraue Farbe und ist nur bei der Temperatur des Knallgasgebläses (bei 1774° C) schmelzbar. Das geschmolzene Metall zeigt beim schnellen Erstarren, wie das Silber, die Erscheinung des Spratzens. Reines Platin ist selbst in fein verteiltem Zustand und beim Kochen weder in Salpetersäure noch in Salzsäure oder in Schwefelsäure löslich. Platin löst sich nur in Königswasser unter Bildung von $H_2(PtCl_6)$. In Legierungen mit viel Silber ist es in Salpetersäure, besonders in Gegenwart von Gold, löslich. Platin ist in fein verteiltem Zustand katalytisch wirksam, weil es das 200fache seines Volumens an Sauerstoff aufnehmen und übertragen kann (Schwefelsäureprozeß nach Cl. Winkler).

Leicht reduzierbare Metallverbindungen (z. B. Bleioxyd, Bleisulfat) dürfen nicht in Platingeräten geglüht werden, weil sich leichtschmelzbare Legierungen bilden. Ebensowenig darf man glühendes Platin mit Arsen, Phosphor oder Schwefel in Berührung bringen. Über die Einwirkung von Leuchtgas auf glühendes Platin siehe Mylius und Hüttner [Ztschr. f. anorg. u. allg. Ch. 95, 259 (1916)]. Schmelzendes Alkalihydroxyd, namentlich in Gegenwart eines Oxydationsmittels, greift Platin an.

Schwefelwasserstoff fällt in warmer Platinsalzlösung ein dunkelbraunes Sulfid, löslich in Alkalisulfid unter Bildung von Sulfosalz, das durch Säuren wieder zerlegt wird. Platinsulfid ist in Mineralsäuren unlöslich, aber leicht löslich in Königswasser.

Ammonium- oder Kaliumchlorid erzeugen in neutraler Platinichloridlösung eine gelbe, krystalline Fällung, die in Wasser schwer löslich, in Alkohol so gut wie unlöslich ist. Das Natriumsalz der Platinichlorwasserstoffsäure [$H_2(PtCl_6)$] ist dagegen in Wasser oder Alkohol leicht löslich.

Ferrosalze oder Oxalsäure (oder deren Salze) fällen aus schwach sauren Platinlösungen kein metallisches Platin (Unterschied von Gold).

Ameisensäure und deren Salze fällen aus neutralen Lösungen sehr fein verteiltes metallisches Platin. In gleicher Weise wird die Platinsalmiakverbindung ($NH_4)_2PtCl_6$ bei Siedehitze unmittelbar durch Ameisensäure oder durch ameisensaures Natrium zu Metall reduziert [Krauß u. Deneke: Ztschr. f. anal. Ch. 67, 95 (1925/26)].

Glycerin und Natronlauge reduzieren heiße Platinlösungen zu metallischem Platin (s. die Trennung von Ruthenium auf S. 1571).

Zink, Magnesium, Aluminium, Kupfer, Eisen fällen metallisches Platin.

Hydrazinsalze fällen sowohl aus schwach saurer, als auch aus alkalischer Lösung metallisches Platin.

Kaliumjodid färbt Platinichlorwasserstoffsäurelösungen rot. Die Reaktion ist sehr empfindlich und eignet sich zum Nachweis von geringen Mengen Platin. 10 ccm einer Lösung, welche 1 mg Platin enthält, werden durch einen Tropfen Jodkaliumlösung rosa gefärbt. Bei geringeren Platingehalten tritt die Färbung erst nach einigen Minuten ein und wird in Gegenwart von Salz- oder Schwefelsäure besonders deutlich. Schwefelwasserstoff und schweflige Säure verhindern die Reaktion. Man darf auch nicht erhitzen.

I. Quantitative Methoden zur Bestimmung des Platins.

1. Fällung als Ammoniumplatinchlorid.

a) Wägung als metallisches Platin.

Enthält die Platinlösung Salpetersäure, so dampft man mehrfach mit Salzsäure ein, um eine reine Chloridlösung zu erhalten, und zwar ist es von wesentlicher Bedeutung, daß die Nitrosylverbindung restlos zerstört wird (s. die Analyse des Platinerzes auf S. 1528).

Zu der sehr stark konzentrierten Lösung gibt man gesättigte Ammoniumchloridlösung, rührt gut um und läßt den Niederschlag längere Zeit, am besten über Nacht, absitzen. Man wäscht zunächst, ohne den Niederschlag aufs Filter zu bringen, im Fällungsgefäß mit starker Salmiaklösung aus, bringt schließlich den Niederschlag auf das bereits ausgewaschene Filter, wäscht nochmals mit wenig 96%igem Alkohol nach und verascht das Filter äußerst vorsichtig in einem bedeckten Tiegel bei möglichst niedriger Temperatur (s. Treadwell: Analytische Chemie, Bd. 2, S. 225. 1913; s. auch S. 1528).

Um etwaige Verluste, die beim Glühen des mit Ammoniumchlorid vermengten $(NH_4)_2PtCl_6$ auftreten können, gänzlich auszuschalten, empfehlen Krauß und Deneke [Ztschr. f. anal. Ch. 67, 95 (1925/26)] das gefällte Ammoniumplatinchlorid in kochendem Wasser aufzulösen und das Platin mit Natriumformiat bei Siedehitze als Metallmohr abzuscheiden. Der Metallmohr wird mit heißem Wasser chlorfrei gewaschen und im Wasserstoffstrom geglüht. Der Wasserstoff muß trocken und frei von oxydierenden Bestandteilen sein. Zur Reinigung leitet man den Wasserstoff durch Waschflaschen, die mit Natriumhydrosulfit, Kaliumpermanganat und Schwefelsäure beschickt sind.

Anmerkungen. Die Salmiakfällung versagt, wenn die Platinlösung vorher mit schwefliger Säure behandelt wurde. Die schweflige Säure muß deshalb durch Eindampfen mit Salpetersäure zerstört und letztere wiederum durch Eindampfen mit Salzsäure entfernt werden. Ferner darf man in Platinlösungen, in denen man das Metall mit Salmiak fällen will, kein Ammoniak verwenden, weil das Platin ein Amin bildet, aus welchem es durch Fällungsmittel nur unvollständig abgeschieden wird.

Aus unreinen Platinlösungen fällt man das Platin besser durch Zink oder Magnesium als Metall aus. Die Lösung muß frei von Salpetersäure sein und soll etwa 2 bis 5% freie Salzsäure enthalten. Das ausgeschiedene Platin wird mit angesäuertem, heißem Wasser ausgewaschen, in Königswasser gelöst und nach Entfernung der Salpetersäure nochmals mit Salmiak gefällt.

Ist kein anderes Metall der Schwefelwasserstoffgruppe zugegen, so kann man das Platin unmittelbar aus heißer Lösung mit Schwefelwasserstoff fällen und das Sulfid durch Glühen in Metall überführen. Ist das Metall unrein, so löst man es in Königswasser und fällt es nochmals mit Salmiak.

b) Wägung als Doppelsalz.

Anstatt das Ammoniumplatinchlorid durch Glühen in metallisches Platin überzuführen, kann man es auch unmittelbar wägen. In diesem Falle darf man aber nur mit 80%igem Alkohol auswaschen. Außerdem empfiehlt sich die Verwendung von Filtertiegeln. Das Salz wird im Tiegel bei 100° C getrocknet. Das ermittelte Gewicht wird mit dem

Umrechnungsfaktor 0,4402 (log = 0,64355 — 1) multipliziert, um den Gehalt an metallischem Platin zu finden.

2. Elektrolytische Bestimmung des Platins.

(S. den Abschnitt: „Elektroanalytische Methoden" S. 967.)

II. Spezielle Methoden zur Bestimmung des Platins.

A. Platinerze.

Zur Unterrichtung über die in einem Platinerz vorkommenden Platinmetalle führt man zweckmäßig zuerst eine qualitative Untersuchung durch[1].

Die ausführlichsten Methoden zur quantitativen Untersuchung von Platinerzen und Platinlegierungen stammen von H. St. Claire Deville und Debray und von H. St. Claire Deville und Stas (Classen: Ausgewählte Methoden, Bd. 1, S. 284 f. 1901).

Von Leidié [C. r. d. l'Acad. des sciences 131, 888 (1900)] ist eine Methode angegeben worden, die sich auf das Verhalten der Doppelnitrite der Platinmetalle aufbaut. Auch führte Leidié den Aufschluß der Platinmetalle durch Schmelzen mit Alkalihydrat und Natriumsuperoxyd ein [Leidié u. Quennessen: C. r. d. l'Acad. des sciences 136, 1399 (1903)]. In neuerer Zeit haben H. C. Holtz (La composition des minerais de platine de l'oural. Diss. Genf) und Wunder und Thüringer [Ztschr. f. anal. Ch. 52, 740 (1913)] die Methode von H. St. Claire Deville und Debray nachgeprüft und gewisse Verbesserungen vorgeschlagen. Die vom russischen Platininstitut bekanntgegebenen Untersuchungsmethoden sind im wesentlichen Kombinationen der genannten Verfahren unter Einführung gewisser Abänderungen.

1. Methode von Wunder und Thüringer.
[Ztschr. f. anal. Ch. 52, 740 (1913).]

Aus einer größeren Erzprobe, die man nötigenfalls unter der Lupe vom beigemengten Golde befreit hat, entnimmt man eine Durchschnittsprobe im Gewichte von etwa 3 g und behandelt diese Einwaage in einem Erlenmeyerkolben von 200 ccm Inhalt mit 10 ccm Salpetersäure (spez. Gew. 1,4) und 10 ccm Salzsäure (spez. Gew. 1,19). Die Temperatur hält man dabei zweckmäßig auf 70—80° C und setzt von Zeit zu Zeit frische Salzsäure zu, im ganzen etwa 40—50 ccm. Je nach der Korngröße des Erzes dauert die Behandlung 2—3 Tage. Danach gießt

---

[1] Mylius u. Dietz: Ber. Dtsch. Chem. Ges. 31, 3187 (1898). — Leidié u. Quennessen: Bull. Soc. Chim. Paris III 27, 179 (1902). — Mylius u. Mazzucchelli: Ztschr. f. anorg. u. allg. Ch. 89, 3 (1914). — Ogburn, jun.: Journ. Amer. Chem. Soc. 48, 2507 (1926).

man die Säure ab und gibt nochmals frisches Königswasser (1 Teil
$HNO_3 : 3$ Teil HCl) zu, um festzustellen, ob der Aufschluß beendet ist.
Man läßt nochmals 12 Stunden einwirken, dampft nahezu trocken und
nimmt mit verdünnter Salzsäure wieder auf. Ist die Flüssigkeit nur
schwach gefärbt, so war der Aufschluß beendet. Das Unlösliche (Sand,
Osmiridium) filtriert man ab, wäscht mit ganz verdünnter Salzsäure
und Wasser aus, trocknet und entfernt den Rückstand vom Filter.
Das Filter verascht man für sich, gibt den Rückstand dazu, erhitzt
ganz schwach und wägt. Dann schmilzt man ihn in einem mit Borax
glasierten Tontiegel mit etwa 5—6 g Feinsilber und überschüssigem
Borax, nimmt den Silberregulus heraus, reinigt ihn mit verdünnter
$10^0/_0$iger Schwefelsäure und löst ihn in Salpetersäure. Das ungelöst
zurückbleibende Osmiridium wird abfiltriert, ausgewaschen und unter
denselben Vorsichtsmaßregeln wie der Rückstand geglüht und gewogen.
Die Gewichtsdifferenz gegenüber der ersten Auswaage ergibt den Gehalt
an Sand usw. Die Königswasserfiltrate werden soweit eingedampft, bis
die Lösung dickflüssig wird und eine Temperatur von 140° C erreicht.
Dann wird eine geringe Menge Wasser zugegeben, wodurch lebhaftes
Aufkochen unter Entweichen von Stickoxyden eintritt. Die Zerstörung
dieser Verbindungen ist sehr wesentlich für eine vollständige Fällung
des Platins durch Salmiak. Man gibt noch etwas Wasser zu, kocht kurz
auf, setzt Salzsäure zu und dampft wieder wie vorher ein. Ist die Salpetersäure durch mehrfaches Abdampfen mit Salzsäure vollständig entfernt, so verdünnt man den Abdampfrückstand mit Wasser auf 30 ccm,
leitet $1/_2$ Stunde Chlor ein und stellt das Becherglas auf ein Wasserbad,
welches eine Temperatur von 38 bis 42° C hat. Man dampft wieder bis zur
zähflüssigen Beschaffenheit ein und erreicht dadurch, daß alles Iridium
als Tetrachlorid erhalten bleibt, keine Abscheidung von schwerlöslichen,
basischen Salzen und keine Reduktion des Goldchlorids eintritt.

Zu der auf 75 ccm verdünnten, kalten Lösung der Platinmetalle gibt
man etwa 30 g Salmiak, den man in kleinen Anteilen zusetzt und durch
Umrühren in Lösung bringt. Platin und Iridium fallen als Ammonium-
doppelsalze aus, während Palladium und Rhodium in Lösung bleiben.
(Osmium ist beim Lösen verflüchtigt und auf Ruthenium wird keine
Rücksicht genommen.) Alkoholzusatz ist nicht zu empfehlen, weil
leicht eine Reduktion des Rhodium- und Palladiumsalzes eintreten kann.
Den Niederschlag läßt man 2 Tage stehen, rührt während dieser Zeit
wiederholt um und gießt dann die über dem Niederschlag stehende Flüssigkeit durch ein Filter ab. Den Niederschlag übergießt man mit 30 bis 40 ccm
gesättigter Salmiaklösung, rührt um, läßt gut absitzen und dekantiert.
Dies wiederholt man solange, bis im Filtrat kein Eisen mehr nachgewiesen werden kann. Zum Schluß bringt man den Niederschlag mit
konzentriertem Alkohol aufs Filter und fängt das alkoholische Filtrat
für sich auf. Man dampft es ein, löst den Rückstand mit wenig Wasser
und vereinigt die Lösung mit dem ersten Filtrat.

Das Filter bringt man mit der Spitze nach oben in einen geräumigen
Porzellantiegel, versieht ihn mit einem Deckel und erhitzt zunächst
mit kleiner Flamme, die man ganz allmählich verstärkt; dabei dürfen

keine sichtbaren Dämpfe aus dem Tiegel entweichen. Ist kein Geruch mehr wahrnehmbar, so öffnet man den Tiegel und glüht bei Luftzutritt. Es ist ratsam, den Deckel mitzuwägen, da sich trotzdem manchmal ein metallischer Anflug am Deckel vorfindet (s. auch S. 1526). Der im Tiegel befindliche Metallschwamm wird schließlich mit einem Spatel zerteilt, damit auch die inneren Teile vollständig zersetzt werden. Zur Entfernung etwa vorhandenen Eisens zieht man den Metallschwamm mit verdünnter 10%iger Salzsäure aus, glüht nunmehr stark im Wasser stoffstrom und läßt im Kohlensäurestrom erkalten. Den eisenhaltigen Auszug vereinigt man mit der Hauptlösung. Der Schwamm wird mit verdünntem Königswasser (1 Teil Königswasser : 5 Teilen Wasser) im bedeckten Gefäß bei 50° C behandelt, bis keine Färbung mehr eintritt. Der Rückstand (Iridium) wird abfiltriert, mit 1%iger Salzsäure ausgewaschen, im Wasserstoffstrom geglüht und im Kohlensäurestrom abgekühlt. Aus der Königswasserlösung fällt man das Platin nach Entfernung der Salpetersäure mit Salmiak und prüft den Metallschwamm nochmals auf Iridium.

Im weiteren Gang der Analyse findet man noch öfters Spuren von Iridium und Platin, die man alle vereinigen und zum Schluß aufarbeiten kann. Zum Filtrat der ersten Salmiakfällung, das Pd, Au, Rh, Cu, Fe und Spuren von Ir und Pt enthalten kann, gibt man zur Abscheidung von Palladium und Gold Dimethylglyoxim. Auch Platin gibt mit diesem Körper eine Verbindung, die sich aber durch größere Löslichkeit auszeichnet und erst durch anhaltendes Kochen ausfällt. Die Platinmengen sind jedoch an dieser Stelle so gering, daß sie in Lösung bleiben. Zu der etwa 500 bis 600 ccm betragenden heißen Lösung gibt man wäßrige Dimethylglyoximlösung, die 1 g gelöst enthält und kocht auf, bis sich die Lösung größtenteils entfärbt hat und der Palladiumniederschlag ausgefallen ist. Der reine Palladiumniederschlag ist gelb; ist er jedoch schmutziggelb, braun oder grünlich, so muß man mit dem Vorhandensein von Gold und Platin rechnen.

Nach einigen Stunden filtriert man den Niederschlag ab, wäscht ihn mit angesäuertem Wasser aus, verascht vorsichtig und glüht ihn stark. Dann löst man den Metallschwamm in wenig Königswasser, vertreibt die Salpetersäure durch Eindampfen mit Salzsäure und scheidet etwa vorhandenes Platin wie üblich mit Salmiak ab. Das Filtrat dampft man mit Schwefelsäure ab, fällt das Gold mit Ammonoxalat und bestimmt im Filtrat das Palladium mit Dimethylglyoxim aus schwach saurer Lösung (s. S. 1559 und 1561).

Das Filtrat der ersten Dimethylglyoximfällung macht man salzsauer, zerstört das Fällungsmittel durch Zusatz von Natriumchlorat, kocht das Chlor fort, setzt 50 ccm Salzsäure und 50 g reine Zinkspäne zu, läßt 5 bis 6 Stunden einwirken und filtriert den Metallschwamm unter Vermeidung von Luftoxydation ab. Der Metallschwamm wird mit angesäuertem, heißem Wasser gewaschen, 2 bis 3 Stunden scharf geglüht und in einem Glasmörser verrieben. Durch Behandeln mit Salpetersäure (spez. Gew. 1,2) zieht man das Kupfer aus und filtriert den Rückstand ab, der aus Rhodium und Spuren von Iridium und Platin

besteht. Das Filtrat dampft man zur Entfernung der Salpetersäure
mehrfach mit Salzsäure ein und fällt das Kupfer nach Zusatz von
schwefliger Säure aus neutraler Lösung als Rhodanür (s. a. die An
merkung unten). Man filtriert den Niederschlag durch einen Filtertiegel
ab und trocknet ihn bei 110^0 C.

Zur Gewinnung des in Lösung gegangenen Rhodiums dampft man
das Filtrat zur Trockne, zerstört den Überschuß des Rhodans mit Salpetersäure, dampft zur Entfernung der Salpetersäure mehrfach mit Salzsäure ein und behandelt die salzsaure Lösung mit Zinkspänen. Die durch
Zink gefällten, kleinen Mengen Rhodium vereinigt man mit dem Rückstand
von der Kupfertrennung und schmelzt im Platintiegel mit entwässertem
Kaliumbisulfat. Man beginnt zunächst mit ganz kleiner Flamme, indem
man den Tiegel auf ein Asbestdrahtnetz stellt und den Inhalt zum ruhigen
Fließen bringt. Je nach der Menge des Rhodiums muß man die Schmelze
genügend lange im Fluß erhalten, bis alles Rhodium in Lösung gegangen ist. Unter Umständen muß die Schmelze mit frischem Bisulfat
wiederholt werden.

Beim Auslaugen der Schmelze mit Wasser bildet sich oft ein weißes,
schwer lösliches Rhodiumsalz, das sich späterhin auch in Säuren äußerst
schwer löst. Um dies zu vermeiden, legt man den Platintiegel mit der
Schmelze in eine Porzellanschale, gibt 10 bis 15 ccm konzentrierte Salzsäure hinzu und verdünnt mit Wasser. Vorhandenes Iridium oder Platin
bleibt als Metall zurück. Man filtriert ab und fällt im Filtrat das
Rhodium mit Zink aus. Das ausgeschiedene Rhodium wird abfiltriert,
mit säurehaltigem Wasser ausgewaschen, geglüht und nochmals zur Entfernung von Zinkoxyd mit verdünnter Salzsäure ausgezogen. Zuletzt
glüht man im Wasserstoffstrom und läßt im Kohlensäurestrom erkalten.
Das Filtrat der ersten Metallschwammfällung enthält das im Erz enthaltene Eisen nebst Spuren von Kupfer. Man füllt das Filtrat in einem
Meßkolben bis zur Marke auf, entnimmt einen Teil, oxydiert das in
Ferroform vorliegende Eisen, neutralisiert und scheidet das Eisen zweimal
nach der Acetatmethode ab. Für die Richtigkeit der Eisenbestimmung
ist Voraussetzung, daß man zu den verschiedenen vorausgegangenen
Fällungen ein eisenfreies Zink benutzt hat.

Anmerkung. Für die Trennung des Kupfers von den Platinmetallen hat sich nach den Erfahrungen von Swanger und Wichers
[Journ. Amer. Chem. Soc. 46, 1814 (1924)] am besten die Rhodanürfällung (vgl. a. S. 1187) bewährt. In eine Lösung, die neben größeren
Mengen Platinmetallen nicht mehr als 0,1 g Cu enthalten soll, leitet man
schweflige Säure bis zur Sättigung ein und erwärmt. Dann kühlt man ab,
neutralisiert mit Natronlauge bis zur beginnenden Trübung, macht die
Lösung mit wenig Salzsäure wieder klar und setzt für 100 mg Cu 20 ccm
Ammoniumrhodanidlösung (2 g Salz löst man in 100 ccm schwefliger
Säure) unter Umrühren tropfenweise zu. Man läßt über Nacht stehen,
filtriert ab, wäscht mit kaltem Wasser unter Zusatz von etwas Natriumchlorid aus, bringt den Niederschlag samt Filter in das Becherglas zurück,
löst in Salpetersäure (spez. Gew. 1,1), filtriert den Papierbrei ab und
wiederholt die Fällung. Der Papierbrei enthält Platinmetalle. Die zweite

Fällung wird unter Zusatz von Ammoniumchlorid ausgewaschen, entweder zu CuO verglüht oder im Wasserstoffstrom in Cu_2S oder in Cu übergeführt (s. den Abschnitt „Kupfer" auf S. 1189).

2. Methoden des russischen Platininstituts.

[Vom analytischen Ausschuß des Platininstituts vorgeschlagene Methoden. Ann. de l'Inst. de platine 4, 347 (1926).]

Methode a.

Diese Methode lehnt sich in ihren Grundzügen an die Methode von Wunder und Thüringer an. Man löst 5 bis 10 g Platinerz im bedeckten Erlenmeyerkolben mit Königswasser (1 Teil HNO_3, spez. Gew. 1,4 und 3 Teile HCl, spez. Gew. 1,19) bei etwa 80° C und dampft nach beendigter Einwirkung in einer Porzellanschale bis zur Sirupdicke ein. Nachdem man mit Salzsäure und Wasser aufgenommen hat, filtriert man Osmiridium, Sand und reduziertes Gold ab, verglüht den Rückstand (s. Methode 1, S. 1527), zieht ihn mit etwas Königswasser aus, um das Gold zu lösen und bestimmt letzteres durch Fällen mit Ferrosulfat (Gold I). Das Osmiridium behandelt man weiter nach Methode 1, S. 1527. Das Filtrat des Osmiridiums und des Rückstandes wird mehrmals mit Salzsäure eingedampft, nach Methode 1, S. 1527 mit Chlor oxydiert und die Metalle Iridium und Platin darin gefällt. Nach der vorgeschriebenen Behandlung des Platin-Iridiumschwammes mit verdünntem Königswasser (1:5) (s. S. 1529) erhält man als Rückstand: Iridium I und aus dem Filtrat davon: Platin I. Durch die anschließende Dimethylgyloximfällung (s. Methode 1, S. 1527) erhält man Palladium und Gold. Ist der Niederschlag von beträchtlichem Umfang, so löst man ihn in Königswasser (1 Teil K. W. : 1 Teil Wasser), dampft mehrfach mit Salzsäure ein (s. hierzu auch die vereinfachte Analysenmethode für Bijouterie-Platinbarren auf S. 1541), nimmt mit einigen Tropfen Salzsäure auf und fällt nochmals mit Dimethylglyoxim (Palladium und Gold). Im Filtrat kann man noch geringe Mengen Platin mit Salmiak gewinnen (Platin II), die bei der Hauptfällung in Lösung geblieben waren (s. S. 1559 u. 1561).

Palladium und Gold glüht man im Wasserstoffstrom, löst die Metalle nach dem Wägen in einigen Tropfen Königswasser und fällt nach Entfernung der Salpetersäure das Gold aus salzsaurer Lösung mit Ammoniumoxalat (Gold II). Palladium ergibt sich aus der Differenz, kann aber auch unmittelbar bestimmt werden. Zu den vereinigten Filtraten, in denen sich noch Platinmetalle befinden können, setzt man 50 g reine Zinkspäne und 50 ccm Salzsäure und läßt mindestens 5—6 Stunden einwirken. Es fallen Rhodium, Kupfer und Spuren von Iridium aus. Die Abtrennung des Kupfers erfolgt nach Methode 1, S. 1527. Das in Salpetersäure unlösliche Metallpulver (Rhodium, Spuren von Iridium) wird im Wasserstoffstrom geglüht und dann im Porzellantiegel mit der zehnfachen Menge Zink unter einer Salzdecke, bestehend aus 1 Teil Kaliumchlorid[1]

---

[1] Man kann als Salzdecke auch ein Gemisch von 1 Teil $BaCl_2$, 1 Teil KCl, 1 Teil NaCl oder ein Gemisch von 2 Teilen NaCl und 1 Teil $CaCl_2$ (wasserfrei) benutzen.

und 1 Teil Lithiumchlorid, $1^1/_2$ Stunden geschmolzen. Die Zinklegierung löst man in Salzsäure (1:1), filtriert den zurückbleibenden Metallschwamm ab und löst ihn in Königswasser. Ein in Königswasser unlöslicher Rückstand, der aber noch durch Schmelzen mit entwässertem Kaliumbisulfat auf Rhodium geprüft werden kann, wird als Iridium II angesehen. Im Filtrat fällt man die letzten Reste Iridium mit Salmiak und bestimmt dieses als Metall (Iridium III).

Aus dem Filtrat von der Iridiumfällung (III) wird durch Reduktion mit Zink das Rhodium ausgefällt, das nach dem Filtrieren und Auswaschen im Wasserstoffstrom geglüht und im Kohlensäurestrom abgekühlt wird.

Das Eisen bestimmt man nach Methode 1, S. 1527.

Methode b.

Dieser Methode liegt die Nitritmethode von Leidié zugrunde [C. r. d. l'Acad. des sciences **131**, 888 (1900)]. Der Aufschluß erfolgt wie bei Methode a, S. 1531. Man dampft die Königswasserlösung, wie dort angegeben, bis zur Sirupdicke ein. Den unlöslichen Rückstand filtriert man ab, setzt zu dem eingeengten und auf 30 bis 40° C erwärmten Filtrat für jedes Gramm Platin + Iridium 1,5 g Salmiak zu und bestimmt Platin I und Iridium I wie unter Methode a, S. 1531 oder bei Methode 1, S. 1527 angegeben ist.

Die Filtrate der beiden Salmiakfällungen dampft man zur Zerstörung des Ammoniumchlorids mit konzentrierter Salpetersäure zur Trockne ein. Den Rückstand löst man mit Wasser, erhitzt annähernd zum Sieden und gibt vorsichtig in kleinen Mengen Natriumnitrit zu, bis die Lösung neutral ist. Dann setzt man noch Sodalösung bis zur alkalischen Reaktion zu, erhitzt zum Sieden, filtriert den Niederschlag heiß ab (Gold und unedle Metalle) und wäscht mit heißem Wasser aus. Im Filtrat befinden sich die Platinmetalle als Doppelnitrite in Lösung. Nun behandelt man den Niederschlag mit heißer, verdünnter Salzsäure und wägt das zurückbleibende Gold. In der salzsauren Lösung bestimmt man die unedlen Metalle, Cu, Fe, Ni, Pb usw. nach bekannten Methoden. Die Lösung der Doppelnitrite (Ir, Rh, Ru, Pt, Pd) versetzt man vorsichtig mit Salzsäure, dampft zur Trockne ein, behandelt den Rückstand mit rauchender Salzsäure, filtriert das sich ausscheidende Natriumchlorid durch gereinigten Asbest ab und wäscht es mit starker Salzsäure aus. Man dampft dann noch 2 bis 3mal bis zur vollständigen Entfernung der Salpetersäure mit Salzsäure ein, nimmt mit Wasser auf und fällt das Palladium mit Quecksilbercyanid (s. S. 1558). Das Palladiumcyanid wird mit salzsäurehaltigem Wasser ausgewaschen, zunächst an der Luft und dann im Wasserstoffstrom geglüht. Im eingeengten Filtrat der Palladiumfällung wird noch vorhandenes Iridium, Platin und Ruthenium mit Salmiak gefällt (Iridium II). Die Trennung Iridium-Platin nach Methode 1, S. 1527 ergibt Platin II (s. auch die Trennung Iridium-Platin durch Hydrazin auf S. 1539).

Aus den vereinigten Filtraten der Salmiakfällungen werden die Metalle durch längere Behandlung mit Zink abgeschieden, unter Luftabschluß abfiltriert, im Wasserstoffstrom geglüht und im Kohlensäurestrom abgekühlt. Dann schmelzt man sie mit der zehnfachen Menge Zink im Porzellantiegel (s. Methode a, S. 1531), löst das Zink in Salzsäure und den verbleibenden Metallschwamm in Königswasser. Etwa unlöslich zurückbleibendes Metall bestimmt man als Iridium III. Die Königswasserlösung prüft man nach Entfernung der Salpetersäure mit Salmiak auf Iridium und gewinnt es als Iridium IV (das Filtrat enthält vorhandenes Rhodium). Iridium I, II, III und IV vereinigt man und schmilzt sie im Platintiegel mit der zehnfachen Menge Soda. Die Schmelze löst man in salzsäurehaltigem Wasser, filtriert Iridiumoxyd ab und führt es durch Glühen im Wasserstoffstrom in Metall über. Ist das Filtrat orangegelb gefärbt, so enthält es Ruthenium. Man behandelt die Lösung mit Zinkspänen, filtriert das Ruthenium ab, glüht es im Wasserstoffstrom und läßt es im Kohlensäurestrom kalt werden. Das Filtrat vom Iridium IV enthält vorhandenes Rhodium, das man mit Zink aus der Lösung abscheidet, im Wasserstoffstrom glüht und im Kohlensäurestrom abkühlen läßt.

B. Analyse des Osmiridiums.

1. Aufschluß durch Schmelzen mit Natriumsuperoxyd.

Den in Königswasser unlöslichen Rückstand eines Platinerzes (Osmiridium) schließen Leidié und Quennessen [C. r. d. l'Acad. des sciences **136**, 1399 (1903)] durch Schmelzen mit Natriumhydroxyd und Superoxyd im Nickeltiegel auf. Um körniges Osmiridium leichter aufschließbar zu machen, schmelzt man es zuvor mit der 10fachen Menge Zink 2 Stunden lang bei 600 bis 800° C. Zur Verhinderung der Oxydation bedeckt man das Zink mit einem Salzgemisch von Kalium-Lithiumchlorid (s. S. 1531) oder leitet Leuchtgas in den Schmelztiegel. Die entstandene Zinklegierung löst man in verdünnter Salzsäure, wobei die Metalle der Platingruppe in fein verteiltem, schwammartigen Zustand zurückbleiben. Dieser Metallschwamm wird abfiltriert, ausgewaschen, getrocknet (aber nicht geglüht) und im Nickeltiegel mit einem Gemisch aus 1 Teil Natriumhydroxyd und 4 Teilen Natriumsuperoxyd eine halbe Stunde oder nach Bedarf länger geschmolzen. Am besten schmelzt man zuerst das Natriumhydroxyd im Tiegel ein und gibt dann den mit Natriumsuperoxyd gemischten Metallschwamm in kleinen Anteilen zu. Die Schmelze gießt man auf ein blankes Nickelblech aus, um die Masse in handliche Stücke zerteilen zu können. Diese bringt man in einen mit Glasstopfen versehenen Kolben, gibt Wasser hinzu und läßt den Rückstand absitzen. Dann hebert man die klare Lösung ab und behandelt den Rückstand mit einer Natriumhypochloritlösung, um das darin befindliche Ruthenium auszuziehen. Die Natriumhypochloritlösung stellt man wie folgt her. Man sättigt 20%ige Natronlauge mit Chlor und versetzt sie dann mit einem Fünftel ihres Volumens 20%iger Natronlauge. Die Natriumhypochloritlösung und die Waschwässer werden mit der Hauptlösung vereinigt.

Die Hauptlösung enthält Osmium und Ruthenium als Osmiat und Rutheniat, ebenso einen Teil des Iridiums. Außerdem kann sie noch Chrom, Aluminium und Mangan an Alkali gebunden enthalten. Der unlösliche Teil enthält den Rest des Iridiums, Nickel- und Eisenoxyd und geringe Anteile von Platin, Palladium und Rhodium. Man bringt die Lösung in einen Destillierkolben und schließt drei Vorlagen an, die mit eisgekühlter Salzsäure (1:2) beschickt sind. Sämtliche Verbindungen müssen eingeschliffen sein. Man leitet jetzt Chlor ein bis zur Sättigung und erhitzt dann allmählich auf 70—80° C. Osmium und Ruthenium destillieren als Tetroxyde über und kondensieren sich in den mit Eis gekühlten Vorlagen. Die Lösung im Destillierkolben muß stets alkalisch bleiben.

Die Destillation ist als beendigt anzusehen, wenn Schwefelwasserstoffwasser durch einige Tropfen des Destillats nicht mehr gefärbt wird.

Rutheniumtetroxyd wird durch die Einwirkung der Salzsäure zunächst in Rutheniumtetrachlorid ($RuCl_4$) übergeführt, aus welchem sich durch hydrolytische Vorgänge auch ein Hydroxytrichlorid $[Ru(OH)Cl_3]$ bildet (s. S. 1569). Das Osmiumtetroxyd bleibt dagegen in der Salzsäure unverändert und kann durch eine neue Destillation vom Ruthenium getrennt werden.

Man vereinigt den Inhalt der Vorlagen in einem Destillierkolben, leitet Luft hindurch und erwärmt den Kolbeninhalt allmählich auf 70° C. Das entweichende Osmiumtetroxyd fängt man in drei Vorlagen auf, die jetzt mit alkoholischer Natronlauge beschickt sind (12 Teile Natriumhydroxyd, 84 Teile Wasser und 4 Teile Alkohol), um das Osmiumtetroxyd in Natriumosmiat überzuführen. Bei Beginn der Destillation schaltet man aber zunächst an erster Stelle eine mit Salzsäure (1:2) beschickte Vorlage ein, um zu prüfen, ob noch unzerlegtes Rutheniumtetroxyd vorhanden ist. Ist keine Braunfärbung der Salzsäure in der Vorlage zu erkennen, so entfernt man die Vorlage und ersetzt sie jetzt durch eine mit Natronlauge beschickte. Sollte etwas Rutheniumtetroxyd in die mit Salzsäure gefüllte Vorlage übergegangen sein, so gibt man den Inhalt der Vorlage zu der im Destillierkolben befindlichen Lösung.

Um sich zu überzeugen, daß die Abtrennung des Osmiums vollständig ist, behandelt man eine Probe aus dem Destillierkolben mit frisch gefälltem Bariumcarbonat. Man filtriert und fällt im Filtrat das entstandene Bariumchlorid durch Natriumsulfat aus. Die klare Lösung darf beim Zusatz von Natronlauge und Alkohol nicht violett gefärbt werden (Osmiumreaktion).

a) Bestimmung des Iridiums.

Die von der ersten Destillation im Kolben zurückgebliebene, alkalische Lösung wird mit Salzsäure angesäuert. Ebenso wird der in Wasser unlöslich gebliebene Schmelzrückstand mit Salzsäure behandelt, wobei man darauf achten muß, ob sich darin noch unaufgeschlossene Teile des Osmiridiums befinden. Man kann diese Teile noch nachträglich aufschließen oder man zieht sie einfach vom Gewicht der Einwaage ab.

Die beiden salzsauren Lösungen vereinigt man. Darin befinden sich außer Iridium etwa vorhandenes Platin, Palladium und Rhodium, das Nickel aus dem Schmelztiegel sowie die aus der Gangart des Osmiridiums stammenden Elemente, wie Chrom, Aluminium, Eisen, Mangan, Kieselsäure. Die schwach saure Lösung wird mit Natriumcarbonat nahezu neutralisiert, dann mit Natriumnitrit und Natriumcarbonat versetzt und zum Sieden erhitzt, wodurch sich Gold als Metall, die unedlen Metalle als Carbonate oder Hydroxyde abscheiden und nur die Doppelnitrite der Platinmetalle in Lösung bleiben. Braucht man auf die übrigen Platinmetalle keine Rücksicht zu nehmen, so leitet man in die abfiltrierte und durch Eindampfen konzentrierte Nitritlösung Chlorwasserstoffgas ein, um den Überschuß an Natriumchlorid abzuscheiden. Das Salz wäscht man mit starker Salzsäure aus, dampft die Lösung mehrfach mit Salzsäure zur Trockne und fällt in der schwach sauren Lösung das Iridium mit Magnesiumspänen. Der Metallschwamm wird abfiltriert, mit heißem, schwefelsäurehaltigem (5%igem) Wasser ausgewaschen, im Wasserstoffstrom geglüht und im Kohlensäurestrom abgekühlt.

Ist außer Iridium noch Platin, Palladium und Rhodium vorhanden, so trennt man sie nach dem von Leidié angegebenen Verfahren (s. die Methoden b, S. 1532 und 2 unten).

b) Bestimmung des Osmiums.

Die in den Vorlagen befindlichen alkalischen Lösungen vereinigt man, setzt Streifen von Aluminiumblech zu und fällt das Osmium als Oxydhydrat. [Nach Paal u. Amberger: Ber. Dtsch. Chem. Ges. 40, 1378 (1907) fällt mit Aluminium kein metallisches Osmium und außerdem ist die Fällung unvollständig. Die Abscheidung wird aber vollständig, wenn man Alkohol zusetzt, schwach erwärmt, mit Schwefelsäure genau neutralisiert, noch etwas Alkohol zusetzt und mehrere Stunden warm stehen läßt.] Man filtriert durch ein mit Schwefelsäure behandeltes, geglühtes und gewogenes Asbestfilterrohr (oder durch einen ausgeglühten Goochtiegel) ab, wäscht mit 5%iger Schwefelsäure aus und bestimmt das Osmium entweder als Dioxyd oder als Metall (s. S. 1554).

c) Bestimmung des Rutheniums.

Die salzsaure Lösung kann man in einem gewogenen Tiegel zur Trockne dampfen und den Rückstand im Wasserstoffstrom glühen oder man entfernt den Überschuß an Säure und fällt Ruthenium mit Magnesium (s. S. 1570).

2. Aufschluß durch Glühen mit Natriumchlorid im Chlorstrom.

Rückstände von der Verarbeitung der Platinerze (s. die Vorbehandlung derartiger Rückstände unter der Methode 3, S. 1537) oder Legierungen, in denen das Rhodium vorherrschend ist, schließt man zweckmäßig durch Glühen mit Natriumchlorid im sauerstofffreien Chlorstrom auf, weil Rhodium durch alkalisches Schmelzen nicht vollkommen aufgeschlossen wird (s. S. 1563). Sind gleichzeitig neben Rhodium größere Mengen Iridium vorhanden, so empfiehlt es sich, dem Glühen mit Natriumchlorid im Chlorstrom ein Schmelzen mit Natriumhydroxyd und Superoxyd folgen zu lassen, weil sich Iridium dadurch leichter aufschließen läßt als durch das Glühen im Chlorstrom. Der Aufschluß wird weiterhin beschleunigt, wenn man grobkörnige Produkte durch Schmelzen mit Zink in feine Verteilung bringt (s. S. 1531 u. 1533). Das vorbereitete Probegut mischt man sehr gründlich mit der 2,5fachen Menge entwässerten Kochsalzes und erhitzt das Gemenge im Verbrennungsrohr bei dunkler Rotglut im Chlorstrom [Leidié: C. r. d. l'Acad. des sciences **131**, 888 (1900)].

Die entstandenen Chloride (flüchtige Chloride fängt man in Vorlagen auf) behandelt man mit Wasser und Salzsäure, filtriert einen verbleibenden Rückstand ab und schließt ihn entweder ein zweites Mal im Chlorstrom oder durch Schmelzen mit Ätznatron und Superoxyd auf. Ist alles aufgeschlossen, so läßt man die Lösung stehen, filtriert gegebenen Falles noch einmal ab, neutralisiert die Lösung nahezu mit Soda, erhitzt zum Sieden und gibt so lange Natriumnitrit zu (s. die Methode b, S. 1532), bis die Lösung gegen Lackmuspapier neutral reagiert. Darauf setzt man noch mehr Soda zu, bis keine weitere Fällung mehr auftritt, kocht nochmals auf, läßt absitzen und filtriert. In dem Niederschlag der Nitritfällung können die unter Methode 1, S. 1533 erwähnten Bestandteile enthalten sein. Die Lösung der Platinmetall-Doppelnitrite versetzt man mit Natronlauge, leitet Chlor ein und destilliert Ruthenium und Osmium als Tetroxyde ab (s. Methode 1, S. 1533).

Die im Destillierkolben enthaltene, alkalische Lösung macht man salzsauer, kocht auf und verwandelt die durch das Chlor entstandenen Chloride wieder durch Zusatz von Natriumnitrit in Nitrite. Man läßt abkühlen, versetzt mit einem Überschuß von Ammoniumchlorid, wodurch Iridium und Rhodium als Doppelnitrite des Ammoniums ausfallen. Der Niederschlag wird nach der Entfernung der Mutterlauge mit heißem Königswasser behandelt, um das Tetrachlorid des Iridiums zu bilden. Die Salpetersäure wird durch mehrfaches Abdampfen mit Salzsäure entfernt, der Rückstand mit kaltem, mit Chlor gesättigtem Wasser aufgenommen und Iridium mit Ammoniumchlorid als Doppelsalz gefällt. Das Salz wird abfiltriert, das Filter verascht und der Rückstand im Wasserstoffstrom geglüht. Das ausgewogene Iridium prüft man noch auf etwa mitgerissenes Rhodium (s. S. 1533).

Das Rhodium, das sich in der Mutterlauge der Iridiumsalmiakfällung befindet, scheidet man aus der angesäuerten Lösung mit Zink ab, reinigt die Fällung durch Chlorieren mit Natriumchlorid und schlägt das Rhodium nochmals durch Magnesium nieder (s. auch die Trennung des Rhodiums von Iridium und Ruthenium). Das Filtrat von der Fällung der Ammonium-Doppelnitrite (Iridium und Rhodium) kann noch Palladium und Platin (sowie Spuren von Iridium) enthalten. Man zerstört die Doppelnitrite durch Eindampfen mit Salzsäure zur Trockne und entfernt das im Überschuß vorhandene Natriumchlorid, indem man den Salzrückstand im Wasserstoffstrom glüht (s. a. S. 1532 u. 1535). Die Salze laugt man mit Wasser aus, filtriert die Platinmetalle ab und löst sie in Königswasser. Wegen der weiteren Behandlung siehe die Trennung des Palladiums von Platin, S. 1561.

3. Methode des russischen Platininstituts.

[Ann. de l'Inst. de platine 4, 355 (1926).]

Von dem in Königswasser unlöslichen Rückstand eines Platinerzes (Osmiridium) wägt man 2 bis 3 g ein, behandelt nacheinander mit heißem Ammoniumacetat und Ammoniak, um Bleisulfat und Chlorsilber zu entfernen, filtriert ab, glüht vorsichtig und wägt (s. S. 1528). Der gewogene Rückstand (Osmiridium und Gangart) wird mit Borax, etwas Soda und 5 bis 6 g Silber geschmolzen und dadurch gereinigt (s. S. 1528). Der Metallkönig wird durch Hämmern von der Schlacke befreit, mit verdünnter Schwefelsäure gesäubert und gewogen. Die Gewichtszunahme des Silbers zeigt die Menge des reinen Osmiridiums an.

Den Silberkönig löst man in heißer, konzentrierter Schwefelsäure, bringt das Silbersulfat mit Wasser in Lösung und filtriert das Osmiridium

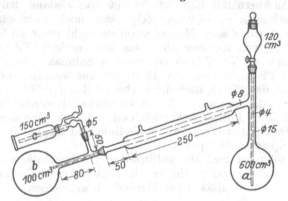

Abb. 1. Destillierapparat nach Ledebur-Karpow.

ab. Ist das Osmiridium grobkörnig, so schmelzt man es mit der 20- bis 30fachen Menge Zink unter einer Salzdecke (s. S. 1531) 2 Stunden lang bei Rotglut. Die Zinklegierung löst man in Salzsäure und schmilzt die zurückgebliebenen Platinmetalle (s. die Methode 1, S. 1533) mit Ätznatron und Natriumsuperoxyd (1 Teil NaOH : 3 Teile Na_2O_2) im Nickeltiegel [Leidié u. Quennessen: C. r. d. l'Acad. des sciences 136, 1399 (1903)].

Die Schmelze laugt man mit wenig Wasser aus und bringt Lauge nebst Rückstand in den Destillierapparat (Abb. 1).

Durch den Tropftrichter gibt man ein Gemisch von 1 Teil Salpetersäure und 5 Teilen Salzsäure im Überschuß zu, erhitzt den Inhalt des Kolbens zum Sieden und fängt das übergehende Osmiumtetroxyd in der gekühlten Vorlage b auf. Die Waschflasche c enthält verdünntes Ammoniak oder 10%ige Alkalilauge. Ist alles Osmium überdestilliert (man prüft 2 bis 3 Tropfen des übergehenden Destillats mit Ammoniumsulfid), so vereinigt man den Inhalt der Vorlagen b und c, macht alkalisch, setzt Ammoniumsulfid zu, säuert schwach mit Salzsäure an und filtriert durch einen ausgeglühten Goochtiegel. Das Osmiumsulfid trocknet man bei nicht mehr als 80° C, glüht im Wasserstoffstrom und läßt darin erkalten (Osmium).

Der Inhalt des Destillierkolbens a wird mit Natronlauge alkalisch gemacht, abgekühlt, mit Chlor gesättigt und das Ruthenium unter schwachem Erwärmen in einem Luft-Chlorstrom abdestilliert. Die Vorlagen sind mit Salzsäure (1:2) beschickt. Die Destillation ist vollständig, wenn ein Tropfen des Destillats mit Schwefelwasserstoff keine schwarze Färbung mehr zeigt. Sie muß in der Regel nach Zusatz von frischem Alkali und Einleiten von Chlor 3 bis 4mal wiederholt werden. Dann fällt man im Destillat das Ruthenium mit Magnesium aus, filtriert ab, verascht das Filter bei niedriger Temperatur, glüht im Wasserstoffstrom und läßt im Kohlensäurestrom abkühlen (Ruthenium I). Die Filtrate sind stets auf Ruthenium zu prüfen [s. Krauß: Ztschr. f. anorg. u. allg. Ch. 136, 70 (1924)].

Durch Ansäuern mit Salzsäure bringt man alsdann den Rückstand im Destillierkolben in Lösung. Zeigt sich noch unzersetzes Osmiridium, so zieht man dessen Menge, wenn sie nicht mehr als 5% der Einwaage beträgt, von letzterer ab. Das konzentrierte Filtrat wird mit Chlor gesättigt, auf 70° C erwärmt und mit Salmiak versetzt. Es fallen Iridium und Platin, die nach S. 1549 getrennt werden (Iridium I und Platin I). Ist das Platin, nach der Farbe der Salmiakfällung zu urteilen, noch iridiumhaltig, so muß die Trennung wiederholt werden (s. a. S. 1549).

Die vereinigten Filtrate behandelt man mit Zink. Aus dem geglühten Metallschwamm entfernt man nun Palladium und Kupfer durch Behandlung mit Salpetersäure (spez. Gew. 1,2).

Danach schmelzt man die abfiltrierten Platinmetalle mit der zehnfachen Menge Zink und bestimmt die letzten Anteile Iridium und das Rhodium, wie auf S. 1533 unter Methode b angegeben.

C. Platinmetall.

[Mylius u. Mazzucchelli: Ztschr. f. anorg. u. allg. Ch. 89, 3 (1914).]

Die Art des Untersuchungsganges hängt von der Größenordnung der vorhandenen Nebenbestandteile ab. In technischem Platinmetall braucht man z. B. auf Ruthenium keine Rücksicht zu nehmen. Im übrigen leitet man die Untersuchung so, daß man bei sehr unreinem Platin die Nebenbestandteile durch eine gemeinsame Fällung abtrennt, bei reinem Platin dagegen das Metall als Natriumdoppelsalz abscheidet und die Nebenbestandteile in der Mutterlauge ermittelt (s. Anhang zu den Platinmetallen auf S. 1572).

1. Unreines Platin.

Man versetzt 10 g der gut zerkleinerten Probe mit 10 ccm Salpetersäure (spez. Gew. 1,4) und 100 ccm Salzsäure (spez. Gew. 1,14), erwärmt zunächst auf 40° C, setzt dann nach Beendigung der stürmischen Gasentwicklung noch 20 ccm Salpetersäure zu und erwärmt auf 100° C. Danach wird die Lösung in einer Porzellanschale auf dem Wasserbade

mit 6 g reinen Natriumchlorids so oft unter Erneuerung des Wasser-
zusatzes eingedampft, bis alle Säuren vertrieben sind. Das unreine
Natriumplatinchlorid wird dann noch 1 Stunde lang auf 120° C erhitzt.
Den wasserfreien, bräunlichen Salzrückstand löst man in 100 ccm kalten
Wassers auf und filtriert die ungelösten Teile ab, die aus Gold, Silber-
chlorid, Eisensalzen, Silicaten bestehen können. Man behandelt den
Rückstand mit Salzsäure und vereinigt die löslichen Anteile nach Ent-
fernung der freien Säure mit der Hauptlösung. Das Ungelöste (Gold,
Silberchlorid) behandelt man für sich und trennt es nach den einzelnen
Bestandteilen.

Die filtrierte Hauptlösung verdünnt man auf 500 ccm, bringt sie in eine
Schale, setzt 0,8 g Natriumbicarbonat zu und erhitzt zum Sieden. Nach
dem Erkalten gibt man zu der schwach alkalischen, meistens getrübten
Lösung eine Auflösung von 0,8 g Natriumbicarbonat in 20 ccm gesättigten Bromwassers und erwärmt, bis sich ein schwarzer, flockiger Niederschlag abgesetzt hat. Die Lösung muß auch nach der Fällung schwach
alkalisch, am besten aber neutral sein, weil dann die Abscheidung der
Oxyde am vollständigsten ist. Wenn sich die Flüssigkeit nach halbstündigem Erwärmen nicht geklärt hat, gibt man zu der erkalteten
Lösung nochmals ein wenig Hypobromitlösung und nach weiteren
10 Minuten einige Kubikzentimeter Alkohol zu und erhitzt zum schwachen
Sieden. Nachdem man sich von der vollständigen Fällung der Nebenbestandteile überzeugt hat, filtriert man den schwarzen Niederschlag ab
und wäscht mit Wasser solange aus, bis das Filtrat völlig farblos geworden
ist. Ein übermäßiges Waschen kann eine kolloidale Wiederauflösung des
Niederschlags zur Folge haben. Das Filtrat wird auf alle Fälle nochmals
mit etwas Alkohol bis zum Sieden erhitzt, um die Abscheidung der
Nebenbestandteile auf Vollständigkeit zu prüfen.

Das Filtrat wird sodann zur Zerstörung des Bromats mit Salzsäure
zur Trockne gedampft. Das nur noch geringe Mengen von Verunreinigungen enthaltende Natriumplatinchlorid kann man durch Umkrystallisieren weiter reinigen, wie im nächsten Abschnitt „Reines Platin"
angegeben ist.

Den blauschwarzen Oxydniederschlag, der auch noch geringe Mengen
Platin enthält, bringt man in eine Porzellanschale. Das schwarz gefärbte
Filter behandelt man mit verdünnter, hydrazinhaltiger Salzsäure, zerstört das Hydrazin durch Eindampfen mit Salpetersäure und gibt
diese Lösung zum Niederschlag in der Schale. Den Schaleninhalt
dampft man mit konzentrierter Salzsäure, zuletzt unter Zusatz von
etwas Salpetersäure ein. Den ein wenig angesäuerten Abdampfrückstand
löst man in 6 bis 8 ccm Wasser und gibt 1 g Salmiak zu, wodurch der
größte Teil des Platins, Palladiums und Iridiums gefällt wird. Das Filtrat
dieser Fällung wird mit 1 ccm verdünnter Salpetersäure eingedampft.
Die sich noch abscheidenden Doppelsalze der drei genannten Metalle
werden abfiltriert und mit einer mit verdünnter Salpetersäure angesäuerten, halb gesättigten Salmiaklösung ausgewaschen.

Der Inhalt beider Filter kann neben den Ammoniumdoppelchloriden
von Platin, Palladium und Iridium noch ein wenig Gold, Rhodium,

97*

Eisen usw. enthalten. Bevor man die Platinmetalle trennt, reinigt man
die Doppelsalze nochmals durch Umkrystallisieren. Man löst sie zu diesem
Zwecke in heißem Wasser und dampft unter Zusatz von Salmiak und
einigen Tropfen Salpetersäure ein.

Die salmiakhaltigen Filtrate dampft man nun mit Salzsäure ein,
nimmt mit 30 ccm Wasser und 2 bis 3 Tropfen Salzsäure auf und gibt
zur kalten Lösung etwas Schwefelwasserstoffwasser, um das Kupfer
als Sulfid abzuscheiden. Das Sulfid wird durch Glühen an der Luft
in Oxyd übergeführt und als solches gewogen. Danach behandelt man
es mit verdünnter Salpetersäure. Ungelöste Anteile bestehen aus edlen
Metallen, wie Rhodium oder geringe Mengen Gold. In Lösung befinden
sich Kupfer, gegebenenfalls auch Wismut, Blei usw., außerdem auch
noch etwas Rhodium. Das Rhodium kann man nach Abscheidung
des Kupfers als Rhodanür (s. S. 1530; vgl. ferner S. 1187) durch Behandlung des Filtrats mit Schwefelwasserstoff oder Zink gewinnen.

Ist Rhodium in größeren Mengen vorhanden, so befindet sich die
Hauptmenge in dem Filtrat der Kupfersulfidfällung. Die Verfasser
empfehlen in diesem Falle eine Abscheidung des Rhodiums als Ammo-
niumrhodiumchlorid, jedoch erscheint es sicherer, die Abscheidung des
Rhodiums durch Zink oder Magnesium vorzunehmen oder nach dem
auf S. 1566 angegebenen Verfahren mit Titan-(3)-Sulfat.

Ist kein Rhodium vorhanden, so verarbeitet man das Filtrat der
Kupfersulfidfällung auf Eisen, Nickel, Kobalt, Zink weiter. Alle Niederschläge müssen unbedingt auf Reinheit geprüft werden, da sich stets
noch kleine Mengen von Iridium dabei befinden können. Die so nachträglich gewonnenen Iridiummengen vereinigt man mit dem Salmiakniederschlag von Platin, Palladium und Iridium. Man zerstört nun die
Salmiakverbindungen durch vorsichtiges Glühen und erhitzt zuletzt
kurze Zeit sehr stark im Wasserstoffstrom. Den Metallschwamm
behandelt man alsdann mit verdünntem Königswasser (1 Teil Königswasser und 3 Teile Wasser), bis sich bei erneutem Säurezusatz keine
Färbung der Säure mehr zeigt. Platin und Palladium gehen in Lösung,
während Iridium ungelöst zurückbleibt. Das Filtrat dampft man ein,
vertreibt die Salpetersäure durch mehrfaches Eindampfen mit Salzsäure und fällt Platin mit Salmiak. Der Platinsalmiak kann nochmals
auf Iridium geprüft werden.

In den Filtraten fällt man das Palladium mit Schwefelwasserstoff
(s. auch S. 1560), glüht es im Wasserstoffstrom und läßt es im Kohlensäurestrom erkalten. Die vereinigten Iridiumabscheidungen glüht man
stark im Wasserstoffstrom und prüft den Glührückstand durch Schmelzen
mit der 10fachen Menge Natriumcarbonat unter Zusatz von etwas
Salpeter auf Ruthenium (s. S. 1533).

2. Reines Platin.

Man muß in diesem Falle von größeren Einwaagen, etwa 50—100 g
ausgehen. Das Platinchlorid wird nach dem Vorschlage von Finkener
[Mylius u. Foerster: Ber. Dtsch. Chem. Ges. 25a, 665 (1892)] (s. auch

S. 1572) zunächst durch Zusatz von NaCl in das Natriumdoppelchlorid übergeführt und dieses dann aus 1%iger Sodalösung wiederholt umkrystallisiert. In der Mutterlauge werden dann die Nebenbestandteile wie unter 1, S. 1538 angegeben bestimmt. Man kann aber auch das noch vorhandene Platin aus der schwach angesäuerten, kochsalzhaltigen Lösung mit Salmiak fällen und das mitgefällte Iridium dadurch entfernen, daß man den Salmiakniederschlag in Salzsäure löst und das Platin aus stark salzsaurer Lösung mit Hydrazin fällt, wobei das Iridium in Lösung bleibt. Die iridiumhaltige Lösung gibt man zum Filtrat der Salmiakfällung und leitet Schwefelwasserstoff ein. Durch mehrstündiges Behandeln der warmen Lösung mit Schwefelwasserstoff schlägt man alle Metalle außer denjenigen der Eisengruppe nieder. Die Sulfide kann man entweder in Königswasser lösen oder an der Luft glühen und alsdann mit verdünntem Königswasser behandeln. Die weitere Verarbeitung erfolgt wie unter 1, S. 1538 angegeben.

Wegen weiterer Einzelheiten sei auf die Originalarbeit verwiesen.

3. Vereinfachte Analysenmethode für Bijouterie-Platinbarren.

(Mitt. d. Chem.-Fachausschusses d. G.D.M.B.[1] 2. Aufl., S. 136.)

Man löst 5 g Probegut in 150 ccm Königswasser, füllt nach Abscheidung des Silberchlorids auf ein Volumen von 500 ccm auf und macht 3 Abmessungen von je 100 ccm = 1 g Einwaage.

1. Abmessung, Gesamtedelmetallbestimmung. Man dampft die 100 ccm auf 15 ccm ein, setzt 50 ccm kalt gesättigte Salmiaklösung und 30 ccm einer 1%igen, alkoholischen Dimethylglyoximlösung zu. Den Niederschlag verglüht man vorsichtig und zieht den Glührückstand mit verdünnter Salzsäure aus. Aus dem Filtrat der Salmiakfällung verjagt man den Alkohol und behandelt sowohl dieses Filtrat als auch den salzsauren Auszug längere Zeit mit Zink oder Magnesium, um die letzten Anteile edler Metalle zu fällen. Den erhaltenen Niederschlag glüht man, zieht etwa vorhandenes Kupfer mit verdünnter Salpetersäure (spez. Gew. 1,2) aus, vereinigt den Rückstand mit der Hauptmenge der Edelmetalle und glüht alles zusammen im Wasserstoffstrom (Pt + Pd + Ir + Rh + Au).

2. Abmessung, Palladiumbestimmung. 100 ccm der freies Königswasser enthaltenden Lösung versetzt man mit 20 ccm 1%iger, alkoholischer Dimethylglyoximlösung, verdünnt mit 900 ccm kalten Wassers und rührt gut um. Man läßt 2 Stunden bei einer **Temperatur von unter 15° C** stehen, filtriert durch einen Filtertiegel, wäscht erst mit kaltem, dann mit heißem Wasser aus und trocknet 1 Stunde bei 120° C.

Das freie Königswasser verhindert eine Reduktion des Platin(4)salzes zu Platin(2)salz und dadurch eine Fällung durch das Dimethylglyoxim. Ist die Palladiumfällung durch mitgerissenes Platin grünlich gefärbt, so muß sie umgefällt werden. Gold wird nicht mitreduziert.

3. Abmessung, Goldbestimmung. 100 ccm dampft man zur Entfernung der Salpetersäure mehrfach mit Salzsäure ab, nimmt dann mit Wasser

---

[1] Siehe Fußnote S. 1463.

auf und gibt 10 ccm konzentrierter Eisenchlorürlösung zu. Nach mäßigem Erwärmen und nach längerem Stehenlassen filtriert man ab, verascht das Filter und prüft das Gold auf trockenem Wege auf Reinheit. Gewicht der Gesamtedelmetalle minus Gewicht des Palladiums und des Goldes ergibt das Gewicht des Platins einschließlich des Iridiums und Rhodiums.

D. Bestimmung des Platins im Platinasbest.

Hierfür bewährt sich am besten die Fällung des Platins mit Schwefelwasserstoff. Man muß aber dafür sorgen, daß das Platinsulfid gut ausflockt. Nach Iwanow (Chem. Zentralblatt 1923 IV, 440) gelingt dies in einfacher Weise dadurch, daß man einer platinchloridhaltigen Lösung Magnesiumsalze in ausreichender Menge zufügt. Beim Behandeln von Platinasbest mit Königswasser bilden sich bereits genügend Magnesiumsalze. Man trocknet 10 g des Platinasbests im Wägeglas bei 105° C, löst mit 150 ccm Königswasser (2 HCl : 1 HNO$_3$), verdünnt mit 200 ccm Wasser, filtriert durch Glaswolle ab, dampft mehrfach unter Salzsäurezusatz auf dem Wasserbade zur Trockne und filtriert ausgeschiedene Kieselsäure ab. Man füllt in einem Meßkolben auf, entnimmt 5 g, leitet Schwefelwasserstoff ein, erhitzt zum Sieden, filtriert ab und wäscht mit siedendem Wasser aus. Das Filter verglüht man und prüft das ausgewogene Platinmetall auf Reinheit (Kieselsäure und andere Metalle) [s. a. Doht: Ztschr. f. anal. Ch. 64, 37 (1924), Untersuchung von Platinkontaktmassen].

E. Trockene Methoden zur Bestimmung des Platins.

1. In Erzen und Hüttenerzeugnissen.

a) Allgemeines.

Eigentliche Platinerze werden heute kaum noch auf trockenem Wege untersucht. Dagegen findet die Feuerprobe auf Platin durchweg bei Erzen und Hüttenerzeugnissen Anwendung, in denen das Platin meistens nur in ganz geringen Mengen enthalten ist.

Das Prinzip der trockenen Methode für Platin ist dasselbe wie für Gold und Silber (s. die Feuerprobe auf Silber und Gold auf S. 1007), das heißt, man sammelt das Platin in Blei an und kupelliert. Das in der Regel aus Platin, Gold und Silber bestehende Edelmetallkorn wird dann unter Berücksichtigung der Löslichkeitseigenschaften der einzelnen Edelmetalle mit Säuren geschieden.

Platin ist in Legierung mit Silber in gewissem Umfange in Salpetersäure löslich. Aus einem in das Quartationsverhältnis gebrachten Edelmetallkorn (Gold + Platin : Silber = 1 : 3) kann man Silber + Platin mit Salpetersäure herauslösen und das Gold als Rückstand bestimmen. Benutzt man Schwefelsäure, so löst sich nur Silber auf und Gold + Platin bleibt zurück. Zur richtigen Durchführung der Scheidungen ist es aber erforderlich, daß die Metalle stets in einem bestimmten Gewichtsverhältnis zueinander stehen (s. weiter unten).

b) Schmelzen.

Erze und andere platinhaltige Erzeugnisse schließt man entweder nach der Ansiedemethode oder nach der Tiegelschmelzmethode auf (s. den Abschnitt „Die Feuerprobe auf Silber und Gold", G, 1 und G, 2, S. 1011 und 1013). Die Einwaagen richten sich nach den vorhandenen Edelmetallgehalten. Platin und die übrigen Platinmetalle, außer Osmium und Ruthenium, gehen vollständig in das Blei über.

c) Kupellieren.

Durch einen Platingehalt steigt der Schmelzpunkt des auf der Kapelle befindlichen Edelmetallkorns erheblich. Das Abtreiben des Bleies muß deshalb bei verhältnismäßig hoher Temperatur durchgeführt werden, um das Korn bis zuletzt flüssig zu erhalten. Trotzdem ist es schwierig, das Korn bleifrei zu treiben, besonders wenn der Platingehalt groß ist. Macht sich also auf dem nach der Scheidung mit Schwefelsäure zurückbleibenden Edelmetall ein weißer Anflug von Bleisulfat bemerkbar, so kann man diesen durch Behandeln mit Ammonacetat beseitigen.

d) Scheiden.

Auf diesem Gebiete bestehen immer noch erhebliche Unklarheiten. Man sollte es sich deshalb grundsätzlich zur Regel machen, bei allen Platinbestimmungen Kontrollproben mit zu verarbeiten, die man nach dem Ergebnis einer Vorprobe im gleichen Verhältnis aus reinen Metallen zusammengewogen hat und den gleichen Bedingungen beim Treiben und Scheiden unterwirft, wie die zu untersuchende Probe.

α) **Einwirkung der Schwefelsäure.** Um eine vollständige Trennung des Silbers vom Platin + Gold zu erzielen, müssen bestimmte Gewichtsverhältnisse eingehalten werden. Ferner muß zur Vermeidung von mechanischen Verlusten usw. dafür gesorgt werden, daß das Platin nach dem Lösen des Silbers nicht als staubförmiges Metall zurückbleibt. Um dieses zu vermeiden, muß auch ein bestimmtes Verhältnis zwischen Platin und Gold hergestellt werden, und zwar soll dieses erfahrungsgemäß nicht kleiner sein als Pt : Au = 1 : 5, besser ist es sogar, wenn man bis auf 1 : 8 oder 1 : 10 geht. Fehlendes Gold muß deshalb, genau gewogen, hinzulegiert werden.

Das Silber muß seinerseits zur Summe von Platin und Gold im Quartationsverhältnis stehen: Pt + Au : Ag = 1 : 3.

Bei größeren Platingoldmengen bringt man das Edelmetallkorn durch Auswalzen in die Form einer Rolle (s. S. 1033).

Im allgemeinen wird die Anwendung von konzentrierter Schwefelsäure zur Scheidung empfohlen (Steinmann [s. Treadwell: Analytische Chemie, Bd. 2, S. 227. 1913] empfiehlt dagegen eine verdünnte Schwefelsäure: 100 Teile konzentrierte Schwefelsäure zu 22 Teilen Wasser), jedoch ist dabei besondere Vorsicht nötig, weil die starke Säure leicht zu Siedeverzug neigt. Ein zweimaliges oder deimaliges Auskochen von bestimmter, stets gleichmäßiger Zeitdauer ist unerläßlich, um sicher zu sein, daß alles Silber in Lösung gegangen ist (Kontrollproben).

Palladium geht mit orangegelber Farbe teilweise mit in Lösung, während die übrigen Platinmetalle beim Gold-Platin bleiben.

β) **Einwirkung der Salpetersäure.** Es ist nicht ratsam, den Platingehalt in einem zu scheidenden Edelmetallkorn zu hoch zu halten, weil die Löslichkeit der Platin-Silberlegierung ohnedies beschränkt ist. Man muß ferner so oft hintereinander quartieren und scheiden, bis das zurückbleibende Gold ein unveränderliches Gewicht zeigt. Palladium geht mit dem Platin in Lösung und färbt die Lösung orangegelb. Iridium bleibt beim Golde und erzeugt auf diesem schwarze, krystalline Flecken.

2. Bestimmung des Platins im Anodenschlamm.

[Eckert: Metall u. Erz **22**, 595 (1925)].

Anodenschlämme enthalten neben metallischen Bestandteilen Oxyde von Blei, Zinn, Antimon, Arsen usw. Eine sorgfältige Zubereitung ist deshalb zur Erzielung eines richtigen Untersuchungsergebnisses Vorbedingung. Die Schlämme haben in der Regel, infolge eines Gehaltes an Schwefelsäure, die Neigung Wasser anzuziehen und müssen aus diesem Grunde vor jeder Einwaage wieder sorgfältig getrocknet werden.

Für die Platin-Goldbestimmung schmelzt man je nach der Zusammensetzung des Schlammes 10 bis 15mal 10 g oder 5 g mit Flußmitteln und Bleioxyd im Tontiegel ein, verschlackt die Bleikönige noch ein- oder zweimal mit etwa 20 g Probierblei und treibt bei hoher Temperatur ab. Je 5 oder 10 der Edelmetallkörner löst man dann in verdünnter Salpetersäure (spez. Gew. 1,09; hergestellt aus 1 Teil HNO_3, spez. Gew. 1,2 und 1 Teil Wasser), filtriert ab, wäscht mit heißem Wasser aus und verascht. Der Rückstand enthält das gesamte Gold und die Hauptmenge des Platins.

Aus dem Filtrat fällt man das Silber mit verdünnter Salzsäure als Chlorid aus, filtriert ab[1], dampft das Filtrat in einer Porzellanschale zur Trockne ein, nimmt den Rückstand mit einigen Tropfen Salzsäure auf und bringt die kleine Flüssigkeitsmenge in eine Schale aus Bleiblech von 20 bis 30 g Gewicht. Man dampft die Lösung zur Trockne, gibt noch 15 bis 20 g Probierblei hinzu und verschlackt alles zusammen auf einem Ansiedescherben. Den dabei entstehenden Bleikönig setzt man auf eine Kapelle zum Abtreiben und fügt noch den in ein Stück Bleifolie eingewickelten Gold-Platinrückstand vom Lösen der Edelmetallkörner einschließlich des genau berechneten Quartiersilbers hinzu. Steht der Goldgehalt nicht im richtigen Verhältnis zum Platin, so muß man auch noch eine entsprechende, genau gewogene Menge Gold hinzulegieren.

Ist das Verhältnis von Gold : Platin größer als 10 : 1, so wirkt dies, soweit hierüber Versuche bekannt geworden sind, nicht nachteilig auf die Platin-Goldscheidung ein [Smith: The sampling and assay of the precious metals S. 417 (1913)].

Die alles Gold und Platin enthaltenden, heiß getriebenen Edelmetallkörner löst man, ohne sie auszuplatten, 20 Minuten in kochender,

---

[1] Bei größeren Chlorsilbermengen muß die Fällung als AgCl wiederholt werden, weil Edelmetalle mitgerissen sein können.

konzentrierter Schwefelsäure und kocht dann 2mal mit Wasser nach. Gold + Platin wird ausgewogen, mit der dreifachen Menge Silber legiert, abgetrieben und das Korn 2mal mit Salpetersäure vom spez. Gewicht 1,2 ausgekocht. Es ist in der Regel ein 3maliges Quartieren erforderlich, bis das Gold konstantes Gewicht zeigt.

Die Ausführung von Kontrollproben ist dringend zu empfehlen, um etwaige Fehler in der Arbeitsweise zu erkennen.

Das angegebene naß-trockene Verfahren eignet sich in erster Linie für Anodenschlämme mit höherem Silbergehalt, das heißt mit mehr als 1 % Silber. Das Verfahren bezweckt vor allem, Gold + Platin in ein geeignetes Verhältnis, nämlich in das Quartationsverhältnis, zum Silber zu bringen. Ein großer Überschuß von Silber führt erfahrungsgemäß bei der Schwefelsäurescheidung zu mechanischen Verlusten an Gold und Platin, die zwar teilweise durch Blei- und Silberrückhalt verdeckt werden. Im Endergebnis täuschen jedoch Blei- und Silberrückhalt und Goldverluste einen zu hohen Platingehalt vor.

Das Silber wird in einer besonderen Einwaage bestimmt, entweder durch die Ansiedeprobe oder nach S. 1026 auf naßtrockenem Wege (s. auch Mitt. d. Chem.-Fachausschusses d. G.D.M.B.[1], 2. Aufl., S. 120).

3. Bestimmung geringer Mengen Platin in Gesteinen.

Die unmittelbare Anwendung der Tiegelschmelzprobe ergibt bei Gesteinen und sonstigen Produkten mit sehr geringen Platingehalten in der Regel merkliche Verluste an Platin, die mit wachsendem Eisengehalt größer werden. Um diese Fehlerquelle zu umgehen, empfiehlt es sich, die Gesteine zuvor mit Säuren auszuziehen und etwa in Lösung gegangene Edelmetalle mit Zink oder mit Schwefelwasserstoff auszufällen. Die durch Zementierung oder durch Schwefelwasserstoff entstandenen Fällungen werden auf dem Ansiedescherben verschlackt. Den mit Säure ausgezogenen Rückstand schmilzt man im Tontiegel mit Flußmitteln und Bleioxyd. Bei derartigen Untersuchungen müssen alle Probierreagenzien und besonders das Probierblei sorgfältig auf Platin und Gold geprüft werden.

Literatur: Wagenmann: Metallurgische Studien über deutsche Platin- (Silber-, Gold-) Vorkommen. Abh. Inst. Metallhüttenwes. u. Elektromet. Techn. Hochsch. Aachen 2, H. 4. — Lunde: Mikrodokimastische Bestimmung kleiner Platinmengen in Gesteinen. Ztschr. f. anorg. u. allg. Ch. 161, 1 (1927); 172, 167 (1928).

4. Bestimmung des Platins in Legierungen.

[Siehe hierzu auch Rainer: Österr. Ztschr. f. Berg- u. Hüttenwes. 61, 141 (1913); Chem. Zentralblatt 1913 I, 1542.]

Die hier in Betracht kommenden Legierungen bestehen meistens aus Platin, Gold, Silber, Kupfer, enthalten manchmal aber auch Palladium und Iridium.

---

[1] Siehe Fußnote S. 1463.

Vorprobe. Man wägt 250 mg der Legierung ein und treibt mit 1 g Probierblei bei hoher Temperatur ab. Ist das Korn flach (unrein), so muß noch einmal kupelliert werden. Das Korn wird gewogen, mit der dreifachen Menge seines Gewichts an Feingold (genau gewogen) und der dreifachen Menge des Gewichtes von Korn + Feingold an Silber in ein Stück Bleifolie gebracht und kupelliert. Das entstandene Korn wird flach geschlagen und 15 Minuten mit konzentrierter Schwefelsäure gekocht. Das zurückbleibende Platin-Gold wird mit Wasser ausgekocht, getrocknet, geglüht und gewogen. Der Gewichtsunterschied gegenüber dem Gesamtedelmetallkorn ergibt den ungefähren Silbergehalt der Legierung. Das Platin-Gold legiert man mit der vierfachen Menge Silber und scheidet in üblicher Weise mit Salpetersäure. Das Gold wägt man aus und berechnet das Platin aus der Differenz.

Bei der Hauptprobe werden die ermittelten Gewichtsverhältnisse für die Bemessung der Gold- und Silberzusätze entsprechend berücksichtigt. Nach den vorliegenden Erfahrungen (Mitt. d. Chem.-Fachausschusses d. G.D.M.B.[1] 2. Aufl., S. 134) ist es jedoch nicht ratsam, Platinlegierungen mit mehr als 150 Tausendteilen Platin auf trockenem Wege zu untersuchen. Ist mehr Platin vorhanden, so muß die Legierung auf nassem Wege untersucht werden. Eine Scheidung des Platins vom Gold auf Grund der Löslichkeit der Platin-Silberlegierung in Salpetersäure soll tunlichst nur bis zu einem Platingehalt von höchstens 80 Tausendteilen angewendet werden. Darüber hinaus wird der durch 3maliges, je 8 Minuten langes Kochen mit konzentrierter Schwefelsäure vom Silber befreite und gewogene Platin-Goldrückstand mit Königswasser gelöst, die Lösung zur Entfernung der Salpetersäure mehrfach mit Salzsäure eingedampft und das Gold dann mit Eisenchlorür gefällt. Das Gold wird nochmals mit Silber quartiert und auf Reinheit geprüft. Das Platin ergibt sich aus der Differenz oder es wird aus dem Filtrat der Goldfällung durch Zinkstaub abgeschieden und unmittelbar bestimmt. Die Notwendigkeit Kontrollproben durchzuführen sei an dieser Stelle nochmals hervorgehoben.

5. Bestimmung des Platins in Abfällen und Gekrätz.

Für die Wertbestimmung dieser Materialien, die hauptsächlich in den Werkstätten der Goldschmiede und Zahntechniker abfallen, ist es bei der Ungleichartigkeit der verarbeiteten Materialien sehr schwierig, daraus eine richtige Durchschnittsprobe zu ziehen. Ein Zusammenschmelzen liefert in der Regel Barren oder Zaine, in denen das Platin sehr ungleichmäßig verteilt ist. Am zweckmäßigsten ist es daher, derartige Abfälle nach dem Abbrennen der organischen Bestandteile mit dem dreifachen Gewicht Blei unter Zusatz von etwas Bleioxyd und Borax im Tontiegel einzuschmelzen. Während des Schmelzens wird mit einem Eisenstab gut durchgerührt. Das Schmelzgut wird dann zu einem Barren gegossen und ein Teil desselben zur Untersuchung verwendet.

---

[1] Siehe Fußnote S. 1463.

Gekrätz wird nach dem Abglühen gestampft und gesiebt. Die metallischen Anteile werden für sich geschmolzen. Sind Edelmetalle in fein verteilter Form reichlich vorhanden, so werden sie unter Zugabe von Quarzsand auf einer Hartgußplatte verrieben, um sie für die Verbleiung vorzubereiten. 200 g Gekrätz (bei reichem Gekrätz weniger) werden mit 500 g Bleioxyd, 100 g grobgepulverten Glases, 100 g Borax, 100 g wasserfreier Soda und 10 g Mehl im Tontiegel geschmolzen. Man rührt den Inhalt gut durch, nimmt den Tiegel aus dem Feuer, stellt ihn auf eine dicke, eiserne Platte, taucht nach 10 Minuten vorsichtig in Wasser, zerschlägt den Tiegel, entschlackt die Bleilegierung, bestimmt ihr Gewicht und schlägt mit dem Meißel Proben für die Untersuchung ab. Ein Teil der Bleilegierung, in welchem etwa 100 mg Platin vorhanden sind, wird mit der 10fachen Menge Feinsilber sehr heiß abgetrieben. Die Scheidung mit Schwefelsäure erfolgt dann in der oben beschriebenen Weise. (L. Schneider: Chemisch-analytische Untersuchungen über das Platin des Handels. Jb. montanist. Hochschulen 1913, 4.)

F. Platinsalze.

Platinchlorid-Chlorwasserstoff (Platinchlorid) $H_2(PtCl_6) + 6 H_2O$, bildet eine braunrote, krystallinische, sehr hygroskopische Salzmasse, die sich in Wasser, Alkohol und Äther mit gelber Farbe löst. Die wäßrige Lösung reagiert gegen Lackmuspapier sauer.

Gehaltsbestimmung nach Merck (Prüfung der chemischen Reagenzien auf Reinheit, 3. Aufl., S. 306): Man löst 0,5 g Platinchlorid in 50 ccm Wasser und erhitzt diese Lösung mit 10 ccm Natronlauge (1,3) und 2 g Chloralhydrat auf dem Wasserbade, bis das Platinsalz reduziert ist. Man sammelt den Niederschlag auf einem Filter, wäscht mit Wasser gut aus, trocknet, verascht das Filter und glüht bis zum unveränderlichen Gewichte. Der Gehalt an Platin beträgt etwa 37,5%.

Iridium.

Von

Direktor Dr.-Ing. A. Graumann, Hamburg.

Einleitung.

Vorkommen, physikalische und chemische Eigenschaften. Iridium bildet den Hauptbestandteil des in Platinerzen enthaltenen Osmiridiums. In geringen Mengen ist es auch in dem in Königswasser löslichen Teil der Platinerze enthalten.

Sein Schmelzpunkt liegt bei 2350°C. Es ist spröde, hat eine dem Platin ähnliche Farbe und gibt diesem als Legierungsbestandteil eine größere Härte (Spitzen von Goldschreibfedern). Das Metall ist in allen Säuren, auch in Königswasser, unlöslich. Durch Magnesium frisch abgeschiedener Iridiummohr ist jedoch nach Quennessen in verdünnten Säuren löslich. Starkes Glühen macht ihn aber unlöslich. Ist das Iridium mit viel Platin legiert, so löst es sich teilweise in Königswasser. Schmelzendes Kaliumbisulfat oxydiert Iridium ohne Bildung eines löslichen Salzes. Schmelzendes Kaliumhydroxyd (s. S. 1572) mit einem Oxydationsmittel (Kaliumnitrat oder Natriumsuperoxyd) oxydiert Iridium zu einem teilweise wasserlöslichen Salze. Die beim Schmelzen entstehenden Iridiumverbindungen lösen sich aber vollständig in Königswasser. Erhitzt man fein verteiltes Iridium mit Natriumchlorid gemischt bei 300 bis 400°C im sauerstofffreien Chlorstrom, so bildet sich $Na_2(IrCl_6)$, das in Wasser mit schwarzroter Farbe löslich ist.

Versetzt man eine Iridiumchlorid- oder Natriumiridiumchloridlösung mit Kaliumcarbonat und dampft zur Trockne, so erhält man beim Glühen das Sesquioxyd des Iridiums (Ir_2O_3), das aber nach L. Wöhler und Witzmann [Ztschr. f. anorg. u. allg. Ch. **57**, 323 (1908)] aus Iridiumdioxyd und Iridium besteht.

Schwefelwasserstoff fällt schwarzes Iridiumsulfid (Ir_2S_3), löslich in Salpetersäure und in Ammoniumsulfid.

Kalium- und **Ammoniumchlorid** fällen aus einer Iridiumtetrachloridlösung ein fast schwarzes, in Wasser schwerlösliches Doppelchlorid. In **Trichlorid**lösungen tritt keine Fällung ein.

Ameisensäure, Zink, Magnesium reduzieren Iridiumsalze in schwachsaurer Lösung zu metallischem Iridium. Bei Anwendung von Ameisensäure setzt man Ammoniumacetat zu, um die Mineralsäure zu binden.

Oxalsäure, Ferrosulfat, Schwefeldioxyd, Hydroxylamin reduzieren eine Tetrachloridlösung nur zu Trichlorid, geben also keine Fällung von metallischem Iridium.

Natriumnitrit bildet in heißer Iridiumsalzlösung eine gelbe, wasserlösliche Doppelverbindung, aus der Iridium weder durch Schwefelwasserstoff noch durch Alkalisulfide gefällt wird (Unterschied von Rhodium und Ruthenium). Auf Zusatz von Kalium- oder Ammoniumsalzen fallen aber schwerlösliche Doppelnitrite aus.

Natriumhypobromit fällt aus einer schwach alkalischen Iridiumtetrachloridlösung ein blaues Dioxyd (s. S. 1539).

I. Quantitative Methoden zur Bestimmung des Iridiums.

1. Abscheidung als Metall.

Um Iridium aus Iridiumchlorid- oder Natriumiridiumchloridlösungen metallisch abzuscheiden, verwendet man meistens die Metalle Zink oder Magnesium. Da Iridium langsam ausfällt, muß man die Metalle sehr lange einwirken lassen, um eine vollständige Fällung zu erreichen.

An Stelle der genannten Metalle kann man auch Ameisensäure oder deren Salze verwenden. Zur Bindung der freiwerdenden Mineralsäure setzt man Ammoniumacetat zu.

2. Fällung als Ammoniumdoppelsalz.

Zur vollständigen Ausfällung als $(NH_4)_2IrCl_6$ ist Voraussetzung, daß sich das Iridium als Tetrachlorid in Lösung befindet. Da das Tetrachlorid aber sehr leicht in das Trichlorid übergeht, muß man meistens vorher mit Chlor oxydieren (s. Platinerzanalyse, S. 1528). Im übrigen sind die Abscheidungsbedingungen dieselben wie beim Platin. Will man das sehr schwerlösliche Doppelsalz durch Umfällen reinigen, so kann man das Auflösen des Salzes dadurch sehr beschleunigen, daß man den Niederschlag in Wasser suspendiert und Schwefeldioxyd einleitet. Dadurch wird das vierwertige Iridium in dreiwertiges übergeführt, dessen Ammoniumsalz leicht löslich ist. Vor der Fällung muß dann erst wieder mit Chlor oxydiert werden.

Das Ammoniumiridiumchlorid kann man wie die Platinverbindung durch Glühen im Wasserstoffstrom in metallisches Iridium überführen.

Hat man durch Eindampfen einer Iridiumchloridlösung mit Kaliumcarbonat und durch Glühen des Rückstandes das Iridiumsesquioxyd abgeschieden, so kann man es durch Glühen im Wasserstoffstrom leicht in Metall überführen. Auch die Chloride des Iridiums geben beim Glühen im Wasserstoffstrom metallisches Iridium.

II. Trennung des Iridiums von Platin.

1. Methode von Deville und Stas
abgeändert von R. Gilchrist.
[Journ. Amer. Chem. Soc. 45, 2820 (1923), Ztschr. f. anal. Ch. 64, 406 (1924)].

Eine sorgfältig gezogene Probe der Platin-Iridiumlegierung schmilzt man 1 Stunde lang bei 1000° C mit der 10fachen Menge Probierblei im

Graphittiegel und läßt die Schmelze darin erkalten. Den gesäuberten Regulus löst man im Becherglase mit einem Gemisch von 1 Teil Salpetersäure (spez. Gew. 1,42) und 4 Teilen Wasser (1 ccm Säuregemisch für jedes Gramm Blei). Man verdünnt die Lösung auf das Doppelte und gießt durch ein doppeltes Filter ab, ohne den Rückstand auf das Filter zu bringen. Man wäscht mit heißem Wasser aus und bringt das Filter in das Becherglas zurück.

Den Rückstand samt Filter behandelt man mit einem Gemisch von 15 ccm Wasser, 5 ccm Salzsäure (spez. Gew. 1,18) und 0,8 ccm Salpetersäure (spez. Gew. 1,42) für jedes Gramm der eingewogenen Platinlegierung. Die Bleiplatinlegierung löst sich beim Erhitzen auf etwa 85° C in etwa 1 bis 1¹/₂ Stunden auf. Man verdünnt mit der doppelten Menge Wasser und filtriert durch ein Doppelfilter ab, wobei auf absolut klares Filtrieren geachtet werden muß, weil das fein verteilte, unlöslich zurückbleibende Iridium leicht durchs Filter geht. Man wäscht erst mit heißem Wasser, dann mit heißer Salzsäure (1:100) und zuletzt wieder mit heißem Wasser aus. Das letzte Waschwasser prüft man auf Blei.

Das Filter trocknet und verascht man. Ist der Kohlenstoff vollkommen verbrannt, so bedeckt man den Tiegel mit einem Roseschen Tiegeldeckel, leitet Wasserstoff oder Leuchtgas über das Iridium und erhitzt den Tiegel. Iridium läßt sich nach dieser Methode in der Größenordnung von 0,1 bis 20% mit hinreichender Genauigkeit neben anderen Platinmetallen und Gold bestimmen. Auf Ruthenium, das beim Iridium verbleibt, wird allerdings keine Rücksicht genommen. Eisen scheidet sich beim Schmelzen quantitativ mit dem Iridium ab und bleibt bei diesem. Man kann es dadurch abtrennen, daß man das Iridium mit eisenfreiem Zink schmilzt, den Überschuß an Zink mit Salzsäure entfernt und das zurückbleibende Iridium-Zink mit Kaliumbisulfat aufschließt.

Ein Fehler bei der Iridiumbestimmung entsteht durch eine geringe Löslichkeit des Iridiums in dem verdünnten Königswasser.

2. Methode von Aoyama.
[Ztschr. f. anorg. u. allg. Ch. **133**, 230 (1924); Ztschr. f. anal. Ch. **65**, 363 (1924/25)].

Aoyama hat versucht, die schwierige und bisher noch unvollkommen gelöste Aufgabe einer zuverlässigen Trennung des Platins vom Iridium dadurch zu verbessern, daß er das Platin durch fein verteiltes Kupfer abscheidet. Er kombiniert das von Quennessen [Chem. News **92**, 29 (1905)] angegebene Trennungsverfahren mit Magnesium mit der von ihm vorgeschlagenen Kupferreduktion. Quennessen löst die zu untersuchende Legierung in Königswasser (1 Teil Salpetersäure [1,32] und 2 Teile Salzsäure [1,18]), entfernt die Salpetersäure durch Eindampfen mit Salzsäure, erhitzt den Rückstand auf 120° C, nimmt mit Wasser auf und fällt die Platinmetalle mit Magnesium. Der Metallmohr wird getrocknet und bei dunkler Rotglut im Wasserstoffstrom geglüht. Das eingeschlossene Magnesium entfernt man durch eine Behandlung mit 10%iger Schwefelsäure, löst das Platin mit verdünntem Königswasser heraus (1 Teil Königswasser und 3 Teile Wasser) und fällt es mit Ammoniumchlorid aus.

Aoyama fällt das Platin aus einer salzsauren Platin-Iridiumlösung (Acidität 0,6 n) mit fein verteiltem Kupfer aus. Während des Reduktionsvorganges wird Wasserstoff in den Fällungskolben geleitet und die Lösung nach einigem Stehen etwa 30 Minuten lang auf dem Wasserbade erhitzt. Nachdem der Kolbeninhalt schnell mit Eiswasser abgekühlt worden ist, filtriert man, wäscht mit kaltem Wasser und daran anschließend mit 2 n-Ammoniak aus, um das eingeschlossene Cuprochlorid zu lösen. Das abgeschiedene Platin enthält aber noch metallisches Kupfer und außerdem noch etwa 1 bis 3% Iridium. Der Niederschlag wird nun im Wasserstoffstrom bei etwa 600° C geglüht und zur Entfernung des Kupfers mit 3 n- und zum Schluß mit 6 n-Salpetersäure behandelt. Das zurückbleibende Platin löst man dann in verdünntem Königswasser [190 Teile Salzsäure [1,19], 80 Teile Salpetersäure [1,40] und 830 Teile Wasser). Iridium wird von dieser Säurekonzentration nicht angegriffen und bleibt als ungelöster Rückstand zurück. Aus der Königswasserlösung fällt man das Platin nach Entfernung der Salpetersäure mit Magnesium aus und erhält nunmehr fast reines Platin. Geringe Mengen Iridium, die etwa noch mitgefallen sein können, entfernt man durch eine Wiederholung der Reduktion. Das Magnesium verwendet man in gepulverter Form und die Acidität der Lösung muß so gering wie möglich sein.

Im Filtrat der Kupferreduktion befindet sich die Hauptmenge des Iridiums. Man fällt es mit Magnesium aus, filtriert den Niederschlag ab und glüht ihn im Wasserstoffstrom. Das mit eingeschlossene Magnesium entfernt man durch eine Behandlung mit Salpetersäure, vereinigt die beim Lösen des Platins in verdünntem Königswasser verbliebenen Iridiumrückstände mit der Hauptmenge und wägt.

Das feinverteilte Kupfer stellt man durch Reduktion einer eisgekühlten Cuprochloridlösung mit Zink her (100 g Cu_2Cl_2 in 1750 ccm 2,4 n-Salzsäure mit 35 g Zink).

3. Methode von Karpow.

[Ann. de l'Inst. de platine 4, 360 (1926); Chem. Zentralblatt 1926 II, 1672.]

Karpow benutzt für die Trennung des Iridiums vom Platin die schon von Treadwell empfohlene Reduktion des Kaliumplatinchlorids durch metallisches Quecksilber. Er findet, daß sich das Platin von allen Platinmetallen am leichtesten zu Metall reduzieren läßt, während das Iridium nur aus dem vierwertigen in den dreiwertigen Zustand übergeht.

Schlämmt man ein Gemisch von Ammoniumiridium- und Ammoniumplatinchlorid mit 70 bis 80 ccm Wasser auf, setzt metallisches Quecksilber zu und erwärmt auf dem Wasserbad, so scheidet sich ein Gemisch von

Platin, Quecksilber und Quecksilberchlorür aus, während die rotgelbe
Lösung eine grüne Farbe annimmt. Die vollständige Abscheidung des
Platins hängt von der Wassermenge und der Häufigkeit des Umrührens
ab. Sie wird in der Regel in 12 bis 14 Stunden erreicht. Die Fällung
wird mit heißem Wasser ausgewaschen, bei gelinder Temperatur bis zur
Verflüchtigung des Quecksilbers erhitzt und dann stark geglüht.

Das Filtrat dampft man zur Zerstörung des Salmiaks mit Salpetersäure ein, führt es in eine Platinschale über, setzt Kaliumtartrat zu,
dampft zur Trockne und glüht. Die gebildete Pottasche wird mit Wasser
ausgelaugt, das Iridiumoxyd abfiltriert und im Wasserstoffstrom reduziert. In einer durch Quecksilber abgeschiedenen und von Iridium getrennten Platinmenge von 1,3156 g fand Karpow etwa 0,09 % Iridium.

Osmium.

Von

Direktor Dr.-Ing. A. Graumann, Hamburg.

Einleitung.

Vorkommen, physikalische und chemische Eigenschaften. Osmium ist neben Iridium der Hauptbestandteil des in den Platinerzen vorkommenden Osmiridiums. Seine Farbe ist bläulichweiß, ähnlich dem Zink. Von allen Platinmetallen hat Osmium den höchsten Schmelzpunkt, der bei etwa 2700° C liegt. Osmium findet in der Industrie, mit Wolfram und Chrom legiert, als Glühfaden für elektrische Lampen Anwendung. Sein härtender Einfluß auf Platin ist nahezu dreimal größer als der des Iridiums. Platinlegierungen mit 15 bis 25% Iridium lassen sich infolgedessen durch solche mit 6 bis 10% Osmium ersetzen.

In fein verteiltem Zustand entzündet sich das Metall beim Glühen an der Luft und bildet ein flüchtiges Tetroxyd (OsO_4), das einen unangenehmen, an Chlor erinnernden Geruch hat und auf die Atmungsorgane stark ätzend wirkt. Stickstoffdioxyd wirkt nach L. Wöhler und L. Metz [Ztschr. f. anorg. u. allg. Ch. **149**, 297 (1925)] noch stärker oxydierend auf Osmium als Sauerstoff. Das fein verteilte Metall ist in Königswasser und auch in rauchender Salpetersäure löslich. In beiden Fällen entsteht das flüchtige Tetroxyd. Fängt man das Osmiumtetroxyd (Überosmiumsäure) in alkoholischer Alkalilauge auf, so bildet sich Alkaliosmiat (Violettfärbung). Kompaktes Osmium schmelzt man mit Alkalihydroxyd und Natriumsuperoxyd. Das dabei gebildete Salz ist in Wasser mit orangegelber Farbe löslich. Aus dieser Lösung läßt sich das Osmium als Tetroxyd durch Einleiten von Chlor oder nach dem Ansäuern mit Salpetersäure abdestillieren. Man kann auch andere Oxydationsmittel verwenden, wie z. B. Chromtrioxyd-Schwefelsäure oder Kaliumpermanganat. Erhitzt man Osmium mit Natriumchlorid gemischt im sauerstofffreien Chlorstrom, so bildet sich Natriumosmiumchlorid $Na_2(OsCl_6)$, das in Wasser mit roter Farbe löslich ist.

Schwefelwasserstoff fällt aus einer angesäuerten Osmiumlösung [$Na_2(OsCl_6)$] braunes Sulfid. Aus alkalischer Lösung kann man das Osmium auch mit Ammoniumsulfid fällen.

Ammoniak oder Alkalihydroxyd fällt aus einer $Na_2(OsCl_6)$-Lösung rotbraunes Osmiumhydroxyd.

Reduktionsmittel wie Alkohol, Hydrazinsalze, Formaldehyd scheiden aus alkalischen Tetroxydlösungen ein Oxydhydrat des Osmiums ab.

Auch Aluminium fällt aus alkalischer Tetroxydlösung nur ein Oxydhydrat (kein Metall, s. S. 1535). In angesäuerten $Na_2(OsCl_6)$-Lösungen entsteht durch Reduktionsmittel keine Fällung.

Nach Tschugajeff [C. r. d. l'Acad. des sciences 167, 235 (1918)] ist noch 0,01 mg Osmium mit Thioharnstoff als roter Komplex nachweisbar. Kocht man die stark salzsaure Lösung aber 2 Minuten lang mit 0,2 g Thiocarbanilid, so tritt eine Rosa- oder Bordeauxfarbe auf. Das Reaktionsprodukt kann mit Äther ausgeschüttelt werden.

I. Quantitative Methoden zur Bestimmung des Osmiums.

Infolge der leichten Oxydierbarkeit des Osmiums ist sowohl seine Reduktion aus Verbindungen als auch seine quantitative Bestimmung mit gewissen Schwierigkeiten verbunden. Die vielfach empfohlene Abscheidung des Osmiums als Sulfid aus Osmiumlösungen und die daran anschließende Überführung in das Metall hat den Nachteil, daß man den Schwefel nicht vollständig zu entfernen vermag. Das Verfahren ist dadurch ungenau.

1. Bestimmung als Dioxyd.

Alkalische Osmiumtetroxydlösungen, die man fast durchweg beim Abdestillieren des OsO_4 erhält, reduziert man zweckmäßig durch Alkohol, wobei sich ein Oxydhydrat des Osmiums bildet [Paal u. Amberger: Ber. Dtsch. Chem. Ges. 40, 1378 (1907)].

Die Osmiumlösung versetzt man mit Alkohol und erwärmt auf 40 bis 50° C. Die Bildung kolloidaler Lösungen läßt sich dadurch vermeiden, daß man die alkalische Lösung während des Erhitzens auf dem Wasserbade in Gegenwart von Phenolphthalein mit Schwefelsäure oder Salzsäure vollkommen neutral macht. Dann läßt man noch 6 Stunden lang auf dem Wasserbade stehen und filtriert schließlich den blauschwarzen Niederschlag durch ein ausgeglühtes Asbestfilterröhrchen [Ruff u. Bornemann: Ztschr. f. anorg. u. allg. Ch. 65, 429 (1909)] oder durch einen ausgeglühten Goochtiegel ab. Der Niederschlag wird in einem mit Alkoholdämpfen beladenen Kohlendioxydstrom im Luftbad allmählich auf 150° C, dann im reinen Kohlendioxydstrom auf 250° C erhitzt und als Osmiumdioxyd gewogen.

2. Bestimmung als Metall.

Man kann das Oxydhydrat auch in Metall überführen. Man verdrängt die Luft aus dem Filterröhrchen durch Einleiten von Kohlendioxyd, schaltet dann auf den Wasserstoffstrom um und erwärmt zunächst ganz schwach auf 40 bis 50° C, wobei schon die Reduktion zu metallischem Osmium beginnt. Schließlich erhitzt man das Röhrchen auf Rotglut, damit das Osmium seinen pyrophoren Charakter verliert, verdrängt den Wasserstoff durch Kohlendioxyd und läßt darin erkalten.

Osmiumtetroxyd kann man außer in Alkalilauge auch in verdünntem Alkohol auffangen, in welchem es sich leicht löst. Durch Erwärmen und unter Einwirkung des Sonnenlichtes scheidet sich Os(OH)₄ ab.

Fängt man Osmiumtetroxyd in alkoholhaltigem Ammoniak auf, so kann man die Lösung mit Ammoniumchlorid eindampfen und den Rückstand durch Glühen im Wasserstoffstrom in Metall überführen. Es treten dabei aber geringe Verluste durch Verflüchtigung ein.

Die von Leidié und Quennessen angegebene Reduktion einer Alkaliosmiatlösung durch Aluminium führt auch nur zu Oxydhydrat (s. S. 1535).

II. Trennung des Osmiums von Ruthenium und von den übrigen Platinmetallen.

1. Sättigt man eine alkalische Osmiat- und Rutheniatlösung mit Chlor und erwärmt, so bilden sich flüchtige Oxyde. Durch diese dem Osmium und Ruthenium gemeinsame Eigenschaft lassen sie sich von den übrigen Platinmetallen trennen.

Hat man die beiden durch Chlor verflüchtigten Oxyde zusammen in Salzsäure aufgefangen, so lassen sie sich voneinander dadurch wieder trennen, daß man das Rutheniumtetroxyd durch Salzsäure und Alkohol zu nicht mehr flüchtigen Rutheniumchloriden reduziert und das durch diese Reaktion unverändert gebliebene Osmiumtetroxyd wieder abdestilliert.

Ein anderer Weg zur Trennung der beiden Metalle ist folgender:
Man säuert die alkalische Lösung des Osmiats und Rutheniats mit Salpetersäure an. Dadurch bildet sich ein Oxydhydrat des Rutheniums, das sich auf Zusatz von Salzsäure zu Rutheniumtrichlorid umsetzt. Osmium läßt sich dann nach Zusatz von Oxydationsmitteln (Salpetersäure oder Chromtrioxyd und Schwefelsäure) als Tetroxyd abdestillieren (s. S. 1534 u. 1537).

2. Treadwell (Analytische Chemie, 10. Aufl., Bd. 1, S. 536) empfiehlt ein Erhitzen der fein verteilten Platinmetalle im Sauerstoffstrom, um Osmium als Tetroxyd von den übrigen Metallen zu trennen. Diese Trennung gelingt jedoch mit Sauerstoff nicht vollständig. Wöhler und Metz [Ztschr. f. anorg. u. allg. Ch. 149, 298 (1925)] haben dagegen gezeigt, daß man das Osmium aus fein verteilten Platinmetallen quantitativ durch Erhitzen bei 275° C in einem Stickstoffdioxydstrom (hergestellt durch Einleiten von Stickstoff in rauchende Salpetersäure, spez. Gew. 1,52) als Osmiumtetroxyd verflüchtigen kann. Das Osmiumtetroxyd fängt man in drei hintereinander geschalteten Vorlagen auf, von denen die erste mit Wasser, die zweite mit verdünntem Alkohol und die dritte mit alkoholischer Kalilauge beschickt ist.

Die Fällung des Osmiums aus den nitrat- und nitrithaltigen Flüssigkeiten erfolgt am besten durch Reduktion mit Aluminiumspänen, von
denen man keinen großen Überschuß zusetzen darf. Um die Fällung
vollständig zu machen, gibt man Alkohol hinzu, neutralisiert heiß
mit Schwefelsäure, gibt noch etwas Alkohol zu und läßt mehrere Stunden
auf dem Wasserbade stehen. Das Oxydhydrat wird, wie bereits angegeben,
in Metall übergeführt. Letzteres kann dann durch Verflüchtigung im
Sauerstoffstrom bei 500 bis 600° C auf Reinheit geprüft werden.

Die Verflüchtigung des Osmiums im Stickstoffdioxydstrom wird als
quantitative Methode zur Trennung des Osmiums vom Ruthenium
empfohlen. Ruthenium wird unterhalb 600° C nicht verflüchtigt.

Palladium.

Von

Direktor Dr.-Ing. A. Graumann, Hamburg.

Einleitung.

Vorkommen, physikalische und chemische Eigenschaften. Palladium hat eine dem Silber ähnliche Farbe. Es schmilzt bei etwa 1557° C und „spratzt" nach dem Erstarren der Oberfläche. Besonders bemerkenswert ist seine Eigenschaft, beim Erhitzen auf 100° das 900fache seines Volumens an Wasserstoff aufzunehmen. Fein verteiltes Palladium (Palladiumasbest) wird in der Industrie als Katalysator beim Ölhärtungsprozeß verwendet.

Beim Erhitzen an der Luft auf 500 bis 600° C überzieht es sich mit Anlauffarben, die bei höheren Temperaturen wieder verschwinden. Von allen Platinmetallen ist es bei hohen Glühtemperaturen am wenigsten flüchtig. Palladium wird im Gegensatz zu den andern Platinmetallen schon von heißer, konzentrierter Salpetersäure angegriffen. Es löst sich sogar schon in kalter, verdünnter Salpetersäure, wenn es z. B. mit Silber oder Kupfer legiert ist. Fein verteiltes Palladium ist bei Luftzutritt auch in Salzsäure löslich. Kochende Schwefelsäure greift das Metall ebenfalls an und von schmelzendem Kaliumbisulfat wird es unter Bildung von Palladosulfat gelöst. In Königswasser löst es sich leicht zu (H_2PdCl_6), aus welchem nach Entfernung der Salpetersäure **Palladiumchlorür** ($PdCl_2$) entsteht. Das Dichlorid geht in Gegenwart von Salpetersäure oder Chlorwasser wieder in **Tetrachlorid** über, das mit Ammoniumchlorid einen roten Niederschlag von $(NH_4)_2PdCl_6$ bildet.

Ammoniak gibt in Palladochloridlösungen einen gelbroten Niederschlag, der im Überschuß des Fällungsmittels löslich ist. Salzsäure fällt daraus beim Ansäuern gelbes Palladosaminchlorid [$Pd(NH_3)_2Cl_2$]. Beim Glühen dieser Verbindung hinterbleibt Palladiumschwamm.

Kaliumjodid fällt schwarzes Palladojodid (PdJ_2), unlöslich in Wasser, Alkohol und Äther, aber im Überschuß des Fällungsmittels mit rotbrauner Farbe löslich.

Quecksilbercyanid fällt aus neutralen oder ganz schwach sauren Palladiumlösungen gelblichweißes Palladocyanid [$Pd(CN)_2$], unlöslich in verdünnten Säuren, aber löslich in Ammoniak und in Kaliumcyanid. Beim Glühen hinterbleibt metallisches Palladium.

Dimethylglyoxim, in Alkohol oder in heißem Wasser gelöst, fällt aus neutralen oder schwach sauren Palladiumlösungen voluminöses, kanariengelbes Palladoglyoxim, löslich in Ammoniak.

Nitroso-β-Naphthol [Schmidt, W.: Ztschr. f. anorg. u. allg. Ch. 80, 335 (1913)] in Essigsäure gelöst, fällt aus schwach sauren Palladiumlösungen einen voluminösen, rotbraunen Niederschlag.

Schwefelwasserstoff fällt schwarzes Sulfid, löslich in Salzsäure und in Königswasser, unlöslich in Ammoniumsulfid.

Alkohol, schweflige Säure, Ameisensäure, Hydrazinsalze und Metalle (Zink, Aluminium, Magnesium, Eisen) reduzieren Palladiumsalze zu metallischem Palladium.

Acetylen fällt aus saurer Lösung eine braune Verbindung, die beim Glühen metallisches Palladium ergibt [Gold und Osmium fallen auch mit Acetylen aus. Erdmann u. Makowka: Ztschr. f. anal. Ch. 46, 143 (1907)]. Die Acetylenverbindung ist in Ammoniak löslich. Läßt man auf Palladium oder palladiumreichen Legierungen einen Tropfen Jodtinktur eintrocknen, so bildet sich ein brauner bis schwarzer Fleck. Platin und platinreiche Legierungen geben diese Reaktion nicht. Kupferhaltige Platinlegierungen geben auch einen Fleck, der aber grau gefärbt ist [Mitt. d. Forschungsinstituts und Probieramts für Edelmetalle, Schwäb. Gmünd 2, 103 (1929)].

I. Quantitative Methoden zur Bestimmung des Palladiums.

1. Wägung als metallisches Palladium.

a) Fällung als Ammoniumdoppelsalz.

Man setzt zu einer bis zur dickflüssigen Beschaffenheit eingedampften Palladiumchlorürlösung einige Tropfen Salpetersäure, gibt gesättigte Salmiaklösung hinzu, erwärmt längere Zeit auf dem Wasserbade und läßt dann abkühlen. Man filtriert, wäscht mit gesättigter Salmiaklösung und zuletzt mit Alkohol aus, verascht vorsichtig und glüht zum Schluß im Wasserstoffstrom. Den Wasserstoff verdrängt man durch Kohlendioxyd oder Stickstoff und erhitzt nochmals in neutraler Atmosphäre, um den absorbierten Wasserstoff zu entfernen. Um etwaige Verluste, die beim Glühen des mit Ammoniumchlorid vermengten Niederschlages auftreten können, zu vermeiden, empfehlen Krauß und Deneke (s. S. 1526) das gefällte Ammoniumpalladiumchlorid [$(NH_4)_2PdCl_6$] in kochendem Wasser aufzulösen und das Palladium mit Natriumformiat in der Siedehitze als Metallmohr abzuscheiden.

b) Fällung als Palladiumcyanid.

Eine salzsaure Palladiumchlorürlösung neutralisiert man nahezu mit Soda, setzt Quecksilbercyanid zu und erwärmt einige Zeit. Man läßt abkühlen, wäscht den Niederschlag durch Dekantation im Fällungsgefäß aus, verascht vorsichtig unter dem Abzug und glüht im Wasserstoffstrom (s. 1a). Man kann auch aus salpetersaurer Lösung fällen und erhält dann einen leichter filtrierbaren Niederschlag.

c) Fällung mit Ameisensäure.

Zu einer neutralen oder schwach alkalischen Palladiumchlorürlösung gibt man überschüssiges Natriumformiat, erwärmt erst vorsichtig und erhitzt schließlich nach Beendigung der starken Gasentwicklung zum Sieden. Ist die Lösung klar geworden, so filtriert man das metallische Palladium ab, wäscht es mit heißem Wasser aus und glüht im Wasserstoffstrom (s. 1a).

d) Elektrolytische Bestimmung (s. S. 966).

2. Wägung als Palladiumglyoxim.

Zu einer schwach sauren Palladiumchlorürlösung gibt man 1%ige alkoholische oder wäßrige Dimethylglyoximlösung, erhitzt zum Sieden und läßt den Niederschlag absitzen. Man filtriert durch einen Filtertiegel, wäscht mit heißem, salzsaurem Wasser, zuletzt mit Alkohol aus, trocknet bei 120° C und wägt den Niederschlag, der $31{,}67\%$ Palladium enthält.

3. Anmerkungen.

Zu 1a. In Dichloridlösungen tritt mit Salmiak keine Fällung ein. Trennung von Platin und Iridium.

Zu 1b. Quecksilbercyanid trennt Palladium von Platin und Iridium, zum Teil auch von Ruthenium.

Zu 1c. Mit Ameisensäure fallen auch andere Platinmetalle.

Zu 2. Dimethylglyoxim trennt Palladium von Iridium und Rhodium, aber nicht von Gold. Die Trennung von Platin gelingt nur unter bestimmten Bedingungen (s. S. 1541). Palladiumglyoxim kann man durch vorsichtiges Glühen in Metall überführen. Bei beginnender Zersetzung des Niederschlags entfernt man die Flamme, erhitzt nach einiger Zeit weiter und glüht schließlich auf dem Gebläse (s. 1a).

II. Bestimmung von Platin und Palladium in Barrengold und Feinsilber.

1. Barrengold.

Man löst 100 g Gold in Königswasser (100 ccm HNO_3, spez. Gew. 1,4, 300 ccm HCl, spez. Gew. 1,19), dampft zur Entfernung der Salpetersäure mehrfach mit Salzsäure auf dem Wasserbade bis zur Sirupdicke (etwa 40 ccm) ein, nimmt mit heißem Wasser auf, setzt 50 ccm Salzsäure zu, kocht auf und verdünnt auf 500 ccm. Etwa vorhandenes Silberchlorid wird abfiltriert und die Lösung auf ungefähr 1000 ccm verdünnt. Das Gold fällt man aus heißer Lösung mit Ammoniumoxalat, das man zur Vermeidung einer übermäßigen Gasentwicklung in kleinen Anteilen zusetzt. Man filtriert das Gold ab und wäscht es im Fällungsgefäß mit heißem Wasser aus.

Das Filtrat der Goldfällung engt man ein, versetzt mit 5 g reinen Zinkfeilspänen und fällt dadurch alles Gold, Silber, Platin, Palladium, Tellur, Kupfer usw. aus. Der Niederschlag wird abfiltriert und im Becherglas ausgewaschen, damit er so wenig wie möglich mit der Luft in Berührung kommt. Man verascht das Filter, löst den Glührückstand in 10 ccm Königswasser, gibt 5 ccm Schwefelsäure zu und raucht ab. Danach nimmt man mit 100 ccm Wasser und einigen Tropfen verdünnter

Salzsäure auf (um das Silber zu fällen), filtriert abgeschiedenes Gold, Silberchlorid usw. ab und leitet in das Filtrat Schwefelwasserstoff ein. Das Filter mit den Sulfiden verascht man, glüht den Rückstand einige Zeit im Leuchtgasstrom, löst ihn in Königswasser, entfernt die Salpetersäure durch mehrfaches Eindampfen mit Salzsäure und fällt das Platin aus der neutralen Lösung mit Salmiak. Im Filtrat fällt man das Palladium mit Natriumformiat oder mit Dimethylglyoxim.

2. Feinsilber.

Man löst 1000 g in verdünnter Salpetersäure, filtriert das Gold und ungelöst gebliebenes Platin ab und trennt Gold von Platin wie unter 1 angegeben.

Die Silbernitratlösung verdünnt man so weit, daß im Liter 10 g Silber enthalten sind, und fällt das Silber mit einer berechneten Menge Salzsäure als Chlorsilber aus. Man schmelzt dann das Silberchlorid in einem mit Borax glasierten Tiegel mit der zehnfachen Menge calcinierter Soda, löst den Regulus in Salpetersäure und wiederholt die Fällung des Silbers als Chlorid.

Die vereinigten Filtrate der Silberchloridfällungen dampft man auf dem Wasserbade ein und filtriert etwa noch ausgeschiedenes Silberchlorid ab. Man prüft es noch besonders auf mitgerissenes Platin und Palladium, indem man es auf dem Ansiedescherben verschlackt und den Bleikönig abtreibt. Das zurückbleibende Silberkorn löst man in Salpetersäure, fällt das Silber als Chlorid und vereinigt das Filtrat mit den beiden ersten Filtraten. Platin und Palladium trennt man sodann wie unter 1 angegeben.

III. Bestimmung von Platin, Palladium und Gold in Erzen.

[Smoot, A. M.: Engin. Mining Journ. 99, 700 (1915).]

Man schließt die Erze zunächst auf trockenem Wege auf und setzt den Bleikönigen beim Abtreiben das 6fache des Gewichtes der Edelmetalle (Platin, Palladium, Gold) an Silber zu. Die Edelmetallkörner behandelt man zuerst mit verdünnter Salpetersäure (spez. Gew. 1,06), dann mit stärkerer Säure (spez. Gew. 1,2) und bringt dadurch Silber, Palladium und einen Teil des Platins in Lösung. Der aus Platin und Gold bestehende Rückstand wird in Königswasser gelöst. Aus der salpetersauren Silber-Palladiumlösung fällt man das Silber als Chlorsilber aus. Um es von mitgefälltem Platin und Palladium zu reinigen, reduziert man es zu metallischem Silber und wiederholt die Chlorsilberfällung. Die Filtrate der Chlorsilberfällungen dampft man ein und vereinigt sie mit der Königswasserlösung. Durch mehrfaches Eindampfen mit Salzsäure entfernt man dann die Salpetersäure, nimmt den Rückstand mit wenig Salzsäure und 40 ccm Wasser auf, fällt das Gold mit Ammonoxalat und leitet in das Filtrat Schwefelwasserstoff ein. Die abfiltrierten Sulfide glüht man im Wasserstoffstrom, löst den Glührückstand in Königswasser, verjagt die Salpetersäure und fällt das Platin mit Salmiak. Bei größeren Platin-Palladiummengen wiederholt man die Fällung. Das Ammoniumdoppelchlorid kann man in heißem Wasser auflösen und das Platin aus dieser Lösung mit Natriumformiat oder Hydrazinchlorhydrat (s. S. 1526) als Metall fällen. Im Filtrat der Salmiakfällung scheidet man das Palladium mit Dimethylglyoxim oder mit Natriumformiat ab.

IV. Trennung des Palladiums von Platin.

Palladium bildet mehrere schwerlösliche Salze, die eine Trennung vom Platin ermöglichen.

1. Trennung mit Dimethylglyoxim.

Die Trennung gelingt nur unter gewissen Bedingungen. Die Temperatur der stark verdünnten, salzsauren Lösung soll unter 15⁰ C liegen. Außerdem ist es zweckmäßig, freie Salpetersäure in der Lösung zu haben, damit das Platinisalz nicht zu Platinosalz reduziert und dadurch Platin mitgefällt wird. Ist der Niederschlag durch mitgerissenes Platin schmutzig grün gefärbt, so muß die Palladiumfällung wiederholt werden.

Man läßt nach dem Zusatz des Fällungsmittels 2 Stunden bei der angegebenen Temperatur stehen, filtriert durch einen Filtertiegel ab, wäscht zuerst mit kaltem, dann mit heißem, salzsauren Wasser aus, trocknet bei 120⁰ C und wägt (s. S. 1559).

Im Filtrat zerstört man das Dimethylglyoxim durch Eindampfen mit Salpetersäure, entfernt die Salpetersäure wiederum durch mehrfaches Eindampfen mit Salzsäure und fällt das Platin mit Salmiak oder mit Natriumformiat.

2. Trennung mit α-Nitroso-β-Naphthol.

Infolge des großen Volumens, den dieser Niederschlag einnimmt, eignet sich die Methode nur für die Bestimmung geringer Palladiummengen. Beim Verglühen größerer Niederschläge können leicht Verluste auftreten.

Das Fällungsmittel löst man bis zur Sättigung in 50%iger heißer Essigsäure. Die schwach salpetersaure Palladiumlösung erhitzt man zum Sieden, filtriert den auf Zusatz des Reagenses sofort ausfallenden Palladiumniederschlag heiß ab und wäscht ihn mit heißem Wasser bis zum Verschwinden der Chlorreaktion aus. Man verglüht ihn vorsichtig und gibt, wenn erforderlich, etwas Ammoniumnitrat zu, um ausgeschiedenen Kohlenstoff zu verbrennen. Das Metall glüht man im Wasserstoffstrom und läßt es im Kohlensäurestrom kalt werden. Im Filtrat kann man das Platin mit Natriumformiat abscheiden, nachdem man das überschüssige Fällungsmittel durch Eindampfen mit Salzsäure zerstört hat [Schmidt, W.: Ztschr. f. anorg. u. allg. Ch. 80, 335 (1913)].

3. Trennung mit Acetylen.

In die salzsaure, beide Metalle enthaltende, stark verdünnte Lösung wird ¹/₂ Stunde Acetylen eingeleitet. Hat sich die Flüssigkeit nach dem Absitzen des rotbraunen Niederschlags geklärt, so filtriert man ab und wäscht den Niederschlag mit Wasser aus bis zum Verschwinden der Chlorreaktion. Der Niederschlag wird durch Glühen in Metall übergeführt (s. I, 1a S. 1558).

Platin fällt man mit Natriumformiat [Makowka: Ztschr. f. anal. Ch. 46, 145 (1907)].

4. Trennung mit Quecksilbercyanid.

Die Fällung ist bereits auf S. 1558 beschrieben. Platin wird nicht mitgefällt. Es läßt sich aus dem Filtrat mit Salmiak abscheiden. Zur Entfernung des im Platinsalmiak etwa noch enthaltenen Quecksilbercyanids wäscht man mit Alkohol gründlich aus.

5. Trennung mit Ammoniumchlorid.

Man scheidet aus einer neutralen, nitratfreien Chloridlösung beider Metalle das Platin als Ammoniumdoppelsalz ab. Den Niederschlag behandelt man wie auf S. 1526 beschrieben. Das Filtrat der Platinfällung dampft man entweder mit Salpetersäure ein oder oxydiert es der Einfachheit halber mit Chlor, scheidet das Palladium als Ammoniumpalladiumchlorid ab und führt den Niederschlag durch Glühen in Metall über. Da die Fällung mit Salmiak infolge der Löslichkeit des Niederschlages mit geringen Verlusten verbunden ist, empfiehlt es sich, das Palladium aus dem Filtrat unmittelbar mit Natriumformiat abzuscheiden, sofern keine anderen, reduzierbaren Metalle vorhanden sind.

6. Trennung mit 6-Nitrochinolin.

Ogburn und Riesmeyer [Journ. Amer. Chem. Soc. 50, 3018 (1928)] empfehlen zur Bestimmung und Trennung des Palladiums vom Platin 6-Nitrochinolin. Zur heißen, schwachsauren Lösung beider Metalle setzt man das Fällungsmittel als heiß gesättigte, wäßrige Lösung zu und kocht 5 Minuten lang. Den entstandenen Niederschlag wäscht man mit Wasser aus, bis er chlorfrei ist, verascht das Filter, glüht den Rückstand im Wasserstoffstrom und läßt ihn im Kohlendioxydstrom erkalten.

Die Trennung gelingt sowohl bei einer Legierung von 80% Platin und 20% Palladium als auch bei dem umgekehrten Verhältnis.

Der Umrechnungsfaktor für die getrocknete Palladiumverbindung ist 0,2345 (log = 0,37014 − 1).

7. Trennung durch Kohlenoxyd.

Nach Manchot [Ber. Dtsch. Chem. Ges. 58, 2518 (1925)] kann man die Flüchtigkeit des Platins im Kohlenoxydstrom zur Trennung von Palladium benutzen. Palladium bleibt im Kohlenoxydstrom unverändert.

Bei einer Temperatur von etwa 250° C werden Platin und auch die übrigen Platinmetalle im trockenen Kohlenoxydstrom als Kohlenoxydverbindungen flüchtig. Nur Palladium bleibt zurück. Man kann es also auf diesem Wege vollkommen vom Platin reinigen und letzteres auch quantitativ bestimmen. Wegen näherer Einzelheiten siehe die Originalarbeit.

Rhodium.

Von

Direktor Dr.-Ing. A. Graumann, Hamburg.

Einleitung.

Vorkommen, physikalische und chemische Eigenschaften. Rhodium kommt hauptsächlich in Platinerzen vor. Es ist ein dehnbares, aluminiumweißes Metall. Sein Schmelzpunkt liegt bei etwa 1950° C. Es wird hauptsächlich zur Herstellung der Thermoelemente nach Le Châtelier verwendet, bei welchen der eine Schenkel aus Platin und der andere aus einer Platinlegierung mit 10% Rhodium besteht (s. Bd. I, S. 561). Rhodiumsalze werden in der keramischen Industrie als Zusatz zum Glanzgold benutzt. Beim Erhitzen an der Luft läuft Rhodium unter Bildung eines Oxyds an, das aber bei Temperaturen über 1100° C wieder zerfällt [Gutbier: Ztschr. f. anorg. u. allg. Ch. 95, 225 (1916)]. Sowohl im kompakten als auch im fein verteilten Zustande ist es in allen Säuren unlöslich. Ist es aber mit größeren Mengen anderer Metalle wie Platin, Wismut, Blei, Kupfer, Zink legiert, so wird es in Säuren löslich. Gewisse Rhodium-Wismutlegierungen sind z. B. in Salpetersäure löslich. Aus Legierungen mit Platin und Palladium kann man durch Königswasser ebenfalls einen Teil des Rhodiums herauslösen.

Schmelzendes Kaliumbisulfat löst Rhodium auf, aber nur verhältnismäßig langsam und in geringen Mengen. Die Schmelze löst sich in Wasser mit gelber Farbe auf. Die Lösung wird beim Ansäuern mit Salzsäure rot. Muß man zur Vervollständigung des Aufschlusses eine Bisulfatschmelze wiederholen, so reduziert man den Schmelzrückstand zuvor durch Glühen im Wasserstoffstrom.

Schmelzt man Rhodium mit Alkalihydroxyd und einem Oxydationsmittel, so bilden sich Oxyde, die nur teilweise in Säuren löslich sind. Beim Glühen des fein verteilten Metalles mit Natriumchlorid im feuchten, sauerstofffreien Chlorstrom bildet sich Natriumrhodiumchlorid [$Na_3(RhCl_6)$], das sich in Wasser mit roter Farbe löst.

Glüht man Rhodiumtrichlorid bei 800° C im Sauerstoffstrom, so entsteht Rh_2O_3, das sich im Wasserstoffstrom schon bei etwa 200° C zu Metall reduzieren läßt [Wöhler, L. u. W. Müller: Ztschr. f. anorg. u. allg. Ch. 149, 125 (1925)]. Rh_2O_3 entsteht auch, wenn man eine Rhodiumtrichloridlösung mit Natriumcarbonat eindampft und den Rückstand glüht.

Schwefelwasserstoff schlägt bei längerer Einwirkung aus einer warmen Rhodiumsalzlösung braunes Sulfid nieder, das in Salpetersäure löslich ist. In Alkalisulfid ist es unlöslich.

Kaliumnitrit bildet in Natriumrhodiumchloridlösungen ein in Wasser schwerlösliches, in Alkohol unlösliches Doppelnitrit [Leidié: C. r. d. l'Acad. des sciences 111, 106 (1890)]. Das Natriumdoppelnitrit ist in Wasser löslich.

Ammoniumchlorid bildet mit Rhodiumchlorid ein in Wasser leicht lösliches Doppelsalz.

Kaliumhydroxyd und Alkohol fällen aus Rhodiumlösungen ein schwarzes Hydroxyd.

Hydrazinsulfat reduziert Rhodiumsalze in alkalischer Lösung zu metallischem Rhodium [Gutbier u. v. Müller: Ber. Dtsch. Chem. Ges. 42, 2205 (1909)].

Hydrazinhydrat reduziert Rhodiumsalze in wäßriger Lösung zu metallischem Rhodium [Gutbier u. Rieß: Ber. Dtsch. Chem. Ges. 42, 1437 (1909)].

Zink, Magnesium, Ameisensäure fällen aus sauren Rhodiumlösungen metallisches Rhodium. Bei Anwendung von Ameisensäure setzt man Ammoniumacetat zu.

l. Quantitative Methoden zur Bestimmung des Rhodiums.

1. Abscheidung als Metall.

Liegt das Rhodium nach Abtrennung der übrigen Platinmetalle als Rhodiumchlorid, als Natriumrhodiumchlorid oder als Rhodiumsulfat (durch Schmelzen mit Kaliumbisulfat erhalten) vor, so empfiehlt sich die unmittelbare Abscheidung als Metall. Als Reduktionsmittel verwendet man in der Regel die Metalle Zink oder Magnesium in fein verteilter Form oder als Feilspäne. Bei Magnesium kann man auch schwache Säuren, wie Essigsäure, verwenden oder Ammonacetat zur schwach mineralsauren Lösung geben (s. auch Hydrazinsalze als Reduktionsmittel). Der Metallschwamm wird in allen Fällen mit verdünnter Säure ausgewaschen, getrocknet und im Wasserstoffstrom geglüht. Größere Mengen Rhodium kann man aus reinen Lösungen auch elektrolytisch niederschlagen (s. Elektroanalytische Methoden S. 969).

2. Abscheidung als Sesquioxyd.

Aus alkalischen Natriumrhodiumchloridlösungen kann man das Rhodium schon bei gewöhnlicher Temperatur durch Alkohol als schwarzes Sesquihydroxyd abscheiden. Als Sesquioxyd kann man es ferner dadurch abscheiden, daß man eine Chloridlösung mit Soda versetzt, zur Trockne verdampft und den Rückstand glüht. Den Rückstand zieht man dann mit verdünnter Säure aus und reduziert das Oxyd im Wasserstoffstrom. Man kann den Rückstand einer eingedampften Rhodiumchloridlösung auch unmittelbar im Sauerstoffstrom glühen, wodurch sich ebenfalls Sesquioxyd bildet [L. Wöhler u. Müller: Ztschr. f. anorg. u. allg. Ch. 149, 125 (1925)].

3. Abscheidung als Sulfid.

In geeigneten Fällen kann man Rhodium auch mit Schwefelwasserstoff aus warmer Lösung, am besten in der Druckflasche, ausfällen. Das Sulfid führt man durch Glühen an der Luft in das Sesquioxyd über. Das Filtrat der Sulfidfällung muß stets auf Vollständigkeit der Fällung geprüft werden, da Rhodium sehr schwer ausfällt.

II. Trennungen des Rhodiums.

1. Trennung von Platin nach der Methode von E. Wichers.
[Journ. Amer. Chem. Soc. 46, 1818 (1924). — Ztschr. f. anal. Ch. 66, 284 (1925).]

Rhodium läßt sich von Platin nach der Methode von Claus durch Schmelzen mit Kaliumbisulfat trennen, doch muß die Schmelze sehr oft wiederholt werden, um eine vollständige Trennung zu erzielen. Der Schmelzrückstand muß vor jeder neuen Schmelze im Wasserstoffstrom reduziert werden.

E. Wichers empfiehlt eine Trennung durch Hydrolyse in schwach alkalischer Chloridlösung. Die Methode ist jedoch nur anwendbar, wenn keine anderen Platinmetalle zugegen sind. Auch dürfen keine Schwermetalle, keine Ammoniumsalze, Sulfate oder Acetate anwesend sein. Zu der Chloridlösung beider Metalle gibt man soviel Natronlauge, bis sich der gelbe Rhodiumniederschlag zu bilden beginnt. Sind weniger als 10 mg Rhodium in 100 ccm vorhanden, so ist es besser, 2 bis 3 Tropfen einer 0,4%igen Kresolrotlösung als Indicator zuzusetzen. Man verdünnt die Lösung soweit, daß in 100 ccm nicht mehr als 1 g Metall enthalten ist und fügt dann eine Mischung gleicher Raumteile Bariumchlorid- und Natriumcarbonatlösung hinzu (90 g $BaCl_2$ und 36 g Na_2CO_3 im Liter). Für je 10 mg Rhodium setzt man 1 ccm von jeder Lösung zu, jedoch verwendet man für die erste Fällung mindestens 5 ccm von jeder Lösung. Man erhitzt schnell zum Sieden, kocht 2 Minuten, filtriert den Niederschlag ab, wäscht ihn mit 2%iger Natriumchloridlösung aus, bringt ihn mit dem Filter in das Fällungsgefäß wieder zurück und erwärmt ihn mit 25 ccm Salzsäure (1:4). Man filtriert die Filtermasse ab und neutralisiert wieder mit Natronlauge, wobei man sich unbedingt vor einem Überschuß hüten muß, weil $Rh(OH)_3$ in überschüssiger Natronlauge löslich ist. Es ist deshalb unter Umständen besser, die Lösung schwach sauer zu lassen, besonders wenn es sich um geringe Mengen Rhodium handelt.

Die zuletzt (nach der zweiten oder dritten Fällung) erhaltene Lösung von Rhodium und Barium, welche etwa 25 ccm Salzsäure (1:4) enthält, wird auf 100 bis 150 ccm verdünnt. Man erhitzt zum Sieden, leitet 30 bis

45 Minuten lang bei dieser Temperatur Schwefelwasserstoff ein, filtriert das Rhodiumsulfid ab, wäscht es mit ammoniumchloridhaltigem Wasser aus und glüht es im Porzellantiegel. Dann reduziert man im Wasserstoffstrom und läßt den Rhodiumschwamm darin erkalten.

2. Trennung von Iridium und Ruthenium.

Ebenso wie bei Platin läßt sich durch Schmelzen mit Kaliumbisulfat eine Trennung des Rhodiums von Iridium und Ruthenium erzielen, da die beiden letzteren Metalle von dem Schmelzmittel nicht angegriffen werden.

1. Nach L. Wöhler und L. Metz [Ztschr. f. anorg. u. allg. Ch. **149**, 297 (1925)] kann man die Eigenschaft des Rhodiums, mit metallischem Wismut salpetersäurelösliche Legierungen zu bilden, zur Trennung des Rhodiums benutzen. Man schmilzt die feinverteilte Rhodium-Iridium-Rutheniumlegierung mit der 25 bis 50fachen (auf Rhodium bezogen) Menge Wismutmetall eine Stunde lang bei einer Temperatur von nicht weniger als 800°C und schützt die Schmelze gegen Luftzutritt, indem man den Tiegel mit Holzkohle bedeckt oder Stickstoff in den Tiegel einleitet. Den Schmelzkönig (die entstandene Wismutlegierung) löst man in 50%iger Salpetersäure, filtriert das unlöslich zurückbleibende Iridium und Ruthenium ab und fällt aus der Rhodium-Wismutlösung nach dem Eindampfen mit Salzsäure das Wismut als Oxychlorid. Der Wismutniederschlag muß mehrmals umgefällt werden, weil er noch Rhodium einschließt. Aus den vereinigten Filtraten der verschiedenen Oxychloridfällungen scheidet man das Rhodium durch Zink als Metall ab, reinigt den Metallschwamm durch Chlorieren mit Natriumchlorid und fällt schließlich das Rhodium nochmals aus essigsaurer Lösung mit Magnesium. Sind in der ursprünglichen Rhodiumlegierung außer Iridium und Ruthenium noch Platin und Palladium zugegen, so schmilzt man die Legierung erst mit Silber und behandelt den Metallkönig mit Salpetersäure, wobei die Hauptmenge des Platins und Palladiums in Lösung geht.

2. Gibbs benutzt für die Abtrennung des Rhodiums vom Iridium die Eigenschaft des Iridiums, daß es aus seiner Lösung als Natriumdoppelnitrit nicht von Schwefelwasserstoff gefällt wird, während sich Rhodium als Sulfid abscheidet (s. die Trennung des Rutheniums von Iridium auf S. 1571).

3. Eine andere Trennungsmethode [Isaburo Wada u. Tamaki Nakazono: Chem. Zentralblatt 1926 II, 1553. — Ztschr. f. anal. Ch. **80**, 69 (1930)], deren Verwendbarkeit durch Versuche von anderer Seite (Techn. Publ. 1928, Nr. 87, Amer. Inst. Min. Met. Eng., Purification of the 6 Platinum metals, by E. Wichers, R. Gilchrist and W. H. Swanger) bestätigt worden ist, beruht auf der Eigenschaft des dreiwertigen Titansulfats, Rhodiumsalze vollständig zu Metall zu reduzieren, während Iridium und Ruthenium in Lösung bleiben. Außer Rhodium werden auch Platin, Palladium, Gold und verschiedene unedle Metalle zu Metall reduziert. Die Reaktion soll bei Zimmertemperatur

und unter Kohlendioxydatmosphäre vorgenommen werden, weil Ruthenium in der Siedehitze mitreduziert wird.

Die Titan-(3)-Sulfatlösung stellt man sich durch Reduktion von Titan-(4)-Sulfatlösung mit Zinkamalgam (3 g Zink auf 100 g Quecksilber und wenig 0,5 n-Schwefelsäure) unter Kohlendioxyd her. Die Konzentration der Titan-(4)-Sulfatlösung soll 1,5 bis 2 n, die Acidität 2 n sein.

Die Trennung des Iridiums vom Titan erfolgt über das Iridiumsulfid, das man in Salzsäure löst und in Ammoniumiridiumchlorid überführt. Zur Vermeidung der Hydrolyse der Titansalze setzt man Glycerin im gleichen Volumen zu. Zur vollständigen Abscheidung des Iridiumsulfids erwärmt man die Lösung in der Druckflasche. Den Niederschlag löst man in 6 n-Salzsäure und scheidet das Iridium mit Salmiak als $(NH_4)_2 IrCl_6$ nach S. 1549 ab.

Die Trennung des mit dem Rhodium abgeschiedenen Platins wird hauptsächlich durch 6 n-Königswasser bewirkt, während der geringe Rest von Rhodium, der mit in Lösung gegangen ist, nach gemeinsamer Abscheidung beider Metalle mit Aluminium durch Schmelzen mit Kaliumbisulfat abgetrennt wird.

Ruthenium.

Von

Direktor Dr.-Ing. **A. Graumann**, Hamburg.

Einleitung.

Vorkommen, physikalische und chemische Eigenschaften. Ruthenium kommt außer in Platinerzen auch in dem Mineral Laurit $(RuOs)S_2$ vor. Es ist ein graues, sprödes Metall, dessen Schmelzpunkt bei etwa 2500^0 C liegt. Als kompaktes Metall wird es von Königswasser sehr wenig angegriffen. Eine etwas größere Löslichkeit ist zu beobachten, wenn es mit Platin oder Gold legiert ist. Frisch gefällter Rutheniummohr wird auch von Salzsäure angegriffen. Fein verteiltes Ruthenium oxydiert sich beim Glühen an der Luft zu Rutheniumdioxyd (RuO_2). Das Oxyd kann aber durch Wasserstoff wieder zu Metall reduziert werden.

Schmelzendes Alkalihydroxyd oxydiert Ruthenium zu Alkaliruthheniat (Na_2RuO_4), schneller in Gegenwart von Oxydationsmitteln $(KNO_3,$ $Na_2O_2)$. Beim Auflösen von Natriumsuperoxydschmelzen in Wasser kann zu starke Wärmeentwicklung bereits zu Rutheniumverlusten Anlaß geben. Aus einer Natriumrutheniatlösung scheidet sich beim Einleiten von Kohlendioxyd (vgl. die Eigenschaft des Mangans) oder beim Ansäuern mit Salpetersäure ein schwarzes, wasserhaltiges Oxyd ab, das mit Salzsäure Rutheniumchlorid bildet. Nach Lunde (Metallwirtschaft **1928**, 417) geht $RuCl_3$ beim Glühen im Sauerstoffstrom in RuO_2 über.

Schmelzendes Kaliumbisulfat greift Ruthenium nicht an. Glüht man fein gepulvertes oder fein verteiltes Ruthenium mit Natriumchlorid gemengt bei etwa 700^0 C im feuchten, sauerstofffreien Chlorstrom, so entsteht Natriumrutheniumchlorid $[Na_2(RuCl_6)]$, das in Wasser löslich ist. Die wäßrige Lösung zersetzt sich beim Erwärmen und wird schwarz unter Abscheidung eines Niederschlags.

Fein verteiltes Ruthenium erhält man, wenn man Natriumrutheniumchlorid bei etwa 400^0 C im Wasserstoffstrom glüht und die Natriumsalze auslaugt.

Ruthenium bildet ein flüchtiges Oxyd (RuO_4), das sich schon bei Zimmertemperatur aus wäßrigen Lösungen abdestillieren läßt. Man leitet z. B. in eine alkalische Natriumrutheniatlösung Chlor bis zur Sättigung ein und erwärmt die Lösung allmählich bis auf 80^0 C. Das entweichende Rutheniumtetroxyd kann man in eisgekühlter Salzsäure (verdünnter oder konzentrierter) oder auch in Alkalilauge auffangen.

Durch die Einwirkung der Salzsäure tritt eine Reduktion des Tetroxyds zu Rutheniumtetrachlorid (RuCl$_4$) ein. Letzteres wird, auch in Gegenwart konzentrierter Salzsäure, allmählich hydrolytisch gespalten unter Bildung von Hydroxytrichlorid Ru(OH)Cl$_3$ [Remy: Ztschr. f. angew. Ch. 42, 289 (1929)]. Die charakteristische, intensiv braune Farbe des in konzentrierter Salzsäure sich bildenden Tetrachlorides (RuCl$_4$) kann nach Remy [Ztschr. f. angew. Ch. 39, 1061 (1926)] als qualitativer Nachweis für Ruthenium benutzt werden. Nach Howe [Journ. Amer. Chem. Soc. 47, 2926 (1925)] wirkt Alkohol auf die Reduktion des Tetroxyds durch Salzsäure beschleunigend.

In Alkalilaugen entsteht aus dem Tetroxyd unter Sauerstoffentwicklung Alkalirutheniat.

Beim Abdestillieren von Rutheniumtetroxyd treten mitunter Explosionen auf, besonders wenn konzentrierte Tetroxyddämpfe mit Alkohol zusammentreffen [Gutbier: Ztschr. f. anorg. u. allg. Ch. 95, 177 (1916)].

Schwefelwasserstoff färbt eine Rutheniumtrichloridlösung zunächst lasurblau. Nach längerem Einleiten fällt braunes Sulfid (Ru$_2$S$_3$) aus, das in Alkalisulfiden unlöslich ist. Das Filtrat des Rutheniumsulfids ist in der Regel ebenfalls blau gefärbt.

Ammonium- und Kaliumrhodanid bewirken in einer Trichloridlösung eine rote Färbung. Beim Erhitzen geht die rote Farbe in violett über.

Kaliumnitrit gibt mit Trichlorid eine orangegelbe Färbung. Auf Zusatz von einigen Tropfen farblosen Ammoniumsulfids nimmt die Lösung, auch in Gegenwart anderer Platinmetalle, eine prächtig dunkelrote Farbe an. Setzt man mehr Ammoniumsulfid zu, so fällt braunes Ru$_2$S$_3$. Das Kaliumrutheniumnitrit ist in Alkohol löslich (Unterschied von Iridium und Rhodium, s. S. 1572).

Natriumhypochlorit löst fein verteiltes Ruthenium [Howe, L. u. F. N. Mercer: Journ. Amer. Chem. Soc. 47, 2926 (1925). — Wöhler, L. u. L. Metz: Ztschr. f. anorg. u. allg. Ch. 149, 316 (1925)].

Ameisensäure und Ferrosulfat reduzieren Rutheniumsalze nicht zu Metall. Zink und Magnesium reduzieren zu metallischem Ruthenium.

Thioharnstoff gibt in saurer Trichloridlösung eine blaue Färbung. Wendet man Thiocarbanilid an, so kann man das Reaktionsprodukt mit Äther ausschütteln und dadurch die Empfindlichkeit der Reaktion erhöhen (0,0003 mg Ruthenium in 1 ccm Äther) [Wöhler, L. u. L. Metz: Ztschr. f. anorg. u. allg. Ch. 138, 368 (1924)].

I. Quantitative Bestimmungsmethoden.

Nach der Trennung des Rutheniums von den andern Metallen der Platingruppe wird es in der Regel als Metall zur Auswaage gebracht. In bestimmten Fällen läßt sich auch die maßanalytische Zinnchlorürmethode von Howe anwenden (s. Ziffer 3).

Für die Abtrennung des Rutheniums von den andern Platinmetallen wendet man am häufigsten die Destillationsmethode an, die auf der Flüchtigkeit des Rutheniumtetroxydes beruht. Das Tetroxyd fängt

man entweder in einer 10 bis 15 %igen Alkalilauge oder in gekühlter
Salzsäure auf.

1. Bestimmung als Rutheniumtetroxyd in alkalischer Lösung.

a) Man engt die alkalische Lösung ein und fällt das Ruthenium durch
Kochen mit Alkohol als Oxydhydrat aus. Da der Niederschlag sehr
leicht in Lösung geht, so bringt man ihn, ohne auszuwaschen, aufs Filter.
Dann löst man ihn entweder in Salzsäure und dampft die Lösung zur
Trockene (s. unten unter Ziffer 2 b) oder man neutralisiert die Natronlauge im Filter mit einigen Tropfen Salzsäure und verascht das getrocknete Filter. In beiden Fällen glüht man im Wasserstoffstrom, läßt
im Kohlensäurestrom erkalten, zieht die Alkalichloride mit Wasser aus
und wägt das zurückbleibende Metall.

b) Die alkalische Lösung säuert man mit konzentrierter Salzsäure
soweit an, bis sie 7 bis 8 % freie Säure enthält, und sättigt sie heiß mit
Schwefelwasserstoff. Man kocht auf, filtriert den Niederschlag ab,
wäscht zuerst mit heißem, salzsäurehaltigen, dann mit reinem, heißen
Wasser aus und trocknet das Filter. Den Niederschlag entfernt man
vom Filter, verascht das Filter für sich und gibt den Niederschlag wieder
hinzu. Das Sulfid röstet man dann vorsichtig bei mäßiger Temperatur ab. Daran anschließend glüht man kurze Zeit kräftig an der Luft
und reduziert das Oxyd dann im Wasserstoffstrom (s. auch die Trennung
des Rutheniums von Platin auf S. 1571).

c) Die Fällung als Sulfid läßt sich auch so ausführen, daß man die
alkalische Lösung mit Kaliumnitrit versetzt, kocht und Alkalisulfid
zugibt, bis sich Ruthenium als Ru_2S_3 abscheidet. Man kocht noch einige
Minuten, läßt dann abkühlen, säuert schwach mit Salzsäure an und
filtriert ab. Die weitere Behandlung siehe oben unter 1 b.

2. Bestimmung als Rutheniumtetroxyd in salzsaurer Lösung.

a) Fällung mit Schwefelwasserstoff wie unter 1 b angegeben.

b) Die Lösung wird eingeengt, in einen gewogenen Porzellantiegel
gebracht und zur Trockne gedampft. Den Eindampfrückstand führt
man entweder durch Glühen im Sauerstoffstrom in das Dioxyd des
Rutheniums RuO_2 (s. Lunde: Metallwirtschaft 1928, 417) oder durch
Glühen im Wasserstoffstrom in Metall über.

c) Die schwachsaure Lösung wird mit Zink oder Magnesium versetzt und das Ruthenium als Metallschwamm abgeschieden. Man filtriert
das Metall ab, wäscht es mit angesäuertem, heißen Wasser aus, verascht
das Filter sehr vorsichtig und glüht im Wasserstoffstrom usw. wie
unter 1 a angegeben.

3. Maßanalytische Methode nach Howe.

Für die Bestimmung des Rutheniums, namentlich wenn es in geringen
Mengen vorliegt, hat Howe [Journ. Amer. Chem. Soc. 49, 2393 (1927)]
eine maßanalytische Methode angegeben, die auf der Verwendung des

Zinnchlorürs als Maßflüssigkeit beruht. Es sei an dieser Stelle nur auf die Originalarbeit verwiesen.

II. Trennungen des Rutheniums.

1. Trennung von Platin.

Nach den Feststellungen von Mylius und Mazzucchelli [Ztschr. f. anorg. u. allg. Ch. **89**, 10 (1914)] kann man Ruthenium aus einer Tetrachloridlösung (RuO_4 in HCl gelöst) durch Ammoniumchlorid als schwerlösliches Ammoniumdoppelchlorid abscheiden. Dampft man eine Rutheniumtetrachloridlösung mehrfach unter Zusatz von Alkohol mit Salzsäure zur Trockne, so findet in der entstandenen Rutheniumchloridlösung **keine Fällung** mehr mit Ammoniumchlorid statt. (Nach Remy u. Lührs [Ber. Dtsch. Chem. Ges. **62**, 200 (1929)] entsteht je nach den Versuchsbedingungen Hydroxytrichlorid $Ru(OH)Cl_3$ und Trichlorid $RuCl_3$.)

Trotzdem haben die Untersuchungen von Mylius und Mazzucchelli gezeigt, daß sich mit Ammoniumchlorid keine quantitative Trennung des Rutheniums vom Platin erzielen läßt, weil der Platinsalmiak stets Rutheniumverbindungen adsorbiert.

Am meisten wird deshalb die Trennung der beiden Metalle durch Abdestillieren des Rutheniums im Chlorstrom empfohlen. Noch zuverlässiger soll jedoch nach Ruff und Vidic [Ztschr. f. anorg. u. allg. Ch. **143**, 166 (1925)] die Trennung durch Hypobromit in Gegenwart von Glycerin sein. Rutheniumchlorid wird durch Natronlauge und Brom in Natriumrutheniat übergeführt. In Gegenwart von Glycerin fällt Platin als Metall aus, während Ruthenium in Lösung bleibt.

Zu einer 0,2 g Ruthenium + Platin enthaltenden Chloridlösung gibt man 5 g Glycerin, macht mit Natronlauge alkalisch und kocht auf. Man kühlt sorgfältig ab, setzt dann 15 ccm 20%ige Natronlauge und 25 ccm Bromwasser zu, schüttelt gut durch, läßt eine Stunde stehen und erwärmt solange auf 80° C, bis sich die Fällung vollständig abgesetzt hat. Der Niederschlag wird nach dem Abgießen der Lösung noch zweimal mit frischer Natriumhypobromitlösung dekantiert, aufs Filter gebracht und mit heißem Wasser ausgewaschen. Die Trennung kann nach Bedarf wiederholt werden.

Das Platin glüht man im Wasserstoffstrom. Die Filtrate säuert man mit Salzsäure an und kocht unter Zusatz von Alkohol solange, bis die Lösung klar geworden ist. Das Ruthenium fällt man dann mit Schwefelwasserstoff (s. 1b auf S. 1570).

2. Trennung von Iridium.

Zu einer beide Metalle enthaltenden Lösung gibt man nach Gibbs (Rose: Handbuch der analytischen Chemie, Bd. 2, S. 222) Natriumnitrit im Überschuß und fügt noch hinreichend Soda hinzu, damit die Lösung alkalisch wird. Die Lösung nimmt beim Sieden eine orangegelbe Färbung an. Wenn eine grünliche Färbung beobachtet wird, muß noch mehr Nitrit zugesetzt und erneut gekocht werden.

Zu der Lösung der Doppelnitrite setzt man nun nach und nach Alkalisulfid, bis die zuerst auftretende, für Ruthenium charakteristische Rotfärbung verschwindet und ein schokoladebrauner Niederschlag entsteht. Man kocht einige Minuten, läßt vollständig erkalten und gibt verdünnte Salzsäure zu, bis die Lösung eben schwach sauer ist. Das Sulfid wird abfiltriert, mit heißem Wasser ausgewaschen und zunächst an der Luft abgeröstet, um den Schwefel zu entfernen. Dann glüht man im Wasserstoffstrom. Im Filtrat kann das Iridium nach dem Eindampfen mit Salzsäure als $(NH_4)_2IrCl_6$ gefällt werden.

Für die Trennung des Ruthenium von Platin oder Rhodium empfiehlt Gibbs ebenfalls die Bildung der Doppelnitrite. In diesen Fällen nimmt man Kaliumnitrit, dampft die Lösung der Doppelnitrite auf dem Wasserbad zur Trockne, zerreibt den Salzrückstand zu Pulver und zieht das leicht lösliche Rutheniumdoppelsalz mit absolutem Alkohol aus. Der Alkohol wird abdestilliert und der Salzrückstand mit Salzsäure eingedampft. Durch Glühen im Wasserstoffstrom kann unmittelbar metallisches Ruthenium erhalten werden.

L. Wöhler und L. Metz [Ztschr. f. anorg. u. allg. Ch. **149**, 313 (1925)] geben eine neue Methode zur Trennung des Rutheniums vom Iridium und Rhodium an. Schmilzt man nach den Angaben der Verfasser eine Ruthenium-Iridium-Rhodiumlegierung mit Natriumhydroxyd, so geht nur Ruthenium in Lösung.

3. Trennung von Osmium.
(Siehe Osmium, S. 1555.)

Anhang.

Reindarstellung des Platins und der Platinmetalle.

Die Abtrennung der in einer unreinen Platinlösung enthaltenen Nebenbestandteile gelingt in zuverlässiger Weise nach dem von Mylius und Foerster [Ber. Dtsch. Chem. Ges. **25**, 665 (1892)] angegebenen Verfahren, das auf einem wiederholten Umkrystallisieren des Natriumplatinchlorids aus $1^0/_0$iger Sodalösung beruht.

Man versetzt die platinhaltige Chloridlösung mit der berechneten Menge Natriumchlorid und dampft bis zur Krystallisation des Doppelsalzes ein. Die Krystalle werden von der Mutterlauge getrennt und in $1^0/_0$iger Sodalösung gelöst. Ein unlöslicher Rückstand wird warm abfiltriert. Aus der erkaltenden Lösung scheidet sich das Natrium-Platinchlorid wieder aus. Durch mehrfache Wiederholung der Krystallisation kann man nahezu vollkommen reines Platin erhalten. Dieses Verfahren hat sich auch in der Platinindustrie als zweckmäßig bewährt. Nähere Einzelheiten siehe an der angegebenen Stelle. Mit der Reindarstellung sämtlicher Platinmetalle befaßt sich eine Abhandlung von E. Wichers, R. Gilchrist und W. H. Swanger (Technical Publication **1928**, Nr 87 des Amer. Inst. Min. Met. Eng.), auf die an dieser Stelle nur hingewiesen werden kann.

Antimon.

Von

Dr. H. Toussaint, Essen.

Einleitung.

Das wichtigste Antimonerz ist der Antimon- oder Grauspießglanz (Sb_2O_3); daneben kommen für die Verarbeitung in Betracht: Weißspießglanz oder Antimonblüte (Sb_2O_3) und Antimonocker.

I. Bestimmungsmethoden für Antimon.

A. Gewichtsanalytische Methoden.

Als Sb_2S_3 nach Henz (Einzelheiten s. Treadwell: Quantitative Analyse. S. 179. Leipzig u. Wien 1927): In die kalte, schwach saure Lösung wird 20 Minuten Schwefelwasserstoff eingeleitet; dann wird, ohne den Schwefelwasserstoffstrom zu unterbrechen, langsam zum Sieden erhitzt und noch $^1/_4$ Stunde eingeleitet. Jetzt läßt man den Niederschlag absitzen, filtriert durch einen Goochtiegel und wäscht mit heißer verdünnter Essigsäure, die mit H_2S gesättigt ist und zum Schluß 2—3mal mit heißem Wasser. Der Tiegel wird in einem weiten, an der einen Seite enger ausgezogenen Rohr, das durch einen kleinen Trockenschrank geführt ist, in einem Strom von luftfreier Kohlensäure zunächst getrocknet und dann 2 Stunden auf 280—300° erhitzt; nach dem Erkalten im CO_2-Strom wird gewogen:

$$Sb_2O_3 \times 0,71687 \ (log = 0,85544 - 1) = Sb.$$

Einen für das Erhitzen des Goochtiegels sehr geeigneten „Aluminiumheizblock" gibt Hahn (Leitfaden der quantitativen Analyse. S. 37, Abb. 15. Dresden u. Leipzig 1922) an.

Sollte das Schwefelantimon viel freien Schwefel enthalten, was besonders der Fall sein kann, wenn es durch Ansäuern einer, im Laufe der Analyse erhaltenen Sulfosalzlösung gefällt wurde, so empfiehlt es sich, denselben durch aufeinanderfolgendes Behandeln des Niederschlages mit Alkohol, Schwefelkohlenstoff, Alkohol, Äther auszuziehen, bevor im CO_2-Strom erhitzt wird.

Als Sb_2O_4: Über diese heute wohl seltener ausgeführte aber durchaus zuverlässige Bestimmung finden sich im Treadwell (S. 183) nähere Angaben.

Elektrolytische Bestimmung s. „Spezielle Elektroanalysen-
Methoden" S. 969.

B. Maßanalytische Methoden.

Die für die Praxis in Frage kommenden Methoden beruhen alle auf
der Oxydation von dreiwertigem Antimon zu fünfwertigem.

a) Jodometrisch nach Mohr:

Die Lösung wird mit Weinsäure versetzt, mit NaOH oder Na_2CO_3
neutralisiert, mit einem Tropfen Salzsäure eben angesäuert, für je 100 ccm
der Lösung 20 ccm einer kalt gesättigten Lösung von $NaHCO_3$ hinzugefügt und mit $n/_{10}$-Jod und Stärke titriert.

b) Bromometrisch nach Györy
[Ztschr. f. anal. Ch. **32**, 415 (1893); vgl. a. S. 1328]:

Die Lösung muß soviel Salzsäure enthalten, daß sich bei der Titration
kein basisches Salz bilden kann. Es wird unter Hinzufügen von einigen
Tropfen Methylorangelösung (1 : 1000) bei 60—70° mit $n/_{10}$-$KBrO_3$ titriert
bis Entfärbung (Zerstörung des Farbstoffes durch Bromsäure) eintritt.

Anwesenheit von Sn⁗ und Pb·· stört nicht; Cu·· verhält sich
nach Oesterheld und Honegger (Chem. Zentralblatt **1919 IV**, 522) völlig
indifferent gegen $KBrO_3$; bei zu hohem Gehalt an Cu würde die Grünfärbung der Lösung die Beobachtung des Endpunktes erschweren. Verf.
zieht es im allgemeinen vor, das Cu zu entfernen.

c) Mit Permanganat nach Keßler
(Beckurts: Maßanalyse. S. 334. Braunschweig 1913):

Die Lösung soll mindestens $^1/_6$ und nicht mehr als $^1/_3$ des Gesamt-
volumens an Salzsäure (1,124) enthalten. Es wird kalt mit $n/_{10}$-$KMnO_4$
titriert.

1 ccm der $n/_{10}$-Lösungen = 0,006088 (log = 0,78447 — 3) g Sb.

Die Normallösungen werden am besten eingestellt mit reinem
Antimon, dessen Gehalt durch Differenzanalyse festgestellt ist.

d) Bemerkungen.

Zu den Methoden a—c ist noch folgendes zu bemerken: Fe darf bei
a nicht zugegen sein, bei b und c nur in Form von Fe···. As··· titriert
bei a und b vollständig mit, bei c in geringerem Maße als dem stöchiometrischen Verhältnis entspricht. Geringe Mengen As verflüchtigen sich
beim Kochen einer bromsalzsauren Lösung; größere Mengen werden
durch Kochen der salzsauren Lösung unter Hinzufügen von wäßriger
schwefliger Säure oder Natriumsulfit verjagt, wobei zu weitgehendes
Eindampfen zu vermeiden ist, da sonst Verluste an Sb eintreten können.
Die SO_2 muß natürlich restlos verjagt werden. Sn⁗ wird hierbei

nicht reduziert. Ein im Laufe der Analyse erhaltener Sulfidniederschlag kann vom Filter abgespritzt und der noch anhaftende Rest mit wenig Natriumsulfidlösung hinzugelöst werden; dann wird nach Hinzufügen von 5 ccm Schwefelsäure (spez. Gew. 1,84) bis zum Rauchen eingedampft. Nach dem Erkalten wird mit etwas Wasser verdünnt, mit 10—20 ccm Salzsäure (spez. Gew. 1,1) versetzt, auf mindestens 100 ccm verdünnt und mit Permanganatlösung kalt titriert.

Die angegebenen Säurekonzentrationen dürfen nicht überschritten werden, da im besonderen eine Erhöhung der Schwefelsäuremengen (in Gegenwart der angegebenen Salzsäuremengen) einen Verbrauch von Titerlösung hervorruft. Bei Anwendung größerer Säuremengen muß zur Titration entsprechend stärker verdünnt werden, was unbeschadet der Genauigkeit geschehen kann[1].

In diesem Falle muß der Sulfidniederschlag vollständig chlorfrei gewaschen sein, am besten mit H_2SO_4- und H_2S-haltigem Wasser, da sonst beim Eindampfen mit Schwefelsäure Verlust durch Entweichen von $SbCl_3$ eintreten kann. Bei dem Lösen von Schwefelantimon in Salz- oder Schwefelsäure erhält man stets eine Lösung von Sb''''', auch wenn der Niederschlag ursprünglich Sb_2S_5 enthielt. Bei Anwesenheit von Arsen wird der Sulfidniederschlag am besten in Bromsalzsäure gelöst, Brom verkocht, hierbei etwa abgeschiedener Bromschwefel abfiltriert und Arsen durch Kochen mit schwefliger Säure (s. oben) verjagt. Aus Sulfosalz-lösungen wird das Schwefelantimon durch Ansäuern mit Essigsäure und Erwärmen abgeschieden und der Niederschlag gelöst, wie oben angegeben.

II. Antimonerze, Antimonium crudum, Schlacken, Rückständen usw.

1. Bestimmung von Antimon.

Sulfidische Erze, Antimonium crudum usw. werden fein gepulvert und in Bromsalzsäure, Königswasser oder Salzsäure und Kaliumchlorat gelöst bzw. durch Kochen mit konz. Schwefelsäure aufgeschlossen. Letzteres Verfahren ist besonders von Vorteil, wenn keine die Titration störenden Bestandteile zugegen sind; die Lösung wird in diesem Fall mit Wasser und Salzsäure aufgenommen und direkt nach Abschnitt b oder c (S. 1574) titriert.

Oxydische Erze hinterlassen beim Aufschließen mit Säure zuweilen einen antimonhaltigen Rückstand und werden in diesem Falle, ebenso wie oxydische Rückstände und Schlacken mit Natriumsuperoxyd im Eisentiegel aufgeschlossen (s. zinnhaltige Rückstände S. 1604 und Mitt. d. Fachausschusses[2], Teil I, S. 93).

Arsen wird aus den so erhaltenen Lösungen durch Kochen mit schwefliger Säure (S. 1574) verjagt. Je nach der Art der vorhandenen

---

[1] Mitteilung von Herrn Dr. Ing. K. Wagenmann, Eisleben.
[2] Siehe Fußnote 2, S. 1579.

Verunreinigungen wird nun das Antimon direkt titriert, mit H_2S gefällt und als Sb_2S_3 bestimmt bzw. nach dem Lösen in Salzsäure (s. weiter oben) titriert. Bei Gegenwart von anderen Schwefelwasserstoff-Metallen wird der Sulfidniederschlag mit Schwefelnatriumlösung behandelt (s. Zinnlegierungen S. 1598) und das Antimon aus der Sulfosalzlösung bestimmt (s. S. 1573).

Modifizierte Methode von A. H. Low[1] für sulfidische Erze, niedriggrädige Oxyde usw.: 0,5—1 g fein gepulvertes Erz werden im Kjeldahlkolben mit 5—7 g Kaliumsulfat und 10 ccm Schwefelsäure (spez. Gew. 1,84) gemischt, etwa 0,5 g Weinsäure oder ein Stückchen Filtrierpapier zur Reduktion hinzugefügt und zunächst schwach, dann allmählich stärker, zum Schluß mit voller Bunsenbrennerflamme erhitzt, bis der Kohlenstoff oxydiert und der größte Teil der freien Säure verjagt ist. Nach dem Erkalten wird mit 50 ccm Salzsäure (1:1) aufgenommen, schwach erwärmt, bis zum Lösen und nach Hinzufügen von 25 ccm Salzsäure (spez. Gew. 1,19) das Arsen mit Schwefelwasserstoff gefällt. Es wird durch ein mit Salzsäure (2:1) befeuchtetes, doppeltes Filter mit Platinkonus filtriert, mit dem gleichen Säuregemisch gewaschen. Das Filtrat wird mit der doppelten Menge warmem Wasser verdünnt, Antimon mit H_2S gefällt, filtriert, mit H_2S-haltigem Wasser gewaschen. Zur Trennung von Cu, Pb usw. wird der Niederschlag mit 5—10 ccm Natriumsulfidlösung (60 g Na_2S + 40 g NaOH zu 1 Liter gelöst) behandelt; die Sulfosalzlösung wird mit etwa 2 g Kaliumsulfat und 10 ccm Schwefelsäure (spez. Gew. 1,84) behandelt, wie oben, die Schmelze in Salzsäure gelöst und das Antimon titriert.

2. Bestimmung von Nebenbestandteilen und Verunreinigungen.

a) Arsen.

Low [Journ. Amer. Chem. Soc. 28, 1715 (1906)] löst das bei der oben angeführten Antimonbestimmung abgeschiedene Schwefelarsen, nachdem dasselbe mit Wasser chlorfrei gewaschen, in schwefelammonhaltigem Wasser, dampft mit 2—3 g Kaliumbisulfat und 5 ccm Schwefelsäure (spez. Gew. 1,84) ein, wie oben, nimmt mit 50 ccm Wasser auf, kocht bis SO_2 verjagt ist, macht mit Ammoniak schwach alkalisch (Lackmus), säuert mit Salzsäure eben an, versetzt nach dem Erkalten mit 3—4 g Natriumbicarbonat und titriert mit Jod. 1 ccm $n/_{10}$-Jod = 0,003748 (log = 0,57380 — 3) g As.

Eine ähnliche Methode findet sich in den Mitt. d. Fachausschusses, Teil II, S. 108. 5 g werden mit Schwefelsäure, ohne Hinzufügen von Kaliumsulfat, aufgeschlossen und das Arsen aus stark salzsaurer Lösung mit Schwefelwasserstoff gefällt; nach nochmaligem Umfällen wird das Schwefelarsen mit Ammoniak und Perhydrol gelöst und als $Mg_2As_2O_7$ bestimmt.

---

[1] Nach Wilfred W. Scott: Standard Methods of Chemical analysis. S. 19. Crosby Lockwood and Son. 1925.

Ist nur Arsen zu bestimmen, so kann nach dem Aufschluß mit Schwefelsäure bzw. Schwefelsäure und Kaliumsulfat unter Hinzufügen von Eisenchlorür oder Hydrazinsulfat (S. 1080) destilliert werden wie bei „Zinnlegierungen" (S. 1601) angegeben.

Falls der saure Aufschluß nicht zum Ziel führt, wird mit Ätzkali und Superoxyd aufgeschlossen, wie bei „Zinnhaltigen Rückständen" (S. 1606) angegeben.

b) Metallische Beimengungen.

Zur Bestimmung von Pb, Cu, Bi usw. werden 5—10 g in Königswasser gelöst und weiter verfahren, wie bei „Zinnlegierungen" (S. 1597) angegeben.

Fe, Zn, Ni usw. werden besser aus einer besonderen Einwaage bestimmt. Es wird in Königswasser gelöst, bis nahe zur Trockne eingedampft, mit Salzsäure aufgenommen und noch einmal eingedampft, um den größten Teil der Salpetersäure zu verjagen. Jetzt wird mit Salzsäure aufgenommen, die Lösung so weit verdünnt, daß sie einem Gemisch von 1 Teil Salzsäure (spez. Gew. 1,19) und 9 Teilen Wasser entspricht und weiter verfahren, wie bei „Handelszinn" (S. 1590) angegeben. Sollte sich der Eindampfrückstand bei dem Aufnehmen mit Salzsäure nicht völlig klar lösen, so hat dies keine Bedeutung, da bei dem Einleiten von Schwefelwasserstoff eine vollständige Umsetzung abgeschiedener basischer Salze erfolgt. Eine hiervon etwas abweichende Methode, nach welcher sämtliche Metalle aus einer Einwaage bestimmt werden, ist in den Mitt. d. Fachausschusses[1], Teil II, S. 109, angegeben. Falls das Material sich mit Bromsalzsäure aufschließen läßt, ist die Verwendung derselben sehr zu empfehlen; es genügt dann auch einmaliges Eindampfen. Für die Bestimmung von Pb, Cu usw. ist Bromsalzsäure als Lösemittel nicht geeignet, da die so erhaltene Lösung Sb··· enthält, das bei dem späteren fraktionierten Fällen mit Schwefelnatrium zum Teil in den Niederschlag übergeht [R. Finkener: Mitt. K. Techn. Vers.-Anst. Berlin 7, 76 (1889)].

c) Schwefel.

Pufahl mischt 0,5—1 g der fein gepulverten Substanz mit dem 6fachen Gewicht eines Gemenges von gleichen Teilen Soda und Salpeter in einem Porzellantiegel, stellt diesen in eine durchlochte Asbestpappe und erhitzt bis zum Sintern. Die erkaltete Schmelze wird mit etwa 200 ccm heißem Wasser ausgelaugt, das Natriumpyroantimonat ausgewaschen, die Lösung mit Salzsäure angesäuert, eingedampft, mit 50 ccm Salzsäure erneut eingedampft, mit verdünnter Salzsäure aufgenommen, verdünnt und in der Siedehitze mit $BaCl_2$-Lösung gefällt.

Man kann auch mit Superoxyd und Soda (5fache Menge) glühen, den filtrierten wäßrigen Auszug zur Zerstörung von Na_2O_2 kochen, mit Salzsäure übersättigen und dann fällen. Bei dem Ansäuern bzw. Ein-

---

[1] Siehe Fußnote 2, S. 1579.

dampfen mit Salzsäure etwa abgeschiedene Kieselsäure ist vor dem Fällen mit $BaCl_2$ abzufiltrieren.

Eine weitere Bestimmung des Schwefelgehaltes findet sich in den Mitt. d. Fachausschusses[1], Teil II, S. 110.

III. Antimonmetall.

Antimon. Der Reingehalt wird im allgemeinen aus der Differenz bestimmt. Die direkte Bestimmung wird ausgeführt, wie für sulfidische Erze angegeben.

Arsen. Die Bestimmung wird ausgeführt wie bei Handelszinn (S. 1591); das erste, meist Sb-haltige Destillat wird in einen frischen Destillationskolben gegeben und unter Hinzufügen von wenig Eisenchlorür noch einmal destilliert. Das As kann auch aus dem ersten Destillat als As_2S_3 gefällt und als solches gewogen werden (s. S. 1079).

Metallische Beimengungen werden bestimmt wie bei Erzen usw. angegeben.

Schwefel wird aus einer Einwaage von 3—5 g bestimmt, wie für Erze usw. angegeben.

IV. Antimonpräparate.

Goldschwefel (Antimonsulfid). Angaben über die Untersuchung finden sich in Bd. V „Abschnitt Kautschuk und Guttapercha".

Brechweinstein ($C_4H_4O_7SbK + \frac{1}{2} H_2O$). Nach dem deutschen Arzneibuch werden 0,5 g Brechweinstein und 0,5 g Weinsäure mit Wasser zu 100 ccm gelöst und mit n/$_{10}$ - Jodlösung titriert. 1 ccm = 0,016695 (log = 0,22259 — 2) g Brechweinstein.

Weinsäurelöslichkeit von Antimonoxyd. 5 g werden mit 25 g Weinsäure gemischt, mit 100 ccm Wasser bis nahe zur Trockne eingedampft und das Eindampfen noch zweimal mit je 50 ccm Wasser wiederholt. Der Rückstand wird mit heißem Wasser aufgenommen, durch ein gewogenes Filter filtriert, gewaschen und nach dem Trocknen bei 100° gewogen. Die Gewichtsdifferenz ergibt die Menge des Löslichen.

Silicium.

Siehe unter Eisen S. 1357.

---

[1] Siehe Fußnote 2, S. 1579.

Zinn.

Von

Dr. H. Toussaint, Essen.

I. Zinnerze.

1. Aufschluß mit Kaliumcyanid.

Zur Untersuchung kommen Zinnstein (Kassiterit), ärmere und komplexe Erze.

Die früher hauptsächlich für die Bestimmung des Sn-Gehaltes angewandte dokimastische Methode, Schmelzen des Erzes mit Cyankalium (Mitchell: Manuel of Assaying. S. 481. 1881) wird heute in Deutschland wohl gar nicht mehr angewandt; die Methode gibt zu niedrige Werte und setzt größere Erfahrungen voraus. Boy (Metall u. Erz 1923, 210) macht Angaben, wie mit der Cyankalium-Methode genauere Werte zu erzielen sind. Die von Boy angegebene Methode ist jedoch so umständlich und zeitraubend, daß sie wohl in der Praxis kaum Anwendung finden dürfte.

Auch in England wird die Methode im allgemeinen nicht mehr angewandt. Zwischen Gesellschaften der Straits Settlements laufen noch Verträge, welche die Cyankalium-Methode vorschreiben [1] und es sei daher kurz angegeben, wie gegebenenfalls in dem Laboratorium von A. H. Knight gearbeitet wird.

Zweimal je 10 g des in einer Achatschale leicht geriebenen Erzes werden in Bechergläsern mit 7 ccm Wasser und 20 ccm 50%iger Schwefelsäure bis zum Rauchen eingedampft. Nach dem Abkühlen werden 5 ccm Salpetersäure und 20 ccm Salzsäure hinzugefügt und das Eindampfen wiederholt, bis die Masse eben noch feucht ist; jetzt werden 150 ccm heißes Wasser hinzugefügt, gut umgeschüttelt, nach dem Absetzen durch doppeltes aschefreies Filter filtriert, gut gewaschen und getrocknet. Die getrockneten Filter werden in geräumige, vorher im Windofen auf Rotglut erhitzte, Tiegel gegeben; nach dem Verbrennen der Filter wird in jeden der Tiegel ein Gemenge von 40 g gepulvertem Cyannatrium und 1 g Anthrazitpulver gegeben und etwa 1/2 Stunde bei starkem Feuer geglüht. Nach dem Erkalten der Tiegel wird die Schlacke mit heißem Wasser gelaugt. Die Reguli werden gewogen, ausgeplattet, gelöst und in einem aliquoten Teil das Sn mit Jod titriert (s. Abschnitt II, Handelszinn S. 1583; ferner auch: Mitteilungen d. Fachausschusses [2] 1924 I, 75).

---

[1] Freundliche Privatmitteilung von Mr. Knight, Liverpool.
[2] Mitteilungen des Chemiker-Fachausschusses der Gesellschaft Deutscher Metallhütten- und Bergleute.

2. Aufschluß mit Natriumsuperoxyd.

Heute ist fast ausschließlich der Aufschluß mit Natriumsuperoxyd angewandt, der gleichzeitig die Bestimmung der meisten anderen Bestandteile des Erzes erlaubt.

5 g äußerst fein geriebenes Erz werden im Nickeltiegel[1] mit der 6—10fachen Menge Natriumsuperoxyd gemengt, mit einer Decke von Superoxyd versehen und, bei bedecktem Tiegel, mit dem Bunsenbrenner zunächst vorsichtig, dann mit voller Flamme und zuletzt mit dem Gebläse bis zum ruhigen Fließen erhitzt (Schutzbrille!)[2]. Nach dem Erkalten wird die Schmelze mit Wasser aufgenommen, mit Salzsäure angesäuert, ein eventuell unzersetzter Rest durch dekantieren und filtrieren auf einem Filter gesammelt, vorsichtig verascht, noch einmal mit einer kleinen Menge Na_2O_2 geschmolzen, nach dem Erkalten mit Wasser aufgenommen, mit der Hauptlösung vereinigt und unter Hinzufügen von Salzsäure zu 500 ccm aufgefüllt. In der Lösung sollen jetzt im ganzen etwa 200 ccm überschüssige Salzsäure (spez. Gew. 1,19) vorhanden sein. Etwa 250 ccm der Lösung werden in einen trockenen Erlenmeyerkolben gegeben und unter jedesmaligem Umschütteln mit kleinen Mengen Ferrum red. versetzt, bis zum Verschwinden der Gelbfärbung, dann werden noch 5—10 g Ferrum red. hinzugefügt. Der Kolben bleibt nun unter häufigem Umschütteln etwa 3 Stunden stehen; jetzt wird durch ein trockenes, schnell filtrierendes Filter filtriert und 50 ccm des Filtrates (= 0,5 g Erz) zur volumetrischen Bestimmung des Sn entnommen und wie bei Handelszinn S. 1583 angegeben weiter behandelt.

In allen Fällen, in denen es sich um besondere Genauigkeit handelt, sowie stets, wenn eine Blaufärbung der mit Ferrum red. behandelten Lösung auf einen Gehalt an Wolfram hinweist oder wenn andere, die Titration störende Beimengungen, z. B. Titan, zugegen sind, werden die abpipettierten 50 ccm der reduzierten Lösung mit Wasser verdünnt, die Salzsäure mit Na_2CO_3 ziemlich weitgehend abgestumpft und Schwefelwasserstoff eingeleitet. Das abgeschiedene Schwefelzinn wird filtriert und gewaschen. Das Filter mit dem Niederschlag wird in einen Titrierkolben (s. Abschnitt II, Handelszinn S. 1584) gegeben, mit 25 ccm Salzsäure (spez. Gew. 1,1) etwa $1/_4$ Stunde gelinde erwärmt; nach dem Abkühlen und Hinzufügen von einem geringen Überschuß von Bromwasser bleibt der Kolben wieder (ohne zu erwärmen) etwa $1/_4$ Stunde stehen, dann wird nach der Reduktion mit Aluminium titriert.

Bei Erzen unbekannter Zusammensetzung ist der Weg über die Schwefelwasserstoff-Fällung in jedem Falle zu empfehlen.

Nach Angabe der Zinnwerke Wilhelmsburg (freundliche Privatmitteilung) stören Ti und W nicht, wenn mit einer Jodlösung titriert wird, die einen erhöhten Gehalt an KJ hat (s. auch Methode 3 von Knight).

---

[1] Wenn nur Sn bestimmt werden soll, kann auch im Eisentiegel aufgeschlossen werden. Im Laboratorium der Th. Goldschmidt A.-G. sind seit Jahren Tiegel aus Reinnickel, bezogen von den Vereinigten Deutschen Nickelwerken in Schwerte, Westfalen, in Gebrauch. Bestellt als: Tiegel aus Reinnickel, etwa 2 mm Wandstärke; Höhe 55 mm; oberer Durchmesser 42 mm; unterer Durchmesser 30 mm. Es ist zu beachten, daß das Nickel etwas Cu, Mn und Fe enthält.

[2] Das Aufschließen mit Na_2O_2 wird zweckmäßig auf einer Konsole von Eisenblech ausgeführt.

3. Bestimmung des Zinngehaltes nach Reduktion mit Wasserstoff.

In dem Laboratorium von A. H. Knight (freundliche Privatmitteilung), Liverpool, wird die Methode in folgender Weise ausgeführt:

Die ganze Probe wird gerieben, bis sie durch ein 80 Maschensieb (80 Maschen auf den Zoll) geht; mit einem kleinen mechanischen Probenteiler werden 20 g entnommen, in der Achatreibschale ziemlich fein gerieben; dann werden endlich etwa 5 g dieser Probe ganz fein gerieben, bei 100—105° getrocknet und in einem Exsiccator abgekühlt.

0,5 g der getrockneten Probe werden in einem Rosetiegel mit 0,3 g CaO gut gemischt. Der Tiegel wird mit einem gelochten Deckel, am besten aus Nickelblech, bedeckt, Wasserstoff eingeleitet und mit einem starken Brenner 20 Minuten zur lebhaften Rotglut erhitzt. Nach dem Erkalten im Wasserstoffstrom wird der Inhalt des Tiegels in ein trockenes Becherglas gebracht; dann werden 25 ccm starke Salzsäure abgemessen, zunächst der Tiegel bis nahe zum Rande gefüllt, der Rest in das Becherglas gegeben, beides mit Uhrgläsern bedeckt und leicht erwärmt bis zum Lösen; nach dem Abkühlen auf Handwärme wird in den Tiegel und in das Glas eine geringe Menge KClO$_3$ gegeben und nach einigen Minuten, nach Abspritzen der Uhrgläser, der Inhalt des Tiegels in das Becherglas gebracht. Jetzt wird reines Ferrum red. (Merck) hinzugefügt und schwach erwärmt. Nach Verschwinden der Gelbfärbung wird das Uhrglas abgespritzt, wieder aufgelegt und das Glas noch etwa 40 Minuten auf der Wärmeplatte erwärmt. Zum Schluß muß noch etwas ungelöstes Ferrum red. in dem Becherglas sein. Jetzt wird in den Titrationskolben hineinfiltriert, der Rückstand mehrere Male mit ausgekochtem salzsäurehaltigem Wasser gewaschen, dann sorgfältig in das Becherglas zurückgespritzt, mit Salzsäure und KClO$_3$ gelöst und noch einmal mit Ferrum red. behandelt; dann wird wieder durch das gleiche Filter in den Kolben filtriert und gewaschen. Es werden 1,5 g Aluminiumspäne in den Kolben gegeben und im CO$_2$-Strom erwärmt; wenn die Reaktion schwächer geworden ist, werden weitere 50 ccm Salzsäure hinzugefügt und erhitzt, bis das ausgeschiedene Zinn wieder gelöst ist. Jetzt wird im CO$_2$-Strom gekühlt und mit einer Jodlösung titriert, die 84 g KJ im Liter enthält und von der 1 ccm etwa 8 mg Sn entspricht. Der Titer der Jodlösung wird täglich 2- oder 3mal mit reinem Zinn kontrolliert, das den gleichen Prozeß durchgemacht hat.

Der hohe Gehalt an KJ in der Jodlösung schaltet die sonst bei der Titration störende Einwirkung von Titan aus (Methode von Cramer).

Die Methode von Knight eignet sich sehr gut für Serienanalysen; die Tiegel stehen hierbei nebeneinander auf einem einfachen eisernen Gestell und der Wasserstoff wird durch ein Glasrohr zugeführt, an das eine der Zahl der Tiegel entsprechende Reihe von T-Stücken angeschmolzen ist. Jedes T-Stück ist mit einem Glashahn versehen, durch welchen der Gasstrom reguliert werden kann und durch ein kurzes Stück Gummischlauch mit dem bekannten Einleitungsrohr für Rosetiegel verbunden.

Bei einigen komplexen Erzen mis niedrigem Zinngehalt hat **Knight**
festgestellt, daß die Reduktion mit Wasserstoff nicht vollständig war,
sonst ist die Methode allgemein anwendbar.

4. Untersuchung von Wolfram-Zinnerz

(s. Mitt. d. Fachausschusses [1], Teil I, S. 77; vgl. a. S. 1681):

10—20 g Erz werden zur Entfernung von S und As abgeröstet, der
hierbei eintretende Gewichtsverlust festgestellt, das Röstgut fein gerieben
und, je nach der Höhe des Wolframgehaltes, eine Menge entsprechend
1—2,5 g Ausgangsmaterial in einem bedeckten Eisentiegel mit 20—25 g
Kalium-Natriumcarbonat unter Zusatz von 1—2 g Natriumsuperoxyd
geschmolzen. Die Schmelze wird in eine Nickelschale ausgegossen; nach
dem Erkalten werden Schmelzkuchen, Tiegel und Deckel mit etwa
150 ccm Wasser 1 Stunde auf dem Sandbad digeriert. Nach dem Lösen
der Schmelze werden Tiegel und Deckel gut abgespült und entfernt.
Nach Hinzufügen von 35—40 g Ammonnitrat wird die Lösung etwa
10 Minuten gelinde gekocht; nach dem Abkühlen werden 10 ccm Magne-
siumnitrat-Lösung (1 : 10) und 50 ccm starkes Ammoniak hinzugefügt.
Es werden abgeschieden: SnO_2, SiO_2, Al_2O_3, P_2O_5 und eventuell noch vorhandenes As_2O_5. Nach mehrstündigem Stehen (am besten über Nacht)
wird filtriert und mit NH_4NO_3-haltiger dünner Ammoniaklösung gewaschen. Das Filtrat wird zum Sieden erhitzt, bis der Ammoniakgeruch
nahezu verschwunden ist. Nach dem Abkühlen wird mit Wasser zu
etwa 400 ccm verdünnt, nach Hinzufügen von Methylorange mit verdünnter Salpetersäure eben angesäuert und die freigewordene Kohlensäure durch Kochen verjagt. Ein jetzt sich etwa zeigender geringer
Säureüberschuß wird mit etwas dünner Natriumcarbonatlösung fortgenommen. Nach dem Abkühlen wird gesättigte, schwach salpetersaure
Mercuronitratlösung hinzugefügt, bis durch erneuten Zusatz kein Niederschlag mehr entsteht; jetzt wird auf etwa 700 ccm verdünnt, erhitzt
und Ammoniak hinzugefügt, bis eine Umfärbung des Niederschlages
erfolgt, oder es wird aufgeschlämmtes Quecksilberoxyd hinzugefügt, bis
Orangefärbung bestehen bleibt. Nach kurzem Aufkochen läßt man
absitzen, gießt die überstehende Flüssigkeit durch ein Filter, kocht den
Niederschlag noch einmal mit etwa 400 ccm Wasser auf, gießt nach dem
Absitzen die Flüssigkeit durch das Filter, bringt dann den Niederschlag
selbst auf das Filter und wäscht mit heißem Wasser, dem einige Tropfen
der Mercuronitratlösung zugefügt sind, aus. Das Filter wird oben
zusammengeknifft, in einem Porzellantiegel getrocknet, unter gut
ziehendem Abzug verascht, kräftig geglüht (nicht Gebläse!) und als
WO_3 gewogen.

Der Tiegelinhalt darf nicht geschmolzen sein und muß die gelbe
Farbe des WO_3 zeigen. Wenn große Genauigkeit verlangt ist, wird die
so erhaltene Wolframsäure in einen Platintiegel übergeführt, mit Kaliumpyrosulfat geschmolzen, die erkaltete Schmelze mit Wasser aufgenommen
und mit einem Überschuß von Ammoniumcarbonat zur Abscheidung
der Verunreinigungen gekocht. Nach mehrstündigem Stehen wird

---

[1] Siehe Fußnote 2, S. 1579.

filtriert, gewaschen, das Filter verascht und das Gewicht des Glührückstandes von dem Rohgewicht abgezogen.

Der vor der WO_3-Fällung abfiltrierte Niederschlag kann zur Bestimmung des Sn-Gehaltes dienen; er wird mit heißer Salzsäure gelöst, ein etwa ungelöster Rückstand abfiltriert, chloridfrei gewaschen. Das Filter wird im Nickeltiegel vorsichtig verascht, mit etwas Natriumperoxyd geschmolzen, die Schmelze mit Wasser aufgenommen, zu der Hauptlösung gegeben und die Lösung zu 250 ccm aufgefüllt. In einem, dem Sn-Gehalt angepaßten Teil der mit Ferrum red. behandelten Lösung wird das Sn bestimmt, wie unten unter 1 angegeben.

Die Zinnwerke Wilhelmsburg (freundliche Privatmitteilung) ziehen es vor, die Sn-Bestimmung gesondert auszuführen, da festgestellt wurde, daß die Bestimmung aus dem abfiltrierten Rückstand meistens zu niedrig ausfällt.

5. Bestimmung weiterer Beimengungen.

Die Bestimmung weiterer Beimengungen und Verunreinigungen von Zinnerzen erfolgt sinngemäß nach den für die Untersuchung von zinnhaltigen Rückständen usw. S. 1603 angegebenen Methoden.

Die Teilungsgrenze für den Zinngehalt beträgt im allgemeinen bei dem Handel mit Zinnerzen $0,5\%$.

II. Handelszinn.

A. Zinnbestimmung.

Im allgemeinen wird der Sn-Gehalt bei hochprozentigem Metall aus der Differenz bestimmt.

Die direkte Bestimmung erfolgt fast ausnahmslos auf titrimetrischem Wege.

9 g Metallspäne werden in 100 ccm Salzsäure (spez. Gew. 1,19) gelöst und der ungelöste Rückstand mit wenig Kaliumchloratlösung in Lösung gebracht. Die vollkommen klare Lösung wird jetzt in einen 500 ccm Meßkolben gegeben, so viel Salzsäure (spez. Gew. 1,19) hinzugefügt, daß im ganzen etwa 200 ccm freie Säure vorhanden sind und zur Marke aufgefüllt. Ein Teil der Lösung wird in einen trockenen Erlenmeyerkolben gegeben und unter Umschütteln mit kleinen Mengen Ferrum red. versetzt, bis die etwa durch Kaliumchlorat gelb gefärbte Lösung entfärbt ist. Nach Hinzufügen von weiteren 5—10 g Ferrum red. bleibt die Lösung unter häufigem Umschütteln etwa 3 Stunden stehen. (Das Ferrum red. ist zu prüfen, ob es frei von Sn ist.) Jetzt wird durch ein schnell laufendes, trockenes Filter filtriert. 25 ccm von dem Filtrat werden zur volumetrischen Bestimmung abpipettiert.

Für Laboratorien, in denen Zinnbestimmungen nicht regelmäßig ausgeführt werden, ist die Titration mit $^1/_{10}$ n-Jodlösung zu empfehlen, da für den Ungeübten der Endpunkt leichter zu erkennen ist als bei der im folgenden eingehend beschriebenen Eisenchloridmethode, welche, hauptsächlich wohl wegen des geringeren Verbrauches an Jod, in den Laboratorien der einschlägigen Technik vielfach angewandt wird. Die Vorbereitung der Proben für die Titration ist bei den Methoden die gleiche.

Deutsche Industrie-Normen

Zinn				DIN
		Werkstoffe		1704

Bezeichnung von Zinn mit 99% Reingehalt:
Sn 99 DIN 1704
Die Bezeichnung ist einzugießen oder aufzuschlagen.

Benennung	Kurzzeichen	Sn %	Zulässige Abweichung	Zulässige Beimengungen in %[1]		
				Fe	Zn	Al
Zinn 99,75	Sn 99,75	99,75	— 0,05	0,015	0	0
Zinn 99,50	Sn 99,50	99,50	— 0,1	0,015	0	0
Zinn 99	Sn 99	99,00	— 0,1	0,025	0	0
Zinn 98	Sn 98	98,00	— 0,2	0,025	0	0

[1] Für die anderen Beimengungen wie Blei, Kupfer, Antimon und andere wird keine Vorschrift aufgenommen.

Spezifisches Gewicht: 7,28—7,33 kg/dm³

Die nach Marken gehandelten ausländischen Zinnsorten sind in diesen Normen nicht enthalten.

Lieferart: In Blöcken, Barren oder Platten nach Gewicht

April 1925   Fachnormenausschuß für Nichteisen-Metalle

Wiedergabe erfolgt mit Genehmigung des Deutschen Normenausschusses. Verbindlich ist die jeweils neueste Ausgabe des Normenblattes im Dinformat A 4, das durch den Beuth-Verlag G. m. b. H., Berlin S 14, zu beziehen ist.

1. Titration mit Eisenchloridlösung nach Viktor
[Chem.-Ztg. 29, 179 (1905)].

Gleichung: $2\,FeCl_3 + SnCl_2 = 2\,FeCl_2 + SnCl_4$. Die abpipettierte Lösung wird in eine Kochflasche (Inhalt 500—600 ccm) gegeben, und nach dem Verdünnen mit 25 ccm Wasser mit 2—3 g fettfreien Aluminiumspänen[1] bzw. Aluminiumgrieß versetzt. Der Kolben wird mit einem doppelt durchbohrten Stopfen versehen und während der ganzen folgenden Operation ein mäßiger Strom von CO_2 hindurchgeleitet[2]; bei dem hohen spezifischen Gewicht der CO_2 genügt es, wenn das Einleitungsrohr nur einige Zentimeter in den Kolbenhals hineinragt. Durch gelindes

---

[1] In geeigneter Form und Reinheit geliefert von den Metallwerken Erbslöh A.-G., Barmen-Wupperfeld: Aluminiumspäne für analytische Zwecke, 98—99% Al.

[2] In einigen Laboratorien wird die Reduktion ohne Hindurchleiten von CO_2 unter Anwendung des bekannten Contat-Göckel-Verschlusses (s. Bd. I, S. 360), gefüllt mit gesättigter Sodalösung, ausgeführt.

Erwärmen wird das Aluminium gelöst, wobei sich das Zinn als metallischer Schwamm abscheidet. Das Lösen wird gegebenenfalls durch Hinzufügen von geringen Mengen starker Salzsäure beschleunigt. Nachdem nahezu alles Al gelöst ist, werden etwa 50 ccm starke Salzsäure hinzugefügt und das ausgeschiedene Zinn durch Erwärmen gelöst; dann wird der Kolben in fließendem Wasser gekühlt. Jetzt werden 25—30 ccm starke Salzsäure, 15 Tropfen Jodindicator und einige Kubikzentimeter Stärkelösung hinzugegeben und der Stopfen durch eine doppelt durchbohrte Gummischeibe ersetzt; durch eine der Öffnungen wird das dicht unter der Scheibe endende Einleitungsrohr für CO_2 gesteckt, während durch die andere, etwas weitere Öffnung die Eisenchloridlösung durch die fein ausgezogene Spitze der Quetschhahnbürette hinzugegeben wird; es wird bis zur bleibenden Blaufärbung titriert.

Eisenchloridlösung. 86 g $FeCl_3$ bzw. 144 g $FeCl_3 \cdot 6\,aq$ werden in einer geräumigen Porzellanschale mit Wasser übergossen und umgerührt; nach dem Absitzen wird die überstehende Lösung in eine Flasche gegeben und der ungelöste Rückstand in der gleichen Weise wiederholt mit Wasser behandelt, bis sich kein Chlorid mehr löst. Die Lösung wird nach Hinzufügen von 300 ccm Salzsäure (spez. Gew. 1,19) zu 3 Liter aufgefüllt, gut gemischt und filtriert.

Zur Einstellung der Eisenchloridlösung dienen ziemlich feine Späne von einem sehr reinen Zinn, dessen Gehalt an Sn durch Differenzanalyse bestimmt ist. Eine 4,5 g Sn entsprechende Menge Zinn wird im 250-ccm-Meßkolben in etwa 50 ccm Salzsäure (spez. Gew. 1,19) kalt gelöst, zur Marke aufgefüllt und 25 ccm hiervon in der oben angegebenen Weise titriert. Die Eisenlösung wird zweckmäßig so eingestellt, daß 1 ccm genau 0,010 g Sn entspricht.

Indicatorlösung. 100 g Jodkalium und 27 g Kupferjodür werden mit 50 g Jodwasserstoffsäure (spez. Gew. 1,50) zu einem Brei verrührt und unter portionsweisem Zusatz von 50 ccm heißem destilliertem Wasser umgerührt, bis das Kupferjodür in Lösung gegangen ist; die überstehende klare Lösung wird in die Vorratsflasche gegeben, der noch ungelöste Teil durch Hinzufügen von weiteren 50 g Jodwasserstoffsäure und 50 ccm kaltem Wasser in Lösung gebracht und zu dem ersten Teil hinzugefügt. In die Flasche werden etwa 25 g Kupfer in Form von blanken Drähten von 0,2 cm Stärke gegeben, 2 Stunden lang CO_2 durch die Lösung geleitet und die Flasche mit Glasstöpsel verschlossen. Nach wenigen Stunden ist die Lösung farblos und klar. Zum Gebrauch werden Tropffläschchen mit der Lösung gefüllt; für den Fall, daß es längere Zeit dauert, bis der Inhalt eines Tropffläschchens verbraucht ist, wird auch in dieses ein Stück Kupferdraht getan. Nach jedesmaliger Entnahme wird der Raum über der Vorratslösung wieder mit CO_2 gefüllt und die Flasche gut verschlossen. Die Vorratsflasche wird vor grellem Tageslicht geschützt aufbewahrt.

Die im vorhergehenden beschriebene Methode gibt für die Praxis Werte von genügender Genauigkeit. Falls besonders weitgehende Genauigkeit verlangt wird, ist zu beachten, daß der Ferrum red.-Niederschlag geringe Mengen Sn (einige $^{1}/_{100}\,^0/_0$) hartnäckig festhält und daß ferner die Anwesenheit von viel Fe in der zu titrierenden Lösung einen um ein Geringes zu hohen Wert finden läßt. Nach langjährigen Erfahrungen in dem Laboratorium der Th. Goldschmidt A.-G. heben sich die beiden Fehler praktisch gegeneinander auf. Die Resultate der Eisenchloridtitration einerseits und der nach der Differenzmethode (100 %-Gesamtverunreinigungen) gefundenen Zinnwerte andererseits stimmten stets sehr gut überein.

Für den Fall, daß es erforderlich scheint, die Fehler zu vermeiden, müßte wie folgt vorgegangen werden:

Von der Zinnlösung (s. S. 1583) werden genau 250 ccm entnommen, mit Ferrum red. behandelt (in diesem Falle kann die Fällung von Sb und Cu durch Erwärmen beschleunigt werden), in einen 500-ccm-Meßkolben hineinfiltriert, mit heißem, luftfreiem, etwas HCl-haltigem Wasser gewaschen, der Rückstand in Salzsäure unter Hinzufügen von etwas $KClO_3$ gelöst, noch einmal mit Ferrum red. behandelt und wieder in den Kolben filtriert. Nach dem Auffüllen zur Marke werden 50 ccm entnommen, das Sn mit Schwefelwasserstoff gefällt und weiter verfahren wie bei Zinnerz S. 1580 angegeben.

2. Titration nach dem Verfahren der Zinnwerke Wilhelmsburg.

Auf den Zinnwerken Wilhelmsburg (freundliche Privatmitteilung) wird die Zinntitration wie folgt ausgeführt:

5 g Späne werden wie oben angegeben gelöst, zu 500 ccm aufgefüllt. Zweimal je 50 ccm werden in kleine Kolben abgemessen, 25 ccm Salzsäure und etwa 5 g Ferrum red. hinzugefügt; die Kolben werden mit einem Glasverschluß versehen und auf dem Sandbade bei etwa 80° reduziert (20′); jetzt wird eventuell noch etwas Ferrum red. hinzugefügt und, nachdem die Lösung auf 30—40° abgekühlt ist, durch ein Charpiefilter in einen Erlenmeyer filtriert, mit HCl-haltigem Wasser gewaschen und nach Zusatz von 50 ccm Salzsäure (spez. Gew. 1,19) direkt titriert. Bei Betriebsproben erfolgt die Titration bei Abwesenheit von W, Mo, Vd mit Eisenchlorid, in allen anderen Fällen mit n/10 Jodlösung.

Berzelius, Metallhütten G. m. b. H (freundliche Privatmitteilung von Herrn Reimann) titriert nur mit Jod, und zwar für annähernde Bestimmungen direkt nach der Behandlung mit Ferrum red., für genaue Bestimmungen nach vorhergehender Reduktion mit Aluminium.

3. Elektrolytische Bestimmung von Zinn
(s. ,,Elektroanalytische Bestimmungsmethoden'', S. 976).

B. Bestimmung der Verunreinigungen [1].

Das Metall wird möglichst in Form von Bohrspänen angewandt. Wenn das Zinn geraspelt wurde, müssen die Späne auf das sorgfältigste

---

[1] Die Methode ist, in im ganzen wenig abweichender Form, in den Mitt. d. Fachausschusses (s. Fußnote 2, S. 1579), I. Teil, S. 82f. von dem Verf. unter Mitarbeit anderer Mitglieder des Fachausschusses beschrieben. Auch an anderen Stellen des Artikels Zinn mußte Verf. naturgemäß häufiger auf die dortigen Ausführungen zurückgreifen.

mit dem Magneten von Eisenteilen befreit werden. Es hat sich gezeigt, daß das Zinn des Handels zuweilen geringe Mengen Silber enthält; da die Anwesenheit desselben auf die Bestimmung einiger anderer Bestandteile nicht ohne Einfluß ist, wurde die Prüfung auf Ag in dem folgenden Analysengang mit aufgenommen.

1. Bestimmung von Blei, Kupfer, Wismut, Silber.

Je nach dem Reinheitsgrad werden 10 g (bei $98\,^0/_0$ Sn) bis 40 g (bei $99,7\,^0/_0$ und darüber) Späne durch portionsweises Hinzufügen eines Gemisches von 4 Teilen Salzsäure (spez. Gew. 1,19) und 1 Teil Salpetersäure (spez. Gew. 1,40—1,42) gelöst und die Lösung ziemlich weit eingeengt. Nach dem Abkühlen werden auf je 10 g Sn 120 ccm Lösung von weinsaurem Ammon (1000 g Weinsäure, 3300 ccm Wasser, 1700 ccm $25\,^0/_0$iges Ammoniak) hinzugefügt und mit starkem Ammoniak versetzt, von dem ein Überschuß von etwa 10 ccm zugegeben wird. Jetzt wird tropfenweise $2\,^0/_0$ige Lösung von krystallisiertem Schwefelnatrium hinzugefügt, bis bei erneutem Zusatz keine Fällung mehr entsteht (Methode von R. Finkener); unter häufigem Umschütteln wird nun bis zum beginnenden Sieden erhitzt. Nach dem Absetzen wird filtriert und mit heißem, etwas Na_2S-haltigem Wasser gewaschen [1]. Das Filter wird durchstoßen, der Niederschlag möglichst vollständig in einen Erlenmeyerkolben gespült und der dem Filter noch anhaftende Rest mit heißer verdünnter Salpetersäure in dem Kolben gelöst. Nach völligem Zersetzen des Niederschlages mit Salpetersäure werden 10—15 ccm konz. H_2SO_4 hinzugefügt und bis zum Auftreten von starken Schwefelsäuredämpfen eingekocht; bei sehr geringem Bleigehalt empfiehlt es sich, nach dem Abkühlen mit Wasser zu verdünnen und das Eindampfen zu wiederholen, da andernfalls das $PbSO_4$ später leicht trübe durch das Filter geht. Ein sonst leicht bei dem Einkochen auftretendes Stoßen läßt sich durch Hinzufügen von etwas Schwefelblumen verhüten. Nach dem Abkühlen wird die Lösung unter Umrühren in dünnem Strahle zu 100—200 ccm Wasser gegeben und noch einmal aufgekocht. Nach dem Erkalten wird filtriert und mit 5—10 $^0/_0$iger Schwefelsäure gewaschen. Durch diese Behandlung wird erreicht, daß man ein von Bi freies $PbSO_4$ erhält. Das $PbSO_4$ wird in der üblichen Weise bestimmt und nach dem Wägen durch Behandeln mit einer Lösung von essigsaurem Ammoniak auf Reinheit geprüft. Das Filtrat von $PbSO_4$ wird mit einigen Tropfen $^1/_{10}$n-NH_4CNS-Lösung versetzt, kräftig geschüttelt, sofort filtriert und AgCNS mit H_2SO_4-haltigem Wasser gewaschen [2]. Das Filter mit dem AgCNS wird in einem nicht zu kleinen Porzellantiegel verascht und über einem starken Brenner geglüht. Das metallische Ag wird in

---

[1] Bei größerem Niederschlag empfiehlt es sich, denselben vom Filter in eine Porzellanschale zu spülen, mit verdünnter Na_2S-Lösung unter Hinzufügen von etwas Na_2SO_3 aufzukochen und durch das gleiche Filter zu filtrieren.

[2] Die Fällung von Silber als Rhodanid ist nach Versuchen, welche in dem Laboratorium der Th. Goldschmidt A.-G., Essen, ausgeführt wurden, unbedingt quantitativ, während die Fällung als Chlorid von den verschiedensten Faktoren abhängig ist.

dem Tiegel mit einigen Kubikzentimetern Salpetersäure gelöst, die Lösung 2—3 Minuten im Sieden gehalten, abgekühlt und nach Hinzufügen von 1—2 ccm Eisenalaun- (kalt gesättigt) bzw. Eisennitratlösung bei einem Gesamtvolumen von 8—10 ccm mit $1/_{50}$n-NH_4CNS-Lösung titriert. Der Endpunkt ist in dem weißen Tiegel sehr scharf zu erkennen. 1 ccm $1/_{50}$n-NH_4CNS = 0,00216 (log = 0,33445 — 3) g Ag.

In dem Filtrat von AgCNS werden Cu und Bi durch H_2S gefällt und filtriert. Der Niederschlag wird vorsichtig verascht, mit etwas Salpetersäure behandelt und geglüht. Nach dem Wägen werden die Oxyde in Salzsäure gelöst, ein hierbei etwa ungelöst bleibender Rückstand (SnO_2) verascht und zurückgewogen. Die Lösung wird ammoniakalisch gemacht, mit Ammoncarbonatlösung versetzt und bis zum vollständigen Zerstören des Ammoncarbonates gekocht. Der abfiltrierte Niederschlag wird mit Salpetersäure in einen gewogenen Porzellantiegel hineingelöst, eingedampft, schwach geglüht bis zur Gewichtskonstanz und als Bi_2O_3 gewogen. $Bi_2O_3 \times 0,8970$ (log = 0,95279 — 1) = Bi. Falls größere Mengen Cu oder Bi zugegen sind, muß die Ammoncarbonatfällung doppelt ausgeführt werden.

Cu wird aus der Differenz errechnet oder aus dem Filtrat von dem Bi-Niederschlag bestimmt. Für die Bestimmung von geringen Mengen Cu (unter 1 %) hat sich folgende titrimetrische Methode bewährt:

Das ammoniakalische Filtrat wird weitgehend eingeengt, nach dem Abkühlen mit Essigsäure in geringem Überschuß versetzt, Jodkalium hinzugefügt und das ausgeschiedene Jod mit $1/_{10}$n-Thiosulfatlösung titriert. 1 ccm $1/_{10}$n-Thiosulfat = 0,006357 (log = 0,80325 — 3) g Cu.

Die Zinnwerke Wilhelmsburg titrieren das Kupfer mit KCN nach Parkes (S. 1196; s. a. Beckurts: Maßanalyse, S. 1016. 1913).

In manchen Fällen bietet auch die colorimetrische Bestimmung des Cu Vorteile (s. a. S. 1200). In 10 numerierte zylindrische Gläser von etwa 3 cm Durchmesser und 18 cm Höhe, die bei 100 ccm eine Marke tragen, werden je 1, 2, 3 usw. ccm einer Lösung von Kupfersulfat oder -nitrat, die im Kubikzentimeter 1 mg Cu enthält, und ferner 10 ccm Lösung von weinsaurem Ammon (s. S. 1587) und 10 ccm starkes Ammoniak gegeben, zur Marke aufgefüllt und umgeschüttelt. In ein elftes Glas wird, je nach der Höhe des Cu-Gehaltes ein aliquoter Teil des Filtrates vom $PbSO_4$, je 10 ccm weinsaures Ammon und Ammoniak gegeben, zur Marke aufgefüllt und mit den Standardlösungen verglichen. Um einen noch besseren Vergleich zu erhalten, kann man auch die doppelte Anzahl von Standardgläsern verwenden, so daß man nur eine Differenz von 0,5 mg Cu zwischen je zwei Gläsern hat. Die Standardgläser werden am besten mit eingeschliffenen Glasstopfen versehen, die nur für den augenblicklichen Gebrauch entfernt werden; dann kann man die gleichen Lösungen lange Zeit benutzen. Bi stört nicht, braucht also nicht vorher entfernt zu werden. Durch Gegenwart von Ag wird die Blaufärbung verstärkt, während bei Anwesenheit von As Grünfärbung auftritt.

Größere Mengen Cu werden zweckmäßig elektrolytisch bestimmt (vgl. S. 927 u. 1177).

Für die Bestimmung kleiner Mengen Bi ist folgende colorimetrische Bestimmung zu empfehlen. Erforderliche Lösungen:

I. 0,223 g Bi_2O_3 werden in 20 ccm Salpetersäure (spez. Gew. 1,2) gelöst und nach Hinzufügen von 100 ccm Schwefelsäure (1 : 5) zu 1000 ccm aufgefüllt. 1 ccm = 0,2 mg Bi.

II. 20% ige KJ-Lösung.

III. Gesättigte Lösung von SO_2, mit der gleichen Menge Wasser verdünnt (Tropffläschchen).

In ein Colorimeterglas wird ein aliquoter Teil des Filtrates von $PbSO_4$ gegeben, 20 ccm Schwefelsäure (1 : 5), 5 ccm der Lösung II, 10 Tropfen der Lösung III hinzugefügt, zur Marke aufgefüllt und mit einem Glasstab mit breitem Knopf gut vermischt. In ein zweites Glas werden Schwefelsäure, Lösung II und III in gleichen Mengen wie in das erste Glas gegeben und nicht ganz bis zur Marke aufgefüllt. Jetzt wird aus einer Bürette unter Umrühren Lösung I hinzugefügt, bis die gleiche Färbung wie in dem ersten Glas erreicht ist.

Die Menge des Bi in dem Colorimeterglas soll möglichst 1,25 mg nicht überschreiten. Geringe Mengen Cu (etwa bis zu 3 mg) stören nicht; bei größeren Mengen muß eine Fällung mit Ammoncarbonat vorausgehen. Der Bi-Niederschlag wird in verdünnter Salpetersäure gelöst, mit Schwefelsäure (1:10) je nach dem Bi-Gehalt zu 100—1000 ccm aufgefüllt und ein abgemessener Teil dieser Lösung colorimetriert.

Schürmann [Mitt. K. Materialprüfungs-Amt Groß-Lichterfelde West 42, 13 (1924)] löst für die Bestimmung kleiner Mengen Cu, Pb, Ni, Zn, Fe usw. 10—50 g Zinn in einer Porzellanschale in Brom — Bromwasserstoffsäure, dampft auf dem Wasserbad zur Trockne, fügt wenige Kubikzentimeter der gleichen Säure hinzu und dampft noch einmal zur Trockne. Sn, As, Sb sind vollständig verflüchtigt und in dem Rückstand werden die anderen Bestandteile nach üblichen Methoden bestimmt.

2. Bestimmung von Nickel, Zink, Eisen, Aluminium usw.

10 g Zinn werden im Erlenmeyerkolben, der bei 800 ccm eine Marke trägt, unter schwachem Erwärmen in einem Gemisch von 100 ccm Salzsäure (spez. Gew. 1,19) und 50 ccm Wasser gelöst; starkes Erhitzen ist zu vermeiden, um einem Verlust an HCl möglichst vorzubeugen. Bei einer größeren Einwaage sind für je 10 g Mehreinwaage 10—12 ccm mehr Salzsäure zu nehmen. Ein zurückbleibender ungelöster Metallschwamm wird durch Hinzufügen von möglichst wenig $KClO_3$ oder H_2O_2 in Lösung gebracht. Besser ist es noch, die überstehende klare Lösung von dem Schwamm abzuschütten, heiße verdünnte Salzsäure (1 : 9) dazuzugeben, noch einmal abzuschütten und dann den Schwamm für sich zu oxydieren, Chlor zu verkochen und die so erhaltene Lösung zu der Hauptlösung zu geben[1]; so wird vermieden, daß sich eine größere Menge $SnCl_4$ bildet und beim Einleiten von H_2S viel von dem schlecht filtrierenden SnS_2 entsteht. Die Lösung wird zu etwa 800 ccm aufgefüllt, bis nahe zum Sieden

---

[1] Sollte sich der Schwamm schlecht absetzen, so kann man filtrieren und den Rückstand in Salzsäure (1:9) und $KClO_3$ lösen.

erhitzt und H_2S eingeleitet, bis alles Sn (As, Sb, Cu) gefällt ist. Jetzt wird die Lösung in einen 1000 ccm Meßkolben übergeführt, mit verdünnter, mit H_2S gesättigter Salzsäure (1 Teil Salzsäure, spez. Gew. 1,19 und 9 Teile Wasser) nachgespült und mit der gleichen Säure zur Marke aufgefüllt. Nach gutem Umschütteln wird durch ein trockenes Faltenfilter filtriert und 750 ccm von dem Filtrat zur Bestimmung von Ni, Zn usw. entnommen.

Da Pb bei der eben angegebenen Menge freier Salzsäure mit H_2S nicht vollständig gefällt wird, während bei Anwendung einer weniger sauren Lösung Zn in den Niederschlag gehen könnte, wird jetzt zunächst zur Abscheidung der letzten Reste Pb mit Schwefelsäure eingedampft und dabei nach Verschwinden des H_2S etwas Bromwasser oder ein anderes Oxydationsmittel hinzugegeben, um Fe zu oxydieren. Aus dem Filtrat von $PbSO_4$ werden $Al_2O_3 + Fe_2O_3$ durch doppelte Fällung mit NH_3 abgeschieden und je nach Farbe und Menge des Niederschlages entweder zusammen geglüht und gewogen oder nach dem Lösen des Niederschlages in der üblichen Weise mit Natronlauge getrennt und einzeln bestimmt. Das Filtrat von Fe_2O_3 und Al_2O_3 wird mit dünner Schwefelsäure versetzt bis Kongopapier eben schwach gebläut wird, gegebenenfalls mit Wasser verdünnt, Zn mit H_2S gefällt und als ZnO gewogen. Das geglühte ZnO ist auf Reinheit zu prüfen. In dem Filtrat von ZnS wird nach Verkochen des H_2S das Ni mit Dimethylglyoxim bestimmt.

Für den Fall, daß nur eine Fe-Bestimmung verlangt ist, werden 10—20 g Zinn in Salzsäure gelöst und die Lösung bis auf 10—15 ccm eingeengt; eine besondere Oxydation des Metallschwammes ist hierbei im allgemeinen nicht erforderlich. Der Eindampfrückstand wird in einen 1-Liter-Meßkolben gebracht, bis zu etwa 900 ccm mit Wasser verdünnt und H_2S eingeleitet bis zur vollständigen Fällung von Sn usw. Dann wird das Einleitungsrohr entfernt, zur Marke aufgefüllt, gut umgeschüttelt und durch ein trockenes, eisenfreies Faltenfilter filtriert. 750 ccm von dem Filtrat werden mit etwa 1 g weinsaurem Ammon versetzt und ammoniakalisch gemacht; dann wird etwas Schwefelammon hinzugefügt, einige Zeit gelinde erwärmt und nach dem Absetzen des Niederschlages filtriert, der Rückstand wird verascht und als Fe_2O_3 gewogen. Gegebenenfalls muß der Glührückstand auf Reinheit geprüft werden, wozu sich bei den in den meisten Fällen vorliegenden geringen Mengen Fe_2O_3 eine colorimetrische Prüfung mit KCNS eignet. Pufahl löste das geglühte Fe_2O_3 nach Finkener in dem Tiegel in Salzsäure, fügte KJ hinzu und titrierte mit $n/_{10}$- oder $n/_{100}$-Thiosulfatlösung. Bei Gegenwart von irgendwie erheblicheren Mengen Zn oder Ni werden die 750 ccm Filtrat stark eingeengt und nach dem Oxydieren Fe_2O_3 (und Al_2O_3) mit NH_3 gefällt oder das Fe wird wie oben abgeschieden, der Niederschlag in Bromsalzsäure gelöst, Brom verkocht und dann mit Ammoniak gefällt.

Die Zinnwerke Wilhelmsburg (freundliche Privatmitteilung) führen die Fe-Bestimmung wie folgt aus: Das Filtrat von dem bei der Antimonbestimmung (S. 1593) erhaltenen ungelösten Rückstand wird zunächst mit $KClO_3$ oxydiert, Chlor verkocht und dann nach der Reduktion von Fe_2O_3 durch Zinnchlorür das Eisen nach Zimmermann-Reinhardt (s. S. 1303) titriert. Die Einstellung der $KMnO_4$-Lösung muß unter den gleichen Bedingungen stattfinden.

Zur direkten Bestimmung von geringen Mengen Zn hat Rademacher auf Veranlassung von Toussaint eine Methode ausgearbeitet, die sich seit längerer Zeit gut bewährt hat.

10—20 g Zinn werden in Salzsäure gelöst, der Metallschwamm durch Hinzufügen von etwas $KClO_3$-Lösung oxydiert; die Lösung wird etwas eingeengt und mit Ammoniak versetzt bis Methylorange einen Umschlag nach gelb zeigt; durch Hinzufügen von Schwefelsäure (1 : 5) wird der entstandene Niederschlag gelöst und ein Überschuß von etwa 20 ccm Säure hinzugegeben. Jetzt wird eine zur Fällung von Sn, Sb, Pb, Cu, Bi usw. genügende Menge von Zn-freiem Aluminiumgrieß hinzugefügt und $^1/_2$—$^3/_4$ Stunden gelinde erwärmt (das Volumen der Lösung beträgt zweckmäßig etwa 500 ccm). Es wird filtriert und mit ausgekochtem heißem Wasser gewaschen. Das Filtrat wird mit 20—40 ccm $HgCl_2$-Lösung (50 g $HgCl_2$ im Liter) versetzt, ammoniakalisch gemacht, mit Weinsäure angesäuert, in der Siedehitze mit 100—300 ccm gesättigtem H_2S-Wasser in einem Guß versetzt und noch einmal aufgekocht. Der Niederschlag setzt sich sehr schnell ab; es wird filtriert und mit NH_4NO_3-haltigem Wasser gewaschen. Das Filter mit dem Niederschlag wird zwischen Filtrierpapier vorsichtig abgepreßt und in einem Porzellantiegel unter gut ziehendem Abzug (Hg-Dämpfe!) vorsichtig verascht, zum Schluß stark geglüht und gewogen. Der Rückstand wird in Salzsäure gelöst, mit Ammoniak behandelt, ein eventuell ausfallender Niederschlag bzw. ungelöst gebliebener Rückstand abfiltriert, verascht und von dem ersten Gewicht abgezogen.

Es soll noch bemerkt werden, daß diese Art, das Zn in Anwesenheit von $HgCl_2$ zu fällen, auch bei vielen anderen Analysen von Vorteil ist; das ZnS läßt sich sehr schnell filtrieren und waschen; Anwesenheit von Al_2O_3, Fe_2O_3 usw. stört nicht.

Hier sei noch auf die von Schürmann angegebene Methode verwiesen (S. 1589).

3. Bestimmung von Arsen.

Das As wird durch Destillation als $AsCl_3$ von dem Zinn getrennt (s. a. S. 1327) und dann entweder titrimetrisch oder gewichtsanalytisch bestimmt.

In den 500 ccm-Kolben D (Abb. 1, S. 1592) werden 5 g Zinnspäne und 50 ccm kaltgesättigte $FeCl_3$-Lösung gegeben, der Kolben mit dem Aufsatz versehen und der Kühler angeschlossen; beide sind durch Glasschliff mit dem Kolben verbunden; das birnenförmige Gefäß A, welches ein Zurücksteigen des Destillates verhindern soll, ist durch Gummistopfen mit dem Kühler verbunden. In dem Becherglas B befindet sich etwas Wasser, in welches das Gefäß A eintaucht. B schwimmt in dem mit Wasser gefüllten Kühlgefäß C und sinkt bei Aufnahme des Destillates allmählich tiefer unter, so daß die Eintauchtiefe von A während der Destillation

ständig gleich bleibt. Jetzt werden durch den Aufsatz 100 ccm Salz-
säure (spez. Gew. 1,19) in den Kolben gegeben und allmählich bis zum
Sieden erhitzt. Nachdem etwa 100 ccm überdestilliert sind, wird ein
Gemisch von 60 ccm Salzsäure und 40 ccm Wasser in den Kolben ge-
geben und erneut destilliert, bis wieder etwa 100 ccm übergegangen sind.
Das Destillat wird in einen Erlenmeyerkolben übergespült, auf 300 ccm ver-

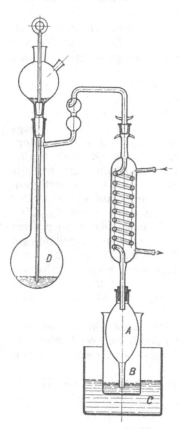

dünnt und nach dem Erwärmen auf 50°
und Hinzufügen von 1—2 Tropfen Methylorangelösung (1 : 1000) mit $^1/_{20}$n-KBrO$_3$
bis zur Entfärbung titriert (Györy). Zur
Feststellung eines etwa zu berücksichtigenden Abzuges werden 50 ccm FeCl$_3$-
Lösung nach Hinzufügen von 5 g As-freiem
FeCl$_2$ in der oben angegebenen Weise mit
Salzsäure destilliert, um zu erfahren, wieviel KBrO$_3$ das Destillat verbraucht. 1 ccm
$^1/_{20}$n-KBrO$_3 = 0,00187$ (log $= 0,27184 - 3$)
g As. Es wird das Mittel von drei Bestimmungen genommen.

Besonders bei sehr geringen As-Gehalten
empfiehlt es sich eine Identitätsreaktion
auszuführen; zu diesem Zwecke werden
nach beendigter Titration einige Tropfen
einer KJ-Lösung und so viel n/$_{20}$-Na$_2$S$_2$O$_3$,
wie KBrO$_3$-Lösung verbraucht war, hinzugefügt und H$_2$S eingeleitet, um As$_2$S$_3$ abzuscheiden.

Falls das As in dem Destillat gewichtsanalytisch bestimmt werden soll, fällt
man zunächst mit H$_2$S. Das As$_2$S$_3$ wird
nach dem Auswaschen mit $^1/_2$n-NaOH vom
Filter gelöst, zu der Lösung etwas H$_2$O$_2$
(Perhydrol Merck) zur Oxydation gegeben,
zur Zerstörung des Überschusses gekocht
und As$_2$O$_5$ in der üblichen Weise mit
Magnesiumlösung gefällt und als Mg$_2$As$_2$O$_7$
gewogen. Das As$_2$S$_3$ kann auch als solches
gewogen werden (S. 1079).

Abb. 1. Apparat für die
Arsendestillation.

Bei einem etwas höheren Gehalt an
Aluminium ergibt sich ein zu niedriger Gehalt an As. In einem solchen
Falle werden die Zinnspäne am Rückflußkühler mit Bromsalzsäure gelöst. Um den Überschuß an Brom unschädlich zu machen, wird zu der
erkalteten Lösung As-freies FeCl$_2$ hinzugefügt. Nach $^1/_2$ stündigem Stehen
wird die Lösung unter Hinzufügen von weiteren 5 g FeCl$_2$ in den
Destillierkolben gegeben und wie oben angegeben destilliert. Die Lösung
kann auch mit wäßriger SO$_2$ bis zur Entfärbung versetzt werden; dann
werden wieder vorsichtig einige Tropfen Bromsalzsäure hinzugefügt, bis
eben eine leichte Bromfärbung zu erkennen ist, jetzt werden 5—10 g

As-freies $FeCl_2$ hinzugefügt und die Lösung in den Destillierkolben übergespült.

4. Bestimmung von Antimon.

Je nach dem Sb-Gehalt des Zinns werden 5—25 g Späne in einem Kolben mit Bunsenventil mit Salzsäure (spez. Gew. 1,19) erwärmt, bis nur noch sehr geringe Mengen ungelöst sind; nach Hinzufügen von einer Messerspitze Ferrum red. wird etwa 20 Minuten gelinde erwärmt, wobei dafür zu sorgen ist, daß stets ein geringer Überschuß von Ferrum red. anwesend ist. Die Lösung wird mit heißem, luftfrei gekochtem Wasser verdünnt, durch ein schnell laufendes Filter filtriert und mit heißem, luftfreiem, etwas HCl-haltigem Wasser gewaschen. Der Rückstand wird vom Filter in ein Becherglas gespritzt und in wenig Salzsäure unter tropfenweisem Hinzufügen von Bromsalzsäure gelöst; hierbei soll möglichst wenig Eisen zu Fe_2O_3 oxydiert werden. In die nicht zu saure, gegebenenfalls noch verdünnte Lösung wird H_2S eingeleitet. Der Niederschlag wird nach dem Filtrieren und Waschen in Bromsalzsäure gelöst und das Brom verkocht. Hierauf werden einige Kubikzentimeter wäßrige Lösung von SO_2 oder 0,5 g Natriumsulfit hinzugefügt und nach dem Verkochen des SO_2, wobei auch eventuell vorhandenes As verjagt wird, das Sb bei 60—70° mit $KBrO_3$ titriert wie bei Arsen (S. 1592) angegeben (vgl. a. S. 1574). 1 ccm $^1/_{20}$n-$KBrO_3$ = 0,003044 (log = 0,48344 — 3) g Sb.

Bei Anwesenheit von beträchtlichen Mengen Cu wird der Sulfidniederschlag vom Filter gespritzt, mit Schwefelnatriumlösung aufgekocht, durch das gleiche Filter gegeben und mit stark verdünnter Schwefelnatriumlösung gewaschen. Das Filtrat wird mit verdünnter Schwefelsäure schwach angesäuert; nach einigem Stehen bei gelinder Wärme werden die ausgeschiedenen Sulfide filtriert, gewaschen und in Bromsalzsäure gelöst. Bei größerem Gehalt an Antimon wird der Niederschlag vom Filter abgespritzt und der noch am Filter haftende Rest mit Bromsalzsäure dazu gelöst. Nach völligem Lösen der Sulfide wird gegebenenfalls der ausgeschiedene Bromschwefel abfiltriert und die Lösung weiter behandelt wie oben angegeben.

Man kann auch das Cu-freie Antimonsulfid mit 10 ccm Schwefelsäure (spez. Gew. 1,84) im Kolben erhitzen bis der Kolbeninhalt vollkommen weiß ist; der Rückstand wird mit 50 ccm Wasser und 10 ccm Salzsäure aufgekocht, mit 100 ccm Wasser verdünnt, stark gekühlt und mit $^1/_{10}$n-$KMnO_4$ titriert (Low). 1 ccm $^1/_{10}$n-$KMnO_4$ = 0,00609 (log = 0,78462 — 3) g Sb.

Die $KMnO_4$-Lösung wird am besten mit reinem Antimon eingestellt.

Zinnwerke Wilhelmsburg (freundliche Privatmitteilung) führen die Antimonbestimmung wie folgt aus: 10 g Metallschnitzel bzw. Späne werden in einem 300 ccm Erlenmeyer mit etwa 100 ccm Salzsäure (spez. Gew. 1,19) gelinde erwärmt, bis die Wasserstoffentwicklung aufgehört hat. Die Lösung wird nach dem Verdünnen mit Wasser sofort durch ein glattes Filter filtriert, der ungelöste Rückstand mit salzsäurehaltigem Wasser gewaschen. Das Filter wird auf einem großen Trichter ausgebreitet und der Niederschlag mit heißem Wasser in den Erlenmeyerkolben zurückgespült. Nach Hinzufügen von 20 ccm konzentrierter H_2SO_4 wird bis zum Abrauchen von Schwefelsäure eingedampft. Nach dem Erkalten wird mit Wasser verdünnt und nach Hinzugeben von 30 ccm Salzsäure (spez. Gew. 1,19) mit $KBrO_3$ titriert. Diese Methode erfordert einige Übung.

III. Untersuchung von Zinnlegierungen.

Deutsche Industrie-Normen

Weißmetall für Gleitlager und Gleitflächen Werkstoffe									$\overline{\text{DIN}}$ **1703**

Bezeichnung von Weißmetall mit 70% Zinn:
WM 70 DIN 1703
Die Bezeichnung ist einzugießen oder aufzuschlagen.

Benennung	Kurz-zeichen	Zusammen-setzung %				Zulässige Abwei-chungen %				Spezi-fisches Gewicht
		Sn	Sb	Cu	Pb	Sn	Sb	Cu	Pb	
Weißmetall 80 F [1]	WM 80 F	80	10	10	—	± 1	± 1	± 1	+ 1	7,5
Weißmetall 80	WM 80	80	12	6	2	± 1	± 1	± 1	± 1	7,5
Weißmetall 70	WM 70	70	13	5	12	± 1	± 1	± 1	± 1	7,7
Weißmetall 50 [2]	WM 50	50	14	3	33	± 1	± 1	± 0,5	± 1	8,2
Weißmetall 42	WM 42	42	14	3	41	± 1	± 1	± 0,5	± 1	8,5
Weißmetall 20	WM 20	20	14	2	64	± 1	± 1	± 0,5	± 1	9,4
Weißmetall 10	WM 10	10	15	1,5	73,5	± 0,5	± 1	± 0,5	± 1	9,7
Weißmetall 5	WM 5	5	15	1,5	78,5	± 0,5	± 1	± 0,3	± 1	10,1

[1] WM 80 F soll nur verwendet werden, wenn Bleifreiheit unerläßlich ist, im übrigen ist es möglichst durch WM 80 zu ersetzen.

[2] WM 50 ist möglichst durch WM 42 zu ersetzen.

Zulässige Verunreinigungen: Eisen = 0,05%
Zink = 0,05%
Aluminium = 0,05%

Lieferart: In Blöcken, Barren oder Platten nach Gewicht

April 1925   Fachnormenausschuß für Nichteisen-Metalle

Deutsche Industrie-Normen

	Lötzinn			$\dfrac{\text{DIN}}{1707}$
	Werkstoffe			

Das Lötzinn wird nach den Zinngehalten bezeichnet. Genormt werden nur Zinn-Blei-Lote, nicht dagegen Lote, die aus Blei mit anderen Stoffen: Antimon, Quecksilber, Wismut u. dgl. als Hauptbestandteil bestehen.

Bezeichnung von Lötzinn mit 50% Zinn:

SnL 50 DIN 1707

Die Bezeichnung ist einzugießen oder aufzuschlagen.

Benennung	Kurz-zeichen	Zusammen-setzung %		Verwendung
		Sn	Pb[1]	
Lötzinn 25	SnL 25	25	75	Für Flammenlötung (Für Kolbenlötung nicht geeignet)
Lötzinn 30	SnL 30	30	70	Bau- und grobe Klempnerarbeit
Lötzinn 33	SnL 33	33	67	Zinkbleche und verzinkte Bleche
Lötzinn 40	SnL 40	40	60	Messing- und Weißblechlötung
Lötzinn 50	SnL 50	50	50	Messing- und Weißblechlötung für Elektrizitätszähler und Gasmesser und Konservenindustrie[2]
Lötzinn 60	SnL 60	60	40	Lot für leichtschmelzende Metallgegenstände; feine Lötungen, z. B. in der Elektroindustrie
Lötzinn 90	SnL 90	90	10	Besondere, durch gesundheitliche Rücksichten bedingte Anwendungen

[1] Antimongehalt. Als Vorlegierung zur Herstellung von Lötzinn wird in der Regel „Mischzinn" verwendet, das aus 54,5% Zinn, 3,6% Antimon und 41,9% Blei besteht. Es darf daher im Lötzinn Antimon höchstens im Verhältnis von 3,6 : 54,5 zum Zinn enthalten sein. Ein geringerer Gehalt an Antimon oder Antimon-Freiheit müssen, wenn gewünscht, besonders ausbedungen werden.

[2] Die Herstellung der Konservendosen findet gegenwärtig meist in der Weise statt, daß die Lötung unter Anbringung eines Falzes an der Außenseite vorgenommen wird.

Die Zusammensetzung von Außenloten unterliegt keinen gesetzlichen Bestimmungen.

Zulässige Abweichung im Zinngehalt: ± 0,5% vom Zinngehalt

Verunreinigungen

Das Lötzinn soll technisch frei sein von fremden schädlichen Bestandteilen, insbesondere von Zink, Eisen, Arsen.

Lieferart

In Blöcken, Platten oder Stangen nach Gewicht

April 1925   Fachnormenausschuß für Nichteisen-Metalle

1. Probenahme.

Zinnlegierungen, besonders solche mit höherem Gehalt an anderen Metallen, neigen stark zum Saigern und daher muß die Vorbereitung der Analysenproben mit der größten Sorgfalt ausgeführt werden. Eine nicht einwandfreie Probenahme kann leicht zu Fehlern führen, welche das Vielfache der eigentlichen Analysenfehler betragen. Es ist zu berücksichtigen, daß aus dem Analysenergebnis von wenigen Gramm angewandter Substanz oft die Zusammensetzung von dem Inhalt eines ganzen Schmelzkessels (einige Tonnen) eines hochwertigen Materials errechnet wird.

Der gut durchgeschmolzene Inhalt eines Schmelzkessels wird vom Boden aus sorgfältig umgerührt, so daß der Schaum sich an einer Seite der Oberfläche ansammelt; aus dem metallisch blanken Strudel in der Mitte wird mit dem eisernen Schöpflöffel eine Probe entnommen.

Bei Reinzinn und niedrig legiertem Material wird der Inhalt des Schöpflöffels in einer Gießform zu Probeplatten (je etwa 300—400 g) gegossen. Die Platten werden entweder in der Richtung beider Diagonalen gebohrt oder sie werden in einer Diagonalen durchgesägt, die beiden Hälften gegeneinander gelegt und über die Schnittflächen mit einer Zinnraspel die Probe entnommen. Die Späne werden mit einem Magneten sorgfältig von Eisen, das eventuell durch Bohrer oder Raspel hineingelangt sein kann, befreit.

Bei höher legierten Metallen läßt man den Inhalt des Schöpflöffels in diesem erstarren und sägt den so erhaltenen Regulus nach vollständigem Erkalten in der Richtung von zwei zueinander senkrechten Durchmessern durch. Von einem der sich hierbei ergebenden Viertel wird nun ein Kreissektor abgeraspelt bzw. das ganze Viertel geraspelt.

Kleinere in das Laboratorium gelangende Proben, Reguli, Stängelchen usw. werden am besten vollständig geraspelt. Sollte hierbei, was zuweilen vorkommt, neben den Raspelspänen ein Teil als feines, härteres Pulver anfallen, so sind die Späne durch Sieben von dem Pulver zu trennen; das Gewicht von Spänen und Feinem wird festgestellt. Zur Analyse werden aliquote Teile beider eingewogen.

Größere Metallblöcke, die zur Untersuchung kommen, werden mit einer breiten Säge diagonal durchgesägt und die dabei anfallenden Sägespäne zur Analyse genommen.

Bezüglich der Probenahme sei auch noch auf die in Teil II der Mitteilungen des Fachausschusses[1] enthaltenen „Richtlinien für die Probenahme von Metallen und metallischen Rückständen" (s. a. Bd. I, S. **33** und dieser Band, S. 879) verwiesen.

Bei höher legierten Materialien empfiehlt es sich in allen Fällen eine größere Einwaage zur Analyse zu nehmen, um eine zuverlässige Durchschnittsprobe zu erzielen.

2. Bestimmung von Zinn.

Bei Legierungen mit nicht allzu hohen Gehalten an anderen Metallen läßt sich die Bestimmung von Sn im allgemeinen in der bei „Handelszinn" (S. 1583) angegebenen Weise ausführen.

---

[1] Siehe Fußnote 2. S. 1579.

Eine Methode, in stark Cu-haltigen Legierungen das Sn zu bestimmen, besteht darin, daß die vollständig durchoxydierte Lösung der Legierung bzw. ein aliquoter Teil derselben deutlich ammoniakalisch gemacht und nach Hinzufügen von 2 g NH_4NO_3 etwa $^1/_2$ Stunde [1] gelinde erwärmt wird. Der Niederschlag wird abfiltriert, oberflächlich gewaschen, in verdünnter Salzsäure gelöst und nach der Reduktion mit Ferrum red. in der üblichen Weise titriert.

Von stark bleihaltigen Legierungen (Lötzinn mit 50% Pb usw.) werden 10 g Feilspäne mit 100 ccm Salzsäure (spez. Gew. 1,19) unter gelindem Erwärmen zersetzt und die überstehende Flüssigkeit in einen 1-Liter-Meßkolben gegeben; der Rückstand wird wiederholt mit Wasser aufgekocht und das Überstehende in den Kolben gegeben bis das $PbCl_2$ in Lösung gegangen ist. Der noch in dem Becherglas zurück-gebliebene Metallschwamm wird mit etwas Salzsäure übergossen, durch tropfenweises Hinzufügen von $KClO_3$-Lösung oxydiert und die so er-haltene Lösung in den Meßkolben gespült; nach Hinzufügen von etwa 300 ccm starker Salzsäure wird abgekühlt, längere Zeit kräftig geschüttelt und dann mit Wasser zur Marke aufgefüllt. Etwa 250 ccm der Auf-füllung werden, wie bei Handelszinn angegeben mit Ferrum red. behandelt und das Zinn in 50 ccm von dem Filtrat filtriert. Falls sich in dem Meß-kolben Bleichlorid abgeschieden hatte, wird vor der Entnahme der 250 ccm durch ein trockenes Faltenfilter filtriert.

3. Bestimmung von Blei, Kupfer, Wismut, Antimon.

Bei geringen Gehalten an Pb, Cu, Bi wird verfahren wie bei „Handels-zinn", unter 1 (S. 1587) bzw. unter 4 (S. 1593) angegeben.

Bei höherem Gehalt an Pb oder Cu werden 5—10 g Späne mit starker Salzsäure versetzt und unter Hinzufügen von einem Oxydations-mittel wie $KClO_3$, Bromsalzsäure oder Salpetersäure gelöst, wobei darauf zu achten ist, daß alles Sn bis zu SnO_2 oxydiert wird, da SnS kein lösliches Sulfosalz bildet. Überschüssiges Cl bzw. Br wird verkocht und die Lösung zu 500 bzw. 1000 ccm aufgefüllt [2]. Je nach dem Pb- und Cu-Gehalt werden 100 bzw. 200 ccm von der Lösung entnommen, mit ge-ringem Überschuß an NaOH bzw. KOH versetzt und 20%ige Schwefel-natriumlösung hinzugefügt; jetzt wird zu etwa 300 ccm verdünnt und kurze Zeit aufgekocht. Nach dem Absetzen wird die überstehende Flüssigkeit durch ein Filter gegeben und der Niederschlag nach Hinzu-fügen von einigen Kubikzentimetern Schwefelnatriumlösung und etwa 100 ccm Wasser noch einmal aufgekocht; dann wird durch das gleiche Filter filtriert und mit Na_2S-haltigem, zum Schluß mit etwas reinem Wasser gewaschen. Der Niederschlag wird weiter behandelt, wie bei Handelszinn (S. 1587) angegeben. Das Filtrat wird nach dem Ansäuern mit Schwefelsäure und Verkochen des H_2S mit Bromsalzsäure in geringem Überschuß versetzt und das überschüssige Brom durch Kochen verjagt.

---

[1] Die Zinnwerke Wilhelmsburg empfehlen mehrstündiges Erwärmen.
[2] Die Zinnwerke Wilhelmsburg lösen in einem Gemisch von Weinsäure und Salpetersäure. Freundliche Privatmitteilung.

Ausgeschiedener S bzw. Bromschwefel wird abfiltriert, zu dem Filtrat
wäßrige SO_2 oder Na_2SO_3 gegeben und bis zum Verschwinden des
SO_2-Geruches gekocht. Jetzt wird die Lösung mit Ammoniak versetzt
bis, unter Ausfallen von $Sn(OH)_4$, Methylorange in Gelb umschlägt, mit
Oxalsäure angesäuert, nach Hinzufügen von weiteren 5—10 g fester
Oxalsäure zum Sieden erhitzt und etwa 10 Minuten ein lebhafter Strom
von H_2S eingeleitet [F. W. Clarke: Ztschr. f. anal. Ch. 9, 487, (1870)]; Zinn
muß für die Trennung nach Clarke als $Sn^{····}$ zugegen sein. Das Sb_2S_3
wird abfiltriert, zunächst mit heißem Wasser, dann mit schwach H_2SO_4-
haltigem Wasser gewaschen. Der Niederschlag wird von dem Filter in
einen Erlenmeyerkolben ($^1/_2$ Liter Inhalt) gespritzt, ein noch anhaftender
Rest mit heißer verdünnter Salzsäure oder schwacher Schwefelnatriumlösung vom Filter gelöst. Jetzt werden in den Kolben 100 ccm starke
Salzsäure gegeben und, unter Vermeidung zu weitgehenden Eindampfens,
etwa 20 Minuten im Sieden erhalten und mit $KBrO_3$ titriert (S. 1593);
falls durch abgeschiedenen Schwefel eine Trübung eingetreten sein sollte,
wird vor dem Titrieren filtriert.

Man kann auch auf die Trennung des Antimons vom Zinn verzichten
und das Antimon nach Verjagen des SO_2 (s. oben) in Gegenwart von
Zinn direkt mit $KBrO_3$ titrieren.

Da bei der oben angegebenen Behandlung der ursprünglichen Lösung
mit NaOH und Na_2S nicht unbeträchtliche Mengen von Bi in die Sulfosalzlösung übergehen (s. auch Fresenius: Qualitative Analyse. S. 268.
1919), muß für den Fall, daß die Bestimmung desselben erforderlich ist,
ammoniakalisch gemacht und mit Schwefelammonium behandelt werden.
Hierbei gehen leicht geringe Mengen Cu in Lösung und es ist daher zu
empfehlen, für die Bestimmung des Bi einen besonderen Teil der ursprünglichen Lösung zu verwenden.

Gegenwart von größeren Mengen Fe und Ni stören bei der
Behandlung der Lösung mit Na_2S bzw. $(NH_4)_2S$. Für diesen Fall wird
am besten die Säure der ursprünglichen Lösung durch Na_2CO_3 oder NH_3
weitgehend abgestumpft — Pb fällt nur bei einem Höchstgehalt von
$2,5\%$ HCl quantitativ als PbS — und zunächst mit H_2S gefällt. Der
Sulfidniederschlag wird nach dem Auswaschen in eine Porzellanschale
gespritzt und unter Zusatz von 20%iger Schwefelnatriumlösung aufgekocht. Nach dem Absetzen wird die überstehende Flüssigkeit durch
das gleiche Filter gegeben, der Rückstand noch einmal mit Wasser und
etwas Schwefelnatriumlösung erhitzt und weiter verfahren wie oben
angegeben. Das aus saurer Lösung gefällte Bi_2S_3 geht hierbei nicht in
die Sulfosalzlösung über.

Legierungen mit hohem Gehalt an Cu oder Pb werden am
besten in Königswasser gelöst. Bei hohem Gehalt an Pb dürfen mit Rücksicht auf die Schwerlöslichkeit von Bleichlorid keine zu großen Ein-
wagen genommen werden.

Bleibestimmung in Legierungen mit sehr hohem Gehalt
von Pb (Lötzinn usw.): 1—2 g Feilspäne werden mit starker Salzsäure
unter Hinzufügen von soviel Salpetersäure, daß alles Sn bis zu SnO_2

oxydiert ist, zersetzt, gekocht bis zum Verjagen nitroser Gase, die Lösung wird mit NaOH oder KOH alkalisch gemacht, mit 20%iger Schwefelnatriumlösung versetzt und nach dem Verdünnen mit etwa 200 ccm Wasser aufgekocht. Es wird filtriert, der Niederschlag mit heißer 2%iger Lösung von Schwefelnatrium und zum Schluß mit etwas Wasser gewaschen. Das Filter wird mit einem spitzen Glasstab durchstoßen, der Niederschlag in einen Erlenmeyerkolben aus Jenaer Glas gespült, der dem Filter noch anhaftende Rest mit einigen Kubikzentimetern verdünnter Salpetersäure hinzugelöst, durch Hinzufügen von weiterer Salpetersäure der ganze Niederschlag zersetzt und mit etwa 15 ccm konzentrierter Schwefelsäure bis zum Entweichen starker Schwefelsäuredämpfe eingekocht. Nach dem Abkühlen wird mit Wasser aufgenommen, das $PbSO_4$ filtriert und in der üblichen Weise bestimmt. Nach dem Wägen wird das $PbSO_4$, falls besondere Genauigkeit erforderlich ist, mit einer Lösung von essigsaurem Ammon behandelt und ein hierbei bleibender Rückstand abfiltriert, verascht und zurückgewogen. Das Filtrat von $PbSO_4$ kann gegebenfalls zur Bestimmung von Cu dienen.

Antimon: Von Legierungen, die nur einen ganz geringen Gehalt von As haben und frei von Fe sind, wird 1 g in 10 ccm konzentrierter H_2SO_4 durch ungefähr 5 Minuten langes Kochen in einem Rundkolben von 500 ccm Inhalt gelöst. Nach dem Erkalten werden 50 ccm Wasser und 15 ccm starke Salzsäure hinzugefügt, kurz aufgekocht, mit 100 ccm Wasser verdünnt, stark gekühlt und mit $n/_5$-$KMnO_4$ titriert. Der As-Gehalt muß besonders ermittelt und in Abzug gebracht werden (Methode Low).

Die Methode wird nur angewandt, wenn weitgehendste Genauigkeit nicht erforderlich ist. Die Titration kann auch nach Györy mit $KBrO_3$ und Methylorange ausgeführt werden (s. S. 1574).

Eine weitere Methode zur Antimonbestimmung, die mitunter, besonders bei bleihaltigem Material, von Vorteil sein kann, besteht darin, daß in einem abgemessenen Teil der ursprünglichen Lösung das Sb nach der S. 1598 angeführten Methode von Clarke gefällt wird. Blei fällt hierbei nur in sehr geringen Mengen, die bei der Titration mit $KBrO_3$ nicht stören; Cu fällt nur zu einem Teil mit. Bei größerem Gehalt an Cu müßte eine Behandlung des Sulfidniederschlages mit Schwefelnatrium eingeschaltet werden. Das Schwefelantimon wird dann weiter behandelt wie auf S. 1598 angegeben.

In Legierungen mit höherem Gehalt an Zn führen die Zinnwerke Wilhelmsburg (freundliche Privatmitteilung) die Bestimmung von Pb, Cu, Zn, Sb in folgender Weise aus:

1 g Feilspäne werden in einem kleinen Kolben mit 20 ccm verdünnter Salpetersäure bis zur völligen Zersetzung gekocht, nach dem Verdünnen mit 100 ccm Wasser aufgekocht und filtriert. Der Niederschlag wird im Porzellantiegel verascht (Anm. des Verfassers: Es dürfte sich empfehlen, das Filter zu trocknen, den Niederschlag nach Möglichkeit vom Filter zu entfernen, letzteres vorsichtig mit kleiner Flamme zu veraschen und dann die Hauptmenge hinzuzufügen, um Verluste an Sb zu vermeiden) und mit einem Gemisch von Soda und Schwefel geschmolzen. Die

Schmelze wird nach dem Erkalten mit Wasser und 20 ccm kalt gesättigter Lösung von Schwefelnatrium aufgenommen, filtriert und eventuell zurückbleibende Sulfide von Cu und Pb mit verdünnter Salpetersäure zu der ersten Lösung gebracht. In der Sulfosalzlösung wird das Sb nach einer der weiter oben angeführten Methoden bestimmt.

Die salpetersaure Lösung wird zum Abscheiden von $PbSO_4$ in der üblichen Weise mit Schwefelsäure eingedampft, in dem Filtrat das Cu elektrolytisch abgeschieden. Aus der entkupferten Lösung wird das Zn, nach Entfernen von Fe_2O_3 mit Ammoniak, in der üblichen Weise bestimmt (s. S. 1701).

4. Bestimmung der in saurer Lösung nicht mit Schwefelwasserstoff fällbaren Legierungsbestandteile und Verunreinigungen.

Die Analyse wird sich im allgemeinen nach der bei Handelszinn (S. 1589) angegebenen Methode ausführen lassen; bei besonders hohen Bleigehalten ist es zu empfehlen, den größten Teil des Pb als $PbCl_2$ abzuscheiden, wie es bei der Sn-Bestimmung in hochbleihaltigen Legierungen (S. 1597) angegeben ist und in einen aliquoten Teil des Filtrates von $PbCl_2$ Schwefelwasserstoff einzuleiten. Um ein Mitfallen von Zink zu verhindern, soll die Lösung, in welche H_2S eingeleitet wird, etwa 3,5—4$^0/_0$ freies HCl enthalten, was 10 ccm starker Salzsäure (spez. Gew. 1,19) auf je 100 ccm Gesamtflüssigkeit entspricht. Es wird weiter verfahren wie bei Handelszinn (S. 1590) angegeben. Zu der Fällung von Zn mit H_2S (nach Schneider-Finkener, s. a. S. 1701) ist zu bemerken, daß die Lösung nicht mehr als 0,1 g Zn in 100 ccm enthalten soll. Das ZnS wird mit H_2S- und $(NH_4)_2SO_4$-haltigem Wasser gewaschen. Das Filter mit dem Niederschlag wird verascht, dann im Tiegelofen (Bd. I, S. 84/85) bei etwa 950^0 bis zur Gewichtskonstanz geglüht und als ZnO gewogen. Nach dem Wägen wird das ZnO in Salzsäure gelöst, ammoniakalisch gemacht, ein etwa bleibender Rückstand abfiltriert, verascht und zurückgewogen; der Niederschlag kann auch nach dem Erhitzen mit Schwefel im Wasserstoffstrom als ZnS bestimmt werden (Treadwell: Analytische Chemie. II. S. 121. 1927). In dem Filtrat von ZnS kann nach Verjagen des H_2S das Ni mit Dimethylglyoxim (nach Brunck) gefällt werden (S. 1472) oder dasselbe wird nach T. Moore (Beckurts: Maßanalyse. S. 1021. 1913) mit $AgNO_3$ und KCN titriert (s. S. 1393).

Bei Abwesenheit von Ni empfiehlt es sich, die Fällung des ZnS nach der Rademacherschen Methode (S. 1591) auszuführen.

Hier sei auch noch einmal auf die Wilhelmsburger Methode (S. 1599) zur Analyse von Legierungen mit höherem Zn-Gehalt verwiesen.

Allgemein sei noch bemerkt, daß manche Legierungen, die sich in Salzsäure unter Hinzufügen von $KClO_3$ oder einem anderen Oxydationsmittel schwer lösen, durch Bromsalzsäure leicht in Lösung zu bringen sind.

5. Bestimmung von Arsen.
(S. Handelszinn S. 1591.)

Bei sehr hohem Gehalt an Antimon kann eventuell etwas davon mit überdestillieren; am sichersten ist es in diesem Falle, das Destillat in einen frischen Destillierkolben zu geben, etwas $FeCl_2$ hinzuzufügen und noch einmal zu destillieren.

6. Bestimmung von Quecksilber.
(Im allgemeinen nach den „Mitt. d. Fachausschusses"[1] I, S. 91—92.)

Einige Weißmetalle enthalten Quecksilber. 2—10 g des Metalles werden im Schiffchen im Glasrohr im Wasserstoffstrom auf dunkle Rotglut erhitzt; das Ende des Glasrohres ist verjüngt, nach unten gebogen und mündet in eine Vorlage (z. B. Péligotrohr) mit Wasser. Das überdestillierende Quecksilber wird durch vorsichtiges Erwärmen in den engen Teil des Rohres bzw. in die Vorlage getrieben. Nach dem Erkalten des Rohres und Herausnehmen des Schiffchens wird der in dem ausgezogenen Teil des Rohres verbliebene Rest des Quecksilbers mit heißem Wasser in die Vorlage gespült und nun durch Schütteln und vorsichtiges Erwärmen der Vorlage mit einer kleinen Flamme das ganze Quecksilber zu einem Kügelchen vereinigt. Das Quecksilber wird in einen gewogenen Porzellantiegel gebracht, das Wasser abgegossen oder abgesaugt, der Rest des Wassers durch Betupfen mit Filtrierpapier entfernt, über Phosphorpentoxyd getrocknet und gewogen. Zur Kontrolle wird der Gewichtsverlust des Metalles in dem Schiffchen festgestellt.

Die Vorlage muß vorher sorgfältig entfettet sein (durch Behandeln mit Natronlauge), da die einzelnen feinen Quecksilbertröpfchen sonst nicht gut zusammenlaufen. Durch Füllen der Vorlage mit absolutem Alkohol statt mit Wasser und Überspülen des in dem Rohr haftenden Quecksilbers mit Alkohol läßt sich das „Zusammenlaufen" desselben noch besser erreichen. In einem Falle zeigte das Quecksilber eine schwärzliche Oberfläche; nach Hinzufügen von einigen Tropfen Ammoniak zu dem Alkohol lief es zu einer blanken Kugel zusammen. Auch durch Eintauchen der Vorlage in heißes Wasser und Schütteln läßt sich das „Zusammenlaufen" häufig fördern.

Auch die Methode von Eschka (s. S. ·1436) führt zum Ziel. Die Späne der Legierung werden im Porzellantiegel mit Eisenfeile gemengt, mit einer Decke von MgO versehen, der Tiegel mit dem Golddeckel bedeckt und das Hg durch gelindes Erhitzen ausgetrieben.

7. Untersuchung von Phosphorzinn.

Phosphorzinn kommt im Handel mit Gehalten von $4—10\%$ P vor.

0,2—0,3 g Feilspäne werden in einem geräumigen hohen Becherglas mit 1 g $KClO_3$ gemischt, 30 ccm verdünnte Salzsäure hinzugefügt und umgeschwenkt bis sich alles gelöst hat; das Becherglas ist hierbei bedeckt

---

[1] Siehe Fußnote 2 S. 1579.

zu halten und, falls die Reaktion zu heftig wird, in Wasser zu kühlen; nach dem Lösen wird das Chlor durch gelindes Erwärmen verjagt. Bei ungleichmäßigem Material empfiehlt es sich mehrere Einwaagen getrennt zu lösen, die Lösungen dann zu vereinigen und in einem Meßkolben zu einem bekannten Volumen aufzufüllen. Ein Teil der Lösung, entsprechend etwa 0,2 g Zinn, wird zur Zinntitration entnommen (s. Handelszinn, S. 1583). Ein anderer abgemessener Teil wird in einen Meßkolben gegeben; nach Abstumpfen der Säure bzw. nach Verdünnen der Lösung wird H_2S eingeleitet. Wenn das Zinn vollständig gefällt ist, wird zur Marke aufgefüllt, durch ein trockenes Faltenfilter filtriert und in einem aliquoten Teil der Lösung nach Verjagen des H_2S und Einengen die Phosphorsäure in der üblichen Weise bestimmt.

8. Untersuchung von Arsenzinn.

Arsen wird nach der Destillationsmethode bestimmt wie bei Handelszinn (S. 1591); vor dem Zugeben von Salzsäure läßt man die Eisenchloridlösung längere Zeit, gegebenenfalls über Nacht, einwirken.

Für die Zinnbestimmung werden 0,3—0,4 g des gepulverten Materials in einen Titrationskolben (s. Handelszinn) gegeben, der mit einem Gummistopfen mit 3 Bohrungen verschlossen ist. Ein Glasrohr dient zur Zuleitung von CO_2, ein zweites als Gasableitungsrohr; durch die dritte Bohrung wird ein Trichter mit Hahn geführt, durch den nach Verdrängen der Luft 100 ccm Salzsäure (spez. Gew. 1,12) in den Kolben gegeben werden. Die aus dem Kolben entweichenden Gase werden, um den sehr giftigen Arsenwasserstoff zu zerstören, durch zwei Waschflaschen mit Kupfervitriollösung geführt. Der Kolben wird allmählich erwärmt, der Inhalt zum Schluß einige Minuten im Sieden erhalten. Nach dem Abkühlen im Kohlendioxydstrom wird das Zinn direkt mit Jod- oder Eisenchloridlösung titriert (s. Handelszinn S. 1583).

IV. Zinnhaltige Rückstände verschiedener Art wie Aschen, Krätzen, Zinndörner usw.

A. Vorbereitung der Proben und Bestimmung der für den An- und Verkauf maßgebenden Feuchtigkeit.

Der Gehalt der Rückstände usw. an Sn und anderen Bestandteilen wird je nach der Vereinbarung auf Original- oder getrocknete Substanz berechnet: für beide Fälle ist die Bestimmung des Feuchtigkeitsgehaltes erforderlich, da sich derselbe bis zur endgültigen Einwaage zur Analyse ändern kann und diese Änderung bei der Feststellung der Resultate in Rechnung gezogen werden muß.

Je nach der Beschaffenheit des Materials werden 1—10 kg desselben in einem Kasten aus Eisenblech, bei chlorhaltigem Material besser in Porzellanschalen, zunächst auf dem Sandbad, zuweilen auch direkt über dem Bunsenbrenner, getrocknet; ein auf das Material gelegtes Uhrglas darf nicht mehr beschlagen. Erforderlichenfalls erfolgt noch ein Nachtrocknen bei 100—105⁰ im Trockenschrank, am besten durch 12—24 Stunden. Der Gewichtsverlust ergibt den Feuchtigkeitsgehalt. Bei der Elektrolyse angefallene, häufig Ätzalkali enthaltende Rückstände erhitzen sich, wenn sie mit Luft in Berührung kommen, was zu erheblichen Verlusten von Feuchtigkeit führen kann. In diesem Falle wird am besten das mit dem Stechheber entnommene Material in eine Flasche gegeben und diese sofort mit dem Glasstopfen verschlossen; dann wird die Flasche gewogen, der Inhalt in den Behälter gegeben, in welchem das Trocknen vor sich gehen soll, und die leere Flasche mit den eventuell noch anhaftenden geringen Resten zurückgewogen.

Von Aschen, Krätzen, Dörnern usw. wird eine größere gewogene Probe nach dem Trocknen (s. oben) mit dem Magneten ausgezogen, nachdem eventuell vorhandene grobe Eisenstücke von Hand entfernt sind; das ausmagnetisierte und das von Hand herausgenommene Eisen wird im eisernen Mörser gestampft; dann wird gesiebt, der durch das Sieb gegangene Teil zu der Hauptmenge gegeben und das Gewicht des zurückgebliebenen Eisens festgestellt. Der unmagnetische Teil der Probe wird jetzt in einem eisernen Mörser portionsweise gestampft und durch Sieben in Feines und Grobes getrennt. Das Grobe wird in einem eisernen Löffel unter Umrühren mit einem Holz- oder Eisenspatel auf einem Gasbrenner erhitzt, um das Metall auszuschmelzen; das Metall wird ausgegossen, das in dem Löffel verbliebene wird von neuem gestampft, gesiebt, das Feine mit dem ersten Feinen vereinigt, der nicht durch das Sieb gegangene Teil noch einmal ausmagnetisiert, der unmagnetische Teil wieder ausgeschmolzen, das Metall abgegossen und der Rest in dem Löffel unter Erwärmen so lange verrieben bis alles durch das Sieb gegangen ist.

Nachdem das Gewicht der verschiedenen Bestandteile festgestellt und die prozentuale Zusammensetzung der gesamten Probe errechnet ist, wird das gesamte ausgeschmolzene Metall in einem Schmelzlöffel zusammengeschmolzen und nach völligem Erkalten der Regulus durch Sägen (s. Probenahme von Zinnlegierungen S. 1596) in soviel Teile zerlegt wie Muster gezogen werden sollen. Das „Feine" wird — bei größeren Mengen nach vorausgehender Verjüngung — sorgfältig gemischt und auf die gewünschte Anzahl von Musterflaschen verteilt. Der Bestandteil „Eisen" wird den Proben im allgemeinen nicht beigefügt, sondern nur im Protokoll angegeben und bei der Angabe der endgültigen Analysenresultate in Rechnung gestellt.

Materialien, die brennbare Bestandteile, wie Öl, Teer usw. enthalten, werden nach der Bestimmung des Feuchtigkeitsgehaltes im geräumigen Schmelzlöffel erhitzt bzw. abgebrannt; die hierbei sich ergebende Gewichtsverminderung wird als Glühverlust in Rechnung gestellt.

B. Analyse der Materialien.

Die Rückstände werden im allgemeinen nach dem Zinngehalt gehandelt, wobei für den Gehalt an einigen Bestandteilen wie z. B. Chlorid.

Zink, Phosphorsäure usw. bestimmte Abzüge von dem Preise vereinbart
sind, so daß neben der Bestimmung von Zinn auch häufig die anderer
Bestandteile erforderlich ist. Eine vollständige quantitative Analyse
dürfte seltener verlangt werden. Die Teilungsgrenze für den Zinngehalt
beträgt im allgemeinen 0,5%.

1. Bestimmung von Zinn.

Eingewogen werden in der Regel 10 g bzw. für den Fall, daß mehrere
Bestandteile vorliegen, diejenige Menge derselben, welche 10 g der gesamten Probe entspricht. Das „Metall" wird für sich gelöst wie bei
Handelszinn (S. 1583) angegeben und vor dem Auffüllen der Lösung des
„Feinen" zu 1 Liter (s. weiter unten) der letzteren beigegeben. Wenn
das „Metall" nur einen verhältnismäßig geringen Bruchteil der Probe
ausmacht, und besonders wenn es stärker legiert ist, empfiehlt es sich,
eine größere Einwaage, z. B. die zehnfache Menge, zu nehmen und nur
einen entsprechenden Teil der so erhaltenen Lösung mit derjenigen des
„Feinen" zu vereinigen. Das „Eisen" wird im allgemeinen, wie oben bereits angegeben, nicht untersucht (S. 1603). Sollte einmal ausnahmsweise
eine Bestimmung seines Zinngehaltes verlangt sein, so empfiehlt es sich,
diese getrennt nach der im Kapitel „Weißblech" (S. 1611) angegebenen
Methode mit dem mehrfachen der errechneten Menge auszuführen und
das erhaltene Resultat zum Schluß sinngemäß in Rechnung zu stellen.

Die Einwaage des Feinen wird im Becherglas mit etwa 100 ccm Salzsäure (spez. Gew. 1,19) auf dem Sandbad erhitzt bis keine weitere Zersetzung wahrzunehmen ist; nach dem Verdünnen mit Wasser wird in
einen 1-Liter-Meßkolben hineinfiltriert. Zuweilen empfiehlt es sich, nach
dem Absetzen die überstehende Lösung durch das Filter zu gießen und
den Rückstand noch einmal mit Salzsäure unter Zusatz von etwas $KClO_3$
oder H_2O_2 zu behandeln, wobei nur gelindes Erwärmen statthaft ist,
um Verluste an Zinn durch Entweichen des leicht flüchtigen $SnCl_4$ zu
vermeiden; bei hohem Bleigehalt ist dafür zu sorgen, daß das sich zunächst ausscheidende Bleichlorid durch mehrfaches Behandeln mit
heißem, angesäuertem Wasser vollständig in Lösung gebracht wird.
Gewaschen wird der ungelöste Rückstand zunächst mit salzsäurehaltigem,
zum Schluß mit reinem Wasser. Das Filter mit dem Rückstand wird
in einem Nickel- oder Eisentiegel verascht und mit Ätzkali unter Zusatz von etwas Natriumsuperoxyd geschmolzen. Die erkaltete Schmelze
wird mit Wasser aufgenommen und zu dem ersten Filtrat hinzugegeben.
Nach dem Abkühlen wird zur Marke aufgefüllt, wobei dafür zu sorgen
ist, daß etwa 400 ccm überschüssige Salzsäure (spez. Gew. 1,19) in dem
Kolben sind. Jetzt werden 250 ccm der Auffüllung in einem trockenen
Erlenmeyerkolben mit Ferrum red. behandelt und weiter verfahren
wie bei Zinn (S. 1583) angegeben. Für genauere Bestimmungen ist
hierbei der Weg über Zinnsulfür zu empfehlen.

Für den Fall, daß das Material viel Kieselsäure enthält, kann der
in Salzsäure unlösliche Rückstand (s. oben) mit Schwefelsäure und Flußsäure eingedampft werden bis erstere zum Teil verjagt ist. Nach dem

Aufnehmen mit Salzsäure wird in den Meßkolben hineinfiltriert und der jetzt noch bleibende Rückstand durch Schmelzen aufgeschlossen.

Falls das Material wenig in Säure Lösliches enthält, wird direkt aufgeschlossen, ohne vorher mit Salzsäure zu behandeln. Bei kohlehaltigem Material ist hierbei vorsichtig zu verfahren.

2. Bestimmung von Blei, Kupfer, Wismut, Antimon.

Ein abgemessener Teil der Literaufüllung von der Zinnbestimmung wird, nachdem Chlor (von dem Superoxydaufschluß herrührend) verkocht ist, mit Ammoniak versetzt bis die Lösung nur noch schwach sauer ist und Schwefelwasserstoff eingeleitet. Blei fällt nur quantitativ aus, wenn die Lösung weniger als $2,5^0/_0$ freies HCl enthält! Wenn in dem Literkolben eine Abscheidung von Kieselsäure stattgefunden hat, wird erst durch ein trockenes Faltenfilter filtriert und die für die Schwefelwasserstoff-Fällung erforderliche Menge dem Filtrat entnommen. Hierbei ist zu bemerken, daß sich bei Anwesenheit von viel Kieselsäure ein besseres Filtrieren der Schmelzlösung (S. 1604) erreichen läßt, wenn man zu der mit Wasser aufgenommenen Schmelze zunächst so viel Salzsäure hinzufügt, daß die Lösung eben noch alkalisch ist und dann eine größere Menge starke Salzsäure (etwa 100 ccm) in einem Guß zu der Flüssigkeit gibt; bei längerem, möglichst 24stündigem Stehen setzt sich der größte Teil der Kieselsäure gut ab. Ein Abscheiden der noch in Lösung befindlichen Kieselsäure vor der Fällung mit Schwefelwasserstoff ist nicht erforderlich; diese Kieselsäure scheidet sich, soweit sie etwa mit den Sulfiden niedergerissen wird, später mit dem $PbSO_4$ zusammen ab und der dafür notwendig werdende geringe Abzug von dem gefundenen Rohgewicht ist durch nachträgliches Behandeln des $PbSO_4$ mit essigsaurem Ammon leicht zu bestimmen. Die weitere Behandlung des abfiltrierten und gewaschenen Sulfidniederschlages ergibt sich aus Abschnitt „Zinnlegierungen": Verfahren bei Gegenwart von größeren Mengen Fe und Ni (S. 1598).

Bei geringen Gehalten an Antimon wird zur Bestimmung desselben besser ein abgemessener Teil der Auffüllung mit Ferrum red. behandelt, wie bei Zinnerz (S. 1580) angegeben; die Lösung kann hierbei erwärmt werden, wodurch die Ausfällung des Antimons nach $^1/_4$ bis $^1/_2$ Stunde vollständig ist. Dann wird der Niederschlag filtriert und weiterbehandelt wie bei Handelszinn (S. 1593) angegeben. Falls sich Kieselsäure abgeschieden hat, kann das Filtrieren des Ferrum red.-Niederschlages durch Hinzufügen von einigen Tropfen Flußsäure zu der Lösung wesentlich beschleunigt werden. Auch die direkte Fällung des Antimons nach Clarke (S. 1598) ist zuweilen anwendbar.

3. Bestimmung von Zink (Eisen).

Fein geriebene Zinnasche wird mit Salzsäure unter Hinzufügen von $KClO_3$ behandelt. Die aus saurer Lösung fällbaren Sulfide werden durch Schwefelwasserstoff gefällt und in dem Filtrat das Zn titrimetrisch bestimmt. Hierzu ist zu bemerken, daß es häufig, besonders bei Gegenwart von Silicaten, nicht gelingt, durch einfaches Behandeln mit Säure das Zink vollständig zu erfassen; es bleiben oft erhebliche Mengen desselben ungelöst, und dieser Analysengang darf nur angewandt werden, wenn ausdrücklich nur die Bestimmung des säurelöslichen Zinks verlangt ist. Dem Verfasser scheint es zudem fraglich, ob die titrimetrische Bestimmung der im allgemeinen nur wenige Prozent betragenden Menge Zn zu empfehlen ist, besonders wenn derartige Untersuchungen nicht dauernd ausgeführt werden.

Zur restlosen Erfassung des Zinkgehaltes werden 5 g der Gesamtprobe (Metall und Feines) gelöst, wie bei der Zinnbestimmung (S. 1604) angegeben; der Aufschluß erfolgt in diesem Fall am besten im Nickeltiegel. Jetzt werden die aus saurer Lösung fällbaren Sulfide entfernt und weiterverfahren, wie bei Handelszinn (S. 1589) bzw. Zinnlegierungen (S. 1600) angegeben. Die Bestimmung von Fe und Al_2O_3 kann aus der gleichen Lösung erfolgen.

Die wie oben erhaltene Lösung eignet sich auch sehr gut zur Bestimmung von Zn nach der Rademacherschen Methode (S. 1591).

4. Bestimmung von Arsen.

Der As-Gehalt des Bestandteiles „Metall" wird gesondert nach der bei „Handelszinn" (S. 1591) angegebenen Methode bestimmt und bei der Angabe des Endresultates entsprechend in Rechnung gestellt; bei gleichzeitigem hohem Antimongehalt empfiehlt sich doppelte Destillation, wie S. 1601 angegeben.

Von dem „Feinen" wird so viel eingewogen, wie 5 g der gesamten Probe entsprechen, mit Königswasser erhitzt, dann mit etwa 20 ccm Schwefelsäure (1 : 1) eingedampft bis zum beginnenden Abrauchen; nach dem Erkalten wird mit 50 ccm Wasser verdünnt, noch einmal eingedampft und ein Teil der Schwefelsäure verjagt. Der Rückstand wird mit 50 ccm Salzsäure aufgenommen, in einem Meßkolben mit Wasser zu 125 ccm aufgefüllt, durch ein trockenes Filter gegeben. 100 ccm von dem Filtrat werden mit etwas Zinnchlorür versetzt, wodurch eventuell noch vorhandene Spuren Salpetersäure in Ammoniak übergeführt werden. Nach 10 Minuten langem Stehen wird die Lösung in den Destillierkolben übergeführt und nach Hinzufügen von 5 g As-freiem Eisenchlorür oder Hydrazinsulfat (s. Abschnitt Arsen S. 1080) destilliert. Im allgemeinen wird hierbei das gesamte Arsen erfaßt.

Wenn das Material viel Säureunlösliches enthält, wird es mit Ätzkali und Superoxyd aufgeschlossen, wie S. 1604 angegeben. Nach dem Aufnehmen der Schmelze wird mit Salzsäure angesäuert und Chlor vorsichtig verkocht. Die Lösung wird in einen Meßkolben gegeben und mit starker Salzsäure zur Marke aufgefüllt; hierbei scheidet sich ein großer Teil des Natriumchlorids und der Kieselsäure ab, die andernfalls bei der später folgenden Destillation ein starkes Stoßen hervorrufen würden. Nach dem Filtrieren durch ein trockenes Filter wird ein aliquoter Teil des Filtrates in den Destillierkolben gegeben und weiter behandelt, wie oben.

5. Bestimmung von Chlorid.

So viel von dem Feinen, wie 10 g Substanz entspricht, wird mit einer etwa 10%igen Lösung von chloridfreiem Natriumcarbonat in einem Erlenmeyer $^1/_4$ Stunde gekocht, nach dem Abkühlen zu 250 ccm aufgefüllt, durch trockenes Filter filtriert und ein aliquoter Teil des Filtrates nach Volhard (s. Bd. I, S. 382) titriert.

6. Bestimmung von Schwefel.

So viel von dem „Feinen", wie 10 g Substanz entspricht, wird im Nickeltiegel mit Natriumperoxyd geschmolzen, die Schmelze mit Wasser digeriert und mit Salzsäure angesäuert. Nach dem Abstumpfen der Säure wird in üblicher Weise mit $BaCl_2$-Lösung gefällt. Bei Gegenwart von Kieselsäure wird das $BaSO_4$ im Platintiegel verascht und vor dem Wägen mit Schwefel- und Flußsäure behandelt.

V. Schlacken.

Schlacken enthalten zuweilen metallische Einschlüsse, die beim Mahlen und Sieben als ausgeplattete Teilchen auf dem Siebe bleiben und gegebenenfalls verwogen werden müssen. Die Behandlung solcher Metallteilchen bei der Analyse ergibt sich aus dem vorhergehenden Kapitel.

1. Bestimmung von Zinn.

10 g der fein geriebenen Substanz werden unter gelindem Erwärmen mit Salzsäure (spez. Gew. 1,19) digeriert, mit Wasser verdünnt, in einen 1-Liter-Meßkolben filtriert, der chloridfrei gewaschene Rückstand im Eisentiegel verascht und weiter verfahren, wie bei „Zinnrückstände" (S. 1604) angegeben. Zur Fällung mit H_2S werden hierbei 200 ccm von dem nach der Behandlung mit Ferrum red. erhaltenen Filtrat angewandt.

Für Betriebsanalysen genügt in vielen Fällen das folgende Verfahren: 1 bzw. 2 g werden in der Platinschale mit etwas Wasser angerührt, mit Flußsäure und einigen Kubikzentimetern Schwefelsäure abgeraucht. Der Rückstand wird mit Salzsäure aufgenommen, ohne zu filtrieren in einen Titrationskolben (s. Handelszinn) gegeben und nach der Reduktion mit Aluminium titriert.

2. Bestimmung von Blei, Kupfer, Wismut, Antimon.

Nach dem Abrauchen mit Schwefel- und Flußsäure wird mit Salzsäure aufgenommen, filtriert, das Filtrat nach der Oxydation mit etwas Bromsalzsäure weitgehend abgestumpft und Schwefelwasserstoff eingeleitet. Die abfiltrierten Sulfide werden weiter behandelt, wie im Abschnitt „Zinnlegierungen" (S. 1598) angegeben. Sollte nach dem Aufnehmen ein wesentlicher ungelöster Rückstand bleiben, so wird derselbe verascht, mit Natron eventuell unter Zusatz von etwas Natriumperoxyd geschmolzen, mit Wasser aufgenommen und zu der ersten Lösung hinzugegeben.

Mit Säure leicht zersetzbare Schlacke kann man auch mit Salzsäure eindampfen und die Kieselsäure in der üblichen Weise abscheiden. Das Filtrat wird weiter behandelt wie oben.

3. Bestimmung von Zink.

Der Aufschluß erfolgt wie bei 2. und die Bestimmung von Zink wie bei „Zinnlegierungen" (S. 1600) angegeben.

4. Bestimmung von Kieselsäure.

1 g Einwaage. Bei leicht zersetzbaren Schlacken wird mit Salzsäure eingedampft und die Kieselsäure in der üblichen Weise abgeschieden und bestimmt. Schwer zersetzbare Schlacke wird mit Natriumcarbonat und etwas Natriumperoxyd im Nickeltiegel aufgeschlossen, die Schmelze mit Wasser aufgenommen und mit Salzsäure zur Abscheidung der Kieselsäure eingedampft.

5. Bestimmung von Eisenoxyd, Tonerde, Kalk, Magnesia.

Die Bestimmung erfolgt aus dem Filtrat von der Kieselsäure (s. 4.) nach Entfernen der Schwefelwasserstoffmetalle.

Falls SiO_2-Bestimmung nicht erforderlich, werden 5 g der fein zerriebenen Schlacke alkalisch aufgeschlossen (s. oben Nr. 4); die Schmelze wird mit Wasser aufgenommen, mit Salzsäure versetzt, bis die Lösung eben noch alkalisch ist, und etwa 100 ccm Salzsäure (spez. Gew. 1,19) in einem Guß hinzugefügt; jetzt wird die Lösung in einen $1/_2$-Liter-Meßkolben übergeführt und nach dem Erkalten zur Marke aufgefüllt. Nach längerem Stehen wird durch ein trockenes Filter filtriert und ein aliquoter Teil des Filtrates zur Abscheidung der noch in Lösung befindlichen SiO_2 eingedampft. Das Filtrat von der Kieselsäure wird weiter behandelt wie oben.

Falls die Schlacke Phosphorsäure enthält, wird das Filtrat von den Sulfiden nach Verkochen des Schwefelwasserstoffes oxydiert, die Phosphorsäure mit Molybdatlösung gefällt, das Molybdän aus dem Filtrat durch Behandeln mit Schwefelwasserstoff im Druckkolben entfernt und nach Verjagen des Schwefelwasserstoffes aus dem Filtrat und Oxydieren der Lösung in der üblichen Weise weiterverfahren.

Für den Fall, daß bei Gegenwart von Phosphorsäure nur CaO und MgO zu bestimmen sind, kann P_2O_5 durch Behandeln mit Eisenchlorid entfernt werden (Treadwell: Quantitative Analyse 1927, 381). Das Filtrat von den Sulfiden wird nach dem Verjagen des H_2S und Oxydieren des Eisenoxyduls mit Ammoniak abgestumpft, mit Ammoniumcarbonat versetzt, bis eben eine geringe Trübung eintritt, die durch einige Tropfen verdünnter Salzsäure fortgenommen wird; nach Hinzufügen von etwas Ammonacetat wird tropfenweise neutrale Eisenchloridlösung hinzugegeben, bis die Flüssigkeit deutlich braun gefärbt ist, nach dem Verdünnen auf 300—400 ccm wird zum Sieden erhitzt, eine Minute im Sieden gehalten, filtriert und mit heißem, ammonacethaltigem Wasser gewaschen. In dem jetzt P_2O_5-freien Filtrat werden CaO und MgO nach Verjagen der Ammonsalze in der üblichen Weise bestimmt.

Wenn nur Fe_2O_3 (in Gegenwart von Phosphorsäure) zu bestimmen ist, wird das Filtrat von den Sulfiden mit einigen Gramm Weinsäure versetzt, schwach ammoniakalisch gemacht und nach Hinzufügen von etwas Schwefelammonium erwärmt, bis sich das Schwefeleisen gut abgesetzt hat. Der Niederschlag wird abfiltriert, gewaschen, verascht, in Salzsäure gelöst und das Eisen nach Zimmermann-Reinhardt (s. S. 1303) titriert.

6. Bestimmung der Alkalien.

Die Bestimmung kann gegebenenfalls mit der Feststellung des Gehaltes an MgO verbunden werden. 1—2 g werden mit Schwefelsäure und Flußsäure abgeraucht, der Rückstand wird mit Salzsäure aufgenommen und, ohne zu filtrieren, mit Schwefelwasserstoff behandelt. Das Filtrat wird nach Verkochen des Schwefelwasserstoffes oxydiert und mit Ammoniak und oxalsaurem Ammon Fe_2O_3, Al_2O_3 und CaO gefällt. Bei Gegenwart von Mn oder Zn fällt das Verjagen des Schwefelwasserstoffes fort und es wird mit Ammoniak, oxalsaurem Ammon und Schwefelammon gefällt. Das Filtrat wird eingedampft, Ammonsalze verjagt, zunächst Alkalisulfat + $MgSO_4$ gewogen, dann mit Wasser aufgenommen, ein etwa bleibender Rückstand abfiltriert, verascht und zurückgewogen, MgO mit Natriumphosphat bestimmt und als $MgSO_4$ in Rechnung gestellt.

Sollte die Schlacke Phosphorsäure enthalten und das gleichzeitig vorhandene CaO nicht zur Bindung derselben genügen, so muß sie mit Eisenchlorid entfernt werden, wie unter 5. angegeben.

VI. Zinnpasten, nasse und trockene (Zinnoxyd).

A. Vorbereitung der Proben.

Nasse Pasten werden sofort nach der Einlieferung in das Laboratorium in einer geräumigen Porzellanreibschale portionsweise mit dem Pistill gut verrieben und in einen emaillierten Eimer gegeben; nachdem die ganze Probe in dem Eimer gesammelt ist, wird dieselbe mit einem hölzernen Rührer sorgfältig gemischt und die erforderliche Anzahl von Proben in Flaschen mit gut schließenden Glasstöpseln eingefüllt.

Bei trockenen Pasten und Zinnoxyd wird zunächst in einer größeren Probe (je nach Beschaffenheit des Materials 1—5 kg) die für den Ein- und Verkauf „maßgebende" Feuchtigkeit bestimmt, wie bei den Rückständen (S. 1602) angegeben. Da die Pasten häufig nach dem Trocknen ziemlich schnell Wasser anziehen, wird, falls Wert auf größtmögliche Genauigkeit gelegt werden muß, die Probe auf mehrere Porzellanschalen verteilt und nach dem Herausnehmen aus dem Trockenschrank zum

Erkalten in Exsiccatoren gestellt. Nach dem Wägen wird das Material möglichst fein gemahlen und nach gutem Mischen in die Probeflaschen gefüllt.

B. Analyse.

1. Nasse Pasten.

Das Resultat wird im allgemeinen auf Originalsubstanz bezogen angegeben. Nach dem Öffnen der Probeflasche wird der Inhalt sorgfältig mit einem Löffel umgerührt, dann möglichst weitgehend in eine trockene Porzellanschale gebracht, noch einmal gut durchgemischt. Sofort nach dem Mischen werden auf einer guten technischen Waage 50 g in ein Becherglas eingewogen, 200—250 ccm starke Salzsäure hinzugefügt, umgerührt und gelinde erwärmt bis zum Lösen; ein dabei etwa ungelöst bleibender Rückstand wird abfiltriert, gewaschen, das Filter in einem Nickeltiegel verascht und mit etwas Natriumperoxyd aufgeschlossen. Die Schmelze wird mit Wasser aufgenommen, zum ersten Filtrat hinzugegeben und die Lösung zu 1 Liter aufgefüllt. 20 ccm der Lösung, entsprechend 1 g Substanz, werden entnommen und nach der Reduktion mit Aluminium, wie bei Handelszinn (S. 1583) angegeben, mit Eisenchlorid titriert. Es kann auch mit Jod oder $^1/_{10}$n-KBrO$_3$ und Methylorange (nach Zschokke) wie bei Antimon (s. Handelszinn, S. 1593) titriert werden; die Titration mit KBrO$_3$ erfolgt am besten bei Zimmertemperatur.

Zur Bestimmung von P$_2$O$_5$ werden 200 ccm der Lösung entnommen, verdünnt, die Säure abgestumpft und Schwefelwasserstoff eingeleitet; dann wird zu 500 ccm aufgefüllt und durch ein trockenes Filter filtriert. 250 ccm (5 g Substanz) des Filtrates werden zum Verjagen des Schwefelwasserstoffs gekocht, mit Salpetersäure oxydiert und zu etwa 100 ccm eingedampft. Nach Hinzufügen von Ammoniak wird mit Salpetersäure angesäuert und nach einigem Abkühlen die genügende Menge Molybdatlösung hinzugefügt. Nach 2—4stündigem Stehen bei etwa 40° wird filtriert, zunächst einige Male mit schwach salpetersaurem Wasser, dann mit einer 10%igen Lösung von KNO$_3$, die auf Phenolphthalein neutral reagiert, gewaschen. Nach dem Waschen wird das Filter in das Becherglas, in dem die Fällung vorgenommen war, zurückgegeben und unter Hinzufügen von n/$_5$-NaOH mit einem Glasstab verrührt, bis der gelbe Niederschlag völlig verschwunden ist. Jetzt wird das überschüssige NaOH mit $^1/_5$n-H$_2$SO$_4$ und Phenolphthalein zurücktitriert:

1 ccm $^1/_5$n-NaOH = 0,000618 (log = 0,79099 — 4) g P$_2$O$_5$.

2. Trockene Pasten und Zinnoxyd.

Bei den trockenen Pasten wird der Sn-Gehalt meistens bezogen auf die bei 100—105° getrocknete Substanz angegeben. Da das Material bei dem Mahlen und Mischen (s. unter A, S. 1609) leicht etwas Feuchtigkeit anzieht und bei dem hohen Gehalt an Sn (bis zu etwa 75%) eine große Genauigkeit verlangt wird, muß eine etwas größere Menge direkt vor der Analyse noch einmal bei 100—105° bis zur Gewichtskonstanz getrocknet werden oder es werden gleichzeitig mit der Einwaage zur Analyse einige Gramm zu einer gesonderten Feuchtigkeitsbestimmung entnommen und die hierbei festgestellte Gewichtsabnahme später in Rechnung gestellt.

50—60 g Ätzkali werden in einem Nickeltiegel vorsichtig zum Schmelzen gebracht und bis zum völligen Entwässern erhitzt. Nach ziemlich weitgehendem Erkalten werden 5 g der Substanz auf die Schmelze gegeben. Jetzt wird bei bedecktem Tiegel zunächst mit kleiner Flamme erwärmt und dann die Temperatur allmählich gesteigert. Zum Schluß wird eine Viertelstunde mit der vollen Flamme eines starken Brenners (Teclu- oder Heintz-Brenner; Bd. I, S. 80) erhitzt. Nach dem Erkalten wird in einer bedeckten Schale mit Wasser ausgelaugt, Tiegel und Deckel zum Schluß mit etwas Salzsäure von den noch anhaftenden Resten der Schmelze befreit und die ganze Lösung nach genügendem Ansäuern in einen $^1/_2$-Liter-Meßkolben gegeben und zur Marke aufgefüllt. 50 ccm der Lösung (0,5 g Substanz) werden titriert, wie S. 1610 angegeben. Ein anderer Teil der Lösung wird zur P_2O_5-Bestimmung (s. nasse Pasten, S. 1610 (entnommen; da die trockenen Pasten meist etwas SiO_2 enthalten, muß diese vor oder nach dem Behandeln mit Schwefelwasserstoff auf übliche Weise abgeschieden werden.

VII. Zinnbestimmung in Weißblech und entzinntem Blech.

1. Weißblech
(s. a. S. 1414).

50 g Blechschnitzel werden in einem Erlenmeyerkolben, der mit einem leicht aufsitzenden Glasstöpsel verschlossen ist, mit so viel starker Salzsäure übergossen, daß das Blech vollständig bedeckt ist (45—70 ccm Säure). Der Kolben bleibt am besten über Nacht kalt stehen. Hierauf wird mit Wasser verdünnt, die Lösung durch einen Trichter mit Siebeinsatz, zum Zurückhalten der Blechschnitzel, in einen $^1/_2$-Liter-Meßkolben gegeben, mit schwach salzsäurehaltigem Wasser nachgespült und zur Marke aufgefüllt. 50 ccm von der Lösung werden in einen Titerkolben gegeben und nach der Reduktion mit etwa 1,5 g Aluminiumgries titriert, wie bei Handelszinn angegeben. Bei dieser Titration hat sich auch, nach Versuchen des Verfassers, die Anwendung von Indigocarmin (W. Schluttig: Metall u. Erz 1926, 686) als Indicator sehr gut bewährt. Zu der reduzierten Lösung werden 10 Tropfen einer $^1/_2\,^0/_0$igen Indigocarminlösung (Ind. siccum pro analysi von E. Merck) gegeben und mit Eisenchlorid titriert, bis zum Umschlag von gelblich in blau.

Die Vereinigten Stahlwerke A.-G., Abteilung Weiß- und Feinblechwalzwerke, Hüsten (freundliche Mitteilung) behandeln 50×100 mm große Weißblechproben mit heißer 1—2$^0/_0$iger Natriumsuperoxydlösung und bestimmen die Zinnauflage aus dem Gewichtsverlust [Vita: Chemische Untersuchungsmethoden für Eisenhütten- und Nebenbetriebe, S. 157 (Fußnote), 1913 und Detlefsen u. Meyer: Ztschr. f. angew. Ch. 22, 68 (1909)].

2. Entzinntes Blech (Schwarzblech)
(s. a. S. 1414).

100 g Blechschnitzel werden in 500 ccm technischer Salzsäure gelöst, die Lösung in einen 1-Liter-Meßkolben hineinfiltriert und zur Marke aufgefüllt. 100 ccm von dem Filtrat werden nach der Reduktion mit Aluminiumgrieß titriert, wie bei Handelszinn angegeben. Das Resultat bei der Titration mit Eisenchlorid liegt 0,03—0,05 % zu hoch. Falls besonders weitgehende Genauigkeit verlangt ist, wird zunächst das Zinn mit Schwefelwasserstoff gefällt wie bei Zinnerz (S. 1580) angegeben.

VIII. Zinnsalze.

Es kommen in Frage:

Zinnchlorid ($SnCl_4$): Das wasserfreie $SnCl_4$ ist eine an der Luft stark rauchende Flüssigkeit. Das feste Chlorzinn ($SnCl_4 + 5 H_2O$) ist eine an der Luft leicht zerfließliche Salzmasse. Ferner kommen vor wäßrige Lösungen verschiedener Konzentration: Schwerbeizen, Pinken.

Zinnchlorür: $SnCl_2 + 2 H_2O$, auch als Zinnsalz bezeichnet; nur ganz frische Präparate, die der Luft noch nicht längere Zeit ausgesetzt waren, lösen sich in Wasser vollständig auf. An der Luft bildet sich Oxychlorid.

Ammoniumzinnchlorid: $SnCl_4$, $2 NH_4Cl$: Pinksalz.

Natriumstannat: $Na_2SnO_3 + 3 H_2O$: zinnsaures Natron, Präpariersalz.

Die Bestimmung der Verunreinigungen ergibt sich aus den vorhergehenden Abschnitten.

In dem stets hochreinen wasserfreien Zinnchlorid dürfte eine Bestimmung des Sn-Gehaltes kaum ausgeführt werden. Zur Bestimmung von Verunreinigungen wird die Flasche unter einem Abzug geöffnet, der Glasstopfen durch einen Gummistopfen ersetzt, durch den ein kurzes trockenes Glasrohr hindurchführt, das direkt unter dem Stopfen endet. Zum Einwägen dient ein dünnwandiges Glaskügelchen (ähnlich wie bei der Analyse von Oleum, s. S. 658 u. 662), das an zwei entgegengesetzten Seiten feine Capillaren hat; eine der Capillaren wird zugeschmolzen und zu einem Häkchen umgebogen, um das Kügelchen an der Waage aufhängen zu können. Die offene Capillare wird durch das Glasrohr des Stopfens in die Flüssigkeit eingeführt und die Kugel durch Fächeln mit einer kleinen Flamme etwas erwärmt. Beim Erkalten füllt sich das Kügelchen zum Teil mit $SnCl_4$; es wird jetzt aus dem Glasrohr herausgezogen, die Capillare abgewischt und zugeschmolzen. Die Gewichtsdifferenz zwischen dem leeren und dem gefüllten Kügelchen ergibt die Einwaage. Das Kügelchen wird jetzt in eine Flasche mit Glasstopfen, in der sich etwas Wasser und einige nicht zu kleine Glasperlen befinden, gegeben und stark geschüttelt, um das Kügelchen und die Capillaren zu zertrümmern. Es kann auch so verfahren werden, daß die Flasche mit einem Gummistopfen verschlossen wird, durch den, gut schließend aber noch beweglich, ein starker Glasstab geführt ist, mit dem die Kugel zertrümmert wird. Wenn sich in der Flasche keine Dämpfe mehr zeigen, wird sie geöffnet und der Inhalt mit kaltem Wasser, eventuell unter

Hinzufügen von Salzsäure, durch ein Filter gegeben, um die Glasstücke zurückzuhalten. In dieser Lösung werden die Verunreinigungen dann bestimmt wie in einer Zinnlösung (s. Handelszinn).

Das feste Chlorzinn wird schnell zerkleinert und etwa 30 g davon in ein Wägegläschen gegeben. Das Gläschen wird gewogen, der Inhalt in ein Becherglas geschüttet und das Gläschen mit dem darin gebliebenen Rest zurückgewogen; die abgewogene Menge wird in CO_2-freiem Wasser gelöst und zu 500 ccm aufgefüllt. Aus 25 ccm der Lösung werden Sn und Cl bestimmt wie bei Schwerbeizen.

Schwerbeizen ($SnCl_4$-Lösungen von 50—60° Bé): Aus einem Pyknometerfläschchen wird etwa 1 g in ein 800-ccm-Becherglas eingewogen. Jetzt wird das Glas zur Hälfte mit siedend heißem, CO_2-frei gekochtem Wasser gefüllt, einige Male umgeschwenkt und dann mit dem heißen Wasser vollständig gefüllt. Nachdem sich der Niederschlag gut abgesetzt hat, wird die überstehende Lösung durch ein Filter gegeben, der Niederschlag noch einmal mit etwa 400 ccm heißem Wasser dekantiert und dann filtriert und völlig Cl-frei gewaschen. Das Filter mit der Zinnsäure wird getrocknet und an einem Platindraht über einem gewogenen Porzellantiegel, der auf einem Uhrglas steht, verbrannt; nach Verbrennen der letzten Kohleteilchen auf dem Brenner wird der Tiegel 10 Minuten im Platintiegelofen bei hoher Temperatur geglüht und nach 30 Minuten langem Abkühlen im gut schließenden Exsiccator über Chlorcalcium gewogen. Das Filtrat wird mit $^1/_5$n-NaOH und Phenolphthalein auf schwach rosa titriert. Daneben wird soviel von dem ausgekochten Wasser, wie bei der Analyse verbraucht wurde, nach Hinzufügen von Phenolphthalein mit $n/_5$-NaOH eben rosa gefärbt und die hierbei verbrauchte Menge abgezogen. Aus dem gewogenen SnO_2 wird das Sn berechnet: $SnO_2 \times 0,78766$ (log = 0,89634 — 1) = Sn und durch Multiplikation mit 1,1948 (log = 0,07731) errechnet, wieviel Cl theoretisch gebunden ist; aus der verbrauchten Menge $n/_5$-NaOH wird das gefundene Cl berechnet und nun, je nachdem die Schwerbeize sauer oder basisch war (in der Seidenfärberei werden beide Lösungen benutzt), die Differenz als + oder — Cl angegeben.

Beispiel. Gefunden: 22,84% Sn entsprechend 27,29% Cl
durch Titration ermittelt 27,75% Cl
$$\overline{+\ 0,46\%\ \text{Cl.}}$$

Die endgültige Angabe lautet dann:
22,84% Sn + 0,46% Cl.

Die sogenannten Pinken ($SnCl_4$-Lösungen von 20—30° Bé) werden ebenso behandelt wie Schwerbeize, nur wird, da es sich um dünne Lösungen handelt, eine Einwaage von 2—3 g genommen.

Auf Anwesenheit von $SnCl_2$ wird mit Sublimatlösung geprüft: Abscheidung von Kalomel. Zur quantitativen Bestimmung wird direkt, d. h. ohne vorhergehende Reduktion mit Aluminium, mit Jod oder Eisenchlorid titriert (s. Handelszinn, S. 1583).

Bei reinen Lösungen läßt sich der Gehalt an $SnCl_4 \cdot 5 H_2O$ annähernd nach der Tabelle von Gerlach [Dinglers Polytechn. Journ. 178, 49 (1865)]

bestimmen. Die Werte für Bé-Grade sind nach der Umrechnungs-
tabelle Bd. I, S. 511—514 errechnet.

Tabelle 1. Spezifische Gewichte von wäßrigen Lösungen von $SnCl_4 + 5 H_2O$
bei 15^0 nach Gerlach.

%	Spez. Gew.	Bé	%	Spez. Gew.	Bé	%	Spez. Gew.	Bé
5	1,030	4,2	40	1,275	31,1	75	1,654	57,1
10	1,059	8,0	45	1,319	34,9	80	1,727	60,7
15	1,090	11,9	50	1,366	38,7	85	1,807	64,4
20	1,124	15,9	55	1,415	42,4	90	1,894	68,1
25	1,158	19,7	60	1,468	46,0	95	1,988	71,7
30	1,195	23,5	65	1,525	49,7			
35	1,234	27,4	70	1,587	53,4			

Der Zinngehalt von Ammoniumzinnchlorid und Natriumstannat wird nach dem Auflösen in Wasser bzw. Wasser und Salzsäure
titrimetrisch bestimmt.

Zinnsalz ($SnCl_2 + 2 H_2O$): Die Probe wird in einem Porzellan-
mörser gerieben, gut gemischt und etwa 25 g abgewogen, wie bei festem
Chlorzinn angegeben. Die abgewogene Menge wird auf einen Trichter,
der in einem 1-Liter-Meßkolben steckt, geschüttet, mit kaltem, vorher
luftfrei gekochtem Wasser in den Kolben gespült; der Trichter wird
mit starker Salzsäure nachgewaschen. Nachdem sich das Salz gelöst
hat, wird mit luftfreiem Wasser zur Marke aufgefüllt. Je 25 ccm der
Lösung werden einmal direkt und einmal nach vorhergegangener Reduktion mit Aluminium (s. Handelszinn, S. 1583) titriert und so die Werte
von Sn·· und von Gesamt-Sn bestimmt.

Der annähernde Gehalt der Lösungen von $SnCl_2 \cdot 2 H_2O$ läßt sich
nach der Tabelle von Gerlach [Ztschr. f. anal. Ch. 8, 253 (1869)]
berechnen.

Tabelle 2. Spezifische Gewichte von wäßrigen Lösungen von $SnCl_2 + 2 H_2O$
bei 15^0 nach Gerlach.

%	Spez. Gew.	Bé	%	Spez. Gew.	Bé	%	Spez. Gew.	Bé
5	1,033	4,6	35	1,278	31,4	65	1,660	57,4
10	1,068	9,2	40	1,330	35,8	70	1,745	61,6
15	1,105	13,7	45	1,385	40,1	75	1,840	65,9
20	1,144	18,2	50	1,445	44,4	80	1,945	70,1
25	1,185	22,6	55	1,511	48,8			
30	1,230	27,0	60	1,582	53,1			

Tantal.

Von

Dr. B. Fetkenheuer, Forschungslaboratorium der Siemens & Halske A. G.
und der Siemens-Schuckertwerke A. G., Berlin-Siemensstadt.

Einleitung.

Als Ausgangsmaterial für die Darstellung des Tantals, das neuerdings wieder in größerem Umfange für die verschiedensten Zwecke der chemischen und elektrochemischen Industrie von den Siemenswerken erzeugt wird, kommt ausschließlich der Tantalit in Frage, ein Eisen- und Mangan-Tantalat bzw. Niobat mit stark wechselndem Verhältnis von Tantal und Niob bzw. das aus diesem aluminothermisch oder durch Reduktion mit Kohlenstoff gewonnene Ferrotantal.

Das Erz soll mindestens $60^0/_0$ Ta_2O_5 und an Titan und Silicium nicht über $1^0/_0$ enthalten. Wolfram, Molybdän, Zinn, Erdalkalien und seltene Erden dürfen nur in Spuren vorhanden sein.

I. Bestimmungsmethoden des Tantals.

1. Verfahren von Marignac.

a) Aufschluß mit Natriumbisulfat.

Etwa 10 g feinst gepulverter und gesiebter Tantalit werden mit der 10—15fachen Menge $NaHSO_4$ etwa 2 Stunden lang unter zeitweisem Ersatz der verdampfenden Schwefelsäure geschmolzen. Die erkaltete Schmelze läßt man in 500 ccm kaltem Wasser zerfallen, verdünnt mit heißem Wasser und etwas schwefliger Säure auf etwa 2 l und kocht 4 Stunden. Zum Schlusse fügt man nochmals schweflige Säure hinzu, filtriert nach dem Absitzen durch ein in einem Hartgummitrichter befindliches Filter und wäscht mit heißer $1^0/_0$iger schwefliger Säure aus. Nunmehr werden die Erdsäuren auf dem Filter in Flußsäure gelöst und ein eventuell verbleibender Rückstand nochmals mit $NaHSO_4$ aufgeschlossen. Die flußsaure Lösung wird bei 80—90° mit einer kalt gesättigten Lösung von KHF_2 in geringem Überschuß gefällt. Nach 2stündigem Stehen in der Kälte saugt man die abgeschiedenen Krystalle von K_2TaF_7 durch einen Platin-Goochtiegel ab[1] und deckt 2mal mit 5 ccm Wasser. Das stets noch niobhaltige Salz wird im Platintiegel mit der 12fachen Menge Wasser erwärmt und in der Hitze tropfenweise so lange mit konzentrierter Salzsäure versetzt, bis Lösung eingetreten ist. Sollte die Lösung hierbei nicht ganz klar werden, so beruht dies auf der Anwesenheit des schwer löslichen K_2SiF_6, das man dann heiß

---

[1] Alle zum Filtrieren benutzten Glasgerätschaften müssen vor dem Gebrauch paraffiniert werden.

durch einen Hartgummitrichter abfiltrieren muß. Nach dem Waschen mit heißer 10%iger Flußsäure ist das Filtrat einzudampfen und der Rückstand nochmals in der 12fachen Menge Wasser unter Zusatz von Salzsäure und etwas Flußsäure zu lösen. Nach dem Abkühlen werden die nunmehr niobfreien Krystalle abgesaugt, gewaschen und bei 110^{0} getrocknet.

1 g des reinen Salzes darf nach dem Lösen in 10 ccm 20%iger Salzsäure bei der Reduktion mit Zink nach 10 Minuten keine Braunfärbung ergeben, die auf eine Verunreinigung mit Niob hindeuten würde.

Die vereinigten Mutterlaugen von der Fällung und von der Umkrystallisation, die noch etwas Tantal enthalten, werden zur Trockne gedampft und der Rückstand wie oben beschrieben in schwach salzsauren Wasser gelöst und die nach dem Abkühlen abgeschiedenen Krystalle durch Umkrystallisieren gereinigt und der Hauptmenge hinzugefügt.

Bei einiger Übung läßt sich der Tantalgehalt nach diesem Verfahren bis auf $\pm 0,5\%$ genau ermitteln, vorausgesetzt, daß die Analysensubstanz wenigstens 10% Ta_2O_5 enthält.

Zur Bestimmung des Gesamterdsäuregehaltes (Ta + Nb + Ti) schließt man 1 g Tantalit wie oben angegeben mit $NaHSO_4$ auf und löst die erkaltete Schmelze bei $50-60^{0}$ in 100 ccm 10%iger H_2SO_4, die 5% H_2O_2 enthält. Das Ungelöste wird abfiltriert, verascht und nochmals in der gleichen Weise behandelt. Die vereinigten Lösungen werden zur Zerstörung des H_2O_2 mit überschüssiger schwefliger Säure versetzt, mit heißem Wasser auf 500 ccm verdünnt und 4 Stunden lang gekocht. Zum Schluß fügt man nochmals etwas schweflige Säure hinzu, läßt absitzen, filtriert die ausgeschiedenen Erdsäuren und wäscht mit heißer 1%iger schwefliger Säure aus. Um festzustellen, ob die Fällung quantitativ war, stumpft man im Filtrat die Hauptmenge der Schwefelsäure mit Ammoniak ab und kocht nochmals eine Stunde. Sollte hierbei noch eine geringe Fällung entstehen, so wird diese abfiltriert und zusammen mit der Hauptmenge verascht.

Wird ein größerer Grad von Genauigkeit verlangt, so sind die erhaltenen Erdsäuren zur Entfernung kleiner durch Adsorption festgehaltener Mengen von Schwermetallen nochmals mit $NaHSO_4$ aufzuschließen und nach dem eben beschriebenen Verfahren zu fällen. Die nunmehr reinen Erdsäuren werden vor dem Gebläse scharf geglüht, gewogen und zur Entfernung eventuell vorhandener SiO_2 mit Flußsäure-Schwefelsäure abgeraucht, wobei darauf zu achten ist, daß genügend Schwefelsäure zur Zerstörung der primär gebildeten Erdsäurefluoride vorhanden ist, da diese sonst beim Glühen verdampfen würden.

Viele Autoren empfehlen, das Gemenge der gefällten Erdsäuren 3 mal abwechselnd mit Schwefelammonium und Salzsäure zu behandeln, um eventuell vorhandenes Wolfram, Molybdän und Zinn, sowie geringe Mengen von Eisen und Mangan zu entfernen. Leider gehen hierbei, je nach dem Alter der Erdsäuregele auch mehr oder weniger große Mengen von diesen in Lösung und man sollte daher dieses Verfahren nur dann anwenden, wenn die qualitative Prüfung die Anwesenheit größerer Mengen von Wolfram, Molybdän und Zinn ergeben hat und im anderen Falle lieber einen kleinen Fehler bei der Bestimmung des Gesamterdsäuregehaltes in Kauf nehmen. Eisen und Mangan werden im übrigen durch zweimaliges Aufschließen der Erdsäuren quantitativ entfernt.

Zur Bestimmung des Titans schließt man etwa 0,5 g der so gereinigten Erdsäuren mit NaHSO$_4$ auf und löst die Schmelze durch Erwärmen mit 200 ccm einer kalt gesättigten Ammonoxalatlösung. Nach dem Auffüllen auf 250 ccm fügt man zu 10 ccm dieser Lösung 1 ccm konzentrierte Schwefelsäure, sowie 2 ccm einer frisch bereiteten Chromotropsäurelösung hinzu und vergleicht mit einer kalt gesättigten Ammonoxalatlösung, die die gleichen Zusätze von Schwefelsäure und Chromotropsäure enthält und der man aus einer Bürette eine Lösung bekannten Gehaltes von TiO$_2$ in Ammonoxalat hinzufügt.

Zur Bestimmung des Niobs [1] genügt es meist, die gefundene Tantal- und Titanmenge vom Wert der Gesamterdsäuren abzuziehen.

b) Aufschluß mit Kaliumcarbonat.

Bei diesem Verfahren, das manche Unbequemlichkeiten des unter a) angegebenen, vor allem das Filtrieren und Auswaschen größerer Erdsäuremengen vermeidet, werden etwa 10 g feinst gepulvertes und gesiebtes Erz mit der 5fachen Menge Kaliumcarbonat im bedeckten Platintiegel aufgeschlossen. Das Erhitzen geschieht zunächst auf dem Brenner und später, sobald die Entwicklung von Kohlendioxyd nachgelassen hat, 15 Minuten lang auf dem Gebläse bei möglichst hoher Temperatur. Nach dem Lösen der Schmelze in Wasser zerstört man durch tropfenweisen Zusatz von 3%igem H$_2$O$_2$ das gebildete Manganat bzw. Permanganat und digeriert die Lösung so lange auf dem Wasserbade, bis sie nach dem Absetzen des Niederschlages vollkommen farblos geworden ist. Nach dem Filtrieren wäscht man den Niederschlag 4—5mal mit heißer 1%iger Kaliumcarbonatlösung und löst die ausgewaschenen Schwermetalloxyde in möglichst wenig konzentrierter Salzsäure. Ein hierbei noch verbleibender Rückstand wird filtriert, nach dem Veraschen mit Kaliumcarbonat aufgeschlossen und dies Verfahren so lange wiederholt, bis die gesamte Substanz gelöst ist.

Die vereinigten salzsauren Lösungen, die noch geringe Erdsäuremengen enthalten, werden auf etwa 500 ccm eingedampft, fast neutralisiert und nach dem Hinzufügen von schwefliger Säure längere Zeit gekocht. Die abgeschiedenen Erdsäuren filtriert man durch ein in einem Hartgummitrichter befindliches Filter, löst sie nach dem Auswaschen mit 1%iger schwefliger Säure in Flußsäure und säuert mit dieser Lösung die inzwischen ebenfalls eingedampften vereinigten heißen Lösungen der Kaliumsalze der Erdsäuren an, wobei sofort die Verbindung K$_2$TaF$_7$ ausfällt. Nun fügt man noch so viel Flußsäure hinzu, daß die Lösung etwa 10% davon enthält, läßt 2 Stunden in der Kälte stehen und sammelt die abgeschiedenen Krystalle im Platin-Goochtiegel. Krystalle und Mutterlauge werden dann, wie unter a) angegeben, weiter behandelt.

---

[1] Über die direkte Bestimmung des Niobs vgl. Meyer-Hauser: Analyse der seltenen Erden und Erdsäuren. **1912.** S. 299.

2. Verfahren von Powell und Schoeller.

[Ztschr. f. anorg. u. allg. Ch. **151**, 221 (1926)].

Diese Methode beruht auf der hydrolytischen Differentialspaltung von Tantal- und Nioboxalsäure in Gegenwart von Gerbsäure in schwach saurer Lösung und liefert unter Umständen, vor allem bei sehr kleinen Tantalgehalten, wesentlich genauere Ergebnisse als das von Marignac angegebene Verfahren, allerdings unter der Voraussetzung, daß die Analysensubstanz nur geringe Mengen von Titan, Wolfram, Molybdän und Zinn enthält.

Zunächst werden aus dem Erz durch 2maligen Aufschluß mit $NaHSO_4$, wie auf S. 1615 beschrieben, die reinen Erdsäuren dargestellt und von diesen 0,2 g nochmals mit $NaHSO_4$ aufgeschlossen und in 100 ccm kalt gesättigter Ammoniumoxalatlösung unter Erwärmen gelöst. Nach dem Zusatz von 10 ccm 10%iger Tanninlösung und 15 ccm kalt gesättigter Ammoniumchloridlösung wird 15 Minuten gekocht und nach 12stündigem Stehen die ausgefallene, hellgelbe Tantaltanninverbindung abfiltriert und mit 2%iger Ammoniumchloridlösung gewaschen (Fraktion 1). Bei sehr geringen Tantalgehalten entsteht hierbei noch keine Fällung.

Das Filtrat wird nochmals mit Tannin und Ammoniumchlorid versetzt, aufgekocht und so lange mit verdünntem Ammoniak neutralisiert, bis die anfangs rein gelbe Farbe der Fällung orange zu werden beginnt. Nach 12stündigem Stehen wird filtriert und der Niederschlag mit 2%iger Ammoniumchloridlösung gewaschen (Fraktion 2). Das Filtrat wird nun weiter mit verdünntem Ammoniak versetzt, bis die orangerot gefärbte Niob-Tanninverbindung auszufallen beginnt (Fraktion 3).

Die Fraktionen 1 und 2 werden nun vereinigt und nach dem Aufschließen mit $NaHSO_4$ in Ammoniumoxalat gelöst. Auf Zusatz von Tannin und Ammoniumchlorid fällt nunmehr beim Kochen fast alles Tantal rein aus, das abfiltriert, verascht und gewogen wird. Fraktion 3 wird ebenfalls aufgeschlossen, in Ammonoxalat gelöst und diese Lösung mit dem Filtrat von der Hauptmenge des Tantals vereinigt und durch vorsichtiges Neutralisieren mit verdünntem Ammoniak in der Hitze der Rest des Tantals gefällt.

II. Untersuchung der Tantallegierungen.

In Frage kommen nur Ferrotantal und Tantalnickel. Ferrotantal wird fein gepulvert, an der Luft verglüht und die gebildeten Oxyde nach einer der oben angegebenen Methoden untersucht.

Tantalnickel mit etwa 20—30% Tantal wird mit konzentrierter Salzsäure behandelt, wobei fast alles Nickel in Lösung geht. Der Rückstand wird mit $NaHSO_4$ oder K_2CO_3 aufgeschlossen. Legierungen mit mehr Tantal werden in einem Gemisch von 1 Teil Flußsäure und 3 Teilen Salzsäure gelöst. Die Lösung wird mit konzentrierter Schwefelsäure abgeraucht und der Rückstand nach dem Glühen wie das Erz weiter behandelt.

Thorium.

Siehe S. 1627.

Titan, Zirkon, Hafnium, Thorium, seltene Erden.

Von

Direktor Dr.-Ing. **J. D'Ans**, Berlin.

Einleitung.

Die Untersuchungsmethoden für Titan, Zirkon, Thorium, seltene Erden, deren Rohstoffe und Fertigprodukte sind in den folgenden Seiten zu einem einheitlichen Abschnitt zusammengefaßt worden.

I. Titan.

A. Vorkommen, Gewinnung und Verwendung.

Das Titan ist eines der weitestverbreiteten Elemente in der Erdkruste in relativ großer Menge vorkommend (Thornton, W. M. jr.: Titanium, with special Reference to the analysis of titaniferous substances. New York 1927). Es findet sich fast ausschließlich als Dioxyd, sei es in freier Form als Rutil, Anatas und Brookit, sei es als Verbindung mit Eisenoxyden als Ilmenit (Titaneisen). Rutil und Ilmenit sind die wichtigsten Ausgangsmaterialien für die technische Gewinnung des Titans. Sie kommen teils in mächtigen Lagern, teils als Sande in größter Menge angereichert an den Ufern des Meeres vor. Die bekanntesten Ilmenitsand-Fundstätten sind Indien (Travancore), Brasilien, Neufundland, Senegal, Madagaskar, Australien; von wichtigeren Erzlagern wären die von Norwegen, Ural und der Vereinigten Staaten zu erwähnen. Rutil wird an primärer Lagerstätte in größeren Mengen in Norwegen, Brasilien und Afrika gefunden.

Rutil. TiO_2 ist verunreinigt durch mehr oder minder große Mengen Eisenoxyd und Gangart. Der Gehalt an TiO_2 schwankt sehr. Ohne Gangart findet man Rutil mit $80-98\%$ TiO_2. Der Rutil aus Sanden ist meistens reiner als der aus Erzen. Rutil diente früher zur Darstellung der Titanverbindungen, insbesondere der Chloride. Heute wird zur Darstellung des technischen TiO_2 fast ausschließlich Ilmenit verwendet, der sich im Gegensatz zu Rutil durch Schwefelsäure leicht aufschließen läßt. Rutil kann aufgeschlossen werden durch Alkali, durch Fluoride, mit Bisulfat oder durch Kohle und Chlor. Alkalisch aufgeschlossenes TiO_2 löst sich leicht auch in schwachen Säuren.

Ilmenit. $FeTiO_3$ findet sich in reinster Form in den Sanden mit oft bis zu 52% TiO_2 und mehr. Das Eisen ist nie als reines Oxydul vorhanden, sondern zu mehr oder weniger großem Teil auch als Oxyd. Indische Sande enthalten mehr Eisenoxydul als z. B. die brasilianischen.

Die Ilmeniterze sind weniger rein, neben Gangart enthalten sie oft größere Mengen Magneteisen und man kennt die ganze Reihe bis zu ilmenithaltigen Eisenerzen. Ein zu großer Gehalt an TiO_2 in diesen stört bei der Eisengewinnung. Rohe Ilmeniterze haben etwa $38\,\%$ TiO_2. Sie lassen sich durch Zerkleinern, Waschen oder elektromagnetische Scheidung, wodurch Gangart und Magneteisen weggeschieden werden können, wesentlich anreichern.

Titaneisensande finden sich vergesellschaftet mit Zirkonsand (Zirkonsilicat) und Monazit. Die Aufarbeitung geschieht zunächst durch einen Schlämmprozeß, durch den der spezifisch leichte Quarzsand entfernt wird. Dann folgt eine elektromagnetische Scheidung des getrockneten Sandes. Die Zusammensetzung der gewaschenen Rohsande schwankt je nach der Fundstätte stark, z. B. $60-70\,\%$ $FeTiO_3$, $10-20\,\%$ $ZrSiO_4$, $5-7\,\%$ Monazit, Rest Rutil, Quarz, Magneteisen, Granat. Die stark magnetische Fraktion besteht aus (wenig) Magneteisen und Ilmenit, die nächste ist der schwach magnetische Monazit, so gut wie unmagnetisch ist der Zirkonsand und Reste von Quarzsand. Enthält der Sand Rutil, so geht dessen eisenreichster Anteil mit dem Monazitsand, der größere eisenärmere Teil verunreinigt den Zirkonsand, der dadurch für eine chemische Aufarbeitung minderwertig wird. Hat der Zirkonsand größere Einschlüsse an Monazit und Magneteisen, so findet man stets etwa davon in der Monazitfraktion.

Ilmenit läßt sich leicht mit Schwefelsäure von 60^0 Bé aufschließen. Es sind noch viele verschiedene Aufschlußmethoden beschrieben und patentiert worden. Erwähnt seien hier nur noch die Möglichkeiten, Ilmenit mit Alkali oder Alkalisulfiden aufzuschließen, dann die Reduktion mit Kohle, mit und ohne Alkalien, Erdalkalien, Sulfiden und Sulfaten, der Aufschluß mit Kohle und Chlor und schließlich der zu Titannitrid.

Verwendung: Titan ist in der Stahlindustrie verwendet worden, insbesondere zur Herstellung von Eisenbahnschienen.

Das TiO_2 hat seine größte technische Verwendung als Pigment gefunden, teils als mehr oder weniger reines TiO_2, teils in Mischpigmenten, die $BaSO_4$, ZnO, früher auch Phosphate enthielten, und zwar zu Ölanstrichfarben, Druckfarben, in Lacken, Nitrolacken, Wachstuch, Linoleum, Gummi, Kunstmassen. Titandioxyd ist auch als Zusatz zu Lithopone und Bleiweiß empfohlen worden, um deren Deck- und Färbevermögen zu erhöhen. Für die Verwendung als Pigment ist maßgebend der hohe Brechungsexponent des TiO_2 von $2,60-2,92$, im Mittel $2,71$. Es ist dies der höchste bekannte Brechungsexponent einer farblosen Verbindung. Dann wäre noch das niedere spezifische Gewicht von $3,8$ und die chemische Indifferenz und die Feinheit (unter $0,5\ \mu$) und Gleichmäßigkeit des Kornes hervorzuheben. TiO_2 verträgt sich mit allen weißen und bunten Pigmenten.

Von untergeordneter Bedeutung sind die anderen Titanverbindungen, die eine gewisse technische Verwendung gefunden haben: in der Färberei, insbesondere als Beize für Lederfärbungen, das **Titankaliumoxalat** und das **Lactat**, das **Titantetrachlorid** als Nebelbildner oder als Ausgangsmaterial für die Herstellung von Titantrichlorid oder zur

Herstellung irisierender Gläser. Kleine Mengen an TiO_2 werden noch in Porzellanglasuren zur Erzeugung eisblumenartiger Krystallausscheidungen, zum Gelb- bis Braunfärben von Glasuren (Bunzlauer Braun) für die Färbung künstlicher Zähne verwendet.

Die Herstellung von Titannitrid und von Ammoniak oder Cyaniden daraus hat noch keinen großindustriellen Maßstab angenommen.

Das Titantetrachlorid ist im rohen Zustand bräunlich gefärbt, enthält kleine Mengen von Eisen und ist etwas trübe durch gelöstes und suspendiertes TiO_2. Reines Titantetrachlorid ist so gut wie farblos, wird am Licht leicht etwas gelb. Es soll nur Spuren von Eisen enthalten. Titantrichlorid ist von dunkelvioletter Färbung, soll klar löslich sein und keinen zu großen Überschuß an Titantetrachlorid enthalten. Die Anforderungen an Titankaliumoxalat sind folgende: löslich in 20 Teilen Wasser mit ganz schwacher Opalescenz. Es soll etwa $22,8—23^0/_0$ TiO_2 und 69 bis $70^0/_0$ $(COOH)_2 \cdot 2\,H_2O$ aufweisen und darf keine freie Oxalsäure enthalten.

B. Spezielle Untersuchungsmethoden.

1. Elektromagnetische Scheidung der Erze und Sande
(R. Otto).

Es empfiehlt sich eine Voruntersuchung der Sande durch elektromagnetische Scheidung vorzunehmen. Ein bequemer und billiger elektromagnetischer Scheider ist in der nebenstehenden Abbildung 1 abgebildet. Die Aus- und Einschaltung des Stromes erfolgt durch ein Pedal. An einem Strommesser liest man die jeweilige Stromstärke ab. Diese wird durch einen Schiebewiderstand reguliert.

Mit einem Stabmagneten kann man Magneteisen herausziehen. Den Sand (10 g) häuft man an der etwas nach oben gebogenen Schmalseite eines Kartenblattes, an dem auch die beiden Seitenränder hochgebogen sind.

Abb. 1. Elektromagnetischer Laboratoriumsscheider.

Bei kleiner Amperezahl wird das Titaneisen vom Elektromagneten festgehalten, dann schiebt man den leeren Teil des Blattes unter den Magnetpol und schaltet den Strom aus. Man wiederholt diesen Vorgang so lange, bis beim Ausschalten des Stromes keine Ilmenitteilchen mehr niederfallen. Mit einem Pinsel bringt man den ausgeschiedenen Ilmenit in ein Wägeglas. Man verfährt dann bei einer passenden höheren Stromstärke ebenso zur Abtrennung des Monazitsandes. Es verbleibt der fast unmagnetische Anteil, der aus Zirkonsand und Quarzsand besteht und Rutil, Granat usw. enthalten kann. Bei sehr hohen Stromstärken wird eisenreicher Rutil, ferner Zirkonsand mit Monazit- und Magnetiteinschlüssen noch angezogen. Diese Trennung ist aber nicht scharf, denn schon in der Monazitfraktion findet sich „magnetischer" Zirkonsand. Eine einmalige elektromagnetische Trennung ist nicht sauber, es empfiehlt sich daher, die ersten rohen Fraktionen noch einmal zu scheiden.

Der Quarzgehalt in der unmagnetischen Fraktion oder im Roherz läßt sich leicht durch eine „schwere Lösung" von den schweren Sanden abtrennen und quantitativ bestimmen. Am bequemsten hierzu ist Bromoform (spez. Gew. 2,89). Die spezifischen Gewichte der Bestandteile eines Rohsandes sind

Monazit	4,9—5,25	Magneteisen	4,9—5,2
Titaneisen	4,5—5,2	Granat	3,3—4,3
Zirkonsand	4,5—4,7	Quarz	2,65
Rutil	4,2—4,3		

Bei der elektromagnetischen Scheidung wird man leicht die Stromstärken feststellen, bei denen die Trennung am schärfsten verläuft. Es ist zweckmäßig, nach Wägung die einzelnen Fraktionen mit der Lupe oder unter dem Mikroskop zu prüfen. Man unterscheidet leicht den dunklen Ilmenit von den honiggelben, abgerundeten Monazitsandkörnern und vom fast farblosen bis bräunlichen Zirkonsand. Der Quarz ist wesentlich gröber als der Zirkonsand. Granat ist rosa bis rot.

2. Chemische Analyse der Titanerze.

Die Analyse des Ilmenits erstreckt sich im wesentlichen auf die Bestimmung von Titansäure und Eisenoxydul bzw. Eisenoxyd und auf die Verunreinigungen, deren Anwesenheit in größeren Mengen bei der technischen Aufarbeitung störend sein kann, wie z. B. Chrom, Mangan, Kupfer.

1 g der staubfeinen gemahlenen Substanz wird mit der 6—7fachen Menge Kaliumpyrosulfat in einer Platinschale etwa $^1/_4$ Stunde lang unter häufigem Umrühren mit einem Platinspatel geschmolzen. Nach dem Erkalten löst man in 200 ccm 5%iger Schwefelsäure unter Erwärmen und filtriert die Gangart ab. Das klare Filtrat wird auf 500 ccm aufgefüllt, 200 ccm werden bei etwa 60—70°, nach Oxydation des Eisens durch etwas Bromwasser, mit Ammoniak gefällt. Die Hydrate werden abfiltriert, gut mit heißem Wasser ausgewaschen und mit heißer etwa 10%iger Schwefelsäure vom Filter heruntergelöst. Nach Zusatz von etwa 10 g fester Weinsäure wird unter Erhitzen etwa 5 Minuten lang Schwefelwasserstoff eingeleitet, eventuell sich ausscheidende Sulfide (auch Spuren Platin der Platinschale) werden abfiltriert. Das saure Filtrat wird, unter fortgesetztem Einleiten von H_2S deutlich ammoniakalisch gemacht, bis sich alles FeS flockig abscheidet. Dann läßt man 15 Minuten auf dem Wasserbad absitzen, filtriert ab und wäscht mit frisch bereitetem, farblosem Schwefelammon nach. Der Eisensulfidniederschlag wird in verdünnter Salzsäure unter Zusatz von etwas Wasserstoffperoxyd heiß gelöst und aus dieser Lösung das Eisen mit

Ammoniak gefällt und als Fe_2O_3 gewogen. Das Filtrat vom Eisensulfid wird mit verdünnter Schwefelsäure angesäuert und, nach Vertreiben des Schwefelwasserstoffes durch Kochen, etwa 6%ig schwefelsauer gemacht. Nach völligem Erkalten wird das in dieser Lösung enthaltene TiO_2 mit einer 6%igen wäßrigen Lösung von Cupferron (s. S. 1073) gefällt, man läßt $^1/_4$ Stunde stehen, filtriert ab, wäscht mit etwa 5%iger Salzsäure gut nach, verascht vorsichtig in einem Platintiegel, glüht und wägt als TiO_2. Kupfer, Mangan und Chrom werden am besten colorimetrisch in der sauren Aufschlußlösung bestimmt. Für die colorimetrische Chrombestimmung als Chromat sind mindestens 5 g Erz zu nehmen. Das Kupfer bestimmt man im H_2S-Niederschlag, das Mangan als Permanganat in einem aliquoten Teil der Lösung unter Zusatz von Phosphorsäure, um die Ferrifärbung zum Verschwinden zu bringen.

3. Analyse von Titanweißpigmenten
(s. a. Bd. V „Anorganische Farbstoffe“).

1 g Pigment wird in einer Platinschale mit etwa 20 ccm konzentrierter Schwefelsäure unter Zusatz von 10 ccm Flußsäure etwa $^1/_2$ Stunde lang unter Rühren bis zur völligen Entfernung der Flußsäure und bis zum lebhaften Abrauchen von SO_3 in Lösung gebracht. Nach dem Erkalten wird die Lösung mit etwas verdünnter Schwefelsäure versetzt, in etwa 250 ccm einer 2%igen Wasserstoffperoxydlösung eingegossen und bei kleiner Flamme mit aufgelegtem Uhrglas etwa $^1/_4$ Stunde lang gekocht. Nach völligem Abkühlen und klarem Absetzen des Bariumsulfats wird dieses abfiltriert und so lange mit einer etwa 3%igen Schwefelsäure, der etwas Wasserstoffperoxyd zugesetzt ist, nachgewaschen, bis das Filter keine Pertitanfärbung mehr zeigt. Das Bariumsulfat wird gewogen und zeigt das in dem Pigment vorhandene BaO an. In 200 ccm des auf 500 ccm aufgefüllten Filtrates vom Bariumsulfat wird die Titansäure mit Cupferron gefällt (s. o.) und als TiO_2 zur Wägung gebracht. Filtrat und Waschwasser der TiO_2-Cupferronfällung werden in einer geräumigen Pozellanschale unter Zusatz von konzentrierter Salpetersäure bis zur völligen Farblosigkeit fast zur Trockne eingedampft. Wird hierbei die organische Substanz nicht vollständig zerstört, so muß noch öfters konzentrierte Salpetersäure eventuell auch konzentrierte Salzsäure zugegeben werden. Nach dem Erkalten wird diese Lösung mit Wasser verdünnt und in ihr das Zink (eventuell auch Aluminiumoxyd und Kalk) nach bekannten Methoden bestimmt.

Zur Bestimmung von SO_3 und P_2O_5 in den Pigmenten werden 4 g des Pigmentes $^1/_2$ Stunde lang unter häufigem Rühren in einem Platintiegel bei heller Rotglut mit $NaKCO_3$ geschmolzen. Die Schmelze wird in Wasser gelöst, von den Oxyden abfiltriert und das Filtrat in 2 gleiche Teile geteilt. In dem einen Teil dieser Lösung wird SO_3 durch Fällung mit Bariumchlorid, in dem anderen Teil wird Phosphorsäure nach der Molybdänmethode bestimmt.

In der nachfolgenden Tabelle wird der mittlere Gehalt verschiedener Titanweißpigmente in runden Zahlen mitgeteilt. Vorausgeschickt sei, daß die in Handel kommenden reinen Titandioxydpigmente etwa $92-99\%$ an

TiO_2 enthalten, etwa $0,05—0,2\%$ Fe_2O_3, etwas P_2O_5, SO_3, Alkalien, das Degea-Titandioxyd Zb etwa 4% Zinkoxyd. Für Pigmente ist der TiO_2-Gehalt allein nicht maßgebend, sondern wesentlich sind auch die farbtechnischen Eigenschaften wie Deckvermögen, Färbevermögen usw.

	Kronos			Titanox	Orange-siegel	Grün-siegel
	Standard X	Extra X	Standard T			
TiO_2 ...	34	74　65,6	25,8	28,6 TiO_2	30	43
$BaSO_4$..	62	11　16,9	48,3 BaO	45,4 BaO	44	10
P_2O_5 ...	3,5	12　9,2	25,5 SO_3	24,4 SO_3	—	—
CaO ...		7.7	Spuren P_2O_5	0,4 P_2O_5	—	—
ZnO ...	—	—　—	—	—	25	46

Die Bewertung der Pigmente für Anstrichfarben, die durch physikalische und physikalisch-chemische Methoden zu erfolgen hat, ist an anderer Stelle des Werkes (Bd. V „Anorganische Farbstoffe") ausführlich dargelegt worden und ist natürlich auch zur Bewertung von Titanweißpigmenten zu benutzen.

Schließlich sei noch vermerkt, daß Titandioxyd ebenso wie Zinkoxyd die Eigenschaft hat, organische Farbstoffe, insbesondere unter der Einwirkung der Feuchtigkeit am Licht auszubleichen. Die Empfindlichkeit der organischen Farbstoffe, in Anwesenheit von Zinkoxyd bzw. Titandioxyd ist sehr verschieden, Mischungen der beiden verhalten sich gegen Farbstoffe im allgemeinen günstiger als die Einzelkomponenten.

In den Vereinigten Staaten bestehen Normen für Titanpigmente (Bureau of Standards, Circular Nr. 163, 274).

Nach den angegebenen Richtlinien wird es ein Leichtes sein in Titanpigmenten etwa vorkommendes Bariumcarbonat, Bariumtitanat, Calciumcarbonat, Gips, Zinksulfid usw., ebenso einen Gehalt an TiO_2 in Lithopone oder Bleiweiß zu bestimmen.

II. Zirkon, Hafnium.

A. Vorkommen, Gewinnung und Verwendung.

Eine sehr gute Literatur-Zusammenstellung über Zirkon geben: Venable, Fr.: Zirkonium and its compounds. New York 1922. — Marden, J. W. u. Rich, M. N.: Investigations of Zirkonium. Washington 1921.

Zirkon findet sich in der Natur als Silicat $ZrSiO_4$, wohlkrystallisiert in Graniten, Pegmatiten und krystallinen Schiefern, an sekundärer Lagerstätte in den schweren Sanden angereichert an Meeresufern zusammen mit Titaneisen (s. d.) und Monazit.

Dann findet man es als Erz, ein Gemisch von Oxyd und Silicat von bohnengroßen Körnern bis zu pferdekopfgroßen Stücken im Handel. Das Verhältnis Oxyd:Silicat schwankt. Als fast reines Oxyd wird das Erz Baddeleyit, mit $30—65\%$ Silicat als Zirkonerz oder, wenn körnig, Favas genannt.

Die Fundstätten für Zirkonsand sind dieselben wie für den Ilmenitsand. Siehe auch dort über die Scheidung des Sandgemisches und seine

Zusammensetzung. Das Zirkonerz findet man in großen Mengen in Brasilien, wo es im Steinbruchbetrieb gewonnen wird.

Alles Zirkon ist hafniumhaltig. Der Gehalt an Hafniumoxyd schwankt von 0,5—2,5 %, auf Zirkonoxyd gerechnet; indischer Zirkonsand ist ärmer an Hafnium als brasilianischer. Erze mit höherem Gehalt an Hafnium (Alvit, Cyrtolith, Thortveitit) sind sehr selten [Hevesy, G. v., Jantzen und V. Thal.: Ztschr. f. anorg. u. allg. Ch. **133**, 113; **136**, 387 (1924)].

Aus den Zirkonerzen läßt sich das nicht an SiO_2 gebundene ZrO_2 durch konzentrierte Schwefelsäure bei etwa 250° aufschließen. Hierfür sind Erze zu bevorzugen, die möglichst wenig fremde Oxyde wie TiO_2, Fe_2O_3, Al_2O_3, CaO enthalten.

Zirkonsilicat wird durch Erhitzen mit Alkalien aufgeschlossen. Das gebildete Alkalisilicat und Alkali des Zirkoniats löst man mit Wasser weg. Zur Gewinnung von reinem ZrO_2 muß dann das so gewonnene Konzentrat mit Säure behandelt werden.

Verwendung. Das Zirkonoxyd (Brechungsexponent etwa 2,35) findet als Trübungsmittel für Emails und Glasuren große Verwendung. Das am meisten verbreitete Trübungsmittel ist das Terrar. In Amerika werden zirkonoxydhaltige Trübungsmittel unter dem Namen Opax und Vitrozirkon vertrieben.

Gemahlenes Zirkonerz wird als feuerfester Anstrich für Feuerungen benutzt (Zirkit). Reines Zirkonoxyd dient zur Herstellung feuerfester Geräte, die Temperaturen von 2400° standhalten.

Auch aus reinem Zirkonsilicat lassen sich feuerfeste Geräte herstellen. Der Schmelzpunkt liegt über 2000°.

Zirkonoxyd hat ein sehr kleines Wärmeleitungsvermögen und ist daher bei hohen Temperaturen ein vortreffliches Isoliermittel.

B. Analyse von Zirkonmineralien.

(R. Otto).

Man mache bei Zirkonsanden (so, wie bei Titansanden S. 1621 beschrieben) zunächst eine Vorprüfung durch eine elektromagnetische Scheidung und bestimme einen Gehalt an Quarz durch Bromoform.

Bei der Analyse sind zu bestimmen: Gesamtgehalt an ZrO_2, freies ZrO_2, Zirkonsilicat und die hauptsächlichsten Verunreinigungen: freies SiO_2, dann TiO_2, Fe_2O_3, Al_2O_3, gegebenenfalls seltene Erden, P_2O_5 usw.

Handelt es sich nur um die Bestimmung des freien ZrO_2, des $ZrSiO_4$ und freien Quarzes in Zirkonerzen, so kann man folgendermaßen verfahren: man schließt 1 g des feinst gepulverten Erzes mit konzentrierter Schwefelsäure in einer Platinschale durch dreimaliges Abrauchen bis zur Breikonsistenz auf und löst mit Wasser wie weiter unten beschrieben. Der Rückstand wird getrocknet, geglüht und gewogen. Er besteht aus SiO_2 + $ZrSiO_4$. Mit H_2SO_4 + HF wird das freie SiO_2 abgeraucht und das $ZrSiO_4$ gewogen. In der schwefelsauren Lösung kann man das ZrO_2 und die Verunreinigungen, wie später beschrieben wird, bestimmen. Zur schnellen Bestimmung der Qualität eines Zirkonsandes wird der schwere Anteil der unmagnetischen Fraktion unzerkleinert mit Kaliumpyrosulfat geschmolzen. Fe_2O_3 und TiO_2 (diese hauptsächlich aus Rutil stammend) gehen in Lösung. Beide werden colorimetrisch bestimmt.

Die Zirkonoxydtrübungsmittel können ganz analog analysiert werden. Sie enthalten ZrO_2, SiO_2, Alkali und kleine Mengen TiO_2, Fe_2O_3, gegebenfalls in komplexen Trübungsmitteln auch größere Mengen an Al_2O_3.

Terrar A und B haben etwa 75—85 % ZrO_2 Puderterrar 65—75 % ZrO_2
                   6—7 ,, SiO_2 20—30 ,, SiO_2
                   5,6 ,, Na_2O 2 ,, TiO_2
                       1 ,, $ZrSiO_4$ 0,20 ,, Fe_2O_3
                  0,2 ,, Fe_2O_3
                     2 ,, TiO_2

Reinzirkon soll mindestens 99,9% ZrO_2 auf nicht flüchtige Oxyde bezogen enthalten. Feuerfeste Geräte haben meistens zusammen einige $^1/_{10}$% Verunreinigungen wie SiO_2, MgO, Al_2O_3.

Zur genauen Analyse von Zirkonerzen und Zirkonprodukten wird 1 g der im Achatmörser staubfein gemahlenen Substanz mit der 5- bis 6fachen Menge Ätznatron im Nickeltiegel etwa 1 Stunde lang unter öfterem Umrühren mit einem Nickelspatel bei dunkler Rotglut geschmolzen. Nach dem Erkalten wird die Schmelze in heißem Wasser gelöst und filtriert. Das alkalische Filtrat enthält die Kieselsäure und eventuell vorhandene Phosphorsäure, die nach bekannten Methoden bestimmt werden. Die auf dem Filter verbleibenden Oxyde werden samt Filter in einer geräumigen Platinschale mit konzentrierter Schwefelsäure dreimal bis zur Breikonsistenz abgeraucht. Zur Zerstörung der organischen Filtersubstanz werden nach Bedarf einige Tropfen konzentrierter Salpetersäure hinzugegeben. Die entstandenen Sulfate werden nach dem Abkühlen in Wasser (klar!) gelöst. Zur Entfernung der Hauptalkalimenge wird mit einem geringen Überschuß an NH_3 bei 60—70⁰ gefällt; die abfiltrierten Hydrate werden in etwa 400 ccm 10%iger Schwefelsäure gelöst und die Lösung auf 500 ccm aufgefüllt. In aliquoten Teilen dieser Lösung erfolgt die Bestimmung von ZrO_2, Fe_2O_3, TiO_2, Al_2O_3.

Zur direkten Bestimmung des Zirkonoxyds werden 100 ccm unter Zusatz von etwa 50 ccm 3%igen Wasserstoffperoxyds bei 60—70⁰ mit einer wäßrigen Lösung von Ammonphosphat gefällt. Das Zirkonphosphat wird mit einer Lösung, die aus gleichen Teilen 5%iger Schwefelsäure und 3%igem Wasserstoffperoxyd besteht, so lange gewaschen, bis das Filtrat farblos (titanfrei) ist. Das Zirkonphosphat wird in einem Platintiegel verascht und mit der 5—6fachen Menge $NaKCO_3$ etwa $^3/_4$ Stunde lang bei heller Rotglut geschmolzen. Die Schmelze wird in Wasser gelöst und filtriert. Das auf dem Filter zurückbleibende Zirkonoxyd wird durch Abrauchen mit konzentrierter Schwefelsäure in Lösung gebracht und das Zirkon aus dieser schwefelsauren Lösung mit Ammoniak gefällt. Zur Entfernung der diesem Zirkonoxyd stets noch anhaftenden geringen Alkalimengen wird die Ammoniakfällung wiederholt, das Zirkonhydroxyd wird dann im Porzellantiegel verascht, geglüht und gewogen.

Bei der wohl stets ausreichenden indirekten Zirkonoxydbestimmung wird folgendermaßen verfahren. Von der auf 500 ccm aufgefüllten Lösung der Hydroxyde (s. o.) werden:

1. 100 ccm mit Ammoniak gefällt, die Fällung filtriert, verascht, geglüht und gewogen $= ZrO_2 + TiO_2 + Fe_2O_3 + Al_2O_3$ (eventuell Erden).

2. 100 ccm mit einer 6%igen wäßrigen Lösung von Cupferron in der Kälte gefällt $= ZrO_2 + TiO_2 + Fe_2O_3$.

3. 100 ccm nach Reduktion durch metallisches Cadmium mit $^1/_{10}$ n-$KMnO_4$-Lösung titriert $= Fe_2O_3 + TiO_2$ (Treadwell: Bd. 2, S. 524. 1923).

4. In 100 ccm TiO_2 colorimetrisch mit H_2O_2 nach Weller bestimmt [Ber. Dtsch. Chem. Ges. 15, 2592 (1882)]; s. Bd. III, Abschnitt ,,Tonerde-verbindungen".

Der Gehalt an Zirkonoxyd ergibt sich dann aus der Differenz von 2 minus 3. Die Werte für TiO_2, Fe_2O_3, Al_2O_3 errechnen sich sinngemäß aus den Differenzen obiger Bestimmungen 1—4. Vielfach ist in Zirkon-erzen der Eisengehalt so gering, daß die colorimetrische Bestimmung des Eisens mit Rhodan (s. S. 191, 303 u. 646) ausgeführt werden muß.

Alle bisher angegebenen Methoden zur Bestimmung von ZrO_2 berück-sichtigen nicht den Gehalt des Zirkonoxyds an Hafniumoxyd. Das Hafnium ist in bezug auf seine chemischen Eigenschaften dem Zirkon-oxyd so sehr ähnlich, daß es bisher nur durch mühevolle fraktionierte Krystallisation möglich ist, die beiden Elemente einigermaßen von-einander zu trennen. Zur Bestimmung des HfO_2-Gehaltes von Zirkon-oxyd bedient man sich im allgemeinen der Röntgenspektroskopie (s. Bd. I, S. 925). Handelt es sich um ein Oxyd, in dem HfO_2 angereichert ist, so läßt sich nach Hevesy und Berglund [Journ. Chem. Soc. London 125, 2373 (1924). — Hevesy, G. v.: Chem. Reviews 2, 1 (1925)] der Gehalt an HfO_2 mit genügender Genauigkeit durch Bestimmung des spezifischen Gewichtes des über Sulfat gewonnenen Oxydes ermitteln nach folgender Formel:

$$\frac{d - 5,73}{0,0394}.$$

Das spezifische Gewicht des reinen Hafniumoxydes ist dabei mit 9,67 angenommen. Neuere Bestimmungen scheinen zu ergeben, daß das HfO_2 ein spezifisches Gewicht über 9,7 hat.

III. Thorium, seltene Erden.

A. Vorkommen, Gewinnung und Verwendung.

Das einzige, technisch wichtige Erz zur Gewinnung von Thorium und der seltenen Erden ist der Monazit, das Orthophosphat der Erden, der als Monazitsand zusammen mit Zirkon- und Titansand gewonnen und, wie dort beschrieben, angereichert und geschieden wird. Die Haupt-vorkommen sind in Brasilien und Indien (Travancore). Der reine, ge-schiedene Monazitsand enthält etwa $6—11\%$ ThO_2, 25% CeO_2, 15% La_2O_3, $7—8\%$ Nd_2O_3, $2,5—2\%$ Pr_4O_7, etwa $3,5\%$ an Yttererden, Sama-rium, Erbinerden zusammen, 30% P_2O_5, etwas Zirkonsand und Titan-eisen. Die indischen Sande sind die thoriumreicheren.

Der Monazitsand wird mit Schwefelsäure aufgeschlossen und nach Ab-trennung der Phosphorsäure das Thorium und die Ceriterden gewonnen.

Thorium wird als Thoriumnitrat zur Herstellung der von Auer von Welsbach erfundenen Glühstrümpfe benutzt. Früher Baumwolle-, dann Ramie- und Kunstseidegarne werden zu Schläuchen gestrickt und diese mit einer konzentrierten Lösung von Thornitrat imprägniert, fixiert und getrocknet. Der fertige Glühstrumpf muß noch verascht werden. Das wird meistens schon in der Glühkörperfabrik gemacht. Um das aus ThO_2 bestehende Ascheskelett transportfähig zu machen, wird es mit Collodium imprägniert. Die maximale Lichtausbeute wird nur erreicht, wenn das Thoriumoxyd 1% Ceroxyd enthält. Dies beruht auf selektiver Strahlung. Thorium- und Cernitrat müssen sehr rein sein. Die Lichtausbeute leidet und auch die Haltbarkeit der Glühkörper, wenn Verunreinigungen zugegen sind. Nur kleine Mengen an Magnesium-nitrat, Aluminiumnitrat und Berylliumnitrat werden der Imprägnier-flüssigkeit (Fluid) zugesetzt, um den gerade gewünschten Sinterungsgrad und die erforderliche Härte beim Verglühen zu erreichen. Thorium-nitrat hat immer einen bestimmten Sulfatgehalt, dieser ist für die Aus-bildung eines lockeren Ascheskelettes wichtig.

B. Übersicht über die Ceriterden.

sind das natürliche Gemisch der seltenen Erden, wie sie aus dem Monazit-sand gewonnen werden. Sie werden verwendet:

Ceritchlorid, wasserhaltig, mit rund 45% Oxyd, wasserfrei mit etwa 66% Oxyd zur Gewinnung von Mischmetall durch Schmelz-elektrolyse. Mit 30% Eisen legiert, erhält man das bekannte pyrophore Zündmetall.

Ceritsulfat, roh, wurde während des Krieges unter dem Namen „Perocid" zur Bekämpfung der Peronospora verwendet.

Ceritnitrat, $42-45\%$ Oxyd wird Blitzlichtpulvern beigemischt.

Ceritfluorid, 80% Oxyd in verschiedenen Reinheitsgraden ist der wichtigste Bestandteil von Effektbogenlampenkohlen.

Ceritoxalat, ein bewährtes Mittel gegen Erbrechen, wird viel in Japan genommen.

Ceritoxyde, hochprozentiges Ceritoxyd mit 85% CeO_2 im Oxydgemisch und reines Ceroxyd mit mindestens 99% CeO_2 werden zur Herstellung von ultraviolett-absorbierenden Gläser verwendet.

Cernitrat, rein, dient für die Herstellung von Glühstrümpfen.

Neodym- und Praseodymoxyd, zum Rotviolett- bzw. Grünfärben von Krystallglas.

Lanthandidym, das ceroxydfreie Gemisch der Ceriterden und das Didym, $Nd_2O_3 + Pr_4O_7$, dienen als Stempelfarbe bei Glühstrümpfen, letzteres zur Herstellung optischer Gläser, welche die gelben Licht-strahlen absorbieren. Man erzielt auf diese Weise einen stärkeren Farb-kontrast rot-blau.

Wenn wir noch erwähnen, daß aus dem Monazitsand auch die radio-aktiven Abkömmlinge des Thoriums, das Mesothor und Radiothor und auch das Helium gewonnen werden, so haben wir eine fast lücken-lose Übersicht über alles das, was aus Monazitsand verwertet werden kann, gegeben.

C. Spezielle Untersuchungsmethoden.

Bei der Ähnlichkeit aller Eigenschaften, die die seltenen Erden untereinander besitzen, wird es sich in den seltensten Fällen als möglich
erweisen, eine Bestimmung der einzelnen Elemente durchzuführen;
eine Ausnahme bildet das Thorium, das Cer in vierwertiger Form und die
farbigen Erden, die man spektrocolorimetrisch bestimmen kann.

Ganz allgemein wird man die seltenen Erden in der Form ihrer Oxyde
zur Wägung bringen. Das wichtigste Gruppenreagens auf seltene Erden
ist die Oxalsäure, mit der die sämtliche Erden einschließlich Thorium in
verdünnten Mineralsäuren unlösliche Oxalate ergeben und somit von
allen anderen Stoffen, deren Oxalate in Mineralsäuren leicht löslich sind,
getrennt werden können.

1. Analyse des Monazitsandes (M. Koß).

Der Monazitsand wird nach seinem Gehalt an ThO_2 bewertet. Die Bestimmungsmethoden für die Ceriterden folgen daher denen des Thoriums.

Man trägt 50 g unzerkleinerten Sand in 150 g, in einer Platinschale
auf 200° erwärmte, Schwefelsäure allmählich ein und erhitzt 5—6 Stunden.
Man überzeugt sich, ob der Aufschluß vollständig ist, indem man mit
einem Glasstabe eine kleine Menge auf ein Uhrglas bringt, mit einigen
Tropfen Wasser verreibt und mit der Lupe beobachtet, ob noch gelbe
Körner des Monazits zu sehen sind. Man läßt die Aufschlußmasse vollständig erkalten und trägt den Brei unter stetigem Rühren langsam in
kaltes Wasser ein. Die Masse löst sich langsam, man läßt sie eine kurze
Zeit stehen. Den unlöslichen Rückstand (Titaneisen, Zirkon, Quarz usw.)
filtriert man ab und bringt die Lösung in einen Literkolben.

200 ccm (10 g) werden mit einem großen Überschuß von kalt gesättigter
Oxalsäurelösung in kleineren Portionen unter stetem Rühren gefällt,
einige Stunden auf dem Wasserbade erwärmt und über Nacht stehengelassen. Durch die Oxalatfällung trennt man die seltenen Erden von
den begleitenden Metallen und von der sehr störend wirkenden Phosphorsäure. Der Niederschlag wird abfiltriert und säurefrei gewaschen. Alsdann spritzt man denselben sorgfältig in eine Porzellanschale und kocht
mit chemisch reiner Natronlauge. Die Oxalate der Erden werden auf diese
Weise in Hydroxyde verwandelt. Man wäscht diese mit heißem Wasser
alkalifrei und löst sie in Salzsäure auf.

2. Bestimmung des Thoriums.

Für die Bestimmung des Thoriums im Monazitsand kennt man eine ganze
Reihe von Methoden. Hier seien nur drei Verfahren mitgeteilt, die sich in
der Praxis sowohl wegen ihrer leichten Ausführbarkeit als ihrer Genauigkeit
am besten bewährt haben (s. a. dieses Werk, 7. Aufl., Bd. 2, S. 542—545).

a) Die Trennung mit Natriumthiosulfat in neutraler Lösung
[Benz: Ztschr. f. angew. Ch. 15, 297 (1902). — Droßbach: Ztschr.
f. angew. Ch. 14, 655 (1901). — Fresenius u. Hintz: Ztschr. f. anal. Ch.
35, 525 (1896). — Hintz u. Weber: Ztschr. anal. Ch. 36, 27 (1897). --
Hauser u. Wirth: Ztschr. f. angew. Ch. 22 (1909)]. Die verdünnte

Chloridlösung wird mit Ammoniak neutralisiert, 9 g krystallisiertes Natriumthiosulfat zugegeben und etwa $^3/_4$ Stunde gekocht. Das gefällte basische Thoriumthiosulfat ist gut filtrierbar und läßt sich mit heißem Wasser gut auswaschen. Es ist aber bei der ersten Fällung nicht vollständig rein. Die Fällung muß wiederholt werden. Man löst den Niederschlag in Salzsäure, verdünnt etwa auf 1 l, neutralisiert mit Ammoniak und fällt wieder, wie oben, mit Natriumthiosulfat. Man kocht nun den Niederschlag wieder mit dem Filter mit konzentrierter Salzsäure, setzt Oxalsäure hinzu, verdünnt mit heißem Wasser, läßt 12 Stunden stehen, filtriert ab, verglüht das Thoriumoxalat auf dem Gebläse und wägt als ThO_2.

Diese Methode liefert bei exakter Ausführung sehr gute Resultate. Sie hat sich in der Praxis auf das beste bewährt.

b) Mit Kaliumjodat in salpetersaurer Lösung.

Diese Methode ist von Meyer, R. J. und Speter [Chem.-Ztg. 34, 821 (1910). — Meyer: Ztschr. f. anorg. u. allg. Ch. 71, 65 (1911)] beschrieben worden. Sie beruht darauf, daß das Thoriumjodat in salpetersaurer Lösung unlöslich ist, während die Cerit- und Ytterjodate löslich sind.

100 ccm der Monazitsandlösung (= 5 g) werden mit 50 ccm konzentrierter Salpetersäure (spez. Gew. 1,4) und mit einer Lösung von 15 g Kaliumjodat in 50 ccm Salpetersäure (spez. Gew. 1,4) und 30 ccm Wasser versetzt. Den Niederschlag von Thoriumjodat läßt man eine halbe Stunde stehen und filtriert dann. Man bereitet eine Waschflüssigkeit von 4 g KJO_3 in 100 ccm verdünnter Salpetersäure und 400 ccm Wasser vor. Den Niederschlag spritzt man vom Filter in ein Becherglas, rührt denselben mit etwa 100 ccm der Waschflüssigkeit gut auf und filtriert durch dasselbe Filter. Alsdann spritzt man den Niederschlag mit heißem Wasser wieder in das Becherglas, erhitzt die Flüssigkeit zum Sieden, löst zunächst das Thoriumjodat in 30 ccm konzentrierter Salpetersäure und fällt wieder durch Zusatz einer Lösung von 4 g KJO_3 in wenig Wasser und verdünnter Salpetersäure. Man filtriert nach dem Erkalten und wäscht mehrere Male mit der oben angegebenen Waschflüssigkeit. Der Niederschlag wird jetzt mit Salzsäure und etwas schwefliger Säure gelöst, mit Ammoniak als Hydroxyd gefällt, das Hydroxyd in Salzsäure gelöst, mit Oxalsäure im Überschuß gefällt, nach 12 Stunden filtriert, verglüht und als ThO_2 gewogen.

c) Mit Natriumsubphosphat in salzsaurer Lösung

[Rosenheim, A.: Chem.-Ztg. 36, 821 (1912). — Koß: Chem.-Ztg. 36, 686 (1912)]. 100 ccm der Aufschlußlösung des Monazitsandes wird mit konzentrierter Salzsäure und einer Lösung von Natriumsubphosphat versetzt. Man kocht die Flüssigkeit kurze Zeit, filtriert heiß ab, wäscht das Thorsubphosphat mit Wasser und etwas Salzsäure gut aus und raucht den vorgetrockneten Niederschlag in einer Platinschale mit konzentrierter Schwefelsäure unter Zusatz von einigen Tropfen Salpetersäure ab. Alsdann bringt man den Inhalt der Schale in ein Becherglas, fügt Ammoniak bis zur alkalischen Reaktion hinzu, filtriert und wäscht alkali- und schwefelsäurefrei aus. Der Thorsubphosphatniederschlag wird in Salzsäure gelöst, mit

Oxalsäure in großem Überschuß in der Hitze gefällt und als ThO_2 gewogen. Die Oxalatfällung ist notwendig, um das Thorium von der Phosphorsäure und von Zirkon und Titan zu trennen.

3. Untersuchung von Glühkörperasche und Glühkörperschnitzeln.

Sie fallen in Fabriken und Großverbrauchsstellen an, werden gesammelt und sind ebenfalls ein geeignetes Material zur Darstellung von Thoriumnitrat. Diese Abfallprodukte werden zunächst sorgfältig verascht und der Gewichtsverlust quantitativ bestimmt. Die Asche wird gesiebt, um Asbestfasern, grobe Stücke von Ringen usw. zu entfernen.

Im Rest wird der Gehalt an ThO_2 bestimmt. Es werden 10 g einer Durchschnittsprobe abgewogen, mit 50 ccm konzentrierter reiner Schwefelsäure in einer möglichst geräumigen Porzellanschale aufgeschlossen, abkühlen lassen und in 800 ccm kaltes Wasser eingetragen, nach dem Absetzen abgenutscht, ausgewaschen, bis die Schwefelsäure verschwunden ist. Der Rückstand wird mit Alkohol und Äther getrocknet, vom Filter ins Schälchen zurückgegeben, das Filter verascht und dazugegeben und zum zweiten Male mit 20 ccm H_2SO_4 aufgeschlossen, in 500 ccm Wasser eingetragen und wie vorher behandelt. Der hiervon verbleibende Rückstand wird mit 10 ccm H_2SO_4 aufgeschlossen, in 100 ccm Wasser aufgenommen und wie vorher behandelt. Von dem nun verbleibenden Rest darf bei regulärem Arbeiten kein ThO_2 mehr in Lösung gehen, ist dies doch der Fall, so ist der Aufschluß fortzusetzen, bis zur völligen Erschöpfung des Thoriumgehaltes. Der Zusatz der konzentrierten H_2SO_4 richtet sich nach der Menge des Rückstandes, soll jedoch nicht weniger als 10 ccm betragen. Die sämtlichen Filtrate werden in einem 2-l-Kolben vereinigt, zur Marke ausgefällt und 400 ccm mit 200 ccm einer 10%igen Oxalsäurelösung ausgefällt, nach dem Absetzen abfiltriert, gut ausgewaschen, bis keine H_2SO_4-Reaktion mehr eintritt, geglüht und gewogen.

Von dem Resultat sind 4% abzuziehen (Handelsusance, um das praktisch nicht aufschließbare ThO_2 bei der Bewertung in Abzug zu bringen). Aschen mit abnorm hohen Gehalt an farbigen Oxyden sind nach der Thiosulfatmethode zu analysieren.

4. Bestimmung der seltenen Erden (Ph. Hoernes).

Hat eine Probe die Anwesenheit von seltenen Erden ergeben, so wird eine Lösung hergestellt, die in 1000 ccm ungefähr 9 g Erdoxyde enthält und annähernd $^3/_4$ normal an Salzsäure ist.

Zur Bestimmung der gesamten Erdoxyde einschließlich Thorium werden 100 ccm der klaren Lösung in 70 ccm einer kalt gesättigten Oxalsäurelösung unter Umrühren eintropfen gelassen und auf dem Wasserbade nach Verdünnen mit heißem Wasser auf etwa 300 ccm unter wiederholtem Umrühren erwärmt. Die bald krystallinisch werdende Fällung läßt man 12 Stunden kühl stehen, filtriert, wäscht mit warmer 2%iger Oxalsäure aus und verglüht noch feucht mit dem Filter zusammen bei möglichst niederer Temperatur. Das erhaltene Oxyd wird in 10 ccm Salzsäure (spez. Gew, 1,124) gelöst und die Lösung auf 100 ccm verdünnt. Mit dieser Lösung wird die Oxalsäurefällung wiederholt und das 20 Minuten auf dem Gebläse geglühte Oxyd gewogen.

Kieselsäure, Aluminium, Barium, Calcium, Magnesium, Alkalien usw. werden in den vereinigten Filtraten und Waschwässern der doppelten Oxalsäurefällung bestimmt. Ist die Menge an Verunreinigungen klein, wie in den technischen Ceritsalzen z. B. Ceritchlorid, so muß man die 5fache Menge an Substanz zur Analyse nehmen.

Zur Zerstörung der Oxalsäure dampft man die Lösung ein und erhitzt den Rückstand vorsichtig, dann wird er zweimal mit Salzsäure abgeraucht, während zwei Stunden bei 120° getrocknet, mit Salzsäure durchfeuchtet und mit Wasser aufgenommen. Die abgeschiedene Kieselsäure wird abfiltriert, gewogen, mit Flußsäure abgeraucht, gewogen, der Rückstand mit Salzsäure in Lösung gebracht und dem Filtrat der Kieselsäure zugefügt. In dieser Lösung können nun nach bekannten Methoden die anderen Bestandteile bestimmt werden.

Das mittlere Atomgewicht der thoriumfreien Ceriterden wird mit 140,7 angenommen, das Molekulargewicht der Oxyde mit $1/2 \, MeO_2 + 1/4 \, Me_2O_3 = 168,7$.

Im Handel vorkommende Ceroxyde sind meist hochgeglüht und schwer in Salzsäure löslich. Ein leichter Aufschluß wird folgendermaßen erzielt:

2 g staubfeiner Probe werden im bedeckten Becherglas mit 20 ccm konzentrierter Schwefelsäure und 20 ccm Perhydrol (Merck) versetzt und vorsichtig bis zum Auftreten der SO_3-Dämpfe erhitzt. Bei Abscheidung von Sulfaten wird das Erhitzen unterbrochen. Nach Erkalten wird mit Wasser bis zur Lösung verdünnt. Unaufgeschlossene Anteile müssen in gleicher Weise nochmals behandelt werden. Die vereinigten Lösungen werden auf 500 ccm aufgefüllt. 100 ccm (0,4 g) werden mit Oxalsäure gefällt.

Fluoride der seltenen Erden (Ceritfluorid) werden zunächst mit der 5—6fachen Menge Na-Ka-Carbonat geschmolzen, die Schmelze mit Wasser ausgelaugt, filtriert und die zurückbleibenden Oxyde nach Verbrennen des Filters wie vorstehend mit konzentrierter Schwefelsäure und Perhydrol aufgeschlossen.

Silicate mit einem Gehalt an seltenen Erden, wie sie als Gläser derzeit technisch hergestellt werden, sind nach den Methoden der Silicat- bzw. Glasanalyse aufzuschließen und in der erhaltenen mineralsauren Lösung die Erden mit Oxalsäure abzutrennen (besondere Fälle s. Meyer-Hauser: Analyse der seltenen Erden, S. 299 f.).

5. Bestimmung des Cers im Gemisch der seltenen Erden.

Hat man die Gesamtmenge der in einer Substanz vorhandenen seltenen Erden ermittelt, so kann man die Zusammensetzung des Oxydgemisches durch Bestimmung des Cergehaltes weiter aufklären. Die Cerbestimmung wird maßanalytisch durchgeführt.

Die Titration mit Wasserstoffperoxyd erfolgt nach v. Knorre [Ztschr. f. angew. Ch. 1897, 685, 717; Ber. Dtsch. Chem. Ges. 33, 1924 (1900). — Hintz, E. u. Weber, H.: Ztschr. f. anal. Ch. 37, 103 (1898)].

Die folgende Abänderung der Methode von v. Knorre gibt recht gute Ergebnisse. Die Lösung soll 0,1 g CeO_2 als Nitrat enthalten und soll frei von Chloriden sein. Sie wird auf 100 ccm verdünnt und mit 6 g H_2SO_4 in 10 ccm sowie mit 20 ccm einer 20%igen Lösung von Ammonpersulfat versetzt und so lange gekocht, bis die Sauerstoffentwicklung ganz beendet ist, etwa 10 Minuten. Dann wird durch Einstellen in kaltes Wasser möglichst rasch abgekühlt, mit $1/20$ n-Wasserstoffperoxydlösung bis zur vollständigen Entfärbung der gelben Lösung versetzt und der kleine Überschuß an H_2O_2 mit einer $1/20$ n-Permanganatlösung zurücktitriert. Die Rosafärbung bleibt nur etwa $1/2$ Minute bestehen, da das Cerosalz Permanganat langsam reduziert. Titansäure und Phosphorsäure stören bei der Titration. Zur Berechnung der Resultate gilt die Gleichung $2\,CeO_2 + H_2O_2 = Ce_2O_3 + H_2O + O_2$.

Sehr gute Resultate gibt auch die Methode nach **Waegner** und **Müller** [Ber. Dtsch. Chem. Ges. **36**, 282, 1732 (1903)] durch Oxydation mit Wismuttetroxyd (Bi_2O_4).

Erwähnung finde noch die Methode von **Meyer R. J.** und **Schweizer** [Ztschr. f. anorg. u. allg. Ch. **54**, 104 (1907); s. a. **Meyer-Hauser**: l. c. S. 244] durch Titration der Cerolösung durch Kaliumpermanganat in neutraler oder alkalischer Lösung.

6. Bestimmung von Cerit- und Yttererden.

Eine, wenn auch nicht vollkommene quantitative Scheidung von Cerit- und Yttererden ist durch Fällung mit Kaliumsulfat zu erreichen. Ceritkaliumdoppelsulfate sind in überschüssiger K_2SO_4-Lösung sehr schwer, die Ytterdoppelsalze leicht löslich. Die thoriumfreie, salpetersaure Lösung wird auf etwa 20% Oxydgehalt eingedampft und wird in überschüssige gesättigte K_2SO_4-Lösung eingegossen und überschüssiges festes K_2SO_4 zugesetzt. Nach 24stündigem Stehen werden die Ceriterden abfiltriert und mit gesättigter K_2SO_4-Lösung nachgewaschen. Die vereinigten Filtrate mit Ammoniak gefällt, geben die Hydrate der Yttererden, die in Salzsäure gelöst (Vermeidung von Säureüberschuß wegen leichterer Löslichkeit der Ytteroxalate) mit Oxalsäure gefällt werden. Das verglühte Oxalat gibt die vorhandenen Ytteroxyde, die Differenz zur ursprünglich angewandten Oxydmenge die Ceriterden.

Untersuchung der Erdgemische durch Spektralanalyse (s. Bd. 1, S. 850). Besonders Praseodym- und Neodymsalze geben charakteristische Absorptionsspektren. Durch Vergleichen von Erdlösungen bekannten Gesamtoxydgehaltes mit Lösungen der reinen Praseodym- und Neodymsalze bekannten Gehaltes im Spektrocolorimeter von **Krüß** lassen sich mit annähernder Genauigkeit der Praseodym- und Neodymgehalt schätzen. Bei reinen Neodym- bzw. Praseodymlösungen ist die Bestimmung recht genau, wenn beide Lösungen das gleiche Anion enthalten. Bei Gemischen der beiden Erden untereinander und mit anderen farblosen Erden werden die Resultate wesentlich ungenauer.

7. Prüfung des Thoriumnitrats des Handels (M. Koß)

(s. a. 7. Aufl. dieses Werkes, Bd. 3, S. 134—137).

Das Thoriumnitrat des Handels ist eine weiße krystalline, krümelige Masse. Das Präparat kommt sehr rein in den Handel. Für die Prüfung

des Thoriumnitrats sind von dem ehemaligen Thorsyndikat folgende
Normen aufgestellt worden (s. a. Meyer, R. J. u. O. Hauser: Die
Analyse der seltenen Erden und der Erdsäuren, S. 266 f. 1912):

a) Löslichkeit und Farbe.

25 g des Nitrats sollen sich in 25 ccm destillierten Wassers bei ständigem Umschwenken in 10 Minuten vollständig klar gelöst haben. Eine
minimale gelbliche Färbung der Lösung ist zulässig.

b) Der Schwefelsäuregehalt

soll, auf SO_3 berechnet, normalerweise 1% betragen. Schwankungen
zwischen 0,8 und $1,5\%$ sind zulässig. 10 g Nitrat werden in einem
Kolben von 500 ccm in 250 ccm Wasser gelöst, mit 5 ccm Salzsäure
(spez. Gew. 1,19) versetzt und mit 5 g reiner Oxalsäure unter Vermeidung eines Überschusses ausgefällt. Man füllt den Kolben bis fast zur
Marke auf, erwärmt auf dem Wasserbade, bis sich das Oxalat körnig
abgesetzt hat, kühlt auf 15^0 ab, füllt auf 500 ccm auf und filtriert durch
ein trockenes Filter. 400 ccm des Filtrats = 8 g Substanz werden zum
Sieden gebracht, durch tropfenweise Zugabe mit 25 ccm heißer Chlorbariumlösung (10% $BaCl_2 \cdot 2$ aq) gefällt, der Niederschlag mindestens
10 Stunden stehengelassen, filtriert und ausgewaschen. Filter und
Niederschlag werden noch feucht bei voller Flamme verbrannt und
mäßig geglüht.

c) Bestimmung des Glührückstandes.

Der Oxydgehalt des Thoriumnitrats soll nicht unter 48% betragen.
2 g Thoriumnitrat werden im Platintiegel abgewogen, mit 4 Tropfen
Ammoniak (25%) versetzt, schwach erwärmt, bis nitrose Dämpfe
entweichen; man läßt abkühlen, versetzt abermals mit 4 Tropfen
Ammoniak, glüht 20 Minuten auf dem Gebläse und wägt.

d) Eisen und Schwermetalle

dürfen nur in Spuren zugegen sein. Der Nachweis geschieht qualitativ
in wäßriger Lösung mit Rhodankalium bzw. Schwefelwasserstoff. Es
wird eine 30%ige Lösung verwendet und einerseits 20 ccm mit 10 ccm
einer 2%igen Rodankaliumlösung versetzt, andererseits 20 ccm mit
50 ccm eines gesättigten Schwefelwasserstoffwassers. Der Eisengehalt
soll $0,0025\%$ Fe_2O_3 nicht überschreiten.

Schwefelwasserstoffwasser soll gar keine Veränderung oder nur eine
schwach dunkle Färbung, keinen Niederschlag hervorrufen.

e) Chloride

dürfen nicht zugegen sein. Man prüft mit Silbernitratlösung.

f) Didym (bunte Erden).

Die Anwesenheit einer merklichen Menge bunter Erden beeinträchtigt stark die Lichtemission. Da die Mengen der bunten Erden
im käuflichen Thoriumnitrat sehr gering sind, so ist es nötig, eine
Anreicherung derselben vorzunehmen. 21 g Thoriumnitrat (= 10 g ThO_2)

werden in 50 ccm Wasser gelöst und mit 25 ccm Schwefelsäure (500 g
konzentrierter Schwefelsäure chemisch rein auf 1 l) versetzt. Nach
einigem Reiben scheidet sich Thoriumsulfat krystallinisch ab. In der
Lösung bleibt fast alles Didym, Lanthan usw. mit etwa 5% des Thoriums.
Nach 1 Stunde Stehen wird auf einer kleinen Porzellannutsche abgesaugt,
mit 20 ccm 5%iger Schwefelsäure schnell ausgewaschen. Filtrat und
Waschwasser werden mit chemisch reinem Ammoniak in schwachem
Überschuß gefällt, dreimal dekantiert, die ausgefällten Hydroxyde
abgesaugt und auf der Nutsche heiß mit 250 ccm Wasser ausgewaschen, vom Nutschenfilter so sorgfältig wie möglich abgelöst und in
ein sauberes Porzellanschälchen gebracht. Sodann werden die Hydroxyde
mit 4 ccm Salpetersäure (69 ccm reine Salpetersäure [spez. Gew. 1,41] auf
250 ccm) gelöst. Mit dieser Lösung wird ein Glühstrumpf in folgender
Weise getränkt: Der saubere Strumpf wird am Kopf mit Daumen und
Zeigefinger der einen Hand erfaßt, in das Schälchen mit der Lösung
gebracht und nach allen Seiten mit einem Spatelchen durchgeknetet.
Man bringt dann den imprägnierten Körper auf einen reinen Glaskegel,
streicht das Gewebe mit dem Spatel glatt nach unten und läßt trocknen.
Der getrocknete Glühkörper wird dann mit Asbest genäht, mit Öse
versehen, von oben abgebrannt und 3 Minuten in der Preßgasflamme
ausgeglüht. Sodann legt man den abgebrannten Glühkörper auf eine
weiße Unterlage (Papier usw.), trennt den Kopf und den weniger ausgeglühten unteren Teil ab und teilt den Glühkörper mit einem scharfen
Messer in 4 Teile, die übereinander gelegt werden, und zwar so, daß die
äußere Seite des Körpers immer nach oben zu liegen kommt und legt eine
farblose Glasplatte darauf. Eine rötlichere Färbung als ein Strumpf aus
gutem Thornitrat weist auf einen höheren Didymgehalt hin.

g) Phosphorsäure.

Ein Gehalt von 0,004% Phosphorsäure als P_2O_5 berechnet, soll
als Maximum gelten. 50 g Thoriumnitrat werden in 125 ccm Wasser
gelöst, dazu 25 ccm Salpetersäure (spez. Gew. 1,41) gegeben. Zur
klaren Lösung werden 125 ccm Ammoniummolybdatlösung[1] und 50 g
reines phosphorsäurefreies Ammoniumnitrat (stets auf P_2O_5 zu prüfen)
gegeben und über Nacht oder mindestens 10 Stunden auf dem Wasserbade stehengelassen, filtriert und mit einer verdünnten Lösung
von Ammoniumnitrat und reiner Salpetersäure (150 g NH_4NO_3, 10 ccm
HNO_3 [spez. Gew. 1,14], 1 l H_2O) ausgewaschen, bis mit Ammoniak
kein Niederschlag mehr erfolgt. Der Niederschlag wird mit 150 ccm
verdünntem, schwach erwärmtem Ammoniak (1 Teil NH_3 [25%] + 3 Teile
H_2O) auf dem Filter gelöst, mit möglichst wenig heißem Wasser das
Filterchen nachgewaschen, so daß die Gesamtmenge des Filtrats etwa
40 ccm nicht überschreitet. Sodann wird mit konzentrierter Salzsäure
(spez. Gew. 1,19) tropfenweise neutralisiert, bis der entstehende gelbe

---

[1] Bereitung der Ammoniummolybdatlösung: I. 40 g molybdänsaures Ammo-
nium + 335 g H_2O + 65 ccm Ammoniak (25%). II. 230 ccm HNO_3 (spez. Gew. 1,41)
+ 370 ccm H_2O. Lösung I muß in II gegossen werden, nicht umgekehrt, da sonst
Ausscheidungen eintreten.

Niederschlag sich leicht auflöst. Nach der Neutralisation werden 10 ccm Ammoniak (25%) zugegeben und mit 8 ccm Magnesiamixtur gefällt (Fresenius).

h) Nachweis des Cers.

Cer darf nicht nachweisbar sein. Zum Nachweis des Cers werden einige Gramm Thornitrat in destilliertem Wasser gelöst, mit Ammoniakübersättigt, mit H_2O_2-Lösung versetzt und erhitzt. Dabei darf der Niederschlag keine Gelbfärbung zeigen, wenn man von oben durch das Reagensglas sieht (vgl. S. 1633).

i) Der Gehalt an Aluminium, Calcium, Magnesium, Alkalien usw.

darf zusammen nicht mehr als 0,06% betragen. 40 g Nitrat werden in einem 400-ccm-Kolben zunächst mit 150 ccm heißem Wasser gelöst, nach Zusatz von 2 ccm konzentrierter Salpetersäure (spez. Gew. 1,41) mit einer Lösung von 19,5 g reiner Oxalsäure ausgefällt und mindestens 10 Stunden oder über Nacht stehengelassen, sodann durch weiteren Zusatz von 0,5 g Oxalsäure in Lösung geprüft, nach dem Erkalten bis zur Marke aufgefüllt und durch ein trockenes Faltenfilter, trockenen Trichter in ein trockenes Becherglas filtriert. 200 ccm des Filtrats werden dann in gewogener Platinschale eingedampft, die oxalsauren Salze durch Erhitzen zur Rotglut zerstört und der Rückstand gewogen.

Die Oxalsäure wird am besten im Laboratorium selbst rein dargestellt; hierbei ist es nötig, dieselbe mehrmals aus stark salzsaurer Lösung umzukrystallisieren, da sie hartnäckig Alkalien und Erdalkalien zurückhält. Es ist selbstverständlich nötig, vor der Benutzung eine Rückstandsbestimmung der Oxalsäure zu machen und die eventuell gefundenen Rückstandsmengen vom Resultat abzuziehen.

8. Untersuchung der Cerprodukte.

Die Cerprodukte kommen in verhältnismäßig hoher Reinheit in den Handel, insbesondere die wasserlöslichen Verbindungen. So soll z. B. wasserhaltiges Ceritchlorid mit 45% Oxyd keinen höheren Gehalt an Verunreinigungen haben als nachstehend angegeben:

Oxychlorid . .	1,3%	$MgCl_2$.	0,45%
$FeCl_3$	0,8%	$CaCl_2$	4,5 %
$AlCl_3$	0,5%	$NaCl$	2,0 %

ThO_2, TiO_2, Pb, SO_4, As_2O_3, P_2O, SiO_2 . . . Spuren

Für die Analyse des Ceritchlorids, wie es für die Herstellung des Mischmetalles verwendet wird, hat der frühere Cererdenverband Normenbestimmungen aufgestellt, von denen im nachfolgenden das wichtigste auszugsweise wiedergegeben wird:

a) Qualitative Prüfungen.

In einer kongoneutralen Lösung, welche 4—5% Oxyd enthält, wird qualitativ geprüft auf Arsen, Phosphorsäure und Schwefelsäure.

10 ccm der Lösung dürfen bei der Bettendorfschen Probe (s. S. 639) keinen schwarzen Niederschlag geben.

10 ccm der Lösung werden mit Ammoniak gefällt, der Niederschlag wird nach dem Filtrieren und Herauswaschen der Chloride mit 10 ccm Salpetersäure (spez. Gew. 1,3) gelöst, die Lösung filtriert, mit 10 ccm destilliertem Wasser ausgewaschen und nach Zusatz von 10 ccm konzentrierter Ammonnitratlösung mit 20 ccm einer Lösung von molybdänsaurem Ammon auf 90° erwärmt. Es darf kein gelber Niederschlag entstehen.

10 ccm der Lösung, mit 5 ccm Salzsäure angesäuert und auf 100 ccm verdünnt, dürfen mit 10 ccm Bariumchloridlösung versetzt und gekocht höchstens eine schwache Trübung geben.

b) Quantitative Bestimmungen.

Ceritchlorid zieht stark Wasser an, ist daher wohlverschlossen (paraffinieren) aufzubewahren.

Ceroxychlorid: 10 g der Durchschnittsprobe werden in 100 ccm Wasser gelöst, nach längerem Umrühren durch ein bei 110° getrocknetes und gewogenes Filter filtriert und der Rückstand so lange gewaschen, bis keine Chlorionreaktion im Waschwasser mehr auftritt. Es wird dann bei 110° getrocknet und gewogen.

Die Methoden zur Bestimmung des Gesamtgehaltes an Erden, die titrimetrische Bestimmung des Cers und die Bestimmungsmethoden für die Verunreinigungen sind bereits beschrieben worden.

Prüfung des Cernitrats für die Glühkörperindustrie. Der durch Glühen ermittelte Oxydgehalt soll 39% betragen; die Farbe des Oxyds soll rein hellgelb sein. Die Prüfung auf Verunreinigungen wird wie bei Thornitrat beschrieben, durchgeführt.

Die Anforderungen, die die Glühkörperindustrie an die Reinheit von **Magnesiumnitrat, Aluminiumnitrat, Berylliumnitrat** stellt, sind etwa dieselben wie sie für das Cernitrat gefordert werden. Entsprechend dem geringeren Zusatz sind die Anforderungen weniger strenge als beim Thornitrat.

Für das **Ceritoxalat** (Pharm. Jap. 4) gelten die folgenden Prüfungsvorschriften. 1 g soll sich in 20 ccm HCl (spez. Gew. 1,125) beim Erwärmen ohne Aufbrausen lösen. Nach Abscheidung des Cers durch NaOH soll im Filtrat auf Zusatz von HN_4Cl kein Niederschlag (Al) ausfallen. Glüht man das Oxalat $^1/_2$ Stunde im elektrischen Ofen, so sollen etwa 48% Oxyd hinterbleiben. Das erkaltete mit Wasser angefeuchtete Oxyd soll gegen Lackmus neutral reagieren (CaO, Alkali). Das Oxyd wird unter Erwärmen in konzentrierter HCl gelöst unter Zusatz einiger Tropfen Perhydrol und mit Wasser 1 : 40 verdünnt. Mit H_2S darf kein Niederschlag entstehen. Nach Übersättigung mit Ammoniak soll im Filtrat Ammonoxalat höchstens eine kleine Trübung (CaO) geben, Natriumphosphat aber keinen Niederschlag erzeugen (MgO). 50 Teile Wasser mit 1 Teil Salz geschüttelt sollen mit Silbernitrat nur eine stark milchige Trübung von AgCl, mit Bariumnitrat nur eine Trübung von $BaSO_4$ geben. Beim Erwärmen mit NaOH darf kein Geruch nach NH_3 wahrnehmbar sein.

Ceritfluorid soll möglichst wenig wasserlösliche Bestandteile (Sulfate) enthalten, ferner weniger als 3% CaO.

Uran.

Von

Privatdozent Dr. **Fr. Heinrich** und Chefchemiker **F. Petzold,** Dortmund.

Einleitung.

Die für technische Zwecke hauptsächlich verwendeten Uranerze sind:

1. Das Uranpecherz (Pechblende, Uraninit) mit 40—90$^0/_0$ U_3O_8, das sehr oft mit Pyrit, Arsenkies, Bleiglanz usw. gemischt ist.

2. Carnotit, ein Kaliumvanadyluranat mit etwa 62—65$^0/_0$ UO_3.

3. Autunit (Uranylcalciumorthophosphat) und Torbernit (wobei Ca durch Cu ersetzt ist) mit 55—62$^0/_0$ UO_3.

4. Samarskit, ein Eisen- und Yttrium-Uran-Tantalat, mit 10—12$^0/_0$ UO_3.

5. Fergusonit, ein Cer-Eisen-Calcium-Yttrium-Niob-Uran-Mineral.

Die in den Handel kommenden ärmeren Pecherze enthalten 30 bis 60$^0/_0$ U_3O_8, die Uransande von Carolina, Connecticut, Colorado nur 8—18$^0/_0$. Die meisten uranhaltigen Erze sind radioaktiv.

Aus den Erzen wird gegebenenfalls nach Aufbereitung und Rösten der Urangehalt durch Säure extrahiert und die ausgelaugten Uransalze gereinigt.

Uranmetall wird hergestellt durch Erhitzen von Urantetrachlorid mit metallischem Na bzw. einem Gemische von Na und Mg bei Gegenwart von NaCl auf hohe Temperatur oder aus einem Gemisch von 500 Teilen U_3O_8 und 40 Teilen Zuckerkohle im elektrischen Ofen.

Es findet besonders in der Glasfabrikation und Porzellanmalerei in Form von Natrium- bzw. Ammoniumuranat und Uranylnitrat Verwendung, ferner in der Photographie. Wichtiger ist die Verwendung in Legierung mit Eisen als Ferrouran, das im elektrischen Ofen durch Reduktion von Uranoxyd in Gegenwart von Eisen unter einer Calciumoxyd- bzw. Fluoridschlacke erschmolzen wird.

I. Methoden der Uranbestimmung.

1. Gravimetrische Bestimmung.

Die Bestimmung des Urans kann gewichtsanalytisch durch Fällen mit NH_3 als Ammoniumuranat erfolgen, das nach Zimmermann [Ann. de Chimie et de Physique **232**, 287 (1886)] durch Glühen im Sauerstoffstrome in wägbares U_3O_8 [vgl. auch Lundell u. Knowles: Journ. Amer. Chem. Soc. 47, 2637 (1925). — Chem. Zentralblatt **1926 I**, 1458] oder nach H. Schwarz (Treadwell: Analytische Chemie. 10. Aufl., Bd. 2, S. 92. 1922) durch Glühen im Wasserstoffstrom bei mindestens 1000^0 in UO_2 übergeführt wird.

2. Maßanalytische Bestimmung.

Die am häufigsten angewandte Methode ist die maßanalytische nach Belhoubeck [Journ. f. prakt. Ch. **99**, 231 (1866)], Zimmermann [Ann. Chem. Pharm. **232**, 285 (1886)], Hillebrand (U. S. Geol. Survey **1889**, Nr. 78, 90), die auf der Überführung von U_3O_8 in Uranyl- und Uranosulfat durch Behandeln mit verdünnter H_2SO_4 (1 : 6) im Einschmelzrohr bei 150—175° und oxydimetrischer Titration des letzteren mit $KMnO_4$ zu Uranylsulfat beruht.

Zahlreiche Forscher versuchten die unbequeme Reduktion im Einschlußrohr durch andere Mittel zu ersetzen, so Zanda und Reh [Ztschr. f. anorg. u. allg. Ch. **129**, 293-(1923). — Ztschr. f. anal. Ch. **63**, 450 (1923)] und Lundell und Knowles [Ztschr. f. anal. Ch. **71**, 76 (1927)] durch Aluminium, Koblic (Chem. Zentralblatt **1925** II, 674) durch Blei und Salzsäure, Scagliarini und Pratesi [Annali Chim. appl. **19**, 85 (1929). — Chem. Zentralblatt **1929** II, 2229] durch Kupfer und Schwefelsäure und Treadwell [Helv. chim. Acta **4**, 551 (1921). — Chem. Zentralblatt **1921** IV, 1297] durch Cadmium.

Nach Jones [Ztschr. f. anal. Ch. **29**, 597 (1890)] reduziert man am besten in einem mit amalgamiertem Zink beschicktem Reduktionsrohr (s. bei der Analyse von Uranpecherz S. 1644).

Chlopin und Kaufmann (Chem. Zentralblatt **1929** II, 771) haben die Titration des 4wertigen Urans mit Ti-3-salz vorgeschlagen.

3. Colorimetrische Bestimmung.

Kleine Mengen Uran lassen sich nach Müller mit salicylsaurem Natrium [Chem.-Ztg. **43**, 739 (1919)] colorimetrisch bestimmen.

II. Trennung des Urans von anderen Metallen.

Von den Metallen der Schwefelwasserstoffgruppe wird Uran in saurer Lösung durch H_2S getrennt.

Von den Erdalkalimetallen und Mg geschieht die Trennung durch Fällen mit frisch bereitetem ammoncarbonatfreiem Schwefelammon in ammonchloridhaltiger Lösung als Uransulfid.

Von Eisen und Aluminium trennt man U aus stark ammonsalzhaltiger, schwach saurer Lösung durch einen Überschuß von Ammoncarbonat und hierauf Schwefelammon, wobei es als $UO_2(CO_3)_3(NH_4)_4$ in Lösung bleibt und durch Filtration von FeS und $Al(OH)_3$ getrennt wird. Die Lösung wird fast zur Trockne gedampft, und das Uran mit NH_3 aus saurer Lösung als Ammonuranat ausgeschieden.

Eine weitere Trennung des Urans von Eisen und anderen Elementen die wasserunlösliche Carbonate bilden, empfiehlt W. W. Scott (Standard Methods of chemical analysis, S. 580). — Das H_2S-Filtrat wird auf 150 ccm abgedampft und 15 ccm H_2O_2 zugesetzt. Dann wird mit Natriumcarbonat neutralisiert und etwa 3 g Na_2CO_3 im Überschuß zugefügt. Nach 20 Minuten langem Kochen und Ersetzen des verdampften Wassers, fallen $Fe(OH)_3$ und unlösliche Carbonate aus, die abfiltriert und mit heißem H_2O ausgewaschen werden. Der Niederschlag wird nochmals

in HNO_3 gelöst und wieder wie oben beschrieben ausgefällt. Die vereinigten, alles U enthaltenden Filtrate werden auf 250 ccm eingeengt
und nach f. (siehe unten) weiter getrennt (vgl. a. S. 1643).

Eine Trennungsmöglichkeit des Urans von den übrigen Metallen der
Ammoniakgruppe bietet endlich noch die Anwendung von Cupferron,
dem Ammoniumsalz des Nitroso-phenylhydroxylamins. Dieses fällt
6wertiges Uran nicht, dagegen Fe, Ti, Zr und Va. Im Filtrat läßt sich
dann nach Reduktion des 6wertigen Urans zu 4wertigen dieses mit
Cupferron fällen.

Hinsichtlich der Trennung des Urans von einzelnen Begleitmetallen
sei bemerkt:

a) Aluminium.

Hierfür kommt die beschriebene Gruppentrennung mit Ammoncarbonat und Schwefelammon in Frage, ferner nach Lundell und
Knowles [Bur. of Standards Journ. Res. 3, 95 (1929)] die Trennung
mit Oxychinolin, das in schwach saurer Lösung zugesetzt wird, worauf
man mit Ammoncarbonat neutralisiert, mit einem Überschuß des Fäl-
lungsreagens versetzt und auf etwa 50° erhitzt.

b) Beryllium

wird nach Brinton-Ellestad [Journ. Amer. Chem. Soc. 45, 395 (1923).
— Chem. Zentralblatt 1923 IV, 520] mit Ammoncarbonat in chlorammonhaltiger Lösung ausgefällt, bis sich der zuerst entstandene Niederschlag
wieder gelöst hat. Die Lösung wird zum Sieden erhitzt und nach dem
Entstehen des weißen, schweren Niederschlages von basischem Carbonat
noch $^1/_2$—1 Minuten weiter gekocht, der Niederschlag sogleich filtriert
und mit kaltem Wasser gründlich gewaschen. Er ist frei von U.

c) Seltene Erden

werden nach Canneri und Fernandes [Gazz. chim. ital. 54, 770
(1924). — Chem. Zentralblatt 1925 I, 133] getrennt auf Grund der Nicht-
fällbarkeit der alkalischen Uranylsalicylate durch Oxalate im Gegensatz
zu den Salzen der seltenen Erden, die durch Oxalate ausgefällt werden.

d) Thorium

siehe S. 1629 [vgl. auch W. Riß: Chem.-Ztg. 47, 765 (1923). — Chem.
Zentralblatt 1923 IV, 847. — F. Hecht: Ztschr. f. anal. Ch. 75, 28
(1928). — P. Misciatelli: Atti R. Acad. Lincei (Roma), Rend. (6)
7, 1019 (1928). — Chem. Zentralblatt 1929 I, 417].

e) Titan

wird nach Angeletti [Ann. Chim. analyt. appl. 17, 53 (1927). — Chem.
Zentralblatt 1927 II, 719] von Uran durch Fällung mit Cupferron getrennt
(s. S. 1623) und im Filtrat Uran mit NH_3 gefällt.

f) Vanadium

kann nach W. W. Scott (Standard methods of chemical analysis, S. 580
bis 581 u. 581c) von Uran, α) durch Ausscheiden des Vanadiums als Bleivanadat, β) durch Abscheiden des Urans als Uranphosphat, und γ) nach
der Eisessigmethode (vgl. S. 1661) getrennt werden.

α) Die vereinigten Filtrate werden mit einem kleinen Überschuß an HNO_3 angesäuert und zum Vertreiben der CO_2 gekocht. Nun neutralisiert man, fügt einen kleinen Überschuß NH_3 zu, säuert wieder mit NHO_3 an, gibt weitere 4 ccm konzentrierte HNO_3 zu, hierauf 10 ccm einer $10^0/_0$igen Lösung von Bleiacetat und genügend — ungefähr 20 ccm — konzentrierter Ammonacetatlösung (1 Volumenteil NH_4OH konzentriert + 1 Volumenteil H_2O), und genügend Eisessig zur Neutralisation des NH_4OH) zur Neutralisation der freien HNO_3. Den ausscheidenden Niederschlag von Pb-Vanadat läßt man nun einige Stunden in der Wärme absitzen, filtriert ab und wäscht mit heißem Wasser aus.

Der Überschuß von Pb im Filtrat wird in der Hitze durch Zusatz von NH_3 wieder entfernt, eine Minute gekocht und abfiltriert, aber nicht ausgewaschen. Der Niederschlag enthält einen Teil des Bleis, während die Hauptmenge des Pb im Filtrat gelöst bleibt, ferner alles Ammon-Uranat, vielleicht etwas Fe und Al-Hydroxyd. Der Niederschlag wird jetzt auf dem Filter mit einer heißen konzentrierten Ammoncarbonatlösung, die etwas freies NH_3 enthält, zum Lösen des Urans behandelt, und mit der gleichen Lösung ausgewaschen. Nun fügt man dem warmen Filtrat gesättigtes H_2S-Wasser zu und läßt absetzen, wobei Pb, Fe usw. als Sulfide fallen. Dann wird abfiltriert und mit H_2S-Wasser, dem etwas Ammoncarbonat zugesetzt worden ist, ausgewaschen. Hierauf wird der H_2S und das $(NH_4)_2CO_3$ durch Kochen zerstört und das Ganze auf $200-250$ ccm eingeengt. Nach Ansäuern mit HNO_3 und abermaligem Kochen bis zum völligen Zerstören der CO_2 wird NH_3 in merklichem Überschuß zugesetzt, während 1 Minute durchgekocht und schließlich wird nach Abfiltrieren, Auswaschen und Glühen als U_3O_8 ausgewogen.

$$U_3O_8 \times 0,8482 \ (\log = 0,92850 - 1) = U.$$

β) Man bringt die heiße Lösung unter Rühren in dünnem Strahl durch einen verjüngten Trichter in eine kochende Lösung von 15 g Ammonacetat, 5 g Na_2-NH_4-Phosphat gelöst in 100 ccm Wasser, das 5 ccm Eisessig enthält. Um das Stoßen zu verhindern, bringt man einen Glasstab in die Lösung, kocht einige Minuten durch, und läßt kurze Zeit absitzen. Dann dekantiert man, wäscht einmal mit heißem Wasser aus, bringt den Niederschlag in das Glas zurück und löst mit wenig verdünnter HNO_3 und wiederholt, da er noch etwas V enthält, die Fällung wie oben beschrieben. Den jetzt erhaltenen V-freien Niederschlag wäscht man $4-5$mal mit heißem Wasser aus, löst den Rückstand in 15 ccm heißer H_2SO_4 1 : 3 und titriert mit $KMnO_4$ nach S. 1643.

g) Wolfram, Molybdän und Vanadium

trennt man von Uran nach Péligot [Ann. de Chimie et de Physique (3) 5 (1842)] durch Extrahieren mit Äther-Salpetersäure, in welcher sich Uranylnitrat vollständig löst, während Wolframat, Molybdat und Vanadat im Rückstand bleiben. Man dampft eine Mischung von Uranylnitrat mit Ammonmolybdat oder Na-Wolframat oder Na-Vanadat mit HNO_3 ein, feuchtet den Rückstand mit 5 ccm HNO_3 (spez. Gew. 1,42) an und extrahiert mit Äther. Das Eindampfen geschieht zweckmäßig in einem Glasgefäß, das dann direkt in die Hülse eines Soxlethapparates eingesetzt werden kann. Die Extraktion mit Äther wiederholt man etwa 5—6mal.

h) Zirkon

kann man nach Angeletti [Gazz. chim. ital. I 51, 285 (1921). — Chem. Zentralblatt 1921 IV, 559. — Ztschr. f. anal. Ch. 66, 121 (1925)] vom Uran auf zwei verschiedene Arten trennen. Nach der einen fällt man aus der schwefelsauren, das Zirkoniumsulfat und das Uran als Uranylsulfat enthaltenden Lösung das Zirkonium mit Cupferron im Überschuß und bestimmt im Filtrate das U durch Fällung mit NH_4OH. Nach dem anderen Verfahren teilt man die Lösung in zwei Teile, fällt in dem einen das Zr mit Cupferron, im anderen das Zr als Hydroxyd und gleichzeitig mit ihm das Uran als Ammoniumuranat. Durch Glühen des Niederschlages erhält man $ZrO_2 + U_3O_8$. Ist das Zr in weit überwiegender Menge vorhanden, so erhält man auch nach diesem Verfahren zu hohe Werte, da das U_3O_8 durch den Luftsauerstoff höher oxydiert wird. Man glüht in diesem Falle die Oxyde im H_2-Strome, wodurch das Uran als UO_2 erhalten wird. Der Verfasser gibt dem erstangeführten Verfahren den Vorzug.

III. Spezielle Methoden.
A. Uran-Erze und -Mineralien.

Hierher gehört vor allem die Analyse von Uranpecherz, von Uranglimmer (Phosphaten) und von Uranarsenaten. Die Analyse von Carnotit (Uran-Vanadin-Erz) ist bei Vanadium (S. 1659) behandelt.

1. Analyse von Uranpecherz.

α) Etwa 0,5 g fein gepulvertes Uranpecherz [nach H. u. W. Biltz: Ausführung quantitativer Analysen, S. 217, 1930; vgl. auch Jas. A. Holladay, Thos. R. Cunningham: Trans. Amer. Electr. Soc. 43, 329 (1923), ferner W. A. Turner: Amer. Journ. Science, Silliman 42, 109 (1916). — Auger, V.: C. r. d. l'Acad. des sciences 170, 995 (1920)] werden in einer Porzellankasserolle mit 30 ccm konzentrierter Salpetersäure erwärmt, bis der Löserückstand hell geworden ist. Nach Zugabe von 10 ccm konzentrierter Schwefelsäure wird bis zum Rauchen eingedampft, mit Wasser verdünnt und nochmals zum Rauchen gebracht. Der stark schwefelsäurehaltige Rückstand wird mit 100 ccm heißem Wasser aufgenommen, die Lösung mit Schwefelwasserstoff ausgefällt und filtriert (Löserückstand: Pb, Cu, Bi, As, Sb). Der Filterinhalt wird mit 100 ccm Schwefelwasserstoffwasser, das 4 ccm H_2SO_4 enthält, ausgewaschen, das Filtrat zur Entfernung von Schwefelwasserstoff stark eingeengt und wieder auf etwa 100 ccm verdünnt.

Zur Entfernung von Eisen, Vanadin usw. wird die Lösung, die in 100 ccm nunmehr etwa 12 ccm konzentrierter Schwefelsäure enthält, durch etwas $^1/_{10}$ n-Kaliumpermanganatlösung schwach rosa gefärbt, wodurch Eisen und Vanadin oxydiert werden, und bei etwa 10° durch einen Überschuß 6%iger wäßriger Cupferronlösung gefällt. Nach Zugabe von etwas Papierfaserbrei wird filtriert und mit 100 ccm einer wäßrigen Lösung von 10 ccm konzentrierter Schwefelsäure und 0,15 g Cupferron gewaschen.

Das Filtrat wird auf etwa 50 ccm eingedampft, nach Zugabe von 20 ccm konzentrierter Salpetersäure bis zu starkem Rauchen gebracht, und dies mit 20 ccm konzentrierter Salpetersäure und zuletzt mit 10 ccm Wasser wiederholt. Der Rückstand wird mit Wasser auf etwa 250 ccm verdünnt, so daß die Lösung jetzt etwa 4—8 ccm konzentrierter Schwefelsäure in je 100 ccm enthält. Die Reduktion des Urans nimmt man bei Zimmertemperatur im Reduktionsrohre nach Jones (vgl. S. 1644) vor und wäscht das Reduktionsrohr mit 100 ccm 2 n-Schwefelsäure und etwas Wasser nach. Die Lösung wird durchgeschüttelt und bei 5—10° mit 6%iger, wäßriger Cupferronlösung gefällt; der Niederschlag beginnt erst nach Zugabe von 5—10 ccm sich auszuscheiden. Zweckmäßig berechnet man nach der Formal U $(C_6H_5N_2O_2)_4$ die erforderliche Menge Cupferron durch eine Überschlagsrechnung. Der braune Niederschlag wird mit etwas Papierfaserbrei auf einem 12 cm Filter gesammelt und mit 100 ccm 2 n-Schwefelsäure, die 0,15 g Cupferron enthält, gewaschen. Das Filter wird im Platintiegel verascht, und alles Organische, zuletzt bei hoher Temperatur und längerem Glühen, weggebrannt. Ausgewogen wird U_3O_8[1].

Zur Kontrolle kann eine titrimetrische Uranbestimmung angeschlossen werden. Der Inhalt des Platintiegels wird mit konzentrierter Salpetersäure gelöst[2], die Lösung mit konzentrierter Schwefelsäure zweimal in üblicher Weise zum Rauchen gebracht, und der nur wenig freie Schwefelsäure enthaltende Rückstand mit 100 ccm einer wäßrigen Lösung von 6 ccm konzentrierter Schwefelsäure aufgenommen. Man reduziert nach Jones bei Zimmertemperatur und wäscht das Reduktionsrohr mit 100 ccm 2 n-Schwefelsäure und 100 ccm Wasser nach. Bei einem hohen Urangehalte ist es zweckmäßig, zunächst die Hauptmenge durch Zugabe von 5 g Zinkgranalien zu reduzieren, und dann erst das Reduktionsrohr benutzen. Die reduzierte Lösung wird zur Oxydation der geringen Menge Uran, die auf eine tiefere Wertigkeitsstufe als die 4wertige reduziert ist, in der Saugflasche dadurch gelüftet, daß man während 5 Minuten Luft hindurchsaugt. Dann wird mit $^1/_{10}$ n-Kaliumpermanganatlösung, die auf Natriumoxalat eingestellt ist, titriert.

1 ccm = 0,01191 (log = 0,07591 − 2) g U,

Eisentiter × 2,135 (log = 0,32940) = Uran,

Eisentiter × 2,5173 (log = 0,40093) = Uranoxyduloxyd U_3O_8.

Eine Korrektur ist wegen des Eisengehaltes im Zink nötig, man läßt gleichviel gleich starke Schwefelsäurelösung durch das Reduktionsrohr fließen und titriert diese Lösung; der geringe Permanganatverbrauch wird bei den Bestimmungen abgezogen.

---

[1] Die Auswaage enthält kaum niedrige Oxyde von Uran. Ihr Gewicht wird durch Glühen im Sauerstoff nicht merklich erhöht.

[2] So wurden bessere Ergebnisse erhalten, als durch Aufschluß mit Kaliumpyrosulfat, was neuerdings empfohlen wurde. Nach G. E. F. Lundell und H. B. Knowles lösen sich Uranoxyde leicht in Flußsäure. Über die von diesen Autoren angegebene, empfehlenswerte Titrationsmethode vgl. W. Biltz und H. Müller: Ztschr. f. anorg. u. allg. Ch. **163**, 263 (1929); ebendort analytische Einzelheiten über Uran.

Zur Reduktion nach Jones [Ztschr. f. anal. Ch. 29, 597 (1890)] dient ein 30 cm langes, innen $1\frac{1}{2}$ cm weites Reduktionsrohr (Abb. 1), das mit einem etwa 8 cm langen und 4 mm weiten Verlängerungsstücke im Stopfen einer $1\frac{1}{2}$-Litersaugflasche [1] sitzt. An der tiefsten Seite des Reduktionsrohres befindet sich eine Porzellansiebplatte, oder eine Glaskugel und darüber etwas Glaswolle. Zur Herstellung der Beschickung verfährt man wie folgt: Man amalgamiert eine zur Füllung mehr als ausreichende Menge „Zinkgrieß" [2], die aus reinem

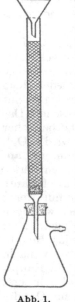

Abb. 1.
Jones-
Reduktor.

Metall hergestellt sein muß, unter Umschütteln in einer Flasche mit 3 ccm 2 n-Schwefelsäure und etwa $\frac{1}{2}$ g Quecksilber. Das amalgamierte Metall wird zunächst durch häufiges Dekantieren mit Leitungswasser und dann mit destilliertem Wasser ausgewaschen. Mit diesem Zink wird das Rohr bis etwa 4 cm unterhalb des oberen Randes gefüllt. Der Überschuß wird für späteres Nachfüllen unter Wasser aufbewahrt. Auch das Rohr wird völlig mit Wasser gefüllt, oben verschlossen und so aufbewahrt; Luftzutritt würde zu einer störenden Bildung von Wasserstoffsuperoxyd führen.

Wenn das Reduktionsrohr benutzt werden soll, wird ein kurzhalsiger Trichter ohne Stopfen aufgesetzt; dann werden zunächst 200 ccm 2 n-Schwefelsäure von Zimmertemperatur hindurchfiltriert. Hierbei, wie auch später, soll die Sauggeschwindigkeit etwa 100 ccm in 1 Minute betragen, die sich mit der Saugpumpe unschwer einstellen läßt. Kurz bevor alle Schwefelsäure aufgegossen ist, wird der Schlauch der Wasserstrahlpumpe abgezogen, die Saugflasche entleert, und dann weiter unter Aufgießen des Restes an der Pumpe filtriert. Ohne daß in die Zinkschicht des Reduktionsrohres Luft eindringt [3], wird jetzt die zu reduzierende Lösung aufgegeben, der schließlich die Waschflüssigkeit folgt. Die vor der Titration des Urans erforderliche Lüftung wird in der Saugflasche vorgenommen. Man setzt einen Stopfen mit zum Boden führendem Glasrohre auf und saugt etwa 5 Minuten lang Luft hindurch. Die Titration erfolgt in derselben Saugflasche.

β) Nach Patera löst man zur technischen Untersuchung von Erzen und Aufbereitungsrückständen durch längeres Erhitzen 1—5 g fein gepulverte Substanz in einem geringen Überschusse von Salpetersäure (spez. Gew. 1,2), verdünnt und übersättigt mit Na_2CO_3-Lösung, kocht kurze Zeit, filtriert und wäscht den Niederschlag mit heißem Wasser

---

[1] Andere Masse, die sich in der amerikanischen Literatur finden, sind z. B. folgende: Länge des Reduktionsrohres 50 cm, Weite 2 cm; Verlängerungsrohr 20 cm lang, 4 mm breit, Länge der Zinkschicht 40 cm.

[2] Auf die Korngröße kommt es wesentlich an. Der Zinkgrieß soll ein Netz mit 8 Maschen je Quadratzentimeter eben passieren; feineres Pulver wirkt zu lebhaft ein. Die käuflichen „Zinkspäne" sind zu grobkörnig. Zum Amalgamieren kann auch 2%ige Mercurichloridlösung verwendet werden. Die Amalgamierung ist ausreichend, wenn beim Durchfließen von verdünnter Schwefelsäure durch das Reduktionsrohr keine Wasserstoffblasen entstehen.

[3] Dabei würde Wasserstoffsuperoxyd entstehen, was zu Plusfehlern führen würde.

aus. Das Filtrat enthält alles Uran und nur Spuren fremder Metalle; es wird mit Salpetersäure neutralisiert, die Kohlensäure durch Kochen ausgetrieben, durch Natronlauge orangefarbiges Natriumdiuranat gefällt, dieses abfiltriert, mit wenig heißem Wasser ausgewaschen und getrocknet. Man verascht das Filter im Platintiegel, bringt das getrocknete Uranat hinzu, glüht stark, bringt den erkalteten Tiegelinhalt auf ein kleines Filter, wäscht das im Uranat enthaltene freie Natron mit heißem Wasser aus, trocknet, glüht und wägt das reine Natriumdiuranat (Urangelb), $Na_2U_2O_7$. 100 Teile entsprechen 88,54 (log = 1,94715) Teilen U_3O_8 oder 75,09 (log = 1,87558) Teilen U.

Zu empfehlen ist, das gewogene Uranat durch maßanalytische Bestimmung (s. S. 1643) auf seinen Gehalt zu kontrollieren.

Anmerkungen: Nach Cl. Winkler erhält man bei der Analyse kupferreicher Erze ein etwas zu hohes Resultat, weil eine kleine Menge Kupfer in die alkalische Lösung geht.

Bornträger [Ztschr. f. anal. Ch. **37**, 436 (1898)] konstatierte, daß bei der Analyse von ärmeren Erzen, Rückständen und besonders der Uransande erhebliche Mengen von Kieselsäure (bis zu 4%!) in das Natriumuranat gehen und empfiehlt, den Uranatniederschlag nach dem Glühen in Salzsäure zu lösen, von der SiO_2 abzufiltrieren, das Uran aus dem Filtrate durch Ammoniak zu fällen, und schließlich als U_3O_8 zu wägen.

2. Analyse von phosphor- und arsenhaltigen Erzen.
(Uranglimmer und Uranarsenate.)

Nach R. Fresenius und E. Hintz [Ztschr. f. anal. Ch. **34**, 437 (1895). — Journ. Amer. Chem. Soc. **23**, 685 (1901)] scheidet man zunächst aus der salpetersauren oder Königswasserlösung die SiO_2 wie üblich ab, versetzt die schwach salzsaure Lösung mit Ferrocyankalium im Überschuß und sättigt die Flüssigkeit mit Chlornatrium. Der sich bald absetzende Niederschlag, welcher Uran-, Kupfer- und Eisenferrocyanid enthält, wird erst durch Dekantieren, dann auf dem Filter mit NaCl enthaltendem Wasser vollständig ausgewaschen und hierauf mit verdünnter Kalilauge ohne Erwärmen behandelt. Nachdem sich die Umsetzung der Ferrocyanide vollzogen hat, und die Oxydhydrate sich abgesetzt haben, gießt man die Flüssigkeit durch ein Filter ab, wäscht noch einmal mit Wasser durch Dekantieren aus, bringt den Niederschlag mit etwas Chlorammon und Ammoniak enthaltendem Wasser auf das Filter und wäscht ihn mit solchem ohne Unterbrechung aus, bis im anzusäuernden Filtrate Ferrocyankalium nicht mehr nachzuweisen ist.

Man behandelt alsdann die Oxydhydrate mit Salzsäure. Dieselben lösen sich, sofern die beschriebenen Operationen richtig ausgeführt wurden, vollständig. Bliebe ein unlöslicher Rückstand von Ferrocyaniden, so müßte dieser nach dem Auswaschen wieder, wie oben angegeben, mit Kalilauge usw. behandelt werden.

Die Lösung der Metallchloride, welche, wenn der Niederschlag der Ferrocyanide gut ausgewaschen ist, keine Phosphor- und Arsensäure mehr enthält, konzentriert man, wenn nötig, stumpft den größten Teil der freien Säure mit Ammoniak ab, versetzt die noch klare Flüssigkeit mit kohlensaurem Ammon in mäßigem Überschuß, läßt längere Zeit stehen, filtriert das ungelöst gebliebene Eisenhydroxyd ab, wäscht es mit etwas kohlensaures Ammon enthaltendem Wasser aus, erhitzt das mit den Waschwässern vereinigte Filtrat, um den größten Teil des kohlensauren Ammons zu entfernen, säuert mit Salzsäure an, wobei sich der beim Kochen entstandene gelbliche flockige, einen Teil des Urans enthaltende Niederschlag wieder löst, und fällt unter Erhitzen das in der Lösung noch enthaltene Kupfer mit Schwefelwasserstoff. Das Kupfersulfid wird stets frei von Uran erhalten. Die von ersterem abfiltrierte Flüssigkeit wird konzentriert, das Uran mit Ammoniak abgeschieden und das gefällte Uranoxydhydrat zunächst durch Glühen im unbedeckten Tiegel in Uranoxyduloxyd übergeführt und als solches gewogen. Zur Kontrolle führt man dasselbe dann durch Glühen im Wasserstoffstrome in Uranoxydul über und bestimmt dessen Gewicht ebenfalls oder man titriert nach S. 1639. [Weiteres Verfahren: Bull. Soc. Chim. Belgique **31**, 156 (1922). — Chem. Zentralblatt **1922 IV**, 527].

3. Methode von Heinrich Rose.

Etwa 1 g fein gepulverte und bei 100° getrocknete Substanz wird im Kolben mit 10 ccm starker Salpetersäure erwärmt, die Lösung zur Trockne verdampft, dies mit 20 ccm Salzsäure wiederholt, der Rückstand mit Salzsäure aufgenommen, 50 ccm gesättigte wäßrige schweflige Säure zugesetzt, zur Reduktion der As_2O_5 erwärmt, eingekocht und in die wieder verdünnte Lösung längere Zeit Schwefelwasserstoff eingeleitet. Man filtriert, übersättigt das Filtrat stark mit einer kalt gesättigten Lösung von Ammoncarbonat und setzt Schwefelammonium hinzu: die noch in Lösung gewesenen Metalle (Zn, Fe, Mn, Ni, Co) scheiden sich als Schwefelmetalle ab, während alles Uran als Oxydulcarbonat gelöst bleibt. Nach dem Absetzen der Schwefelmetalle gießt man die Lösung durch ein Filter, wäscht den Niederschlag wiederholt durch Dekantieren mit Wasser aus, dem etwa Schwefelammon- und Ammoncarbonatlösung zugesetzt worden ist, bringt dann erst den Niederschlag auf das Filter und wäscht ihn vollständig aus. Das Filtrat wird einige Zeit gekocht, zur Zerstörung des Schwefelammons etwas Salzsäure zugesetzt, noch eine $1/_4$ Stunde gekocht, dann das Uranoxydul durch wenig Salpetersäure und Aufkochen oxydiert, alles Uran durch einen kleinen Überschuß von Ammoniak als Hydroxyd gefällt, der Niederschlag mit verdünnter NH_4Cl-Lösung ausgewaschen, getrocknet und durch Glühen im Platintiegel bei reichlichem Luftzutritt in U_3O_8 übergeführt, das man wägt.

$$U_3O_8 \times 0,8481 \ (\log = 0,92844—1) = U.$$

Man gibt aber den Gehalt der Erze gewöhnlich nach Prozenten Uranoxydoxydul (U_3O_8) an.

Zur Kontrolle der Bestimmung kann das gewogene U_3O_8 durch starkes Glühen im Wasserstoffstrom in UO_2 (Uranoxydul) übergeführt und dieses gewogen werden,

$$UO_2 \times 0,8816 \ (\log = 0,94525 — 1) = U,$$

oder man titriert nach Jones (S. 1643). [Weitere Verfahren: Chimie et Industrie 17, Sonder-Nr. 179—181. — Chem. Zentralblatt 1927 II, 1377; ferner Journ. Soc. Chem. Ind. 45, 57 (1926). — Chem. Zentralblatt 1926 I, 2944 u. Chem.-Ztg. 47, 756 (1923). — Ztschr. f. anal. Ch. 64, 400 (1924).]

B. Uran-Legierungen.

Hierher gehören die Eisen-Uran-Legierungen (Ferro-Uran), [Vgl. Chem.-Ztg. 37, 1106, 1124, 1225 (1913). — Ztschr. f. anal. Ch. 62, 77 (1923). — Ztschr. f. angew. Ch. 24, 61 (1911); 25, 19 (1912). — Journ. Ind. and Engin. Chem. 11, 316 (1919). — Chem. Metallurg. Engineering 20, 523, 588 (1913).]

C. Uransalze.

Hier gehört das Urangelb (s. a. Bd. V, Abschnitt „Anorganische Farbstoffe") des Handels, das fast chemisch reines Natriumuranat, $Na_2U_2O_7$ ist. Es wird nach Schertel noch häufig nach seinem Aussehen im Vergleiche mit guten Mustern beurteilt. Es soll sich in Salzsäure ohne Rückstand lösen. Wird die klare Lösung mit Ammoniak neutralisiert, mit Ammoncarbonat übersättigt und gelinde erwärmt, so darf keine Trübung entstehen. Ein Tropfen $(NH_4)_2S$-Lösung darf in dieser Lösung keinen Niederschlag, sondern nur eine dunkle Färbung hervorrufen. Für eine exakte Gehaltbestimmung können die Methoden unter A (S. 1642) entsprechend modifiziert verwendet werden.

IV. Analysenbeispiele.

a) Erze.

Carnotit: 20—64% UO_3, 7—20% V_2O_5, 2—6% K_2O, < 1,8% Na_2O, < 1,3% PbO, 1—3,5% CaO, < 0,8% P_2O_5, 0,2—2,8% BaO(SrO), < 0,3% As_2O_5, < 0,3% Al_2O_3, < 0,2% Fe_2O_3, < 0,2% SiO_2, 0,1 bis 0,3% MgO.

Pechblende: 76,6% U_3O_8, 5,3% SiO_2, 4,6% PbO, 4,1% Fe_2O_3, 3,0% CaO, 1,3% S, 1,2% Na_2O, 0,9% As_2O_5, 0,7% Bi_2O_3, 0,5% seltene Erden, 0,2% MgO, 0,2% K_2O, 0,1% MnO, 0,1% ZnO, Spuren Sb.

b) Legierungen.

Ferro-Uran: a) $\sim$ 91% U, < 4,5% C, < 1,5% Si, < 1,5% V, < 0,15% S, < 0,06% P. b) 25—35% U, < 2% Si, < 1% C, < 1% S + P.

c) Sonstiges.

Urangelb: 83—85% UO_3, 8—9% Na_2O, < 1,8% SiO_2, 0,6 bis 1,2% CaO, 0,3—0,6% MgO, < 0,3% As_2O_3, 0,1—0,7% K_2O, < 0,1% Fe_2O_3, Spuren V_2O_5.

Vanadium.

Von

Privatdozent Dr. **Fr. Heinrich** und Chefchemiker **F. Petzold,** Dortmund.

Einleitung.

Das Vanadium ist in unerheblichen Mengen außerordentlich verbreitet, so namentlich in vielen Silicatgesteinen (besonders den an Mg und Fe reichen), ferner in Tonen, Bauxiten, vielen Bohnerzen und sogar in Ligniten; in der Asche eines solchen (von San Raphael, Provinz Mendoza, Argentinien) ist der erstaunlich hohe Gehalt von $38,5\,^0/_0$ Vanadinsäure nachgewiesen worden!

Von eigentlichen Vanadiumerzen [Katzer: Die Vanadiumerze. Österr. Ztschr. f. Berg- u. Hüttenwes. **57**, 411 (1909)] mit höherem Vanadiumgehalte sind zu nennen:

1. Der **Vanadinit,** ein Vanadinbleierz, $Pb_5Cl(VO_4)_3$ (Spanien, Argentinien, Arizona, Neu Mexico; bis $19,3\,^0/_0$ V_2O_5 enthaltend).

2. **Descloizit,** oft mit 1. zusammen vorkommend, ein wasserhaltiges Pb-Zn-Vanadat $VO_4(Pb, Zn)$ (Pb, OH) mit bis zu $22,7\,^0/_0$ V_2O_5.

3. Der **Mottramit** $(VO_4)_2$ (Cu, Pb) (Cu, OH)$_4$, ein wasserhaltiges Pb-Cu-Vanadat, mit bis $21\,^0/_0$ V_2O_5.

4. Ein **Cuprodescloizit** bis $21,7\,^0/_0$ V_2O_5 enthaltend.

5. **Roscoelit** oder **Vanadinglimmer** $Si_{12}O_{36}(Al,V)_4(Mg, Fe)K_2H_8$ (von El Dorado Co. Kalifornien und Südwest-Colorado, bis $24\,^0/_0$ V_2O_5 führend).

6. Der seit 1899 bekannte **Carnotit** $(VO_4)_2(UO_2)_2K_2 \cdot 3\,H_2O$, ein wasserhaltiges Kalium-Uran-Vanadat mit $15{-}18\,^0/_0$ V_2O_5, von Colorado und Utah.

7. Der 1905 in Peru (Foster Hewett, D.: Bull. Amer. Inst. Mining Engineers **1909**, 291 Vanadinerzlager in Peru) entdeckte **Patronit,** ein Gemisch von Vanadiumsulfid mit MoO_3, SiO_2, Al_2O_3, Eisenoxyden usw., bis zu $10\,^0/_0$ V enthaltend, und

8. die ebenfalls in Peru in 2 Distrikten in weiter Verbreitung angetroffenen schwefelreichen Kohlen (Asphaltite) mit bis zu $1,5\,^0/_0$ V_2O_5-Gehalt, deren sehr reiche Asche in den Vereinigten Staaten verarbeitet wird.

All diese Rohmaterialien, auch die oben erwähnten Aschen von lignitischen Braunkohlen, dienen zur Herstellung von Vanadiumpräparaten, in erster Linie von Ferrovanadin, das kohlenstoffhaltig und frei von Kohlenstoff mit bis zu $34\,^0/_0$ Vanadiumgehalt in den Handel kommt.

Die Darstellung des Vanadiums geschieht in der Hauptsache durch Reduktion der Oxyde mit Al und C in Magnesiatiegeln und Umschmelzen des erhaltenen Regulus im Lichtbogen; die Darstellung der Vanadiumlegierungen entweder auf aluminothermischem Wege oder durch Reduktion mit Si oder FeSi oder C der Oxyde oder des Vanadats.

I. Methoden der Vanadiumbestimmung.
A. Gewichtsanalytische Bestimmung.

Nach H. Rose (Handbuch der analytischen Chemie, Bd. 2, 6. Aufl., S. 364. 1871) geschieht die Abscheidung des Vanadiums aus der von Verunreinigungen freien Vanadatlösung durch Fällen mit möglichst neutraler Mercuronitratlösung, wobei besonders zu beachten ist, daß die Lösung bei der Neutralisation mit Salpetersäure keine Spuren davon im Überschuß enthält wegen der stark reduzierenden Wirkung der frei werdenden salpetrigen Säure zu Vanadylsalz. Man verglüht den Niederschlag zu V_2O_5.

Hat man die Vanadinsäure aus ihrer von As, Mo, Wo, Cr und P freien Lösung in Salpetersäure als reines Mercurovanadat (nach H. Rose) gefällt, so kann man dieses durch mäßiges Glühen in rotbraunes V_2O_5 überführen, das zur vollständigen Austreibung des Quecksilbers in gesteigerter Hitze eben geschmolzen wird und zu einer strahlig-krystallinischen, stark glänzenden Masse bei der Abkühlung erstarrt. Aus reinem, alkalifreien Ammonvanadat erhält man durch längeres Glühen bei Luftzutritt ebenfalls reine, als solche wägbare Vanadinsäure mit 56,04% Vanadingehalt. In der betreffenden Lösung neben V_2O_5 etwa enthaltene Wolframsäure kann durch wiederholtes Abdampfen mit Salzsäure oder Salpetersäure zur Trockne abgeschieden werden. Die V_2O_5 löst sich (durch Salzsäure zu V_2O_4 reduziert) in den verdünnten Säuren leicht wieder auf.

Nach Roscoe [Phil. Trans. **160** II, 317 (1870). — Ann. Chem. u. Pharm. 1872, Suppl 8, 102] fällt man besser das Vanadat in schwach essigsaurer Lösung mit Bleiacetat, zersetzt das Bleivanadat mit H_2SO_4, scheidet Pb als $PbSO_4$ aus, verdampft das erhaltene Filtrat zur Trockne und verglüht zu V_2O_5 oder titriert. Vgl. auch Holverscheit (Dissertation, Berlin 1890) und S. 1651.

Nach Evans und Clarke [Analyst **53**, 475 (1928). — Chem. Zentralblatt **1928** II, 2270] soll die Ausfällung des Vanadiums auch als Ferrocyanid in Gegenwart aller Metalle mit Ausnahme des Nickels gelingen.

B. Maßanalytische Bestimmung.
Weit vorteilhafter sind die maßanalytischen Methoden:
1. Titration mit Permanganat.
α) Die Bestimmung des Vanadins durch Titration mit $KMnO_4$ beruht auf der Reduktion der mit Schwefelsäure angesäuerten Vanadinlösung in der Siedehitze mit SO_2 zu Vanadylsalz und Titration der nach

völliger Vertreibung der SO_2 durch Durchleiten von CO_2 erhaltenen noch heißen Lösung mit $KMnO_4$ [Manasse: Ann. der Physik 240, 58 (1887). — Treadwell: Analytische Chemie Bd. 2, 543 (1921)].

Die Umsetzung geht nach der Gleichung vor sich:

$$5\ V_2O_4 + 2\ KMnO_4 + 3\ H_2SO_4 = 5\ V_2O_5 + K_2SO_4 + 2\ MnSO_4 + 3\ H_2O$$

Eisentiter der Permanganatlösung $\times$ 1,632 (log = 0,21272) = V_2O_5

Eisentiter $\times$ 0,916 (log = 0,96190 − 1) = V.

Man richtet es so ein, daß man mit etwa 100 mg (bis 200 mg) V_2O_5 in $^1/_2$ l Wasser, das 5 % freie H_2SO_4 enthält, arbeitet, setzt etwa 30 ccm frisch bereitete[1], gesättigte, wäßrige Lösung von SO_2 hinzu, erwärmt, kocht und beschleunigt das Austreiben der SO_2 durch Einleiten von Kohlendioxyd und prüft zuletzt (nach etwa 30 Minuten) die entweichenden Dämpfe auf Freisein von SO_2, indem man sie einige Minuten durch ganz schwach mit Permanganatlösung rötlich gefärbtes Wasser in einem Reagensglase streichen läßt, das nicht entfärbt werden darf (Treadwell). Weniger empfindlich ist die Reaktion auf Jodstärke-papier.

Den Vanadintiter kann man besser direkt mit einem ganz reinen V_2O_5-Präparat, z. B. Ammonvanadat (das man selbst durch Umkrystal-lisieren gereinigt hat) ermitteln. Man bestimmt den V_2O_5-Gehalt durch vorsichtiges Erhitzen, Glühen und Schmelzen einer Einwaage von etwa 0,5 g, wägt von dem Präparat (das ungefähr 76,7 % enthält) annähernd 200 mg ab, löst in heißem Wasser mit Zusatz von H_2SO_4 und verfährt wie oben (vgl. W. Hartmann: Ztschr. f. anal. Ch. 66, 20 (1925). — Chem. Zentralblatt 1925 II, 75].

β) Eine maßanalytische Bestimmungsmethode von Vanadium durch Reduktion zu V_2O_2 durch Zink und Titration mit Permanganat nach Gooch und Edgar empfiehlt W. W. Scott (Standard methods of chemical analysis, S. 570). Darnach wird die Vanadinsäure in schwefel-saurer Lösung durch Zink zu V_2O_2 reduziert. Die Reduktion erfolgt im Jonesschen Reduktor (vgl. S. 1644), wobei das untere Ansatzrohr direkt in eine vorgelegte Eisensalzlösung, der 4 ccm konzentrierte Phosphorsäure zur Entfärbung der Lösung zugesetzt sind, eintaucht. Das reduzierte Eisen wird dann mit $^1/_{10}$ n-$KMnO_4$ zurücktitriert. Der Vorgang verläuft nach der Gleichung:

$$V_2O_2 + 3\ Fe_2O_3 = 6\ FeO + V_2O_5$$

$^1/_{10}$ n-$KMnO_4$ entspricht 0,0017 (log = 0,23045 − 3) V oder 0,00304 (log = 0,48287 − 3) V_2O_5.

2. Methode nach Lindemann.

Die maßanalytische Bestimmung des Vanadiums nach Lindemann [Ztschr. f. anal. Ch. 18, 102 (1879). — Ber. Dtsch. Chem. Ges. 22, 109

---

[1] Hillebrand und Ransome (vgl. Erzanalyse, S. 1658) haben beobachtet, daß ältere Lösungen von SO_2 in Wasser und auch Lösungen von Alkalisulfiten noch andere oxydierbare Körper außer SO_2 enthalten. die sich auch bei längerem Kochen nicht vollständig aus der schwefelsauren Lösung austreiben lassen.

(1889)] beruht auf der Reduktion der V_2O_5 mit Ferrosulfat in kalter, schwach schwefelsaurer Lösung zu V_2O_4, bis ein Tropfen der Flüssigkeit, auf einer Porzellanplatte mit Ferricyankaliumlösung zusammengebracht, die Endreaktion durch Blaufärbung anzeigt.

$$2\,FeO + V_2O_5 = Fe_2O_3 + V_2O_4.$$

Die Ferrosulfat (oder Mohrsche Salz-) Lösung wird mit Permanganat eingestellt.

$$\text{Eisentiter} \times 0,9138 \ (\log = 0,96085 - 1) = \text{Vanadin.}$$

Zur Titration bringe man die genau nach Lindemanns Angabe (S. 1656) oxydierte Lösung der V_2O_5 auf 300 ccm, benutze $^1/_3$ der Lösung für die Vorprobe, die annähernde Ermittlung des Verbrauchs an Ferrosulfatlösung, wiederhole die Titration mit dem zweiten Drittel der V_2O_5-Lösung und benutze das letzte Drittel für die Kontrolle. Wenn die ursprüngliche Substanz Chrom enthielt, so ist dies schließlich als Chlorid zugegen, das nicht durch Ferrosulfat verändert wird. Ein besonderer Vorzug der Methode ist ferner, daß dreiwertiges Eisen in der V_2O_5-Lösung enthalten sein kann. Hat man z. B. bei der Erzanalyse (vgl. H. Roses Verfahren S. 1656) aus der durch Zersetzen mit Salzsäure oder Königswasser erhaltenen Lösung Pb, Cu, As, Mo mit H_2S entfernt, so kann man in dem eingedampften und mit $KClO_3$ oxydierten Filtrate den Gehalt an V_2O_5 in Gegenwart der meist geringen Menge von Eisen genau bestimmen, während ja bei der Titration mit Permanganat (Methode 1a, S. 1649) das als Ferrosalz etwa vorhandene Eisen mit titriert wird und der auf das Eisen entfallende Verbrauch an Permanganat besonders (durch eine Eisenbestimmung) festgestellt werden muß. Da die Trennung des Eisens und des Vanadiums nur bei wiederholter Behandlung mit Alkalilauge vanadinfreies Eisenhydroxyd liefert, liegt gerade in der betonten Anwendbarkeit der Lindemannschen Methode ihr besonderer Wert.

3. Jodometrische Bestimmung.

Jodometrische Bestimmung des Vanadiums nach Holverscheit [Dissertation, Berlin 1890. Ztschr. f. anal. Ch. **35**, 82 (1896). — Treadwell: Quantitative Analyse. S. 567. 1921].

Bei der Behandlung V_2O_5-haltiger Erze und Verbindungen mit heißer Salzsäure wird Chlor entwickelt, doch läßt sich aus der Menge des freigemachten Chlors nicht auf die Menge der vorhandenen V_2O_5 schließen, weil die Reduktion der V_2O_5 zu niederen Oxyden je nach der Konzentration der Säure und der V_2O_5-Lösung verschieden weit geht. In Gegenwart von Bromkalium aber findet glatte Reduktion statt.

$$V_2O_5 + 2\,HBr = V_2O_4 + H_2O + Br_2.$$

Man bedient sich des Bunsenschen Kölbchens für die Braunsteinuntersuchung (vergl. S. 785), bringt 0,3—0,5 g des Vanadats und 1,5—2 g Bromkalium hinein, setzt 30 ccm konzentrierte Salzsäure zu, kocht, leitet die Dämpfe in die mit KJ-Lösung beschickte Vorlage und titriert das freigemachte Jod mit $^1/_{10}$ n-Thiosulfatlösung.

1 ccm $^1/_{10}$ n-Thiosulfatlösung $= 0,0091 \ (\log = 0,95904 - 3)$ g V_2O_5.

Ditz und Bardach [Ztschr. f. anorg. u. allg. Ch. 93, 97 (1915)] haben diese Methode mit bestem Erfolge vereinfacht; die auf etwa 25 ccm eingeengte und annähernd neutralisierte Alkalivanadatlösung wird bei gewöhnlicher Temperatur 5 Minuten lang der Einwirkung eines Zusatzes von 10 ccm 10%iger Kaliumbromidlösung und 75 ccm konzentrierter Salzsäure ausgesetzt, wobei die der quantitativen Reduktion von V_2O_5 zu V_2O_4 entsprechende Menge Brom (wie oben) freigemacht wird. Man verdünnt stark, setzt 20 ccm 5%iger Jodkaliumlösung hinzu, führt um und titriert das durch Brom freigemachte Jod.

Nach Heczko [Ztschr. f. anal. Ch. 68, 461 (1926)] kann dies Verfahren vereinfacht werden, wenn man von einer Lösung des Vanadinpentoxyds in überschüssiger Phosphorsäure ausgeht, worin unter geeigneten Bedingungen V_2O_5 durch Jodkalium glatt zu V_2O_4 reduziert wird unter Abscheidung einer äquivalenten Jodmenge, die mit Natriumthiosulfat titriert wird, vgl. auch Stoppel, Sidener und Brilon [Journ. Amer. Chem. Soc. 46, 2448 (1924). — Chem. Zentralblatt 1925 I, 264] und Ramsey [Journ. Amer. Chem. Soc. 49, 1138 (1927). — Chem. Zentralblatt 1927 II, 611], ferner Roesch und Werz [Ztschr. f. anal. Ch. 73, 352 (1928)]. Werz [Ztschr. f. anal. Ch. 81, 448 (1930)] hat diese Methode weiter ausgebildet, so daß sie auch bei gleichzeitiger Anwesenheit von Chrom, Wolfram, Molybdän und Nickel ausführbar ist. Nur Mangan wirkt störend durch Bildung von Übermangansäure, die mit 1%iger Oxalsäure zerstört werden muß. Folgende Arbeitsweise wird empfohlen:

In einem 500-ccm-Erlenmeyerkolben werden 1—3 g Späne mit 50 ccm Phosphorsäure (spez. Gew. 1,70) und 175 ccm Wasser und 5 ccm Salpetersäure (spez. Gew. 1,20) so lange unter mäßigem Erhitzen gekocht, bis alle Späne in Lösung gegangen sind. Das dauert normalerweise 10—15 Minuten. Die Lösung wird mit Salpetersäure oxydiert, dann wird eine Messerspitze (0,5—1 g) Ammoniumpersulfat zugegeben und 12—15 Minuten lang gekocht, um den Überschuß des Oxydationsmittels zu zerstören. Hierauf wird die Lösung auf ungefähr 70⁰ abgekühlt, die Übermangansäure mit 5—10 ccm 1%iger Oxalsäurelösung zerstört und dann weiter auf Zimmertemperatur abgekühlt. Diese Lösung wird mit einigen Krystallen Jodkalium versetzt, gut durchgeschüttelt. Nach 5 Minuten wird das abgeschiedene Jod mit 0,05 n-Natriumthiosulfatlösung, unter Zusatz von Stärke als Endanzeiger (gegen Ende der Umsetzung) titriert. Dabei soll das Gesamtvolumen der Lösung möglichst 200 ccm betragen.

1 ccm 0,05 n-$Na_2S_2O_3$-Lösung = 0,00255 (log = 0,40654 — 3) g V.

Wenn bei hochlegierten Proben ein beträchtlicher Rückstand an Carbiden ungelöst bleibt, daß dadurch der Endpunkt bei der Titration verdeckt werden kann, so muß die Lösung vor dem Oxydieren mit Ammoniumpersulfat über Glaswolle filtriert werden.

4. Potentiometrische Methoden.

Potentiometrische Methoden sind für Vanadium zahlreich vorgeschlagen, insbesondere zur Trennung und Bestimmung neben Eisen und Chrom (s. Bd. I, S. 488 und dieser Band S. 1654).

C. Colorimetrische Bestimmung.

Colorimetrische Vanadinbestimmungsmethoden sind verschiedentlich vorgeschlagen (Freund: Leitfaden der colorimetrischen Methoden. S. 201—202. 1928) dürften aber bisher noch keine besonderen Vorteile bieten (s. a. Bd. I, S. 885).

II. Trennung des Vanadiums von anderen Elementen.

Bei der Abscheidung des Vanadiums als Mercurovanadat (S. 1649) ist die Reinigung des Niederschlags von Wolfram bereits beschrieben.

Arsen und Molybdän werden durch längeres Einleiten von H_2S in die salzsaure Lösung und Erhitzen in der Druckflasche entfernt. Etwa vorhanden gewesene Phosphorsäure findet sich als P_2O_5 bei der (dann nicht schmelzenden, nur sinternden) V_2O_5 und wird nach dem Aufschließen der unreinen Säure mit Na_2CO_3 aus der mit H_2SO_4 angesäuerten Lösung, nach der Reduktion der V_2O_5 zu Vanadylsulfat, durch starke Ammonmolybdatlösung gefällt, bestimmt und in Abzug gebracht. Ist Chrom zugegen, das sich in der durch Auslaugen der mit Soda und Salpeter hergestellten Schmelze mit Wasser (am sichersten nach Zerstörung des Manganats mit Alkohol und Filtrieren) an der Chromatfärbung der Lösung zu erkennen gibt, so bestimmt man in diesem Falle (wie überhaupt am bequemsten!) das Vanadium maßanalytisch, und zwar nach dem Verfahren von Lindemann (S. 1650), bei dem die Anwesenheit von Chromoxydsalz nicht stört.

Zur Trennung sei im einzelnen noch bemerkt:

a) Alkalien.

Von den Alkalien trennt Roscoe [Phil. Trans. 160 II, 317 (1870). — Liebigs Ann. suppl. 8, 95 (1872)] das Vanadin durch Ausfällen mit neutralem Bleiacetat aus neutraler Lösung.

b) Erdalkalien.

Für die Trennung von Erdalkalien vgl. Holverscheit (Dissertation, Berlin 1890), v. Hauer [Journ. f. prakt. Ch. 76, 156 (1859) u. 69, 118 (1856)], Manasse [Liebigs Ann. 240, 23 (1887)] und Carnot [C. r. d. l'Acad. des sciences 104, 1803, 1850 (1887)].

c) Aluminium.

Aluminium wird nach Lundell und Knowles [Bureau Standard Journ. Res. 3, 91 (1929). — Chem. Zentralblatt 1929 II, 2079] von Vanadium durch 8-Oxychinolin in Gegenwart von H_2O_2 getrennt (vgl. S. 1036).

d) Arsen.

Arsen wird entweder wie oben beschrieben, oder nach Michaelis [Ztschr. f. anal. Ch. 75, 64 (1928); 52, 228 u. 314 (1913)] genau wie von

Wolfram und Molybdän durch Destillation als Arsenigsäure-Methyl-Ester getrennt.

e) Beryllium.

Beryllium wird nach Moser und Singer [s. S. 1097; ferner Monatshefte f. Chemie **48**, 673 (1927). — Chem. Zentralblatt **1928 I**, 728] mittels Tannin als Komplex gefällt und so getrennt.

f) Chrom.

Chrom wird nach Briefs [Stahl u. Eisen **42**, 775 (1922). — Ztschr. f. anal. Ch. **62**, 70 (1923)] auf Grund der Tatsache getrennt, daß eine Vanadatlösung in der Siedehitze durch Kochen mit aufgeschlämmtem Zinkoxyd vollständig gefällt wird, während eine Chromatlösung bei nicht zu reichlichem ZnO-Überschuß keine Veränderung erleidet. Die Chromat und Vanadat enthaltende, mit wenigen Tropfen verdünnter H_2SO_4 angesäuerte Lösung wird im 400 ccm-Becherglas auf 200—250 ccm verdünnt und zum Sieden erhitzt. Man fügt zu der heißen Lösung so viel aufgeschlämmtes ZnO, daß es den Boden des Becherglases dick bedeckt, und kocht 10 Minuten lang. Da der sich schnell absetzende, alles Vanadin enthaltende Niederschlag meistens durch etwas Chromat schwach gefärbt ist, so wird er nach dem Filtrieren über ein Weißband-filter und Auswaschen mit kaltem H_2O in das Fällungsgefäß zurück-gespült und in möglichst wenig verdünnter H_2SO_4 gelöst. Die Lösung wird nach dem Verdünnen auf 200 ccm nochmal gefällt und 10 Minuten lang gekocht, wodurch ein nunmehr chromfreier, leicht bräunlich gefärbter Niederschlag erhalten wird, den man filtriert und kalt auswäscht. In den vereinigten Filtraten bestimmt man Chrom titrimetrisch mit $FeSO_4$ und $KMnO_4$ (am besten bei 35°). Der das V enthaltende Niederschlag wird in das Becherglas zurückgespült, in verdünnter H_2SO_4 gelöst, die Lösung in einem hohen Erlenmeyerkolben mit 30 ccm konzentrierter H_2SO_4 und etwa 0,2 g reiner krystallisierter Oxalsäure versetzt. Hierauf erhitzt man in langsamem CO_2-Strom bis zum Entweichen weißer Dämpfe [Hensen, C.: Dr. Ing.-Diss. S. 45. Aachen 1909; vgl. Ztschr. f. anal. Ch. **51**, 241 (1912)]. Die rein blaue Lösung verdünnt man nach dem Abkühlen auf etwa 400 ccm und titriert sie bei 60° mit $KMnO_4$. Ausführung der Trennung einschließlich Titration: $1^1/_2$ Stunden.

L. Lindemann [Ind. and. Engin. Chem. **16**, 1271 (1924). — Ztschr. f. anal. Ch. **84**, 449 (1931)] oxydiert Cr und V nebeneinander in schwefelsaurer Lösung mit Persulfat und Permanganat und reduziert Cr- und V-säure mit Ferrosulfat, dessen Überschuß mit Bichromat weggenommen wird [Tüpfeln mit $K_3Fe(CN)_6$]. HCl, HNO_3 und Cl stören dabei. Vanadium wird mit Permanganat (s. S. 1649) titriert.

Ferner sind zur Bestimmung von Vanadium neben Chrom (und Eisen, Wolfram und Uran) zahlreiche potentiometrische Methoden (s. a. Bd. I, S. 488) vorgeschlagen worden [Ztschr. f. anal. Ch. **64**, 345 (1924). — Ztschr. f. angew. Ch. **40**, 1286 (1927). — Ztschr. f. anal. Ch. **76** 55 (1929). — Chem. Zentralblatt **1928 I**, 98. — Ind. and. Engin. Chem. **20**, 972 (1928). — Chem. Zentralblatt **1928 I**, 268. — Arch. Eisenh. **3**, 277 (1929/1930)].

g) Eisen.

Eisen wird von Vanadin nach dem Rotheschen Ätherverfahren (S. 1309) getrennt, wobei zur Vermeidung von Vanadinverlusten mit Zusatz von Wasserstoffsuperoxyd zu arbeiten ist [Chem.-Ztg. **35**, 869 (1911). — Ztschr. f. anal. Ch. **51**, 243 u. 260 (1912); **73**, 304 (1928). — Bauer-Deiß: Probenahme und Analyse. 2. Aufl., 274 u. 282 (1922)].

h) Molybdän.

Molybdän, siehe dort S. 1461 und Abschnitt Eisen S. 1406.

i) Phosphor.

Phosphor, vgl. S. 1653, ferner Ztschr. f. anal. Ch. **63**, 124—130 (1923).

k) Wolfram.

Siehe dort (S. 1674). Ferner kann nach Clarke [Analyst **52**, 466 u. 527 (1927). — Chem. Zentralblatt **1927** II, 2087 u. 2621] die Trennung durch Cupferronfällung erfolgen: Zusatz von 10 ccm HF, Neutralisierung mit NH_3, dann Zusatz von 20 ccm HCl, verdünnt auf 300 ccm. Fällung mit Cupferron. Kleine V-Mengen erfordern Zusatz von 50 g NH_4Cl und Erhöhung der HCl-Menge auf 25 ccm.

Weiteres Schrifttum bei Ephraim: Das Vanadin und seine Verbindungen. Ahrens Sammlung chemischer und chemisch-technischer Vorträge, Bd. 9, H. 3/5, S. 102—103. 1904.

III. Spezielle Methoden.

A. Vanadin-Erze und -Mineralien.

1. Nachweis von Vanadium in Gesteinen usw.

[Hillebrand: Journ. Amer. Chem. Soc. **6**, 209 (1898)].

5 g des fein gepulverten Minerals werden mit einer Mischung von 20 g Na_2CO_3 und 3 g $NaNO_3$ über dem Gebläse geschmolzen. Man laugt mit heißem Wasser aus, reduziert das gebildete Manganat durch etwas Alkohol und filtriert. Das Filtrat wird mit HNO_3 beinahe neutralisiert (die nötige Säuremenge ist durch einen blinden Versuch zu ermitteln), fast zur Trockne verdampft, mit Wasser aufgenommen und filtriert. Nun versetzt man die noch alkalische Lösung mit Mercuronitratlösung, wodurch Mercurophosphat, -arsenat, -chromat, -molybdat, -wolframat und -vanadat nebst viel basischem Mercurocarbonat gefällt werden können. Man kocht auf, filtriert, trocknet, bringt den Niederschlag vom Filter und äschert im Platintiegel (unter gutziehendem Abzug!) ein, glüht den Niederschlag, schmilzt den Rückstand mit sehr wenig Na_2CO_3 und zieht mit Wasser aus. Gelbe Farbe der Lösung zeigt Chrom an. Nun säuert man mit H_2SO_4 an und fällt durch Einleiten von H_2S (Druckflasche) Spuren von Pt, Mo und As, filtriert, kocht den H_2S fort,

dampft ein, verjagt fast alle H_2SO_4, löst den Rückstand in 2—3 ccm Wasser und setzt einige Tropfen H_2O_2-Lösung hinzu, wobei braungelbe Färbung Vanadium anzeigt.

Um Vanadinsäure neben Chromsäure nachzuweisen, empfiehlt E. Champagne, die mit H_2SO_4 angesäuerte Lösung mit H_2O_2 und Äther zu schütteln. Durch auftretende Blaufärbung der ätherischen Lösung wird Chrom, durch Gelbfärbung (bzw. bräunlichgelbe Färbung bei betreffender Menge) der wäßrigen Lösung wird Vanadium angezeigt.

2. Nachweis und Bestimmung in Eisenerzen usw. nach Lindemann.

[Ztschr. f. anal. Ch. 18, 102 (1879)].

Man schmilzt einige Gramm des sehr fein gepulverten Erzes mit der vierfachen Menge $KNaCO_3$ in einem Eisenschälchen eine halbe Stunde in der Muffel bei etwa 900°, extrahiert die Schmelze mit Wasser, scheidet die SiO_2 durch Übersättigen mit Salzsäure und Abdampfen ab, nimmt mit Salzsäure und Wasser auf, filtriert, sättigt das auf 60—70° erwärmte Filtrat mit H_2S und läßt 24 Stunden an einem mäßig warmen Orte stehen (schneller mittels Druckflasche zu bewirken). Das bei Anwesenheit von Vanadium nun mehr oder weniger deutlich blaugefärbte Filtrat wird zur Entfernung des H_2S gekocht, auf ein geringes Volumen eingedampft und dabei die Oxydation des V_2O_4 zu V_2O_5 durch Zusatz einiger Krystalle von $KClO_3$ bewirkt. Durch weiteres Eindampfen wird das Chlor ausgetrieben; man läßt erkalten, bringt die abgeschiedenen Salze wieder mit Wasser in Lösung, übersättigt schwach mit Ammoniak, um jede Spur etwa noch vorhandenen Chlors zu binden, säuert mit H_2SO_4 schwach an und titriert nunmehr die Vanadinsäure mit einer gestellten Ferrosulfatlösung unter Benutzung von Ferricyankaliumlösung als Indicator (s. S. 1651). Für die quantitative Bestimmung hat Lindemann den Rückstand nochmals mit $KNaCO_3$ und Salpeter aufgeschlossen.

3. Bestimmung des Vanadiums in eigentlichen Vanadinerzen.

(Vanadinit, Descloizit, Cupro-Descloizit, Mottramit usw.)

a) Verfahren von Rose (Abscheidung mittels Mercuronitratlösung).

1 g der fein gepulverten Durchschnittsprobe wird mit 20 ccm gewöhnlicher Salzsäure in einer bedeckten Schale zerlegt, abgedampft, mit wenig Salzsäure und viel heißem Wasser aufgenommen und in die stark verdünnte Lösung (Volumen $^1/_2$ l oder mehr) 1—2 Stunden H_2S eingeleitet. Zur Vervollständigung der Abscheidung des Arsens wird das Becherglas darauf im kochenden Wasserbade erhitzt, nochmals $^1/_2$ Stunde H_2S eingeleitet und nach einigem Stehen (am besten über Nacht) in eine geräumige Porzellanschale filtriert, der Pb-Cu-As-Niederschlag mit etwas Salzsäure und H_2S enthaltendem Wasser ausgewaschen. Das Filtrat wird zunächst

über freier Flamme (ohne zu kochen!), dann auf dem Wasserbade abgedampft, der feste Rückstand mit 20 ccm gewöhnlicher Salpetersäure
übergossen und abgedampft, wobei anfangs wegen Spritzens ein Uhrglas
aufgelegt wird. Das Abdampfen mit HNO_3 wird darauf noch 1- oder
2mal wiederholt, um alles Chlor zu entfernen. Der mit möglichst wenig
HNO_3 und mit heißem Wasser aufgenommene Rückstand wird in einer
Schale (am besten Platinschale) mit reiner Natronlauge im Überschuß
erhitzt, der Eisenhydroxydniederschlag abfiltriert, kurze Zeit mit heißem
Wasser ausgewaschen, in wenig HNO_3 gelöst, die Lösung wieder mit
reiner Natronlauge im Überschuß behandelt, abfiltriert und ausgewaschen.
(Bei beträchtlichem Eisengehalte des Erzes ist nochmaliges Lösen des
Niederschlages usw. notwendig!) In die vereinigten Filtrate und Waschwässer leitet man nunmehr bis zur Sättigung CO_2 ein, erwärmt gelinde
und filtriert von etwa abgeschiedener Tonerde (und Zinkcarbonat usw.)
ab. Das Filtrat wird darauf in einem geräumigen bedeckten Becherglas
mit HNO_3 schwach übersättigt und zur vollständigen Austreibung der
CO_2 gekocht. Man läßt dann abkühlen, setzt 10 ccm einer kaltgesättigten
Lösung von Mercuronitrat hinzu, rührt um, neutralisiert mit Ammoniak,
kocht auf, filtriert den voluminösen, graubraunen Niederschlag (der
alles Vanadium als Mercurovanadat enthält) und wäscht ihn mit Wasser,
dem $1/_{10}$ ccm der gesättigten Mercuronitratlösung auf je 100 ccm Wasser
zugesetzt war, sorgsam aus, bis das Filtrat keine deutliche Natriumreaktion mehr gibt. Nach dem Trocknen wird der Niederschlag mit
dem Filter in einem Platintiegel (unter dem Abzug!) bei allmählich
gesteigerter Temperatur erhitzt, das Filter verkohlt, der Deckel abgenommen, mit kleiner Flamme bis zum vollständigen Veraschen der
Filterkohle weiter schwach geglüht, dann die Flamme vergrößert und die
Vanadinsäure in Rotglut geschmolzen.

$$V_2O_5 \times 0{,}5602 \ (\log = 0{,}74834 - 1) = V.$$

Anmerkung. Das Austreiben der CO_2 ist notwendig, weil sonst
viel Mercurocarbonat mit dem Niederschlage fällt. Da die zu fällende
Lösung viel Natriumnitrat enthält, empfiehlt sich Fällung aus sehr
stark verdünnter Lösung. Zur etwaigen Kontrolle wird die gewogene
Vanadinsäure durch Schmelzen mit $KNaCO_3$ aufgeschlossen, die Schmelze
in Wasser gelöst, mit H_2SO_4 übersättigt und die Vanadinsäure in der
Lösung nach ihrer Überführung in V_2O_4 maßanalytisch bestimmt.

b) Verfahren von Treadwell.

Nach Treadwell (Analytische Chemie 1927. Bd. 2, S. 266) erfolgt die
Bestimmung des Chlorids durch Lösen von etwa 1 g des feingepulverten
Minerals in verdünnter Salpetersäure in der Kälte, um keinen Verlust
an Chlor zu verursachen. Dann verdünnt man mit viel Wasser, fällt
das Chlorion mit Silbernitrat, filtriert durch einen Goochtiegel und
bestimmt das Gewicht des Chlorsilbers nach S. 990.

Das Filtrat des Chlorsilberniederschlages versetzt man zur Bestimmung des Bleis mit Salzsäure, um das überschüssige Silber zu fällen,
filtriert und verdampft das silberfreie Filtrat nach Zusatz von Salzsäure

mehrmals zur Trockne bis zur völligen Vertreibung der Salpetersäure. Die trockene Masse befeuchtet man mit Chlorwasserstoffsäure, fügt 95%igen Alkohol hinzu, um das Bleichlorid vollständig abzuscheiden, filtriert durch einen Goochtiegel, wäscht mit Alkohol, trocknet bei 150° und wägt das $PbCl_2$.

Die Bestimmung des Vanadiums und der Phosphorsäure erfolgt im Filtrat vom Bleichlorid, welches das Vanadium als Vanadylsalz enthält, was an der blauen Farbe zu erkennen ist. Man vertreibt den Alkohol durch sorgfältiges Eindampfen im Wasserbad, fügt Salpetersäure hinzu und verdampft mehrmals, um das Vanadylsalz zu braunem Vanadinpentoxyd zu oxydieren. Die trockene Masse wird mit möglichst wenig Wasser in einen gewogenen Platintiegel gespült; was noch an der Schalenwandung haftet, wird in ein wenig Ammoniak gelöst und ebenfalls in den Tiegel gebracht, zur Trockne verdampft, dann zuerst sehr gelinde bis zur Vertreibung des Ammoniaks erhitzt, schließlich stärker bei reichlichem Luftzutritt (also bei offenem Tiegel), bis die durch das Ammoniak reduzierten, dunkel gefärbten, niederen Oxyde in braunrotes Pentoxyd übergeführt sind. Nun steigert man die Hitze bis eben zum Schmelzen und wägt. Bei Gegenwart von Phosphorsäure wird diese mit dem Vanadinpentoxyd gewogen. Man bestimmt die Menge des P_2O_5 nach S. 1653, zieht sie von der Summe ab und ermittelt so das V_2O_5.

Die Bestimmung des Arsens führt man am besten in einer besonderen größeren Probe aus. Man versetzt das Mineral mit Salpetersäure in der Wärme, verdampft den größten Teil der Säure, verdünnt mit Wasser und fällt das Blei durch Zusatz von Schwefelsäure. Aus dem Filtrat des Bleisulfats fällt man den geringen Rest des Bleis und das Arsen durch Einleiten von Schwefelwasserstoff nach vorangegangener Reduktion mittels schwefliger Säure. Den abfiltrierten Niederschlag digeriert man mit Schwefelnatrium, filtriert und fällt das Arsen als Sulfid durch Ansäuern mit Salzsäure. Das Arsensulfid wird alsdann, am besten durch Lösen in ammoniakalischem Wasserstoffperoxyd, in Arsensäure übergeführt und nach S. 1078 als Magnesiumpyroarseniat bestimmt.

c) Verfahren von Hillebrand und Ransome.
(U. S. Geological Survey, Bulletin 176. — Low, A. H.: Technical Methods of Ore Analysis. Bd. 1, S. 203).

1 g des feinen Pulvers wird mit 4 g Soda (oder $KNaCO_3$) in einem Platintiegel (Vorsicht!) geschmolzen, die Schmelze mit heißem Wasser extrahiert, der Rückstand mit heißem Wasser ausgewaschen, getrocknet, das Filter verascht und das Schmelzen usw. wegen eines starken Rückhaltes an V_2O_5 im Ungelösten wiederholt. Die vereinigten Filtrate werden mit H_2SO_4 angesäuert, nahezu zum Sieden erhitzt und längere Zeit H_2S eingeleitet, wodurch Arsen und etwa vorhandenes Molybdän gefällt und die Vanadinsäure zu Tetroxyd (V_2O_4) reduziert wird. Man filtriert und wäscht mit H_2S-haltigem Wasser aus. Nun wird das Filtrat (etwa $1/2$ l) in einem Kolben durch halbstündiges Kochen und Einleiten von Kohlendioxyd vom H_2S befreit und das V_2O_4 in der heißen Lösung

mit einer mäßig starken Permanganatlösung bis zur bleibenden rötlichen Färbung titriert. Darauf reduziert man die entstandene abgekühlte Vanadinlösung durch Einleiten von SO_2, kocht den Überschuß davon vollständig aus, zuletzt unter Einleiten von Kohlendioxyd und titriert wieder mit Permanganat. Das jetzt erhaltene Resultat ist meist etwas niedriger, wird aber als das richtige angenommen.

Ein etwaiger Urangehalt des Erzes beeinflußt die Vanadinbestimmung nicht, da das Uran (als Na-Uranat) im Rückstande bleibt. Besser setzt man der Mischung 1 g Salpeter zu und schmilzt im Porzellantiegel über dem Gasbrenner; Schmelzen in der Muffel ist nicht anzuraten, da die Schmelze leicht überschäumt.

4. Untersuchung von Uran-Vanadinerzen (Carnotit usw.)

a) Methode von Fritchle.

[Engin. Mining Journ. 70, 548 (1900). — Chem.-Ztg. 24, Rep. 364 (1900)].

0,5 g des sehr fein gepulverten Erzes werden in einem 200-ccm-Kolben mit 20 ccm HNO_3 eine Stunde hindurch erhitzt, dann 10 ccm Wasser zugegeben und die Lösung mit einer gesättigten Na_2CO_3-Lösung neutralisiert, weitere 5 ccm Sodalösung und 20 ccm einer 20%igen Natronlauge zugesetzt und eine halbe Stunde gekocht. Durch Na_2CO_3 fallen Ur, V und Fe aus, in der Natronlauge löst sich aber die V_2O_5 wieder auf. Man filtriert und wäscht mit schwacher Natronlauge so lange aus, bis das Filtrat keine Vanadinreaktion mehr zeigt. Den Rückstand von Ur und V löst man in 20 ccm verdünnter HNO_3 (1:1), verdünnt mit 40 ccm Wasser, neutralisiert mit Ammoniak, setzt 40 ccm einer gesättigten Ammoncarbonatlösung zu und erhitzt, aber nicht zum Kochen. Eisenhydroxyd fällt aus, Uran bleibt in Lösung. Darauf filtriert man, wäscht mit 2%iger Ammoncarbonatlösung sorgsam aus, übersättigt die Lösung mit verdünnter H_2SO_4 und dampft bis zum Auftreten von H_2SO_4-Dämpfen ab. Man läßt erkalten, nimmt mit 100 ccm Wasser auf, reduziert mit Aluminium und bestimmt Uran maßanalytisch nach S. 1639 mit Permanganat. Den Eisenrückstand löst man in verdünnter H_2SO_4 und titriert mit Permanganatlösung. Zur Vanadinbestimmung löst man 0,5 g Erz in 10 ccm Salpetersäure, setzt 10 ccm H_2SO_4 hinzu, kocht bis zum Auftreten von H_2SO_4-Dämpfen ein, löst nach dem Erkalten in Wasser, reduziert Fe, V und Ur mit Aluminium und titriert sie gemeinsam mit Permanganat, wobei die Farbe der Lösung von purpurblau über grün und gelb nach rosa wechselt. Von dem Verbrauch an Permanganat wird das vorher für die Einzeltitration von Uran und Eisen ermittelte Volumen in Abzug gebracht.

b) Methode von A. N. Finn.

[Journ. Amer. Chem. Soc. 27, 1443 (1906). — Chem. News 95, 17 (1907). Chem. Zentralblatt 1906 II, 1779].

Eine nicht mehr als 0,25 g U_3O_8 enthaltende Einwaage der Durchschnittsprobe wird mit heißer Schwefelsäure (1:5) versetzt und die

Lösung bis zum beginnenden Fortrauchen der Säure eingedampft. Nach dem Erkalten wird mit Wasser aufgenommen und mit einem Überschuß von Na_2CO_3-Lösung gekocht, bis sich der Niederschlag gut absetzt. Man filtriert darauf, wäscht aus, löst den Niederschlag in möglichst wenig verdünnter H_2SO_4 und fällt von neuem. Die vereinigten Filtrate und Waschwässer werden mit H_2SO_4 angesäuert, 0,5 g Ammonphosphat zugesetzt, gekocht, mit Ammoniak alkalisch gemacht, nochmal einige Minuten gekocht und der alles Uran als Ammonuranylphosphat enthaltende Niederschlag mit heißem, etwas Ammoniumsulfat enthaltendem Wasser ausgewaschen. Im Filtrate wird nach dem Ansäuern mit H_2SO_4, Einleiten von SO_2 und Fortkochen des Überschusses das Vanadium mit Permanganat titriert (s. S. 1650).

Der Uranniederschlag wird in H_2SO_4 gelöst und nach S. 1639 titriert.

c) Methode von Ledoux und Co. (Handelschemiker in New York). [A. H. Low: The Analysis 1, 204f. (1905)].

1 g des fein gepulverten, bei 100° getrockneten Erzes wird in einem kleinen Becherglase mit 25 ccm verdünnter HNO_3 (1:3) gelinde erhitzt, die Lösung vom Rückstande abfiltriert und dieser mit heißem Wasser ausgewaschen. Aus dem verdünnten Filtrate fällt man nun Pb, Cu usw. durch Einleiten von H_2S, filtriert, kocht den H_2S fort, oxydiert Fe und V mit H_2O_2 und zersetzt den Überschuß davon durch Kochen. Nach dem Abkühlen neutralisiert man die alles U und V enthaltende Lösung mit Ammoniak, setzt reichlich von gesättigter Ammoncarbonatlösung hinzu, erhitzt eine Viertelstunde mäßig und filtriert den Eisenhydroxydniederschlag ab. Da er etwas Uran und noch mehr Vanadium zurückhält, wird er in möglichst wenig verdünnter HNO_3 gelöst und wie vorher gefällt. Wenn er auch dann noch nach der Lösung in HNO_3 mit einigen Tropfen H_2O_2 die Vanadinreaktion zeigt, muß die Fällung nochmals ausgeführt werden. Aus den vereinigten Filtraten und Waschwässern wird Ammoniak und Ammoncarbonat durch Kochen in einem geräumigen Becherglase ausgetrieben, wobei sich die Lösung schließlich unter Abscheidung von U- und V-Verbindungen trübt. Diese Trübung wird durch tropfenweisen Zusatz von HNO_3 zur siedenden Lösung beseitigt. Man nimmt das Becherglas vom Feuer, setzt sofort 10 ccm einer kaltgesättigten Lösung von Bleiacetat und einige Gramm Natriumacetat hinzu, um die Fällung des Bleivanadats zu einer vollständigen zu machen. Man erhitzt dann noch kurze Zeit auf dem Wasserbade, bis sich der Niederschlag abgesetzt hat, filtriert und wäscht ihn mit heißem, mit Essigsäure schwach angesäuertem Wasser aus. Im Filtrate ist kein Vanadium enthalten, aber das Bleivanadat kann etwas Uran zurückhalten. Man spritzt es daher vom Filter in ein Becherglas, löst das am Filter Haftende und die Hauptmenge des Vanadats in möglichst wenig HNO_3, verdünnt, setzt einige Kubikzentimeter Bleiacetatlösung und eine hinreichende Menge (5—10 g) Natriumacetat hinzu, erhitzt und filtriert das nunmehr uranfreie Bleivanadat ab. Das Filtrat wird mit dem zuerst erhaltenen vereinigt und

für die Uranbestimmung aufgehoben. Zur Vanadinbestimmung wird
das Bleivanadat (s. a. S. 1649, Methode von Roscoe) in HNO_3 gelöst,
aus der Lösung das Blei mit einem Überschuß von H_2SO_4 gefällt, abfiltriert, das Filtrat im Kolben bis zum Fortrauchen von H_2SO_4 eingekocht,
mit Wasser aufgenommen, SO_2 eingeleitet, der Überschuß davon ausgekocht und das V_2O_4 mit Permanganat titriert (s. S. 1650).

Aus der für die Uranbestimmung aufbewahrten Lösung wird zunächst
das Pb durch Zusatz von 10 ccm konzentrierter H_2SO_4 gefällt und das
$PbSO_4$ abfiltriert. Das Filtrat hiervon wird mit Ammoniak schwach
übersättigt, aufgekocht, das abgeschiedene Ammonuranat auf einem
Filter gesammelt, nicht ausgewaschen, sondern sogleich in verdünnter
H_2SO_4 (1:6) gelöst; die Lösung wird im Kolben bis zum beginnenden
Fortrauchen von H_2SO_4 eingekocht und schließlich nach Reduktion
mit Zink (s. S. 1639) das Uranylsulfat mit Permanganat titriert.

Die Methode nach Ledoux gibt nach den Erfahrungen des Bureau
of Mines gute Resultate. Über die dort gebräuchliche Ausführungsform
vgl. Moore und Kithil: Bull. Amer. Inst. Mining Engineers 70, Bureau
of Mines (1916) 85; ferner Moore und Eckstein: Analyse seltener
technischer Metalle, S. 186. 1927.

d) Eisessigmethode nach W. W. Scott.

Zur Bestimmung des Urans in Carnotiten löst man (W. W. Scott:
Standard methods of chemical analysis, S. 581c) 0,5 g oder mehr mit
25 ccm verdünnter HNO_3 und 1—2 ccm HF bei Kochtemperatur. Die
Lösung wird schnell vollständig eingetrocknet, aber nicht geglüht.
Dann werden 15—20 ccm eines Gemisches von Eisessig und HNO_3
20:1 hinzugegeben, wobei das Uransalz in Lösung geht und das Vanadin-
salz unangegriffen bleibt. Das Reagens [Peligot: Ann. de Chimie et de
Physique (3) 5 (1842). — C. A. Pierle: Journ. Ind. and. Engin. Chem.
21, 60 (1920)] wird zweckmäßig in einer kleinen Spritzflasche aufbewahrt
und der Niederschlag damit aufs Filter gespritzt und ausgewaschen,
wobei jeglicher Wasserzusatz zu vermeiden ist.

Filtrat und Waschflüssigkeit werden zur Trockne gedampft, und der
Rückstand abermals mit Eisessig-HNO_3-Mischung extrahiert. Die
Lösung, die jetzt frei von V ist, wird nun zur Trockne gedampft und
über freier Flamme erhitzt bis der Rückstand dunkel erscheint. Dann
wird das Uran mit 40 ccm H_2O + 10 ccm HNO_3 unter Erwärmen gelöst.
Der größte Teil der freien HNO_3 wird mit NH_3 neutralisiert, unter Umrühren Ammoncarbonat zugesetzt — wobei das Glas bedeckt bleiben
muß —, bis ein unlöslicher Niederschlag entsteht. Hierauf setzt man
noch 2—3 g Ammoncarbonat und 5 ccm NH_3 zu, kocht und fällt so die
Hydroxyde von Fe und Al aus, während U in Lösung bleibt. Der Niederschlag wird abfiltriert und mit heißem H_2O ausgewaschen. Das Filtrat
und das Waschwasser werden auf 150—200 ccm konzentriert, mit
HNO_3 angesäuert, die CO_2 verkocht und ein Überschuß von NH_4OH
hinzugefügt, wobei U ausfällt. Ist die Lösung noch gelb gefärbt, so
muß noch NH_4OH hinzugegeben werden. Hierauf wird abfiltriert

(Auswaschen ist nicht notwendig), im Tiegel getrocknet und geglüht und das Uran als U_3O_8 ausgewogen. Ist der Rückstand in heißer NHO_3 nicht vollständig löslich, so ist er mit Fe und Al verunreinigt, welche abfiltriert, mit heißem Wasser ausgewaschen und verascht werden. Das Gewicht wird von dem zuerst erhaltenen Rückstande in Abzug gebracht. Vanadin wird im Rückstand von der Eisessig-Salpetersäure-extraktion bestimmt.

e) Schnellmethode zur Bestimmung des Urangehaltes im Carnotit.

Cl. E. Scholl [Journ. Ind. and Engin. Chem. **11**, 842 (1919). Chem. Zentralblatt **1920 II**, 680] versetzt eine etwa 0,2 g Uran enthaltende Einwaage durch Erhitzen mit 25—50 ccm HNO_3 (1:1), läßt über Nacht warm stehen, verdünnt mit 250 ccm warmen Wasser und filtriert. Nach Zugabe der dreifachen Menge $FeCl_3$, bezogen auf die Menge des anwesenden Urans, wird mit festem Na_2CO_3 neutralisiert, 1 g davon im Überschuß zugesetzt, unter Bedecken mit einem Uhrglase $1/_4$ Stunde auf 90° erhitzt und filtriert. Der Niederschlag enthält alles Fe, V und die Hauptmenge des Al. Das Filtrat wird mit HNO_3 neutralisiert, die CO_2 fortgekocht, mit Natronlauge übersättigt und nach $1/_4$stündigem Kochen filtriert. Der Tonerderest ist jetzt im Filtrat. Man löst den Filterinhalt in verdünnter HNO_3, erhitzt auf 90°, übersättigt mit Ammoniak, kocht erneut, filtriert das Ammonuranat ab, trocknet, verascht im Platintiegel, glüht stark bei gutem Luftzutritt (am besten im O_2-Strome) und wägt als U_3O_8 (nach S. 1638).

Weiter sei noch verwiesen auf Angaben von Brinton und Ellestad [Ind. and Engin. Chem. **16**, 1191 (1924). — Chem. Zentralblatt **1925 I**, 1231]; ferner sei noch eine jodometrische Methode von Hett und Gilbert [Ztschr. f. öffentl. Ch. **12**, 265 (1906)] erwähnt.

B. Hüttenprodukte.

1. Bestimmung des Vanadiums in Ofensauen

(nach Classen: Ausgewählte Methoden. Bd. 1, S. 235. 1901).

Man zersetzt einige Gramm durch mäßiges Erhitzen im Chlorstrome, wobei das Chlorid nebst Mo und Fe in das vorgelegte Wasser übergeht. Mo wird aus der Lösung mit H_2S, Fe mit $(NH_4)_2S$ abgeschieden, und das Vanadium aus der Sulfosalzlösung mit Essigsäure als Sulfid gefällt, das durch Rösten in V_2O_5 umgewandelt wird.

2. Bestimmung des Vanadiums in Schlacken.

Man versetzt nach Ridsdale (Jahresber. chem. Techn. S. 245. 1888) 4 g der sehr fein gepulverten Schlacke durch Kochen mit 60 ccm verdünnter H_2SO_4 (1:4), verdünnt nach dem Abkühlen auf 80 ccm, oxydiert durch einen Zusatz von 40 ccm $1/_{10}$ n-Permanganatlösung alles Fe und V, nimmt den Überschuß von Permanganat durch tropfenweisen Zusatz einer stark verdünnten Ferrosulfatlösung fort und titriert dann die V_2O_5 nach Lindemann (S. 1650).

Einer Anregung von Clement folgend, empfehlen Heinrich und Petzold, in HNO_3 zu lösen, mit H_3PO_4 einzudampfen und mit HNO_3 zu oxydieren. Gebildetes Manganat wird nach Verdünnen bei 70⁰ durch Oxalsäure reduziert. Nach Abkühlen versetzt man mit KJ und titriert mit Thiosulfat.

C. Vanadiumlegierungen.

(S. Abschnitt Eisen S. 1407.)

D. Vanadiumsalze.

Die Bestimmungsverfahren entsprechen im allgemeinen denen der Erze und der Stahllegierungen.

Im Laboratorium der Bearbeiter haben sich folgende Arbeitsweisen bewährt:

1. Untersuchung von Vanadinsäure und vanadinsauren Salzen.

a) Bestimmung des Glühverlustes.

1 g Material wird im Platintiegel bis eben zum Schmelzen über freier Flamme erhitzt und nach dem Abkühlen im Exsiccator zurückgewogen. Die Differenz stellt den Glühverlust, bestehend aus chemisch gebundenem Wasser und organischer Substanz, bei Ammonvanadat aus chemisch gebundenem Wasser, organischer Substanz und Ammoniak, dar.

b) Bestimmung der Verunreinigungen.

1—3 g Material werden in verdünnter Salzsäure gelöst, mit HNO_3 oxydiert, zur Trockne verdampft, mit verdünnter Salzsäure aufgenommen und die Kieselsäure und eventuell vorhandene Wolframsäure wie üblich bestimmt. In das Filtrat wird Schwefelwasserstoff bis zur Sättigung eingeleitet und die Sulfide von Arsen, Kupfer und Molybdän nach bekannten Verfahren ausgefällt und getrennt. Das Filtrat hiervon wird durch Kochen von Schwefelwasserstoff befreit, mit Salpetersäure oxydiert und nach Zugabe von Chlorammonium das Eisen und eventuell vorhandene Tonerde mit Ammoniak gefällt. Der Niederschlag ist gegebenenfalls nochmals mit Salzsäure zu lösen und die Fällung mit NH_3 zu wiederholen.

c) Bestimmung von Vanadium und Alkalien.

1 g der Probe wird nach Aufschlämmen mit Wasser unter Zugabe von Perhydrol in möglichst wenig Ammoniak gelöst und die abfiltrierte Lösung mit Essigsäure eben angesäuert und das Vanadin bei Zimmertemperatur mit frisch hergestelltem Bleiacetat, das auf Freiheit von Alkalien geprüft ist, ausgefällt. Nach Abfiltrieren des orangefarbenen

Niederschlags und Auswaschen desselben mit schwach essigsäurehaltigem Wasser wird der Niederschlag vom Filter in eine Porzellanschale gespritzt. Die noch am Filter verbleibenden Reste werden mit wenig verdünnter warmer Salpetersäure gelöst, die Lösung dem Filtrate zugesetzt und zur Lösung des Bleivanadats weiter mit HNO_3 versetzt und schließlich mit Schwefelsäure bis eben zum Abrauchen eingedampft. Das ausgeschiedene Bleisulfat darf hierbei nicht gelb aussehen. Ist dies der Fall, so läßt man erkalten, setzt etwas HCl zu und raucht von Neuem mit H_2SO_4 ab. Nach dem Erkalten wird mit Wasser verdünnt, das Bleisulfat abfiltriert, ausgewaschen bis das Filtrat mit H_2O_2 keine Gelbfärbung mehr zeigt, und das, alles Vanadin enthaltende Filtrat unter der Oberhitze (vgl. Bd. I, S. 28) in der Platinschale eingedampft, bis eben zum Schmelzen erhitzt und als V_2O_5 ausgewogen. Die vom Bleivanadat abfiltrierte bleiacetathaltige Lösung wird zur Abscheidung des Bleis mit Schwefelsäure versetzt, bis zum Abrauchen eingedampft, erkalten gelassen, mit Wasser verdünnt und vom Bleisulfat durch Abfiltrieren in bekannter Weise getrennt. Das nunmehr bleifreie Filtrat wird in einer Platinschale unter Oberhitze zur Trockne verdampft, die Ammonsalze verglüht und die zurückbleibenden Alkalisulfate zur Wägung gebracht. Die Trennung der Alkalien geschieht weiter in bekannter Weise. Enthalten die Salze noch andere Stoffe in größerer Menge, so müssen diese nach bekannten Methoden vorher getrennt werden.

2. Bestimmung des Stickstoffs in Ammoniummetavanadat.

Man löst 1 g des Salzes in verdünnter Schwefelsäure auf, versetzt im Überschuß mit Natronlauge und destilliert das Ammoniak in bekannter Weise über, fängt in $^1/_{10}$ n-Schwefelsäure auf und titriert die nicht verbrauchte Schwefelsäure der Vorlage mit $^1/_{10}$ n-Alkali zurück. Die Prüfung auf Sulfate, Chloride usw. geschieht nach bekannten Methoden in der mit H_2O_2 und NH_3 gelösten und in der entsprechend angesäuerten Probe mit $BaCl_2$ bzw. $AgNO_3$.

E. Sonstiges.

Vanadinierter Asbest wird nach Jefremow und Rosenberg (Chem. Zentralblatt 1928 I, 2979) wie folgt untersucht:

1 g Asbest wird mit 6—10 ccm 25%iger eisenfreier NaOH umgerührt; man verdünnt mit heißem Wasser auf 100 ccm, setzt 3—5 Tropfen H_2O_2 hinzu, läßt 10—15 Minuten kochen, filtriert und wäscht aus. Das auf Abwesenheit von Fe geprüfte Filtrat wird mit H_2SO_4 angesäuert, mit H_2S reduziert und nach Entfernen des überschüssigen H_2S mit $KMnO_4$ titriert.

IV. Analysenbeispiele.

a) Erze.

Carnotit: 15—21% V_2O_5, 52—65% UO_3, < 7% Alk., 1,6—3,4% CaO, 0,2—3% Fe_2O_3, < 0,8% P_2O_5, 0,3—3% BaO, < 0,3% PbO, < 0,3% Al_2O_3,

$< 0,3\,^0/_0$ As_2O_5, $< 0,3\,^0/_0$ MoO_3, $< 0,2\,^0/_0$ CuO, $< 0,2\,^0/_0$ SiO_2, $< 0,2\,^0/_0$ MgO, $< 0,1\,^0/_0$ TiO_2.

Descloizit: 20—$23\,^0/_0$ V_2O_5, 55—$63\,^0/_0$ PbO, 11—$19,5\,^0/_0$ ZnO, $< 2,7\,^0/_0$ MnO, $< 1,1\,^0/_0$ CuO, $< 1\,^0/_0$ SiO_2, $< 0,8\,^0/_0$ $P_2O_5 + As_2O_5$, $< 0,7\,^0/_0$ FeO, $0,3\,^0/_0$ Cl, $0,2\,^0/_0$ $Alk.$, $0,1\,^0/_0$ MgO, $0,1\,^0/_0$ CaO.

Mottramit: 16—$19\,^0/_0$ V_2O_5, 50—$57\,^0/_0$ PbO, 18—$21\,^0/_0$ CuO, $\sim 2,5\,^0/_0$ $MnO + FeO + ZnO$, $1,6$—$2,6\,^0/_0$ CaO, $\sim 1\,^0/_0$ SiO_2, $< 0,4\,^0/_0$ MgO.

Vanadinglimmer: 12—$29\,^0/_0$ V_2O_5, 41—$47\,^0/_0$ SiO_2, 11—$22\,^0/_0$ Al_2O_3, 7—$10\,^0/_0$ $Alk.$, $1,6$—$3,8\,^0/_0$ FeO, $1,5\,^0/_0$ Mn_2O_3, $< 1,4\,^0/_0$ BaO, 1—$3\,^0/_0$ MgO, $0,8\,^0/_0$ TiO_2, $0,6$—$1\,^0/_0$ Fe_2O_3, $0,4$—$0,6\,^0/_0$ CaO.

Vanadinit: 17—$21\,^0/_0$ V_2O_5, 72—$79\,^0/_0$ PbO, 2—$2,7\,^0/_0$ Cl, $< 1,9\,^0/_0$ $SiO_2 + Al_2O_3$, $1,3$—$3,2\,^0/_0$ CaO, 0—$4\,^0/_0$ As_2O_5, 0—$3\,^0/_0$ ZnO, 0—$3\,^0/_0$ P_2O_5, $< 0,5\,^0/_0$ Fe_2O_3, $< 0,2\,^0/_0$ CuO.

b) Legierungen.

Ferro-Vanadin: $\sim 30\,^0/_0$ V, $\sim 2\,^0/_0$ (evtl. mehr) Al, 1—$3\,^0/_0$ Si, $\sim 0,25\,^0/_0$ C.

Vanadin-Nickel: 18—$20\,^0/_0$ V.

Vanalium: Va-Al-Legierung.

c) Sonstiges.

Konzentrat von Otavi: bis $50\,^0/_0$ PbO, bis $20\,^0/_0$ V_2O_5, bis $20\,^0/_0$ ZnO, bis $15\,^0/_0$ CuO Beimengungen von Quarzsand, bis $10\,^0/_0$ Fe_2O_3, $0,02$ bis $0,30\,^0/_0$ As, $0,02$—$0,025\,^0/_0$ P.

Wolfram.

Von

Privatdozent Dr. **Fr. Heinrich** und Chefchemiker **F. Petzold,** Dortmund.

Einleitung.

Die für die technische Herstellung von W in Betracht kommenden Erze sind

1. der Wolframit, ein Eisen-Manganwolframat mit etwa 61% W,
2. der Scheelit oder Tusystein, ein Calciumwolframat mit etwa 64% W,
3. der Hübnerit, ein Manganwolframat mit etwa 61% W.

Der Wolframit und Scheelit kommen als ständige Begleiter des Zinnsteins vor. Nur untergeordnete Bedeutung haben

4. der Stolzit, ein Bleiwolframat,
5. der Ferberit, ein Eisenwolframat,
6. der Wolframocker, ein natürliches Wolframsäurehydrat.

Häufige Begleiter des W sind Sn, Bi, Pb, Mn, Cu, Zn. Aus den durch mechanische oder elektromagnetische Aufbereitung angereicherten Erzen wird durch alkalischen Aufschluß das Na-Wolframat und hieraus schließlich die Wolframsäure gewonnen.

Die Herstellung des metallischen Wolframs geschieht durch Reduktion und zwar zur Gewinnung von metallischem Pulver zu Legierungszwecken durch Aluminium oder Zink und zur Erzielung eines amorphen Pulvers für die Herstellung von Leuchtfäden durch Kohlenstoff oder Wasserstoff bei 800—1000°.

Wolfram findet hauptsächlich Verwendung für Glühfäden der Metallfadenlampen, für Elektroden der Röntgenröhren und als veredelnder Zusatz in der Legierungstechnik.

Wolframbronzen stellen durch Wasserstoff oder auf anderem Wege teilweise reduzierte Alkaliwolframate dar.

I. Methoden der Wolfram-Bestimmung.

A. Gewichtsanalytische Bestimmung.

Die Bestimmung des W geschieht am zweckmäßigsten als WO_3, das durch Glühen bei Temperaturen bis höchstens 900° gewichtskonstant gemacht wird.

Die Abscheidung kann auf verschiedene Weise erfolgen:

1. Abscheidung durch Säuren.

Man zersetzt eine konzentrierte Alkaliwolframatlösung mit konzentrierter HCl oder HNO₃, verdampft zur Trockne, erhitzt eine Stunde lang auf 120⁰, fügt hierauf wieder etwas HCl zu, kocht auf und filtriert ab und wäscht mit 10%iger Ammonnitratlösung aus. Der Rückstand enthält die Hauptmenge Wolfram und wird getrocknet, verascht und bei 900⁰ geglüht. Infolge der Bildung von Alkalimetawolframat [Ber. Dtsch. Chem. Ges. 15, 501 (1882)] beim Abdampfen mit Säure, muß diese Behandlung mehrmals wiederholt werden, um die letzten Mengen Wolfram noch abzuscheiden.

Nach Leiser [Wolfram, S. 93 (1910)] feuchtet man zweckmäßig den Abdampfrückstand mit Ammoniak nur eben an, um Metawolframat wieder in gewöhnliches Wolframat zu überführen. Zur Vermeidung einer Hydrosolbildung ist auch stets säure- oder salzhaltiges Wasser zum Auswaschen zu verwenden.

$$WO_3 \times 0,7931 \ (\log = 0,89933 - 1) = W.$$

2. Fällung als Mercurowolframat.

[Berzelius: Jahresber. 21 II, 143; ferner O. von der Pfordten: Liebigs Ann. 222, 152 (1883)].

Man versetzt die möglichst konzentrierte wäßrige Auflösung einer Sodaschmelze mit einigen Tropfen Methylorange und setzt vorsichtig Salpetersäure bis eben zur Rosafärbung zu. In der Ausführungsform nach Deiß (Bauer-Deiß: Probenahme und Analyse von Eisen und Stahl. 2. Aufl. S. 264. 1922) vertreibt man das dabei freiwerdende Kohlendioxyd durch Erhitzen der Lösung auf dem Asbestdrahtnetz. Zur heißen neutralisierten Lösung fügt man von einer möglichst neutralen, gesättigten Quecksilberoxydulnitratlösung solange zu, als noch Niederschlag ausfällt, kocht unter Umrühren auf und läßt absitzen. Ist die über dem Niederschlag stehende Flüssigkeit klar geworden, so prüft man zunächst durch Zusatz weiterer Quecksilberlösung, ob alles Fällbare ausgefällt ist und fügt nötigenfalls weitere Quecksilbersalzlösung hinzu. Danach erhitzt man wieder zum Kochen, läßt absitzen und fügt jetzt wenige Tropfen (nicht mehr!) 10%iges Ammoniak hinzu. Dieser Ammoniakzusatz bezweckt, die überschüssige Säure, die mit dem Zusatz größerer Mengen der stets etwas sauren Quecksilberoxydulnitratlösung in die Lösung gelangt, zu binden. Unterläßt man den Ammoniakzusatz, so kann infolge saurer Reaktion der Lösung leicht etwas Wolframat (als Metawolframat) in der Lösung zurückbleiben; andererseits kann auch Ammoniakzusatz in geringem Überschuß zur Folge haben, daß die Lösung wolframhaltig bleibt. Um sich vor dieser Wirkung des Ammoniaks zu schützen, kann man, was empfehlenswerter ist [Ztschr. f. anal. Ch. 75, 433 (1928)], statt Ammoniak mit Wasser aufgeschlämmtes (gefälltes), Quecksilberoxyd zusetzen und durch längeres Erhitzen die Bindung der freien Säure herbeiführen. Dabei muß ein schwarzer Quecksilberniederschlag ausfallen. Man rührt die Lösung um und erhitzt kurze

Zeit zum Sieden. Der grau gewordene Niederschlag muß beim Erhitzen graue Farbe behalten; wird er wieder gelblich, so ist noch weiteres Ammoniak zuzufügen. Man filtriert den Niederschlag, sobald die Lösung klar geworden ist, durch ein gut laufendes Filter ab, zunächst ohne den Niederschlag aufs Filter zu bringen. Ist alle klare Lösung abgegossen, so übergießt man den Niederschlag im Becherglas mit kochendem Wasser, setzt einige Kubikzentimeter der Quecksilbersalzlösung hinzu und kocht auf. Nach Absitzen des Niederschlages gießt man wieder die klare Flüssigkeit ab und wiederholt das Auslaugen des Niederschlages, falls bei der Fällung größere Mengen von Alkalisalzen zugegen waren. Man erhält auf diese Weise nach 2—4maligem Auswaschen alkalifreien Quecksilberniederschlag, den man schließlich aufs Filter bringt und noch einige Male mit Wasser auswäscht.

Den an den Becherglaswandungen und am Glasstab verbleibenden Niederschlag reibt man mit einem Stückchen aschefreien Filterpapiers ab, solange er noch feucht ist; falls er schwer abgehen sollte, verwendet man ein mit Salpetersäure befeuchtetes Stückchen Filtrierpapier. Die zum Abwischen benutzten Filtrierpapierstücke verascht man zuerst im gewogenen Platintiegel für sich bei Luftzutritt. Danach bringt man den Hauptniederschlag samt Filter feucht dazu und verascht unter gut ziehendem Abzug über mittelgroßer Flamme und bei Luftzutritt. Das Veraschen der Quecksilberniederschläge kann ohne Schaden für den Platintiegel ausgeführt werden, wenn man stets für genügenden Luftzutritt sorgt und nicht mit zu kleiner Flamme erhitzt.

Nach Veraschen des Filters glüht man den Niederschlag über dem Bunsenbrenner, wägt nach Erkalten und wiederholt Glühen und Wägen, bis Gewichtskonstanz erreicht ist.

3. Fällung als Benzidinwolframat.

[G. v. Knorre: Ber. Dtsch. Chem. Ges. 38, 783 (1905)].

Die in Wasser gelöste Sodaschmelze wird mit etwas Methylorange versetzt und mit Salzsäure bis zur Rosafärbung versetzt. Hierauf setzt man 10 ccm $^1/_{10}$ n-H_2SO_4 zu und fällt sofort in der Wärme [1] mit einem Überschuß von Benzidinchlorhydratlösung und kühlt rasch ab. Nach etwa 5 Minuten filtriert man, wäscht den Niederschlag mit einer verdünnten Benzidinchlorhydratlösung aus, bis einige Tropfen auf einem Platinblech verdampft und geglüht keinen Rückstand mehr geben und verbrennt schließlich naß im Platintiegel. (Fällung mit Tolidin s. S. 1673.)

Die Herstellung der erforderlichen Benzidinlösung geschieht auf folgende Weise: 20 g käufliches Benzidin werden in der Reibschale mit Wasser angerieben, mit 400 ccm Wasser in ein Becherglas übergespült, 25 ccm HCl (spez. Gew. 1,19) zugesetzt, erwärmt bis sich alles zu einer braunen Flüssigkeit gelöst hat, filtriert und zu 1 l verdünnt.

---

[1] In salzsaurer Lösung in der Kälte gefällt, läßt sich der Niederschlag schlecht filtrieren; in salzsaurer Lösung in der Hitze gefällt und dann wegen der Löslichkeit des Benzidinwolframats in heißem benzidinhaltigem Wasser erkalten gelassen, gibt gut filtrierbare Niederschläge.

Man kann auch 28 g reines käufliches Benzidinchlorhydrat in 1 l Wasser lösen, dem 7 ccm konzentrierte Salzsäure zugesetzt sind. 5,6 ccm dieser Lösung fällen 0,1 g WO_3 aus. Als Waschflüssigkeit verdünnt man 10 ccm dieser Lösung mit Wasser auf 300 ccm.

4. Fällung mit Chinin und Cinchonin.

[Lefort: Chem. News **45**, 57 (1882). — C. r. d. l'Acad. des sciences **92**, 1461 (1881). — Ztschr. f. anal. Ch. **21**, 566 (1882); vgl. auch Chemist-Analyst **1922**, 22. — Chem. Zentralblatt **1923** II, 77].

Die Fällung mit Chinin ($C_{20}H_{24}N_2O_2$) erfolgt in schwach essigsaurer Wolframatlösung. Mittels einer wäßrigen Lösung von essigsaurem oder schwefelsaurem Chinin wird eine weiße Fällung erzeugt, die durch Glühen in WO_3 übergeht.

Über die Fällung mit Cinchonin ($C_{19}H_{22}N_2O$) vgl. S. 1676.

5. Reinigung der Roh-Wolframsäure.

Die nach den beschriebenen Methoden erhaltene WO_3 ist häufig verunreinigt; es ist deshalb eine Reinigung erforderlich. Hierzu entfernt man nach Deiß (Bauer-Deiß: Probenahme und Analyse von Eisen und Stahl, 2. Aufl., S. 264) durch Abrauchen mit Flußsäure-Schwefelsäuregemisch die SiO_2 wie üblich (vgl. hierzu S. 1673). Durch Aufschluß mit der 6fachen Menge Natriumcarbonats und Auslaugen mit H_2O und Auswaschen mit $(NH_4)_2CO_3$-haltigem Wasser trennt man von den Oxyden des Fe, Mn, Ti. Im Aufschluß befinden sich außer W noch Cr, Mo, V und P.

Zur Bestimmung des Chroms säuert man einen aliquoten Teil des wäßrigen Filtrats mit HCl an, wobei weiße oder gelbe WO_3 ausfällt, gibt etwas KJ zu und titriert nach kurzem Stehen das ausgeschiedene Jod mit $1/10$ n-Thiosulfatlösung.

1 ccm = 0,002530 (log = 0,40312 — 3) g Cr_2O_3.

Für die Bestimmung des Molybdäns wird ein aliquoter Teil des wäßrigen Auszuges mit Weinsäure versetzt, bis beim Ansäuern mit verdünnter H_2SO_4 keine Abscheidung oder Trübung von Wolframsäure mehr erscheint, darnach macht man die Lösung deutlich ammoniakalisch und sättigt mit H_2S. Auf Zusatz von verdünnter H_2SO_4 fällt braunes MoS_2 aus, das nach S. 1459 in MoO_3 überführt wird.

Zur Phosphorbestimmung wird ein aliquoter Teil des wäßrigen Filtrats mit HCl angesäuert, die CO_2 fortgekocht, die ausgeschiedene WO_3 durch NH_3 wieder in Lösung gebracht, und die Lösung durch Einkochen möglichst konzentriert. Dann setzt man wenig $2^1/_2 \%$iges NH_3 zu und fällt während des Kochens mit einer neutralen Magnesialösung die P_2O_5 aus und bringt sie wie üblich als $Mg_2P_2O_7$ zur Auswägung.

Die Verunreinigungen und Oxyde umgerechnet und von der Roh-WO_3 abgezogen, ergeben die reine WO_3.

B. Maßanalytische Bestimmung.

Titrimetrische Verfahren zur Wolframbestimmung, etwa nach S. C. Lind [Journ. Amer. Chem. Soc. 29, 477 (1907)] oder nach Herbig [Ztschr. f. anal. Ch. 40, 165 (1901)], nach J. B. Eckely und G. D. Keudall [Mining Journ. 83, 216 (1908)] oder E. Kuklin [Stahl u. Eisen 24, 27 (1904)] beruhen auf der Eigenschaft der abgeschiedenen Wolframsäure, sich mit Alkalien quantitativ umzusetzen, so daß man den Alkaliüberschuß zurücktitrieren kann. Alle diese Verfahren erreichen aber nach Leiser (Wolfram, S. 113. Halle 1910) nur eine geringere Genauigkeit als die gravimetrischen.

C. Colorimetrische Bestimmung.

Colorimetrisch kann man Wolframat bestimmen durch Reduktion mit Titanchlorür [Travers: C. r. d. l'Acad. des sciences 166, 416 (1918). — Schöller: Engin. Mining Journ. 106, 794 (1918)] und Vergleich der blaugefärbten W_2O_5-Lösungen (s. a. Bd. I, S. 901).

Kleine Wolframmengen lassen sich nach Petrowski [Journ. Soc. Chem. Ind. (russ.: Shurnal Chimitscheskoi Promyschlennosti) 7, 905 (1930). — Chem. Zentralblatt 1930 II, 2924] colorimetrieren auf Grund der Beobachtung, daß bei Gegenwart kleiner Wolframmengen in phosphorsäure- und salzsäurehaltiger Lösung die Reduktion mit Blei zu vierwertigem Wolfram führt und die Lösung kirschrot bis rosa erscheint. Vgl. hierzu auch G. Heyne [Ztschr. f. angew. Ch. 44, 237 (1931)].

II. Trennung des Wolframs von anderen Elementen.

Gruppenweise erfolgt die Trennung des W (vergemeinschaftet mit SiO_2, P_2O_5, SnO_2 usw.) von den meisten übrigen Stoffen durch Abscheidung als WO_3.

Nach Jannasch [Journ. f. prakt. Ch. (2) 78, 21 (1908)] und Moser und Schmidt [Monatshefte f. Chemie 47, 313 (1926). — Chem. Zentralblatt 1927 I, 496] läßt sich in gewissen Fällen auch eine gruppenweise Trennung durch Verflüchtigen mittels CCl_4-, CO_2- bzw. CCl_4-Luftgemischen durchführen.

Für die Trennung von einzelnen Begleitstoffen sei folgendes bemerkt:

1. Antimon.

Nach Leiser [Wolfram, S. 103 (1910)] trennt man Wolfram von Antimon dadurch, daß man beide mit Salpetersäure oxydiert und den Rückstand nach dem Verdampfen mit weinsäurehaltiger Salpetersäure auszieht, worin alles Antimon in Lösung geht.

2. Arsen.

Die Trennung der Arsensäure von der Wolframsäure bereitet beträchtliche Schwierigkeiten. Kehrmann [Ber. 20, 1813 (1887). — Liebigs

Ann. 245, 51 (1888)] empfiehlt die in der Durchführung recht unbequeme Entfernung des Arsens als Ammoniummagnesiumarsenat. Nach Moser und Ehrlich [Ber. Dtsch. Chem. Ges. 55, 430 (1922). — Ztschr. f. anal. Ch. 65, 465 (1925). — Chem. Zentralblatt 1922 II, 729] gelingt die Trennung durch Destillation, wenn man die Adsorption von $AsCl_3$ durch kolloidal ausfallende Wolframsäure dadurch verhindert, daß man Wolframsäure in eine hochdisperse Lösung überführt, was am besten durch Essigsäure und konzentrierte Salzsäure geschieht. Arsen wird teils als Chlorid, teils als Methylester überdestilliert.

3. Molybdän

wird von Wolfram nach Ruegenberg und Smith [Journ. Amer. Chem. Soc. 22, 772 (1900)] bzw. Hommel (Dissertation. Gießen 1902) durch Auslösen des MO_3 durch Digerieren mit Schwefelsäure getrennt. Die Ausführung ist verschieden je nachdem, ob die Säuren frisch gefällt oder geglüht als Oxyde vorliegen.

α) **Es liegen die beiden Säuren im feuchten, frischgefällten Zustand vor.** Man übergießt sie mit konzentrierter Schwefelsäure in einer Porzellanschale und erwärmt über freier Flamme. Dabei wird meistens eine geringe Menge Wolframsäure zu blauem Oxyd reduziert, wodurch der gelbe Niederschlag von Wolframsäure einen Stich ins Grünliche erhält. Fügt man 1—2 Tropfen verdünnte Salpetersäure hinzu, so verschwindet die grüne Farbe sofort, und die Wolframsäure wird rein gelb. Nach halbstündiger Digestion ist die Trennung beendet. Nach dem Erkalten verdünnt man die Flüssigkeit mit dem dreifachen Volumen Wasser, filtriert, wäscht mit schwefelsäurehaltigem Wasser, zuletzt 2—3mal mit Alkohol, trocknet, glüht nach dem Veraschen des Filters im Porzellantiegel und wägt als WO_3.

Das Molybdän wird aus dem schwefelsäurehaltigen Filtrat durch Fällen mit Schwefelwasserstoff in einer Druckflasche als Molybdänsulfid abgeschieden, welches nach dem Filtrieren und Trocknen nach S. 1459 in MoO_3 übergeführt und gewogen wird.

Wurde zur Trennung nur wenig Schwefelsäure verwendet, so kann man das Filtrat von der Wolframsäure in einer Platinschale verdampfen, die Schwefelsäure größtenteils abrauchen, den Eindampfrückstand mit Ammoniak in einen gewogenen Platintiegel spülen, verdampfen, glühen und wägen. Bei größeren Mengen von Molybdänsäure ist es immer sicherer, wie oben angegeben, das Molybdän als Sulfid abzuscheiden.

β) **Wolfram und Molybdän liegen als geglühte Oxyde vor.** Da die geglühten Oxyde sich nicht durch Digestion mit Schwefelsäure trennen lassen, so muß man sie aufschließen. Nach W. Hommel geschieht dies leicht durch halbstündiges Erhitzen mit konzentriertem Ammoniak in einer Druckflasche bei Wasserbadtemperatur und unter häufigem Umschütteln.

Nach dem Erkalten spült man den Inhalt der Druckflasche, gleichviel, ob alles gelöst ist oder nicht, in eine Porzellanschale, verdampft zur Trockne und behandelt weiter, wie unter *α*) angegeben.

Noch sicherer läßt sich die Trennung der geglühten Oxyde ausführen, wenn man sie mit der vierfachen Menge Soda schmilzt und die Schmelze nach α) (S. 1671) weiter behandelt. Nach Péchard [C. r. d. l'Acad. des scienes 114, 173 (1892) u. Debray: C. r. d. l'Acad. des sciences 46, 1101 (1858)] trennt man zweckmäßig nach der

Sublimationsmethode. Erhitzt man ein Gemenge von Wolfram- und Molybdäntrioxyd oder ein Gemenge der Alkalisalze auf 250—270° C in einem Strome trockenen Chlorwasserstoffes, so verflüchtigt sich das Molybdän vollständig als $MoO_3 \cdot 2\,HCl$, das sich als prächtig weißes, wolliges Sublimat in den kälteren Teilen des Rohres absetzt, während Wolframtrioxyd im Schiffchen zurückbleibt. Bei höherer Temperatur wird Wolfram mit verflüchtigt.

Zur Ausführung werden die beiden Oxyde oder deren Natriumsalze in einem Porzellanschiffchen abgewogen; dann bringt man dieses in ein Rohr von schwerschmelzbarem Glas, dessen eines Ende senkrecht nach unten gebogen und mit einer mit Wasser beschickten Peligotröhre in Verbindung gebracht ist. Der waagrechte Schenkel des Rohres geht behufs Erhitzens durch einen als Luftbad dienenden durchlochten Trockenschrank und steht mit einem Chlorwasserstoffentwicklungs-apparat in Verbindung. Der Chlorwasserstoff geht, bevor er in die Zersetzungsröhre eintritt, zunächst in langsamem Strome durch eine mit konzentrierter Salzsäure beschickte Waschflasche und dann durch konzentrierte Schwefelsäure. Sobald die Temperatur etwa 200° erreicht, beginnt die Sublimation des Molybdäns. Von Zeit zu Zeit treibt man das sich im Rohre ansammelnde Sublimat durch sorgfältiges Erhitzen mit einer Gasflamme nach der Peligotröhre [1], damit man erkennen kann, ob von neuem ein Sublimat von $MoO_3 \cdot 2\,HCl$ entsteht. Man entfernt hierauf das Schiffchen, welches nun Wolframtrioxyd oder Wolframtrioxyd und Chlornatrium enthält, je nachdem man von einem Gemenge der Oxyde oder von deren Natriumsalzen ausging. Im ersten Falle wägt man nach dem Erkalten im Exsiccator über Ätzkali, falls aber Chlornatrium zugegen ist, wird dieses durch Behandeln mit Wasser entfernt und das abfiltrierte WO_3 gewogen.

Bei Bestimmung des Molybdäns wird das noch in der Röhre befindliche Sublimat mit etwas salpetersäurehaltigem Wasser nachgespült und schließlich die ganze Flüssigkeit in einer Porzellanschale vorsichtig zur Trockne verdampft. Der Eindampfrückstand wird dann in Ammoniak gelöst, die Lösung in einen Porzellantiegel gespült, zur Trockne verdampft und durch gelindes Glühen in MoO_3 übergeführt und gewogen.

Endlich sei noch auf die allerdings ziemlich umständliche Weinsäuremethode von H. Rose [Handbuch der analytischen Chemie, Bd. 2, 6. Aufl., 358 (1871)] hingewiesen.

---

[1] Bei der Absorption des $MoO_3 \cdot 2\,HCl$ in dem Wasser der Peligotröhre scheidet sich oft ziegelrotes Molybdänaeichlorid $(Mo_3O_5Cl_8)$ aus. Dieser Körper ist in Salzsäure unlöslich, dagegen leicht löslich in Salpetersäure und entsteht nach der Gleichung: $3\,MoO_3 \cdot 2\,HCl + 2\,HCl = 4\,H_2O + Mo_3O_5Cl_8$.

4. Phosphorsäure

trennt v. Knorre [Ztschr. f. anal. Ch. 47, 37 (1908)] von Wolframsäure durch Kochen einer stark verdünnten, mit Salzsäure angesäuerten
Lösung mit Benzidinchlorhydrat, wobei die Phosphorsäure nicht mitgefällt werden soll.

Besser ist die Ausfällung der WO_3 mit dem Homologen des Benzidins,
dem Tolidinchlorhydrat, da die Tolidinphosphate viel leichter löslich
sind als die Benzidinphosphate.

Nach Leiser (Wolfram, S. 95—96. 1910) stellt man sich die Lösung
dar, indem man 20 g technisches o-Tolidin in Wasser suspendiert und nach
Zusatz von 28 ccm HCl (spez. Gew. 1,12) in Lösung bringt, filtriert
und auf 1 l verdünnt.

Zur Ausführung der Trennung erhitzt man die auf 300—400 ccm
verdünnte Lösung des Phosphorwolframats nach Zusatz von 3 ccm HCl
(spez. Gew. 1,12) einige Zeit zum Sieden und fällt noch heiß mit überschüssiger Tolidinlösung. Dann läßt man vollständig erkalten und
kühlt sogar, wenn es nötig sein sollte, da Tolidinwolframat in heißem
Wasser nicht unlöslich ist. Aus dem gleichen Grunde darf ein zu großer
Überschuß freier Salzsäure nicht vorhanden sein. Der Niederschlag
läßt sich gut filtrieren und man kann darum von einem Schwefelsäure-
bzw. Sulfatzusatz absehen. Er wird dann in bekannter Weise gewaschen,
im Platintiegel geglüht und gewogen. Sollten sich dennoch irgendwelche
geringe Mengen von Phosphorsäure im Glührückstand finden, so schmilzt
man ihn mit Soda, säuert die ausgelaugte Lösung nach Zusatz von
Methylorange mit Salzsäure an und wiederholt die Fällung in einer
Verdünnung von 200—300 ccm. Die so erhaltenen Resultate sind ausgezeichnet.

5. Quecksilber

trennt R. Jannasch und Beltges [Ber. Dtsch. Chem. Ges. 37, 2219
(1904)] von Wolfram durch Fällung mit Hydrazinsulfat in ammoniakalischer Lösung, wobei das Quecksilber ausgefällt wird. Im Filtrat
wird durch Eindampfen mit HNO_3 das Fällungsmittel zerstört und W
als WO_3 ausgeschieden.

6. Silicium.

Die Trennung der Wolframsäure von der Kieselsäure gelingt, wenn
ein Gemisch von WO_3 und SiO_2 vorliegt, wie man es erhält durch Eindampfen einer Mischung beider Säuren mit Salpetersäure, sehr genau
durch Eindampfen mit Flußsäure und einem großen Überschuß von
Schwefelsäure. Nicht aber gelingt diese Trennung, wenn man beide
Säuren als Mercurosalze gefällt hat. In dem durch Glühen der Mercurosalze erhaltenen Gemische von SiO_2 und WO_3 wird die Kieselsäure von
Wolframsäure umhüllt, so daß ganz erhebliche Mengen der ersteren
der Einwirkung der Flußsäure entzogen werden. In diesem Falle leistet
nach Friedheim [Ztschr. f. anorg. u. allg. Ch. 45, 398 (1905)] die Methode
von Perillon (Bull. Soc. l'Industrie miner. 1884, H. 1) vorzügliche

Dienste. Man bringt das Gemisch der geglühten Oxyde in ein Platin-schiffchen und erhitzt bei Rotglut in einem Strome von trockenem Chlorwasserstoffgas. Dabei entweicht das Wolfram, das in einer mit Salzsäure beschickten Vorlage aufgefangen werden kann, während das Siliciumdioxyd zurückbleibt.

Häufig wird das WO_3 zu blauem, niedrigerem Oxyd reduziert, das sich im Chlorwasserstoffstrome nicht verflüchtigt. In diesem Falle vertreibt man nach dem Erkalten den Chlorwasserstoff durch Luft und glüht im Luftstrome aus. Hierauf läßt man erkalten, vertreibt die Luft durch Chlorwasserstoff und erhitzt dann wieder auf Rotglut usw. bis schließlich rein weißes SiO_2 zurückbleibt. Das in der Vorlage befindliche Wolframchlorid zersetzt man durch Eindampfen mit Sal-petersäure und wägt als WO_3. Der zu dieser Trennung zu verwendende Chlorwasserstoff muß luftfrei sein, weil sonst das Platin stark angegriffen wird.

7. Tantal bzw. seltene Erden

kann man nach Schöller und Jahn [Analyst 52, 504 (1927). — Ztschr. f. anal. Ch. 75, 202 (1928). — Chem. Zentralblatt 1927 II, 2621] von Wolfram trennen auf Grund der Schwerlöslichkeit von Natrium-Tantalat, Niobat usw. in Lösungen von hoher Natriumionenkonzentration im Gegensatz zu der leichten Löslichkeit des Wolframats.

8. Vanadium.

Wolfram läßt sich nach Jilek und Lukas (Chem. Zentralblatt 1929 II, 1947) von Vanadium dadurch trennen und bestimmen, daß eine Lösung von Vanadaten, Molybdaten oder Wolframaten in Form kom-plexer Verbindung mit Phosphor- oder Arsensäure mit organischen Basen (Chinin) praktisch unlösliche Niederschläge bildet, von denen die W-Verbindungen auch in stark sauren Lösungen unlöslich ist, während die V-Verbindung gegen saure Lösung unbeständig ist (s. a. S. 1655).

9. Zinn

läßt sich nach Ciochina [Ztschr. f. anal. Ch. 72, 429 (1927). — Chem. Zentralblatt 1928 I, 1685] aus einem Gemisch der Säuren von Wolfram trennen auf Grund der Löslichkeit der WO_3 in Na_2WO_4 als Natrium-metawolframat, während Zinnsäure unangegriffen bleibt. Für die Zinn-Wolframtrennung nach Angenot-Bornträger vgl. S. 1679.

Weitere Schrifttumsangaben über Trennungen des Wolframs siehe bei Leiser [Wolfram, S. 95f. (1910)].

III. Spezielle Methoden.

A. Wolfram-Erze.

Zur Bestimmung ihres Gehaltes an WO_3 zerlegt man die sehr fein gepulverten Erze durch anhaltendes Kochen mit Königswasser oder

Salpetersäure, oder man schließt sie mit Kalium-Natrium-Carbonat und wenig Salpeter im Platintiegel [wenn sie kein Arsen (Arsenkies usw.) enthalten], auch mit Natriumsuperoxyd und Ätznatron im Eisen- oder Nickeltiegel auf und verfährt im einzelnen nach einer der folgenden Methoden:

1. Untersuchung durch Säureaufschluß.

Nach Scheele werden 1—2 g des sehr fein gepulverten und bei 100^0 getrockneten Minerals (Wolframit bzw. Scheelit) in einer Porzellanschale mit einem Überschuß von Salzsäure, der man zuletzt etwas Salpetersäure zusetzt, wiederholt zur Trockne gedampft und der Rückstand jedesmal bis auf etwa 120^0 erhitzt. Dann digeriert man mit Salzsäure und Wasser, bringt die immer durch SiO_2 verunreinigte WO_3 auf ein Filter, wäscht mit heißem HCl-haltigem Wasser aus, spritzt sie in ein Becherglas, löst sie in schwach erwärmtem Ammoniak, filtriert durch dasselbe Filter in eine gewogene Platinschale, dampft die Ammoniumwolframatlösung ab, trocknet den Rückstand scharf und führt ihn schließlich durch nicht zu heftiges Glühen in gelbe Wolframsäure über.

$$WO_3 \cdot 0{,}7931 \ (\log = 0{,}89933 - 1) = W.$$

In der Ausführungsform nach Treadwell [Treadwell: Analytische Chemie. Bd. 2, S. 253 (1927)] wird auf die Beimischungen des Wolframits an SiO_2, Niob-, Tantal-, Zinnsäure, CaO und MgO Rücksicht genommen:

Zur Bestimmung des Wolframs wird 1 g des feinst gepulverten Materials mit Königswasser längere Zeit behandelt und darnach zur Trockne gedampft. Nach Befeuchten des Rückstandes mit 5 ccm konzentrierter HCl und kurzer Einwirkung wird mit 100 ccm H_2O durchgekocht, abfiltriert und zuerst mit heißer, verdünnter HNO_3 (1:5) und schließlich mit $5^0/_0$iger $(NH_4)NO_3$-Lösung ausgewaschen. Das Filtrat wird zwecks Abscheidung der noch in Lösung befindenden geringen Mengen WO_3 nochmals eingedampft und wie oben behandelt. (Über Umsetzung des Metawolframats mit wenig Ammoniak vgl. S. 1667).

Die feuchten Niederschläge (WO_3, SiO_2, Nb_2O_5 usw.) spritzt man möglichst vollständig in eine Porzellanschale, setzt 10 ccm NH_3 zu und erwärmt etwa $^1/_2$ Stunde bedeckt auf dem Wasserbade, wobei alles WO_3 und etwas SiO_2 in Lösung geht. Man filtriert die heiße Lösung durch das zuerst benutzte Filter in eine gewogene Platinschale und wäscht mit verdünntem heißem NH_3 aus. Der Schaleninhalt wird zur Trockne verdampft, geglüht und gewogen ($WO_3 + SiO_2$) und nach Behandlung mit HF-H_2SO_4 die reine WO_3 ermittelt.

Die Filter werden im Platintiegel verascht, gewogen und nach Vertreiben der SiO_2 mit HF-H_2SO_4 die reine $Nb_2O_5 + Ta_2O_5$ ermittelt, die bei Gegenwart von SnO_2 auch solches enthalten kann, das dann nach bekanntem Verfahren weiter getrennt wird. Im Filtrat der WO_3 wird wie üblich durch wiederholtes Eindampfen die SiO_2 abgeschieden. In das Filtrat davon wird heiß H_2S eingeleitet, solange bis es erkaltet ist. Nach 12stündigem Stehen werden die Sulfide vom As, Cu, Bi abfiltriert und weiter getrennt. Das Filtrat wird durch Kochen von H_2S befreit und nach Oxydation mit $KClO_3$ zur Trockne verdampft. Der mit Wasser wieder in Lösung gebrachte Abdampfrückstand wird nach der Acetatfällung getrennt und Fe im Rückstand einerseits, CaO und MgO und Mn im Filtrat andererseits bestimmt.

Enthält das Erz viel SnO_2, so ist die Hauptmenge davon beim WO_3. Man versetzt daher die von SiO_2 befreite WO_3 nach Rammelsberg mit der 6—8fachen Menge reinem NH_4Cl und glüht im Doppeltiegel das flüchtige Zinnchlorid fort. Dies wird so oft wiederholt, bis Gewichtskonstanz erreicht ist. Das grün gewordene WO_3 muß jedesmal wieder an der Luft bis zur Gelbfärbung geglüht werden.

Nach W. W. Scott (Standard methods of chemical analysis, S. 555) sind die Naßaufschlußmethoden grundsätzlich den Schmelzaufschlußmethoden vorzuziehen, da die großen Salzmengen auf die WO_3 lösend einwirken. Er empfiehlt in Verbindung mit dem Auflösen in Salzsäure und Oxydieren mit HNO_3 die Ausfällung mit Cinchonin (vgl. S. 1669; ferner: Standard methods of chemical analysis, S. 561—564).

1 g der äußerst feingepulverten Probe wird in einem 350 ccm fassenden Becherglase mit 5 ccm Wasser angeschlämmt und hierauf mit 100 ccm konzentrierter Salzsäure erwärmt, wobei die Temperatur wegen der Flüchtigkeit von Chlorwasserstoff 60° nicht überschreiten soll. Das Erz wird auf diese Weise langsam zersetzt, wobei der größte Teil des Wolframs in Lösung gehalten wird. Ein Ansetzen an den Wandungen bzw. am Boden wird durch öfteres Umrühren mit einem Glasstabe vermieden. Im Verlauf von 1 Stunde ist die Lösung etwa auf die Hälfte eingekocht, man fügt nun 40 ccm konzentrierte Salzsäure und 15 ccm Salpetersäure zu und kocht bis zur Vertreibung des entwickelten Chlors bis auf 50 ccm ein. Hierauf gibt man 5 ccm Salpetersäure hinzu und engt unter Kochen auf etwa 15 ccm ein.

Um ein Anbacken am Boden zu vermeiden, muß fleißig mit dem Glasstabe durchgerührt werden, besonders bei jedem Säurezusatz. Hierauf setzt man zu der konzentrierten Lösung 200 ccm heißes Wasser, rührt gut durch und hält etwa 1 Stunde in gelindem Kochen. Durch die Zugabe von Salpetersäure ist fast die gesamte Wolframsäure ausgefallen. Nun setzt man 6 ccm Cinchoninlösung [1] zu, rührt gut durch und läßt etwa 1 Stunde stehen. Hierauf filtriert man durch ein Filter ab, das man mit etwas Filterschleim beschickt hat. Man wäscht mit Cinchoninwaschflüssigkeit [1] und schließlich mit kaltem Wasser aus. Nun spült man den Niederschlag vom Filter in das vorher gebrauchte Becherglas, wobei nicht mehr als 25 ccm Wasser nötig sind, setzt 6 ccm konzentrierten Ammoniak zu, bedeckt das Glas und erwärmt etwa 10 Minuten, wobei die Wolframsäure leicht in Lösung geht. Hierauf filtriert man durch das oben benutzte Filter und wäscht mit verdünntem Ammoniak 1 : 9 aus. Alsdann setzt man der Lösung 1 g Chlorammonium zu, filtriert durch das eben benutzte Filter, wobei man ein völlig klares

---

[1] Die Lösung wird bereitet durch Lösen von 100 g des Alkaloids in verdünnter Salzsäure 1 : 3 und Auffüllen mit der gleichen Salzsäure auf 1000 ccm. Als Waschflüssigkeit verwendet man 30 Teile dieser Lösung, versetzt mit 30 Teilen konzentrierter Salzsäure und verdünnt mit Wasser auf 1 l.

Filtrat erhält. Ein größerer Salzsäurezusatz ist nicht empfehlenswert, da hierdurch leicht die Kieselsäure durch das Filter geht. Der ammoniakunlösliche Rückstand ist meist frei von Wolfram und enthält neben Kieselsäure nur noch ZrO_2, TiO_2 usw. In der ammoniakalischen Lösung wird der Überschuß an Ammoniak durch Kochen verjagt und die Flüssigkeit mit heißem Wasser auf etwa 200 ccm verdünnt, dann mit 3 ccm konzentrierter Salzsäure und 6—8 ccm Cinchoninlösung versetzt und zwar unter stetigem Umrühren, um ein flockiges Ausfallen zu erreichen. Hierauf läßt man erkalten und filtriert unter Verwendung von Filterschleim ab. Bei Gegenwart von Chlorammonium läßt man zweckmäßig über Nacht stehen und prüft die überstehende Flüssigkeit, ob noch Wolfram nachfällt. Der Niederschlag wird mit der angegebenen Waschflüssigkeit ausgewaschen und zuletzt mit etwas Wasser nachgewaschen. Das Filter wird hierauf im Platintiegel vorsichtig verascht und geglüht. Der Glührückstand wird mit einem Glasstabe zerdrückt, der Glasstab mit einem Stückchen Filterpapier gereinigt, das Papier zu dem Tiegelinhalt zugegeben und abermals geglüht, bis der Kohlenstoff völlig verbrannt ist. Der so behandelte Rückstand wird ausgewogen, mit etwas Schwefelsäure und Flußsäure versetzt, vorsichtig bis zum Abrauchen der Schwefelsäure erhitzt und schließlich die reine WO_3 ausgewogen.

Der noch Kieselsäure, Verunreinigungen nebst eventuell geringen Mengen Wolfram enthaltende Rückstand wird in einem kleinen Porzellantiegel verascht und nach Aufschließen mit Soda und Kaliumnitrat in Wasser gelöst und abfiltriert. Das Filtrat wird schwach mit Salzsäure angesäuert und die Kohlensäure verkocht. Hierauf setzt man 5 ccm Cinchoninlösung zu, läßt über Nacht stehen und behandelt weiter wie oben angegeben.

2. Untersuchung durch Schmelzaufschluß.

a) Arbeitsweise nach Berzelius.

Bei dieser Methode (besonders für reinere Erze) wird 1 g Substanz mit dem 8fachen Gewichte Kalium-Natrium-Carbonat 1—2 Stunden im Nickeltiegel sinternd geschmolzen, die erkaltete Schmelze mit heißem Wasser ausgelaugt, die Lösung mit Salpetersäure schwach übersättigt, die Kohlensäure durch Erwärmen ausgetrieben, dann solange von einer kalt gesättigten Mercuronitratlösung hinzugefügt, bis kein Niederschlag mehr entsteht. Nun setzt man tropfenweise Ammoniak bis zur Bräunung des Niederschlages zu, erhitzt zum Sieden, filtriert heiß und wäscht mit heißem, etwas mercuronitrathaltigen Wasser aus. Das getrocknete Mercurowolframat wird nach S. 1667 weiterbehandelt. Zur Reinigung der durch etwas SiO_2 verunreinigten WO_3 schmilzt man mit dem 6—8fachen Gewichte von $KHSO_4$, bringt die erkaltete Schmelze in Wasser, setzt eine reichliche Menge einer gesättigten Ammoncarbonatlösung hinzu, erhitzt mäßig und sammelt die nun rein abgeschiedene SiO_2 auf einem Filter, oder man verfährt nach der Methode von Perillon (S. 1674).

b) Methode von Bullheimer.

Diese für alle Erze erprobte Methode [Chem.-Ztg. **24**, 870 (1900)] berücksichtigt besonders die sehr zahlreichen Begleitmineralien des Wolframits (Scheelit, Stolzit, Zinnstein, Arsenkies, Molybdänglanz, Apatit, Fluorit, Wismut, Kupferkies, Quarz, Glimmer und andere Silicate) in armen und unreinen Erzen: Zur **Wolframbestimmung** werden 1—2 g fein gepulvertes Erz im Nickeltiegel mit 4 g Natriumsuperoxyd gemischt und ein Stückchen Ätznatron (etwa 3 g) in die Mischung gesteckt, so daß dasselbe den Tiegelboden berührt. Nun erwärmt man zunächst über ganz kleiner Bunsenflamme, bis das Ganze durchweicht ist. (Der Zusatz von Ätznatron bewirkt, daß die Schmelze dünnflüssig wird, wodurch man leichter verhindern kann, daß sich auf dem Tiegelboden Teile fortsetzen. Läßt man letzteren Umstand außer acht, so bekommt der Tiegel sehr bald Risse, während er sonst wohl 20mal zu gebrauchen ist.) Hierauf erhitzt man mit voller Flamme unter beständigem Umrühren mit einem Nickelspatel, bis die Schmelze dünnflüssig geworden ist, und der Tiegelboden zu glühen beginnt. Wolframit schließt sich so mit Leichtigkeit vollständig auf, während Zinnstein zum Teil unverändert zurückbleibt. Nach dem Erstarren der Schmelze bringt man den Tiegel samt Inhalt noch heiß in ein Becherglas mit Wasser und spült nach erfolgter Lösung in einen 250 ccm Kolben über. Ist die Lösung durch Manganat grün gefärbt, so versetzt man mit Wasserstoffsuperoxyd bis zur Entfärbung. Nach dem Erkalten füllt man bis zur Marke auf, filtriert die Hälfte durch ein (trocknes) Faltenfilter ab und versetzt mit 20 g Ammonnitrat. Hat sich letzteres gelöst, so läßt man ruhig stehen, bis sich Kieselsäure und Zinnsäure abgesetzt haben, und gibt dann erst eine zur Fällung der eventuell vorhandenen Arsen- und Phosphorsäure genügende Menge von Magnesiumnitratlösung in kleinen Portionen unter Umrühren hinzu. Sowohl beim Ammon- wie auch beim Magnesiumsalz ist das Nitrat anzuwenden, da Chlorid oder Sulfat beim späteren Fällen mit Mercuronitrat stören. Nach 6—12 stündigem Stehen filtriert man und wäscht den Niederschlag erst mit Ammoniak und dann mit Wasser aus. Man muß SiO_2 und SnO_2 vor dem Magnesiumnitratzusatz erst absetzen lassen, da sonst der Niederschlag leicht wolframhaltig ausfällt. Die ammoniakalische Lösung wird nun mit Salpetersäure schwach sauer gemacht und, falls sie sich dabei stark erwärmt, nach dem Abkühlen mit 20—30 ccm gesättigter neutraler Mercuronitratlösung (über Quecksilber aufbewahren!) versetzt. Nach einigen Stunden stumpft man mit Ammoniak bis zur schwach sauren Reaktion ab und läßt stehen, bis die über dem dunklen Niederschlag stehende Flüssigkeit klar geworden ist. Man sammelt hierauf den Niederschlag auf einem Filter und wäscht mit mercuronitrathaltigem Wasser gründlich aus. Wenn in der angegebenen Weise verfahren wird, geht der Niederschlag nicht durch das Filter, und es bleiben auch die Waschwässer stets klar. Nach dem Trocknen verascht man nach S. 1667. War viel Molybdän vorhanden, was selten der Fall ist, so dauert es ziemlich lange, bis eine vollständige Verflüchtigung desselben eingetreten ist. Etwas rascher kommt man zum Ziel, wenn man nach dem erstmaligen starken Glühen mit Chlorammon vermischt und dann, erst bei aufgelegtem Deckel und schließlich im offenen Tiegel, wiederum glüht.

c) Methode des öffentlichen chemischen Laboratoriums Dr. Gilbert, Hamburg, für Wolfram- und Wolfram-Zinnerze.

Die Methode beruht auf dem von v. Knorre gefundenen Verfahren der quantitativen Fällung der Wolframsäure durch Benzidinchlorhydrat [s. S. 1668; ferner Ber. Dtsch. Chem. Ges. 28, 783 (1905)]: 1 g der feingeriebenen Probe wird mit 5 g NaKCO$_3$ in einer Platinschale über dem Bunsenbrenner (nicht Gebläse) 5—10 Minuten geschmolzen, die Schmelze mit Wasser und einigen Tropfen Alkohol aufgenommen, filtriert und der Rückstand mit sodahaltigem Wasser ausgewaschen. Das Filtrat wird nach Zusatz einiger Tropfen Methylorange ganz schwach mit Schwefelsäure angesäuert, zum Sieden erhitzt und mit 60 ccm Benzidinchlorhydratlösung (S. 1668) gefällt. Das Filter mit dem Schmelzrückstande wird in der Schale verascht, mit NaKCO$_3$ geschmolzen und die neue Lösung davon unter Zusatz von 3—4 ccm $^1/_2\,^0/_0$iger H$_2$SO$_4$ mit ebenfalls 10 ccm Benzidinlösung gefällt und so auf eventuelle Reste geprüft.

Die Hauptfällung wird nach dem völligen Erkalten durch ein großes Filter mit Hilfe der Saugpumpe abfiltriert, mit verdünnter Benzidinlösung (30 ccm Fällungslösung auf 1000 ccm Wasser) ausgewaschen, getrocknet, im Platinschälchen verascht und auf dem Gebläse bis zur Gewichtskonstanz geglüht. Das Filtrat wird mit wenig verdünntem Ammoniak versetzt, so daß ein schwacher Niederschlag von Benzidin entsteht, der die gelöst gebliebenen Reste von WO$_3$ mit niederreißt. Auch dieser Niederschlag wird unter Absaugen abfiltriert, ausgewaschen und geglüht, ebenso auf einem dritten Filter die Fällung aus der zweiten Schmelze gesammelt, geglüht und gewogen. Die vereinigten Glührückstände (unreine WO$_3$) werden mit Bisulfat aufgeschlossen und nach S. 1677 gereinigt.

d) Untersuchung zinnreicher Wolframerze.

Angenot [Ztschr. f. angew. Ch. 19, 140 (1906)] hat eine für zinnreichen Wolframit bewährte Methode von Bornträger [Ztschr. f. anal. Ch. 39, 362 (1900)] etwas abgeändert und damit ein Verfahren geschaffen, das in den Handelslaboratorien mit Vorliebe angewendet wird: 1 g der feingepulverten Substanz wird in einem Eisentiegel mit 8 g Natriumsuperoxyd innig gemischt. Man erhitzt dann vorsichtig mit einem Bunsenbrenner, bis die Masse ruhig fließt und schwenkt ab und zu den Tiegel. Wenn die Umsetzung vollendet ist, gewöhnlich nach einer Viertelstunde, läßt man abkühlen und nimmt die Schmelze mit Wasser auf. Man gießt die Lösung in einen 250 ccm Kolben (bei Anwesenheit von Blei muß man erst einige Minuten CO$_2$ durchleiten!), läßt erkalten, füllt bis zur Marke auf und filtriert zweimal 100 ccm ab. In der einen Flüssigkeitsmenge bestimmt man WO$_3$, in der anderen SnO$_2$. Die Wolframbestimmung nimmt man nach Bornträger in folgender Weise vor: Die 100 ccm (A) aus dem Filtrate (0,4 g Substanz entsprechend) läßt man in eine Mischung von 15 ccm konzentrierter Salpetersäure und 45 ccm konzentrierter Salzsäure einfließen, dampft in geräumiger Porzellanschale bis zur Staubtrockne ein, nimmt mit 50 ccm einer Lösung von 100 g Salmiak, 100 g konzentrierter Salzsäure und 1000 g Wasser auf, filtriert, löst den Rückstand, der außer WO_3 noch SiO_2 und SnO_2 enthält, in warmen Ammoniak, wäscht damit das Filter aus, läßt nochmals in eine Mischung von 15 ccm konzentrierter Salpetersäure und 45 ccm konzentrierter Salzsäure wie oben einfließen und verdampft abermals bis zur Staubtrockne. Die so erhaltene und wie oben ausgewaschene Wolframsäure ist frei von Kieselsäure und Zinnoxyd und kann nach dem Glühen direkt gewogen werden.

Nach Angenot werden zur Zinnbestimmung 100 ccm des alkalischen Filtrats (entsprechend 0,4 g Substanz) mit 40 ccm konzentrierter Salzsäure versetzt, wobei Wolfram- und Zinnsäure ausfallen. Man gibt dann 2—3 g reines Zink hinzu. Nach einigen Minuten ist die Flüssigkeit blau infolge der Reduktion der Wolframsäure, während das metallische Zinn in Form von grünen Flocken erscheint. Man läßt das Ganze 1 Stunde bei 50—60° ruhig stehen. Nach dieser Zeit ist das Zinn in Zinnchlorür übergegangen, während der größere Teil des blauen Wolframoxydes ungelöst bleibt. Man filtriert, wäscht nach und hat so das gesamte Zinn von 0,4 g Substanz in saurer Lösung, zusammen mit etwas Wolframoxyd, das aber nicht weiter stört. Man löst das blaue Oxyd auf dem Filter mit Hilfe von warmen Ammoniak, um sich zu versichern, daß kein metallisches Zinn im Rückstand geblieben ist. Sollte dies der Fall sein, so nimmt man die feinen Partikel in einigen Tropfen Salzsäure auf und fügt die Lösung der Hauptmenge hinzu. In die passend verdünnte salzsaure Lösung leitet man Schwefelwasserstoff. Das Zinn fällt als Sulfür und wird als Zinnoxyd oder durch Elektrolyse bestimmt (S. 976).

Dittler und von Graffenried [Chem.-Ztg. 40, 681 (1928)] machen die Wolframsäure bei der Bestimmung des Zinngehaltes in wolframhaltigen Zinnerzen dadurch unschädlich, daß sie dieselbe durch Zusatz von gewöhnlichem Natriumphosphat in die komplexe, wasserlösliche Phosphorwolframsäure umwandeln, wie dies bereits v. Knorre [Stahl u. Eisen 27, 1251 (1907)] bei seiner Trennung von Chrom und Wolfram ausführte. 1 g des sehr feinen Pulvers werden mit 6—8 g Na_2O_2 im Eisentiegel, aber bis beinahe zum Festwerden der Schmelze über der vollen Flamme eines Teclubrenners geschmolzen, dann löst man die noch etwas warme Schmelze im Becherglase in Wasser auf, bringt die Lösung mit dem Rückstand (größtenteils Eisenoxyd) auf 500 ccm, filtriert nach tüchtigem Durchschütteln durch ein trockenes Faltenfilter, entnimmt 250 ccm für die Wolframbestimmung (Mercuronitratmethode, S. 1667) und 200 ccm für die Zinnbestimmung. (Wegen des nicht seltenen Antimongehaltes der Erze und der darauf zurückgeführten Entstehung schwarzer Flecke im Platintiegel bei der Zerstörung des Mercurowolframats wendet man hierfür Porzellantiegel an.)

Man versetzt die Lösung mit einer konzentrierten wäßrigen Auflösung von 10 g des gewöhnlichen Natriumphosphats und säuert sie schwach mit H_2SO_4 an. Entsteht hierbei eine leichte Trübung, so handelt es sich um Kieselsäure oder etwas Mangandioxydhydrat, die abfiltriert werden. Falls die Fällung sich auf Zusatz von HF löst, handelt es sich um Kieselsäure, löst sie sich aber nicht, dann liegt Zinnsäure vor, deren Vorhandensein den weiteren Verlauf der Analyse nicht stört. Nun wird bis zur völligen Zerstörung des Na_2O_2 gekocht, die Lösung verdünnt, heiß mit H_2S gesättigt, der Zinnsulfidniederschlag mit ammonacetathaltigem Wasser gut ausgewaschen, und das Zinn entweder als SnO_2 oder elektrolytisch als Metall bestimmt (S. 976).

e) Arbeitsweise des Chemiker-Fachausschusses der Gesellschaft Deutscher Metallhütten- und Bergleute.

Nach den Ausgewählten Methoden (Teil I, S. 77f.) erfolgt die Untersuchung von Wolfram-Zinnerz zweckmäßig folgendermaßen (vgl. auch S. 1582):

α) **Bestimmung von Wolfram.** Zur Entfernung von S und As wird das Erz abgeröstet, der Röstverlust festgestellt und von dem feingeriebenen Röstgut, je nach dem zu erwartenden Wolframgehalt, eine Menge entsprechend 1—2,5 g Originalsubstanz in einem bedeckten eisernen Tiegel mit 20—25 g Kalium-Natrium-Carbonat unter Zusatz von 1—2 g Natriumsuperoxyd geschmolzen. Die Schmelze wird in eine Nickelschale ausgegossen; nach dem Erkalten werden Schmelzkuchen, Tiegel und Deckel mit etwa 150 ccm Wasser eine Stunde auf dem Sandbade digeriert. Nach dem Lösen der Schmelze werden Tiegel und Deckel gut abgespült und herausgenommen. Nach Hinzufügen von 20 g Ammonnitrat wird etwa 10 Minuten gelinde gekocht; nach dem Abkühlen werden 10 ccm Magnesiumnitratlösung (1:10) und 50 ccm starkes Ammoniak hinzugefügt. So werden SnO_2, SiO_2, Al_2O_3, P_2O_5 und eventuell noch vorhandenes As_2O_5 abgeschieden. Nach mehrstündigem Stehen (über Nacht) wird abfiltriert und mit ammonnitrathaltiger dünner Ammoniaklösung gewaschen. Das Filter wird für die unter β) beschriebene Zinnbestimmung aufbewahrt und das Filtrat gekocht, bis der Ammoniakgeruch nahezu verschwunden ist. Nach dem Abkühlen wird die Lösung zu etwa 400 ccm aufgefüllt, mit einigen Tropfen Methylorangelösung versetzt, mit verdünnter Salpetersäure eben angesäuert und die freigewordene Kohlensäure fortgekocht. Ein jetzt eventuell noch vorhandener geringer Säureüberschuß wird mit dünner Natriumcarbonatlösung fortgenommen. Die so vorbereitete Lösung wird nach dem Abkühlen mit einer schwach salpetersauren konzentrierten Lösung von $HgNO_3$ versetzt, bis durch erneuten Zusatz kein Niederschlag mehr entsteht; nun wird auf etwa 700 ccm verdünnt, erhitzt und Ammoniak hinzugegeben, bis eine Umfärbung des Niederschlages erfolgt (oder es wird aufgeschwämmtes Quecksilberoxyd hinzugegeben, bis Orangefärbung bestehen bleibt). Nach kurzem Aufkochen läßt man absitzen, gießt die überstehende Flüssigkeit durch ein Filter, kocht den Niederschlag noch einmal mit etwa 400 ccm Wasser auf, gießt nach dem Absitzen die Flüssigkeit durch das Filter, bringt jetzt den Niederschlag selbst auf das Filter und wäscht mit heißem Wasser, dem einige Tropfen $HgNO_3$-Lösung zugefügt sind, aus. Das Filter mit dem Niederschlag wird aus dem Trichter herausgenommen, oben zusammengekniffen, in einem Porzellantiegel getrocknet, verascht und unter dem Abzuge kräftig geglüht (nicht Gebläse).

Der Tiegelinhalt darf nicht geschmolzen sein und muß die gelbe Farbe der WO_3 zeigen.

Wenn große Genauigkeit verlangt ist, wird die so erhaltene Wolframsäure aufgeschlossen und nach S. 1677 gereinigt.

β) **Bestimmung von Zinn aus der gleichen Einwaage.** Der von der WO_3-Fällung nach α) abfiltrierte Niederschlag wird mit heißer Salzsäure gelöst. Das Filter wird gut ausgewaschen, getrocknet, vorsichtig verascht und der hierbei bleibende Rückstand noch einmal mit wenig Natriumsuperoxyd geschmolzen; die erkaltete Schmelze wird mit Wasser aufgenommen, zu der Hauptlösung hinzugespült und zu 250 ccm aufgefüllt.

Die Lösung wird nun in einen Erlenmeyerkolben gegeben und unter jedesmaligem Umschütteln mit kleinen Mengen Ferrum reductum versetzt bis zum Verschwinden der Gelbfärbung, dann werden noch weitere 5—10 g Ferrum reductum hinzugegeben. Der Kolben bleibt nun unter mehrmaligem Umschütteln etwa 3 Stunden stehen, dann ist die Abscheidung von Antimon und Kupfer vollständig. Die Reduktion kann durch vorsichtiges Erwärmen beschleunigt werden. Es wird durch ein trockenes, schnell laufendes Filter filtriert. Dann werden 50 ccm von dem Filtrat mit Wasser verdünnt, mit Natriumcarbonat die Salzsäure abgestumpft; jetzt wird das Filter mit einem spitz ausgezogenen Glasstab durchstoßen, der Niederschlag mit möglichst wenig Wasser in einen Titrierkolben gespült, der noch an dem Filter anhaftende Rest mit Bromsalzsäure in den Kolben gelöst, das überschüssige Brom durch vorsichtiges Erwärmen verjagt und die so erhaltene Lösung in einem $^1/_2$-l-Kolben zur titrimetrischen Bestimmung des Zinns mit 2—3 g fettfreien Aluminiumbohrspänen bzw. Aluminiumgries versetzt, ein doppelt durchbohrter Stopfen aufgesetzt und unter ständigem Durchleiten von Kohlendioxyd gelinde erwärmt. Von Zeit zu Zeit fügt man einige Tropfen konzentrierte Salzsäure hinzu, bis nahezu alles Aluminium gelöst ist. Nach dem Hinzufügen von weiteren 50 ccm Salzsäure wird erwärmt, bis der Zinnschwamm gelöst ist. Jetzt wird unter Einleiten von Kohlendioxyd gekühlt, einige Kubikzentimeter Stärkelösung und 15 Tropfen Indicatorlösung hinzugegeben und bei weiterem Einleiten von Kohlendioxyd mit Eisenchloridlösung titriert, bis die auftretende Blaufärbung durch Schütteln nicht mehr verschwindet (vgl. S. 1584 u. 1683).

Die vereinigten Glührückstände (unreine WO_3) werden zur Reinigung (vgl. auch S. 1677) mit Bisulfat solange geschmolzen, bis WO_3 klar gelöst und die freie H_2SO_4 größtenteils verdampft ist; die Schmelze wird mit Wasser erwärmt, die trübe Lösung in ein Becherglas gespült, die Schale mit etwas Ammoncarbonatlösung und darauf mit Wasser ausgewaschen. Dann fügt man noch soviel Ammoncarbonatlösung zu, daß WO_3 sich löst, neutralisiert eventuell vorhandenes freies Ammoniak durch Einleiten von CO_2, filtriert nach einigem Stehen den Niederschlag von SiO_2 (und eventuell SnO_2) ab, wäscht aus, glüht, wägt und bringt das Gewicht von dem der unreinen WO_3 in Abzug. Das Filtrat prüft man durch Zusatz von Magnesiamischung und Ammoniak auf Phosphorsäure. Hat sich über Nacht ein Niederschlag gebildet, so wird er abfiltriert, mit Ammoniak ausgewaschen, in wenig HNO_3 gelöst und die H_3PO_4 durch Molybdänlösung und $(NH_4)NO_3$ gefällt, bestimmt und (als P_2O_5) ebenfalls vom Gewichte der gefundenen WO_3 abgezogen.

Die für die Titration nötige Eisenchloridlösung (vgl. a. S. 1585) erhält man aus 86 g $FeCl_3$ bzw. 144 g $FeCl_3 \cdot 6\,H_2O$, die in einer geräumigen Porzellanschale mit Wasser übergossen und umgerührt werden; nach dem Absitzen wird die überstehende Lösung in eine Glasflasche gegossen; dieses Verfahren wird wiederholt, bis kein Eisenchlorid mehr in Lösung geht. Jetzt wird mit Wasser auf 2,7 l ergänzt. Nach Hinzufügen von 0,3 l starker Salzsäure wird zum Mischen einige Zeit Luft durch die Lösung geleitet. Zur Einstellung der Lösung werden 4,5 g Späne (bzw. eine von Sb und Cu freie Menge, welche einem Reingehalt von 4,5 g Sn entspricht) von reinstem Zinn mit 50 ccm starker Salzsäure, vorteilhaft über Nacht ohne zu erwärmen, in einem 250 ccm Meßkolben gelöst, nach beendeter Lösung abgekühlt und zur Marke aufgefüllt. Je 25 ccm dieser Lösung werden in der oben angegebenen Weise mit der Eisenchloridlösung titriert und die Eisenlösung so eingestellt, daß bei der Titration der 25 ccm Zinnlösung genau 45 ccm verbraucht werden. Dann entspricht 1 ccm Eisenlösung 0,01 g Zinn. Die Lösung muß für jede Titerstellung frisch hergestellt werden.

Die Indicatorlösung (vgl. a. S. 1585) erhält man durch Lösen von 100 g Jodkalium in 100 ccm Wasser. Diese Lösung wird zu 100 g Jodwasserstoffsäure (spez. Gew. 1,5) gegeben, zu der vorher 33 g Kupferjodür hinzugefügt waren; jetzt wird mehrfach umgeschüttelt, dann einige Stücke Kupferdraht oder dünnes Kupferblech hinzugegeben, um die Lösung dauernd farblos zu halten. Der Indicator darf erst einige Tage nach der Herstellung in Gebrauch genommen werden; man bewahrt ihn am besten in einer braunen Tropfflasche auf.

Weiteres über die Untersuchung zinnhaltiger Wolframerze siehe Ztschr. f. anal. Ch. 60, 190—195 (1921). — Journ. Chem. Soc. London 123, 1409 (1923). — Chem. Zentralblatt 1924 I, 1419. — Chemist Analyst 1924, Nr. 42, 16. — Ztschr. f. anal. Ch. 66, 294 (1925). — Chem. Zentralblatt 1924 II, 1833.

3. Schnellbestimmung von Wolfram.

a) Nach F. W. Foote und R. S. Ransom [Engin. Mining Journ. 105, 836 (1918)].

Das sehr fein gepulverte Wolframerz (Wolframit, Hübnerit, Ferberit) wird durch Glühen mit dem doppelten Gewicht einer Mischung von NaCl und CaCO$_3$ zu gleichen Teilen aufgeschlossen. Von reichem Erz wird 1 g, von armen 2 g angewendet. Der Aufschluß wird in einer Schale mit Königswasser abgedampft, der Rückstand mit kochendem Wasser aufgenommen, dekantiert, zuerst mit verdünnter Salzsäure, dann mit verdünnter Schwefelsäure ausgewaschen und auf einem Filter gesammelt. Von diesem spritzt man ihn in eine Schale, trocknet ihn, bringt WO$_3$ durch Erwärmen mit verdünntem Ammoniak, dem etwas Ammonnitrat zugesetzt ist in Lösung, filtriert durch dasselbe Filter in eine Platinschale und wäscht den Rückstand auf dem Filter mit ammoniakalischem Wasser aus. Durch Abdampfen, vorsichtiges Erhitzen (wegen des zugesetzten Ammoniaks) und Glühen (nicht auf dem Gebläse) erhält man schön gelbes Trioxyd, das gewogen wird, Ein etwaiger Gehalt an SiO$_2$ wird durch Abrauchen mit einigen Kubikzentimetern HF und einem Tropfen H$_2$SO$_4$ beseitigt, darauf nochmals gewogen. Besonders zu beachten ist, daß zum Zweck des Ausschließens allmählich erhitzt und schließlich während 20 Minuten stark geglüht wird, ohne daß Schmelzen eintritt. Die Resultate sollen besonders bei hochhaltigen Erzen recht befriedigend sein.

b) Nach A. H. Low.

Bereits vielfach erprobt ist die von A. H. Low [Engin. Mining Journ. **105**, 196 (1918)] als Flußsäuremethode beschriebene Abänderung eines von O. P. Fritchle empfohlenen Verfahrens für alle Wolframerze. 0,5 g des fein gepulverten Erzes werden in einer Platinschale von 150 ccm Inhalt mit einer Mischung gleicher Teile starker Salz- und Flußsäure, von denen von Zeit zu Zeit nachgegeben wird, solange (eine bis mehrere Stunden) auf dem Wasserbade digeriert, bis vollständige Zersetzung eingetreten ist. Gewöhnlich geht alles in Lösung; vorhandener Zinnstein wird nicht angegriffen. Darauf dampft man mit einem Überschuß von Salzsäure bis auf etwa 15 ccm ein, wobei bereits eine Abscheidung von H$_2$WO$_4$ stattfinden kann, bringt alles in einen 200 ccm Kolben, setzt 20 ccm starke Salzsäure und 8 ccm starke HNO$_3$ hinzu und kocht bis auf etwa 10 ccm ein, wodurch alles HF ausgetrieben wird. Nach Zusatz von 50 ccm heißem Wasser wird ungefähr eine halbe Stunde gelinde erwärmt, bis sich die jetzt quantitativ abgeschiedene Wolframsäure vollständig abgesetzt hat. Sie wird abfiltriert, mit heißem, schwach salzsaurem Wasser gut ausgewaschen, auf dem Filter in möglichst wenig warmen, verdünntem Ammoniak gelöst, die Lösung in einer gewogenen Platinschale auf dem Wasserbade abgedampft und der Rückstand (wie oben) in reines, gelbes WO$_3$ übergeführt und als solches gewogen.

$$\text{WO}_3 \times 0{,}7931 \; (\log = 0{,}89933 - 1) = \text{W}.$$

c) Nach G. Fiorentino.

[Giorn. di Chim. ind et appl. **3**, 56 (1921). — Ztschr. f. anal. Ch. **62**, 363 (1923). — Chem. Zentralblatt **1921 II**, 890].

Hiernach kann man WO$_3$ in Mineralien volumetrisch wie folgt bestimmen: Man erwärmt 1,5 g des Mineralpulvers in hohem, mit einem Uhrglase bedeckten Becherglase mit 10 ccm konzentrierter HCl 1 Stunde lang auf 60°, engt bis auf die Hälfte ein, setzt HNO_3 zu, bis das Volumen 30 ccm beträgt, dampft bis auf 15—20 ccm ein, gibt 180 ccm siedenden Wassers zu, läßt einige Stunden stehen, filtriert und wäscht mit 1 %iger HNO_3 aus. Der Niederschlag wird mit 8—10 ccm NH_3 und 25 ccm H_2O gelöst, SiO_2 abfiltriert, die Lösung mit Essigsäure übersättigt und mit NH_3 neutralisiert. Dann versetzt man die siedende Lösung mit Bleiacetatlösung (1 ccm = 0,01 g WO_3) unter beständigem Umschütteln in geringem Überschuß, kocht auf, bis der Niederschlag sich zusammengeballt hat und titriert ohne den Niederschlag abzufiltrieren das Blei mit Ammoniummolybdatlösung nach Alexander (s. S. 1507) zurück.

Weiteres über die W-Bestimmung in Mineralien siehe Ztschr. f. anal. Ch. 62, 302 und 357 (1923).

B. Hütten-Nebenprodukte.

Hier sind vor allem die Wolframschlacken zu nennen, wie sie bei den aluminothermischen und elektrometallurgischen Verfahren zur Herstellung von Wolframmetall, Ferrowolfram und anderen Wolframlegierungen, sowie bei der hüttenmännischen Verarbeitung von wolframhaltigen Zinnerzen abfallen. Neben W interessieren am meisten Fe, Al, SiO_2, CaO, SnO_2. Für beide Arten von Schlacken kann nach Mennicke (Die Metallurgie des Wolframs, S. 398. 1911) die Bisulfatmethode angewandt werden, doch eignet sich für die Wolframzinnschlacken und für solche von elektrischen Schmelzprozessen am besten das Aufschließen durch Schmelzen mit NaOH unter Sodazusatz in Nickelschalen bzw. Tiegeln. Auch kann man in Platintiegeln mit Soda und Salpeter schmelzen (1 g Substanz § 12 g Soda + 1 g Salpeter; $1^1/_2$ Stunden lang). SiO_2, WO_3, MoO_3, SnO_2 gehen bei richtiger Ausführung völlig in Lösung; Fe, Ca, Mg und Mn bleiben zurück, Al geht in den Extrakt. Die Trennung der Säuren $SiO_2 + WO_3 + MoO_3 + SnO_2$ wird nach S. 1678 durchgeführt; zuvor scheidet man sie zusammen durch Eindampfen mit HNO_3 und nachfolgendes Behandeln mit Ammoniumcarbonat und Ammoniumnitrat ab; rückständiges FeO, CaO, MgO und MnO lösen sich leicht in HCl auf.

1. Alkali-Schmelzmethoden.

Die alkalische Aufschlußschmelze wird in Wasser gelöst, eventuell mit Na_2O_2 oxydiert und filtriert; es bleiben FeO, MnO, CaO, MgO bzw. die Carbonate unlöslich zurück. Das Filtrat wird mit Salpetersäure eingedampft, zuletzt mit Ammoniumnitrat versetzt, mit Ammoncarbonat alkalisch gemacht und dann filtriert; im Rückstand befinden sich SnO_2, SiO_2, Al_2O_3 und im Filtrat $MoO_3 + WO_3$. Erstere können leicht durch Schmelzen mit $KHSO_4$ und Lösen in schwefelsaurem Wasser getrennt werden, wobei SiO_2 allein zurückbleibt. Die Schlackenanalyse gestaltet sich bedeutend einfacher, wenn SnO_2 und MoO_3 abwesend sind. Soll dazu $SiO_2 + Al_2O_3$ nicht bestimmt werden, erwärmt man einfach die filtrierte alkalische Aufschlußlösung anhaltend mit $(NH_4)_2CO_3$, filtriert Al_2O_3 und SiO_2 ab und fällt in der abgestumpften, noch schwach alkalischen Lösung die WO_3 nach S. 1667 mit Mercuronitrat. Diese Methode ist dem Kaliumbisulfatverfahren vorzuziehen.

2. Kaliumbisulfatmethode.

$^1/_2$—1 g werden im Platintiegel mit $KHSO_4$ geschmolzen. Die erkaltete Schmelze wird mit Wasser ausgelaugt. Es bleiben unlöslich zurück alle SiO_2, $CaSO_4$ und ein Teil der WO_3. In Lösung gehen Fe, Al und der andere Teil der WO_3. Letztere wird durch wiederholtes Eindampfen und Trocknen mit Salpetersäure abgeschieden, der Rückstand mit HNO_3 und einigen Tropfen HCl aufgenommen, doch können auch hier, zumal beim Auswaschen, Anteile der WO_3 wieder ins Filtrat gehen. In letzterem ist nun Fe und Al; WO_3 bleibt zurück. Man kann auch die Bisulfatlösung mit $NH_3 + (NH_4)_2S$ bzw. die Schmelze direkt mit Ammoncarbonat behandeln, die WO_3 ist dann im Filtrat. Der obige Rückstand aus $CaSO_4$, WO_3 und SiO_2 wird geglüht und gewogen. Durch Abrauchen mit HFl und H_2SO_4 ergibt sich aus der Gewichtsdifferenz SiO_2. Der Abdampfglührückstand wird mit Soda bzw. $KNaCO_3$ geschmolzen; im Filtrat nach Auslaugen befindet sich der andere Teil WO_3, unlöslich bleibt $CaCO_3$ zurück; man löst dies in HCl, fällt in bekannter Weise als Oxalat, glüht und wägt als CaO. Über die Bestimmung von Scandium in Wolframschlacken siehe bei Mennicke (Die Metallurgie des Wolframs, S. 400. 1911).

C. Wolframmetall

(s. a. S. 1404).

Liegt das zu untersuchende Wolframprodukt als Metall oder Legierung vor, so ist es nach Herre (Ullmann: Enzyklopädie der technischen Chemie. Bd. 12, S. 110. 1923) notwendig, das aufs feinste gepulverte Material vor dem Aufschluß zu rösten. Wolframpulver läßt sich bereits durch wiederholtes Befeuchten und Abrauchen mit Salpetersäure oxydieren. Das Röstprodukt wird mit Flußsäure und Schwefelsäure von der Kieselsäure befreit, der Rückstand mit Sodasalpeter aufgeschlossen und in der wäßrigen Lösung WO_3 nach bekannter Methode bestimmt. Wolframmetall und seine Legierungen können auch durch mehrstündiges Rösten unter Zusatz von Ammonnitrat bei Luftzutritt oxydiert und sodann die gewonnenen Oxyde mit Soda geschmolzen werden. Bei kohlenstoffreichen Metallen wird zweckmäßig der Soda etwas Salpeter zugemischt.

Nach Deiß [Bauer-Deiß: 2. Aufl., S. 270 (1922)] mischt man zur Untersuchung des amorphen Wolframs durch Aufschluß mit Soda 2—4 g des fein gepulverten Metalls mit der 5—6 fachen Menge reinen Natriumcarbonats, bringt die Mischung in einen geräumigen Platintiegel, indem man vorher eine kleine Menge Natriumcarbonat als Bodendecke angeschmolzen hat und erhitzt während 1—2 Stunden auf dem Bunsenbrenner, womöglich so, daß der Inhalt des Tiegels noch nicht zum

Schmelzen kommt. Zuletzt erhitzt man noch kurze Zeit auf dem Gebläse, und erhält auf diese Weise vollkommenen Aufschluß. Nach dem Lösen der Schmelze mit Wasser bleiben Eisenoxyd, Manganoxyd, Nickeloxyd, Natriumtitanat, Calciumcarbonat und Magnesiumcarbonat zurück; Eisen bleibt zum Teil an den Wänden des Tiegels haften und wird mit Salzsäure herausgelöst. Die weitere Trennung erfolgt nach bekannten Verfahren.

Agte, Becker-Rose und Heyne [Ztschr. f. angew. Ch. 38, 1121 (1925). — Chem. Zentralblatt 1926 I, 2392] haben zur analytischen Bestimmung geringer Mengen anderer Elemente im Wolfram teils die bekannten Analysenmethoden speziell zum Nachweis geringer Mengen von anderen Elementen in Wolfram modifiziert und arbeiteten neue Verfahren zu ihrem Nachweis aus, möglichst nach dem Gesichtspunkt, daß das W bei der Trennung in Lösung gehalten oder in gasförmigen Zustand übergeführt wird. Alle im Scheelit gefundenen Elemente werden im Wolframmetall und der Säure gesucht. Die Trennung von SiO_2, Na, K, Ca, Mg und W erfolgt im $Cl_2 + S_2Cl_2$-Strom bei 400^0 (Dauer der Trennung 5—20 Stunden). SiO_2, Al_2O_3, TiO_2, Ta_2O_5, ThO_2, ZrO_2, CeO_2 lassen sich im Chloroform-O_2-Strom bei 800^0 von Wolfram trennen. Die Empfindlichkeitsgrenze liegt bei beiden Methoden bei $0,002^0/_0$ bei Einwaagen bis 50 g. Beim Eisennachweis wird das Fe aus der ammoniakalischen Lösung gefällt und jodometrisch mit Thiosulfat bestimmt. Die Empfindlichkeit des Nachweises ist bei 10 g Einwaage $0,001^0/_0$. Zum Zinknachweis wird ebenfalls H_2S benutzt, das in die alkalische Wolframatlösung, die mit Natriumacetat versetzt sein muß, eingeleitet wird. Zur quantitativen Bestimmung dient die Fällung mit Ammoniumphosphat. Bei großer Einwaage ist die Grenze des Nachweises $0,008^0/_0$ Zn. Phosphor und Arsen werden aus der ammoniakalischen Wolframatlösung mit Magnesiamixtur gefällt und gemeinsam gravimetrisch als Mg-Pyrophosphat bzw. -Arseniat bestimmt. Das As wird außerdem für sich nach Moser und Ehrlich mittels Methylalkohol, Pyrogallol und HCl vom W durch Destillation getrennt und nach Györy mit $^1/_{100}$ n. $KBrO_3$ titriert oder colorimetrisch als Sulfid bestimmt. Genauigkeit bei 10 g Einwaage $0,001^0/_0$. Der Zinnachweis erfolgt elektrolytisch aus alkalisulfidhaltigen Wolframatlösungen. Die quantitative Bestimmung geschieht am besten jodometrisch. Für ganz kleine Mengen von Sn ist die Anwendung von $^1/_{1000}$ n-Jodlösung noch möglich. Empfindlichkeit bei 10 g Einwaage $0,001^0/_0$ Sn. Wismut wird als Wismutwasserstoff im Marshschen Apparat entwickelt, ein Bi-Spiegel erzeugt und mittels der Panethschen Reaktion identifiziert. Empfindlichkeit bei 10 g Einwaage $0,002^0/_0$. Kupfer wird als Sulfid mit H_2S aus der weinsauren Wolframatlösung gefällt, mit Ferrocyankalium colorimetrisch bestimmt. Genauigkeit bei 10 g Einwaage $0,001^0/_0$. Molybdän wird mittels Kaliumxanthogenat in H_3PO_4 saurer Lösung colorimetrisch nachgewiesen. Die Empfindlichkeitsgrenze liegt bei $0,002^0/_0$ Mo. Mangan wird aus der alkalischen Lösung mit H_2S als Sulfid gefällt und colorimetrisch als Permanganat bestimmt. Bei 10 g Einwaage Empfindlichkeitsgrenze bei $0,002^0/_0$. Nickel wird als Dimethylglyoxim gefällt, bei ganz geringen Spuren nachher noch Einleiten von H_2S. Die

Empfindlichkeitsgrenze liegt bei 10 g Einwaage bei 0,01% Ni. (Fe wird durch Weinsäurezusatz am Ausfallen gehindert.) Antimon läßt sich quantitativ nur im üblichen Analysengang abscheiden und wird dann quantitativ elektrolytisch aus KCN-Lösung abgeschieden. (Empfindlichkeitsgrenze bei 10 g Einwaage 0,001% Sb.) Blei wird als Sulfid mit H_2S aus der weinsauren Wolframatlösung gefällt und elektrolytisch als PbO_2 oder colorimetrisch als Sulfid bestimmt. Empfindlichkeitsgrenze 0,001% Pb. Kobalt wird als Sulfid im üblichen Analysengang von W getrennt und entweder gravimetrisch elektrolytisch oder colorimetrisch nach Vogel mit NH_4CNS und Amylalkohol bestimmt. Empfindlichkeitsgrenze bei 10 g Einwaage für die gravimetrische, von 1 g für die colorimetrische Messung bei 0,01% Co. Zur Vanadinbestimmung werden W und V gemeinsam mit $HgNO_3$ gefällt, der Niederschlag nach dem Glühen mit Alkalicarbonat aufgeschlossen und die Lösung dieses Aufschlusses in siedende H_2SO_4 gegossen. V bleibt in Lösung und kann colorimetrisch mit H_2O_2 bestimmt werden. Genauigkeit bei 10 g Einwaage 0,001% V. Zum Kohlenstoffnachweis in W-Metallen werden diese im Strom von ganz reinem O_2 verbrannt und das CO_2 in Natronkalkröhrchen absorbiert und gewogen. Drähte und Spiralen werden vor der Analyse mit $KMnO_4$ und HNO_3 von der anhaftenden Graphitschicht befreit. Die Einwaagen sollen möglichst 8—10 g betragen. Zur Verfeinerung der Methode kann auch eine Einwaage von 50—70 g erst im Cl_2-Strom verflüchtigt werden und der C-haltige Rest dann im O_2-Strom verbrannt werden. Den Sauerstoffgehalt von W-Metallen ermittelt man aus der Menge Sauerstoff, die bei der Oxydation des Metalls wirklich aufgenommen wird und der theoretisch notwendigen Menge. Empfindlichkeitsgrenze 0,05% O_2. Man kann auch das W-Metall im sorgfältig gereinigten H_2-Strom vollständig ausreduzieren und die gebildete H_2O-Menge in Dubskyschen Phosphorpentoxydröhrchen bestimmen. Empfindlichkeitsgrenze 0,01% bei Berücksichtigung der Blindwerte. Zur Wasserstoffbestimmung des W wird hohes Glühen im Hochvakuum empfohlen oder die langsame Verbrennung im O_2-Strom. Zur Schwefelbestimmung wird das W im O_2-Strom erhitzt und die schwefelhaltigen Gase in 3% H_2O_2 absorbiert. Nach Verkochen des H_2O_2 wird die Säure nach der Jodid-Jodatmethode (s. Bd. I, S. 372) titriert. Die Verwendung von $^1/_{1000}$ n-Thiosulfat ist möglich. Empfindlichkeit 0,0001%.

Die amerikanischen Normen (Amer. Soc. Test. Mat. Standards 1930 I, 567) empfehlen für Wolframmetall und Ferrowolfram einen Flußsäure-Salpetersäureaufschluß mit Bestimmung des Wolframs nach der Cinchoninmethode (vgl. auch S. 1676).

Man behandelt 1 g des durch ein Sieb Nr. 100 getriebenen Materials in einen 60 ccm fassenden Platintiegel mit 5 ccm HF und fügt tropfenweise Salpetersäure bis zur völligen Lösung und hierauf 3—4 ccm H_2SO_4 zu und raucht auf der Dampfplatte bis zur Vertreibung der HNO_3 und HF ab. Nun raucht man weiter über kleiner Flamme bis zum starken Auftreten von H_2SO_4-Dämpfen ab, kühlt ab, spült den Tiegelinhalt mit Wasser in ein 250 ccm fassendes Becherglas über, wobei die Tiegelwandung mit einem Stückchen Filtrierpapier gereinigt wird, und nur geringe Spuren WO$_3$ im Tiegel zurückbleiben. Der Inhalt des Becherglases wird jetzt mit 150 ccm destilliertem Wasser verdünnt und mit 10 ccm HCl (spez. Gew. 1,19) versetzt und einige Minuten durchgekocht. Man entfernt von der heißen Stelle, fügt 10 ccm einer Cinchoninlösung, die 125 g Cinchonin in einer Mischung von 500 ccm HCl (spez. Gew. 1,19) und 500 ccm destilliertes Wasser enthält, hinzu, und läßt 30—45 Minuten unter öfterem Umrühren bei 80—90° stehen. Hierauf setzt man der Lösung etwas Filterschleim zu, rührt die Lösung durch und filtriert nachdem sich die Wolframfällung abgesetzt hat, durch ein 9 cm Filter ab, das etwas Filterschleim enthält, wäscht vollständig mit heißer Cinchoninlösung (30 Teile der Fällungslösung mit destilliertem Wasser auf 1 l verdünnt) und zuletzt einige Male mit warmer 1 %iger Salzsäurelösung aus. Nun verascht man vorsichtig das Filter mit dem rohen WO$_3$-Rückstand in den zuerst gebrauchten Platintiegel, bis der Kohlenstoff verbrannt ist, setzt einige Tropfen HNO$_3$ zu, und verdampft zur Trockne. Nun glüht man den bedeckten Tiegel 5 Minuten lang in der vollen Glut eines Bunsenbrenners oder in einer elektrischen Muffel bei ungefähr 750°, kühlt ab und wägt aus. Der restierende Rückstand wird mit etwa 5 g Na$_2$CO$_3$ aufgeschlossen unter vorsichtigem Schwenken des Tiegels, um die letzten Reste WO$_3$ von der Lösung herrührend, mitaufzuschließen, in heißem Wasser gelöst, mit Alkohol versetzt, erhitzt, filtriert und mit heißem Wasser ausgewaschen. Man bringt das Filter in den Tiegel zurück, verascht und schmilzt abermals mit etwas Na$_2$CO$_3$ und behandelt wie eben beschrieben. Man wäscht sorgfältig mit heißem Wasser aus, um die letzten Spuren Na$_2$CO$_3$ zu entfernen. Die jetzt erhaltene Auswaage von der zuerst erhaltenen abgezogen multipliziert mit 0,7931 gibt den W-Gehalt an.

Hinsichtlich der Bestimmung der übrigen Bestandteile nach den amerikanischen Normen vgl. A. S. T. M. Standards **1930 I**, 567.

Für die Bestimmung einiger weiterer Begleitelemente sei auf folgende Schrifttumsstellen verwiesen:

1. **Aluminium.** Vgl. hierzu V. und K. Froboese [Ztschr. f. anal. Ch. **61**, 107 (1922). — Chem. Zentralblatt **1922 IV**, 8].

2. **Bor.** Vgl. D. Hall Brophy [Journ. Amer. Chem. Soc. **47**, 1856 (1925). — Chem. Zentralblatt **1925 II**, 1882].

3. **Molybdän.** Vgl. W. J. King [Journ. Ind. and. Engin. Chem. **15**, 350 (1923). — Chem. Zentralblatt **1923 IV**, 440] und D. Hall [Journ. Amer. Chem. Soc. **44**, 1462 (1922). — Chem. Zentralblatt **1923 II**, 1098].

4. **Kolloidales Wolfram.** Vgl. Lottermoser [Kolloid-Ztschr. **30**, 53 (1922). — Chem. Zentralblatt **1922 IV**, 348] und van Liempt [Kolloid-Ztschr. **32**, 118 (1923). — Chem. Zentralblatt **1923 II**, 1206 u. Chem. Weekblad **20**, 485 (1923). — Chem. Zentralblatt **1923 IV**, 702].

Weiteres über die Untersuchung von W-Legierungen vgl. Ztschr. f. anal. Ch. **62**, 307 u. 366 (1923).

D. Wolframlegierungen.

Die wichtigsten hierher gehörigen Wolfram-Eisenlegierungen sind beim Eisen behandelt (S. 1403). Ferner gehören hierher die Wolfram-carbid-enthaltenden Hartschneidmetalle wie Widia, Carboloy, Volomit, Lohmanit usw.

Der Untersuchungsgang ist der gleiche wie bei den Hartschneid-metallen im Abschnitt „Kobalt" angegeben (vgl. S. 1137). Bei der Kohlen-stoffbestimmung ist hier besonders darauf zu achten, daß lange genug im Sauerstoffstrome geglüht wird. Es kommt daher nur eine gravi-metrische Kohlenstoffbestimmung in Betracht.

Für die Untersuchung von tantallegierten Wolframeisen-legierungen haben Swoboda und Hornig [Ztschr. f. anal. Ch. 80, 286 (1930). — Chem. Zentralblatt 1930 I, 1410] ein Verfahren angegeben, das neben Tantal und Wolfram auch Vanadium und Molybdän berück-sichtigt. 1,2 g der feingepulverten Probe werden (5 Minuten lang) in einem Nickeltiegel bei 400—500⁰ im Sauerstoffstrom geröstet. Die Zuleitung des Sauerstoffs geschieht dabei durch ein Rose-Tonrohr und einen durchlochten Nickeldeckel. Nach dem Erkalten werden 12 g Kaliumhydroxyd zugefügt. Unter Durchleiten von Sauerstoff und öfterem Umschwenken des Tiegels erhitzt man dann während 30 Minuten auf Rotglut und löst die Schmelze nach dem Erkalten in Wasser. Gebil-detes Manganat wird durch 2—3 Tropfen Wasserstoffsuperoxyd entfärbt und letzteres durch Kochen zerstört. Nun führt man in einen 300-ccm-Meßkolben über und füllt nach dem Erkalten bis zur Marke auf. Hierauf filtriert man durch ein Baryt- und zwei Faltenfilter und neutralisiert 250 ccm des alkalischen Filtrates (= 1 g Einwaage) unter Verwendung von Phenolphthaleinlösung mit Schwefelsäure bis zur Entfärbung. Nach etwa 3 Minuten langem Kochen scheidet sich die Tantalsäure grobflockig aus und die überstehende Flüssigkeit erscheint klar. Dann fügt man 10 ccm Ammoniak zu und läßt 30 Minuten auf der Heizplatte unterhalb 100⁰ absitzen, filtriert durch ein Barytfilter unter Verwendung von Filterschleim, wäscht mit heißem, Ammoniak enthaltendem Wasser (25 g Ammoniumnitrat und 5 ccm Ammoniak zu 1 l verdünnt), den Niederschlag, ohne ihn auf dem Filter aufzuwirbeln, alkalifrei. Im Platin-tiegel wird der Niederschlag nun verascht und geglüht, mit Schwefel-säure und Flußsäure die Kieselsäure abgeraucht, abermals geglüht und das Tantal als Ta_2O_5 gewogen.

$$Ta_2O_5 \times 0,8194 \ (\log = 0,91350 - 1) = Ta.$$

Das Filtrat von der Tantalsäure wird auf 100 ccm eingeengt, 20 ccm konzentrierte Salzsäure und 20 g Mangannitrat zugefügt, zur Trockne gedampft, ohne dabei aber die Lösung zum Kochen zu erhitzen, und geröstet, bis keine Salpetersäuredämpfe mehr entweichen und bis sich Manganoxyde braun ausscheiden. Der erhaltene Rückstand wird mit 50 ccm konzentrierter Salzsäure aufgenommen und zunächst vorsichtig erhitzt, wobei Mangandioxyd unter heftiger Chlorentwicklung als Mangan-chlorür in Lösung geht. Hierauf wird auf ein kleines Volumen einge-dampft, mit 150 ccm heißem Wasser verdünnt, aufgekocht und der

Niederschlag absitzen gelassen. Nach vollständigem Erkalten wird durch ein Barytfilter unter Verwendung von Filterschleim filtriert, mit heißer Salzsäure (1:10) mangan- und alkalifrei gewaschen, im Platintiegel verascht und mäßig geglüht, mit Flußsäure abgeraucht, abermals geglüht und Wolfram als WO_3 gewogen (vgl. S. 1667).

Das Filtrat von der Wolframsäure bringt man nun auf etwa 300 ccm, neutralisiert fast mit Ammoniak, fügt 20 ccm Ammoniumchlorid zu, erhitzt zum Sieden, neutralisiert mit Ammoniak, setzt 12 Tropfen Ammoniak im Überschuß zu und läßt den Niederschlag durch längeres Stehen (6 Stunden) absitzen. Hierauf filtriert man ab, wäscht Fällungsgefäß und Filter einige Male mit heißem Wasser aus, löst den Niederschlag mit heißer Salzsäure (3:7) auf dem Filter und fängt die Lösung in einem 500 ccm Erlenmeyerkolben auf. Nach dem Erkalten fügt man der Lösung 15 ccm konzentrierte Schwefelsäure zu, dampft bis zum Auftreten von Schwefelsäuredämpfen ein und setzt das Abrauchen 10 Minuten lang fort. Nach dem Erkalten verdünnt man mit 150 ccm Wasser, fügt 30 ccm schweflige Säure zu, dampft auf 70 ccm ein, verdünnt auf 200 ccm und versetzt bei 35° mit 0,1 n-Permanganatlösung bis zur deutlichen Rotfärbung. Schließlich titriert man mit arseniger Säure (0,5 g arsenige Säure und 1,5 g Natriumbicarbonat zu 1 l gelöst) auf grün solange, bis keine weitere Aufhellung der grünen Farbe mehr stattfindet. Der Wirkungswert der arsenigen Säure zur Permanganatlösung muß für sich ermittelt werden. Von der angewendeten Permanganatmenge muß nun die verbrauchte Menge arsenige Säure, auf Permanganat umgerechnet, in Abzug gebracht werden. 1 ccm der Permanganatlösung = Eisentiter der Permanganatlösung $\times$ 0,915 (log = 0,96142 − 1) = g Vanadin.

Das Filtrat von Manganvanadat und Chromhydroxyd wird auf etwa 100 ccm eingedampft, in einen dickwandigen Erlenmeyerkolben übergeführt, 5 ccm konzentrierte Schwefelsäure zugefügt, mit Wasser auf etwa 350 ccm verdünnt und das Molybdän nach S. 1458 mit Schwefelwasserstoff ausgefällt und MoO_3 zur Wägung gebracht.

Wertvoll erscheint endlich noch folgender systematischer Analysengang eines kompliziert zusammengesetzten Materials unter besonderer Berücksichtigung der Bestimmung von W, Mo, U, V, Ti, Zr, Cr, Fe, Al, P und As nach Moore-Eckstein. (R. B. Moore-Eckstein: Die chemische Analyse seltener technischer Metalle, S. 11—17. Leipzig 1927. Akademische Verlagsgesellschaft m. b. H.)

Die Bereitung der Stammlösung richtet sich je nach Beschaffenheit des Untersuchungsmaterials, ob es sich um ein kieselsäurearmes- oder kieselsäurereiches Material oder um eine eisenhaltige Metalllegierung handelt.

[1] a) Metallegierung. 5—10 g Feil- oder Bohrspäne werden in 50 ccm Schwefelsäure 1:3 gelöst, wobei die Elemente in niedrigwertiger Form in Lösung gehen. Nach Verdünnen mit heißem Wasser wird von der SiO_2 und WO_3 neben geringen Mengen Verunreinigungen

Schematische Darstellung der Analysenverfahren W-, Mo-, U-, V-, Ti-, Zr-, Cr-, As- und P-haltiger Materialien.

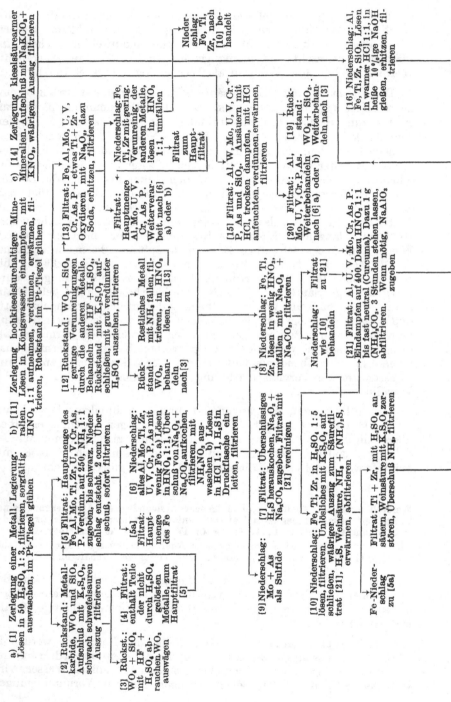

a) [1] Zerlegung einer Metall-Legierung. Lösen in 50 H₂SO₄ 1:3, filtrieren, sorgfältig auswaschen, im Pt-Tiegel glühen

b) [11] Zerlegung hochkieselsäurehaltiger Mineralien. Lösen in Königswasser, eindampfen, mit HNO₃ 1:1 aufnehmen, verdünnen, erwärmen, filtrieren, Rückstand im Pt-Tiegel glühen

c) [14] Zerlegung kieselsäurearmer Mineralien. Aufschluß mit NaKCO₃+KNO₃, wäßrigen Auszug filtrieren

[2] Rückstand: Metallkarbide, WO₃ und SiO₂. Aufschluß mit K₂S₂O₇, schwach schwefelsauren Auszug filtrieren

[3] Rückst.: WO₃ + SiO₂ mit HF + H₂SO₄ abrauchen WO₃ auswägen

[4] Filtrat: enthält Teile der nicht durch H₂SO₄ gelösten Metalle, zum Hauptfiltrat [5]

[5] Filtrat: Fe, Al, Mo, Ti, Zr, U, V, Cr, As, P. Verdünn. auf 250, NH₄ 1:1 zugeben, bis schwarz. Niederschlag entsteht, 2 ccm Überschuß, sofort filtrieren

[5a] Filtrat: Hauptmenge des Fe

[6] Niederschlag: alles Al, Mo, Ti, Zr, U, V, Cr, P, As mit wenig Fe. a) Lösen in HNO₃ 1:1, Überschuß von Na₂O₂ + Na₂CO₃, aufkochen, filtrieren, mit NH₄NO₃ auswaschen b) Lösen in HCl 1:1, H₂S in Druckflasche einleiten, filtrieren

[7] Filtrat: Überschüssiges H₂S herauskochen, Na₂O₂ + Na₂CO₃ zugeben, Filtrat mit [21] vereinigen

[8] Niederschlag: Fe, Ti, Zr, lösen in wenig HNO₃, umfällen mit Na₂CO₃, filtrieren

[9] Niederschlag: Mo + As als Sulfide

[10] Niederschlag: Fe, Ti, Zr lösen, filtrieren. Unlösliches mit K₂S₂O₇ aufschließen, wäßriger Auszug zum Säurefiltrat [21], H₂S, Weinsäure, NH₃ + (NH₄)₂S, erwärmen, abfiltrieren

Fe-Niederschlag zu [5a]

Filtrat: Ti + Zr, mit H₂SO₄ ansäuern, Weinsäure mit K₂S₂O₇ zerstören, Überschuß NH₃, filtrieren

[12] Rückstand: WO₃ + SiO₂ + geringe Verunreinigungen durch die anderen Metalle. Behandeln mit HF + H₂SO₄, Rückstand mit K₂S₂O₇, aufschließen, mit gut verdünnter H₂SO₄ ausziehen, filtrieren

Rückstand: WO₃ behandeln nach [3]

Restliches Metall mit NH₃ fällen, filtrieren, in HNO₃ lösen, zu [13]

[13] Filtrat: Fe, Al, Mo, U, V, Cr, As, P + etwas Ti + Zr. Oxydieren mit Na₂O₂, dazu Soda, erhitzen, filtrieren

Niederschlag: Fe, Ti, Zr mit gering. Verunreinig. der anderen Metalle, lösen in HNO₃ 1:1, umfällen

Filtrat: Hauptmenge Al, Mo, U, V, Cr, As, P. Weiterverarbeit. nach [6] oder b)

Filtrat zum Hauptfiltrat

Niederschlag: Fe, Ti, Zr, nach [10] behandelt

[15] Filtrat: Al, W, Mo, U, V, Cr, P, As und SiO₂. Ansäuern mit HCl, trocken dampfen, mit HCl anfeuchten, verdünnen, erwärmen, filtrieren

[19] Rückstand: WO₃ + SiO₂. Weiterbehandeln nach [3]

[20] Filtrat: Al, Mo, U, V, Cr, P, As. Weiterbehandeln nach [6] a) oder b)

Filtrat zu [21]

Niederschlag: wie [10] behandeln

[21] Filtrat: Al, U, V, Mo, Cr, As, P. Eindampfen auf 400. Dazu HNO₃ 1:1 bis fast neutral (Curcuma). Dazu 1 g (NH₄)₂O₂. 3 Stunden stehen lassen, abfiltrieren. Wenn nötig, NaAlO₃ zugeben

[16] Niederschlag: Al, Fe, Ti, Zr, SiO₂. Lösen in warmer HCl 1:1. In heiße 10%ige NaOH gießen, erhitzen, filtrieren

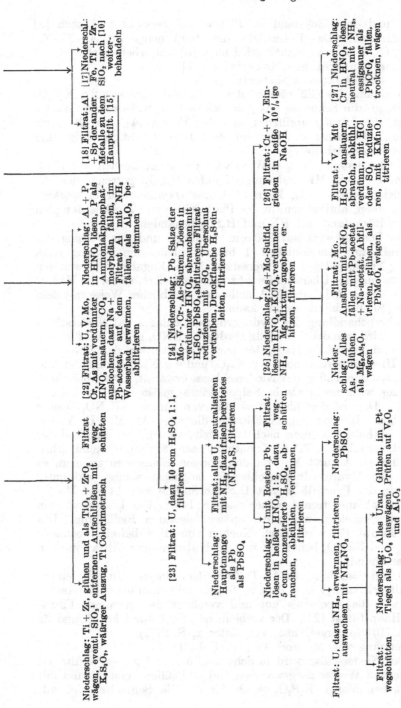

Niederschlag: Ti + Zr, glühen und als TiO₂ + ZrO₂ wägen, eventl. SiO₂¹ entfernen. Aufschließen mit K₂S₂O₇, wässriger Auszug, Ti Colorimetrisch

Filtrat wegschütten

[17] Niederschl.: Fe, Ti + Zr, SiO₂ nach [10] weiterbehandeln

[18] Filtrat: Al + Sp der ander. Metalle zu dem Hauptfiltr. [15]

[22] Filtrat: U, V, Mo, Cr, As mit verdünnter HNO₃, ansäuern, CO₂ auskochen, dazu Na + Pb-acetat, auf dem Wasserbad erwärmen, abfiltrieren

Niederschlag: Al + P, in HNO₃ lösen, P als Ammoniakphosphat-molybdän fällen, im Filtrat Al mit NH₃ fällen, als Al₂O₃ bestimmen

[24] Niederschlag: Pb - Salze der Mo-, V-, Cr-, As-Säuren. Lösen in verdünnter HNO₃, abrauchen mit H₂SO₄, PbSO₄ abfiltrieren, Filtrat reduzieren mit SO₂, Überschuß verdreiben, Druckflasche H₂S einleiten, filtrieren

[26] Filtrat: Cr + V. Eingießen in heiße 10%ige NaOH

[23] Filtrat: U, dazu 10 ccm H₂SO₄ 1:1, filtrieren

Filtrat: alles U, neutralisieren mit NH₃, dazu frisch bereitetes (NH₄)₂S, filtrieren

[25] Niederschlag: As + Mo-Sulfid, lösen in HNO₃ + KClO₃, verdünnen, NH₃ + Mg-Mixtur zugeben, erhitzen, filtrieren

Filtrat: Mo. Ansäuern mit HNO₃, fällen mit Pb-acetat + Na-acetat, Abfiltrieren, glühen, als PbMoO₄ wägen

Niederschlag: As. Glühen, als Mg₂As₂O₇ wägen

[27] Niederschlag: Cr in HNO₃ lösen, neutral mit NH₃, essigsauer als PbCrO₄ fällen, wägen, trocknen

Filtrat: V. Mit H₂SO₄ ansäuern, abrauchen, abkühl., verdünn., mit HCl oder SO₂ reduzieren, mit KMnO₄ titrieren

Niederschlag: Hauptmenge als Pb als PbSO₄

Filtrat: wegschütten

Niederschlag: U mit Resten Pb, lösen in heißer HNO₃ 1:2, dazu 5 ccm konzentrierte H₂SO₄, abrauchen, abkühlen, verdünnen, filtrieren

Niederschlag: PbSO₄

Filtrat: U, dazu NH₃, erwärmen, filtrieren, auswaschen mit NH₄NO₃

Niederschlag: Alles Uran, Glühen, im Pt-Tiegel als U₃O₈ auswägen. Prüfen auf V₂O₅ und Al₂O₃

Filtrat: wegschütten

¹ SiO₂ aus [17].

abfiltriert und der Rückstand im Platintiegel verascht und nach [2] weiter verarbeitet. Das Filtrat, das die Hauptmenge Fe, Al, Ti, Zr, Mo, U, V, Cr, P und As enthält wird nach [5] weiterbehandelt.

b) Kieselsäurereiches Material [s. 11].

c) Kieselsäurearmes Material [s. 14].

[2] Reinigung des Glührückstandes. Derselbe wird mit 2 g $K_2S_2O_7$ aufgeschlossen, die Schmelze mit ganz schwach schwefelsaurem Wasser ausgelaugt, die Lösung abfiltriert und das Filtrat [4], das alle noch mitgerissenen Elemente enthält, mit dem Hauptfiltrat vereinigt und nach [5] weiterverarbeitet.

[3] Der Rückstand ($SiO_2 + WO_3$) wird durch Abrauchen mit Fluß-schwefelsäure (4 ccm HF und einige Tropfen H_2SO_4) getrennt und die WO_3 zurückgewogen. Man kann auch das Oxydgemisch in starkem Ammoniak lösen, abfiltrieren, in der Platinschale zur Trockne dampfen und diesen Rückstand mit HF und H_2SO_4 behandeln.

[5] Die Lösung wird auf 250 ccm verdünnt und zur Fällung der Fremdmetalle mit Ammoniak 1:1 bis zur bleibenden Fällung eines schwarzen Niederschlages [6] versetzt. Nach Zugabe von weiteren 2 ccm Ammoniak im Überschuß wird sofort abfiltriert, wobei die Haupt-menge des Eisens in Lösung [5a] bleibt und in üblicher Weise mit dem Eisen aus [10] bestimmt werden kann.

[6] Weiterbehandlung des Hydroxydniederschlages. a) Niederschlag samt Filter wird in möglichst wenig verdünnte HNO_3 gelöst, auf 250 ccm verdünnt und vorsichtig Na_2O_2 bis zur Neutralisation der HNO_3 zu-gegeben. Hierauf werden noch 3 g Na_2O_2 und 4 g Na_2CO_3 zugefügt und bis zum Zusammenballen des Niederschlages erwärmt. Der abfiltrierte Niederschlag wird nochmals in Salpetersäure gelöst und die Fällung wiederholt. Der Niederschlag wird mit verdünnter NH_4NO_3-Lösung ausgewaschen. Die vereinigten Filtrate, die alles Al, Mo, U, V, Cr, P und As enthalten, werden nach [21] weiterverarbeitet, während der Rückstand, der alles Fe, Ti und Zr enthält, nach [8] weitergetrennt wird.

b) Will man As und Mo von den übrigen Elementen trennen, so löst man den Hydroxydniederschlag in möglichst wenig verdünnter HCl, fällt in der Druckfläche mit H_2S die Sulfide von As und Mo [9] aus, filtriert ab und trennt weiter nach S. 1461. Ein Überschuß von HCl ist zu vermeiden wegen der später folgenden Bleifällung. Das erhaltene Filtrat [7] wird durch Kochen vom H_2S befreit, nochmals mit Na_2O_2 und Na_2CO_3 behandelt und nach abermaliger Filtration nach [21] weiterbehandelt.

[8] Weiterbehandlung des Fe-Ti-Zr-Niederschlages. Um die letzten Spuren mitgerissenen V und P zu entfernen, fällt man die salpetersaure Lösung nach [6a] nochmals um und vereinigt das erhaltene Filtrat mit dem Hauptfiltrat [21]. Der verbleibende Rückstand Fe, Ti und Zr wird nach [10] weitergetrennt (vgl. unter 2, S. 1622).

[9] Trennung von Mo und As (vgl. S. 1461).

[10] Der Niederschlag wird in Schwefelsäure 1:5 gelöst, abfiltriert, gut mit heißem Wasser ausgewaschen und schließlich verascht und mit der 2—3fachen Menge $K_2S_2O_7$ geschmolzen. Die Schmelze wird mit

Wasser ausgelaugt und die wäßrige Lösung mit der schwefelsauren Lösung vereinigt. Das Filtrat wird nun durch H_2S reduziert, mit Weinsäure, Ammoniak und Schwefelammon versetzt, und vom Schwefeleisen (zu [5a]) abfiltriert. Im Filtrat hiervon wird nun die Weinsäure nach Ansäuren mit H_2SO_4 durch Alkalipersulfat zerstört und das Zirkon und Titan durch Ammoniak ausgefällt und im Platintiegel verascht und ausgewogen. Das gewogene Oxydgemisch wird nun 2mal mit der fünf- bis sechsfachen Menge $K_2S_2O_7$ aufgeschlossen und das Titan in der wäßrigen Lösung colorimetrisch ermittelt. Die Differenz ergibt das Zirkon.

b) Kieselsäurereiches Material.

[11] 1—5 g feingepulvertes Material wird in HCl, HNO_3 oder Königswasser gelöst, die Lösung auf dem Wasserbade zur Trockne verdampft und der Abdampfrückstand mit HNO_3 1:1 aufgenommen, erwärmt und von der SiO_2, WO_3 neben kleinen Mengen Verunreinigungen abfiltriert und nach [12] weiterbehandelt. Das Filtrat, das die Hauptmenge Fe, Al, Mo, U, V, Cr, P und As und einen erheblichen Teil des Ti und Zr enthält, wird nach [13] weitergetrennt.

[12] Der die Kieselsäure enthaltende Rückstand wird mit 5 ccm Fluß- und 10 Tropfen Schwefelsäure abgeraucht, der nunmehr verbleibende Rückstand mit der vier- bis fünffachen Menge $K_2S_2O_7$ — aber nicht unter 2 g — aufgeschlossen, die Schmelze mit schwach schwefelsaurem Wasser ausgelaugt und von der WO_3 abfiltriert, die nach [3] weiterverarbeitet wird. Das Filtrat, das die Metalle, die durch den Säureauszug nicht völlig in Lösung gegangen waren, insbesondere Ti, Zr und etwas Fe enthält, wird in der Siedehitze mit einem Überschuß NH_3 gefällt. Nach Filtration werden die Hydroxyde wieder in verdünnter HNO_3 gelöst und mit dem Hauptfiltrat vereinigt.

[13] Die vereinigten Filtrate werden in der Wärme mit einem Überschuß an $Na_2O_2 + Na_2CO_3$ versetzt und die Fällung wiederholt. Dann wird weiter wie unter [6] angegeben behandelt und der Rückstand, der alles Fe, Ti und Zr enthält, nach [10] weiteruntersucht.

Das Filtrat enthält Al, Mo, U, V, Cr, P und As und wird nach [21] weiterverarbeitet.

c) Kieselsäurearmes Material.

[14] 1—2 g feingepulvertes Material wird mit der 5—6fachen Menge eines Gemisches aus 5 Teilen $NaKCO_3$ und einem Teil KNO_3 etwa $^1/_2$ Stunde lang aufgeschlossen, die Schmelze mit Wasser ausgelaugt, abfiltriert und der Rückstand, bestehend aus Al, Fe, Ti, Zr und einem Teil SiO_2, gewaschen und nach [16] weiterbehandelt. Das Filtrat [15] enthält die Hauptmenge des W, Mo, U, V, Cr, As, P, SiO_2 und etwas Al bzw. Ti und wird nach [15] weiteruntersucht.

[15] Das Filtrat wird mit Salzsäure 1:1 angesäuert, zur Trockne verdampft und die SiO_2 und WO_3 [19] wie üblich abgeschieden und die SiO_2 durch Abrauchen mit Fluß-Schwefelsäure nach [3] getrennt, während das Al, Mo, U, V, Cr, P und As enthaltende Filtrat [20] nach 6a oder b weiterverarbeitet wird.

[16] Der Rückstand aus [14], der Al, Fe, Ti und Zr enthält, wird samt Filter in HCl gelöst und in eine warme 10%ige NaOH eingegossen,

erwärmt und abfiltriert. Der Niederschlag [17], der das Fe, Ti, Zr und wenig SiO_2 enthält, wird mit warmem Wasser ausgewaschen, im Platintiegel verascht, mit der 4—5fachen Menge $K_2S_2O_7$ aufgeschlossen und nach [10] weiterbehandelt. Das Filtrat [18] der NaOH-Fällung, Al und Spuren der übrigen Elemente enthaltend, wird mit dem Filtrat [15] vereinigt und dann weiter nach [20] behandelt.

[20] Die Salzsäurelösung aus [15], die Al, Mo, U, V, Cr, P und As enthält, wird nach [6] weiterverarbeitet.

[21] Die alkalische Lösung, die noch Al, U, V, P, Cr, As und Mo enthält, wird auf 400 ccm eingeengt und HNO_3 vorsichtig, bis eben zum Auftreten einer Trübung von Al-Hydroxyd- und Phosphat versetzt (Prüfung mit Curcumapapier). Genügt der Al-Überschuß (etwa 10mal soviel als P) nicht, so setzt man eine bestimmte Menge Natriumaluminat (10 g Al in 50 g NaOH gelöst und auf 500 verdünnt), ferner 2 g Ammoniumcarbonat zur Inlösunghaltung des U hinzu und filtriert nach 3stündigem Stehen Al und P ab. Der Niederschlag wird in verdünnter HNO_3 gelöst, P durch Ammoniummolybdat und im Filtrat hiervon Al mit NH_3 als Hydroxyd abgeschieden.

[22] Das alles U, V, Cr, Mo und As enthaltende Filtrat wird in geringem Überschuß mit HNO_3 versetzt, zur Vertreibung der CO_2 durchgekocht und auf weniger als 400 ccm eingeengt. Der Überschuß an HNO_3 wird mit verdünnter NH_3 neutralisiert und pro 100 ccm 2 ccm konzentrierte HNO_3 zugesetzt. Durch weitere Zugabe von Natriumacetat und 20 ccm $10^0/_0$iger Bleiacetatlösung wird V, Cr, Mo und As ausgefällt und nach [24] weiterbehandelt.

[23] Das Filtrat wird zur Befreiung des größten Teiles des Bleis mit 10 ccm konzentrierter H_2SO_4 ausgefällt, im Filtrat der Rest des Bleis und das gesamte U als Sulfide ausgeschieden, in Salpetersäure gelöst und das Blei durch nochmaliges Abrauchen mit H_2SO_4 entfernt. Im Filtrat wird das U als Uranat mit Ammoniak nach S. 1638 gefällt. Der Glührückstand U_3O_1 ist nochmals in HNO_3 zu lösen und mit N_2O_2 auf V und ferner auf Al zu prüfen.

[24] Die Bleisalze der V-, Mo-, Cr- und As-Säuren werden samt Filter unter Erwärmen in möglichst wenig Salpetersäure gelöst und nach Verdünnen vom Filterschleim abfiltriert und mit heißem Wasser ausgewaschen. Das Pb wird dann durch Abrauchen mit Schwefelsäure entfernt.

a) Die Weiterbehandlung des Filtrates geschieht auf dreierlei Weise. Bei wenig Mo gegenüber viel V werden durch Fällung mit H_2S in der Druckflasche, nachdem man vorher durch die Lösung einen SO_2-Strom geleitet hat, Mo und As als Sulfide ausgefällt, die nach [25] weitergetrennt werden. V und Cr bleiben gelöst und werden nach [26] weitergetrennt oder nach [24c] gemeinsam bestimmt.

b) Gemeinsame Bestimmung des Mo und V geschieht nach Gr. Edgar (Ztschr. f. anorg. u. allg. Ch. **58**, 375) und F. A. Gooch (Methods of chemical analysis. New York **1912**, 536) nach S. 1461.

c) Gemeinsame Bestimmung des V und Cr. V und Cr werden in Abwesenheit von Mo und As nach der Eisensulfatmethode, nach Lindemann (vgl. S. 1650), in der amerikanischen Literatur als Johnsonsche Methode (Chemical analysis of spezial steels, steel making alloys and graphite, 2. Aufl. 1914) bekannt, bestimmt. Vgl. auch F. T. Sisco: Technical analysis of steel and steel works materials, S. 258 u. 355. 1923.

[25] Die Bestimmung des Mo und As geschieht durch Lösen des Sulfidniederschlages in NHO_3 unter Zusatz von etwas $KClO_3$ und Fällen des As in der ammoniakalisch gemachten Lösung mit Magnesiamixtur. In dem mit HNO_3 schwach angesäuerten Filtrate bestimmt man das Mo durch Fällen mit Bleiacetat als Bleimolybdat $PbMoO_4$ (S. 1459).

[26] Bestimmung des Vanadins. Im Filtrat der H_2S-Fällung des Mo und As, das nur noch V und Cr enthält, wird durch Kochen der H_2S entfernt und die so erhaltene Lösung in heiße $10^0/_0$ige NaOH eingegossen, wobei alles $Cr(OH)_3$ ausfällt, während alles V im Filtrat bleibt und nach Reduktion mit SO_2 oder HCl in bekannter Weise in schwefelsaurer Lösung mit $KMnO_4$ titriert werden kann (S. 1649).

[27] Bestimmung des Chroms. Der nach 26 erhaltene Cr-Hydroxydniederschlag wird in HNO_3 gelöst, die Lösung mit NH_3 annähernd neutralisiert, mit Essigsäure angesäuert und mit Bleiacetat als Bleichromat gefällt und nach Erhitzen bei 105^0 bis zur Gewichtskonstanz als solches ausgewogen wird.

E. Wolframverbindungen.

Hierher gehören außer Wolframsäure und den eigentlichen Salzen noch die sogenannten Wolframbronzen.

Wolframsäure. In Wolframsäure erfolgt nach Mennicke (Die Metallurgie des Wolframs, S. 388. 1911) die Bestimmung von

a) Wasser durch Glühen von 5 g Material bei eben Rotglut bis zur Gewichtskonstanz.

b) WO_3 durch Schmelzaufschluß mit Na_2CO_3 und Ausfällen als Wolframsäure nach einem der bekannten Verfahren (vgl. S. 1667).

c) SiO_2, MoO_3, SnO_2: Um letztere beide wird es sich nur selten handeln. Liegen nur SiO_2 und WO_3 vor, kann zur Trennung Abrauchen mit HF und H_2SO_4 oder Schmelzen mit Bisulfat vorgenommen werden. Letzterenfalls wird die Schmelze mit Ammoncarbonat ausgezogen; SiO_2 bleibt zurück, WO_3 geht in Lösung. Liegen jedoch WO_3, MoO_3 und SiO_2 in frisch gefälltem oder getrocknetem, aber nicht calciniertem Zustande vor, so kann man durch Digerieren mit HNO_3, hierauf mit überschüssigem NH_3 und Ammonnitrat die gesamte WO_3 + MoO_3 in gelöstem Zustande isolieren und beide, wie bekannt, z. B. durch H_2S nach Überführung in saure Lösung trennen. Der Rückstand von der NH_3-$NH_4 \cdot NO_3$-Behandlung besteht aus SnO_2 + SiO_2 in Hydratform. Man kann sie u. a. nach der S. 1678 bei Scheelit angegebenen Methode trennen und einzeln bestimmen. Dasselbe Verfahren ist anwendbar, wenn nur WO_3 + SiO_2 + SnO_2 vorliegen. Frisch gefällte oder nur getrocknete WO_3 + MoO_3 kann man auch wie folgt trennen: Erwärmen in einer Porzellanschale über freier Flamme mit konzentrierter H_2SO_4, eventuell unter Zusatz von 1—2 Tropfen HNO_3, $^1/_2$stündiges Digerieren, Erkalten, Verdünnen mit dem dreifachen Volumen H_2O, Filtrieren, Waschen mit H_2SO_4-haltigem H_2O; zuletzt wäscht man mehrmals mit Alkohol nach, trocknet, glüht und wägt: WO_3. Im Filtrat wird Mo mit H_2S als Sulfid abgeschieden, in MoO_3 übergeführt und gewogen (Hommel: Diss. Gießen 1902; vgl. a. S. 1671).

Liegen beide Säuren in geglühtem Zustande vor, so muß man sie nochmals aufschließen und frisch fällen; dann weiter wie oben.

d) Fe und Mn: 5 g werden in bekannter Weise mit Soda ohne Salpeter oder Na_2O_2 geschmolzen. Der wäßrige Auszug wird filtriert, der Rückstand mit den Fe- und Mn-Oxydulen in HCl gelöst, Fe und Mn wie bekannt getrennt.

e) Salze der Alkalien und Erden: Es können in der Hauptsache Na oder Ca als Chloride oder Nitrate vorliegen. Man bestimmt sie in bekannter Weise in einem salzsauren Auszug, der durch längeres Kochen von 5—10 g der vorliegenden Substanz erhalten wurde. Der Auszug muß zwecks Abscheidung eventuell in Lösung gegangener WO_3 und SiO_2 wiederholt mit HCl eingedampft, getrocknet und wie oben angegeben, behandelt werden; man nimmt mit HCl und kaltem H_2O auf, filtriert, wäscht mit angesäuertem H_2O aus und scheidet nach Fällung von Fe und Al im Filtrat nach bekannten Methoden Ca ab; im Filtrat hiervon bestimmt man Na.

Wolframsalze. In Wolframsalzen geschieht die Bestimmung des W nach den früher angeführten Bestimmungsmethoden durch Abscheiden mit Säuren (S. 1667) oder nach Berzelius als Mercurowolframat (S. 1667) oder nach v. Knorre als Benzidinwolframat (S. 1668).

Wolframbronzen. Zur Analyse der Wolframbronzen werden zweckmäßig 0,5 g der feingepulverten Bronze in einem kleinen Porzellantiegel mit 2 g alkalifreiem Ammonsulfat und 2 ccm konzentrierter H_2SO_4 oder 4 g alkalifreiem Ammonpersulfat versetzt und unter öfterem Schütteln des Tiegels über kleiner Flamme sorgfältig erhitzt. Nachdem ein Teil des Ammonsulfats abgeraucht ist, läßt man erkalten, fügt nochmals 1 g $(NH_4)_2SO_4$ und 1 ccm konzentrierter H_2SO_4 zu und erhitzt wieder bis zum Abrauchen. Nun wird mit H_2O aufgeweicht und 50 ccm konzentrierter HNO_3 zugesetzt und die entstandenen WO_3 wie üblich bestimmt.

Durch Eindampfen des Filtrats und Abrauchen der Ammonsalze erhält man die Alkalisulfate.

Nach Philipp [Ber. Dtsch. Chem. Ges. **15**, 500 (1882)] erfolgt die Analyse der Wolframbronzen zweckmäßig durch Aufschluß mit ammoniakalischer Silberlösung. Die Bronze geht dabei unter Silberabscheidung in Lösung. Aus dem Filtrat fällt man das Silber und scheidet dann das Wolfram nach v. Knorre mit Benzidinchlorhydrat ab (S. 1668). Wolframreiche Bronzen schließt man vorteilhaft mit reinem Ammonpersulfat nach dem Verfahren von Brunner (Dissertation Zürich 1903. — Treadwell: Analytische Chemie. Bd. 2, 11. Aufl., S. 256. 1927.) auf.

Weiteres über die Untersuchung von Wolframbronzen siehe bei Philipp [Ber. Dtsch. Chem. Ges. **15**, 499 (1882)], ferner Engels [Ztschr.

f. anorg. u. allg. Ch. **37**, 125 (1904)] und Spitzin und Kaschtanoff [Ztschr. f. anal. Ch. **75**, 444 (1928)].

F. Sonstiges.

Für die Untersuchung von Wolframfäden auf einen Gehalt an Thoriumoxyd geben D. Hall Brophy und van Brunt [Ind. and. Engin. Chem. **19**, 107 (1927). — Chem. Zentralblatt **1927 II**, 1287] folgendes Verfahren an: Die zerkleinerten Fäden werden bei 700° in O_2 vollkommen oxydiert, am besten während der Nacht, darauf wird trockenes HCl-Gas in gleichem Anteil wie der O_2 zugegeben und das WO_3 als Wolframoxychlorid in etwa 2 Stunden verflüchtigt. An Stelle von HCl kann mit demselben Erfolg $CHCl_3$-Dampf benutzt werden. Meistens ist der Rückstand ThO_2; doch liegt hier die Gefahr falscher Analysen, wenn ganz unbekannte Fäden analysiert werden.

Für den Nachweis kleiner Mengen W, Mo + Th an den Wandungen elektrischer Lampen vgl. Singleton [Ind. Chemist u. Chemiae Manufacturer **2**, 454 (1926). — Chem. Zentralblatt **1927 I**, 496].

IV. Analysenbeispiele.

a) Erze.

Ferberit: 75—77$\%$ WO_3, 23—25$\%$ FeO, 0,0$\%$ MnO.

Hübnerit: 76—77$\%$ WO_3, < 23$\%$ MnO (< 20$\%$ $FeWO_4$).

Scheelit: 69—81$\%$ WO_3, 16—29$\%$ CaO, < 4,5$\%$ Fe_2O_3 + FeO, < 1,0$\%$ CuO, < 0,6$\%$ Al_2O_3, < 0,2$\%$ MgO, < 0,2$\%$ SnO_2, < 0,2$\%$ P_2O_5, 0—12$\%$ SiO_2, 0—8$\%$ MoO_3.

Wolframit: 50—76$\%$ WO_3, 4—25$\%$ MnO, < 24$\%$ FeO, < 9$\%$ SiO_2, < 2,7$\%$ CaO, < 0,9$\%$ MgO, < 0,8$\%$ MoO_3, < 0,5$\%$ As_2O_5, < 0,4$\%$ TiO_2, < 0,3$\%$ PbO, < 0,2$\%$ ZnO, < 0,2$\%$ S, 0—10$\%$ SnO_2, 0—3,5$\%$ $Ta_2O_5(Nb_2O_5)$, 0—1$\%$ Bi.

Wolframocker: $\leq$ 100$\%$ WO_3, < 5,3$\%$ Fe_2O_3 + FeO, < 0,5$\%$ CaO.

b) Metall und Legierungen.

Argyroid: 5$\%$ W, 70$\%$ Cu, 25$\%$ Ni.

Carboloy = Widia (s. d.).

Ferro-Wolfram: bis 85$\%$ W, < 1$\%$ Mn, < 0,75$\%$ Sn, < 0,75$\%$ Si, < 0,75$\%$ C, < 0,01$\%$ Cu, < 0,05$\%$ Ni, < 0,05$\%$ P, < 0,05$\%$ S, < 0,03$\%$ As, < 0,03$\%$.

Widia: 86,9$\%$ Wo, 5,9$\%$ C, 5,4$\%$ Co, 0,8$\%$ Fe, 0,3$\%$ Si, 0,1$\%$ Ni, Spuren Mo.

Wolframbronze: z. B. 95$\%$ Cu, 3$\%$ Sn, 2$\%$ W.

c) Sonstiges.

Wolframoxyd: > 99,9$\%$ WO_3, < 0,03$\%$ Fe_2O_3, < 0,02$\%$ Al_2O_3, < 0,01$\%$ CaO, < 0,01$\%$ SiO_2.

Wolframsäure (Handelsware) 50—75$\%$ WO_3.

Zink.

Dr.-Ing. G. **Darius**, Frankfurt a. M.

Einleitung.

Zink, Zn, Atomgewicht 65,37, kommt in der Natur in verschiedenen Zinkerzen vor. Die wichtigsten sind Zinkblende ZnS mit $67^0/_0$ Zink und der chemisch gleiche Wurtzit. Der Unterschied besteht darin, daß die Blende regulär und der Wurzit hexagonal krystallisiert. Edler Galmei oder Zinkspat $ZnCO_3$ mit $52^0/_0$ Zink kommt nur selten vor, dafür ist der gemeine Galmei, der mit Kalkstein, Tonerde und Dolomit vermischt ist, um so häufiger. Sein Zinkinhalt kann bis unter $30^0/_0$ heruntergehen. Kieselzinkerz $Zn_2SiO_4 + H_2O$ hat $53,7^0/_0$ Zink. Dieses Mineral heißt, wenn es z. B. durch Ton verunreinigt ist, Kieselgalmei. Willemit, auch ein Zinksilikat Zn_2SiO_4 enthält $58,1^0/_0$ Zink. Franklinit enthält nur $21^0/_0$ Zink, seine Zusammensetzung ist $Zn(Mn)O + Fe_2O_3$. Er ist ein spezifisch amerikanisches Erz und wird auch nur in Amerika, gemischt mit Willemit und Galmei, verhüttet. Sonst dienen im allgemeinen nur Blende und Galmei als Ausgangsmaterial der Zinkgewinnung.

Als analytisch beachtenswert wäre die Leberblende, Voltzin, ein Zinkoxydsulfat von der Zusammensetzung $4\,ZnS \cdot ZnO$ zu nennen, da sie öfters der Grund dafür sein dürfte, daß bei Vollanalysen von Zinkerzen die Zahl 100 nicht erreicht wird, da ja der im Erz vorhandene Sauerstoff nie bestimmt wird.

I. Bestimmungsmethoden des Zinks.

[Siehe auch H. Nissenson: Die Untersuchungsmethoden des Zinks (1907) und Fr. Peters: Die neuzeitliche Zinkanalyse. Glückauf 55, 101 (1919).]

A. Gewichtsanalytisch als
1. Zinksulfid,
2. Zinkoxyd,
3. Zinkpyrophosphat,
4. Weitere Bestimmungsmethoden.

B. Maßanalytisch
1. mit Natriumsulfid in ammoniakalischer Lösung,
2. mit Kaliumferrocyanid in saurer Lösung,
3. mit Kaliumferrocyanid in ammoniakischer Lösung.

C. Elektrolytisch als Metall.

A. Gewichtsanalytische Bestimmung des Zinks.

1. Bestimmung als Sulfid.

Die von den Metallen der Schwefelwasserstoffgruppe befreite zinkhaltige Lösung wird zunächst genau neutralisiert. Als Indicator ist in diesem Falle nicht Lackmus, sondern Kongorot zu verwenden, da sowohl neutrale Zinksulfat- als auch neutrale Zinkchlorid-Lösungen gegen Lackmus sauer reagieren. Wenn man diese neutrale Lösung ansäuert, daß auf 1 l Flüssigkeit nur 1 ccm konzentrierte Schwefelsäure kommt, dann kann man durch Schwefelwasserstoff das Zink als Sulfid von Eisen, Nickel, Kobalt und Mangan trennen.

$$ZnSO_4 + H_2S = ZnS + H_2SO_4.$$

Finkener hat diese Methode vorgeschlagen, weil das in ammoniakalischer Lösung mit Ammoniumsulfid gefällte Zinksulfid sehr leicht kolloidal wird und sich sehr schlecht filtrieren läßt. Es ist zweckmäßig, die zu fällende Lösung so zu verdünnen, daß in 100 ccm nur 0,1 g Zink ist. Das so gefällte Zinksulfid wird über Nacht stehengelassen und dann abfiltriert. Man wäscht den Niederschlag mit schwefelwasserstoffhaltigem Wasser, welches 2—3% Ammonsulfat enthält, aus. Falls die ersten Waschwässer trübe durchlaufen sollten, so filtriert man sie so lange durch das gleiche Filter, bis das Filtrat klar bleibt. Der Niederschlag wird getrocknet, die Hauptmenge in einen Rosetiegel gebracht, das Filter mit Ammoniumnitratlösung befeuchtet und verascht. Die Asche gibt man ebenfalls in den Rosetiegel, vermengt das Ganze mit etwas Schwefelpulver (aus Schwefelkohlenstoff umkrystallisiert) und erhitzt es im Wasserstoffstrom. Man hat natürlich dafür Sorge zu tragen, daß vor dem Erhitzen alle Luft aus der Apparatur durch Wasserstoff verdrängt war.

$$ZnS \times 0,6709 \ (\log = 0,82664 - 1) = Zn.$$

Bei ganz genauen Bestimmungen dampft man das Filtrat der Zinkfällung bis auf ungefähr 200 ccm ein, neutralisiert die Lösung, wie oben angegeben, und leitet, nachdem man ganz schwach mit Schwefelsäure angesäuert hat, erneut 1 Stunde lang Schwefelwasserstoff ein. Der meist wenige Milligramme betragende Niederschlag wird abfiltriert und, wie S. 1703 angegeben, in Zinkoxyd übergeführt und gewogen.

Es ist nicht ratsam, die Fällung in schwach salzsaurer Lösung vorzunehmen, denn infolge ungenügenden Auswaschens kann sich wegen des Vorhandenseins von Ammoniumchlorid ein kleiner Teil des Zinks als Zinkchlorid beim Glühen verflüchtigen.

Bornemann [Ztschr. f. anorg. u. allg. Ch. 82, 216 (1913)] benutzt die Eigenschaft des frisch gefällten Schwefels, das Zinksulfid zusammenzuballen und es leicht filtrierbar niederzuschlagen. Er leitet den Schwefelwasserstoff in eine monochloressigsaure oder essigsaure Lösung, die zugleich etwas Sulfit enthält, ein. Beim Einleiten bildet sich neben dem Zinksulfid auch Schwefel. Diese beiden Fällungen flocken sich gegenseitig aus, so daß ein leicht filtrierbarer Niederschlag entsteht.

Die vorliegende saure Zinklösung wird mit Natriumcarbonat bis zur bleibenden Trübung versetzt. Dann gibt man 2 ccm Ammoniak (spez. Gew. 0,91) zu, säuert mit 15 ccm einer Lösung von 400 g Monochloressigsäure im Liter an, verdünnt auf ungefähr 500 ccm, fügt noch 6 ccm einer 16%igen Natriumbisulfitlösung hinzu und leitet in der Kälte 20—30 Minuten lang Schwefelwasserstoff ein. Der sich schnell absetzende Niederschlag wird, wie oben beschrieben, abfiltriert und als Zinksulfid ausgewogen. Das Zinksulfid ist wie S. 1704 angegeben auf Reinheit zu prüfen.

Methode von Schneider [Österr. Ztschr. f. Berg- u. Hüttenwes. 29, 523 (1881)]. 1 g des getrockneten Erzes wird in einem Kölbchen mit langem Halse mit 10 ccm konzentrierter Schwefelsäure und bei Galmei mit 1 ccm, bei Blende mit 2 ccm konzentrierter Salpetersäure versetzt und erhitzt, bis weiße Dämpfe von Schwefeltrioxyd entweichen. Nach dem Erkalten wird vorsichtig mit 70 ccm Wasser verdünnt. Geröstete Erze, überhaupt solche, welche in Salpeter-Schwefelsäure nicht löslich sind, müssen vorerst in Salzsäure gelöst und dann mit Schwefelsäure abgedampft werden.

In die heiße verdünnte Lösung wird ohne vorhergehende Filtration Schwefelwasserstoff eingeleitet. Nach 15 Minuten langem Einleiten wird zum Kochen erhitzt, bis der überschüssige Schwefelwasserstoff wieder vertrieben ist. Der Niederschlag, der aus den Sulfiden von Kupfer, Arsen, Antimon usw. besteht, wird filtriert und mit Wasser, das mit Schwefelsäure angesäuert wurde, gewaschen. Das Filtrat, welches etwa 200 ccm beträgt, wird kochend heiß mit Ammoniak bis zur beginnenden Trübung versetzt, der gebildete Niederschlag mit einigen Tropfen Schwefelsäure wieder gelöst und nach dem Verdünnen auf 500—600 ccm das Zink durch Schwefelwasserstoff gefällt.

Grund [Österr. Ztschr. f. Berg- u. Hüttenwes. 58, 591 (1911)] läßt zur neutralen Zinklösung vorsichtig 50—100 ccm starkes Schwefelwasserstoffwasser fließen. Wenn der größere Teil des Niederschlages zu Boden gefallen ist, wird zur Vervollständigung der Fällung $1/2$—1 Stunde Schwefelwasserstoff in die Lösung geleitet. Nach 1—2 Stunden kann das Zinksulfid filtriert werden.

Zum Zwecke raschen Absetzens und leichteren Filtrierens des Zinksulfidniederschlages versetzt Schilling [Chem.-Ztg. 36, 1352 (1912)] die alkalische Zinklösung mit Benzolmonosulfosäure im Überschuß und leitet in die zum Sieden erhitzte Lösung bis zum Erkalten Schwefelwasserstoff ein.

W. D. Treadwell [Ztschr. f. anal. Ch. 52, 461 (1913)] erzielt leicht filtrierbare Niederschläge, indem er bei 0,15 g Zink auf 100 ccm Lösung 3—5 ccm Normalschwefelsäure zufügt. Nach 15 Minuten langem Schwefelwasserstoffeinleiten läßt man den noch nicht quantitativ abgeschiedenen Niederschlag weitere 15 Minuten an einem warmen Ort im verkorkten Erlenmeyerkolben stehen, kühlt vor dem Öffnen ab, filtriert und wäscht gründlich mit 2%iger Ammonsulfatlösung, die etwas Schwefelwasserstoff enthält, aus.

Bei Fällung des Zinksulfids mit Ammonsulfid empfiehlt Murmann [Sitzungsber. K. Akad. Wiss. Wien 107, 434 (1898)] den Zusatz von Mercurichlorid, um einen dichten und schnell absetzenden Zinksulfidniederschlag zu erhalten.

Weiß (Inaug.-Diss. München 1906. — Nissenson: l. c. S. 1700) hat die Fällung des Zinks in neutraler und schwach saurer Lösung studiert und stellt folgende Leitsätze auf:

1. Sulfatlösungen sind den Chloridlösungen vorzuziehen.

2. Die Konzentration einer Sulfatlösung ist ohne Einfluß auf die Vollständigkeit der Fällung. Dies gilt von $^1/_{10}$ n-Lösungen abwärts, also für Lösungen, die höchstens 0,4 g Zinkoxyd in 100 ccm enthalten.

3. Lösungen von dieser Konzentration dürfen von Beginn an so viel freie Schwefelsäure enthalten, daß sie $^1/_{100}$ normal sind.

4. Man muß behufs vollständiger Fällung so rasch Schwefelwasserstoff einleiten (etwa 8 Blasen pro Sekunde), als ohne Gefahr für das quantitative Arbeiten möglich ist.

5. Man muß etwa 40 Minuten einleiten, um vollständige Fällung zu erzielen.

6. Bei Temperaturen über 50° ist die Fällung unvollständig. Bei Zimmertemperatur fällt das Zink in einer für die Filtration geeigneten Form heraus.

7. Zum Auswaschen des Niederschlags genügt Wasser, bei Verwendung von Goochtiegeln nur eine sehr geringe Menge.

Über die Fällung von Zinksulfid aus Alkalizinkatlösung mit Schwefel vgl. Pipereaut und Vita [zit. Peters: Glückauf 55, 106 (1919)]. Congdon, Guß und Winter [Chem. News 131, 65, 81, 97, 113 (1925)] empfehlen als genauestes Verfahren zur Zinkbestimmung die Fällung als Sulfid in Calciumacetatlösung. Man erhält ein sehr gut filtrierbares Sulfid (im Gegensatz zu der Fällung aus essigsaurer Lösung) das durch H_2SO_4 in Sulfat verwandelt und als solches gewogen wird.

Über andere gewichtsanalytische Methoden in essigsaurer Lösung vgl. Fresenius (Quantitative Analyse. Bd. 2, S. 363) und Zimmermann (Quantitative Analyse. Bd. 2, S. 360), in ameisensaurer und citronensaurer Lösung vgl. bei Nissenson und Kettembeil [Chem.-Ztg. 29, 953 (1905)] und Fales und Ware (Chem. Zentralblatt 1919 IV, 992). Über Umwandlung von Zinksulfid in Zinksulfat vgl. Sullivan und Taylor (Chem. Zentralblatt 1910 I, 57) sowie Fales und Ware (s. o.).

2. Bestimmung als Oxyd.

Das, wie oben beschrieben, gefällte Zinksulfid wird nach Schneider, ohne es vom Filter zu trennen, nach dem Trocknen zunächst geröstet und dann durch starkes Glühen in der Muffel in Zinkoxyd übergeführt.

$$2 \, ZnS + 3 \, O_2 = 2 \, ZnO + 2 \, SO_2.$$

Das Glühen geschieht am besten in einer elektrisch geheizten Muffel, da in jedem Falle für reichliche Luftzufuhr beim Glühen zu sorgen ist. Die Temperatur muß 950° C erreichen, damit auch das anfangs gebildete Zinksulfat zersetzt wird.

$$ZnO \times 0{,}8034 \, (\log = 0{,}90496 - 1) = Zn.$$

Es ist unbedingt notwendig, das bei Erzanalysen ausgewogene Zinkoxyd auf seine Reinheit zu prüfen. Man löst es zu diesem Zwecke in verdünnter Salzsäure, kocht die Lösung auf. Das Oxyd muß sich klar lösen. Eine etwaige Trübung wird abfiltriert. Das Filtrat wird mit Bromsalzsäure oxydiert und mit Ammoniak übersättigt. Falls sich Aluminium, Eisen und Mangan abscheiden sollten, so muß der Niederschlag abfiltriert, erneut mit Salzsäure gelöst und wiederum mit Ammoniak gefällt werden. Die gefällten Hydroxyde werden geglüht und ausgewogen. Die beiden Filtrate werden mit Ammoniumsulfid versetzt, wobei sich nur reines Zinksulfid ausscheiden darf. Die gefundenen Verunreinigungen müssen von dem ausgewogenen Zinkoxyd in Abzug gebracht werden. Wenn die Glühtemperatur nicht hoch genug gewesen ist, muß man die salzsaure Lösung des Zinkoxyds mit Bariumchlorid auf vorhandene Schwefelsäure prüfen und einen entsprechenden Abzug machen.

Zinkcarbonat (gefällt z. B. mit Guanidincarbonat nach Großmann und Schück [Chem.-Ztg. 30, 1205 (1906)] oder mit Trimethylphenylammoniumcarbonat nach Schirm [Chem.-Ztg. 35, 1193 (1911)]), -nitrat, -oxalat lassen sich durch Glühen in Oxyd überführen. Die technisch wichtigste Methode ist die Umwandlung des Zinksulfids in Zinkoxyd durch Abrösten [Talbot: Amer. Journ. Science, Sillimann 2, 50, 244 (1871). — Blount: Chem.-Ztg. 17, 918 (1893). — Hattensaur: Chem.-Ztg. 29, 1037 (1905). — Bornemann: Ztschr. f. angew. Ch. 26, 216 (1913)]. Weiß (Inaug.-Diss. München 1906) fand, daß bei Anwendung eines Muffelofens die Abröstung bei etwa 850° leicht gelingt. Nach Bornemann muß man über 935° erhitzen. Quarzgeräte sind hierfür recht brauchbar. Die Muffel darf nicht rissig sein und reduzierenden Feuergasen Einlaß gewähren, nach außen muß sie offen bleiben.

Nach Volhard [Ann. 198, 331 (1879)] läßt sich Zinkchlorid (ebenso auch Zinksulfid [Ann. 199, 6 (1879). — Murmann: Monatshefte f. Chemie 19, 404 (1898)]) in Oxyd umwandeln, indem man die Lösung mit überschüssigem, reinen, gelben Quecksilberoxyd versetzt, auf dem Wasserbade zur Trockne verdampft und unter einem gut ziehenden Abzuge zuerst gelinde, dann kräftiger erhitzt [s. a. Herting: Chem.-Ztg. 27, 987 (1903)].

3. Bestimmung als Zinkpyrophosphat.

Methode von Lösekann-Voigt [s. Lösekann u. Meyer: Chem.-Ztg. 10, 729 (1886). — Voigt: Ztschr. f. angew. Ch. 22, 2281 (1909), daselbst Literaturangaben]. [Über eine Trennung des Zinks von Eisen und Aluminium vgl. Luff: Chem.-Ztg. 46, 365 (1922)].

2,5 g der feingepulverten Durchschnittsprobe werden zuerst mit ziemlich konzentrierter Salzsäure auf dem Wasserbade behandelt, dann etwas konzentrierte Salpetersäure, eventuell noch etwas konzentrierte Salzsäure zugefügt und auf dem Sandbade weiter erhitzt, bis der Rückstand rein weiß geworden. Man scheidet durch Eindampfen und wenigstens halbstündiges Erhitzen auf 115° die Kieselsäure ab, nimmt mit 2—2$\frac{1}{2}$°/₀iger Salzsäure auf, filtriert, wäscht zuerst mit der gleichen Säure heiß (Filtrat A), dann mit Wasser aus. Filtrat A wird mit Schwefelwasserstoff gefällt, das Filtrat von den Schwefelmetallen vom Schwefelwasserstoff durch Abdampfen befreit und mit Salpetersäure oxydiert. Es wird auf 250 ccm aufgefüllt und für die weitere Analyse 50 resp. 100 ccm abgemessen. Zu einem aliquoten Teil wird Salzsäure zugefügt und dann in der Siedehitze mit überschüssigem Ammoniak Eisen und Aluminium gefällt, die Fällung nach Lösen in Salzsäure nochmals wiederholt, die Filtrate zur Abscheidung des Kalkes und des Mangans mit Ammoncarbonat in genügendem Überschuß versetzt, der Niederschlag heftig geglüht und wenn notwendig das Mangan nach Luchmann [Berg- u. Hüttenm. Rdsch. 5, 1, 17 (1908)] titriert. Im Filtrate vom Kalk wird durch Zusatz von konzentriertem Ammoniak und überschüssigem Ammonphosphat (1 : 10) das Magnesium zinkfrei gefällt, nach sechsstündigem Stehen filtriert, mit verdünntem Ammoniak ausgewaschen und das Filtrat auf dem Wasserbade bis zum Entweichen alles Ammoniaks unter Vermeidung des Zutritts schwefelwasserstoffhaltiger Luft „verkocht"; man kann aber das Zink auch durch genaue Neutralisation der Lösung abscheiden und durch Erhitzen in den krystallinischen Zustand überführen. Das Zink ist als leicht filtrierbares Zinkammoniumphosphat ausgefallen[1], das durch einen Porzellanfiltertiegel abfiltriert, mit heißem Wasser ausgewaschen, bei 100° getrocknet und dann im elektrischen Ofen geglüht wird.

$$Zn_2P_2O_7 \times 0{,}4290 \ (\log 0{,}63246 - 1) = Zn.$$

Über eine andere Aufschlußmethode vgl. man S. 494. Über Löslichkeit des Zinkammoniumphosphats in Wasser und dessen jodometrische Titration vgl. Artmann [Ztschr. f. anal. Ch. 54, 89 (1914) u. 54, 90, 95 (1915); ferner diesen Band, S. 1710]. Weitere Einzelerfahrungen mit dieser Methode teilt Luff [Chem.-Ztg. 45, 613 (1921)] mit.

L. W. Winkler [Ztschr. f. angew. Ch. 34, 235 (1921)] bestimmt das Zink direkt als Zinkammoniumphosphat.

Springer [Ztschr. f. angew. Ch. 37, 483 (1924)] löst den Zinkammoniumphosphatniederschlag in einem Überschuß $^1/_{10}$ n-Salzsäure und titriert mit Natronlauge gegen Methylorange zurück.

4. Weitere Bestimmungsmethoden.

Über die Natriumphosphat-, Oxalat- und Carbonatbestimmungsmethode s. Nissenson und Kettembeil (l. c.) und Nissenson (Untersuchungsmethoden des Zinks).

Über andere Methoden vgl. Spacu (Chem. Zentralblatt 1923 II, 508, Fällung mit Ammoniumrhodanid und Pyridin), sowie Marckwald und Gebhardt [Ztschr. f. anorg. u. allg. Ch. 147, 42 (1925), Bestimmung mittels Cyanamid].

---

[1] Dede [Ber. Dtsch. Chem. Ges. 61, 2463 (1928)] weist darauf hin, daß bei Gegenwart von mehr als 3% NaCl auch ZnNaPO$_4$ in den Niederschlag geht, wodurch falsche Ergebnisse erhalten werden. In solchen Fällen muß man auf ein kleines Volumen einengen und das NaCl durch Einleiten von HCl Gas (bis zur Sättigung) aussalzen. Nach Abfiltrieren des NaCl-Niederschlags wird 10 Minuten gekocht, verdünnt, mit NH$_4$OH alkalisch gemacht und wieder gefällt.

B. Maßanalytische Bestimmung des Zinks.

1. Titration nach Schaffner mit Natriumsulfid.

Die Schaffnersche Zinkbestimmung ist lange Zeit Gegenstand vieler Erörterungen gewesen. Heute kann man wohl sagen, daß die Ausführungsform, die kurz als „deutsche" bezeichnet wird, nur noch vereinzelt angewandt wird. Sie wird bei der Beschreibung der Erzanalyse S. 1713 kurz skizziert werden. Als richtig ist die Zinkbestimmung mit Eisenkompensation im Titer anzusehen. Auch ist man wohl allgemein von der „deutschen" Titrationsart mit nur einer Bürette abgegangen und titriert richtiger nach der „belgischen" Methode mit zwei Büretten Probe und Titer zur gleichen Zeit. Die „belgische" Methode sieht keine Eisenkompensation im Titer vor.

Bei der Schaffnerschen Zinkbestimmung wird eine ammoniakalische Zinklösung, welche außer Alkalien und Erdalkalien keine Metalle enthalten darf, mit einer Natriumsulfidlösung, deren Wirkungsgrad sog. „Titer" bekannt ist, titriert.

$$ZnCl_2 + Na_2S = ZnS + 2\,NaCl.$$

Den Endpunkt der Reaktion erkennt man daran, daß ein Tropfen der titrierten Flüssigkeit, falls er eine bestimmte Zeit auf „Polkapapier" (das ist geleimtes, mit Bleiweiß überzogenes Papier) eingewirkt hat, dort nach dem Abspritzen einen deutlichen braunen Flecken von Bleisulfid hinterläßt. Der Wirkungsgrad der Natriumsulfidlösung wird für jede Bestimmung durch eine zur selben Zeit mit der gleichen Lösung mit einer zweiten Bürette titrierten, dem Zinkinhalt nach bekannten und mit der Probe im Zinkgehalt möglichst übereinstimmenden ammoniakalischen Zinklösung bestimmt. Es ist darauf zu achten, daß die Flüssigkeitsmenge, in die titriert wird, bei Probe und Titer die gleiche ist. Ferner muß die freie Ammoniakmenge und soweit möglich, auch die Ammoniumsalzmenge in den Lösungen gleich sein. Daß die Einwirkungsdauer der beiden Probetropfen die gleiche sein muß, ist wohl selbstverständlich. Man erreicht dies praktisch in der Art, daß man mit zwei Glasstäben zum gleichen Zeitpunkt aus jedem Titriergefäß einen Tropfen hinaushebt und beide nebeneinander auf einen Streifen Polkapapier setzt. Nach einigen Sekunden spült man die beiden Tropfen zur selben Zeit von dem Bleipapier ab und sieht zu, ob die Farbintensität der beiden Flecken die gleiche ist. Sofern dies noch nicht der Fall ist, wird entweder zur Probe- oder zur Titerlösung noch etwas Natriumsulfidlösung zugesetzt und dieses so lange, bis die beiden Flecken in der Farbe vollständig gleich sind. Dann errechnet man durch Division der in der Titerlösung angewandten Menge Zink und der verbrauchten Menge Kubikzentimeter Natriumsulfidlösung den für diese Titration gültigen Titer. Mit diesem Titer multipliziert man die für die Probelösung verbrauchten Kubikzentimeter Natriumsulfidlösung und erhält so den Zinkinhalt der titrierten Lösung in Grammen, woraus sich je nach der Einwaage der Prozentgehalt errechnen läßt. Es ist von großer Bedeutung, daß Probe und Titer im Zinkinhalt nahezu übereinstimmen. Bei unbekanntem Material kann man daher eine Voranalyse nicht umgehen.

Die zur Titration zu verwendende Natriumsulfidlösung enthält im Liter 40 g krystallisiertes Natriumsulfid und 2—3 g Natriumbicarbonat. Von dieser Lösung entspricht 1 ccm ungefähr 0,01 g Zink, also bei einem Gramm Einwaage ungefähr 1%. Als Titerzink verwendet man chemisch reines Zink am besten in Drahtform. Die Titration wird entweder in einem Volumen von 300 oder 500 ccm ausgeführt. Als Titrationsgefäße kommen dickwandige Glasstutzen, sog. Batteriegläser, in Betracht.

2. Titration nach Galetti mit Kaliumferrocyanid in salzsaurer Lösung.

(Vgl. a. S. 1716.)

Versetzt man eine schwach salzsaure Zinklösung (10 ccm Salzsäure, spez. Gew. 1,075 je 100 ccm Lösung) mit einer Lösung von Kaliumferrocyanid bei 50—60°, so bildet sich ein weißer Niederschlag von Kaliumferrocyanzink.

$$3 \; ZnCl_2 + 2 \; K_4Fe(CN)_6 = K_2Zn_3[Fe(CN)_6]_2 + 6 \; KCl.$$

Den Endpunkt der Titration erkennt man durch Tüpfeln gegen eine 3%ige Urannitrat- oder eine 1%ige Ammonmolybdatlösung. Sobald alles Zink gefällt ist, reagiert das überschüssige Kaliumferrocyanid unter Gelb- bzw. Braunfärbung mit den Tüpfellösungen. Da die Umsetzung einige Zeit dauert, muß man nach jeder Zugabe von Kaliumferrocyanidlösung etwas warten, bevor man mit dem Glasrohr einige Tropfen aus dem Erlenmeyerkolben zum Tüpfeln herausnimmt. Der Wirkungsgrad der Titerlösung wird ebenso wie S. 1706 durch metallisches Zink gestellt. Auch hier soll möglichst unter den gleichen Bedingungen in Probe und Titer gearbeitet werden. Man hat jedoch die große Annehmlichkeit, daß der Titer der Kaliumferrocyanidlösung gegen Lösungen mit in weiten Grenzen wechselndem Zinkgehalt als konstant anzusehen ist. Es ist darum nicht notwendig zu jeder Probe einen Titer zu stellen. Der Titer der Kaliumferrocyanidlösung wird nach dem Ansetzen der Lösung, die 44 g krystallisiertes Kaliumferrocyanid und 5 g Natriumsulfit im Liter enthält, gestellt. Er wird nur in größeren Zwischenräumen kontrolliert und kann für 2—3 Tage als konstant angesehen werden. Nur wenn die zu untersuchenden Proben im Zinkgehalt sehr stark schwanken, z. B. bei Blenden von 50% Zink und Bergeproben von 1—2% Zink, ist es zweckmäßig, einen Titer für die zinkarmen Lösungen besonders zu stellen. Das Herannahen des Endpunktes der Reaktion erkennt man daran, daß die Lösung, die, solange noch Zink im Überschuß ist, geronnen ist, plötzlich milchartig wird. Dann ist meist nach Zugabe von 2—3 Tropfen der Kaliumferrocyanidlösung der Endpunkt der Titration erreicht.

Eine andere Ausführungsart der Titration gibt Urbasch [Chem.-Ztg. 46, 54 (1922)] an. Nach ihm verkocht man in der ammoniakalischen Zinklösung das freie Ammoniak, gibt einige Tropfen Methylorange zu, neutralisiert genau mit verdünnter Salzsäure, gibt noch 3 Tropfen Salzsäure (1 : 1) und 1 ccm Ferrichloridlösung, welche 0,3 g Eisen im Liter enthält, hinzu. Dann erhitzt man zum Sieden und läßt unter Umschwenken die Kaliumferrocyanidlösung zufließen. Die zu titrierende Flüssigkeit färbt sich, solange Zink im Überschuß ist, blau. Gegen Ende der Titration wird der Farbton heller. Man läßt jetzt zweckmäßig die Titerlösung unter starkem Umschwenken tropfenweise zufließen, bis die Farbe der Lösung ins Gelbliche umschlägt. Man schwenkt noch einige Sekunden um, damit die Reaktion quantitativ zu Ende kommt und titriert den immer vorhandenen Überschuß an Kaliumferrocyanid mit einer bekannten Zinklösung zurück, bis die Farbe soeben bläulich wird. Dieser Endpunkt ist ungemein scharf. Die Resultate nach dieser Methode sind für die Praxis durchaus ausreichend, sofern beim Titrieren ein Übertitrieren um einige Kubikzentimeter Kaliumferrocyanidlösung vermieden wird. Die Titerstellung der Titerlösung erfolgt ganz entsprechend. Auch muß darauf gesehen werden, daß Probe und Titer in allem möglichst gleich sind. Die zum Zurücktitrieren verwendete Zinklösung enthält 5 g Zink im Liter. Man stellt sie in der Art her, daß 5 g chemisch reines Zink in 1 l Meßkolben in 25 ccm konzentrierter Salzsäure gelöst werden. Diese Lösung wird unter Verwendung von Methylorange als Indicator mit Ammoniak neutralisiert und dann mit einigen Tropfen Salzsäure (1 : 1) angesäuert. Darauf füllt man zur Marke auf.

Eine dritte Ausführungsform der Titration des Zinks mit Kaliumferrocyanid haben Cone und Cady [Journ. Amer. Chem. Soc. 49, 356 (1927)] angegeben. Nach ihr wird einerseits das Tüpfeln und andererseits das Zurücktitrieren mit Zinklösung vermieden. Es kann entweder in schwefelsaurer oder in salzsaurer Lösung titriert werden. Falls die Lösung salzsauer ist, muß man ungefähr 5 g Ammonsulfat zusetzen, da sonst die Indicatorreaktion nicht eintritt. Als Indicator wird eine 1%ige Lösung von Diphenylamin oder besser Diphenylbenzidin in konzentrierter Schwefelsäure angewendet. Die Kaliumferrocyanidlösung muß im Liter 0,15 g Kaliumferricyanid enthalten. Man titriert bei 60—70° C. Zu Beginn der Titration erscheint die Lösung blau und wird im Laufe der Titration immer dunkler. Diese Färbung entsteht durch Einwirkung der geringen Menge Kaliumferricyanid auf den Indicator. Da sie bei Gegenwart von Kaliumferrocyanid nicht auftritt, zeigt sich der Endpunkt der Titration durch einen Umschlag der blauen Farbe ins Gelbgrüne an. Das Herannahen des Endpunktes erkennt man daran, daß sich die Eintropfstelle gelbgrün färbt. Da man dauernd umschwenkt, verschwindet dieser helle Flecken sofort. Man läßt dann langsamer zutropfen und kann beinahe auf einen Tropfen genau den Umschlag ins Gelbgrüne feststellen. Da bei Schluß der Titration aber die Fällung des Zinks sich verlangsamt, wird die beim vorsichtigen Titrieren zunächst auftretende Entfärbung wieder verschwinden. Es tritt dann eine hellblaue bis violette Färbung auf. Man titriert dann tropfenweise weiter, bis die Entfärbung ungefähr 20 Sekunden lang bestehen bleibt. Dieser Umschlag läßt sich auf einen Tropfen genau finden. Den Wirkungsgrad der Titerlösung bestimmt man in genau der gleichen Art, wie man auch die Proben titriert. Die Resultate nach dieser Methode sind bei einiger Übung sehr genau.

3. Titration mit Kaliumferrocyanid in ammoniakalischer Lösung.

Diese Titrationsart hat den Vorteil, daß die Ausfällung von Eisen umgangen werden kann dadurch, daß durch Zugabe von Weinsäure das dreiwertige Eisen durch Ammoniak nicht gefällt wird. Es wird in schwach ammoniakalischer Lösung titriert, wobei sich Zinkferrocyanid bildet.

$$4 \, ZnCl_2 + 2 \, K_4Fe(CN)_6 = Zn_4[Fe(CN)_6]_2 + 8 \, KCl.$$

Den Endpunkt der Reaktion erkennt man durch Tüpfeln gegen Eisessig. Sobald sich Kaliumferrocyanid im Überschuß befindet, reagiert es mit dem in der Lösung befindlichen Eisen in essigsaurer Lösung unter Bildung von Berlinerblau.

Bei der Titration stört die Anwesenheit von Blei nicht, die anderen Metalle der Schwefelwasserstoffgruppe müssen entfernt sein. Falls viel Eisen und besonders Mangan vorhanden ist, ist es zweckmäßig diese Metalle in bekannter Weise auszufällen. Man muß dann zwar mit der Weinsäure auch etwas Ferrichloridlösung vor der Titration hinzufügen. Da in ammoniakalischer Lösung titriert wird, kann zur Oxydation des Eisens Salpetersäure angewandt werden, denn die Anwesenheit von Ammoniumnitrat ist ohne Bedeutung für das Resultat der Titration.

Den Titer der Kaliumferrocyanidlösung bestimmt man in der Art, daß man die dem Zinkinhalt des Erzes entsprechende Menge Zink in Salpetersäure löst, zur Lösung 5 g Ammonchlorid gibt, neutralisiert, ungefähr 5 g Weinstein und 0,02 g Ferrieisen zusetzt und dann die Lösung schwach ammoniakalisch macht, auf ungefähr 400 ccm verdünnt, auf 70—75° C erhitzt und bis zur bleibenden Blaufärbung titriert. Zur Erzielung einer rein blauen, nicht blaugrünen Färbung, ist ein großer Überschuß an Ammoniak zu vermeiden. Im übrigen soll man auch bei dieser Titrationsart dafür sorgen, daß Probe und Titer unter annähernd gleichen Bedingungen titriert werden.

Aus den Reaktionsgleichungen (vgl. oben und S. 1707) ist zu ersehen, daß der Wirkungsgrad der gleichen Kaliumferrocyanidlösung in saurer und ammoniakalischer Lösung verschieden ist.

Anwendung findet diese Titrationsart hauptsächlich in Amerika und in Nordeuropa.

4. Andere Titrationsmethoden.

Rupp [Chem.-Ztg. 34, 121 (1910)] bestimmt Zinkion volumetrisch nach der Gleichung: $4 \, KCN + ZnCl_2 = ZnK_2(CN)_4 + 2 \, KCl$. Als Endpunkt dient die Trübung, die entsteht durch Umsetzung des komplexen Kaliumzinkcyanids mit überschüssigem Zinksalz unter Bildung von Zinkcyanid nach: $ZnK_2(CN)_4 + ZnCl_2 = 2 \, Zn(CN)_2 + 2 \, KCl$. Großmann und Hoelter [Chem.-Ztg. 34, 181 (1910)] bedienen sich der gleichen Reaktion, bestimmen aber den Endpunkt durch Verschwinden eines Niederschlages von Silberjodid, der durch Zusatz einiger Tropfen

Kaliumjodidlösung und Silbernitratlösung erzeugt wird. Die Titration erfolgt in neutraler Lösung mit neutralem Kaliumcyanid unter Zusatz von Ammonchlorid, s. a. Löbel [Chem. Ztg. 34, 205 (1910)], W. D. Tread-well [Chem.-Ztg. 38, 1230 (1914)].

Houben [Ber. Dtsch. Chem. Ges. 52, 1613 (1919)] ermittelt den Zinkgehalt, indem er der genau neutralisierten, nicht stärker als $1/_5$ normalen (bei $ZnCl_2$-Lösung nur 0,06 normalen) Zinklösung etwas reines $FeSO_4$ oder Mohrsches Salz zufügt, säurefreien Schwefelwasser-stoff bis zur Sättigung einleitet und die entstandene Säure mit $1/_5$ n-Borax- oder Sodalösung bestimmt. Als Indicator dient das Auftreten von dunklem Schwefelzinkeisen, das am Neutralisationspunkt der Säure gebildet wird.

Zinkammoniumphosphat (s. S. 1704) wird nach Artmann [Ztschr. f. anal. Ch. 54, 94 (1915); vgl. auch Ztschr. f. anal. Ch. 62, 819 (1923)] nach dem Auswaschen mit kaltem Wasser mit verdünnter, heißer 6 n-reiner, ammoniak- und nitritfreier Schwefelsäure gelöst, die Lösung gekühlt, mit ammoniakfreier Natronlauge bis zum Wiederlösen des Niederschlages übersättigt und mit Hypobromitlauge (40 g Brom auf 1 l 1,5 n-NaOH) im Überschuß versetzt (20 ccm auf 0,1 g Zink). Man verjagt Stickoxyde durch Zusatz von 10—15 ccm $1/_4$ n-Sodalösung, fügt Kaliumjodid im bedeckten Erlenmeyerkolben zu, säuert mit Normalschwefelsäure vor-sichtig an und titriert das ausgeschiedene Jod mit Thiosulfat. Auf 100 ccm Waschwasser des Zinkammonphosphats ist eine Korrektur von 0,0005 g Zink anzubringen.

Springer [Ztschr. f. angew. Ch. 37, 483 (1924)] fällt das Zink als Zinkammonphosphat (vgl. S. 1704), löst den Niederschlag in einer ge-messenen Menge $1/_{10}$ n-Salzsäure und titriert mit Natronlauge gegen Methylorange zurück.

Sehr einfach ist die Schnellmethode von Kieper [Chem.-Ztg. 48, 893 (1924)]. Die zu titrierende Zinklösung wird mit einem gemessenen Überschuß einer $1/_{10}$ n-Na_2S-Lösung versetzt, hierauf erwärmt, bis sich das ZnS zusammenballt, und filtriert. Im Filtrat bestimmt man den Sulfidüberschuß durch Titration mit $1/_{10}$ n-Jodlösung in essigsaurer Lösung.

Über eine fällungsmaßanalytische Zinkbestimmung vgl. Jellinek und Krebs [Ztschr. f. anorg. u. allg. Ch. 130, 307 (1923)].

C. Die elektrolytische Bestimmung des Zinks.

(S. a. Bd. I, S. 386 und diesen Band S. 981.)

Die elektrolytische Zinkfällung läßt sich am leichtesten aus der ätzalkalischen Lösung bewirken. Bei den in der Praxis meist vorliegenden ammoniakalischen Zinklösungen wird das Ammoniak verkocht, wobei das Volumen auf 80 ccm verringert wird. Dann gibt man so viel kaltgesättigte Natronlauge zu, bis das ausgefallene Zinkhydroxyd als Zinkat in Lösung gegangen ist. Dann elektrolysiert man bei 2 Ampere Stromstärke und 4 Volt Spannung mit Doppelnetzelektroden bei

800 Touren des Glasrührers in der Minute. Die Menge des Ätzalkalis kann dabei in recht großen Grenzen schwanken. Das Zink ist immer von hellgrauer Farbe und haftet recht gut. Es ist zweckmäßig, die Platinkathode vorher in der auf S. 934 angegebenen Weise zu verkupfern. An Stelle einer Platinkathode kann man auch ein versilbertes oder verkupfertes Messingdrahtnetz benutzen.

1. Methode von Nissenson mit der Quecksilberkathode.

[s. a. S. 984; ferner Ztschr. f. Elektrochem. 9, 761 (1903); Chem.-Ztg. 27, 659 (1903); s. a. Böttger: Ber. Dtsch. Chem. Ges. 42, 1824 (1909).]

Die Behandlung des Erzes geschieht anfänglich wie bei der Normal-Schaffner-Methode (S. 1713), nur wird, um möglichst wenig Flüssigkeit zu haben, mit festem Persulfat oder Natriumsuperoxyd oxydiert. Das Flüssigkeitsvolumen darf 100 ccm nicht überschreiten, wenn man in der Platinschale arbeitet. Man versetzt mit genügender Menge Ammoniak, kocht auf, filtriert in die Platinschale, löst nach zweimaligem Auswaschen von Filter und Erlenmeyerkolben den Niederschlag nochmals, fällt und filtriert zum zweiten Male und fügt nun zum Elektrolyt 5 g Weinsäure. Als Kathode dient ein etwas gewölbtes Messingdrahtnetz von etwa 7 cm Durchmesser mit 400 Maschen je Quadratzentimeter. Die Stromzufuhr geschieht durch einen Messingdraht von 1,5 mm Dicke, der mit dem Netz vernietet ist. Letzteres wird amalgamiert, indem man 1 Stunde lang Quecksilber mit 0,2 Ampere aus einer Quecksilberlösung darauf abscheidet. Die Elektrolyse dauert $1^1/_4$ Stunden bei 1,6 Ampere und 3,6 Volt und wird in heißer Lösung vorgenommen. Die Abscheidung ist tadellos, wenn kein freies Ammoniak vorhanden ist.

2. Elektrolyse mit bewegtem Elektrolyten.

[S. a. Nissenson: Monographie S. 68 u. Kemmerer: ref. Ztschr. f. angew. Ch. 24, 273 (1911); vgl. auch Peters: Glückauf 55, 103 (1919).]

Nach Kemmerer löst man 0,5 g Erz in gleichen Raumteilen starker Salz- und Salpetersäure, dampft zweimal mit Schwefelsäure ein, nimmt in 100 ccm Wasser auf, fällt heiß mit Schwefelwasserstoff bei Gegenwart von 2—4 g Ammonrhodanid und 4—5 Tropfen konzentrierte Salzsäure. Der Niederschlag wird sorgfältig mit heißem Wasser gewaschen, in wenig heißer verdünnter Salzsäure gelöst und mit 2 ccm Schwefelsäure fast vollständig abgeraucht. Hierauf wird auf 100 ccm verdünnt, 25 g Natriumhydroxyd zugesetzt und mit 5—6 Ampere (3,8—4,4 Volt) mit einer Nickeldrahtnetzkathode von 160 qcm Oberfläche und einer propellerförmigen Anode, die sich 600mal je Minute dreht, 10—20 Minuten elektrolysiert. Spear und Strahan [vgl. Chem.-Ztg. 36, 1135 (1912)] verwenden auf 0,4 g Zink als Sulfat mit wenig freier Schwefelsäure 12 g Kaliumhydroxyd, verdünnen auf 125 ccm, kochen und elektrolysieren 30 Minuten mit 3 Ampere und 100 qcm Nickeldrahtnetz-Kathodenfläche bei rotierender Kathode. 7—8 Minuten vor Beendigung wird mit Eis auf 25⁰ gekühlt, ohne Stromunterbrechung der Elektrolyt abgelassen und nach dem Trocknen mit Alkohol und Äther der Niederschlag gewogen.

Nach dem Verfahren von Breisch [Ztschr. f. anal. Ch. 64, 13 (1924)] kann man in nitrathaltiger Lösung arbeiten, erspart also das zeitraubende Abrauchen mit Schwefelsäure. Ebenso stört ein Eisengehalt nicht. Man kocht zur Zerstörung der HNO_3 die Lösung, die mindestens 8% HCl oder 11% H_2SO_4 enthalten muß, kurz mit Paraformaldehyd (käuflich als Trioxymethylen). Das Trioxymethylenpulver wird in kleinen Anteilen bei Siedehitze zugegeben, bis Flüssigkeit und Dampfraum farblos geworden sind (NO_2!). Nach wenigen Minuten ist die Reaktion zu Ende; man kühlt rasch ab, macht alkalisch und versetzt die nun wieder heiße Flüssigkeit sehr vorsichtig bei aufgelegtem Uhrglas mit 10 ccm aufs Dreifache verdünntem Perhydrol (um überschüssiges Trioxymethylen zu zerstören), kocht zur Zersetzung überschüssigen Wasserstoffperoxyds noch kurz und elektrolysiert die heiße Lösung, am besten an Silberdrahtnetzkathoden. (Stromdichte $= 3$ Amp./qdm.) Badspannung 4 bis 5 Volt. Rührer $= 500$ Touren. Abscheidungsdauer 30 Minuten je 0,2 g.

II. Zinkerze.

1. Zinkbestimmung.

Die Zinkbestimmung wird heute sowohl im Zinkerzhandel als auch bei der zinkverarbeitenden Industrie fast ausschließlich titrimetrisch ausgeführt. Vergleichende Untersuchungen des Chemiker-Fachausschusses der Gesellschaft deuscher Metallhütten- und Bergleute (Metall u. Erz 1929, 41) haben gezeigt, daß bei richtiger Ausführung diese Methoden den gewichtsanalytischen Bestimmungen vollkommen gleichwertig sind. Die bei der Zinkerzanalyse auftretenden Differenzen dürften zum größten Teil an einem unrichtigen Behandeln der Probe entweder bei der Probenahme oder bei der Präparation des zur Analyse verwendeten Musterteiles liegen. Besonders bei abgerösteten Blenden und calciniertem Galmei muß darauf geachtet werden, daß die Analysenmuster in luftdicht abgeschlossenen Glasflaschen verpackt werden und daß das Probegut getrocknet in die Probeflaschen gefüllt wird. Da besonders bei Röstblenden leicht infolge von Luftfeuchtigkeit eine chemische Veränderung eines Teiles des Musters vor sich gehen kann, muß die erstgenannte Forderung bei wichtigeren Analysenmustern (An- und Verkauf) unbedingt erfüllt werden. Über die Vorbereitung ist zu sagen, daß besonders bei Röstblenden auf ein weitgehendes Feinreiben des Analysengutes zu achten ist, daß der Aufschluß mit Säure in der Kälte beginnen soll und dann nur ganz allmählich erwärmt werden darf, da sonst infolge sich bildender gelatinöser Kieselsäure leicht Verluste durch Einschluß von unaufgeschlossenen Erzteilchen oder von Erzlösung auftreten können. Der Aufschluß der Zinkerze erfolgt nämlich im allgemeinen nur unter Anwendung von Salz-, Salpeter- und Schwefelsäure. Flußsäure wird nur angewendet bei Kieselzinkerzen, die sich in konzentrierter Schwefelsäure nicht lösen oder falls dies ausdrücklich vereinbart worden ist. Bei der regulären Analyse ist das im unlöslichen Rückstand verbleibende Zink für die Bestimmung verloren. Ferner soll man beim Aufschluß der Zinkerze darauf achten, daß die salzsaure Lösung vorsichtig abdampft, bevor Schwefelsäure zugegeben wird. Es könnten sonst Verluste an Zink durch Verflüchtigung als Zinkchlorid eintreten.

Als Einwaage werden je nach der gewählten Bestimmungsmethode 0,5 g oder 1,25 g und bei zinkarmen Materialien 1 g bzw. 2,5 g des feinst geriebenen Materials eingewogen, mit etwas Wasser aufgeschlemmt, wobei sich keine Knoten bilden dürfen, und dann zunächst mit 30 ccm verdünnter Salzsäure (1 : 1) schwach erwärmt. Man wendet zur gewichtsanalytischen Bestimmung und zur „deutschen" Schaffner-Methode 0,5 g bzw. 1 g an. Sobald die Hauptreaktion vorüber ist, bei Rohblenden entwickelt sich Schwefelwasserstoff, gibt man 20 ccm einer Mischung, die 500 ccm konzentrierte Salpetersäure, 250 ccm konzentrierte Schwefelsäure und 250 ccm Wasser im Liter enthält, hinzu, und steigert langsam die Temperatur bis zum Auftreten von schwefelsauren Dämpfen. Dann raucht man die Probe bis zur Trockne ab, nimmt mit 30 ccm verdünnter Salzsäure (1 : 5) auf, kocht auf und achtet darauf, daß alle angebackenen Salzkrusten sich lösen. Der Rückstand muß, wenn nicht wie z. B. bei Räumaschen Kohle im Material ist, weiß sein. In der Praxis begnügt man sich meistens damit, bis zum Auftreten von starken weißen Nebeln abzurauchen, man muß dann jedoch auch zum Titer 3—4 ccm konzentrierte Schwefelsäure hinzugeben, um keinen Fehler zu machen. Zur salzsauren Lösung gibt man 75 ccm gesättigtes Schwefelwasserstoffwasser hinzu und schwenkt gut um, damit die Sulfide sich zusammenballen. Man filtriert sie ab, wäscht gut mit ganz verdünnter Salzsäure (1 : 19), der etwas Schwefelwasserstoffwasser zugesetzt worden ist, aus. Im allgemeinen werden 100—120 ccm Waschwasser genügen. Im Filtrat wird, falls man das Zink gravimetrisch bestimmen will, der Schwefelwasserstoff verkocht, dann mit 15 ccm konzentrierter Schwefelsäure bis zum Rauchen eingedampft und wie auf S. 1701 weiterbehandelt.

a) Die deutsche Schaffner-Methode[1].

Der Aufschluß des Erzes ist wie oben geschildert. Das Filtrat des Schwefelwasserstoffniederschlages wird zur Verjagung des Schwefel-

---

[1] Von den beiden Modifikationen der Schaffnerschen Methode werden mit der Normal-Schaffner-Methode sichere und richtigere Resultate erhalten als mit der deutschen Methode, siehe die Feststellungen von Haßreidter [Ztschr. f. anal. Ch. 56, 311, 506 (1917)] und Orlik [Ztschr. f. anal. Ch. 56, 141 (1917)], sowie Fenner und Rothschild [Ztschr. f. anal. Ch. 56, 384 (1917)] gegenüber den Angaben von Patek [Ztschr. f. anal. Ch. 55, 427 (1916)]. Zusammenfassende Darstellungen über Zinkbestimmungsmethoden finden sich bei Nissenson „Die Untersuchungsmethoden des Zinks unter besonderer Berücksichtigung der technisch wichtigen Zinkerze", ferner Nissenson und Kettembeil [Chem.-Ztg. 29, 951 (1905)], Brunck [Chem.-Ztg. 27, 399 (1903); 28, 510 (1904); 29, 858 (1905); 30, 777 (1906); 31, 567 (1907); 32, 549, 562 (1908)], sowie Peters [Glückauf 55, 101f. (1919)].

wasserstoffs gekocht, mit Salpetersäure und Bromwasser oxydiert, mit 25 ccm konzentriertem Ammoniak versetzt und aufgekocht. Die Hydroxyde werden abfiltriert, mit 20 ccm warmer verdünnter Salzsäure (1 : 1) durch das Filter gelöst, erneut mit 20 ccm konzentriertem Ammoniak gefällt, aufgekocht, abfiltriert und ausgewaschen. Die Filtrate werden in einem Batterieglase vereinigt und auf 500 ccm aufgefüllt. Als Titer werden ungefähr 0,25 g metallisches Zink eingewogen, mit 10 ccm konzentrierter Salzsäure und 5 ccm konzentrierter Salpetersäure gelöst und im Batterieglas mit 25 ccm konzentriertem Ammoniak versetzt. Man verdünnt ebenfalls auf 500 ccm, läßt Probe und Titer ungefähr 12 Stunden stehen und titriert sie mit Natriumsulfidlösung. Man titriert mit einer Bürette Probe und Titer hintereinander. Die Titration ist beendigt, wenn bei gleich langer Einwirkungsdauer (ungefähr 20 Sekunden) des Probetropfens der braune Flecken auf dem Polkapapier bei Probe und Titer den gleichen Farbton haben. Man nimmt hier nicht zu jeder Probe einen Titer, sondern titriert bei einer Serie von 10—15 Bestimmungen nur 2—3 Titer. Zur Berechnung des Zinkinhaltes nimmt man dann einen Mittelwert der gesamten Titer. Diese Titrationsart ist sehr von subjektiven Fehlern abhängig und ergibt nur bei sehr geübten Analytikern brauchbare Resultate.

b) Die belgische Schaffner-Methode.

(Méthode belge standardisée angenommen von der Association belge de standardisation.)

1,25 g fein geriebenes Erz werden mit 25 ccm konzentrierter Salzsäure (spez. Gew. 1,19) langsam erwärmt, bis keine Entwicklung von Schwefelwasserstoff mehr stattfindet, dann mit 10 ccm konzentrierter Salpetersäure (spez. Gew. 1,4) versetzt und vorsichtig trocken gedampft. Bei oxydischem Material genügen zum Aufschluß 15 ccm Salzsäure. Bei kieselsäurehaltigem Material (die meisten Erze und besonders alle Röstblenden) wird mit 10 ccm verdünnter Schwefelsäure (1 : 1) zur Trockne gedampft. Der Rückstand wird mit 5 ccm konzentrierter Salzsäure und 20 ccm heißem Wasser aufgenommen, aufgekocht und mit 75 ccm gesättigtem Schwefelwasserstoffwasser versetzt. Man läßt den Niederschlag sich zusammenballen, filtriert in einen $^1/_2$-l-Meßkolben ab und wäscht mit 150 ccm Wasser, welches 5 ccm konzentrierte Salzsäure und etwas Schwefelwasserstoff enthält, aus. Man verkocht den Schwefelwasserstoff und oxydiert das Eisen mit 10 ccm konzentrierter Salpetersäure. Falls das Erz manganhaltig ist, gibt man noch 1—2 ccm 3 %igen Wasserstoffsuperoxyd hinzu. Darauf versetzt man den Kolbeninhalt mit 60 ccm konzentriertem Ammoniak, schwenkt gut um und läßt über Nacht stehen. Am anderen Morgen füllt man zur Marke auf, schüttelt gut durch und filtriert durch ein trockenes Faltenfilter in ein trockenes Gefäß. Von der filtrierten Lösung gelangen 200 ccm, die man auf 300 ccm verdünnt hat, zur Titration. Als Titer wird eine dem Zinkinhalt der Einwaage entsprechende Menge metallischen Zinks in einem $^1/_2$-l-Kolben eingewogen, mit 10 ccm konzentrierter Salzsäure und 10 ccm konzentrierter Salpetersäure gelöst, auf 250 ccm verdünnt und mit 60 ccm Ammoniak versetzt. Dann füllt man den Titerkolben mit Wasser so hoch voll wie die Probekolben und läßt über Nacht stehen. Am anderen Morgen wird bis zur Marke aufgefüllt, umgeschüttelt und 200 ccm in ein Batterieglas abgemessen und auf 300 ccm verdünnt. Falls der Zinkinhalt des Erzes nicht annähernd bekannt sein sollte, muß er in einer Vorprobe ungefähr ermittelt werden. Titer und Probe sollen nicht mehr als 2—3$^0/_0$ im Zinkinhalt voneinander abweichen. Man titriert mit 2 Büretten, die mit der gleichen Natriumsulfidlösung gefüllt sind, Probe und Titer nebeneinander. Das Tüpfeln erfolgt gleichzeitig auf demselben Streifen Bleipapier. Man läßt die Tropfen ungefähr 10—15 Sekunden einwirken und sorgt durch entsprechende Zugabe von Natriumsulfidlösung in Titer oder Probe, daß die Farben der beiden Flecken gleich sind. Diese Titrationsart ist wesentlich sicherer, da hier die subjektiven Fehler, die bei Bemessung der Zeitdauer und des Farbtones auftreten können, ausgeschaltet sind.

c) Die Kompensationsmethode.

Sie unterscheidet sich von der belgischen Methode nur dadurch, daß man in den Titer eine der Summe des Eisen-, Aluminium- und Mangangehaltes der Einwaage entsprechende Menge Eisen entweder als Draht oder als Eisenammoniak - Alaunlösung zusetzt. Hierdurch wird der Fehler, der bei der belgischen Methode dadurch entsteht, daß der Hydroxydniederschlag der Probe Zink adsorbiert, durch dieselbe Adsorption in der Titerlösung ausgeglichen. Die Behandlung des Titers ist hier die gleiche wie bei der Probe. Die Titrationsart ist dieselbe wie bei der „belgischen" Schaffner - Methode. Es hat sich als zweckmäßig erwiesen, den zu titrierenden Lösungen einige Kubikzentimeter einer 10$^0/_0$igen Natriumsulfitlösung zuzusetzen, damit etwa noch vorhandene Oxydationsmittel, die einen Mehrverbrauch an Natriumsulfid verursachen könnten, zerstört werden.

Falls man die Zinkbestimmung durch Titration mit Kaliumferrocyanid ausführen will, darf man die Oxydation des Eisens nicht mit Salpetersäure ausführen. Man darf nur 3$^0/_0$iges Wasserstoffsuperoxyd zur Oxydation anwenden. Sonst ist alles das gleiche wie bei der Kompensationsmethode. Der Titer wird jedoch nur in 15 ccm Salzsäure gelöst, Eisen- und Ammoniakzusatz ist derselbe wie oben beschrieben. Die zur Titration abgemessene Lösung wird zur Verjagung des Ammoniaks gekocht, mit 10 ccm Salzsäure (spez. Gew. 1,19) angesäuert, etwa auf 400 ccm verdünnt und bei ungefähr 60^0 titriert (s. S. 1707).

Bei Erzen von bekannter Herkunft und im wesentlichen sich gleichbleibender Zusammensetzung kann zwischen den beiden Parteien eine Korrektur vereinbart werden, welche den Eisenzusatz zum Titer erspart. So betrug z. B. für australische Zinkkonzentrate mit etwa 45$^0/_0$ Zink das durch die einfache Eisenfällung bedingte Minus an Zink 0,35$^0/_0$.

Über den Einfluß des Alkalis auf die Zinktitration vgl. Treadwell [Helv. chim. Acta **6**, 550 (1923)].

Als Schnellmethode empfehlen Nissenson und Neumann [Chem.-Ztg. 19, 1624 (1895)] folgenden Arbeitsgang: 1 g Blende, Galmei oder Zinkasche wird in einem Halbliterkolben mit 14 ccm Salzsäure bis zum Verschwinden des Schwefelwasserstoffgeruches erhitzt, mit 6 ccm Salpetersäure oxydiert und die Lösung nach Zusatz von 14 ccm Schwefelsäure (1 : 2) 5—10 Minuten lang gekocht, bis die roten Dämpfe verschwunden sind. Man verdünnt mit Wasser, fällt mit 40 ccm Ammoniak (spez. Gew. 0,925), kocht auf, füllt bis zur Marke auf, filtriert 250 ccm ab und titriert.

d) Ferrocyankaliummethode von Galetti[1].

[Bull. Soc. Chim. Paris (2) 2, 83 (1864); s. a. 1707; ferner besonders De Koninck u. Prost: Ztschr. f. angew. Ch. 9, 460, 564 (1896) und Nissenson u. Kettembeil: Chem.-Ztg. 29, 952 (1905), in beiden Abhandlungen zahlreiche Literaturangaben.]

Die Ferrocyankaliummethode findet in England und Amerika häufig in der ihr von Schulz und Low [s. Low: Journ. Amer. Chem. Soc. 22, 198 (1900). — Waring: Journ. Amer. Chem. Soc. 26, 4 (1904). — Pattinson, H. Salvin: Journ. Soc. Chem. Ind. 24, 228 (1905) u. Seaman: Journ. Amer. Chem. Soc. 29, 205 (1907)] gegebenen Modifikation Anwendung. De Koninck und Prost haben festgestellt, daß bei Zufügung von Ferrocyankalium zur Zinksalzlösung sich das Doppelsalz Kaliumzinkferrocyanür $[Fe_2(CN)_{12}]K_2Zn_3$ bildet, welches aber noch etwas Ferrocyanzink $[Fe(CN)_6]Zn_2$ enthält, das mit Ferrocyankalium sich allmählich nach:

$$3\ [Fe(CN)_6]Zn_2 + [Fe(CN)_6]K_4 = 2\ [Fe_2(CN)_{12}]K_2Zn_3$$

vollständig in Kaliumzinkferrocyanür umsetzt. Dieser Vorgang ist langsam verlaufend; Versuche haben ergeben, daß 15 Minuten hinreichen, um vollständige Umsetzung zu erreichen. Nach De Koninck und Prost ist es vorteilhaft, mit einem Überschuß von Ferrocyankaliumlösung zu arbeiten und nach einer Viertelstunde mit einer bekannten Zinklösung zurückzutitrieren. Chlorammonium sowie Salzsäure in größeren Mengen bedingen einen Mehraufwand von Ferrocyankalium, so daß für genauere Versuche Titerstellung und Titration unter gleichen Bedingungen anzustellen sind. Ammonnitrat sowie Brom vermögen einen Teil des Ferrocyankaliums zu Ferrisalz zu oxydieren, und da letzteres Zink nicht fällt, so resultiert ein Mehrverbrauch an Ferrocyanür. Diesem Einfluß läßt sich durch geringen Zusatz von Natriumsulfit entgegenwirken. (Nissenson und Kettembeil [l. c.] konnten einen Einfluß der Oxydationsmittel nicht finden.) Mangan muß vorher abgeschieden werden, da es ebenfalls von Ferrocyankalium gefällt wird.

Über die von der Gesellschaft Deutscher Metallhütten- und Bergleute als Schiedsmethode empfohlene Ausführungsform der

---

[1] Hauptsächlich in den Vereinigten Staaten, Australien, aber auch auf Oberschlesischen Hütten angewandt.

Ferrocyankaliummethode, sowie über die viel verwendete amerikanische Zinkbestimmungsmethode vgl. S. 1707 und S. 1719.

Hastings (Chem. Zentralblatt **1926 I**, 2499) raucht das fein gepulverte Erz zunächst mit 5 g Kaliumchlorat und 10 ccm Salpetersäure ab, konzentriert auf 5 ccm, fällt Eisen mit Ammoniumchlorid und Ammoniak und neutralisiert nach dem Filtrieren eben gegen Methylorange. Die Färbung wird mit wenig Bromwasser entfernt, die Lösung gekocht und mit Kaliumferrocyanid und einigen Tropfen einer 5%igen Lösung von Urannitrat unter Zusatz von 50 ccm einer 1%igen Lösung von Natriumhyposulfit titriert. Die Einstellung der Lösung geschieht mit reinem Zink, das wie das zu untersuchende Erz behandelt wird.

Fernandes (Chem. Zentralblatt **1924 II**, 1833) benutzt Alkalimolybdat als Indicator bei Zinktitrationen. Zu 25 ccm der Zinklösung gibt man 2 ccm einer 30%igen Lösung von Ammonmolybdat und 10 ccm Essigsäure. Man titriert mit Ferrocyankalium bis zur Rotfärbung.

Titrationsmethode nach Schulz und Low [Journ. Soc. Chem. Ind. **11**, 846 (1892); Chem. News **67**, 5, 17 (1893). — Low: Journ. Amer. Chem. Soc. **22**, 198 (1900). — Demorest: Chem. Zentralblatt **1913 I**, 1894)]. Genau 0,5 g des Erzes werden in einem etwa 250 ccm fassenden Erlenmeyerkolben mit 2 g Kaliumnitrat und 5 ccm konzentrierter Salzsäure behandelt. Man dampft bis zur Hälfte ein, gibt 10 ccm einer kaltgesättigten Lösung von Kaliumchlorat in starker Salpetersäure zu und verdampft zur Trockne unter fortwährender Bewegung über freier Flamme, um Stoßen zu vermeiden. (Das Kaliumnitrat verdünnt den Rückstand und begünstigt die spätere Extraktion des Zinks.) Man läßt erkalten, setzt 30 ccm einer ammoniakalischen Salmiaklösung (200 ccm Ammonchlorid in 500 ccm starkem Ammoniak und 350 ccm Wasser gelöst) hinzu, kocht zwei Minuten schwach, filtriert dann durch ein Filter (9 cm Durchmesser) und wäscht mit einer ammoniakalischen Salmiaklösung (100 g Salmiak, 50 ccm konzentrierten Ammoniak mit Wasser auf 1000 ccm verdünnt). Das Filtrat wird mit Salzsäure neutralisiert und ein Überschuß von 6 ccm konzentrierter Säure zugefügt [1]. Nach dem Verdünnen mit Wasser auf 150 ccm werden 50 ccm kalt gesättigtes Schwefelwasserstoffwasser zugefügt, wodurch Kupfer und Cadmium gefällt werden. Wenn nur wenig Niederschlag entsteht, braucht er nicht abfiltriert zu werden. Die Flüssigkeit A ist nun für die Titration fertig.

Bereitung der Ferrocyankaliumlösung. Man löst 22 g Ferrocyankaliumkrystalle in Wasser, verdünnt auf 1000 ccm und stellt auf folgende Weise ein: Genau 0,100 g Zink werden in einem etwa 400 ccm fassenden Becherglas mit 6 ccm konzentrierter Salzsäure gelöst und 10 g Ammonchlorid und 100 ccm kochendes Wasser zugefügt. Man titriert nun mit der Ferrocyankaliumlösung, bis ein Tropfen mit einer konzentrierten Urannitratlösung (ursprünglich wurde Uranacetatlösung verwendet) auf einer mit Vertiefungen versehenen Porzellanplatte bräunliche Färbung aufweist. Die Bildung des entstehenden Uranyl-

---

[1] Gerade bei dieser Acidität erfolgt die Ausfällung des Cadmiums mit Schwefelwasserstoff quantitativ, während das Blei in Lösung bleibt, aber auf die Titration keinen störenden Einfluß ausübt.

ferrocyanids erfolgt nach: $2 (UO_2) (NO_3)_2 + K_4Fe(CN)_6 = (UO_2)_2Fe(CN)_6$
$+ 4 KNO_3$. 1 ccm der Lösung entspricht ungefähr 0,005 g Zn bzw.
bei 0,5 g Erzeinwaage ungefähr 1%. Man liest den Bürettenstand ab,
wartet noch einige Minuten und sieht nach, ob sich nicht in den vorhergehenden Tropfen die bräunliche Farbe entwickelt. In diesem Falle
muß die Bürettenablesung entsprechend korrigiert werden. Ebenso muß
durch einen blinden Versuch das Volumen der Ferrocyanidlösung, das
bei Abwesenheit von Zink unter sonst gleichen Umständen die bräunliche
Färbung hervorbringt, ermittelt und in Abzug gebracht werden.

Titration der Erzlösung. Man gießt ein Drittel der Flüssigkeit A
ab und stellt es beiseite. Der Rest wird wie eben beschrieben titriert,
hierauf wird der größere Teil der abgegossenen Portion zugefügt und
wiederum der Endpunkt ermittelt. Endlich gießt. man die letzten
Kubikzentimeter der abgegossenen Portion zu, vollendet sorgfältig die
Titration und korrigiert die Ablesung wie oben beschrieben.

H. S. Pattinson und Redpath [Journ. Soc. Chem. Ind. 24, 228
(1905)] empfehlen die Methode von Schulz und Low mit folgenden Abänderungen: Das Erz wird anfangs nur mit Salzsäure behandelt, erst
später wird nach und nach Salpetersäure zugesetzt. Die Extraktion mit
Ammoniak und Ammonchlorid wird zweimal durchgeführt, und zwar wird
jedesmal mit 1 g NH_4Cl und 3—5 ccm NH_4OH für je 1 g Erz extrahiert.
Das Auswaschen geschieht mit einer 5%igen Ammonchloridlösung.

Über andere Ausführungsformen vgl. Springer [Ztschr. f.
angew. Ch. 30, 173 (1917)], Voigt [Ztschr. f. angew. Ch. 24, 2195 (1911);
25, 205 (1912) u. 26, 846 (1913) (Schnellmethode)]; s. auch Haßreidter
[Ztschr. f. angew. Ch. 24, 2471 (1911)], Seaman [Journ. Amer. Chem.
Soc. 29, 205 (1907)] und Offerhaus [Engin. Mining. Journ. 95, 467
(1913)].

Im Auftrage der American Chemical Society hat eine Kom-
mission die vergleichende Untersuchung der einzelnen Methoden durchgeführt und Stone und Waring [Journ. Amer. Chem. Soc. 29, 262
(1907)] berichten über die erhaltenen Ergebnisse [s. a. Lenher u. Meloche:
Journ. Amer. Chem. Soc. 35, 134 (1913)]. Die im nachfolgenden beschriebene Aufschlußmethode von Waring [Journ. Amer. Chem. Soc. 26, 4
(1904); Chem. Zentralblatt 1904 I, 694] ist für alle Zinkerze brauchbar
[s. Jentsch: Ztschr. f. angew. Ch. 5, 153 (1894)]. Galmei, Willemit,
Franklinit, Blende usw. werden mit Salzsäure oder Königswasser zersetzt
und durch Eindampfen mit überschüssiger Salzsäure oder Schwefelsäure
die nitrosen Dämpfe vollkommen verjagt. Sind Zinkspinelle oder Alumi-
nate zugegen, so wird der unlösliche Rückstand mit Soda-Boraxgemisch
geschmolzen und die Lösung der Schmelze zur Hauptlösung zugesetzt.
Silicate werden vor der Behandlung mit Salzsäure mit Soda geschmolzen.
Die Kieselsäure kann in gelatinöser Form durch Filtration aus der Lösung
entfernt und leicht ausgewaschen werden. Das Filtrat wird mit Salzsäure
oder Schwefelsäure schwach angesäuert und durch 15—20 Minuten
langes Kochen bei Gegenwart eines Streifens reinen Eisens alle bei der
Schwefelwasserstoffällung mit dem Zink ausfallenden Metalle mit
Ausnahme des Cadmiums gefällt. Soll nur Zink bestimmt werden,

so wird mit Aluminium gearbeitet, wobei Blei, Cadmium und die Metalle der Kupfergruppe gefällt werden. Es wird nun in einen 300-ccm-Kolben filtriert, Methylorange zugefügt, sehr verdünnte Natronlauge bis zur schwach alkalischen Reaktion unter beständigem Schwenken zugesetzt, wobei die sich ausscheidenden Hydroxyde sich nicht mehr vollkommen lösen. Dann wird tropfenweise $50^0/_0$ige Ameisensäure (spez. Gew. 1,12) bis zur bleibenden Rosafärbung und $^1/_2$ ccm im Überschuß zugesetzt, auf 200—250 ccm verdünnt (100 ccm sollen nicht mehr als 0,15—0,2 g Zn enthalten) und auf etwa 80^0 erwärmt. Durch die heiße Flüssigkeit wird Schwefelwasserstoff in langsamem Strome geleitet. Das Zinksulfid wird abfiltriert und gewaschen, in ein großes Becherglas gespült, mit 10 ccm Salzsäure und heißem Wasser das zur Fällung benutzte Glas und das untere Ende des Einleitungsrohres abgespült und das saure Waschwasser allmählich durch das Filter auf den Niederschlag gebracht. Wenn das Volumen der Lösung 125—130 ccm beträgt, dann wird das Zinksulfid durch gelindes Erwärmen gelöst. Ist Cadmium zugegen, so kann bei einiger Übung das Zinksulfid vollkommen gelöst werden, bevor Cadmiumsulfid in Lösung geht. Die Lösung des Schwefelzinks in verdünnter Salzsäure wird auf 60^0 oder höher erwärmt, mit heißem Wasser auf 200—250 ccm gebracht, etwas Ammonchlorid zugefügt und mit Ferrocyankalium titriert.

Bei kleinen Zinkmengen wird der Zinksulfidniederschlag nach dem Veraschen des noch feuchten Filters in einer Muffel bei niederer Temperatur (etwa 450^0) in Zinkoxyd übergeführt (s. S. 1703).

Über die Zinkbestimmung in Lithopone vgl. man auch Bd. V, Abschnitt ,,Anorganische Farbstoffe".

e) Die amerikanische Zinkbestimmungsmethode[1].

0,5 g Erz werden in 10 ccm Salpetersäure (spez. Gew.. 1,4) zersetzt. Die Salpetersäure wird tropfenweise zugegeben und der Erlenmeyer während der Zersetzung mit einem Glasstöpsel bedeckt; nach beendigter Zersetzung gibt man 0,5 g Kaliumchlorat hinzu und dampft sehr vorsichtig zur Trockne. Nach dem Abkühlen werden ungefähr 7 g Ammoniumchlorid hinzugefügt, sodann 100 ccm kochendes Wasser und 12 bis 15 ccm starkes Ammoniak. Man kocht 3—4 Minuten, filtriert und wäscht mit einer $2^0/_0$igen Ammoniumchloridlösung, die fast kochend heiß ist, sorgfältig aus. Es ist darauf zu achten, daß der Niederschlag beim Auswaschen immer gut aufgerührt wird. Ein 5maliges Auswaschen genügt. Man verdünnt auf 300 ccm mit der gleichen $2^0/_0$igen Ammonchloridlösung, neutralisiert die Lösung mit Salzsäure (1:1) unter Verwendung von Lackmuspapier als Indicator und fügt dann ein halbes Kubikzentimeter Salzsäure (1:1) im Überschuß hinzu. Hierauf gibt man eine Bleifolie (7,5 × 3 cm) in die Lösung, bedeckt mit einem Uhrglas und kocht 15—20 Minuten lang, um das Kupfer abzuscheiden. Man nimmt die Bleifolie heraus und spült sorgfältig ab, neutralisiert mit Ammoniak

---

[1] Mitgeteilt von Herrn Ingenieur V. Haßreidter, Frankfurt a. M.

und fügt 30 ccm der unten angegebenen Weinsäurelösung hinzu, erhitzt auf 70—75⁰, gibt 10 ccm Ammoniak (spez. Gew. 0,880) hinzu und titriert mit Kaliumferrocyanidlösung. Den Endpunkt erkennt man durch Tüpfelprobe auf einer Tüpfelplatte aus Porzellan unter Verwendung von Eisessig als Indicator.

Die Weinsäurelösung wird folgendermaßen hergestellt: 150 g Weinstein und 10 ccm 10%ige Eisenchloridlösung werden zum Liter aufgefüllt.

Titerstellung. Eine dem Zinkgehalt des Erzes entsprechende Menge von Titerzink wird in 5 ccm Salpetersäure (1:1) gelöst, zu 100 ccm mit heißem Wasser verdünnt, mit Ammoniak neutralisiert, 7 g Ammonchlorid hinzugefügt, mit 2%iger Ammonchloridlösung auf 300 ccm verdünnt und 30 ccm Weinsäurelösung hinzugegeben. Man erhitzt auf 70—75⁰, gibt 10 ccm Ammoniak hinzu und titriert bei ungefähr 70⁰ mit Kaliumferrocyanidlösung und Eisessig als Indicator.

Das erste Auftreten einer beständigen Blaufärbung zeigt das Ende der Reaktion an. Da das Tageslicht das Erkennen des Endpunktes beeinflussen kann, wird für je 10—12 Erzanalysen ein Titer neu eingestellt.

Der Zinkniederschlag hat in diesem Fall eine andere Zusammensetzung, als der in salzsaurer Lösung gefällte, was wohl zu beachten ist. Die gleiche Kaliumferrocyanidlösung hat in saurer und ammoniakalischer Lösung verschiedene Titer.

Diese Methode wird sich in erster Linie wohl nur für Analyse von Rohblenden eignen; stark eisen- oder kieselsäurehaltige Röstblenden und Galmeisorten verlangen einen Aufschluß mit Schwefelsäure.

Nach Amsel (Farben-Ztg. 1902, 42) wird bei einer Einwaage von 0,5 g nach der Schwefelwasserstoffällung (s. S. 1713) mit reinem Wasserstoffsuperoxyd (5 ccm 3%ige Lösung) oxydiert, 20 ccm 10%ige Weinsäure zugesetzt und 20 ccm konzentriertes Ammoniak zugefügt und nun in der Siedehitze die grünschwarze Lösung nach Schulz und Low (s. S. 1717) titriert. Zweckmäßigerweise wird, wenn nicht schon Eisensalz zugegen, beim Zusatze der Weinsäure 1 ccm 10%iges Eisenchlorid zugesetzt, und nach dem Zusatz des Ammoniaks und nach erfolgtem Kochen so lange mit der Ferrocyansalzlösung titriert, bis ein Tropfen auf einer weißen Porzellanplatte mit Essigsäure versetzt, Blaufärbung (Berlinerblau) aufweist.

2. Bestimmung der Nebenbestandteile.

2,5 g Erz werden zunächst mit Salzsäure (1:1) gelöst, dann mit einigen Kubikzentimetern konzentrierter Salpetersäure oxydiert und abgedampft. Zum Unlöslichmachen der Kieselsäure wird noch zweimal mit Salzsäure scharf zur Trockne gedampft. Der Abdampfrückstand wird mit 100 ccm 5%iger Salzsäure aufgekocht, heiß abfiltriert und bis zur Bleifreiheit zunächst mit salzsaurem und dann mit reinem heißen Wasser ausgewaschen. Die unreine Kieselsäure wird verascht, im Platintiegel mit Soda geschmolzen und in bekannter Weise im wäßrigen

Auszug der Schmelze durch mehrfaches Abdampfen mit Salzsäure als SiO$_2$ bestimmt. Im salzsauren Auszug der Schmelze wird das **Barium** als Bariumsulfat gefällt und die salzsaure Lösung dem Hauptfiltrat zugegeben. Man stumpft die ganze vorhandene Säure mit Ammoniak ab und säuert wieder auf 5 Vol.-% mit Salzsäure an. Dann leitet man in die erwärmte Lösung Schwefelwasserstoff ein und filtriert die Sulfide ab. Man behandelt den Niederschlag mit Natriumsulfidlösung, filtriert ab und raucht die unlöslichen Sulfide mit Salpeter-Schwefelsäure ab.

Das **Blei** wird als Bleisulfat nach S. 1505 abgeschieden. Bei barythaltigen Blenden ist es notwendig, das so abgeschiedene Bleisulfat auf Baryt zu prüfen, denn es gibt Blenden, bei denen ein Teil des Baryts sich in Salzsäure löst, dann aber anscheinend in der schwach salzsauren Lösung, durch die durch Schwefelwasserstoff ausgefällten Sulfide niedergerissen wird und so in das Bleisulfat gelangt. Die gefundene Barytmenge muß von dem Bleisulfat abgezogen und dem aus dem unlöslichen Rückstand ermittelten Baryt zugezählt werden. Im Filtrat vom Bleisulfat bestimmt man, wenn nötig, **Silber** und **Wismut** als Chlorid bzw. Oxychlorid, und elektrolysiert die Lösung, die man zunächst mit Schwefelsäure eingeraucht, mit Ammoniak neutralisiert und mit Salpetersäure angesäuert hat, auf **Kupfer.** Die nach Abscheidung des Kupfers verbleibende Lösung wird wiederum mit Schwefelsäure eingeraucht und **Cadmium** vom Zink durch doppelte Fällung mit Schwefelwasserstoff in der auf S. 1127 beschriebenen Weise getrennt und das Cadmium als Sulfat ausgewogen. Im Filtrat des Schwefelwasserstoffniederschlages wird der Schwefelwasserstoff verkocht, mit Wasserstoffsuperoxyd oxydiert, Ammoniumchlorid hinzugegeben und mit überschüssigem Ammoniak das Eisen zusammen mit dem Aluminium und Mangan niedergeschlagen. Die Hydroxyde werden abfiltriert, in Salzsäure gelöst, nochmals mit Ammoniak gefällt, filtriert, ausgewaschen, geglüht und gewogen. Man löst sie in Salzsäure und titriert das **Eisen,** nachdem man es mit Zinnchlorür reduziert hat, in bekannter Weise mit Kaliumpermanganat. Den Eisengehalt rechnet man auf Eisenoxyd um.

$$\text{Fe} \times 1{,}4298 \; (\log = 0{,}15527) = \text{Fe}_2\text{O}_3 .$$

Das **Mangan** wird in einer besonderen Einwaage von 5 g bestimmt. Man löst unter Zugabe von Kaliumchlorat in konzentrierter Salzsäure, dampft fast bis zur Trockne ein, nimmt mit 400 ccm Wasser auf, kocht auf, versetzt mit aufgeschlämmten Zinkoxyd und titriert das Mangan nach Volhard (s. S. 1312 u. S. 1382) mit Kaliumpermanganat bis zur bleibenden Rosafärbung. Der Eisentiter mal 0,3 ist der Mangantiter. Den Mangangehalt rechnet man auf Manganoxyduloxyd um.

$$\text{Mn} \times 1{,}388 \; (\log = 0{,}14251) = \text{Mn}_3\text{O}_4 .$$

Man addiert die Gehalte an Fe$_2$O$_3$ und Mn$_3$O$_4$ und subtrahiert sie von der vorher ermittelten gesamten Menge der Oxyde. Die Differenz ist **Tonerde.** Im ammoniakalischen Filtrat des Eisenniederschlages wird der **Kalk** in der Siederhitze mit Ammoniumoxalat gefällt. Der Niederschlag wird abfiltriert, in Salzsäure gelöst, ammoniakalisch gemacht und erneut gefällt. Den zweiten Niederschlag filtriert man ab, trocknet

und glüht ihn und bestimmt den Kalk als CaO. Im ersten Filtrat der
Kalkfällung wird das Magnesium durch Natriumammoniumphosphat
gefällt. Der Niederschlag muß mehrere Stunden absitzen. Auch er
wird in Säure gelöst und noch ein zweites Mal in derselben Weise gefällt,
als Magnesiumpyrophosphat ausgewogen und auf Magnesiumoxyd umgerechnet. Zur Schwefelbestimmung werden bei Rohblenden 0,75 g
und bei Röstblenden 1,50 g durch eine Natriumsuperoxydschmelze im
kleinen eisernen Tiegel aufgeschlossen. Die trübe wäßrige Lösung der
Schmelze wird in einem 300-ccm-Meßkolben gefüllt, zur Fällung etwa
vorhandenen Bleies mit Kohlendioxyd behandelt, abgekühlt zur Marke
aufgefüllt, durchgeschüttelt und durch ein trockenes Filter in einen
trockenen 200-ccm-Meßkolben abfiltriert. Die klare alkalische Lösung
wird in einem 750-ccm-Erlenmeyerkolben gegossen, auf 400 ccm verdünnt, vorsichtig angesäuert (aufbrausen), erhitzt und in der Siedehitze mit 2—3%iger Bariumchloridlösung gefällt. Das ausgefällte
Bariumsulfat wird abfiltriert, gut ausgewaschen, geglüht ausgewogen
und auf Schwefel umgerechnet.

$$BaSO_4 \times 0,1373 \ (\log = 0,13781 - 1) = S.$$

Die Sulfidschwefelbestimmung kann in der Art ausgeführt
werden, daß man 1 g der Substanz mit 40 ccm 10%iger Zinnchlorürlösung,
10 ccm konzentrierter Salzsäure und 1—2 g Zinngranalien unter Durchleiten von Kohlendioxyd eine $\frac{1}{2}$ Stunde lang kocht. Dabei wird aller
Sulfidschwefel als Schwefelwasserstoff ausgetrieben. Man versieht den
Entwicklungskolben mit einem kleinen Rückflußkühler und leitet das
übergehende Gas durch 10%ige Cadmiumacetatlösung. Das gebildete
Cadmiumsulfid kann man mit Kupfersulfat zu Kupfersulfid umsetzen,
dieses abfiltrieren und nach dem Glühen als Kupferoxyd auswägen.

$$CuO \times 0,4039 \ (\log = 0,60521 - 1) = S.$$

Man kann bei barytfreien Röstblenden den Sulfidschwefel auch
indirekt dadurch bestimmen, daß man, wie oben beschrieben, zunächst
den Gesamtschwefel, dann in einer neuen Einwaage den durch eine 20%ige
Sodalösung auskochbaren Sulfatschwefel bestimmt. Aus der Differenz
dieser beiden Schwefelgehalte errechnet sich dann der Sulfidschwefel.
Der Arsengehalt wird ermittelt, indem man 2 g mit Salpeter-Schwefelsäure bis zu weißen Dämpfen abraucht, mit 200 ccm Salzsäure (1:1)
aufnimmt und unter Zugabe von Hydrazinsulfat destilliert (s. S.1327).
Im Destillat bestimmt man das Arsen entweder als Arsentrisulfid oder
jodometrisch. Der Zinngehalt in Blenden ist meist so klein, daß
man 10 g oder ein Vielfaches davon mit Salpetersäure aufschließt,
zweimal mit Salpetersäure zur Trockne dampft und den Rückstand
auf dem Asbestdrahtnetz schwach glüht. Dann wird mit verdünnter
Salpetersäure aufgekocht, die zinnhaltige Kieselsäure abfiltriert und
verascht. Die Veraschungsrückstände werden eventuell in einem Platintiegel vereinigt und die Kieselsäure mit Flußsäure abgeraucht. Der
Rückstand wird mit Soda und Schwefel geschmolzen und in bekannter
Weise auf Zinn untersucht. Die ausgewogene Zinnsäure muß in jedem
Falle identifiziert werden. Der Silbergehalt wird im allgemeinen auf

trocknem Wege durch Einschmelzen im Eisentiegel mit Bleiglätte und Kupellation des Bleikönigs bestimmt (s. S. 1510).

Über die Bestimmung des Fluors in Zinkblenden siehe diesen Band, S. 513.

III. Zinkaschen und Salmiakschlacken.

1. Zinkaschen.

Bei der Probenahme von Zinkaschen werden, bedingt durch die Ungleichartigkeit des Materials, meist größere Mengen 1—2 kg als Probegut entnommen, wobei meistens noch keine Trennung von „Grobes" und „Feines" vorgenommen wird. Eine eingewogene Menge dieser Muster wird dann im Laboratorium weiter zerkleinert, durch $^1/_2$ mm Sieb abgesiebt und so das Grobe von dem Feinen getrennt. Dann werden die prozentualen Anteile an metallischem Zink und Feinem festgestellt. Die so präparierte Probe wird bei 110° getrocknet und luftdicht verschlossen aufbewahrt. Da das Material infolge eines Zinkchloridgehaltes stark hygroskopisch sein kann, ist die Einwaage möglichst schnell vorzunehmen, falls notwendig sogar im Wägegläschen.

Für die Zinkbestimmung errechnet man den einer Einwaage von 2,5 g entsprechenden Anteil des Feinen. Diese Menge wird direkt eingewogen und mit Königswasser aufgeschlossen. Von dem ebenfalls berechneten Anteil des Groben nimmt man je nach der vorhandenen Menge und der Ungleichmäßigkeit der Metallstücke die 10—50fache Menge und löst sie zunächst unter Abkühlen, später unter Erwärmen in hinreichender verdünnter Salpetersäure (spez. Gew. 1,2) in einem größeren Meßkolben auf. Nachdem alles Lösliche gelöst ist, kühlt man ab, füllt zur Marke auf, schüttelt gut durch und gibt den 10—50. Teil des Meßkolbeninhaltes zu dem Königswasseraufschlusse des feinen Materials. Die vereinigten Lösungen werden mit 10 ccm verdünnter Schwefelsäure (1 : 1) abgeraucht. Die Weiterbehandlung der Lösung ist jetzt die gleiche wie unter Erze angegeben (S. 1711). Zur Titration gelangen jedoch nur 100 ccm der ammoniakalischen Lösung entsprechend 0,5 g Einwaage. Die Chloridbestimmung wird bei Zinkaschen nur in dem „feinen" Material ausgeführt. Man verwendet zur Analyse 2,5 oder 5 g und rechnet den ermittelten Chlorgehalt unter Berücksichtigung der prozentualen Zusammensetzung des Musters um. Die Einwaage wird in einem $^1/_2$-l-Meßkolben mit 100 ccm Salpetersäure (1 : 1) und etwas Wasser längere Zeit stehen gelassen. Nachdem die Lösung beendet ist, füllt man mit chloridfreiem Wasser bis zur Marke auf. Man nimmt jetzt 200 bzw. 100 ccm ab, entsprechend einem Gramm Einwaage, und titriert mit einer gestellten Silbernitratlösung nach Volhard (siehe Bd. I, S. 382). Den etwaigen Überschuß an Silbernitrat titriert man unter Anwendung von 5 ccm gesättigter Eisenalaunlösung als Indicator mit gestellter Ammoniumrhodanidlösung zurück. Da die Resultate unsicher werden, wenn man stark übertitriert hat, ist es ratsam, zunächst in einer

Vorprobe den annähernden Verbrauch an Silberlösung festzustellen. Bei
der zweiten Titration ist dann der Endpunkt sehr genau zu finden. Zur
Schwefelbestimmung (Mitt. d. Chemiker-Fachausschusses 2,
16) werden 1—5 g mit 50—100 ccm stark gesättigter Bromsalzsäure in
der Kälte versetzt. Nach einstündigem Stehen wird das Brom verkocht,
die Lösung mit Ammoniak gefällt, die Hydroxyde abfiltriert, das Filtrat
mit Salzsäure angesäuert, mit verdünnter Bariumchloridlösung gefällt
und der Schwefel als Bariumsulfat ausgewogen. Bei höheren Schwefelgehalten kann man auch mit Natriumsuperoxyd schmelzen. Man muß
dann in der alkalischen Lösung das Blei mit Kohlensäure fällen, die
Kieselsäure durch zweimaliges Abrauchen eines filtrierten Anteils der
Schmelze mit konzentrierter Salzsäure (spez. Gew. 1,19) abscheiden und
erst im Filtrat der Kieselsäure den Schwefel als Bariumsulfat fällen
und bestimmen. Falls in einer Asche der Blei-, Kupfer- oder Eisengehalt ermittelt werden soll, ist der Aufschluß der gleiche wie bei der
Zinkbestimmung. In der gelösten Zinkasche werden dann die Nebenbestandteile wie im Zinkerz, siehe S. 1720, bestimmt.

2. Salmiakschlacken.

Sie entstehen hauptsächlich bei der Feuerverzinkung des Eisens,
wo man durch Zugabe von Salmiaksalz die Oberfläche des geschmolzenen
Zinkes rein hält. Sie enthalten in der Hauptsache das Zink als Zinkchlorid, sind sehr hygroskopisch und machen daher bei der Bemusterung
und Probenahme recht große Schwierigkeiten. Dazu ist das Material
recht grobstückig und klumpig und enthält das etwa vorhandene Metall
noch recht ungleichmäßig verteilt. Bei der Probenahme ist daher der
zur Probe verwendete Anteil nur ganz oberflächlich zu zerkleinern,
sofort in trockene Glasflaschen zu füllen und luftdicht zu verschließen.
Jede Probe beträgt zweckmäßig nicht unter 1 kg. Dieses Probematerial wird im Laboratorium möglichst schnell weiter zerkleinert,
wobei darauf zu achten ist, daß sich das Probegut durch Wasserauf-
nahme nicht nennenswert verändert. Ein Trocknen des Materials vor
der Analyse ist nicht nötig, da immer im Originalzustand untersucht
werden soll.

Je nach dem Zerkleinerungsgrad des Materials muß man die Einwaage
zwischen 50 und 100 g wählen. Das eingewogene Material wird in einem
größeren Meßkolben (bis zu 2 l) je nach der angewandten Menge mit
konzentrierter Salzsäure gelöst, mit etwas Kaliumchlorat oxydiert, das
Chlor verkocht und von der Lösung der 2,5 g Einwaage entsprechende
Anteil abgenommen, mit Schwefelsäure abgeraucht und wie unter Erze
(s. S. 1712) angegeben auf Zink untersucht. Die Chloridbestimmung
wird genau so wie unter Zinkasche angegeben (S. 1723) ausgeführt. Die
Chlorgehalte sind aber meist so hoch, daß man zur Bestimmung weniger
als 1 g titrieren kann.

Bei den neuerdings im Handel befindlichen aluminiumhaltigen
Zinkschlacken ist oft ein mehrere Prozente ausmachender Anteil nicht
in Salzsäure oder Salpetersäure löslich.

Wenn man bei diesem Material das gesamte Zink erfassen will, so muß der in Salzsäure unlösliche Rückstand abfiltriert, ausgewaschen und mit Schwefelsäure aufgeschlossen werden. Dieser zweite Aufschluß wird mit der Hauptlösung vereinigt und in bekannter Weise weiter analysiert.

IV. Analyse von Rohzink, Feinzink, Hartzink und Zinkstaub.

1. Rohzink und Feinzink.

Bei Rohzink und Feinzink wird eine Zinkbestimmung in der Regel nicht ausgeführt. Es werden nur die Beimetalle bestimmt und das Zink aus der Differenz errechnet. Bei Hartzink und Zinkstaub dagegen wird auch das Zink als solches bestimmt. Die hauptsächlichen Verunreinigungen sind Blei, Cadmium und Eisen. Jedoch muß bei einer vollständigen Analyse auch für Arsen, Antimon, Zinn, Kupfer und seltener auf Schwefel und Silicium Rücksicht genommen werden.

Die Probenahme von Rohzink hat in der Art zu erfolgen, daß man jede 20. Platte als Probe zurücklegt. Jede dieser Probeplatten wird an 5—6 verschiedenen Stellen durchbohrt, und zwar von der Unterseite aus. Die Bohrspäne werden gesammelt, gut gemischt und bis auf 5—10 kg verjüngt. Dieses Material wird nochmals gut gemischt und als Probe ungefähr 1 kg entnommen. Es ist erforderlich, aus diesem Probegut mit einem guten Hufeisenmagneten etwaige Eisenstückchen zu entfernen.

Eine gute Durchschnittsprobe von 100 g metallischem Zink wird in verdünnter Salpetersäure vorsichtig gelöst (starkes Erwärmen und Schäumen). Die salpetersaure Lösung wird verdünnt, abgekühlt und mit so viel Ammoniak versetzt, bis alles Zinkhydroxyd sich gelöst hat. Dann gibt man unter Umschwenken in kleinen Portionen verdünnte Natriumsulfidlösung so lange zu, bis nur noch rein weißes Zinksulfid ausfällt.

Man erwärmt schwach, läßt den Niederschlag sich gut absetzen und filtriert die Sulfide ab. Man überzeugt sich durch Zugabe von etwas Natriumsulfid zum Filtrat, daß alle Beimetalle ausgefallen sind (rein weiße Fällung). Der Niederschlag wird ausgewaschen, mit Salpetersäure (1:1) gelöst und mit Schwefelsäure abgeraucht. Das Bleisulfat wird in bekannter Weise als solches abfiltriert und gewogen und Kupfer und Cadmium nebst einem Teil des Zinkes mit Schwefelwasserstoff als Sulfide gefällt. Man filtriert sie ab, wäscht gut aus, übergießt sie auf dem Filter mit warmer Natriumsulfidlösung und löst aus den zurückgebliebenen Sulfiden das Cadmiumsulfid und Zinksulfid mit verdünnter Schwefelsäure (1:10) durch das Filter. Der Natriumsulfidauszug kann bei unwichtigeren Bestimmungen zur Ermittlung von Antimon und Zinn benutzt werden. Besser ist es aber, für diese Bestimmungen in einer direkten Einwaage die weiter unten angegebene Methode von Blumenthal zu benutzen. Der auf dem Filter verbleibende

Rückstand wird mit dem Filter in Salpeter-Schwefelsäure gelöst, und das **Kupfer** entweder colorimetrisch (S. 1200) oder, falls die Menge ausreichen sollte, elektrolytisch (S. 931) bestimmt. Im schwefelsauren cadmiumhaltigen Filtrat wird durch doppelte Fällung in 8-volumenprozentiger Schwefelsäure in der Kälte das **Cadmium** vom Zink getrennt und wie unter Cadmium beschrieben (s. S. 1127) als Cadmiumsulfat bestimmt. Das Filtrat des Schwefelwasserstoffniederschlages wird zur Verjagung des Schwefelwasserstoffs gekocht, mit Brom oxydiert, abgekühlt, mit Ammoniak übersättigt und aufgekocht. Das ausgeschiedene Eisenhydroxyd wird abfiltriert, in Salzsäure gelöst, mit Zinnchlorür reduziert und mit Kaliumpermanganat titriert. Falls man das **Eisen** als Oxyd auswägen will, muß man das Hydroxyd in Salzsäure lösen und ein zweites Mal mit Ammoniak fällen, abfiltrieren und glühen. Ist jedoch Aluminium in dem Material, so muß in jedem Falle das Eisen der Hydroxydfällung titriert werden.

Man kann auch 100 g Rohzink in einem 1-l-Erlenmeyerkolben mit 100 ccm Wasser und 120 ccm konzentrierter Schwefelsäure unter schwachem Erwärmen lösen. Man löst jedoch nur so lange, bis der Metallschwamm noch eine größere Menge metallischen Zinkes enthält. Er wird abfiltriert, gut ausgewaschen, in konzentrierter Salpetersäure gelöst und zweimal mit Salpetersäure scharf zur Trockne gedampft. Man nimmt mit verdünnter Salpetersäure auf, filtriert die ausgeschiedene rohe Zinnsäure ab, verascht sie, schmilzt sie im Porzellantiegel mit Soda und Schwefel, laugt die Schmelze mit warmem Wasser aus und fällt das Zinn in der Sulfo-Salzlösung mit verdünnter Säure. Falls das Material antimonhaltig ist, muß noch die Trennung Antimon von Zinn ausgeführt werden. Andernfalls kann man das Zinnsulfid vorsichtig abrösten und als Zinnsäure auswiegen. Das Filter mit dem Schmelzrückstand wird zu dem salpetersauren Filtrat der rohen Zinnsäure gegeben und mit Schwefelsäure eingedampft. Das **Bleisulfat** wird abfiltriert und für sich bestimmt. Das Filtrat wird mit Schwefelwasserstoff gefällt und die Bestimmung des Kupfers und des Cadmiums wie oben beschrieben durchgeführt. Das Filtrat wird zur Verjagung des Schwefelwasserstoffs gekocht und zu dem ersten Filtrat des Metallschwammes hinzugegeben. Die vereinigten Lösungen werden gekocht, mit Bromwasser oxydiert und das Eisen wie vorhin beschrieben bestimmt.

Es ist unrichtig, die beim Lösen des Zinks in verdünnter Schwefelsäure entstehenden Gase zur Bestimmung des Arsens, Antimons und Schwefels zu benutzen, indem man sie nach Günther [Ztschr. f. anal. Ch. **20**, 503 (1881)] nacheinander durch Waschflaschen, welche mit Cadmiumacetat und Silbernitrat beschickt waren, leitet. Denn der sich entwickelnde Schwefelwasserstoff kann außer aus Zink auch infolge reduzierenden Nebenreaktionen, z. B. von Wasserstoff auf schweflige Säure, welche durch Einwirkung der Verunreinigungen des Zinkes auf die Schwefelsäure gebildet wird, entstanden sein, und somit würde das ausgeschiedene Cadmiumsulfid zu hohe Schwefelwerte ergeben. Ebenso entspricht der Niederschlag in der Silbernitratwaschflasche nicht dem entwickelten Arsen und Antimonwasserstoff [Ber. Dtsch. Chem. Ges. 24, 2269 (1891) u. Treadwell: Lehrbuch der analytischen Chemie, Bd. 1]. Auch kann der bei einem geringen Phosphorgehalt gebildete Phosphorwasserstoff das Silbernitrat reduzieren.

Es ist darum sicherer, diese Verunreinigungen in besonderer Einwaage nach direkten Methode zu bestimmen. Zur Arsenbestimmung löst man 50—100 g Rohzink in verdünnter Salpetersäure, verkocht die salpetrige Säure, gibt 2 ccm einer $10^0/_0$igen Eisenchloridlösung hinzu, stumpft zunächst mit konzentrierter, dann mit verdünnter Sodalösung ab, bis sich Zinkcarbonat ausscheidet. Man läßt in der Wärme absitzen, filtriert ab und löst den Rückstand in Salzsäure. Die Lösung wird, nachdem man noch 200 ccm verdünnte Salzsäure zugegeben hat, mit Hydrazinsulfat destilliert, und in der Vorlage das Arsen entweder mit Schwefelwasserstoff gefällt und als Arsentrisulfid ausgewogen (s. S. 1327) oder nach dem Neutralisieren in bicarbonathaltiger Lösung mit Jod titriert (vgl. S. 1583). Zur Antimonbestimmung löst man 50 g Rohzink in Bromsalzsäure, verkocht das Brom und leitet in die heiße, nicht zu saure Lösung bis zum Erkalten Schwefelwasserstoff ein. Der Niederschlag wird mit Natriumsulfid ausgezogen, die Sulfolösung entweder nach Zusatz von Kaliumcyanid und festem Natriumsulfid elektrolysiert und das Antimon als Metall ausgewogen (S. 970), oder mit verdünnter Salzsäure gefällt und das Antimon nach dem Lösen der Sulfide mit Bromsalzsäure, Verkochen des Broms und Reduktion mit Natriumsulfit nach Györy mit Kaliumbromat (s. S. 1574) titriert.

Antimon und Zinn kann man auch sehr gut nach Blumenthal [Ztschr. f. anal. Ch. 74, 33 (1928)] bestimmen. Bei dieser Fällungsart erzeugt man in einer schwach salpetersauren Lösung durch Zugabe von Mangannitrat und Kaliumpermanganat einen Niederschlag von Braunstein, der alles Antimon und Zinn neben anderen Verunreinigungen enthält. Dieser Niederschlag ist dann leicht weiter zu behandeln. Man löst 100 g Rohzink unter Erwärmung in verdünnter Salpetersäure ohne einen größeren Überschuß anzuwenden und neutralisiert ziemlich genau mit Ammoniak. Dann fügt man 10 ccm verdünnte Salpetersäure (1 : 10) hinzu, gibt in die unter Umständen trübe Lösung 8 ccm einer $5^0/_0$igen Mangannitratlösung und 5 ccm einer $^1/_{10}$ n-Kaliumpermanganatlösung. Jetzt kocht man auf, wobei sich braunes Mangansuperoxyd bildet und die Lösung sich entfärben muß. Den Niederschlag filtriert man ab, wiederholt im Filtrat die Fällung unter Zugabe von je 3 ccm Mangannitrat- und Permanganatlösung und kocht nochmals auf. Man löst die abfiltrierten und ausgewaschenen Niederschläge in Salzsäure und etwas Wasserstoffsuperoxyd, kocht auf und fällt mit Schwefelwasserstoff. Die Sulfide werden wie gewöhnlich abfiltriert, ausgewaschen und mit Natriumsulfid behandelt. Die Sulfolösung wird mit verdünnter Säure gefällt, die Sulfide mit Salzsäure und Kaliumchlorat gelöst und Antimon und Zinn getrennt. Hierzu kann man entweder die fraktionierte Fällung mit Schwefelwasserstoff anwenden, indem man unter Einleiten von Schwefelwasserstoff, die stark salzsaure Lösung so weit verdünnt, bis eben ziegelrotes Antimonsulfid ausfällt, dieses abfiltriert, nicht auswäscht

und für sich bestimmt, im Filtrat durch Verdünnen mit Schwefelwasserstoff das Zinn als Zinnsulfid ausfällt und als Zinnsäure auswägt.
Man kann auch in der salzsauren Lösung das Antimon mit Eisenpulver und im Filtrat des Antimons das Zinn mit Aluminiumspänen
niederschlagen und in beliebiger Weise bestimmen.

Zur Schwefelbestimmung werden 100 g Rohzink in schwefelfreier
Salzsäure unter Erwärmen gelöst. Der Lösungskolben trägt einen Rückflußkühler und die gekühlten Entwicklungsgase werden durch eine
Cadmiumacetatlösung geleitet. Das gebildete Cadmiumsulfid wird entweder in Cadmiumsulfat übergeführt und als solches gewogen oder mit
Kupfersulfat umgesetzt und als Kupferoxyd gewogen.

Zur Siliciumbestimmung löst man 50 g Rohzink in konzentrierter
Natronlauge (aus Natrium hergestellt) unter Erwärmen nach und nach
in einer Platinschale auf, übersättigt mit Salzsäure, dampft zweimal
scharf zur Trockne und erhitzt den Rückstand bei 150—200⁰ C. Den
Rückstand löst man in schwacher Salzsäure, kocht auf, filtriert die
Kieselsäure ab, wäscht sie mit viel Wasser bis zur Chloridfreiheit aus,
trocknet und verascht das Filter. Nach dem Auswägen wird mit
einigen Tropfen Flußsäure und Schwefelsäure abgeraucht und der Rückstand ausgewogen und vom Gewicht der Kieselsäure abgezogen.

$$SiO_2 \times 0{,}4672 \ (\log = 0{,}66950 - 1) = Si.$$

2. Hartzink und Zinkstaub.

Bei Hartzink und Zinkstaub wird auch das Zink bestimmt. Man
löst hierzu 25 g in einem $^1/_2$-l-Meßkolben mit verdünnter Salpetersäure
(spez. Gew. 1,2) auf, kühlt ab, füllt zur Marke auf, schüttelt um und
dampft 25 ccm gleich 1,25 g Zink mit Schwefelsäure zur Trockne. Die
Weiterbehandlung ist genau so wie bei Erzen (s. S. 1712). Die Beimetalle
bestimmt man analog der Rohzinkanalyse, wobei man sinngemäß die
Einwaagen verringern kann. So wird man z. B. bei der Eisenbestimmung
im Hartzink nur 2,5—5 g einwiegen, da das Hartzink bis zu $8^0/_0$ Eisen
enthalten kann.

Eine häufig geforderte Untersuchung des Zinkstaubes verlangt die
Bestimmung des Gehaltes an metallischem Zink. Da man jedoch meist
im Handel den Zinkstaub nach seiner reduzierenden Wirkung beurteilt,
wird auch bei den Analysenmethoden etwa metallisch vorhandenes
anderes Metall als metallisches Zink bestimmt. Ferner wird verlangt, daß
der Zinkstaub mindestens zu $95^0/_0$ „siebfein" ist, d. h. durch ein Sieb von
1400 Maschen pro Quadratzentimeter geschlagen werden kann. Vereinzelt
ist es üblich die Wertbestimmung nur in dem Siebfeinen vorzunehmen.

Wahl benutzt bei seiner maßanalytischen Bestimmung die Einwirkung
von metallischem Zink auf Ferrisulfat in neutraler Lösung nach der
Gleichung

$$Fe_2(SO_4)_3 + Zn = ZnSO_4 + 2\,FeSO_4\,.$$

Das infolge der Lösung des Zinks gebildete Ferrosulfat wird mit
Kaliumpermanganat titriert, nachdem man vorher eine hinreichende
Menge verdünnter Schwefelsäure zugesetzt hatte. Bedingung für den
quantitativen Verlauf der Reaktion ist jedoch, daß der Zinkstaub sehr

fein gesiebt ist und daß er vollständig trocken ist. 0,5 g des gesiebten Zinkstaubes werden in einem trockenen Erlenmeyerkolben von $^1/_2$-l-Inhalt mit 50 ccm einer Ferrisulfatlösung, welche 350 g Ferrisulfat im Liter enthält und gegen Kaliumpermanganat indifferent ist (blinder Versuch), übergossen. Man bringt durch andauerndes Schütteln den Zinkstaub in Lösung, was meistens nach 20 Minuten geschehen ist. Dann gibt man 250 ccm verdünnter Schwefelsäure (1:20) hinzu und titriert sofort mit einer auf Eisen eingestellten Kaliumpermanganatlösung bis zur Rosafärbung.

Eisentiter × 0,5853 (log = 0,76738 — 1) = metallisches Zink.

Eine von viel Eisensalz herrührende Gelbfärbung der Lösung kann durch Phosphorsäure weggenommen werden. Das Schütteln der Erlenmeyerkolben kann, wenn laufend eine größere Anzahl von Bestimmungen gemacht werden soll, in einer der bekannten mechanischen Schüttelvorrichtungen ausgeführt werden.

Man kann den Gehalt an metallischem Zink auch gasvolumetrisch ermitteln, indem man den Zinkstaub mit verdünnter Schwefelsäure löst, das hierbei entstehende Wasserstoffgas auffängt und mißt. Das entstandene Gasvolumen ist auf 0° C und 760 mm zu reduzieren (siehe die Reduktionstabellen in Bd. I, S. 578—599; ferner die Normographischen Tabellen von Berl, Herbert und Wahlig; vgl. Vorwort. 1 ccm Wasserstoff = 2,914 (log = 0,46449) mg Zink. Bei dieser Methode werden auch alle anderen metallischen Bestandteile der Probe, die sich unter Wasserstoffentwicklung in verdünnter Schwefelsäure lösen, als metallisches Zink mit bestimmt. Bei Zinkstaubarten unbekannter Herkunft prüft man zweckmäßig auf Beimengungen an Carbonaten, welche die gasvolumetrische Bestimmung unmöglich machen, dadurch, daß man den entwickelten Wasserstoff nach Beendigung der Bestimmung durch Barytwasser leitet. Unter Umständen ist dann eine Kohlensäurebestimmung nicht zu vermeiden (s. Methode von Lunge-Rittener, Bd. I, S. 633).

Zur Ausführung verwendet man eine Meßröhre, die am oberen Ende eine Kugel von ungefähr 300 ccm Inhalt trägt, während der zylinderische Teil noch 80—120 ccm umfaßt. Dieser Teil ist zweckmäßig in 0,5 ccm eingeteilt. Oben ist die Kugel mit einem Zweiwegehahn verschlossen, unten befindet sich eine dicke Schlauchverbindung mit einer Niveauflasche von $^1/_2$ l Inhalt. Der Zweiwegehahn kann einerseits mit der Außenluft kommunizieren, andererseits kann er die Verbindung zu einem Lungeschen Anhängefläschchen (s. Bd. I, S. 614) herstellen, dessen inneres Gefäß einen Inhalt von ungefähr 10 ccm hat. Zu Beginn der Analyse gibt man 1 g Zinkstaub, bei armen Zinkstauben entsprechend mehr in das Anhängefläschchen. Man muß jedoch beim Einfüllen vermeiden, daß Zinkstaub in das innere Gefäß fällt. Dann füllt man durch Heben der mit Wasser gefüllten Niveauflasche das Meßrohr, gibt in das innere Gefäß des Anhängefläschchens 9 ccm verdünnte Schwefelsäure (1:3) und 1 ccm einer 1%igen Platinchloridlösung und verbindet das Fläschchen durch Gummistopfen und Schlauch mit der Meßbürette. Den durch das Einpressen des Gummistopfens entstandenen Überdruck gleicht man vermittels der Außenluftverbindung durch den Zweiwegehahn aus. Dann stellt man wieder die erste Verbindung her und läßt durch Neigen des Fläschchens die Säure zum Zinkstaub fließen. Man sorgt dafür, daß die Niveauflasche der Veränderung des Flüssigkeitsspiegels in der Meßröhre folgt, damit Unter- und Überdruck vermieden werden. Nachdem die Hauptreaktion vorüber ist, befestigt man die Niveauflasche in der erforderlichen Lage und läßt die Apparatur zur Nachgasung einige Stunden stehen. Hierbei gleicht sich die Temperatur des Gases mit der umgehenden Luft aus. Nach Verlauf von 4—6 Stunden ist die Gasentwicklung beendigt, und man kann das Volumen des gebildeten Wasserstoffs, nachdem man vorher Druckgleichheit hergestellt hat, an der Meßbürette ablesen. Nachdem man den herrschenden Luftdruck und die Temperatur der Luft in der Nähe der Apparatur gemessen hat, hat man alle Unterlagen, die zur Berechnung des metallischen Zinkgehaltes erforderlich sind. Nachteile dieser Methode sind ihre lange Ausführungsdauer, die notwendige längere Berechnung und die Verwendung einer vollkommen gasdichten Apparatur.

Zweckmäßig führt man die gasvolumetrische Zinkstaubanalyse mit dem Zersetzungskolben von Berl und Jurissen aus [Ztschr. f. angew. Ch. 23, 249 (1910); s. a. Bd. I, S. 617].

Eine dritte Bestimmungsmethode gibt Fresenius [Ztschr. f. anal. Ch. 14, 469 (1878) und Anleitung zur quantitativen chemischen Analyse. 6. Aufl. Bd. 2, S. 376] an, die darin besteht, den beim Lösen des Zinkstaubes entstehenden Wasserstoff mit angesaugter trockener Luft über glühendem Kupferoxyd zu Wasser zu verbrennen, dieses in einem Trockenröhrchen aufzufangen und zu wägen. 18 mg Wasser entsprechen 65,37 mg Zink. Diese Methode ist bei richtiger Ausführung sehr genau. Die Apparatur ist recht einfach. Das Gasentwicklungskölbchen wird mit einem Säurezuflußrohr und einer Gasableitungsröhre versehen. Der entwickelte Wasserstoff wird über Schwefelsäure getrocknet und über erhitztem Kupferoxyd mit der angesaugten Luft verbrannt. Das gebildete Wasser wird in einem Calciumchloriddoppelröhrchen aufgefangen und gewogen. Man wägt bei dieser Methode 3 g Zinkstaub ein. Der zum Lösen des Zinks angewendeten 1:3 verdünnten Schwefelsäure gibt man etwas Platinchloridlösung zu. Die Bestimmung ist in 1 Stunde durchzuführen.

V. Zinklegierungen.

Zink wird mit den verschiedensten Metallen legiert. Da das Zink aus diesen Legierungen gut zu lösen ist, so bietet die Analyse keine Schwierigkeit. Meist wird das Zink mit Kupfer legiert mit gelegentlichen Zusätzen von Zinn, Eisen, Mangan, Aluminium und Blei. Dazu kommen dann noch die aus den beiden Hauptmetallen herrührenden Verunreinigungen. Im allgemeinen begnügt man sich mit der Bestimmung des anderen Hauptmetalls und der Verunreinigungen. Das Zink wird dann aus der Differenz gegen 100 errechnet. Bei reinem Messing wird es indes ab und zu bestimmt, und man geht dann zweckmäßig folgenden Weg:

1 g wird in einem bedeckten Becherglas mit 15—20 ccm verdünnter Salpetersäure (spez. Gew. 1,2) gelöst und mit Schwefelsäure bis zum Auftreten von dicken weißen Nebeln eingeraucht. Dann nimmt man mit Wasser auf, kocht auf, kühlt ab und kann, falls größere Mengen Blei in der Legierung vorhanden sind, das Bleisulfat nach 1—2 Stunden abfiltrieren. Falls es sich jedoch um kleine Mengen handelt, läßt man die aufgekochte Lösung vor dem Filtrieren mindestens 12 Stunden lang stehen. Die schwefelsaure Lösung wird entweder direkt auf Kupfer elektrolysiert, oder man neutralisiert sie mit Ammoniak, gibt je 100 ccm Flüssigkeit 10 ccm konzentrierte Salpetersäure hinzu und elektrolysiert dann. Die entkupferte Lösung wird nebst den Waschwässern der Elektroden mit Ammoniak eben neutralisiert und dann das Zink in ganz schwach schwefelsaurer oder essigsaurer Lösung (s. S. 1701) mit Schwefelwasserstoff gefällt und als Oxyd ausgewogen. Es ist auch hier eine Reinheitsprüfung der Auswaage unbedingt erforderlich. Im Filtrat des Zinkniederschlages kann dann wie üblich das Eisen und Aluminium durch Fällen mit Ammoniak erfolgen, nachdem vorher der Schwefelwasserstoff verkocht und mit Bromwasser oxydiert worden war.

Für Bronzen und zinnhaltige Kupfer-Zink-Legierungen wird die Analysenvorschrift für die Zinkbestimmung unter Bronzen (s. S. 1257) angegeben. Wenn Zink zu Gußzwecken nur mit Zinn legiert ist, löst man 2 g in konzentrierter Salpetersäure (spez. Gew. 1,4), dampft ein, nimmt mit 100 ccm Wasser auf, kocht gut auf und filtriert nach längerem Stehen die sich dicht absetzende Zinnsäure ab. Diese wird dann wie unter Bronzen (s. S. 1264) angegeben weiterbehandelt. Zink wird auch hier aus der Differenz ermittelt.

Wenn es sich jedoch um die Bestimmung von nur kleinen Mengen Zink in anderen Metallen oder Legierungen handelt, z. B. beim Aluminium, dann ist die Ausführung der meist gewichtsanalytischen Zinkbestimmung unerläßlich. Wenn es sich um einige Prozente im Aluminium handelt, dann kann man 1 g der Legierung in starker Natronlauge lösen und das Zink direkt herauselektrolysieren. Bei geringeren Mengen löst man 5 g in konzentrierter Natronlauge. Es bildet sich dabei ein Metallschwamm, der einen kleinen Teil des Zinks enthält, während die Hauptmenge als Zinkat in Lösung geht. Man versetzt, ohne den Metallschwamm abzufiltrieren mit etwas Natriumsulfidlösung, läßt das Zinksulfid sich absetzen und filtriert Metallschwamm und Zinksulfid ab. Man wäscht gut aus und löst den Rückstand in Salpetersäure, dampft mit Schwefelsäure ein, fällt zunächst in saurer Lösung die Metalle der Schwefelwasserstoffgruppe aus, filtriert sie ab, wäscht aus und fällt dann das Zink entweder in ganz schwach mineralsaurer oder essigsaurer Lösung als Zinksulfid. Man filtriert ab, wäscht aus, löst in Schwefelsäure, neutralisiert nochmals und fällt das Zink erneut als Zinksulfid, welches man als Oxyd auswiegt (s. S. 1701). Man muß jedoch, trotz der doppelten Fällung das Zinkoxyd auf Reinheit prüfen (Aluminiumfreiheit).

VI. Zinksalze.

Zinksulfat (Zinkvitriol), $ZnSO_4 + 7 aq$, krystallisiert in farblosen rhombischen Krystallen, die an der Luft schnell verwittern. Erhitzt man krystallisiertes Zinksulfat, so schmilzt es im eigenen Krystallwasser. Bei 100^0 verliert das Salz 6 Moleküle seines Krystallwassers, während das letzte Molekül erst beim schwachen Glühen ausgetrieben wird. Zinkvitriol löst sich sehr gut im Wasser.

		100 Teile lösen			
bei ^{0} C	g $ZnSO_4$	g $ZnSO_4 + 7 aq$	bei ^{0} C	g $ZnSO_4$	g $ZnSO_4 + 7 aq$
0	43,20	115,22	60	74,20	313,48
10	48,36	138,21	70	79,25	369,36
20	53,13	161,49	80	84,60	442,62
30	58,40	190,90	90	89,78	533,02
40	63,52	224,05	100	95,03	653,59
50	68,75	263,84			

Das spez. Gewicht der wäßrigen Lösung ist bei:

	10^0 C nach Gerlach		
% $ZnSO_4 + 7 aq$	Spez. Gewicht	% $ZnSO_4 + 7 aq$	Spez. Gewicht
5	1,029	35	1,231
10	1,059	40	1,271
15	1,091	45	1,310
20	1,124	50	1,352
25	1,167	55	1,399
30	1,193	60	1,445

An Verunreinigungen sind Kupfer, Cadmium, Eisen und Mangan zu bestimmen. Kupfer und Cadmium werden durch zwei bis dreimalige Fällung in mit Schwefelsäure angesäuerter Lösung gefällt und für sich bestimmt. Eisen und Mangan fällt man durch Übersättigen mit Ammoniak und Oxydieren mit Wasserstoffsuperoxyd als Hydroxyde aus und bestimmt sie in bekannter Weise. Geringe Mengen Calciumsulfat oder Magnesiumsulfat sind in technischem Zinkvitriol ohne Bedeutung.

Zinkchlorid, $ZnCl_2$, ist in wasserfreiem Zustand eine weißliche, weiche Masse (Zinkbutter), die sehr hygroskopisch ist. Es schmilzt bei 100^0 C, löst sich sehr leicht in Wasser und destilliert bei Rotglut. 100 g gesättigter Lösung enthalten nach Dietz bei

t^0	g $ZnCl_2$	t^0	g $ZnCl_2$
0	67,5	40	81,9
10	73,1	60	83,0
20	78,6	80	84,0
26	80,9	100	86,0

Das spezifische Gewicht der Zinkchloridlösung ist nach Krämer bei 19,5° C.

% ZnCl$_2$	Spez. Gewicht	% ZnCl$_2$	Spez. Gewicht
5	1,045	35	1,352
10	1,091	40	1,420
15	1,137	45	1,488
20	1,186	50	1,566
25	1,238	55	1,650
30	1,291	60	1,740

Untersucht wird das Zinkchlorid auf seine klare Löslichkeit in Wasser, d. h. auf die Anwesenheit von basischen Chloriden. Die konzentrierte wäßrige Lösung prüft man mit Ultramarinpapier auf freie Säure.

Zinknitrat, Zn(NO$_3$)$_2$ + 6 aq, ist ein weißes, leicht zerfließendes Salz. Das spezifische Gewicht der wäßrigen Lösung wird von Franz bei 17,5° C wie folgt angegeben:

% Zn(NO$_3$)$_2$ + 6 aq	Spez. Gewicht	% Zn(NO$_3$)$_2$ + 6 aq	Spez. Gewicht
5	1,0496	30	1,3268
10	1,0968	35	1,3906
15	1,1476	40	1,4572
20	1,2024	45	1,5259
25	1,2640	50	1,5984

Zirkon.

Siehe S. 1624.

Namenverzeichnis.

Sachverzeichnis.

Bei der Benutzung des Sachverzeichnisses ist folgendes zu beachten:

Die Einordnung der Stichworte erfolgte nach Möglichkeit nach den Grundsätzen und der Nomenklatur des Chemischen Zentralblattes. Trivialnamen sind soweit wie möglich vermieden: „Chlorwasserstoffsäure" nicht Salzsäure, „Natriumhydroxyd" nicht Ätznatron oder kaustische Soda, „Kaliumcarbonat" nicht Pottasche. Ließ sich eine doppelte Aufführung nicht umgehen, so findet sich bei den Stichworten der entsprechende Hinweis.

Untersuchungen, die das Kation von Salzen betreffen, finden sich unter dem Stichwort des betreffenden Metalls. Beziehen sie sich auf das Anion, so sind sie unter dem Stichwort der Säure oder der Anionenbezeichnung des betreffenden Salzes zu suchen. So findet sich die Bestimmung des Chlorions in Chloriden unter dem Stichwort „Chlorid" oder „Chlorwasserstoffsäure", nicht unter dem Namen des betreffenden Salzes. Das Stichwort „Chlor" bezieht sich nur auf das Element, auch in organischer Bindung, jedoch nicht auf das Ion.

Unter den Stichworten der Namen der Metalle finden sich die allgemeinen Bestimmungsmethoden und die spezielle Bestimmung in irgendwelchen Produkten, z. B. „Zinn in Wismuterzen"; dagegen findet sich die Untersuchung der handelsüblichen Metalle unter dem Namen: „Stichwort"-metall (z. B. „Zinnmetall"). Die Bestimmung des Zinns in Handelskupfer findet sich also bei „Zinn in Kupfermetall" (bzw. „Kupfermetall, Zinn"); die Bestimmung des Kupfers im Handelszinn nicht unter Zinn, sondern unter „Zinnmetall, Kupfer" (bzw. „Kupfer in Zinnmetall").

Unter dem Stichwort „Erz" finden sich allgemeine Untersuchungen. Die Untersuchung spezieller Erze findet sich unter „Zinnerz" usw.

Zusammengesetzte Stichworte suche man in erster Linie unter dem Stichwort auf, das die Haupteigenschaft bezeichnet, z. B. „Wasserstoff-Elektrode" unter dem Stichwort „Elektrode", „Gasbürette" unter dem Stichwort „Bürette", „Carborundtiegel" unter dem Stichwort „Tiegel" usw.

Lehrbuch der Metallkunde, des Eisens und der Nichteisen-metalle. Von Dr. phil. **Franz Sauerwald,** a. o. Professor an der Technischen Hochschule Breslau. Mit 399 Textabbildungen. XVI, 462 Seiten. 1929.
Gebunden RM 29.—

Moderne Metallkunde in Theorie und Praxis. Von Ober-ingenieur **J. Czochralski.** Mit 298 Textabbildungen. XIII, 292 Seiten. 1924.
Gebunden RM 12.—

C. J. Smithells, Beimengungen und Verunreinigungen in Metallen. Ihr Einfluß auf Gefüge und Eigenschaften. Erweiterte deutsche Bearbeitung von Dr.-Ing. **W. Hessenbruch,** Heraeus Vakuumschmelze A.-G., Hanau/M. Mit 248 Textabbildungen. VII, 246 Seiten. 1931.
Gebunden RM 29.—

Die Edelmetalle. Eine Übersicht über ihre Gewinnung, Rückgewinnung und Scheidung. Von **Wilhelm Laatsch,** Hütteningenieur. Mit 53 Textab-bildungen und 10 Tafeln. VI, 91 Seiten. 1925.
RM 6.—; gebunden RM 7.50

Die Strichprobe der Edelmetalle. Von Dr.-Ing. **Karl Hradecky,** Oberbergrat. Mit 12 Abbildungen. V, 83 Seiten. 1930. RM 7.50

Edelmetall — Probierkunde nebst einigen Unedelmetall-bestimmungen. Von Dipl.-Ing. **F. Michel,** Direktor der Staatlichen Probier-anstalt in Pforzheim. Zweite, verbesserte und erweiterte Auflage. IV, 67 Seiten. 1927. RM 3.50

Tabelle spezifischer Gewichte der gebräuchlichsten Gold-Silber-Kupfer-Legierungen, Silber-Kupfer-Legierungen und Weißgoldlegierungen. Durch Unter-suchung festgestellt von Dipl.-Ing. **F. Michel,** Direktor der Staatl. Probier-anstalt in Pforzheim. Zweite, erweiterte Auflage. 1 Tafel. 10 Seiten. 1927.
RM 3.—

Hilfsbuch für Metalltechniker. Einführung in die neuzeitliche Metall- und Legierungskunde, erprobte Arbeitsverfahren und Vorschriften für die Werkstätten der Metalltechniker, Oberflächenveredlungsarbeiten u. a. nebst wissenschaftlichen Erläuterungen. Von Chemiker **Georg Buchner,** München. Dritte, neubearbeitete und erweiterte Auflage Mit 14 Text-abbildungen. XIII, 397 Seiten. 1923. Gebunden RM 12.—

Waeser-Dierbach, Der Betriebs-Chemiker. Ein Hilfsbuch für die Praxis des chemischen Fabrikbetriebes. Von Dr.-Ing. **Bruno Waeser,** Chemiker. Vierte, ergänzte Auflage. Mit 119 Textabbildungen und zahl-reichen Tabellen. XI, 340 Seiten. 1929. Gebunden RM 19.50

Rostfreie Stähle. Berechtigte deutsche Bearbeitung der Schrift: „Stainless Iron and Steel" von J. H. G. Monypenny, Sheffield, von Dr.-Ing. **Rudolf Schäfer.** Mit 122 Textabbildungen. VIII, 342 Seiten. 1928.
Gebunden RM 27.—

Die Edelstähle. Ihre metallurgischen Grundlagen. Von Dr.-Ing. **F. Rapatz,** Düsseldorf. Mit 93 Abbildungen. VI, 219 Seiten. 1925.
Gebunden RM 12.—

Probenahme und Analyse von Eisen und Stahl. Hand- und Hilfsbuch für Eisenhütten-Laboratorien. Von Professor Dipl.-Ing. **O. Bauer,** Berlin-Dahlem und Professor Dipl.-Ing. **E. Deiß,** Berlin-Dahlem. Zweite, vermehrte und verbesserte Auflage. Mit 176 Abbildungen und 140 Tabellen im Text. VIII, 304 Seiten. 1922. Gebunden RM 12.—

E. Preuß, Die praktische Nutzanwendung der Prüfung des Eisens durch Ätzverfahren und mit Hilfe des Mikroskopes für Ingenieure, insbesondere Betriebsbeamte. Bearbeitet von Professor Dr. **G. Berndt,** Dresden und Professor Dr.-Ing. **M. v. Schwarz,** München. Dritte, vermehrte und verbesserte Auflage. Mit 204 Figuren im Text und auf einer Tafel. VIII, 198 Seiten. 1927.
RM 7.80; gebunden RM 9.20

Vita-Massenez, Chemische Untersuchungsmethoden für Eisenhütten und Nebenbetriebe. Eine Sammlung praktisch erprobter Arbeitsverfahren. Zweite, neubearbeitete Auflage von Ing.-Chemiker **Albert Vita,** Chefchemiker der Oberschlesischen Eisenbahn-bedarfs-A.G., Friedenshütte. Mit 34 Textabbildungen. X, 197 Seiten. 1922.
Gebunden RM 6.40

Die Theorie der Eisen-Kohlenstoff-Legierungen. Studien über das Erstarrungs- und Umwandlungsschaubild nebst einem Anhang: Kaltrecken und Glühen nach dem Kaltrecken. Von **E. Heyn †,** weiland Direktor des Kaiser Wilhelm-Instituts für Metallforschung. Herausgegeben von Prof. Dipl.-Ing. **E. Wetzel.** Mit 103 Textabbildungen und 16 Tafeln. VIII, 185 Seiten. 1924. Gebunden RM 12.—

Materialprüfung mit Röntgenstrahlen unter besonderer Berücksichtigung der Röntgenmetallographie. Von Dr. **Richard Glocker,** Professor für Röntgentechnik und Vorstand des Röntgenlabora- toriums an der Technischen Hochschule Stuttgart. Mit 256 Textabbildungen. VI, 377 Seiten. 1927. Gebunden RM 31.50

Die elektrolytischen Metallniederschläge. Lehrbuch der Galvanotechnik mit Berücksichtigung der Behandlung der Metalle vor und nach dem Elektroplattieren. Von Direktor Dr. **W. Pfanhauser.** Siebente Auflage. Mit 383 in den Text gedruckten Abbildungen. XIV, 912 Seiten. 1928. Gebunden RM 40.—

Physikalische Chemie der metallurgischen· Reak- tionen. Ein Leitfaden der theoretischen Hüttenkunde von Dr. phil. **Franz Sauerwald,** a. o. Professor an der Technischen Hochschule Breslau. Mit 76 Textabbildungen. X, 142 Seiten. 1930.
RM 13.50; gebunden RM 15.—

Printed in the United States
By Bookmasters